Wilfried Stichmann
Erich Kretzschmar

# Teil 1:
# Tierführer

Kosmos

Mit 1389 Farbfotos von Adam (7), Aitken/Silvestris (1), Angermayer (4), Behrens (1), Bellmann (114), Brandl (11), Braunstein (2), Bühl (2), Csordas (2), Czimmeck (2), Dalton/Silvestris (1), Danegger (19), Diedrich (16), Ewald (5), Fey (2), Finn (12), Fürst (27), Fürst/Stahl (4), Gomille (3), Göthel (1), Graner (20), Groß (26), Haupt (5), Hecker (36), Hinz (10), Hopf (9), Hortig (12), Hüttenmoser (1), Jacobi (14), Janke (68), Kage (1), Kerber (4), Klees (23), König (52), Köster/Angermayer (1), Kretschmer (33), Kretzschmar (2), Labhardt (25), Lang (4), Layer (15), Lenz (6), Limbrunner (114), Marktanner (28), Mittermaier (1), Moosrainer (18), Nill (38), Pfletschinger/Angermayer (59), Pforr (97), Pott (4), Reinhard-Tierfoto (21), Reinhard/Angermayer (3), Reinichs (1), Rodenkirchen (26), Rohner (4), Sauer (16), Schmidt (20), Schmidt/Angermayer (2), Schneider (2), Schrempp (7), Schwammberger (3), Synatzschke (32), Vogt (16), Wachmann (4), Wagner (3), Weber (9), Wendl/Angermayer (4), Werle, B. (1), Werle, L. (6), Wernicke (30), Willner, O. (5), Willner, W. (56), Wothe (3), Zeininger (125), Zepf (27), Ziesler/Angermayer (1)

14 Schwarzweißzeichnungen und 15 Farbzeichnungen von Wolfgang Lang und 1 farbige Karte von Michaela Jäkle

Texte zu den Wirbeltieren:
Prof. Dr. Wilfried Stichmann
Texte zu den Wirbellosen:
Dr. Erich Kretzschmar

Unser gesamtes lieferbares Programm und viele weitere Informationen zu unseren Büchern, Spielen, Experimentierkästen, DVDs, Autoren und Aktivitäten finden Sie unter **www.kosmos.de**

„Der Kosmos-Tierführer“ erscheint unter der ISBN 978-3-440-10222-0.


Lektorat: Rainer Gerstle, Anne-Kathrin Janetzky
Produktion: Heiderose Stetter

# Inhalt

**Zu diesem Buch** . . . . . . . . . . . . . . . 6

**Auswahl der Arten** . . . . . . . . . . . . . 7

**Bezugsrahmen: Mitteleuropa** . . . 8

**Wirbeltiere** . . . . . . . . . . . . . . . . . . 10
Säugetiere . . . . . . . . . . . . . . . . . . . 10
Vögel . . . . . . . . . . . . . . . . . . . . . . . 13
Reptilien und Amphibien . . . . . . . . . 15
Fische . . . . . . . . . . . . . . . . . . . . . . 16

**Wirbellose Tiere** . . . . . . . . . . . . . . 18
Gliederfüßer . . . . . . . . . . . . . . . . . . 18
Insekten . . . . . . . . . . . . . . . . . . . . 18
Spinnentiere . . . . . . . . . . . . . . . . . 24
Krebstiere . . . . . . . . . . . . . . . . . . . 25
Weichtiere . . . . . . . . . . . . . . . . . . . 25
Schnecken . . . . . . . . . . . . . . . . . . . 25
Muscheln . . . . . . . . . . . . . . . . . . . . 25
Ringelwürmer . . . . . . . . . . . . . . . . 26
Stachelhäuter . . . . . . . . . . . . . . . . 26

**Naturschutz und der Umgang mit Tieren** . . . . . . . . . . . . . . . . . . . . 27

**Verwendete Abkürzungen und Symbole** . . . . . . . . . . . . . . . . . . . 27

## Bestimmungsteil . . . . . . . . 28

### Wirbeltiere . . . . . . . . . . . . . . . . . . 28

**Säugetiere** . . . . . . . . . . . . 28

**Vögel** . . . . . . . . . . . . . . . . . 58

**Reptilien** . . . . . . . . . . . . . . 178
**Amphibien** . . . . . . . . . . . . . 184

**Fische** . . . . . . . . . . . . . . . . 194

**Spuren und Zeichen** . . . . 216
Säugetiere als Baumeister . . 216
Spuren größerer Säugetiere 218
Laich und Larven der Amphibien . . . . . . . . . . . . . . . 220
Vogelnester . . . . . . . . . . . . . . 222
Bruthöhlen und Höhlenbrüter . . . . . . . . . . . . . 226

### Wirbellose Tiere . . . . . . . . . . . . 228

**Nicht-Gliederfüßer** . . . . . . 228
Einzeller, Schwämme, Würmer . . . . . . . . . . . . . . . . 228
Hohltiere . . . . . . . . . . . . . . . 230
Weichtiere . . . . . . . . . . . . . . 234
Ringelwürmer . . . . . . . . . . . 254
Stachelhäuter . . . . . . . . . . . 260

**Gliederfüßer** . . . . . . . . . . . 262
Krebstiere . . . . . . . . . . . . . . 262
Spinnentiere . . . . . . . . . . . . 270
Tausendfüßer . . . . . . . . . . . 282
Urinsekten, Eintagsfliegen . . 284
Libellen . . . . . . . . . . . . . . . . 286
Heuschrecken . . . . . . . . . . . 298
Fangschrecken, Ohrwürmer, Schaben . . . . . . . . . . . . . . . 304
Wanzen . . . . . . . . . . . . . . . . 306
Zikaden . . . . . . . . . . . . . . . . 312
Blattläuse, Schildläuse . . . . . 314
Staubläuse, Fransenflügler u.a. . . . . . . . . . . . . . . . . . . 316
Netzflügler und Verwandte . . 318
Schmetterlinge . . . . . . . . . . 322
Köcherfliegen . . . . . . . . . . . 358
Zweiflügler . . . . . . . . . . . . . 360
Hautflügler . . . . . . . . . . . . . 372
Käfer . . . . . . . . . . . . . . . . . . 392

**Literaturhinweise** . . . . . . . . . . . . . . 428

**Erklärung von Fachausdrücken** . 429

**Bildnachweis** . . . . . . . . . . . . . . . . . 430

**Register** . . . . . . . . . . . . . . . . . . . . . 433

# Zu diesem Buch

Angesichts der vielen Bücher, die jährlich auf den Markt kommen, bedarf es schon einer Rechtfertigung: Wozu ein neuer Tierführer?

Das Konzept zu diesem Buch entstand bei ungezählten Exkursionen sowohl mit naturkundlich interessierten „Amateuren" als auch mit Studenten, die die Schule ohne nennenswerte Formenkenntnisse entließ.

Es zeigte sich immer wieder, daß es den meisten Exkursionsteilnehmern nicht darauf ankam, eine Fülle morphologischer Details über die beobachteten Arten zu erfahren, d.h. die in den Schulen früher einmal praktizierte Kopf-Schwanz-Biolgie wieder neu zu beleben. Ihnen ging es vielmehr ganz schlicht und einfach darum, zu erfahren, worum es sich bei diesem oder jenem Tier handelt, und darum, künftig in der Lage zu sein, die betreffende Art draußen wiederzuerkennen.

Wenn dieser Tierführer sich nicht darum bemüht, zu den abgebildeten und kurz behandelten Tierarten komprimierte Artmonographien durch Aufzählung möglichst vieler biologischer Daten zu liefern, sondern es vorzieht anders vorzugehen, dann entspricht das ebenfalls dem Wunsch vieler Exkursionsteilnehmer.

Wir haben großen Wert darauf gelegt, die Arten möglichst typisch zu dokumentieren, d.h. Naturfotografien auszuwählen, die die Arten in ihrer spezifischen Haltung und ihrem Habitus zeigen, so daß das Wiedererkennen erleichtert wird. Einige wenige Stichworte zu den **Kennzeichen**, vor allem zu differenzierenden Merkmalen, sollen als Gedächtnisstütze dienen. Unter dem Stichwort **Verbreitung** wird kurz umrissen, wo man der Art möglicherweise begegnen kann, manchmal auch, wie wahrscheinlich oder zufällig eine solche Begegnung angesichts der Häufigkeit oder Seltenheit der Art ist.

In der Rubrik **Wissenswertes** werden einige wenige Informationen über die jeweilige Art angeboten, die im Sinne des sogenannten Stützwissens ausgewählt wurden. Dabei handelt es sich um Fakten, die möglicherweise den Zugang zu der betreffenden Art und das Behalten erleichtern.

Stützwissen nennt man in diesem Zusammenhang Kenntnisse, die nicht vorrangig auf die Artbeschreibung abzielen und auch nicht unbedingt auf die bedeutsamsten fachwissenschaftlichen Details ausgerichtet sind, aber dafür etwas erhellen, was die betreffende Tierart auch für den Nicht-Biologen bemerkenswert, merkwürdig oder kurzum interessant macht.

Stützwissen zu einzelnen Tierarten soll den Naturfreund motivieren und ihm helfen, die bestimmten Arten leichter im Gedächtnis zu bewahren. Es soll etwas Besonderes über die jeweilige Art enthalten, was man mit der Art verbindet und woran man sich erinnert, wenn sie einem irgendwo und irgendwann einmal wieder begegnet.

Derartiges Stützwissen zu möglichst vielen heimischen Tierarten in Verbindung mit Naturfotografien führender Naturfotografen anzubieten, betrachten wir als die Besonderheit, den Zweck und die Rechtfertigung dieses neuen Kosmos-Naturführers. Dabei kann es sich um Sachverhalte sehr unterschiedlicher Art und Herkunft handeln. Soweit möglich wurden die besondere Bedeutung der Tierarten für den Menschen herausgestellt und die enge Mensch-Natur-Beziehung unterstrichen. Dabei kann z.B. der Name bereits Hinweise auf Merkmale des Erscheinungsbildes, der Lebensweise oder oft auch des Lebensraumes bieten, wenn er nur wieder recht bewußt geworden ist. In anderen Fällen faszinieren die besonderen biologischen Eigenarten oder aber historische Hintergründe des Verhältnisses des Menschen zu bestimmmten Tierarten.

Die Hinweise auf weiterführende Literatur sollen dem Leser helfen, das durch die kurz gefaßten Anregungen für das Stützwissen geweckte Interesse gegebenenfalls als Motivation für vertiefte Studien zu nutzen.

Trotz der großen Zahl der in diesem Kosmos-Tierführer behandelten Arten kann es sich nur um eine Auswahl aus der Artenfülle handeln, die es trotz des Artenrückgangs auch heute noch in Mitteleuropa gibt. Aufgenommen wurden nur mit bloßem Auge sichtbare, vorzugsweise auffällige und gut unterscheidbare Arten. Das bedeutet, daß die Säugetiere, Vögel, Reptilien und Amphibien vollständiger abgehandelt wurden als die Fische und die Wirbellosen. Vor allem hinsichtlich dieser Tiergruppen will der neue Kosmos-Naturführer keines der speziellen Tierbestimmungsbücher ersetzen.

Vor allem bei den wirbellosen Tieren sind verwandte Arten einander oft so ähnlich, daß eine exakte Artbestimmung sehr aufwendig ist. Manche Arten weisen keinerlei hervorstechende Merkmale auf oder sind nur mit Hilfe der Lupe sicher zu unterscheiden. In solchen Fällen begnügen sich selbst Fachbiologen, erst recht aber Anfänger und Naturfreunde meistens mit der Benennung der Gattung oder einer anderen höheren systematischen Kategorie, gegebenenfalls sogar der Familie oder der Ordnung. Dieses ist übrigens einer der Gründe, weshalb Biologiedidaktiker als Aufgabe der Schule nicht die Vermittlung von Arten-, sondern von Formenkenntnis nennen. Und in der Tat: Wie zufrieden wäre mancher Hochschulbiologe, würden die Studienanfänger doch wenigstens eine Lederwanze als Wanze und eine Rhododendronzikade als Zikade erkennen.

Bei ähnlichen, schwer unterscheidbaren Arten wurden nach Möglichkeit jene ausgewählt, die in Mitteleuropa am häufigsten bzw. am weitesten verbreitet sind. Ständig im Wasser lebende Arten wie Fische, Muscheln oder Krebstiere sind in diesem Bande nur mit vergleichsweise wenigen typischen Repräsentanten einzelner systematischer Gruppen vertreten. Das gilt in besonderem Maße auch für Stachelhäuter, Ringelwürmer, Niedere Würmer, Hohltiere und Schwämme. Dagegen sind Wasser-, Wat- und Sumpfvögel in größerer Zahl erfaßt, weil sie zum Teil recht auffällig sind und auch von Land her beobachtet und bestimmt werden können. Das gilt auch für die rein marinen Vogelarten, allerdings nur beschränkt für die Meeressäuger.

Die Anordnung der Arten folgt in diesem Buch dem Prinzip, mit jenen Tieren zu beginnen, die besonders auffällig und deshalb – zumindest dem Namen nach – den meisten Menschen in Mitteleuropa bekannt sind. So weicht dieser Tierführer von der Regel ab, die Tierstämme und -klassen in evolutiver, d.h. in aufsteigender Folge von den Einzellern bis zu den jüngsten der höchstentwickelten Säugetierordnungen zu behandeln. Hier wird der umgekehrte Weg gewählt, so daß große, auffällige und – wenn schon nicht aus freier Wildbahn, dann doch aus Zoos, Wildgehegen und von Abbildungen – bekannte Arten den Reigen eröffnen und Vertreter der Wirbellosen ihn beenden.

Besonders stark sind in diesem Tierführer die Vögel vertreten. Das ist vor allem auf den Artenreichtum der heimischen Brutvogelwelt und die gute Unterscheidbarkeit der im Erscheinungsbild und in ihrer Körpergröße zwischen Wintergoldhähnchen und Steinadler so mannigfaltigen Vogelarten zurückzuführen. Neben den heimischen Brutvögeln werden aber auch Durchzügler und Wintergäste aus Nord- und Nordosteuropa berücksichtigt. Viele dieser Gastvögel sind in Mitteleuropa alljährlich zu beobachten und gehören außerhalb der Brutzeit zu den regelmäßig auftretenden Arten. Einige von ihnen haben auch in Mitteleuropa – oft nur sporadisch und in Randbereichen – Brutvorkommen. In diesen Fällen gibt der Hinweis auf den Zeitraum, innerhalb dessen die Art in Mitteleuropa beobachtet werden kann, nicht das typische Bild des Wintergastes oder des Durchzüglers wieder. Andererseits verdecken in südlichen und westlichen Randbereichen überwinternde Individuen die Tatsache, daß es sich eigentlich um Sommervögel handelt, die zum allergrößten Teil Mitteleuropa verlassen. Das ist bei der Interpretation des genannten Beobachtungszeitraums jeweils unbedingt zu bedenken!

# Bezugsrahmen: Mitteleuropa

In diesem Buch werden die Tierarten Mitteleuropas behandelt. Es greift somit über Deutschland hinaus und bezieht den Süden Dänemarks, die Niederlande, Belgien und Luxemburg, Österreich sowie Teile Frankreichs und der Schweiz, Tschechiens und Polens mit ein (Bild 1).

Es handelt sich um Landschaften des kühlgemäßigten Klimaraums und der ursprünglich flächendeckenden sommergrünen Laubmischwälder, in denen mit Ausnahme des östlichen Flächendrittels ursprünglich die Rotbuche dominierte.

Zur Beschreibung des Raumes, auf den sich die Auswahl der Tierarten bezieht, gehört aber mehr noch als der Hinweis auf die räumlichen Gegebenheiten des Klimas und der ursprünglichen Vegetation die Feststellung, daß es sich um einen Raum handelt, in dem es außer Teilen der Alpen und der Nord- und Ostsee wohl kaum einen Quadratkilometer Fläche gibt, der in den letzten 5000 Jahren nicht mehr oder weniger grundlegend vom Menschen verändert wurde.

Gegenstand dieses Buches ist demnach nicht die Tierwelt von Natur-, sondern von Kulturlandschaften. Dabei handelt es sich noch weit überwiegend um agrar und forstlich geprägte Landschaften, die in ihrer Struktur, ihren Böden und ihrer Pflanzen- und Tierwelt mehr oder weniger stark vom Urzustand abweichen. Extensive Landnutzungsformen früherer Jahrhunderte haben zwar reine Waldbewohner aus der Tierwelt zurückgedrängt, dafür aber anderen Tierarten die Besiedlung der nun lichteren, krautreicheren Lebensräume ermöglicht. Heute sind infolge der intensiven Nutzung der landwirtschaftlichen Nutzflächen die Lebensbedingungen der Tiere – zumindest in weiten Teilen – so einseitig und extrem, daß viele dort zuvor eingewanderten Arten wieder verschwinden oder schon abgewandert oder bereits ausgestorben sind.

Immer stärker und schneller vollzieht sich inzwischen ein zweiter grundlegender Landschaftswandel: von der agrar und forstlich zur urban-industriell geprägten Kulturlandschaft. Siedlungs- und Industriegebiete fressen sich immer stärker in die Feldfluren und Wälder hinein, entziehen Pflanzen- und Tierarten die bestehenden Lebensbedingungen und bieten andere, oft noch weiter eingeschränkte. Allerdings können dabei auch zuvor in der jeweiligen Region nicht vertretene Biotoptypen entstehen, die im Laufe der Zeit artenreicher werden, zumindest reicher an Arten, die wandern können oder leichter verschleppt werden. Man denke nur an die Besiedlung von Baggerseen und Talsperren, von Steinbrüchen, Halden oder Sandgruben. Selbst „anrüchige" Orte wie die Schlammabsetzbecken von Kläranlagen, wo sich auf dem Zuge die Limikolen tummeln, und die Mülldeponien als fast unerschöpfliche Nahrungsreservoire u.a. für verschiedene Möwenarten geben als Biotope der urban-industriellen Kulturlandschaft manchem Landstrich sein spezifisches Gepräge.

Ein weiterer Wandel der Tierwelt vollzieht sich, wenn zuvor agrar und forstlich oder urbanindustriell genutzte Flächen nicht mehr genutzt werden und sich selbst überlassen bleiben, d.h. wenn Wiesen und Felder brach fallen, Kahlschläge und Windwurfflächen der natürlichen Sukzession überlassen, Sand- und Kiesgruben aufgelassen, Steinbrüche stillgelegt werden, wenn sich Halden spontan begrünen und Industriegelände zu Ödland wird. Immer gibt es Pflanzen- und Tierarten, die aus dem Wandel für sich Profit ziehen. Die Nutzungsaufgabe führt häufig, aber keineswegs immer zu einer artenreicheren Pflanzen- und Tierwelt.

Alle drei genannten Stufen der Entwicklung von Kulturlandschaften sind in Mitteleuropa anzutreffen:

- die agrar-forstlich geprägte Kulturlandschaft in vielen regional unterschiedlichen, jeweils durch Bodenwert, Klima und agrarpolitische Rahmenbedingungen in ihrer Nutzungsintensität und Flächenausdehnung bestimmten Formen;
- die urban-industriell geprägte Kulturlandschaft von der extrem naturfernen Großstadtcity bis zum naturschutzwürdigen Feuchtgebiet;
- jene Teile der Kulturlandschaft, aus denen sich der Mensch mit seinen Akttivitäten zurückzieht und der Natur ganz oder zumindest teilweise wieder freien Lauf läßt.

Auf alles menschliche Wirken hat die Natur eine Antwort: Sie reagiert immer konstruktiv! Doch wie artenreich oder artenarm die Bio-

**Bild 1: Karte von Mitteleuropa**

zönosen werden, hängt maßgeblich von der Art, der Flächenausdehnung und der Dauer der Eingriffe ab. Artenarmen Lebensgemeinschaften der Kultursteppen in den Börden, der standortfremden Fichtenreinbestände in den Mittelgebirgen und der von Asphalt, Beton und Einheitsrasen beherrschten Siedlungen stehen artenreiche Lebensgemeinschaften sowohl in mosaikartig gegliederten agrar geprägten Kulturlandschaften und plenterartig bewirtschafteten Laubmischwäldern als auch in vielen Teilen der urban-industriellen Kulturlandschaft gegenüber.

So wird über die Ausgestaltung der Lebensräume durch den Menschen ganz maßgeblich das Bild der Tierwelt Mitteleuropas mitbestimmt. Ganz entscheidend aber ist die Fähigkeit vieler Tierarten, sich veränderten Lebensbedingungen anzupassen bzw. in anthropogenen Strukturen Elemente des ursprünglichen Lebensraumes wiederzuerkennen, wie es z.B. der Flußregenpfeifer vermag, der vielerorts kaum noch auf dem Schotter der Flüsse und Bäche, dafür aber auf Abraumhalden und in Sand- und Kiesgruben brütet.

Ein weiterer Weg, über den der Mensch in Mitteleuropa besonders stark auf die Zusammensetzung der Tierwelt Einfluß genommen hat, führt über die unbewußte Einschleppung und die bewußte Einbürgerung von Pflanzen- und Tierarten.

Alles in allem ist die Tierwelt Mitteleuropas ein Produkt der Natur und des menschlichen Wirkens, wobei es oft schwer zu entscheiden ist, welchem der beiden Faktoren die größere Bedeutung beizumessen ist.

# Wirbeltiere

## Säugetiere

Die Säugetierfauna Mitteleuropas ist vergleichsweise artenarm. Von den 6000 Säugetierarten, die heute auf der Erde leben, sind nur ca. 90 Arten in Mitteleuropa heimisch oder so eingebürgert, daß sie zu festen Bestandteilen einzelner Lebensgemeinschaften geworden sind. Nur 7 der 18 Säugetier-Ordnungen sind hier mit freilebenden Arten vertreten. Aus diesen 7 Ordnungen werden in diesem Buch jeweils mehrere Vertreter vorgestellt:

- aus der Ordnung der Paarhufer 10 Arten vom Wisent bis zum Reh;
- aus der Ordnung der Raubtiere 15 Arten vom Braunbär und der Kegelrobbe bis zum Mauswiesel;
- aus der Ordnung der Wale die 3 Arten Schweinswal, Tümmler und Delphin;
- aus der Ordnung der Hasentiere die 3 Arten Feldhase, Schneehase und Wildkaninchen;
- aus der Ordnung der Nagetiere 23 Arten vom Biber bis zur Zwergmaus;
- aus der Ordnung der Fledermäuse 5 Arten;
- aus der Ordnung der Insektenfresser 9 Arten vom Igel bis zur Zwergspitzmaus.

Die Säugetiere als die nächsten Verwandten des Menschen sind uns in ihrem Bauplan so ähnlich und so vertraut, daß es keiner besonderen Beschreibung ihrer Gestalt bedarf. Zur Benennung ihrer Körperteile bedienen wir uns in aller Regel der für den Menschen gebräuchlichen Begriffe und ergänzen sie durch jene, die wir auch bei den Haustieren benutzen. Die besonderen Bezeichnungen der Jägersprache werden in diesem Buche nur dann verwandt, wenn sie umgangssprachlich üblich und eindeutig sind.

Bei allen Maßen und Gewichten ist zu bedenken, daß diese nicht nur zwischen Jung- und Alttieren, sondern auch bei erwachsenen Tieren individuell erheblich variieren können. Das gilt sowohl bei der Kopf-Rumpf-Länge (**KR**) und der Schwanzlänge (**S**) als auch ganz besonders beim Gewicht (**G**). Bei Arten, bei denen der Unterschied zwischen männlichen und weiblichen Tieren sehr groß ist, sind meistens 2 Zahlen genannt. Dabei bewegen sich die Weibchen im Bereich der niedrigeren, die Männchen im Bereich der höheren Werte. Wo nur eine Zahl erscheint, handelt es sich um einen Mittelwert.

In mehreren Besonderheiten unterscheiden sich die Säugetiere von den übrigen Wirbeltieren. Dazu gehört vor allem, wie auch im Namen schon angesprochen, die Ernährung der Jungtiere mit dem Sekret von Milchdrüsen des Weibchens. Aber auch die gleichmäßige Körpertemperatur ist ein Ausdruck hoher Entwicklung und Spezialisierung auf zunehmende Unabhängigkeit von den wechselnden Umweltbedingungen. Diese sogenannte „Homoiothermie" haben die Säugetiere mit den Vögeln gemeinsam. Bei den Winterschläfern wird sie allerdings zeitweilig durch einen anderen hochkomplizierten Thermostat-Mechanismus außer Kraft gesetzt.

Zur Wahrung konstanter Körpertemperaturen trägt auch das für die Säugetiere typische Haarkleid bei, das bei den Walen allerdings zurückgebildet ist. Ebenfalls nur die Wale scheren aus, wenn man die Säugetiere mit einem Hinweis auf die zwei Gliedmaßenpaare charakterisieren will. Allerdings dienen die Vordergliedmaßen der Fledermäuse ähnlich wie die der Vögel dem Fliegen. Nicht mit den Vögeln, sondern mit den Reptilien gemeinsam haben die Säugetiere ein Gebiß, das sich allerdings u.a. durch seine Differenziertheit

**Übersicht über das System der Wirbeltiere. Auswahl unter Berücksichtigung der in diesem Buch behandelten mitteleuropäischen Arten.**

| Klasse | Ordnungen und Familien |
|---|---|
| **Rundmäuler** | **Neunaugen** |
| **Knorpelfische** | **Haie**<br>**Rochen** |
| **Knochenfische** | **Aalartige**<br>**Lachsartige**<br>**Karpfenartige**<br>**Welse**<br>**Dorschartige**<br>**Barschartige** u. a. m. |
| **Amphibien** | **Schwanzlurche** – Salamander und Molche<br>**Froschlurche** – Scheibenzüngler, Krötenfrösche, Kröten, Laubfrösche, Frösche |
| **Reptilien** | **Schildkröten**<br>**Echsen** – Schleichen, Eidechsen<br>**Schlangen** – Nattern, Vipern |
| **Vögel** | **Seetaucher** (z.B. Prachttaucher)<br>**Lappentaucher** (z.B. Haubentaucher)<br>**Ruderfüßer** – Tölpel, Kormorane<br>**Schreitvögel** – Reiher, Störche, Löffler<br>**Flamingos**<br>**Entenvögel** – Enten, Säger, Gänse, Schwäne<br>**Greifvögel** (z.B. Mäusebussard)<br>**Hühnervögel** (z.B. Rebhuhn)<br>**Kranichvögel** – Kraniche, Trappen, Rallen<br>**Möwen- und Watvögel** (z.B. Brachvogel)<br>**Taubenvögel** (z.B. Ringeltaube)<br>**Kuckucke**<br>**Eulen** (z.B. Waldkauz)<br>**Nachtschwalben** (z.B. Ziegenmelker)<br>**Segler** (z.B. Mauersegler)<br>**Rackenvögel** – Eisvögel, Bienenfresser, Racken, Wiedehopfe<br>**Spechte** (z.B. Buntspecht)<br>**Singvögel/Sperlingsvögel** – Lerchen, Schwalben, Pirole, Krähenvögel, Meisen, Baumläufer, Kleiber, Wasseramseln, Zaunkönige, Drosseln, Grasmücken, Fliegenschnäpper, Braunellen, Stelzen, Seidenschwänze, Würger, Stare, Finken, Sperlinge, Ammern |
| **Säugetiere** | **Insektenfresser** – Igel, Maulwürfe, Spitzmäuse<br>**Fledermäuse** – Hufeisennasen, Glattnasen<br>**Hasenartige** (z.B. Feldhase)<br>**Nagetiere** – Biber, Schläfer, Hörnchen, Echte Mäuse, Hamster, Wühlmäuse<br>**Raubtiere** – Hunde, Katzen, Bären, Kleinbären, Marder, Robben<br>**Paarhufer** – Schweine, Rinder, Hirsche<br>**Unpaarhufer** – Pferde<br>**Wale** (z.B. Tümmler) |

deutlich unterscheidet. Ein weiteres spezifisches Säugetier-Merkmal ist die im Vergleich zu Vögeln und Reptilien drüsenreiche Haut.
Im anatomischen Bau weist der Organismus der Säugetiere vom differenzierten Gehirn und vom Schädelskelett bis zum Urogenitalsystem noch viele weitere Besonderheiten auf, die hier, wo es um das äußere Erscheinungsbild geht, aber unberücksichtigt bleiben können.
Zu den Säugetieren gehören die größten heimischen Tierarten, darunter der noch weit verbreitete Rothirsch (♂ bis 300 kg), in Ostmitteleuropa der Elch (♂ bis 500 kg) und in Gehegen als ehemaliger Bewohner unserer Wälder der Wisent (♂ bis 1000 kg). Dagegen sind die kleinsten Säugetiere ausgesprochene Winzlinge: Die Zwergmaus wiegt nur 5–8, die Zwergfledermaus 4–6 und die Zwergspitzmaus gar nur 3–5 Gramm.
Unter den Säugetieren ist die Zahl der Arten, die der Mensch bewußt in Mitteleuropa eingebürgert oder stärker verbreitet hat, ganz besonders groß. Bei den jüngsten Neubürgern wie Waschbär, Nutria und Bisamratte ist uns das auch durchaus vertraut, vielleicht auch bei den jagdlich interessanten Arten wie Mufflon und Damhirsch. Aber wer denkt schon daran, daß auch das Wildkaninchen ursprünglich kein Mitteleuropäer war?
Etliche Säugetierarten haben sich auf das Leben in der Nachbarschaft des Menschen und auf die Nutzung der durch den Menschen veränderten und zum Teil angereicherten Lebensräume und ihrer Ressourcen eingestellt. Dazu gehören keinesweg nur Hausmäuse und Wanderratten, Eichhörnchen und Wildkaninchen, sondern auch Steinmarder mit besonderer Vorliebe für Automotoren, Füchse als Nutznießer von Abfalleimern und Siebenschläfer als Bewohner von Vogelnistkästen. Andere Arten finden sich dagegen nur schwer mit der Beunruhigung der Landschaft durch den Menschen und mit den veränderten Lebensbedingungen, zum Beispiel an verbauten Fluß- und Bachufern, ab und sind deshalb so selten geworden, daß sie wie der Fischotter längst auf der „Roten Liste“ stehen.
Säugetiere – von einigen wenigen wie Eichhörnchen und Wildkaninchen einmal abgesehen – begegnen dem Wanderer und Naturfreund in aller Regel seltener als Vögel und Vertreter etlicher anderer Tiergruppen. Ein Grund dafür ist bei den größeren, d.h. bei den bejagten Arten, die größere Fluchtdistanz und die heimliche Lebensweise. Die meisten heimischen Unpaarzeher und Raubtiere sind erst infolge der Beunruhigung und Verfolgung durch den Menschen zur nächtlichen Lebensweise übergegangen. Dagegen sind viele kleinere Säugetierarten, die stets Jagdwild der Beutegreifer waren, schon immer, also von Natur aus, dämmerungs- und nachtaktiv.
Weil die Verfolgung und der Fang von Säugetieren zum Zweck der Bestimmung oder des Nachweises bestimmter Arten nicht in Betracht kommen, bleibt es meistens bei Zufallsbeobachtungen. Wer allerdings häufiger möglichst früh morgens oder in der Abenddämmerung unterwegs ist, bevorzugte Lebensräume der Tiere kennt und sich richtig in Wald, Feld und Flur bewegt, wird auch Säugetierarten begegnen, die viele Menschen nur aus Büchern und Filmen kennen.
Etliche Säugetier-Experten stellen zwar selbst keine Fallen auf, lassen aber andere – nämlich Eulen und Käuze – für sich jagen. Sie sammeln an ihnen bekannten Brut- und Ruheplätzen der gefiederten nächtlichen Jäger regelmäßig die Speiballen, die Gewölle, auf und sind in der Lage, nach den darin enthaltenen Skelettresten, vor allem nach Schädel und Gebiß, die Art des jeweiligen Kleinsäugers genau zu bestimmen. So erhalten sie nicht nur einen guten Überblick über die Kleinsäugerfauna des betreffenden Gebietes, sondern auch Kenntnisse über Häufigkeit und Bestandsschwankungen.
Ein anderer – an sich recht trauriger – Weg zur Kenntnis der heimischen Tierwelt führt über das Studium der Opfer des Straßenverkehrs. Neben den Igeln, die man die klassischen Leidtragenden unseres extrem verdichteten Straßennetzes nennen kann und die jeder Autofahrer kennt, sind bedauerlicherweise hin und wieder auch alle anderen Säugetiere als Verkehrstote plattgewalzt auf der Fahrbahn oder angefahren und am Straßenrand verendet anzutreffen.
Säugetierkenner beherrschen natürlich auch etliche Methoden, um bestimmte Arten mit Futter oder akustisch anzulocken oder – wie z.B. die Fledermäuse – dadurch nachzuwei-

sen, daß ihre Ultraschallrufe für den Menschen hörbar gemacht werden.

### Vögel

Häufiger als alle anderen Wirbeltiere begegnen dem Naturfreund Vogelarten. Für viele Menschen, die Gärten besitzen oder gar „im Grünen“ wohnen, gehören sie zu den ständigen Begleitern. Aber auch mitten in den Städten sind einige Vogelarten stets gegenwärtig.

Da ist es nicht verwunderlich, daß sich die Vögel unter allen Tiergruppen der stärksten Zuneigung des Menschen erfreuen. Ihr zum Teil recht konstrastreiches Gefieder und ihre vielfältigen Rufe und Gesänge wecken Aufmerksamkeit und erleichtern die Bestimmung. Ihre Flug- und Zugleistungen einerseits und ihr erblich fixiertes, hochkompliziertes Fortpflanzungsverhalten von der Balz über den Nestbau, die Revierverteidigung bis zur Aufzucht der Jungen andererseits sichern ihnen Bewunderung und einen hohen Bekanntheitsgrad. Dazu tragen ganz maßgeblich auch Film und Fernsehen bei, die der Vogelwelt in aller Regel mehr Raum geben als allen anderen Tierklassen zusammen.

Von den weltweit bekannten 8700 Vogelarten kommen rund 300 (knapp 3,5 %) auch in Mitteleuropa vor, zumindest wenn man neben den Brutvögeln auch die Durchzügler, Wintergäste und Invasionsvögel mit einrechnet. Vögeln kann man zu allen Jahreszeiten begegnen. Im Herbst und im Frühjahr bietet der Vogelzug oft besonders eindrucksvolle Bilder, etwa der Massenzug der Saatkrähen oder die große Keil-Formation ziehender Kraniche. Im Winterhalbjahr faszinieren vor allem die Ansammlungen nordischer Wasservögel auf Flüssen, Seen und an der Meeresküste den Beobachter.

Daß wir Vögel geradezu als allgegenwärtig erleben, verdanken wir vor allem der enormen Anpassungs- und Gewöhnungsfähigkeit zahlreicher Arten. Nur weil ursprüngliche Felsen- und Gebirgsbewohner wie Hausrotschwanz, Mehlschwalbe und Turmfalke auch mit den „Kunstfelsen“ unserer Städte und Dörfer Vorlieb nehmen, weil ehemals scheue Waldbewohner wie Schwarz- und Singdrossel zu Gartenvögeln wurden und noch vor wenigen Jahrzehnten scheue Vogelarten mit großer Fluchtdistanz wie die Ringeltaube verstädterten und ihre Furcht vor dem Menschen nahezu völlig ablegten, leben wir heute vielfach mit freilebenden Vögeln in enger Gemeinschaft. Natürlich bringt der Mensch auch seinen Teil zu deren Zustandekommen bei. Keiner Tiergruppe hat er schon so früh besondere Sympathie bekundet und gesetzlichen Schutz angedeihen lassen wie den Vögeln, die – zumindest in Mitteleuropa – mit wenigen Ausnahmen vor jeder Verfolgung sicher sind. Praktische Vogelschutzmaßnahmen am Haus und im Garten werden von Vogel- und Naturschützern propagiert und von vielen Men-

**Bild 2: Bezeichnungen des Vogelkörpers**

schen ausgeführt. Das beginnt bei der leider vielfach übertriebenen Winterfütterung und führt über das Angebot von Nisthilfen und von für Vögel interessanten fruchttragenden Sträuchern und Bäumen bis zum Schutz der Schwalbennester und dem Anbringen von Niststeinen an Gebäuden.

Die Zutraulichkeit etlicher Vogelarten gestattet deren Beobachtung und Bestimmung bereits mit bloßem Auge. Ansonsten aber gehört das Fernglas zur Standardausrüstung jedes Vogelfreundes. Fernrohre oder Spektive können im freien Gelände, vor allem an der Meeresküste, an Seeufern, aber auch in Feuchtwiesengebieten sehr hilfreich sein (vgl. S. 1).

Bei manchen Vogelarten setzt die sichere Bestimmung das Erkennen recht unauffälliger differenzierender Merkmale voraus, die in den verschiedenen „Kleidern" sehr unterschiedlich ausgeprägt sein oder fehlen können. Männchen und Weibchen, erwachsene und junge Tiere sind bei vielen Vogelarten an der Färbung bzw. an der Zeichnung des Gefieders zu unterscheiden. Außerdem kann eine zweimalige Mauser im Jahr bei ein und demselben Individuum zu unterschiedlichen Brut- und Ruhekleidern bzw. Pracht- und Schlichtkleidern bzw. Sommer- und Winterkleidern führen. Weil das Erscheinungsbild einer Vogelart in vielen Fällen erst durch mehrere Abbildungen vollständig dargestellt werden kann, dieses aber hier nicht möglich ist, empfiehlt es sich, zusätzlich einen speziellen Vogelführer (z. B. den Kosmos-Naturführer „Die Vögel Europas") zu benutzen.

Bei der Beschreibung von Vogelarten werden zumeist Begriffe verwandt, die auch bei Mensch und Säugetieren üblich sind; einige weitere kommen hinzu. Worauf sie sich beziehen, zeigt Bild 2.

Die Kopfleiste der Texte zu den einzelnen Arten enthält zunächst die Länge (**L**) des betreffenden Vogels von der Schnabel- bis zur Schwanzspitze. Bei einigen besonders langschwänzigen Arten stehen hinter dem **L** zwei Zahlen: die erste für die Kopf-Rumpf-Länge, die zweite – durch ein +-Zeichen verbunden – für die Schwanzlänge. – Um eine kurze, leicht umsetzbare Information hinsichtlich der Größe des behandelten Vogels zu geben, sind in der Mitte der Kopfleiste Arten genannt, die bekannt und in der Körpergröße ähnlich sind. Die verschiedenen Zusätze bedeuten:

~ etwa so groß wie,
\> größer als,
\>> viel größer als,
< kleiner als,
<< viel kleiner als.

Die Daten der zum Größenvergleich genannten Vogelarten, bei denen es sich natürlich nur um grobe Richt- oder um gemittelte Werte handeln kann, sind der Seite 429 zu entnehmen.

Innerhalb der angegebenen Zeiten kann mit den betreffenden Arten in Mitteleuropa gerechnet werden. Dabei unterscheidet man grob zwischen Jahresvögeln (Jan.–Dez.), die ganzjährig hier vorkommen, Sommervögeln (z. B. Apr.–Sept.), die hier brüten oder übersommern, den Winter aber anderswo verbringen, und Wintervögeln (z. B. Nov.–Febr.), die anderswo den Sommer verbringen und brüten, und bei uns danach als Wintergäste erscheinen.

Obwohl z. B. auch bei Amphibien und bei Heuschrecken akustische Merkmale bei der Bestimmung der Arten hilfreich sind, haben bei den Vögeln Rufe und Gesänge für die Beschäftigung mit den verschiedenen Arten die mit Abstand größte Bedeutung. Gerade im äußeren Erscheinungsbild oft sehr ähnliche Arten verfügen über unterschiedliche Gesangsrepertoires, so daß sie akustisch leichter zu unterscheiden sind als optisch.

In diesem Tierführer sind Vogelstimmen nur dann erwähnt, wenn sie sehr markant und mit Worten hinsichtlich der Klangfarbe, des Strophenumfangs oder des Rhythmus gut zu beschreiben sind. Zum Glück ist man heute nicht mehr auf die unzulänglichen Beschreibungen der Rufe und Gesänge mit Worten und Noten angewiesen. Heute lernt man die Vogelstimmen nach Tonaufzeichnungen vergleichsweise leicht kennen, wobei CDs zur Zeit die Tonkassetten ablösen, denen ganze Serien von Vogelstimmen-Schallplatten vorausgingen. Die Möglichkeit, Vogelgesänge auf Band aufzunehmen und anschließend zu vergleichen, werden obendrein ebenfalls immer vielfältiger und perfekter, so daß die Welt der Vogelkonzerte eigentlich immer mehr Menschen vertraut werden könnte.

Doch eines bleibt dem am Vogelgesang interessierten Naturfreund nicht erspart: Wer das Vogelkonzert in voller Schönheit erleben will, muß früh aufstehen. Von einem Punkt aus das Erwachen der Vögel im Sinne einer „Vogeluhr" zu registrieren und zu hören, wie zuerst der Hausrotschwanz, dann das Rotkehlchen, etwas später Singdrossel und Amsel und weitere Arten in den Chor einstimmen, gehört nicht nur zu den schönsten Naturerlebnissen, sondern ist auch ein sicherer und leicht begehbarer Weg zum Kennenlernen der Vogelstimmen und deshalb gerade Anfängern zu empfehlen.

**Reptilien und Amphibien**

Ein entscheidendes Merkmal, das diese beiden Wirbeltierklassen, die die Herpetofauna bilden, scharf von den Klassen der Säugetiere und Vögel absetzt, ist die Poikilothermie, die wechselnde Körpertemperatur in Abhängigkeit von der Wärme ihrer Umgebung. Die Umgebungstemperatur schränkt die Aktivitätsphasen der Reptilien und Amphibien in unseren Breiten stark ein. Bei kühlen Temperaturen fallen sie in eine Kältestarre, die im Winterhalbjahr monatelang dauert und die probate Überwinterungsform fast aller Wechselwarmen (poikilothermen) Tiere darstellt. Vor allem auf die stark eingeschränkten Möglichkeiten zur aktiven Entfaltung bei nach Norden kürzer werdenden frostfreien Zeiträumen ist es zurückzuführen, daß die mitteleuropäische Herpetofauna im Vergleich zu der südlicherer Regionen bereits ausgesprochen artenarm, diejenige Nordeuropas allerdings noch artenärmer ist.

Während Amphibien (Lurche) und Reptilien (Kriechtiere) darin übereinstimmen, daß sie keine wärmeisolierende Körperhülle aufweisen, unterscheiden sie sich in anderer Hinsicht sehr grundlegend. Amphibien sind mit wenigen Ausnahmen noch insofern voll vom Wasser abhängig, als sich Laich und Larven im Wasser entwickeln (Bild 3). Aber auch die erwachsenen Tiere leben im oder am Wasser bzw. im feuchten Boden und werden an Land zumeist nur in Zeiten hoher Luftfeuchtigkeit, d.h. in der Nacht oder nach Regenfällen aktiv. Bei normal trockener Luft verlieren sie über die zarte Haut soviel Feuchtigkeit, daß sie

**Bild 3: Vollständige Verwandlung (Metamorphose) bei Amphibien: Vom Ei über die Larvenstadien (Kaulquappen) zum fertigen Frosch.**

ohne die Möglichkeit zum „Auftanken" bald zugrundegehen. Gerade die Durchlässigkeit der Haut aber ist für die Amphibien lebens-

wichtig. Sie ermöglicht die Hautatmung, die bei den Amphibien angesichts der noch wenig funktionstüchtigen, sackartigen Lungen unerläßlich ist.
Bei den Reptilien sind Differenzierung und Oberflächenvergrößerung der Lungen soweit fortgeschritten, daß die Hautatmung entfallen kann und eine Körperhülle aus Schuppen zugleich auch die Wasserverluste minimiert. An die Stelle der drüsenreichen Amphibienhaut tritt die drüsenfreie Haut der Eidechsen und Schlangen. Die Reptilien sind auch deshalb die ersten echten Landbewohner, weil die

**Bild 4: Direkte Entwicklung bei Reptilien: Vom Ei über kleinere Jungtiere zur erwachsenen Eidechse.**

meisten Arten ihre beschalten Eier an ausgesprochen trockenen Orten in den Sand oder in den Boden legen und von der Sonne ausbrüten lassen (Bild 4). Im Gegensatz zu den Amphibien findet man auch die erwachsenen Reptilien vorzugsweise an den wärmsten und trockensten Orten, z.B. an von der Sonne aufgeheizten Felsen, Felswänden und Gemäuer. Mit wenigen Ausnahmen sind Eidechsen und Schlangen im Mitteleuropa daher auf die wärmeren Regionen beschränkt. Bereits südlich der Alpen nimmt die Zahl der Reptilienarten deutlich zu; in manchen heißen Trockengebieten stellen sie die artenreichste Wirbeltierklasse dar.
Neben der Giftbelastung und der damit verbundenen Verarmung der Insektenwelt stellen Schwund und Verschmutzung von Kleingewässern die wichtigste Ursache für den Rückgang der Amphibien, die zunehmende Beschattung und Verdunkelung durch heranwachsende Sträucher und Bäume einen maßgeblichen Grund für das Seltenerwerden von Reptilien dar. Inzwischen aber hat die Bedrohung der Herpetofauna mancherlei Naturschutzaktivitäten ausgelöst. Tausende neuer Kleingewässer haben die Lebensräume der Amphibien wieder etwas ausgeweitet. Auch die Anlage von Gartenteichen kann ein wertvoller Beitrag zum Artenschutz sein, wenn man deren natürliche, spontane Besiedlung abwartet und sich nicht dazu verleiten läßt, Laich, Larven oder erwachsene Tiere verbotswidrig von draußen zu holen und einzusetzen. Für Reptilien werden extensiv genutzte Trokkenrasen, Blockhalden, Felswände und ähnliche sonnig-warme Lebensstätten geschützt und schattenfrei gehalten.

### Fische

Die Artenkenntnis der allermeisten Naturfreunde schließt interessanterweise die Fische nicht mit ein. Sie scheinen den Freizeitanglern vorbehalten zu sein. Grund dafür ist gewiß die Tatsache, daß sich die Fische im Wasser meistens dem Blick des Beobachters entziehen und daß sie nicht ohne weiteres gefangen und wieder eingesetzt werden dürfen. Obendrein sind viele Arten einander sehr ähnlich.
Deshalb bringt dieser Tierführer im Gegensatz

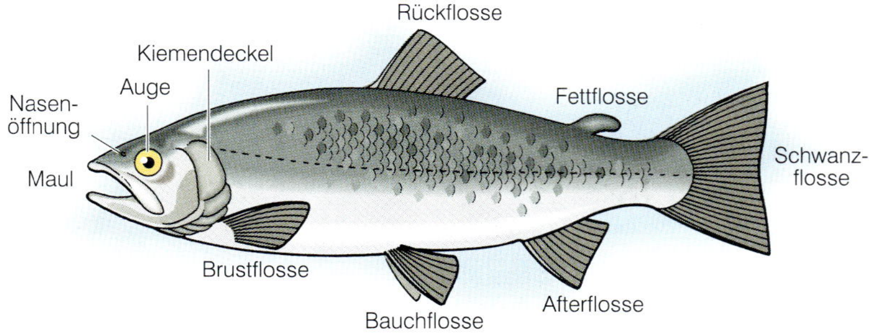


**Bild 5: Körperteile eines Fisches**

zu den anderen 4 Wirbeltierklassen die Fische nur in einer kleinen Auswahl, die dem Angler nicht genügen kann.

Dabei handelt es sich bei unseren „Fischen" streng genommen im Sinne der modernen Systematik um 3 Wirbeltierklassen:

- die Rundmäuler, zu denen die Neunaugen gehören;
- die Knorpelfische mit den Haien und Rochen;
- die Knochenfische mit der weit überwiegenden Mehrzahl aller Fischarten.

Während man mit etwas Mühe und Geduld Süßwasserfische noch durchaus in ihrem natürlichen Lebensraum beobachten kann, besteht dazu bei Meeresfischen kaum Gelegenheit. Einige Arten werden jedoch häufiger an den Strand geschwemmt, andere regelmäßig von den Fischern angelandet, so daß es durchaus Möglichkeiten gibt, sich mit den Arten näher zu befassen. Dazu empfiehlt sich dann die Benutzung eines speziellen Naturführers.

Wer Fische in Bächen, Flüssen und Seen beobachten will, sollte ein Fernglas und viel Zeit mitbringen. Geeignete Beobachtungsorte sind z.B. Brücken über klaren Bächen oder Flüssen. Hier halten sich bestimmte Fischarten besonders gern auf. Andere Arten kann man von unbewachsenen Ufern aus oder zwischen den Blättern der Schwimmblattgewächse beobachten. Wer jedoch Gestalt und Bewegungsweise verschiedener Fischarten wirklich gründlich studieren will, der sollte eines der Aquarien besuchen, die es in vielen Zoos und speziellen Einrichtungen gibt. Natürlich kann der Naturfreund, der zappelnde Fische an der Angel oder im Netz ertragen kann, sich auch einmal einem Freizeitangler oder Berufsfischer anschließen und sich mit dem Fang näher beschäftigen.

Da die Fische zum Teil sehr spezielle Anforderungen an die Wasserqualität, die Wassertemperatur, den Sauerstoffgehalt, die Wasserbewegung, den Salzgehalt oder andere ökologische Gegebenheiten stellen, kann man schon über den jeweiligen Lebensraum die Zahl der für die Bestimmung in Betracht kommenden Arten stärker eingrenzen.

In der Kopfleiste zu den einzelnen Arten sind Längenmaße angegeben, die sich jeweils im normalen Maximalbereich bewegen. Immer kann damit gerechnet werden, daß ab und zu noch größere Exemplare auftreten. Da Fische auch im Winter mehr oder weniger aktiv sind, erscheint die Angabe bestimmter Beobachtungszeiträume wenig sinnvoll. Stattdessen ist die Laichzeit (**LZ**) genannt, innerhalb derer manche Fischarten am ehesten nahe der Wasseroberfläche zu beobachten sind.

Das Grunderscheinungsbild eines Fisches mit den fast immer vorhandenen äußeren Organen, vor allem mit den verschiedenen Flossen, ist in Bild 5 dargestellt. Lage, Größe und Form der Flossen können von Art zu Art vielfältig variieren und stellen neben der Gesamtgestalt und der Maul- und Schwanzform die besten Arterkennungsmerkmale dar. Die Färbung der Fische dagegen ist individuell, örtlich und zeitlich oft sehr unterschiedlich und bei der

Bestimmung der Arten nicht immer hilfreich. Angaben zur Häufigkeit und Verbreitung von Fischarten sind oft nur eingeschränkt möglich, weil die Fischfauna der meisten Gewässer durch künstlichen Besatz – zum Teil mit im Gebiet nicht ursprünglich heimischen Arten – in vielfältiger und regional unterschiedlicher Weise verändert worden ist und auch heute noch immer wieder vom Menschen beeinflußt wird.

# Wirbellose Tiere

Mit den Wirbellosen stellt sich eine auf den ersten Blick nahezu unüberblickbare Arten- und Formenfülle dar. Das Spektrum ist unglaublich weitreichend, vom Pantoffeltierchen bis zum Hummer und vom Strudelwurm bis zum Maikäfer. Insgesamt verbergen sich mindestens 1,5 Millionen, nach manchen Schätzungen sogar mehr als 10 Millionen Tierarten hinter dem Begriff „Wirbellose". Kein Mensch kann alle diese Tiere erkennen oder benennen. Ziel dieses Buches ist es, die leicht erkennbaren und interessanten Arten aus Mitteleuropa exemplarisch vorzustellen. Mit etwas Übung sollte es möglich sein, z.B. im Garten beobachtete wirbellose Tiere wenigstens einer der hier vorgestellten Gruppen zuzuordnen. Dabei hilft die Gesamtübersicht (Bild 6).
Natürlich mußte die Auswahl eng begrenzt werden. Von einigen Gruppen der Wirbellosen werden nur exemplarisch einzelne Arten vorgestellt, wie z.B. von den Einzellern, den Schwämmen, den Rundwürmern, den Strudelwürmern und den Fadenwürmern. Diese Arten bleiben dem normalen Beobachter im allgemeinen verborgen und sind meist auch nur sehr schwer zu bestimmen.
Ein größerer Schwerpunkt wird vor allem auf die Gliederfüßer (*Arthropoda*) und die Weichtiere (*Mollusca*) gelegt. Diese Tiere begegnen uns auf Schritt und Tritt, viele Arten sind auch allgemein bekannt. Dennoch ist auch bei diesen die Artenauswahl eng begrenzt.

## Gliederfüßer

Der Tierstamm der Gliederfüßer (*Arthropoda*) weist als Gemeinsamkeit aller Arten ein Außenskelett aus Chitin und eine unterschiedliche Anzahl gegliederter Extremitäten auf (allerdings sind bei vielen Arten die Extremitäten reduziert oder stark abgewandelt). Die Gliederfüßer werden grob unterteilt in die Klassen Insekten, Spinnentiere, Krebstiere, Hundertfüßer und Doppelfüßer.

### Insekten

Insekten stellen die artenreichste Klasse aller Tiere. Bisher wurde weit über eine Million verschiedener Arten beschrieben, fast täglich kommen neue hinzu. Gegenüber der unglaublichen Formenfülle in den tropischen Regenwäldern nehmen sich die „nur" ca. 30000 Arten in Mitteleuropa geradezu bescheiden aus. Doch in keinem Bestimmungsbuch nur für diese Region könnten alle diese Arten auch nur annähernd vollständig abgehandelt werden. Neben der Artenzahl überraschen die Insekten auch mit ungeheuren Individuenzahlen. Ein einziges Bienenvolk kann aus mehr als 80000 Tieren bestehen. Auf einem Quadratmeter Rasen können bis zu 60000 Springschwänze leben. Es gibt Schätzungen, daß auf einem Hektar (10000 Quadratmeter) Weideland bis zu 500 Millionen Insekten leben.
Insekten sind unter Einbeziehung aller abweichenden Formen nicht ganz leicht zu charakterisieren. Der Grundbauplan der ausgewachsenen Tiere zeigt allerdings weitgehende Übereinstimmung. Der Körper (Bild 7) ist in 3 Hauptabschnitte gegliedert: Kopf (Caput), Brust (Thorax) und Hinterleib (Abdomen). Der Kopf trägt ein Paar Fühler (Antennen), die als Geruchs- und Tastsinnesorgane dienen, sowie ein Paar Komplexaugen, die wegen der wabenartigen Linsen der vielen Einzelaugen

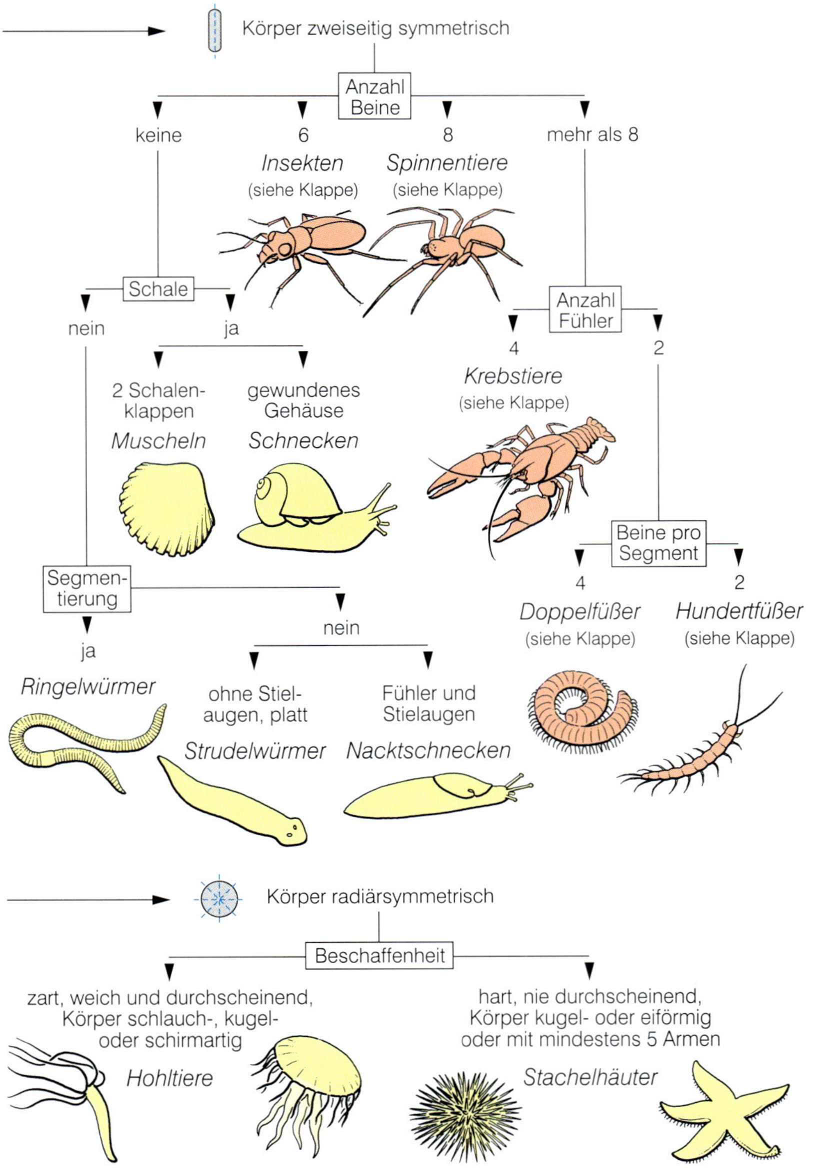


**Bild 6: Vereinfachter Zugang zu den wichtigsten Gruppen der Wirbellosen (nur ausgewachsene Tiere)**

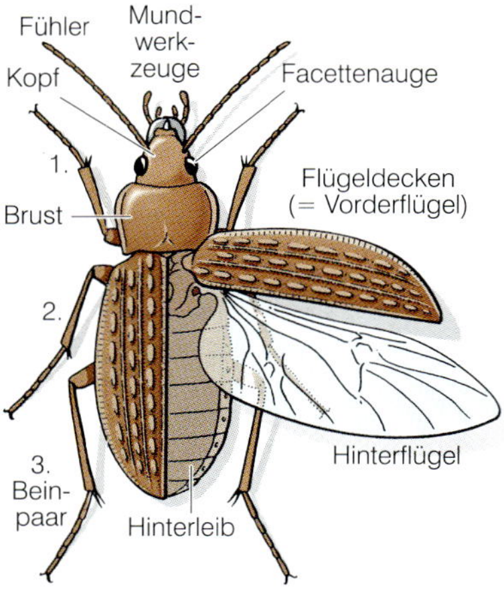


**Bild 7: Körperteile eines Insekts (hier eines Käfers)**

auch Facettenaugen genannt werden. Viele Insekten besitzen auf der Stirn zusätzlich 3 kleine Punktaugen. Die Mundwerkzeuge unterscheiden sich bei den einzelnen Insektenordnungen je nach Ernährungsweise sehr

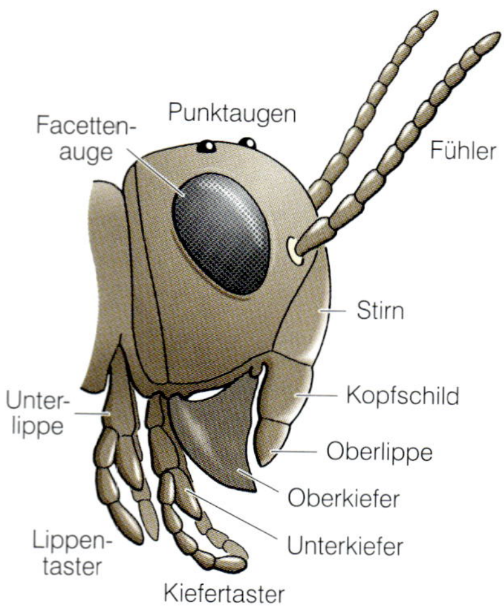


**Bild 8: Insektenkopf mit Mundwerkzeugen**

stark, sind aber auf einen Grundbauplan zurückzuführen (Bild 8).

Das Bruststück besteht aus 3 Abschnitten, der Vorder-, Mittel- und Hinterbrust. Jeder Brustabschnitt trägt 1 Beinpaar; Insekten haben also 6 Beine und werden deshalb auch als Hexapoda (= Sechsfüßer) bezeichnet. Die Beine sind im typischen Fall in Hüfte, Schenkelring , Schenkel, Schiene und Fuß mit Krallen gegliedert (Bild 9). Von diesem Grundbauplan gibt es viele abgewandelte Formen; man

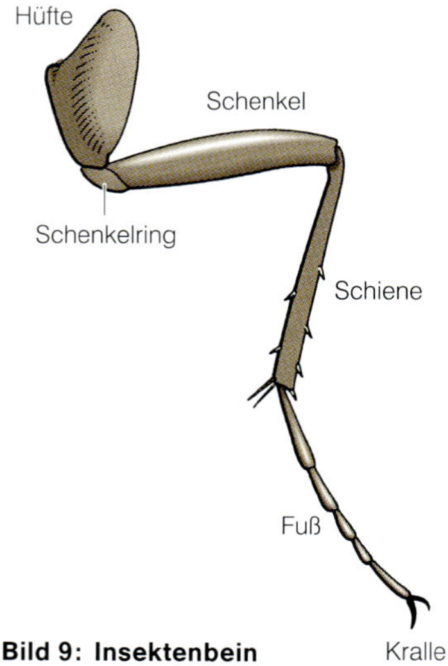


**Bild 9: Insektenbein**

denke nur an die Grabbeine der Maulwurfsgrille, die Fangbeine der Gottesanbeterin oder die Sprungbeine der Heuschrecken und Flöhe.

Die meisten Insekten haben 2 Flügelpaare, die an der Mittel- und Hinterbrust sitzen. Vertreter einiger Ordnungen sind aber grundsätzlich flügellos, z.B. die Springschwänze, Fischchen, Flöhe und Tierläuse. Bei anderen sonst geflügelten Ordnungen haben manchmal bestimmte Arten oder auch nur ein Geschlecht dieser Art die Flügel zurückgebildet, z.B. manche Schmetterlingsweibchen. Manchmal sind die Flügel auch vom Grundtyp abgewandelt, am stärksten bei den Zweiflüglern, deren hin-

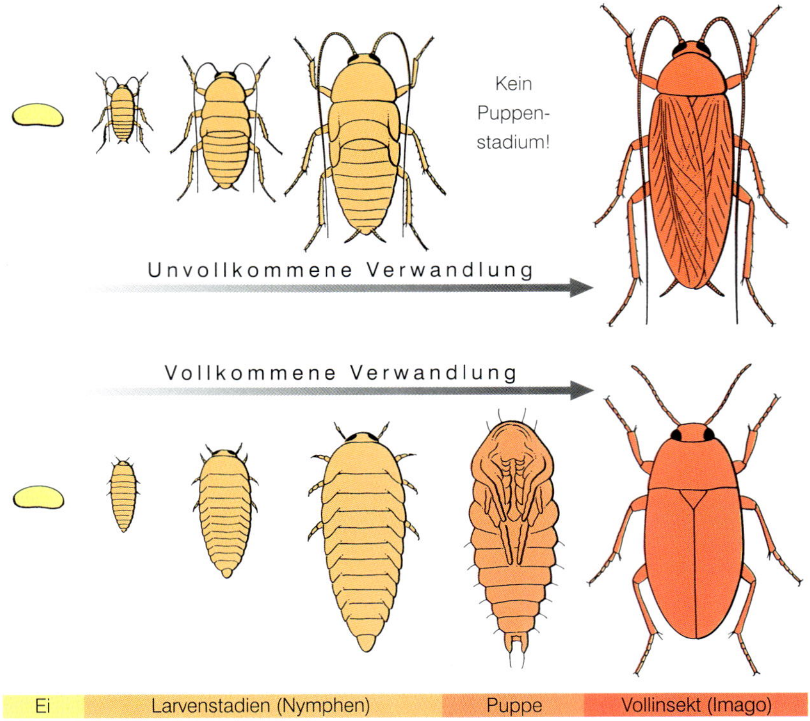


**Bild 10: Vom Ei zum Vollinsekt (Metamorphose). Unvollkommene Verwandlung: Larvenstadien (Nymphen) ähnlich wie voll entwickeltes Insekt (oben). Vollkommene Verwandlung: Über Larvenstadien und Puppe zum Vollinsekt (unten).**

teres Flügelpaar zu den trommelschlegelartigen Schwingkölbchen (Halteren) umgewandelt sind.

Der Hinterleib (Abdomen) besteht aus 11 Segmenten, die aber nicht alle sichtbar sind. Gliedmaßen finden sich hier nicht, viele Arten besitzen aber mehr oder weniger auffällige Hinterleibsanhänge (Cerci), z.B. die Eintagsfliegen.

Insekten entwickeln sich aus Eiern. Man unterscheidet 2 unterschiedliche Formen der Entwicklung, die vollständige und die unvollständige Metamorphose. Die vollständige Metamorphose umfaßt Ei, Larve, Puppe und Imago (z.B. bei den Käfern, Schmetterlingen und Hautflüglern, s. Bild 10). Die Larven werden mit recht unterschiedlichen Namen benannt, z.B. Raupe bei den Schmetterlingen, Made bei den Fliegen oder Engerling bei manchen Käfern. Bei der unvollständigen Metamorphose (z.B. bei den Heuschrecken, Wanzen und Libellen) fehlt ein Puppenstadium. Hier ähneln die Larven in den meisten Fällen den ausgewachsenen Tieren, man spricht hier von Nymphen. Der Grundbauplan der Larven kann sehr unterschiedlich sein, aber niemals tragen Larven Flügel. Ein geflügeltes Insekt ist immer ausgewachsen.

Insgesamt kommen in Europa mehr als 30 Insektenordnungen vor. Einige der artenreichsten und allgemein bekannteren werden hier kurz genannt. Eine ausführlichere Darstellung würde den Rahmen dieses Buches sprengen. Von den meisten Ordnungen wird in diesem Buch zumindest ein Vertreter vorgestellt.

Käfer

Die größte Insektenordnung in Mitteleuropa und weltweit ist die Ordnung der Käfer (*Coleoptera*, s. Bild 7). Bei uns kommen ca. 8000 verschiedene Arten in allen denkbaren Lebensräumen von der Küste bis ins Hochgebirge und vom Gewässerboden bis in die Wipfel der höchsten Bäume vor. Ein wichtiges Erkennungsmerkmal sind die zu harten Schutzdecken umgewandelten Vorderflügel, die sog. Elytren. Die Hinterflügel sind häutig, viele Arten können sehr gut fliegen. Dabei werden die Vorderflügel meist seitlich abgespreizt. Es gibt allerdings auch zahlreiche flugunfähige Arten. Käfer machen eine vollständige Entwicklung durch. Aus den Eiern schlüpfen Larven, die den ausgewachsenen Tieren nicht ähnlich sehen. Für einige gibt es sogar eigene Namen, wie Engerling, Mehlwurm oder Drahtwurm. Die meisten Larven entwickeln sich innerhalb eines Jahres zum Käfer. Bei einigen wenigen Arten dauert die Larvalentwicklung im Extremfall über 10 Jahre, damit gehören sie bei und zu den Insekten mit dem höchsten Alter. Die Larven verpuppen sich, aus der Puppe schlüpft schließlich der fertige Käfer. Bei der großen Artenzahl gibt es unzählige Spezialisierungen bei den Käfern, die vom Schwimmvermögen vieler Wasserkäfer über die Leuchtorgane der Leuchtkäfer bis hin zum Pilzezüchten bei den Kernkäfern reichen.

Hautflügler

Ähnlich artenreich ist bei uns die Ordnung der Hautflügler (*Hymenoptera*). Bei den Hautflüglern werden zwei Unterordnungen unterschieden: Die *Apocrita* mit der sprichwörtlichen „Wespentaille" (zu diesen gehören die Bienen, Wespen und Ameisen) und die *Symphyta*, bei denen Brust und Hinterleib breit zusammensitzen. Fast alle Hautflügler besitzen 4 häutige Flügel, vor allem bei den Arbeiterinnen der Ameisen sind diese aber vollständig zurückgebildet. Viele Arten zeigen bemerkenswerte Formen des Zusammenlebens; man denke nur an die Staatenbildung bei Ameisen und Bienen. Diese betreiben auch eine sehr intensive Brutpflege. Dazu werden zum Teil sehr große und aufwendige Nester gebaut. Auch solitär lebende Arten stellen zum Teil komplizierte Nester unter Nutzung der verschiedensten Materialien her. Viele Arten sind Parasiten oder parasitieren sogar die Larven schon parasitischer Arten.

Schmetterlinge

Die Schmetterlinge (*Lepidoptera* = Schuppenflügler, Bild 11) kommen in Mitteleuropa mit fast 3500 Arten vor. Sie sind durch die mit Schuppen bedeckten Flügel recht gut charakterisiert und besitzen bis auf wenige Ausnahmen einen langen Saugrüssel. Mit diesem können sie Nektar aus Blüten saugen. Manche Arten saugen auch an Pfützen auf Waldwegen, faulendem Obst und anderen verwesenden Stoffen, einige nehmen überhaupt keine Nahrung auf. Allgemein bekannt sind auch die Larven der Schmetterlinge, die Raupen (Bild 12). Sie schlüpfen aus den recht kleinen Eiern, die an oder in der Nähe der Futterpflanzen abgelegt werden, fressen meist Blätter oder andere Pflanzenteile und verpuppen sich nach mehreren Häutungen. Viele Raupen sind sehr auffällig bunt, andere tragen Tarnfarben und ahmen z.B. kleine Zweige täuschend echt nach. Aus den Puppen schlüpfen

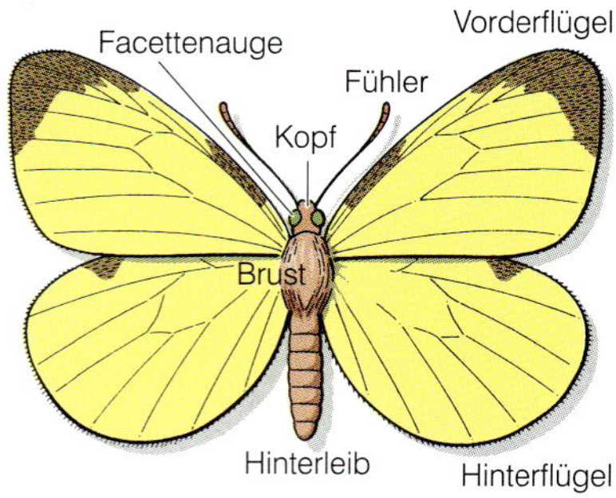


**Bild 11: Körperteile eines Schmetterlings**

**Bild 12: Körperteile einer Raupe**

die ausgewachsenen Falter, die sehr bunt gefärbt sein können. Verbreitet sind auch die unterschiedlichsten Tarntrachten und Warn- oder Schrecktrachten. Im letzteren Fall werden bei Bedrohung plötzlich Augenflecken oder grell gefärbte Flügel- oder Körperpartien präsentiert. Trotz der scheinbar so zerbrechlichen Flügel können viele Schmetterlinge erstaunliche Flugleistungen vollbringen – man denke nur an den rasend schnellen Flug der Schwärmer oder die Wanderungen zahlreicher Tagfalter, die über mehrere Tausend Kilometer führen können. Dabei werden regelmäßig auch Hochgebirge und Meere überquert. Die oft verwendete Einteilung der Schmetterlinge in „Tag"- und „Nachtfalter" ist genauso ungenau und systematisch wenig hilfreich wie die Unterscheidung von „Groß-" und „Kleinschmetterlingen". Denn es gibt genauso am Tag fliegende „Nachtfalter" wie sehr kleine „Groß-" und ziemlich große „Kleinschmetterlinge".

Zweiflügler

Eine weitere sehr artenreiche Ordnung ist die der Zweiflügler (*Diptera*) mit den Fliegen und Mücken. Die Vorderflügel sind häutig, ihre Hinterflügel sind, wie oben schon erwähnt, zu Schwingkölbchen umgewandelt. Zweiflügler durchlaufen ein vollkommene Verwandlung, die Larven sind äußerst vielgestaltig. Am bekanntesten sind wohl die „Maden" vieler Fliegen, die im Sprichwort „im Speck" leben. Viele sind Parasiten; die Larven zahlreicher Arten entwickeln sich im Wasser. Grob werden die Mücken mit fadenförmigen, sechs- oder mehrgliedrigen Fühlern und die Fliegen mit oft nur dreigliedrigen Fühlern unterschieden. Viele Zweiflügler haben stechend-saugende Mundwerkzeuge, man denke nur an die vielen Arten blutsaugender Mücken. Weit verbreitet sind ebenfalls leckend-saugende Mundwerkzeuge, die zum Teil sehr kompliziert gebaut sind, wie etwa bei der Stubenfliege. Die meisten Zweiflügler sind gute, zum Teil sehr schnelle Flieger. Bei der Steuerung spielen die zu hoch spezialisierten Organen umgewandelten Hinterflügel (Halteren = Schwingkölbchen) eine wichtige Rolle. Vor allem bei einigen parasitisch in Fell oder Vogelgefieder lebenden Arten (z.B. verschiedenen Lausfliegen) können die Flügel aber auch vollständig oder teilweise zurückgebildet sein.

Wanzen

Die Wanzen haben gemeinhin einen schlechten Ruf, der sich aber nur auf der Kenntnis der Bettwanze gründet. Dabei ist diese die einzige von etwa 1000 mitteleuropäischen Arten, die Blut saugt. Die meisten anderen Wanzen saugen Pflanzensäfte oder jagen Insekten und andere Wirbellose. Wanzen sind gut durch den Bau ihrer Vorderflügel gekennzeichnet: Etwa zwei Drittel sind ledrig, das hintere Drittel aber häutig. Das kleinere zweite Flügelpaar ist insgesamt häutig. Eine Reihe von Wanzenarten lebt im Wasser, die meisten aber auf dem Land.

Zikaden und Blattläuse

Früher wurden die Zikaden und Blattläuse mit den Wanzen zur Ordnung der Gleichflügler oder Pflanzensauger zusammengefaßt. Heute sind die Wanzen abgetrennt, dennoch erscheint die Ordnung sehr uneinheitlich. Hierher gehören auch die Schildläuse, die zumindest bei flüchtigem Hinsehen kaum als Tier erkannt werden. Vor allem die Blattläuse haben komplizierte Entwicklungszyklen, bei denen sich geschlechtliche und ungeschlechtliche Generationen abwechseln, zum Teil auch verbunden mit einem Wechsel der Wirtspflanzen. Die Zikaden ähneln eher den Wanzen, sie zeichnen sich u.a. durch ihr Sprungvermögen aus.

Heuschrecken

Allgemein bekannt sind die Heuschrecken. Heute teilt man sie in die Ordnungen der Langfühlerschrecken und der Kurzfühlerschrecken ein. **Langfühlerschrecken** besitzen Fühler, die mindestens so lang sind wie

ihr Körper. Das vordere Flügelpaar ist ledrig und ziemlich schmal, das hintere häutig und recht breit. Bei einigen Arten sind die Flügel zurückgebildet, sie können nicht fliegen. Das hintere Beinpaar ist zu kräftigen Sprungbeinen umgewandelt. Die Männchen können durch Aneinanderreiben der Vorderflügel Töne erzeugen. Die Gehörorgane liegen in den Schienen der Vorderbeine.
Die **Kurzfühlerschrecken** besitzen Fühler, die deutlich kürzer als der Körper sind. Sie erzeugen Töne durch Reiben der Beine an den Flügeln. Die Gehörorgane liegen an den Seiten des ersten Hinterleibssegmentes. Die meisten Kurzfühlerschrecken können sehr gut fliegen, man denke nur an die Wanderheuschrecken, die auf ihren Wanderzügen ganze Landstriche kahlfressen können. Bei vielen Arten sind die Hinterflügel bunt gefärbt.
Alle Heuschrecken haben eine unvollständige Entwicklung. Die aus den Eiern schlüpfenden Larven, die sich im Laufe des Wachstums mehrmals häuten, haben große Ähnlichkeit mit den ausgewachsenen Tieren. Allerdings besitzen sie niemals Flügel.

Libellen

Zu den Libellen gehören einige unserer größten Insekten. Sie haben nur kurze Fühler, aber sehr große Augen. Die tagaktiven Libellen sind von wenigen Ausnahmen abgesehen sehr schnelle Flieger, die ihre Beute in der Luft fangen. Ihre Entwicklung spielt sich im Wasser ab. Die Eier werden ins Wasser, in Schlamm oder Wasserpflanzen abgelegt. Aus ihnen schlüpfen Larven, die ebenfalls räuberisch im Wasser leben. Sie besitzen eine sogenannte Fangmaske, mit denen die Beute ergriffen wird. Bei den großen Arten kann die Larvalentwicklung bis zu 4 Jahre dauern.

### Spinnentiere

Nach den Insekten sind die Spinnentiere mit weit mehr als 3000 Arten bei uns die artenreichste Tiergruppe. Sie sind vor allem Landbewohner, die Wasserspinne und zahlreiche Milben sind allerdings echte Wassertiere. Spinnentiere haben anders als die Insekten einen zweigeteilten Körperbau. Man unterscheidet bei ihnen den Vorderkörper (Kopf-Brust-Stück) und den Hinterkörper. Am Vorderkörper tragen sie 6 Paare Gliedmaßen. Das 1. Paar ist zu den Cheliceren, den Kieferklauen, das 2. Paar zu den Pedipalpen, den Kiefertastern umgebildet. Die übrigen 4 Paare sind Laufbeine, ein wichtiges Unterscheidungsmerkmal zu den Insekten. Der Hinterleib trägt keine Gliedmaßen. Spinnentiere sind niemals geflügelt (Bild 13).

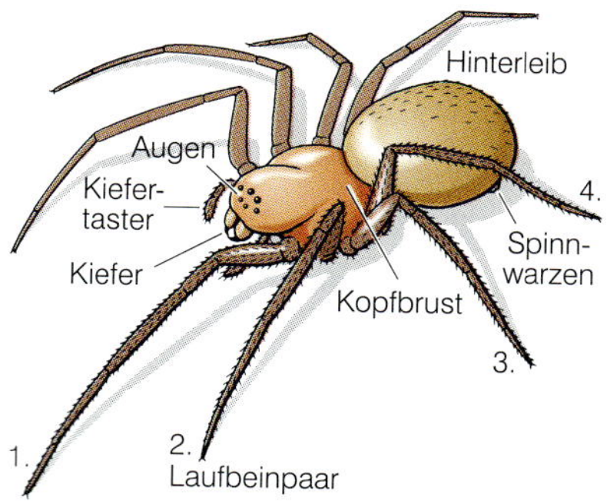


**Bild 13: Körperteile einer Spinne**

Milben

Die artenreichste Gruppe der Spinnentiere sind die Milben. Die meisten Arten sind sehr klein; am bekanntesten sind sicherlich die Zecken. Trotz ihrer geringen Größe kommt den Milben einer erhebliche Bedeutung im Naturhaushalt zu, sei es als Überträger von Krankheiten oder als Zersetzer in der Laubstreu.

Spinnen

Die eigentlichen Spinnen sind von den übrigen Spinnentieren leicht an dem deutlich vom Vorderkörper abgeschnürten Hinterkörper zu erkennen. Außerdem besitzen sie als typisches Merkmal 3 Paare Spinnwarzen.

Weberknechte

Die Weberknechte treten bei uns in vergleichsweise geringer Artenzahl auf. Die meisten sind sehr langbeinig, es gibt aber auch einige kurzbeinige Arten. Bei ihnen sind Vorder- und Hinterkörper zu einer Einheit verschmolzen.

**Krebstiere**
Das wichtigste Unterscheidungsmerkmal zu den anderen Gliederfüßern ist die Tatsache, daß Krebstiere 2 Fühlerpaare besitzen. Dadurch sind sie eindeutig charakterisiert. Die meisten Arten atmen mit Kiemen und leben im Meer, eine gewisse Anzahl auch im Süßwasser. Nur wenige Krebstiere sind wie die Asseln zum Landleben übergegangen; bei ihnen wurden die Kiemen im Laufe der Evolutionen zu Luftatmungsorganen umgewandelt. Erwähnenswerte Ordnungen sind die Blattfußkrebse, zu denen die Wasserflöhe gehören, und die Ruderfußkrebse mit stark verlängerten 1. Antennen. Zu den Zehnfüßigen Krebsen gehören alle bekannten größeren Krebse und Krabben (Bild 14).

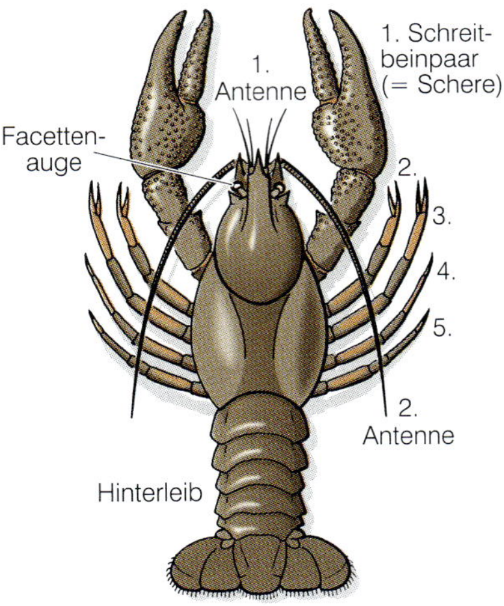


**Bild 14: Körperteile eines Krebses**

## Weichtiere

Ein weiterer wichtiger Stamm sind die Weichtiere oder Mollusken (*Mollusca*). Sie sind nach den Gliedertieren der artenreichste Tierstamm. In diesem Buch werden drei Klassen der Weichtiere berücksichtigt, die Schnecken (*Gastropoda*), die Muscheln (*Bivalvia*) und, allerdings nur mit einer Art, die Tintenfische (*Cephalopoda*). Die meisten Arten leben im Meer, viele aber auch im Süßwasser und die Schnecken auch auf dem Land. So unterschiedlich Mollusken auch aussehen mögen, gemeinsam haben sie im typischen Fall eine Kalkschale (die stark reduziert sein kann) und einen in Kopf, Fuß, Eingeweidesack und Mantel gegliederten Weichkörper. Das Gehäuse dient als Schutz für den Körper.

**Schnecken**
Bei den Schnecken lassen sich nach den Atmungsorganen Vorderkiemer (*Prosobranchia*), Hinterkiemer (*Ophistobranchia*) und Lungenschnecken (*Pulmonata*) unterscheiden. Die Landschnecken und auch viele Süßwasserschnecken gehören zu den Lungenschnecken. Die Form des Gehäuses ist sehr variabel, es kann napfförmig, hochgetürmt oder fast völlig reduziert sein. Schnecken bewegen sich kriechend fort. Um auch auf rauhen Oberflächen im Sinne des Wortes reibungslos voranzukommen, sondern sie aus einer speziellen Drüse Schleim ab. Am Kopf sitzen die Augen und 1 oder 2 Fühlerpaare. Als Besonderheit sitzen die Augen der Landlungenschnecken an der Spitze eines Fühlerpaares, das eingezogen werden kann (Stielaugen). Im Schlund der Schnecken befindet sich die Radula, die meist mit vielen, sehr scharfen Zähnchen versehen ist (Bild 15).

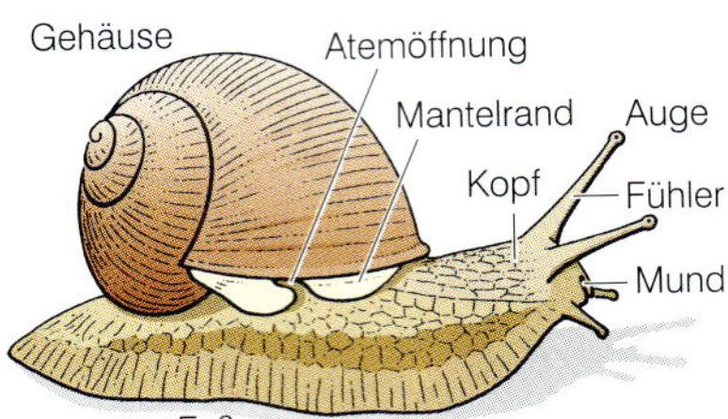


**Bild 15: Körperteile einer Gehäuseschnecke**

**Muscheln**
Muscheln leben ausschließlich im Wasser, die meisten im Meer vom Strandbereich bis in die

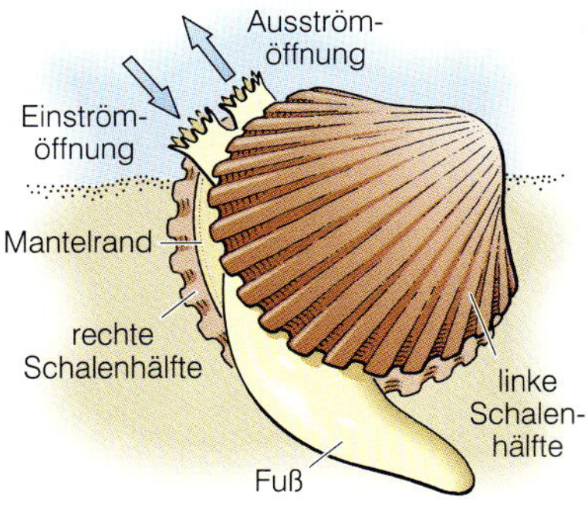


**Bild 16: Körperteile einer Muschel**

Tiefsee, eine Reihe von Arten aber auch im Brack- und Süßwasser. Kennzeichnend sind 2 Schalenklappen, die am oberen Rand durch das sogenannte Schloß miteinander verbunden sind. Die Klappen werden durch sehr kräftige Schließmuskeln zusammengehalten. Im Gegensatz zu den Schnecken haben die Muscheln keinen Kopf, keine Radula und – abgesehen von den Augen am Schalenrand – keine besonders entwickelten Sinnesorgane (Bild 16). Die meisten Arten leben sessil oder bewegen sich nur sehr langsam; einige können allerdings durch den Ausstoß von Wasser auch überraschend schnell schwimmen.

## Ringelwürmer

Vom Stamm der Ringelwürmer sind zunächst die Borstenwürmer (*Polychaeta*) erwähnenswert. Sie sind getrenntgeschlechtlich und tragen auf Vorsprüngen des Hautmuskelschlauches zahlreiche Borsten. Diese Vorsprünge werden auch Parapodien oder Fußstummel genannt. Bemerkenswert ist die Tatsache, daß sie wie der Mensch den roten Blutfarbstoff Hämoglobin besitzen. Zu den Borstenwürmern gehören so bekannte Arten wie Wattwurm und Seeringelwurm
Nicht minder bekannt sind die Gürtelwürmer, zu denen die Wenigborster und die Egel zu zählen sind. Bekanntester Wenigborster ist der Regenwurm als Prototyp eines Wurmes schlechthin. Wenigborster besitzen nur sehr wenige Borsten und sind Zwitter. Borstenlos sind die Egel, von denen der Blutegel die bekannteste Art ist. Bei uns leben sie ausschließlich im Süßwasser.

## Stachelhäuter

Als letzter Stamm sollen hier die Stachelhäuter (*Echinodermata*) kurz beschrieben werden. Sie sind ausschließlich Meeresbewohner. Von allen anderen Tieren unterscheiden sie sich durch ihre fünfstrahlige Symmetrie.
Am bekanntesten sind sicherlich die **Seesterne**. Sie können auf ihren Saugfüßchen umherlaufen und mit großer Kraft die Schalen von Muscheln auseinanderziehen, um diese anschließend zu fressen.
Die **Schlangensterne** bewegen sich durch schlängelnde Bewegungen fort. Bei ihnen sind die langen Arme deutlich gegen die Körpermitte abgesetzt.
Die **Seeigel** sind durch ihre meist kugelige Form und die Stacheln unverkennbar. Es gibt aber auch stärker abweichende Formen wie die Herzseeigel.

# Naturschutz und der Umgang mit Tieren



In diesem Buch werden in den meisten Fällen keine besonderen Hinweise auf die Seltenheit oder die Gefährdung bestimmter Arten, z.B. in Form der Angabe eines Rote-Liste-Status oder eines besonderen gesetzlichen Schutzes gemacht. Vielmehr gehen wir davon aus, daß alle Arten als so wertvoll und schutzwürdig angesehen werden, daß man ihnen keinen Schaden zufügt. Selbstverständlich müssen bei der Beobachtung und beim Fotografieren von Tieren einschlägige gesetzliche Bestimmungen eingehalten werden.

Mit entsprechenden Hilfsmitteln wie Fernglas und Spektiv ausgerüstet, gelingt es meist, auch scheue Vogel- und Säugetierarten aus gebührender Entfernung zu beobachten. Problematischer ist oft die Beobachtung und Bestimmung von Kleintieren. Eine Lupe oder eine Becherlupe ist hier sehr hilfreich. Eingefangene Tiere sollten nach der Betrachtung umgehend am gleichen Ort wieder freigesetzt werden. Zu berücksichtigen ist auch, daß verschiedene Arten unterschiedlich empfindlich sind. So sind Käfer sehr robuste Tiere, denen während eines kurzen Aufenthaltes in einer Becherlupe oder einem Schnappdeckelgläschen kaum Schaden zugefügt werden kann. Anders sieht das z.B. bei Schmetterlingen aus, die besser nicht gefangen werden sollten. In Naturschutzgebieten ist jedes Fangen von Tieren natürlich grundsätzlich verboten.

Nur was man kennt, kann man auch schützen. Möge dieses Buch dazu beitragen, daß viele Naturfreunde möglichst viele Arten kennenlernen – sie sollten allerdings beim Kennenlernen schon an den Schutz denken.

# Verwendete Abkürzungen und Symbole

| | |
|---|---|
| D | Durchmesser |
| G | Gewicht |
| H | Höhe |
| KR | Kopf-Rumpf-Länge |
| L | Länge |
| L+ | Gesamtlänge (Kopf-Rumpf + Schwanz) |
| LZ | Laichzeit |
| S | Schwanzlänge |
| Sp | Spannweite |
| ~ | so groß wie |
| > | größer als |
| >> | viel größer als |
| < | kleiner als |
| << | viel kleiner als |
| ♂ | Männchen |
| ♀ | Weibchen |

Monatsangabe

bei Vögeln, Reptilien, Amphibien und Wirbellosen = Beobachtungszeitraum in Mitteleuropa

bei Fischen = Laichzeit

## 1 Wildschwein
*Sus scrofa*

KR 120–170 cm S 15–30 cm G 40–120 kg, vereinzelt bis 300 kg

**Kennzeichen:** Unverwechselbar; wegen der dunklen Färbung in der Jägersprache als „Schwarzwild" bezeichnet.

**Vorkommen:** In weiten Teilen Mitteleuropas noch heimisch; zeitweise stark wechselnde Bestandsdichte.

**Wissenswertes:** Die Wildform unseres Hausschweins ist eigentlich ein Waldbewohner, profitiert aber offensichtlich von der Landwirtschaft, vor allem vom expandierenden Maisanbau. Hier, aber auch in Kartoffel- und Getreidefeldern richten Wildschweine oft erhebliche Schäden an. Im Walde sind die Allesfresser, die neben Wurzeln und Früchten, Gräsern und Kräutern auch Mäuse und Bodentiere verzehren, meistens unproblematisch. Die Frischlinge (**1c**) erblicken oft schon im Spätwinter das Licht der Welt. Sie sind dann in der Gefahr, durch unbelehrbare Skifahrer, die die gespurten Loipen verlassen, von den flüchtigen Bachen getrennt zu werden.

## 2 Mufflon
*Ovis ammon musimon*

KR 110–130 cm S 6–10 cm G 30–40 kg

**Kennzeichen:** Braun mit hellem Sattelfleck; Widder mit großen, stark gekrümmten, Weibchen mit höchstens 18 cm langen, nicht gewundenen Hörnern, die auch fehlen können.

**Vorkommen:** Ursprünglich in Korsika und Sardinien beheimatet; in den Mittelgebirgen künstlich begründete Populationen.

**Wissenswertes:** In Mitteleuropa gibt es heute erheblich mehr Mufflons als auf den beiden Mittelmeerinseln, wo die Art infolge Wilderei ernsthaft im Bestand bedroht ist.

## 3 Gemse
*Rupicapra rupicapra*

KR 100–120 cm S 5–8 cm G 30–50 kg

**Kennzeichen**: Gesichtszeichnung, Aalstrich auf dem Rücken und Bewegungsweise im felsigen Lebensraum; beide Geschlechter mit bis zu 20 cm langen Hörnern.

**Vorkommen:** In den Hochgebirgsregionen vor allem an felsigen Steilhängen; in Mitteleuropa außer in den Alpen infolge Einbürgerung auch im Schwarzwald, in den Vogesen, in der Schwäbischen Alb und im Elbsandsteingebirge.

**Wissenswertes:** Die Gemsen imponieren dem Wanderer durch ihr gewandtes Klettern und Springen. Der Gamsbart ist kein Bart im üblichen Sinne; er stammt aus dem langen Nacken- und Rückenhaar des Winterfells. Im Gegensatz zu den Geweihen der Hirschverwandten werden die Hörner von Mufflon, Gemse, Steinbock und Wisent nicht abgeworfen.

## 4 Alpensteinbock
*Capra ibex*

KR 115–140 cm S 15 cm G 40–120 kg

**Kennzeichen:** Graubraune Fellfarbe; Hörner der männlichen Tiere bis über 1 m, die der Weibchen bis zu 20 cm lang.

**Vorkommen:** In den Alpen in einzelnen wiedereingebürgerten Populationen insgesamt über 20 000 Tiere.

**Wissenswertes:** Die heute in den Alpen heimischen Steinböcke verdanken ihre Existenz der Tatsache, daß die Art während der extrem starken Verfolgung in früheren Zeiten im italienischen Aostatal (Gran Paradiso) überlebte.

## 5 Wisent
*Bison bonasus*

KR 170–350 cm S 50–80 cm
G 400–1000 kg

**Kennzeichen:** Gewaltige Gestalt; vorn höher als hinten; relativ kurze Hörner.

**Vorkommen:** Außer in Polen im Urwald von Bialowieza in etlichen Zoos und Wildparks.

**Wissenswertes:** Ursprünglich war die Art im Bereich der sommergrünen Laubwälder Europas weit verbreitet. In den 20er Jahren wurden die letzten wildlebenden Bestände ausgerottet. Die Wisente in Bialowieza sind das Ergebnis einer erfolgreichen Wiedereinbürgerung. Von ihnen wiederum stammen fast alle Wisente ab, die an anderen Orten Osteuropas freigelassen wurden oder in unsere Wildparks gelangten.

1a

1b

1c

2

3

4

5

## 1 Rothirsch
*Cervus elaphus*

KR 160–250 cm S 12–15 cm G 75–200 kg
**Kennzeichen:** Größte heimische Wildart nach dem Elch; im Sommer rotbraun, im Winter graubraun; Spiegel hellgelb; ausgewachsene Hirsche mit Geweihen mit mehr als 8, meistens mit 12, manchmal aber auch mit mehr als 20 Enden.
**Vorkommen:** In großen zusammenhängenden Waldgebieten, vor allem im Bergland; früher viel weiter verbreitet.
**Wissenswertes:** Das Röhren der Hirsche in der Brunftzeit (Mitte September bis Anfang Oktober) gehört zu den stimmungsvollsten Herbstphänomenen. Die Winterfütterung des Rotwildes ist in der Regel unerläßlich, weil infolge der Verkehrswege und der Zersiedelung der Landschaft die Rudel nicht mehr wie früher im Winter die nahrungsreicheren Niederungen aufsuchen können. Die Gewährleistung angepaßter Rotwilddichten ist eine vordringliche Aufgabe der Jagd, ohne die es den „König der Wälder" in Mitteleuropa schon längst nicht mehr gäbe.

## 2 Damhirsch
*Cervus dama*

KR 130–200 cm S 15–20 cm G 45–125 kg
**Kennzeichen:** In der Färbung sehr variabel, doch meistens rötlich braun mit hellen Flekken; die Hirsche von August bis April mit einem meist schaufelförmigen Geweih.
**Vorkommen:** In vielen Waldgebieten, auch in Wald-Feld-Mosaiklandschaften; isolierte, zum Teil eng begrenzte Vorkommen.
**Wissenswertes:** Damwild gelangte bereits im Mittelalter (vielleicht schon zur Römerzeit) aus Nordafrika und Kleinasien nach Europa. Weil es sich besser als andere Hirscharten zur Gatterhaltung eignet, wird es heute zunehmend auch zur extensiven Grünlandnutzung verwandt.

## 3 Sikahirsch
*Cervus nippon*

KR 100–150 cm S 11–15 cm G 40–70 kg
**Kennzeichen:** Im Sommer hellbraun, im Winter dunkelbraun; Geweihe der männlichen Tiere mit bis zu 8 Enden.
**Vorkommen:** Ursprünglich in Ostasien heimisch; seit Ende des vorigen Jahrhunderts auch in Europa eingebürgert; inselartige Vorkommen u.a. in Schleswig-Holstein (Angeln), im Sauerland (Arnsberger Wald), an der Weser bei Beverungen und am Oberrhein.
**Wissenswertes:** Diese kleine Hirschart erweist sich in unserer Landschaft als sehr anpassungsfähig, auch gegenüber Störungen durch Erholungssuchende. Sie gelangte nicht aus freier Wildbahn, sondern aus chinesischen Hirschgehegen nach Europa.

## 4 Reh
*Capreolus capreolus*

KR –120 cm S 2–3 cm G 15–30 kg
**Kennzeichen:** Geringe Größe, weißer Spiegel und kaum erkennbarer kurzer Schwanz; Geweih mit nur 4–6 Enden.
**Vorkommen:** Weit verbreitet und vielerorts recht häufig, vor allem in der stark strukturierten Kulturlandschaft, sogar bis in die Stadtrandgebiete.
**Wissenswertes:** Erstaunlich ist die Anpassungsfähigkeit der Rehe, deren Hauptfeinde streunende Hunde und die Autos auf unserem gar zu dichten Straßennetz sind. Die im Mai/Juni geborenen Kitze (**4b**) fallen häufig den Mähmaschinen zum Opfer.

## 5 Elch
*Alces alces*

KR –280 cm S 12 cm G – über 500 kg
**Kennzeichen:** Gewaltige Größe; langbeinig; vorn buckelartig überhöht.
**Vorkommen:** Nordeuropa, Baltikum, Ostpolen, Sowjetunion; in lichten Wäldern mit Sümpfen und Seen; bekanntes Vorkommen auf der Kurischen Nehrung.
**Wissenswertes:** Der Elch ist die größte Hirschart und kam nacheiszeitlich noch in weiten Teilen Mitteleuropas vor. Er lebt weniger gesellig als die anderen Hirschverwandten. Als Nahrung dienen ihm Blätter, Triebe und Rinde von Laubbäumen, vor allem von Weiden, im Winter allerdings auch von Nadelgehölzen.

1a

1b

2

3

4a

4b

5

## 1 Seehund
*Phoca vitulina*

KR 150–200 cm G 75–200 kg
**Kennzeichen:** Rundlicher Kopf mit kurzer Schnauze; V-förmig angeordnete Nasenöffnungen.
**Vorkommen:** Atlantik südwärts bis zum Ärmelkanal; verbreitet in der Deutschen Bucht, selten in der Ostsee.
**Wissenswertes:** Die bekannteste Robbenart begegnet dem Feriengast nicht selten im Wattenmeer und auf Sandbänken. Der Seehund ist ein vorzüglicher Schwimmer und Taucher, der bis zu 20 Minuten lang und bis zu 100 m tief tauchen kann und sich dabei von Fischen, Krebsen, Muscheln und Schnecken ernährt. Im Mai oder Juni gebären die Weibchen ein, selten zwei Junge, die schon weit entwickelt sind und sofort ins Wasser gehen. Wegen ihrer klagenden Rufe werden sie als „Heuler" bezeichnet, vor allem wenn sie von der Mutter getrennt sind. Zeitweilig ging der Bestand rapide zurück, erholte sich jedoch wieder leicht. Bejagung, Störung durch Wassersportler und Touristen und Gewässerverschmutzung stellen für den Seehund die größten Gefahren dar. Der Bestand wird regelmäßig erfaßt, um notfalls den Schutz intensivieren zu können.

## 2 Kegelrobbe
*Halichoerus grypus*

KR 200–300 cm G 120–300 kg
**Kennzeichen:** Auffallender Größenunterschied zwischen den Männchen und den viel kleineren Weibchen; kegelförmiger Kopf mit langgestreckter Schnauze.
**Vorkommen:** Zur Fortpflanzungszeit im Bereich der Britischen Inseln, bei Island und in der östlichen Ostsee; sonst auch gelegentlich in der Deutschen Bucht und südwärts bis Spanien.
**Wissenswertes:** Im Gegensatz zum Seehund bevorzugt die Kegelrobbe felsige Küsten. In der Paarungszeit verteidigen die Männchen ihren Harem, der 6–7 Weibchen umfaßt. Erst nach einem Monat verlassen die Jungtiere ihre Geburtsinseln und -klippen, wo sie solange 2- bis 3mal täglich gesäugt werden.

## 3 Schweinswal
*Phocoena phocoena*

L –180 cm
**Kennzeichen:** Kleinste Walart; Schnauze rundlich, Rückenflosse niedrig, aber breit.
**Vorkommen:** In den europäischen Küstengewässern, vor allem in Großbritannien.
**Wissenswertes:** Der Schweinswal ist auch als Kleiner Tümmler und als Braunfisch bekannt. Er dringt nicht selten in den größeren Flüssen stromaufwärts vor und hält sich gern in flachen Meeresbuchten auf. Die Schweinswal-Bestände sind – vor allem infolge Gewässerverschmutzung – stark zusammengeschrumpft.

## 4 Tümmler
*Tursiops truncatus*

L –350 cm
**Kennzeichen:** Größe; graue Ober- und hellere Unterseite; kurzer „Schnabel".
**Vorkommen:** In allen europäischen Meeren nordwärts bis zur Nordsee, nur selten auch in der Ostsee.
**Wissenswertes:** Der häufigste Delphin in europäischen Meeren ist zugleich auch der bekannteste Star in den Delphinarien. Er lebt meistens gesellig und zeigt sich oft gegenüber Badenden überraschend zutraulich. Eindrucksvoll sind seine Sprünge weit über die Wasseroberfläche hinaus.

## 5 Delphin
*Delphinus delphinus*

L –200 cm G –75 kg
**Kennzeichen:** Helle Flankenzeichnung, in der Vorderhälfte oft hellbraun überlagert; langer, schmaler „Schnabel".
**Vorkommen:** In den warmen Meeren besonders weit verbreitet; gelegentlich auch in der Nordsee.
**Wissenswertes:** Delphine erfreuen oft die Passagiere von Kreuzfahrtschiffen, deren Bugwelle sie folgen. Ihre Bewegungen und Sprünge wirken elegant und verspielt. Manchmal scheinen sie mit den Passagierschiffen um die Wette schwimmen zu wollen, und das mit Erfolg!

1a
1b
2
3
4b
4a
5

## 1 Fuchs
*Vulpes vulpes*

KR 70–80 cm S 40 cm G 6–10 kg
**Kennzeichen:** Meistens rotbrauner, oft aber auch sehr dunkler oder heller Pelz; mit langer buschiger Lunte.
**Vorkommen:** Sehr weit verbreitet und zum Teil häufiger als vermutet; sowohl im Wald als auch in der Feldflur.
**Wissenswertes:** Als Überträger der Tollwut ist der Fuchs ins Gerede gekommen. Weder die früher praktizierte Begasung der Baue noch der verstärkte Abschuß konnten der Seuche Einhalt gebieten; wirksamer scheinen Impfmaßnahmen (z.B. über Köder) zu sein. Im Schutz der Dunkelheit durchstreifen Füchse auch viele besiedelte Bereiche. Man hat sie schon Mülleimer kontrollieren und aus Hundenäpfen fressen sehen. Dank scharfer Sinne und ihrer sprichwörtlichen Intelligenz entziehen sie sich geschickt der Verfolgung. Als Einzelgänger bejagen sie jeweils bestimmte Reviere, die bis zu 100 ha groß, oft aber auch viel kleiner sein können. Tags und zur Aufzucht der Jungen (**1b**) ziehen sie sich in Erdhöhlen (Baue) zurück.

## 2 Wolf
*Canis lupus*

KR 100–140 cm S 30–40 cm G 30–50 kg
**Kennzeichen:** Ähnlich einem sehr kräftigen Schäferhund; auffallend hochbeinig und kurzohrig.
**Vorkommen:** In Mitteleuropa ausgerottet; Restbestände in Osteuropa, Skandinavien, Spanien und Italien; vereinzelte Wiedereinwanderung nach Mitteleuropa möglich.
**Wissenswertes:** Die vielfach furchterregende Hauptfigur von Märchen und Geschichten ergreift vor dem Menschen normalerweise die Flucht. Wild- und Haustiere bis hin zu Rotwild und Rindern aber können im Winter gemeinsam jagenden Rudeln zur Beute werden. Durch nächtliches Heulen halten Wölfe untereinander Kontakt. Inzwischen hat sich die Erkenntnis durchgesetzt, daß der Wolf der alleinige Stammvater aller Hunderassen ist, die in ihrem Verhalten noch viele Übereinstimmungen mit der wilden Stammform aufweisen, z.B. das Einklemmen des Schwanzes zwischen den Hinterbeinen bei Angst und das Knurren und Sträuben der Nackenhaare in aggressiver Stimmung.

## 3 Luchs
*Felis lynx*

KR 80–130 cm S 15–25 cm G 15–30 kg
**Kennzeichen:** Größer als Hauskatze; hochbeinig; mit kurzem Stummelschwanz, auffallenden Pinselohren und Backenbart.
**Vorkommen:** Früher in Mitteleuropa weit verbreitet, inzwischen ausgerottet, aber vereinzelt versuchsweise wieder ausgesetzt (u.a. Bayerischer Wald, Schweiz); Restvorkommen in Skandinavien, Osteuropa, in Spanien und auf dem Balkan.
**Wissenswertes:** Unter den ausgerotteten großen Beutegreifern kommt der Luchs am ehesten für eine Wiedereinbürgerung in Betracht. Er frißt Aas und erbeutet Säugetiere einschließlich Reh- und jungem oder schwachem Rotwild. Ein Problem bei der Wiedereinbürgerung stellt die beanspruchte Reviergröße dar; zumindest männliche Tiere haben Territorien von 100–300 $km^2$ Größe. Ihre Lager und Ruheplätze haben Luchse in Höhlen, Felsspalten oder unter Wurzeltellern vom Winde geworfener Bäume.

## 4 Wildkatze
*Felis silvestris*

KR 40–80 cm S 20–35 cm G 5–10 kg
**Kennzeichen:** Ähnlich einer graubraunen, dunkel getigerten Hauskatze; dicker, stumpf endender Schwanz.
**Vorkommen:** Noch verstreut in bewaldeten Mittelgebirgen; genaue Verbreitung nicht bekannt, da oft mit Hauskatzen verwechselt.
**Wissenswertes:** Die Wildkatze und die Stammform unserer Hauskatzen, die kleinasiatische Falbkatze, sind zwei Rassen ein und derselben Art und daher miteinander fruchtbar zu kreuzen. Obwohl das in freier Wildbahn offenbar sehr selten geschieht, sind beide einander oft sehr ähnlich. Trotz ganzjähriger Schonzeit schweben Wildkatzen ständig in der Gefahr, für streunende Hauskatzen gehalten und geschossen zu werden.

1a

1b

2

3a

3b

4a

4b

## 1 Braunbär
*Ursus arctos*

KR 170–250 cm S 6–12 cm G 150–250 kg
**Kennzeichen:** Unverwechselbar.
**Vorkommen:** Früher in Europa weit verbreiteter Waldbewohner, heute nur noch in Nord- und Osteuropa größere Bestände; jeweils weniger als 100 Tiere in gebirgigen Rückzugsgebieten am Nordhang der Pyrenäen, im Trentino, in den Abruzzen und in Spanien; hier streng geschützt.
**Wissenswertes:** Ob jemals in Mitteleuropa Bären wiedereingebürgert werden, ist noch nicht abzusehen. Als Allesfresser, die sowohl Wurzeln und Früchte als auch Schnecken, Insekten, Kleinsäuger und Jungvögel verzehren, begnügen sie sich mit deutlich kleineren Territorien als gleich große reine Beutegreifer. An Haustieren fallen ihnen nur frei weidende Schafe und Ziegen zum Opfer. Den Winter überstehen sie nicht durch einen Winterschlaf mit großen physiologischen Veränderungen, sondern durch eine einfache, jederzeit zu unterbrechende Winterruhe, während derer sogar die Jungen geboren werden: 1–2 Junge je Wurf.

## 2 Waschbär
*Procyon lotor*

KR 45–65 cm S 20–30 cm G 4–8 kg
**Kennzeichen:** Größer als Hauskatze; graue bis graubraune Fellfärbung; schwarze Gesichtsmaske und schwarz-weiß geringelter Schwanz.
**Vorkommen:** Ursprünglich in Nordamerika beheimatet; seit 1930 mehrfach aus Pelztierfarmen entwichen und in Waldeck (Hessen) bewußt ausgesetzt; inzwischen in Nordrhein-Westfalen, Hessen und Thüringen fest eingebürgert.
**Wissenswertes:** Die nächtliche und heimliche Lebensweise des Waschbären macht es nahezu unmöglich, die einmal bewußt geförderte Faunenverfälschung wieder rückgängig zu machen. Die Art bevorzugt deutlich die Gewässernähe, u.a. auch zum Waschen pflanzlicher Nahrung – ein angeborener Bewegungsablauf, auf den auch der Name Bezug nimmt.

## 3 Dachs
*Meles meles*

KR 60–75 cm S 15–18 cm G 10–20 kg
**Kennzeichen:** Gedrungener Bau; kurzbeinig; silbergrauer Pelz, weißer Kopf mit schwarzen Längsstreifen von der Nase über Augen und Ohren bis zum Nacken.
**Vorkommen:** Weit verbreitet, vor allem in mit Waldinseln durchsetzten Agrarlandschaften.
**Wissenswertes:** Nach starken Verlusten infolge der früheren Begasung der Baue als Maßnahme gegen die Tollwut stabilisieren sich die Dachsbestände jetzt vielerorts wieder. Im Winter hält er anstelle eines echten Winterschlafs nur eine Winterruhe, während der er erheblich an Gewicht verliert. Dachsbauten sind besonders weiträumig und tief und werden von Generation zu Generation „vererbt".

## 4 Fischotter
*Lutra lutra*

KR 70–90 cm S 40–50 cm G 10–12 kg
**Kennzeichen:** Dunkelbraun, anliegend behaart; kurzbeinig, Körper langgestreckt.
**Vorkommen:** Wegen Verfolgung und Lebensraumzerstörung in Mitteleuropa nur noch wenige gesicherte Vorkommen.
**Wissenswertes:** Als auf den Fischfang spezialisierter Beutegreifer ist der Fischotter ein ausgezeichneter Schwimmer und Taucher. Nach der Renaturierung von Gewässern könnte es vermehrt zur Wiedereinbürgerung dieser Art kommen.

## 5 Iltis
*Mustela putorius*

KR 35–45 cm S 18 cm G 0,8–1,6 kg
**Kennzeichen:** Helle Unterwolle läßt schwarzbraunen Pelz zweifarbig erscheinen; dunkel maskiertes weißes Gesicht.
**Vorkommen:** In Mitteleuropa vor allem im Waldrandbereich und in Siedlungsnähe.
**Wissenswertes:** Duftdrüsen am After des Iltis produzieren ein übel riechendes Sekret, das der Art den Namen „Stänker" einbrachte. Iltisse klettern nur wenig, schwimmen aber dafür um so öfter. Frettchen, domestizierte Iltisse, werden zur Kaninchenjagd eingesetzt.

1

2

4a

3

5a

4b

5b

## 1 Steinmarder
*Martes foina*

KR 40–50 cm S 25 cm G 1,2–2,1 kg
**Kennzeichen:** Größe wie Hauskatze; Färbung graubraun; auffälliger weißer Kehlfleck, der unten gegabelt ist.
**Vorkommen:** Weit verbreitet und zum Teil recht häufig, vor allem im Ortsrandbereich und auf Einzelhöfen, aber auch im geschlossenen Wald.
**Wissenswertes:** Mehr Menschen haben mit Mardern zu tun, als man zunächst meinen möchte: Die einen erleben sie als Poltergeister auf dem Dachboden, die anderen beklagen sich über sie, weil sie ihnen das auf dem Waldparkplatz geparkte Auto fahruntüchtig machten, indem sie von unten zwischen Kabel und Gestänge vordrangen und Leitungen zerbissen. Ansonsten leben die Steinmarder recht zurückgezogen und nachtaktiv. Als gewandte und starke Beutegreifer machen sie sich über Beute bis Rehkitzgröße her. In den Siedlungen stellen sie offensichtlich erfolgreich den Ratten nach.

## 2 Baummarder
*Martes martes*

KR 40–50 cm S 25 cm G 0,8–1,6 kg
**Kennzeichen:** Kleiner als der Steinmarder, mehr braun als grau; enger begrenzter, meist gelblicher Kehlfleck.
**Vorkommen:** Seltener als der Steinmarder, meistens auf Waldgebiete beschränkt.
**Wissenswertes:** Im Gegensatz zum Steinmarder ist der Baummarder eher als Kulturflüchter zu bezeichnen. Er hat einen großen Aktionsradius und legt selbst größere Strekken oft in den Baumwipfeln zurück. Tags hält er sich meistens in Baumhöhlen versteckt. Sein Speiseplan reicht von Beeren und Insekten über Mäuse und Kleinvögel bis zum Eichhörnchen, das nach einer wilden Jagd erbeutet wird.

## 3 Hermelin
*Mustela erminea*

KR 22–32 cm S 8–10 cm G 120–350 g
**Kennzeichen:** Schlanker, kurzbeiniger und kleiner als die Marder; Fell oberseits braun, unterseits weiß; im Winter rein weiß mit schwarzer Schwanzspitze.
**Vorkommen:** Weit verbreitet von der Waldlichtung bis zur Industriebrache, am häufigsten in der landwirtschaftlich geprägten Kulturlandschaft, und hier vor allem in Gewässernähe.
**Wissenswertes:** Obwohl es auch klettern kann, jagt das Hermelin in der Regel am Boden. Dabei verschwindet es immer wieder einmal in den unterirdischen Gängen der Schermäuse; die Gangsysteme der kleineren Wühlmäuse sind ihm meistens zu eng. Als zumindest teilweise tagaktiver Beutegreifer wird das Hermelin häufiger beobachtet als andere Marderarten. In seinem weißen Winterkleid (**3b**) ist es in unserer oft schneearmen Winterlandschaft eher auffällig als getarnt; dafür bieten die weißen, luftgefüllten Haare zumindest einen guten Kälteschutz. Im Mittelmeerraum und anderen wärmeren Landstrichen verfärbt sich das Hermelin im Winter gar nicht oder nur unvollständig. Als unermüdlicher Mäusejäger, der natürlich auch schon einmal ein Wildkaninchen erbeutet, verdient es eigentlich ganzjährigen Schutz. Welche Rolle die Feldmäuse im Leben der Hermeline oder Großen Wiesel spielen, erkennt man daran, daß in ausgesprochenen Mäusejahren der Hermelinbestand zunimmt, um nach dem Zusammenbruch der Mäusepopulation ebenfalls wieder zu schrumpfen.

## 4 Mauswiesel
*Mustela nivalis*

KR 11–24 cm S 6 cm G 50–130 g
**Kennzeichen:** Kleinste Raubtierart; Schwanz ohne schwarze Spitze; nur im Hochgebirge und in Nordeuropa Umfärbung zum weißen Winterkleid.
**Vorkommen:** Wie Hermelin; noch häufiger auch in Gärten und Parks.
**Wissenswertes:** Es kann auch kleineren Nagern in deren Gänge folgen. Die große Spanne bei den Größen- und Gewichtsdaten aller hier aufgeführten Marderverwandten erklärt sich daraus, daß die männlichen Tiere durchweg erheblich größer sind als die Weibchen .

1a

1b

2a

2b

3b

3a

4

## 1 Feldhase
*Lepus europaeus*

KR 60–70 cm S 8–10 cm G 4–6 kg
**Kennzeichen:** Gelb- bis rotbraun; Ohren und Hinterbeine lang; Ohren überragen – nach vorn gelegt – die Schnauzenspitze; deutlich größer als Wildkaninchen.
**Vorkommen:** In Agrarlandschaften häufiger als in Waldgebieten; allerdings in neuerer Zeit infolge der Intensivlandwirtschaft stark rückläufig.
**Wissenswertes:** Fabeln, Märchen und Geschichten haben den Hasen – nicht zuletzt auch in der Gestalt des Osterhasen – zum Lieblingstier vieler Kinder gemacht. Dank seiner hohen Vermehrungsrate und seiner der offenen Kultursteppe angepaßten Lebensweise überstand er bislang den massiven Verfolgungsdruck der Beutegreifer und des Menschen, den mörderischen Straßenverkehr, die Störungen durch freilaufende Hunde und die Veränderung seines Lebensraumes durch die moderne Landwirtschaft. Ob ihm das auch in Zukunft gelingt, hängt vom Schutz ab, den man ihm angedeihen läßt. – Der Feldhase hat keinen unterirdischen Bau, sondern nur eine flache Mulde (Sasse). Seine jeweils 2–4 Jungen (**1b**), die nach 42–44 Tagen Tragzeit mit offenen Augen und komplettem Pelz zur Welt kommen, sind von Anfang an den Unbilden des Wetters und den Feinden ausgesetzt. Nach weiterer Begattung während der Tragzeit können unterschiedlich alte Embryonen ausgetragen werden (Superfoetation). – Sich drückende Hasen machen sich nahezu unsichtbar. Als Langstreckenläufer mit einem reichen Verhaltensrepertoire vom Hakenschlagen bis zum Aus-der-Spur-Springen lassen gesunde Hasen ihre Verfolger in der Regel hinter sich.

## 2 Wildkaninchen
*Oryctolagus cuniculus*

KR 35–45 cm S 5–7 cm G 1,7–2,5 kg
**Kennzeichen:** Graubraunes Fell; Ohren und Hinterbeine deutlich kürzer als beim Feldhasen; Ohren immer aufgerichtet.
**Vorkommen:** Erst im Mittelalter aus Spanien nach Mitteleuropa und von hier aus in fast alle Teile der Erde gebracht; in Mitteleuropa vor allem auf trockenen, leichten Böden; häufig an Waldrändern, im Grün- und Wildland, an Dämmen und Deichen, selbst im Innern der Städte.
**Wissenswertes:** Im Gegensatz zum Hasen bauen die Wildkaninchen unterirdische Gangsysteme (Röhren, Baue, **2b**), in die sie sich als schnell ermüdende Sprinter möglichst rasch zu flüchten versuchen. Ihre 5–8 Jungen, die nach 28–31 Tagen Tragzeit im Schutz des Baues geboren werden, sind anfangs nackt und blind. Mit 4–6 Würfen je Jahr sorgen die Kaninchen für so reichlichen Nachwuchs, daß sie zum Inbegriff der Fruchtbarkeit wurden. Allerdings führt die in Wellen auftretende Myxomatose auch heute noch örtlich immer wieder zum Zusammenbruch der Kaninchenbestände; eine Resistenz scheint sich nur sehr langsam auszubilden. – Die Wildkaninchen sind die Stammeltern aller unserer Hauskaninchen, auch jener Rassen, die wie z.B. Hasen- und Widderkaninchen nur noch wenig Ähnlichkeit mit den wilden Kaninchen haben. Durch die Einmischung andersfarbiger Hauskaninchen kommt es unter den Wildkaninchen gelegentlich zur Ausbildung abweichender – dunklerer oder hellerer – Farbschläge, die örtlich auch sogar die Vorherrschaft erlangen können.

## 3 Schneehase
*Lepus timidus*

KR 53–58 cm S 5–6 cm G 2–4 kg
**Kennzeichen:** Größe zwischen Feldhase und Wildkaninchen; im Sommer graubraun (**3a**), im Winter – zumindest in den Alpen und in Skandinavien – weiß (**3b**).
**Vorkommen:** In den Alpen vom Krummholzgürtel bis zur Schneegrenze; manchmal auch tiefer im Kulturland im Lebensraum des Feldhasen anzutreffen.
**Wissenswertes:** In Nordeuropa zieht sich der Schneehase gegenwärtig weiter nordwärts zurück, während der Feldhase nachrückt. In der Größe, hinsichtlich der Länge seiner Ohren, aber auch bezüglich der Grabfreudigkeit nimmt der Schneehase eine Mittelstellung zwischen Feldhase und Wildkaninchen ein.

1a

2a

1b

2b

3a

3b

## 1 Biber
*Castor fiber*

KR 80–90 cm S 30–40 cm G –30 kg
**Kennzeichen:** Größter Nager Europas; Schwanz abgeplattet, breit.
**Vorkommen:** Ehemals weit verbreitet; Restbestände an der mittleren Elbe, der unteren Rhone, in Polen und Südnorwegen; erfolgreiche Wiedereinbürgerungen u.a. an der Donau, am unteren Inn, im Elsaß und in Österreich.
**Wissenswertes:** Der Biber wurde in früheren Jahrhunderten wegen seines wertvollen Pelzes, seines begehrten Fetts und zur Abwehr von Schäden verfolgt und weithin ausgerottet. Neben Weichhölzern wie Pappeln und Weiden schneidet er auch Obstbäume in charakteristischer Weise kegelförmig an und fällt sie. Knospen, Rinde und dünne Zweige dienen ihm als Nahrung. Äste werden in Dämme eingebaut, mit denen Fließgewässer zu Weihern aufgestaut werden, oder zum Bau von Biberburgen verwandt, die das Wasser bis zu 1,50 m überragen und im Innern trokkene Kammern aufweisen. Ähnliche Kammern baut der Biber auch in den Ufern. Dort verschläft er den längsten Teil des Winters, ohne daß seine Körpertemperatur wie beim eigentlichen Winterschlaf stärker absinkt.

## 2 Nutria
*Myocastor coypus*

KR 45–55 cm S 30–40 cm G 6–10 kg
**Kennzeichen:** Biberähnlich, doch deutlich kleiner; Schwanz rund; Schneidezähne immer sichtbar.
**Vorkommen:** Ursprünglich aus Südamerika stammend; an Gewässern hier und dort Kolonien aus entwichenen oder freigelassenen Farmtieren; meistens nach strengeren Kälteperioden wieder erlöschend.
**Wissenswertes:** Die Nutria, auch Sumpfbiber genannt, ist an Land schwerfällig, im Wasser dagegen als Schwimmer (**2b**) und Taucher sehr gewandt. Ihre kurze Höhle gräbt sie in das Ufer vegetationsreicher Gewässer.
Nutriapelze waren zeitweilig hochmodern. Nachlassendes Kaufinteresse minderte den Wert der Pelze und der Tiere, die daraufhin von manchen Züchtern einfach freigelassen wurden. Nach strengen Wintern weisen die Nutria häufig Erfrierungen an Schwänzen und Ohren auf.

## 3 Bisamratte
*Ondatra zibethicus*

KR 30–35 cm S 25 cm G 1–1,5 kg
**Kennzeichen:** Eine extrem große, gedrungene Wühlmaus mit fast körperlangem, seitlich abeplattetem Schwanz.
**Vorkommen:** Als Pelztier von Nordamerika nach Europa gebracht; 1905 bei Prag in die Freiheit gelangt; seither sich über ganz Deutschland, Belgien und Frankreich ausbreitend.
**Wissenswertes:** Die Art gilt als Beispiel für die schlimmen Folgen der Aussetzung fremder Tierarten. Sie beschädigt mit ihren unterirdischen Gängen Dämme und Deiche und richtet auch in angrenzenden Kulturen und an der Ufervegetation Schäden an. In England ist es gelungen, den Bisam wieder auszurotten, in Mitteleuropa dagegen nicht, obwohl eigens Bisamfänger eingesetzt und für erlegte Tiere Prämien gezahlt wurden. In den Poldergebieten bereitet das Vordringen des Bisams besondere Probleme.

## 4 Murmeltier
*Marmota marmota*

KR 45–60 cm S 13–18 cm G 4–6 kg
**Kennzeichen:** Ein hasengroßer Nager; gedrungene Gestalt; mit kurzen Ohren, die fast völlig im Fell verborgen sind.
**Vorkommen:** In den Alpen und Karpaten in Höhenlagen zwischen 1000 und 3000 m; in der Schwäbischen Alb, im Schwarzwald und im Bayerischen Wald eingebürgert.
**Wissenswertes:** Dem Bergwanderer fallen die Murmeltiere meistens durch ihre Warnpfiffe auf. Rasch verschwinden sie in ihren bis zu 3 m tiefen Bauen, die im Sommer mit getrocknetem Nestmaterial ausgestattet werden. In den besonders gut ausgepolsterten Winterbauen halten die Murmeltiere ihren 6monatigen Winterschlaf, nachdem sie zuvor die Ausgänge von innen verschlossen und abgedichtet haben.

1a

1b

2a

2b

3a

3b

4

## 1 Eichhörnchen
*Sciurus vulgaris*

KR 20–23 cm S 15–20 cm G 300–400 g
**Kennzeichen:** Unverwechselbar.
**Vorkommen:** Mischwälder mit älterem Baumbestand, auch größere Gärten, Parks und Friedhöfe.
**Wissenswertes:** Dank der verschiedenen Farbvarianten von Hell- über Rot- bis Schwarzbraun, die durchaus nebeneinander vorkommen können, vermögen manche Parkbesucher ihre oft handzahmen Tiere individuell zu unterscheiden. Die markanten Ohrbüschel trägt das Eichhörnchen nur im Winter. Dann ist auch der Schwanz am buschigsten. Er wird um den Körper gelegt, wenn sich die Eichhörnchen zur Winterruhe in ihre 20–40 cm großen Kobel zurückziehen und sich dann bei Eis und Schnee tagelang nicht blicken lassen. Im übrigen dient der Schwanz als Steuer, wenn sie stammauf- und stammabwärts sausen und in hohem Sprung von einem Baum zum nächsten wechseln. Daß das Eichhörnchen neben Baumsamen und Früchten, Pilzen und Insekten gelegentlich auch Vogeleier und Jungvögel verzehrt, müssen die Naturfreunde ihm nun einmal nachsehen. Übrigens frißt es im Herbst nur einen kleinen Teil der Nüsse und Eicheln, die es einsammelt. Die meisten versteckt es in Baumhöhlen oder verscharrt es im Boden. Ein gutes Gedächtnis und der Geruchssinn helfen ihm, sie größtenteils im Winter wiederzufinden. Die Grundtechnik des Nüsseknackens ist angeboren; sie wird durch Üben verfeinert.

## 2 Siebenschläfer
*Glis glis*

KR 16 cm S 13 cm G 120 g
**Kennzeichen:** Größer als die beiden folgenden Bilche (Schläfer), aber deutlich kleiner als das Eichhörnchen; silbrig-grauer Pelz; große Augen.
**Vorkommen:** Außer im Nordwesten in allen Teilen Mitteleuropas heimisch; vorzugsweise in Laubwäldern, Parks und Obstgärten, besonders in wärmeren Lagen.
**Wissenswertes:** Als geselliges und nachtaktives Tierchen bleibt der Siebenschläfer auch dann oft unentdeckt, wenn er als Nachbar mit im Gebäude lebt. Von Oktober bis Mai hält er hier oder in Erdbauten einen tiefen Winterschlaf. In Nestern, Baumhöhlen und Vogelnistkästen schläft er nur über Tage im Sommer; bei der Nistkastenkontrolle wird er noch am häufigsten entdeckt. Im Tagesquartier schlafen häufig mehrere Angehörige eines Familienrudels dicht beisammen. Als Nahrung bevorzugt der Siebenschläfer Baumsamen, Früchte, Rinde und Knospen von Bäumen und Sträuchern. Er ist sehr ortstreu und bewohnt meistens ein nur wenige Hektar großes Revier.

## 3 Haselmaus
*Muscardinus avellanarius*

KR 8 cm S 7 cm G 20–30 g
**Kennzeichen:** Kleinster Bilch, nur mausgroß; gleichmäßig rötlichgelber Pelz; auch Schwanz dicht behaart.
**Vorkommen:** In unterholzreichen Laub- und Mischwäldern, vor allem auf feuchteren Standorten; auch in vergrasten, brombeerreichen Forstkulturen.
**Wissenswertes:** Dieser gewandte Kletterer hält sich vor allem im niedrigen Gebüsch und auf hohen Kräutern auf. Er baut aus Gräsern, Laub und Rindenfetzen kugelige Nester mit einem Durchmesser von knapp 10 cm in ½–1 m Höhe über dem Boden. Sie haben einen seitlichen, meistens nur schwer erkennbaren Eingang.

## 4 Gartenschläfer
*Eliomys quercinus*

KR 14 cm S 11 cm G 100 g
**Kennzeichen:** Kleiner als Siebenschläfer; schwarzer Gesichtsstreifen um Auge und Ohr; Wangen und Unterseite rein weiß.
**Vorkommen:** Im südlichen und mittleren Mitteleuropa in offenen, felsigen Biotopen; vor allem in Wein- und Obstgärten, auch in Hütten und Ställen.
**Wissenswertes:** Im Gegensatz zu den anderen Bilchen bevorzugt der Gartenschläfer tierische Nahrung, z.B. Insekten und Schnekken, aber auch kleinere Lurche, Kriechtiere, Nager und Jungvögel.

1a

1b

2a

2b

3

4

## 1 Feldhamster
*Cricetus cricetus*

KR 22–30 cm S 5–6 cm G –500 g

**Kennzeichen:** Meerschweinchenähnliche Gestalt; zwischen brauner Ober- und schwarzer Unterseite markante weiße Felder; kurzer Stummelschwanz.

**Vorkommen:** Aus Steppengebieten Osteuropas westwärts in die Kultursteppen Sachsens und Thüringens ausgreifendes Verbreitungsgebiet; weiter westlich noch isolierte Vorkommen bis nach Belgien.

**Wissenswertes:** Durch seine Vorratshaltung ist der Hamster allgemein bekannt. In seinen großen Backentaschen sammelt er seine überwiegend aus Getreide bestehenden Wintervorräte und trägt sie in seinen großen Bau. Der besteht aus einem bis zu 10 m langen und bis zu 2 m tief reichenden Gangsystem mit mehreren Eingängen und getrennter Schlaf- und Vorratskammer. Hier lagert er bis zu 15 kg Vorräte. Von Oktober bis März hält der Hamster seinen Winterschlaf, aus dem er etwa wöchentlich erwacht, um von seinen Vorräten zu fressen.

## 2 Ziesel
*Citellus citellus*

KR 18–23 cm S 6 cm G knapp 300 g

**Kennzeichen:** Oberseits gelbgrau mit undeutlichen Flecken; rattengroß, aber kräftiger; Aufrichten (Männchenmachen) bei Störung oder Gefahr; schrilles Pfeifen.

**Vorkommen:** Auf Brach- und am Rande von Kulturland; zerstreutes Vorkommen von Bulgarien bis Polen und Tschechien.

**Wissenswertes:** Auch das Ziesel gräbt tiefe Baue und hält darin seinen Winterschlaf. Es hat kleinere Backentaschen als der Hamster; darin trägt es Futter in seinen Bau, um es dort zu fressen. Auf seinem Speiseplan stehen auch Feldfrüchte, weshalb es vielfach als Schädling verfolgt wird.

## 3 Wanderratte
*Rattus norvegicus*

KR 25 cm S 20 cm G –500 g

**Kennzeichen:** Schwanz kürzer als der Körper; kräftiger als die Hausratte, meistens braun.

**Vorkommen:** Weltweit verbreitet, obgleich ursprünglich wohl in Ostasien beheimatet; die „Ratte" schlechthin, im Volksmund auch „Wasserratte" genannt; besonders häufig auf Müllplätzen, in der Kanalisation, in Stallungen und Lagerräumen.

**Wissenswertes:** Die Wanderratte, die überwiegend nachtaktiv ist, lebt oft in Gebäuden und Abwasserkanälen, kann aber auch unterirdische Gangsysteme anlegen. Sie schwimmt häufiger und klettert seltener als die Hausratte. Die Wanderratte lebt meistens gesellig in Familienverbänden, in denen fremde Ratten nicht geduldet werden. Als Allesfresser beschränkt sie sich nicht auf grüne Pflanzenteile, Samen, Früchte und Wurzeln, sondern frißt neben Abfällen und Aas auch kleine Wirbeltiere bis Kaninchengröße. Als Krankheitsüberträgerin und Vorratsschädling muß die Wanderratte nach wie vor intensiv bekämpft werden. Dabei können Beutegreifer wie größere Eulen, Graureiher, vor allem aber Katzen und Hunde, Steinmarder und Iltisse sehr hilfreich sein. Der Einsatz von Gift zur Rattenbekämpfung kann, vor allem wenn er zu leichtfertig erfolgt, für Mensch und Haustiere gefährlich sein. Besser ist es dagegen, die Ursache für die starke Vermehrung oder Konzentration der Ratten zu beheben.

## 4 Hausratte
*Rattus rattus*

KR 20 cm S 25 cm G –250 g

**Kennzeichen:** Schwanz länger als der Körper; meist dunkler und graziler als die Wanderratte.

**Vorkommen:** Ebenfalls weltweit verbreitet; wohl schon in frühgeschichtlicher Zeit im Gefolge des Menschen aus Südostasien nach Europa gelangt; häufiger auf Dachböden als in Kellern.

**Wissenswertes:** Die Konkurrenz der Wanderratte und die Abdichtung der Böden und Lagerräume geben der Hausratte, der gefürchteten Krankheitsüberträgerin des Mittelalters (Pest), heute keine Chance mehr. Wahrscheinlich sind schon große Teile Mitteleuropas hausrattenfrei.

1

2a

2b

3a

3b

4

Die Nager auf dieser Seite gehören zur Familie der **Wühlmäuse**. Sie leben in selbstgewühlten unterirdischen Gängen und haben einen walzenförmig gedrungenen Körper und kurzen Schwanz.

## 1 Feldmaus
*Microtus arvalis*

KR 10 cm S 4 cm G 20–40 g
**Kennzeichen:** Fließender Übergang zwischen bräunlichgrauer Ober- und gelblich grauer Unterseite; Fell kurzhaarig, weich; Ohren deutlich sichtbar.
**Vorkommen:** In Mitteleuropa allgemein verbreitet; außer im Walde überall anzutreffen; häufigste heimische Säugetierart.
**Wissenswertes:** Die Feldmaus zeichnet sich durch ein extremes Vermehrungspotential aus. Ein Weibchen wirft im Jahr bis zu sechsmal jeweils bis zu 10 Junge, die erst nach 10 Tagen die Augen öffnen. Bereits 2 Tage später können die Weibchen geschlechtsreif sein. Theoretisch könnte ein Weibchen im Laufe eines Jahres mit Kindern und Kindeskindern über 500 Nachkommen haben. Vermehrung ist auch in milden Wintern möglich. Die Massenvermehrung endet jeweils nach 3–5 Jahren mit einem Zusammenbruch des Feldmausbestandes. Eine große Zahl Mauselöcher (ca. 3,5 cm Durchmesser) und oberirdischer Laufgänge deutet darauf hin, daß sich der Bestand auf den Gipfelpunkt zubewegt.

## 2 Erdmaus
*Microtus agrestis*

KR 10 cm S 4 cm G 30–40 g
**Kennzeichen:** Der Feldmaus sehr ähnlich; Fell etwas länger und rauher; Ohren in langen Haaren kaum sichtbar.
**Vorkommen:** In ganz Mitteleuropa; vor allem in feuchteren und kühleren Biotopen; Grünland, vegetationsreiche Kahlschläge und Forstkulturen.
**Wissenswertes:** Die Gangsysteme, die Vermehrungsfreudigkeit und der allerdings etwas raschere Massenwechsel erinnern an die Feldmaus. Insgesamt aber ist die Erdmaus weniger stark auf die unterirdische Lebensweise eingestellt.

## 3 Schneemaus
*Microtus nivalis*

KR 11 cm S 5 cm G 48 g
**Kennzeichen:** Hellgraues Fell; relativ langer Schwanz und lange Hinterfüße.
**Vorkommen:** In den Hochgebirgen oberhalb der Baumgrenze auf Almen und Geröll.
**Wissenswertes:** Häufiger als andere Wühlmäuse auch am Tage zu beobachten.

## 4 Kurzohrmaus
*Pitymys subterraneus*

KR 9 cm S 3,5 cm G 20 g
**Kennzeichen:** Feldmausähnlich, jedoch noch kleinere Augen und kürzere Ohren.
**Vorkommen:** In Mitteleuropa – außer im Norden – auf feuchtem Grünland und in lichten Laubwäldern; auch in Gärten.
**Wissenswertes:** Die Kurzohrmaus ist eine von mehreren einander sehr ähnlichen Kleinwühlmaus-Arten. Sie lebt nahezu ständig unter der Erde und ernährt sich von Pflanzenwurzeln.

## 5 Ostschermaus
*Arvicola terrestris*

KR 16,5 cm S 9 cm G 100–200 g
**Kennzeichen:** Doppelte Feldmaus-Größe; Schwanz halb so lang wie Kopf und Rumpf.
**Vorkommen:** In Mitteleuropa sowohl an Ufern als auch im Kulturland.
**Wissenswertes:** Viele Schermäuse schwimmen und tauchen regelmäßig, fliehen zum Wasser und graben Gänge in Steilufer; andere leben weit von Gewässern entfernt.

## 6 Rötelmaus
*Clethrionomys glareolus*

KR 10 cm S 5 cm G 25 g
**Kennzeichen:** Größe wie Feldmaus, aber längerer Schwanz; Fell rötlich braun.
**Vorkommen:** Vegetationsreiche Wälder, Gebüsche und Parks.
**Wissenswertes:** Die Art, die auch als Waldwühlmaus bezeichnet wird, klettert gut und benagt Zweige. Sie ist leichter und häufiger zu beobachten als andere.

1a

1b

2

3

4

5

6a

6b

Die zur Ordnung der Nagetiere gehörige Familie der **Echten Mäuse** ist sehr artenreich. Zu ihr gehören auch die bereits auf Seite 46 behandelte Wander- und die Hausratte. Gemeinsame Merkmale der Echten Mäuse sind lange Schwänze, spitzere Schnauzen, größere Augen und Ohren als bei den Wühlmäusen.

## 1 Hausmaus
*Mus musculus*

KR 8–9 cm S 6–9 cm G 20–30 g

**Kennzeichen:** Westliche Rasse grau (Schwanz so lang wie Kopf und Rumpf), östliche Rasse braun (Schwanz kürzer); muffiger „Mäusegeruch".

**Vorkommen:** Durch den Menschen weltweit verschleppt; eng an Gebäude gebunden.

**Wissenswertes:** Im Schutz von Dachböden und Lagerräumen, Kellern und Ställen zieht die Hausmaus ganzjährig ihren Nachwuchs groß. Ihre Nester baut sie aus zerfetzten Lumpen und Papier. Sie ist die Stammform der Weißen Labormaus, mit der sie den unangenehmen Geruch gemein hat.

## 2 Waldmaus
*Apodemus sylvaticus*

KR 9 cm S 9 cm G 25 g

**Kennzeichen:** Manchmal längsgestreckter Kehlfleck, aber kein geschlossenes Halsband; Schwanz so lang wie Kopf und Rumpf.

**Vorkommen:** Sowohl in unterholzarmen Wäldern als auch in der offenen Feldflur, in Gärten und Parks; im Winter auch in Gebäuden; häufigste langschwänzige Maus.

**Wissenswertes:** Der kleine, stets quicklebendige Nager klettert gern und springt bis zu 80 cm weit. Er frißt Samen und Früchte von Gräsern, Kräutern und Gehölzen und trägt sie auch in seine Vorratskammer.

## 3 Gelbhalsmaus
*Apodemus flavicollis*

KR 10 cm S 11 cm G 35 g

**Kennzeichen:** Größerer gelblicher Kehlfleck, oft als breites Halsband; größer als die Waldmaus; Schwanz etwas länger als Kopf und Rumpf.

**Vorkommen:** Strenger an Wälder gebunden als die Waldmaus; im Westen in weiten Bereichen fehlend.

**Wissenswertes:** Wie die Waldmaus so kommt auch die Gelbhalsmaus im Winter gelegentlich in die Gebäude. In der Klettergewandtheit und der Sprungweite übertrifft sie die Waldmaus noch; man hat sie sogar in Baumwipfeln angetroffen. Eicheln und Bucheckern haben es ihr besonders angetan. Ihre Vorräte deponiert sie nicht selten in Vogelnistkästen.

## 4 Brandmaus
*Apodemus agrarius*

KR 10 cm S 7,5 cm G 20 g

**Kennzeichen:** Scharf abgesetzter schwarzer Aalstrich vom Kopf bis zur Schwanzwurzel; Schwanz und Ohren kürzer als bei der Wald- und der Gelbhalsmaus.

**Vorkommen:** Nur im Nordosten geschlossene Verbreitung; vorzugsweise in Randbereichen von Wäldern, Kulturland und Gewässern.

**Wissenswertes:** Die Art ist stärker tagaktiv als die vorangehenden Langschwanzmäuse. Sie scheint heute vielerorts deutlich seltener zu sein als in früheren Jahren.

## 5 Zwergmaus
*Micromys minutus*

KR 6 cm S 6 cm G 5–8 g

**Kennzeichen:** Einer der kleinsten Nager; Schwanz als Greiforgan.

**Vorkommen:** In ganz Mitteleuropa, aber vorzugsweise in der Ebene; in Vegetation aus hohen Gräsern und Kräutern, örtlich auch in Getreidefeldern.

**Wissenswertes:** Die Zwergmaus vermag an Gras- und Getreidehalmen emporzuklettern. Beim Abwärtsklettern hält sie sich mit dem Schwanz am Halm fest. Das kugelförmige Nest (**5b**) der Zwergmaus hat einen Durchmesser von ca. 5–7 cm und zwei seitliche Eingänge; es steht an Gras- oder Getreidehalmen bis zu 1,20 m hoch über dem Boden. Das Nest für die Aufzucht der Jungen ist etwas größer und hat nur einen einzigen seitlichen Eingang.

1a

1b

2

3

5a

4

5b

**Fledermäuse**
Von den weltweit rund 1000 Arten kommen nur 32 in Europa (22 in Mitteleuropa) vor. Sie haben mit den bislang erwähnten Mäusen gar nichts zu tun, gehören zu einer eigenen Ordnung (Fledertiere) und stehen den Insektenfressern näher als den Nagetieren. Unter den Säugetieren sind die Fledermäuse mit den meisten einmaligen und den bewundernswertesten Fähigkeiten ausgestattet: Sie sind als einzige Säugetiere zu aktivem Flug fähig. Dazu verfügen sie über eine dünne Flughaut, die sich vom Hals, den Körperseiten und dem Schwanz unter Einbezug der kurzen Hinterbeine bis zu den Fingerspitzen erstreckt. Die stark verlängerten Unterarm-, Mittelhand- und Fingerknochen, die noch bis in Details den Grundbauplan der Säugerextremität erkennen lassen, sorgen für die Ausstreckung und Versteifung der Flügel. Sie haben mit der Ultraschall-Echopeilung ein einzigartiges Orientierungsverfahren entwickelt: Das Echo ihrer kurzen, hochfrequenten Peillaute (30000 bis 70000 Schwingungen je Sekunde) vermittelt ihnen ein differenziertes Schallbild ihrer Umgebung. – Die jungen Fledermäuse werden auch dann im Frühjahr geboren, wenn die Begattung schon im Herbst erfolgte, weil die Spermien während des Winterschlafs im Uterus aufbewahrt werden und erst danach die Eizelle befruchten. Die meisten Fledermausweibchen bringen im Jahr ein Junges zur Welt. Unter Ausschluß der Männchen erfolgen Geburt und Aufzucht der Jungen in den aus mehreren bis zahlreichen Weibchen gebildeten „Wochenstuben". Die Jungen sind nackte und blinde Nesthocker, die erst nach etwa 3 Wochen flugfähig werden. – Nicht nur beim Winter-, sondern auch beim regulären Tagschlaf sinkt bei kühler Witterung die Körpertemperatur der Fledermäuse deutlich ab und hilft so Energie zu sparen. Zwischen ihrem Sommeraufenthalt und bestimmten traditionellen Winterquartieren machen manche Fledermausarten bestens orientiert mehrere 100 Kilometer lange Wanderungen.
Nur für den Spezialisten und in den Winterquartieren sind die nachtaktiven Fledermäuse eindeutig unterscheidbar. Während des Winterschlafs aber sollte jede Störung unterbleiben, zumal in Mitteleuropa alle Fledermaus-Arten im Bestand gefährdet sind. Zu den Gründen für den rapiden Rückgang der Arten in den letzten 40 Jahren gehören u.a. der Verlust an Sommer- und Winterquartieren durch Verschluß der Einflugöffnungen und der Mangel an größeren Fluginsekten infolge Insektizideinsatz und Beseitigung von „Insektenbrutstätten". Dennoch sollen hier einige Arten kurz aufgeführt werden:

**1** **Zwergfledermaus**
*Pipistrellus pipistrellus*

KR 4 cm S 3 cm Sp 20 cm G 5 g
Die kleinste heimische Fledermausart ist gern in Siedlungsnähe und oft schon in den Abendstunden aktiv.

**2** **Braunes Langohr**
*Plecotus auritus*

KR 5 cm S 5 cm Sp 25 cm G 8 g
Diese Art, die durch extrem lange Ohren und langsamen Flug auffällt, startet erst nach Einbruch der Dunkelheit zum Jagdflug.

**3** **Fransenfledermaus**
*Myotis nattereri*

KR 5 cm S 4 cm Sp 25 cm G 8 g
Sie kommt erst spät aus ihrem Versteck; sie überwintert meistens in Höhlen.

**4** **Abendsegler**
*Nyctalus noctula*

KR 7 cm S 5 cm Sp 36 cm G 30 g
Oft schon am Nachmittag verläßt diese Art Baumhöhlen und Mauerspalten und jagt zwischen Schwalben und Seglern mit einer Fluggeschwindigkeit von bis zu 50 km/h nach Fluginsekten.

**5** **Kleine Hufeisennase**
*Rhinolophus hipposideros*

KR 4 cm S 3 cm Sp 23 cm G 7 g
Der namengebende häutige Nasenaufsatz bündelt die Orientierungslaute. Beim Schlaf liegen die Flügel wie ein Mantel über dem Körper.

1
2a
2b
3
4
5a
5b

## 1 Igel
*Erinaceus europaeus*

KR 26 cm S 3 cm G 1 kg

**Kennzeichen:** Allgemein bekannt; es handelt sich um den Westigel, von dem sich der Ostigel (*Erinaceus concolor*) durch weiße Kehle und Brust unterscheidet.

**Vorkommen:** Allgemein verbreitet; Waldränder, Hecken, Gebüsche, Gärten und Parks. Das Verbreitungsgebiet des Ostigels beginnt im östlichsten Teil Mitteleuropas und überlappt sich nur auf einem schmalen Streifen mit dem des Westigels, dessen Vorkommen auch das südliche Skandinavien abdeckt.

**Wissenswertes:** Es ist erstaunlich, daß der Igel trotz der enormen Verluste auf den Straßen in unserer vom Verkehr beherrschten Kulturlandschaft bislang überlebt hat. Ob die Überwinterung zu kleiner, d.h. weniger als 500 g schwerer Igel in der Obhut des Menschen sinnvoll ist, bleibt auch unter Experten umstritten. Zweifellos sind das Liegenlassen von Welklaub und Reisighaufen in den Gärten und der Verzicht auf chemische Mittel zur Schädlingsbekämpfung die besseren Beiträge zur Igelhege.

## 2 Maulwurf
*Talpa europaea*

KR 14 cm S 2,5 cm G 100 g

**Kennzeichen:** Dunkles samtartiges Fell; walzenförmiger Körper mit spitzer Schnauze und ohne Hals; große schaufelartige Vorderfüße.

**Vorkommen:** In ganz Mitteleuropa auf Grünland und Feldern, auch in Gärten.

**Wissenswertes:** Der Maulwurf gilt als ein Paradebeispiel für eine hochspezialisierte Art. Von der Körpergestalt über die Grabschaufeln, das dichte und strichfreie Fell bis hin zu den winzigen Augen erklären sich alle Besonderheiten aus der Anpassung an die unterirdische Lebensweise. Das Gangsystem dient als Pirschpfad, von dem regelmäßig die dort eingedrungenen Würmer, Insektenlarven und Schnecken abgesammelt werden. Überschüssige Erde wird in Form von „Maulwurfshaufen“ an die Oberfläche befördert; unter einem besonders großen Haufen befindet sich meistens das mit Welklaub, Gräsern und Moos ausgepolsterte Nest. Maulwürfe gehören zu den geschützten Tierarten und dürfen auch in Gärten nicht getötet werden.

### Spitzmäuse

haben mit den Echten Mäusen und den Wühlmäusen, die zu den Nagetieren gehören, nur die Größe und – zumindest grob – Färbung und Gestalt gemeinsam. Die Spitzmäuse gehören mit dem Igel und dem Maulwurf zu den Insektenfressern. Sie sind kleine Beutegreifer mit einer spitzen, rüsselartigen Schnauze und nadelspitzen Zähnchen. Die Familie der Spitzmäuse ist mit 250 Arten außer in Australien, Ozeanien und den polnahen Gebieten weltweit verbreitet. 10 Arten kommen auch in Mitteleuropa vor. Spitzmäuse lassen oft zwitschernde Laute hören.

## 3 Hausspitzmaus
*Crocidura russula*

KR 8 cm S 4 cm G 10 g

**Kennzeichen:** Graubraune Oberseite, fließend in die hellere Unterseite übergehend.

**Vorkommen:** Vor allem im Südwesten; vorzugsweise in milderen Landstrichen; gern auch an und in Gebäuden.

## 4 Wasserspitzmaus
*Neomys fodiens*

KR 8 cm S 6,5 cm G 16 g

**Kennzeichen:** Recht kräftige Tiere; grauschwarze Ober- und hellere Unterseite, scharf gegeneinander abgesetzt.

**Vorkommen:** Weit verbreitet im Uferbereich stehender und fließender Gewässer aller Art.

**Wissenswertes:** Die Wasserspitzmaus hält sich zur Nahrungssuche überwiegend im Wasser auf. Sie schwimmt gewandt und taucht bis zu 20 Sekunden lang. Der kleine, aber sehr effektive Beutegreifer macht sich nicht nur an Würmer und Schnecken heran, sondern stellt auch kleinen Fischen und Fröschen nach. Seine Beute schleppt er bis in ein geeignetes Versteck, bevor er sie verzehrt. Reste von Schneckengehäusen und Fisch- und Froschskeletten, am Ufer vereinzelt angehäuft, deuten meistens auf Aktivitäten der Wasserspitzmaus hin.

1b
1a
1c
2a
2b
4
3

## 1 Waldspitzmaus
*Sorex araneus*

KR 7 cm S 4,5 cm G 10 g
**Kennzeichen:** Rücken dunkelbraun, Flanken hellbraun, Unterseite heller; jeweils deutlich gegeneinander abgesetzt; knapp hausmausgroß.
**Vorkommen:** In sehr unterschiedlichen offenen und bewaldeten Lebensräumen; im äußersten Westen Mitteleuropas statt ihrer die sehr ähnliche Schabrackenspitzmaus.

## 2 Zwergspitzmaus
*Sorex minutus*

KR 5 cm S 4 cm G 4,5 g
**Kennzeichen:** Deutlich kleiner als die Waldspitzmaus; relativ längerer Schwanz.
**Vorkommen:** In fast ganz Europa in ähnlichen Lebensräumen heimisch wie die Waldspitzmaus, aber meistens seltener.
**Wissenswertes:** Die Zwergspitzmaus ist das kleinste Säugetier Mitteleuropas. Sie erbeutet vor allem Insekten und Schnecken, ihrer Körpergröße entsprechend meistens kleinere Beutetiere als die anderen Spitzmausarten. Auch wenn sie keinem Beutegreifer zum Opfer fallen, werden Spitzmäuse in aller Regel nur 1–1,5 Jahre alt. Mit zwei Würfen bringt ein Weibchen im Laufe seines Lebens rund 10–14 Junge zur Welt.

## 3 Feldspitzmaus
*Crocidura leucodon*

KR 7,5 cm S 3,5 cm G 10 g
**Kennzeichen:** Graue Oberseite scharf von der weißlichen Unterseite abgesetzt; Ohren deutlich sichtbar.
**Vorkommen:** In Mitteleuropa weit verbreitet, fehlt im Norden; agrare Kulturlandschaft; im Winter auch in Ställen und Kellern.
**Wissenswertes:** Ein nicht alltägliches Verhalten zeigen Weibchen und Jungtiere, wenn sie – z.B. nach Störung – umziehen müssen. Ein oder zwei Jungtiere halten sich mit den Zähnchen an der Schwanzwurzel der Mutter fest, weitere Jungtiere in gleicher Weise an der Schwanzwurzel der Geschwister. Schon mehrfach wurde diese ungewöhnliche Erscheinung beobachtet und als „Karawanenbildung“ beschrieben.

## 4 Gartenspitzmaus
*Crocidura suaveolens*

KR 6,5 cm S 3,5 cm G 8 g
**Kennzeichen:** Ähnlich der Hausspitzmaus, nur keine derart scharfe Farbabgrenzung.
**Vorkommen:** Nur in Teilen des südlichen Mitteleuropas; ähnliche Lebensräume wie Hausspitzmaus; agrares Kulturland; besonders gern in Komposthaufen, aber auch in Ställen und Kellern.

## 5 Alpenspitzmaus
*Sorex alpinus*

KR 7 cm S 7 cm G 10 g
**Kennzeichen:** Schwanz so lang wie der Körper; Farbe einheitlich dunkelgrau.
**Vorkommen:** In den Alpen und in einigen Mittelgebirgen.

**Spitzmäuse** verteilen ihre kurzen Ruhephasen ziemlich gleichmäßig über den Tag und die Nacht. Sie wechseln kurzfristig, oft etwa stündlich, zwischen Ruhe und Aktivität. Und das im Sommer ebenso wie im Winter – einen Winterschlaf kennen sie nicht! Angesichts der tierischen Nahrung, der geringen Körpergröße und des schnellen Stoffumsatzes der quicklebendigen Tierchen ist das schon erstaunlich und problematisch zugleich, beläuft sich doch der tägliche Nahrungsbedarf auf Insekten, Würmer und Weichtiere in Höhe des eigenen Körpergewichtes. Ohne Nahrung verhungern sie innerhalb weniger Stunden, z.B. wenn sie in Lebendfallen geraten. Alle auf Mäuse im weitesten Sinne spezialisierten Greifvögel und Eulen schlagen auch Spitzmäuse, aber nur die Vögel fressen sie, die Säuger lassen sich meistens vom starken Moschusgeruch abschrecken. Sie fangen zwar Spitzmäuse, verschmähen sie aber dann doch. Angesichts der vielen Feinde konnten die Spitzmäuse nur durch ständige Wachsamkeit und ein Leben in dichter Bodenvegetation oder in Erdgängen überleben; das Klettern ist nicht ihre Sache und wird nur ausnahmsweise einmal beobachtet.

1a

1b

2

3a

3b

4

5

## 1 Rauchschwalbe
*Hirundo rustica*

L 15+4 cm bekannt Apr.–Okt.
**Kennzeichen:** Leichter Flug; dunkelblaue glänzende Oberseite; lange Schwanzspieße.
**Vorkommen:** In Dörfern und auf Gehöften.
**Wissenswertes:** Der Rückgang der Rauchschwalben hat viele Ursachen: verringertes Nahrungsangebot (Fluginsekten) durch Pestizideinsatz und Trockenlegung von Feuchtgebieten, immer weniger Einflugmöglichkeiten an Gebäuden, Mangel an feuchtem lehmigen Boden als Nistmaterial und zunehmende Verluste auf dem Zug und in den tropischen Überwinterungsgebieten. Als Frühlingsboten, Glücksbringer und Symbole der Liebe bedeuten die Schwalben dem Menschen mehr als die meisten anderen Vögel. Die ihnen nachgesagte Partnertreue gilt jedoch jeweils nur für einen Sommer („Saisonehe"), und wenn darüber hinaus, dann deshalb, weil sich beide Partner meist wieder zum vorjährigen Nest hingezogen fühlen. Auf die Vorliebe für dunkle Ecken im Gebäude, oft sogar im Qualm des Kamins, geht der Name „Rauchschwalbe" zurück.

## 2 Mehlschwalbe
*Delichon urbica*

L 13 cm < Rauchschwalbe Apr.–Okt.
**Kennzeichen:** Unterseite weiß; Oberseite blauschwarz mit weißem Bürzel; weniger stark gegabelter Schwanz.
**Vorkommen:** Außer in Dörfern auch in Kleinstädten und Stadtrandsiedlungen.
**Wissenswertes:** Im Gegensatz zu den Rauchschwalben, die ihre halboffenen Nester (**2a**) meistens in den Gebäuden haben, bevorzugen die Mehlschwalben für ihre halbkugeligen, fast geschlossenen Nester die Außenwände unter den Dachvorsprüngen. Leider werden noch immer Schwalben von übermäßig reinlichen Hausbesitzern vertrieben oder durch Drähte von der Hauswand ferngehalten. Dabei wäre ein Kotbrett leicht angebracht. Wo Schwalbennester wegen der Erschütterung durch LKW-Verkehr abstürzen, können im Handel erhältliche Kunstnester hilfreich sein. Einzelne Kunstnester waren schon der Ausgangspunkt für die Ansiedlung ganzer Mehlschwalbenkolonien.

## 3 Uferschwalbe
*Riparia riparia*

L 12 cm << Rauchschwalbe Apr.–Sept.
**Kennzeichen:** Oberseits erdfarben braun, unterseits weiß mit braunem Brustband; Schwanz nur leicht gegabelt.
**Vorkommen:** Nur noch punktuell oder gebietsweise; an Gewässern mit Steilufern sowie in Sand- und Kiesgruben.
**Wissenswertes:** Die Uferschwalbe ist ein vorzügliches Beispiel für die Farbanpassung einer Tierart an die Umgebung ihres Brutplatzes. Zahl und Größe der Brutkolonien (**3b**) sind drastisch zurückgegangen. Zur Anlage ihrer Nester, die sich am Ende eines 60–100 cm langen Ganges mit querovaler Öffnung im Boden befinden, brauchen die Uferschwalben steile Abbruchufer (Prallhänge) an Flüssen oder Steilwände in Sand- oder Kiesabgrabungen. Durch Gewässerausbau und Uferbefestigung wurden ihnen viele ursprüngliche Brutplätze genommen. Abgrabungen bieten meistens nur vorübergehend Ersatz. Inzwischen aber nimmt die Bereitschaft der Wasserbauer zu, Uferabschnitte von Flüssen naturnäher zu gestalten und auch Uferabbrüche zuzulassen, so daß die Uferschwalben wieder neue Chancen erhalten.

## 4 Felsenschwalbe
*Ptyonoprogne rupestris*

L 14 cm < Rauchschwalbe März–Okt.
**Kennzeichen:** Ähnlich der Uferschwalbe, aber ohne braunes Brustband; Schwanz nicht gegabelt.
**Vorkommen:** An Felsen, in Schluchten und in engen Flußtälern des Mittelmeerraumes, vereinzelt aber auch in Österreich, in der Schweiz und in Bayern.
**Wissenswertes:** Die Nester der Felsenschwalben sind den napfförmigen Nestern der Rauchschwalben ähnlich. Man findet sie an zerklüfteten Felsen und in schwer zugänglichen Felsspalten und Höhlen, neuerdings aber auch schon einmal an Gebäuden und unter Autobahnbrücken.

1a

1b

2a

2b

3a

3b

4

## 1 Feldlerche
*Alauda arvensis*

L 18 cm >> Sperling Febr.–Nov.

**Kennzeichen:** Brauner Vogel mit dunkler gestreifter Oberseite und Brust; markanter Singflug.

**Vorkommen:** Allgemein verbreitet auf landwirtschaftlichen Nutzflächen, aber auch auf Heiden, in Mooren, Dünen und auf größeren Kahlschlägen.

**Wissenswertes:** Die bekannten und vom Menschen schon immer bewunderten Singflüge (**1b**) dauern 2–3 Minuten, gelegentlich aber auch eine Stunde lang. „Höher zu Dir" soll die Feldlerche singen, die im Volksmund auch als „Himmelssängerin" verehrt wird. Zu Mariä Lichtmeß (2. Februar) sollte sie sich erstmalig vernehmen lassen. Beim Aufwärtssteigen singt sie besonders intensiv, um – fast dem Auge entschwunden – im Singflug zu kreisen und zu rütteln. Beim Abstieg schießt sie die letzten 10–15 m stumm herab. Die Intensivierung der Landwirtschaft auf riesigen Schlägen und unter Einbezug der Raine, der Biozideinsatz und die Ausweitung des Maisanbaus haben neben anderen Faktoren dazu beigetragen, daß dieser früher allgegenwärtige Charaktervogel der Felder, Wiesen und Weiden heute längst nicht mehr so zahlreich anzutreffen ist wie noch in der ersten Hälfte des Jahrhunderts.

## 2 Haubenlerche
*Galerida cristata*

L 17 cm > Sperling Jan.–Dez.

**Kennzeichen:** Der Feldlerche ähnlich, doch mit auffälliger Haube; nur kurze Gesangsmotive, meist vom Boden aus vorgetragen.

**Vorkommen:** Nur lokal verbreitet; meistens auf Bodenaushub in Siedlungsgebieten, an Straßen, in Bahn- und Industriegelände; auf Trockenstandorten mit wenig oder gar keiner Vegetation.

**Wissenswertes:** Die Haubenlerche zieht sich gegenwärtig aus weiten Teilen ihres mitteleuropäischen Brutgebietes zurück, nachdem sie sich im vorigen Jahrhundert deutlich ausbreitete. Ob Umweltveränderungen oder Klimaschwankungen dafür ausschlaggebend sind, ist schwer zu entscheiden. Daß es die Art schon früher in Mitteleuropa gab, bezeugte Conrad Gesner bereits im 16. Jahrhundert. Weil sie oft an Fußwegen gesehen werde, nannte er sie „Weglerche".

## 3 Heidelerche
*Lullula arborea*

L 15 cm ~ Sperling Febr.–Okt.

**Kennzeichen:** Deutlich kleiner und kurzschwänziger als die Feldlerche; Gesang mit weichen, klangvollen Trillern („lülülü") nicht nur im Flug, sondern auch von Baumspitzen aus.

**Vorkommen:** In Trockengebieten vor allem in Kiefernheiden, an Waldrändern und auf Kahlschlägen; allerdings nur noch sehr sporadisch.

**Wissenswertes:** Das stimmungsvolle Dudeln der Heidelerche gab früher vielen kargen, mit Gehölzen nur licht bewachsenen Gegenden ein besonderes Gepräge. Die Veränderung der Landschaftsstruktur durch höhere forstliche und landwirtschaftliche Nutzungsintensität ließ die Lebensräume der Art schrumpfen. Noch aber hört man hier und dort bei Tag und oft auch bei Nacht das Lied der Heidelerche, die im Singflug besonders weite Spiralen zieht.

## 4 Ohrenlerche
*Eremophila alpestris*

L 17 cm Sperling Okt.–Apr.

**Kennzeichen:** Gelbliches Gesicht; Männchen (**4a**) mit schwarzen Flecken unter der Kehle und auf den Wangen.

**Vorkommen:** Regelmäßiger Wintergast an den Küsten der südlichen Nord- und der westlichen Ostsee.

**Wissenswertes:** Während der Brutzeit leben die Ohrenlerchen in baumlosen Tundren Nordeuropas, aber auch in baumarmen Gebirgslandschaften des Südens, z.B. auf dem Balkan. Die aus dem Norden stammenden Wintergäste, die oft mit nordischen Ammern vergesellschaftet sind, halten sich meistens in niedriger Vegetation in Küstennähe auf. Sie sind am Boden optimal getarnt und werden meist erst beim Auffliegen bemerkt.

1a

1b

2

3

4a

4b

## 1 Baumpieper
*Anthus trivialis*

L 15 cm ~ Sperling Apr.–Sept.

**Kennzeichen:** Lerchenähnlich, aber schlanker; kräftiger Gesang – von einer hohen Warte aus oder im Singflug vorgetragen – endet mit „zia-zia-zia".

**Vorkommen:** Vor allem auf Kahlschlägen mit Birken- oder Weidenanflug oder mit jungen Kulturen; auch an Waldrändern, auf Waldlichtungen und auf mit Gehölzen durchsetzten Heiden und Mooren (deutlicher Unterschied zum Wiesenpieper); recht weit verbreitet.

**Wissenswertes:** Die Pieper sind mit den Stelzen verwandt und leben wie diese überwiegend auf dem Boden. Hier brüten sie auch, vor allem auf Kahlschlägen mit allmählich aufkommendem Strauchwuchs. Mit dem Rückgang der Kahlschläge infolge des Übergangs zu naturnäheren kahlschlagfreien Waldbaumethoden verliert der Baumpieper für ihn wichtige Brutbiotope. Mit den Lerchen hat er den Singflug gemeinsam, der ihn in 20–30 m Höhe führt. Während der Baumpieper ziemlich gerade aufsteigt, fliegt er bei der Landung meistens etwas seitlich zum Ausgangspunkt zurück. Als Zugvogel wandert er regelmäßig bis nach Afrika, wo er sehr häufig im Savannengürtel überwintert.

## 2 Wiesenpieper
*Anthus pratensis*

L 15 cm ~ Sperling Jan.–Dez.

**Kennzeichen:** Vom Baumpieper vor allem durch Biotop und Stimme unterschieden; markanter Flugruf „ist-ist".

**Vorkommen:** Im offenen Gelände: auf nicht zu trockenem Grünland, in Mooren, Heiden und Dünen; in geeigneten Biotopen nicht selten.

**Wissenswertes:** Der Wiesenpieper hat einen Singflug mit feinen sirrenden Trillern. Dabei steigt er in Spiralen oft steil aufwärts und kommt mit ausgestreckten Flügeln ebenfalls steil herab („Fallschirm-Imponierbalz"). Auch im Winter sind gelegentlich Wiesenpieper in Mitteleuropa anzutreffen. Die Hauptüberwinterungsgebiete aber liegen in den Mittelmeerländern.

## 3 Brachpieper
*Anthus campestris*

L 16 cm ~ Sperling Apr.–Sept.

**Kennzeichen:** Schlank und langschwänzig wie eine Stelze; mit ungestreifter Brust.

**Vorkommen:** In Sandgebieten, vornehmlich in Wildland, nach der Brutzeit auch auf Feldern und Wiesen; nur lokal verbreitet.

**Wissenswertes:** Vogelkundler beobachten beim Brachpieper einen starken Bestandsrückgang, der möglicherweise auf Biotopveränderungen zurückzuführen ist. Stickstoffeintrag, der zur Eutrophierung und damit zur Verdrängung der früher kurzrasigen, schütteren Magervegetation durch dichte Hochstauden führt, spielt da wahrscheinlich eine wichtige Rolle. Zum wellenförmigen Singflug kann der Brachpieper von einer Warte oder vom Boden aus starten. Als Langstreckenzieher überwintert er südlich der Sahara in der Sahelzone.

## 4 Wasserpieper
*Anthus spinoletta*

L 16 cm ~ Sperling Jan.–Dez.

**Kennzeichen:** Der einzige Pieper mit dunklen Beinen; sonst anderen Pieperarten recht ähnlich.

**Vorkommen:** Häufiger Brutvogel im Hochgebirge; im Winter aber auch regelmäßig in Flußtälern, an Ufern von Seen und an der Meeresküste.

**Wissenswertes:** Die Art tritt in Mitteleuropa in mindestens zwei auch im Gelände unterscheidbaren Rassen auf. Als Bergpieper (**4a**) ist sie Brutvogel oberhalb der Baumgrenze in den Hochgebirgen und vereinzelt auch in den höheren Mittelgebirgen wie dem Harz. Als Strandpieper (**4b**) hat sie ihre Brutplätze an felsigen Küsten West- und Nordeuropas. Im Winterhalbjahr sind sowohl die helleren Bergals auch die etwas dunkleren, vor allem unterseits dichter gestreiften Strandpieper auch im Binnenland und in tieferen Lagen anzutreffen. An Schlafplätzen versammeln sich außerhalb der Brutzeit oft über 100 Wasserpieper, bleiben aber meistens unentdeckt, weil selbst viele Ornithologen die verschiedenen Pieperarten nicht sicher unterscheiden können.

1

2

3

4a

4b

## 1 Bachstelze
*Motacilla alba*

L 18 cm >Sperling Febr.–Nov.
**Kennzeichen:** Langschwänzig; schwarz, weiß und grau gezeichnet; niemals gelbe Gefiederanteile.
**Vorkommen:** Ursprünglich an Bach- und Flußufern; heute überall in der offenen Landschaft; als Zivilisationsfolger zunehmend auch in urban-industriellen Lebensräumen.
**Wissenswertes:** Alle Stelzen wippen mit ihrem langen Schwanz, der besonders auffällig ist und ihnen auch den plattdeutschen Namen „Wippstert“ eintrug. Ein anderes, allen drei Arten gemeinsames Merkmal ist der wellenförmige Flug. Die Bachstelze ist die am weitesten verbreitete und zugleich häufigste Stelzenart, die in ganz Europa brütet und in den milderen Teilen – selbst in Mitteleuropa – gelegentlich zu überwintern versucht. In Großbritannien ist sie in einer eigenen dunkleren Rasse vertreten, die als Trauerbachstelze bezeichnet wird. Die Bachstelze nistet in Halbhöhlen und Nischen im Gemäuer, unter defekten Dachziegeln und in Dachrinnen ebenso wie in Fels- und Baumhöhlen. Auffällig sind die vor allem im Sommer und Herbst mehrere 100 Tiere umfassenden Schlafgesellschaften, die Röhrichte oder Bäume, in den Städten aber auch oft bewachsene Mauern und vereinzelt sogar angestrahlte und mit aufgesetzten Reklamelettern besetzte Kaufhausfassaden als Schlafplatz anfliegen.

## 2 Schafstelze
*Motacilla flava*

L 17 cm >Sperling Apr.–Sept.
**Kennzeichen:** Oberseits olivgrün, unterseits gelb; Gelbanteil am Kopf variiert bei den Männchen der verschiedenen Rassen: vom gelben Kopf der englischen bis zum schwarzgrauen Kopf mit hellem Unteraugenstreifen der nordischen und zum grauen Kopf ohne Augenstreifen der mitteleuropäischen Schafstelzenrasse.
**Vorkommen:** Zunächst vor allem im feuchten Grünland, dann auch auf trockeneren Wiesen und Weiden und sogar in Feldfluren; seit den 60er Jahren stark rückläufig; verbreiteter im Tiefland, sonst nur noch punktuelle Vorkommen.
**Wissenswertes:** Die „Gelbe Bachstelze“ wird wegen ihrer Vorliebe für Grünland und die Nachbarschaft des Weideviehs auch „Viehstelze“ und „Kuhstelze“ genannt. Sie nistet am Boden. Ihr fast überall sehr auffälliger Bestandsrückgang wird mit der Intensivierung der Grünlandnutzung in Zusammenhang gebracht.

## 3 Gebirgsstelze
*Motacilla cinerea*

L 18 cm >Sperling Jan.–Dez.
**Kennzeichen:** Grauer Rücken, gelbe bis weiße Unterseite; nur im Bereich der Schwanzwurzel immer gelb.
**Vorkommen:** Ursprünglich an Wildbächen mit Abbruchufern und Schotterflächen in den Mittelgebirgen, inzwischen auch an anderen Fließgewässern und an Wehren und Brücken sogar vereinzelt im Tiefland.
**Wissenswertes:** Die Gebirgsstelze – auch Bergstelze genannt – ist noch langschwänziger als die anderen Stelzenarten. Sie bevorzugt als Neststandort Steilufer oder Nischen im Mauerwerk von Mühlen oder Brücken. Ihre Nahrung sucht sie meistens am Spülsaum. Oft sieht man, wie sie nach Fluginsekten in die Luft springt und dabei auch rüttelt.

## 4 Seidenschwanz
*Bombycilla garrulus*

L 18 cm >>Sperling Nov.–Febr.
**Kennzeichen:** Auffällige Haube, schwarzes Gesichtsmuster, brauner und grauer Rücken und gelbes Schwanzende; trillernder Ruf.
**Vorkommen:** Sehr unregelmäßiger Wintergast in Hecken, Gebüschen, Gärten und Parks; Brutvogel auf Lichtungen nordischer Nadel- und Birkenwälder.
**Wissenswertes:** In unregelmäßigen Abständen führen Invasionen im Winter Zehntausende von Seidenschwänzen nach Mitteleuropa, wo sie über die noch vorhandenen Beeren – vor allem der Sträucher des Wilden Schneeballs – herfallen und sich durch besondere Zutraulichkeit den Menschen gegenüber auszeichnen.

1

2

3a

3b

4

## 1 Wasseramsel
*Cinclus cinclus*

L 18 cm ≪ Star Jan.–Dez.

**Kennzeichen:** Dunkles Gefieder mit weißem Latz; zaunkönigähnliche Gestalt, nur viel größer; immer an Fließgewässern.

**Vorkommen:** Vor allem an schnell fließenden Bächen mit permanenter Wasserführung und nicht zu starker Verunreinigung; im mittleren Bergland in Höhenlagen über 200 m weit verbreitet; hier auch in Ortschaften.

**Wissenswertes:** Bei Erregung knickst die Wasseramsel, zuckt mit den Flügeln und stelzt den Schwanz empor. Sie ähnelt darin dem Zaunkönig. Die Wasseramsel ist der einzige Singvogel, der schwimmend und tauchend seine Nahrung erbeutet, u.a. Köcher-, Eintags- und Steinfliegenlarven, Krebstierchen, kleine Wasserschnecken, aber auch Fischchen. Mit pelzdunenartigem Gefieder, kurzen Flügeln und mit verschließbaren Nasenöffnungen ist die Wasseramsel gut für diese spezialisierte Lebensweise gerüstet. Sie taucht 3–4 Sekunden, manchmal auch 3- bis 4mal so lang, schwimmt oder läßt sich mit der Strömung treiben. Gern brütet sie an und unter Brücken; sie nimmt auch regelmäßig dort angebrachte Nisthilfen an.

## 2 Zaunkönig
*Troglodytes troglodytes*

L 9,5 cm winzig Jan.–Dez.

**Kennzeichen:** Ein kleiner brauner Vogel mit kurzem, oft hochgestelztem Schwanz; huscht am Boden und in niedrigem Gezweig wie eine Maus; überraschend laute Stimme.

**Vorkommen:** Sehr häufige Art in Wäldern, Parks und Gärten, an Gräben und Ufern.

**Wissenswertes:** Schon im Althochdeutschen ist für unseren Winzling der Name „Kuningilin" (Königlein) belegt; Gesner nennt ihn „Dumeling" (Däumling). Er ist nach den Goldhähnchen die kleinste heimische Vogelart. Von 75 Zaunkönig-Arten leben 74 in der Neuen und nur eine in der Alten Welt. Der tag- und dämmerungsaktive Vogel hält sich gern am Boden und in Bodennähe auf. Der Schlag des Zaunkönigs, der schon in der ersten Morgendämmerung zu vernehmen ist, schallt überraschend laut. Die Männchen bauen jeweils mehrere – meist 3–6 – Wahlnester, von denen die Weibchen eines aussuchen. In besonders günstigen Lebensräumen zeigt der Zaunkönig eine deutliche Neigung zur Vielweiberei. Etwa ein Fünftel aller Männchen hat zwei oder gar drei Weibchen. Vor allem nach kalten Wintern, in denen viele Zaunkönige sterben, kommt es auf reichen Nachwuchs an. Schon 1–2 Jahre danach sind die Winterverluste meistens wieder ausgeglichen.

## 3 Heckenbraunelle
*Prunella modularis*

L 15 cm ~ Sperling Jan.–Dez.

**Kennzeichen:** Brauner Vogel mit dunklen Längsstreifen und grauer Brust und Kehle.

**Vorkommen:** Gehölze, Hecken, Parks und Gärten; neuerdings auch zunehmend in Raps- und Maisfeldern.

**Wissenswertes:** Als Insektenfresser hat die Heckenbraunelle einen dünnen Schnabel, wird aber dennoch immer wieder mit Sperlingen verwechselt, mit denen sie das schlichtbraune Gefieder gemeinsam hat. Bei dieser Art kann man zur Zeit sehr deutlich die Einwanderung aus den Randbereichen in das Innere der Städte beobachten; ihrer besonderen Vorliebe für die Fichte kommt die augenblickliche Koniferen-Mode in den Gärten sehr gelegen.

## 4 Alpenbraunelle
*Prunella collaris*

L 18 cm ≫ Sperling Jan.–Dez.

**Kennzeichen:** Beschränkung auf alpine Lebensräume; größer als Heckenbraunelle; weiße Kehle dunkel gefleckt; rostbraune Streifen an den Flanken.

**Vorkommen:** In den Alpen von 1200 m NN an aufwärts; in felsigem Gelände mit niedriger und lückiger Vegetation aus Polsterpflanzen und Gräsern; häufig.

**Wissenswertes:** Bei Ermangelung höherer Singwarten kann der lerchenartige Gesang auch im Singflug vorgetragen werden. Ihr Nest baut die Alpenbraunelle in Felsspalten und Nischen, auch unter Steinen und überstehenden Grassoden.

1a

1b

2a

2b

3

4

## 1 Rotkehlchen
*Erithacus rubecula*

L 14 cm ~ Sperling Jan.–Dez.
**Kennzeichen:** Oberseits olivbraun; Kehle und Brust orangerot.
**Vorkommen:** Sehr häufig und weit verbreitet in Wäldern aller Art, auch in Gärten und Parks.
**Wissenswertes:** Der sehr melodische, etwas schwermütig wirkende Gesang ist in der Morgen- und Abenddämmerung oft das erste und das letzte Vogellied. Es ist bereits im Vorfrühling und auch noch im Herbst zu hören. Die Strophen beginnen mit hohen spitzen Tönen und fallen dann mit flötenden und trillernden Sequenzen wie plätschernd ab. Die großen Augen weisen das Rotkehlchen als dämmerungsaktiven Vogel aus. Den Gärtner begleitet der zutrauliche Vogel schon deshalb sehr gern, weil er auf dem frisch bearbeiteten Boden allerlei Nahrung findet. – Gleich vier verschiedene Vogelarten haben ihre deutschen Namen nach der jeweils auffällig unterschiedlichen Färbung von Kehle und Brust erhalten. Sie gehören drei verschiedenen Gattungen an, werden aber trotzdem hier auf einer Seite zusammengefaßt.

## 2 Braunkehlchen
*Saxicola rubetra*

L 13 cm < Sperling Apr.–Sept.
**Kennzeichen:** Weißer Überaugenstreifen; gelbbraune Kehle und Brust. Das Weibchen (**2b**) ist etwas heller, hat einen nur angedeuteten Überaugenstreifen und nur schwach erkennbare Flügelflecken.
**Vorkommen:** Möglichst extensiv genutzte, mit Gebüschgruppen durchsetzte Wiesen; im Bergland verbreiteter als in der Ebene; früher häufig, heute nur noch regional oder punktuell anzutreffen.
**Wissenswertes:** Die Intensivierung der Grünlandnutzung seit den 50er Jahren hat die Art aus weiten Teilen ihres ehemaligen Verbreitungsgebietes verdrängt. Frühe Mahd, Düngung, Melioration, Beseitigung von Flurgehölzen und insgesamt zunehmende Uniformierung der Flur veränderten den Lebensraum zum Nachteil des Braunkehlchens. Vielerorts werden hohe Brutverluste registriert. Daß es heute am ehesten in als Naturschutzgebiete ausgewiesenen Feuchtwiesen angetroffen wird, hängt damit zusammen, daß hier extensive Nutzung noch eine gewisse Strukturvielfalt zuläßt. – Das Nest befindet sich auf dem Boden in Wiesen und Weiden, meistens in der Nachbarschaft eines Strauchs oder anderer höherer Vegetation. Zur Überwinterung fliegt das Braunkehlchen bis in die Savannen und Grasländer Afrikas.

## 3 Schwarzkehlchen
*Saxicola torquata*

L 13 cm < Sperling März–Okt.
**Kennzeichen:** Männchen mit rostroter Brust und Schwarz an Kopf und Kehle (Name!) sowie mit weißen Flecken am Hals; Weibchen (**3b**) insgesamt matter gefärbt.
**Vorkommen:** Spärlicher Brutvogel im westlichen Mitteleuropa; meist auf gut besonnten und trockenen, karg bewachsenen Böden; in Sandgruben und auf Industrieödland, in Ginsterheiden und Dünengebüsch.
**Wissenswertes:** Sein Nest baut das Schwarzkehlchen in einer flachen Mulde am Boden, meistens an Böschungen, immer nach oben gut geschützt.

## 4 Blaukehlchen
*Luscinia svecica*

L 14 cm ~ Sperling Apr.–Sept.
**Kennzeichen:** Männchen mit blauer Kehle, Weibchen mit schwarzem Halslatz; Schwanz mit kastanienbrauner Wurzel.
**Vorkommen:** Nasse Standorte mit Wechsel von dichter Vegetation und freiem Boden; nur sehr punktuell in Naßabgrabungen, Teich- und Stauanlagen mit Röhrichten und Hochstauden.
**Wissenswertes:** Neben der weißsternigen Tieflandrasse gibt es als Durchzügler aus Skandinavien und neuerdings auch als sehr seltenen Brutvogel in Alpen und Karpaten die rotsternige Rasse (mit rotem Punkt im blauen Kehlfleck). Das Blaukehlchen, das in seinen Bewegungen stark an das Rotkehlchen erinnert, hat einen sehr wohltönenden Gesang mit vielerlei eingefügten Imitationen.

1

2a

3a

2b

3b

4

## 1 Nachtigall
*Luscinia megarhynchos*

L 17 cm  > Sperling  Apr.–Sept.

**Kennzeichen:** Unscheinbar braunes Gefieder, braunroter Schwanz; wohltönender Gesang, der nach einem wehmütigen Crescendo in einen schmetternden Schlag übergeht.

**Vorkommen:** Westlich einer Linie Nordostungarn – Hamburg; in gebüschreichen Parks, mit Unterholz durchsetzten Eichen-Hainbuchenwäldern, in Auenwäldern und feuchten Gehölzen.

**Wissenswertes:** Der beliebteste unter den heimischen Sängern hat viele Dichter und Komponisten inspiriert. Durch Auslichten, d.h. Ausholzen und Aufräumen, hat man die Nachtigall aus manchem Park vertrieben. Im Mai vernimmt man ihren Gesang oft noch bei Tag und Nacht, vor allem in den Morgen- und Abendstunden. Bei den Nachtsängern handelt es sich vornehmlich um unverpaarte Männchen. Ihr Nest baut die Nachtigall in dichter Vegetation am Boden oder in Bodennähe. Ihr Revier verteidigt sie nicht nur gegen Artgenossen, sondern auch gegenüber dem Sprosser, mit dem sie nahe verwandt ist. Das Gebiet, in dem beide Arten nebeneinander vorkommen, ist allerdings auf die Grenzbereiche der Areale beider Arten beschränkt.
Der Sprosser (*Luscinia luscinia*) ist der Nachtigall zum Verwechseln ähnlich; sein Gesang ist jedoch ohne das prägnante Crescendo. Er lebt östlich der beschriebenen Grenzlinie. Bei genauem Vergleich sind gewisse Unterschiede im Verhalten beider Arten zu erkennen: Der Sprosser kehrt 2 Wochen später ins Brutgebiet zurück als die Nachtigall, bevorzugt höhere Singwarten (bis 10 m hoch) und bewegt sich auch etwas anders.

## 2 Trauerfliegenschnäpper
*Ficedula hypoleuca*

L 13 cm  < Sperling  Apr.–Sept.

**Kennzeichen:** Dunkle Ober- und hellere Unterseite; weiße Abzeichen an den Flügeln.

**Vorkommen:** Gärten, Parks, Wälder; fehlt im äußersten Süden Mitteleuropas.

**Wissenswertes:** Beide Fliegenschnäpper-Arten sitzen auffallend aufrecht, starten zu einer kurzen Jagd auf vorüberfliegende Insekten und kehren zum Ausgangspunkt oder zu einer anderen Warte zurück. Der Trauerfliegenschnäpper ist ein Nistplatzkonkurrent anderer Höhlenbrüter, u.a. der Meisen.

## 3 Grauer Fliegenschnäpper
*Muscicapa striata*

L 14 cm  ~ Sperling  Apr.–Sept.

**Kennzeichen:** Leichte Streifen auf der hellen Brust; aufrechte Sitzhaltung.

**Vorkommen:** Gehöfte, Gärten, Parks.

**Wissenswertes:** Diese Art nimmt gern Halbhöhlen an, brütet aber auch an Gebäuden, nicht selten auf Fensterbänken.

## 4 Hausrotschwanz
*Phoenicurus ochruros*

L 14 cm  ~ Sperling  März–Okt.

**Kennzeichen:** Beide Rotschwanz-Arten mit rotem Schwanz und Bürzel; der Hausrotschwanz ist oberseits grau bis schwarz, sein Weibchen (**4b**) schiefergrau.

**Vorkommen:** Weit verbreitet in Siedlungen und felsigem Gelände.

**Wissenswertes:** Vor allen anderen Vögeln stimmt er noch bei völliger Dunkelheit hoch auf dem Dachfirst seinen mit knirschenden Lauten eingeleiteten Gesang an. Der Hausrotschwanz nistet meistens in Höhlen im Mauerwerk.

## 5 Gartenrotschwanz
*Phoenicurus phoenicurus*

L 14 cm  ~ Sperling  Apr.–Sept.

**Kennzeichen:** Männchen viel bunter als das der vorigen Art; Weibchen (**5b**) braun.

**Vorkommen:** Gärten, Parks und lichte Wälder, vor allem in der Ebene und im Hügelland.

**Wissenswertes:** Der Bestandsrückgang dieser Art scheint mit Trockenperioden in der Sahelzone zusammenzufallen und ist möglicherweise auch auf Biozideinsatz im Brut-, Durchzugs- und Überwinterungsgebiet zurückzuführen. Der Gartenrotschwanz zieht Baumhöhlen als Brutplatz den Mauerlöchern vor.

1

2

3

4a

4b

5a

5b

## 1 Steinschmätzer
*Oenanthe oenanthe*

L 15 cm ~ Sperling Apr.–Okt.
**Kennzeichen:** Im Fluge Bürzel und Schwanzwurzel auffällig weiß, scharf gegen schwarze Schwanzendbinde abgesetzt; Weibchen (**1b**).
**Vorkommen:** Nur gebietsweise in baumarmem Gelände; auf Äcker begleitenden Lesesteinhaufen und Extensivweiden, auf felsigsteinigen Bergrücken, in Heiden und Dünen.
**Wissenswertes:** Die Abnahme der Art im Kulturland ist auf die zunehmende Nutzungsintensivierung und auf die Beseitigung ungenutzter Steinraine zurückzuführen. Allerdings können Steinbrüche und Halden zu Ersatzbiotopen werden. Der Steinschmätzer huscht rasch über den Boden und verharrt auf Steinen, die er als Sitzwarte nutzt. Er brütet in Höhlen und Gesteinsspalten. Während der Zugzeit ist er auch auf Wiesen und Feldern anzutreffen, wo er aber nicht brütet.

## 2 Steinrötel
*Monticola saxatilis*

L 19 cm << Star Apr.–Sept.
**Kennzeichen:** Männchen mit schieferblauem Kopf; Weibchen (**2b**) braun, gebänderte Brust; beide mit orangerotem Schwanz (Name!).
**Vorkommen:** Sonnige Trockenbiotope, gebüscharme Felshänge und Steinbrüche; von Weinbergen in der Ebene bis in über 2000 m; allerdings nur in der Südschweiz, in Ungarn und der Slowakei verbreiteter, sonst in den Alpen, Karpaten und Sudeten nur sporadischer Brutvogel.
**Wissenswertes:** Der Steinrötel ist meistens Einzelgänger. Er zeigt ein Schwanzzittern wie die Rotschwänze, knickst und zuckt mit den Flügeln, singt auf Warten und steigt im Singflug in die Luft empor. Den Winter verbringt er im tropischen Afrika.

## 3 Ringdrossel
*Turdus torquatus*

L 24 cm < Amsel Jan.–Dez.
**Kennzeichen:** Beide Geschlechter schwarz, mit halbmondförmigem weißem Brustring; vor allem bei der Alpenrasse durch helle Federsäume zeitweilig grauschuppig wirkend.
**Vorkommen:** Krummholzregion und Nadelwälder der Alpen und Voralpen; daneben vereinzelt auch in den höheren Lagen der Mittelgebirge.
**Wissenswertes:** Die in Bergmooren und -heiden brütenden Ringdrosseln der nordischen Rasse erscheinen außerhalb der Brutzeit vereinzelt auch in Mitteleuropa, vor allem im westlichen Teil.

## 4 Wacholderdrossel
*Turdus pilaris*

L 26 cm ~ Amsel Jan.–Dez.
**Kennzeichen:** Die „bunteste“ Drossel; kontrastreiches Gefieder mit grauem Kopf, rostbraunem Rücken, grauem Bürzel und schwarzem, auffallend langem Schwanz.
**Vorkommen:** In mit Pappelreihen, baumbestandenen Bachufern und Feldgehölzen durchsetzten Agrarlandschaften; nach der Brutzeit auch im gehölzfreien Acker- und Grünland.
**Wissenswertes:** Die durch ihre Gefiederfärbung, durch schackernde Rufe und Fluggesang, vor allem aber durch ihr oft zahlreiches Auftreten besonders auffällige Drosselart ist in Teilen Mitteleuropas erst seit 2–3 Jahrzehnten Brutvogel: in Belgien seit 1967, in Luxemburg und den Niederlanden seit 1971, im Saarland seit 1972, in Hamburg seit 1966 und in Westfalen seit 1944. Die Ausbreitung erfolgte im großen und ganzen von Osten nach Westen, meistens mit sprunghaften Neuansiedlungen und nachfolgender Auffüllung und Verdichtung. Früher wurden diese Drosseln im Winterhalbjahr auch bei uns zu Zehntausenden gefangen und gegessen („Krammetsvögel“). Die Ausbreitung ist möglicherweise mit der Einstellung des Vogelfangs und mit der Verbesserung des Nahrungsangebots durch frühere Mahd der Wiesen zu erklären. Die Wacholderdrossel brütet in kleinen Kolonien. Sie zeichnet sich durch ein sehr aggressives Feindverhalten aus. Beim „Hassen“ auf Krähen werden nicht nur vehemente Sturzflüge geflogen, sondern nicht selten auch Kotspritzer eingesetzt.

1a

1b

2a

2b

3

4

## 1 Amsel
*Turdus merula*

L 26 cm bekannt Jan.–Dez.

**Kennzeichen:** Männchen schwarz, im Frühling mit leuchtend gelbem Schnabel; Weibchen (**1a**) dunkelbraun, nur Kehle gefleckt; melodischer Gesang, ohne Wiederholungen.

**Vorkommen:** Ursprünglich in dichten Wäldern; heute überall in Stadt und Land; sehr häufig; vereinzelt sogar in den baumarmen Zentren unserer Großstädte.

**Wissenswertes:** Bis in unsere Zeit hinein ist die Amsel noch dabei, ihr Siedlungsgebiet auszudehnen und auch in Ost- und Südosteuropa immer weitere Städte zu erobern. In Süddeutschland besiedelte sie die Städte in der ersten, in Nord- und Ostdeutschland vor allem in der zweiten Hälfte des vorigen Jahrhunderts. Heute kann die Siedlungsdichte der Amsel im Stadtgebiet bis zu zehnmal so hoch sein wie in den Wäldern. Nach der Gewöhnung an den Menschen kann sie die Vorteile der Stadt voll ausschöpfen: viele neue Nahrungsquellen, das günstigere Kleinklima im Winter, weniger Feinde.

## 2 Singdrossel
*Turdus philomelos*

L 23 cm ≪ Amsel Febr.–Nov.

**Kennzeichen:** Braune Oberseite; Unterseite heller, mit pfeilförmigen Flecken; Gesang mit sehr unterschiedlichen, fast immer mehrmals wiederholten, kurzen Motiven; Flugruf „zipp“.

**Vorkommen:** In dichten Wäldern; mehr in Nadel- als in Laubwäldern; zunehmend auch in Parks und Gärten.

**Wissenswertes:** Die Singdrossel begann 100 Jahre nach der Amsel ebenfalls die Städte zu besiedeln, beschränkt sich jedoch noch auf park- und gartenreiche Stadtteile. Sie überwintert bereits im niederländisch-belgischen Küstenbereich und auf den Britischen Inseln, vor allem jedoch im Mittelmeerraum. Das Singdrosselnest, das gelegentlich mehrfach benutzt wird, zeichnet sich durch seine besondere Stabilität aus; die glatte Nestmulde besteht aus einem Gemisch von Lehm und zerkleinertem Holz. Bekannt sind die sogenannten „Drosselschmieden“ (**2b**), in denen Singdrosseln Gehäuseschnecken zertrümmern. Dazu nehmen sie die Schnecken in den Schnabel und schlagen sie seitwärts gegen einen gewissermaßen als Amboß benutzten Stein.

## 3 Misteldrossel
*Turdus viscivorus*

L 27 cm > Amsel Febr.–Nov.

**Kennzeichen:** Gräulichbraune Oberseite und grobe rundliche Flecken auf der Unterseite; am Boden aufrechte Haltung mit erhobenem Kopf.

**Vorkommen:** Ältere Waldbestände; in Schleswig-Holstein, Niedersachsen und Nordrhein-Westfalen auch in Feldgehölzen und Parks.

**Wissenswertes:** Im Norden ist die Misteldrossel Zugvogel, im Westen und Süden Mitteleuropas teilweise schon Überwinterer, und zwar mit zunehmender Tendenz. Nach Gesangsbeginn im Februar verstummt sie oft bereits Ende März wieder. Seit der ersten Hälfte unseres Jahrhunderts nimmt die Art im nördlichen Mitteleuropa zu und dringt in die offene Agrarlandschaft und zögernd sogar in die Städte ein.

## 4 Rotdrossel
*Turdus iliacus*

L 21 cm ~ Star Okt.–März

**Kennzeichen:** Braunes Gefieder mit rostroten Flanken und hellen Überaugenstreifen.

**Vorkommen:** In Nordeuropa häufiger, in Mitteleuropa nur unregelmäßiger Brutvogel, aber sehr zahlreicher Durchzügler; dann meist auf Wiesen, Feldern und in Hecken.

**Wissenswertes:** Zwischen Mitte Oktober und Mitte November ist oft ein echter Massenzug von Rotdrosseln zu beobachten. Die Verweildauer der Rotdrossel, die auch Weindrossel genannt wird, ist meistens vom Angebot an Beeren in Hecken und Gebüschen abhängig. Die Rotdrossel fällt oft zusammen mit Wacholderdrosseln und Staren ein. Zum Überwintern aber können sich Rotdrosseln meistens nur bei besonders milder Witterung und in klimatisch günstigen Lagen des küstennahen Tieflandes entschließen.

1a
1b
2a
3
2b
4

## 1 Mönchsgrasmücke
*Sylvia atricapilla*

L 14 cm <Sperling Apr.–Okt.

**Kennzeichen:** Graubraun; Männchen mit schwarzer, Weibchen mit brauner Kopfplatte; leiser und gequetschter Vorgesang, der in laute, fragend ansteigende Flötentöne übergeht.

**Vorkommen:** Wälder, Gebüsche, Parks und Gärten; weithin häufigste Grasmückenart.

**Wissenswertes:** Die Grasmücken sind bis auf den „Mönch" (Name zielt auf die schwarze Kopfplatte) sehr unscheinbar gefärbt und oft am besten am Gesang zu unterscheiden. Während alle anderen Arten bis ins tropische Afrika ziehen, überwintern die Mönchsgrasmücken zum Teil bereits im Mittelmeerraum. Alle Grasmücken brüten in Sträuchern dicht über dem Boden und ernähren sich von Insekten und anderen Gliederfüßern, manche im Herbst auch von Beeren.

## 2 Gartengrasmücke
*Sylvia borin*

L 14 cm <Sperling Mai–Sept.

**Kennzeichen:** Schlicht oliv-graubraun, ohne besondere Abzeichen; lange orgelnde Gesangsstrophen.

**Vorkommen:** Waldränder, Hecken, Gebüsche und Parks; weit verbreitet, aber weniger häufig als die Mönchsgrasmücke.

**Wissenswertes:** Diese Art entspricht dem Bild von einer „Gras-smücke" (Gras-Schmieger), die sich durch die dichte Vegetation bewegt, in ganz besonderer Weise. Wie die anderen Grasmückenarten ist sie normalerweise tags aktiv, auf dem Zuge ins afrikanische Winterquartier jedoch nachts unterwegs.

## 3 Klappergrasmücke
*Sylvia curruca*

L 13 cm <Sperling Apr.–Okt.

**Kennzeichen**: Schlicht graubraun mit dunklen Wangen; leiser, schwätzender Vorgesang geht in wenig klangvolles Klappern (Reihung eines Tones) über; kein Singflug.

**Vorkommen:** Waldränder, Gebüsche, Hekken, Gärten, Parks; häufig und weit verbreitet.

**Wissenswertes:** Die Namen „Klappergrasmücke" oder „Müllerchen" beziehen sich auf den lauteren, klappernden Gesangsteil. Der Name „Zaungrasmücke" gehört zu den vielen Pflanzen- und Tiernamen, die ihre Träger in den Grenzbereich, d.h. in Hecken und dichte Randvegetation verweisen. Wie alle Grasmükken-Arten brütet auch die Klappergrasmücke auf oder dicht über dem Boden.

## 4 Dorngrasmücke
*Sylvia communis*

L 14 cm <Sperling Apr.–Okt.

**Kennzeichen:** Schlicht graubraunes Gefieder mit weißer Kehle und Kastanienbraun an den Schwingen; gequetschter, kurzer Gesang, der meistens von einer erhöhten Warte aus vorgetragen wird und häufig in einen Singflug übergeht, der dann etwas länger dauert.

**Vorkommen:** Agrarlandschaft mit Hecken, dorngebüschbestandenen Rainen und Waldrändern.

**Wissenswertes:** Die Dorngrasmücke braucht eine strukturreiche Kulturlandschaft. Der zeitweilige Zusammenbruch ihrer Brutbestände in Teilen ihres Brutgebietes in den Jahren nach 1960 hat zweifellos mehrere Ursachen, zu denen außer den extremen Trokkenperioden in der Sahelzone vor allem die Ausräumung der Landschaft durch Flurbereinigung und die Intensivlandwirtschaft mit ihrem Biozideinsatz gehören.

## 5 Sperbergrasmücke
*Sylvia nisoria*

L 15 cm ~ Sperling Apr.–Sept.

**Kennzeichen:** Graubraune Oberseite, gebänderte Brust; orgelnder Gesang mit kürzeren Motiven als bei der Gartengrasmücke; häufig Balzflüge.

**Vorkommen:** Hecken und Dorngebüsch, Gehölze und Waldränder; allerdings nur im östlichen Mitteleuropa westwärts bis zur Elbe; dort sogar häufiger Brutvogel.

**Wissenswertes:** Diese größte heimische Grasmücken-Art ist an ihrer sperberartig gebänderten Brust, die ihr auch den Namen eingetragen hat, leichter zu erkennen als die meisten ihrer Verwandten.

1

2

3

4

5

## 1 Teichrohrsänger
*Acrocephalus scirpaceus*

L 13 cm <Sperling Mai–Sept.
**Kennzeichen:** Braune Ober- und bräunlichweiße Unterseite, völlig ungestreift; Gesang hart, mit zwei- bis dreifacher Wiederholung kurzer Motive: „tiri tiri tiri trek trek trek".
**Vorkommen:** In Schilfröhrichten, allerdings nur noch gebietsweise.
**Wissenswertes:** Die Rohrsänger bauen kunstvolle napfartige Nester, die zwischen 3–4 Schilfhalmen hängen, an denen sie befestigt sind. Das Nistmaterial wird naß eingebaut. Der Teichrohrsänger lebt am Wasser und in dessen unmittelbarer Nachbarschaft; sein Nest steht nur selten über trockenem Grund. Typisch für mehrere Rohrsänger-Arten sind deren gewandte Kletterbewegungen an den Röhrichthalmen. Daß das Teichrohrsänger-Männchen – vor allem zu Beginn der Brutzeit – seinem Weibchen meistens auf Schritt und Tritt folgt, ist offenbar nötig, damit sich die Partner in der dichten Röhrichtvegetation nicht verlieren. In den letzten Jahrzehnten ist ein deutlicher Rückgang des Teichrohrsängers zu beobachten, der mit der Austrocknung vieler Röhrichte und dem weit verbreiteten Schilfsterben zusammenhängen dürfte.

## 2 Sumpfrohrsänger
*Acrocephalus palustris*

L 13 cm <Sperling Mai–Sept.
**Kennzeichen:** Erscheinungsbild wie Teichrohrsänger, aber wohltönender und abwechslungsreicher Gesang mit imitierten Elementen aus den Gesängen anderer Arten.
**Vorkommen:** Hochstaudenfluren in Sümpfen und Gräben, vor allem auch nitrophile Hochstauden an Ackerrainen und Wegrändern; häufig und verbreitet von der Ebene bis ins Gebirge.
**Wissenswertes:** Im Gegensatz zu den anderen Rohrsängern hält der Sumpfrohrsänger meistens seine Bestandsstärke. Sein Lebensraum in der Feldflur und auf nährstoffreichen Standorten im Überschwemmungsbereich der Flüsse ist weniger bedroht. Der Sumpfrohrsänger wird aus gutem Grund immer häufiger auch „Getreiderohrsänger" genannt.

## 3 Drosselrohrsänger
*Acrocephalus arundinaceus*

L 19 cm ≫Sperling Mai–Sept.
**Kennzeichen:** Einzige deutlich größere heimische Rohrsänger-Art; Färbung wie Teichrohrsänger; Gesang aber langsamer und betonter: „karre-karre-kitt-kitt-kitt...", weithin vernehmbar.
**Vorkommen:** Nur noch an wenigen größeren Gewässern; in ausgedehnten Schilfbeständen.
**Wissenswertes:** Die Trockenlegung von Feuchtgebieten, die zum Schrumpfen der Schilfbestände führte, ist wohl die Hauptursache dafür, daß der Drosselrohrsänger heute in weiten Teilen Mitteleuropas fehlt. Zahlreiche Vorkommen gibt es nur noch im Bereich der Seenplatten im Nordosten der Norddeutschen Tiefebene sowie in den riesigen Schilfröhrichten des Neusiedlersees.

## 4 Schilfrohrsänger
*Acrocephalus schoenobaenus*

13 cm <Sperling Apr.–Sept.
**Kennzeichen:** Verwaschene Streifen auf dem Rücken; heller Überaugenstreifen; Gesang mit Trillern und aus anderen Gesängen übernommenen Elementen.
**Vorkommen:** Röhrichte mit Weidengebüsch; nur noch gebietsweise.
**Wissenswertes:** Von 1960 bis 1985 – möglicherweise infolge von Dürreperioden in der Sahelzone – starke Abnahme und Aufgabe vieler ehemaliger Siedlungsgebiete.

## 5 Seggenrohrsänger
*Acrocephalus paludicola*

L 13 cm <Sperling Mai–Sept.
**Kennzeichen:** Intensive Streifung des Rückens; helle Überaugen- und ein Scheitelstreifen.
**Vorkommen:** Offene Sümpfe und Seggenbestände; nur sehr seltener Brutvogel in Mitteleuropa.
**Wissenswertes:** Vor der Westgrenze des Artareals, das den äußersten Nordosten Mecklenburgs und Brandenburgs berührt, gibt es nur unregelmäßige Einzelvorkommen.

1a

1b

2

3

4

5

## 1 Gelbspötter
*Hippolais icterina*

L 13 cm <Sperling Mai–Aug.
**Kennzeichen:** Oberseits grünlichgrau, unterseits gelb; bläuliche Beine; Gesang mit wohltönenden und knarrenden Lauten; kurze Motive mehrfach wiederholt.
**Vorkommen:** In Parks, auf Friedhöfen, in Gärten und lichten Wäldern mit viel Gebüsch und einzelnen überragenden Bäumen; häufig, vor allem im Tiefland.
**Wissenswertes:** Der Name verweist auf die Färbung und auf den Gesang. Ein Vogel „spottet", wenn er Gesangsmotive anderer Arten in seinen Gesang aufnimmt. Sein Winterquartier hat der Gelbspötter in Afrika zwischen Äquator und südlichem Wendekreis.

## 2 Fitis
*Phylloscopus trochilus*

L 11 cm ≪Sperling Apr.–Okt.
**Kennzeichen:** Oberseits grünlichbraun, unterseits heller; gelbliche Beine; Gesang eine markante, abfallende Tonreihe.
**Vorkommen:** Sehr häufig in aufgelockerten Wäldern, Schonungen, Feldgehölzen.
**Wissenswertes:** Die melodische, weiche und etwas wehmütige Strophe hat der Volksmund mit dem Vers unterlegt: „Bin ich doch froh, daß ich das Frühjahr noch einmal erlebt hab." Der lautmalerische Name bezieht sich auf den Ruf „fit" oder „huid".

## 3 Zilpzalp
*Phylloscopus collybita*

L 11 cm ≪Sperling März–Nov.
**Kennzeichen:** Aussehen wie Fitis, allerdings dunkle Beine; Gesang aus dem Wechsel zweier Töne: „Zilp-zalp-zilp-zalp".
**Vorkommen:** In allen lichteren Waldbiotopen vom Hochwald bis zum gehölzreichen Garten und Park sehr häufig.
**Wissenswertes:** Zilpzalp und Fitis sind nahe miteinander verwandt und am ehesten am Gesang zu unterscheiden. Es gibt allerdings „Mischsänger" mit Gesangsanteilen beider Arten. Während der Zilpzalp dicht über dem Boden in Efeu- oder Brombeergestrüpp brütet, hat der Fitis sein Nest unmittelbar am Boden. Beide Arten neigen dazu, im Herbst noch einmal – allerdings abgeschwächt und zurückhaltend – eine Gesangsphase einzulegen. Der Zilpzalp versucht gelegentlich, in milden Lagen Mitteleuropas zu überwintern.

## 4 Waldlaubsänger
*Phylloscopus sibilatrix*

L 13 cm <Sperling Apr.–Sept.
**Kennzeichen:** Oberseits grünlichbraun; gelbe Kehle und weißer Bauch; Gesang ein schwermütiges „düh-düh-düh" (10- bis 12mal) und eine Tonreihe, die in einen Triller übergeht: „sib-sib-sib-sirrr".
**Vorkommen:** Vor allem in unterwuchsarmen Buchen-Hallenwäldern mit einzelnen Buchen, die tiefansetzende Äste aufweisen.
**Wissenswertes:** Am Rande des Rotbuchenareals besiedelt der Waldlaubsänger auch andere naturnahe Laubmischwälder, teilweise auch mit höherem Kiefernanteil. Auffallend ist der Singflug, der im ersten Teil der Tonreihe wellig oder bogenförmig durch den unteren Stammbereich führt. Nach dem Landen auf einem anderen tiefen Ast folgt der Triller.

## 5 Feldschwirl
*Locustella naevia*

L 13 cm <Sperling Apr.–Sept.
**Kennzeichen:** Dem Schilfrohrsänger ähnlicher, sehr versteckt lebender Sänger; tags und auch nachts lang anhaltendes heuschreckenähnliches Sirren.
**Vorkommen:** Offene Flächen mit höherer krautiger Vegetation und einzelnen Sträuchern; brach gefallene Wiesen und Felder, Ruderalflächen, vergraste Kahlschläge; verbreitet, jedoch gebietsweise fehlend.
**Wissenswertes:** Außer dem Feldschwirl brüten im östlichen Mitteleuropa mit zeitweiligen Vorstößen nach Westen auch der Schlag- und insgesamt lückenhaft verbreitet der Rohrschwirl (**5b**). Der Gesang des Rohrschwirls ähnelt dem des Feldschwirls. Die wechselnde Lautstärke im lang andauernden Schwirren ist darauf zurückzuführen, daß der Vogel durch Kopfbewegungen in unterschiedliche Richtungen singt.

1

2

3

4

5a

5b

## 1 Kohlmeise
*Parus major*

L 14 cm ~ Sperling Jan.–Dez.
**Kennzeichen:** Kopf auffällig schwarzweiß, Unterseite gelb mit schwarzem Bauchband; Ruf „zizidäh“, häufiger „pink“.
**Vorkommen:** In Wäldern, Gebüschen, Parks und Gärten; überall sehr häufig.
**Wissenswertes:** Die größte und häufigste Meisenart ist fast überall anzutreffen. In Parks ist sie mit dem Menschen als Futterspender oft so vertraut, daß sie bis auf die Hand kommt. Kunst- und Naturhöhlen nimmt sie gleichermaßen gern an, wenn die Öffnung einen Durchmesser von mindestens 32 mm hat. Die große Zahl ungewöhnlicher Neststandorte – von der Verkehrsampel bis zum Jalousiekasten – belegt die Flexibilität der Kohlmeise ebenso wie den Höhlenmangel in Städten und Dörfern.

## 2 Blaumeise
*Parus caeruleus*

L 12 cm ≪ Sperling Jan.–Dez.
**Kennzeichen:** Blaues Farbmuster an Kopf und Körper; blauer Schwanz; Ruf „tsitsitsitsi“.
**Vorkommen:** In Wäldern, Parks und Gärten unterschiedlichster Größe und Art, sofern Nisthöhlen vorhanden sind.
**Wissenswertes:** Die Blaumeise bewegt sich gewandter in den Zweigen als die Kohlmeise. Ihre geringere Körpergröße gestattet ihr auch die Nutzung von Nisthöhlen, deren Öffnung mit einem Durchmesser von 28–30 mm für Kohlmeisen zu eng ist, so daß Konkurrenz weitgehend vermieden wird.

## 3 Sumpfmeise
*Parus palustris*

L 12 cm ≪ Sperling Jan.–Dez.
**Kennzeichen:** Glänzend schwarze Kappe; ruft zeternd rasch und kurz „pitsche-tsche-tsche-tsche...“.
**Vorkommen:** Häufig in Laubwäldern, seltener in Gärten und Parks.
**Wissenswertes:** Im Winter kommt auch diese Meisenart gern zu den Futterplätzen in die Orte. Unermüdlich holt sie Sonnenblumenkerne, die sie so schnell gar nicht öffnen kann: Sie versteckt sie hinter Rindenspalten. Die sehr ähnliche Weidenmeise (*Parus montanus*) hat eine matte rußschwarze Kopfplatte; einen hellen Flügelfleck und ruft breit „däähdääh-däh“. Sie lebt vor allem in feuchten Wäldern mit Weiden und anderen Weichhölzern, aber auch in naturnahen trockeneren Waldbeständen, sofern Totholz vorhanden ist. Im Erscheinungsbild sind sich Weiden- und Sumpfmeise zum Verwechseln ähnlich, in Lebensraum und Gesang jedoch sehr unterschiedlich. Im Gegensatz zur Sumpfmeise zimmert die Weidenmeise ihre Nesthöhle selbst in morsches Holz.

## 4 Tannenmeise
*Parus ater*

L 11 cm ≪ Sperling Jan.–Dez.
**Kennzeichen:** Schwarzer Kopf mit auffallendem weißen Nackenfleck; Gesang rhythmisch „zizezizezize...“.
**Vorkommen:** Häufige Art in Fichten-, aber auch in Kiefern- und Mischwäldern, infolge der Koniferen-Mode auch zunehmend in Gärten und Parks.
**Wissenswertes:** Die kleinste mitteleuropäische Meisenart sucht Insekten und Spinnen an dicht benadelten Zweigen, durch die sie hindurchschlüpft und an denen sie auch zu rütteln vermag.

## 5 Haubenmeise
*Parus cristatus*

L 12 cm ≪ Sperling Jan.–Dez.
**Kennzeichen:** Schwarzweiß melierte Haube; weißes Gesicht mit schwarzem Streifen hinter dem Auge; Ruf „gürr“.
**Vorkommen:** Häufig in Nadelwäldern, aber auch in Mischwäldern und koniferenreichen Gärten und Parks.
**Wissenswertes:** Die Häufigkeit der Haubenmeise hängt ganz maßgeblich davon ab, wie hoch der Totholzanteil in den Wäldern ist. Dort zimmert sie sich meistens ihre Bruthöhle selbst. In weiten Landstrichen wurde die Art erst heimisch, nachdem in stärkerem Ausmaße Fichten- und Kiefernwälder begründet wurden.

1a

1b

2

3

4

5

## 1 Schwanzmeise
*Aegithalos caudatus*

L 6+8 cm < Sperling Jan.–Dez.

**Kennzeichen:** Unter den heimischen Kleinvögeln ist die Schwanzmeise die Art mit dem relativ längsten Schwanz (länger als Kopf und Rumpf zusammen); ein zierlicher Vogel mit schwarz, weiß und rötlich gemustertem Gefieder; meistens von „serrp-serrp-serrp"-Rufen begleitet.

**Vorkommen:** Strukturreiche Wälder, Parks, mit Dorngebüsch durchsetzte Gehölze; weit verbreitet, aber mit geringer Siedlungsdichte; im Winter oft in größeren Scharen.

**Wissenswertes:** In Europa leben verschiedene Rassen dieser Art, die auch im Gelände gut zu unterscheiden sind. In Mitteleuropa gibt es die streifenköpfige Schwanzmeise mit weißem, von dunklen Seitenstreifen begrenztem Scheitel. Die in Nord- und Nordosteuropa heimische Rasse hat einen schneeweißen Kopf (**1b**); sie ist im Winter auch häufiger in Mitteleuropa anzutreffen. Von den Echten Meisen unterscheidet sich die Schwanzmeise dadurch, daß sie kein Höhlenbrüter ist, sondern ein sehr großes und kunstvolles Kugelnest aus Moosen und Flechten baut, das sie in der Regel niedrig in dichtem Dorngebüsch anlegt, manchmal aber auch in höheren Bäumen.

## 2 Bartmeise
*Panurus biarmicus*

L 17 cm > Sperling Jan.–Dez.

**Kennzeichen:** Oberseite und langer Schwanz braun; nur Männchen mit einem schwarzen Bartstreifen (Name!).

**Vorkommen:** Nur punktuelle Vorkommen in großflächigen Schilfröhrichten.

**Wissenswertes:** Die Bartmeise hat sich in den 60er und 70er Jahren in den riesigen Schilfbeständen, die sich in Holland nach Trockenlegung der Ijsselmeerpolder bildeten, stark vermehrt. Damals stellte sie sich im Winterhalbjahr an etlichen Gewässern in Mitteleuropa ein. Die sich neu bildenden Brutvorkommen waren zumeist nicht von langer Dauer. Das Nest der Bartmeise ist napfförmig und steht im Röhricht meistens nur 10 cm über dem Wasser.

## 3 Beutelmeise
*Remiz pendulinus*

L 11 cm ≪ Sperling März–Nov.

**Kennzeichen:** Schmutzig weißer Kopf mit schwarzer Gesichtsmaske; brauner Rücken.

**Vorkommen:** Lichte Gehölze in Feuchtgebieten, Weidengebüsche, Bruchwälder; mit Gebüsch durchsetzte Röhrichte.

**Wissenswertes:** Über die durch Ostdeutschland verlaufende Westgrenze des durchgehend besiedelten Areals breitet sich die Beutelmeise seit Jahren immer wieder und immer weiter westwärts aus. Einige der neuen, punktuell verteilten Brutplätze wurden wieder aufgegeben; insgesamt aber scheint die Art auch im Westen nach und nach Fuß zu fassen. Die Partnerbindung ist bei dieser Art schwächer ausgebildet als bei den Echten Meisen; Polygynie und Polyandrie sind keine Seltenheit. Besonders meisterhaft gefertigt ist das stattliche Nest (**3b**), das wie ein großer stabiler Beutel (Name!) aus Pappel- und Weidenhaaren aussieht und über eine kurze Röhre mit der Eingangsöffnung verbunden ist. Es hängt meistens an den äußersten überhängenden Zweigen von Weiden und Pappeln und ist somit für kletternde Beutegreifer kaum erreichbar.

## 4 Kleiber
*Sitta europaea*

L 14 cm ~ Sperling Jan.–Dez.

**Kennzeichen:** Kletterer mit blaugrauem Rücken, kurzem Schwanz und gedrungener Gestalt, der sich am Stamm sowohl auf- als auch abwärts bewegen kann.

**Vorkommen:** Häufig in Wäldern, Parks und Gärten mit älterem Laubbaumbestand und Kunst- oder Spechthöhlen.

**Wissenswertes:** Gegen größere Brutplatzkonkurrenten schützt sich der Kleiber dadurch, daß er den Eingang der von ihm zur Brut genutzten Spechthöhle soweit verengt, daß nur er selbst gerade noch hineinpaßt. Dazu klebt er im Eingangsbereich (**4b**), aber auch sonst in der Höhle an Unebenheiten Lehm und feuchte Erde, in die oft Pflanzenfasern eingearbeitet werden. Der Name „Kleiber" verweist auf den „Kleber".

1a

1b

2

3b

3a

4a

4b

## 1 Wintergoldhähnchen
*Regulus regulus*

L 9 cm winzig Jan.–Dez.
**Kennzeichen:** Gelbe Kopfplatte, schwarz begrenzt; rundliche Gestalt; Gesang eine sehr feine, hohe Tonreihe, die etwa 3 Sekunden lang ist und auf- und abschwillt.
**Vorkommen:** Vor allem in Nadelwäldern und in koniferenreichen Parks.
**Wissenswertes:** Die Goldhähnchen sind die kleinsten Vögel Europas. Ihr Körpergewicht beträgt 5 g. Sowohl ihre feinen Stimmfühlungslaute als auch ihre Gesangsstrophen sind so nahe an der Obergrenze menschlichen Hörvermögens, daß viele ältere Menschen sie nicht mehr hören. Die Goldhähnchen wirken quicklebendig und sind immer in Bewegung. Sie suchen vor allem die hängenden Fichtenzweige nach kleinen Insekten ab. Schneebedeckte Zweige fliegen sie häufig von unten her an und hängen bei der Nahrungssuche oft kopfunter. Diese Gewandtheit ist eine der Voraussetzungen dafür, daß das Wintergoldhähnchen in Mitteleuropa das ganze Jahr über angetroffen werden kann und sein Areal in Nordeuropa in den letzten Jahrzehnten noch weiter vergrößerte.

## 2 Sommergoldhähnchen
*Regulus ignicapillus*

L 9 cm winzig März–Nov.
**Kennzeichen:** Wie Wintergoldhähnchen, allerdings ein weißer, schwarz gesäumter Überaugenstreifen; Gesang eine im Vergleich zum Wintergoldhähnchen kürzere, zum Ende anschwellende Tonreihe. Scheitelstreifen des Weibchens (**2b**) mehr gelblich, der des Männchens mehr orange.
**Vorkommen:** In Nadel- und Mischwäldern, auch in Parks; weniger eng an Nadelbäume gebunden als das Wintergoldhähnchen.
**Wissenswertes:** Wie bereits die Namen andeuten, neigt das Sommergoldhähnchen deutlicher als das Wintergoldhähnchen dazu, Mitteleuropa im Winter zu verlassen. Vereinzelt überwintert es in milden, von atlantischem Klima beeinflußten Landstrichen im Nordwesten. Die Mehrzahl der Sommergoldhähnchen zieht ins westliche Mittelmeergebiet.

## 3 Mauerläufer
*Tichodroma muraria*

L 17 cm > Sperling Jan.–Dez.
**Kennzeichen:** Oberseits grau mit auffällig roten Flügeldecken, kurzem Schwanz und runden Flügeln.
**Vorkommen:** In den Pyrenäen, den Alpen und Voralpen, in den Karpaten und auf dem Balkan in Höhenlagen über 1000 m; in Felsregionen, meistens in Felsschluchten; überall nur sporadisch.
**Wissenswertes:** In Bayern und in der Schweiz wurden zeitweilig Mauerläufer als Brutvögel und Wintergäste an Gebäuden beobachtet. Sie sind sehr gewandte Aufwindflieger und weniger gute Kletterer oder gar „Läufer" an senkrechten Felswänden.

## 4 Gartenbaumläufer
*Certhia brachydactyla*

L 13 cm < Sperling Jan.–Dez.
**Kennzeichen:** Braun gestreifte Ober- und helle Unterseite, bräunliche Flanken; Gesang hoch, rhythmisch abgesetzt „titt titt sitteroititt".
**Vorkommen:** Vor allem in älteren Laubwäldern, aber auch in Parks und Gärten; fast überall häufig.
**Wissenswertes:** Der rindenfarbene Vogel, der mit seinem Bogenschnabel Insekten und Spinnen aus den Rindenspalten holt, klettert an den Stämmen stets nur aufwärts und fliegt daher Stämme in der Regel an der Basis an. Er brütet vornehmlich in Spalten hinter abgesprungener Rinde, aber auch in Nistkästen mit seitlichem Schlitz.

## 5 Waldbaumläufer
*Certhia familiaris*

L 13 cm < Sperling Jan.–Dez.
**Kennzeichen:** Kaum vom Gartenbaumläufer zu unterscheiden; keine bräunlichen Flanken; als Gesang eine längere zwitschernde Strophe, etwas an den Zaunkönig erinnernd.
**Vorkommen:** Außer im Nordwesten allgemein häufig; weniger im Stadtrandbereich, dafür stärker im Bergland verbreitet; sowohl in Laub- als auch in Nadelwäldern.

1

2a

2b

3a

3b

4

5

## 1 Pirol
*Oriolus oriolus*

L 24 cm <Amsel Mai–Sept.

**Kennzeichen:** Männchen (**1a**) leuchtend gelb und schwarz, Weibchen (**1b**) unscheinbarer gelbgrün; lauter, flötender Gesang „düdlio“.

**Vorkommen:** In baumreichen Gärten, alten Obstgärten, Parks und reich strukturierten Laubmischwäldern; vor allem im Tiefland, aber stets in geringer Siedlungsdichte.

**Wissenswertes:** Trotz seiner intensiven Färbung bleibt der Pirol, der vor allem in Baumwipfeln lebt, oft unentdeckt. Auffälliger ist sein Ruf, der bei den lautmalerischen Namen „Pirol“ und „Vogel Bülow“ Pate stand. Als Fernwanderer, der ins tropische Afrika und südwärts bis zur Kapprovinz zieht, kehrt er erst sehr spät zurück, weshalb man ihn auch den „Pfingstvogel“ nennt. Sein Nest hängt wie ein Körbchen in einer Astgabel, meistens relativ hoch im Wipfel, nicht selten in Pappeln, die sonst bei den Singvögeln zum Nestbau nicht besonders begehrt sind.

## 2 Neuntöter
*Lanius collurio*

L 18 cm ≪Sperling Apr.–Sept.

**Kennzeichen:** Neben dem rotbraunen Rükken (deshalb auch „Rotrückenwürger“ genannt) beim Männchen grauer Scheitel und schwarze Gesichtsmaske.

**Vorkommen:** An Dornsträuchern reiche Hecken, Gehölze, verbuschende Trockenrasen und Industrieödflächen; vor allem in tieferen Lagen; abnehmend.

**Wissenswertes:** Ob „Neuntöter“ oder „Dorndreher“ genannt, immer wird der für Singvögel ungewöhnliche Nahrungserwerb angesprochen. Sowohl im Flug als auch am Boden jagt der Neuntöter seine Beute, bei der es sich um Käfer, Heuschrecken oder andere Insekten, aber auch um junge Mäuse und ausnahmsweise auch um Jungvögel handeln kann. Vor allem die größeren Beutetiere werden auf Dornen oder Stacheln aufgespießt. Dieses Verhalten gestattet einerseits eine gewisse Vorratshaltung, andererseits ein leichteres Zerlegen der Beute.

## 3 Raubwürger
*Lanius excubitor*

L 24 cm <Amsel Jan.–Dez.

**Kennzeichen:** Größter heimischer Würger; hellgraue Oberseite von der Stirn bis zum Bürzel; langer Schwanz.

**Vorkommen:** In der hecken- und gehölzreichen Kulturlandschaft abnehmend; noch auf Kahlschlägen und Waldlichtungen, allerdings mit großen Verbreitungslücken.

**Wissenswertes:** Das greifvogelartige Verhalten der Würger ist bei der größten Art besonders ausgeprägt. Der Hakenschnabel ist gut erkennbar. Die Beutetiere sind größer bis hin zu Lerchen- und ausnahmsweise sogar zu Drosselgröße. Man sieht den Raubwürger oft auf exponierten Warten oder im Rüttelflug. Er ist im Gegensatz zu den anderen Würgerarten auch im Winter bei uns anzutreffen.

## 4 Rotkopfwürger
*Lanius senator*

L 18 cm ≫Sperling Apr.–Sept.

**Kennzeichen:** Auffallende weiße Schulterflecken und roter Scheitel und Nacken.

**Vorkommen:** Vor allem im Mittelmeerraum; in Mitteleuropa nur inselartige und unregelmäßige Brutvorkommen in ähnlichen Biotopen wie der Schwarzstirnwürger.

## 5 Schwarzstirnwürger
*Lanius minor*

L 20 cm <Star Mai–Sept.

**Kennzeichen:** Deutlich kleiner als der Raubwürger; diesem ähnlich, jedoch mit über die Stirn erweiterter schwarzer Gesichtsmaske.

**Vorkommen:** Nur in Ost- und Südosteuropa regelmäßiger Brutvogel in offenen, besonders warmen und trockenen Landstrichen.

**Wissenswertes:** In der ersten Hälfte unseres Jahrhunderts siedelten sich Schwarzstirn- und Rotkopfwürger in Zeiten stärkerer Kontinentalität des Klimas auch in einigen klimatisch bevorzugten Teilen Mitteleuropas an, zogen sich aber in den 60er und 70er Jahren wieder rasch und vollständig zurück. Neuerdings ist mit einer erneuten Ausbreitung beider Arten zu rechnen.

1a
1b
2
3
4
5

## 1 Kolkrabe
*Corvus corax*

L 64 cm ≫ Bussard Jan.–Dez.

**Kennzeichen:** Größe; kräftiger Schnabel; Keilschwanz; häufig im Segelflug.

**Vorkommen:** Sehr unterschiedliche halboffene Landschaften; an Felsküsten, in Wäldern und Gehölzen bis ins Hochgebirge; im Norden und Osten sowie in den Alpen ziemlich häufig, im Westen in Ausbreitung begriffen.

**Wissenswertes:** Der eindrucksvolle „Wotansvogel" erfreute sich nicht immer des Respekts der Menschen. Im vorigen und in der ersten Hälfte dieses Jahrhunderts wurde der Kolkrabe nach intensiver Verfolgung in weiten Teilen des Tieflandes und in den westdeutschen Mittelgebirgen ausgerottet. Inzwischen breitet er sich von Schleswig-Holstein und Nord-Niedersachsen sowie von den nordostdeutschen und polnischen Brutgebieten her wieder aus, zum Teil unterstützt durch künstliche Ansiedlungen. Die Intelligenz und Anpassungsfähigkeit dieses Großvogels gestatten ihm auch die Nutzung der Ressourcen der Kulturlandschaft bis hin zur Mülldeponie.

## 2 Rabenkrähe
*Corvus corone corone*

L 47 cm bekannt Jan.–Dez.

**Kennzeichen:** Einfarbig schwarzes Gefieder; Ruf gereiht „krah-krah-krah" (Name!).

**Vorkommen:** Außer im Innern großer Waldgebiete überall anzutreffen; in Westeuropa und im Westteil Mitteleuropas sehr häufig.

**Wissenswertes:** Reiches Nahrungsangebot u.a. durch Maisanbau und Großdeponien und Abbau der Fluchtdistanz gegenüber dem Menschen haben zu einer deutlichen Bestandszunahme geführt. Die Arealgrenzen gegenüber der Nebelkrähe sind relativ konstant. Die Rabenkrähe lebt südwestlich einer Linie von der Lübecker Bucht bis zur Elbe bei Dresden in Westdeutschland, in den Benelux-Staaten, in Frankreich, England und auf der Iberischen Halbinsel. Die Nebelkrähe brütet in allen anderen Teilen Europas unter Einschluß Irlands und Schottlands sowie Italiens samt Korsika und Sardinien. Raben- und Nebelkrähe sind zwei Rassen einer einzigen Art.

## 3 Nebelkrähe
*Corvus corone cornix*

L 47 cm ~ Krähe Jan.–Dez.

**Kennzeichen:** Rücken und Bauchseite grau, sonst schwarz; Ruf wie der der Rabenkrähe.

**Vorkommen:** Entsprechend dem der Rabenkrähe, allerdings nur östlich der Elbe.

**Wissenswertes:** Die verschiedenen Rassen der als „Aaskrähe" bezeichneten Art sollen sich während der Eiszeit bei geographischer Isolation in den mediterranen Rückzugsgebieten herausgebildet haben.

## 4 Saatkrähe
*Corvus frugilegus*

L 46 cm ~ Krähe Jan.–Dez.

**Kennzeichen:** Weiße, grindige Schnabelwurzel; Rufe in längeren Abständen „kroah".

**Vorkommen:** Agrarlandschaften mit Feldgehölzen; zunehmend auch in Städten und Dörfern.

**Wissenswertes:** Im Gegensatz zur Raben- und Nebelkrähe ist die Saatkrähe Koloniebrüter. Die Brutkolonien (**4b**), die in Baumwipfeln oft viele Jahre am selben Ort bestehen, haben früher oft Tausende von Nestern umfaßt; heute sind es meist nur noch einige Dutzend oder einige hundert. Zu Tausenden aber kommen alljährlich osteuropäische Saatkrähen nach Mitteleuropa zum Überwintern.

## 5 Dohle
*Corvus monedula*

L 33 cm ~ Taube Jan.–Dez.

**Kennzeichen:** Schwarz, jedoch grauer Nakken und graue Unterseite; Ruf „jack".

**Vorkommen:** Feldgehölze, Parks und Ortschaften; mehr oder weniger häufig, je nach Angebot an Brutplätzen in Baumhöhlen oder Mauerlöchern und -nischen.

**Wissenswertes:** Dohlen sind auch Kunstkennern und Touristen vertraut. Viele historische Gebäude, vor allem Kirchen, Burgen und Schlösser, aber auch Stadtmauern und alte Bürgerhäuser mit verwinkelten Dächern und Kaminen bieten den Dohlen Möglichkeiten zur Brut und manchmal sogar zur Bildung größerer Brutkolonien.

1a

2

1b

3

4a

4b

5

## 1 Elster
*Pica pica*

L 23+23 cm << Krähe Jan.–Dez.
**Kennzeichen:** Mit schwarz-weißem Gefieder und langem Schwanz; allgemein bekannt.
**Vorkommen:** Vor allem in der urbanindustriellen Landschaft sehr häufig; auch in der Nachbarschaft von Dörfern und Gehöften.
**Wissenswertes:** Die großen runden Nester der Elster – „Kobel" genannt – sind sehr auffällig. Meistens gibt es deutlich mehr Nester als Elstern-Brutpaare. Auch ohne Abschuß von Elstern ist kein unbegrenztes Anwachsen des Bestandes zu befürchten. Dafür sorgen bereits die Begrenztheit geeigneter Lebensräume, das Revierverhalten der Elstern und deren Verdrängung durch Rabenkrähe und Sperber.

## 2 Eichelhäher
*Garrulus glandarius*

L 34 cm ~ Taube Jan.–Dez.
**Kennzeichen:** Rotbrauner Rumpf, weißer Bürzel, schwarzer Schwanz; blauschwarze Bänderung der Flügeldecke; Ruf laut und oft wiederholt „rätsch".
**Vorkommen:** Häufig in Wäldern aller Art; mit besonderer Vorliebe für Eichen, zunehmend auch in Parks und Gärten.
**Wissenswertes:** Manche Tierfreunde nehmen dem Häher gelegentliche Nestplünderei übel. Aus ökologischer Sicht aber ist er ein sehr wichtiger und schützenswerter Vogel. Dadurch, daß jeder einzelne Eichelhäher im Herbst Tausende von Eicheln sammelt, zum Teil auf Freiflächen in die Erde steckt und die wenigsten im Winter wiederfindet, sind die Häher die mit Abstand fleißigsten Eichenpflanzer.

## 3 Tannenhäher
*Nucifraga caryocatactes*

L 32 cm ~ Taube Jan.–Dez.
**Kennzeichen:** Dunkelbraunes Gefieder mit weißen Tropfen; Unterschwanzdecken weiß.
**Vorkommen:** Als Brutvogel in den Alpen verbreitet, in den höheren Mittelgebirgen nur zerstreut; vorzugsweise in zirbelkiefernreichen Nadelwäldern; als Wintergast auch in der Ebene, sogar – auffallend vertraut – in Gärten und Parks.
**Wissenswertes:** Die Art kommt in verschiedenen Rassen in den Nadelholzzonen der Gebirge sowie von Südschweden bis zum Pazifik vor. Bedingt durch die Ausdehnung des Fichtenanbaus breitet sich der Tannenhäher auch in den Hochlagen einiger Mittelgebirge aus. Durch das Verstecken von Koniferensamen fördert er maßgeblich die „Anpflanzung" und Ausbreitung der Waldbäume, vor allem der Zirbelkiefer oder Arve.

## 4 Alpendohle
*Pyrrhocorax graculus*

L 38 cm > Taube Jan.–Dez.
**Kennzeichen:** Schwarzes Gefieder, gelber Schnabel, rote Beine.
**Vorkommen:** Im Hochgebirge oberhalb der Baumgrenze verbreitet; zur Nahrungssuche auf Alpenmatten und Geröllfeldern, aber auch gern an alpinen Touristenzentren.
**Wissenswertes:** Viele Alpendohlen, die meist gesellig in Schwärmen leben, haben sich darauf eingestellt, sich von Abfällen der Touristen zu ernähren oder sich sogar füttern zu lassen. Die Nester werden einzeln in unzugänglichen Felsspalten gebaut.

## 5 Alpenkrähe
*Pyrrhocorax pyrrhocorax*

L 40 cm << Krähe Jan.–Dez.
**Kennzeichen:** Glänzend schwarzes Gefieder; Schnabel rot, lang und gebogen; rote Beine.
**Vorkommen:** Selten und zerstreut; in Teilen der Alpen und im Mittelmeerraum in felsigen Gebirgen; in Irland, Wales und der Bretagne sowie auf Mittelmeerinseln auch auf Felsenklippen an der Küste.
**Wissenswertes:** Das Verbreitungsgebiet der Alpenkrähe ist stark aufgesplittert. Die einzelnen Populationen leben weit voneinander entfernt. Trotz mancher Gemeinsamkeiten in Brutplatz- und Nahrungswahl schließt sich die Alpenkrähe dem Menschen weniger gern an als die Alpendohle. Ihr Bestand ist rückläufig.

1a

2

1b

3

4

5

## 1 Star
*Sturnus vulgaris*

L 22 cm bekannt Jan.–Dez.
**Kennzeichen:** Gedrungene Gestalt; kurzer Schwanz; dunkel glänzendes Gefieder; im Herbst und Winter mit weißen Tupfen („Perlstar"); im Sommer schlichter; beim schwatzenden Gesang auffallendes Flügelschlagen.
**Vorkommen:** Sowohl in Siedlungen als auch in der Agrarlandschaft sehr häufig; auch in höhlenreichen Wäldern heimisch.
**Wissenswertes:** Der Star gilt als „Kirschendieb". Wenn er in großen Schwärmen in Obstgärten und Weinberge einfällt, kann er sich schon recht unbeliebt machen. Mit Flüggewerden der Jungen im Juni wachsen die abendlichen Schlafgesellschaften an. Massenschlafplätze können von mehreren hunderttausend Staren bevölkert sein. Der Einfall der Stare ist dann ein eindrucksvolles Naturschauspiel. Als oft jahrelang angeflogene Schlafplätze dienen Schilfröhrichte, dichte Gehölze (manchmal auf den nicht zugänglichen Autobahn-„Kleeblättern") und in den Städten sogar efeubewachsene Hausfassaden. Mehrheitlich verlassen uns die Stare im Spätherbst; immer häufiger aber versuchen sie zu überwintern, vornehmlich in den Städten.

## 2 Haussperling
*Passer domesticus*

L 15 cm bekannt Jan.–Dez.
**Kennzeichen:** Das Männchen (**2a**) mit schwarzer Kehle und grauem Scheitel; das Weibchen (**2b**) schlichter, mit grauer Brust.
**Vorkommen:** Häufig bis sehr häufig überall, wo Menschen leben.
**Wissenswertes:** Der Name „Sperling" geht nicht – wie gelegentlich vermutet – auf das „Sperren", das Betteln der Jungvögel mit geöffnetem Schnabel, sondern auf einen gotischen und althochdeutschen Namen zurück. Die frühe Namengebung unterstreicht die besondere Vertrautheit des Menschen mit diesem gefiederten Nachbarn! Obwohl nicht besonders „stimmbegabt", gehört unser liebevoll „Spatz" genannter Vogel zu den Singvögeln, die insgesamt vielfach als „Sperlingsvögel" bezeichnet werden. Oft als Gartenschädling gescholten, löst sein örtlicher Bestandsrückgang in neuerer Zeit jedoch sofort Besorgnis aus.

## 3 Feldsperling
*Passer montanus*

L 14 cm < Sperling Jan.–Dez.
**Kennzeichen:** Oberkopf kastanienbraun; auffallende dunkle Wangenflecken.
**Vorkommen:** Häufiger als der Haussperling im ländlichen Umland, auch in Hecken und Feldgehölzen; weit verbreitet.
**Wissenswertes:** Die Baumhöhlen und Nistkästen, in denen die Feldsperlinge brüten, werden bereits im Winter zuvor gern als Schlafhöhlen benutzt und auf diese Art schon früh den Konkurrenten – vor allem den Meisen – abgetrotzt.

## 4 Steinsperling
*Petronia petronia*

L 14 cm < Sperling Jan.–Dez.
**Kennzeichen:** Braune Streifen an den Kopfseiten; Männchen mit hellgelbem Kehlfleck.
**Vorkommen:** Trockene Steppen- oder Felslandschaften des Mittelmeerraumes; früher auch vereinzelt in Mitteleuropa.
**Wissenswertes:** Im vorigen Jahrhundert, in Thüringen und Bayern auch noch in der ersten Hälfte dieses Jahrhunderts, trat der Steinsperling als seltener Brutvogel nördlich der Alpen auf. Heute gilt er hier als ausgestorben, möglicherweise aus klimatischen Gründen.

## 5 Schneefink
*Montifringilla nivalis*

L 18 cm >> Sperling Jan.–Dez.
**Kennzeichen:** Oberseits braun, jedoch grauer Kopf und weiße Flügel.
**Vorkommen:** Im Sommer und im Winter auf nackten Felsen der Alpen; meist in mehr als 2000 m Höhe.
**Wissenswertes:** Unter den Hochgebirgsbewohnern ist der Schneefink ein extremer „Gipfelstürmer". Er hat in den Alpen schon in über 3200 m Höhe gebrütet und hält dort auch in eisigen Winterstürmen durch.

1a
2a
1b
2b
3
4
5

## 1 Buchfink
*Fringilla coelebs*

L 15 cm ~ Sperling Jan.–Dez.

**Kennzeichen:** Zwei weiße Flügelbinden; Männchen (**1b**) mit rotbrauner Brust und schiefergrauem Nacken; Weibchen (**1a**) hier heller bzw. weniger farbintensiv. Ruf „pink" (Fink).

**Vorkommen:** Überall, wo es Bäume gibt; von Gärten bis zu Wäldern aller Art; sehr häufig.

**Wissenswertes:** Mit über 10 Millionen Brutpaaren ist der Buchfink die häufigste Vogelart Mitteleuropas. Sein markanter Schlag ist überall so bekannt, daß ihm der Volksmund viele regional unterschiedliche Texte unterlegt. „Bin ich nicht ein schöner Bräutigam" und „Gegrüßest seist du, Maria" gehören zu den verbreitetsten. Außerhalb der Brutzeit sieht man Buchfinken oft in riesigen Scharen auf Feldern oder bei reicher Bucheckernmast auch in Wäldern. Dabei bilden sie oft mit anderen Finken und Ammern gemischte Schwärme. Zur Nahrungssuche halten sich die Buchfinken meistens am Boden auf. Das halbkugelige Nest wird sehr kunstvoll aus Moosen und Grashalmen aufgebaut und außen mit Flechten und Spinnenfäden getarnt.

## 2 Bergfink
*Fringilla montifringilla*

L 15 cm ~ Sperling Okt.–Apr.

**Kennzeichen:** Orangefarbene Brust und Schultern; weißer Bürzel; quäkende Rufe; Männchen zur Brutzeit mit schwarzem Kopf und Rücken (**2a**), im Schlichtkleid dagegen mit bräunlichem und dunkel geschupptem Rücken (**2b**); Weibchen dem Buchfinkenweibchen ähnlich.

**Vorkommen:** Zeitweilig in großen Schwärmen; sowohl auf Feldern als auch in Wäldern; Wintergast.

**Wissenswertes:** Aus den Wäldern Skandinaviens, Finnlands und Westsibiriens fallen oft Millionen von Bergfinken wintertags in Mitteleuropa ein. Sie erscheinen auch an Futterhäusern, vor allem aber in den Buchenwaldgebieten, sofern es reichlich Bucheckern gab. Hier machen sie manchmal so gründlich reinen Tisch, daß die von den Förstern erwartete Naturverjüngung völlig ausfallen kann.

## 3 Grünling
*Chloris chloris*

L 15 cm ~ Sperling Jan.–Dez.

**Kennzeichen:** Männchen (**3a**) mit olivgrünem, Weibchen (**3b**) mit graugrünem Gefieder; gelbe Flügeldecken; Ruf gedehnt „düht".

**Vorkommen:** Sehr häufig in Gärten, Parks, Feldgehölzen, an Waldrändern.

**Wissenswertes:** Im Winter ist der Grünling einer der regelmäßigen Gäste an den Futterhäusern und zeichnet sich durch seine Zutraulichkeit aus. Manche Gartenfreunde mögen ihn nicht so gern, weil er zeitweilig mit Vorliebe Blatt- und Blütenknospen zerbeißt. Im Herbst haben es ihm die Hagebutten angetan, vor allem die großen der Kartoffelrose. Geöffnete Hagebutten mit ausgeklaubten Nüßchen gehen in aller Regel auf das Konto des Grünlings. Sein Nest baut er sehr versteckt in dichtem Gezweig, neuerdings aber auch vermehrt an Gebäuden. Recht ungewöhnlich ist sein Singflug, in dem sich der Vogel ganz anders bewegt als sonst und dabei wie eine Fledermaus gaukelt.

## 4 Stieglitz
*Carduelis carduelis*

L 12 cm ≪ Sperling Jan.–Dez.

**Kennzeichen:** Kopf weißschwarz mit roter Gesichtsmaske; gelbes Flügelband; Ruf „stieglitt" („Stieglitz").

**Vorkommen:** Obstwiesen, Friedhöfe und Parks, Randbereiche von Wäldern aller Art; regional sehr unterschiedliche Brutdichte.

**Wissenswertes:** Diese besonders vielfarbigen Finkenvögel bieten den schönsten Anblick, wenn sich die Köpfe verblühter Disteln unter dem Gewicht der „Distelfinken" neigen, die aus ihnen die Samen herausziehen und verspeisen. Aber auch die Samen anderer Korbblütler werden besonders gern verzehrt, im Winterhalbjahr auch Birken- und Erlensamen. Als Käfigvogel war der Stieglitz früher sehr beliebt. Die Kinder hören gern die Geschichte, daß die Art deshalb so viele unterschiedliche Gefiederfarben habe, weil sie bei der Farbverteilung durch den lieben Gott zu spät erschien und von allen Farben nur noch die Reste bekam.

1a

1b

2a

3a

2b

4

3b

## 1 Erlenzeisig
*Spinus spinus*

L 12 cm ≪ Sperling Jan.–Dez.

**Kennzeichen:** Blaumeisengroß und quicklebendig; Gefieder mit dunkleren Streifen auf gelblichem Grund; Männchen (**1b**) mit schwarzem Scheitel und Kinnfleck; außerhalb der Brutzeit meistens in größeren Trupps; gewandt im Flug manövrierend oder an Erlenzapfen hängend.

**Vorkommen:** Als Brutvogel mehr in den Nadelwäldern des Berglandes; außerhalb der Brutzeit überall anzutreffen, vor allem in erlen- und birkenreichen Gebieten.

**Wissenswertes:** Der Erlenzeisig ist ein sehr unsteter Vogel, der mal hier und mal dort brütet. Weil sein Nest in über 10 m Höhe im Wipfel von Nadelbäumen nur schwer zu finden ist, bleibt manche Brut unentdeckt. Im Volksmund gilt das Zeisignest sogar als unsichtbar. Um so leichter waren die Zeisige zu fangen; viele verbrachten früher den Rest ihres Lebens in engen Käfigen.

## 2 Birkenzeisig
*Acanthis flammea*

L 13 cm < Sperling Jan.–Dez.

**Kennzeichen:** Graubraun gestreift; vom Hänfling durch schwarzen Kinnfleck und helle Flügelbinde zu unterscheiden.

**Vorkommen:** Nadelwälder und Weiden-, Birken- und Erlengebüsche des Berglandes; zunehmend auch in Gärten und Parks hinab bis in das Tiefland.

**Wissenswertes:** Die Art hat sich zunächst als Brutvogel in den Mittelgebirgen und in Küstennähe ausgebreitet; inzwischen aber geht sie weit über die Mittelgebirgsschwelle hinaus und bevorzugt hier immer stärker die Dörfer und den Randbereich der Städte. Außerdem kommen in unregelmäßigen Abständen Scharen der nordischen Birkenzeisig-Rasse als Wintergäste nach Mitteleuropa.

## 3 Bluthänfling
*Carduelis cannabina*

L 13 cm < Sperling Jan.–Dez.

**Kennzeichen:** Schwächer gestreift; Rücken braun; Männchen (**3a**) im Sommer mit blutroter Brust und Stirn (Name!).

**Vorkommen:** Hecken und Gebüsche; außer in der Agrarlandschaft auch im Siedlungsbereich, auf Friedhöfen, in Parks und strauchreichen Gärten; recht häufig.

**Wissenswertes:** Nicht Baumsamen, sondern Samen von Kräutern und Stauden sind die mit Abstand wichtigste Nahrung des Bluthänflings. Daß er sich früher, als noch mehr Hanf angebaut wurde, auch über dessen Samen hermachte, dokumentiert der Name „Hänfling“ (Hanfsamenfresser). Sein Nest baut er in Hecken und Gebüschen in der Regel nur 1–2 m über dem Boden. Chemische Unkrautbekämpfung und Schwund der Ödlandflächen haben vielerorts zu einem deutlichen Bestandsrückgang geführt. Neuerdings jedoch scheint der Hänfling von der Flächenstillegung in der Landwirtschaft zu profitieren, vor allem dort, wo man Äcker einfach brachfallen läßt.

## 4 Girlitz
*Serinus serinus*

L 12 cm ≪ Sperling Febr.–Nov.

**Kennzeichen:** Auf gelblichem Grund dunkler gestreift; auffallend gelber Bürzel; im Gegensatz zum Erlenzeisig kein Gelb am Schwanz.

**Vorkommen:** In gehölzdurchsetzter Kulturlandschaft; häufig; vor allem in Gärten und Parks, aber auch in Obstwiesen und Weinbergen.

**Wissenswertes:** Der Girlitz läßt sein lang anhaltendes hohes Sirren besonders gern von hohen Warten aus vernehmen. In Dörfern und Gartenstädten sind dies meistens Antennen, Telegrafenmasten und Dachfirste. Im Flug ruft er kürzer trillernd oder sonst zweisilbig „girlit“ (Name!). Ähnlich dem Grünling vollführt er gelegentlich mit langer Strophe einen gaukelnden Singflug. – Als Brutvogel ist der Girlitz im Tiefland allgemein häufig, im Gebirge dagegen unregelmäßig verbreitet. Im Vergleich zu anderen Arten ist er noch ein Neubürger in Mitteleuropa, der sich erst im vorigen Jahrhundert hier anzusiedeln begann und noch bis in unsere Zeit hinein hier und dort Verbreitungslücken schließt.

1a

1b

2

3a

3b

4

## 1 Kernbeißer
*Coccothraustes coccothraustes*

L 18 cm >> Sperling Jan.–Dez.

**Kennzeichen:** Größe; sehr kräftiger Schnabel; braune Oberseite, grauer Nacken, weißes Flügelfeld; Ruf scharf „zick“.

**Vorkommen:** In Laub- und Mischwäldern, Feldgehölzen und Parks recht häufig, allerdings von Ort zu Ort in stark wechselnder Siedlungsdichte.

**Wissenswertes:** Trotz seiner Nachbarschaft zum Menschen bleibt der Kernbeißer oft unentdeckt, weil er sich mit Vorliebe in hohen Baumkronen versteckt hält. Zwischen 10 und 20 m hoch und meistens in Astquirlen in der Nähe des Stammes baut er sein Nest. Baumsamen, auch solche mit harten Schalen, sind die Hauptnahrung des Kernbeißers, der sogar Kirschkerne zu knacken vermag (Name!). Im Winterhalbjahr bekommt man ihn häufiger zu sehen, weil er dann auch in Vogelfutterhäuschen kommt und am Boden herabgefallene Baumsamen frißt.

## 2 Gimpel
*Pyrrhula pyrrhula*

L 15 cm ~ Sperling Jan.–Dez.

**Kennzeichen:** Weißer Bürzel, schwarze Kappe; Männchen (**2a**) mit roter Brust; Ruf klagend „düh“.

**Vorkommen:** In Wäldern aller Art, Gärten und Parks; überall sehr häufig; auch in Hausnähe und an Futterplätzen.

**Wissenswertes:** Die Ausbreitung von Nadelbaumarten in Forsten und Gärten und von stickstoffliebenden Hochstauden an den Waldrändern scheint die Zunahme dieser Art gefördert zu haben. Ihre sprichwörtliche, als Dummheit ausgelegte Zutraulichkeit gegenüber dem Menschen („simpler Gimpel“) erleichtert ihr die Besiedlung der Städte, die neuerdings vielerorts beobachtet wird. Durch Nachahmung seines Rufs kann man den Gimpel leichter anlocken und fangen als die meisten anderen Vogelarten. Früher verlor mancher Gimpel auf diese Art seine Freiheit und wurde fortan im Käfig oder in der Voliere gehalten. – Viele Gimpelpaare halten über die Brutzeit hinaus auch im Winter zusammen und leben möglicherweise zeitlebens in Dauerehe. Der Gesang ist relativ leise und deshalb im Vogelkonzert leicht zu überhören. Ungewöhnlich ist, daß auch die Gimpel-Weibchen singen. – Der Name „Dompfaff“ für den Gimpel geht auf die schwarze Kappe und die kardinalsrote Brust zurück.

## 3 Fichtenkreuzschnabel
*Loxia curvirostra*

L 17 cm > Sperling Jan.–Dez.

**Kennzeichen:** Männchen (**3a**) auffällig rot, Weibchen (**3b**) unscheinbarer oliv; Flügel und Schwanz dunkel; ungewöhnlich „gekreuzter“ Schnabel.

**Vorkommen:** In stark wechselnder Häufigkeit – abhängig vom Zapfenangebot – in Nadel-, vor allem Fichtenwäldern, und in koniferenreichen Parks.

**Wissenswertes:** Die sehr unstete Vogelart wird neuerdings regelmäßiger beobachtet, weil sie vielerorts häufiger und verstärkt reife Fichtenzapfen vorfindet. Die reichere Zapfenmast wird als Folge verringerter Wasserversorgung im Vorjahr durch Dürre und durch immissionsbedingten Verlust von Feinwurzeln erklärt. – Die Fichtenkreuzschnäbel als Nahrungsspezialisten sind zu einer unsteten Lebensweise gezwungen, weil sie an den verschiedenen Orten zeitweilig sehr viel, zeitweilig auch gar keine Nahrung finden. Die ungewöhnliche Brutzeit Februar/März unterstreicht ebenfalls die enge Bindung an die Fichte, deren Zapfen um diese Zeit reifen.

## 4 Schneeammer
*Plectrophenax nivalis*

L 17 cm > Sperling Okt.–Apr.

**Kennzeichen:** Im Winter überwiegend weiß bis sehr hell braun wirkend; im Flug mit schwarzen Flügelspitzen.

**Vorkommen:** Im offenen Gelände in Küstennähe als häufiger Wintergast aus Norwegen und Island.

**Wissenswertes:** Während man die Schneeammer im Winter an den Meeresküsten regelmäßig und oft in großen Scharen antrifft, begegnet man ihr schon wenige Kilometer entfernt landeinwärts nur noch sehr vereinzelt.

1

2a

3a

2b

3c

3b

4

## 1 Goldammer
*Emberiza citrinella*

L 17 cm > Sperling Jan.–Dez.

**Kennzeichen:** Kopf und Unterseite gelb; Rücken kastanienbraun gestreift; rotbrauner Bürzel; Weibchen weniger lebhaft gelb mit mehr dunklen Streifen (**1 b**). Gleichförmig wiederholte Liedstrophe: „zizizi-zieh“, im Volksmund „wie-wie-wie hab ich die lieb“.

**Vorkommen:** In Feldern und Wiesen, soweit einige Gehölze vorhanden sind; an Waldrändern; außerhalb der Brutzeit auch in der offenen Landschaft; sehr häufig.

**Wissenswertes:** Der Name „Goldammer“ nimmt auf den hohen Anteil gelben und rötlich braunen Gefieders Bezug, durch den sich die Gold- von der Grauammer unterscheidet. Als Brutplatz bevorzugt sie Böschungen mit Grasbulten und niedrigen Dornsträuchern. Dort baut sie ihr Nest am Boden oder nur wenig darüber im dichten Gestrüpp. Nach der Brutzeit schließen sich die Goldammern mit Buchfinken und anderen Finkenvögeln zu großen Scharen zusammen, die gemeinsam durch die Feldfluren ziehen.

## 2 Rohrammer
*Emberiza schoeniclus*

L 15 cm ~ Sperling März–Okt.

**Kennzeichen:** Braun gemusterte Oberseite; Schwanz außen weiß; Männchen (**2a**) zeitweilig mit auffälliger schwarzweißer Kopfzeichnung; stockende 5silbige Strophe: „Zati-tai—-zizi“.

**Vorkommen:** In Schilfröhrichten, soweit sie mit Weidengebüsch durchsetzt sind und nicht ständig im Wasser stehen; an Flußufern, in Streuwiesen, an Grabenrändern; recht häufig.

**Wissenswertes:** Der Volksmund meint mit dem Sprichwort „Er schimpft wie ein Rohrspatz“ die Rohrammer, deren Gesang ein Tschilpen enthält, das stark an den Haussperling (Spatz) erinnert. Ihr Nest baut die Rohrammer in üppiger krautiger Vegetation dicht über dem Boden, manchmal auch über Wasser. Neuerdings brütet die Art vermehrt auch in Raps- und Getreidefeldern. Häufiger als früher versuchen Rohrammern hierzulande zu überwintern.

## 3 Ortolan
*Emberiza hortulana*

L 17 cm > Sperling Apr.–Sept.

**Kennzeichen:** Kopf und Brust grau; gelbe Kehle; sonst der Goldammer ähnlich, aber ohne auffallend rotbraunen Bürzel. Männchen (**3b**) auf der Bauchseite kontrastreicher.

**Vorkommen:** Warme, trockene, meist sandige Landstriche mit Getreidefeldern, die mit Feldgehölzen oder Baumgruppen durchsetzt sind; Heiden, Weinberge; nur noch punktuell, durchweg selten.

**Wissenswertes:** Der ungewöhnliche Name geht auf das Lateinische „Hortulana“ (die Gartenbewohnerin, die Gartenammer) zurück. Früher war der Ortolan weit verbreitet und galt als Leckerbissen. Beethoven soll dem Ortolan-Lied sein Motiv der 7. Symphonie entlehnt haben: 3–5 gleich hohe Töne, an die sich ein tieferer anschließt (ti-ti-ti-ti-tüh). Die stärker kontinental und mediterran verbreitete Art lebt in Mitteleuropa in vielen Bereichen am Rande ihres Verbreitungsgebietes und reagiert sehr heftig auf Klimaschwankungen und den aktuellen Witterungsverlauf, aber auch auf Strukturverarmung ihres Brutgebietes. Hier ist vor allem der Grund für den gegenwärtigen starken Rückgang der Art und für die Preisgabe früherer Brutgebiete in mehreren Teilen Mitteleuropas zu suchen.

## 4 Grauammer
*Emberiza calandra*

L 18 cm >> Sperling Jan.–Dez.

**Kennzeichen:** Größte heimische Ammer; braunes, gestreiftes Gefieder; ohne Weiß am Schwanz; kräftiger Schnabel.

**Vorkommen:** Große offene Feldfluren und Wiesen mit einzelnen Gebüschen oder Telegrafenleitungen als Singwarte; noch regional verbreitet, nicht häufig.

**Wissenswertes:** Große Grünlandflächen einerseits und fruchtbares Ackerland der Börden andererseits waren früher die typischen Lebensräume der Grauammer. Seit 1960 wird ein rasanter Bestandsrückgang beobachtet, für den sowohl klimatische Gründe als auch die steigende agrare Nutzungsintensität verantwortlich gemacht werden.

1a
2a
1b
2b
3a
3b
4

Alle auf dieser Seite vorgestellten Arten gehören zu den Lappentauchern, die auf das Tauchen und den Fischfang spezialisiert sind. Statt der Schwimmhäute haben sie an den Zehen Schwimmlappen. Wenn sie ausnahmsweise einmal fliegen, wirken sie schwanzlos. Auf dem Wasser heben sich zumindest Hauben- und Rothalstaucher von anderen Schwimmvögeln durch ihren langen, dünnen Hals ab, der meistens senkrecht aufgerichtet getragen wird.

## 1 Haubentaucher *Podiceps cristatus*

L 48 cm < Stockente Jan.–Dez.
**Kennzeichen:** Zur Brutzeit mit auffallendem Kopfschmuck; im Winter weißer Kopf mit dunklem Scheitel.
**Vorkommen:** Seen, Talsperren, gestaute Flußabschnitte; oft auch an der Küste; neuerdings wieder ziemlich häufig.
**Wissenswertes:** Ganzjährige Schonzeit hat den Bestand der Haubentaucher deutlich anwachsen lassen. Ihre schwimmenden Nester können sie auch auf Gewässern mit wechselndem Wasserstand – wie Talsperren – bauen. Haubentaucher bei ihrer posenreichen Balz (**1a**) oder bei der Fütterung der Jungen zu beobachten, ist heute wieder an den unterschiedlichsten Gewässern möglich, zumal die Fluchtdistanz vielerorts sehr gering geworden ist.

## 2 Zwergtaucher *Tachybaptus ruficollis*

L 27 cm > Amsel Jan.–Dez.
**Kennzeichen:** Klein, rundlich und kurzhalsig; heller Schnabelfleck; Balztriller „bi-bi-bi".
**Vorkommen:** Auf kleineren, vegetationsreichen Weihern und Teichen; im Winter (**2b**) stärker auf Fließgewässern, auch in pflanzenärmeren Zonen; weit verbreitet, aber nicht gerade zahlreich.
**Wissenswertes:** Der Haubentaucher ist unser größter, der Zwergtaucher der kleinste Lappentaucher. Letzterer wirkt auf dem Wasser wie ein schwimmender brauner Federball. Nur im Winter fängt er vornehmlich Fischchen, sonst stehen Insekten, Krebschen, kleine Schnecken und nicht zuletzt Muscheln ganz oben auf seiner Speisekarte.

## 3 Rothalstaucher *Podiceps grisegena*

L 43 cm ≪ Stockente Jan.–Dez.
**Kennzeichen:** Im Sommer rostroter Hals (Name!), weiße Wangen und schwarze Kappe; im Winter grau mit weißen Wangen; deutlich kleiner als Haubentaucher.
**Vorkommen:** Brutvogel vor allem im Ostseeküstenraum; sonst Durchzügler und Gast an der Küste und auf Binnengewässern aller Art; ziemlich selten.
**Wissenswertes:** Die Wintergäste stammen aus Osteuropa und Westsibirien. Die größeren Lappentaucher-Arten jagen in der Regel länger unter Wasser und in größerer Tiefe als die kleineren Arten: Zwergtaucher 1–2 m tief und 20 Sekunden lang, Rothalstaucher 3–4 m tief und 30 Sekunden lang, Haubentaucher 4–6 m tief und 45 Sekunden lang.

## 4 Schwarzhalstaucher *Podiceps nigricollis*

L 30 cm ≪ Bläßhuhn Jan.–Dez.
**Kennzeichen:** Schwarzer Hals (Name!); gelbe Federbüschel an den Kopfseiten, allerdings nur im Brutkleid.
**Vorkommen:** Verstreut auf vegetationsreichen Gewässern brütend; vor allem im östlichen und südlichen Mitteleuropa; stark im Bestand schwankend; häufiger als Durchzügler, selten als Überwinterer.

## 5 Ohrentaucher *Podiceps auritus*

L 33 cm ≪ Bläßhuhn Sept.–Apr.
**Kennzeichen:** Rostbrauner Hals und gelbe Federbüschel an den Kopfseiten („Ohren", Name!), allerdings nur im Brutkleid; im Winter Kopf oberseits schwarz, von Augenhöhe an weiß.
**Vorkommen:** In Mitteleuropa nur Durchzügler und Wintergast; meistens an größeren Gewässern, vor allem im Küstenbereich; nicht selten, aber meistens nur einzelne Exemplare.

1a

1b

2a

2b

3a

3b

4

5

## 1 Prachttaucher
*Gavia arctica*

L 62 cm > Stockente Sept.–Apr.

**Kennzeichen:** In Mitteleuropa fast nur im Winterkleid; dem Sterntaucher ähnlich; jedoch gerader Schnabel, der im Gegensatz zum Kormoran meist waagerecht gehalten wird.

**Vorkommen:** Als regelmäßiger, aber meist vereinzelter Wintergast aus Skandinavien, Finnland und Westsibirien vor allem an der Meeresküste, aber auch auf größeren Binnengewässern.

**Wissenswertes:** Nur zur Brutzeit läßt der Prachttaucher seine bellenden und jodelnden Rufe vernehmen, die in der Einsamkeit und Stille nordischer Seen überraschen. Als vorzüglicher Schwimmer und Taucher, der bis zu 2 Minuten unter Wasser bleiben kann, legt er auch auf dem Zuge Teile der Wanderstrecke schwimmend zurück. Interessant ist das sogenannte „Wasserlugen", bei dem die spezialisierten Fischjäger ihren Kopf in das Wasser eintauchen und nach Beute spähen.

## 2 Sterntaucher
*Gavia stellata*

L 58 cm > Stockente Okt.–März

**Kennzeichen:** Im Winter dem Prachttaucher ähnlich, jedoch mit schlankem, leicht aufgeworfenem Schnabel.

**Vorkommen:** Wie der Prachttaucher Wintergast aus Nord- und Nordosteuropa; seltener als der Prachttaucher im Binnenland, doch regelmäßig auf Küstengewässern.

## 3 Kormoran
*Phalacrocorax carbo*

L 92 cm > Graugans Jan.–Dez.

**Kennzeichen:** Erwachsene Tiere schwarz, mit weißem Abzeichen von den Wangen bis zum Kinn; Jungtiere dunkelbraun, ohne Abzeichen am Kopf, aber mit heller Unterseite; auf dem Wasser wie Seetaucher tief eingetaucht, aber mit schräg nach oben gerichtetem Schnabel.

**Vorkommen:** An der Meeresküste und auf fischreichen Binnengewässern inzwischen wieder häufiger und teilweise zahlreich anzutreffen; Brutkolonien jedoch nur an wenigen Orten.

**Wissenswertes:** Die in Mitteleuropa brütenden Kormorane kann man von den Brutvögeln der Küsten Nordeuropas dadurch unterscheiden, daß sie sich im Frühjahr für kurze Zeit am Hals mit weißen Schmuckfedern zieren. Alle Kormorane sind überaus gewandte Schwimmer. Unter Wasser bewegen sie sich sowohl durch rudernde Fuß- als auch durch Flügelbewegungen. Daß man sie an Land so häufig mit halb ausgebreiteten Flügeln beim Trocknen ihres Gefieders (**3b**) sieht, liegt daran, daß sie im Gegensatz zu vielen anderen Wasservögeln keine Bürzeldrüsen haben, mit deren Talg sie die Federn einfetten könnten. Mit einem täglichen Nahrungsbedarf von 500–700 g greifen sie nicht so intensiv in den Fischbesatz ein, wie teilweise behauptet wird. Die nach 1970 wieder neu gegründeten Kolonien sollten unbedingt weiterhin geschützt bleiben. Nachdem man jahrhundertelang bestrebt war, die Kormorane auszurotten, hat sich inzwischen ein Bewußtseinswandel zu ihren Gunsten vollzogen. Der Name „Kormoran" ist aus *Corvus marinus* (Meerrabe) zusammengezogen. In China wird er vereinzelt noch heute zum Fischfang eingesetzt.

## 4 Baßtölpel
*Sula bassana*

L 91 cm > Graugans Jan.–Dez.

**Kennzeichen:** Doppelt möwengroßer, weißer Seevogel mit schwarzen Flügelspitzen und keilförmigem Schwanz.

**Vorkommen:** Reiner Meeresbewohner; oft weit von den Küsten entfernt.

**Wissenswertes:** Der Baßtölpel brütet in großen Kolonien auf wenigen Felseninseln und auf Simsen felsiger Steilküsten Islands und Großbritanniens, neuerdings auch vereinzelt auf Helgoland. Die meisten bevölkern schottische Inseln, von denen einige wegen ihrer Vogelkolonien weltbekannt sind (Bassrock). Die Flugmanöver des Baßtölpels sind überaus eindrucksvoll. Fische werden durch senkrechtes Stoßtauchen aus oft über 30 m Höhe erbeutet. Den Baßtölpel beim Fischfang zu beobachten, gehört zu den schönsten Naturerlebnissen.

1

2

3a

3b

3c

4a

4b

## 1 Graureiher
*Ardea cinerea*

L 91 cm bekannt Jan.–Dez.

**Kennzeichen:** Stattliche Größe; graue Oberseite; schwarzer Streifen vom Auge bis in die herabhängenden Schmuckfedern („Reiherfedern"); im übrigen Kopf und Hals weiß; im Flug mit Z-förmig zurückgelegtem Hals und den Schwanz überragenden Beinen.

**Vorkommen:** Neuerdings wieder häufiger Brutvogel; zum Beutefang an fischreichen Gewässern oder zur Mäusejagd auf Wiesen und Feldern; Nester meistens in Kolonien in Wäldern unterschiedlichster Art.

**Wissenswertes:** Daß dieser Großvogel überlebte und nicht das Schicksal anderer großer Beutegreifer teilt, verdankt er wohl einem Hobby des Adels: Im Mittelalter war er ein geschätztes Beizwild der höheren Stände, und die sorgten auch dafür, daß er ihnen für diesen Zweck erhalten blieb. Bis in unser Jahrhundert hinein war es in einigen großen Privatwäldern „Familientradition", die Reiher zu schützen. Dennoch war der Reiherbestand in Mitteleuropa in der Mitte unseres Jahrhunderts infolge intensiver Verfolgung – vor allem an den Fischgewässern – stark geschrumpft. Daß er heute wieder als weitgehend ungefährdet betrachtet werden kann, ist ein Ergebnis erfolgreichen Artenschutzes, zu dem auch die nach und nach eingeführte ganzjährige Schonzeit gehört. – Der Graureiher ist ein typischer Koloniebrüter; Einzelhorste sind vergleichsweise selten anzutreffen. Inzwischen gibt es auch in Mitteleuropa wieder Kolonien mit weit über 100, an der Atlantikküste sogar mit bis zu knapp 2000 Brutpaaren. Durch frühen Brutbeginn Ende Februar/März ist gewährleistet, daß die Jungen stark und schon recht erfahren in den Herbst und Winter gehen, den viele von ihnen weiter süd- und südwestlich in den Mittelmeerländern und in Nordafrika verbringen. Den Nahrungsbedarf von täglich knapp 500 g decken die Graureiher außerhalb der Brutzeit zu einem erheblichen Teil durch den Fang von Wühlmäusen (**1b**). Schon aus diesem Grunde war es richtig, den früheren Namen „Fischreiher" dem wissenschaftlichen Namen anzupassen und durch „Graureiher" zu ersetzen.

## 2 Purpurreiher
*Ardea purpurea*

L 79 cm <Graureiher März–Okt.

**Kennzeichen:** Kleiner und dunkler als der Graureiher; Hals länger, schlangenartig bewegt, rotbraun, schwarz gestreift.

**Vorkommen:** In größeren Schilfröhrichten; selten; in den Niederlanden, Österreich und Ungarn jeweils mehrere hundert, in Deutschland und der Schweiz nur wenige Brutpaare und diese nur unregelmäßig.

**Wissenswertes:** Die unterschiedliche Hals- und Rückenfärbung von Grau- und Purpurreiher wird auch in den Namen angesprochen, wobei das „Purpur" wohl etwas übertrieben ist. Im Gegensatz zum Graureiher hält sich der Purpurreiher stärker in Röhrichten verborgen, wo er sowohl jagt als auch brütet. Den Winter verbringt er vor allem in den Steppengebieten Afrikas.

## 3 Silberreiher
*Egretta alba*

L 89 cm ~ Graureiher Jan.–Dez.

**Kennzeichen:** Größer als die anderen weißen Reiher; gelbe Schnabelwurzel; schwarze Füße.

**Vorkommen:** Am Neusiedler See Brutvogel, sonst in Mitteleuropa nur in Holland einzelne Bruten, in Deutschland gelegentlicher Gast in dichten Schilfröhrichten.

## 4 Seidenreiher
*Egretta garzetta*

L 56 cm ≪ Graureiher Apr.–Okt.

**Kennzeichen:** Klein; schneeweiß; schwarze Beine und gelbe, im Frühling rötliche Füße.

**Vorkommen:** In Südfrankreich und im Mittelmeerraum, vor allem im Südosten; in Mitteleuropa Brutvogel in Ungarn, sonst nur seltener Gast in Sümpfen und in der gebüschbewachsenen Verlandungszone von Seen.

**Wissenswertes:** Im Frühjahr bei der Heimkehr aus seinem Winterquartier aus Afrika oder dem Mittelmeerraum scheint der Seidenreiher gelegentlich über sein Brutgebiet „hinauszuschießen" und auf diese Weise bis nach Mitteleuropa zu gelangen.

1a

1b

1c

2

3

4

## 1 Große Rohrdommel
*Botaurus stellaris*

L 76 cm << Graureiher Jan.–Dez.

**Kennzeichen:** Plump wirkend; mit braun gebändertem und geflecktem Gefieder.

**Vorkommen:** In großen Schilf- und Rohrkolbenbeständen; nur noch punktuell im nördlichen und nordöstlichen Mitteleuropa; mehrere 100 Brutpaare in den Niederlanden und in Mecklenburg.

**Wissenswertes:** „Moorochse" nannte man den nur selten auffliegenden und daher meist unsichtbaren Rufer, dessen weithin hörbare dumpfe Stimme an ein im Sumpf versinkendes Rind erinnert. Ihre optimale Farbanpassung an das Röhricht ergänzt die Rohrdommel durch die sogenannte „Pfahlstellung", die sie bei Gefahr einnimmt. Dazu richtet sie den Schnabel senkrecht empor und reckt sich so, daß sie sich in die Linienführung der Halme einfügt. – Die Verwandtschaft mit den Reihern unterstreicht die Rohrdommel durch ihre Z-förmige Halshaltung beim Flug. Allerdings erhebt sie sich viel seltener als die Reiher in die Luft. Zerstörung und Beunruhigung der Lebensräume, aber auch strenge Winter dezimieren den Brutbestand dieser vor allem nachts rufenden geheimnisvollen Vögel.

## 2 Zwergdommel
*Ixobrychus minutus*

L 36 cm < Bläßhuhn Apr.–Okt.

**Kennzeichen:** Kleinster Reiher; dunkle Kopfoberseite; auffälliges helles Flügelfeld.

**Vorkommen:** Sehr zerstreute und zum Teil nur unregelmäßige Brutvorkommen; auch in kleineren Schilfbeständen.

**Wissenswertes:** Im Gegensatz zur Großen Rohrdommel, die nicht selten hierzulande überwintert, zieht die Zwergdommel früh und weit, zum Teil bis Süd- und Ostafrika. Im Röhricht sitzt sie gern auf Halmen.

## 3 Weißstorch
*Ciconia ciconia*

L 102 cm >> Graureiher Febr.–Okt.

**Kennzeichen:** Größe; weiß mit schwarzen Schwingen; Schnabel und Beine rot.

**Vorkommen:** Brut in Dörfern; Nahrungssuche auf Feuchtgrünland, Acker- und Wiesenbrache und an Teichen; Brutvogel nur in bestimmten, traditionell besiedelten Landschaften bzw. Dörfern.

**Wissenswertes:** Für die Erhaltung keiner anderen Vogelart sind so aufwendige Anstrengungen unternommen worden wie für den „Adebar", den „Träger" oder „Bringer" der Neugeborenen, des Frühlings und des Glücks. Dennoch konnte dies den Rückgang der Weißstörche – zumal an den inselartigen Brutplätzen westlich der Elbe – bestenfalls verlangsamen. Über die Gründe dieser Entwicklung wurde viel diskutiert und publiziert. Nahrungsmangel durch Melioration und Biozideinsatz, Verluste durch Verdrahtung der Landschaft und Vergiftung und Abschuß während der Winterreise wirken wahrscheinlich zusammen. Das berühmte „Klappern" der Störche gehört sowohl zum Begrüßungszeremoniell der Partner als auch zum Abwehrverhalten gegenüber fremden Artgenossen. Die Altvögel versorgen ihre Jungen nicht nur mit Mäusen, Fröschen, Würmern und Insekten, sondern tragen im Schlund auch Wasser herbei.

## 4 Schwarzstorch
*Ciconia nigra*

L 97 cm > Graureiher März–Sept.

**Kennzeichen:** Größe; schwarz mit weißem Bauch; Schnabel und Beine rot.

**Vorkommen:** Größere naturnahe Waldgebiete mit Teichen und Sümpfen; selten.

**Wissenswertes:** Im Gegensatz zum menschenvertrauten Weißstorch ist der Schwarzstorch ein scheuer Waldbewohner mit schwerpunktartiger Verbreitung in Osteuropa und Asien. An den meisten früheren Brutplätzen in Mitteleuropa verschwand die Art bis etwa 1920. Seit Mitte dieses Jahrhunderts nimmt sie aber wieder zu und breitet sich aus, obwohl die Lebensbedingungen nicht unbedingt besser geworden sind (Unruhe in den Waldgebieten durch Erholungsverkehr, Erschließung der Wälder und Verdichtung des Straßennetzes). Größtmöglicher Schutz vor Störungen ist zweifellos die beste Schutzmaßnahme für den Schwarzstorch.

1

2

3a

3b

3c

4a

4b

## 1 Kranich
*Grus grus*

L 118 cm >> Graureiher Febr.–Nov.

**Kennzeichen:** Größe; im Flug ausgestreckter Hals und Beine; graues Gefieder; herabhängender schwärzlicher „Schwanz"; Flugrufe laut „gruh gruh" (wiss. Name!).

**Vorkommen:** Zur Brutzeit in Mooren, Sümpfen und Bruchwäldern; sonst auf großen Wiesen und Feldern, abends an Flachgewässern; Brutvogel im nordöstlichen Mitteleuropa; sich stabilisierende Bestände.

**Wissenswertes:** Die skandinavischen, deutschen und polnischen Kraniche – insgesamt über 30 000 Tiere – fliegen im Herbst auf einer nur 200–300 km breiten „Flugschneise" nach Südwesten und überwintern auf der Iberischen Halbinsel, in Nordafrika, teilweise auch erst in Äthiopien. Die Flugschneise ist im Westen durch eine Linie Lübeck-Deventer-Antwerpen-Lille, im Osten durch eine Linie von der Weichselmündung über die Oder zwischen Küstrin und Frankfurt, über Leipzig zum Main im Bereich der hessisch-bayerischen Grenze zu beschreiben. Innerhalb dieser Schneise kann man im Herbst die Keilformationen („fliegende 1") der Kraniche erwarten. Vor dem Abzug im Oktober sammeln sich die Kraniche an traditionellen Rastplätzen im Ostseeküstengebiet, z.B. auf Rügen und Öland, am Bock und an der Müritz. – Im Volksmund werden die Kraniche auch als „Schneegänse" bezeichnet, weil sie oft vor oder mit dem ersten Kälteeinbruch in großen Verbänden durchziehen. Offenbar tragen intensive Bemühungen um den Schutz dieser stattlichen Schreitvögel an den Brut- und Rastplätzen dazu bei, daß sich die Kranichbestände in jüngster Zeit vergrößern und die Vorkommen zum Teil auch ausweiten. Kraniche leben überwiegend von pflanzlicher Nahrung, u.a. von Getreide, Erbsen, Bohnen und anderen Feldfrüchten, sonst von Würmern, Schnecken und Insekten.

## 2 Löffler
*Platalea leucorodia*

L 86 cm < Graureiher Apr.–Sept.

**Kennzeichen:** Schneeweiß; löffelförmiger Schnabel (Name!); im Flug (**2c**) mit ausgestrecktem Hals.

**Vorkommen:** Gewässer mit Flachwasserzonen und Röhrichten bzw. Ufergebüsch, weit zerstreute Brutkolonien in den Niederlanden, Österreich und Ungarn; zusammen kaum 1000 Brutpaare.

**Wissenswertes:** Die Löffler brüten in wenigen besonders geschützten Kolonien, u.a. am Neusiedler See und auf Texel sowie in neuerer Zeit zunehmend auch auf anderen holländischen Inseln. Ihre Nahrung, die aus Krebschen und Wasserinsekten, Kaulquappen und kleinen Fischen, Schnecken und Muscheln besteht, seihen sie aus dem flachen Wasser (**2b**). Dazu ist der löffelförmige Schnabel, der durch seitliche Kopfbewegungen gewandt eingesetzt wird, optimal geeignet. Die Nester der Löffler befinden sich im Schilfröhricht auf umgeknicktem Pflanzenmaterial. Die auch außerhalb der Brutzeit gesellig lebenden Löffler fliegen zu mehreren meist in breiter Front und ziehen im Herbst bis in die Mittelmeerländer und manchmal noch über die Sahara hinaus nach Süden.

## 3 Flamingo
*Phoenicopterus ruber*

L 127 cm >> Graureiher

**Kennzeichen:** Größe und Schlankheit; Gefieder weiß, rosa angehaucht; Flügel schwarz und scharlachrot; extrem lange Beine und Hals.

**Vorkommen:** Im Flachwasser brackiger Küstenlagunen und salzhaltiger Binnengewässer des Mittelmeerraumes; in Mitteleuropa nur gelegentlich als Gast, häufiger als Zooflüchtling.

**Wissenswertes:** Flamingos gehören zu den apartesten und elegantesten Vögeln. Mit ihrem nach unten abgewinkelten Schnabel seihen sie Kleingetier aus dem Wasser. Die bekanntesten Brutkolonien befinden sich in der Camargue und in Südspanien. Im Zwillbrokker Venn (Nordrhein-Westfalen) besteht eine 10–15 Paare umfassende Brutkolonie des Chile-Flamingos (*Phoenicopterus chilensis*), der graue Beine mit rosafarbenen Gelenken hat. Die Tiere überwintern an der Scheldemündung in Holland und kehren im Frühjahr zurück.

1a

1b

2a

2b

2c

3a

3b

## 1 Höckerschwan
*Cygnus olor*

L 158 cm bekannt Jan.–Dez.
**Kennzeichen:** Orangefarbener Schnabel mit schwarzem Höcker.
**Vorkommen:** Sehr häufig verwildert auf Gewässern aller Art, als Wildvogel auf größeren Seen im Nordosten; Park- und Wildvögel auch vermischt und nicht mehr sicher unterscheidbar; auch an Meeresküsten.
**Wissenswertes:** Höckerschwäne lernt heute schon jedes Kleinkind kennen. Auf fast allen Parkgewässern sind die zutraulichen, oft auch ausgesprochen aufdringlichen Großvögel die Lieblinge der Besucher. Inzwischen wird bereits die starke Zunahme der Höckerschwäne beklagt und teilweise auch begrenzt, weil – vor allem in Parks – Schäden an der Vegetation und Verdrängung anderer Wasservogelarten unausbleiblich sind. Besonders kopfstark sind die Scharen der jugendlichen Nichtbrüter; Höckerschwäne werden erst mit 3 oder 4 Jahren geschlechtsreif. Während sie in der Brutzeit gegenüber Artgenossen recht unduldsam sind und als Wildvögel bis zu 1 $km^2$ große Reviere verteidigen, schließen sie sich im Herbst oft zu Trupps zusammen. Im Winter kommen sie gern in von Gewässern durchflossene Städte, um sich dort füttern zu lassen. Der Start vom Wasser aus erfolgt immer gegen den Wind, oft durch Laufbewegungen mit den Beinen unterstützt (**1b**). Tauchen können die Schwäne nicht, aber dafür gründelnd mit dem langen Hals Wasserpflanzen noch in 1 m Tiefe erreichen. Das schneeweiße Gefieder und die anmutigen Halsbewegungen haben den Schwan zum Inbegriff von Eleganz und Schönheit werden lassen und ihm auch in der europäischen Kultur einen besonderen Rang gesichert.

## 2 Singschwan
*Cygnus cygnus*

L 150 cm ~ Höckerschwan Nov.–März
**Kennzeichen:** Gelber Schnabel mit schwarzer Spitze.
**Vorkommen:** Im Norden in Küstennähe regelmäßiger und zum Teil zahlreicher Wintergast; auf bestimmten Binnenseen, Altarmen und benachbartem Grünland und Wintersaaten auch im Binnenland.
**Wissenswertes:** Der ruffreudigste unter den Schwänen (Name!) stößt trompetende Laute aus, die über 1 km weit zu hören sind. Manche Gewässer sind offenbar traditionelle Überwinterungsorte und werden sehr gezielt angeflogen. In den größeren Trupps dominieren oft die noch nicht geschlechtsreifen Tiere. Die Familien mit Jungen halten sich meistens etwas stärker randlich oder gar getrennt von den anderen Singschwänen auf. Die Partner bleiben das ganze Jahr über zusammen. Beide bauen gemeinsam das Nest und führen gemeinsam die 3–6 Jungen. Die bekannte Drohstellung des Höckerschwans gibt es bei den Singschwänen nicht.

## 3 Zwergschwan
*Cygnus bewickii*

L 120 cm ≪ Höckerschwan Nov.–März
**Kennzeichen:** Schwarzer Schnabel mit gelber Schnabelwurzel.
**Vorkommen:** Regelmäßiger Wintergast in Küstennähe; nur selten im Binnenland.
**Wissenswertes:** Aus Nordrußland wandern diese kurzhalsigen, etwas kompakter wirkenden Schwäne über den Ladoga-See und den Finnischen Meerbusen an die Westküste Dänemarks, zum Niederrhein und in die Niederlande, nach Südengland und in die Camargue, wo sie feste Winterquartiere beziehen.

## 4 Schwarzer Schwan
*Cygnus atratus*

L 145 cm < Höckerschwan Jan.–Dez.
**Kennzeichen:** Völlig schwarz, weiße Handschwingen nur im Fluge sichtbar.
**Vorkommen:** Einzelne Tiere unregelmäßig auf unterschiedlichsten Gewässern; immer Zoo- oder Parkteichflüchtlinge; keine dauerhafte Ansiedlung.
**Wissenswertes:** Die Schwarzen Schwäne stammen ursprünglich aus Australien, wo sie in Kolonien dicht beisammen brüten. In Neuseeland sind sie seit 1864 eingebürgert; hier haben sie so stark zugenommen, daß der Bestand heute reguliert werden muß.

1a

1b

1c

2a

2b

4

3

## 1 Graugans
*Anser anser*

L 78 cm ~ Hausgans Jan.–Dez.

**Kennzeichen:** Orangefarbener Schnabel; silbergraue Vorderflügel, besonders auffällig beim Auffliegen.

**Vorkommen:** Brutvogel in Sümpfen und im Verlandungsgürtel von Seen; zur Nahrungssuche auch auf Wiesen und Feldern. Ursprüngliche Vorkommen im Norden und Nordosten; nach Wiedereinbürgerung inzwischen auch im Nordwesten schon zum Teil häufig und weit verbreitet.

**Wissenswertes:** Wie alle Gänse leben auch die Graugänse in einer Dauer-Einehe. Männchen (Ganter) und Weibchen sind gleich gefärbt. Nur die Weibchen brüten, während die Männchen in Nestnähe Wache halten. Außerhalb der Brutzeit sind alle Gänse sehr gesellig. Dann bilden oft Hunderte, manchmal auch Tausende von Tieren riesige Herden. Dieses kontaktfreudige Verhalten ist eine der wichtigsten Voraussetzungen für die Domestikation. Unsere Hausgänse stammen von der Graugans ab und ähneln ihr auch noch in ihren „gang-gang-gang"-Rufen. Da sie sich auch bei abweichender Färbung bis hin zu schneeweißem Gefieder mit den Angehörigen der ursprünglichen Wildform bestens verstehen, kommt es immer wieder zu Kreuzungen. Graugänse mit größeren weißen Gefiederpartien sind das Resultat. Daß von „dummen Gänsen" keine Rede sein kann, weiß jeder, der sich etwas intensiver mit Haus- oder Wildgänsen befaßt hat. Bei den Römern galten sie als klug und wachsam, und das nicht erst seit der Rettung des Capitols durch Gänsegeschrei.

## 2 Saatgans
*Anser fabalis*

L 78 cm ~ Graugans Okt.–März

**Kennzeichen:** Gelber Schnabel mit schwarzer Zeichnung; braun, mit dunklerem Hals und Kopf.

**Vorkommen:** Als Brutvogel der Taiga und Tundra West- und Ostsibiriens Wintergast vor allem in Ost-, aber auch in anderen Teilen Deutschlands; dann auf Wiesen und Feldern in der Nachbarschaft größerer Gewässer.

**Wissenswertes:** Die meisten Saatgänse aus dem riesigen eurasischen Brutgebiet überwintern in den europäischen Tiefländern zwischen Holland und Polen. In der Regel sind es zwischen 200000 und 300000. Besonders eindrucksvoll sind die abendlichen Flüge der großen Gänsescharen zu den Gewässern, auf denen sie die Nacht verbringen.

## 3 Bläßgans
*Anser albifrons*

L 68 cm ≪ Graugans Okt.–Apr.

**Kennzeichen:** Rötlicher Schnabel und weiße Stirnblässe; schwarze Bauchstreifen.

**Vorkommen:** Brutvogel in der eurasischen Tundra von der Kanin- bis zur Taimyr-Halbinsel; als Wintergast auf Grünland, vor allem in Küstennähe.

**Wissenswertes:** In den Niederlanden, am Niederrhein, am Dollart und im Ostseeküstengebiet weilt im Winter zeitweise bis zu einer halben Million Bläßgänse und damit ein Großteil der gesamten Weltpopulation. Ungestörte Nahrungsgründe in Mitteleuropa sind für diese nordischen Gänse überlebenswichtig. Störungen verhindern die Aufnahme jener Nahrungsmengen, die für den Aufbau von Energiereserven für den Rückflug und die anschließende Brutzeit erforderlich sind. Deshalb wurden vor allem am Niederrhein Schutzgebiete für die nordischen Gänse eingerichtet und die Bejagung eingestellt. Die Landwirte erhalten für die Flurschäden ein angemessenes Entgelt.

## 4 Streifengans
*Anser indicus*

L 74 cm < Graugans Jan.–Dez.

**Kennzeichen:** Hellgrau; zwei schwarze Querbinden im Nacken.

**Vorkommen:** Vereinzelt an verschiedenen Gewässern in Mitteleuropa; wohl immer als Gefangenschaftsflüchtling.

**Wissenswertes:** Aus ihrem zentralasiatischen Brutgebiet wandert die Streifengans im Herbst nach Indien, Pakistan und Bangladesch. Die in Mitteleuropa, vor allem am Niederrhein, beobachteten Tiere dürften alle aus Zoos und Parks entflogen sein.

1a

1b

1c

2

3a

3b

4

## 1 Weißwangengans
*Branta leucopsis*

L 63 cm >> Stockente Okt.–Apr.
**Kennzeichen:** Schwarz-Weiß-Färbung; weißes Gesicht (Name!).
**Vorkommen:** Brutvögel von Nowaja Semlja und weiteren Inseln der Barentssee als regelmäßige und sehr zahlreiche Wintergäste im Watt und auf küstennahem Grünland, vor allem in Schleswig-Holstein, wo neuerdings auch mehrere Paare gebrütet haben.
**Wissenswertes:** Die Zahlen der Wintergäste aus dem arktischen Rußland haben in den letzten Jahren deutlich zugenommen. Mit über 70000 Individuen überwintert inzwischen die Hälfte der gesamten Barentssee-Population im Bereich der Deutschen Bucht. Weitere Brutgebiete der Weißwangengans sind auf Grönland und Spitzbergen. Sie bevorzugt als Neststandort Klippen und Felsvorsprünge in möglichst unmittelbarer Küstennähe und brütet nicht selten in kleinen Kolonien. Weil sie wie eine Nonne ein schwarz-weißes Kleid trägt, wird die Weißwangengans auch Nonnengans genannt.

## 2 Ringelgans
*Branta bernicla*

L 57 cm > Stockente Sept.–Mai
**Kennzeichen:** Kleinste, dunkelste Gans mit weißen Streifen an den Seiten des schwarzen Halses (Name!); stark überwiegend die dunkelbäuchige Rasse.
**Vorkommen:** Brutgebiete dieser Rasse im nordwestlichen Sibirien, vor allem auf der Taimyr-Halbinsel; zunehmend häufiger Wintergast in der Deutschen Bucht, vor allem in Schleswig-Holstein; nur auf dem Meer und in unmittelbarer Küstennähe.
**Wissenswertes:** Sechs von zehn aller dunkelbäuchigen Ringelgänse der Welt kommen als Wintergäste nach Deutschland. Als reine Meeresgänse trinken sie – zumindest die Altvögel – sogar Salzwasser. Als Nahrung bevorzugen sie Seegras und Queller, neuerdings aber auch zunehmend Gräser und Wintergetreide. Insgesamt sind die verschiedenen Rassen der Ringelgans zirkumpolar verbreitet.

## 3 Kanadagans
*Branta canadensis*

L 96 cm >> Graugans Jan.–Dez.
**Kennzeichen:** Kopf und Hals schwarz mit weißem Wangenfleck; brauner Rücken; größte Gänseart auf unseren Gewässern.
**Vorkommen:** An Binnenseen, auch an kleineren Gewässern; nicht selten auffallend vertraut in Siedlungsnähe.
**Wissenswertes:** Die aus Nordamerika stammende Art (Name!) wurde schon im 17. Jahrhundert in England und nach 1930 in Schweden eingebürgert. In Mitteleuropa haben sich Kanadagänse von Parkteichen in die Freiheit abgesetzt. Die meisten hier beobachteten Tiere sind Wintergäste aus Schweden.

## 4 Brandgans
*Tadorna tadorna*

L 64 cm >> Stockente Jan.–Dez.
**Kennzeichen:** Überwiegend weiß mit dunkelgrünem Kopf und rotbraunem „Gürtel“.
**Vorkommen:** Küsten und küstennahe Gewässer, zunehmend häufiger auch im Binnenland, vor allem am Niederrhein.
**Wissenswertes:** Brand- und Nilgans sind zwischen Gänsen und Enten einzuordnen. Beide Partner sind – wie andere Gänse – einander ähnlich, aber so bunt wie sonst eher die Enten. Die Brandgans brütet in Erdlöchern, gern in Kaninchenhöhlen. Im Juli/August kommen bis zu 100000 Brandgänse zur Mauser auf den Großen Knechtsand zwischen Ems- und Wesermündung.

## 5 Nilgans
*Alopochen aegyptiacus*

L 69 cm << Graugans Jan.–Dez.
**Kennzeichen:** Plumper, großer Entenvogel; gelblichbraun; dunkle Augenumrandung.
**Vorkommen:** In England seit 200 Jahren eingebürgert, in Holland seit 1969 wildlebend; deutliche Zunahme, vor allem am Niederrhein, aber immer noch nur vereinzelt.
**Wissenswertes:** Die Nilgans ist einer der verbreitetsten Wasservögel Afrikas. Die Erstansiedlung in Europa erfolgte mit menschlicher Hilfe; seither breitet sich die Art aus.

1a
1b
2
3a
4a
3b
4b
5

## 1 Stockente
*Anas platyrhynchos*

L 54 cm bekannt Jan.–Dez.

**Kennzeichen:** Erpel im Prachtkleid mit glänzend grünem Kopf, braunroter Brust und schwarzen „Schwanzlocken".

**Vorkommen:** An Gewässern aller Art; häufigste und verbreitetste Entenart.

**Wissenswertes:** Die Stockente ist für viele Menschen die Wildente schlechthin; zugleich ist sie die Stammform unserer Hausenten. Bastarde zwischen Stock- und Hausenten sind auf vielen Parkteichen und Schloßgräben anzutreffen. Für alle Enten gilt, daß die Erpel die längste Zeit des Jahres ein farbiges Kleid mit artspezifischen „Abzeichen" auf den Flügeln und die Weibchen ein braunes, eher schlichtes und unauffälliges Tarnkleid tragen. Die auf der nebenstehenden und der folgenden Tafel abgebildeten Entenarten haben mit der Stockente gemeinsam, daß sie normalerweise nicht tauchen, sondern „gründeln". Sie liegen höher auf dem Wasser als die tiefer einsinkenden Tauchenten. So können sie behende starten, ohne auf dem Wasser zu laufen. Der Name „Stockente" weist auf ihren bevorzugten Brutplatz in Baumhöhlen und in Kopfbäumen hin (**1b**). In den meisten Bundesländern ist die Stockente die einzige Entenart, die noch bejagt werden darf. Häufig geschieht das beim „Entenstrich", d.h. bei den abendlichen Nahrungsflügen von den Rastgewässern auf das Land oder zu besonders ergiebigen Nahrungsgründen.

## 2 Krickente
*Anas crecca*

L 35 cm < Bläßhuhn Jan.–Dez.

**Kennzeichen:** Kleinste heimische Ente; Erpel mit grauem Rücken, weißen Flügelstreifen und grünem „Spiegel" (Flügelabzeichen); Weibchen (**2b**) schlicht graubraun, aber ebenfalls mit grünem Flügelspiegel; Ruf „kritt kritt" (Name!).

**Vorkommen:** Flache Gewässer mit Verlandungszonen, Sümpfe, überschwemmte Wiesen; im Winter und auf dem Zug zahlreich und weit verbreitet; als Brutvogel jedoch viel seltener und nur örtlich verbreitet.

**Wissenswertes:** Bis zu welcher Tiefe unter Wasser pflanzliche und tierische Nahrung genutzt werden kann, hängt bei den Gründelenten von der Länge des Halses ab. Die Krickente als kleinste Art ist vorzugsweise auf Flachwasser und damit auf den ufernächsten Bereich angewiesen. Stockenten und erst recht Gänse und Schwäne sieht man oft etwas weiter vom Ufer entfernt gründeln. So wird zugleich die Konkurrenz gemildert.

## 3 Knäkente
*Anas querquedula*

L 38 cm ~ Bläßhuhn März–Okt.

**Kennzeichen:** Kleine Entenart; Erpel mit auffälligen weißen Streifen am Kopf.

**Vorkommen:** Nur vereinzelt und unregelmäßig Brutvogel an vegetationsreichen Gewässern; im gesamten mitteleuropäischen Raum drastischer Rückgang.

**Wissenswertes:** Die Knäkente gehört zu den wenigen Langstreckenziehern unter den heimischen Entenvögeln. Nur ein Bruchteil überwintert in West- und Südeuropa, die Mehrzahl im tropischen Afrika. Ihren Namen hat die Art wegen ihrer schnarrenden Rufe. Die Nahrungsaufnahme erfolgt weniger durch Gründeln unter Wasser als vielmehr dadurch, daß Partikel von der Wasseroberfläche abgepickt oder ausgeseiht werden.

## 4 Pfeifente
*Anas penelope*

L 46 cm ≪ Stockente Sept.–Apr.

**Kennzeichen:** Erpel mit rotbraunem Kopf und großer hellgelber Blesse; pfeifender Ruf wie „huihu" (Name!).

**Vorkommen:** Brutvogel an vegetationsreichen Gewässern in Nordeuropa und Nordasien, nur unregelmäßig einzelne Paare in Mitteleuropa; Durchzügler und Wintergäste zu Tausenden an unseren Küsten, auch einzeln oder in Trupps auf Gewässern im Binnenland.

**Wissenswertes:** Durch die markanten Pfiffe der Männchen wird der Beobachter auch bei gemischten Entenscharen immer sehr schnell auf die Pfeifenten aufmerksam. Öfter als die anderen Gründelenten sieht man die Pfeifenten auch auf Grünland in Küstennähe weiden.

1a
1b
1c
2a
2b
3
4

## 1 Löffelente
*Anas clypeata*

L 49 cm < Stockente Jan.–Dez.
**Kennzeichen:** Erpel mit grünem Kopf, weißer Brust und dunkelbraunen Flanken; beide Geschlechter mit auffällig großem Löffelschnabel (Name!). Weibchen (**1b**) schlicht gefärbt.
**Vorkommen:** Binnengewässer mit größeren Verlandungszonen, Sümpfe; Brutvogel vor allem im Tiefland; verbreiteter Durchzügler; nur vereinzelt als Wintergast.
**Wissenswertes:** Der breite Löffelschnabel stellt einen speziell ausgebildeten und besonders funktionstüchtigen Seihapparat dar, mit dessen Hilfe im Wasser schwimmende tierische und pflanzliche Organismen „ausgesiebt" werden können.

## 2 Spießente
*Anas acuta*

L 50+14 cm ~ Stockente Jan.–Dez.
**Kennzeichen:** Erpel auffallend hell und schlank; brauner Kopf mit weißem Halsstreif; beide Geschlechter mit spießförmigem Schwanz (Name!), beim Weibchen allerdings nur angedeutet.
**Vorkommen:** Große Binnengewässer mit ausgeprägter Zonierung; Moore und Sümpfe; Bruten in Finnland und Nordrußland, nur sehr vereinzelt auch in Mitteleuropa; regelmäßig als Gast, vor allem im Norden.
**Wissenswertes:** Der lange Schwanzspieß wird beim Schwimmen aufrecht getragen. Der ebenfalls vergleichsweise lange Hals gestattet es der Spießente, 50 cm tief zu gründeln.

## 3 Schnatterente
*Anas strepera*

L 50 cm < Stockente Jan.–Dez.
**Kennzeichen:** Erpel grau, mit schwarzem „Heck"; Weibchen der Stockente sehr ähnlich, aber mit weißem Spiegel.
**Vorkommen:** Auf flachen, vegetationsreichen Gewässern; Brutgebiet von Weißrußland bis zur Mandschurei; in Mitteleuropa nur regional kleinere Brutvorkommen; häufiger als Durchzügler, nur selten als Überwinterer.
**Wissenswertes:** Die Art brütet erst seit 100 Jahren in Mitteleuropa und hat im Laufe dieses Jahrhunderts deutlich zugenommen. In Süddeutschland konzentrieren sich im Sommer die Erpel, die bei der Gefiedermauser mehrere Wochen flugunfähig sind, an einigen wenigen Gewässern.

## 4 Mandarinente
*Aix galericulata*

L 43 cm ≪ Stockente Jan.–Dez.
**Kennzeichen:** Ungewöhnliche Buntheit des Erpels durch hochgestellte braune „Segel" auf den Flügeln und braunen Kopfschmuck; Weibchen dagegen grau, mit hellen Flecken an der Brust.
**Vorkommen:** Ursprünglich Ostasien; in Europa punktuell – vor allem in Südostengland – eingebürgert; gelegentlich als Zoo- und Parkflüchtling an mit Bäumen umstandenen stehenden Gewässern.
**Wissenswertes:** Die Mandarinenten gelten als die prächtigsten Enten der Welt. Eben das wurde ihnen zum Verhängnis. Vor allem aus China wurden sie zu Tausenden exportiert. Heute sind die Mandarinenten in ihrem Ursprungsgebiet vielerorts vom Aussterben bedroht. Dafür gibt es in England eine stabile wildlebende Population. Auch in Mitteleuropa mehren sich die Bruten freifliegender Mandarinenten an Waldseen und -teichen mit alten, höhlenreichen Bäumen.

## 5 Kolbenente
*Netta rufina*

L 54 cm ~ Stockente März–Nov.
**Kennzeichen:** Plump, dickköpfig; für eine Tauchente ungewöhnlich hoch auf dem Wasser liegend; Erpel (**5a**) mit braunem Kopf und auffallend rotem Schnabel, schwarzer Brust und weißen Flanken.
**Vorkommen:** Größere Seen mit Schilfröhricht, in Mitteleuropa nur wenige Brutplätze; ein größeres Brutvorkommen am Bodensee; hier und an den Ismaninger Teichen auch die stärksten Konzentrationen außerhalb der Brutzeit; sonst meist unregelmäßiger Durchzügler.
**Wissenswertes:** Die Kolbenente hat sich erst in diesem Jahrhundert in Mitteleuropa als Brutvogel angesiedelt.

1a

2

1b

3

4

5a

5b

## 1 Reiherente
*Aythya fuligula*

L 43 cm  << Stockente  Jan.–Dez.

**Kennzeichen:** Erpelkleid mit scharfem Schwarz-Weiß-Kontrast; vom Kopf herabhängende „Reiherfedern" (Name!).

**Vorkommen:** Auf stehenden und langsam fließenden Gewässern nach der Stockente zweithäufigste Entenart.

**Wissenswertes:** Wie alle Tauchenten holt die Reiherente ihre überwiegend aus Tieren – oft aus Wandermuscheln – bestehende Nahrung aus ein bis mehrere Meter tiefem Wasser. Schon beim Schwimmen tief im Wasser liegend, taucht sie mühelos unter, um in der Regel erst nach 15–20 Sekunden wieder auf der Wasseroberfläche zu erscheinen. Die Reiherente ist zur Zeit „stark im Kommen". Vor allem in den westlichen und südlichen Teilen Mitteleuropas breitet sie sich aus. Vielerorts verdichten und vergrößern sich die Brutbestände ganz erheblich. An den Meeresküsten, auf größeren Seen und auf Talsperren trifft man nach der Brutzeit Reiherenten oft zu Tausenden an.

## 2 Tafelente
*Aythya ferina*

L 44 cm  << Stockente  Jan.–Dez.

**Kennzeichen:** Erpel mit grauem Rücken, braunem Kopf und schwarzer Brust.

**Vorkommen:** Auf größeren und kleineren vegetationsreichen Seen und Weihern; als Brutvogel, Durchzügler und Wintergast weit verbreitet und zum Teil sehr häufig.

**Wissenswertes:** Auch diese Art hat sich seit der Mitte des vorigen Jahrhunderts stärker nach Westen ausgebreitet und viele Brutplätze erst in den letzten 40 Jahren besetzt. Die Ausbreitung und Zunahme von Reiher- und Tafelente werden u.a. mit der verstärkten Eutrophierung der Gewässer und dem erhöhten Nahrungsangebot erklärt.

## 3 Bergente
*Aythya marila*

L 44 cm  << Stockente  Sept.–Apr.

**Kennzeichen:** Erpel der Reiherente ähnlich, jedoch ohne Federschopf und mit hellgrauem Rücken; Weibchen (**3a**) mit weißem Ring um die Schnabelwurzel.

**Vorkommen:** Brutvogel im hohen Norden aller drei Kontinente; als Wintergast sehr zahlreich an der Meeresküste, viel seltener auf größeren Gewässern im Binnenland.

**Wissenswertes:** Diese Tauchente mit ihrer deutlichen Bevorzugung der Meeresküste ist besonders stark auf tierische Nahrung eingestellt. Sie erreicht Muscheln und Krebschen, indem sie bis zu 6 m tief taucht.

## 4 Moorente
*Aythya nyroca*

L 41 cm  > Bläßhuhn  März–Nov.

**Kennzeichen:** Erpel und Weibchen einander ähnlich; beide durchgehend rotbraun; weiße Unterschwanzdecken.

**Vorkommen:** Brutgebiet von Polen und Ungarn aus südostwärts; in Mitteleuropa nur einzelne und unregelmäßige Brutvorkommen; auch als Gast meist nur spärlich.

**Wissenswertes:** Sie neigt unter allen *Aythya*-Arten am stärksten zu pflanzlicher Kost und zur Besiedlung flacher und vegetationsreicher Gewässer mit minimalem Freiwasseranteil.

## 5 Schellente
*Bucephala clangula*

L 44 cm  << Stockente  Jan.–Dez.

**Kennzeichen:** Erpel mit weißem Fleck zwischen Auge und Schnabelwurzel; Weibchen deutlich kleiner und mit braunem Kopf und weißem Halsring.

**Vorkommen:** Brutgebiet von Skandinavien und den Ostseeküstenländern an ostwärts; in Mitteleuropa im Osten Brutvogel an waldgesäumten Gewässern; häufiger Wintergast.

**Wissenswertes:** Der Name erinnert an das besonders prägnante klingelnde Fluggeräusch der Schellerpel. Als ausgeprägter Höhlenbrüterin kommt dem Weibchen (**5b**) die geringe Körpergröße zustatten. So kann sie sogar in Schwarzspechthöhlen brüten. Durch Aufhängen von Nistkästen hat man die Brutvorkommen der Art gefestigt und sogar ausgeweitet.

1

2

3a

3b

4

5a

5b

## 1 Eiderente
*Somateria mollissima*

L 59 cm >Stockente Jan.–Dez.

**Kennzeichen:** Erpel (**1a**) schwarz-weiß; Weibchen (**1b**) braun, intensiv gebändert; beide mit ungewöhnlichem Kopfprofil: eine Gerade von der Schnabelspitze bis zur Stirn.

**Vorkommen:** Häufiger Brutvogel an den Küsten des Nordatlantiks einschließlich der Nord- und Ostsee; als Wintergast im Küstenbereich sehr zahlreich, im Binnenland nur vereinzelt, aber zunehmend.

**Wissenswertes:** Die Dunen und die Eier der Eiderente waren in Island und Skandinavien früher sehr begehrt. Die Zunahme dieser typischen Meeresente und die Ausweitung ihres Brutgebietes bis in die Niederlande seit Anfang unseres Jahrhunderts dürften auf verstärkten Schutz und Sammelverbote zurückzuführen sein. Als Nahrung bevorzugt die Eiderente Muscheln. Die massenhafte Vermehrung der Wandermuschel in einigen Binnengewässern ist möglicherweise die Ursache dafür, daß die Art immer häufiger und regelmäßiger auch im Binnenland mausert oder überwintert. Fast immer befinden sich unter den Opfern von Ölkatastrophen auf den Meeren auch Eiderenten. Sie sind geschickte Taucher, die scheinbar mühelos mit halb angehobenen Flügeln im Wasser verschwinden und bis zu 1 Minute unter Wasser bleiben. Dabei können sie in Tiefen bis zu 10, im Extremfall sogar bis zu 20 m vordringen.

## 2 Samtente
*Melanitta fusca*

L 53 cm <Stockente Jan.–Dez.

**Kennzeichen:** Erpel schwarz mit weißem Fleck am Flügel und unter dem Auge.

**Vorkommen:** Das Brutgebiet erstreckt sich von Norwegen bis Kamtschatka und weiter bis Nordamerika. In Mitteleuropa häufiger Wintergast an den Küsten, seltener an großen Binnenseen; an den Küsten auch häufig Übersommerer und Mausergäste.

**Wissenswertes:** Das Wasserlaufen beim Starten ist bei der Samtente besonders ausgeprägt. Beim Tauchen breitet sie oft die Flügel aus. Mit Artgenossen gern vergesellschaftet, meiden die Samtenten im Winterquartier meistens die bunt gemischten Trupps der anderen Entenarten. Dafür suchen sie offensichtlich bei der Brut gern die Nachbarschaft zu Brutkolonien von Möwen oder Seeschwalben, deren Wachsamkeit und Aggressivität gegenüber Beutegreifern auch ihre Sicherheit erhöht.

## 3 Trauerente
*Melanitta nigra*

L 48 cm <Stockente Jan.–Dez.

**Kennzeichen:** Erpel ganz schwarz; Weibchen dunkelbraun mit helleren Wangen.

**Vorkommen:** Brutvogel im Norden Europas und Asiens; in Mitteleuropa häufiger Winter- und regelmäßiger Sommergast an den Küsten; weitaus seltener im Binnenland.

**Wissenswertes:** Meeresküsten, die die Trauerenten nach der Brutzeit bevorzugen, werden zur Brut selbst gemieden. Dann werden Binnengewässer – zum Teil weit von der Küste entfernt – aufgesucht. Die Trauerente hält – im Gegensatz zur Samtente – beim Tauchen die Flügel geschlossen. Mit ihr und der Samtente teilen viele Eiderenten das Schicksal, auf dem Meer in Öllachen zu geraten und mit ölverklebtem Gefieder zu verenden.

## 4 Eisente
*Clangula hyemalis*

L 33 + 20 cm (bzw. + 6 cm) <Bläßhuhn Okt.–Apr.

**Kennzeichen:** Mit Weiß am Körper und dunklen Flügeln ungewöhnliche Farbverteilung; geringe Größe; Schwanzspieß des Erpels.

**Vorkommen:** Bruten in der Arktis aller drei Kontinente; häufigste Entenart der Tundra; Überwinterung an den Meeresküsten; ausnahmsweise auf küstennahen Binnenseen.

**Wissenswertes:** Die Ostsee ist für die Art weltweit das wichtigste Winterquartier. Hier weilen zeitweise bis zu einer halben Million Eisenten, die tauchend den Muscheln und Krebsen nachstellen und dabei bis über 30 m tief tauchen sollen. Es wurden Tauchzeiten von über 1 Minute ermittelt.

1a

1b

1c

1d

2

3

4a

4b

## 1 Gänsesäger
*Mergus merganser*

L 66 cm >> Stockente Jan.–Dez.

**Kennzeichen:** Erpel weiß mit dunkelgrünem, Weibchen grau mit braunem Kopf und kleiner Haube.

**Vorkommen:** Zur Brut an bewaldeten Ufern von Seen und Flüssen sowie an Küsten mit Baumbestand. Im Norden aller drei Kontinente verbreitet; davon getrennt verstreute, kleinere Brutvorkommen am nördlichen Alpenrand und in anderen Hochgebirgen. Häufiger Wintergast an den Küsten und auf größeren Binnengewässern.

**Wissenswertes:** Der Gänsesäger, die größte unter den Säger-Arten, ist wie seine Verwandten ein auf den Fischfang spezialisierter Entenvogel. Mit ihren schlanken Schnäbeln, deren Ränder mit Hornzähnchen sägeartig (Name!) besetzt sind, halten die Säger die glitschigen Fische fest. Sie wirken schlanker und gewandter als die anderen Entenvögel und liegen besonders tief im Wasser. Manchmal ist am Hinterkopf eine kleine abgesträubte Haube zu sehen. – Als Höhlenbrüter erweist sich der Gänsesäger als sehr flexibel. Außer Höhlen in alten Bäumen kommen für ihn durchaus auch Felshöhlen, Mauerlöcher und – zumindest in Skandinavien und Finnland – nicht genutzte Kamine in unbewohnten Ferienhäusern als Brutplatz in Betracht. Wo es an Höhlen mangelt, werden die Eier auch unter Baumwurzeln auf die Erde, auf Dachböden oder in große Nistkästen gelegt. Viele Küken müssen bereits an ihrem ersten Lebenstag aus mehreren Metern Höhe in die Tiefe springen und – geführt von der Mutter – weite Wege bis zum rettenden Wasser zurücklegen. – Im Winterquartier erweisen sich die Gänsesäger als perfekte Tauchfischer. Durch Wasserlugen, d.h. Eintauchen des Gesichtes in das Wasser, werden häufig die Fischschwärme zunächst geortet. Nicht selten tauchen mehrere Gänsesäger synchron und treiben die Fische nach Manier einer Treiberwehr auf das Ufer zu. Als Beute werden kleine, bis 10 cm lange Fische bevorzugt. Gänsesäger haben nicht selten unter schmarotzenden Möwen zu leiden, denen sie aber durch häufigen Ortswechsel zu entgehen versuchen.

## 2 Mittelsäger
*Mergus serrator*

L 57 cm > Stockente Jan.–Dez.

**Kennzeichen:** Männchen (**2b**) mit Schopf, weißem Hals- und braun gemustertem Brustband; Weibchen (**2a**) ähnelt dem des Gänsesägers, allerdings geht die helle Färbung von Kehle, Hals und Brust ineinander über.

**Vorkommen:** Brutvogel im hohen Norden Europas, Asiens und Amerikas; kleinere Vorkommen auch im Ostseeküstengebiet mit Tendenz zur Ausbreitung nach Süden. Als Wintergast meistens auf küstennahe Gewässer beschränkt.

**Wissenswertes:** Der Mittelsäger erinnert in etlichen Verhaltensweisen an den Gänsesäger. Er bevorzugt jedoch etwas kleinere Fische als dieser, jedoch größere als der Zwergsäger. Die unterschiedliche Körpergröße der 3 Säger-Arten und die sich daraus ergebende Bevorzugung unterschiedlich großer Beutefische tragen zur Vermeidung von Nahrungskonkurrenz zwischen den 3 Arten bei. Im Gegensatz zum Gänsesäger brütet der Mittelsäger am Boden zwischen Steinen oder in dichter Vegetation in Wassernähe. Bei beiden Arten legen gelegentlich 2 oder mehrere Weibchen ihre Eier in dasselbe Nest, so daß bis zu 56 Eier in einem einzigen Nest gefunden wurden.

## 3 Zwergsäger
*Mergus albellus*

L 42 cm > Bläßhuhn Okt.–Apr.

**Kennzeichen:** Männchen (**3a**) weiß mit schwarzer Zeichnung; Weibchen (**3b**) grau mit braunem Oberkopf und weißen Wangen.

**Vorkommen:** Brutvorkommen im hohen Norden Europas und Asiens; in Mitteleuropa Wintergast. Zahlreicher im Bereich von Küstengewässern als auf Seen, Stauseen und Altwassern des Binnenlandes.

**Wissenswertes:** Zur Brutzeit werden waldumsäumte Gewässer bevorzugt, weil Baumhöhlen als Brutplätze dienen. Im Winter ist von dieser Vorliebe nichts zu bemerken. Dennoch werden bestimmte Gewässer traditionell anderen als Winterquartier vorgezogen, so daß es z.B. in den Niederlanden mancherorts zu größeren Ansammlungen kommt.

1a

1b

1c

2b

2a

3a

3b

## 1 Mäusebussard
*Buteo buteo*

L 53 cm bekannt Jan.–Dez.

**Kennzeichen:** Häufig im Segelflug kreisend; breite Flügel, kurzer Hals und meistens breit gefächerter Schwanz; Gefiederfärbung sehr variabel; als Ruf lautes katzenartiges Miauen („Katzenaar").

**Vorkommen:** Verbreitetste Greifvogelart, mit Schwerpunkt in der mit Wald durchsetzten Agrarlandschaft; braucht die offene Landschaft zur Jagd und Bäume – meistens in Waldrandnähe – zur Brut.

**Wissenswertes:** Seit er ganzjährige Schonzeit genießt, ist der Mäusebussard dem Menschen gegenüber sehr vertraut geworden. Fahrende Autos werden toleriert; nicht selten sieht man einzelne ansitzende Tiere niedrig in Gehölzen an Böschungen, nur wenige Meter vom Straßenrand entfernt. Wie der Name richtig andeutet, stellen Mäuse die Hauptnahrung dieses Bussards, der meistens braun, manchmal aber auch mehr oder weniger weiß (**1a**) gefärbt ist. Dabei handelt es sich um individuelle Farbvarianten ohne erkennbare geographische Verbreitungsmuster. Keine Farbvarianten in Richtung Weiß weisen **Rauhfußbussarde** (*Buteo lagopus*, **1d**) auf, die als Wintergäste aus den Tundren des Nordpolargebietes nach Mitteleuropa kommen. Sie sind vor allem am hellen Schwanz mit seiner schwarzen Schwanzendbinde zu erkennen.

## 2 Wespenbussard
*Pernis apivorus*

L 55 cm ~ Bussard Apr.–Okt.

**Kennzeichen:** Schlanker als der Mäusebussard mit taubenartig vorgestrecktem Kopf und längerem, enger angelegtem Schwanz; Segelflug, aber auch oft dicht über und auf dem Boden, manchmal geschickt laufend.

**Vorkommen:** In mosaikartig aus Wald und waldfreien Flächen aufgebauten Landschaften; mehr in der Ebene als in den Mittelgebirgen; insgesamt viel seltener als der Mäusebussard.

**Wissenswertes:** Im Gegensatz zum Mäusebussard ist der Wespenbussard ein ausgeprägter Langstreckenzieher, der in Äquatorial- und Südafrika überwintert. Am häufigsten zu beobachten und am leichtesten zu erkennen ist er auf dem Zuge im September, wenn oft etliche Tiere in Sichtkontakt nach Südwesten ziehen, abwechselnd vorangleiten und durch kreisendes Segeln wieder an Höhe gewinnen. Der Name verweist auf die Lieblingsnahrung dieses Beutegreifers, der Wespennester mit den Füßen freischarrt und neben anderen Insekten auch kleine Wirbeltiere erbeutet.

## 3 Rotmilan
*Milvus milvus*

L 61 cm >> Bussard Jan.–Dez.

**Kennzeichen:** Ein besonders eleganter Segelflieger mit deutlich gegabeltem Schwanz und rostrot (Name!) gestreifter Unterseite.

**Vorkommen:** Nur in Teilen Mitteleuropas, vor allem in Ebenen und Flußtälern; dort örtlich ausgesprochen häufig.

**Wissenswertes:** Segelnden und gaukelnden Milanen zuzusehen, ist ein ästhetisches Vergnügen, das bereits Dichter beflügelte, vom „König im Reich der Lüfte" zu sprechen. Ihre Speisekarte ist sehr abwechslungsreich zwischen Aas und meistens nicht gesunden Tieren von Hühner- und Hasengröße. Nach der Brutzeit suchen oft bis zu 50 oder gar 100 Rotmilane über längere Zeit gleichbleibende Schlafplätze auf.

## 4 Schwarzmilan
*Milvus migrans*

L 56 cm > Bussard März–Okt.

**Kennzeichen:** Weniger tief gegabelter Schwanz; insgesamt dunkler (Name!) und etwas kleiner als der Rotmilan.

**Vorkommen:** Weltweit sehr häufig und zum Teil in menschlichen Siedlungen; in Mitteleuropa seltener als der Rotmilan, im Nordwesten fehlend.

**Wissenswertes:** Während die Rotmilane Mitteleuropa nur zum Teil im Winter verlassen, überwintern die Schwarzmilane fast durchweg in Afrika südlich der Sahara. Sie ernähren sich im übrigen zu einem erheblichen Teil von zumeist toten oder kranken Fischen und halten sich deshalb vorzugsweise an Flüssen und Seen auf.

1a
1b
1c
1d
2
4a
3
4b

## 1 Habicht
*Accipiter gentilis*

L 53 cm ~ Bussard Jan.–Dez.

**Kennzeichen:** Längerer Schwanz, kürzere und breitere und dadurch stärker gerundete Flügel als bei Bussarden. Altvögel dunkel graubraun, unterseits gebändert.

**Vorkommen:** Brutvogel im Randbereich von Waldgebieten; zur Jagd vor allem in reich strukturierten Landschaften; neuerdings auch wieder in Stadtrandbereichen.

**Wissenswertes:** Habichte leben monogam und sind sehr reviertreu, wechseln allerdings innerhalb des Reviers nicht selten die Horste. Das Jagdgebiet eines Brutpaars ist im Mittel 30–50 $km^2$ groß. Als Ansitz- und Überraschungsjäger ist er für den Beobachter viel seltener sichtbar als die Bussarde. Das Männchen ist etwa ein Drittel kleiner als das Weibchen und somit nur gut krähengroß („Terzel"). Es bevorzugt kleinere, bis taubengroße, das Weibchen dagegen bis hühnergroße Beutetiere. Das brütende und seine Jungen bewachende Weibchen und die Nestlinge werden vom Männchen mit Nahrung versorgt. Erst wenn die Jungen größer geworden sind, schaltet sich auch das Weibchen wieder in den Beuteerwerb ein.

## 2 Sperber
*Accipiter nisus*

L 33 cm ~ Taube Jan.–Dez.

**Kennzeichen:** Geringere Größe als Habicht; jedoch Sperberweibchen fast so groß wie Habichtmännchen; Weibchen unterseits mit grauer, Männchen (**2a**) mit rotbrauner Bänderung („Sperberung").

**Vorkommen:** Brütet vorzugsweise in mittelalten Nadelholzbeständen, jagt dagegen vor allem in abwechslungsreicher Kulturlandschaft, im Winter sogar in Dörfern und im Stadtrandbereich.

**Wissenswertes:** Die im jeweiligen Lebensraum häufigsten Kleinvögel (bis Taubengröße) stellen in der Regel die wichtigste Beute dieser Art, bei der – wie beim Habicht – die Männchen deutlich kleiner sind als die Weibchen und auch im Schnitt die kleineren Beutetiere bevorzugen. Die Jagdreviere der Sperberpaare erreichen meistens nur ein Fünftel der Größe von Habichtsjagdgebieten. Wo sie erscheinen, versetzen sie die Kleinvögel in helle Erregung; keine Greifvogelart löst bei den Singvögeln vergleichbar starke und langandauernde Rufreaktionen aus. Die neuerliche Erholung der zeitweilig von der Auslöschung bedrohten Sperberbestände dürfte sowohl mit dem Jagdverbot als auch mit einem zurückhaltenderen Umgang mit Pestiziden, vor allem auch mit dem DDT-Verbot, zu erklären sein.

## 3 Rohrweihe
*Circus aeruginosus*

L 53 cm ~ Bussard März–Okt.

**Kennzeichen:** Flügelhaltung beim Segeln und Gleiten bei allen Weihen V-artig; größer als andere Weihen; Flügel breiter und gerundeter; Schwanz wirkt kürzer.

**Vorkommen:** In Röhrichten, aber auch in Getreidefeldern und Grünland; im Norden häufiger als im Süden; große Verbreitungslücken.

**Wissenswertes:** Diese Art ist deutlich stärker an Wasser und Feuchtgebiete gebunden als die anderen Weihen-Arten. Ihr Nest steht meistens im Röhricht über Wasser. Am Wasser lebende Tiere, vor allem Vogelküken, bilden ihre Hauptnahrung während der Brutzeit.

## 4 Wiesenweihe
*Circus pygargus*

L 44 cm < Krähe Apr.–Sept.

**Kennzeichen:** Männchen hellgrau mit schwarzen Flügelspitzen; Weibchen braun mit weißem Bürzel.

**Vorkommen:** Seltener Brutvogel in Mooren und Feuchtwiesen, neuerdings in einigen großflächigen Ackerbaugebieten (Börden).

**Wissenswertes:** Sehr ähnlich ist die etwas größere Kornweihe (*Circus cyaneus,* **4b**), die noch stärker an Moore gebunden ist, aber auch Heiden und Dünengebiete bewohnt. Die Wiesenweihe überwintert in Afrika, die Kornweihe dagegen auch in Mitteleuropa, wo sie dann gelegentlich auch in großen Ackerbau- und Grünlandgebieten angetroffen wird, in denen sie zur Brutzeit nicht vorkommt.

1

2a

2b

3

4a

4b

## 1 Steinadler
*Aquila chrysaetos*

L 82 cm ~ Adler Jan.–Dez.

**Kennzeichen:** Größe; herrlicher Anblick beim Segel- und Gleitflug; aufgebogene Handschwingen und schwach gerundeter Schwanz; alte Tiere fast einfarbig dunkelbraun.

**Vorkommen:** Felsregion und Gebirgswälder, im Winter auch in tieferen Lagen; nach starkem Rückgang neuerdings Erholung; in den Alpen wohl wieder über 200 Paare.

**Wissenswertes:** Hoch am Himmel kreisende Steinadler markieren auf diese Art ihr Revier. Gejagt wird im niedrigen Suchflug oder vom Ansitz aus. Als Beute kommen Säuger bis hin zu jungen Schafen, Gemsen und Rotwildkälbern in Betracht. Die Berichte über Schäden am Weidevieh halten objektiver Prüfung meistens nicht stand. Ihre Horste haben die in Dauerehe lebenden Steinadler meistens in unzugänglichen Felswänden, in Skandinavien und Schottland auch in höheren Bäumen. In früheren Jahrhunderten lebte die Art auch in den Waldgebieten der Mittelgebirge, wo sie allerdings restlos ausgerottet wurde. – Dabei begegnete der Mensch den Adlern eigentlich mit einer gewissen Hochachtung. Schon Assyrer und Babylonier verehrten sie als heilige Tiere. Als Urbild stolzer Kraft finden wir Adler heute noch als Wappentiere in Deutschland, Österreich, Rußland und in den USA und – zumindest in Gemeindewappen – noch weit darüber hinaus. Das Hieroglyphenbild des Adlers nimmt im ägyptischen Alphabet die erste Stelle ein und geht fließend in unser heutiges A über, wobei der linke Schrägstrich für den Rücken und Schwanz, der rechte für Brust und Füße und die Spitze für den Kopf stehen.

## 2 Seeadler
*Haliaeetus albicilla*

L 76 cm ~ Adler Jan.–Dez.

**Kennzeichen:** Größe und keilförmiger, kurzer Schwanz, der bei Altvögeln weiß ist; breite, auffallend großflächige Flügel, im Segelflug kaum gewinkelt.

**Vorkommen:** Im Nordosten seltener Brutvogel in Meeresnähe und an entlegenen Binnenseen; Horst in Mitteleuropa in hohen Bäumen, in Skandinavien meistens in Felswänden.

**Wissenswertes:** Der Seeadler jagt vorzugsweise an Binnenseen und erbeutet dort bis mehrere Kilogramm schwere Fische, aber auch Vögel bis Graureiher- und Gänsegröße. Schwimmvögel werden oft geschlagen, nachdem sie nach mehrfachem Untertauchen stark ermattet sind. Wenn die Gewässer vereisen, jagt der Seeadler auch über Land. Er gerät dann vielfach bis tief in das Binnenland, wo sein Erscheinen bei den Vogelkundlern meistens viel Aufsehen erregt. Nach starkem Bestandsrückgang scheint sich das Vorkommen der Art gegenwärtig zu stabilisieren.

## 3 Fischadler
*Pandion haliaetus*

L 55 cm ~ Bussard Apr.–Sept.

**Kennzeichen:** Kopf (mit angedeuteter Haube) und Bauch weiß; auffällige schwarze Flecken an den „Handgelenken".

**Vorkommen:** In der Nähe größerer Gewässer, vorzugsweise an Fischteichen; als Brutvogel mit einem mit über 100 Paaren gesicherten Bestand nur im Nordosten; in der Zugzeit auch in anderen Teilen Mitteleuropas.

**Wissenswertes:** Eindrucksvolle Jagdbilder bietet der Fischadler, wenn er sich mit vorgestreckten Fängen ins Wasser stürzt und mit einem stattlichen Fisch als Beute wieder auftaucht (**3a**).

## 4 Gänsegeier
*Gyps fulvus*

L 100 cm >Adler Febr.–Nov.

**Kennzeichen:** Gewaltige Größe; kurzer, gerade abgeschnittener Schwanz; helle Halskrause.

**Vorkommen:** Karst- und Steppengebiete Südeuropas; in Deutschland als Brutvogel ausgestorben; als Gast in den Ostalpen.

**Wissenswertes:** Klimaänderung war wohl die Hauptursache für den Rückzug dieser wärmeliebenden Art aus Mitteleuropa. Bei geänderter Viehhaltung steht den Geiern vielfach auch nicht mehr hinreichend Aas größerer Haustiere als Nahrung zur Verfügung.

1a

1b

2

3a

3b

4a

4b

## 1 Turmfalke
*Falco tinnunculus*

L 34 cm ~ Taube Jan.–Dez.

**Kennzeichen:** Spitze Flügel und langer Schwanz; Rüttelflug, dabei Kopf nach unten gerichtet und Schwanz gefächert; rotbrauner Rücken; nur Männchen (**1a**) mit blaugrauem Kopf und Schwanz, Weibchen (**1b**) und Junge deutlich gebändert.

**Vorkommen:** In allen offenen Landschaften sowie in Städten und Dörfern; besonders oft an Straßenrändern zu beobachten.

**Wissenswertes:** Diese zum Teil vor, zum Teil nach dem Mäusebussard häufigste Greifvogelart Mitteleuropas ist außerordentlich anpassungsfähig. Sie brütet in Bäumen – vor allem in alten Krähen- und Elsternnestern – ebenso wie auf Felsen, auf Türmen und an Hochhäusern. Turmfalken im Rüttelflug kann man über Bracheflächen inmitten der Städte, aber auch in der Weite des Grünlandes und der Ackerflächen der Börden beobachten. Autofahrer staunen über seine „Nervenstärke", wenn er unmittelbar neben vorbeirasenden Autos im Gezweig des Randgrüns sitzt oder gar über dem Mittelstreifen rüttelt. Der Turmfalken-Bestand ist – offenbar in Abhängigkeit von der wechselnden Mäusedichte – deutlichen Schwankungen unterworfen.

## 2 Baumfalke
*Falco subbuteo*

L 34 cm ~ Taube Apr.–Okt.

**Kennzeichen:** Mit seinen langen, sichelförmigen Flügeln an große Segler erinnernd; dunkler Kopf und deutliche Bartstreifen; rotbraune Schenkel („Hosen").

**Vorkommen:** Nur regional in offenen, mit Gehölzen durchsetzten Agrarlandschaften; eine mancherorts seltene und gefährdete Art.

**Wissenswertes:** Der Flug des Baumfalken zeichnet sich durch besondere Schnelligkeit, Leichtigkeit und Eleganz aus. Unter den heimischen Greifvögeln ist diese Art der ausdauerndste Flieger, der mit den Füßen gefangene Libellen sogar im Fluge zum Schnabel führt und verspeist. Unter den Vögeln sind ausgerechnet gewandte Flieger wie Schwalben und Segler die bevorzugte Beute. Auch zur Zugzeit erweist sich der Baumfalke als besonders flugfreudig, wandert er doch als Langstreckenzieher bis in das südliche Afrika. Zur Überraschung der Vogelkundler nutzt dieser Falke neuerdings neben Nestern und Nestunterlagen anderer Vögel in Baumgruppen und Feldgehölzen auch solche in Gittermasten in weithin baumfreien Bördelandschaften.

## 3 Wanderfalke
*Falco peregrinus*

L 43 cm < Krähe Apr.–Okt.

**Kennzeichen:** Größte heimische, deutlich massiger wirkende Falkenart; mit breitem schwarzem Bartstreifen, der sich deutlich vom weißen Kinn und Kropf absetzt; im Gleitflug pfeilförmig, beim Kreisen jedoch mit breiteren Flügeln und gefächertem Schwanz.

**Vorkommen:** Als seltener Brutvogel in mit Felsen oder Altholzbeständen durchsetzten abwechslungsreichen Landschaften im Süden und Osten, neuerdings auch wieder im Nordwesten Mitteleuropas.

**Wissenswertes:** Der Wanderfalke zeigt beispielhaft, wie eine von der Ausrottung bedrohte Vogelart von intensiven Schutzmaßnahmen profitieren und sich wieder ausbreiten kann. Mit Bruten auf Kirchtürmen, Schornsteinen und Fabrikbauten hat dieser traditionsreiche Beizvogel erste Schritte in einen für die Art völlig neuen Lebensraum vollzogen. Dennoch brüten von dieser weltweit verbreiteten Art in Mitteleuropa heute erst wieder kaum mehr als 400 Paare.

## 4 Merlin
*Falco columbarius*

L 30 cm ≪ Taube Sept.–Apr.

**Kennzeichen:** Kleinster Falke Europas; unterseits braun gestreift; Männchen oberseits graublau, Weibchen dunkelbraun.

**Vorkommen:** Regelmäßiger, aber immer nur vereinzelter Wintergast und Durchzügler in der offenen Agrarlandschaft.

**Wissenswertes:** Der Merlin brütet in der Taiga und Waldtundra Nordeuropas teils auf Bäumen, teils auf dem Boden. Er jagt vorzugsweise in Bodennähe, bei uns vor allem auf Kleinvogelschwärme aus Lerchen und Finken.

1a

1b
H150

1c

2

3a

3b

4

## 1 Rebhuhn
*Perdix perdix*

L 30 cm   ≪ Taube   Jan.–Dez.
**Kennzeichen:** Rundliche, gedrungene Gestalt; kurzer rotbrauner Schwanz; rostfarbener Kopf und grauer Hals; Hahn mit hufeisenförmigem braunem Brustfleck.
**Vorkommen:** Offene Agrarlandschaften, Heiden und Brachland, vor allem in der Ebene, aber auch in Mittelgebirgslagen; weit verbreitet, doch seit Jahren stark rückläufig.
**Wissenswertes:** Das Rebhuhn braucht eine kleinstrukturierte Agrarlandschaft mit Rainen, Brachflächen, Hecken und Gebüschen sowie mit artenreicher Wildkrautflora. Alles das aber vermag der moderne Ackerbau mit seinen vergrößerten Schlägen nicht zu bieten. Die Art reagiert mit drastischem Rückgang bis hin zum völligen Verschwinden. Ob die agrarpolitisch geforderte Flächenstillegung diese Entwicklung aufzuhalten vermag, muß sich erst noch zeigen. Die Ortstreue der Rebhuhnketten, (Familienverbände, **1a**) und der Völker, zu denen sich im Winter oft mehrere Ketten zusammenschließen, erschwert die Wiederbesiedlung von Landstrichen, aus denen die Art einmal verschwand. – Rebhühner halten sich vorzugsweise am Boden auf, rennen und drücken sich sehr effektiv, weil ihre Gefiederfarbe dem Boden optimal angepaßt ist. Der Name malt den schnarrenden Ruf des Hahnes in der Dämmerung oder die „ripriprip"-Rufe auffliegender Ketten nach, hat auf jeden Fall mit Weinreben nichts zu tun.

## 2 Wachtel
*Coturnix coturnix*

L 18 cm   ≪ Star   Apr.–Sept.
**Kennzeichen:** Gestalt wie ein Rebhuhn, doch viel kleiner; sandbraunes, gestreiftes Gefieder; Hahn mit dunklem Kehlband.
**Vorkommen:** Vor allem in Getreidefeldern, aber auch im Grün- und Weideland; ziemlich selten.
**Wissenswertes:** Selbst dort, wo sie noch regelmäßig vorkommt, wird die Wachtel nur selten einmal gesehen. Ihr Ruf aber ist auch heute noch gelegentlich zu hören; er ist dreisilbig und wurde u.a. mit der Aufforderung „Bück den Rück" übersetzt. Die starengroßen Vögel halten sich meist in dichter Vegetation auf und sind nur schwer zum Auffliegen zu bewegen. Sie traten offensichtlich auch früher – in biblischer Zeit – schon invasionsartig, d.h. in stark schwankender Zahl auf. Doch heute bleiben sie vielerorts ganz aus, was sowohl auf die Intensivierung des Ackerbaus als auch auf die starke Bejagung im Süden zurückgeführt wird. Die Wachtel ist nämlich der einzige Zugvogel unter den Hühnervögeln und überwintert vor allem südlich des Mittelmeeres, zum Teil südlich der Sahara.

## 3 Steinhuhn
*Alectoris graeca*

L 34 cm   ~ Taube   Jan.–Dez.
**Kennzeichen:** Roter Schnabel und rote Füße; weißer Kehlfleck mit schwarzer Begrenzung.
**Vorkommen:** In den Alpen, zumeist oberhalb der Waldgrenze; vor allem auf steinigen Steilhängen; manchmal auch in lichten Wäldern und im Winter auch in tieferen Lagen.
**Wissenswertes:** Früher war das Steinhuhn in den Alpen offenbar häufiger und weiter verbreitet; heute gibt es nur noch wenige nennenswerte Vorkommen. Auffällig sind die gereihten Rufe: „Witt-witt-witt". Der Gesang des Hahns steigert sich innerhalb der Strophe in der Laustärke und im Tempo zu einem harten Staccato.

## 4 Alpenschneehuhn
*Lagopus mutus*

L 36 cm   > Taube   Jan.–Dez.
**Kennzeichen:** Weiße Flügel; Rumpf im Winter weiß (**4a**), im Sommer braun (**4b**).
**Vorkommen:** In den Alpen weit oberhalb der Baumgrenze; auf steinigen Hängen, zwischen Felsen und Krummholzgebüsch; in den Hochlagen weiter verbreitet.
**Wissenswertes:** Die Art lebt außer in den Hochgebirgen auch im hohen Norden Europas, u.a. auf Spitzbergen und Island, in Nordskandinavien und Schottland. Mit ihrem weißen Winter- und bräunlichen Sommergefieder sind die Schneehühner farblich der Umgebung jeweils gut angepaßt.

1a

2

1b

4a

3

4b

## 1 Auerhuhn
*Tetrao urogallus*

L ♂ 90, ♀ 64 cm ≪ Truthahn Jan.–Dez.

**Kennzeichen:** Hahn (**1a**) dunkel rußbraun, Henne (**1b**) braun; beide durch Größe und breit gefächerten, runden Schwanz unverwechselbar.

**Vorkommen:** In naturnahen, ungestörten Nadel- und Mischwäldern des Alpen- und Voralpenraums noch etliche Balz- und Brutplätze; in den Mittelgebirgen nur noch Restbestände oder schon ausgestorben.

**Wissenswertes:** Nur sehr ruhige, im äußersten Falle extensiv bewirtschaftete Wälder mit beerenstrauchreicher Bodenvegetation, mit zum Teil unbewachsenem, steinigem Boden, mit Ameisenhügeln und mit Wasserstellen erfüllen die sehr spezifischen Ansprüche dieser größten mitteleuropäischen Hühnervögel. Der Rückgang und das Erlöschen der Auerwildbestände in weiten Teilen Mitteleuropas sind auf die Intensivierung der Forstwirtschaft und die Zunahme des Tourismus, vor allem des Skilanglaufs und der Abfahrten querfeldein durch die Wälder, zurückzuführen. Wiedereinbürgerungsversuche haben nur dort Aussicht auf Erfolg, wo der Lebensraum angemessen ist. Die Nahrung des Auerhuhns besteht im Herbst überwiegend aus Beeren, im Winter aus Nadeln, im Frühjahr aus Knospen. Magensteinchen werden in großer Zahl – im Herbst bis zu 50 g – aufgenommen. Der kurze Balzgesang mit seinen knappenden und schleifenden Lauten ist viel leiser, als man bei der Größe der Hähne annehmen möchte.

## 2 Birkhuhn
*Tetrao tetrix*

L ♂ 58, ♀ 42 cm ~ Haushuhn Jan.–Dez.

**Kennzeichen:** Hahn (**2a**) mit glänzend schwarzem, Henne (**2b**) mit braunem Gefieder; Schwanz des Hahns leierförmig, der Henne eingekerbt.

**Vorkommen:** Im Hochgebirge nahe der Waldgrenze in aufgelockerten Baumbeständen mit möglichst vielgestaltigen Strukturen; im Tiefland vor allem in den weiten Heide- und Moorgebieten; außer in den Alpen überall vom Aussterben bedroht; im westlichen und zentralen Mitteleuropa bereits ausgestorben.

**Wissenswertes:** Mit der Verbuschung der Heideflächen nach Aufgabe der Weide- und Holznutzung kam es in den ehemaligen Heide- und Moorgebieten der Ebene im Laufe des 19. Jahrhunderts zu einer heute fast unvorstellbaren Zunahme des Birkhuhns. Aber schon in den ersten Jahrzehnten unseres Jahrhunderts brachen die Bestände zusammen. Nur noch selten kann man hier, eher schon in den Alpen die posenreiche und geräuschvolle Balz der Hähne miterleben.

## 3 Haselhuhn
*Bonasa bonasia*

L ♂ 36, ♀ 34 cm > Taube Jan.–Dez.

**Kennzeichen:** Geringe Größe; braunes Gefieder; gefächerter Schwanz mit schwarzer Endbinde.

**Vorkommen:** In dichten, gestuften und auch im übrigen strukturreichen Laub- und Mischwäldern, vor allem im Süden.

**Wissenswertes:** Die Niederwaldwirtschaft hat das Haselhuhn gefördert, die Umwandlung naturnaher Laubwälder in altersgleiche Fichtenreinbestände es dagegen vertrieben. Zusammen mit Schnee-, Auer- und Birkhuhn gehört das Haselhuhn zu den Rauhfußhühnern, deren Läufe und Füße mehr oder weniger stark von Federn bedeckt sind.

## 4 Fasan
*Phasianus colchicus*

L ♂ 80, ♀ 60 cm > Haushuhn Jan.–Dez.

**Kennzeichen:** Langer Schwanz; Hahn (**4a**) mit buntem, meistens kupferfarbenem Gefieder; Henne (**4b**) erdfarben braun.

**Vorkommen:** Am zahlreichsten in mit Feldgehölzen, Hecken, Wiesen und Feldern abwechslungsreich gegliederten Kulturlandschaften, möglichst noch mit Schilfröhrichten und Weidengebüschen durchsetzt.

**Wissenswertes:** Als Jagdwild wurde der Fasan vielerorts fest eingebürgert. In manchen Revieren aber wird er nach strengen Wintern immer wieder neu ausgesetzt. Sein Name erinnert an den Phasis, einen Fluß in Kleinasien, von dem bereits die Argonauten die Art nach Griechenland geholt haben sollen.

1a

1b

2a

2b

3

4a

4b

## 1 Bläßhuhn
*Fulica atra*

L 38 cm bekannt Jan.–Dez.
**Kennzeichen:** Schwarzes Gefieder und weiße Stirnplatte (Blesse).
**Vorkommen:** Häufige Art auf allen Gewässern, ausgenommen sehr kleine.
**Wissenswertes:** Die Art profitiert von der Eutrophierung vieler Gewässer. Obendrein ist sie so anpassungsfähig, daß sie örtlich gegenüber dem Menschen sehr zutraulich wird und sogar Parkteiche besiedeln und nur wenige Meter von den Anglern entfernt am Teichufer brüten kann. Im Winterhalbjahr sieht man auf größeren Gewässern oft Tausende von Bläßhühnern in zeitweilig – vor allem bei Gefahr – sehr dichten Schwärmen. Das Bläßhuhn liegt beim Schwimmen hoch im Wasser und taucht mit einem Kopfsprung unter. Seine Nahrungsgründe sind vor allem dort, wo das Wasser weniger als 2–3 m tief ist. Wandermuscheln (*Dreissena*) werden oft erst nach dem Auftauchen verspeist und die Schalenreste an das Ufer oder auf den Eisrand gelegt. Als Allesfresser gehen die Bläßhühner allerdings auch auf ufernahe Wiesen und Wintersaaten und fressen Teile von Halmen und Blättern.

## 2 Teichhuhn
*Gallinula chloropus*

L 33 cm ≪ Bläßhuhn Jan.–Dez.
**Kennzeichen:** Dunkel graubraunes Gefieder und rote Stirnplatte; grüne Beine; weiße Unterschwanzdecken bei gestelztem Schwanz sehr auffällig.
**Vorkommen:** Auf Gewässern aller Art, auch auf sehr kleinen; weit verbreitet, aber nie vergleichbar große Ansammlungen wie beim Bläßhuhn.
**Wissenswertes:** Teich- und Bläßhuhn, im Volksmund oft gemeinsam „Wasserhühnchen" genannt, gehören zur Familie der Rallen, die nur entfernt hühnerähnliche Bodenvögel sind. Obwohl sie Wasserbewohner sind, haben sie keine Schwimmhäute, sondern freie, besonders lange Vorderzehen. Vogelkundler sprechen in Anspielung auf die tatsächliche Verwandtschaft oft von Teich- und Bläßrallen. Teichhühner sind in den Parks oft so zahm, daß sie sich von den Besuchern füttern lassen. Sie können über Seerosenblätter laufen, aber auch im Gezweig der Ufergehölze klettern. Die Altvögel tragen Futter im Schnabel, nach dem die Jungen (**2b**) picken. Etwas nicht Alltägliches gehört bei den Teichhühnern zur Normalität: Die Jungen aus dem Erstgelege beteiligen sich an der Fütterung ihrer Geschwister aus der Zweitbrut.

## 3 Wasserralle
*Rallus aquaticus*

L 28 cm > Amsel März–Nov.
**Kennzeichen:** Sehr selten zu sehen; um so auffälliger die grunzenden und quiekenden Rufe und Rufreihen; Gefieder oberseits olivbraun, Flanken schwarz-weiß gebändert.
**Vorkommen:** In dichten Röhrichten, Seggenrieden und Weidengebüschen; in gewässerreichen Landschaften weiter verbreitet, jedoch meistens in geringer Bestandsdichte.
**Wissenswertes:** Schauerliche Rufe in der Nacht, die schon manchen Wanderer erschreckt haben, können die Revier- und Balzgesänge dieser kleinen Ralle gewesen sein, die selbst erfahrene Vogelkundler nur selten zu Gesicht bekommen. Am ehesten zeigt sie sich außerhalb der Brutzeit schon einmal in niedrigerer und lichterer Ufervegetation.

## 4 Wachtelkönig
*Crex crex*

L 27 cm > Amsel Apr.–Okt.
**Kennzeichen:** „Crex-Crex"-Rufe als sicherste und am ehesten registrierbare Hinweise auf die nur selten sichtbare Art; Gefieder unscheinbar grau und bräunlich.
**Vorkommen:** In stark wechselnder Zahl in Extensivgrünland, aber örtlich auch in Getreide- und Hackfruchtfeldern; vor allem im Norden und Osten, aber auch dort nur regional und oft sehr unregelmäßig.
**Wissenswertes:** Nach ihrer Rückkehr aus dem tropischen Afrika kann die Art in einem Jahr hier, im anderen dort durch ihre schnarrenden Rufe auffallen und im nächsten Jahr schon wieder fehlen. Etwas größer als die Wachtel, aber oft gemeinsam mit dieser eintreffend, wurde sie „Wachtelkönig" genannt.

1a

1b

2a

2b

3

4

## 1 Großtrappe
*Otis tarda*

L ♂ 102, ♀ 80 cm >> Truthahn Jan.–Dez.
**Kennzeichen:** Größe, Gestalt und Bewegungsweise machen die Art unverwechselbar.
**Vorkommen:** Nur noch in einigen wenigen weiträumigen, offenen Ackerbaugebieten, Steppen- und Wiesenlandschaften Ostdeutschlands, Österreichs und Ungarns; insgesamt stark schrumpfende Bestände.
**Wissenswertes:** Weltweit gibt es nur noch rund 10000 Großtrappen, davon gut ein Viertel in Ungarn und nur noch einige hundert in Deutschland und Österreich. Ursachen für den Rückgang sind die Intensivierung der Landwirtschaft und die Verinselung der Landschaft durch Straßen- und Wegebau. Nur noch in großen Schutzgebieten findet der bis zu 15 kg schwere stattliche Vogel genügend weitläufigen und ungestörten Lebensraum.

## 2 Austernfischer
*Haematopus ostralegus*

L 43 cm < Krähe Jan.–Dez.
**Kennzeichen:** Ein schwarz-weiß-roter Vogel; schwarz sind Kopf und Latz, weiß die Unterseite, rot Schnabel und Beine.
**Vorkommen:** Sehr häufig an den Küsten und in den Marschen der Nordsee, weniger im Ostseeküstengebiet; vereinzelt, aber immer häufiger auch im Binnenland, zumindest im Norden.
**Wissenswertes:** Überall im Nordseeküstengebiet beherrschen die Austernfischer mit ihren Scharen und hellen Rufen die Szene. Je nach Gezeiten zwischen Watt und Marschen pendelnd, überfliegen sie auch die Siedlungen und Badestrände. Besonders auffällig ist das Balzverhalten mit den Trillerturnieren, bei denen mehrere Vögel mit vorgestrecktem Hals und abwärtsgerichtetem Schnabel umeinander herumtrippeln. Als Nahrung dienen dem Austernfischer vor allem Herzmuscheln und andere Muschelarten ähnlicher Größe, aber kaum die Austern. Nachts findet er übrigens die Muscheln, nach denen er mit leicht geöffnetem Schnabel im Sand stochert, dank seines empfindlichen Tastsinnes.

## 3 Säbelschnäbler
*Recurvirostra avosetta*

L 43 cm < Krähe März–Nov.
**Kennzeichen:** Weißes Gefieder, mit oberseits schwarzem Muster; langer, aufwärts gebogener Schnabel.
**Vorkommen:** Flachgewässer im Küstenbereich, vor allem an der Nord-, aber auch an der Ostsee; hier recht häufig anzutreffen; in geringerer Zahl in Steppengebieten Ungarns und im Burgenland.
**Wissenswertes:** Nach starker Abnahme im vorigen Jahrhundert nimmt der Säbelschnäbler seit den 20er Jahren deutlich zu und weitet seine Brutgebiete aus. In nicht zu strengen Wintern bleiben viele Tiere an der deutschen Nordseeküste zurück. Auf Schlick und auf Sandbänken trippeln sie eilig umher, waten im flachen Wasser und schwimmen auch regelmäßig. Kleine wirbellose Tiere seihen die Säbelschnäbler aus dem Wasser, indem sie den abwärtsgebogenen Teil des Schnabels etwas öffnen und mit seitlich pendelnden Kopfbewegungen Schlick und Wasser passieren lassen. Als Brutplätze bevorzugen die Säbelschnäbler flache Meeresbuchten und die Mündungsgebiete der großen Flüsse mit ihren Strandwiesen. Bei Bedrohung der Küken verleitet der Altvogel sehr intensiv.

## 4 Stelzenläufer
*Himantopus himantopus*

L 38 cm >> Taube Apr.–Okt.
**Kennzeichen:** Ungewöhnlich lange, rötliche Beine („Stelzen"); oberseits schwarzes, unterseits weißes Gefieder.
**Vorkommen:** In flachen Süßgewässern und Sümpfen, in Mitteleuropa sehr selten, nur in den Niederlanden mehrere, sonst nur einzelne und unregelmäßige Bruten.
**Wissenswertes:** Der Stelzenläufer ist ein Vogel aller wärmeren Teile der Erde und bei uns eher eine Ausnahmeerscheinung. Im Süden brütet er oft kolonieartig auf kleinen Inseln oder am Rande von Süßwasserlagunen. Mit seinen langen Beinen watet er oft bauchtief im Wasser, schwimmt aber nur ausgesprochen selten. Im Winter setzt er sich bis in das tropische Afrika ab.

1

2a

3a

2b

3b

4a

4b

Die auf dieser Seite behandelten Arten gehören zur Familie der Regenpfeifer, bei denen es sich um kleine bis mittelgroße Watvögel (Limikolen) mit relativ kurzen Beinen und Schnäbeln handelt.

## 1 Flußregenpfeifer
*Charadrius dubius*

L 15 cm ~ Sperling Apr.–Sept.

**Kennzeichen:** Rücken braun; Brustband und Gesichtsmaske schwarz; weißer Streifen über dem schwarzen Stirnband.

**Vorkommen:** Flüsse mit Schotterbänken, zumindest teilweise mit Wasser geflutete Sand- und Kiesgruben; Abraumhalden und Industriebrachen, sofern Wasser in der Nähe ist.

**Wissenswertes:** Der Flußregenpfeifer ist ein Binnenlandbewohner und zugleich eine Art, die sich in erstaunlicher Weise auf vom Menschen grundlegend umgestaltete Biotope einstellt. Nur knapp ein Zehntel aller Brutpaare bewohnt heute noch die ursprünglichen Lebensräume an Bächen und Flüssen, die zumeist nach Wasserbau-Maßnahmen und infolge Störungen aufgegeben wurden. Gäbe es keine Sand- und Kiesgruben, Halden und andere vegetationsarme Sekundärbiotope, wäre es um den Flußregenpfeifer schlecht bestellt. Sogar auf kiesbedeckten Flachdächern von Wohnhäusern und Garagen hat man schon Regenpfeifer-Nester gefunden.

## 2 Sandregenpfeifer
*Charadrius hiaticula*

L 19 cm >> Sperling März–Okt.

**Kennzeichen:** Etwas größer als Flußregenpfeifer; kein weißer Streifen über dem schwarzen Stirnband.

**Vorkommen:** Auf unbewachsenen oder kurzrasigen Flächen an der Küste weit verbreitet; im Binnenland nur auf dem Zug.

**Wissenswertes:** Der Sandregenpfeifer ist stärker als seine Verwandten sowohl tags als auch nachts aktiv. Er trippelt so schnell über den Sand oder den Schlamm, daß das menschliche Auge die sich bewegenden Beine gar nicht mehr erfaßt. Im Binnenland werden zur Rast regelmäßig bestimmte Schlamm- und Flachwasserflächen aufgesucht, die naturgemäß nicht gerade sehr zahlreich sind. Dabei handelt es sich zumeist um Sekundärbiotope, wie z.B. die Schlammabsetzbecken von Kläranlagen.

## 3 Seeregenpfeifer
*Charadrius alexandrinus*

L 16 cm > Sperling Apr.–Sept.

**Kennzeichen:** Schwarzes Brustband nur angedeutet bzw. in der Mitte unterbrochen.

**Vorkommen:** Noch stärker an die Meeresküste gebunden; fehlt im Binnenland auch zur Zugzeit nahezu vollständig.

**Wissenswertes:** Die Bindung an vegetationsarme Sand- und Schlickflächen und die unmittelbare Nähe des Meerwassers begrenzt den Lebensraum des Seeregenpfeifers sowohl zur Brut- als auch zur Zugzeit.

## 4 Goldregenpfeifer
*Pluvialis apricaria*

L 28 cm > Amsel Jan.–Dez.

**Kennzeichen:** Federn der Oberseite dunkelbraun, goldgelb gesäumt; im Brutkleid unterseits schwarz.

**Vorkommen:** Tundren und Hochmoore; zu Tausenden als Gäste im Wattenmeer.

**Wissenswertes:** Die gut unterscheidbare, früher in den Hochmooren im Nordwesten häufige südliche Rasse ist unmittelbar vom Aussterben bedroht. Angehörige der nördlichen Rasse kommen hingegen alljährlich in riesigen Scharen an unsere Küsten und in kleineren Trupps auch ins Binnenland.

## 5 Kiebitz
*Vanellus vanellus*

L 31 cm < Taube Jan.–Dez.

**Kennzeichen:** Haube; schwarzer Brustschild; metallisch glänzende Oberseite.

**Vorkommen:** Wiesen, vor allem Feuchtwiesen, aber auch Felder; weit verbreitet.

**Wissenswertes:** Mit seinem taumelnden Balzflug und seinen hellen „Kiewitt"-Rufen (Name!) gehört der Kiebitz in den Grünlandgebieten – vor allem in der Ebene – zu den Frühlingsboten. Die wuchtelnden Geräusche bringt er mit den Flügeln hervor.

1a

1b

2

3

4

5a

5b

## 1 Alpenstrandläufer
*Calidris alpina*

L 18 cm ≫ Sperling Jan.–Dez.
**Kennzeichen:** Zur Brutzeit (**1a**) mit großem schwarzem Bauchfleck und oberseits rostbraun; sonst (**1b**) unterseits weiß und oberseits graubraun, Flügelbinde und Bürzel weiß.
**Vorkommen:** Häufiger Brutvogel in Nordeuropa; seltener in Küstennähe im nördlichen Mitteleuropa; nur vereinzelt im Binnenland; als Gast an den Küsten in riesigen Scharen, die oft an manövrierende Starenschwärme erinnern; in kleineren Trupps auch im Binnenland.
**Wissenswertes:** Die häufigste Strandläufer-Art ist zirkumpolar verbreitet und tritt an den Küsten sowohl als regelmäßiger Übersommerer als auch als sehr häufiger Durchzügler und Wintergast auf. Sie fasziniert den Beobachter durch ihren rasanten Flug und die Flugmanöver riesiger Schwärme, aber auch durch die schnellen Bewegungen am Boden.

## 2 Zwergstrandläufer
*Calidris minuta*

L 14 cm < Sperling Apr.–Okt.
**Kennzeichen:** Ähnlich dem Alpenstrandläufer, jedoch deutlich kleiner; V-Zeichnung auf dem Rücken.
**Vorkommen:** Brutvögel der Arktis; regelmäßige, aber nicht sehr zahlreiche Durchzügler an Schlick- und Sandküsten; auch auf Schlammflächen im Binnenland.
**Wissenswertes:** Es handelt sich um die kleinste Strandläufer-Art, die sich oft anderen Watvögeln – vor allem Alpenstrandläufern – anschließt, sich aber meistens noch zutraulicher verhält als diese. Nach nächtlichem Zug erscheinen Zwergstrandläufer manchmal zur Überraschung der Vogelkundler sogar auf einzelnen kleinen Schlammflächen im Binnenland.

## 3 Sichelstrandläufer
*Calidris ferruginea*

L 19 cm ≪ Star Apr.–Sept.
**Kennzeichen:** Dem Alpenstrandläufer im Winterkleid sehr ähnlich, im Sommer durch rotbraune Unterseite unterschieden; abwärts gebogener Schnabel.
**Vorkommen:** Nur als Gast an unseren Küsten; auf dem Herbstzug häufiger als im Frühling; oft gemeinsam mit Alpenstrandläufern.
**Wissenswertes:** Als Brutvögel der Tundren Ostsibiriens wandern Sichelstrandläufer zum Teil an der Eismeerküste, zum Teil über die Ostsee westwärts nach Nordwesteuropa und von dort südwärts nach Westafrika.

## 4 Sanderling
*Calidris alba*

L 20 cm < Star Jan.–Dez.
**Kennzeichen:** Relativ kurzer Schnabel; im Winter weißlich mit schwarzen Schultern; im Sommer braun, dunkler geschuppt, mit weißem Bauch.
**Vorkommen:** Als Durchzügler und als Wintergast aus den Tundren der Arktis regelmäßig an unseren Küsten, vor allem nahe der Brandung; nur selten im Binnenland.
**Wissenswertes:** Sanderlinge fallen oft dadurch auf, daß sie den am Strande auflaufenden Wellen geschickt ausweichen und sofort wieder dem ablaufenden Wasser folgen, um dabei angespülte Krebschen und kleine Muscheln abzusammeln.

## 5 Knutt
*Calidris canutus*

L 26 cm ~ Amsel Jan.–Dez.
**Kennzeichen:** Größer und fülliger als Sanderling und Strandläufer; im Sommer (**5a**) rostbraun, im Winter hellgrau.
**Vorkommen:** Brutvogel in arktischen Tundren; häufiger Gast an der Nordsee, weniger häufig an der Ostsee; zu allen Jahreszeiten – mit Maximum im August – auf den Schlickflächen im Watt.
**Wissenswertes:** Knutts sind oft sehr zahlreich und bei Flut besonders dicht vergesellschaftet. Bei Ebbe breiten sie sich dann wieder im Watt aus. Aufenthalt und Nahrungssuche im Watt der Deutschen Bucht sind für diese Vögel lebenswichtig, weil sie sich hier die Energiereserven für die weiten Wanderwege zwischen Afrika und dem Polargebiet zulegen.

1a

1b

2

3

4a

4b

5a

5b

## 1 Kampfläufer
*Philomachus pugnax*

L ♂ 28, ♀ 24 cm >Amsel März–Okt.
**Kennzeichen:** Männchen im Schlichtkleid und Weibchen immer mit schuppig gemustertem Gefieder; Brutkleid der Männchen unverwechselbar durch die Halskrause, die weiß, schwarz, gelb oder braun sein kann.
**Vorkommen:** In Feuchtwiesen, Sümpfen und Mooren im Norden noch Brutvogel, jedoch starke Bestandsabnahme; regelmäßiger Durchzügler an den Küsten und im Binnenland.
**Wissenswertes:** Der Federschmuck der Männchen variiert in Färbung und Muster individuell sehr stark. Im Mai balzen die Männchen an zumeist traditionellen Plätzen unter auffälligen Bewegungen, Gefieder- und Körperhaltungen. Hier wählen die Weibchen ihre Partner aus und fordern sie zur Begattung auf. Zu einer echten Paarbildung mit Partnerbindung kommt es nicht.

## 2 Bekassine
*Gallinago gallinago*

L 26 cm ~ Amsel März–Nov.
**Kennzeichen:** Langer gerader Schnabel; Gefieder braun mit einer Musterung, die optimale Tarnung gewährleistet; auf dem Kopf dunklere Längsstreifen.
**Vorkommen:** Feuchtwiesen, Sümpfe und Moore; nur regional verbreitet.
**Wissenswertes:** Die Balz der Bekassinen ist von auffälligen Rund- und Sturzflügen und von Vokal- und Instrumentallauten begleitet. Vokal wird das oft gereihte „Tücke-tücke" hervorgebracht, instrumental das bekannte Mekkern, das der Bekassine auch den volkstümlichen Namen „Himmelsziege" eintrug. Es kommt beim Abwärtsgleiten durch das Vibrieren der abgespreizten Schwanzfedern zustande. Bekassinen drücken sich unter Ausnutzung der Deckung besonders effektiv. Sie fliegen oft erst unmittelbar vor den Füßen des Menschen oder dem Fang des Hundes auf, um sich dann im schnellen Zickzackflug zu entfernen. Die im Boden lebenden Beutetiere werden übrigens mit Hilfe von Tastsinneszellen an der Schnabelspitze wahrgenommen.

## 3 Waldschnepfe
*Scolopax rusticola*

L 34 cm ~ Taube März–Nov.
**Kennzeichen:** Deutlich größer als die Bekassine; Gefieder mit ähnlichem Tarneffekt; Scheitel quer gebändert.
**Vorkommen:** Der einzige Waldbewohner unter den heimischen Wat- und speziell Schnepfenvögeln; vorzugsweise in lichten Laubwäldern mit Bächen und Quellmulden.
**Wissenswertes:** Der Schnepfenstrich, der abendliche Balzflug des Schnepfenmännchens mit seinen quorrenden und puitzenden Rufen, ist ein besonders markantes Frühlingsphänomen. Die Jagd auf die balzende Waldschnepfe hat eine lange Tradition; sie wird für den Rückgang der Art mitverantwortlich gemacht. Der „Vogel mit dem langen Gesicht" ist überwiegend dämmerungs- und nachtaktiv, geht aber auch tags der Nahrungssuche nach. Die heimliche Lebensweise in möglichst dichter Deckung und die hervorragende Tarnung sind die Gründe dafür, daß die Waldschnepfe – abgesehen vom Strich – so selten gesehen wird. Auch das Nest mit seinen 4 Eiern und das regungslos auf dem Nest verharrende Weibchen sind außerordentlich schwer zu entdecken. Schon nach 10 Tagen können Jungvögel eine kurze Strecke fliegen.

## 4 Steinwälzer
*Arenaria interpes*

L 23 cm >Star Jan.–Dez.
**Kennzeichen:** Kastanienbrauner Rücken, schwarzes Brustband und ungewöhnliches Gesichtsmuster.
**Vorkommen:** Häufiger Durchzügler und seltener Überwinterer an Watt-, Sand- und Felsenküsten; gern an Spülsäumen und Muschelbänken.
**Wissenswertes:** Ihren Namen verdankt die Art einer auffälligen Verhaltensweise beim Nahrungserwerb. Sie sucht nämlich nach verdeckter Beute, vor allem nach Krebschen und Muscheln, indem Steine, Muscheln und Tang umgedreht werden. Dazu wird der Schnabel unter den Rand des jeweiligen Objektes gesteckt, das mit einer ruckartigen Kopfbewegung umgedreht oder weiterbefördert wird.

1a

1b

1c

2

1d

3

4

## 1 Uferschnepfe
*Limosa limosa*

L 41 cm ≪ Krähe März–Okt.
**Kennzeichen:** Lange Beine; langer, gerader Schnabel; schwarzer Schwanz, im Fluge weiße Flügelstreifen.
**Vorkommen:** Im Norden noch ziemlich weit verbreitet, vor allem in den Marschen, aber auch sonst in Feuchtwiesen; im Osten seltener.
**Wissenswertes:** Ursprünglich in Heide- und Moorgebieten beheimatet, hat sich die Uferschnepfe auf extensiv genutzte, feuchte Wiesen umgestellt und dadurch ihr Brutgebiet sogar teilweise erweitert. Intensive Grünlandnutzung mit Düngung und früher Mahd aber bedroht heute den Fortbestand der Art vor allem in küstenferneren Gebieten. Eindrucksvoll ist der Balzflug des Männchens, das sich steil in die Luft erhebt, dort pendelnd hin und her fliegt und schließlich taumelnd herabstürzt. Dabei ist sein „grutto-grutto" weithin vernehmbar, dem die Art ihren holländischen Namen „Grutto" verdankt. Krähen, Elstern und Möwen werden von den Uferschnepfen heftig attackiert und vertrieben. Vom Frühsommer an versammeln sie sich oft allabendlich in großer Zahl, um gemeinsam in flachen Gewässern stehend die Nacht zu verbringen.

## 2 Pfuhlschnepfe
*Limosa lapponica*

L 38 cm ≫ Taube Jan.–Dez.
**Kennzeichen:** Ähnlich der Uferschnepfe, aber leicht aufwärts gebogener Schnabel, gebänderter Schwanz und kein Flügelstreif.
**Vorkommen:** Häufiger Gast aus der Arktis; Tausende zur Mauser im Hochsommer im nordfriesischen Wattenmeer, zur Überwinterung vor allem vor der westfriesischen Küste.
**Wissenswertes:** Viele Pfuhlschnepfen ziehen bis an die Mittelmeerküsten, an die afrikanische Atlantikküste, aber auch an den Persischen Golf; andere überwintern im Bereich der südlichen Nordsee. Für riesige Scharen von Pfuhlschnepfen ist das Wattenmeer in der Deutschen Bucht zumindest eine bedeutsame Zwischenstation mit reichem Nahrungsangebot während der weltweiten Wanderung.

## 3 Brachvogel
*Numenius arquata*

L 57 cm ~ Haushuhn Febr.–Nov.
**Kennzeichen:** Größe; lange Beine und abwärts gebogener langer Schnabel.
**Vorkommen:** Im Norden Mitteleuropas in Mooren, Heiden, Feuchtwiesen und Dünen noch weit verbreitet, aber in sinkender Zahl; an den Küsten in großen Scharen zu Gast.
**Wissenswertes:** Der Brachvogel ist als Indikatorart (Zeigerart) für den Feuchtwiesenschutz in den letzten Jahren sehr bekannt geworden. Drainung und Grünlandumbruch haben ihn vielerorts vertrieben. Aber auch Düngung und intensivere Nutzung des Grünlandes führen längerfristig zum Verschwinden der Art, auch wenn sie anfangs noch Brutversuche unternimmt; es wird dort nicht genügend Nachwuchs groß. Nur die Ausweisung von Feuchtwiesenkomplexen als Naturschutzgebiete kann das Überleben des Brachvogels sichern, dessen melodische Balzstrophen zu den stimmungsvollsten Melodien heimischer Landschaften gehören. – An den Küsten in geringer Zahl, aber auch im Binnenland zieht als sehr ähnliche Art der aus Sibirien stammende Regenbrachvogel (*Numenius phaeopus*) durch, der etwas kleiner ist und einen weniger stark gebogenen Schnabel hat.

## 4 Rotschenkel
*Tringa totanus*

L 28 cm > Amsel März–Okt.
**Kennzeichen:** Lange rote Beine (Name!); im Fluge hinteres Drittel der Flügel weiß.
**Vorkommen:** Feuchtwiesen und Moore in den Fluß- und Küstenmarschen; hier noch zum Teil häufig; im Binnenland dagegen schon seit Jahren auf dem Rückzug.
**Wissenswertes:** Die Art macht in der Weite der Marschen durch ihr langgezogenes „tüht" auf sich aufmerksam, das auch in melodischen, sanft abfallenden Tonreihen wiederkehrt und beim holländischen Artnamen „Tureluur" Pate stand. Benachbart brütende Rotschenkel greifen potentielle Nesträuber gemeinsam an und vertreiben sie. Nach der Brutzeit schließen sich die Rotschenkel oft zu größeren Trupps zusammen.

1a

1b

1c

2

3b

3a

4

## 1 Dunkler Wasserläufer
*Tringa erythropus*

L 31 cm <Taube Apr.–Sept.
**Kennzeichen:** Rötliche Beine, im Fluge deutlich über den Schwanz hinausgehend; im Sommer schwärzlicher, im Winter grauer Rükken, noch etwas heller als der Grünschenkel.
**Vorkommen:** Durchzügler aus dem hohen Norden Skandinaviens und Westsibiriens; häufig im Wattenmeeer und Brackwasser, weniger häufig im Binnenland an seichten Ufern und in überschwemmten Wiesen.
**Wissenswertes:** Die Art wird wegen ihrer roten Beine auch als „Großer Rotschenkel" bezeichnet. Sie unterscheidet sich jedoch deutlich durch das Fehlen des beim Rotschenkel im Fluge sichtbaren weißen Flügelfeldes und durch die Stimme. Der Dunkle Wasserläufer schwimmt häufiger als Rotschenkel und andere Wasserläufer-Arten.

## 2 Grünschenkel
*Tringa nebularia*

L 31 cm <Taube Apr.–Sept.
**Kennzeichen:** Beine lang, grünlich; kein Flügelstreif; Bürzel weiß und groß, nach vorn bis zu den Schultern, im Fluge sehr auffällig; Ruf ähnlich dem des Grünspechts.
**Vorkommen:** Durchzügler aus Skandinavien und Westsibirien; zahlreich an den Küsten; regelmäßig auch an Flüssen und Binnengewässern, allerdings meist in geringer Zahl.
**Wissenswertes:** Nach dem nächtlichen Zug erscheinen Grünschenkel oft völlig überraschend an den unterschiedlichsten, zum Teil auch kleinen Gewässern im Binnenland. Im Abflug fallen sie durch ihre lauten Rufreihen auf, die wie „kück-kück-kück" klingen und sich manchmal überschlagen. Zur Nahrungssuche bevorzugen sie seichtes Wasser, in dem sie mit hastigen Bewegungen hin und her laufen, stochern und nach kleinen Fischen schnappen.

## 3 Waldwasserläufer
*Tringa ochropus*

L 23 cm >Star Jan.–Dez.
**Kennzeichen:** Im Fluge an den ober- und unterseits dunklen Flügeln erkennbar; weißer Bürzel nicht bis zum Hinterrücken verlängert; dunkle Beine, die im Fluge den Schwanz kaum überragen.
**Vorkommen:** Seltener Brutvogel im nordöstlichen Mitteleuropa in Bruchwäldern und verbuschten Mooren; sonst regelmäßiger Durchzügler an unterschiedlichsten Gewässern des Binnenlandes.
**Wissenswertes:** Im Durchzugsgebiet kann die ausgesprochen einzelgängerisch wirkende Art hier und dort länger verweilen, nicht selten sogar überwintern. Viele Waldwasserläufer wandern bis südlich des Äquators. – Der dem Waldwasserläufer sehr ähnliche Bruchwasserläufer (*Tringa glareola*, **3b**) hat helle Unterflügel und wirkt in seinem insgesamt mehr bräunlichen Gefieder weniger kontrastreich. Er zieht sich gegenwärtig als Brutvogel offenbar auch aus Schleswig-Holstein und Dänemark zurück, nachdem er zuvor bereits südlichere Brutplätze aufgab. Als Durchzügler ist er im Binnenland noch immer recht häufig und zum Teil auch in Trupps anzutreffen. Der Bruchwasserläufer verläßt Mitteleuropa immer, überquert meistens das Mittelmeer und die Sahara und verbringt den Winter weit verstreut in Afrika.

## 4 Flußuferläufer
*Actitis hypoleucos*

L 20 cm <Star Apr.–Okt.
**Kennzeichen:** Geringe Größe; Schwanzwippen und schnell trippelnder Lauf an der Wasserlinie; braune Ober- und weiße Unterseite; kein Bürzelfleck.
**Vorkommen:** Als Brutvogel nur sehr zerstreut an naturnahen Fluß- und Seeufern; als Durchzügler sehr häufig an unterschiedlichsten Gewässern.
**Wissenswertes:** Das helle „hidi-hidi-hidi", mit dem die Flußuferläufer einzeln oder in kleinen Trupps mit zuckenden Flügelschlägen und kurzem Gleitflug dicht über dem Wasser dahinsausen, ist im Sommer – vor allem in der Abenddämmerung – fast an allen Gewässern zu vernehmen. Brutnachweise sind bei dieser Art offenbar sehr schwer zu erbringen, und dies nicht nur, weil sie an verbauten Ufern nur noch wenige geeignete Brutplätze findet.

1
2
3a
3b
4

## 1 Lachmöwe
*Larus ridibundus*

L 37 cm bekannt Jan.–Dez.
**Kennzeichen:** Brutkleid (**1a**) mit schwarzbrauner Gesichtsmaske; außerhalb der Brutzeit (**1b**) nur ein dunkler Fleck hinter dem Auge; Altvögel mit weißem Schwanz, Jungvögel mit schwarzer Schwanzendbinde.
**Vorkommen:** Große Brutkolonien an vegetationsreichen Gewässern, sowohl im Binnenland als auch an der Küste; zur Nahrungssuche an Gewässern aller Art, auf frisch bearbeiteten Feldern und Mülldeponien.
**Wissenswertes:** Obwohl schon immer häufigste Möwenart im Binnenland, hat sich die Lachmöwe erst in den letzten Jahrzehnten so stark ausgebreitet und vermehrt, daß sie – zumindest außerhalb der Brutzeit – von den Parkteichen bis zu den Talsperren an nahezu sämtlichen Gewässern das Bild der Vogelwelt mitprägt. Die starke Zunahme der Art steht im Zusammenhang mit der Eutrophierung der gesamten Landschaft, vor allem auch mit dem enormen Nahrungsangebot auf den großen Zentraldeponien. Dort sieht man fast immer große Möwenschwärme kreisen, in denen die Lachmöwen vorherrschen. Ob sie ihren Namen wegen ihres Rufes oder wegen ihrer Vorliebe für Binnengewässer (Lache; engl. lake = See) tragen, kann hier nicht entschieden werden.

## 2 Schwarzkopfmöwe
*Larus melanocephalus*

L 39 cm > Lachmöwe März–Okt.
**Kennzeichen:** Der Lachmöwe ähnlich, der sie sich oft anschließt; im Brutkleid Kopf und Nacken schwarz, Handschwingen ohne schwarze Spitzen.
**Vorkommen:** Wie Lachmöwe, doch sehr viel seltener; brütet vereinzelt auch im Außenbereich von Sturm- und Lachmöwenkolonien.
**Wissenswertes:** Diese nicht ganz leicht von der Lachmöwe unterscheidbare Art nimmt neuerdings zu, so daß es sich schon lohnt, in den Möwenschwärmen nach ihr Ausschau zu halten. Die Affinität zur Lachmöwe ist so groß, daß es sogar hin und wieder zu Mischpaaren kommt. – Eine weitere schwarzköpfige, aber deutlich kleinere Möwenart ist die Zwergmöwe, die im Flug an den unterseits dunklen Flügeln zu erkennen ist. Sie brütet nur sehr selten und unregelmäßig in Mitteleuropa, erscheint aber sowohl an den Küsten als auch an Binnengewässern hin und wieder als Durchzügler.

## 3 Silbermöwe
*Larus argentatus*

L 56 cm bekannt Jan.–Dez.
**Kennzeichen:** Häufigste Großmöwe der Meeresküsten; Rücken und Flügel hellgrau; schwarzweiße Musterung der Flügelspitzen; Jungvögel (**3b**) im 1. Winter erdbraun, im 2. Winter graubraun.
**Vorkommen:** Zum Teil große Kolonien in Dünen, auf Kies- und Felsenstränden und auf grasigen Flächen; nach der Brutzeit zunehmend auch im Binnenland.
**Wissenswertes:** Die Sommerfrischler an unseren Küsten kennen sie; die meisten von ihnen haben sie schon gefüttert. Ihr enger Anschluß an den Menschen, an Fischereischiffe, Häfen und Mülldeponien garantiert der Silbermöwe ganzjährig ein Leben ohne Nahrungsmangel. Allerdings bedroht sie selbst nunmehr bei ihrer starken Vermehrung durch Fressen von Eiern und Jungvögeln die Existenz anderer Seevogelarten.

## 4 Heringsmöwe
*Larus fuscus*

L 53 cm < Silbermöwe Jan.–Dez.
**Kennzeichen:** Bei der nördlichen Rasse Rückengefieder schwärzlich, bei der südlichen dunkelgrau; sonst – vor allem auch Jungvögel – der Silbermöwe ähnlich.
**Vorkommen:** Wie Silbermöwe, aber sehr viel weniger zahlreich und im Binnenland meist nur selten zu Gast.
**Wissenswertes:** Bei der Heringsmöwe ist ebenfalls eine Bestandszunahme zu beobachten, aber nicht so stark wie bei der Silbermöwe. Das mag daran liegen, daß sie in geringerem Maße das Nahrungsangebot der Deponien nutzt und möglicherweise auch der Konkurrenz der Silbermöwe am Nistplatz nicht immer gewachsen ist.

1a

1b

1c

2

3b

3a

4

## 1 Sturmmöwe
*Larus canus*

L 41 cm >Lachmöwe Jan.–Dez.
**Kennzeichen:** Schnabel und Beine grünlichgelb; deutlich kleiner als Silbermöwe.
**Vorkommen:** Brutvogel an den Küsten, vor allem im Ostseeküstenraum, vereinzelt auch im Binnenland; hier jedoch neuerdings als Wintergast immer zahlreicher.
**Wissenswertes:** Die Sturmmöwe ist weniger stark an die Küsten gebunden als die Silbermöwe. Kleine Brutkolonien und Einzelbruten bestehen vielerorts im Binnenlande, oft im Randbereich von Lachmöwenkolonien. Große, mehrere 100 Brutpaare umfassende Sturmmöwenkolonien aber gibt es nur an den Küsten. Wie bei der Lach- und der Silbermöwe sind auch bei der Sturmmöwe in den letzten Jahrzehnten eine deutliche Bestandszunahme und eine verstärkte Neigung zum Überwintern im Binnenland zu beobachten. Vor allem die großen Mülldeponien werden meistens gemeinsam mit den beiden anderen Möwenarten angeflogen.

## 2 Mantelmöwe
*Larus marinus*

L 68 cm >>Silbermöwe Jan.–Dez.
**Kennzeichen:** Flügel und Rücken schwarz; hell fleischfarbene Beine; tiefe Stimme; viel größer als die Silbermöwe.
**Vorkommen:** Brutvogel an felsigen und sandigen Küsten Nord- und Westeuropas; an unseren Küsten ganzjährig als Gast, aber immer weniger zahlreich als Silber-, Sturm- und Lachmöwe.
**Wissenswertes:** Diese besonders groß und wild wirkende Möwe erbeutet zwar gelegentlich junge Enten und Kaninchen, nutzt aber vor allem die Abfälle der Fischerei und der Mülldeponien und kommt auch bis in die Seehäfen und -städte. Das Binnenland allerdings wird weitgehend gemieden. In ihrem schweren, langsamen Flug erinnert die Mantelmöwe eher an einen Graureiher als an die anderen Möwenarten, mit denen sie meistens vergesellschaftet ist. Nicht selten handelt es sich dabei um Einzelvögel, manchmal um kleine, lockere Trupps.

## 3 Dreizehenmöwe
*Rissa tridactyla*

L 40 cm >Lachmöwe Jan.–Dez.
**Kennzeichen:** Flügelspitzen als durchgehend schwarzes Dreieck; Beine schwarz.
**Vorkommen:** In Mitteleuropa nur Brutvogel auf Helgoland, sonst regelmäßiger Gast an der Nordsee-, seltener der Ostseeküste.
**Wissenswertes:** Das offene Meer ist der Lebensraum dieser Möwenart, die nur zur Brut an die nord- und westeuropäischen Küsten kommt. Steil zum Meer abfallende Felsen, die meistens auch anderen Seevögeln zur Brut dienen (Vogelfelsen), sind die bevorzugten Brutplätze. Dort stehen oft mehrere zehntausend Nester dicht an dicht auf schmalen Felsbändern und Vorsprüngen (**3a**). In der ersten Hälfte unseres Jahrhunderts begannen Dreizehenmöwen damit, auch auf Dächern und Fenstersimsen küstennaher Gebäude zu brüten. Die stets in absturzgefährdeter Position heranwachsenden Jungvögel bleiben bis zur vollen Flugfähigkeit, d.h. über 40 Tage, im Nest. Im Gegensatz zu den anderen Möwenarten, die meisens 3 Eier je Gelege haben, sind es bei der Dreizehenmöwe in der Regel 2, die auffallend kreiselförmig und dadurch vor dem Wegrollen besser geschützt sind.

## 4 Schmarotzerraubmöwe
*Stercorarius parasiticus*

L 48 cm <<Silbermöwe Apr.–Nov.
**Kennzeichen:** Braune Möwe mit verlängertem mittleren Steuerfederpaar, das spitz ist und die übrigen Schwanzfedern um 9 cm überragt.
**Vorkommen:** Als Brutvogel der Arktis regelmäßiger, aber nicht sehr zahlreicher Durchzügler, vor allen an der Nordseeküste.
**Wissenswertes:** Alle 6 Arten der Familie der Raubmöwen, die in der Arktis und Antarktis brüten, sind Beutegreifer und Schmarotzer. Während des Durchzugs und als Übersommerer begegnet man an der Nordseeküste am häufigsten der Schmarotzerraubmöwe, die sich während des Zuges vor allem von Fischen ernährt, die sie anderen kleinen Möwen und Seeschwalben abjagt. Dabei fällt sie durch ihre rasanten Sturzflüge auf.

1a

1b

3a

2

3b

4a

4b

## 1 **Flußseeschwalbe**
*Sterna hirundo*

L 35 cm < Lachmöwe Apr.–Okt.
**Kennzeichen:** Wie alle Seeschwalben-Arten schlank, schmalflügelig und sehr gewandt; mit spitzem, im Fluge abwärts gewandten Schnabel sowie mit gegabeltem Schwanz; diese Art im Sommer von der nächsten unterscheidbar am orangefarbenen Schnabel mit schwarzer Spitze.
**Vorkommen:** Verbreitet an Flachküsten, aber nur noch sehr vereinzelt auf naturnahen Fluß- und Seeufern brütend.
**Wissenswertes:** In den kleinen Kolonien befinden sich die Nester oft 20–50 m voneinander entfernt, in den oft mehrere hundert oder gar tausend Paare umfassenden großen Kolonien manchmal bis auf einen knappen Meter dicht an dicht. Auch beim Fischfang sind die Vögel ausgesprochen gesellig und nicht selten auch mit anderen Seeschwalben-Arten vergesellschaftet. Kleine, nahe der Wasseroberfläche schwimmende Fische werden durch Stoßtauchen erbeutet.

## 2 **Küstenseeschwalbe**
*Sterna paradisaea*

L 37 cm ~ Lachmöwe Apr.–Okt.
**Kennzeichen:** Im Sommer Schnabel bis zur Spitze blutrot; sonst der Flußseeschwalbe sehr ähnlich.
**Vorkommen:** Wie Flußseeschwalbe und fast so zahlreich wie diese, aber in Mitteleuropa nicht im Binnenland.
**Wissenswertes:** Die Küstenseeschwalben greifen in ihren Brutkolonien Feinde gemeinsam mit besonders aggressiven Sturzflügen an, hacken auf sie ein und bespritzen sie nicht selten mit Kot. Auf dem Zug in die Winterquartiere legen sie extrem lange Strecken zurück und gelangen dabei regelmäßig bis zu den Küsten Südafrikas und Südamerikas sowie in die Packeiszone der Antarktis. Bei verschiedenen Seeschwalben-Arten wurde beobachtet, daß Altvögel ihren Jungen Wasser zur Kühlung bringen. Der Rückgang mehrerer Seeschwalben-Arten wird teils mit der Zunahme nesträuberischer Möwen, teils mit der Belastung der Beutefische mit Schwermetallen und Bioziden begründet. Auch die Beunruhigung der Brutplätze auf Inseln und Sanden durch den Menschen dürfte sich nachteilig auf die Brutbestände auswirken.

## 3 **Brandseeschwalbe**
*Sterna sandvicensis*

L 41 cm > Lachmöwe Apr.–Okt.
**Kennzeichen:** Größer als Fluß- und Küstenschwalbe; schwarzer Schnabel mit gelber Spitze.
**Vorkommen:** Wie die Küstenseeschwalbe stark an die Meeresküsten, vor allem an die Nordseeküste gebunden; brütet in nur wenigen, aber dafür sehr großen Kolonien.
**Wissenswertes:** Die Belastung der Küstengewässer durch Biozide hat zeitweilig zu einem starken Rückgang dieser Art – vor allem in ihren wichtigsten Brutgebieten vor der holländischen Küste – geführt. Inzwischen erholen sich die Bestände. Neuerdings breitet sich die Brandseeschwalbe sogar im Ostseeküstengebiet weiter aus. Das Stoßtauchen spielt beim Beuteerwerb dieser Art eine besonders große Rolle. Diese ganz besonders gesellig brütenden und auch jagenden Seeschwalben können sich rasch über reichen Fischgründen versammeln, weil sie ihre Artgenossen beobachten und dorthin fliegen, wo diese offensichtlich besonders erfolgreich sind.

## 4 **Lachseeschwalbe**
*Gelochelidon nilotica*

L 38 cm ~ Lachmöwe Apr.–Sept.
**Kennzeichen:** Ähnlich der Brandseeschwalbe; Schnabel völlig schwarz.
**Vorkommen:** Nur noch selten als Brutvogel und Gast an Sandküsten und noch seltener und punktueller auf Sand- und Schotterbänken an Flüssen und Binnenseen.
**Wissenswertes:** Diese als Brutvogel in allen Teilen der Erde beheimatete Art hatte in Mitteleuropa wohl immer nur wenige, oft weit voneinander entfernte Brutplätze, die in diesem Jahrhundert allerdings größtenteils aufgegeben wurden. Im Gegensatz zur Brandseeschwalbe erbeutet die Lachseeschwalbe überwiegend kleine Landtiere wie Ameisen, Zweiflügler, Käfer und Raupen.

1a

1b

2a

2b

3

4

## 1 Zwergseeschwalbe
*Sterna albifrons*

L 22 cm ~ Star Apr.–Sept.

**Kennzeichen:** Kleinste Seeschwalben-Art; gelber Schnabel und gelbe Beine; weiße Stirn.

**Vorkommen:** Kleine Brutkolonien an der holländischen und deutschen Nordseeküste (zusammen weniger als 2000 Paare) auf vegetationsarmen Sand- und Kiesbänken; seltener Brutvogel an der Ostseeküste.

**Wissenswertes:** Diese kleine, gerade gut mauerseglergroße Seeschwalbe überwintert im tropischen und im südlichen Afrika. Früher brütete sie auch vereinzelt im Binnenland; heute sind diese Vorkommen längst erloschen. Starke Fluten während der Brutzeit können die einzige Jahresbrut ganzer Kolonien zunichte machen. Durch rücksichtsloses Laufen und Verweilen außerhalb der Badestrände wird der Bruterfolg ebenfalls geschmälert. Die meisten Zwergseeschwalben brüten heute in Naturschutzgebieten.

## 2 Trauerseeschwalbe
*Chlidonias niger*

L 25 cm ~ Amsel Apr.–Sept.

**Kennzeichen:** Binnenland-Bewohnerin mit schwarzem Kopf und Körper.

**Vorkommen:** Eutrophe, vegetationsreiche Flachgewässer in den Niederungen; nur noch an wenigen Stellen; starker Rückgang.

**Wissenswertes:** Von allen Seeschwalben-Arten ist die Trauerseeschwalbe am regelmäßigsten einzeln oder in kleinen Trupps im Binnenland an Seen und Flüssen anzutreffen, zumindest als Durchzügler. An den wenigen noch erhalten gebliebenen Brutplätzen baut sie ihre Nester dicht über der Wasserfläche auf Bulten, häufig auch auf den Schwimmblättern der Seerose.

## 3 Tordalk
*Alca torda*

L 41 cm ≪ Krähe Jan.–Dez.

**Kennzeichen:** Im Vergleich zur Trottellumme dickköpfiger und dickschnäbeliger; hoher Schnabel mit weißem Streifen.

**Vorkommen:** An Steilküsten des Nordens; in Mitteleuropa nur in wenigen Paaren auf Helgoland; reiner Meeresbewohner.

**Wissenswertes:** In den großen Kolonien an den Felsküsten der nordischen Meere leben oft mehrere tausend Brutpaare auf dichtem Raum beisammen. Wie bei den Lummen tritt die Geschlechtsreife erst mit 4–6 Jahren ein. Beim Fischfang auf dem Meer legen sie meist mehrere Fische quer in den Schnabel, zumindest wenn sie damit ihre Jungen füttern wollen.

## 4 Trottellumme
*Uria aalge*

L 43 cm < Krähe Jan.–Dez.

**Kennzeichen:** Wie beim Tordalk mit dunkler Ober- und heller Unterseite, jedoch schlankerer Hals und Schnabel.

**Vorkommen:** Zur Nahrungssuche auf dem Meer, zur Brut an steilen Felsküsten des Nordatlantiks und Nordpazifiks; in Mitteleuropa nur ein einziges – allerdings kopfstarkes – Vorkommen auf Helgoland.

**Wissenswertes:** Die Lummen sind exzellente Schwimmer und Taucher, aber schlechte Flieger und Läufer an Land. Unter Wasser setzen sie ihre Flügel zur Fortbewegung ein. Die Lummen brüten dicht beisammen auf schmalen Felsbändern und -vorsprüngen; jedes Paar hat nur 1 Ei.

## 5 Papageitaucher
*Fratercula arctica*

L 32 cm ~ Taube Okt.–März

**Kennzeichen:** Papageiartig buntes Muster auf dem ungewöhnlich geformten Schnabel (Name!).

**Vorkommen:** Riesige Brutkolonien in der Arktis, vor allem an grasbewachsenen Berghängen und Klippen unmittelbar am Meer; an der Nordsee als Gast, jedoch selten in Küstennähe.

**Wissenswertes:** Im Gegensatz zu den beiden vorangehenden Alken ist der Papageitaucher Höhlenbrüter. Sein Nest ist bis 1 m tief in einer selbstgegrabenen oder von Kaninchen gebauten Höhle, die von dem Männchen verteidigt wird.

1
3a
2
4
3b
5

## 1 Straßentaube
*Columba livia*

L ± 34 cm bekannt Jan.–Dez.

**Kennzeichen:** Verschiedene Farbtöne und Abzeichen von wildfarben Grau bis Schwärzlich und Gelbbraun.

**Vorkommen:** Mit Ausnahme von Streusiedlungen und manchen Dörfern in fast allen bebauten Bereichen; die Ausgangsform (Felsentaube, **1b**) nur in Süd- und Westeuropa.

**Wissenswertes:** Die Tauben haben einen großen Kropf, in dem die aus abgestoßenen Epithelzellen entstehende Kropfmilch gebildet wird. Aus dem Kropf werden die Jungen ernährt, die als anfangs nackte und blinde Nesthocker 3–4 Wochen im meist sehr dürftig gebauten Nest bleiben. Meistens sind es 2 Junge, die aus schneeweißen Eiern schlüpfen. Als Straßentauben werden verwilderte Haustauben bezeichnet, die ihrerseits von der Felsentaube abstammen. Sie sind heute weltweit verbreitet und stellen wegen ihrer Nähe zum Menschen, wegen ihres Kots und ihrer Parasiten in vielen Siedlungen ein hygienisches Problem dar.

## 2 Ringeltaube
*Columba palumbus*

L 40 cm >> Haustaube Jan.–Dez.

**Kennzeichen:** Größe; weißer Halsring (Name!); 5- bis 6silbiger Nestruf.

**Vorkommen:** Wälder, Gehölze, Parks und Gärten; zur Nahrungssuche auf Feldern; seit Jahren starke Zunahme.

**Wissenswertes:** Ringeltauben sind heute anders als früher keine Seltenheiten mehr. Trotz Zunahme von Rabenkrähen und Elstern, die mit Vorliebe Taubengelege plündern, nehmen die Ringeltauben weiter zu. Offensichtlich bekommt ihnen das Stadtleben besonders gut. Ihre Distanz gegenüber dem Menschen haben sie stark abgebaut.

## 3 Hohltaube
*Columba oenas*

L 33 cm ~ Haustaube Jan.–Dez.

**Kennzeichen:** Ohne Weiß im Gefieder und ohne ausgeprägte „Armbinde"; Farbschlägen der Haustaube zum Verwechseln ähnlich.

**Vorkommen:** In Wäldern, Gehölzen und Parks; seltener als die anderen Taubenarten, jedoch Zunahme bei Angebot von Nisthöhlen.

**Wissenswertes:** Der Name dieser Art verweist darauf, daß sie in Höhlen brütet, besonders gern in solchen, die der Schwarzspecht gemeißelt hat. Ihr Ruf ist monoton und dumpf „o-uo, o-uo…".

## 4 Turteltaube
*Streptopelia turtur*

L 28 cm << Haustaube Apr.–Sept.

**Kennzeichen:** Geringe Größe; rostbrauner Rücken schwarz geschuppt.

**Vorkommen:** In Wäldern und Feldgehölzen, zunehmend auch in Parks und großen Gärten.

**Wissenswertes:** Die Turteltauben, ein Inbegriff der Liebenden, lassen ihre „Turr-turr-turr"-Rufe, denen sie ihren deutschen wie den wissenschaftlichen Artnamen verdanken, meistens gereiht viele Male nacheinander vernehmen. Sie sind die zugfreudigsten unter allen heimischen Taubenarten und wandern bis nach Afrika.

## 5 Türkentaube
*Streptopelia decaocto*

L 28 cm << Haustaube Jan.–Dez.

**Kennzeichen:** Hellbraune Oberseite ohne dunkle Schuppung; schwarzer Nackenring; auffallend langer Schwanz.

**Vorkommen:** Aus Südosteuropa eingewandert; heute vor allem in Städten, aber auch in vielen Dörfern heimisch, aber unterschiedlich zahlreich.

**Wissenswertes:** Die Türkentaube ist eine Neubürgerin in Mitteleuropa. 1946 wurde die erste Brut in Rosenheim, 1947 in Soest/Westfalen registriert. Seitdem hat sich die Art nahezu über ganz Europa (mit Ausnahme des höchsten Nordens und des Südwestens) ausgebreitet und die Besiedlung stark verdichtet. Ihr penetranter dreisilbiger Ruf („gu-gúh-gu") ist in allen Städten nahezu ganzjährig und zeitweilig vom frühesten Morgengrauen an zu vernehmen.

1a

1b

2

3

4

5

## 1 Kuckuck
*Cuculus canorus*

L 33 cm ~ Taube Apr.–Sept.

**Kennzeichen:** Oberseite und Brust grau, Unterseite sperberartig gebändert.

**Vorkommen:** Verbreitet in Wäldern und Feldgehölzen, aber auch in Sumpf- und Dünenlandschaften.

**Wissenswertes:** Jedes Kind kennt ihn, zumindest seinen Ruf; sein Erscheinungsbild ist schon weit weniger bekannt. Daß der Kuckuck seine Eier in fremde Nester legt – vor allem in die von Bachstelzen, Wiesenpiepern, Heckenbraunellen, Grasmücken und Rohrsängern –, ist in unserer Vogelwelt einzigartig. Das macht den Brutparasiten zu einem merkwürdigen Sonderling, dem der Volksmund allerlei Fähigkeiten angedichtet hat: Sein Ruf verrät Wohlstand, manchmal auch die Lebenserwartung. Lieder besingen ihn als Frühlingsboten. Kleinvögel attackieren ihn, nicht weil sie ihn als Brutparasiten wiedererkennen, sondern weil er dem Sperber ähnlich sieht, auf den sie angeborenermaßen aggressiv reagieren.

## 2 Wiedehopf
*Upupa epops*

L 28 cm > Amsel Apr.–Sept.

**Kennzeichen:** Bekannt durch seine Haube; schmetterlingsartiger Flatterflug; auffällige schwarz-weiß quergebänderte Schwingen und Schwanz.

**Vorkommen:** In Mitteleuropa nur vereinzelt im Osten und Süden; in den Mittelmeerländern weit verbreitet; offene gehölzdurchsetzte Landschaften.

**Wissenswertes:** „Hopfe" hüpfen (Name!). Wiedehopfe halten sich überwiegend auf dem Boden auf, wo sie nach Insekten und deren Larven suchen, vor allem nach Grillen und Laufkäfern, Raupen und Engerlingen. Der Ruf ist ein gedämpftes „Upupup", das im wissenschaftlichen Gattungsnamen wiederkehrt. Als Brutplatz wählt der Wiedehopf Baum- oder Fels- bzw. Mauerhöhlen. Seine Jungen wehren Feinde durch lautes Fauchen und durch Verspritzen des Enddarminhaltes bei gleichzeitigem Austreten eines übelriechenden Bürzeldrüsensekrets ab.

## 3 Bienenfresser
*Merops apiaster*

L 28 cm > Amsel Apr.–Sept.

**Kennzeichen:** Schwalbenartiger Flug; lange Schwanzspieße gut erkennbar; ungewöhnlich bunte Gefiederfärbung; weithin hörbare Rufe: „krüt".

**Vorkommen:** Verbreitet in Süd- und Südosteuropa; von dort zunehmend häufiger Vorstöße nach Mitteleuropa; gebüschdurchsetzte offene Landschaften mit sandigen Steilhängen, z.B. Sandgruben.

**Wissenswertes:** Wenn bei der Heimkehr des Bienenfressers aus Zentral- und Südafrika günstiges Wetter herrscht, schießt er auf dem Zuge gelegentlich über das Ziel hinaus und gelangt so nach Mitteleuropa. In einzelnen Jahren siedelt er sich dann hier und dort – meistens in Sandgruben – an, doch schon im nächsten Jahr erwartet man ihn hier vergeblich. Größere Fluginsekten, vor allem Hautflügler wie Bienen (Name!) und Wespen, erbeutet er im kurzen Jagdflug, zu dem er von einer möglichst hohen Warte aus startet. Dabei ist der Bienenfresser stets recht gesellig. Auch die Nichtbrüter halten sich gern in den Brutkolonien auf und machen sich sogar als Helfer bei der Aufzucht der Jungen nützlich. Die Bruthöhlen werden meistens jährlich neu über 1,50 m tief in möglichst steile Sandwände oder Uferböschungen gegraben.

## 4 Blauracke
*Coracias garrulus*

L 31 cm < Taube März–Okt.

**Kennzeichen:** Azurblaues Gefieder, nur Rücken rostbraun.

**Vorkommen:** Wechsel von alten Wäldern und mit Einzelbäumen durchsetzte Agrarlandschaften; vereinzelt, nur im Osten.

**Wissenswertes:** Die Blauracke brütet – regional unterschiedlich – entweder in Ast- und Spechthöhlen oder in selbstgegrabenen Erdhöhlen und Mauerlöchern. Der Rückgang und das vollständige Verschwinden der früher weiter verbreiteten Art sind wohl vorrangig auf die Intensivierung der Land- und Forstwirtschaft und den Rückgang größerer Fluginsekten zurückzuführen.

1a
1b
2
3a
3b
4a
4b

## 1 Ziegenmelker
*Caprimulgus europaeus*

L 27 cm ~ Amsel Apr.–Okt.

**Kennzeichen:** Gefieder graubraun, gesprenkelt und gebändert („Rindenmuster"); nachts oft minutenlanger schnurrender Balzgesang.

**Vorkommen:** Nur lokal in Mooren, Heiden und lichten Wäldern, vor allem in Kiefernbeständen.

**Wissenswertes:** Mit seinen Balzflügen, seinem Schnurren und Flügelklatschen in der Abenddämmerung und in der Nacht wirkt der Ziegenmelker schon etwas unheimlich. Bereits Plinius hat ihm die Tätigkeit angedichtet, die sich in seinem deutschen wie in seinem wissenschaftlichen Namen widerspiegelt. Große Augen, riesiger Rachen und hervorragende Tarnwirkung des Gefieders kennzeichnen diesen nächtlichen Insektenjäger, der tags gern in Längsrichtung auf einem Ast sitzt und deshalb meistens nicht wahrgenommen wird. Der Ziegenmelker, der auch „Nachtschwalbe" genannt wird, legt seine Eier auf den nackten Boden. Er verläßt uns schon Ende August oder Anfang September und kehrt erst im Mai wieder zurück.

## 2 Eisvogel
*Alcedo atthis*

L 17 cm > Sperling Jan.–Dez.

**Kennzeichen:** Ein farbenprächtiger Vogel mit metallisch blaugrün glänzender Oberseite und dolchförmigem Schnabel; schneller geradliniger Flug über das Wasser.

**Vorkommen:** Weit, aber doch nur lückenhaft verbreitet an stehenden und fließenden Gewässern.

**Wissenswertes:** Nicht auf das Eis, sondern auf den metallischen Glanz des Eisens nimmt der Name „Eisvogel" Bezug. Eis kostet in strengen Wintern vielen Eisvögeln das Leben; die Farben und der Metallglanz des Gefieders lassen den Eisvogel etwas fremd und exotisch erscheinen. Rüttelnd oder von einem Zweig aus stürzt er sich ins Wasser, um kleine Fische oder Insekten zu erbeuten. Außer einem durch Gewässerverschmutzung nicht allzu stark belasteten Fischbesatz braucht der Eisvogel frische Steilufer, wie sie in Form von Prallhängen an unverbauten Bächen und Flüssen immer wieder neu entstehen. Die Trübung und der Mangel an Fischen in verschmutzten Gewässern und das Fehlen geeigneter Brutplätze sind für den Rückgang der Art vorrangig verantwortlich. Kaum zu glauben aber wahr ist, daß es immer noch Menschen gibt, die dem „Fischereikonkurrenten" mit Rattenfallen nachstellen.

## 3 Mauersegler
*Apus apus*

L 17 cm > Rauchschwalbe Mai–Aug.

**Kennzeichen:** Rasanter Flug; lange, sichelförmige Flügel; schrille Rufe „srieh".

**Vorkommen:** In allen Orten, sogar im Zentrum der Großstädte verbreitet; am zahlreichsten in Städten mit historischem Kern, mit Türmen, alten Giebeln und verwinkelten Dächern, die Nistplätze bieten.

**Wissenswertes:** „*Apus*" heißt übersetzt „der Fußlose". Wirklich fußlos sind die Mauersegler zwar nicht, aber ihre Füße sind so stark verkümmert, daß sie sich zwar zum Hängen, aber kaum noch zum Laufen eignen. Um so faszinierender ist die Flugkunst, die den Seglern nicht nur die Beherrschung des Luftraums zur Insektenjagd, sondern auch das Trinken im Fluge, die Begattung und zeitweilig das nächtliche Ruhen hoch in der Luft gestattet. Die Ähnlichkeit der Segler mit den Schwalben hat keine verwandtschaftlichen Gründe, sondern ist das Ergebnis gleicher Anpassung an die Erfordernisse der Jagd auf Fluginsekten.

## 4 Alpensegler
*Apus melba*

L 21 cm >> Rauchschwalbe Apr.–Okt.

**Kennzeichen:** Größe; braunes Gefieder; trillernder Ruf.

**Vorkommen:** In Felsspalten, ausnahmsweise auch in Gebäuden; nur im Süden.

**Wissenswertes:** Die Art weilt erheblich länger im Brutgebiet als der Mauersegler. Zum Nestbau bevorzugt sie noch deutlicher den Ursprungsbiotop, nämlich Spalten in steilen Felswänden, gegenüber Öffnungen in den Dächern hoher Gebäude, wo man sie allerdings auch schon antreffen kann.

1

2a

2b

3a

3b

4a

4b

## 1 Buntspecht
*Dendrocopus major*

L 23 cm >Star Jan.–Dez.

**Kennzeichen:** Von anderen Spechten durch großen weißen Schulterfleck und schwarzen Scheitel unterschieden; Männchen mit Rot am Hinterkopf, Jungvögel mit roter Kappe.

**Vorkommen:** Sehr häufig in Wäldern, Feldgehölzen, Gärten und Parks.

**Wissenswertes:** Die häufigste und bekannteste Spechtart zeigt prägnant alle Spechtmerkmale: den kräftigen Meißelschnabel, die Kletterfüße mit 2 nach vorn und 2 nach hinten gerichteten Zehen, den Stützschwanz mit steifen Schwanzfedern und die Fähigkeit zum Baumklettern und zum Eigenbau von Nisthöhlen auch in Stämmen gesunder Bäume. Als Gast an Vogelfutterhäusern und als oft besonders zutraulicher Parkbewohner ist der Buntspecht den Menschen als der Specht schlechthin vertraut. Häufig sind seine „kix-kix“-Rufe zu vernehmen, noch bekannter sind die Trommelwirbel, mit denen Männchen und Weibchen, die oft abwechselnd trommeln, miteinander Kontakt aufnehmen. Die „Zimmerleute des Waldes“ fertigen ihre Bruthöhle, die ein elliptisches Einflugloch von 4,5–5,5 cm Größe hat, in 2–3 Wochen harter Arbeit. Die Nahrung des Buntspechts ist vielseitig, besteht aber vor allem aus Larven holzbewohnender Käfer- und Schmetterlingsarten und aus Samen von Fichten und Kiefern. Die Larven erbeutet er, indem er Löcher in die Rinde schlägt, Rindenstücke ablöst, seine Zunge bis zu 4 cm über die Schnabelspitze vorschnellen läßt und damit seine Beute aus dem Holz oder aus Rindenspalten zieht. Besonders interessant sind die Spechtschmieden (**1c**), in denen Zapfen von Nadelbäumen festgekeilt werden, um sie besser bei der Ausbeute der Samen bearbeiten zu können.

## 2 Mittelspecht
*Dendrocopus medius*

L 22 cm ~ Star Jan.–Dez.

**Kennzeichen:** Rote Kappe und etwas kleinere weiße Schulterflecken als beim Buntspecht.

**Vorkommen:** Vor allem in Eichen- und fast nie in Nadelwäldern; viel seltener als der Buntspecht, regional fehlend.

**Wissenswertes:** Die dem Buntspecht – vor allem im Jugendkleid – recht ähnliche Art fällt vor allem im Frühling durch ihre quäkenden Rufe auf, mit denen sich die Partner finden. Gemäß der geringeren Körpergröße haben die Bruthöhlen des Mittelspechtes, die sich immer in krankem Holz befinden, nur einen Durchmesser von 3–4,5 cm.

## 3 Dreizehenspecht
*Picoides tridactylus*

L 22 cm ~ Star Jan.–Dez.

**Kennzeichen:** Fast völlig schwarze Schwingen und Wangen; Rücken weiß gestreift oder gefleckt; ohne jegliches Rot.

**Vorkommen:** Nur in Bergfichtenwäldern der östlichen Alpen und des Böhmerwaldes sowie in Skandinavien.

**Wissenswertes:** Der Dreizehenspecht zeigt sich nur höchst selten einmal außerhalb seines Brutgebietes. Er braucht zur Brut und zur Nahrungssuche naturnahe, an Totholz reiche, alte Fichtenwälder.

## 4 Kleinspecht
*Dendrocopus minor*

L 15 cm ~ Sperling Jan.–Dez.

**Kennzeichen:** Geringe Körpergröße; schwarz-weiße Bänderung der Oberseite; Unterseite ohne Rot; Ruf wie beim Buntspecht, aber schwächer „kick“.

**Vorkommen:** Laub- und Mischwälder, Feldgehölze und Parks; gern in Weichholzauen.

**Wissenswertes:** Der kleinste europäische Specht sucht seine Nahrung auch an dünnen Ästen. Er ist ein eifriger Höhlenzimmerer, arbeitet aber fast immer nur an totem, faulem Holz. Seine Höhlen haben einen Durchmesser von nur 3 cm. Oft fällt er durch seine helle Rufreihe auf, die wie „kikikikik“ klingt und an die Rufreihe des Turmfalken erinnert. Ansonsten lebt der Zwergspecht recht heimlich und zurückgezogen, so daß er wohl oft unbemerkt bleibt. Im Herbst und im Winter sieht man ihn manchmal mit Meisen in deren buntgemischten Schwärmen durch die Wälder und Parks ziehen.

1a

1b

1c

2

3

4

## 1 Schwarzspecht
*Dryocopus martius*

L 46 cm ~ Krähe Jan.–Dez.

**Kennzeichen:** Größte heimische Spechtart; schwarzes Gefieder; Ruf schallend „kliöh".

**Vorkommen:** Größere Waldgebiete mit Altholzbeständen; vor allem in Buchenwäldern, aber auch im Nadelwald; nur lokal verbreitet.

**Wissenswertes:** Von allen heimischen Spechten trommelt der Schwarzspecht am lautesten. Sein 2 Sekunden langer Trommelwirbel besteht aus 30–35 Einzelschlägen. Er dient vor allem der Reviermarkierung. Für den Bau der Nisthöhle, der sich über einen knappen Monat erstreckt, werden Rotbuchen bevorzugt, die einen Stammdurchmesser von mindestens 45 cm haben. Die Nisthöhlen befinden sich meistens unterhalb des untersten größeren Astes einer starken Rotbuche; sie sind senkrecht elliptisch mit einer ca. 13 cm x 8,5 cm großen Einflugöffnung. Wo im Laufe der Jahre mehr Höhlen gezimmert wurden, als die Schwarzspechte benötigen, profitieren andere Höhlenbrüter, vor allem die Hohltauben und Dohlen. Neben den Höhlen findet man auch Hackspuren, tiefe Löcher, die der Specht auf der Suche nach Insektenlarven gemeißelt hat (**1 b**).

## 2 Grünspecht
*Picus viridis*

L 32 cm ~ Taube Jan.–Dez.

**Kennzeichen:** Oberseite olivgrün, Bürzel gelb, Unterseite gelbgrün; Rot von der Stirn bis zum Nacken; wiehernde Rufreihe „glückglückglück...".

**Vorkommen:** Mit Feldgehölzen durchsetzte agrare Kulturlandschaft; Parks; verbreitet.

**Wissenswertes:** Grün- und Grauspecht werden wegen ihres häufigen Aufenthaltes am Boden als „Erdspechte" bezeichnet. Ameisen bilden – zumindest im Sommer – ihre Hauptnahrung. Der Grünspecht sucht gezielt nach Ameisenhaufen und Ameisennestern an Wegrändern und Böschungen sowie nach Ameisen unter Welklaub und im Erdreich. Ungewöhnlich für einen Specht sind die hüpfenden Bewegungen auf dem Boden. So oft und schallend man seine lachenden Rufreihen vernimmt, so selten hört man sein Trommeln. Obwohl er selbst Höhlen zimmern kann, benutzt er doch mit Vorliebe fremde Höhlen, die er fertig vorfindet. Der Durchmesser des Flugloches liegt dann in der Regel bei 6,0–6,5 cm.

## 3 Grauspecht
*Picus canus*

L 27 cm > Amsel Jan.–Dez.

**Kennzeichen:** Kleiner als Grünspecht, mit dem eine gewisse Ähnlichkeit besteht; jedoch Kopf, Hals und Unterseite grau; nur Stirn und vordere Kopfhälfte rot.

**Vorkommen:** Im Vergleich zum Grünspecht stärker in Laubwäldern des Berglandes als in der Ebene vertreten.

**Wissenswertes:** Während der Grünspecht selten trommelt, läßt der Grauspecht ein anhaltendes Trommeln vernehmen. Seine Rufreihe beginnt ähnlich der des Grünspechtes, wird aber zum Schluß langsamer und klingt mit einzelnen absinkenden Tönen aus.

## 4 Wendehals
*Jynx torquilla*

L 16 cm > Sperling Apr.–Sept.

**Kennzeichen:** Gefieder rindenartig gefärbt und gemustert.

**Vorkommen:** Nur regional noch in lichten Wäldern, Parks, Streuobstwiesen, Gärten.

**Wissenswertes:** Der bekannte und vom Volksmund auch politisch verwandte Name nimmt auf die langsamen, schlangenartigen Kopfbewegungen Bezug, die bei der Balz und beim Drohen ausgeführt werden. Obwohl Erscheinungsbild und Lebensweise den Wendehals eher kleineren Singvögeln ähneln lassen, weisen ihn Füße und Stützschwanz als Specht aus. Nahrung sucht er allerdings vorwiegend am Boden; Ameisen spielen bei ihm wie bei den „Erdspechten" eine wichtige Rolle. Seine Nisthöhle fertigt er nicht selber an. Er greift immer auf Specht- oder andere Baumhöhlen, nicht selten auch auf künstliche Nisthöhlen zurück, deren Flugloch einen Durchmesser zwischen 4 und 5 cm haben sollte. Nachdem der Wendehals in der Mitte unseres Jahrhunderts noch einmal häufiger wurde, geht der Bestand seit etwa 1955 immer weiter zurück.

1a

1b

2a

2b

3

4

## 1 Uhu
*Bubo bubo*

L 68 cm >> Bussard Jan.–Dez.

**Kennzeichen:** Größte Eulenart; Eulengesicht und Federohren.

**Vorkommen:** Lokal in den Alpen und den Mittelgebirgen; zum Teil Restbestände, zum Teil erfolgreiche Wiederansiedlung; in struktur- und nahrungsreichen Landschaften, möglichst mit Felsen als Brutplatz.

**Wissenswertes:** Sowohl der deutsche als auch der wissenschaftliche Name beschreiben die monotonen, nicht besonders lauten Rufreihen des Uhus, des Inbegriffs der Nachtvögel in Märchen und gruseligen Geschichten. Teils im vorigen, teils in der ersten Hälfte unseres Jahrhunderts ausgerottet, ist er dank Schutz und Wiedereinbürgerung seit den 70er Jahren wieder auf dem Vormarsch. Drähte und Straßenverkehr kosten leider vielen Uhus das Leben. Andere moderne Einrichtungen wie z.B. große Mülldeponien mit ihren Ratten und großen Vogelschwärmen bescheren ihm einen reich gedeckten Tisch. Früher nutzte man in Gefangenschaft gehaltene Uhus für die Hüttenjagd, bei der Krähen- und Greifvögel aus einer Hütte heraus geschossen wurden, wenn sie den davor frei sitzenden „Hütten-Uhu“ attackierten.

## 2 Waldohreule
*Asio otus*

L 35 cm ~ Taube Jan.–Dez.

**Kennzeichen:** Eine mittelgroße Eulenart mit langen, dunklen, bei Erregung aufgerichteten Federohren; einzelne dumpfe Rufe „Huh“ im Abstand von 4–5 Sekunden.

**Vorkommen:** Verbreitet in der mit Wald durchsetzten Kulturlandschaft; außerhalb der Brutzeit gelegentlich in kleinen Trupps auch in Parks und auf Friedhöfen.

**Wissenswertes:** Je nach Dichte des Mäusebestandes tritt auch die Waldohreule mehr oder weniger zahlreich auf. Allerdings stehen neben Mäusen auch Vögel und Insekten auf ihrer Speisekarte. Die Jungen verlassen ihr Nest in der Regel schon lange, bevor sie wirklich flügge werden (**2b**). Tags ruht die Waldohreule – manchmal frei, meistens in Stammnähe – stramm aufrecht stehend in niedrigen Nadelbäumen. Im Winter bilden sich oft Schlafgemeinschaften mit 20, 30 und auch noch mehr Waldohreulen, die man aus nächster Nähe beobachten kann. Am Nest kann die Eule auch dem Menschen gegenüber sehr aggressiv reagieren.

## 3 Sumpfohreule
*Asio flammeus*

L 38 cm >> Taube Jan.–Dez.

**Kennzeichen:** Gefieder mehr gelbbraun; Bauch deutlich heller als die Brust; weniger gut erkennbare Federohren; häufig am Boden sitzend.

**Vorkommen:** Nur sehr punktuell in offenen Heide-, Dünen-, Moor- und Sumpflandschaften; vor allem im Norden.

**Wissenswertes:** Am weihenartigen Flug (**3b**) dicht über dem Boden im offenen Gelände ist die oft schon tags und in der Dämmerung aktive Sumpf- von der Waldohreule trotz äußerlicher Ähnlichkeiten gut zu unterscheiden. Ihr Nest hat sie in der Bodenvegetation, wo sie sich zu Fuß und mit Flugsprüngen recht gewandt zu bewegen vermag. Sowohl ihr Brutbestand (in Mitteleuropa auch in guten Jahren keine 1000 Paare) als auch ihre winterlichen Einflüge sind je nach Nahrungs-, d.h. Mäuseangebot, von Jahr zu Jahr sehr unterschiedlich groß.

## 4 Zwergohreule
*Otus scops*

L 19 cm < Star Apr.–Okt.

**Kennzeichen:** Kleinste Eule mit deutlichen Federohren; Gefieder graubraun marmoriert.

**Vorkommen:** Gärten, Parks, Obstwiesen; vor allem im Süden und Südosten; selten.

**Wissenswertes:** Diese vergleichsweise sehr kleine Eule ist ein ausgeprägter Zugvogel, der in der afrikanischen Savanne überwintert. Ihre Hauptnahrung sind größere Insekten, d.h. Käfer, Heuschrecken und Schmetterlinge, die in südlichen, wärmeren Landschaften häufig sind. Darauf dürfte zurückzuführen sein, daß die Zwergohreule bereits im südlichen Mitteleuropa die Nordgrenze ihrer Verbreitung erreicht.

1a

1b

2a

2b

3a

3b

4

## 1 Schleiereule
*Tyto alba*

L 34 cm ~ Taube Jan.–Dez.

**Kennzeichen:** Helles Gefieder; herzförmiges Gesicht.

**Vorkommen:** Nur noch verstreut in Dörfern mit geeigneten Gebäuden als Brutplatz und strukturreichen, offenen Flächen als Jagdgebiet.

**Wissenswertes:** Kirchtürme einerseits und Dachböden von Bauernhöfen und Scheunen andererseits sind die bevorzugten Brutplätze und Aufenthaltsorte der Schleiereule während des Tages. Jagdmöglichkeit auf Tennen und in Scheunen ist bei längerwährender Schneelage für die ursprünglich nur weiter südlich verbreitete Art Voraussetzung zum Überleben (**1b**). Weil immer mehr Türme und Böden abgedichtet werden, gerät die Schleiereule zunehmend in Bedrängnis. Bauern und Küster können effektiven Artenschutz betreiben, wenn sie die „Ulenfluchten" geöffnet halten oder auf Böden große Nistkästen anbringen. In den dunkelsten Nächten spüren Schleiereulen die ihnen als Hauptnahrung dienenden Mäuse übrigens nach deren Stimmen auf.

## 2 Waldkauz
*Stryx aluco*

L 38 cm ≫ Taube Jan.–Dez.

**Kennzeichen:** Großer, runder Kopf ohne Federohren; grau- oder rotbraunes Gefieder mit Streifen oder Flecken; Ruf „ki-wick".

**Vorkommen:** Vor allem in Altholzbeständen, auch in größeren Gärten und Parks; häufig.

**Wissenswertes:** Der klangvoll okarinaartige Balzgesang, der mit „huuh" beginnt und nach einer deutlichen Pause mit einem Tremolo endet, ist in Film und Fernsehen das bevorzugte Begleitgeräusch für nächtliche, spannungsgeladene Szenen. Auch weil der Waldkauz die häufigste heimische Eulenart ist, dürfte seine Strophe bekannter sein als die anderen Eulenstimmen. Der Waldkauz ist unter den Eulen der vielseitigste Jäger, dessen Speiseplan sich nicht nur auf Mäuse beschränkt, sondern auch Säuger bis Eichhorn- und Vögel bis Krähengröße mit einschließt. Er kann Vögel im Flug schlagen, Nester von Höhlenbrütern plündern und vereinzelt sogar Amphibien aus dem Wasser holen. Der Waldkauz brütet in Baumhöhlen, in die er sich meistens auch tagsüber zurückzieht. Auf diese Weise entgeht er am sichersten dem unentwegten Warnen und auch den Attacken mancher Singvögel, die ihn sofort verraten, wenn sie ihn tags nahe am Stamm auf einem Zweig sitzend entdekken.

## 3 Steinkauz
*Athene noctua*

L 23 cm < Star Jan.–Dez.

**Kennzeichen:** Klein und rundlich wirkend; Rückengefieder gefleckt; dunkle Streifen unmittelbar über den Augen.

**Vorkommen:** Dorfränder, vor allem Niederungen mit kopfbaumbestandenem Grünland; nur noch stellenweise verbreitet.

**Wissenswertes:** Wer etwas für den Schutz der stark gefährdeten Steinkäuze tun will, der sollte Kopfbäume erhalten und vermehren, vor allem in Bachtälern und an Wiesen und Weiden. Aber auch in den Höhlen alter Obstbäume bezieht der kleine Kauz gern sein Quartier. Wo Mangel an Naturhöhlen besteht, nimmt er auch die ihm von Vogelschützern angebotenen Spezialnistkästen an. Der Steinkauz sitzt häufiger auch tags und relativ früh in der Abenddämmerung vor seiner Bruthöhle. Wenn er sich beunruhigt fühlt, knickst er wie ein Rotkehlchen, um schließlich niedrig über dem Boden wellenförmig ein Stück weiterzufliegen. Auf seiner Speisekarte stehen neben Mäusen auch Insekten und Schnecken.

## 4 Rauhfußkauz
*Aegolius funereus*

L 26 cm ~ Amsel Jan.–Dez.

**Kennzeichen:** Gegenüber dem Steinkauz größerer Kopf und helleres Gesicht.

**Vorkommen:** In den Alpen und inselartig in den Mittelgebirgen; vor allem in Fichtenwäldern; nur regional verbreitet.

**Wissenswertes:** Heute sind mehr Brutplätze dieser Art bekannt als noch vor wenigen Jahren. Das kann auf intensivere Nachforschung, aber auch auf ein gezieltes Angebot an Nistkästen zurückzuführen sein.

1a

1b

2a

2b

3

4

Die meisten **Reptilien** bevorzugen die sonnig-warmen Teile der Erde. Von den weltweit 5500 Arten kommen nur knapp 5 % in Europa vor, wo die Artenzahl von den Mittelmeerländern nordwärts weiter rapide schrumpft. In Mitteleuropa bleibt noch ein gutes Dutzend übrig mit Schwerpunkt in der wärmeren Hälfte, d.h. südlich des Mains. Offene Biotope mit nährstoffarmen, nur extensiv genutzten Böden beheimaten die meisten Reptilienarten. Gerade sie aber verändern sich rasch bei intensiverer landwirtschaftlicher Nutzung oder Aufforstung. Kein Wunder, daß die Reptilien überall in Mitteleuropa auf dem Rückzug sind!

## 1 Waldeidechse
*Lacerta vivipara*

L bis 16 cm März–Okt.

**Kennzeichen:** Braun mit hellen und dunklen Flecken und Streifen; kleinste heimische Eidechsenart.

**Vorkommen:** Abweichend von den oben beschriebenen Ansprüchen in sehr unterschiedlichen, auch in feuchteren Biotopen heimisch; nordwärts bis zum Polarkreis.

**Wissenswertes:** Nur die auch als Berg- und Mooreidechse bekannte Waldeidechse und die Kreuzotter besiedeln derart kühle und feuchte Lebensräume. Beiden gemeinsam ist, daß sie Junge gebären, die sich gleich bei der Geburt der Eihülle entledigen und wie verkleinerte Abbilder der Älteren erscheinen.

## 2 Zauneidechse
*Lacerta agilis*

L –22 cm März–Okt.

**Vorkommen:** In Mitteleuropa weit verbreitet; besiedelt die unterschiedlichsten Lebensräume, als Kulturfolger in Parks und Gärten.

**Kennzeichen:** Relativ plump und kurzschwänzig; Männchen (**2a**) lebhaft grün, Weibchen (**2b**) braun mit schwarzen Flecken; dunklerer Bereich längs der Rückenlinie.

**Wissenswertes:** Wie die meisten Reptilien läßt auch die Zauneidechse die in lockeren Boden abgelegten, mit einer Kalkschale umhüllten Eier (5–14) von der Sonne bebrüten. Je nach Bodenart und Witterung schlüpfen die Jungen nach 8–10 Wochen.

## 3 Mauereidechse
*Lacerta muralis*

L –19 cm März–Okt.

**Kennzeichen:** Schlank; spitz auslaufender Schwanz; bräunliche oder graue Grundfärbung; sehr variabel.

**Vorkommen:** Nur noch an wenigen besonders warmen Orten Süddeutschlands; Gesteinsfluren, Weinberge, Steinbrüche; in Südeuropa auch an Hauswänden (Name).

**Wissenswertes:** Die Art stellt sehr spezielle Ansprüche an ihren Lebensraum. In Deutschland ist sie stark gefährdet.

## 4 Smaragdeidechse
*Lacerta viridis*

L –40 cm März–Okt.

**Kennzeichen:** Größe; grüne Grundfärbung.

**Vorkommen:** In Mitteleuropa vor allem im Oberrheingraben; steinige Offenbiotope.

**Wissenswertes:** Die Art ist in nacheiszeitlichen Wärmezeiten nordwärts bis in die Mark Brandenburg vorgedrungen. Die Vorkommen in den einzelnen Wärmeinseln aber sind inzwischen fast alle wieder erloschen. Die Smaragdeidechse ist die größte und schönste Eidechsenart Mitteleuropas, zugleich aber auch die flinkeste und scheueste. In der Paarungszeit sind die Kehle und die Kopfseiten des Männchens blau getönt. Der Schwanz ist oft mehr als doppelt so lang wie der Kopf und Rumpf zusammen.

## 5 Blindschleiche
*Anguis fragilis*

L –50 cm Febr.–Okt.

**Kennzeichen:** Graubraun, oft metallisch glänzend; schlangenähnliche Gestalt.

**Vorkommen:** In ganz Mitteleuropa verbreitet; auf sonnigen Lichtungen und in Säumen von Hecken und Gebüschen.

**Wissenswertes:** Diese beinlose Echse unterscheidet sich von Schlangen durch ihre glatten, glänzenden Schuppen und die beweglichen Augenlider. Wie andere Eidechsen vermag sie ihren Schwanz beim Zugriff eines Feindes abzuwerfen; er regeneriert, aber erreicht selten die alte Stärke und Form.

1
2a
3
2b
4
5

## 1 Rotwangenschildkröte
*Pseudemys scripta*

L –25 cm März–Okt.

**Kennzeichen:** Dunkelbraun bis oliv gefärbt; rote Flecken hinter den Augen (Name!); gelbe Streifen am Kopf.

**Vorkommen:** In Gewässern der Städte und Ballungsräume; meistens nur vorübergehend eingebürgert; ursprünglich in Nordamerika beheimatet.

**Wissenswertes:** Diese Art wäre schon längst ein fester und häufiger Bestandteil der mitteleuropäischen Fauna, wenn sie sich unter den hier herrschenden Verhältnissen in Freiheit vermehren könnte. Das scheint nicht der Fall zu sein! So handelt es sich bei den Rotwangenschildkröten, die man in Teichen und Weihern sieht, wohl durchweg um Tiere, die in Zoogeschäften gekauft und von „Tierfreunden" kürzere oder längere Zeit gehalten wurden. Als man schließlich ihrer überdrüssig war, entledigte man sich ihrer kurzerhand am nächsten Gewässer.

## 2 Europäische Sumpfschildkröte
*Emys orbicularis*

L –40 cm Apr.–Okt.

**Kennzeichen:** Dunkelbraune Grundfärbung; kleine hellere Flecken.

**Vorkommen:** An stehenden Gewässern unterschiedlicher Art; ursprünglich wohl nur an Altarmen, Seen und Teichen im Süden; heute durch Aussetzung auch an vielen anderen Orten, auch im Norden. Die Sumpfschildkröte trägt an Fingern und Zehen Schwimmhäute. Ihr Schwanz ist halb bis zwei Drittel so lang wie der Panzer.

**Wissenswertes:** „Schildkrötenstraßen" verraten die Gegenwart dieser Art an einem Gewässer. Sie kommen dadurch zustande, daß die Tiere ihre Sonnenplätze immer wieder auf demselben Wege ansteuern. Die freilebenden Schildkröten sind sehr umsichtig und scheu. Sie fliehen vor dem Menschen schon auf große Entfernung und bleiben minutenlang untergetaucht. An sonnigen Stellen legt das Weibchen seine 3–12 Eier in eine bis zu 10 cm tiefe Grube. Je nach Witterung dauert es bis zu 100 Tage, bis die Jungen schlüpfen.

## 3 Kreuzotter
*Vipera berus*

L –80 cm März–Okt.

**Kennzeichen:** Dunkles Zickzackband (Kreuzmuster, Name!) auf dem Rücken.

**Vorkommen:** Ähnlich wie Waldeidechse; vor allem in Heide- und Moorgebieten im Norden; nordwärts bis zum Polarkreis, in den Alpen bis zur Baumgrenze.

**Wissenswertes:** Die Kreuzotter, die einzige heimische Giftschlange, ist eine der Ursachen für die Schlangenfurcht vieler Menschen, auch jener, die sie niemals zu Gesicht bekamen. Eigentlich ist sie Einzelgängerin, doch den Winter können zahlreiche Tiere in Erdhöhlen oder unter Stubben oder Reisig dicht gedrängt gemeinsam verbringen. Wie alle wechselwarmen Tiere fallen die Kreuzottern in eine Winterstarre. Als Beute dienen ihnen vor allem Mäuse, seltener Frösche und Eidechsen. Das ihnen mit dem Biß injizierte Gift führt in Minutenschnelle zum Herzstillstand. Das Beutetier wird als Ganzes mit dem Kopf voran verschlungen. Auf Menschen wirkt der Biß nicht unbedingt tödlich, doch ist schnelle ärztliche Hilfe in jedem Falle wichtig! Verfolgung und Tötung von Kreuzottern sind unsinnig und obendrein gesetzeswidrig.

## 4 Aspisviper
*Vipera aspis*

L –80 cm Apr.–Okt.

**Kennzeichen:** Gedrungener Körper; stärker abgesetzter Kopf; kontrastreiche, aber sehr variable Färbung.

**Vorkommen:** Früher im südlichen Schwarzwald; ansonsten in Südwest-Europa; gern auf sonnigen Felsen und Gesteinshalden.

**Wissenswertes:** Die Art ist neben der Kreuzotter die zweite Giftschlange in Mitteleuropa, die für den Menschen gefährlich werden kann. Die Aspisviper gilt allerdings als ziemlich träge und als weniger angriffslustig. Sie ist sowohl tags als auch nachts aktiv und ernährt sich vorzugsweise von Mäusen und Eidechsen. Der Name „Viper" (von lat. vivipara) kennzeichnet sie als lebendgebärende Schlangenart, die meistens zwischen 4 und 16 Junge zur Welt bringt.

1a

2

1b

3a

3b

4a

4b

## 1 Ringelnatter
*Natrix natrix*

L –150 cm März–Okt.

**Kennzeichen:** Eine große, dunkle Schlange mit zwei gelben sichelförmigen Nackenflekken, als „Mondflecken" bezeichnet; bei der westlichen Unterart (Barrenringelnatter) weiße oder auch keine Mondflecken.

**Vorkommen:** In ganz Europa bis Mitte Skandinavien; unterschiedliche Biotope, vor allem Bruchwiesen und Auenwälder; häufigste Schlangenart in Deutschland.

**Wissenswertes:** Alle vier auf dieser Seite behandelten Nattern sind für den Menschen harmlos. Der Name „Natter" geht auf das lateinische „natrix" (Wasserschlange) zurück. Die Ringelnatter ist in der Tat eng an das Wasser gebunden und eine gute Schwimmerin. Auf ihrer Beuteliste stehen Fische, Frösche und Molche oben an. Zum „Aufheizen" sucht sie regelmäßig bestimmte Sonnenplätze auf. Das Weibchen legt meistens um die 20 Eier tief in verrottendes Pflanzenmaterial und nutzt dabei die Wärme von Kompost- und Laub-, sogar von Mist- und Sägemehlhaufen. Die Ringelnatter flieht vor dem Menschen. In die Enge getrieben zischt sie und scheidet ein stinkendes Sekret aus; manchmal stellt sie sich auch tot.

## 2 Würfelnatter
*Natrix tessellata*

L –100 cm Apr.–Sept.

**Kennzeichen:** Grundfarbe grau oder braun; auf dem Rücken dunklere würfelartige Flekken (Name!).

**Vorkommen:** In Deutschland nur an klimatisch günstigen Orten am Mittelrhein mit seinen Zuflüssen, an der Donau bei Passau und an der Elbe bei Meißen; immer an Gewässern; sehr selten und vom Aussterben bedroht; in Südeuropa jedoch häufig.

**Wissenswertes:** Noch stärker an das Wasser gebunden als die Ringel- ist die Würfelnatter, die nur selten einmal außerhalb des Wassers angetroffen und deshalb auch „Seeschlange" genannt wird. Sie lauert im Wasser auf Beute, indem sie nur die weit vorn liegenden Nasenöffnungen und Augen über die Wasserlinie streckt. Weil sie – ohnehin schon auf Wärmeinseln begrenzt – besonders naturnahe Gewässerabschnitte beansprucht, ist ihre Zukunft in Mitteleuropa höchst ungewiß.

## 3 Schlingnatter
*Coronella austriaca*

L –70 cm Apr.–Okt.

**Kennzeichen:** Geringe Größe; Männchen oberseits braun, Weibchen grau; glatte Schuppen („Glattnatter"); dunkle Längsstreifen am Kopf; dunkler Nackenfleck.

**Vorkommen:** Weiter verbreitet, am häufigsten im Rhein–Main-Gebiet; vor allem an warmen, südexponierten Hängen mit einem Wechsel von Gebüsch und gebüschfreien Flächen; Waldränder und Säume.

**Wissenswertes:** Die Schlingnatter gehört wie die Kreuzotter, die Blindschleiche und die Waldeidechse zu den lebendgebärenden Reptilien. Sie flieht vor dem Menschen meistens nicht, sondern verharrt regungslos. Gegen das Ergreifen wehrt sie sich mit schmerzhaften, aber völlig ungefährlichen Bissen. Ihr Name nimmt auf eine Jagdmethode Bezug, bei der die Beutetiere mit dem Maul gepackt und durch Umschlingen mit dem Körper getötet werden.

## 4 Äskulapnatter
*Elaphe longissima*

L –160 cm Apr.–Sept.

**Kennzeichen:** Größte Schlangenart Mitteleuropas; schlank; oberseits braune Schuppen; unterseits rahmfarben.

**Vorkommen:** In Deutschland nur bei Schlangenbad im Taunus, im südlichen Odenwald, bei Lörrach und bei Passau.

**Wissenswertes:** Mäuse und Jungvögel werden durch Umschlingen getötet. Die Äskulapnatter klettert geschickt in Bäumen und Sträuchern. Sie ist die heilige Schlange, das Symboltier des Äskulap, des Gottes der Heilkunst. In diesem Zusammenhang begegnet sie uns auch heute noch – sich dekorativ um einen Stab windend. Nach Ansicht anderer Forscher soll es sich dabei nicht um die Äskulapnatter, sondern um den parasitischen Medinawurm handeln.

1a

1b

1c

2a

2b

3

4

Die **Schwanzlurche** haben wie alle Lurche eine schuppenfreie, drüsig-feuchte Haut. Die sechs in Mitteleuropa heimischen Arten gehören allesamt zur Familie „Molche und Salamander" (*Salamandridae*). Während bei den 4 Molcharten der Schwanz seitlich abgeflacht ist, sind bei den beiden Salamanderarten Körper und Schwanz drehrund.

## 1 Teichmolch
*Triturus vulgaris*

L –11 cm Febr.–Nov.

**Kennzeichen:** Auf der hell- bis orangegelben Bauchseite beim Männchen (**1b**) größere runde, schwärzliche Flecken, beim Weibchen kleinere, bandartig angeordnete Tüpfel.

**Vorkommen:** Am weitesten verbreitete heimische Molchart; Gewässer aller Art, vor allem kleine und flache.

**Wissenswertes:** Voraussetzung dafür, daß der Teichmolch ein Gewässer zum Laichen nutzt, sind Unterwasserpflanzen, an deren Blättern die 100–200 Eier abgelegt werden. Bis um die Juni–Juli-Wende haben die erwachsenen Tiere meistens die Gewässer verlassen (**1c**); ein Teil allerdings überwintert auch dort. In neu angelegten Gartenteichen ist der Teichmolch oft einer der ersten Neusiedler. Selbst in wassergefüllten Radspuren auf Waldwegen ist er im Frühling und Frühsommer ziemlich regelmäßig anzutreffen.

## 2 Bergmolch
*Triturus alpestris*

L –12 cm Febr.–Nov.

**Kennzeichen:** Bauchseite orangerot bis gelb; nur im Übergangsbereich zwischen Bauch und Rücken und im Kehlbereich kleine dunkle Flecken.

**Vorkommen:** Die häufigste Molchart in Mitteleuropa; anspruchsloser Nutzer selbst kleinster Gewässer, stärker als der Teichmolch auch im Bergland verbreitet; gern in kühleren Waldweihern.

**Wissenswertes:** Ab Juni sind Bergmolche oft mehrere hundert Meter weit von ihren Laichgewässern entfernt anzutreffen. Hier erbeuten sie Insekten und kleine Würmer, während sie zuvor überwiegend von Wasserflöhen und Mückenlarven lebten. Den Winter verbringen sie an frostgeschützten Orten unter Laub oder Baumstubben, in Erdhöhlen und manchmal auch im Schlamm auf dem Grund von Gewässern.

## 3 Kammolch
*Triturus cristatus*

L –16 cm Febr.–Nov.

**Kennzeichen:** Größe; dunkelbraune Färbung; schwarze Flecken; Männchen (**3a**) zeitweilig mit einem kammartigen Hautsaum über Rücken und Schwanz (Name!).

**Vorkommen:** Trotz weiter Verbreitung die seltenste heimische Molchart; stärker besonnte, wärmere Gewässer, die mindestens 50–100 cm tief sind; vor allem im Flachland.

**Wissenswertes:** Im Gegensatz zu den anderen Molcharten, die auch in kühleren und stärker beschatteten Gewässern bewaldeter und daher weniger chemiebelasteter Landstriche laichen, ist der Kammolch auf die offene Landschaft angewiesen. Seine Laichplätze liegen meist weiter voneinander entfernt. Jeder Verlust eines Laichgewässers wiegt daher beim Kammolch besonders schwer. Nur intensiver Schutz des Lebensraumes und des Wassers vor dem Eintrag von Bioziden und verschiedenen anderen Fremdstoffen kann den Fortbestand unserer stattlichsten Molchart auf Dauer gewährleisten.

## 4 Fadenmolch
*Triturus helveticus*

L –9 cm Febr.–Nov.

**Kennzeichen:** Bauchseite mit einer ungefleckten gelben Mittelzone und weißlichen Seiten; beim Männchen Schwanz fadenförmig verlängert (Name!).

**Vorkommen:** Im westlichen Mitteleuropa; vor allem in den Mittelgebirgen, nur selten im Flachland.

**Wissenswertes:** Dieser kleinste heimische Molch tritt häufig zusammen mit dem Bergmolch in kühlen Quellmulden und beschatteten Waldtümpeln auf. Sein Bestand ist offenbar gesichert. Wie alle Molche legt auch der Fadenmolch seine zahlreichen Eier einzeln an Wasserpflanzen ab.

1a

1b

1c

2

3b

3a

4

## 1 Feuersalamander
*Salamandra salamandra*

L –20 cm Febr.–Nov.

**Kennzeichen:** Schwarz-gelb gefleckt oder längs gestreift; größte und auffälligste heimische Lurchart.

**Vorkommen:** Weit verbreitet, vor allem in den Mittelgebirgen; in quellen- und bachreichen Laubwaldgebieten.

**Wissenswertes:** Feuersalamander sind individuell erkennbar, weil das Fleckenmuster keines Tieres vollständig dem eines anderen gleicht. Auch bleibt das Muster trotz der Häutungen lebenslang unverändert. So konnte man die Größe des Jahreslebensraumes und das mit über 20 Jahren enorm hohe Lebensalter einzelner Tiere ermitteln. Für den Salamander selbst ist die auffällige Färbung bedeutsam, weil sie es seinen Feinden erleichtert, aus unangenehmen Erfahrungen mit derart gefärbten Tieren zu lernen. Das Hautsekret verdirbt den Verfolgern den Appetit und verursacht nach Berührung auch beim Menschen – vor allem an den Schleimhäuten – starke Reizung. Von März bis Mai setzen die Weibchen bereits aus dem Ei geschlüpfte, ca. 3 cm lange Larven in das kühle Wasser kleiner Bäche und Waldtümpel. Nur bei Regen nach längerer Trockenperiode ist das sonst nur nachts aktive „Regenmännchen“ auch noch morgens unterwegs.

## 2 Alpensalamander
*Salamandra atra*

L –15 cm Mai–Sept.

**Kennzeichen:** Ein schwarzer Salamander.

**Vorkommen:** In den Alpen; von hochgelegenen Berglaubwäldern bis zu Geröllhalden und Matten zwischen 2500 und 3000 m.

**Wissenswertes:** An die Bedingungen seines alpinen Lebensraumes ist der Alpensalamander in höchst bewundernswerter Weise angepaßt. Er ist nicht nur wie mehrere andere Lurche lebendgebärend (vivipar), sondern bringt sogar statt einer größeren Zahl ans Wasser gebundener Larven 2 (!) fast 5 cm lange, sofort an Land aktive Jungtiere zur Welt. Sie atmen wie die Erwachsenen sofort mit Hilfe ihrer Lungen und sind dadurch vom Wasser völlig unabhängig. Eine größere Zahl zuvor mit Kiemen ausgestatteter Larven wird dafür schon in frühem Entwicklungsstadium im Mutterleib resorbiert. Angesichts der niedrigen Wassertemperatur und der häufig reißend schnellen Wasserbewegung ist die vorgeburtliche Weiterentwicklung der Larven zu fertigen Jungtieren eine entscheidende Voraussetzung für die Besiedlung dieses extremen Lebensraumes.

## 3 Gelbbauchunke
*Bombina variegata*

L –5 cm Apr.–Sept.

**Kennzeichen:** Geringe Größe; oberseits bräunlich, unterseits gelb mit blauschwarzen Flecken.

**Vorkommen:** Weit verstreute Populationen zumeist in Sekundärbiotopen wie Steinbrüchen, Sand-, Kies- und Tongruben mit flachen, vegetationsarmen Gewässern.

**Wissenswertes:** Die Art hält sich überwiegend im Wasser auf und kann deshalb von Austrocknung ungefährdet tagaktiv sein. An Land nimmt sie bei Gefahr eine Schreckstellung ein, bei der die Schockfarbe der Bauchseite sichtbar ist. Als Laichbiotop werden auch kleinste Wasseransammlungen genutzt.

## 4 Rotbauchunke
*Bombina bombina*

L –5 cm Apr.–Sept.

**Kennzeichen:** Im Gegensatz zur vorigen Art Bauch meistens rot-schwarz gefleckt mit höherem Schwarzanteil; Übergänge zwischen beiden Arten.

**Vorkommen:** Im Gegensatz zur Gelbbauchunke (Berglandunke) vorzugsweise im Tiefland; in ähnlichen Biotopen; ebenfalls nur noch Einzelvorkommen.

**Wissenswertes:** Die Stimme dieser Art ist lauter als die ihrer Verwandten, im Klang und in der Tonfolge aber ähnlich. Der Name „Unke“ wird leicht mit den im Sekundenintervall vernehmbaren „ung-ung-ung“-Rufen in Zusammenhang gebracht, wird aber im Althochdeutschen für „Schlange“ verwandt und hat offensichtlich einen Bedeutungswandel durchgemacht.

1a

2

1b

3a

3b

3c

4

## 1 Geburtshelferkröte
*Alytes obstetricans*

L –4,5 cm März–Okt.
**Kennzeichen:** Geringe Größe; graubraune Grundfärbung; meistens mit dunkleren Flekken und rötlich getönten kleinen Warzen.
**Vorkommen:** Nur im Westen; gebietsweise recht zahlreich; vor allem in Steinbrüchen und Abgrabungen mit Flachgewässern und möglichst dicht benachbartem Gestein, Schotter, Fels- oder Mauerritzen.
**Wissenswertes:** Dieser kleinste heimische Froschlurch ist mit den Unken verwandt (Scheibenzüngler). Bekannt ist vor allem sein Ruf, der an den Klang eines mit dem Fingernagel angezupften Weinglases oder auch fernen Glockengeläuts („Glockenfrosch") erinnert. Der in Mauerfugen oder unter Steinen verborgene Rufer („Steinklinke") ist danach nur schwer zu orten. So bekommt man die nachtaktive Art nur selten zu Gesicht. – Der Name „Geburtshelferkröte" verweist auf die hochentwickelte Brutfürsorge dieses ausgeprägten Landbewohners. Selbst die Paarung vollzieht sich auf dem Lande. Dabei umklammert das Männchen das Weibchen zunächst in der Lendengegend, später weiter vorn, ja am Hals. Die aus der Kloake austretenden Laichschnüre mit meistens nur 20–50 Eiern legt sich das Männchen um die Hinterbeine und trägt sie 2–3 Wochen lang an Land mit sich umher. Erst kurz vor dem Schlüpfen der Larven sucht das Männchen das Wasser auf. Auf diese Weise ist der Laich optimal gegen Freßfeinde und sich ungünstig verändernde Umweltbedingungen geschützt. Die Weibchen setzen mehrmals im Laufe des Sommers Laichschnüre ab; die Paarungsrufe erklingen 3–4 Monate lang.

## 2 Knoblauchkröte
*Pelobates fuscus*

L –8 cm Apr.–Sept.
**Kennzeichen:** Oberseits hellbraune bis grünlich graue Grundfärbung; mit großen olivbraunen Flecken von individuell unterschiedlicher Ausdehnung und Verteilung.
**Vorkommen:** Nur regional in Sandgebieten des Flachlandes; in Dünen und Heidelandschaften, auch auf Kulturland, soweit Laichgewässer vorhanden.
**Wissenswertes:** Die Art ist recht scheu, lebt heimlich und nachtaktiv. Sie kann sich auf lockerem Boden schnell und manchmal bis zu 1 m tief eingraben (**2b**). Das erfolgt rückwärts mit Hilfe der Grabschaufeln an den Hinterfüßen. Wenn die Knoblauchkröte verfolgt wird, scheidet sie über die Haut ein knoblauchähnlich riechendes Sekret aus (Name!), bläht sich auf, erhebt sich auch manchmal auf die Hinterbeine und versucht ihren Verfolger anzuspringen. In das Wasser begibt sie sich nur zur Paarung.

## 3 Laubfrosch
*Hyla arborea*

L –5 cm März–Sept.
**Kennzeichen:** Kräftig grüne Färbung, die sich rasch in gelbliche, bräunliche oder graue Töne verwandeln kann; schwarzer Streifen von der Flanke zum Auge.
**Vorkommen:** Ursprünglich weit verbreitet, heute mit großen Verbreitungslücken; Waldränder, Gebüsche, Feuchtwiesen und Sümpfe.
**Wissenswertes:** Der Laubfrosch klettert als einzige heimische Lurchart geschickt an Hochstauden, Sträuchern und Bäumen empor und sitzt oft – farblich hervorragend angepaßt – kaum auffindbar auf Zweigen und Laub (Name!). Mit Haftscheiben an den Zehen kann er selbst auf der glattesten Unterlage senkrecht emporklettern. Von April bis Juni vernimmt man jeweils in der ersten Nachthälfte das kräftige „äpp äpp äpp ..." der Männchen, die sich in dieser Zeit in der Nähe der Laichgewässer aufhalten. Danach können sie sich mehrere hundert Meter weit davon entfernen. Die Weibchen setzen bis zu 10 kleine Laichklumpen ab, die in etwa die Form und die Größe einer Walnuß haben und jeweils um die 25 Eier beinhalten. Je Weibchen ist somit nur mit etwa 150–300 Eiern zu rechnen. – Die Zeiten, da Kinder Laubfrösche als Wetterpropheten in Einmachgläsern hielten, sind inzwischen vorbei: Einmal aus Gründen des Tierschutzes; zum anderen wegen des starken Rückgangs der Art, die heute strengen gesetzlichen Schutz genießt.

1

2a

3a

2b

3c

3b

3d

## 1 Erdkröte
*Bufo bufo*

L ♂ 8 cm, ♀ 14 cm März–Okt.

**Kennzeichen:** Oberseite in verschiedenen Brauntönen; Haut besonders warzig; große, nahezu halbmondförmige Drüsen über dem Ohrbereich.

**Vorkommen:** Räumlich und ökologisch weit verbreitet; auch in der Kulturlandschaft, sofern Teiche, Weiher, Gräben usw. vorhanden sind; häufigste Krötenart.

**Wissenswertes:** Die 3 auf dieser Seite behandelten Echten Kröten der Gattung *Bufo* unterscheiden sich von den Fröschen und der Knoblauchkröte durch die warzenförmigen Erhebungen auf ihrer Haut und von den Scheibenzünglern durch ihre querliegende spaltförmige Pupille. Die Erdkröte ist jedem Autofahrer schon einmal begegnet, zumindest auf den Warnschildern „Krötenwanderung“ oder plattgefahren auf dem Asphalt. Neben der Verfüllung und Vergiftung von Gewässern stellt das dichte mitteleuropäische Straßennetz die größte Gefahr für die Erdkröte dar. Daß die Art bislang überlebt hat und noch immer recht häufig ist, verdanken wir außer deren Anspruchslosigkeit auch den verschiedenen Krötenschutzmaßnahmen: den Krötenzäunen, manchem Krötentunnel, vor allem aber den unermüdlichen Helfern, die die Kröten einsammeln und über die Straßen bringen. Erdkröten sind extrem ortstreu. Sie können sich zwar bis zu 4 km von ihrem Laichgewässer entfernen, kehren aber dennoch zum Ort ihrer Geburt zurück, auch wenn sie dabei viele Gefahren zu überwinden haben. Ab Mitte März verlassen sie ihre Winterverstecke in Erdhöhlen, unter Baumwurzeln und tiefem Laub und wandern zielstrebig auf ihr Laichgewässer zu. Weil die kleineren Männchen (**1c**) 4- bis 6mal zahlreicher sind als die Weibchen, versuchen sie schon unterwegs eine Partnerin zu ergattern. Sie umklammern die Weibchen und lassen sich von ihnen ein Stück des Wegs zum Laichgewässer tragen. Aus den bis 4 m langen und bis zu 6000 Eier bergenden Laichschnüren schlüpfen schwarze Kaulquappen. Sie entwickeln sich zu 1 cm langen Jungkröten, die im Juni oder Juli ihr Laichgewässer verlassen.

## 2 Kreuzkröte
*Bufo calamita*

L –8 cm Apr.–Okt.

**Kennzeichen:** Gelber Längsstreifen auf der Rückenmitte.

**Vorkommen:** Weit verbreitet, mit größeren Verbreitungslücken; auf leichten, vor allem sandigen Böden; Dünen, Sand- und Kiesgruben, Industriebrache.

**Wissenswertes:** Die Kreuzkröte lebt vorzugsweise in warmen, trockenen Biotopen mit lockerer und niedriger Vegetation. Sie hüpft nicht, sondern läuft wie eine Maus. In lockere Böden kann sich die Kreuzkröte überraschend schnell eingraben. In einer selbstgegrabenen Erdhöhle überdauert sie den Winter in einer Kältestarre, aus der sie etwas später erwacht als die Erdkröte. Die Männchen (**2a**) suchen oft nur wenige Zentimeter tiefe Pfützen auf. Ihre knarrenden Rufe sind die lautesten Töne, die heimische Amphibien hervorbringen. Die Paarungszeit der Kreuzkröte beginnt im April und zieht sich manchmal bis in den Sommer hin. Die von den Weibchen oft in nur 10 cm tiefe Wasserlachen abgesetzten 1 bis 2 m langen Laichschnüre können 2000–3000 Eier enthalten. Wenn die Lachen nicht vorzeitig austrocknen, schlüpfen nach 6 bis 7 Wochen die Larven.

## 3 Wechselkröte
*Bufo viridis*

L –9 cm Apr.–Sept.

**Kennzeichen:** Auf hellgrauem Untergrund große grüne Flecken („Grüne Kröte“).

**Vorkommen:** In Mitteleuropa nur regional auf leichten warmen Böden; in Weinbergen und Abgrabungen, vor allem im Südteil; in steppenartigen Landschaften Südosteuropas recht häufig.

**Wissenswertes:** Wie die vorige Art kann sich auch die Wechselkröte rasch eingraben. Anders als diese aber ist sie mit langen Hinterbeinen zu weiten Sprüngen fähig. Ihre Färbung macht sie zu einem der schönsten heimischen Lurche. Überraschend klangvoll ist die Stimme des Männchens (**3b**): ein lautes, hohes Trillern, das mehrere hundert Meter weit vernehmbar ist.

1a

1b

2a

1c

2b

3a

3b

## 1 Grünfrösche

*Rana esculenta* = Wasserfrosch (Teichfrosch), **1a**
*Rana lessonae* = Tümpelfrosch (Kleiner Wasserfrosch), **1b**
*Rana ridibunda* = Seefrosch, **1c,d**

L –15 cm Apr.–Nov.

**Kennzeichen:** Grasgrün bis braungrün mit dunklen Flecken; Schallblasen hinter den Mundwinkeln; Seefrosch bis 15 cm, Wasserfrosch bis 10 cm, Tümpelfrosch bis 7 cm.

**Vorkommen:** Weit verbreitet in vegetationsreichen Teichen, breiten Gräben, Abgrabungsgewässern; der Seefrosch vor allem in Altwassern, Seen und größeren Teichen.

**Wissenswertes:** Erst in neuerer Zeit hat sich herausgestellt, daß der Wasserfrosch ein Kreuzungsprodukt des Seefrosches mit dem Tümpelfrosch ist. Auch heute noch kommt es regelmäßig zur Bastardierung. Deshalb und wegen ihrer Gemeinsamkeiten im Aussehen und in der Lebensweise werden hier die 3 Formen gemeinsam vorgestellt. – Alle 3 Grünfrösche sind eng an Gewässer gebunden, weilen ganzjährig in deren Nähe und fliehen bei Gefahr mit einem Sprung ins Wasser. Nicht selten sieht man sie auf Teich- und Seerosenblättern oder unmittelbar unter der Wasseroberfläche, nur die vorgewölbten Augen über der Wasserlinie. Aus dieser Position können sie vorüberfliegende Insekten mit einem Sprung erbeuten. – Erst relativ spät kommen die Grünfrösche aus dem Schlamm der Gewässer an die Oberfläche. Ab Mai vernimmt man ihre lauten Rufkonzerte. Die Männchen – deutlich kleiner als die Weibchen – bieten mit ihren seitlichen hellgrauen Schallblasen (**1b**, **1d**) einen eindrucksvollen Anblick.

## 2 Grasfrosch

*Rana temporaria*

L –10 cm Febr.–Nov.

**Kennzeichen:** Stumpfer Kopf; unterschiedliche Brauntöne; dunkler Fleck in der Ohrgegend; zusammen mit den beiden folgenden Arten den „Braunfröschen“ zugeordnet.

**Vorkommen:** In kleinsten und größeren Gewässern aller Art; vor allem in Feuchtwiesen, an Gräben, in Laubwaldgebieten, aber auch in Gärten; häufigste Froschart in Mitteleuropa.

**Wissenswertes:** Die Häufigkeit und weite Verbreitung des Grasfrosches dürfen nicht darüber hinwegtäuschen, daß die Bestände auch dieser Art stark geschrumpft sind. Die Ursachen sind vielgestaltig: Austrocknung der Landschaft, Verfüllung und Verschmutzung von Wasserstellen, Vergiftung des Wassers mit Bioziden u.a.m. Schon ab Februar/März – also viel früher als die Grünfrösche – erwacht der Grasfrosch aus seiner Winterstarre. Das Männchen läßt zur Paarungszeit ein vergleichsweise leises, knurrend-grunzendes Quaken vernehmen. Ähnlich wie bei der Erdkröte gibt es beim Grasfrosch viel mehr Männchen als Weibchen und das Bestreben der Männchen, sich frühzeitig ein Weibchen durch Umklammern zu sichern. Nach dem Ablaichen verlassen zuerst die Weibchen, später bis Ende April die Männchen die Laichgewässer, um dann auf dem Land (Name!) unter Umständen kilometerweit umherzustreifen.

## 3 Springfrosch

*Rana dalmatina*

L –8 cm Febr.–Nov.

**Kennzeichen:** Ähnlich dem Grasfrosch, aber spitze Schnauze und sehr lange Hinterbeine.

**Vorkommen:** In Mitteleuropa vor allem im Süden, sonst inselartige Verbreitung; gern in Laubmischwäldern; seltenste Art.

**Wissenswertes:** Mit seinen Hinterbeinen, die länger sind als die von Gras- und Moorfrosch, macht er bis zu 2 m weite Sprünge (Name!).

## 4 Moorfrosch

*Rana arvalis*

L –7 cm März–Nov.

**Kennzeichen:** Ähnlich dem Grasfrosch, aber spitzerer Kopf; Männchen zur Paarungszeit oft hellblau gefärbt.

**Vorkommen:** In nicht zu stark versauerten Mooren und Sümpfen (Name!) sowie den sie umgebenden Feuchtwiesen; nur regional verbreitet.

**Wissenswertes:** Weitere Versauerung der Gewässer durch „sauren Regen“ scheint die Entwicklung des Laichs zu gefährden.

1a

1b

1c

1d

2

3

4

## 1 Bachneunauge
*Lampetra planeri*

L –20 cm LZ März–Juni

**Kennzeichen:** Wurmförmige Gestalt; bleistiftstark; endständiger Saugmund; miteinander verbundene Rücken- und Afterflosse als schmaler Saum.

**Vorkommen:** Oberlauf von Bächen und kleinen Flüssen im Nord- und Ostseebereich.

**Wissenswertes:** Die urtümliche Tiergruppe, zu der die Neunaugen gehören, wird heute als eigene Klasse (Rundmäuler, *Cyclostomata*) von den Knorpel- und Knochenfischen abgegrenzt. Zusammen mit zahlreichen fossilen Formen rechnet man sie zu den „Kieferlosen" (*Agnatha*), die statt des bei Fischen üblichen Kieferskeletts als erwachsene Tiere nur eine runde Saugscheibe mit Hornzähnchen ausbilden. „Neunaugen" werden sie wegen der 9 Punkte an jeder Körperseite genannt: 7 äußere Kiemenöffnungen, 1 Auge und die Nasengrube. Die zahn- und augenlosen Larven leben 3–5 Jahre im Schlamm und verwandeln sich dann zum geschlechtsreifen Neunauge, das niemals Nahrung aufnimmt und nach dem Ablaichen stirbt.

## 2 Lachs
*Salmo salar*

L –120 cm LZ Okt.–Febr.

**Kennzeichen:** Strahlenlose „Fettflosse" zwischen Rücken- und Afterflosse als Kennzeichen aller Forellenverwandten; kleiner, spitzer Kopf mit bis hinter die Augen reichender Mundspalte; auffallend kleine Schuppen.

**Vorkommen:** Küstengewässer von Atlantik, Nord- und Ostsee; in den Flüssen aufsteigend; in Mitteleuropa heute nur noch sehr vereinzelt.

**Wissenswertes:** Gewässerverschmutzung und Flußverbauung haben den Lachs aus großen Teilen seines ehemals weiten Verbreitungsgebietes verdrängt. Die Ergebnisse jüngster intensiver Schutzmaßnahmen – z.B. am Rhein und seinen Nebenflüssen – lassen aber auf eine Trendwende hoffen. Die erwachsenen Lachse wandern nach 1- bis 3jähriger Wachstumsphase im Meer während des Spätsommers stromaufwärts und überwinden dabei mit erstaunlichen Sprüngen selbst Stromschnellen und Wehre. An den Laichplätzen, vor allem Kiesbänke im schnell fließenden Wasser des Oberlaufs, werden Gruben ausgehoben und die hineingelegten Eier wieder mit dem ausgehobenen Kies bedeckt. Die Jungtiere schlüpfen je nach Wassertemperatur nach 70–200 Tagen und wandern nach 2- bis 3jährigem Süßwasseraufenthalt ins Meer zurück. Die erwachsenen Lachse nehmen im Süßwasser keinerlei Nahrung auf; die meisten machen während ihres Lebens nur eine einzige Laichwanderung flußaufwärts.

## 3 **Bach-** und **Regenbogenforelle**
*Salmo trutta* und *S. gairdneri*

L –50 (70) cm LZ Sept.–Febr. bzw. Dez.–Mai

**Kennzeichen:** Stumpfer Kopf mit weiter Mundspalte; Bachforelle (**3a**) meistens mit schwarzen und roten, Regenbogenforelle (**3b**) mit vielen schwarzen Tupfen.

**Vorkommen:** Kühle und sauerstoffreiche Fließgewässer und Seen; Regenbogenforelle Wirtschaftsfisch aus Nordamerika, in Europa erst seit 1880.

**Wissenswertes:** Beide Forellenarten werden häufig ausgesetzt. Sie fressen Kleintiere aller Art und springen auch nach Fluginsekten. Regenbogenforellen werden vor allem in Fischzuchtanlagen gehalten und nehmen auch totes Futter.

## 4 Äsche
*Thymallus thymallus*

L –50 cm LZ März–Juni

**Kennzeichen:** Graugrüne Färbung mit wenigen schwarzen Flecken; auffallend hohe und lange Rückenflosse.

**Vorkommen:** Vor allem in sauerstoffreichen Fließgewässern; durch Verschmutzung und Verbauung der Flüsse im Bestand stark rückläufig.

**Wissenswertes:** Die „Äschenregion" schließt sich flußabwärts an die „Forellenregion" an. Die Äsche ist ein hervorragender Speisefisch. Die Bestände werden zum Teil durch in Fischzuchtanlagen herangezogene Setzlinge gestützt. Der thymianähnliche Geruch führte zum wissenschaftlichen Namen.

1

2

3a

4

3b

## 1 Karpfen
*Cyprinus carpio*

L –80 cm LZ Mai–Juli

**Kennzeichen:** Hochrückiger Körper; 4 Bartfäden an der Oberlippe; große Schuppen; Schwanzflosse deutlich zweizipfelig.

**Vorkommen:** Ursprünglich aus Asien stammend; schon im späten Mittelalter wichtigster Teichfisch in ganz Europa; in warmen, vegetationsreichen Gewässern mit sandigem oder schlammigem Grund.

**Wissenswertes:** Man unterscheidet mehrere Zuchtformen, u.a. den Schuppenkarpfen mit normalem Schuppenkleid, den Spiegelkarpfen mit wenigen unregelmäßig verteilten Schuppen und den fast nackten Lederkarpfen mit höchstens wenigen Schuppen. Der Karpfen ist überwiegend Pflanzenfresser, nimmt aber auch Bodentiere auf.

## 2 Schleie
*Tinca tinca*

L –60 cm LZ Mai–Juli

**Kennzeichen:** Gedrungener Körper; kaum gebuchtete Schwanzflosse; je ein Bartfaden in den Mundwinkeln; kleine Schuppen.

**Vorkommen:** In wärmeren, vegetationsreichen Gewässern; Beifisch in Karpfenteichen, weit verbreitet.

**Wissenswertes:** Tags hält sich die Schleie einzeln und sehr vorsichtig am Grund des Gewässers auf. Bodentiere und Pflanzen dienen ihr als Nahrung. Erst in der Dämmerung wird sie voll aktiv. Den Winter über verbirgt sie sich weitgehend bewegungslos im Schlamm des Gewässerbodens.

## 3 Karausche
*Carassius carassius*

L –50 cm LZ Mai–Juni

**Kennzeichen:** Hochrückig mit kleinem Kopf; keine Bartfäden; dunkler Fleck auf der Schwanzwurzel.

**Vorkommen:** Weit verbreitet, vielerorts ausgesetzt; vor allem in flachen, warmen und vegetationsreichen Gewässern.

**Wissenswertes:** Die Karausche ist sehr anspruchslos und erträgt Wasserverschmutzung und Sauerstoffmangel in noch stärkerem Maße als andere anpassungsfähige Karpfenfische. Der Schlamm des Gewässerbodens ist ihr Rückzugsort sowohl im Winter als auch bei sehr niedrigen Wasserständen in Trockenzeiten.

## 4 Giebel
*Carassius auratus gibelio*

L –40 cm LZ Mai–Juni

**Kennzeichen:** Der Karausche ähnlich, aber kein Fleck auf der Schwanzwurzel; Silberglanz.

**Vorkommen:** Ursprünglich in Asien beheimatet; heute in weiten Teilen Europas; ähnlich den Vorkommen der Karausche.

**Wissenswertes:** Wegen seiner Anspruchslosigkeit und seines im Vergleich zur Karausche schnelleren Wachstums wurde der Giebel vielerorts eingebürgert. Er breitet sich selbst weiter aus, kreuzt sich auch mit verwandten Arten und neigt zu Farbvarietäten. Eine nahe verwandte Unterart ist der aus China und Ostsibirien stammende Goldfisch (*Carassius auratus auratus,* **4b**), der sich als Bewohner von Zierteichen großer Beliebtheit erfreut, aber inzwischen – zumindest in Stadtrandbereichen – auch in alle möglichen freien Gewässer gelangt, wo ein Weibchen mehrere 100000 Eier ablaichen kann.

## 5 Graskarpfen
*Ctenopharyngodon idella*

L –100 cm

**Kennzeichen:** Dunkelgrüne Färbung mit Netzzeichnung durch dunkle Umrandung der einzelnen Schuppen; gestrecktere Gestalt.

**Vorkommen:** Ursprünglich im Amur und in verschiedenen nordchinesischen Gewässern; heute auch in Europa.

**Wissenswertes:** Die Art nimmt mit sehr unterschiedlichen Wassertemperaturen und Gewässertiefen Vorlieb. Sie wird erst seit gut 30 Jahren auch in Mitteleuropa in Fischzuchtanlagen gehalten, u.a. mit Gras und Klee gefüttert und dabei bis zu 50 kg schwer. Die Verbreitung in naturnahe Gewässer muß unterbunden werden, weil durch sie die Vegetation stark geschädigt werden kann.

1

2

3

4a

4b

5

## 1 Plötze
*Rutilus rutilus*

L –30 cm LZ Apr.–Mai

**Kennzeichen:** Grauer Rücken, zum Bauch hin silbriger werdend; rote Iris („Rotauge“) als Unterscheidungsmerkmal gegenüber der sehr ähnlichen Rotfeder.

**Vorkommen:** In Mitteleuropa in den meisten stehenden und langsam fließenden Gewässern.

**Wissenswertes:** Die Plötze ist ein Schwarmfisch, der tags im tieferen Wasser, nachts mehr in Ufernähe steht, im Winter jedoch durchweg tieferes Wasser bevorzugt. Ein Weibchen legt bis über 100000 Eier ab. Der Laich wird an Wasserpflanzen geklebt, wo auch die frisch geschlüpften Jungen mit Klebdrüsen einige Tage haften. Die Plötze ernährt sich als Allesfresser und dient ihrerseits den Raubfischen und zahlreichen fischjagenden Vögeln als Nahrung.

## 2 Rotfeder
*Scardinius erythrophthalmus*

L –30 cm LZ Apr.–Mai

**Kennzeichen:** Färbung wie Plötze, einschließlich roter Rücken-, After- und Bauchflossen; allerdings Augen nicht rötlich, sondern goldglänzend.

**Vorkommen:** Wie die Plötze weit verbreitet; relativ anspruchslos.

**Wissenswertes:** Auch die Rotfeder ist ein Schwarmfisch. Sie hält sich vor allem oberflächennah an vegetationsreichen Ufern auf. Ebenso wie die Plötze wird sie von Anglern zwar häufig gefangen, wegen ihres grätenreichen Fleisches aber weniger geschätzt als andere Arten.

## 3 Moderlieschen
*Leucaspius delineatus*

L –10 cm LZ Apr.–Juni

**Kennzeichen:** Ein Kleinfisch mit torpedoförmiger Gestalt; Maul steil nach oben gerichtet.

**Vorkommen:** Vom Rhein ostwärts vor allem in kleineren stehenden und langsam fließenden Gewässern.

**Wissenswertes:** In neuerer Zeit ist die Art vermehrt wieder in Gewässer zurückgebracht worden, die sie früher bereits besiedelte. Dieser kleine, gesellige Fisch klebt seine Eier ring- oder spiralförmig an die Stengel von Wasserpflanzen. Bis zum Schlüpfen der Brut nach etwa 10–12 Tagen werden die Eier vom Männchen bewacht.

## 4 Elritze
*Phoxinus phoxinus*

L –12 cm LZ Apr.–Juni

**Kennzeichen:** Körper torpedoförmig, fast drehrund; Maul endständig; Färbung sehr variabel; Männchen zur Laichzeit dunkler gefärbt und mit rötlichem Bauch.

**Vorkommen:** Verbreitet in klaren, sauerstoffreichen Fließgewässern und Seen, vor allem mit kiesigem Untergrund.

**Wissenswertes:** Dieser kleine Schwarmfisch bevorzugt oberflächennahes Wasser. Zum Laichen wandert er oft ein Stück flußaufwärts. Er laicht häufiger an Steinen als an Pflanzen und zeigt auch dabei Vorliebe für Geselligkeit und flaches Wasser. Als Nahrung bevorzugt er Kleinkrebse.

## 5 Bitterling
*Rhodeus sericeus*

L –9 cm LZ Apr.–Juni

**Kennzeichen:** Körper hochrückig, seitlich abgeflacht; Maul endständig; Männchen zur Laichzeit von der Kehle bis zum Bauch rötlich.

**Vorkommen:** In Teichen, Weihern und trägen Fließgewässern, nur soweit es dort Teich- oder Malermuscheln gibt.

**Wissenswertes:** Der Bitterling betreibt eine komplizierte Brutfürsorge und fällt damit vollends aus dem Rahmen seiner Karpfen-Verwandtschaft. Mit Hilfe einer 5 cm langen Legeröhre gibt das Weibchen jeweils 2, nach und nach bis zu 40 Eier zwischen die Kiemen einer der genannten Muschelarten. Auch die nach 3 Wochen schlüpfenden Jungfischchen bleiben zunächst noch – vor Feinden geschützt – in der Kiemenhöhle der Muschel, bis sie den Inhalt ihres Dottersacks aufgebraucht haben und sich selbständig ernähren müssen.

1

2

3

4

5

## 1 Blei
*Abramis brama*

L –50 cm LZ Mai–Juli

**Kennzeichen:** Seitlich stark abgeflachter Körper; Hochrückigkeit; Körper nur 3mal so lang wie hoch; Oberseite bleigrau (Name!).

**Vorkommen:** Meistens in größeren stehenden Gewässern und in langsam fließenden Flüssen; nördlich der Alpen verbreitet.

**Wissenswertes:** Der Blei – auch Brachsen genannt – lebt während der Laichzeit als Schwarmfisch im flachen, vegetationsreichen Wasser in Ufernähe. Mit vorstülpbarem Mund durchwühlt er den schlammigen Gewässergrund nach Insektenlarven, Kleinkrebsen, Würmern und Weichtieren. Dabei hinterläßt er die sogenannten „Brachsenlöcher". Später im Jahr lebt er in kleineren Gruppen, um im Winter wieder größere Schwärme zu bilden und ins tiefere Wasser abzuwandern.

## 2 Gründling
*Gobio gobio*

L –20 cm LZ Mai–Juni

**Kennzeichen:** Körper walzenförmig; 2 kurze Bartfäden; Flanken mit einer Längsreihe dunkler Flecken.

**Vorkommen:** Überwiegend in Fließgewässern, sowohl in schneller als auch in träge fließenden; auch in klaren Seen mit sandig-kiesigem Grund; weit verbreitet.

**Wissenswertes:** Als typischer Flußfisch geht der Gründling bis in die Äschen- und die Forellenregion. Sein Name kennzeichnet ihn als Bodenfisch. Er lebt in der Regel gesellig. Daß er kein zwingend auf sauerstoffreiche Fließgewässer angewiesener Spezialist ist, beweist die Tatsache, daß er vorübergehende Wasserverschmutzung und Sauerstoffarmut erträgt und sogar im Brackwasser der Ostsee leben kann.

## 3 Hasel
*Leuciscus leuciscus*

L –25 cm LZ März–Mai

**Kennzeichen:** Langgestreckter, kaum seitlich abgeplatteter Körper; kleiner Kopf; Brust-, Bauch- und Afterflossen gelborange.

**Vorkommen:** In Europa nördlich der Alpen in schnell fließenden Gewässern; in Seen nur in der Nähe der Einflüsse.

**Wissenswertes:** Der Hasel fällt unter den Karpfenfischen als ausgezeichneter Schwimmer auf. Man sieht ihn in strömenden Bächen und Flüssen in Schwärmen meistens oberflächennah. Als Nahrung nimmt der Hasel Plankton und kleine Boden- und Wassertiere auf, vor allem auch Insekten, die auf das Wasser fallen.

## 4 Aland
*Leuciscus idus*

L –60 cm LZ Apr.–Juni

**Kennzeichen:** Hochrückig und seitlich leicht abgeplattet; Oberseite grauschwarz, zu den Flanken und zum Bauch heller und silbriger werdend; Brust-, Bauch- und Afterflossen rötlich.

**Vorkommen:** Meistens in größeren Fließgewässern und Seen; nördlich der Alpen verbreitet.

**Wissenswertes:** Zur Laichzeit ziehen Aland-Schwärme in den Flüssen oft längere Strekken aufwärts. Sie laichen an sandigen und kiesigen Ufern, wo die Weibchen ihre Eier an Steinen und Pflanzen anheften. Danach wandern sie wieder abwärts in ruhigeres Wasser. Die Art wird auch als Orfe bezeichnet und in der Goldvarietät als Bioindikator in Schönungsteiche von Kläranlagen eingesetzt.

## 5 Döbel
*Leuciscus cephalus*

L –50 cm LZ Apr.–Juni

**Kennzeichen:** Fast drehrunder Körper mit breitem, dickem Kopf („Dickkopf"); große graubraune Schuppen mit dunklerem Rand (Netzmuster).

**Vorkommen:** In fließenden, seltener in stehenden Gewässern; insgesamt sehr weit verbreitet.

**Wissenswertes:** Der Döbel, der auch als Aitel bekannt ist, entwickelt sich im Laufe seines Lebens vom planktonfressenden Schwarmfisch zum recht räuberischen Einzelgänger, der auch kleine Fische nicht verschmäht.

1
2
3
4
5

## 1 Schmerle
*Noemacheilus barbartulus*

L –15 cm LZ März–Mai

**Kennzeichen:** Körper mit starkem Schleimüberzug; 4 Bartfäden vorn und 2 in den Mundwinkeln; Färbung graubraun mit dunklerer Marmorierung.

**Vorkommen:** In kleineren Fließgewässern mit klarem Wasser und kiesigem oder felsigem Grund; weit verbreitet.

**Wissenswertes:** 6 Bartfäden oder Barteln gehören zu den Artmerkmalen der Schmerle, die auch als Bachschmerle und als Bartgrundel bekannt ist. In ihnen sind Geschmacksnerven konzentriert. Die Schmerlen schwimmen langsam über den Gewässergrund und „tasten" dabei mit ihren Barteln die Umgebung ab. So können sie sich trotz kleiner Augen und eingeschränkten Sehvermögens zumindest geschmacklich ein gutes „Bild" von ihrer Umgebung machen. Die Barteln sind ein wichtiges Hilfsmittel bei der Nahrungssuche unter und zwischen den Steinen, wo sich dieser standorttreue Bodenfisch mit Vorliebe aufhält. Im übrigen teilt er seinen Lebensraum weitgehend mit der Bachforelle. Insektenlarven, Kleinkrebse und Fischlaich, nach denen die Schmerle im kalten, klaren Wasser oft länger suchen muß, bilden ihre Hauptnahrung. Daß man sie vergleichsweise selten zu sehen bekommt, ist darauf zurückzuführen, daß sie sich tags meistens versteckt hält und erst in der Dämmerung freier umherschwimmt.

## 2 Schlammpeitzger
*Misgurnus fossilis*

L –30 cm LZ Apr.–Juni

**Kennzeichen:** Breites schwarzbraunes Längsband, von hellerem Untergrund flankiert; oben und unten begrenzt von dunklen Längsstreifen; am Oberkiefer 6, am Unterkiefer 4 Bartfäden.

**Vorkommen:** Meist in flachen, stehenden Gewässern mit schlammigem Grund.

**Wissenswertes:** Der Schlamm (Name!) spielt eine große Rolle im Leben dieser Art. Dorthin zieht sie sich über Tag zurück, darin vergräbt sie sich im Winter und bei Wassermangel. Dem Sauerstoffmangel begegnet der Schlammpeitzger dadurch, daß er an der Wasseroberfläche Luft schluckt, deren Sauerstoff im stark gefalteten Darm von den Blutgefäßen der Darmschleimhaut aufgenommen wird. Durch diese Darmatmung wird die übliche Kiemenatmung wirksam unterstützt. Vor Gewitter schnappt der Schlammpeitzger oder Schlammbeißer besonders intensiv nach Luft, weshalb er auch „Wetterfisch" genannt wird.

## 3 Steinbeißer
*Cobitis taenia*

L –12 cm LZ Apr.–Juni

**Kennzeichen:** Fleckenreihen an den Körperseiten; sechs kurze Bartfäden.

**Vorkommen:** In stehenden und langsam fließenden Gewässern mit schlammigem oder sandigem Grund; nur regional verbreitet.

**Wissenswertes:** Der Steinbeißer gräbt sich gern über Tage bis auf den Kopf im Sand oder Schlamm ein. Nachts wird er dafür umso aktiver. Die Nahrung wird vor allem mit den Barteln ertastet.

## 4 Wels
*Silurus glanis*

L –200 cm LZ Mai–Juli

**Kennzeichen:** Körper schuppenlos und schleimig; sehr breite Mundspalte; 2 lange Bartfäden auf dem Ober-, 4 kürzere auf dem Unterkiefer; besonders lange Afterflosse.

**Vorkommen:** In größeren Seen und tieferen Flüssen; durch Aussetzen heute weiter verbreitet als ursprünglich.

**Wissenswertes:** Der Wels, ein nachtaktiver Bodenfisch, hält gleich mehrere Rekorde: Mit dem Hausen (*Huso huso*) ist er die größte europäische Fischart mit Riesen von über 3 m Länge und 300 kg Gewicht. Altersangaben von mehreren hundert Jahren entspringen zweifellos der Phantasie der Angler. Daß er außer Fischen auch wasserbewohnende Vögel und Säugetiere frißt, ist vielfach belegt. Die Zahl der Eier ist zumindest tendentiell mit dem Körpergewicht der Weibchen korreliert. Man rechnet 30 000 Eier je kg. Sie werden zwischen dichter Vegetation in eine Bodenmulde abgesetzt und vom Männchen durch Fächeln mit Frischwasser versorgt.

1a

1b

2

3

4

## 1 Aal
*Anguilla anguilla*

L ♂ bis 50, ♀ bis 150 cm LZ Frühjahr
**Kennzeichen:** Bekannt; schlangenähnliche Gestalt mit langem Flossensaum.
**Vorkommen:** Weit verbreitet in fast allen Teilen Europas; im Küstenbereich und fast allen Flußgebieten.
**Wissenswertes:** Der fast 20jährige Lebensweg der Aale beginnt im Sargassomeer, doppelt soweit von den europäischen als von den amerikanischen Küsten entfernt. Als durchsichtige, weidenblattförmige „Glasaale" erreichen sie nach 3 Jahren Ostwanderung rund 6 cm groß die europäischen Küsten, beginnen sich zu pigmentieren und wandern soweit wie möglich in Flüssen und Bächen aufwärts. In den 7–10, manchmal bis 15 Jahren ihres Süßwasseraufenthaltes wachsen sie und legen Fettreserven an. Wenn sie danach flußabwärts wandern, sind sie die fettesten Fische, die in unseren Gewässern gefangen werden. Erstaunliche Leistungen vollbringen die Aale – überwiegend nachts – beim Überwinden von Hindernissen. Und doch setzen ihnen Wasserbauwerke und extreme Gewässerverschmutzung unnatürliche Grenzen. Deshalb werden Jungaale oft tief im Binnenland künstlich ausgebracht.

## 2 Hecht
*Esox lucius*

L –120 cm LZ Febr.–Mai
**Kennzeichen:** Entenschnabelförmige Schnauze mit kräftiger Bezahnung; weit nach hinten verlagerte Rückenflosse.
**Vorkommen:** In Seen und langsam fließenden Flüssen weit verbreitet; häufig ausgesetzt.
**Wissenswertes:** Der Hecht ist Inbegriff des Raubfisches. Er lauert dicht an der Wasseroberfläche unbeweglich auf seine Beute. Große Exemplare erbeuten außer Fischen auch Kleinsäuger und junge Schwimmvögel. Zum Ablaichen bevorzugt der Hecht Flachgewässer in überschwemmten Auenwiesen, die ihm aber infolge Flußeindeichung und -verbauung nicht mehr hinreichend zur Verfügung stehen.

## 3 Flußbarsch
*Perca fluviatilis*

L –40 cm LZ März–Juni
**Kennzeichen:** Hochrückig; 2 Rückenflossen; markante Färbung mit 6–9 dunkleren Querbändern und rötlichen Bauch- und Afterflossen.
**Vorkommen:** Weit verbreitet in trägen Flüssen, in Weihern und Seen.
**Wissenswertes:** Dieser sehr standorttreue Raubfisch bildet je nach Lebensraum – Freiwasser, Tiefenwasser oder Vegetationszone – deutlich unterscheidbare Farbtypen aus. Nicht selten jagen mehrere Barsche gemeinsam und treiben ihre Beutefische zu Pulks zusammen. Im Lauf ihres Lebens wandeln sie sich immer ausgeprägter von Schwarmfischen zu Einzelgängern.

## 4 Kaulbarsch
*Gymnocephalus cernua*

L –25 cm LZ März–Mai
**Kennzeichen:** Gedrungener Körper; dicker, stumpfer Kopf (Kaul = dick, kugelig, gerundet); lange, ungeteilte Rückenflosse.
**Vorkommen:** Tieflandflüsse, Seen und Haffe; weit verbreitet; gegenüber Wasserverschmutzung relativ unempfindlich.
**Wissenswertes:** Diese Barschart hält sich bevorzugt in tieferen Gewässern in Bodennähe auf, manchmal in großer Zahl.

## 5 Zander
*Stizostedion lucioperca*

L – über 100 cm LZ Apr.–Mai
**Kennzeichen:** Hechtähnlicher Barsch; Kiefer mit kleinen Bürsten- und großen Fangzähnen; allerdings zwei fast gleich lange Rückenflossen.
**Vorkommen:** In Flüssen, Seen, großen Weihern; heute durch künstlichen Besatz auch im Westen verbreitet.
**Wissenswertes:** Der Zander ist ein einzeln jagender Raubfisch der Freiwasserbereiche, der meistens erst in der Abenddämmerung richtig aktiv wird. Er jagt vor allem kleine Fische. Als Speisefisch ist der Zander sehr beliebt.

1
2
3
4
5

## 1 Groppe
*Cottus gobio*

L –15 cm LZ Febr.–Mai

**Kennzeichen:** Körper schuppenlos und keulenförmig; Kopf und Vorderkörper breit, leicht abgeplattet; große Brustflossen.

**Vorkommen:** In sauberen Forellenbächen mit sandig-kiesigem Untergrund; auch in klaren kühlen Bergseen; selten.

**Wissenswertes:** Die Groppe oder Koppe gehört zu den gefährdeten Fischarten der Forellenregion. Sie leidet nicht nur unter Gewässerverschmutzung, sondern auch unter der Versauerung der Gewässer durch bachnahen Fichtenanbau und durch sauren Regen. Auf ihrer Speisekarte stehen auch Laich und Jungfische der Forelle. Deshalb ist sie bei etlichen Anglern unbeliebt; allerdings wird ihr Schaden meistens übertrieben. Die vom Weibchen in Klumpen abgesetzten orangefarbenen Eier werden bis zum Schlüpfen der Larven vom Männchen bewacht und durch Fächeln mit den Brustflossen mit Frischwasser versorgt.

## 2 Quappe
*Lota lota*

L –100 cm LZ Nov.–März

**Kennzeichen:** Langgestreckter Körper, walzenförmig; ein langer Bartfaden am Unterkiefer, je ein kurzer an den Nasenöffnungen.

**Vorkommen:** In sehr unterschiedlichen fließenden und stehenden Gewässern; auch in Brackwasser; dennoch deutlicher Bestandsrückgang.

**Wissenswertes:** Unter den Dorschfischen ist die Quappe die einzige Süßwasserart. Sie ist nachtaktiv und bevorzugt den Gewässergrund. Zu ihren Laichplätzen unternehmen die Quappen meistens kürzere Wanderungen. Die bis zu 3 Millionen Eier, die ein einziges Weibchen produziert, enthalten Ölkugeln, die es ihnen gestatten, frei im Wasser zu schweben, aufgrund der winterlichen Laichzeit nicht selten unter dem Eis. Bei Wassertemperaturen von 0,5 bis 5 °C beläuft sich die Brutdauer auf 2 bis 2½ Monate. Regional sind für die Quappe auch die Namen Rutte und Trüsche gebräuchlich.

## 3 Dreistacheliger Stichling
*Gasterosteus aculeatus*

L –10 cm LZ März–Juli

**Kennzeichen:** Auf dem Rücken 3 bewegliche Stacheln (Name: Stichling!); After- und Bauchflossen mit je 1 Stachel; Rückenflosse weit nach hinten versetzt.

**Vorkommen:** Vom kleinen Wassergraben und Weiher bis zu den Küstengewässern; allgemein verbreitet.

**Wissenswertes:** Stichlinge kannten, fingen und hielten früher die Kinder überall in Mitteleuropa. Heute gibt es bereits stichlinglose Regionen: eine Folge zumindest zeitweiliger intensiver Wasserverschmutzung oder -vergiftung. – In der Schule dient der Dreistachelige Stichling als Paradebeispiel für angeborene Reaktionsketten. Das Männchen baut ein Bodennest aus Pflanzenfasern und Algenfäden und lockt mit seinem Zickzacktanz ein Weibchen hinein. Nach der Eiablage werden die Eier besamt. Der Vorgang wiederholt sich mit demselben und auch mit anderen Weibchen, bis schließlich um die 500 Eier im Nest sind. Von nun an betreut das Stichlingmännchen, dessen Kehle, Brust und Bauch zur Laichzeit hellrot leuchten, sein Gelege (**3b**), indem es Frischwasser herbeifächelt und Feinde vehement vertreibt. – Die in Küstengewässern lebenden Dreistacheligen Stichlinge wandern zum Laichen ins Süßwasser. Die Süßwasserbewohner dagegen sind sehr ortstreu.

## 4 Zwergstichling
*Pungitius pungitius*

L –8 cm LZ Apr.–Aug.

**Kennzeichen:** Ein Kleinfisch mit meist 9–10 kleinen, beweglichen Stacheln auf dem Rükken, deshalb vielfach auch Neunstacheliger Stichling genannt; Männchen zur Laichzeit mehr oder weniger durchgehend schwarz.

**Vorkommen:** Vor allem in kleinen Teichen und Weihern, Gräben und Wasserlöchern wie z.B. Bombentrichtern; seltener.

**Wissenswertes:** Diese Art ist scheuer und häufiger am Gewässerboden als ihre etwas größeren Verwandten. Denen ähnelt sie in ihrer Lebensweise. Die Jungen leben jedoch nicht wie bei der anderen Art in Schwärmen.

1a
3a
1b
2
3b
4

Die 4 auf dieser Tafel abgebildeten Arten (Haie und Rochen) gehören zu den Knorpelfischen (*Chondrichthyes*). Sie unterscheiden sich von den übrigen Fischen, die außer dem auf S. 194 abgebildeten Bachneunauge allesamt Knochenfische (*Osteichthyes*) sind, durch das Fehlen von Knochen als Skelettsubstanz. Haie und Rochen haben jeweils 5–7 Kiemenspalten und ein unterständiges Maul. Sie haben keine Schwimmblase.

## 1 Kleingefleckter Katzenhai
*Scyliorhinus canicula*

L –80 cm LZ Frühjahr

**Kennzeichen:** Körper langgestreckt und schlank; Nasenlappen und Maul auf der Kopfunterseite; 5 Paar kleine Kiemenspalten; Oberseite auffällig klein gefleckt.

**Vorkommen:** In der Nordsee; vor allem auf algenbewachsenen Sandbänken.

**Wissenswertes:** Beim Kleingefleckten Katzenhai gibt es – wie bei allen Haien – eine innere Besamung. Diese wird dadurch ermöglicht, daß die Bauchflossen zum Teil zum Penis umgewandelt sind. Zur Paarung wandern die Kleingefleckten Katzenhaie ins tiefere, zum Laichen ins flache Wasser. Dort legen die Weibchen in Meeresalgenrasen je 18–20 rund 6 cm lange Eier (**1b**) ab. Sie werden mit den 4 langen, biegsamen Haftfäden an Algen oder Steinen befestigt. Erst nach einer Brutdauer von 9–11 Monaten schlüpfen daraus die Junghaie, die sogleich 10 cm lang sind. – Der Kleingefleckte Katzenhai ist dämmerungs- und nachtaktiv und jagt vor allem am Meeresgrund. Schnecken, Muscheln, Krebse und Fische bilden seine Hauptnahrung.

## 2 Dornhai
*Squalus acanthias*

L –100 cm lebendgebärend

**Kennzeichen:** Langgestreckter Körper; spitzes Maul; Schwanzflosse mit großem, nicht eingekerbtem Oberlappen; Oberseite grau oder bräunlich, mit unregelmäßig verteilten weißlichen Flecken.

**Vorkommen:** Häufigste Haiart im Nordostatlantik; auch in der Nordsee; Grundfisch auf schlammigen Meeresböden.

**Wissenswertes:** Die Dornhai-Weibchen sind 18–22 Monate trächtig. In jedem Eileiter befindet sich eine durchsichtige Hornkapsel mit 1–6 Eiern, aus denen bereits im Mutterleib die Jungen schlüpfen. Ein Wurf umfaßt 4–8 Jungtiere, die zum Zeitpunkt der Geburt schon 20–30 cm lang sind. Während ihres Lebens legen sie auf ihren Wanderungen weite Strekken zurück. Dabei treten sie oft in Hunderte von Individuen starken Schwärmen auf und jagen – oft gemeinsam – Heringe und Dorsche.

## 3 Glattrochen
*Raja batis*

L –200 cm LZ Spätherbst/Winter

**Kennzeichen:** Größte einheimische Rochenart; spitzwinkliges Maul.

**Vorkommen:** Nordostatlantik mit Nordsee und westlicher Ostsee; auf Sand- und Schlammgrund, meist in 100–200 m Tiefe.

**Wissenswertes:** Glattrochen können bis zu 2,5 m lang und bis zu 100 kg schwer werden. Die außergewöhnlich großen Eierkapseln können 24 cm lang sein.

## 4 Sternrochen
*Raja radiata*

L –100 cm

**Kennzeichen:** Stumpfwinkliges Maul; Rükkenseite mit 12 bis 19 großen Dornen; Körperumriß rautenförmig.

**Vorkommen:** Nordatlantik mit nördlicher Nord- und westlicher Ostsee; meist in 50 bis 100 m Tiefe.

**Wissenswertes:** Die Art bevorzugt Wassertemperaturen unter 10 °C. Ihre 5–6 cm langen und 4–5 cm breiten, leeren Eikapseln findet man an Flachstränden häufig angeschwemmt. Die Jungen sind beim Ausschlüpfen knapp 10 cm lang und werden bereits fortpflanzungsfähig, wenn sie eine Größe von etwa 30 bis 40 cm erreicht haben. Der Sternrochen lebt auf Meeresgründen sehr unterschiedlicher Beschaffenheit und wurde bereits in sehr großer Tiefe (1000 m) nachgewiesen. Als Nahrung bevorzugt er kleine Bodentiere, vor allem Würmer, Krabben und Garnelen, aber auch kleine Fische.

1a

1b

2

3

4

## 1 Hering
*Clupea harengus*

L –40 cm LZ unterschiedlich

**Kennzeichen:** Silbrige Färbung; Unterkiefer vorstehend; Kiemendeckel ohne Radiärstreifen.

**Vorkommen:** Nordatlantik; vor allem im Mischungsbereich von arktischer kalter Strömung und warmem Golfstrom.

**Wissenswertes:** Heringsschwärme können überwältigend groß sein und mehrere Millionen Tiere umfassen. Im gesamten Atlantik zwischen der amerikanischen Ost- und der europäischen Westküste werden alljährlich 2–3 Millionen Tonnen Heringe gefangen. Innerhalb des großen Verbreitungsgebietes unterscheidet man mehrere Rassen mit spezifischen Laichplätzen und -zeiten sowie entsprechenden Wanderbewegungen.

## 2 Dorsch
*Gadus morhua*

L –über 1 m LZ Frühjahr

**Kennzeichen:** Unterständiges Maul; langer Bartfaden am Kinn; helle Seitenlinie.

**Vorkommen:** Im gesamten Nordatlantik; weite Wanderungen zwischen Nahrungs- und Laichgebieten.

**Wissenswertes:** Der geschlechtsreife Dorsch wird Kabeljau genannt. Je nach Größe setzt ein Weibchen bis zu 5 Millionen Eier frei ins Wasser ab. Schwärme mit älteren Tieren folgen oft den Schwärmen der Heringe, die ihre wichtigste Beute darstellen. Ähnlich wie beim Hering gibt es mehrere Rassen mit unterschiedlichem Wander- und Laichverhalten.

## 3 Schellfisch
*Melanogrammus aeglefinus*

L –80 cm LZ März–Mai

**Kennzeichen:** Wie beim Dorsch 3 dicht benachbarte Rückenflossen, die erste spitz und am höchsten; schwarzer Fleck unterhalb der ersten Rückenflosse.

**Vorkommen:** Vor allem in der nördlichen Nordsee.

**Wissenswertes:** Die Eier, von denen die Schellfisch-Weibchen mehrere 100 000 im tiefen Wasser ablaichen, steigen zur Oberfläche empor und wandern dann mit der Strömung. Nach 3 Wochen – je nach Wassertemperatur früher oder später – schlüpfen die 5 mm langen Larven.

## 4 Aalmutter
*Zoarces viviparus*

L –50 cm lebendgebärend

**Kennzeichen:** Schlangenförmig; großer, schuppenloser Kopf; durchgehender Saum aus Rücken-, Schwanz- und Afterflosse.

**Vorkommen:** Nordatlantik bis Nord- und westliche Ostsee; bis in Brackwasser der Flußmündungsbereiche.

**Wissenswertes:** Nach der Paarung im August/September kommt es zu einer inneren Befruchtung und zu einer 4monatigen Tragzeit. Das Weibchen bringt zwischen 30 und 400 Junge zur Welt, die bei der Geburt ca. 4 cm lang sind und an junge Aale erinnern (Name!).

## 5 Große Schlangennadel
*Entelurus aequoreus*

L –55 cm LZ Juni–Juli

**Kennzeichen:** Stabförmiger Körper; langes röhrenförmiges Maul; silbrige Querstreifen am gesamten Körper.

**Vorkommen:** Nordsee; zeitweilig küstennah zwischen Algen und Seegras.

**Wissenswertes:** Das Weibchen gibt den Laich bei der Paarung dem Männchen, das die Eier an seine Bauchseite heftet und bis zum Schlüpfen mit sich umherträgt.

## 6 Langschnauziges Seepferdchen
*Hippocampus ramulosus*

L –12 cm LZ Mai–Juli

**Kennzeichen:** Pferdeartiger Kopf (Name!) spitzwinklig abgebogen; Greifschwanz.

**Vorkommen:** Im Flachwasser zwischen Algen und Seegras; in der südlichen Nordsee nur selten angetroffen.

**Wissenswertes:** Die Männchen haben eine bis auf eine kleine Öffnung geschlossene Bruttasche. Darin entwickeln sich die Eier. Nach 4–5 Wochen bringt es voll entwickelte Junge zur Welt.

1

2

3

4

5

6

## 1 Roter Knurrhahn
*Trigla lucerna*

L –60 cm LZ Frühsommer

**Kennzeichen:** Kegelförmiger Körper; großer Kopf, mit Hautknochen gepanzert; Färbung variabel: Kopf rötlich, Oberseite rot oder braun mit dunklen Querbinden.

**Vorkommen:** Nordsee; vor allem als Jungfisch in Küstennähe.

**Wissenswertes:** Die Art schwimmt gewandt und springt oft weit über die Wasseroberfläche hinaus. Seinen Namen verdankt der Knurrhahn dumpfen, knurrenden Geräuschen. Diese kommen dadurch zustande, daß mit Hilfe von Muskeln die Schwimmblase in Schwingungen versetzt wird. Die fingerförmigen Strahlen der Brustflossen werden als Tast- und als Schreitorgane benutzt.

## 2 Seeskorpion
*Myoxocephalus scorpius*

L –50 cm LZ Okt.–März

**Kennzeichen:** Großer breiter Kopf; kegelförmiger Körper; Brustflossen fächerartig vergrößert.

**Vorkommen:** Nordsee, bis in das Brackwasser der Flußmündungen; auch in der Ostsee.

**Wissenswertes:** Das Männchen bewacht die an Steinen oder Algen im Klumpen abgesetzten Eier rund 5 Wochen lang. Vorausgegangen ist eine innere Befruchtung, bei der das Männchen das Weibchen mit seinen großen, rauhen Brust- und Bauchflossen festhält.

## 3 Butterfisch
*Pholis gunnellus*

L –30 cm LZ Nov.–März

**Kennzeichen:** Körper seitlich abgeflacht, schlank; Haut sehr schleimig; 9–13 dunkle, weiß gesäumte Flecken längs der Rückenlinie.

**Vorkommen:** Nord- und Ostsee; Bodenfisch auf Sand-, Schlamm- und Felsgrund.

**Wissenswertes:** Männchen und Weibchen bewachen gemeinsam die zu einem großen Klumpen zusammengeballten Eier rund 2 Monate lang und nehmen während dieser Zeit keine Nahrung zu sich.

## 4 Seehase
*Cyclopterus lumpus*

L –50 cm LZ Febr.–Mai

**Kennzeichen:** Körper rundlich mit zwei Dornenreihen, schuppenlos; Rückenkamm; Bauchflossen zu einer breiten Saugscheibe umgebildet.

**Vorkommen:** Nord- und Ostsee; Bodenfisch über felsigem Grund.

**Wissenswertes:** Der Seehase kann sich mit Hilfe seiner Saugscheibe am Felsen verankern. Er frißt vor allem Kleinkrebse und Rippenquallen. Zwischen Februar und Mai wandern die laichbereiten Tiere in flache Küstengewässer, wo man sie paarweise antrifft. Die Weibchen setzen rund 200 000 Eier ab, die zunächst gelbrot, später grünlich sind, und wandern danach wieder ins tiefere Wasser zurück. Die Männchen beschützen die Laichklumpen und versorgen ihn mit herangefächeltem Wasser. Während die Männchen den Laich versorgen, nehmen sie keine Nahrung auf und sterben nach dem Ausschlüpfen der Jungfische. Deshalb findet man sie am Strand häufig angespült. Als Speisefisch ist der Seehase nicht sehr beliebt, dagegen kommt sein schwarzgefärbter, geräucherter Rogen als „Deutscher Kaviar" in den Handel.

## 5 Steinpicker
*Agonus cataphractus*

L –15 cm LZ Febr.–Apr.

**Kennzeichen:** Körper langgestreckt, mit Buckel, vollständig mit gezähnten Knochenschildern gepanzert; Kopf breit, flach, unterseits mit vielen kurzen Bartfäden; Maul mit 2 Paar Stacheln.

**Vorkommen:** In der Nord- und der westlichen Ostsee über Schlamm- und Sandgrund.

**Wissenswertes:** Dieser typische Grundfisch gräbt sich gern im Boden ein oder versteckt sich zwischen Steinen und Geröll. Die Entwicklungszeit des Laichs ist extrem lang; sie beläuft sich auf 10–11 Monate. In den Wintermonaten dringt der Steinpicker nicht selten bis in den Mündungsbereich der großen Flüsse vor. Ansonsten bevorzugt er den tieferen (bis zu 500 m tiefen) Meeresboden.

1

2

3

4b

4c

4a

5

Alle 5 auf dieser Seite behandelten Arten sind Plattfische, die als Larven zunächst normal im Wasser schwimmen. Erst im Laufe der Entwicklung beginnen sie sich auf eine Seite zu legen. Eine Körperseite wird zur pigmentierten Oberseite, zu der hin auch das zweite Auge wandert (Augenseite). Die andere Körperseite, die dem Boden aufliegt, ist die meist farblose Blindseite. Alle Plattfische sind Bodenbewohner, die sich von Krebsen, Würmern, Muscheln und kleinen Fischen ernähren.

## 1 Steinbutt
*Psetta maxima*

L –80 cm LZ Apr.–Aug.

**Kennzeichen:** Körper seitlich zusammengedrückt, fast kreisrund; linke Seite als Oberseite mit großen Knochenhöckern.

**Vorkommen:** Küstennahe Bereiche der Nord- und der Ostsee.

**Wissenswertes:** Ein Steinbutt-Weibchen legt zwischen 10 und 15 Millionen Eier ab, die mit einem Öltropfen frei im Wasser schweben. Wenn sie etwa 2–3 cm lang sind, gehen die anfangs frei schwimmenden Jungfischchen zum Bodenleben über. Dann sind sie 4–6 Monate alt. Obwohl sie Flachwasser und in der Jugend die Küstennähe bevorzugen, gehen sie später gelegentlich auch in eine Tiefe von bis zu 50–80 m.

## 2 Scholle
*Pleuronectes platessa*

L –60 cm LZ Nov.–Juni

**Kennzeichen:** Körper seitlich zusammengedrückt, oval; rechte Seite als Oberseite mit dem Untergrund angepaßter, variabler Grundfarbe und orangefarbenen Punkten; spitzes Maul.

**Vorkommen:** Nordsee, aber auch Brackwasser der Flußmündungen; westliche Ostsee; vor allem auf Sand- und Schillgrund.

**Wissenswertes:** Man unterscheidet verschiedene Rassen, die zu unterschiedlichen Zeiten laichen und auch bestimmte äußerliche Merkmale haben. Die Scholle kann sich nahezu unsichtbar machen, indem sie ihren Körper durch kräftige Flossenschläge mit Sand und Steinchen bedeckt.

## 3 Kliesche
*Limanda limanda*

L –30 cm LZ Jan.–Aug.

**Kennzeichen:** Körper seitlich zusammengedrückt, oval; meistens rechte Körperseite als Oberseite mit brauner Grundfarbe und dunklen, seltener bräunlichen Punkten.

**Vorkommen:** Vor allem in küstennahen Bereichen der Nordsee einer der häufigsten Plattfische; auch in der Ostsee.

**Wissenswertes:** Die lange Laichperiode erklärt sich daraus, daß die Kliesche vor der französischen Küste schon im Januar, weiter im Norden aber erst viel später zu laichen beginnt. Die Kliesche ähnelt in Lebensweise und Nahrungsspektrum der Scholle.

## 4 Flunder
*Platichthys flesus*

L –40 cm LZ Febr.–Mai

**Kennzeichen:** Der Scholle ähnlich; dornige Hautwarzen entlang der Seitenlinie.

**Vorkommen:** Nord- und Ostsee; stärkere Neigung zum Brackwasser und zum Aufstieg in die großen Flüsse (z.B. Rhein).

**Wissenswertes:** Die Flunder ist der sprichwörtliche Plattfisch. Bis zu einem Drittel der Individuen kann abweichend von der Norm abgeplattet sein („Linksflundern"). Bastarde zwischen Schollen und Flundern kommen gelegentlich vor.

## 5 Seezunge
*Solea solea*

L –50 cm LZ Apr.–Juli

**Kennzeichen:** Körper mit zungenförmiger Gestalt (Name!).

**Vorkommen:** Nord- und Ostsee; über Sand und Schlamm; im Sommer in Küstennähe und im Brackwasser der Flußmündungen.

**Wissenswertes:** Die Seezungen halten sich oft mehr oder weniger stark vergraben auf dem Meeresboden auf, um erst nachts auf die Jagd nach Bodentieren und kleinen Fischen zu gehen. Sie gehören mit einigen anderen Plattfischen zu den bedeutsamsten Speisefischen, zu deren Schutz die Nordseekonvention Mindestmaße für den Fang festsetzt.

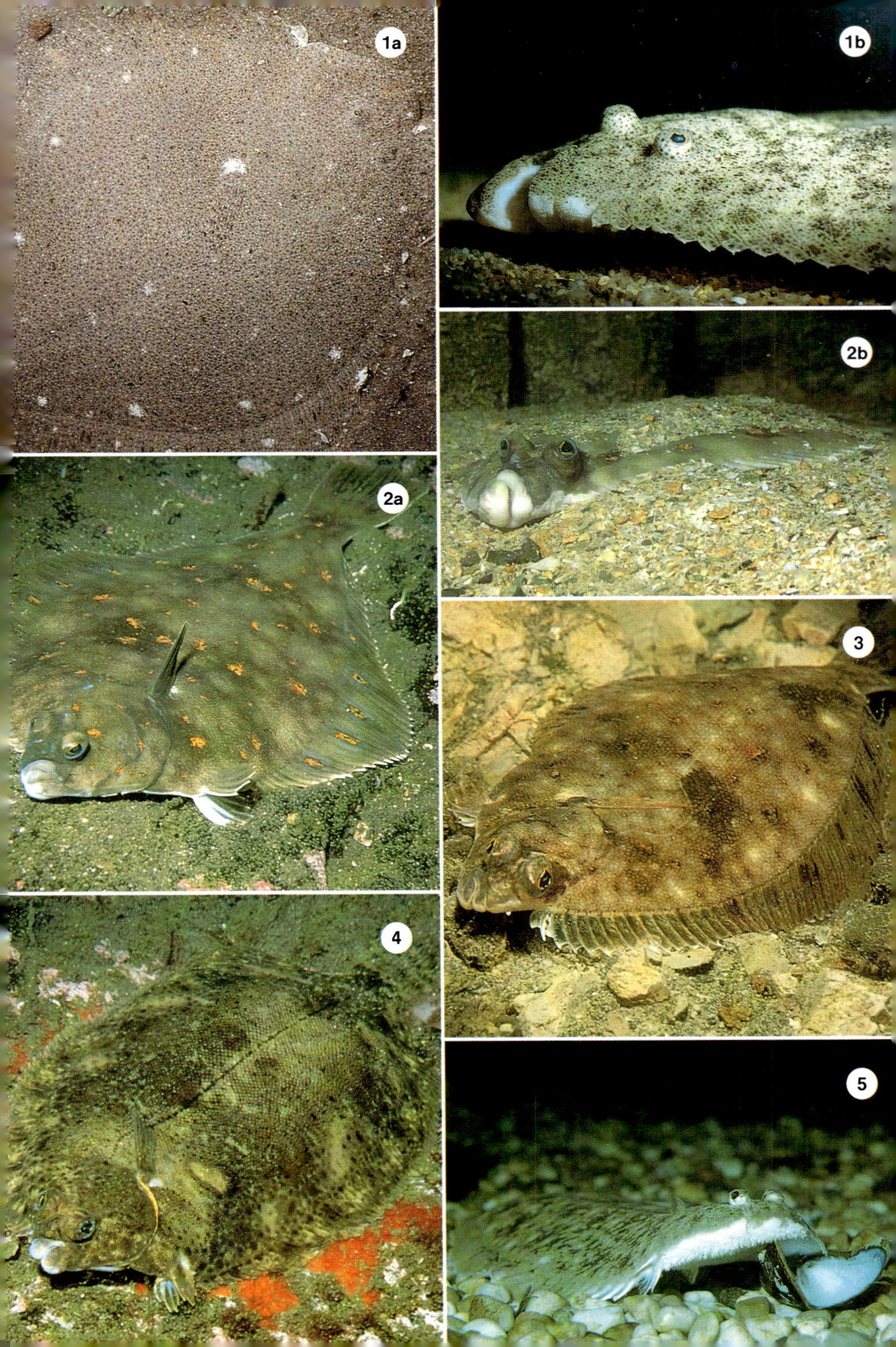
1a
1b
2a
2b
3
4
5

## 1 Wildkaninchen
(vgl. S. 40)

Die bekanntesten Säugetierbaue sind die Höhlen der Wildkaninchen, die selbst gelegentlich in Gärten, Parks und auf Friedhöfen anzutreffen sind. Von den Kaninchen bevorzugt werden trocken-warme, leichte Böden mit lockerem Strauchbewuchs in hügeligem Gelände. Dort bauen sie ihre oft weit verzweigten Gangsysteme, die bis über 2 m tief reichen können. Sie bestehen aus Haupt- und Nebenröhren, die zu Wohnkesseln führen.

## 2 Fuchs
(vgl. S. 34)

Die größeren Fuchsbaue, die manchmal über 20 Röhren aufweisen, gehen auf den Dachs als Baumeister zurück. Der Fuchs hat sie nur übernommen und meistens weiter ausgebaut. Solche Baue werden manchmal von Fuchs und Dachs gemeinsam bewohnt; dort herrscht offensichtlich „Burgfriede". Größere Bauanlagen ziehen immer wieder Füchse an, so daß manche über Jahrzehnte benutzt werden. Die vom Fuchs selbst gegrabenen Höhlen sind zunächst viel einfachere, kurze Gänge, die erst im Laufe der Jahre erweitert werden.

## 3 Biber
(vgl. S. 42)

Die intensivste Bautätigkeit aller Säugetiere entfaltet der Biber, der nicht nur Dämme und Kanäle errichtet und durch Aufstau von Fließgewässern ganze Tallandschaften umgestalten kann, sondern auch markante Burgen baut. Sie können bis 1,50 m hoch aus Ästen und Schilf aufgeschichtet und mit Schlamm abgedichtet sein. Die Zugänge befinden sich unter Wasser und steigen schräg nach oben zu den trocken liegenden Wohn- und Brutkammern an.

## 4 Bisamratte
(vgl. S. 42)

Den Biberburgen entfernt ähnliche Bauten gehen auf die Bisamratte zurück. Bisamburgen, die ebenfalls über 1 m hoch sein können, sind jedoch mehr kegelförmig und stets nur aus krautigem Pflanzenmaterial, meistens aus Schilf-, Binsen- und Seggenstengeln erbaut. Auch hier liegen die Eingänge unter Wasser. Bisamburgen werden vor allem im Winter bewohnt. Ansonsten nutzt die Art auch reine Erdbauten als Unterschlupf.

## 5 Zwergmaus
(vgl. S. 50)

Die knapp faustgroßen Sommernester der Zwergmaus findet man in bis zu 1,20 m Höhe im Getreide, in hohen Gräsern und Schilfbeständen. Als Nestgerüst dienen zersplissene Blätter, die noch mit der Pflanze verbunden sind, die das Nest trägt. Innen ist es mit zerkleinertem Pflanzenmaterial ausgepolstert. Die Schlafnester haben zwei seitliche Öffnungen, die etwas größeren Wurfnester nur eine. Im Winter sucht die Zwergmaus in Erdlöchern oder unter Reisighaufen Unterschlupf.

## 6 Eichhörnchen
(vgl. S. 44)

Sein rundes Nest, das einen Durchmesser von 30–40 cm hat und außen aus abgenagten Zweigen – meistens mit welken Blättern – besteht, wird im Volksmund als „Kobel" bezeichnet. Es ist innen mit Gräsern und Moosen ausgepolstert. Typisch ist der Standort der Eichhornkobel im oberen Drittel des Baumes in einer Astgabel in Stammnähe. Ein Tier hat in seinem Revier oft mehrere Nester, von denen eines im Zentrum des Territoriums gegen Artgenossen verteidigt wird.

## 7 Haselmaus
(vgl. S. 44)

Wenn das kunstvolle kugelige Nest der Haselmaus frei steht, ist es in dichtem Gestrüpp meistens nur 1 bis 2 m hoch über dem Boden angebracht. Bei Nutzung von Baumhöhlen oder Nistkästen klettert die Haselmaus jedoch gelegentlich auch über 10 m hoch. Die Schlafnester sind knapp, die Wurfnester über 10 cm groß; sie bestehen außen aus Gras, Blättern und Baststreifen und sind innen mit zerkleinertem Pflanzenmaterial ausgepolstert.

1
2
3
4
5
6
7

## 1 Fegestelle

Wenn Rehböcke im April ihr neu geschobenes Geweih vom Bast befreien, dann schlagen sie damit gegen federnde und biegsame Stämmchen junger Waldbäume und Sträucher. Während der Brunftzeit im Juli und August setzen sie beim Fegen und Schlagen Duftmarken mit Hilfe der Stirndrüsen und markieren so ihr Revier. Die an den Gehölzen in 1–2 m Höhe hervorgerufene Rindenablösung führt zu Wuchsanomalien, meistens zum Absterben der Pflanze.

## 2 Schälung

Schalschäden durch Ablösung der Rinde bis zum Holzkörper werden vor allem durch Rotwild, aber auch durch Dam-, Sika- und Muffelwild verursacht. Betroffen sind vor allem junge Bäume im Stangenholzalter. Die Rindenverletzungen ziehen bei der Fichte lebenslang nachwirkende Fäulnisschäden nach sich. Bei überhöhten Wildbeständen können aber auch Buchen- und Kiefernwälder stark geschädigt und zum Absterben gebracht werden.

## 3 Nagespuren

Neben den Hasen können auch Wildkaninchen und Mäuse glattrindigen Gehölzen arg zusetzen, indem sie die Rinde fleckenweise oder rund um den Stamm abnagen. Stammumfassende Nageschäden führen in der Regel zum Absterben der Pflanze.

## 4 Wildverbiß

Der Verbiß junger Forstplanzen, d.h. das Abäsen von Blättern, Nadeln, Knospen und Trieben durch Rotwild, aber ebenso auch durch Reh-, Dam-, Sika- und Muffelwild kann katastrophale Ausmaße annehmen, wenn der Wildbestand stark überhöht oder das Nahrungsangebot insgesamt zu gering ist. Durch Verbiß der Spitzentriebe wird nicht selten der Höhenwuchs der Gehölze unterbunden. Nadelgehölze wirken oft heckenartig geschoren.

## 5 Malbaum

Sogenannte Malbäume findet man in der Nachbarschaft von nassen, schlammigen Stellen, wo sich die Wildschweine suhlen und anschließend durch Scheuern an glatten Stämmen wieder reinigen. Auf diese Art treiben sie Körperpflege und entledigen sich dabei auch eines Teils ihrer Parasiten.

## 6 Baumfällung

Wenn der Biber einen Baum fällt, setzt er seine oberen Nagezähne quer zum Stamm wie einen Hobel an. Mit seinem kegelförmigen Anschnitt sieht der Stamm so aus, als hätte ihn ein Holzfäller mit der Axt bearbeitet. Bei den Bäumen, die bis zu einem Durchmesser von mehr als 20 cm gefällt werden, handelt es sich zumeist um Weichhölzer wie Weiden, Pappeln, Birken und Erlen.

## 7 Umbrochenes Grünland

Hier waren Wildschweine am Werk, die beim Wühlen nach Wurzeln und Bodentieren den Boden mit ihrem versteiften „Rüssel“ aufgewühlt haben.

## 8 Plätzstelle

Das Scharren des Rehs mit den Vorderhufen wird als „plätzen“ bezeichnet. Der Rehbock plätzt in der Brunftzeit, das Rehwild allgemein vor dem Hinlegen und bei der Nahrungssuche, vor allem wenn Schnee liegt.

## 9 Wildwechsel

Fast alle größeren Säugetiere bewegen sich keineswegs frei in ihrem Lebensraum, sondern fast immer nur auf bestimmten, häufig benutzten Pfaden, den Wildwechseln. Dieser Wildwechsel stammt von Rehen.

1
2
3
4
5
6
7
8
9

Die Amphibien (Lurche) sind nicht nur zum Schutz gegen Austrocknung an Wasser und Orte hoher Luftfeuchtigkeit gebunden, sie benötigen auch fast ausnahmslos das Wasser zur Fortpflanzung.

Die Männchen haben kein Begattungsorgan. Bei den Schwanzlurchen werden die Körperöffnungen gegeneinander gepreßt oder die Spermien in Form einer Kapsel (Spermatophore) vom Weibchen übernommen. Bei den Froschlurchen wird der Laich beim Austritt aus dem Körper des Weibchens vom Männchen besamt.

Die Schwanzlurche kleben ihre Eier einzeln an Blätter von Wasserpflanzen; bei den Salamandern erfolgt allerdings die Entwicklung bis zur Larve bzw. bis zum Jungtier im Körper des Weibchens. Die Froschlurche geben ihre Eier in der Regel als zusammenhängende Laichklumpen oder Laichschnüre ab. Die gallertig verquollenen Eihüllen sorgen für den Zusammenhalt.

Bei der **Erdkröte** (**1**) kann die Laichschnur bis zu 4 m lang sein und 4000–6000 Eier umfassen. Das Weibchen wickelt sie um Wasserpflanzen oder um Äste, die im Wasser liegen.

Der **Grasfrosch** (**2**) setzt im flachen Wasser einen etwa 10 cm großen, bis zu 4000 Eier enthaltenden Laichklumpen ab, der sein Volumen durch Wasseraufnahme deutlich vergrößert. Schon bald darauf steigt der Laichklumpen an die Wasseroberfläche empor. Hier ist das Wasser normalerweise wärmer, allerdings im Februar/März die Gefahr noch nicht auszuschließen, daß bei erneuter Eisbildung die oberflächennächsten Eier einfrieren und absterben.

Das **Kammolch**-Weibchen wickelt seine über 100 Eier einzeln in submerse Blättchen oder andere Pflanzenteile ein. In ihnen entwickeln sich – dank der Transparenz der Eihüllen gut sichtbar – relativ rasch die Embryonen (**3**).

Die als Kaulquappen bekannten Larven der Amphibien sehen, wenn sie die Eihüllen gesprengt haben, ganz anders aus als die erwachsenen Artgenossen. Sie haben keine Extremitäten, dafür aber einen Ruderschwanz mit hohem Flossensaum. Mit ihren Kiemen, die bei den Schwanzlurchen wie bei der **Molch-Larve** (**4**) außen sichtbar, bei den Froschlurchen dagegen innen sind, erinnern sie eher an Fische als an die eigenen Eltern. In besonders kalten Gewässern und in Höhenlagen, in denen die Dauer der warmen Jahreszeit zur vollen Entwicklung und zur Umwandlung der Larven nicht ausreicht, können Amphibien als Larven überwintern und dabei sogar – wie z.B. im Falle des Bergmolchs – zur Geschlechtsreife gelangen. Dieses Phänomen wird in der Fachsprache als Neotenie bezeichnet.

Die Kaulquappen der **Erdkröte** (**5**) bilden dichte Schwärme. Sie sind schwarz und haben ein gerade nach hinten gerichtetes Kiemenloch auf der linken Körperseite.

Der Schwanz der **Grasfrosch**-Kaulquappe (**6**) nimmt höchstens zwei Drittel der Gesamtkörperlänge ein. Das Kiemenloch ist auf der linken Seite des Rumpfes und nach hinten und aufwärts gerichtet. Die Larven der eigentlichen Froscharten (Gattung *Rana*) sind einander recht ähnlich.

Lage und Ausrichtung des Kiemenlochs des **Laubfrosch** (**7**) entsprechen den *Rana*-Arten. Abweichend ist der vorn bis in die Höhe der Augen reichende Schwanz-Hautsaum.

Während sich bei den Froschlurchen zu Beginn der Umwandlung zum erwachsenen Frosch bzw. zur Kröte (Metamorphose) zuerst die Hinterbeine ausbilden, sind es bei den Schwanzlurchen zuerst die Vorderbeine.

Beim **Feuersalamander** (**8**) aber ist alles anders. Die Übergabe der Spermatophore erfolgt an Land oder im Wasser, die Geburt der 15–50 Larven – wie das Schlüpfen der Kaulquappen aus dem Ei – im Wasser. Die Feuersalamander-Larven tragen wie die Molch-Larven zahlreiche äußere Kiemen. Sie sind an einem gelben Fleck am Beinansatz und an ihren sofort gut ausgebildeten Gliedmaßen zu erkennen. Trotzdem bleiben sie noch 2–3 Monate im Wasser, bis sie sich verwandeln und an Land gehen.

Nimmt der Feuersalamander schon wegen seiner lebendgeborenen Larven (Viviparie) eine Sonderstellung unter den Amphibien ein, so legt der Alpensalamander noch eins drauf. Sein Weibchen gebiert nicht Larven, sondern zwei vollständig entwickelte und sogleich lungenatmende Jungtiere. Er ist praktisch vom Wasser unabhängig.

1
2
3
4
5
6
7
8

# Vogelnester

## 1 Flußregenpfeifer
(vgl. S. 146)

Sein Nest ist auf dem nackten Boden zwischen Steinen und meist nur spärlicher Vegetation nur schwer zu finden. Es ist eine flache Mulde, die manchmal mit einigen Halmen, Steinchen oder Muschelschalen ausgelegt wird. In der Regel umfaßt das Gelege 4 weißliche bis rostfarbene Eier mit kleinen Punkten und Flecken.

## 2 Kiebitz
(vgl. S. 146)

Der Kiebitz bevorzugt zur Brut kurzrasige Wiesen und Weiden, noch unbestellte Felder und Äcker mit gerade auflaufender Wintersaat. Als Nest dreht er eine flache Mulde in den Boden. Von Fall zu Fall verwendet er Nistmaterial oder verzichtet ganz darauf. Im Abstand von 1–2 Tagen legt der Kiebitz in der Regel 4 gelbbraune bis braunolive Eier mit dunkleren Punkten, Flecken oder Strichellinien. Sie sind durch Walzen und Abschleppen gefährdet.

## 3 Stockente
(vgl. S. 120)

Die Neststandorte der Stockente sind sehr unterschiedlich: einmal am Boden in dichter Vegetation, zum anderen in Baumhöhlen, in Kopfbäumen, Astgabeln und alten Baumnestern anderer Vögel. Das Weibchen baut eine Mulde aus Pflanzenmaterial und polstert sie mit Halmen, Dunen und Federn aus. Die 8–10 grünlichen Eier werden vor Brutbeginn und beim Verlassen des Nestes mit Dunen abgedeckt.

## 4 Haubentaucher
(vgl. S. 104)

Beide Partner schichten meistens im lockeren Röhricht oder in Schwimmblattrasen einen Haufen aus feuchtem Pflanzenmaterial auf, der oft frei schwimmt. Die faulen Pflanzenstoffe geben dem Nest Auftrieb und erhöhen möglicherweise auch die Nesttemperatur. In jedem Falle sorgen sie dafür, daß die anfangs nahezu weißen Eier, die beim Verlassen des Nestes zugedeckt werden, nach einiger Zeit bräunlich gefärbt und recht gut getarnt sind.

## 5 Teichhuhn
(vgl. S. 142)

Teichhuhnnester kann man sowohl in der Ufervegetation dicht über dem Wasser als auch etwas höher im Ufergebüsch antreffen. Sie sind aus verflochtenem Pflanzenmaterial recht stabil gebaut; die Nestmulde ist mit feinen Halmen ausgelegt. Das Gelege besteht aus 8–10 Eiern, die auf hellgrauem bis grünlichem Grund rotbraun getupft sind.

## 6 Singdrossel
(vgl. S. 74)

Als einen wohlgeformten Napf aus Gräsern, Würzelchen, Welklaub und Moosen, der innen mit Lehm oder Holzmulm gehärtet und geglättet ist, kann man das Singdrosselnest beschreiben. Man findet es auch noch im Winter gut erhalten in niedrigen Bäumen und Sträuchern. Die 4–6 Eier sind stahlblau und nur sparsam getupft.

## 7 Graureiher
(vgl. S. 108)

Reiherhorste haben oft einen Durchmesser von über 1 m und sind nur ausnahmsweise einzeln, in der Regel in Kolonien anzutreffen. Als Nistmaterial dienen Äste und Zweige, für den Innenausbau auch feineres Pflanzenmaterial. Im Laufe der Zeit wachsen die jährlich wiederbenutzten Horste durch ständigen Ausbau sowohl in die Höhe als auch in die Breite.

## 8 Habicht
(vgl. S. 132)

Hoch in Bäumen – meistens in Stammnähe – baut das Habicht-Pärchen seinen großen, groben Horst aus totem Geäst. Er wird mit belaubten bzw. benadelten Zweigen ausgelegt, die während der Brutzeit an den Horsträndern immer wieder erneuert oder ergänzt werden. Daran ist in der Regel ein besetzter Habichthorst zu erkennen.

1

2

3

4

5

6

7

8

## 1 Elster
(vgl. S. 92)

Elsternkobel gehören schon wegen ihrer runden Form und ihrer Größe zu den bekanntesten Vogelnestern. Sparrige Zweige bilden hier die Unterlage für eine haubenartige Überdachung aus lockerem Geäst, das meistens von Dornsträuchern stammt. Der eigentliche Brutnapf ist mit einer Lehmschicht ausgekleidet, in die feine Würzelchen, Pflanzenfasern und Haare eingearbeitet sind. Der seitliche Eingang des Elsternkobels ist vom Boden aus meistens nicht zu erkennen. Die Elstern brüten nur einmal im Jahr im April, haben aber gelegentlich noch relativ spät im Jahr Nachgelege.

## 2 Schwanzmeise
(vgl. S. 84)

Diese besonders kunstvoll gebauten Nester findet man meistens in dichtem Gebüsch nur wenige Meter über dem Boden. Ein solches geschlossenes, meist eiförmiges Nest hat immerhin einen Durchmesser von 10–12 cm und einen seitlichen Eingang. Als Nistmaterialien dienen Moose, wollige Pflanzenstoffe, Haare und Spinnweben, die zu einem dichten Gespinst miteinander verfilzt werden. Die helle, fast weiße äußere Verkleidung paßt das Nest hervorragend der Umgebung an. Die 8–10 Eier erscheinen weiß; nur bei näherem Hinsehen sind feine rostrote Flecken erkennbar.

## 3 Fitis
(vgl. S. 80)

Die Laubsänger gehören zu den Arten, die am oder dicht über dem Boden brüten. Die Nester sind überdacht und mit einem seitlichen Eingang versehen. Das Fitisweibchen baut allein und verwendet vor allem Gräser, Stengel und Moos, bringt aber auch morsche Holzstückchen und kleine Wurzeln mit ein.

## 4 Beutelmeise
(vgl. S. 84)

Das perfekteste Beutelnest unterscheidet sich vom Nest der Schwanzmeise schon dadurch, daß es an der äußersten Spitze eines dünnen Zweiges hängt. Oft handelt es sich um Weidenäste, die sich neigen, so daß das Nest nur noch 1–2 m von der Wasseroberfläche entfernt ist. Aus Fasern und Halmen fertigt das Beutelmeisen-Pärchen innerhalb von 2 Wochen zunächst eine hängende Schleife. Dann ergänzt es auf der einen Seite den birnenförmigen Beutel, auf der anderen Seite die schräg nach unten gerichtete Eingangsröhre. Mit Durchmessern von 12 und 20 cm übertrifft das Beutelmeisennest noch das große und kunstvolle Nest der Schwanzmeise. Die dicke Außenverkleidung besteht aus einem Filz u.a. aus der Pflanzenwolle von Weiden- und Pappelsamen.

## 5 Teichrohrsänger
(vgl. S. 78)

Der Teichrohrsänger brütet vorzugsweise in reinen Röhrichten. Er hängt sein Nest überaus geschickt zwischen 2–4 aufrecht stehenden Schilfhalmen auf, meistens nur 1 m über dem Wasserspiegel. Das etwa 6 cm tiefe, zylinderförmige Körbchen besteht aus Blättern und Halmen von Schilf, Binsen, Seggen sowie aus Moosen. Als Füllmaterialien dienen Samenhaare und Spinnweben. Wenn das Nest an jungen Schilfhalmen befestigt ist, kommt es vor, daß es von den wachsenden Halmen emporgehoben wird.

## 6 Mehlschwalbe
(vgl. S. 58)

Wie die Rauch- und die Felsenschwalben, so bauen auch die Mehlschwalben Nester aus Lehmerde, die mit Speichel vermischt und mit einigen Hälmchen durchsetzt ist. Das Besondere der viertel- bis halbkugeligen Mehlschwalbennester ist, daß sie oben immer an eine Wand stoßen und daß dadurch nur ein etwa 4 cm breites, ovales Einflugloch frei bleibt. Ursprünglich an Felsen und Klippen, sind inzwischen die „Kunstfelsen“ unserer Kulturlandschaft der bevorzugte Neststandort. Im Gegensatz zu den Rauchschwalben, die in Gebäuden brüten, bauen die Mehlschwalben ihre Nester unter Dachvorsprüngen außen an Gebäuden.

1

2

3

4

5

6

## 1 Buntspecht
(vgl. S. 170)

Der Bauherr, in diesem Falle der Buntspecht, meißelt im Laufe der Jahre Bruthöhlen über den Eigenbedarf hinaus. Hier sind Fledermäuse die Nutznießer. Buntspechthöhlen findet man vor allem in kernfaulen Bäumen und in Weichhölzern. Sie haben ein rundes Einflugloch mit etwa 5 cm Durchmesser, einen kleinen Gang und eine bis zu 30 cm tiefe und bis zu 15 cm breite Brutkammer.

## 2 Kleiber
(vgl. S. 84)

Hier waren zuvor andere Mieter. Der Kleiber hat die Bruthöhle übernommen und das Einflugloch seinen Körpermaßen angepaßt, indem er es rundum mit lehmiger Erde verklebte (Kleiber = Kleber).

## 3 Steinkauz
(vgl. S. 176)

Der Steinkauz bevorzugt Baumhöhlen, vor allem solche in Kopfweiden und alten Obstbäumen, manchmal auch in Mauerlöchern, nimmt aber auch eigens für ihn konstruierte künstliche Nisthilfen an.

## 4 Kohlmeise
(vgl. S. 82)

Von Spechthöhlen bis zu Briefkästen und Löchern in Metallrohren von Ampelanlagen gibt es wohl kaum einen Typ von Hohlräumen, in dem nicht bereits Kohlmeisen gebrütet haben. Auch künstliche Nisthilfen wie dieser Holzbetonkasten werden gern angenommen. Das Einflugloch muß einen Mindestdurchmesser von etwa 32 mm haben.

## 5 Gartenbaumläufer
(vgl. S. 86)

Die beiden heimischen Baumläuferarten sind Spaltenbrüter. Sie nisten vorzugsweise hinter lockerer, abstehender Rinde oder in Holzspalten an durch Wind- oder Schneebruch geschädigten Bäumen. Nistkästen speziell für Baumläufer weisen einen Schlitz an der den Stamm berührenden Seite auf, so daß der stammaufwärts laufende Vogel leicht hineinschlüpfen kann.

## 6 Grauer Fliegenschnäpper
(vgl. S. 70)

Diese Art wählt sehr unterschiedliche Neststandorte. Nur etwas nischenartig müssen sie sein. So findet man Grauschnäppernester in weit geöffneten Asthöhlen, hinter Rindenspalten und an von Efeu oder Lianen dicht umwachsenen Stämmen ebenso wie an Hauswänden, Spalieren, auf Fensterbänken und in eigens für Halbhöhlenbrüter aufgehängten Nistkästen.

## 7 Hausrotschwanz
(vgl. S. 70)

Als typischer Halbhöhlenbrüter nimmt der Hausrotschwanz außer den für ihn aufgehängten Kunsthöhlen an Hauswänden auch Mauerlöcher an Gebäuden und natürliche Felsspalten als Nistplätze an.

## 8 Uferschwalbe
(vgl. S. 58)

Steilhänge an Prallufern von Bächen und Flüssen und in Sand- und Kiesgruben sind geeignete Orte für Brutkolonien der Uferschwalbe, die mit Schnabel und Füßen einen bis zu 80 cm tiefen Gang mit einem Durchmesser von etwa 5 cm in den Boden gräbt. An dessen Ende befindet sich in einer Mulde das mit Halmen und Federn ausgelegte Nest.

## 9 Eisvogel
(vgl. S. 168)

Vorzugsweise in Steilwänden unmittelbar am Bach- oder Flußufer, manchmal auch etwas davon entfernt, baut der Eisvogel seine Brutröhre, die etwa dieselben Maße aufweist wie die der Uferschwalbe. Kotflecken und Gewölle aus Gräten und Schuppen von Fischen unter dem Einflugloch und unter benachbarten Sitzplätzen weisen darauf hin, daß die Brutröhre besetzt ist.

1
2
3
4
5
6
7
8
9

## 1 Polypenlaus
*Kerona polyporum*

L –0,2 mm
**Kennzeichen:** Nierenförmiger Einzeller, mit vielen Wimpern.
**Vorkommen:** Lebt an verschiedenen Arten von Süßwasserpolypen.
**Wissenswertes:** Einer der wenigen Einzeller mit deutschem Namen. Er ist aber kein Parasit, sondern verzehrt Nahrungsreste der Polypen. Er gehört wie die Pantoffeltierchen zu den Wimpertierchen. Andere bekannte Gruppen der Einzeller sind z.B. die Amöben und die Sonnentierchen.

## 2 Bohrschwamm
*Cliona celata*

Jan.–Dez.
**Kennzeichen:** Goldgelb, manchmal orange gefärbt.
**Vorkommen:** In Schalen von Mollusken oder in Kalkgestein, zu finden am Spülsaum oder im Watt.
**Wissenswertes:** Meist wird man nicht die Bohrschwämme, sondern nur die Spuren ihrer Tätigkeit sehen, und zwar als bis zu 3 mm durchmessende Löcher in Schalen von Meeresmuscheln und -schnecken (**2b**). Der Schwamm schafft sich ein Höhlensystem, das er mit seinem Körper durchzieht. So braucht er kein eigenes Skelett herzustellen. Aus den Löchern ragen meist kleine Teile des Schwammes hervor. Von dort werden Nahrungspartikel und Atemwasser in den Körper gestrudelt.

## 3 Süßwasserschwamm
*Spongilla lacustris*

Jan.–Dez.
**Kennzeichen:** Meist verzweigt, in stark strömendem Wasser, krustig, starker Geruch.
**Vorkommen:** In Flüssen, Seen und Teichen auf Baumwurzeln und Steinen.
**Wissenswertes:** Im Süßwasser kommen im Vergleich zum Meer nur relativ wenige Schwammarten vor. Die Art lebt oft mit symbiontischen Algen zusammen und ist durch sie häufig grün gefärbt.

## 4 Milchweiße Planarie
*Dendrocoelum lacteum*

L –25 mm Jan.–Dez.
**Kennzeichen:** Milchweiß gefärbt, abgestutztes Kopfende, 2 Augen.
**Vorkommen:** Lebt in stehenden und fließenden Gewässern.
**Wissenswertes:** Typischer Strudelwurm, mit wimpernbesetzter Unterseite. Die gleitende Fortbewegung kommt durch Wimpernschlag zustande. Sie können mit besonderen Drüsen Schleim produzieren, der von den über 150 heimischen Arten unterschiedlich genutzt wird, z.B. als Schutz vor Austrocknung, zum Beutefang oder zur Feindabwehr.

## 5 Fadenwurm
*Klasse Nematodes*

L je nach Art wenige mm bis > 1 m
**Kennzeichen:** Fadenartig, weißlich gefärbt.
**Vorkommen:** Im Erdboden und schlammigen Gewässergrund, sowohl im Süßwasser wie im Meer.
**Wissenswertes:** Extrem artenreiche Klasse mit mehr als 100 000 Arten, manche Schätzungen gehen sogar von mehreren Millionen Arten aus. Der Körper ist langgestreckt und ungegliedert. Viele Fadenwürmer leben auch parasitär. Zu den bekanntesten Parasiten beim Menschen gehören die Trichine *Trichinella spiralis* und der Spulwurm *Ascaris lumbricoides*. Ein häufiger Pflanzenparasit ist *Tylenchus tritici*, das Weizenälchen.

## 6 Rädertier
*Asplanchna* spec.

L 0,4–1,2 mm
**Kennzeichen:** Durchsichtig, blasenförmiger Körper.
**Vorkommen:** Im Plankton von Weihern und Seen.
**Wissenswertes:** Rädertiere sind mikroskopisch kleine Rundwürmer, die wegen ihrer geringen Größe oft für Einzeller gehalten werden. Es handelt sich aber um Vielzeller, deren Körper in Kopf, Rumpf und Fuß gegliedert ist und bei denen verschiedene Organsysteme ausgebildet sind.

1
2a
3
2b
4
5
6

## 1 Ohrenqualle
*Aurelia aurita*

D 10–40 cm Jan.–Dez.
**Kennzeichen:** Um das Zentrum des Schirmes sind 4 halbkreisförmige Strukturen („Ohren"), die Geschlechtsorgane der Qualle, angeordnet.
**Vorkommen:** In Nord- und westlicher Ostsee häufig, auch im Mittelmeer.
**Wissenswertes:** Quallen lassen sich häufig im Meer treiben, oft in großen Schwärmen. Sie können aber auch aktiv mit der Glocke voran schwimmen. Dazu kontrahieren sie den Körper ruckartig und dehnen ihn genauso wieder aus. Die Nahrung besteht hauptsächlich aus Plankton, manchmal auch aus Krebsen und kleinen Fischen.

## 2 Kompaßqualle
*Chrysaora hysoscella*

D 15–30 cm Jan.–Dez.
**Kennzeichen:** Unverkennbar durch 16 braune Winkel auf dem gelblichen Schirm.
**Vorkommen:** Nordsee, Atlantik und Mittelmeer.
**Wissenswertes:** Quallen sind die geschlechtliche Generation der Nesseltiere. Aus den Eiern schlüpfen die sogenannten Planula-Larven, die bewimpert sind. Sie schwimmen zunächst frei umher, heften sich dann aber auf einer festen Unterlage an. Aus ihnen wachsen dann Polypen mit Fangarmen als ungeschlechtliche Generation heran (ähnlich Süßwasserpolyp). Durch Querteilung entstehen aus diesen mehrere, zunächst winzige Quallen.

## 3 Feuerqualle
*Cyanea capillata*

D 20–50 (–100) cm Jan.–Dez.
**Kennzeichen:** Schirm meist rötlich bis braun oder orange, über 1000 Tentakeln.
**Vorkommen:** Nordsee und Atlantik.
**Wissenswertes:** Als Feuerquallen werden mehrere stark nesselnde Quallenarten bezeichnet, die mit ihren Nesselzellen oft stundenlang brennenden Schmerz verursachen können, wenn man mit ihnen in Berührung kommt. Die Wahrscheinlichkeit ist nicht gering, denn die Fangfäden der Qualle durchdringen einen Wasserraum von mehreren Kubikmetern. Auch am Strand sind die Nesselzellen noch nach Stunden gefährlich. Eine weitere an der Nordseeküste sehr häufige, stark nesselnde Art ist die Blaue Nesselqualle (*Cyanea lamarcki*), die nur einen Durchmesser von 15–20 cm hat.

## 4 Blumenkohlqualle
*Rhizostoma octopus*

D –60 cm Jan.–Dez.
**Kennzeichen:** Hochgewölbter Schirm, bläulich oder milchig weiß gefärbt. Keine Tentakeln am Rand. Unter dem Schirm krause, blumenkohlartige Lappen.
**Vorkommen:** In Nord- und Ostsee, vor allem im Herbst in Küstennähe.
**Wissenswertes:** Eine Art, die nicht nesselt. Sie gehört zur Familie der Wurzelmundquallen, die keine tentakelartigen Anhänge zwischen den Mundarmen besitzen. Sie wird auch Blaue Lungenqualle genannt. Durch feine Poren in den 8 teilweise verwachsenen Mundlappen wird bis zu 0,5mm durchmessendes Plankton aufgesogen. Wie alle Quallen besteht sie zu ca. 98% aus Wasser.

## 5 Meerstachelbeere
*Pleurobrachia pileus*

D –3 cm Jan.–Dez.
**Kennzeichen:** Etwa weintraubengroß, durchscheinend, mit 8 Längsstreifen. 2 lange Fangfäden ohne Nessel-, aber mit Klebezellen.
**Vorkommen:** An den Küsten von Nord- und Ostsee manchmal massenhaft.
**Wissenswertes:** Häufigster bei uns zu beobachtender Vertreter der Rippenquallen (*Ctenophora*), auch Kugelrippenqualle oder Seestachelbeere genannt, die im Gegensatz zu den meisten der vorstehend aufgeführten Arten Zwitter sind und sich nur geschlechtlich fortpflanzen. Sie ernähren sich von Plankton, das an den klebrigen Fangfäden hängenbleibt. Die Längsstreifen werden durch wimpernbesetzte Plättchen gebildet, die der Fortbewegung dienen.

1a
1b
2
3
4a
4b
5

## 1 Pferdeaktinie
*Actinia equina*

L –7 cm Jan.–Dez.

**Kennzeichen:** Rot, an dunklen Standorten auch rotbraun bis grün, die bis zu 192 Tentakeln (bei jüngeren Tieren weniger) sind in 6 Kreisen angeordnet.

**Vorkommen:** Vor allem an Felsen in Nordsee und Atlantik, aber auch an Buhnen, Steinschüttungen, Hafenmauern usw. zu finden.

**Wissenswertes:** Bei Niedrigwasser ziehen sich die Tiere zusammen (**1a**) und überdauern halbkugelig die Trockenperiode. Bei entsprechender Luftfeuchtigkeit können sie mehrere Tage außerhalb des Wassers überleben. Sie sind nicht völlig bewegungsunfähig, sondern können sehr langsam kriechend ihren Standort verändern. Ihre Beute fangen sie ähnlich wie die Quallen mit Hilfe von Nesselzellen an den Tentakeln. Und wie diese gehören auch die Blumentiere *(Anthozoa)* zum Stamm der Nesseltiere. Viele Nesseltiere haben in ihrem Lebenszyklus ein den Quallen ähnliches Medusenstadium, die Blumentiere aber nicht. Sie können sich durch Teilung ungeschlechtlich vermehren. Bei geschlechtlicher Vermehrung verläuft die Entwicklung vom Ei über ein freischwimmendes Larvenstadium zum fertigen Tier. Die Pferdeaktinie bringt sogar lebende Nachkommen zur Welt.

## 2 Wachsrose
*Anemonia viridis*

D –12 cm

**Kennzeichen:** Meist graugrün, oft mit violetten Tentakelspitzen; die etwa 200 Tentakeln sind verglichen mit denen der Pferdeaktinie lang und dünn.

**Vorkommen:** Vor allem auf Steinen und Felsen, in Gezeitentümpeln.

**Wissenswertes:** Tiere, die in tieferem Wasser leben, wo es entsprechend dunkler ist, sind weiß gefärbt. Die Grünfärbung ist auf Grünalgen zurückzuführen, die im Unterhautgewebe der Wachsrosen leben. Hier haben wir es mit einer Symbiose zu tun. Die Algen stellen vor allem Kohlenhydrate her, die der Wachsrose als Zusatznahrung willkommen sind. Die Algen werden von der Wachsrose vor allem mit Kohlendioxid (aus der Atmung) versorgt. Mit ihren Tentakeln fängt die Wachsrose aber auch Fische und andere Tiere.

## 3 Grüner Süßwasserpolyp
*Hydra viridis*

L 1–1,5 cm

**Kennzeichen:** Schlauchförmiger, innen hohler Körper mit 6–12 Fangarmen (kürzer als der Körper), grün gefärbt.

**Vorkommen:** In Stillgewässern.

**Wissenswertes:** Die Fangarme oder Tentakeln enthalten Nesselkapseln, mit denen die Beutetiere, z.B. Wasserflöhe, gelähmt werden. Süßwasserpolypen vermehren sich oft ungeschlechtlich durch Knospung. Die Knospen wachsen zu kleinen Polypen heran, die sich dann vom Körper ablösen. Unter bestimmten Bedingungen vermehren sie sich auch geschlechtlich, wobei aus den Eiern fertig entwickelte, kleine Polypen schlüpfen. Mit ihrer Fußscheibe können sie auch langsam kriechen. Die grüne Farbe beruht auf symbiontischen Grünalgen (vgl. Wachsrose).

## 4 Seerinde
*Membranipora membranacea*

Einzeltier ca. 0,5 mm, Kolonie –20 cm

**Kennzeichen:** Grauweiße, dünne Krusten mit netzartiger Struktur.

**Vorkommen:** Auf festen Unterlagen wie Muschelschalen, Krebspanzern, Schiffsrümpfen und Tangen zu finden.

**Wissenswertes:** Die Seerinde gehört zu den Moostierchen (*Bryozoa*). Was man zunächst mit bloßem Auge erkennt, ist eine Kolonie (**4a**) aus Tausenden von Einzeltieren (**4b**), die jeweils nur etwa einen halben Millimeter groß sind. Sie sitzen in nahezu rechteckigen Gehäusen. Mit Hilfe einer sogenannten Tentakelkrone filtrieren sie feinste Nahrungspartikel aus dem Wasser. Die Tentakeln können eingezogen und die Öffnung der Wohnkapsel mit einem Deckel verschlossen werden. Die Tiere können sich sowohl ungeschlechtlich durch Knospung als auch geschlechtlich fortpflanzen. Sie sind Zwitter, nach der Selbstbefruchtung reift die Larve zunächst im Elterntier heran.

1a

1b

2

3

4b

4a

## 1 Wandermuschel
*Dreissena polymorpha*

L 2–4 cm Jan.–Dez.
**Kennzeichen:** Gelbbraun mit dunkelbraunen Streifen, Schalen mehr oder weniger dreieckig, deshalb auch Dreiecksmuschel genannt (wie auch das Sägezähnchen, s. nächste Seite).
**Vorkommen:** Ursprünglich heimisch im Einzugsbereich des Schwarzen und Kaspischen Meeres. Von dort aus wurden in den vergangenen Jahrzehnten weite Teile Europas besiedelt (Wandermuschel!), wohl vor allem durch den Transport mit Schiffen. Heute ist sie bei uns in vielen Flüssen, Seen und Kanälen zu finden.
**Wissenswertes:** Mit hornartigen Sekretfäden (Byssusfäden) aus einer Fußdrüse heften sich Wandermuscheln an Steinen, Pfählen und oft auch an den Spundwänden von Kanälen fest. Aus den im freien Wasser befruchteten Eiern schlüpfen Schwimmlarven, die sich nach einigen Wochen am Untergrund festsetzen. In vielen Gewässern spielen sie heute eine wichtige Rolle als Nahrung von Wasservögeln, insbesondere für Tauchenten wie die Reiher- und die Tafelente. Diese können über 2000 Wandermuscheln pro Tag fressen.

## 2 Erbsenmuschel
*Pisidium* spec.

L –10 mm Jan.–Dez.
**Kennzeichen:** Klein, braun oder gelblichweiß gefärbt.
**Vorkommen:** Weit verbreitet in stehenden und fließenden Gewässern.
**Wissenswertes:** Die kleinen Muscheln kommen in den verschiedensten Gewässertypen vor, sind aber meist nur bei genauer Suche zu finden. Im Mitteleuropa leben etwa 20 verschiedene Arten, die nur sehr schwer zu bestimmen sind.

## 3 Fluß-Perlmuschel
*Margaritifera margaritifera*

L –15 cm Jan.–Dez.
**Kennzeichen:** Schalen schwarz, langgestreckt, nierenförmig, mit flachem Wirbel.
**Vorkommen:** Weit verbreitet in Mittelgebirgsbächen und -flüssen in der gesamten Holarktis, heute aber vielerorts selten, in Deutschland nur noch Restvorkommen.
**Wissenswertes:** Fluß-Perlmuscheln sind heute überall stark gefährdet, in vielen Bereichen Mitteleuropas sogar schon ausgestorben. Ursachen sind Ausbau und Verschmutzung von Fließgewässern, der Bau von Fischteichen, Perlräuberei und der Saure Regen. Die Tiere können über 100 Jahre alt werden. Erst mit etwa 20 Jahren werden sie geschlechtsreif. Ein Weibchen kann in einer Fortpflanzungsperiode mehrere Millionen Larven absetzen. Die meisten gehen bald zugrunde, denn sie können nur überleben, wenn sie in die Kiemen von Forellen oder Lachsen gelangen. Dort entwickeln sie sich parasitisch zu winzigen, nur einen halben Millimeter großen Jungmuscheln. Nach einigen Wochen verlassen sie die Fische, die weitere Entwicklung erfolgt dann im Bachboden. Fluß-Perlmuscheln ummanteln Fremdkörper mit Perlmutt; nach mehreren Jahrzehnten können so schöne Perlen entstehen.

## 4 Große Teichmuschel
*Anodonta cygnea*

L –20 (–26) cm Jan.–Dez.
**Kennzeichen:** Dünnwandige, bräunlich gefärbte Schale, Innenseite mit starkem Perlmuttglanz.
**Vorkommen:** In Stillgewässern Europas.
**Wissenswertes:** Die größten heimischen Muscheln sind Zwitter, die Brutpflege betreiben. Die Befruchtung findet anders als bei der Wandermuschel im Mantelraum statt. Die bis zu 600000 nur etwa 0,3 mm großen Larven leben anfangs zwischen den Brutkiemen und werden erst im folgenden Frühjahr ausgestoßen. Sie heften sich an Fische und leben zunächst parasitisch. Wie die Malermuscheln (Gattung *Unio*) dienen Teichmuscheln auch als Laichplatz des Bitterlings (s. S. 198). Ähnlich ist die Gemeine Teichmuschel *Anodonta anatina*, die vor allem in langsam fließenden Gewässern vorkommt. Wie alle Muscheln spielen sie eine bedeutende Rolle bei der Reinhaltung der Gewässer: Ein Tier kann pro Stunde mehr als 20 Liter Wasser filtrieren.

1a
1b
2
3a
3b
4

## 1 Miesmuschel
*Mytilus edulis*

L 6–8 (–11) cm Jan.–Dez.
**Kennzeichen:** Schwarzblau bis braunoliv gefärbt, ungleichseitig dreieckige Form. Innenseite silberweiß mit dunkelblauem Rand.
**Vorkommen:** Weit verbreitet im Nordatlantik und Nordpazifik, von der Gezeitenzone bis etwa 50 m Tiefe.
**Wissenswertes:** Eine der bekanntesten Muschelarten überhaupt, u a. auch deshalb, weil sie häufig gegessen wird. Miesmuscheln leben auf festem Untergrund wie Steinen, Pfählen (**1b**) und anderen Muschelschalen. Hier heften sie sich – wie schon bei den Wandermuscheln erwähnt – mit dem Byssus, einem in einer Drüse erzeugten Eiweißstoff, fest. Muschelbänke bestehen aus großen Mengen von Miesmuscheln, die sich gegenseitig mit ihren Byssusfäden festhalten. So können sie den Strömungen standhalten. Einzelne Muscheln werden oft an Land gespült oder versinken im Boden. Die Fortpflanzung erfolgt durch Abgabe von Eiern und Spermien direkt ins Wasser. Aus den befruchteten Eizellen entwickeln sich zunächst planktische Larven, die sich nach etwa 4 Wochen dann auf geeignetem Untergrund anheften. An günstigen Stellen können sich mitunter 10000 und mehr Tiere auf einem Quadratmeter ansiedeln. Das ist nicht weiter verwunderlich, denn ein Weibchen kann in jedem Jahr viele Millionen Eier erzeugen. Entsprechend groß ist allerdings auch die Anzahl der Freßfeinde, und nur ein winziger Bruchteil der Muscheln erreicht das Höchstalter von 10 Jahren. Im Wattenmeer werden in jedem Jahr mehrere 10000 Tonnen Miesmuscheln gefischt.

## 2 Islandmuschel
*Arctica islandica*

L –12 cm Jan.–Dez.
**Kennzeichen:** Schalen dick, fast kreisrund, braunschwarz gefärbt, innen weiß, manchmal auch rosa getönt.
**Vorkommen:** Im Atlantik und in der Nord- und Ostsee.
**Wissenswertes:** Islandmuscheln leben abwechselnd auf dem Grund und einige Zentimeter in den Boden eingegraben. Sie können in einer Stunde bis zu 7 Liter Wasser filtern.

## 3 Scheidenmuschel
*Ensis siliqua*

L –23 cm Jan.–Dez.
**Kennzeichen:** Sehr lange und schmale Schalen, leicht gebogen, Ober- und Unterrand nicht parallel.
**Vorkommen:** Von Norwegen bis ins Mittelmeer verbreitet, lebt vor allem in Feinsand; an der Nordsee relativ selten.
**Wissenswertes:** Größte der bei uns vorkommenden Arten der Gattung *Ensis* (Scheiden- oder Schwertmuscheln). Sie leben in Röhren im Boden nahe unter der Oberfläche, und zwar mit dem Hinterende nach oben. Sie können sich mit Hilfe ihres Fußes bei Beunruhigung tiefer in die Röhre zurückziehen. Fast genauso lang ist die seltenere Große Scheidenmuschel *(Ensis ensis)*. Sie unterscheidet sich von der Scheidenmuschel durch ihre stärker gebogene Schale.

## 4 Amerikanische Schwertmuschel
*Ensis directus*

L –17 cm Jan.–Dez.
**Kennzeichen:** Langes und schmales Gehäuse ähnlich der vorigen Art, Ober- und Unterrand aber nahezu parallel.
**Vorkommen:** Ursprünglich vor der Ostküste Nordamerikas, seit 1979 auch in der Nordsee; Schalen heute oft massenhaft am Strand zu finden.
**Wissenswertes:** Vermutlich wurden 1978 Larven mit Ballastwasser aus Nordamerika in die Nordsee verschleppt. Offensichtlich gab es hier für die Art ideale Lebensbedingungen, denn die Tiere vermehrten sich nahezu explosionsartig und besiedeln heute das gesamte Wattenmeer von Dänemark bis Holland. Vielfach ist die Amerikanische Schwertmuschel heute die häufigste Art der Gattung. Da sie in flacherem Wasser als die heimischen Arten lebt, gab es offensichtlich keine Konkurrenten. Mit ihrem Fuß graben sich diese Muscheln bis zu 1 m tief in Sandböden ein. Dazu schieben sie zunächst den Fuß voran, dann ziehen sie die Schale nach.

1a

1b

1c

2

3

4

## 1 Auster
*Ostrea edulis*

L –15 cm Jan.–Dez.

**Kennzeichen:** Sehr große, dickwandige Schalen mit blättriger Struktur, am Strand oft auch glattgeschliffen. Meist braun, oft auch mit rosa, grünen, roten oder violetten Flecken, Innenseite perlmuttartig glänzend.

**Vorkommen:** An allen europäischen Küsten außer im Norden und in der Ostsee, bei uns heute selten. Der Salzgehalt muß mindestens 19‰ betragen.

**Wissenswertes:** Austern haben als Nahrungsmittel eine erhebliche Bedeutung. Die meisten natürlichen Austernbänke sind längst ausgebeutet, deshalb werden sie schon seit langer Zeit gezüchtet. Dazu werden den Larven künstliche Anheftungsstellen (**1b**) geboten. Sie können auch trockenfallende Stellen besiedeln. Austern sind im Gegensatz zu den meisten anderen Muscheln Zwitter, sie können mehr als 2 Millionen Eier pro Jahr produzieren. Die Jungtiere werden nach einiger Zeit abgenommen und an günstigen Stellen zur weiteren Entwicklung ausgelegt. Austern können bis zu 30 Jahre alt werden, man erntet sie meist schon im Alter von 3 oder 4 Jahren.

## 2 Kammuschel
*Pecten maximus*

L –15 cm Jan.–Dez.

**Kennzeichen**: Sehr charakteristisch durch dreieckige Fortsätze vor und hinter dem Wirbel, Klappen ungleich – eine gewölbt, eine flach. Die obere, flache Klappe ist meist weiß mit rot-brauner Zeichnung, die untere Klappe ist braungelb.

**Vorkommen:** Häufig im Atlantik, in der Nordsee selten.

**Wissenswertes**: Kammuscheln können gut sehen; am Rand des Mantels sitzen zahlreiche Linsenaugen (**2b**), mit denen sie auch Feinde wie Seesterne erkennen können. Sie verlassen dann mit erstaunlicher Geschwindigkeit fluchtartig ihren Standort, indem sie Wasser aus der Schale pressen (Rückstoßprinzip). Im Mittelmeer findet man recht häufig die nahe verwandte Jakobs-Pilgermuschel *(Pecten jacobeus)*.

## 3 Sägezähnchen
*Donax vittatus*

L 2–4 cm Jan.–Dez.

**Kennzeichen:** Schale grünlich, gelblich oder braun, innen oft intensiv violett gefärbt. Auf der Innenseite ist der Unterrand der Schale fein gezähnt (Name!), ein Merkmal, das man leicht mit dem Fingernagel prüfen kann.

**Vorkommen:** In Sand- und Schlickböden von Nordsee, Atlantik und Mittelmeer, Schalen am Strand oft sehr häufig.

**Wissenswertes:** Wegen der charakteristischen Schalenform wird die Art oft auch Dreiecksmuschel genannt (nicht zu verwechseln mit der Wandermuschel, s.S. 234). Als oberflächennah lebende Art passiert es den Tieren häufig, daß sie von der Strömung freigelegt werden. Mit ihrem großen Fuß können sie sich innerhalb weniger Sekunden wieder vollständig eingraben.

## 4 Pfeffermuschel
*Scrobicularia plana*

L –6 cm Jan.–Dez.

**Kennzeichen:** Recht dünne Schalen, grau, z.T. mit gelblicher Haut, am Strand meist weiß. Wirbel fast in der Mitte.

**Vorkommen:** Auf schlammigen Böden in Atlantik und Nordsee, auch in westlicher Ostsee und im Mittelmeer, meist in der Gezeitenzone.

**Wissenswertes:** Pfeffermuscheln wurden früher auch gegessen, der Name weist auf einen scharfen Beigeschmack hin. Sie leben etwa 5 bis 15 cm tief im Wattboden in kleinen, mit Wasser gefüllten Höhlen. Mit dem kräftigen Grabfuß können auch sie sich schnell wieder eingraben, wenn sie freigespült werden. Die Muscheln besitzen 2 Siphonen zum Ein- bzw. Ausströmen von Wasser mit Nahrungs- bzw. Abfallpartikeln. Der Eintrömsipho wird über 30 cm lang und bei der Nahrungsaufnahme mehrere Zentimeter weit auf den Boden ausgefahren. Dabei entstehen typische sternförmige Muster, die z.B. im Watt auf das Vorkommen der Art hinweisen. Der Ausströmsipho mündet normalerweise mehrere Zentimeter vom Einströmsipho entfernt. Auf diese Weise wird das Einströmen von Abfallstoffen verhindert.

1a

1b

1c

2a

2b

4

3

## 1 Eßbare Herzmuschel
*Cerastoderma edule*

L –5 cm Jan.–Dez.
**Kennzeichen:** Schale weiß bis bräunlich mit bis zu 28 Rippen.
**Vorkommen:** Eine der häufigsten Arten an den Stränden von Nord- und Ostsee; lebt in Sand und Schlick bis etwa 10 m Wassertiefe.
**Wissenswertes:** Bei uns eine der dominierenden Arten, oft zu Hunderten auf nur einem Quadratmeter Wattboden. Erwachsene Herzmuscheln pumpen pro Tag etwa 10 l Wasser durch ihre Kiemen; nach Hochrechnungen filtrieren alle Herzmuscheln des Wattenmeeres zusammen mehrere hundert Milliarden Liter Wasser pro Tag! Herzmuscheln können bis zu 9 Jahre alt werden. Allerdings verhindert das meist eine Vielzahl von Feinden – von der Wellhornschnecke bis zur Silbermöwe. Austernfischer können pro Tag über 300 Herzmuscheln verzehren.

## 2 Teppichmuschel
*Venerupis rhomboides*

L –4,5 cm Jan.–Dez.
**Kennzeichen:** Eckig wirkende Schale, mit feinen, vom Wirbel ausgehenden Radiärstrahlen und konzentrischen Ringen.
**Vorkommen:** Vor allem in Sandböden.
**Wissenswertes:** Eine schön gezeichnete Art, von der man aber nur vergleichsweise selten intakte Schalen am Strand findet.

## 3 Nußmuschel
*Nucula nucleus*

L – 13 mm Jan. – Dez.
**Kennzeichen:** Umriß dreieckig, meist gelblich oder braun.
**Vorkommen:** In Sand und Schlickböden.
**Wissenswertes:** Eine von mehreren Nußmuschel-Arten der Nordsee, von denen einige in sehr großer Individuenzahl vorkommen und eine wichtige Nahrungsquelle für Bodenfische, z.B. Schollen, darstellen. Sie haben keine Siphonen, sondern strudeln Wasser mit Hilfe von Wimpern in die Mantelhöhle und zu den Kiemen. Zur Nahrungsaufnahme dienen vor allem mit Wimpern besetzte Fortsätze der Mundlappen, mit denen die Muscheln den Boden abtasten.

## 4 Rote Bohne
*Macoma baltica*

L –3 cm Jan.–Dez.
**Kennzeichen:** Mit ihrer glänzend rot gefärbten Innenseite ist sie eine der attraktivsten Arten für Muschelsammler. Die Oberseite ist rot mit weißen Bändern, oft auch weiß oder gelblich gefärbt.
**Vorkommen:** Weit verbreitet in Atlantik, Nordsee und westlicher Ostsee.
**Wissenswertes:** Der wissenschaftliche Name und der ebenfalls gebräuchliche Name Baltische Tellmuschel weisen auf das Vorkommen in der Ostsee hin. Die Tiere leben meist in Tiefen bis zu 10 m dicht unter der Bodenoberfläche, oft mehrere Hundert auf einem Quadratmeter. Mit ihrem langen Sipho saugen sie Nahrungspartikel ein. Dabei entstehen sternförmige Fraßspuren ähnlich denen der Pfeffermuschel. Vermutlich fressen sie vor allem Bakterien und Wimpertierchen von der Bodenoberfläche. Oft werden Teile des Siphos von Krabben oder Plattfischen erbeutet. Auch für Meeresenten wie Eider- oder Trauerenten stellen Rote Bohnen eine wichtige Nahrungsquelle dar.

## 5 Bunte Trogmuschel
*Mactra corallina*

L 4–6 cm Jan.–Dez.
**Kennzeichen:** Mit hellen, strahlenförmig vom Wirbel aus verlaufenden Streifen.
**Vorkommen:** In Sand- oder Schlickböden in Nordsee, Atlantik und Mittelmeer; Schalen oft in großer Zahl am Sandstrand.
**Wissenswertes:** Die strahlenförmigen Streifen haben der Art auch den Namen Strahlenkörbchen eingebracht. Da die Muscheln nur kurze Siphone haben, leben sie knapp unter der Bodenoberfläche. Die Befruchtung erfolgt außerhalb des Körpers. Aus den Eiern schlüpfen sogenannte Veliger-Larven. Diese ähneln den Muscheln zunächst nicht und schwimmen frei im Meer herum. Erst nach dem Festsetzen an einem günstigen Ort entwickeln sie sich zu Jungmuscheln.

1a
1b
2
3
4
5

## 1 Venusmuschel
*Venus striatula*

L –3,5 cm Jan.–Dez.

**Kennzeichen:** Schalen gelblich bis braun mit vielen konzentrischen Rippen, Wirbel leicht nach vorn gebogen.

**Vorkommen:** In Sandböden von Atlantik und Nordsee bis zu 400 m Wassertiefe.

**Wissenswertes:** Venusmuscheln können ihre Schalen lange Zeit fest geschlossen halten. Sie sollen bis zu 18 Tage unversehrt im Magen von Seesternen überleben können und von diesen als unverdaulicher Brocken oft wieder ausgeschieden werden.

## 2 Artemismuschel
*Dosinia exolata*

L –6 cm Jan.–Dez.

**Kennzeichen:** Schale fast kreisrund mit leicht nach vorn gebogenem Wirbel, weißlich oder gelblich gefärbt.

**Vorkommen:** Atlantik, Nordsee und Mittelmeer.

**Wissenswertes:** Ähnlich wie bei den folgenden Arten sind auch bei der Artemismuschel die Siphonen miteinander verwachsen. Sie graben sich tief in den Boden ein und leben vom Flachwasserbereich bis in 100 m Wassertiefe.

## 3 Sandklaffmuschel
*Mya arenaria*

L –10 (–15) cm Jan.–Dez.

**Kennzeichen:** Schalen weiß, elliptisch mit konzentrischen Streifen. Im Wattenmeer die größten Muscheln.

**Vorkommen:** Weit verbreitet in schlammigen und sandigen Böden.

**Wissenswertes:** Die Tiere stecken bis zu 40 cm tief im Boden. Entsprechend lang ist der Siphonalschlauch, in dem Ein- und Ausströmsipho gemeinsam liegen. Der Schlauch ist so groß, daß er nicht komplett in das Gehäuse zurückgezogen werden kann. Bei ausgewachsenen Tieren sind Körper und Sipho so groß, daß sie nicht in die geschlossenen Schalen hineinpassen. Die Schalen klaffen deshalb auseinander.

## 4 Abgestutzte Klaffmuschel
*Mya truncata*

L –7,5 cm Jan.–Dez.

**Kennzeichen**: Ähnlich der Sandklaffmuschel, Hinterende aber gerade abgestutzt. Die Schalenhinterränder klaffen bei der intakten Muschel auffällig auseinander.

**Vorkommen:** In Weichböden von Atlantik und Nord- und Ostsee, im Wattenmeer oft auch vergesellschaftet mit der Sandklaffmuschel.

**Wissenswertes**: Im Gegensatz zur Sandklaffmuschel können die Abgestutzten Klaffmuscheln ihren kürzeren Sipho vollständig einziehen.

## 5 Rauhe Bohrmuschel
*Zirfaea crispata*

L –9 cm Jan.–Dez.

**Kennzeichen**: Gehäuse vorn spitz, hinten abgerundet, weiß. Der vordere Abschnitt ist stark strukturiert und dient beim Einbohren als Raspel.

**Vorkommen:** Im Nordatlantik und in Nord- und Ostsee.

**Wissenswertes**: Die Art bohrt in Ton, weicherem Gestein, in Torf und in Holz bis zu 15 cm lange Gänge. Diese entstehen, indem sich die Tiere um ihre Längsachse drehen und sich so in das betreffende Material einbohren (**5b**).

## 6 Amerikanische Bohrmuschel
*Petricola pholadiformis*

L –7 cm Jan.–Dez.

**Kennzeichen**: Schalen langgestreckt und dünnwandig, mit strahligen Rippen.

**Vorkommen:** Atlantik, Nord- und Ostsee, Mittelmeer.

**Wissenswertes**: Eine weitere Art aus Nordamerika, die schon im letzten Jahrhundert Europa erreicht und sich seitdem sehr stark ausgebreitet hat. Die Tiere bohren sich durch Bewegung ihrer mit scharfen, dornigen Schuppen besetzten Schalen in toniges und kalkhaltiges Gestein, manchmal auch durch Holz. Die Verbindung zum freien Wasser wird über den Sipho gehalten.

1
2
3
5a
4
5b
6

## 1 Strandschnecke
*Littorina littorea*

H –2,5 (–4) cm Jan.–Dez.
**Kennzeichen:** Gehäuse dickschalig mit großem letztem Umgang. Grau oder braun, Mündung innen braun, kein Nabel.
**Vorkommen:** Auf Felsen, Buhnen, Steinen, Muschelschalen und Seegras an den Küsten von Atlantik, Nordsee und westlicher Ostsee, auch im westlichen Mittelmeer.
**Wissenswertes:** Eine Art der Gezeitenzone, die sehr gesellig lebt; oft besiedeln mehrere hundert Tiere einen Quadratmeter. Sie können ihr Gehäuse mit einem Deckel fest verschließen und so tagelang auf dem Trockenen überleben. Sie ernähren sich überwiegend von Algen, die mit Hilfe der Radula („Raspelzunge") geraspelt werden. Strandschnecken dienen einer Vielzahl von Vögeln, vor allem Möwen, als Nahrung. Sie können bis zu 10 Jahre alt werden.

## 2 Wattschnecke
*Hydrobia ulvae*

H 6–8 mm Jan.–Dez.
**Kennzeichen:** Sehr klein, braun mit spitzem, glattem Gehäuse, bis zu 7 Umgänge. Das Gehäuse ist mit einem Kalkdeckel verschließbar.
**Vorkommen:** Im Flachwasser in Nord- und Ostsee und im Atlantik.
**Wissenswertes:** Wattschnecken kommen im Wattenmeer oft in ungeheuren Mengen vor, oft sind es viele tausend, manchmal sogar zehntausende von Individuen auf nur einem Quadratmeter Boden. Um sie zu entdecken, muß man allerdings genau hinschauen, denn wenn ihr Lebensraum trockenfällt, graben sie sich etwa 1 cm tief ein. Bei der nächsten Flut kommen sie dann wieder heraus. Die Tiere ernähren sich vor allem von Kieselalgen, die vom Untergrund abgeweidet werden, daneben auch von Algen und Bakterien. Dabei hinterlassen sie typische Spuren (**2b**). Auch sie bilden eine wichtige Nahrungsgrundlage für viele Räuber im Watt. Oft werden Hunderttausende von Schnecken an den Strand gespült. Dort können sie in ihrem dicht verschlossenen Gehäuse bis zu 5 Tage auf dem Trockenen überleben.

## 3 Turmschnecke
*Turritella communis*

H –5 cm Jan.–Dez.
**Kennzeichen:** Sehr schlankes, spitzes, turmförmiges Gehäuse mit bis zu 19 Umgängen, rötlich, gelblich oder braun; bei uns unverwechselbar.
**Vorkommen:** Nordsee, Atlantik und Mittelmeer, in Tiefen von 30–200 Meter.
**Wissenswertes:** Turmschnecken verbringen die meiste Zeit ihres Lebens eingegraben an einer Stelle. Im Gegensatz zu den vorher beschriebenen Arten strudeln sie ihre Nahrung ein; ihre Radula ist deshalb auch nur sehr klein ausgebildet. Die Tiere leben sehr gesellig, man hat schon mehr als 200 auf einem Quadratmeter gezählt.

## 4 Netzreusenschnecke
*Hinia reticulata*

H –3,5 cm Jan.–Dez.
**Kennzeichen:** Dicke Schale, meist bräunlich gefärbt mit dunkleren Binden, Oberfläche mit netzartiger Struktur, Gehäuse spitz zulaufend.
**Vorkommen:** An europäischen Küsten verbreitet.
**Wissenswertes:** Auch der wissenschaftliche Name weist auf die interessant strukturierte Oberfläche hin (lat. reticulum = Netz). Die Tiere sind überwiegend Aasfresser und können ihre Nahrung aus bis zu 30 m Entfernung mit ihrem chemischen Sinn wahrnehmen. Manchmal fressen sie auch lebende Beute. Hauptfeinde der Netzreusenschnecke sind Seesterne.

## 5 Wendeltreppe
*Epitonium clathrus*

H –4 cm Jan.–Dez.
**Kennzeichen:** Eine turmförmige Art mit markanten Rippen, meist rötlich gefärbt, am Strand allerdings weiß.
**Vorkommen:** Nordsee, Atlantikküsten und Mittelmeer.
**Wissenswertes:** Räuberische Art, die bei der Nahrungssuche auch im Boden wühlt. Die schönen Gehäuse sind ein begehrtes Sammelobjekt bei vielen Strandwanderern.

1a
1b
2a
2b
3
4
5

## 1 Pelikanfuß
*Aporrhais pes-pelecani*

H –5 cm Jan.–Dez.

**Kennzeichen:** Turmartiges, sehr dickschaliges Gehäuse. Mündung der ausgewachsenen Tiere mit sehr auffälligen, spitzen Fortsätzen, von denen sich sowohl der deutsche wie der wissenschaftliche Name ableitet.

**Vorkommen:** Atlantik, Nord- und westliche Ostsee, häufig im Mittelmeer.

**Wissenswertes:** Die Fortsätze am Schalenrand der Pelikanfüße variieren stark in Form und Größe. Bei Jungtieren fehlen sie ganz. Auch bei alten Fundstücken am Strand sind sie oft völlig abgeschliffen, so daß die Art nicht immer sofort richtig angesprochen wird.

## 2 Wellhornschnecke
*Buccinum undatum*

L –11 cm Jan.–Dez.

**Kennzeichen:** Sehr große Schnecke, Gehäuse meist bräunlich mit zahlreichen welligen Längs- (lat. unda = Welle) und spiraligen Querrippen. Kein Nabel, das Gehäuse kann mit einem Deckel verschlossen werden. Am Strand findet man häufig auch die charakteristischen Laichballen (**2b**), deren einzelne Kapseln bis zu 1000 Eier enthalten können.

**Vorkommen:** Nordatlantik, Nord- und westliche Ostsee, Mittelmeer, vom Flachwasser bis in Tiefen von über 1000 m.

**Wissenswertes:** Wellhornschnecken spielen als Aasfresser eine wichtige Rolle, ernähren sich aber auch zum großen Teil von Muscheln. Die Nahrung wird mit Hilfe des gut entwickelten Geruchssinns aufgespürt. Haben sie eine Muschel entdeckt, warten sie, bis diese ihre Schalen öffnet. Dann stoßen sie ihren scharfen Mündungsrand in den Spalt und zerschneiden dabei meist die Schließmuskeln der Muschel, die ihre Schalen nun nicht mehr schließen kann. Dann beginnt die Wellhornschnecke, die Muschel aufzufressen. Die Wellhornschnecke selbst steht auf dem Speiseplan verschiedener Fische. Aus diesem Grund wird sie auch sehr gern als Köder beim Fischfang benutzt. Die leeren Gehäuse dienen häufig größeren Einsiedlerkrebsen (siehe S. 266) als Unterkunft.

## 3 Glänzende Nabelschnecke
*Lunatia alderi*

L –1,8 cm Jan.–Dez.

**Kennzeichen:** Kugeliges Gehäuse mit engem Nabel, meist gelblich gefärbt.

**Vorkommen:** Von der Nordsee bis in das Mittelmeer verbreitet.

**Wissenswertes:** Viel häufiger als die Nabelschnecken selbst und ihre Gehäuse findet man Spuren, die auf ihr Vorkommen hindeuten – nämlich angebohrte Schalen von Muscheln und anderen Schnecken (**3b**). Glänzende Nabelschnecken und ihre Verwandten sind Räuber, die mit ihrem Fuß andere Weichtiere festhalten und manchmal sogar mit einem Band aus Schleim regelrecht fesseln. Dann bohren sie mit ihrer Radula ein Loch in deren Schale. Dazu brauchen sie mehrere Stunden. Durch das kreisrunde Bohrloch stülpen sie dann ihren rüsselartigen Mundbereich und fressen ihr Opfer aus. Dieser Vorgang kann je nach Größe des Beutetieres mehrere Tage dauern.

## 4 Sepia
*Sepia officinalis*

L –30 cm Jan.–Dez.

**Kennzeichen:** Zehnarmiger Tintenfisch mit 8 kürzeren und 2 langen Armen. Färbung sehr variabel; die Tiere können schnell ihre Farbe ändern und sich so der Umgebung anpassen. Große Augen, auffälliger Flossensaum, der beim Schwimmen wellenförmig geschlagen wird.

**Vorkommen:** Atlantik, Nordsee und Mittelmeer.

**Wissenswertes:** Eine lebende Sepia wird man wohl meist nur im Aquarium sehen. Häufig findet man am Strand aber den sogenannten Schulp (**4b**), eine Kalkschale, die auf dem Rücken unter der Haut liegt. Dieser wird häufig auch als Wetzstein für Wellensittiche und andere Stubenvögel verwendet. Seltener als den der Wellhornschnecke findet man gelegentlich auch den Laich der Sepia am Strand (**4c**). Die schwarzen Kapseln, die die Eier enthalten, werden vom Weibchen an Seegras oder Tang befestigt. Aus den Eiern schlüpfen vollständig entwickelte Jungtiere.

1
2a
3a
2b
3b
4b
4a
4c

## 1 Weinbergschnecke
*Helix pomatia*

Gehäuse –50 mm März–Okt.
**Kennzeichen:** Sehr großes, kugelförmiges Gehäuse mit meist 5 Umgängen, weißlich bis dunkelbraun, undeutlich gebändert.
**Vorkommen:** Als wärmeliebende Art in Mittel- und Südeuropa vor allem in Gebieten mit Kalkuntergrund.
**Wissenswertes:** Die Art gilt als Kulturfolger; sehr günstige Lebensräume sind z.B. Weinberge mit Lesesteinmauern. Durch Verschleppung kann man sie auch auf kalkärmeren Böden finden. Durch Flurbereinigung und Pestizideinsatz sind Weinbergschnecken heute bedroht. Die Tiere können sehr alt werden, in der Natur 5–8, in Gefangenschaft bis 30 Jahre! Sie sind Zwitter; die bis zu 60 Eier werden nach der Paarung (**1c**) in eine selbstgegrabene Erdhöhle abgelegt (**1b**). Die Haltung von Weinbergschnecken zu Speisezwekken ist schon seit der Römerzeit bekannt. Insgesamt werden heute ca. 15 Arten der Gattung *Helix* genutzt; die Tiere werden fast ausschließlich im Freiland gesammelt, da eine Massenzucht bisher nicht gelungen ist. Dies kann lokal zur Bedrohung zu stark genutzter Populationen führen.

## 2 Hain-Bänderschnecke
*Cepaea nemoralis*

Gehäuse –25 mm März–Okt.
**Kennzeichen:** Gehäuse gelb mit variabler brauner Streifung, Mündung dunkel.
**Vorkommen:** Weit verbreitet in West- und Mitteleuropa, oft auch in Gärten. Besonders häufig in feuchteren Hochstaudenfluren mit Brennesseln.
**Wissenswertes:** Die außerordentliche Vielfalt an verschieden gefärbten Individuen einer Art nennt man Polymorphismus (= Vielgestaltigkeit). Hain- und Garten-Bänderschnecke gehören hinsichtlich ihrer Färbung zu den variabelsten Landschnecken überhaupt. Die unterschiedliche Färbung hat gewisse Vorteile: So werden von Drosseln (s.u.) im Frühjahr mehr hell gefärbte, im Sommer hingegen dunkel gefärbte Individuen erbeutet. Offensichtlich sind einzelne Formen auch unterschiedlich an klimatische Verhältnisse angepaßt. Da jeweils verschiedene Formen Vorteile haben, werden einerseits die Überlebenschancen der Art verbessert, andererseits auch der Polymorphismus erhalten.

## 3 Garten-Bänderschnecke
*Cepaea hortensis*

Gehäuse –25 mm März–Okt.
**Kennzeichen:** Wie Hain-Bänderschnecke, Mündung aber hell. Bei beiden Arten kommen auch rosafarbene oder reingelbe Tiere vor.
**Vorkommen:** Wie Hain-Bänderschnecke, oft kommen beide Arten gemeinsam vor, deshalb ist bei der Bestimmung Sorgfalt geboten.
**Wissenswertes:** Hain- und Garten-Bänderschnecke sind neben anderen Arten eine wichtige Nahrung der Singdrossel. Oft findet man sogenannte „Drosselschmieden". Als Amboß wird ein Stein genutzt, an dem die Gehäuse aufgeschlagen werden. Dort kann man Dutzende von zerschlagenen Schnekkenhäusern finden. Beide Arten werden häufig auch als „Schnirkelschnecken" bezeichnet. Sie ernähren sich von verschiedensten krautigen Pflanzen.

## 4 Bernsteinschnecke
*Succinea putris*

Gehäuse 13–30 mm März – Okt.
**Kennzeichen:** Durchscheinendes, bernsteingelbes Gehäuse mit 3–4 Umgängen.
**Vorkommen:** Typische Art feuchter Hochstaudenfluren, oft in Gewässernähe.
**Wissenswertes:** Regelmäßig kommen Individuen mit stark angeschwollenen Fühlern vor, die auf den Befall von Fühlermaden, das sind parasitische Saugwürmer der Gattung *Leucochloridium*, zurückzuführen sind. Die Bernsteinschnecken dienen als Zwischenwirte für die Saugwürmer. Endwirte sind Singvögel, in deren Darm die Saugwürmer dann leben. Bernsteinschnecken können bis zu 2 Jahre alt werden. Nach der Befruchtung werden bis zu 150 Eier in gallertigen Laichballen abgelegt. Daraus schlüpfen die Jungschnecken nach etwa 2 Wochen. Verwandt ist die Schlanke Bernsteinschnecke *Oxyloma elegans*, die eng an Gewässer gebunden ist.

1a
1b
1c
2
3a
3c
3b
4

## 1 Spitzschlammschnecke
*Lymnaea stagnalis*

Gehäuse –60 mm März–Nov.

**Kennzeichen:** Einfarbig braun, Gehäuse sehr spitz.

**Vorkommen:** In pflanzenreichen Stillgewässer jeder Größe.

**Wissenswertes:** Die größte und häufigste der bei uns vorkommenden Schlammschnekken gehört zu den Süßwasserlungenschnekken. Diese müssen immer wieder zur Sauerstoffaufnahme zur Wasseroberfläche auftauchen. Die Tiere können mit der Fußsohle nach oben auf einem Schleimband unter der Wasseroberfläche kriechen. Die Art wird sehr häufig auch in Gartenteichen angesiedelt, wo sie sich unter günstigen Bedingungen gut vermehrt. Die Schnecken legen Laichschnüre an Wasserpflanzen und Steine, aus denen nach ca. 3 Wochen der Nachwuchs schlüpft.

## 2 Posthornschnecke
*Planorbarius corneus*

Gehäuse –30 mm März–Nov.

**Kennzeichen:** Gehäuse dunkelbraun bis schwarz, spiralig aufgerollt.

**Vorkommen:** In ganz Europa in Stillgewässern.

**Wissenswertes:** Bekannteste Art der Tellerschnecken, die als einzige unserer Schnekken durch Hämoglobin rot gefärbtes Blut besitzen. Dieser Blutfarbstoff ist auch wesentlicher Bestandteil des menschlichen Blutes. Da er eine hohe Sauerstoffbindefähigkeit hat, können die Tiere auch in recht sauerstoffarmen Gewässern überleben. Als Lungenschnecke holt auch sie regelmäßig an der Wasseroberfläche Luft. Überwintert im Schlamm.

## 3 Ohr-Schlammschnecke
*Radix auricularia*

L 25–30 mm

**Kennzeichen:** Der letzte Umgang des Gehäuses ist stark ohrförmig verbreitert. Dadurch ist das Gehäuse fast immer so breit wie hoch.

**Vorkommen:** Überwiegend in pflanzenreichen, stehenden Gewässern, seltener in Fließgewässern oder sogar Brackwasser. In fast ganz Europa.

**Wissenswertes:** Eine der häufigen Süßwasserlungenschnecken. Wie bei den meisten verwandten Arten variieren Form und Größe des Gehäuses in Abhängigkeit verschiedener Umweltfaktoren wie Wassertemperatur, Strömung, Wasserchemie usw. Mit ihrer Zunge, der sogenannten Radula, raspeln die Schlammschnecken Algen von Steinen, Holz und den Blättern von Wasserpflanzen ab. Auch weiche Pflanzenteile werden gefressen.

## 4 Tellerschnecke
*Planorbis planorbis*

L 14–20 mm Jan.–Dez.

**Kennzeichen:** Flaches, dunkelbraunes bis gelbliches Gehäuse, an der Oberseite der Umgänge scharf gekielt. Mehrere ähnliche Arten.

**Vorkommen:** Eine häufige und verbreitete Art in stehenden, oft schlammigen Gewässern.

**Wissenswertes:** Die Tiere fressen Detritus und weiden Algen an der Unterseite des Wasserspiegels ab. Sie können auch zeitweiliges Trockenfallen der Gewässer überleben. Können sie im Winter in zugefrorenen Gewässern nicht zum Luftholen an die Oberfläche gelangen, gehen sie zur Wasseratmung über. Dabei arbeitet das Lungengefäßnetz dann ähnlich wie eine Kieme.

## 5 Sumpfdeckelschnecke
*Viviparus viviparus*

L 30–40 mm Jan.–Dez.

**Kennzeichen:** Gehäuse braungelb bis oliv mit 3 dunkelbraunen Bändern, mit Deckel auf dem Fuß (**5b**).

**Vorkommen:** In Flüssen verbreitet, in Mitteleuropa aber gefährdet.

**Wissenswertes:** Die Tiere atmen im Gegensatz zu den meisten anderen heimischen Süßwasserschnecken nicht mit Lungen, sondern mit kammförmigen Kiemen. Mit Hilfe des Deckels können sie ihr Gehäuse fest verschließen (**5b**). Der wissenschaftliche Name weist auf die Tatsache hin, daß die Sumpfdeckelschnecken lebende Junge zur Welt bringen.

1
2
3
4
5a
5b

## 1 Rote Wegschnecke
*Arion rufus*

L –15 cm März–Nov.

**Kennzeichen:** Rot, braun oder schwarz, sehr selten auch weiß gefärbt, Fußsaum meist rot bis bräunlich, großes Atemloch auf der rechten Seite, ohne Gehäuse.

**Vorkommen:** Sehr häufige und weit verbreitete Art, regelmäßig selbst in sehr kleinen Gärten anzutreffen.

**Wissenswertes:** Wohl die bekannteste heimische Nacktschnecke. Wie bei den Bänderschnecken (s. S. 248) findet man eine außerordentliche Variabilität in der Färbung. Der Name „Nacktschnecke" leitet sich von der Tatsache ab, daß sie kein Gehäuse trägt. Somit ist auch kein Eingeweidesack vorhanden, und der Körper besteht praktisch nur aus dem Fuß. Vorfahren der Nacktschnecken waren aber gehäusetragende Arten. Dies kann man daraus schließen, daß man bei der Familie der Wegschnecken noch Kalkkörner, bei den Schnegeln (s.u.) sogar noch eine dünne Kalkplatte unter dem Mantelschild findet. Werden die Tiere beunruhigt, ziehen sie sich zusammen (**1b**). Sie fressen überwiegend Pflanzen, aber auch frisches Aas und Kot. Bei der Paarung liegen die Partner halbkreisförmig zusammen. Die kugeligen Eier werden in die Erde abgelegt; man findet sie manchmal beim Umgraben im Garten.

## 2 Großer Schnegel
*Limax maximus*

L –20 cm März–Nov.

**Kennzeichen:** Einfarbig grauer Fuß, Körper graugrün bis graubraun mit schwarzen Flekken und Streifen, manchmal sehr dunkel gefärbt, Fußsohle einfarbig weiß. Atemloch auf der rechten Seite.

**Vorkommen:** In Wäldern und Hecken, zunehmend auch in Parks und Gärten in West- und Südeuropa; manchmal auch in Kellern zu finden.

**Wissenswertes:** Die schönste heimische Nacktschnecke, die sich derzeit offensichtlich ausbreitet und im Bestand zunimmt. Oft wird sie auch als Große Egelschnecke oder Tigerschnegel bezeichnet. Die Tiere fressen Pilze und Aas, jagen aber auch sehr erfolgreich andere Nacktschnecken. Sie können 2–3 Jahre alt werden. Ihre fast glasklaren Eier legen sie im Herbst ab. Ein Gelege kann bis zu 200 Eier umfassen.

## 3 Wurmnacktschnecke
*Boettgerilla pallens*

L –3–4 cm Febr.–Nov.

**Kennzeichen:** Gräulichweiß, mit blaugrauem Kopf- und Schwanzende. Langgestreckt, von dünner, wurmförmiger Gestalt.

**Vorkommen:** Vor allem an feuchten Stellen in Wäldern, Parks und Gärten.

**Wissenswertes:** Die Art wurde 1957 erstmals in Deutschland entdeckt und stammt ursprünglich aus dem Kaukasus. Wahrscheinlich wurde sie unabsichtlich nach Mitteleuropa eingeschleppt und hat sich inzwischen weit ausgebreitet. Die Tiere ernähren sich von den Eiern anderer Schneckenarten, deren Legehöhlen sie ausfressen. Besonders mögen sie die Eier von Wegschnecken und sind somit – jedenfalls aus Sicht des Gärtners – eine sehr nützliche Art.

## 4 Genetzte Ackerschnecke
*Deroceras reticulatum*

L –4–6 cm Febr.–Nov.

**Kennzeichen:** Hellbraun, beige oder grau, mit netzartiger, dunkler Zeichnung, die vor allem bei dunklen Tieren nicht immer deutlich hervortritt.

**Vorkommen:** Feuchtigkeitsliebende Art; weit verbreitet in Wäldern, Hecken und Gärten.

**Wissenswertes:** Eine bei Gartenbesitzern ganz und gar nicht beliebte Art. In feuchten Jahren kann es zur Massenentwicklung kommen, in deren Folge dann erhebliche Verluste an Kulturpflanzen in Gärten auftreten können. Die Tiere sind nachtaktiv und halten sich tagsüber unter Steinen, Holz oder Laub auf. Einer ihrer wichtigsten Freßfeinde ist der Igel. Sehr ähnlich, aber seltener sind die Einfarbige Akkerschnecke *Deroceras agreste* und die Verkannte Ackerschnecke *Deroceras lothari*. Letztere wurde erst 1971 beschrieben und ist nur durch anatomische Untersuchungen eindeutig bestimmbar.

1b
1a
1c
1d
2
1e
4
3

## 1 Schlammröhrenwurm
*Tubifex tubifex*

L –8,5 cm Jan.–Dez.

**Kennzeichen:** Durchscheinend, Blut und Darmtrakt meist gut erkennbar.

**Vorkommen:** Das Vorkommen der Art zeigt starke Wasserverschmutzung an. Lebensraum sind z.B. Abwasserkanäle und stark verschlammte Gewässerböden.

**Wissenswertes**: Die Art kann sich im Abwasser massenhaft vermehren. Man hat auf einem Quadratmeter Gewässerboden bis zu 1 Million Individuen gezählt! Die Tiere leben in Röhren, aus denen das Hinterende herausragt. Über den Darm nehmen sie Sauerstoff auf, ohne den sie sogar gewisse Zeit überleben können. Die Rotfärbung wird durch den auch beim Menschen vorkommenden Blutfarbstoff Hämoglobin bewirkt. Aquarianer nutzen *Tubifex* als Fischfutter.

## 2 Gemeiner Regenwurm
*Lumbricus terrestris*

L 8–30 cm Jan.–Dez.

**Kennzeichen:** Typische Wurmgestalt, rotbraun gefärbt. „Gürtel" vom 32.–37. Segment.

**Vorkommen:** Weltweit verbreitete Art.

**Wissenswertes:** Der bekannteste Ringelwurm, der als einzige der fast 40 heimischen Arten regelmäßig auch tagsüber an der Oberfläche erscheint. Lebensraum ist der Boden, wo die Regenwürmer in bis zu metertiefen Gängen leben. Unter einem Hektar Bodenfläche können bis zu 500 000 Individuen vorkommen. Sie ernähren sich von abgestorbenen Pflanzenteilen, vor allem Fallaub. Ihr Kot, der in kleinen Haufen meist an den Öffnungen der Gänge ausgeschieden wird (**2b**), ist praktisch nichts anderes als Humus. So übernehmen Regenwürmer in unseren Ökosystemen eine sehr wichtige Rolle im Stoffkreislauf.

## 3 Kompostwurm
*Eisenia foetida*

L 5–8 cm März–Okt.

**Kennzeichen:** Rot gestreift, Zwischensegmentfurchen hell, gelbliche Schwanzspitze, unangenehm riechend.

**Vorkommen:** Wärmeliebende Art, bei uns nur in Kompost- und Dunghaufen.

**Wissenswertes:** Kompostwürmer fressen pro Tag etwa die Hälfte ihres eigenen Körpergewichtes an frischen Kompostabfällen und sorgen so sehr intensiv für die Humusbildung. Deshalb werden sie gezielt in Komposthaufen angesiedelt (sogenannter Wurmkompost).

## 4 Blutegel
*Hirudo medicinalis*

L –15 cm Jan.–Dez.

**Kennzeichen:** Rücken meist dunkel, z.T. mit bräunlicher Zeichnung, Bauchseite gelblich, dunkel gefleckt.

**Vorkommen:** In dicht bewachsenen Stillgewässern verbreitet, aber meist selten.

**Wissenswertes:** Der größte heimische Vertreter der Egel ist durch die Tatsache bekannt, daß er das Blut von Säugetieren saugt. In kurzer Zeit können Blutegel eine Blutmenge aufnehmen, die als Nahrungsvorrat für ein Jahr ausreicht. Früher wurden sie in der Medizin zum Aderlaß eingesetzt. Die Tiere sondern beim Biß ein gerinnungshemmendes Sekret ab, wodurch die Wunde lange nachblutet.

## 5 Fischegel
*Piscicola geometra*

L 1–5 cm

**Kennzeichen:**

**Vorkommen:** In Tümpeln, Seen und Flüssen.

**Wissenswertes:** Fischegel saugen Fischblut und können davon bis zu 150 mm$^3$ aufnehmen. Beim Befall durch mehrere Egel kann dies im Extremfall zum Tod des Fisches durch Blutverlust führen.

## 6 Pferdeegel
*Haemopis sanguisuga*

L –10 cm

**Kennzeichen:**

**Vorkommen:** Sehr häufig in verschiedensten Gewässern, oft auch in leicht verschmutztem Wasser zu finden.

**Wissenswertes:** Räuberisch; frißt u.a. Insektenlarven, Kaulquappen, Schnecken, Würmer.

1
2a
2b
3
4
5
6

## 1 Wattwurm
*Arenicola marina*

L 10–30 (–40) cm

**Kennzeichen:** Hellbraun bis schwarz gefärbt, mehr als 100 Segmente.

**Vorkommen:** Im Wattenmeer sehr häufig.

**Wissenswertes:** Der Wattwurm ist das Charaktertier des Watts – jeder Wattbesucher hat vielleicht nicht den Wurm, aber doch seine Kothäufchen (**1b**) schon einmal gesehen. Diese liegen an der Öffnung der U-förmigen Wohnröhre, die bis zu 30 cm tief in den Boden reicht. Zum Fressen streckt der Wurm bei Flut seinen Kopf aus dem Gang heraus. Er frißt Sand; die eigentliche Nahrung sind Mikroorganismen und organische Stoffe, die im Sand enthalten sind. Man hat ausgerechnet, daß Wattwürmer pro Jahr und Hektar etwa 4000 Tonnen Sand bewegen. Wattwürmer leben in unvorstellbarer Anzahl im Watt – bis zu 50 Tiere/m$^2$ oder bis 400 000 Würmer/ha. Damit sind sie die wichtigste Nahrungsgrundlage für die Millionen von Watvögeln, die alljährlich im Watt rasten. Auch Krebse und Fische fressen Wattwürmer. Ein weiterer Name – Köderwurm – weist auf seine Nutzung als Köder beim Angeln hin. An der Nordsee kann man ihn zu diesem Zweck in manchen Angelgeschäften kaufen, wo die Würmer in Aquarien gehalten werden.

## 2 Wattringelwurm
*Autobytus prolifer*

L –3 cm

**Kennzeichen:** Ein kleiner Borstenwurm mit 4 Augen und 5 Fühlern.

**Vorkommen:** In Nordsee, Atlantik und Mittelmeer in Tang oder am Boden.

**Wissenswertes:** Die Weibchen treiben mit ihren Laichballen oft im Plankton, auch die frisch geschlüpften Jungtiere tragen sie noch einige Zeit.

## 3 Seeringelwurm
*Nereis virens*

L 6–12 cm

**Kennzeichen:** Blaugrün bis Braun, stark schillernd.

**Vorkommen:** In Nord- und Ostsee, eine sehr häufige Art im Watt.

**Wissenswertes:** Ähnlich häufig wie der Wattwurm, allerdings ohne die auffälligen Kothäufchen. Während der Wattwurm eher an einen Regenwurm erinnert, ähneln Seeringelwürmer bei flüchtigem Hinsehen etwas einem Tausendfüßer, denn sie tragen auf beiden Körperseiten zahlreiche Stummelfüßchen (**3b**), sogenannte Parapodien. Die Tiere leben im Wattboden in verzweigten Gangsystemen mit mehreren Ausgängen. Von hier aus weiden sie die Bodenoberfläche ab und hinterlassen dabei ähnliche Spuren wie die Pfeffermuscheln.

## 4 Opalwurm
*Nephthys hombergi*

L –10 (–20) cm

**Kennzeichen:** Hell gefärbt, glänzend (Name).

**Vorkommen:** Atlantik, Nord- und westliche Ostsee, Mittelmeer; viel seltener als Watt- und Seeringelwurm.

**Wissenswertes:** Der Opalwurm hat kein ausgebautes Gangsystem, sondern kriecht auf der Suche nach Beute in 4–10 cm Tiefe durch den Wattboden. Er ernährt sich u.a. von Algenresten und anderen im Boden lebenden Würmern. Die Tiere haben keine Augen.

## 5 Kotpillenwurm
*Heteromastus filiformis*

L –10 cm

**Kennzeichen:** Sehr dünn, max. 1 mm, rot gefärbt.

**Vorkommen:** Nordseewatt.

**Wissenswertes**: Die Tiere fallen vor allem durch ihre kleinen, charakteristischen Haufen (**5b**) auf, von denen sich auch ihr Name ableitet. Auch diese Art lebt in einem Gangsystem; die Sandkörner der Wände sind durch Schleim verklebt. Kotpillenwürmer kommen vor allem im weichen Schlickwatt vor, wo mehrere tausend Tiere auf einem Quadratmeter leben können. Der erfahrene Wattwanderer wird durch ihr Massenauftreten vor Stellen gewarnt, an denen man leicht im Boden einsinken kann.

1a
1b
2
3a
3b
4
5a
5b

## 1 Pygospiowurm
*Pygospio elegans*

L 1–2,5 cm
**Kennzeichen:** Klein, blaßbraun gefärbt.
**Vorkommen:** In Nord- und Ostsee. Vor allem im Mischwatt verbreitete und stellenweise sehr häufige Art.
**Wissenswertes:** An günstigen Stellen kann die Art in ungeheuren Mengen auftreten; bis zu 20000 Individuen können einen Quadratmeter bewohnen. Die Tiere leben in Röhren mit einem Durchmesser von bis zu 1 mm (**1b**), die bis etwa 10 cm tief in den Boden reichen. Auch bei dieser Art sind die Sandkörner an den Röhrenwänden fest mit Schleim verklebt. Bei Massenauftreten erwecken freigespülte Röhrenenden den Eindruck eines Rasens. Am Kopf des Wurmes befinden sich zwei Tentakel, mit denen er bei der Nahrungsaufnahme den Wattboden abtastet. So muß er seine Wohnröhre nicht verlassen. Über Wimpern wird die Nahrung zur Mundöffnung transportiert. Auch bei der Fortpflanzung kommt der Röhre eine Bedeutung zu. Damit die Eier nicht verdriftet werden, werden sie in Paketen an die Innenwand geklebt. Die Larven leben nur kurze Zeit im freien Wasser. Dann leben auch sie im Boden.

## 2 Bäumchen-Röhrenwurm
*Lanice conchilega*

L –30 cm Jan.–Dez.
**Kennzeichen:** Rötlich oder braun, Kopfbereich mit vielen Tentakeln.
**Vorkommen:** In sandigen Wattböden, Nordsee und Atlantik.
**Wissenswertes:** Die Tiere leben in selbstgebauten Wohnröhren (**2a**) aus Sandkörnern, Steinchen und kleinen Stücken von Schnekken- und Muschelschalen. Diese werden mit Hilfe der Tentakeln zum Kopf geführt, wo sie mit einem klebrigen Drüsensekret umgeben werden. Dann wird das Baumaterial an geeigneter Stelle eingefügt. Am Ende der Röhre wird schließlich aus Sandkörnern die „Baumkrone" angebracht. Sie steht senkrecht zur Strömung; in ihr können sich Nahrungspartikel verfangen, die dann vom Wurm mit Hilfe der Tentakeln abgelesen und zum Mund geführt werden. Bäumchen-Röhrenwürmer leben meist in kleinen Kolonien; manchmal kann man auch einen richtigen „Wald" von Röhren entdecken. Vor allem nach Stürmen werden viele Röhren freigespült.

## 3 Dreikantwurm
*Pomatoceros triqueter*

L 1,5–5 cm Jan.–Dez.
**Kennzeichen:** Kalkweiße Wohnröhre mit Grat (Name!), Filterapparat in vielen Farben, oft rot, blau oder gelb.
**Vorkommen:** An Schiffsrümpfen, auf Schalen von Weichtieren, Holzbauten, großen Tangen usw.
**Wissenswertes:** Die Tiere setzen sich nach Beendigung eines schwimmenden Larvenstadiums an geeigneter Unterlage fest und bauen aus Kalkausscheidungen ihre meist gewundene Wohnröhre (**3b**), die bis zu 12 cm lang sein kann. Sie strecken zur Nahrungsaufnahme nur ihren bunten Tentakelkranz aus der Röhre. Mit den Tentakeln wird die Planktonnahrung herbeigestrudelt. Ein Tentakel kann die Wohnröhre als Deckel verschließen.

## 4 Posthörnchenwurm
*Spirorbis spirorbis*

L –5 mm Jan.–Dez.
**Kennzeichen:** Kalkweiß, klein, posthornartig gewunden (Name!).
**Vorkommen:** Atlantik, Nord- und Ostsee.
**Wissenswertes:** Am auffälligsten sind die kleinen Kalkröhren auf dunklen Tangen (**4b**). Sie werden aber auch auf Holz, Steinen, Muschelschalen und anderem festen Untergrund angelegt. Manchmal kommen sie in großen Mengen vor. Die Entwicklung verläuft ähnlich wie beim Dreikantwurm. Mit ihren Tentakeln, die nicht bunt pigmentiert sind, werden feine Nahrungspartikel aus dem Wasser gefiltert und dem Mund zugeführt. Auch Posthörnchenwürmer können ihre Wohnröhre mit einem deckelartigen Tentakel verschließen. Die Tiere sind Zwitter, die Eier werden in die Wohnröhre abgelegt. Die Larven bleiben nach dem Schlüpfen zunächst in der Röhre und setzen sich dann nach einiger Zeit auf geeignetem Untergrund fest.

1a
1b
2a
3a
2b
3b
4a
4b

## 1 Gemeiner Seestern
*Asterias rubens*

D –30 (–50) cm Jan.–Dez.

**Kennzeichen:** 5 kräftige Arme, meist rötlichbraun gefärbt; es kommen aber auch grüne, gelbliche oder violette Tiere vor.

**Vorkommen:** In Nord- und Ostsee und im Atlantik, auf Hartböden bis 200 m Tiefe. Unmittelbar an der Küste nur auf Buhnen, Seezeichen u. ä.

**Wissenswertes:** Vielleicht der bekannteste Seestern, weil er regelmäßig am Spülsaum zu finden ist. Am Strand werden meist nur kleine Exemplare angeschwemmt. Ausgewachsene Tiere messen manchmal mehr als ½ m im Durchmesser. Hauptnahrung der Seesterne sind Schnecken und Muscheln, vor allem Miesmuscheln. Mit ihren muskulösen, mit zahlreichen Saugfüßchen besetzten Armen können sie geschlossene Muschelschalen auseinanderziehen. In den entstehenden Spalt schieben sie ihren ausstülpbaren Magen und beginnen mit der Verdauung.

## 2 Gemusterter Schlangenstern
*Ophiura textura*

D –25 cm Jan.–Dez.

**Kennzeichen:** Rötlich bis bräunlich gefärbt, runde Körperscheibe mit dünnen, bis 10 cm langen Armen.

**Vorkommen:** Auf Sandböden in Nordsee, Atlantik und Mittelmeer bis ca. 200 m Tiefe. Am Strand meist kleine Tiere.

**Wissenswertes:** Schlangensterne wandern auf dem Boden umher und weiden die Oberfläche regelrecht ab. Als Nahrung dienen Kieselalgen, auf den Boden abgesunkene Planktonorganismen, kleine Mollusken usw. Oft in großer Zahl auf engstem Raum zu finden. Ähnlich, aber mit dünneren, stärker bestachelten Armen ist der Zerbrechliche Schlangenstern *Ophiotrix fragilis*.

## 3 Strandseeigel
*Psammechinus miliaris*

D 25–45 mm Jan.–Dez.

**Kennzeichen:** Schale grünlich oder bräunlich, Spitze der Stacheln violett.

**Vorkommen:** Nordsee und westliche Ostsee.

**Wissenswertes:** Lebende Strandseeigel (**3b**) findet man nur selten, regelmäßig aber die grünen oder braunen, aus zahlreichen Kalkplatten bestehenden Gehäuse (**3a**). Manchmal sind sie noch mit Stacheln besetzt. Die Tiere weiden vor allem Algen von Seegras und Tang ab, können aber auch Muscheln fressen, indem sie die Schalenbänder durchnagen. Die Befruchtung der Eier findet im freien Wasser statt. Zunächst schlüpfen Schwimmlarven, die sich nach einigen Wochen in Seeigel umwandeln.

## 4 Zwergseeigel
*Echinocyamus pusillus*

D 6–10 mm Jan.–Dez.

**Kennzeichen:** Weiß, klein und flach, mit fünfstrahligem Sternmuster auf der Oberseite.

**Vorkommen:** Nordsee, westliche Ostsee, Atlantik und Mittelmeer. Am Spülsaum durch gezielte Suche im Schill zu finden.

**Wissenswertes:** Lebt im Sand dicht unter der Oberfläche unterhalb der Gezeitenzone. Die Tiere ernähren sich vor allem von Kieselalgen und kleinen Sandlückenbewohnern.

## 5 Herzseeigel
*Echinocardium cordatum*

L –50 mm Jan.–Dez.

**Kennzeichen:** Panzer meist weiß, Stacheln bräunlichgelb.

**Vorkommen:** Nordsee, nordwestliche Ostsee, Atlantik und Mittelmeer.

**Wissenswertes:** Gehört wie die vorstehende Art zu den sogenannten irregulären Seeigeln, da ihr Körper nicht den typischen fünfstrahligen Aufbau der Stachelhäuter zeigt. Vielmehr kann man eine zweiseitige Symmetrie und auch ein Vorder- und Hinterende erkennen. Die Stacheln sind sehr kurz und fühlen sich pelzig an. Die Schalen sind recht dünn und zerbrechlich, so daß man nur selten vollständig unbeschädigte Stücke findet. Herzseeigel leben eingegraben in Weichböden. Sie können sich auch im Boden fortbewegen. Um atmen zu können, legen sie Röhren an, durch die mit Wimpern Wasser transportiert wird.

1

3a

2

3b

4

5

## 1 Gemeiner Wasserfloh
*Daphnia pulex*

L ♂ 1,8 mm, ♀ 4 mm Apr.–Okt.

**Kennzeichen:** Rundlich, zart, durchscheinende Schale gelblich, bräunlich oder grünlich, lange Antennen.

**Vorkommen:** In stehenden Gewässern.

**Wissenswertes:** Einer der häufigsten Vertreter der bei uns mit mehr als 80 Arten vorkommenden Blattfußkrebse. Dieser Name leitet sich von den blattförmigen Extremitäten ab, die dazu dienen, Nahrung, z.B. Algen, heranzustrudeln. Zur Fortbewegung wird das 2. Antennenpaar genutzt. Der Name Wasserfloh kommt von den hüpfenden Bewegungen, die durch Schläge mit den Antennen erzeugt werden. Die meisten Wasserflöhe leben in kleinen Stillgewässern, aber auch in den Uferzonen größerer Seen. Sie pflanzen sich sowohl geschlechtlich als auch durch Jungfernzeugung fort. Nach der Befruchtung legen die Weibchen Dauereier, die überwintern.

## 2 Wasserassel
*Asellus aquaticus*

L ♂ –12 mm, ♀ –8 mm Jan.–Dez.

**Kennzeichen:** Abgeflachter Körper, Grundfärbung grau, mit helleren Flecken.

**Vorkommen:** In allen Gewässertypen in Europa, mit Ausnahme der Iberischen Halbinsel.

**Wissenswertes:** Lebt in fast allen Gewässertypen. Wichtig ist das Vorhandensein von verrottendem Pflanzenmaterial. Man findet die Tiere meist am Gewässergrund zwischen Falllaub, zu dessen Abbau sie beitragen. Wasserasseln betreiben Brutpflege; die Jungtiere bleiben längere Zeit im Brutsack des Weibchens.

## 3 Kellerassel
*Porcellio scaber*

L –18 mm Jan.–Dez.

**Kennzeichen:** Grauschwarz oder braun, 7 Laufbeinpaare, geknickte Antennen.

**Vorkommen:** Häufig an feuchten, dunklen Plätzen in ganz Europa.

**Wissenswertes:** Kellerasseln sind landbewohnende Krebse. Sie haben an den Hinterbeinen Kiemen, die ständig feucht gehalten werden müssen. Deshalb kommen sie auch meist an feuchteren Orten vor, z.B. in Fallaub, Komposthaufen und feuchten Kellern. Andere landbewohnende Asseln atmen mit Tracheen. Die Jungtiere entwickeln sich wie bei den Wasserasseln in einem Brutbeutel. Hauptnahrung sind verrottende Pflanzenteile.

## 4 Mauerassel
*Oniscus asellus*

L –18 mm Jan.–Dez.

**Kennzeichen:** Grundfärbung dunkelgrau, mit hellen Rückenflecken.

**Vorkommen:** An feuchten, dunklen Orten, z.B. in Fallaub, unter Steinen oder unter gefällten Baumstämmen.

**Wissenswertes:** Ähnlich häufig wie die Kellerassel, oft gemeinsam mit dieser.

## 5 Kugelassel
*Armadillidium vulgare*

L 10–16 mm Jan.–Dez.

**Kennzeichen:** Körper hochgewölbt, bei uns 5 ähnliche Arten.

**Vorkommen:** In Laubwäldern unter Steinen, Laub und im Moos.

**Wissenswertes:** Die Tiere werden häufig auch als Rollasseln bezeichnet. Beide Namen beziehen sich auf ein für diese Asseln typisches Verhalten. Bei Bedrohung rollen sie sich zu einer Kugel zusammen.

## 6 Bachflohkrebs
*Gammarus pulex*

L –15 (–20) mm Jan.–Dez.

**Kennzeichen:** Körper seitlich abgeplattet, grau oder hellbraun.

**Vorkommen:** Häufig in Bächen und Flüssen, aber auch in Seen des Hügellandes.

**Wissenswertes:** Bachflohkrebse ernähren sich vor allem von zersetzenden Pflanzenteilen. Häufig findet man Männchen und Weibchen aneinandergeklammert. Die Weibchen legen bis zu 100 Eier in eine Brutkammer auf der Bauchseite ab, in der sich die Jungtiere entwickeln. Die Tiere gehören mit zur wichtigsten Nahrung bachbewohnender Fische.

1
2
3a
4
3b
5
6

## 1 Flußkrebs
*Astacus astacus*

L –20 (–25) cm
**Kennzeichen:** 1. Beinpaar mit kräftigen Scheren; lange Fühler, Färbung grau oder braun.
**Vorkommen:** In sauberen Bächen und Flüssen Mittel- und Nordeuropas.
**Wissenswertes:** Größter heimischer Süßwasserkrebs, auch Edelkrebs genannt. Früher in sauberen Fließgewässern weit verbreitet und häufig, heute aber sehr selten. Hauptursache für das Verschwinden ist die durch den Pilz *Aphanomyces astaci* verursachte „Krebspest". Heute sind auch viele ehemalige Krebsbäche verschmutzt. Früher wurde der Flußkrebs auch häufig als Delikatesse gefangen. Die Tiere sind Allesfresser und ernähren sich von Schnecken, Muscheln, Aas usw. Hauptsächlich sind sie dämmerungs- und nachtaktiv.

## 2 Hüpferling
*Cyclops* spec.

L 1,5–3 mm
**Kennzeichen:** Klein, mit auffälligen Fühlern und Schwanzanhängen.
**Vorkommen:** In unterschiedlichsten Stillgewässern.
**Wissenswertes:** Hüpferlinge oder Ruderfußkrebse sind bei uns mit mehr als 100 Arten verbreitet. Sie leben in allen Typen von Stillgewässern, einige Arten sogar in wassergefüllten Fahrspuren oder Baumlöchern. Die Arten der Gattung *Cyclops* bewegen sich mit ruckartigen Bewegungen fort, was der ganzen Ordnung den deutschen Namen „Hüpferlinge" gab. Die hüpfende Fortbewegung kommt durch das Schlagen der ersten Antennen zustande. Trotz der geringen Größe kann man anhand dieser typischen Fortbewegungsweise Hüpferlinge in Wasserproben mit Kleinkrebsen von anderen Artengruppen unterscheiden. Zur genauen Bestimmung ist vor allem der Bau der Fühler und Anzahl und Anordnung der Schwanzanhänge wichtig. Zur gleichen Ordnung *(Copepoda)* gehören daneben auch die Schwebekrebschen der Gattung *Diaptomus*. Ihre körperlangen ersten Antennen breiten sie seitlich aus, was ein Absinken in die Tiefe stark verlangsamt.

## 3 Amerikanischer Flußkrebs
*Oronectes limosus*

L –12 cm
**Kennzeichen:** Rote Querbinden auf dem Hinterleib; Körperfärbung braun-grünlich.
**Vorkommen:** Ursprünglich aus Nordamerika, heute in Flüssen und Kanälen, aber auch in Stillgewässern in Mitteleuropa weit verbreitet.
**Wissenswertes:** Die Art wurde seit 1890 eingebürgert und kommt auch in mäßig verschmutzten Gewässern vor. Zur Nahrung gehören u.a. Schnecken, Würmer und auch Aas. Im Gegensatz zur vorstehenden Art ist der Amerikanische Flußkrebs gegen die Krebspest immun. Eine weitere ausgesetzte Art ist der Sumpfkrebs (*Astacus leptodactylus*) aus Südosteuropa.

## 4 Wollhandkrabbe
*Eriocheir sinensis*

L –8 cm Jan.–Dez.
**Kennzeichen:** Braun oder olivgrün, Scherenhand der Männchen (**4a**) mit dichter, pelziger Behaarung (Name!).
**Vorkommen:** Ursprünglich aus Ostasien, heute in vielen Flüssen eingebürgert, auch im Wattenmeer zu finden.
**Wissenswertes:** Wollhandkrabben leben in selbstgegrabenen Wohnröhren in Uferböschungen. Bei häufigem Auftreten können sie Uferabschnitte zum Einsturz bringen. Probleme können sie auch in Fischernetzen und Reusen bereiten. Häufig geraten sie dort hinein und fressen dann die mitgefangenen Fische. Besonders interessant ist das Fortpflanzungsverhalten der Art. Die Paarung findet im Bereich von Flußmündungen, die Eiablage im Meer statt. Die Eier werden vom Weibchen am Hinterleib befestigt und bis zum Schlüpfen der Larven umhergetragen. Danach sterben die Mütter. Die Jungtiere wandern von dort im Alter von 2 Jahren wieder flußaufwärts. Nach 4–5 Jahren werden sie geschlechtsreif, um dann zur Fortpflanzung wieder zum Meer zurückzuwandern.

1
2
4a
4b
3

## 1 Einsiedlerkrebs
*Pagurus bernhardus*

L –10 cm Jan.–Dez.

**Kennzeichen:** Hinterleib spiralig gekrümmt, weichhäutig, deshalb nur in leeren Schneckenhäusern zu finden.

**Vorkommen:** An europäischen Küsten von der Ostsee bis zum Mittelmeer.

**Wissenswertes:** Im Gegensatz zu den nachfolgenden Arten haben Einsiedlerkrebse einen ungeschützten, weichen Hinterleib. Deshalb leben sie in leeren Schneckenhäusern, aus denen nur der Vorderkörper mit Beinen und Scheren herausschaut. Bei Bedrohung ziehen sie sich ganz in das Haus zurück und verschließen die Öffnung mit ihren Scheren. Oft beziehen sie als Jungtiere zunächst ein nur wenige Millimeter großes Gehäuse, z.B. von der Wattschnecke. Mit zunehmender Größe müssen sie immer wieder in größere Schneckenhäuser „umziehen“, bis schließlich nur noch das Gehäuse der Wellhornschnecke als Unterkunft ausreicht. Der Wechsel von einem zu klein gewordenen zu einem größeren Schneckenhaus gehört zu den gefährlichsten Momenten im Leben eines Einsiedlerkrebses, da sie dann leicht Feinden zum Opfer fallen.

## 2 Schlickkrebs
*Corophium volutator*

L 8–10 mm Jan.–Dez.

**Kennzeichen:** Sehr kleiner Krebs, langgestreckt, mit kräftigem, stark verlängertem 2. Antennenpaar.

**Vorkommen:** Im Wattenmeer sehr häufig, auch an anderen europäischen Küsten.

**Wissenswertes:** Die Tiere leben in ungeheurer Zahl in 3–4 cm tiefen, U-förmigen Gängen im Wattboden, maximal 40000 Tiere/m$^2$. Im Winter graben sie sich tiefer in den Boden ein, um dem Frost zu entgehen. Charakteristische Spuren **2a**.

## 3 Schwimmkrabbe
*Liocarcinus holsatus*

L –4 cm Jan.–Dez.

**Kennzeichen:** Grünlich, rötlich, grau oder braun gefärbt, Panzer sehr ähnlich dem der Strandkrabbe. Endglieder des letzten Beinpaares auffällig blattförmig verbreitert.

**Vorkommen:** Von der Nordsee bis ins Mittelmeer verbreitet, häufig angespült am Strand zu finden.

**Wissenswertes:** Mit Hilfe ihrer Ruderbeine können die Tiere auch schwimmen. Die Art kommt von der Gezeitenzone bis in 300 m Tiefe vor. Im Kutterbeifang ist sie oft sehr zahlreich zu finden.

## 4 Strandkrabbe
*Carcinus maenas*

L –6 cm B –8 cm Jan.–Dez.

**Kennzeichen:** Oberseite braun, gelblich oder grünlich, oft mit Flecken, Unterseite hell gefärbt. Der Panzer ist vorn deutlich breiter als hinten. Das erste der 5 Schreitbeinpaare trägt sehr große, das zweite Beinpaar deutlich kleinere Scheren.

**Vorkommen:** An allen europäischen Küsten, sowohl an felsigen Abschnitten wie auch auf Schlick- und Sandböden; sehr häufige Art.

**Wissenswertes:** Die Tiere leben räuberisch und erbeuten Schnecken, Krebse und Fische, öfter auch eigene Artgenossen. Aas wird ebenfalls regelmäßig gefressen. Sie selbst sind besonders nach der Häutung gefährdet, wenn der Panzer noch weich ist und kaum Schutz bietet. Sie werden in diesem Zustand auch als „Butterkrebse“ bezeichnet. Strandkrabben können recht schnell laufen. Dabei bewegen sie sich meist seitlich fort. Daher auch der Name Dwarslöper (= Querläufer).

## 5 Taschenkrebs
*Cancer pagurus*

L –12 cm B –30 cm Jan.–Dez.

**Kennzeichen:** Oberseite braun oder rötlich, Unterseite gelblich gefärbt, queroval.

**Vorkommen:** Nordsee, Atlantik und Mittelmeer, vor allem an steinigen Felsküsten, auch auf Sandböden.

**Wissenswertes:** Auch diese Art lebt räuberisch. Mit ihren mächtigen Scheren können sie problemlos die Schalen von Muscheln, Schnecken und Krebsen knacken. Die Tiere können recht alt werden, erst nach 5–6 Jahren werden sie geschlechtsreif.

2a
1
2b
3
4a
5a
4b
5b

## 1 Hummer
*Homarus gammarus*

L –50 cm Jan.–Dez.

**Kennzeichen:** Größter heimischer Krebs, mit gewaltigen, ungleich großen Scheren am 1. Beinpaar. Färbung blauschwarz; die Rotfärbung entsteht erst beim Kochen.

**Vorkommen:** Lebt an Felsküsten von Nordsee, Atlantik und Mittelmeer in Spalten und kleinen Höhlen; in Deutschland nur bei Helgoland.

**Wissenswertes:** Mit seiner großen „Knackschere" kann ein Hummer problemlos Muschelschalen zerbrechen; mit der kleineren Schere werden dann Fleischstücke abgerissen und in die Mundöffnung gesteckt. Auch kleinere Krebse, Würmer und Aas gehören zu seinem Nahrungsspektrum. Hummern in Aquarien werden oft die Scheren mit Draht fixiert, damit sie sich und andere Aquarienbewohner nicht verletzen. Wie alle Zehnfußkrebse besitzt er zwei Fühlerpaare, die auch Antennen genannt werden. Mit ihnen ertastet er die Umgebung. Die Tiere werden in Hummerkörben gefangen und vermarktet.

## 2 Nordsee-Garnele
*Crangon crangon*

L ♂ –4,5 cm, ♀ –8,5 cm Jan.–Dez.

**Kennzeichen:** Körper langgestreckt, 2. Antennenpaar sehr lang und dünn, am Hinterende mit Schwanzfächer. Färbung variabel; die Tiere können ihre Farbe auch ändern.

**Vorkommen:** Nord- und Ostsee

**Wissenswertes:** Überall werden im Sommer an der Nordseeküste Krabben angeboten, doch wenn man es genau nimmt, werden hier überhaupt keine Krabben verkauft. Gemeint sind Nordseegarnelen, auch noch bekannt unter Namen wie Porre oder Granat. Die Tiere haben eine wirtschaftliche Bedeutung; in Deutschland werden ca. 20 000 Tonnen Nordseegarnelen pro Jahr gefangen. Dazu werden spezielle Schleppnetze, sogenannte Baumkurren, verwendet, die an beiden Seiten des Krabbenkutters ins Wasser gelassen werden. Die Garnelen ernähren sich von Algen, Würmern, Schnecken, Flohkrebsen und anderen Kleintieren.

## 3 Seepocke
*Semibalanus balanoides*

D 1–1,5 cm

**Kennzeichen:** Körper umgeben von 6 weißen, scharfkantigen Kalkplatten sowie zwei Paaren Verschlußplatten in der Mitte.

**Vorkommen:** Atlantik, Nordsee und westliche Ostsee, Mittelmeer. Die Tiere leben auf den unterschiedlichsten festen Untergründen, von Felsen, Holzpfählen (**3a**) und Bojen bis hin zu Muschelschalen, Krebspanzern und sogar Walen.

**Wissenswertes:** Seepocken gehören zu den Krebstieren, auch wenn sie äußerlich überhaupt keine Ähnlichkeit mit den vorher beschriebenen Krebsen haben. Da sie eine festsitzende Lebensweise entwickelt haben, wurden Kopf und Beine zum Teil zurückgebildet. Aus den Rumpfbeinen entwickelten sich fächerartige Organe, die die Nahrung aus dem Wasser filtern. Die hier beschriebene Art lebt an der oberen Gezeitenzone. Fallen die Tiere bei Ebbe trocken, schließen sie ihr Kalkgehäuse fest zu. So vermeiden sie Wasserverluste. Die Tiere sind Zwitter, die sich wechselseitig befruchten. Zur Paarung wird ein zum Begattungsorgan umgewandelter Rankenfuß zu einem benachbarten Artgenossen ausgestreckt.

## 4 Entenmuschel
*Lepas anatifera*

L –15 cm (davon 10 cm Stiel) Jan.–Dez.

**Kennzeichen:** Muschelartige Schale aus fünf Kalkplatten, weiß oder grau gefärbt.

**Vorkommen:** Auf Treibgut, Bojen, Tangen und anderem Untergrund in der offenen See. Es lohnt sich, z.B. am Strand angetriebenes Holz auf das Vorkommen der Art zu untersuchen.

**Wissenswertes:** Entenmuscheln sind nah mit den Seepocken verwandt; beide gehören zu den Rankenfüßern. Auch bei ihnen findet man eine stark abgewandelte Gestalt. Sie sitzen nicht direkt mit der Schale auf dem Untergrund, sondern auf einem ca. 10 cm langen Stiel. Mit Hilfe der Rankenfüße strudeln sie Wasser und darin enthaltene Nahrungspartikel herbei.

3a

1

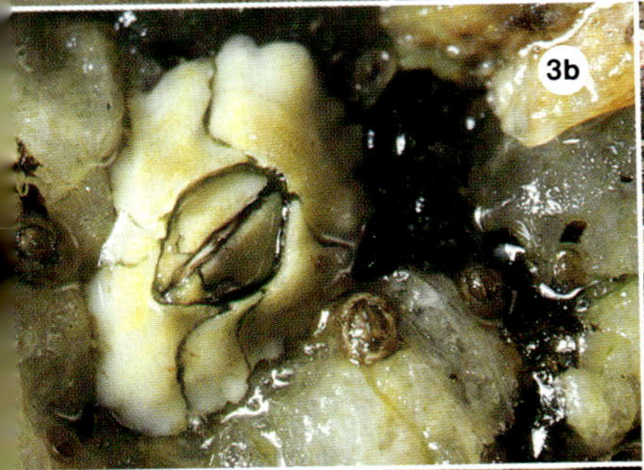
3b

2

4a

4b

## 1 Gartenkreuzspinne
*Araneus diadematus*

L –17 mm Aug.–Okt.

**Kennzeichen:** Sehr variabel gefärbt, mit auffälligem, weißem Kreuz auf dem Hinterleib, Männchen deutlich kleiner als Weibchen.

**Vorkommen:** Sehr weit verbreitet an Waldrändern, in Hecken usw., oft auch in Gärten und manchmal in großen Gewächshäusern.

**Wissenswertes:** Mehr als 50 Arten von Radnetzspinnen leben bei uns; die Gartenkreuzspinne ist sicherlich die bekannteste von ihnen. Die großen Netze (**1a**) findet man meist in einer Höhe von 1,5–2,5 m in Sträuchern und Bäumen, manchmal auch in Gewächshäusern. Die Netze dienen dem Beutefang. Dabei lauert die Gartenkreuzspinne oft mitten im Netz, während die meisten anderen Arten in einem Versteck sitzen. Über einen Signalfaden bekommt sie die Information, wenn sich eine Beute im Netz verfängt.

## 2 Streckerspinne
*Tetragnatha extensa*

L –11 mm Mai–Aug.

**Kennzeichen:** Sehr schlank, mit großen, dornenbesetzten Cheliceren. Vorderkörper gelbbraun, Hinterleib gelbgrün. Mehrere ähnliche Arten.

**Vorkommen:** Lebt zwischen Gräsern in Bodennähe, fast immer in der Nähe von Gewässern.

**Wissenswertes:** Die Spinnen der Familie der Streckerspinnen (*Tetragnathidae*) sind nach ihrem Verhalten benannt: Sie strecken häufig die Vorder- und Hinterbeine lang nach vorn bzw. hinten, so daß man sie kaum entdecken kann. Die Netze unterscheiden sich von denen der Radnetzspinnen durch die offene Nabe, haben also quasi ein Loch in der Mitte. Die Weibchen stellen weiße, flockige Eikokons her, die an Grashalmen und Pflanzenstengeln befestigt werden.

## 3 Winkelspinne
*Tegenaria atrica*

L –18 mm Jan.–Dez.

**Kennzeichen:** Groß, mit langen Beinen, dunkelbraun mit schwarzen Winkelflecken auf dem Hinterleib.

**Vorkommen:** Weit verbreitete Art, vor allem in Häusern, Garagen und Ställen.

**Wissenswertes:** Die häufigste Spinne, die in Gebäuden vorkommt, wird wie 3 ähnliche Arten oft auch als Hausspinne bezeichnet. Die Beine können bis zu dreimal so lang wie der Körper sein, was den Tieren ein imposantes Aussehen verleiht. Sie bauen ein dichtes Gespinst mit Fangfäden in Zimmerecken, Nischen usw. Nachts streifen sie oft weit umher. Verirren sie sich dann z.B. in ein Waschbekken, an dessen glatten Wänden sie nicht emporlaufen können, sorgen sie beim Zähneputzen dann für den sprichwörtlichen „Schreck in der Morgenstunde“. Ihr häufiges Vorkommen in Kellern und Wohnungen macht sie neben den Kreuzspinnen wohl zu den bekanntesten heimischen Spinnen. Sie sind ganzjährig aktiv und sollten in Häusern als nützliche Mitbewohner angesehen werden, denn sie ernähren sich vor allem von Fliegen und Mücken.

## 4 Wasserspinne
*Argyroneta aquatica*

L –15 mm Jan.–Dez.

**Kennzeichen:** Vorderkörper grau, Hinterleib braun gefärbt.

**Vorkommen:** Weit verbreitet im nördlichen Europa und Asien, aber nicht sehr häufig.

**Wissenswertes:** Einzige wasserbewohnende Spinne. Da sie keine Kiemen besitzt, muß Atemluft von der Oberfläche beschafft werden. Dazu streckt sie das Hinterleibsende aus dem Wasser und taucht ruckartig ab. Dabei bleibt eine Luftblase haften, die mit den Hinterbeinen festgehalten wird. Diese transportiert die Spinne entlang eines Wegfadens zu einem zuvor gesponnenen, engmaschigen Netz, unter dem die Luftblase freigelassen wird. Diesen Vorgang wiederholt sie einige Male, und das Netz wölbt sich durch die Luft glockenartig auf. So entsteht eine Art „Taucherglocke“ (**4a**), in der die Spinne lebt. Von Zeit zu Zeit steigt sie nach oben, um ihren Luftvorrat zu ergänzen. Zu ihrer Nahrung gehören vor allem Kleinkrebse und Larven von Wasserinsekten.

1a

1b

2

3

4a

4b

## 1 Waldwolfspinne
*Pardosa lugubris*

L –10 mm Mai–Nov.
**Kennzeichen:** Dunke braun mit hellem Streifen auf der Oberseite des Kopfbruststücks.
**Vorkommen:** Vor allem im Laub in Wäldern, Parks oder Hecken weit verbreitet. Häufigste von ca. 30 zum Teil sehr ähnlichen Arten.
**Wissenswertes:** Wolfsspinnen sind bodenbewohnende Spinnen, die gut sehen können und ihre Beute laufend blitzschnell überwältigen. Sie tragen den Kokon (**1a**) und dann ihre Jungen (**1b**) auf dem Rücken. Alle Spinnen besitzen 8 Beine, niemals aber Flügel. Am Kopf befinden sich meist 8 Punktaugen. Die kräftigen Kieferklauen (Cheliceren) bestehen aus einem Grundglied und einer kräftigen, zahnartigen Klaue zum Ergreifen der Beute. Die Kiefertaster (Pedipalpen) untersuchen die Beute und spielen auch eine wichtige Rolle bei der Balz. Die Beute wird mit den Kieferklauen gebissen, dabei wird lähmendes Gift injiziert. Dann geben die Spinnen Verdauungssaft ab, der das Opfer zersetzt. Der so entstandene Brei wird aufgesaugt; es bleiben nur Chitinreste zurück. Bei uns heimische Spinnen sind für Menschen harmlos.

## 2 Raubspinne
*Pisaura mirabilis*

L –14 mm Mai–Juli
**Kennzeichen:** Variabel gefärbt, braun bis grau mit charakteristischer Rückenzeichnung (**2a**).
**Vorkommen:** An Waldrändern und Hecken, oft in Hochstaudenfluren.
**Wissenswertes:** Die langbeinigen Spinnen lassen sich oft beim Sonnenbad auf Brennnesseln beobachten. Die Art zeigt eine interessante Fortpflanzungsbiologie. Das Männchen bringt dem Weibchen ein „Brautgeschenk", z.B. in Form einer eingesponnenen Fliege, dar. Nimmt das Weibchen die Fliege an, nutzt das Männchen die Gelegenheit zur Kopulation. Das Weibchen trägt zwei Wochen einen kugelförmigen, weiß oder hellgrau gefärbten Eikokon mit sich herum (**2b**). Vor dem Schlüpfen der Jungtiere webt sie ein Gespinst, in das der Kokon abgelegt wird. Die Jungen werden bis zum Selbständigwerden vom Weibchen bewacht.

## 3 Gerandete Jagdspinne
*Dolomedes fimbriatus*

L –22 mm Mai–Aug.
**Kennzeichen:** Groß und langbeinig, dunkelbraun mit charakteristischen hellen Streifen.
**Vorkommen:** Weit verbreitet in europäischen Feuchtgebieten, oft an Gewässerufern, manchmal auch auf Feuchtwiesen.
**Wissenswertes:** Eine der größten heimischen Spinnen; wie die verwandte Raubspinne eine Jagdspinne, die keine Netze baut. Die Tiere leben immer in der Nähe von Gewässern und können unter Nutzung der Oberflächenspannung auch auf der Wasseroberfläche laufen (**3a**). Bei Gefahr tauchen sie sogar unter. Jagdspinnen überwältigen auch größere Beutetiere und fangen sogar Jungfische und -frösche. Die Beute wird durch das Gift der Spinne in wenigen Sekunden getötet, an Land gebracht und dort gefressen.

## 4 Baldachinspinne
*Linyphia* spec.

L 5–7 mm Aug.–Okt.
**Kennzeichen:** Dunkelbraun mit heller Rückenzeichnung, schlank und langbeinig. Sehr typische und auffällige Netze (**4b**).
**Vorkommen:** Sehr häufig an Wald- und Wegrändern, in Gärten.
**Wissenswertes:** Bei uns zahlreiche, oft sehr ähnliche Arten, die nur von Spezialisten zu bestimmen sind. Die Tiere lauern mit dem Rücken nach unten unter ihren im Spätsommer und Frühherbst sehr auffälligen Netzen. Diese werden meist in niedrigen Gebüschen, sehr häufig z.B. in Heidekraut und *Cotoneaster* angelegt. Fliegende Insekten werden durch die zahlreichen Fäden zum Absturz gebracht und fallen auf ein teppichartiges, dichtes Gewebe. Durch dieses greift die Spinne von unten ihre Beute. Die Färbung ist als Anpassung an dieses Verhalten zu deuten. Für Feinde erscheint die Spinne so vor dem hellen Himmel hell und vor dem dunklen Boden dunkel. Würde sie auf dem Netz sitzen, wäre sie jeweils sehr auffällig gefärbt.

1a
1b
2a
2b
3a
3b
4a
4b

## 1 Sektorenspinne
*Zygiella x-notata*

L 6–11 mm Juli–Dez.

**Kennzeichen:** Graubraun, Rücken schwarz, Hinterleib silbrig glänzend mit schwarzer, blattartiger Zeichnung.

**Vorkommen:** Weit verbreiteter Kulturfolger, oft auch an der Außenseite von Gebäuden zu finden. Die Art kommt häufig in Ortschaften vor. Dort webt sie ihr Netz in Fenstern, Zäunen usw.

**Wissenswertes:** Der Name leitet sich von dem typischen Netz mit 2 Sektoren ohne Fangfäden ab (**1b**). Von hier aus führt der Signalfaden zum Versteck in einer Spalte oder Mauerritze.

## 2 Zitterspinne
*Pholcus phalangioides*

L –11 mm Jan.–Dez.

**Kennzeichen:** Sehr lange dünne Beine, ähnlich einem Weberknecht, hellgrau oder -braun mit undeutlicher, dunkler Zeichnung.

**Vorkommen:** In Mittel- und Südeuropa verbreitet, bei uns nur in Gebäuden.

**Wissenswertes:** Zitterspinnen weben unregelmäßige Netze, die unter der Decke hängen. Ihr Name leitet sich von dem Verhalten ab, bei Gefahr durch Bewegungen das Netz zum Schwingen zu bringen. Dadurch wird die Spinne fast unsichtbar. Die Tiere hängen wie die Baldachinspinnen mit dem Rücken nach unten im Netz. Das Weibchen transportiert die etwa 20 hellrosa gefärbten Eier bis zum Schlupf der Jungen mit den Cheliceren. Damit sie keine Eier verliert, werden sie zuvor mit einigen Fäden zusammengesponnen. Nahe verwandt ist *Pholcus opilionides* mit sehr ähnlicher Lebensweise. Die Tiere sind aber nur etwa halb so groß wie Zitterspinnen, die Eier sind grau gefärbt.

## 3 Fensterspinne
*Amaurobius fenestralis*

L –11 mm Jan.–Dez.

**Kennzeichen:** Vorderkörper braun, Hinterleib braungelb mit schwarzem Fleck, Beine hellbraun, dunkel geringelt.

**Vorkommen:** Weit verbreitete Art, oft in Mauerspalten, unter Steinen und unter loser Baumrinde. Häufig in Wäldern.

**Wissenswertes:** Gespinste gelegentlich an Fenstern zu finden (Name!). Es handelt sich um ein Trichternetz mit daran anschließender Wohnröhre, in der sich die Spinne verbirgt. Die Weibchen spinnen sich nach der Befruchtung mit ca. 100 Eiern ein. Sie sterben nach dem Schlüpfen der Jungen und dienen diesen als erste Nahrung.

## 4 Zebraspringspinne
*Salticus scenius*

L –6 mm Apr.–Okt.

**Kennzeichen:** Charakteristisch schwarz-weiß gezeichnet, sehr großes mittleres Augenpaar.

**Vorkommen:** Weit verbreiteter Kulturfolger. Jagt an sonnigen Hauswänden, Balkonen und Mauern. Manchmal kann man sie sogar im Winter in Häusern finden. Abseits von Gebäuden auf Mauern, größeren Steinen und an Felswänden.

**Wissenswertes:** Wohl die bekannteste von über 70 bei uns vorkommenden Arten von Springspinnen (*Salticidae*). Mit ihren im Vergleich zu anderen Spinnen sehr großen Augen – das vordere Paar wirkt geradezu wie ein Teleobjektiv – können sie sehr gut sehen, schleichen sich an ihre Opfer an, springen auf sie und lähmen sie durch einen Biß. Ein sackartiges Wohngespinst dient als Schutz für die Eier und vor schlechter Witterung. Die Tiere zeigen ein hochinteressantes Balzverhalten, bei dem regelrechte Tänze aufgeführt werden, die jeweils artspezifische Elemente enthalten. Die in Mitteleuropa vorkommenden Arten von Springspinnen zeigen alle ähnliche Verhaltensweisen wie die hier vorgestellte Art. Allerdings leben nur wenige an oder in Gebäuden; die meisten kann man in Wäldern und Wiesen finden. Erwähnenswert ist die Gattung *Pellenes*, von der einige Arten in Schneckenhäusern überwintern. Das machen auch die Ameisenspringspinnen (*Myrmarachne formicaria*), die Ameisen nachahmen und so wohl besser vor Freßfeinden geschützt sind, die schon einmal schlechte Erfahrungen mit Ameisen gemacht haben.

1b

1a

2

3a

4a

3b

4b

## 1 Veränderliche Krabbenspinne
*Misumena vatia*

L –10 mm Mai–Juli

**Kennzeichen:** Weibchen weiß, gelb oder grün, Männchen braun mit braun-weiß gestreiftem Hinterleib, nur 4 mm lang.

**Vorkommen:** In blütenreichen Landschaften.

**Wissenswertes:** Die Weibchen können ihre Farbe ändern; sie lauern dann auf Blüten, die ihrer Körperfarbe gleichen. Dabei sind sie für anfliegende Insekten wie auch für Freßfeinde praktisch unsichtbar (**1b**). Der Farbwechsel geschieht durch die Verlagerung von Farbstoffen aus der Außenhaut in das Körperinnere und umgekehrt. Die Spinnen können die jeweilige Blütenfarbe sehen. Die Männchen können ihre Farbe nicht verändern. Zahlreiche verwandte Arten sind zum Teil sehr prächtig gezeichnet. Allen gemeinsam ist das krabbenähnliche Aussehen, bedingt durch die stark verlängerten vorderen Beinpaare. Wie Krabben können sie auch seit- und rückwärts laufen.

## 2 Röhrenspinne
*Eresus niger*

L –16 mm Jan.–Dez.

**Kennzeichen:** Männchen (**2a**) prächtig gezeichnet, Kopfbruststück schwarz, Hinterleib leuchtend rot mit 4 großen und 2 kleinen schwarzen Flecken, Beine schwarz-weiß. Weibchen (**2b**) schwarz.

**Vorkommen:** Vor allem in Sandgebieten; wärmeliebende Art.

**Wissenswertes:** Röhrenspinnen leben gesellig. Ihr Gespinst endet in einer Röhre, die bis zu 10 cm in den Erdboden reicht. Hier leben die Weibchen; die Männchen verlassen die Röhren nach der Geschlechtsreife und suchen eine Partnerin. Die Weibchen, die viel größer sind als die Männchen, werden erst mit 3 Jahren geschlechtsreif. Sie bewachen den Eikokon in der Erdröhre. Dort überwintern auch die Jungspinnen. Das Weibchen stirbt und wird dann von den Jungen aufgefressen. Die Art ist bei uns sehr selten, im Mittelmeerraum hingegen verhältnismäßig häufig anzutreffen.

## 3 Wespenspinne
*Argiope bruennichi*

L ♂ –6 mm, ♀ –20 mm Juli- Sept.

**Kennzeichen:** Weibchen durch die schwarz-weiß-gelbe Zeichnung bei uns unverwechselbar; die viel kleineren Männchen sind unauffällig bräunlich gefärbt. Unterseite (**3b**) mit gelben Längsstreifen.

**Vorkommen:** Auf Wiesen, an Wegrainen, in Hochstaudenfluren und auch Gärten, wenn es reichlich Heuschrecken gibt.

**Wissenswertes:** Die manchmal auch als Zebraspinne bezeichnete Art stammt ursprünglich aus dem Mittelmeerraum und galt lange Zeit als wärmeliebend. In den letzten Jahren hat sie sich aber rasch ausgebreitet und kommt auch in klimatisch sehr rauhen Gebieten wie z.B. in den Hochlagen des Erzgebirges oder dem Alpenvorland vor. Im Ruhrgebiet kann man sie inzwischen sogar inmitten der Großstädte antreffen. Viel wichtiger als die Temperatur scheint das ausreichende Vorkommen von Heuschrecken zu sein, die zur Hauptbeute gehören. Sie werden in den dicht über dem Boden gespannten Netzen gefangen, die durch ein zickzackförmiges, weißes Gespinstband, das sogenannte Stabiliment (**3a**), auffallen. Dieses dient nicht der Stabilisierung des Netzes, sondern der Tarnung der Spinne.

## 4 Labyrinthspinne
*Agelena labyrinthica*

L –15 mm Juli–Aug.

**Kennzeichen:** Grau mit bräunlicher Zeichnung auf Thorax und Abdomen, auffällig große Spinnwarzen.

**Vorkommen:** Weit verbreitet in trockener, niedriger Vegetation.

**Wissenswertes:** Das Trichternetz mit einem Labyrinth an Fangfäden wird dicht über dem Boden gebaut und kann bis zu einem halben Meter breit sein. Die Spinne lauert in ihrer Wohnröhre auf Beute. Dort wird auch der Eibeutel befestigt, der über 100 Eier enthalten kann (**4b**). Dieser wird vom Weibchen oft noch mit Laubstreu getarnt. Bei Gefahr kann sie die Wohnröhre durch einen „Hinterausgang" verlassen.

1a

2a

2b

1b

3a

3b

4a

4b

## 1 Weberknecht
*Phalangium opilio*

L –9 mm   Juni–Nov.

**Kennzeichen:** Hellgrau mit dunkler Zeichnung, sehr lange Beine.

**Vorkommen:** Sehr weit verbreitet, hält sich meist in dichtem Pflanzenwuchs auf.

**Wissenswertes:** Weberknechte werden oft für Spinnen gehalten, unterscheiden sich aber in wesentlichen Merkmalen. Im Gegensatz zu den Spinnen besitzen sie einen einteiligen Körper und nur ein Augenpaar. Da sie keine Spinnwarzen haben, können sie auch keine Netze weben. Sie sind überwiegend nachtaktiv und Allesfresser, die weder Aas noch Pflanzenteile verschmähen. Die Beine sind sehr lang und zerbrechlich, bei Gefahr können sie von manchen Arten sogar leicht abgeworfen werden. Ähnlich wie abgeworfene Eidechsenschwänze zucken die Beine noch einige Zeit, um den Feind zu irritieren.

## 2 Weberknecht
*Leiobunum limbatum*

L –6 mm   Juli–Dez.

**Kennzeichen:** Rötlich, Weibchen bunt gescheckt, sehr langbeinig (2. Beinpaar bis 50 mm).

**Vorkommen:** Meist an Mauern oder Felswänden in Wäldern.

**Wissenswertes:** Die Tiere leben gesellig. Bei Bedrohung führen sie mit dem Körper schwingende Bewegungen aus, ähnlich wie die Zitterspinnen.

## 3 Schneckenkanker
*Ischyropsalis hellwigi*

L –9 mm   Juli–Okt.

**Kennzeichen:** Glänzend schwarz gefärbt, mit gewaltigen Kieferklauen, die mit einer Länge von ca. 10 mm größer sind als der gesamte Körper.

**Vorkommen:** Bevorzugt in feuchteren Wäldern der Mittelgebirgslagen.

**Wissenswertes:** Schneckenkanker fressen – wie ihr Name besagt – vor allem Gehäuseschnecken. Mit ihren kräftigen Kieferklauen zerbrechen sie die Gehäuse, um anschließend die jetzt schutz- und wehrlose Schnecke aufzufressen.

## 4 Brettkanker
*Trogulus tricarinatus*

L –6 mm   Jan.–Dez.

**Kennzeichen:** Eng mit dem Weberknecht verwandt, diesem aber recht unähnlich. Der Körper ist brettartig abgeflacht (Name), die Beine verglichen mit einem Weberknecht kurz und kräftig.

**Vorkommen:** Überwiegend Waldbewohner, lebt in der Streuschicht, häufiger auf kalkhaltigem Untergrund.

**Wissenswertes:** Aufgrund seiner Körperform kann der Brettkanker sich problemlos zwischen Blättern bewegen. Auch er ist ein Schneckenjäger und kann mit seinem nach vorn schmaler werdenden Körper auch in die engeren Windungen von Schneckenhäusern eindringen, die er vollständig leerfrißt, ohne sie zu beschädigen. Sein häufigeres Vorkommen auf Kalk ist möglicherweise mit dem dort größeren Schneckenreichtum zu erklären.

## 5 Bücherskorpion
*Chelifer cancroides*

L 2–4,5 mm   Jan.–Dez.

**Kennzeichen:** Skorpionsähnlich, aber ohne den giftstachelbewehrten, schwanzförmigen Abschnitt des Hinterleibs.

**Vorkommen:** Fast weltweit verbreitet, meist in Vogelnestern oder unter trockener Baumrinde, aber auch in Häusern.

**Wissenswertes:** Da der Körper stark abgeflacht ist, können die Tiere sich auch in engen Spalten bewegen und so selbst zwischen Buchseiten Milben und Staubläuse jagen. Ähnliche Arten der Pseudoskorpione ( ca. 30 in Mitteleuropa) leben in der Laubstreu oder in Moospolstern, wo sie Milben, aber auch Springschwänze und andere sehr kleine Insekten jagen. Diese werden mit den mit Giftdrüsen ausgestatteten Scheren gepackt. Manche Arten klammern sich an den Beinen von Fliegen fest und lassen sich so über weite Strecken transportieren. Viele Arten zeigen ein interessantes Balzverhalten, dabei werden sogar regelrechte Balztänze aufgeführt.

1

2a

2b

3

4

5
V

## 1 Holzbock
*Ixodes ricinus*

L –2,5 (♀ –4 mm; vollgesogen (**1b**) –12 mm) Mai–Okt.

**Kennzeichen:** Dunkel rotbraun, 8 Beine.

**Vorkommen:** Weit verbreitet, besonders häufig in feuchteren Wäldern mit ausgeprägter Strauch- und Krautschicht.

**Wissenswertes:** Nur die Weibchen lauern auf Blättern oder Zweigspitzen auf Warmblüter, auf die sie sich in geeignetem Augenblick fallen lassen. Sie saugen 5–14 Tage lang Blut. Dieses ist zwar lästig, die wahren Probleme für die Menschen resultieren aber aus der Tatsache, daß diese Zecken dabei mit Frühsommer-Meningo-Encephalitis (FSME; eine Art von Hirnhautentzündung) und Borreliose (eine bakterielle Infektion) zwei gefährliche Krankheiten übertragen. Deshalb sollte man in Zeckengebieten möglichst geschlossene Kleidung tragen, sich mit Mückenschutzmitteln einreiben und z.B. nach einer Waldwanderung den Körper auf Zecken absuchen und diese gegebenenfalls entfernen. Hierzu gibt es detaillierte Informationen in allen Apotheken.

## 2 Samtmilbe
*Eutrombidium* spec.

L –2,5 mm (4 mm) März–Okt.

**Kennzeichen:** Körper und Beine leuchtend rot gefärbt.

**Vorkommen:** Lebt auf unterschiedlichen Pflanzen, u.a. auf Obstbäumen.

**Wissenswertes:** Zu den größten und auffälligsten Raubmilben gehören die Samtmilben. Sie werden von Gärtnern als sehr nützlich angesehen, da sie u.a. Schadmilben, Larven von Fransenflüglern und sogar Blattläuse jagen. Sie laufen dabei recht schnell auf dem Boden und auf Blättern umher. Die Weibchen überwintern im Fallaub und legen im Frühjahr ihre Eier im Boden ab.

## 3 Wassermilbe
*Piona* spec.

L –3 mm

**Kennzeichen:** Bunt gefärbt, kugelige Gestalt mit 8 Beinen.

**Vorkommen:** In Stillgewässern.

**Wissenswertes:** Wassermilben leben räuberisch und erbeuten vor allem Insektenlarven und Kleinkrebse, die gepackt und ausgesogen werden. Die Larven parasitieren auf Wasserinsekten oder deren Larven.

## 4 Kugelwassermilbe
*Hydrachna* spec.

L –3 mm

**Kennzeichen:** Rotbraun mit hochgewölbtem Körper.

**Vorkommen:** Oft in kleinen Stillgewässern.

**Wissenswertes:** Die Tiere können gut schwimmen und sind nicht selten. Die zahlreichen, sehr schwer zu bestimmenden Arten von Wassermilben sind neben der Wasserspinne die einzigen Spinnentiere, die vollständig im Wasser leben. Sehr auffällig sind auch die leuchtend roten Arten der Gattung *Hydrodroma*.

## 5 Hausstaubmilbe
*Dermatophagoides* spec.

L –0,4 mm Jan.–Dez.

**Kennzeichen:** Mikroskopisch klein; Arten nur von Spezialisten unterscheidbar.

**Vorkommen:** In Matratzen, Teppichen, Sofas.

**Wissenswertes**: Die Tiere fressen vor allem Pilze, die auf Haarschuppen wachsen. Ihre Körperausscheidungen können bei empfindlichen Personen allergische Reaktionen bis hin zu asthmatischen Anfällen auslösen.

## 6 Gallmilbe
*Eriophyes* spec.

L –0,2 mm

**Kennzeichen:** Mikroskopisch klein; auffällig sind die Gallen (s.u.).

**Vorkommen:** Auf den verschiedensten Blättern; die einzelnen Arten sind wirtsspezifisch.

**Wissenswertes:** Vor allem auf Laubbäumen findet man oft stiftförmige Wucherungen, die meist rot oder gelb sind. Diese Wucherungen werden durch Gallmilben hervorgerufen, die Pflanzenzellen aussaugen und dabei Enzyme abgeben, die die Gallbildung auslösen.

1a

1b

3

2

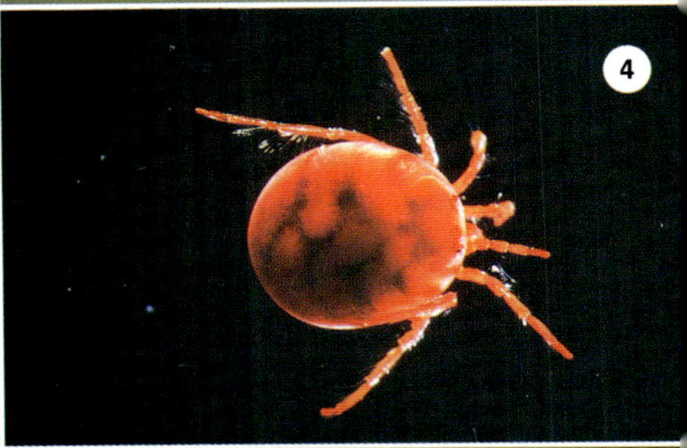
4

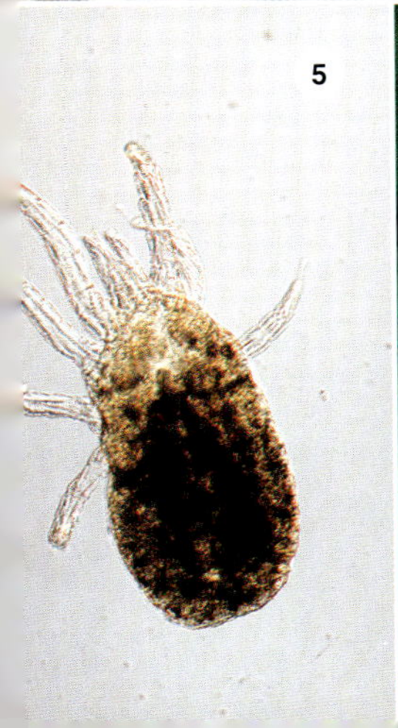
5

6

## 1 Brauner Steinläufer
*Lithobius forficatus*

L –32 mm Jan.–Dez.

**Kennzeichen:** Dunkel rotbraun, 15 Beinpaare, lange Fühler.

**Vorkommen:** Häufig unter Steinen, Rinde und in der Laubstreu zu finden.

**Wissenswertes:** Junge Hundertfüßer haben nur 7 Beinpaare, die Zahl nimmt bei jeder Häutung zu. Alle Hundertfüßer haben nur 1 Beinpaar pro Körpersegment. Jagt Insekten, Regenwürmer usw., die mit einem Giftbiß gelähmt werden. Der verwandte, im Mittelmeerraum heimische Skolopender (*Scolopendra cingulata*) wird bis zu 10 cm lang und kann auch Menschen sehr empfindlich beißen. Die Giftigkeit des Bisses wird wie die eines Wespenstiches beurteilt, kann aber im Einzelfall auch heftigere Reaktionen hervorrufen.

## 2 Gemeiner Erdläufer
*Geophilus longicornus*

L –40 mm Jan.–Dez.

**Kennzeichen:** Lang und dünn mit bis zu 57 Beinpaaren, gelblichbraun gefärbt.

**Vorkommen:** Überall am Erdboden zu finden, oft unter Steinen oder Holzstücken.

**Wissenswertes:** Lebt wie mehrere ähnliche Arten, die auch bei uns vorkommen, räuberisch. Zur Hauptbeute gehören Regenwürmer.

## 3 Gerandeter Saftkugler
*Glomeris marginata*

L 6–20 mm Jan.–Dez.

**Kennzeichen:** Schwarz glänzend, Segmente mit gelblichem Hinterrand.

**Vorkommen:** In Laubwäldern in der Laubstreu oder unter Steinen.

**Wissenswertes:** Bei Gefahr rollen sich die Tiere zu einer Kugel zusammen; der Kopf befindet sich im Inneren der Kugel. Zusätzlich können sie ein Wehrsekret absondern.

## 4 Bunter Saftkugler
*Glomeris conspersa*

L 12–17 mm Jan.–Dez.

**Kennzeichen:** Sehr variabel gefärbt, schwarz mit unterschiedlicher, brauner, roter oder gelber Zeichnung.

**Vorkommen:** In lichten Wäldern, an Waldrändern und auch Trockenrasen unter Steinen; fehlt im Norden Mitteleuropas.

**Wissenswertes:** Verhalten wie vorige Art. Saftkugler ernähren sich von verrottenden Pflanzenteilen. Sie gehören wie die Tausendfüßer zu den Doppelfüßern mit zwei Beinpaaren pro Körpersegment.

## 5 Schnurfüßer
*Schizophyllum rutilans*

L –35 mm Jan.–Dez.

**Kennzeichen:** Glänzend braunschwarz, zwei Beinpaare je Körpersegment.

**Vorkommen:** Vor allem im Fallaub in Wäldern sehr häufig.

**Wissenswertes:** Es gibt bei uns ca. 50 Arten von Schnurfüßern, die nur sehr schwer zu bestimmen sind. Sie sind die wahren „Tausendfüßer", auch wenn sie nur maximal 130 Beinpaare besitzen. Sie ernähren sich vor allem von verrottendem Pflanzenmaterial.

## 6 Bandfüßer
*Polydesmus angustus*

L –20 mm Jan.–Dez.

**Kennzeichen:** Braun, zwei Beinpaare je Körpersegment, Seitenränder der Rückenschilde deutlich nach außen verbreitert.

**Vorkommen:** Vor allem in der Laubstreu in Laubwäldern, oft unter Steinen oder größeren Holzstücken zu finden.

**Wissenswertes:** Bei uns 10 sehr ähnliche Arten. Die Weibchen bauen für die Eier ein Erdnest.

## 7 Zwergfüßer
*Scutigerella immaculata*

L –8 mm Jan.–Dez.

**Kennzeichen:** Klein, weißlich gefärbt, 12 Segmente mit 12 Beinpaaren, keine Augen.

**Vorkommen:** In der Laubstreu, feuchtigkeitsliebende Art.

**Wissenswertes:** Die Tiere leben meist unter der Erdoberfläche und sind überwiegend Pflanzenfresser.

1

2

3

4a

4b

5

6

7

## 1 Silberfischchen
*Lepisma saccharina*

L –12 mm Jan.–Dez.

**Kennzeichen:** Flügellos, silbrig-glänzend, drei Hinterleibsanhänge, Augen sehr klein.

**Vorkommen:** Kosmopolit, Kulturfolger.

**Wissenswertes:** Silberfischchen, wegen ihrer Vorliebe für Kohlenhydrate auch als Zukkergast bezeichnet, sind Kulturfolger, die bei uns nur in Häusern vorkommen, z.B. in Speisekammern, Badezimmern usw. Die Tiere sind völlig harmlos und nachtaktiv. Sie sind die bekanntesten Vertreter der sog. Ur-Insekten, die unter dem Namen *Apterygota* (= Flügellose) zusammengefaßt werden und zu denen auch die Springschwänze (s.u.) gehören.

## 2 Springschwanz
*Isotoma* spec.

L –3 mm

**Kennzeichen:** Winzig, grünlich-schwarz.

**Vorkommen:** Im Waldboden und in Moospolstern, auch auf Schnee.

**Wissenswertes:** Springschwänze gehören im Boden mit zu den wichtigsten Zersetzern von Laub und anderen abgestorbenen Pflanzenteilen. Obwohl flügellos sind zumindest die Arten der höheren Schichten der Laubstreu mit Hilfe ihrer sogenannten Sprunggabel sehr beweglich. Manche Arten leben im Winter auf Schnee und ernähren sich von kleinsten Pflanzenresten oder wie der berühmte Gletscherfloh von den Pollen der Nadelbäume. Einige Arten wie der Schwarze Wasserspringschwanz *Podura aquatica* (**2b**) leben auch auf der Oberfläche von Kleinstgewässern.

## 3 Gemeine Eintagsfliege
*Ephemera danica*

L –24 mm Sp –45 mm Mai–Aug.

**Kennzeichen:** Körper braun mit 3 bis zu 4 cm langen Anhängen, Flügel bräunlich mit dunklen Flecken, Vorderflügel mehr als doppelt so groß wie die Hinterflügel.

**Vorkommen:** Weite Teile Europas, vor allem in Mittelgebirgslagen.

**Wissenswertes:** Typische Vertreterin der Eintagsfliegen. Während die Larvalentwicklung bis zu 3 Jahre dauern kann, leben die ausgewachsenen Tiere mancher Arten nur wenige Stunden, meist aber 2–4 Tage. Nach dem Schlüpfen schwärmen sie oft in großer Zahl in der Abenddämmerung. Dabei finden sich Männchen und Weibchen zur Paarung. Die Männchen sterben nach kurzer Zeit, die Weibchen nach der Eiablage. Die meisten Arten legen ihre Eier in Fließgewässer ab, die hier gezeigte Art kommt wie einige andere auch in Stillgewässern vor.

## 4 Eintagsfliegen-Larve
*Ephemera* spec.

Die Larven von *Ephemera* graben Gänge in den Gewässergrund. Sie tragen Tracheenkiemen am Hinterleib und besitzen von Ausnahmen abgesehen 3 Anhänge. Viele Arten reagieren empfindlich auf Gewässerverschmutzung, so daß sie als Zeigerorganismen zur Bestimmung der biologischen Gewässergüte von Fließgewässern herangezogen werden.

## 5 Steinfliege
*Perlodes* spec.

L –28 mm Apr.–Juli

**Kennzeichen:** Bräunlich gefärbt, 4 fast gleich große Flügel, 2 Schwanzanhänge.

**Vorkommen:** Vor allem in Mittelgebirgen in und an Bächen weit verbreitet.

**Wissenswertes:** Die ausgewachsenen Tiere sind recht unauffällig; da sie meist in der Nähe von Fließgewässern vorkommen, bezeichnet man sie auch als Uferfliegen. Die mehr als 100 mitteleuropäischen Arten sind nur von Spezialisten zu unterscheiden, ein sehr wichtiges Bestimmungsmerkmal ist die Aderung der Vorderflügel.

## 6 Steinfliegen-Larve

Mit ihrer abgeflachten Gestalt sind sie gut an das Leben in schnellfließendem Wasser angepaßt. Im Gegensatz zu den Eintagsfliegen-Larven haben sie nur 2 Schwanzanhänge. Auch Tracheenkiemen findet man selten; sie nehmen den Sauerstoff über die Körperoberfläche auf.

1

2a

2b

3

4

5

6

## 1 Blauflügel-Prachtlibelle
*Calopteryx virgo*

L 35–40 mm Sp 60–70 mm Mai–Sept.
**Kennzeichen:** Körper blaugrün, metallisch glänzend, Männchen mit blaugrünen oder blauen Flügeln, Weibchen mit bräunlichen Flügeln.
**Vorkommen:** Nur in der Nähe von sauerstoffreichen, sauberen Fließgewässern, deshalb meist in den Mittelgebirgen anzutreffen.
**Wissenswertes:** Die Art ist durch die Verschmutzung von Fließgewässern bedroht. Das Verhalten ist ähnlich der folgenden Art.

## 2 Gebänderte Prachtlibelle
*Calopteryx splendens*

L –50 mm Sp –70 mm Juni–Sept.
**Kennzeichen:** Körper des Männchens blau, metallisch glänzend, Flügel mit breiter, blaugrüner Binde. Weibchen metallisch grün, Flügel grünlich.
**Vorkommen**: Im Gegensatz zur vorigen Art an langsam fließenden Bächen und Flüssen in ganz Europa.
**Wissenswertes:** Sitzen die Tiere in der Ufervegetation, sind sie nicht leicht zu entdecken. Im Flug fallen vor allem die Männchen sofort auf. Sie besetzen Reviere, die sie immer wieder mit einem eigenartigen Schwirrflug abgrenzen. Dringen fremde Artgenossen in das Revier ein, werden sie von den Revierinhabern angegriffen. Interessant ist auch das Paarungsverhalten. Die Männchen zeigen einfliegenden Weibchen zunächst die Unterseite des Hinterleibes. Dann führen sie im Flug einen Balztanz vor, an den die Paarung anschließt. Das Weibchen fliegt dann zum Eiablageplatz und legt die Eier in schwimmende Pflanzenteile ab. Dabei taucht es manchmal ganz unter. Die Männchen verteidigen inzwischen wieder ihr Revier.

## 3 Große Pechlibelle
*Ischnura elegans*

L –28 mm Sp 35–40 mm Mai–Sept.
**Kennzeichen:** Hinterleib schwarz, 8. Hinterleibssegment leuchtend blau gefärbt.
**Vorkommen:** Weit verbreitet in Europa und Nordasien. Eine unserer häufigsten Libellenarten, die an fast allen Gewässertypen vorkommt.
**Wissenswertes:** Oft sind Große Pechlibellen die ersten Libellen, die sich an neu angelegten Gartenteichen einfinden. Das Verhalten bei der Eiablage unterscheidet sich von den übrigen Schlankjungfern durch die Tatsache, daß das Weibchen die Eier ohne die Begleitung des Männchens in Wasserpflanzen ablegt.

## 4 Frühe Adonislibelle
*Pyrrhosoma nymphula*

L –35 mm Sp –45 mm Apr.–Aug.
**Kennzeichen:** Männchen (**4b**) mit überwiegend rotem Hinterleib, ab dem 7. Segment mit schwarzer Zeichnung. Weibchen mit mehr Schwarz. Beine immer schwarz gefärbt.
**Vorkommen:** In Europa weit verbreitet an vegetationsreichen Kleingewässern, oft auch an Gartenteichen.
**Wissenswertes:** Eine der bei uns am frühesten im Jahr erscheinenden Libellenarten. Trotz der auffälligen Färbung sind diese Libellen meist nur im Flug zu entdecken, da sie sich sonst in dichtem Pflanzenwuchs verstekken. Ihr Name bezieht sich auf das rot blühende Adonisröschen, das wiederum nach Adonis benannt ist. Adonis war nach der griechischen Mythologie ein Geliebter der Göttin Aphrodite. Deren Gemahl Ares verwandelte sich in einen Eber und tötete aus Eifersucht Adonis bei einer Jagd. Aus jedem Blutstropfen ist dann ein Adonisröschen geworden.

## 5 Späte Adonislibelle
*Ceriagrion tenellum*

L 30–35 mm Sp 40–45 mm Juni–Sept.
**Kennzeichen:** Ähnlich der Frühen Adonislibelle, aber beide Geschlechter leicht an den hellroten Beinen zu erkennen.
**Vorkommen:** Westeuropäische Art, vor allem in Moor- und Heidegewässern.
**Wissenswertes:** Die Art ist leider in weiten Teilen ihres Verbreitungsgebietes durch den Verlust ihrer Lebensräume stark gefährdet. Die Eier werden in Binsenstengel abgelegt, die Larven leben in Torfmoospolstern.

2a

1

3

2b

4b

4a

5

## 1 Weidenjungfer
*Chalcolestes viridis*

L –45 mm Sp –60 mm Juli–Okt.

**Kennzeichen:** Körper grünmetallisch bis kupferfarben, Flügelmal einfarbig hellbraun.

**Vorkommen:** Weit verbreitet in Mittel- und Südeuropa. Lebensraum sind von Erlen und Weiden gesäumte Weiher.

**Wissenswertes:** Bemerkenswert ist vor allem die Fortpflanzungsbiologie dieser Art. Die Eier werden in über die Wasseroberfläche reichende Zweige der Bäume eingebohrt (**1b**). Die Rinde schwillt an den Eiablagestellen meist leicht an. Die von Mitte August bis Mitte Oktober abgelegten Eier können auch sehr harte Fröste überstehen. Im Frühjahr schlüpft zunächst eine 2 mm lange sogenannte Prolarve, die sich ins Wasser fallen läßt und sich dort weiterentwickelt. Nach zehnmaliger Häutung schlüpfen die Weidenjungfern dann schließlich im Juli.

## 2 Gemeine Binsenjungfer
*Lestes sponsa*

L –35 mm Sp 40–45 mm Juni–Okt.

**Kennzeichen:** Grundfärbung grünmetallisch mit kupferfarbenem Glanz, Brust der Männchen sowie erstes und hintere Hinterleibssegmente hellblau.

**Vorkommen:** Vor allem an Gewässern mit dichtem Bewuchs an Binsen, Teichschachtelhalm usw., auch an Gewässern, die zeitweilig austrocknen.

**Wissenswertes:** Wie ihre Verwandten aus der Familie der Teichjungfern spreizen die Gemeinen Binsenjungfern ihre Flügel meist seitlich ab, wenn sie auf einem Zweig oder Schilfhalm ruhen (vgl. mit anderen Kleinlibellen).

## 3 Kleines Granatauge
*Erythromma virens*

L –30 mm Sp 35–40 mm Juni–Sept.

**Kennzeichen:** Augen rot, Brustseiten blau, 8. Hinterleibssegment beim Männchen (**3b**) seitlich blau (bei der folgenden Art schwarz), 9. blau und 10. blau mit schwarzer X-Zeichnung; Weibchen sehr ähnlich dem Großen Granatauge.

**Vorkommen:** Vor allem an Gewässern mit ausgeprägter Schwimmblatt-Vegetation (Hornblatt, Tausendblatt usw.).

**Wissenswertes:** Die Art hat ihr Verbreitungsgebiet in den letzten Jahren ganz erheblich vergrößert. Ein Zusammenhang mit Klimaveränderungen wird diskutiert, ist aber nicht gesichert. Die besten Chancen die Tiere zu beobachten hat man, wenn man mit einem Fernglas Schwimmblätter absucht. Die Eiablage erfolgt in schwimmende Pflanzenteile (**3a**).

## 4 Großes Granatauge
*Erythromma najas*

L –35 mm Sp 45–50 mm Mai–Sept.

**Kennzeichen:** Augen rot, Brustseiten beim Männchen (**4a**) blau, beim Weibchen grün, 9. und 10. Hinterleibssegment beim Männchen einfarbig blau.

**Vorkommen:** An Stillgewässern mit ausgedehnter Schwimmblattvegetation. Oft sitzen die Tiere auf Seerosenblättern.

**Wissenswertes:** Man unterscheidet 2 Unterordnungen der Libellen, die Großlibellen (*Anisoptera*) und die Kleinlibellen (*Zygoptera*). Das Große Granatauge ist eine typische Kleinlibelle. Diese kann man leicht am dünnen, streichholzartigen Hinterleib erkennen. Wenn die Kleinlibellen ruhen, legen sie ihre Flügel dachartig über dem Hinterleib zusammen. Eine Ausnahme machen die Teichjungfern (*Lestidae*), die ihre Flügel schräg nach hinten abspreizen. Wie alle Libellen hat auch das Große Granatauge im Vergleich zu anderen Insekten sehr große Augen (**4b**), die bei dieser Art durch die Färbung besonders auffallen. Diese Facettenaugen sind aus vielen tausend Einzelaugen zusammengesetzt, von denen jedes nur einen winzigen Teil der Umgebung abbildet. Die Teilbilder ergeben das Gesamtbild; man spricht auch von einem zusammengesetzten Auge. Große Granataugen legen ihre Eier bevorzugt in die Stengel von Teichrose, Weißer Seerose und Laichkräutern ab. Dazu landet das Paar auf einem Schwimmblatt und klettert dann rückwärts bis zu einem halben Meter unter Wasser. Dort können sie über 30 Minuten bleiben, wobei das Weibchen die Eier in den Stengel einsticht.

1a

1b

3a

2a

3b

2b

4a

4b

## 1 Hufeisenazurjungfer
*Coenagrion puella*

L 35–40 mm Sp –50 mm Mai–Sept.

**Kennzeichen:** Männchen (**1a**) hellblau und schwarz gefärbt, auf dem 2. Hinterleibssegment ein „U"- bzw. hufeisenförmiges schwarzes Mal (Name!). Weibchen überwiegend schwarz mit grünlicher, seltener bläulicher Zeichnung.

**Vorkommen:** An fast allen Gewässertypen mit Ausnahme von schnell fließenden Bächen und Flüssen, regelmäßig auch an Gartenteichen.

**Wissenswertes**: Die Hufeisenazurjungfer ist die häufigste der 6 heimischen Arten von Azurjungfern der Gattung *Coenagrion* und eine der bei uns häufigsten Libellen überhaupt. Die ausgewachsenen Tiere schlüpfen etwa Anfang Mai und haben eine Lebenserwartung von ca. 4 Wochen. Da aber nicht alle Tiere zeitgleich schlüpfen, kann man die Art bis Ende August beobachten. Zur Paarung greifen die Männchen die Weibchen hinter dem Kopf mit ihren Hinterleibszangen. Die Weibchen nehmen den Samen aus der vom Männchen vor der Paarungssuche gefüllten Samentasche. Dazu biegen sie den Hinterleib weit vor. Diese Haltung bezeichnet man als Paarungsrad. Die Weibchen stechen die Eier in verschiedene Wasserpflanzen ein (**1c**). Dabei werden sie ständig vom Männchen begleitet und nach wie vor mit den Hinterleibszangen festgehalten. So verhindern sie die Paarung des Weibchens mit anderen Männchen. Die Entwicklungszeit der Eier beträgt je nach den örtlichen Bedingungen zwischen 2 und 5 Wochen. Die Larven überwintern.

## 2 Fledermausazurjungfer
*Coenagrion pulchellum*

L 30–35 mm Sp –50 mm Mai–Juli

**Kennzeichen:** Männchen im Vergleich zu anderen Azurjungfern mit mehr Schwarz am Hinterleib.

**Vorkommen:** Weit verbreitet an stehenden Gewässer mit Schwimmblattvegetation, aber große Verbreitungslücken.

**Wissenswertes:** Namengebend ist eine – mit Phantasie betrachtet – fledermausartige Zeichnung auf dem 2. Hinterleibssegment, die aber in Form und Größe variiert.

## 3 Becherazurjungfer
*Enallagma cyathigerum*

L 30–35 mm Sp –45 mm Mai–Sept.

**Kennzeichen:** Männchen blau-schwarz gefärbt, auf dem 2. Hinterleibssegment mit schwarzer Zeichnung, die an einen gestielten Becher erinnert.

**Vorkommen:** An vielen Gewässertypen, bevorzugt an großen Stillgewässern.

**Wissenswertes:** Die Weibchen gehen bei der Eiablage oft unter Wasser, dabei koppeln sich die Männchen ab. Nach dem Auftauchen wird das Weibchen erneut vom Männchen gepackt; gemeinsam fliegen sie zum nächsten Eiablageplatz.

## 4 Gemeine Winterlibelle
*Sympecma fusca*

L –35 mm Sp –45 mm Juli–Mai

**Kennzeichen:** Hellbraun mit dunkelbrauner, kupfern glänzender Zeichnung.

**Vorkommen:** An Gewässer mit ausgedehnten Röhrichten, vor allem im Flachland.

**Wissenswertes:** Als einzige heimische Libellen überwintern Winterlibellen als voll entwickelte Tiere. Sie sitzen dann fern vom Wasser in Schlupfwinkeln. Oft werden sie schon an warmen Februartagen aktiv und kehren Anfang April zu ihren Brutgewässern zurück. Keine andere Art fliegt so früh im Jahr. Anfang Juni sterben die Tiere, doch schon im August schlüpfen die Tiere der nächsten Generation, die im Oktober ihr Winterquartier aufsuchen.

## 5 Kleinlibellenlarve
Hufeisenazurjungfer

**Wissenswertes**: Kleinlibellenlarven sind langgestreckt und schlank. Charakteristisch sind 3 verhältnismäßig große, blattförmige Fortsätze am Hinterende. Diese dienen der Fortbewegung und der Atmung. Die Entwicklung der Larven geht im Vergleich zu vielen Großlibellen recht schnell, denn im nächsten Frühjahr oder Frühsommer erfolgt die Umwandlung zum Imago.

1a

1b

2

1c

4

3

5

## 1 Große Königslibelle
*Anax imperator*

L –80 mm Sp –110 mm Mai–Sept.

**Kennzeichen:** Brustseiten blaugrün, Hinterleib blau mit schwarzer Zeichnung.

**Vorkommen:** Weit verbreitet in Europa, vor allem an nährstoff- und pflanzenreichen Weihern und Altwässern.

**Wissenswertes:** Große Königslibellen sind tatsächlich die größten heimischen Libellen und die „Herrscher der Lüfte" über unseren Gewässern. Das besagt auch der wissenschaftliche Name (lat. anax = Herr, imperator = Herrscher). An warmen Sommertagen kann man die Männchen oft stundenlang über dem Wasser fliegen sehen, ohne daß sie sich einmal niedersetzen. Großlibellen sind wesentlich kräftiger gebaut als die Kleinlibellen, die Flügel werden in der Ruhe im allgemeinen waagerecht ausgebreitet. Die Weibchen werden bei der Eiablage nicht von den Männchen festgehalten. Die Weibchen setzen sich auf Wasserpflanzen wie Hornblatt-, Laichkraut- oder Tausendblatt-Arten und stechen die Eier in dicke Stengel ein. Dabei tauchen sie mit dem Hinterleib unter Wasser. Mit den Flügeln balancieren sie Bewegungen der schwankenden Wasserpflanzen aus.

## 2 Großlibellenlarve
*Anax imperator*

**Wissenswertes:** Die Larven der Großlibellen sind viel kräftiger gebaut als die Kleinlibellenlarven. Sie tragen keine blattförmigen Hinterleibsanhänge. Die Fortbewegung erfolgt bei ihnen nach dem Rückstoßprinzip, indem sie Wasser aus dem Enddarm herauspressen. Libellenlarven leben räuberisch. Mit ihrer Fangmaske, die blitzartig nach vorn geschleudert werden kann, erbeuten sie alle möglichen Wasserlebewesen. Die Larven der großen Libellenarten können selbst kleine Fische, Molche und Kaulquappen überwältigen.

## 3 Blaugrüne Mosaikjungfer
*Aeshna cyanea*

L –80 mm Sp –110 mm Juni–Nov.

**Kennzeichen:** Sehr groß, Männchen charakteristisch blau-grün-schwarz gefärbt, Weibchen ohne Blau.

**Vorkommen:** Weit verbreitet an allen Stillgewässern, bevorzugt aber an kleineren Gewässern, oft auch an Gartenteichen.

**Wissenswertes:** Die häufigste der 8 bei uns vorkommenden Arten der Gattung *Aeshna*. Nach dem Schlupf ab Mitte Juni zunächst mehrere Wochen fernab von Gewässern jagend, oft in Wäldern. Ab August zur Fortpflanzung wieder am Wasser. Die Larvalentwicklung dauert 2 Jahre.

## 4 Braune Mosaikjungfer
*Aeshna grandis*

L –80 mm Sp –105 mm Juli–Okt.

**Kennzeichen:** Einzige heimische Großlibelle mit goldbraun gefärbten Flügeln, Körper braun, Brust mit gelben Seitenstreifen, Männchen mit hellblauen, Weibchen mit gelblichen Seitenflecken am Hinterleib.

**Vorkommen:** An größeren Weihern und Seen, Verbreitung sehr ungleichmäßig, in Norddeutschland häufiger.

**Wissenswertes:** Die Eier werden in abgestorbene Pflanzenteile oder sogar morsches Holz abgelegt, wo sie zunächst überwintern. Die Entwicklung bis zur ausgewachsenen Libelle dauert bis zu 3 Jahre.

## 5 Herbst-Mosaikjungfer
*Aeshna mixta*

L –64 mm Sp –85 mm Juli–Nov.

**Kennzeichen:** Kleinste bei uns vorkommende Mosaikjungfer, Brust braun mit gelben Seitenstreifen, Hinterleib schwarz, beim Männchen mit blauen, beim Weibchen mit gelben Seitenflecken.

**Vorkommen:** An allen möglichen Stillgewässern vom Fischteich bis zum Moorsee, wenn ein gewisser Pflanzenreichtum gegeben ist.

**Wissenswertes:** Die Art erscheint als letzte der Mosaikjungfern und fliegt bis weit in den Herbst hinein. Die Tiere fliegen oft sehr hoch über ihrem Gewässer und werden dabei wie andere Großlibellen auch oft Beute von Baumfalken, die mit blitzschnellen und artistischen Flugmanövern auf die Libellen hinabstoßen.

1a
1b
2
3
4
5

## 1 Vierfleck
*Libellula quadrimaculata*

L –50 mm Sp –85 mm Mai–Juli

**Kennzeichen:** Eindeutig gekennzeichnet durch einen dunklen Fleck an jedem Flügelvorderrand (Name!).

**Vorkommen:** Holarktisch verbreitet, im Mittelmeerraum nur sehr lokal vorkommend. Lebt an pflanzenreichen Stillgewässern, ist aber in Mooren besonders häufig.

**Wissenswertes:** Einer der häufigeren Vertreter der Familie der Segellibellen (*Libellulidae*). Zur Namensgebung haben die Flecken am Vorderrand der Flügel beigetragen. Kommt es zur Massenentwicklung, können Wanderschwärme aus Tausenden von Tieren entstehen, die Hunderte von Kilometern fliegen. Die entkräfteten Libellen werden dann häufig von Vögeln gefressen. Als Auslöser für die Wanderungen wird ein parasitischer Saugwurm (*Prostogonimus oratus*) vermutet, für den die Libellen Zwischenwirt, die Vögel aber Endwirt sind.

## 2 Plattbauch
*Libellula depressa*

L 40–50 mm Sp 70–80 mm Mai–Aug.

**Kennzeichen:** Hinterleib auffallend breit, bei Männchen (**2a**) hellblau, bei Weibchen (**2b**) braun gefärbt. An der Hinterflügelbasis großer, schwarzbrauner Fleck.

**Vorkommen:** Bevorzugt an Gewässern mit wenig Pflanzenbewuchs, deshalb häufig Erstbesiedler von neu angelegten Kleingewässern.

**Wissenswertes:** Als Ansitzjäger sind Plattbäuche leicht zu beobachten. Immer wieder setzen sich sich auf denselben Stein, Schilfhalm oder Ast am Ufer, von wo aus sie ihre Jagdflüge starten. Beutetiere werden im Flug mit den Beinen ergriffen und sofort verzehrt.

## 3 Großer Blaupfeil
*Orthetrum cancellatum*

L 45–50 mm Sp 75–90 mm Mai–Sept.

**Kennzeichen:** Männchen (**3a**) mit hellblauem Hinterleib, letzte Segmente schwarz, Weibchen (**3b**) gelb- bis braunschwarz.

**Vorkommen:** Eine häufige Art, die bevorzugt an Gewässern mit vegetationsarmen Ufern lebt.

**Wissenswertes:** Wegen der Färbung auf den ersten Blick dem Plattbauch ähnlich, aber viel schlanker und mit ungefleckten Hinterflügeln. An offenen Stellen in Ufernähe kann man die Männchen häufig auf dem Boden sitzen sehen, oft auch auf Wegen. Sie verteidigen Reviere von 10–50 m Uferlänge. In Deutschland wurden drei weitere Arten der Gattung nachgewiesen, alle sind aber sehr selten.

## 4 Zweigestreifte Quelljungfer
*Cordulegaster boltoni*

L –85 mm Sp –125 mm Juni–Okt.

**Kennzeichen:** Auffällig schwarz-gelb gefärbt, Augen grün.

**Vorkommen:** Vor allem an sauberen Mittelgebirgsbächen verbreitet.

**Wissenswertes:** Die Weibchen sind die größten heimischen Libellen, noch größer als die Großen Königslibellen. Durch Gewässerverschmutzung ist die Art bei uns vielerorts schon verschwunden. Die Tiere fliegen vergleichsweise langsam. Sie setzen sich häufig auf Pflanzen und lassen sich dann gut beobachten. Die Larven leben eingegraben im Bachgrund, nur die Fangmaske ragt heraus. Ihre Entwicklung dauert 3–5 Jahre.

## 5 Kleine Moosjungfer
*Leucorrhinia dubia*

L –30–40 mm Sp 50–60 mm Mai–Aug.

**Kennzeichen:** Männchen schwarz mit roten Flecken auf Thorax und Abdomen, Weibchen mit gelben Flecken. Pterostigmen (das sind die gefärbten Zellen an der Flügelvorderkante) schwarz.

**Vorkommen:** Hochmoorbewohner; verbreitet in Nord- und Mitteleuropa und Nordasien.

**Wissenswertes:** Im Frühjahr die häufigste Libelle der Hochmoore und saurer, nährstoffarmer Stillgewässer. Ähnlich ist die im gleichen Lebensraum vorkommende Nordische Moosjungfer (*Leucorrhinia rubicunda*) mit roten Pterostigmen. Wie alle Moorlibellen durch Zerstörung der Lebensräume gefährdet.

1

2a

2b

3a

3b

4

5

## 1 Gemeine Keiljungfer
*Gomphus vulgatissimus*

L –55 mm Sp 60–70 mm Mai–Juli

**Kennzeichen:** Schwarz mit gelblichen bzw. grünlichen Flecken, Hinterleib keilförmig verbreitert, Beine einfarbig schwarz.

**Vorkommen:** In sauberen Bächen und Flüssen, auch an Brandungsufern von Seen; heute überall sehr selten.

**Wissenswertes:** Der wissenschaftliche Name dieser Art deutet darauf hin, daß sie einst viel häufiger gewesen sein muß. Die Tiere sind gegen Gewässerverschmutzung äußerst empfindlich, und so verwundert es nicht, daß die Gemeine Keiljungfer bei uns heute in der Roten Liste in der Kategorie „vom Aussterben bedroht" geführt wird. Häufiger ist die Westliche Keiljungfer (*Gomphus pulchellus*) mit viel weniger Schwarz und ohne keilförmigen Hinterleib. Die Art hat sich in den letzten 50 Jahren in Mitteleuropa ausgebreitet und besiedelt bevorzugt Kiesgruben.

## 2 Glänzende Smaragdlibelle
*Somatochlora metallica*

L –60 mm Sp –75 mm Juni–Sept.

**Kennzeichen:** Körper leuchtend grün mit metallischem Glanz; einige ähnliche Arten. Besonders leicht mit der Gemeinen Smaragdlibelle (*Cordulia aenea)* zu verwechseln, mit der sie auch gemeinsam vorkommt. Bestes Unterscheidungsmerkmal bei den Männchen ist die Verbreiterung des Hinterleibes, bei der Glänzenden Smaragdlibelle in der Mitte, bei der Gemeinen im letzten Drittel.

**Vorkommen:** Vor allem an stehenden Gewässern mit baumbestandenen Ufern.

**Wissenswertes:** Das Weibchen biegt bei der Eiablage die beiden letzten Hinterleibssegmente senkrecht nach oben und schlägt im Flug den Hinterleib in Algenwatten. Dabei werden die Eier abgestreift.

## 3 Blutrote Heidelibelle
*Sympetrum sanguineum*

L 35–40 mm Sp 50–60 mm Juni–Okt.

**Kennzeichen:** Männchen leuchtend rot, Weibchen gelbbraun gefärbt, ähnlich anderen Heidelibellen, die Beine einheitlich schwarz.

**Vorkommen:** An Stillgewässern aller Art, auch an Gartenteichen; in Europa und Kleinasien.

**Wissenswertes:** Eine der häufigsten der insgesamt 11 europäischen Arten der Heidelibellen. Mit Ausnahme der Schwarzen Heidelibelle (s.u.) ist der Hinterleib bei den Männchen immer rot gefärbt. Die Weibchen sind gelbbraun und nur schwer voneinander zu unterscheiden. Die Eier werden ins Wasser oder über feuchtem Boden am Ufer abgelegt und überwintern.

## 4 Gebänderte Heidelibelle
*Sympetrum pedemontanum*

L –35 mm Sp 45–55 mm Juli–Okt.

**Kennzeichen:** Bei uns unverwechselbar (s. Foto). Männchen mit rotem, Weibchen mit braunem Hinterleib.

**Vorkommen:** In Mitteleuropa sehr lückenhaft an flachen, vegetationsreichen Stillgewässern.

**Wissenswertes:** Diese bei uns ursprünglich sehr seltene Art breitet sich in den letzten Jahren langsam aus. Trotz ihrer auffälligen Färbung sind die Tiere am Boden oder in dichter Vegetation nur schwer zu entdecken.

## 5 Schwarze Heidelibelle
*Sympetrum danae*

L –35 mm Sp –55 mm Juli–Nov.

**Kennzeichen:** Männchen ganz schwarz gefärbt, Weibchen ähnlich anderen Heidelibellen.

**Vorkommen:** In den gemäßigten Zonen der Paläarktis weit verbreitet.

**Wissenswertes:** Die Art kommt an den verschiedensten Stillgewässern vor, besonders häufig aber an pflanzenreichen Moorgewässern. Hier löst sie im Spätsommer und Herbst die Kleine Moosjungfer als häufigste Großlibellen-Art ab. Die Tiere kann man sehr gut beobachten, wenn sie sich z.B. auf Steinen sonnen. Nach dem Schlüpfen halten sich die Tiere erst abseits vom Wasser auf. Nach etwa 2 Wochen kehren sie dorthin zurück, um sich zu paaren. Die Eier werden in unter dem Wasserspiegel flutende Pflanzen „geworfen".

1

2a

2b

4

3a

3b

5

## 1 Grünes Heupferd
*Tettigonia viridissima*

L 30–40 mm Juli–Okt.

**Kennzeichen:** Grasgrün mit langen Fühlern, kräftigen Sprungbeinen, langen Flügeln.

**Vorkommen:** Weit verbreitet und örtlich sehr häufig; lebt vor allem in Gebüschen.

**Wissenswertes:** Typische Langfühlerschrecke (Ordnung *Ensifera*). Bei diesen sind die Fühler mindestens so lang wie der Körper, die Gehörorgane liegen in den Vorderbeinen. Die Männchen (**1a**) zirpen mit Hilfe des Stridulationsorgans, das vom basalen Teil der Deckflügel gebildet wird. Zur Lauterzeugung werden die Flügel aneinander gerieben. Die Weibchen (**1c**) besitzen eine lange Legeröhre. Grüne Heupferde leben in Gebüsch, höherem Gestrüpp und Baumkronen. Sie können gut klettern, springen und fliegen. Die Nahrung besteht vor allem aus Insekten, die mit kräftigen Kiefern gepackt werden. Vom großen Kopf (**1b**) leitet sich der Name Heu„pferd“ ab. Die Männchen rufen in milden Sommernächten sehr ausdauernd und sind 50 m weit zu hören. Das ähnliche Zwitscherheupferd (*T. cantans*) ersetzt das Grüne Heupferd in feuchteren Bereichen und im Bergland. Beide Arten können aber auch gemeinsam vorkommen. Ihr Gesang ist sehr verschieden.

## 2 Gewöhnliche Strauchschrecke
*Pholidoptera griseoaptera*

L 13–18 mm Juli–Nov.

**Kennzeichen:** Meist graubraun, Bauch gelb. Seitenlappen des Halsschildes mit sehr schmalem, weißem Rand. Weibchen **2b**.

**Vorkommen:** An Waldrändern, in Gebüschen, Hecken, auch in Parks und Gärten.

**Wissenswertes**: Lebt sehr versteckt und fällt vor allem durch die scharfen „zrit“-Rufe auf, die man auch nachts hören kann. Allesfresser, die neben Pflanzen auch Raupen, Blattläuse und andere Insekten verzehren.

## 3 Roesels Beißschrecke
*Metrioptera roeselii*

L –20 mm Juli–Okt.

**Kennzeichen:** Grünlich oder bräunlich, Seitenlappen des Halsschildes mit breitem weißen oder hellgrünen Rand.

**Vorkommen:** In dichtem Grasbewuchs stellenweise sehr häufig.

**Wissenswertes:** Die Tiere leben sehr versteckt und fallen meist durch ihren hohen, sirrenden Gesang auf. Bei Annäherung eines Menschen lassen sie sich auf den Boden fallen und sind dann im Gras nur schwer zu finden.

## 4 Gemeine Eichenschrecke
*Meconema thalassinum*

L 10–17 mm Juli–Okt.

**Kennzeichen**: Wie eine kleine Ausgabe des Grünen Heupferds, Flügel nur halb so lang wie der Hinterleib. Weibchen mit säbelförmig gebogener Legeröhre.

**Vorkommen:** Weit verbreitet in Laubwäldern, auch in Gärten und Parks.

**Wissenswertes:** Obwohl recht häufig, bekommt man sie selten zu Gesicht, da sie nachtaktive Baumbewohner sind. Am ehesten sind die Weibchen im Herbst bei der Eiablage an Baumstämmen zu beobachten. Manchmal findet man sie in Waldnähe auch in Balkonkästen der höheren Etagen von Wohnhäusern. Die Männchen besitzen kein Stridulationsorgan. Sie locken die Weibchen an, indem sie mit den Hinterbeinen auf einem Blatt trommeln. Das Trommeln ist nur etwa 1 m weit hörbar. Auch sie fressen Insekten wie Blattläuse und kleine Raupen.

## 5 Punktierte Zartschrecke
*Leptophyes punctatissima*

L 10–17 mm Juli–Okt.

**Kennzeichen:** Grün mit dunkelroter Punktierung.

**Vorkommen:** Kulturfolger, vor allem in Gebüschen in Gärten und Parks.

**Wissenswertes:** Diese Art hat in den letzten Jahren ihr Verbreitungsgebiet weit ausgedehnt, und das, obwohl die Tiere flugunfähig sind. Während sie im Gebüsch sehr schwer zu entdecken sind und ihr Gesang wegen der hohen Frequenzen für Menschen auch nicht hörbar ist, kann man sie doch leicht mit einem Ultraschalldetektor ausmachen.

1a

1b

1c

2a

3

2b

4

5

## 1 Warzenbeißer
*Decticus verrucivorus*

L 25–40 mm Juli–Okt.

**Kennzeichen:** Grün, mit schwarzen Flecken auf den langen Flügeln.

**Vorkommen:** Weit verbreitet in Wiesen, Heiden und an Waldrändern.

**Wissenswertes:** Eine große, tagaktive Art, lebt überwiegend auf dem Boden oder in sehr niedriger Vegetation. Wie viele andere Heuschrecken-Arten durch Intensivierung der Landwirtschaft bedroht und enorm im Bestand zurückgegangen. Die Weibchen (**1a**) legen mit Hilfe der langen Legeröhre etwa 50 Eier einzeln im Boden ab. Früher ließ man die Tiere mit ihren kräftigen Kiefern Warzen abbeißen und die Wunden durch den Magensaft verätzen – mit dieser Methode sollen gute Erfolge erzielt worden sein.

## 2 Feldgrille
*Gryllus campestris*

L 20–25 mm Mai–Juni

**Kennzeichen:** Glänzend schwarz mit massigem Kopf, Deckflügel mit gelblicher Binde.

**Vorkommen:** Lebt in trockenen Gegenden an sonnigen Hängen, Feldrainen usw. In den letzten Jahren leider immer seltener.

**Wissenswertes:** Die Feldgrille ist die früheste Heuschrecke im Jahr. Die Männchen fallen durch ihren lauten Gesang auf. Dabei sitzen sie vor ihrer selbstgegrabenen Erdhöhle, die etwa 40 cm lang ist und bis zu 30 cm unter die Erdoberfläche führen kann. Feldgrillen reagieren sehr empfindlich auf Erschütterungen; die Männchen verstummen bei Annäherung eines Menschen sofort. Bei Gefahr verschwinden sie in ihren Höhlen. Sie sind überwiegend nachtaktive Einzelgänger, die sich bevorzugt von Pflanzen ernähren.

## 3 Maulwurfsgrille
*Gryllotalpa gryllotalpa*

L –50 mm Mai–Okt.

**Kennzeichen:** Groß, braun, Vorderbeine zu Grabschaufeln umgebildet, Halsschild groß, lange Hinterleibsanhänge.

**Vorkommen:** Früher selbst in Gärten verbreitet, heute nur noch in Südeuropa häufig.

**Wissenswertes:** Maulwurfsgrillen graben Gänge in lockeren Böden. Zur Brutzeit gräbt das Weibchen eine Höhle, die mit Speichel verfestigt wird. Es bewacht die Eier und zunächst auch die Jungtiere. Die Entwicklungsdauer in Mitteleuropa beträgt 2 Jahre. Maulwurfsgrillen ernähren sich außer von Wurzeln auch von im Boden lebenden Wirbellosen; deshalb sind sie nicht, wie früher angenommen, als schädlich anzusehen. Die Art spielt in Südeuropa eine wichtige Rolle als Nahrung des Wiedehopfs und anderer Tiere.

## 4 Heimchen
*Acheta domestica*

L 15–20 mm Jan.–Dez.

**Kennzeichen:** Wie eine kleine Feldgrille, aber überwiegend braun gefärbt, mit langen Hinterleibsanhängen.

**Vorkommen:** Ursprünglich in Nordafrika und Südwestasien, heute in ganz Europa.

**Wissenswertes:** Heimchen oder Hausgrillen sind Kulturfolger, die man bei uns ganzjährig in Gebäuden antreffen kann, vor allem in Schwimmbädern, Heizungskellern usw. Sie sind leicht zu züchten und werden in Zoofachgeschäften als Nahrung z.B. für Vögel und Reptilien angeboten. Häufig entkommen einzelne Tiere. Im Sommer können sie auch bei uns im Freien überleben. Nachts können die Männchen stundenlang singen, was vielen Menschen lästig ist. Heimchen fressen alle möglichen organischen Substanzen.

## 5 Gemeine Dornschrecke
*Tetrix undulata*

L 8–11 mm Jan.–Dez.

**Kennzeichen:** Meist graubraun oder braungelb, mit von der Seite deutlich gewölbtem Rückenschild.

**Vorkommen:** Auf Waldwiesen und -lichtungen, auch auf grasbewachsenen Halden.

**Wissenswertes:** Dornschrecken (bei uns 6 ähnliche Arten) zeichnen sich durch ein auffälliges, nach hinten verlängertes Halsschild aus, das über das Ende des Hinterleibs hinausragen kann. Sie singen nicht; ihnen fehlen sowohl Hör- wie Lauterzeugungsorgane.

1a
1b
2
3a
3b
3c
4
5

## 1 Nachtigall-Grashüpfer
*Chorthippus biguttulus*

L 13–22 mm Juli–Nov.

**Kennzeichen:** Überwiegend graubraun, aber sehr variabel; es kommen auch grüne oder rote Tiere vor.

**Vorkommen:** Weit verbreitet auf Wiesen, Weiden, Böschungen und sogar in Gärten.

**Wissenswertes:** Früher wurden Nachtigall-, Brauner und Verkannter Grashüpfer zu einer Art zusammengefaßt. Erst 1920 wurden sie als 3 Arten erkannt, die sich vor allem durch den Gesang unterscheiden. Für besonders Interessierte empfiehlt sich der Kauf einer CD mit Heuschreckenstimmen.

## 2 Gemeiner Grashüpfer
*Chorthippus parallelus*

L 13–22 mm Juli–Okt.

**Kennzeichen:** Sehr variabel gefärbt, meist grün mit Brauntönen.

**Vorkommen:** Gemeine Grashüpfer stellen nur geringe Ansprüche an ihren Lebensraum; man kann sie praktisch auf allen Wiesentypen bis über 2000 m Höhe antreffen. Wie die oben beschriebene Art können auch sie auf wenig gemähten Wiesen in Hausgärten überleben.

**Wissenswertes:** Bei uns eine der häufigsten Kurzfühlerschrecken (*Caelifera*), die, wie der Name besagt, wesentlich kürzere Fühler als der Körper haben. Sie erzeugen ihr Zirpen mit Deckflügel und Hinterschenkel, vergleichbar mit der Tonerzeugung bei einer Geige (vgl. Langfühlerschrecken). Das Tympanalorgan, das Gehörorgan der Kurzfühlerschrecken, liegt auf den Seiten des ersten Hinterleibssegmentes.

## 3 Bunter Grashüpfer
*Omocestus viridulus*

L ♂ –17 mm, ♀ –24 mm Juni–Okt.

**Kennzeichen:** Variabel gefärbt; die Tiere können grün, braun, rötlich oder gelblich, oft auch bunt gescheckt sein.

**Vorkommen:** Eine sehr weit verbreitete Art, die auf Wiesen von der Küste bis in 2500 m Höhe vorkommt.

**Wissenswertes:** Am einfachsten ist die Art am Gesang zu erkennen, der an einen schnell tickenden Wecker erinnert. Das hat ihr in Holland den Namen „Wekkertje“ eingebracht.

## 4 Alpine Gebirgsschrecke
*Miramella alpina*

L ♂ –23 mm, ♀ –31 mm Juni–Sept.

**Kennzeichen:** Glänzend grün gefärbt, mit schwarzen Längsstreifen auf den Seiten des Halsschildes. Hinterschenkel unterseits rot.

**Vorkommen:** In Mitteleuropa in den Alpen und im Schwarzwald in Höhen zwischen etwa 1000 m und 2800 m.

**Wissenswertes:** Bevorzugter Lebensraum der Art sind feuchte Wiesen und Quellfluren mit Beständen der Pestwurz, auf deren großen Blättern die Heuschrecken leben und die sie auch fressen.

## 5 Blauflügel-Ödlandschrecke
*Oedipoda caerulescens*

L 16–28 mm Juli–Okt.

**Kennzeichen:** Braun oder grau mit dunkler Bänderung, Hinterflügel himmelblau mit schwarzer Binde.

**Vorkommen:** Weit verbreitet auf Trockenrasen, in Heiden und Steppen. Bei uns geht die Art wegen der Zerstörung ihrer Lebensräume leider stark zurück.

**Wissenswertes:** Diese trockenheitsliebende Art ist wegen ihrer Tarnfärbung fast nur beim Auffliegen (**5b**) zu entdecken. Sie erzeugt kein Fluggeräusch.

## 6 Schnarrheuschrecke
*Psophus stridulus*

L 23–28 mm Juli–Okt.

**Kennzeichen:** Körper graubraun mit helleren Flecken, Hinterflügel leuchtend rot mit schwarzer Spitze.

**Vorkommen:** Vor allem in Trockenrasen in Südeuropa, im Norden meist selten.

**Wissenswertes:** Die Männchen fliegen im Gegensatz zu den Weibchen sehr gut; im Flug erzeugen sie ein schnarrendes Geräusch. Beim Abflug (**6b**) leuchten die roten Hinterflügel auf. Beides dient wohl dazu, Feinde zu erschrecken.

1

2

3

4

5a

5b

6a

6b

## 1 Gottesanbeterin
*Mantis religiosa*

L ♂ –55 mm, ♀ –70 mm Juli–Sept.

**Kennzeichen:** Groß, schlank, mit kleinem, dreieckigen Kopf. Einfarbig hellgrün, oder auch gelbbraun (**1a**) gefärbt.

**Vorkommen:** Wärmeliebende Art; im Mittelmeerraum weit verbreitet, nördlich der Alpen nur in klimatisch bevorzugten Gegenden (z.B. Kaiserstuhlgebiet). Dort in sehr warmen Wiesen und Ödland, durch Intensivlandwirtschaft und Flurbereinigung stark gefährdet.

**Wissenswertes:** Bei uns einzige Art der ca. 1800 Arten umfassenden, vor allem in den Tropen verbreiteten Familie der Fangschrekken. Gottesanbeterinnen sind Tagtiere, die sich rein optisch orientieren. Die Vordergliedmaßen sind zu dornenbewehrten Fangbeinen umgebildet und werden vor der Brust zusammengelegt (Name!). Sie werden blitzartig nach vorn geschnellt, wenn ein Beutetier in Reichweite kommt. Messungen haben ergeben, daß dieses nur ca. 20 Millisekunden dauert. Die Flügel werden nur bei Gefahr benutzt. Gottesanbeterinnen sind dadurch bekannt geworden, daß Weibchen die Männchen nach der Paarung auffressen sollen. Dies macht biologisch keinen Sinn; Freilandbeobachtungen bestätigen das Überleben der Männchen. Wahrscheinlich werden sie nur bei ungünstigen Haltungsbedingungen (zu kleine Terrarien) gefressen. Die Eier werden in sogenannten Ootheken abgelegt und durch ein schaumiges, aushärtendes Sekret geschützt.

## 2 Ohrwurm
*Forficula auricularia*

L –16 mm März–Okt.

**Kennzeichen:** Braun gefärbt, mit kurzen Vorderflügeln, unter denen die kompliziert gefalteten Hinterflügel nur wenig hervorragen, kräftige Hinterleibszangen.

**Vorkommen:** Nahezu überall, sehr häufig.

**Wissenswertes:** Ohrwürmer waren gefürchtet, weil man ihnen nachsagte, ins menschliche Ohr zu kriechen und das Trommelfell zu durchbeißen. Das ist aber ein Märchen. Die gefährlich aussehenden Hinterleibszangen dienen wohl der Verteidigung. Ohrwürmer sind Allesfresser; im Garten kann man ihnen mit einem mit Stroh vollgestopften Blumentopf ein Versteck anbieten. Sie gehören zu den wenigen Insekten, die Brutpflege betreiben. Die Weibchen (**2b**) bewachen und wenden die Eier, auch die Larven werden eine Zeitlang bewacht.

## 3 Orientalische Küchenschabe
*Blatta orientalis*

L 19–30 mm Jan.–Dez.

**Kennzeichen:** Dunkelbraun bis schwarz, Weibchen nur mit Stummelflügeln.

**Vorkommen:** Weltweit verschleppt.

**Wissenswertes:** Diese Art ist die ungeliebte Kakerlake, die bei uns nur in Gebäuden vorkommt. Die lichtscheuen Tiere sind nachtaktiv. Sie sind Allesfresser, die Nahrungsmittel verderben und Krankheiten übertragen können. Da sie Stinkdrüsen haben, wird man ihre Anwesenheit bald am Geruch bemerken.

## 4 Deutsche Schabe
*Blatella germanica*

L –15 mm Jan.–Dez.

**Kennzeichen:** Bräunlich, Halsschild mit 2 schwarzen Längsstreifen.

**Vorkommen:** Weltweit verschleppt.

**Wissenswertes:** Die Art, auch als Küchenschabe, Russe, Franzose oder Schwabe bezeichnet, stammt trotz ihrer Namen vermutlich aus Asien. Man findet die Tiere trotz intensiver Bekämpfung weltweit, bei uns vor allem in Heizungskellern, Backstuben, Küchen usw. Sie sind Allesfresser, die sehr schnell laufen und klettern, aber nicht fliegen können.

## 5 Asiatische Großschabe
*Periplaneta austral-asiae*

L –40 mm Jan.–Dez.

**Kennzeichen:** Braun, Halsschild gelblich mit schwarzem Rand und schwarzem Fleck.

**Vorkommen:** Bei uns nur in Gebäuden.

**Wissenswertes**: Noch größer wird die Riesenschabe (*Blaberus cranifer* – 60 mm), die wie die Asiatische Großschabe als Tierfutter und Labortier gezüchtet wird und gelegentlich entweicht.

1a

1b

2a

2b

3

4

5

## 1 Punktierte Ruderwanze
*Corixa punctata*

L 13–15 mm Jan.–Okt.

**Kennzeichen:** Länglich-ovaler Körper, Halsschild mit bis zu 20 Querlinien, Deckflügel gelb-braun gesprenkelt.

**Vorkommen:** In Stillgewässern.

**Wissenswertes:** Die Hinterbeine tragen kräftige Borsten und dienen als Ruder. Die Männchen vieler Arten können durch das Reiben der Vorderbeine über die Kopfkante zirpende Laute erzeugen. Das hat ihnen den Namen „Wasserzikade" eingebracht.

## 2 Rückenschwimmer
*Notonecta glauca*

L 14–17 mm Jan.–Okt.

**Kennzeichen:** Langgestreckt mit aufgewölbtem Rücken und flacher, behaarter Bauchseite. Hinterbeine verlängert, mit Schwimmborsten, schwimmt auf dem Rücken.

**Vorkommen:** In Stillgewässern, oft die ersten Tiere, die Gartenteiche besiedeln.

**Wissenswertes:** Der Luftvorrat wird im Gegensatz zu den Ruderwanzen am Bauch transportiert. Die Tiere können sehr schmerzhaft stechen und werden deshalb auch als „Wasserbienen" bezeichnet.

## 3 Wasserskorpion
*Nepa rubra*

L –38 mm Jan.–Dez

**Kennzeichen:** Körper breit und flach, mit langem Atemrohr, braun gefärbt.

**Vorkommen:** Weit verbreitet in stehenden Gewässern, meist im Bodenschlamm.

**Wissenswertes:** Der Name leitet sich von den zu Fangbeinen umgebildeten Vorderbeinen ab; mit Skorpionen sind sie nicht verwandt. Sie lauern in Stillgewässern auf dem Grund zwischen Pflanzen auf Beute.

## 4 Stabwanze
*Ranatra linearis*

L –70 mm Jan.–Dez.

**Kennzeichen:** Langgestreckter, stabförmiger braungelber Körper. Sehr langes Atemrohr, Vorderbeine zu Fangbeinen umgewandelt.

**Vorkommen:** In pflanzenreichen Stillgewässern.

**Wissenswertes:** Wegen der Körperform auch Wassernadel genannt. Lauert zwischen Wasserpflanzen kopfunter auf vorbeischwimmende Beute, die mit den blitzartig vorschnellenden Fangbeinen ergriffen wird. Die Fangtechnik der Gottesanbeterin. Sie schwimmen nur selten; zum Ortswechsel klettern sie zwischen den Wasserpflanzen oder laufen mit den hinteren Beinpaaren über den Grund.

## 5 Schwimmwanze
*Ilyocoris cimicoides*

L 12–15 mm Jan.–Dez.

**Kennzeichen:** Körper oval, abgeflacht, Deckflügel dunkelbraun oder oliv gefärbt.

**Vorkommen:** In Stillgewässern.

**Wissenswertes:** Gute Schwimmer, mit langen Borsten vor allem an den Hinterbeinen; Vorderbeine zu Fangbeinen umgewandelt. Kein Atemrohr, schwimmen sie zum Luftholen an die Oberfläche. Stechen empfindlich.

## 6 Teichläufer
*Hydrometra stagnorum*

L 9–12 mm

**Kennzeichen:** Dünner, langgestreckter Körper mit langen dünnen Beinen und Fühlern.

**Vorkommen:** Am Ufer stehender Gewässer.

**Wissenswertes:** Die Tiere stelzen meist langsam auf der Wasseroberfläche zwischen Wasserpflanzen auf Beutesuche umher.

## 7 Wasserläufer
*Gerris lacustris*

L –13 mm März–Nov.

**Kennzeichen:** Langgestreckt mit 4 langen Beinen, Vorderbeine kürzer, dunkelbraun.

**Vorkommen:** Auf der Wasseroberfläche stehender Gewässer.

**Wissenswertes:** Durch Ausnutzung der Oberflächenspannung des Wassers können die Tiere auf dem Wasser laufen. Den Antrieb liefert das mittlere Beinpaar, die Hinterbeine steuern. Mit den Vorderbeinen wird die Beute, ins Wasser gefallene Insekten, festgehalten.

1

2

3

4

5

6

7

## 1 Rote Mordwanze
*Rhinocoris iracundus*

L 14–18 mm Mai–Sept.

**Kennzeichen:** Auffallend schwarz-rot gefärbt, langer, säbelartig gebogener Rüssel.

**Vorkommen:** Eine wärmeliebende Art, die in Mitteleuropa vor allem im Süden in Wiesen, Gebüschen usw. vorkommt.

**Wissenswertes:** Beute der Mordwanzen sind Insekten, die mit den Vorderbeinen festgehalten und mit Hilfe des langen Rüssels ausgesaugt werden. Mit dem Rüssel können sie durch Reiben über eine Rinne zwischen den Vorderhüften auch zirpende Laute erzeugen. Mordwanzen gehören zu der großen Familie der Raubwanzen mit über 3000 Arten. Die meisten kommen in den Tropen vor. Die Gattung *Rhinocoris* ist bei uns mit 3 weiteren Arten vertreten, die sich vor allem in der Schwarz-Rot-Färbung voneinander unterscheiden.

## 2 Gemeine Feuerwanze
*Pyrrhocoris apterus*

L 10–12 mm Apr.–Okt.

**Kennzeichen:** Körperumriß oval, auffällig schwarz-rot gezeichnet, Flügel meist nicht voll entwickelt.

**Vorkommen:** In Europa, Nordafrika, Nordasien und Mittelamerika weit verbreitete Art.

**Wissenswertes:** Die sehr geselligen Tiere (**2 b**) leben in großer Zahl an Linden, seltener auch an Robinien. Sie ernähren sich vor allem von den Früchten der Linde, saugen aber auch Baumsäfte und oft auch an toten Insekten. Die Weibchen sondern Sexuallockstoffe ab, die von den Männchen erkannt werden. Eine Feuerwanzenpaarung kann einen ganzen Tag dauern. Die ausgewachsenen Tiere überwintern. Bei uns kommen nur 2 Arten aus der Familie der Feuerwanzen vor; es gibt allerdings einige recht ähnlich gezeichnete Bodenwanzen.

## 3 Ritterwanze
*Lygaeus equestris*

L 11–12 mm Apr.–Sept.

**Kennzeichen:** Eine weitere überwiegend schwarz-rot gefärbte Art, aber mit weißen Flügelflecken.

**Vorkommen:** In sonnigen, warmen Wiesen, im Norden recht selten.

**Wissenswertes:** Lebt vor allem an Schwalbenwurz, aber auch an Löwenzahn und Kratzdisteln. Läuft wie die meisten übrigen Arten häufig am Boden herum und saugt Pflanzensäfte. Die Paarung erfolgt wie bei vielen Wanzen in entgegengesetzter Stellung.

## 4 Spitzling
*Aelia acuminata*

L 8–10 mm

**Kennzeichen:** Auffallend langgestreckter, zugespitzter Kopf (Name!). Gelblichweiß mit braunen Streifen auf der Oberseite.

**Vorkommen:** Vor allem auf Wiesen an verschiedenen Gräsern.

**Wissenswertes:** Früher galt die Art als Getreideschädling, deshalb auch der ebenfalls gebräuchliche Name Getreidespitzwanze. Die Tiere besitzen Dornen an den Hinterschienen, die über Riefen am Hinterleib gerieben werden. So können sie Laute erzeugen. Heute kommt es offensichtlich nicht mehr zu massenhaftem Auftreten.

## 5 Streifenwanze
*Graphosoma lineatum*

L –10 mm Mai–Aug.

**Kennzeichen:** Rot mit schwarzen Streifen, in Mitteleuropa unverwechselbar.

**Vorkommen:** Süd- und Mitteleuropa, Westasien. Die Tiere sind vor allem im Mittelmeerraum sehr häufig. Bei uns bevorzugen sie warme Böschungen und Wiesen an Südhängen, wo sie meist auf blühenden Doldenblütlern wie Wiesenkerbel und Bärenklau zu finden sind.

**Wissenswertes:** Die farbenprächtigste der bei uns vorkommenden Baumwanzen signalisiert mit ihrer auffälligen Färbung ihre Ungenießbarkeit. So ist die Art vor Freßfeinden geschützt. Sie saugt an den oben genannten Pflanzen. Den Larven fehlt die rote Farbe, das Streifenmuster ist aber schon zu erkennen. Sie werden nach dem Schlüpfen zunächst für einige Zeit von der Mutter bewacht.

1

2a

2b

3

4

5

## 1 Rotbeinige Baumwanze
*Pentatoma rufipes*

L 13–15 mm Juni–Nov.

**Kennzeichen:** Dunkelbraun mit rötlichen Beinen, Hinterleib mit schwarz-weiß-rot gezeichnetem Saum. Spitze des Schildes mit orangefarbenem Fleck.

**Vorkommen:** Eine häufige Baumwanze; fast überall in Wäldern, Hecken, Parks und Gärten.

**Wissenswertes:** Die Tiere leben auf den verschiedensten Baumarten wie Ahorn, Linde usw., in Gärten auch auf Obstbäumen. Hier saugen sie gerne an Früchten. Daneben ernähren sie sich auch von toten Insekten. Sie werden vom Licht angelockt und fliegen nachts gelegentlich in Häuser. Die Larven überwintern im Unterschied zu anderen Baumwanzen, bei denen die voll entwickelten Tiere den Winter überdauern. Bei uns zahlreiche weitere der mit weltweit 6000 Arten sehr großen Wanzenfamilie.

## 2 Lederwanze
*Coreus marginatus*

L 10–16 mm Apr.–Okt.

**Kennzeichen:** Dunkelbraune, kräftige Wanze mit 4gliedrigen Fühlern, das letzte Fühlerglied ist schwarz gefärbt.

**Vorkommen:** Auf feuchteren Böden, oft auf Ampferarten.

**Wissenswertes:** Die Art wird auch als Saum- oder Randwanze bezeichnet. Der Name leitet sich von den breiten Hinterleibsrändern ab. Die Tiere leben vor allem auf Ampfer und Brombeeren, an deren Früchten sie saugen.

## 3 Weichwanze
*Stenodema laevigatum*

L 8–9 mm Apr.–Okt.

**Kennzeichen:** Langgestreckter Körper, bräunlich oder grünlich; viele ähnliche Arten.

**Vorkommen:** Weit verbreitet, vor allem auf Gräsern.

**Wissenswertes:** Eine sehr häufige Vertreterin der mit weltweit über 6000 Arten größten Wanzenfamilie, der Weich- oder Blindwanzen (*Miridae*). Der Name Weichwanzen bezieht sich auf die sehr dünne und weiche Panzerung der Tiere, der Name Blindwanzen auf das Fehlen der Punktaugen (Ocellen). Die Wanzen sind aber nicht blind, denn die Komplexaugen sind voll funktionsfähig. Weichwanzen leben auf den unterschiedlichsten Pflanzen und saugen deren Säfte.

## 4 Gemeine Wiesenwanze
*Lygus pratensis*

L 5,8–7,3 mm Mai–Okt.

**Kennzeichen:** Rötlich, gelblich oder braun, Schildchen ungezeichnet.

**Vorkommen:** Weit verbreitet und häufig.

**Wissenswertes:** Eine sehr häufige Weichwanze, die u.a. auf Brennesseln lebt und unter Baumrinde überwintert.

## 5 Grüne Stinkwanze
*Palomena prasina*

L 12–14 mm Apr.–Nov.

**Kennzeichen:** Im Frühjahr und Sommer grün, verfärbt sich im Herbst braun.

**Vorkommen:** Auf Wiesen, in Hecken, an Waldrändern usw.

**Wissenswertes:** Eine häufige Art, die unter Baumrinde oder in der Laubstreu überwintert. Die Weibchen legen im Juni und Juli bis zu 100 Eier in mehreren Gelegen auf der Oberseite von Blättern ab. Zur Paarungszeit können sie tiefe Laute erzeugen. Die Stinkdrüsen dienen wie bei vielen anderen Wanzen zur Feindabwehr.

## 6 Kohlwanze
*Eurydema oleraceum*

L 5–7,5 mm Mai–Okt.

**Kennzeichen:** Sehr vielgestaltig, überwiegend schwarz mit roten, gelben oder weißen Flecken unterschiedlicher Ausdehnung.

**Vorkommen:** Weit verbreitet und häufig.

**Wissenswertes:** Die Tiere leben vor allem an Kreuzblütlern, regelmäßig auch an Kohlpflanzen in Gärten. Oft werden an den Blättern die Eier abgelegt (**6a**). Im Herbst verschwindet die farbige Zeichnung, nach der Überwinterung wirken die Tiere fast schwarz.

1

2

3

4

5

6a

6b

## 1 Blutzikade
*Cercopis vulnerata*

L 8–10 mm Apr.–Okt.

**Kennzeichen:** Stromlinienförmig, Vorderflügel schwarz-rot, Augen klein, Fühler kurz.

**Vorkommen:** Auf Wiesen, an Waldrändern, Hecken und in Gärten.

**Wissenswertes:** Auffällige Schaumzikade, deren Schaumnester man nicht so leicht findet wie bei der folgenden Art, denn sie befinden sich unter der Erde an Wurzeln von krautigen Pflanzen. Dort überwintern auch die Larven. Sie durchlaufen während ihrer Entwicklung 5 verschiedene Larvenstadien. Ausgewachsene Tiere kann man häufig auf Gräsern und Sträuchern antreffen. Es gibt 3 ähnliche Arten, die sich von der Blutzikade durch die nicht so stark geschwungene rote Binde am Flügelende unterscheiden. Alle sind bei uns viel seltener als die Blutzikade. Wie die meisten Zikaden können sie mit Hilfe ihrer Hinterbeine recht weit springen.

## 2 Wiesenschaumzikade
*Philaenus spumarius*

L 5–7 mm Juli–Okt.

**Kennzeichen:** Kleiner als die vorige Art, aber mit ähnlichem Körperbau, sehr variabel gefärbt, rötlich, bräunlich, grünlich, oft mit dunkler Zeichnung.

**Vorkommen:** Weit verbreitet auf Wiesen, Hochstaudenfluren usw. Die Art hat keine speziellen Ansprüche und wurde schon auf mehr als 170 Pflanzenarten nachgewiesen.

**Wissenswertes:** Die bekannteste heimische Zikade, vor allem wegen des Schaumes (**2a**), der als Kuckucksspeichel bezeichnet wird. Diesen erzeugen die Larven (**2b**), indem sie eine aus dem After austretende Flüssigkeit mit Luft „aufblasen". Der Schaum dient als Schutz vor Austrocknung und vor Feinden.

## 3 Erlenschaumzikade
*Aphrophora alni*

L –12 mm Apr.–Okt.

**Kennzeichen:** Bräunlich oder grau, am Vorderflügelrand dunkel begrenzte, helle Flekken.

**Vorkommen:** Weit verbreitet, besonders häufig vor allem in der Nähe feuchterer Wälder auf Bäumen, in Hochstaudenfluren, Wiesen usw.

**Wissenswertes:** Der wissenschaftliche Gattungsname leitet sich vom griechischen Wort für Schaum (= aphros, Aphrodite = die Schaumgeborene) ab. Die Art ist keineswegs an Erlen gebunden, sondern frißt an vielen verschiedenen Pflanzenarten.

## 4 Büffelzirpe
*Stictocephalus bisonia*

L 6–8 mm Juli–Sept.

**Kennzeichen:** Leuchtend grün gefärbt, kräftige, seitlich gerichtete Halsschilddornen (Name) und breiter, nach hinten gerichteter Fortsatz; bei uns unverwechselbar.

**Vorkommen:** Noch lokal in Mitteleuropa, in Ausbreitung begriffen.

**Wissenswertes:** Die Art stammt ursprünglich aus Nordamerika und wurde nach Europa verschleppt. Sie gehört zur Familie der Buckelzirpen (*Membracidae*), die mit über 3000 Arten vor allem in den Tropen verbreitet ist. Kennzeichnend ist ein hoch aufgewölbtes Halsschild, das bei den tropischen Formen oft kompliziert gebaute und sehr bizarre Anhänge trägt. Sehr auffällige Anhänge trägt auch die Larve (**4a**).

## 5 Rhododendronzikade
*Graphocephala fennahi*

L 8–9 mm Juli–Okt.

**Kennzeichen:** Sehr auffällig gefärbt, Körper und Flügel oberseits intensiv grün mit roten Streifen, Unterseite und Kopf gelb-grün, schwarzer Streifen am Kopf.

**Vorkommen:** Weit verbreitet in Nordamerika, eingebürgert in Teilen Europas. Die Tiere leben bevorzugt auf verschiedenen Rhododendron-Arten und sind deshalb vor allem in Gärten und Parks anzutreffen.

**Wissenswertes:** Die ersten Exemplare dieses Neubürgers in unserer Fauna wurden vermutlich um 1930 nach Südengland eingeschleppt. Seit etwa 1970 kommt die Art auch auf dem europäischen Festland vor und hat sich seitdem sehr weit verbreitet.

2a

1

2b

2c

3

4a

4b

5a

5b

## 1 Schwarze Bohnenlaus
*Aphis fabae*

L 2–3 mm Apr.–Okt.

**Kennzeichen:** Klein, birnenförmiger Körper, Färbung schwarz oder grün.

**Vorkommen:** Typische und sehr häufige Blattlaus, regelmäßig auch in Gärten.

**Wissenswertes:** Es kommen eine grüne und eine schwarze Farbvariante vor. Blattläuse zeigen oft komplizierte Lebenszyklen mit geflügelten und ungeflügelten Tieren. Schwarze Bohnenläuse überwintern als Eier auf Sträuchern; im Sommer leben sie auf Bohnen, Rüben und anderen Pflanzen. Die Frühjahrsgeneration besteht aus flügellosen Weibchen, die durch Jungfernzeugung (Parthenogenese) viele Nachkommen haben. Diese Weibchen sind lebendgebärend. Blattläuse saugen Pflanzensäfte. Die Wirtspflanzen können bei starkem Befall extrem geschädigt werden. Ein weiteres Problem ist die Übertragung von Pflanzenviren. Allerdings sorgen zahlreiche Feinde, vor allem von Marienkäfern und Schlupfwespen, aber auch Blattlauslöwen (s. S. 318) dafür, daß sich ihre Vermehrung in Grenzen hält. Die Siphonen der Blattläuse sondern wachsumhüllte Blutzellen ab, die möglicherweise die Mundwerkzeuge der Räuber verkleben. Häufig sondern die Blattläuse überschüssigen Zucker als Honigtau ab, der einigen Ameisenarten als Nahrung dient. Sie „melken“ Blattläuse, indem sie den Hinterleib betrillern. Als Gegenleistung verteidigen sie die Blattläuse gegen Freßfeinde. Selbst Menschen verzehren den Zuckersaft von Blattläusen als sogenannten Tannenhonig (Nadelbäume erzeugen keinen Nektar!), der von Tannenblattläusen abgeschieden und von Honigbienen gesammelt wird. Häufiger kommen Autofahrer mit Honigtau in Berührung, und zwar als klebrige Tröpfchen auf Lack und Scheiben des Autos, wenn es an einem Sommertag unter befallenen Bäumen stand.

## 2 Blutlaus
*Eriosoma lanigerum*

L 2–3 mm Apr.–Okt.

**Kennzeichen:** Purpurbraun gefärbt, Körper mit weißer, wachsartiger Wolle bedeckt.

**Vorkommen:** Weit verbreitet, oft in Gärten.

**Wissenswertes:** Sie befallen oft Apfelbäume, dort, wo Baumsäfte austreten. Sie überwintern an den Wurzeln der Bäume.

## 3 Fichtengallaus
*Sacchiphantes viridis*

L 2 mm Apr.–Okt.

**Kennzeichen:** Schwarzbraun, ohne Siphonen.

**Vorkommen:** Auf Nadelgehölzen.

**Wissenswertes:** Die Art gehört zu einer auf Nadelbäume spezialisierten Familie. Die Tiere erzeugen zapfenartige Gallen an den Trieben, die wegen ihres Aussehens als Ananasgallen bezeichnet werden (**3a**). Sie sind anfangs grün und öffnen sich im Sommer, um die Läuse (**3c**) zu entlassen. Dann färben sie sich braun und verholzen. Die folgenden Generationen erzeugen keine Gallen und leben auf verschiedenen Nadelhölzern.

## 4 Reblaus
*Viteus vitifolii*

L –0,8 mm

**Kennzeichen:** Sehr klein, gelbgrün; selten geflügelte Tiere.

**Vorkommen:** Ursprünglich aus Nordamerika, heute in Europa verbreitet.

**Wissenswertes**: Kommt in 2 Erscheinungsformen, den Gall- und Wurzelläusen, vor. In Mitteleuropa fast nur als Wurzelläuse. Gefährlicher Rebenschädling.

## 5 Kommaschildlaus
*Lepidosaphes ulmi*

L 1,8–3,5 mm Apr.–Okt.

**Kennzeichen:** Die braunen, flügel- und beinlosen Weibchen sind kaum als Tiere zu erkennen, die weißen, mückenähnlichen Männchen besitzen nur 2 Flügel.

**Vorkommen:** Kosmopolitisch verbreitet.

**Wissenswertes:** Als Schildläuse werden verschiedene Familien von Blattläusen mit ausgeprägtem Geschlechtsdimorphismus zusammengefaßt. Die Weibchen scheiden harte oder wachsartige Strukturen ab, die den Tieren den Namen gaben.

1a
1b
2
3a
3b
3c
4
5

## 1 Staublaus
*Ordnung Psocoptera*

L -5 mm Jan.–Dez.

**Kennzeichen:** Klein, breiter Kopf, Flügel (wenn vorhanden) mit reduzierter Aderung, meist braun gefärbt.

**Vorkommen:** Auf Baumrinde, in Gebäuden.

**Wissenswertes:** Von der Ordnung der Staubläuse sind weltweit über 2000 Arten bekannt. Viele leben als Rindenläuse auf Baumrinde, einige in Häusern, so die bekannte Bücherlaus. Diese winzigen, bis maximal 1,4 mm langen, in beiden Geschlechtern flügellosen Tiere leben zwischen Buchseiten. Dort werden sie vom Bücherskorpion gejagt.

## 2 Fransenflügler
*Parthenothrips dracenae*

L –1,5 mm Mai–Sept.

**Kennzeichen:** Dunkel gefärbt, Flügel mit langen, borstenförmigen Haaren, letztes Fußglied mit Haftorgan.

**Vorkommen:** Nahezu überall.

**Wissenswertes:** Die Fransenflügler oder Blasenfüße sind eine Ordnung kleiner Insekten mit zum Teil stark reduzierten Flügeln. Sie können relativ schlecht fliegen, werden aber durch den Wind weit verfrachtet. Da sie Pflanzensäfte saugen, können sie bei Massenauftreten schädlich werden, auch übertragen einige Arten Pflanzenkrankheiten. Hierher gehören auch die Getreideblasenfüße (*Limothrips cerealium*), bekannt als „Gewitterfliegen“ oder „Gewitterwürmchen“, die im Hochsommer oft in riesiger Zahl erscheinen.

## 3 Hundefloh
*Ctenocephalides canis*

L –2 mm Jan.–Dez.

**Kennzeichen:** Braun, seitlich stark abgeflacht, flügellos, mit langen Sprungbeinen.

**Vorkommen:** Weltweit verbreitet auf verschiedenen Säugetieren, auch Menschen.

**Wissenswertes:** Flöhe sind Parasiten, die sich vom Blut ihrer Wirte ernähren. Dabei können sie Krankheiten übertragen. Tropische Rattenflöhe sind Überträger der Pest. Auch auf den ebenfalls warmblütigen Vögeln, vor allem auf Schwalben, kommen oft viele Flöhe vor (im Bild **3b** Vogelfloh *Ceratophyllus* spec.).

## 4 Kopflaus
*Pediculus humanus*

L -4 mm Jan.–Dez.

**Kennzeichen:** Klein, flügellos, abgeplattet, Klammerfüße mit einer einklappbaren Kralle.

**Vorkommen:** Weltweit verbreitet.

**Wissenswertes:** Dieser Blutsauger ist einer der unangenehmsten Parasiten beim Menschen. Offensichtlich nimmt der Kopflausbefall in letzter Zeit auch bei uns wieder zu. Die Einstichstellen jucken stark; die Tiere können auch gefährliche Krankheiten übertragen. Ein Weibchen kann bis zu 300 Eier (sogenannte Nissen) ablegen, aus denen schon nach 6 Tagen die Larven schlüpfen.

## 5 Karpfenlaus
*Argulus foliaceus*

L –8,5 mm Jan.–Dez.

**Kennzeichen:** Abgeflacht; der rundliche Panzer verbirgt Antennen und Augen.

**Vorkommen:** In Stillgewässern, vor allem auf Karpfen-, seltener auf anderen Fischen.

**Wissenswertes:** Bei dieser Art handelt es sich trotz des Namens nicht um eine Laus, sondern um einen parasitischen Krebs! Sie wird hier wegen der analogen Lebensweise abgehandelt. Als Blutsauger schädigen sie den Wirt kaum; allerdings werden die Saugstellen oft mit Pilzen infiziert.

## 6 Federlinge
*Ordnung Mallophaga*

L –8 mm Jan.–Dez.

**Kennzeichen:** Klein, flügellos, mit Klammerbeinen. Färbung oft der Farbe des Wirtes entsprechend.

**Vorkommen:** Auf Vögeln.

**Wissenswertes**: Turmfalken-Federling (*Laemobothrion tinnunculi*, **6a**) und Tauben-Federling (*Columbicola columbae*, **6b**) repräsentieren hier die Gruppe der Beißläuse, die größtenteils auf Vögeln leben und Federn und Hautschuppen fressen. Einige Arten auf Säugetieren werden als Haarlinge bezeichnet.

1

2

3a

3b

4

5

6a

6b

## 1 Gemeine Florfliege
*Chrysopa perla*

L –10 mm Sp 25–30 mm Mai–Okt.

**Kennzeichen:** Grün gefärbt, Augen goldglänzend, lange, dünne Fühler. Der Name Flor„fliege" ist etwas irreführend, denn die Tiere haben 2 Flügelpaare und nicht nur eines wie die Fliegen.

**Vorkommen:** Weit verbreitet in Europa; in Wäldern, Gärten, Parks usw. Bei uns ca. 20 zum Teil sehr ähnliche Arten.

**Wissenswertes:** Die Florfliegen, wegen ihrer schönen Augen oft auch Goldauger genannt, sind sicherlich die bekanntesten Netzflügler, da sie häufig in Häusern, vor allem auf Dachböden, überwintern. Sie sind dann durch den Farbstoff Karotin rötlich verfärbt. Im Frühjahr werden sie wieder grün. Die Tiere sind meist in der Dämmerung aktiv. Mit ihren langen Fühlern tasten sie nach Nahrung. Florfliegen sind ausgeprägte Blattlausjäger. Ihre Eier legen sie auf dünnen Stielen in der Nähe von Blattlauskolonien ab (**1b**). Die Larven (**1c**), die oberflächlich an die Larven von Marienkäfern erinnern, ernähren sich von Blattläusen und werden oft auch als Blattlauslöwen bezeichnet. Häufig tarnen sich die Blattlauslöwen mit den Überresten ihrer Opfer, so daß sie wie ein kleiner Abfallhaufen wirken. Dieses Verhalten scheint sie vor allem vor den Ameisen zu verbergen, die die Blattlauskolonie betreuen. Neuerdings werden Florfliegen auch zur biologischen Schädlingsbekämpfung gezüchtet.

## 2 Ameisenjungfer
*Myrmeleon formicarius*

L –35 mm Sp –80 mm Mai–Aug.

**Kennzeichen:** Schlank mit großen, ungefleckten Flügeln, Körper braun gefärbt. Fühler kurz, an der Spitze verdickt.

**Vorkommen:** In weiten Teilen Europas, häufiger im Mittelmeerraum. Man findet die Tiere an Sandstränden, Binnendünen, Sandheiden usw.

**Wissenswertes:** Auf den ersten Blick ähneln ausgewachsene Ameisenjungfern (**2a**) Libellen. An den kurzen, keulenförmigen Fühlern kann man sie aber leicht erkennen. Auch ihre langsame Flugweise unterscheidet sie von den Libellen. Dabei legen sie nur selten große Strecken zurück. Wenn die Tiere irgendwo ruhen, werden die Flügel dachförmig über den Hinterleib zusammengelegt. Sie ernähren sich von Blattläusen und anderen kleineren Insekten. Sie sind vor allem in der Dämmerung und auch nachts aktiv und werden deshalb auch als „Nachtlibelle" bezeichnet. Bemerkenswert ist die Lebensweise der Larven, der Ameisenlöwen (**2b**). Diese leben nur in Sandböden. Darin bauen sie kleine Trichter (**2d**), an deren Grund sie sich eingraben und auf Beute lauern. Nur die kräftigen Zangen ragen etwas heraus. Geraten Ameisen über den Rand des Trichters, fallen sie hinein und können im nachrutschenden Sand nicht mehr herausklettern. Falls sie doch zu entkommen versuchen, schleudern die Ameisenlöwen Sand in die Höhe, so daß sie erneut abrutschen. Die Ameisenlöwen ergreifen sie mit ihren Zangen, injizieren zunächst ein lähmendes Gift, dann ein Verdauungssekret und saugen ihre Opfer aus (**2c**). Die leere Hülle wird dann vom Ameisenlöwen aus dem Trichter geschleudert.

## 3 Bachhaft
*Osmylus chrysops*

L 12–17 mm Sp 40–50 mm Mai–Aug.

**Kennzeichen:** Flügel mit dunklen Flecken, zahlreiche Flügeladern, in Ruhe ähnlich wie bei der Florfliege dachförmig über dem Körper zusammengelegt.

**Vorkommen:** In Gewässernähe, nicht häufig.

**Wissenswertes:** Die Tiere sind dämmerungsaktiv und leben räuberisch. Ihre Hauptbeute sind andere Insekten. Tagsüber sitzen sie auf Pflanzen, an Brücken usw. Das Weibchen legt die Eier an Blättern ab. Nach ca. 3 Wochen schlüpfen die Larven, die sich immer in Ufernähe aufhalten. Sie werden bis zu 20 mm groß und besitzen am Hinterleib ein ausstülpbares, mit Haken versehenes Haftorgan. Sie sind ebenfalls Räuber. Mit ihren kräftigen, nach außen gebogenen Saugzangen packen sie vor allem Mückenlarven. Sie überwintern an Land und verpuppen sich im darauffolgenden Frühjahr in einem Gespinstkokon. Nach etwa 2 Wochen schlüpfen die Bachhafte.

1a

1b

1c

2a

2b

2c

2d

3

## 1 Libellen-Schmetterlingshaft
*Libelloides coccajus*

L 20–25 mm Sp 45–55 mm Juni–Juli

**Kennzeichen:** Flügel mit auffällig schwarz-gelber Zeichnung, Körper schwarz, Fühler lang, geknöpft (**1b**). Männchen mit auffälligen Hinterleibsanhängen Beim ähnlichen Schmetterlingshaft *Libelloides longicornis* (**1a**) ist die Flügeladerung gelb statt wie bei der erstgenannten Art schwarz. Ein weiteres Unterscheidungsmerkmal ist der runde Fleck auf den Hinterflügeln.

**Vorkommen:** Sehr wärmeliebende Art, die in Mitteleuropa nur an wenigen Orten vorkommt.

**Wissenswertes:** Schmetterlingshafte sind kräftiger gebaut als die Ameisenjungfern und meist tagaktiv. Sie sind gute Flieger und ernähren sich von Insekten, die sie im Flug fangen. Setzen sie sich in die Sonne, breiten sie ihre Flügel meist aus (**1b**). In der Ruhestellung werden diese aber dachziegelartig über dem Körper zusammengelegt (**1a**). Die Larven haben Ähnlichkeit mit Ameisenlöwen, bauen aber keine Trichter. Sie leben am Boden, oft unter Steinen, und jagen dort Wirbellose. Im Mittelmeerraum gibt es mehrere verwandte Arten, wo man sie oft recht häufig antreffen kann.

## 2 Schneehaft
*Boreus westwoodi*

L 3–4 mm

**Kennzeichen:** Flügellos, mit schnabelartig ausgezogenem Kopf, lange Hinterbeine.

**Vorkommen:** Auf Gletschern und ewigem Schnee.

**Wissenswertes:** Der Schneehaft, auch Winterhaft oder Schneefloh genannt, gehört wie die Skorpionsfliegen zu den Schnabelfliegen oder Schnabelhaften. Mit den langen Hinterbeinen, mit denen sie sich auch springend fortbewegen, erinnern die Tiere an Heuschrecken. Die Schneehafte suchen auf Schnee und Eis nach toten Insekten, die sie mit einem Verdauungssekret zunächst auflösen und dann aufsaugen. Auch Moos wird von ihnen gefressen. Ein naher Verwandter ist der Gletscherfloh *Boreus hyemalis*.

## 3 Skorpionsfliege
*Panorpa communis*

L –20 mm Sp –32 mm Mai–Sept.

**Kennzeichen:** Auf den ersten Blick schnakenähnlich, mit schnabelartig ausgezogenem Kopf und nach oben gebogenem Hinterleib. Flügel stark schwarzbraun gefleckt.

**Vorkommen:** Weit verbreitet in Wäldern, Hecken usw., manchmal auch in Gärten.

**Wissenswertes:** Die lang ausgezogenen Mundwerkzeuge gaben der Ordnung den deutschen Namen Schnabelhafte. Die Art hat ihren Namen vom nach oben gekrümmten Hinterleib der Männchen mit dicken Greifzangen (**3a**). Sie können damit aber nicht stechen. Mit den Zangen werden die Weibchen (**3b**) bei der Paarung gegriffen. Um das Weibchen „gefügig" zu machen, sondert das Männchen einen Sekrettropfen ab, der vom Weibchen gefressen wird – quasi ein Brautgeschenk. Die Eier werden ins Erdreich abgelegt; hier leben auch die raupenähnlichen Larven. Imago und Larven leben räuberisch und ernähren sich von kleineren Insekten.

## 4 Kamelhalsfliege
*Raphidia notata*

L –30 mm Sp –30 mm Apr.–Aug.

**Kennzeichen:** Braunschwarz mit stark geäderten Flügeln, Vorderbrust stark verlängert, 2 Adern im dunklen Pterostigma.

**Vorkommen:** In Nord- und Mitteleuropa an Waldrändern, Hecken, Gebüschen usw. 11 ähnliche Arten in Mitteleuropa.

**Wissenswertes:** Ihren Namen verdanken die Tiere der stark verlängerten Vorderbrust (Insekten haben keinen Hals!) und der typischen Kopfhaltung. Sie sitzen im Sommer häufig auf der Rinde von Bäumen, wo sie schnell umherlaufen. Sie leben räuberisch und fressen Insekteneier und -larven, Blattläuse, Rüsselkäfer und andere Insekten. Die Larven sind langgestreckt und abgeflacht. Sie leben in Spalten und Käfergängen in der Baumrinde und können gut rückwärts laufen. Sie vertilgen dort viele Insekten sowie deren Eier und Larven und werden als nützlich im Sinne der biologischen Schädlingsbekämpfung angesehen.

1a

1b

2

3a

3b

4

## 1 Federgeistchen
*Pterophorus pentadactyla*

L –17 mm Sp –34 mm Mai–Aug.
**Kennzeichen:** Schneeweiß, unverkennbar.
**Vorkommen:** Überall in der offenen Landschaft, auch in Gärten.
**Wissenswertes:** Das Federgeistchen gehört zu den auffälligsten Kleinschmetterlingen. Die Vorderflügel sind 2-, die Hinterflügel 3fach gespalten (pentadactylus = „Fünffinger"). Die so entstehenden Zipfel sind noch einmal stark gefiedert. So wirken sie wie Vogelfedern (Name!). Die Raupen ernähren sich vor allem von Acker- und Zaunwinde, aber auch von Klee, Rosen, Schlehen u.a. Bei uns weitere verwandte Arten, die auch Federmotten genannt werden.

## 2 Kleidermotte
*Tineola bisselliella*

L –8 mm Sp 12 mm Mai–Sept.
**Kennzeichen:** Goldglänzend, fadenförmige Fühler.
**Vorkommen:** Weltweit verbreitet in Textilien.
**Wissenswertes:** Die Weibchen legen bis zu 100 kleine weiße Eier auf Wolle oder Pelzen ab, aus denen nach etwa 2 Wochen die madenähnlichen Raupen schlüpfen. Diese können Gewebe großflächig zerstören. Unter günstigen Bedingungen entwickeln sie sich innerhalb von 3 Monaten zu ausgewachsenen Faltern (inklusive Puppenstadium). So kann bei lange hängender Kleidung ein Massenbefall auftreten, der nicht bemerkt wird. Die Falter nehmen keine Nahrung auf.

## 3 Nesselzünsler
*Pleuroptya ruralis*

L –19 mm Sp –40 mm Juni–Aug.
**Kennzeichen:** Flügel und Körper hellbraun mit dunkelbrauner und grauer Zeichnung.
**Vorkommen:** Weit verbreitet in Europa.
**Wissenswertes:** Sehr häufige Art, gelegentlich auch am Tag zu beobachten. Nachts kommen sie oft zu Lichtquellen. Wie alle Zünsler besitzen sie an der Basis des Abdomens ein paariges Hörorgan (Tympanalorgan), mit dem sie die Ortungsrufe von Fledermäusen wahrnehmen können. So sind sie in der Lage, jagenden Fledermäusen zu entkommen. Weltweit soll es über 30000 Zünslerarten geben; die meisten davon in den Tropen. Damit sind sie eine der größten Familien der sog. Kleinschmetterlinge.

## 4 Brennesselzünsler
*Eurrhypara hortulata*

L –10 mm Sp 18 mm Juni–Aug.
**Kennzeichen:** Körper gelb mit dunklen Flekken, Flügel weiß mit zahlreichen schwarzen Flecken, Basis der Vorderflügel gelb.
**Vorkommen:** Häufig vor allem an Hecken und Waldrändern in Brennesselbeständen und Gebüschen.
**Wissenswertes:** Die zunächst grünlich und später gelbrosafarbene Raupe (**4b**) frißt in zusammengerollten Blättern von Brennesseln, Ziest und anderen Lippenblütlern.

## 5 Holunderzünsler
*Phlyctaenia coronata*

L –11 mm Sp 26 mm Mai–Aug.
**Kennzeichen:** Graubraun mit goldenem Schimmer; auffällige weiße Flügelflecken.
**Vorkommen:** In Hecken, Gärten, an Wegrainen usw.
**Wissenswertes:** Die weißlichen Raupen mit grünen Längsstreifen fressen vor allem an Holunder, Flieder, Liguster und anderen Sträuchern.

## 6 Laichkrautzünsler
*Nymphula nymphaeata*

L –10 mm Sp –25 mm Mai–Aug.
**Kennzeichen:** Weiß mit abwechslungsreicher brauner Bänderung der Flügel, fadenförmige Fühler.
**Vorkommen:** An langsam fließenden oder Stillgewässern mit Laichkräutern.
**Wissenswertes:** Interessant ist die aquatische Lebensweise der Raupen (**6b**), die unter Wasser an Laichkrautblättern fressen. Sie atmen in jungen Stadien ausschließlich über die Haut, erst später mit Hilfe der Tracheen. Die Verpuppung erfolgt in einem luftgefüllten Köcher unter Wasser.

1
2
3
4a
4b
5
6a
6b

## 1 Weidenbohrer
*Cossus cossus*

L –40 mm Sp –80 mm Mai–Aug.

**Kennzeichen:** Grauweiß mit schwarzer Strichelung; Weibchen größer als Männchen.

**Vorkommen:** Weit verbreitet in Europa, in Auwäldern, an Waldrändern, aber auch in Gärten.

**Wissenswertes:** Der Name dieses Falters bezieht sich auf die großen Raupen (**1b**), die in Weiden, aber auch in Pappeln und Kastanien meterlange Fraßgänge erzeugen. Dadurch können Bäume so stark geschädigt werden, daß sie umknicken. Ihre Entwicklung dauert 2, manchmal sogar 4 Jahre. So gehören Weidenbohrer zu den Schmetterlingen mit dem höchsten Alter. Auffällig ist ein von den Raupen ausgehender Essiggeruch, der ein sicherer Hinweis auf das Vorkommen der Tiere ist. Die Raupe galt im alten Rom als besondere Delikatesse. Der Weidenbohrer gehört zu den Kleinschmetterlingen (s. vorige Seite) und ist der größte Vertreter dieser Gruppe.

## 2 Hopfenwurzelbohrer
*Hepialus humuli*

L –35 mm Sp –60 mm Mai–Aug.

**Kennzeichen:** Brauner Körper; Männchen (**2b**) mit weißen, Weibchen (**2a**) mit gelblichbraunen Flügeln, Weibchen deutlich größer als Männchen.

**Vorkommen:** In feuchteren Wäldern in weiten Teilen der Paläarktis.

**Wissenswertes:** Die Art wird auch als Geistermotte, Hopfenmotte oder Hopfenspinner bezeichnet. Die Männchen führen eine Art Balzflug vor, um die Weibchen zur Paarung anzuregen. Nach der Befruchtung streuen sie die Eier im Flug regelrecht aus. Als Futterpflanze der unterirdisch lebenden Raupen dienen nicht nur die Wurzeln von Hopfen, sondern auch die von Sauerampfer, Huflattich, Löwenzahn und vielen anderen Kräutern. In Hopfenkulturen können die Raupen bei Massenentwicklung gelegentlich Schäden anrichten. Sie leben länger als 2 Jahre und verpuppen sich in der Erde in einem röhrenartigen Gespinst.

## 3 Blutströpfchen
*Zygaena filipendulae*

L –18 mm Sp –38 mm Juni–Aug.

**Kennzeichen:** Flügel glänzend blauschwarz mit 6 paarweise angeordneten, blutroten Flecken.

**Vorkommen:** Auf unterschiedlichsten Wiesentypen in ganz Europa; häufigste Art dieser Gattung.

**Wissenswertes:** Der Name bezieht sich auf die Flecken auf den Vorderflügeln. Auch die Hinterflügel sind intensiv rot gefärbt. Eine Reihe ähnlicher Arten, die sich vor allem durch Anzahl und Anordnung der Flecken unterscheiden, werden mit dem Blutströpfchen zur Familie der Widderchen (*Zygaenidae*) zusammengefaßt. Dieser Name bezieht sich auf die keulenförmig verdickten Fühler. Die Tiere sind tagaktiv. Bei Bedrohung durch Feinde sondern sie ein übelriechendes Sekret ab. Die auffällige Färbung ist als Warntracht aufzufassen. Die grüne, schwarz gefleckte Raupe (**3b**) lebt an krautigen Pflanzen, vor allem an Schmetterlingsblütlern; bei uns gehört Hornklee zur bevorzugten Nahrung. Die gelbe, pergamentartige Puppenhülle kann man an Grashalmen finden. Die Falter saugen vor allem an Disteln, Kletten, Dost und Flockenblumen. Auf Blüten sitzen die Falter mit nach vorn gestreckten Fühlern und dachförmig gehaltenen Flügeln.

## 4 Grünwidderchen
*Procris statices*

L –14 mm Sp –28 mm Mai–Aug.

**Kennzeichen:** Vorderflügel grün mit metallischem Glanz, Hinterflügel grau. Einige ähnliche Arten.

**Vorkommen:** Eine Art der Waldlichtungen und feuchten Wiesen, wo sie sehr häufig auftreten kann.

**Wissenswertes:** In der Ruhestellung legen die Falter die Flügel wie alle Widderchen dachartig zusammen. Sie sind wie ihre Verwandten tagaktiv und besuchen Blüten. Die Raupen ernähren sich vor allem von Sauerampfer und anderen Ampferarten. Sie überwintern und verpuppen sich in einem weichen Gespinst auf der Erde.

1a

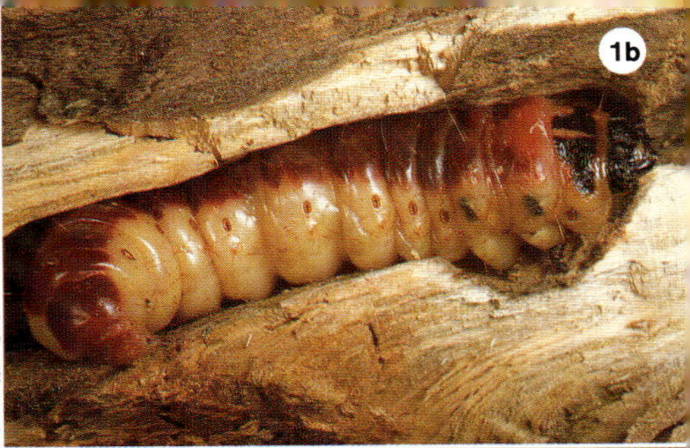
1b

2a

2b

3a

3b

4

## 1 Traubenkirschen-Gespinstmotte
*Yponomeuta evonymella*

L –10 mm Sp –25 mm Mai–Aug.

**Kennzeichen:** Schneeweiß mit vielen kleinen schwarzen Flecken. Mehrere verwandte Arten sind äußerlich kaum unterscheidbar, die Raupen leben aber auf anderen Futterpflanzen.

**Vorkommen:** Häufig in Gärten, an Waldrändern, in Parks und in Hecken.

**Wissenswertes:** Viel auffälliger als die Falter, die sich tagsüber verstecken und dabei die Flügel dachförmig anlegen, sind die Raupen (**1b**), die im Mai und Juni in dichten Gespinsten vor allem auf Traubenkirschen leben. Die schleierartigen Gespinste (**1c**) können bei Massenvermehrung einen ganzen Baum überziehen, der dann meist auch völlig kahlgefressen wird. Auch die Verpuppung der Raupen erfolgt im Gespinst.

## 2 Apfelwickler
*Cydia pomonella*

L 7–9 mm Sp 14–24 mm Mai–Okt.

**Kennzeichen:** Mit gelbbraunen und schwarzen Querbinden auf den grauen Vorderflügeln, Hinterflügel bräunlich.

**Vorkommen:** Sehr häufig in Obstgärten, Streuobstwiesen usw.; heute weltweit in allen Apfelanbaugebieten zu finden.

**Wissenswertes:** Die Raupe (**2b**) lebt im Fruchtfleisch von Äpfeln, aber auch von Birnen, Quitten, Pfirsichen, Kirschen und einigen anderen Obstarten. Das Vorkommen der Art wird vor allem durch klimatische Faktoren und Parasiten beeinflußt. Ernsthafte wirtschaftliche Schäden durch Massenvermehrung sind nur selten. Die Raupen verpuppen sich in Ritzen in der Baumrinde, am Boden oder sogar in Apfelkisten. Die Falter fliegen in 2 Generationen im Jahr.

## 3 Grüner Eichenwickler
*Tortrix viridana*

L –11 mm Sp 18–25 mm Mai–Aug.

**Kennzeichen:** Grüne Vorder- und graubraune Hinterflügel, jeweils mit weißem Saum.

**Vorkommen:** Weit verbreitet in den Laubwäldern mit Eichenbeständen in Europa und Kleinasien.

**Wissenswertes:** Während es recht schwierig ist, die Falter zu beobachten – sie halten sich meist in den Baumwipfeln auf und schwärmen erst in der Dämmerung –, sind die Fraßspuren der Raupen bei Massenentwicklung unübersehbar. Dann können ganze Bestände kahlgefressen werden. Die Raupen fressen zunächst Knospen und dann Blätter. Sie verpuppen sich zwischen zusammengesponnenen Blättern. Bei Massenauftreten stehen nicht genug Blätter zur Verfügung, dann findet die Verpuppung an der Rinde oder am Boden statt. Eichenwicklerraupen sind ein wichtiger Bestandteil der Aufzuchtnahrung von Meisen und anderen Vogelarten. Auch viele andere Feinde wie Laufkäfer, Waldameisen, Schlupfwespen und Raupenfliegen ernähren sich von ihnen.

## 4 Hornissenschwärmer
*Sesia apiformis*

L –20 mm Sp –45 mm Mai–Juli

**Kennzeichen:** Körper wespenähnlich schwarz-gelb gefärbt, Flügel glasig durchsichtig.

**Vorkommen:** Vor allem in Auwäldern und Pappelalleen in weiten Teilen Europas und Nordasiens, meist nicht häufig.

**Wissenswertes:** Der deutsche Name ist etwas verwirrend, da es sich hier nicht um einen Schwärmer, sondern um einen Glasflügler handelt. Der Hornissenschwärmer oder vielleicht besser Hornissenglasflügler ist der größte heimische Vertreter dieser Gruppe. Mit der Körperfärbung und den unbeschuppten Flügeln ähneln die Falter Wespen. So sind sie vor Freßfeinden, z.B. Vögeln, gut geschützt. Der schnelle Flug erinnert allerdings an Schwärmer. Die Falter sind tagaktiv, aber nicht leicht zu entdecken. Die Raupen leben in Bohrgängen unter der Rinde von Pappeln und überwintern zweimal. Bei uns kommen eine Reihe weiterer, deutlich kleinerer Glasflügler-Arten vor, die nicht leicht zu bestimmen sind. Einige von ihnen, wie der Johannisbeerglasflügler, kommen auch in Gärten vor und können Beerensträucher schädigen.

1a

1b

1c

2a

2b

3

4

## 1 Großer Gabelschwanz
*Cerura vinula*

L –30 mm Sp 55–75 mm Apr.–Juli

**Kennzeichen:** Gelbweiß mit grauschwarzer Linienzeichnung.

**Vorkommen:** Paläarktisch verbreitet vor allem in Pappel- und Weidenbeständen.

**Wissenswertes:** Besonders auffällig sind die großen, bis zu 70 mm langen grünen Raupen mit schwarzer Zeichnung (**1b**). Am Hinterende haben sie eine „Schwanzgabel", der Kopf trägt einen purpurroten Rand und schwarze Augenflecken. Bei Gefahr wird der Kopf zur Abschreckung von Feinden angehoben. Aus einer Drüse können sie eine Flüssigkeit versprühen, die Ameisensäure enthält. Als Nahrung dienen ihr Blätter von Weiden und Pappeln. Wenn die Falter tagsüber an einem Ast ruhen, strecken sie oft die Vorderbeine nach vorn („Streckfuß", **1a**).

## 2 Mondvogel
*Phalera bucephala*

L –32 mm Sp –60 mm Mai–Juli

**Kennzeichen:** Vorderflügel grau mit silbernen Schuppen, an der Spitze mit hellbraunem Fleck, Hinterflügel einfarbig beigeweiß. Kopf ebenfalls hellbraun.

**Vorkommen:** Weit verbreitet in der Paläarktis in Laubwäldern und Parks vom Flachland bis etwa 1600 m Höhe.

**Wissenswertes:** Die Färbung von Kopf und Flügelspitzen bewirkt eine hervorragende Tarnung, gleicht der Mondvogel in Ruhestellung doch einem abgebrochenen Zweigstückchen, wobei die hellen Flecken die Bruchstellen vortäuschen. Manchmal wird die Art auch Mondfleck genannt. Die Falter fliegen in der Nacht häufig Lichtquellen an und gelangen so manchmal auch in Häuser. Sie nehmen keine Nahrung auf. Die auffälligen Raupen kann man häufig auf Hase , Weiden, Birken und vielen anderen Laubgehölzen finden. Sie werden bis zu 6 cm lang, der Kopf ist schwarz und trägt ein gelbes V. Der Körper ist schwarz-gelb gefärbt und weiß behaart. Die Raupen leben in Gruppen zusammen, die auch gemeinsam den Futterplatz wechseln. Sie verpuppen sich im Herbst in der Erde.

## 3 Kleines Nachtpfauenauge
*Saturnia pavonia*

L –45 mm Sp –60 mm Apr.–Mai

**Kennzeichen:** Weibchen (**3b**) grau mit brauner Zeichnung, Männchen (**3a**) gelbbraun mit brauner Zeichnung, beide mit je einem Augenfleck auf allen 4 Flügeln.

**Vorkommen:** In weiten Teilen der Paläarktis in Heidegebieten und lichten Kiefernwäldern.

**Wissenswertes:** Starke Geschlechtsunterschiede. Mit ihren federartigen Fühlern können die Männchen wie andere Arten auch die von den Weibchen abgegebenen Sexuallockstoffe (Pheromone) über eine Entfernung von mehreren Kilometern wahrnehmen. Die Raupen (**3c**) sind zunächst grün, dann schwarzgrün gemustert und ausgewachsen grün mit gelben Warzen mit schwarzen Borsten. Sie fressen vor allem an Besenheide und Heidelbeere, aber auch an vielen anderen Sträuchern. Sie verpuppen sich im Herbst in einem großen, flaschenförmigen Kokon an ihrer Futterpflanze. Die Falter schlüpfen im folgenden Frühjahr und fressen nicht.

## 4 Eichenprozessionsspinner
*Thaumetopoea processionea*

L –18 mm Sp 29–35 mm Juli–Sept.

**Kennzeichen:** Unscheinbar graubraun gefärbt, mit braunen Linien auf den Flügeln.

**Vorkommen**: Mittel- und Westeuropa, in Wäldern mit Eichenbeständen.

**Wissenswertes:** Die Eier werden auf der Rinde von Eichen abgelegt; die Eier überwintern. Die giftig behaarten Raupen (**4a**) leben tagsüber in Gespinsten und wandern in der Dämmerung in langen Reihen zum Fressen (**4b**). Am nächsten Morgen kehren sie in gleicher Weise zu ihrem Gespinst zurück. Die Haare sind mit Widerhaken versehen und brechen leicht ab; sie können bei Menschen Hautausschlag oder sogar schmerzhafte Entzündungen hervorrufen. Zahlreiche abgebrochene Haare im Gespinst dienen als Schutz vor Freßfeinden. Sehr bekannt sind auch die Gespinste des vor allem im Mittelmeerraum überall verbreiteten Kiefernprozessionsspinners (*Thaumetopoea pinivora*). Seine Raupen überwintern auch im gemeinsamen Nest.

1a
1b
2
3a
3c
3b
4a
4b

## 1 Birkenspinner
*Endromis versicolora*

L –39 mm Sp –90 mm März–Mai

**Kennzeichen:** Lebhaft gezeichnete, braun-weiß-schwarz gefärbte Flügel.

**Vorkommen:** In Laubmischwäldern; lebt bevorzugt in lichten Birkenwäldern.

**Wissenswertes:** Eine Art mit deutlichem Geschlechtsdimorphismus, die Weibchen sind viel größer als die Männchen. Die Falter nehmen keine Nahrung auf. Die Männchen fliegen auch tagsüber auf der Suche nach Weibchen, die dann meist im Wipfelbereich der Bäume sitzen. Sie sondern einen Lockstoff ab, den die Männchen über große Entfernungen wahrnehmen können. Die Raupen leben vor allem auf Birken, aber auch auf Erlen und Linden. Sie verpuppen sich in einem schwarzen Gespinst auf der Erde. Die Puppe überwintert, die Falter schlüpfen sehr früh im Jahr.

## 2 Kupferglucke
*Gastropacha quercifolia*

L –43 mm Sp –82 mm Mai–Sept.

**Kennzeichen:** Bräunlich mit violettem Schimmer, im Süden gelbbraun. Weibchen fast doppelt so groß wie die Männchen.

**Vorkommen:** Europa und nördliches Asien bis nach Japan, in der Kulturlandschaft.

**Wissenswertes:** Die Falter tarnen sich durch eine ungewöhnliche Ruhestellung: Die Vorderflügel werden dachartig über dem Körper zusammengelegt, die Hinterflügel treten seitlich darunter hervor. So wirken sie wie ein trockenes Buchenblatt, was durch die Färbung verstärkt wird. Die Raupen leben an Obstbäumen und Salweiden. Früher galten sie als Schädlinge in Obstplantagen, heute ist die Art aber recht selten geworden. Die Eier werden einzeln oder in kleinen Gruppen auf Blattunterseiten abgelegt. Die graubraunen Raupen überwintern und verpuppen sich in einem schwarzen Kokon auf der Baumrinde.

## 3 Ringelspinner
*Malacosoma neustria*

L –20 mm Sp –82 mm Mai–Sept.

**Kennzeichen:** Hellbraun mit dunklen Linien auf den Flügeln, Färbung aber sehr variabel.

**Vorkommen:** In Laubwäldern, Gärten usw.

**Wissenswertes:** Die Weibchen legen die Eier in ringförmigen Gelegen um Zweige, worauf sich der Name bezieht. Die gesellig lebenden Raupen (**3b**) sind sehr bunt, mit hellblauen, orangefarbenen, schwarzen und weißen Streifen. Sie ernähren sich vom Laub verschiedener Obstbäume, wo sie manchmal großen Schaden anrichten können, fressen aber auch an Schlehen, Weiden u.a.

## 4 Eichenspinner
*Lasiocampa quercus*

L –37 mm Sp –80 mm Mai–Aug.

**Kennzeichen:** Männchen (**4b**) kastanienbraun mit gelbem Flügelband, Weibchen (**4a**) heller ockergelb, Zeichnung nicht so deutlich, viel größer als die Männchen.

**Vorkommen:** Laubwälder, Heiden, Moore.

**Wissenswertes:** Nach der Kupferglucke die größte der bei uns vorkommenden Glucken. Auch bei dieser Art fliegen die Männchen tagsüber im Zickzack hin und her, um die Sexuallockstoffe der Weibchen wahrzunehmen. Die schwarzbraunen, gelblich behaarten Raupen werden bis zu 75 mm lang. Sie sind polyphag, d.h., sie ernähren sich von vielen verschiedenen Pflanzen, u.a. von Heidekraut, Brombeeren und Heidelbeeren. Ihre Entwicklung verläuft langsam; in klimatisch ungünstigen Gebieten überwintern sie zweimal.

## 5 Sichelspinner
*Drepana falcataria*

L –18 mm Sp –36 mm Apr.–Aug.

**Kennzeichen:** Grundfarbe bräunlich oder grau, Hinterflügel oft sehr hell, Spitzen der Vorderflügel sichelartig nach außen gebogen.

**Vorkommen:** Wälder, Parks, Hecken usw.

**Wissenswertes:** Häufigster Vertreter der Sichelspinner (*Drepanidae*). Wegen der oft sehr hellen Färbung wird er auch als Weißer Sichelflügel, wegen einer der Hauptfutterpflanzen auch als Birkensichler bezeichnet. Sie haben ein zugespitztes Hinterende und sind grün mit braunem Rücken. Charakteristisch ist ihre Ruhehaltung mit erhobenem Vorder- und Hinterende.

1
2
3a
3b
4a
4b
5

## 1 Goldafter
*Euproctis chrysorrhoea*

L –22 mm Sp –38 mm Juni–Aug.
**Kennzeichen:** Schneeweiß, Hinterleib überwiegend braungelb.
**Vorkommen:** In Laubwäldern, Gärten usw.
**Wissenswertes:** Eine der häufigsten Arten der Familie der Schadspinner, die alle auffällige, bunte und stark behaarte Raupen haben. Oft stehen die Haare in bürstenartigen Büscheln. Häufig sind sie wie beim Goldafter giftig. Deshalb werden sie von Vögeln mit Ausnahme des Kuckucks gemieden. Die Raupen (**1b**) sind gesellig und leben in Obstbäumen, Eichen und anderen Laubbäumen. Sie spinnen gemeinsam feste Nester an Zweigenden, in denen sie überwintern. Als Schutz vor Feinden spinnen sie ihre giftigen Haare mit ein.

## 2 Nonne
*Lymantria monacha*

L –27 mm Sp –55 mm Juli–Sept.
**Kennzeichen:** Weiß; Vorderflügel mit schwarzen Zickzackbändern, Hinterflügel grau.
**Vorkommen:** Vor allem in Nadelwäldern.
**Wissenswertes:** Die Raupen sind schwarz mit einem großen, hellgrauen Fleck auf dem Rücken. Hauptnahrung sind Fichtennadeln, die meist nachts gefressen werden. Als Jungraupen leben sie gesellig, später einzeln. Vor allem in Fichtenmonokulturen können sie bei Massenentwicklung enorme Schäden verursachen. Auch andere Nadel- und Laubbäume können als Futterpflanzen dienen.

## 3 Saat-Eule
*Agrotis segetum*

L –21 mm Sp –40 mm Mai–Okt.
**Kennzeichen:** Sehr variabel gezeichnet; Grundfarbe der Vorderflügel braun, Hinterflügel perlmuttartig glänzend.
**Vorkommen:** Sehr weit verbreitet.
**Wissenswertes:** Eine sehr häufige Art aus der Familie der Eulenfalter (*Noctuidae*). Die Raupen sind polyphag und ernähren sich von den Wurzeln krautiger Pflanzen. In Gärten und auf Feldern können sie erhebliche Ernteausfälle verursachen.

## 4 Gamma-Eule
*Autographa gamma*

L –20 mm Sp –40 mm Mai–Okt.
**Kennzeichen:** Vorderflügel braun, variabel gezeichnet, charakteristisch ist das Gammaförmige Mal. Hinterflügel graubraun gefärbt.
**Vorkommen:** Nahezu überall.
**Wissenswertes:** Eine der wenigen am Tag fliegenden Eulen. Alljährlich wandern sie aus den Subtropen in großer Zahl nach Norden und legen dabei mehrere tausend Kilometer zurück. Im Sommer vermehren sie sich hier, im Herbst fliegen die Nachkommen wieder nach Süden. Die Falter saugen an vielen Blütenpflanzen, z.B. Disteln. In Gärten besuchen sie Sommerflieder und Blumen in Balkonkästen. Auch die bis zu 40 mm langen Raupen sind nicht wählerisch und kommen an den unterschiedlichsten krautigen Pflanzen vor.

## 5 Weiden-Kahneule
*Earis chlorana*

L –8 mm Sp –20 mm Mai–Aug.
**Kennzeichen:** Vorderflügel grün, Hinterflügel weiß.
**Vorkommen:** In der Nähe von Feuchtgebieten.
**Wissenswertes:** Die Raupen fressen in zusammengesponnen Zweigspitzen verschiedener Weidenarten.

## 6 Zweipunkt-Schilfeule
*Archanara geminipunctata*

L –16 mm Sp 27–33 mm Mai–Sept.
**Kennzeichen:** Hellbraun oder rötlichbraun gefärbter Falter; 2 weiße Punkte auf den Vorderflügeln.
**Vorkommen:** Verbreitet in Feuchtgebieten.
**Wissenswertes:** Die Raupen leben in den Stengeln des Schilfes (**6a**) und ernähren sich vom Mark. Sie können in Gegenden mit großen Schilfflächen sehr häufig sein, treten aber nur lokal auf. Verwandte Arten ernähren sich z.B. von Rohr- und Igelkolben, Sumpfschwertlilie und Seggen. Oft sind die Raupen auf eine Pflanzenart spezialisiert. Leider werden die meisten Schilfeulen mit der Zerstörung kleiner Feuchtgebiete immer seltener.

1a

1b

2

3

4

5

6a

6b

## 1 Kieferneule
*Panolis flammea*

L -21 mm Sp -38 mm März–Juni
**Kennzeichen:** Vorderflügel rötlich oder grau mit weißem Makel, Hinterflügel braun.
**Vorkommen:** In lichten Kiefernwäldern.
**Wissenswertes:** Dieser Falter wird oft auch als Forleule bezeichnet. Die Falter erscheinen früh im Jahr und fliegen manchmal auch tagsüber. Die Raupen fressen Kiefernnadeln im Wipfelbereich. Alle Eulen zeichnen sich durch ein besonderes Hörorgan, das Tympanalorgan, aus. Von allen Schmetterlingen haben nur noch Zünsler und Spanner ein solches Organ entwickelt. Sie können damit die Ultraschallrufe von Fledermäusen, ihren größten Feinden, wahrnehmen. Haben sie einen Ortungsruf von Fledermäusen registriert, lassen sie sich einfach fallen und haben so eine Chance zu entkommen.

## 2 Hausmutter
*Noctua pronuba*

L -30 mm Sp -60 mm Mai–Okt.
**Kennzeichen:** Vorderflügel braun, variabel gezeichnet, Hinterflügel gelb mit schmalem, schwarzem Band.
**Vorkommen:** Paläarktisch verbreitet und häufig, nahezu überall zu finden.
**Wissenswertes:** Da sich diese Art oft in Häuser verfliegt, hat sie den Namen Hausmutter erhalten. Vom wissenschaftlichen Gattungsnamen *Noctua* leitet sich der Name für die Familie der Eulenfalter (*Noctuidae*) ab. Die bis zu 55 mm langen Raupen leben an den verschiedensten krautigen Pflanzen. Regelmäßig kann man sie auch in Gärten antreffen, wo sie in Gemüsekulturen nicht so gern gesehen sind.

## 3 Blaues Ordensband
*Catocala fraxini*

L -48 mm Sp -95 mm Juli–Okt.
**Kennzeichen:** Grau mit schwarzer und weißer Zeichnung. Die schwarzen Hinterflügel mit breitem, blaßblauem Band.
**Vorkommen:** In weiten Teilen der Paläarktis, vor allem in der Nähe von Pappelbeständen.
**Wissenswertes:** Größter heimischer Eulenfalter und einer der größten bei uns vorkommenden Schmetterlinge überhaupt. Heute leider sehr selten. Die Raupen entwickeln sich auf Pappeln, Eschen (darauf weist der wissenschaftliche Artname hin: *Fraxinus* = Esche), Birken u.a. Die Falter schlüpfen je nach geographischer Lage von Juli bis Oktober.

## 4 Rotes Ordensband
*Catocala nupta*

L -40 mm Sp -78 mm Juli–Okt.
**Kennzeichen:** Eine große Eule; Vorderflügel dunkelbraun mit schwarzen und braunen Linien. Hinterflügel rot mit 2 schwarzen Bändern.
**Vorkommen:** Weit verbreitet.
**Wissenswertes:** Eine häufige Art, die man tagsüber auch an Hauswänden finden kann. Allerdings sind die Tiere gut getarnt, da sie die auffälligen Hinterflügel unter den mit einer Tarnzeichnung versehenen Vorderflügeln verbergen. Bei Störungen breiten sie die Vorderflügel aus. So kommt die auffällige Rotfärbung plötzlich zum Vorschein, was Freßfeinde irritieren dürfte. Diesen Moment nutzen die Falter zum Entkommen. Rote Ordensbänder kommen selten zum Licht; man kann sie aber auf gärendem Fallobst, an dem sie gern saugen, beobachten. Die Raupen (**4b**) leben auf Weiden und Pappeln.

## 5 Messingeule
*Diachrysia chrysitis*

L -20 mm Sp -36 mm Mai–Sept.
**Kennzeichen:** Grundfarbe braun, Vorderflügel mit 2 breiten, grünlich glänzenden Bändern, Hinterflügel einfarbig braun.
**Vorkommen:** Weit verbreitet; in Parks, an Waldrändern, Lichtungen, in Gärten usw.
**Wissenswertes:** Die meisten dieser mit 40 000 Arten größten Schmetterlingsfamilie sind eher unscheinbar braun oder grau gefärbt. In Europa kommen ca. 1000 Arten vor. Vielfach sehen sich die Arten sehr ähnlich; zu einer genauen Bestimmung sind manchmal sogar anatomische Untersuchungen notwendig. Die Raupen fressen an Lippenblütlern wie Taubnessel und Hohlzahn, aber auch an Natternkopf, Wegerich, Löwenzahn u.a.

1
2
3
4a
5
4b

## 1 Zimtbär
*Phragmatobia fuliginosa*

L 13–19 mm Sp 27–40 mm Mai–Aug.

**Kennzeichen:** Zimtbraune Vorderflügel (Name!), Hinterflügel leuchtend rot mit schwarzer Zeichnung.

**Vorkommen:** Weit verbreitet und häufig, u.a. auf Wiesen und Brachland bis 3000 m Höhe.

**Wissenswertes:** Wird oft auch Rostbär genannt. Die Zeichnung gilt als Warnfärbung, die Tiere werden von Vögeln wegen ihres offensichtlich schlechten Geschmacks wieder ausgespuckt. Es gibt 2 Generationen von April bis Juni und Juli bis September. Raupen der 2. Generation überwintern. Sie verpuppen sich unter Steinen, in Spalten und auf dem Boden.

## 2 Gelbe Tigermotte
*Spilarctia lutea*

L 17–24 mm Sp 38–45 mm Mai–Juli

**Kennzeichen:** Flügel und Hinterleib gelb mit schwarzen Flecken.

**Vorkommen:** Fast überall anzutreffen.

**Wissenswertes:** Wird wegen einer der Hauptfutterpflanzen der Raupen auch als Holunderbär bezeichnet. Bei Gefahr präsentieren die Tiere wie die folgende Art ihren gelbenschwarzen Hinterleib, der Feinde vor der Ungenießbarkeit warnen soll (s.o.).

## 3 Weiße Tigermotte
*Spilosoma menthastri*

L 18–24 mm Sp 36–46 mm Mai–Juli

**Kennzeichen:** Wie Gelbe Tigermotte, aber Flügel weiß mit schwarzen Flecken.

**Vorkommen:** Fast überall anzutreffen.

**Wissenswertes:** Die Art wird auch als Minzenbär (wissenschaftlicher Artname *Mentha* = Minze) bezeichnet. Die dunkelbraunen, lang behaarten Raupen sind aber polyphag und fressen z.B. an Brennesseln, Löwenzahn und Taubnesseln. Auch in Gärten anzutreffen.

## 4 Purpurbär
*Rhyparia purpurata*

L –26 mm Sp –54 mm Juni–Juli

**Kennzeichen:** Sehr variabel gefärbt; Vorderflügel gelb mit braunschwarzen Flecken, Hinterflügel rot mit schwarzen Flecken, Körper braun; **4b** von unten.

**Vorkommen:** Auf Waldwiesen und Heiden.

**Wissenswertes:** Eine östliche und südliche Art, relativ selten. Die Raupen fressen an Labkraut, Beifuß, Wegerich sowie verschiedenen Sträuchern. Sie sind dunkelgrau mit grauen und rostfarbenen Haaren.

## 5 Brauner Bär
*Arctia caja*

L 22–37 mm Sp 50–68 mm Juni–Aug.

**Kennzeichen:** Vorderflügel sehr variabel braunweiß gemustert, Hinterflügel orangerot mit blauen Flecken.

**Vorkommen:** Nahezu überall anzutreffen.

**Wissenswertes:** Sehr markant mit auffälliger Warntracht. Die Raupen (**5b**) sind wie bei allen Bärenspinnern zottelig behaart (Name!). Bei vielen Arten gibt es als Schutz giftige Haare. Bei Gefahr rollen die Raupen sich ein. Ein Weibchen kann über 1000 Eier legen. Die Raupen leben auf verschiedenen Sträuchern wie Himbeere, Heidelbeere und Schlehe. Sie überwintern und verpuppen sich erst im nächsten Frühjahr. Die Falter sind variabel gefärbt; die größten Abweichungen zeigt die Form *lutescens*, bei der das Rot der Hinterflügel durch Gelb ersetzt ist.

## 6 Schönbär
*Callimorpha dominula*

L 21–28 mm Sp 46–58 mm Juni–Juli

**Kennzeichen:** Vorderflügel schwarz mit metallischem Glanz, gelben und weißen Flecken, Hinterflügel rot mit schwarzen Flecken.

**Vorkommen:** Sehr lokal, feuchte Wälder.

**Wissenswertes:** Einer der wenigen Bärenspinner mit voll ausgebildeten Mundwerkzeugen. Wegen seiner Färbung wird er auch als Spanische Fahne bezeichnet. Dieser Name wird häufig auch für den ähnlichen Russischen Bären (*Euplagia quadripunctaria*) verwendet. Er ist berühmt wegen der Massenansammlungen von Faltern in einigen Tälern Südeuropas, z.B. dem „Tal der Schmetterlinge" (Petaloudes) auf der griechischen Ägäis-Insel Rhodos.

1
2
3
5a
4a
5b
4b
6

## 1 Purpurspanner
*Lythria purpurata*

L –15 mm Sp –30 mm Apr.–Aug.

**Kennzeichen:** Vorderflügel olivbraun mit meist 3 purpurrot gefärbten Bändern. Hinterflügel gelb mit dunkler Basis.

**Vorkommen:** Überwiegend in Gebieten mit kalkarmen, sandigen Böden.

**Wissenswertes:** Spanner sind meist kleine bis mittelgroße Schmetterlinge, die mit ausgebreiteten Flügeln wie Tagfalter ruhen. Zahlreiche Spanner sind bunt gefärbt, andere sehr unscheinbar und einander so ähnlich, daß nur eine Genitalpräparation Aufschluß über die Artzugehörigkeit liefert. Ihren Namen trägt die Familie von der Fortbewegungsweise der Raupen. Deren mittlere Bauchfüße sind fast völlig zurückgebildet; die Fortbewegung erfolgt nur mit den 3 Beinpaaren an der Brust und den 2 Beinpaaren am Hinterende. Wenn die Raupe langgestreckt ist, zieht sie die Hinterbeine an die vorderen heran, der Körper bildet einen Halbkreis. Dann erfolgt das „Spannen", die Raupe streckt den Körper soweit, wie es nur geht. Dann werden die hinteren Beinpaare wieder herangezogen usw.

## 2 Großer Frostspanner
*Erannis defoliaria*

L –26 mm Sp –41 mm Sept.–Dez.

**Kennzeichen:** Sehr variabel, Vorderflügel weiß- oder braungelb mit schwarzem Mittelfleck und dunklen Querbändern, Hinterflügel grauweiß.

**Vorkommen:** Fast überall zu finden.

**Wissenswertes:** Der Große Frostspanner gehört mit einigen verwandten Arten zu den wenigen Schmetterlingen, die im Winter selbst bei Schneelage fliegen. Die flügellosen Weibchen (**2b**) klettern auf Bäumen umher. Die Art ist als Obstbaumschädling gefürchtet, da die Raupen (**2c**) bei Massenentwicklung ganze Bestände kahlfressen können.

## 3 Stachelbeerspanner
*Abraxas grossulariata*

L –21 mm Sp –45 mm Juli–Aug.

**Kennzeichen:** Weiß mit schwarzer Fleckung und gelben Bändern. Zeichnung ist variabel.

**Vorkommen:** Paläarktisch verbreitet; auch in Gärten und Obstplantagen.

**Wissenswertes:** Die Art galt früher als Schädling an Stachel- und Johannisbeeren; heute selten. Die Raupen zeigen ein ähnliches Färbungsmuster wie die Falter, die Puppen sind schwarz mit gelbweißen Streifen.

## 4 Harlekin
*Calospilos sylvata*

L –16 mm Sp 30–38 mm Mai–Aug.

**Kennzeichen:** Körper gelb mit schwarzen Punkten, Flügel weiß mit grauen, schwarzen und gelbbraunen Flecken.

**Vorkommen:** Meist in feuchteren Wäldern.

**Wissenswertes:** Die Falter sitzen tagsüber auf Stämmen, Blättern usw. Ihre Färbung erinnert an Vogelkot, dadurch sind sie gut geschützt. Von der Färbung leitet sich auch der Name „Vogeldreck" ab, der jedoch der Schönheit des Schmetterlings nicht gerecht wird.

## 5 Holunderspanner
*Ourapteryx sambucaria*

L –30 mm Sp –50 mm Mai–Aug.

**Kennzeichen:** Gelblichweiß mit zarten braunen Linien auf den Flügeln, Hinterflügel schwalbenschwanzähnlich ausgezogen.

**Vorkommen:** An Waldrändern, Hecken usw.

**Wissenswertes:** Einer der größten heimischen Spanner, wegen seiner Hinterflügel auch Nachtschwalbenschwanz genannt.

## 6 Birkenspanner
*Biston betularia*

L –32 mm Sp –60 mm Mai–Aug.

**Kennzeichen:** Flügel weiß mit schwarzer Zeichnung oder dunkel rußschwarz gefärbt.

**Vorkommen:** In Wäldern, Gärten usw.

**Wissenswertes:** Bekannt geworden ist dieser Falter wegen seiner schwarzen Form, die im vergangenen Jahrhundert in englischen Industriegebieten zum erstenmal erschien und sehr häufig wurde. Die Zunahme wurde als Anpassung an eine rußverschmutzte Umwelt gedeutet und ging als Paradebeispiel der Evolution in Schulbücher ein.

1

2a

2c

2b

3

4

5

6

## 1 Windenschwärmer
*Agrius convolvuli*

L –50 mm Sp –120 mm Mai–Okt.

**Kennzeichen:** Ähnlich wie der Ligusterschwärmer gefärbt, aber ohne die rosafarbenen Hinterflügel.

**Vorkommen:** Tropische Art, weit verbreitet in Afrika, Südasien und Australien.

**Wissenswertes:** Windenschwärmer wandern in jedem Jahr in unterschiedlicher Zahl nach Norden. Sie sind hervorragende Flieger mit im Vergleich zu anderen Schmetterlingen sehr langen, schmalen Flügeln. In der Ruhe werden die Flügel nach hinten gelegt, was ihnen ein pfeilartiges Aussehen gibt. Durch die Tarnfärbung kann man sie nur schwer entdecken. Die Falter haben einen sehr langen Rüssel (etwa 10 cm) und können dementsprechend an Blüten mit den längsten Röhren saugen, z.B. an Tabak. In Gärten besuchen sie gern Phlox. Die Raupen (**1a**) leben bevorzugt an Ackerwinde. Sie sind braun oder grün gefärbt mit schwarzen Seitenflecken. Die bis zu 60 mm großen Puppen (**1c**) liegen in einer Kammer unter der Erde.

## 2 Kiefernschwärmer
*Hyloicus pinastri*

L –45 mm Sp –80 mm Mai–Juli

**Kennzeichen:** Vorderflügel grau mit schwarzer Zeichnung, Hinterflügel dunkelgrau, Bruststück mit 2 schwarzen Längsstreifen.

**Vorkommen:** Weit verbreitet in Europa; in trockenen Nadel-, insbesondere Kiefernwäldern; recht häufig.

**Wissenswertes:** Die Art wird auch Tannenpfeil genannt. Die Raupen sind grün mit weißen Längsstreifen und leben an verschiedenen Nadelbäumen. Sie fressen auch tagsüber. Die Falter suchen mit Einbruch der Dämmerung stark duftende Blüten auf. Sie ruhen tagsüber gut getarnt auf Rinde, manchmal auch an Hauswänden.

## 3 Totenkopf
*Acherontia atropos*

L –60 mm Sp –120 mm Juni–Okt.

**Kennzeichen:** Sehr groß, Hinterleib gelbschwarz mit blauem Mittelstreif, unverkennbar.

**Vorkommen:** Tropisches Afrika mit Madagaskar; wandert bis nach Mitteleuropa und Asien, manchmal bis zum Polarkreis.

**Wissenswertes:** Einer der spektakulärsten bei uns vorkommenden Schmetterlinge. Sie wandern alljährlich in wechselnder Zahl aus den Tropen bei uns ein, überstehen den Winter aber nicht. Namengebend ist die totenkopfähnliche Zeichnung auf dem Bruststück. Die Raupe (**3b**) ist bis zu 90 mm lang, gelb oder braun mit grünlichen Streifen und einem S-förmig gebogenen Hinterleibsanhang. Sie lebt auf Nachtschattengewächsen, vor allem Bocksdorn und Kartoffeln. Die Falter dringen manchmal in Bienenstöcke ein und stechen mit ihrem kräftigen Rüssel die Waben an, um Nektar zu saugen. Oft werden sie dabei von den Bienen getötet. Bei Gefahr können sie zirpende Töne erzeugen.

## 4 Ligusterschwärmer
*Sphinx ligustri*

L –50 mm Sp –120 mm Mai–Juli

**Kennzeichen:** Vorderflügel dunkelbraun mit schwarzer Zeichnung, Vorderrand oft grau, Hinterflügel und -leib rosa mit schwarzer Bänderung.

**Vorkommen:** Paläarktisch verbreitet, oft in Gärten.

**Wissenswertes:** Bei uns häufigster großer Schwärmer. Öfter als den Falter sieht man die auffälligen Raupen (**4b**). Sie sind grün gefärbt und tragen an den Seiten rote und weiße Streifen. Am Hinterende befindet sich ein gebogener Dorn. Da zu ihren Hauptfutterpflanzen Liguster und Flieder gehören, trifft man sie häufig in Gärten an, selbst in ständig gestutzten Ligusterhecken der Vorgärten. Die Eier werden auf der Blattunterseite abgelegt. Leider werden die Raupen von manchen Gartenbesitzern völlig grundlos getötet. Da sie meist einzeln auftreten, besteht kein Grund für eine Bekämpfung. Charakteristisch für viele Schwärmerraupen ist die aufrechte Haltung des Oberkörpers in Ruhestellung (wie bei einer Sphinx, daher der wissenschaftliche Gattungsname). Die Puppe überwintert tief in der Erde.

1a
1b
1c
2
3a
3b
4a
4b

## 1 Abendpfauenauge
*Smerinthus ocellata*

L –44 mm Sp –80 mm Mai–Aug.

**Kennzeichen:** Vorderflügel grau mit ausgedehnter, brauner Zeichnung, Hinterflügel gelbrot mit großem, schwarz und weiß eingefaßten blauen Augenfleck.

**Vorkommen:** Weit verbreitet in Laubwäldern, Gärten und Parks.

**Wissenswertes:** Die Flügel werden in Ruhehaltung nicht wie bei den meisten Schwärmern über dem Körper zusammengelegt, sondern seitlich abgestreckt. Die Augenflecken bleiben verborgen. Wird der Falter z.B. durch einen Vogel gestört, zieht er die Vorderflügel rasch nach vorn und zeigt die Augenflecken. Außerdem bewegt er den Hinterleib auf und ab. Der Rüssel ist bei dieser Art verkümmert. Die Raupen leben auf verschiedenen Laubgehölzen wie Weiden und Pappeln als auch auf Obstbäumen. Sie werden bis zu 80 mm lang, sind grün mit weißen Schrägstreifen an den Seiten. Das für Schwärmerraupen charakteristische Horn ist blaugrün gefärbt.

## 2 Pappelschwärmer
*Laothoe populi*

L –45 mm Sp –90 mm Mai–Aug.

**Kennzeichen:** Graubraun mit dunkelbrauner Zeichnung. Basis der Hinterflügel rostrot gefärbt.

**Vorkommen:** Überall in Pappelbeständen.

**Wissenswertes:** Auch Pappelschwärmer nehmen keine Nahrung auf. Verglichen mit anderen Schwärmern sind sie eher schlechte Flieger. Oft kommen sie zum Licht. Wenn sie ruhen, spreizen auch sie die Flügel seitlich ab, die Hinterflügel ragen vorn unter den Vorderflügeln hervor. Bei Gefahr wird der rote Fleck auf den Hinterflügeln präsentiert. Die Raupe ähnelt der Raupe des Abendpfauenauges, hat aber ein grünes Horn und lebt auf verschiedenen Pappel- und Weidenarten.

## 3 Wolfsmilchschwärmer
*Hyles euphorbiae*

L –35 mm Sp –75 mm Mai–Aug.

**Kennzeichen:** Vorderflügel braungrün mit gelbem Band, Hinterflügel rot mit schwarzen Bändern und einem weißen Basalfleck.

**Vorkommen:** Weit verbreitet in Mittel- und Südeuropa, in Asien bis nach Indien; vor allem in warmen Sandgebieten.

**Wissenswertes:** Eine früher häufige Art, deren auffällig schwarz-weiß-rot gefärbte Raupe (**3b**) an verschiedenen Wolfsmilcharten, vor allem aber der Zypressenwolfsmilch, zu finden ist. Die Färbung ist als Warntracht aufzufassen. Als Falter sehr ähnlich ist der Labkrautschwärmer (*Hyles gallii*), dessen Raupe aber anders gefärbt ist.

## 4 Mittlerer Weinschwärmer
*Deilephila elpenor*

L –32 mm Sp –60 mm Mai–Aug.

**Kennzeichen:** Vorderflügel und Körper oliv und weinrot gefärbt, Hinterflügel rot, an der Basis schwarz.

**Vorkommen:** Paläarktisch verbreitet.

**Wissenswertes:** Ein bei uns häufiger und weit verbreiteter Schwärmer, der durch seine schöne Färbung auffällt. Die Falter fliegen oft schon in der Dämmerung und besuchen mit Vorliebe Geißblattblüten. Die Raupen (**4b**) fressen vor allem an Labkraut, Weidenröschen, Fuchsien und Wein. Sie sind meist braun und haben an den Seiten der Brust auffällige Augenflecken. Das Horn am Hinterende ist recht kurz. Die Verpuppung findet in der Erde statt, die Puppe überwintert. Manchmal findet man Schwärmerpuppen beim Umgraben im Garten.

## 5 Taubenschwänzchen
*Macroglossum stellatarum*

L –24 mm Sp 40–50 mm Mai–Okt.

**Kennzeichen:** Vorderflügel braun, Hinterflügel gelblich, charakteristische Hinterleibszeichnung.

**Vorkommen:** Weit verbreitet, oft in Gärten.

**Wissenswertes:** Die Art wandert alljährlich aus dem Süden ein und gelangt dabei bis zum Polarkreis. Häufig tagsüber zu beobachten, saugt gern auch an Balkonblumen wie Verbenen, Geranien usw. „Steht“ mit rasend schnellem Flügelschlag (**5a**) vor den Blüten und kann sogar rückwärts fliegen.

1
3a
2
3b
4a
5a
4b
5b

## 1 Ockergelber Dickkopffalter
*Thymelicus sylvestris*

L – 15 mm Sp –30 mm Juni–Aug.

**Kennzeichen:** Flügel oberseits rostbraun mit schmalem, schwarzem Rand, Flügelunterseite ockergelb.

**Vorkommen:** Auf Wiesen, Böschungen, Waldlichtungen mit vielen Blumen.

**Wissenswertes:** Die Tiere schwirren ständig in Bodennähe von Blüte zu Blüte, nur sehr selten ruhen sie einmal auf einem Blatt. Die Eier werden an den Blattscheiden von Gräsern abgelegt; die Raupen leben an Gräsern in tütenartigen, aus Blättern zusammengesponnenen Verstecken. Die Familie der Dickkopffalter (*Hesperiidae*) erinnert an Nachtfalter, ist aber tagaktiv und wird deshalb in fast allen Schmetterlingsbüchern mit den Tagfaltern behandelt. Bestimmte anatomische Merkmale der Raupen weisen allerdings auf eine Verwandtschaft mit den Kleinschmetterlingen hin.

## 2 Kommafalter
*Hesperia comma*

L –16 mm Sp –30 mm Juni–Sept.

**Kennzeichen:** Flügel braun, auf den Vorderflügeln ein kommaförmiger Fleck. Die Flügelunterseite ist olivgrün mit silbrigen Flecken.

**Vorkommen:** Eine weitverbreitete Art, die lokal auf Kalkböden vorkommt.

**Wissenswertes:** Die Raupen leben an den verschiedensten Grasarten. Sie verbergen sich in Röhren aus zusammengesponnenen Grashalmen. Sehr ähnlich ist der häufigere Rostfarbige Dickkopffalter (*Ochlodes venatus*).

## 3 Großes Ochsenauge
*Maniola jurtina*

L –28 mm Sp –55 mm Juni–Sept.

**Kennzeichen:** Oberseite (**3a**) dunkelbraun, an der Spitze der Vorderflügel ein schwarzer Augenfleck mit hellem Zentrum. Die Weibchen haben auf dem Vorderflügel eine breite, gelblichbraune Binde.

**Vorkommen:** Von den Kanaren über Nordafrika und Europa bis nach Mittelasien verbreitet. Die Falter kommen auf allen Wiesentypen außer auf ständig gemähten Rasenflächen vor.

**Wissenswertes:** Einer der häufigsten Vertreter der artenreichen Familie der Augenfalter (*Satyridae*). Fast alle sind bräunlich gefärbt und besitzen einen oder mehrere Augenflekken. Dieser Flecken sollen Vögel vom empfindlichen Körper der Schmetterlinge ablenken. Die Raupen ernähren sich von Rispengräsern.

## 4 Mauerfuchs
*Lasiommata megera*

L -20 mm Sp 40–52 mm Apr.–Sept.

**Kennzeichen:** Flügel leuchtend orange und braun, mit schwarzen, weißgekernten Augenflecken; Augenfleck auf der Unterseite des Vorderflügels auffallend groß (**4b**).

**Vorkommen:** Eine Art der offenen Landschaft, wärmeliebend.

**Wissenswertes:** Der Name leitet sich von dem Verhalten der Falter ab, die sich gern auf Steinen oder Mauern sonnen. Die Männchen fliegen ein Revier ab, das gegen Artgenossen verteidigt wird. Die grüne Raupe mit hellen Seitenstreifen ernährt sich von verschiedenen Gräsern. Die Puppe ist ebenfalls grasgrün gefärbt.

## 5 Kleiner Heufalter
*Coenonympha pamphilus*

L –16 mm Sp –34 mm Mai–Okt.

**Kennzeichen:** Oberseite gelborange, Unterseite der Hinterflügel mit schwarzem Augenfleck mit weißem Zentrum.

**Vorkommen:** Paläarktisch verbreitet.

**Wissenswertes:** Dieser kleine Augenfalter kommt fast immer mit dem Ochsenauge zusammen vor. Da auch die Arten der Gattung *Colias* als Heufalter bezeichnet werden, sollte man für die hier vorgestellte Art vielleicht besser den auch gebräuchlichen Namen Wiesenvögelchen verwenden. Die kleinen, grünen Raupen besitzen eine Schwanzgabel und fressen an verschiedenen Gräsern. Drei ähnliche, allerdings bei uns deutlich seltenere Arten tragen mehrere Augenflecken auf der Unterseite der Hinterflügel.

1

2

3a

4a

3b

4b

5

## 1 Mohrenfalter
*Erebia medusa*

L 23–24 mm Sp 40–48 mm Mai–Aug.

**Kennzeichen:** Oberseite dunkelbraun; an den Flügelrändern orange umrandete, schwarze Augenflecken mit weißem Punkt in der Mitte. Flügelunterseite ähnlich.

**Vorkommen:** Auf Wiesen in Waldnähe, vor allem in den Mittelgebirgen.

**Wissenswertes:** Die dunkle Färbung der Mohrenfalter-Arten, die meist in Gebirgen oder in Skandinavien vorkommen, wird als Anpassung gedeutet, besser Sonnenenergie speichern zu können. Die Sonnenstrahlen werden auf den dunklen Flügeln kaum reflektiert und können so gut zum Erwärmen des Tieres genutzt werden.

## 2 Schachbrett
*Melanargia galathea*

L 23–28 mm Sp 45–55 mm Mai–Aug.

**Kennzeichen:** Schachbrettartig schwarz-weiß gefleckte Flügeloberseite. Unterseite mit augenförmigen Flecken.

**Vorkommen:** An Waldlichtungen und -wegen, aber auch auf blumenreichen Wiesen anzutreffen, vor allem in den Mittelgebirgen.

**Wissenswertes:** Die Art wird oft auch als Damenbrett bezeichnet. Die Färbung ist variabel, manche Tiere habe eine mehr gelbliche Grundfarbe. Die grünen Raupen fressen an verschiedenen Gräsern, z.B. an Honiggras, Lieschgras, Knäuelgras oder Schwingel.

## 3 Trauermantel
*Nymphalis antiopa*

L –45 mm Sp –75 mm Juni–Okt.

**Kennzeichen:** Schwarzbraune Flügel mit gelbem Rand, davor eine Reihe schwarz eingefaßter blauer Flecken.

**Vorkommen:** An Waldrändern, Lichtungen und Schneisen; in weiten Teilen der Nordhalbkugel.

**Wissenswertes:** Der Trauermantel gehört wie die folgenden Arten zur weltweit verbreiteten Familie der Edelfalter (*Nymphalidae*), von denen ca. 70 Arten in Europa vorkommen. Trauermäntel findet man eher in höheren Lagen. Von Baumsäften, überreifen Früchten und scharfriechenden Stoffen werden sie angelockt. Die Männchen patroullieren an Waldwegen oft auf der Suche nach Weibchen auf und ab. In den letzten Jahrzehnten wurde der Bestand dieser schönen Schmetterlinge bei uns immer kleiner; erst in den letzten Jahren deutet sich eine langsame Bestandserholung an. Die Raupen leben auf Weiden und Birken.

## 4 C-Falter
*Polygonia c-album*

L –25 mm Sp –52 mm Mai–Okt.

**Kennzeichen:** Oberseite braunorange mit dunkelbraunen Flecken (**4a**). Auf der Unterseite der Hinterflügel das namengebende weiße, C-förmige Zeichen (**4b**), Flügelränder erscheinen ausgefranst.

**Vorkommen:** Eine Art der Auwälder und Waldränder, wo die Hauptfutterpflanzen der Raupen – Brennesseln, Johannisbeeren und Hopfen – häufig sind.

**Wissenswertes:** In den letzten Jahren häufiger auch in Gärten, wo sie z.B. an Sommerflieder und Fetthenne oder auch an überreifem Obst saugen. Mit zusammengelegten Flügeln erinnern sie an ein trockenes Blatt.

## 5 Tagpfauenauge
*Inachis io*

L –35 mm Sp –65 mm Jan.–Dez.

**Kennzeichen**: Rötlich braun, alle 4 Flügel mit großen, rot-gelb-blauen Augenflecken.

**Vorkommen**: Überall häufig.

**Wissenswertes**: Einer der häufigsten heimischen Tagfalter, der auch in Gärten oft zahlreich anzutreffen ist. Die Falter ruhen mit zusammengelegten Flügeln und präsentieren die Augenflecken bei Störungen. Die Weibchen legen die Eier (**5c**) oft zu mehreren Hundert an Brennesseln ab. Die schwarzen Raupen (**5b)** leben gesellig. Sie zeigen sich frei, denn sie sind durch ihre Stacheln und die Brennesseln geschützt. Die Stürzpuppen (**5d**) sind entweder grün oder graubraun gefärbt. Die Falter überwintern oft in Kellern oder auf Dachböden. In beheizten Räumen gehen sie meist zugrunde, da ihr Energievorrat wegen größerer Aktivität schnell aufgebraucht ist.

1

2

3

5a

4a

5b

4b

5c

5d

## 1 Kleiner Fuchs
*Aglais urticae*

L –28 mm Sp –55 mm Mai–Okt.
**Kennzeichen:** Flügel rotbraun mit blauschwarzer Binde, Vorderflügel schwarz-weiß-gelb gefleckt, Hinterflügel an der Basis mit ausgedehnter Schwarzfärbung.
**Vorkommen:** Nahezu überall von der Meeresküste bis in 3000 m Höhe.
**Wissenswertes:** Erscheint im Frühling als einer der ersten Schmetterlinge. Sie überwintern als Kulturfolger wie die Tagpfauenaugen in großer Zahl in Gebäuden und sind auch in Großstädten sehr häufig anzutreffen. Die Raupen leben ebenfalls gesellig auf Brennesseln. Der gelbe Längsstreifen unterscheidet sie von den Raupen der Landkärtchen und Tagpfauenaugen. Die Stürzpuppe ist graubraun mit goldenen Flecken. Nördliche Populationen wandern; man kann an günstigen Tagen beim Urlaub auf einer Nordseeinsel Hunderte von Kleinen Füchsen zusammen mit Distelfaltern und Admirälen niedrig über die Wellen der Nordsee fliegen sehen. Der überall viel seltenere Große Fuchs (*Nymphalis polychloros*) ist ähnlich gefärbt, ihm fehlt aber die schwarze Basis der Hinterflügel. Er ist nahe mit dem Trauermantel verwandt.

## 2 Admiral
*Vanessa atalanta*

L –30 mm Sp –60 mm Mai–Okt.
**Kennzeichen:** Braunschwarz mit leuchtend rotem Band auf den Vorderflügeln und gleichfarbigem Hinterflügelrand; an der Spitze der Vorderflügel weiße Flecken. Unterseite (**2a**).
**Vorkommen:** Überall in der westlichen Paläarktis sowie in Nord- und Mittelamerika.
**Wissenswertes:** Ein ausgeprägter Wanderfalter, der alljährlich aus dem Mittelmeerraum bei uns einfliegt. Einige Tiere erreichen sogar den Polarkreis. Die Nachkommen der „Einwanderer" ziehen im Herbst wieder nach Süden, wo sie auch überwintern. Bei uns gelingt ihnen eine Überwinterung aus klimatischen Gründen nur äußerst selten. Die Raupen fressen an Brennesseln, sind dort aber kaum zu beobachten, da sie einzeln zwischen zusammengesponnenen Blättern leben. Die Falter saugen neben Blütennektar auch an Fallobst und austretenden Baumsäften.

## 3 Distelfalter
*Vanessa cardui*

L –31 mm Sp –60 mm Mai–Okt.
**Kennzeichen:** Oberseite (**3b**) gelbbraun mit weißgefleckter, schwarzer Flügelspitze. Unterseite der Hinterflügel mit Augenflecken (**3a**).
**Vorkommen:** Mit Ausnahme von Südamerika weltweit verbreitet. Außer im Waldesinneren nahezu überall anzutreffen.
**Wissenswertes:** Ein weiterer ausgesprochener Wanderfalter, der wie der Admiral in jedem Jahr aus dem Mittelmeerraum und Nordafrika nach Mittel- und Nordeuropa einfliegt und dessen Nachkommen im Herbst wieder zurückziehen. Nachweise auf Island zeigen, daß dabei auch das offene Meer überflogen wird. Die Raupen fressen einzeln, bevorzugt an Disteln, aber auch an Kletten und Brennesseln. Auch sie fressen in zusammengesponnenen Blättern. Auch die Falter bevorzugt an Disteln, wo sie ausgiebig an den Blüten saugen. Man kann sie aber auch an vielen anderen Blüten und an Fallobst antreffen.

## 4 Landkärtchen
*Araschnia levana*

L –19 mm Sp –40 mm Apr.–Aug.
**Kennzeichen:** Frühjahrsgeneration gelbbraun mit weißen Flecken, Sommergeneration braunschwarz mit weißgelber und roter Zeichnung. Beide Formen zeigen auf der Flügelunterseite das namengebende „Landkarten-Muster" (**4c**).
**Vorkommen:** In weiten Teilen der Paläarktis; gern in der Nähe feuchter Wälder.
**Wissenswertes:** Die Art zeigt einen ausgeprägten Saisondimorphismus (unterschiedliches Aussehen der Frühjahrs- **4a**, und Sommergeneration, **4b**). Die Raupen fressen vor allem an Brennesselbeständen in feuchteren Wäldern. Die Entwicklung der beiden Formen wird durch die Tageslänge beeinflußt. Im Laborversuch kann man durch künstliche Veränderung der Tageslänge aus den Puppen auch im Frühjahr die Sommerform und im Sommer die Frühjahrsform schlüpfen lassen.

1
2a
2b
3b
3a
4a
4c
4b

## 1 Großer Schillerfalter
*Apatura iris*

L –41 mm Sp –80 mm Juni–Aug.
**Kennzeichen:** Braun mit weißen Flecken und Binden. Die Oberseite der Männchen schillert bei bestimmtem Lichteinfall blauviolett (**1a**), Flügelunterseite mit großem Augenfleck (**1b**).
**Vorkommen:** In Laubmisch- und Auwäldern bis ca. 1500 m Höhe, oft in Wassernähe.
**Wissenswertes:** Fliegt meist auf Höhe der Baumwipfel, deshalb nur selten zu sehen. Die besten Beobachtungschancen hat man auf feuchten Waldwegen, wo die Falter an nasser Erde, an Exkrementen und an Aas saugen. Die Asphaltierung von Waldwegen kann für sie schädlich sein. Die Weibchen saugen Honigtau und austretende Baumsäfte. Die grünen Raupen haben durch zwei Kopffortsätze ein schneckenartiges Aussehen. Sie fressen vor allem an Salweiden, seltener auch an anderen Weiden- und Pappelarten. Vom nah verwandten Kleinen Schillerfalter (*Apatura ilia*), gibt es auch eine rotschillernde Form. Das Schillern wird durch Strukturfarben erzeugt. Je nach Lichteinfall unterschiedliche Farben.

## 2 Großer Eisvogel
*Limenitis populi*

L –38 mm Sp –75 mm Juni–Aug.
**Kennzeichen:** Oberseite braun mit orangeroten, weißen und schwarzen Flecken, beim größeren Weibchen (**2b**) deutlicher ausgeprägt als beim Männchen (**2a**). Unterseite lebhaft schwarz, weiß, grau und gelblich.
**Vorkommen:** In Laubwäldern, nicht häufig.
**Wissenswertes:** Bewohnt ähnliche Lebensräume und zeigt ähnliches Verhalten wie der Große Schillerfalter. Hat man das Glück, eine der beiden Arten zu sehen, kann man auch auf die andere hoffen. Die Männchen vertreiben Artgenossen mit heftigen Angriffen.

## 3 Kleiner Eisvogel
*Limenitis camilla*

L –33 mm Sp 50–60 mm Juni–Aug.
**Kennzeichen:** Oberseite schwarz-braun mit weißer Binde, Unterseite ähnlich voriger Art.
**Vorkommen:** Vor allem in feuchten Laub- und Auwäldern.
**Wissenswertes:** Eine Art, die häufiger Blüten besucht und deshalb leichter als die vorher beschriebenen zu beobachten ist. In Südeuropa kommt recht häufig der ähnliche Blauschwarze Eisvogel (*Limenitis reducta*) vor.

## 4 Kaisermantel
*Argynnis paphia*

L –39 mm Sp –80 mm Juni–Aug.
**Kennzeichen:** Männchen rotbraun, Weibchen gelbbraun gefärbt. Zahlreiche dunkle Flecken und Bänder auf den Flügeln.
**Vorkommen:** Vor allem in den Laubwäldern der Mittelgebirge auf Wiesen und Lichtungen.
**Wissenswertes:** Größter heimischer Perlmuttfalter (allerdings ohne die typischen Perlmuttflecken auf den Flügelunterseiten). Die Falter saugen an Disteln, Wasserdost, Zwergholunder und anderen Blütenpflanzen, die Männchen auch auf nassen Waldwegen und Tierkot. Die Raupen fressen an Veilchenarten.

## 5 Veilchen-Scheckenfalter
*Euphydryas canthia*

L –24 mm Sp 35–45 mm Mai–Aug.
**Kennzeichen:** Oberseite weiß mit braunen und rötlichen Binden und Flecken.
**Vorkommen:** In den Alpen und Voralpen.
**Wissenswertes:** Lebt vor allem auf Bergwiesen, aber auch in lockeren Latschenbeständen.

## 6 Gemeiner Scheckenfalter
*Mellicta athalia*

L –22 mm Sp –38 mm Mai–Aug.
**Kennzeichen:** Rotbraun mit ausgedehnter, dunkelbrauner Zeichnung.
**Vorkommen:** Vor allem auf Waldwiesen oder Wiesen in Waldnähe zu finden.
**Wissenswertes:** Wegen der Raupennahrung auch Wachtelweizen-Scheckenfalter genannt. Einer der häufigsten heimischen Scheckenfalter, die sich sehr ähnlich sehen und nicht leicht zu bestimmen sind. Erschwerend kommt eine große Variabilität der Zeichnung hinzu.

1a
1b
2a
2b
3
5
4
6

## 1 Schwalbenschwanz
*Papilio machaon*

L –45 mm Sp –80 mm Apr.–Aug.

**Kennzeichen:** Grundfarbe gelb, mit schwarzen Binden und Flecken; Hinterflügel laufen in Schwanzfortsätzen aus (Name!) und tragen ein blaues Band und rötliche Flecken. Bei uns unverwechselbar, ähnliche Arten im Mittelmeerraum.

**Vorkommen:** Europa ohne den hohen Norden, bevorzugt auf blütenreichem Ödland oder Magerwiesen. In Mitteleuropa heute fast überall selten oder verschwunden, in den letzten Jahren aber offensichtlich leicht positive Bestandsentwicklung.

**Wissenswertes:** Wie der Segelfalter ein Vertreter der vor allem in den Tropen weit verbreiteten und artenreichen Familie der Ritterfalter (*Papilionidae*). Viele Arten sind ausgezeichnete, schnelle und ausdauernde Flieger. Schwalbenschwänze legen ihre Eier an Doldenblütlern ab, gelegentlich auch an Gewürzpflanzen oder Möhren in Gemüsegärten. Leider werden die auffälligen Raupen (**1a**) dann immer wieder als „Schädlinge" getötet, was jeder Vernunft entbehrt und bei dieser geschützten Art auch einen Gesetzesverstoß darstellt. Da die Eier einzeln abgelegt werden, treten die Raupen nie massenhaft auf. Neben der auffälligen Färbung besitzt die Schwalbenschwanz-Raupe wie alle Raupen der Ritterfalter eine Nackengabel (Osmaterium), die bei Gefahr ausgestülpt wird und Feinde erschrecken soll. Drüsen an der Nackengabel produzieren unangenehm riechende Stoffe.

## 2 Segelfalter
*Iphiclides podalirius*

L –45 mm Sp –80 mm Mai–Juli

**Kennzeichen:** Neben dem Apollo größter heimischer Tagfalter, unverkennbar.

**Vorkommen:** Vor allem in Südeuropa; in Mitteleuropa nur an Wärmeinseln, z.B. Frankenalb.

**Wissenswertes:** In Mitteleuropa heute selten. Segelfalter bevorzugen sonnige, felsige, trockene Hänge mit Schlehe, Felsenbirne und Obstbäumen. Die Männchen versammeln sich zur Paarungszeit an Hügelkuppen und warten dort auf die Weibchen. Die Eier werden vor allem auf krüppelige Schlehen und Weichselkirschen abgelegt. Die Raupen verpuppen sich im Herbst und überwintern in einem Gespinst am Zweig. Bei uns nur eine Generation, am Mittelmeer zwei. Die Falter können unter Ausnutzung der Thermik minutenlang ohne Flügelschlag segeln (Name).

## 3 Apollofalter
*Parnassius apollo*

L –50 mm Sp –90 mm Juni–Sept.

**Kennzeichen:** Vorderflügel mit schwarzen Flecken, Hinterflügel mit auffälligen, schwarz-weiß-roten Augenflecken.

**Vorkommen:** In den meisten europäischen Gebirgen bis über 3000 m Höhe.

**Wissenswertes:** Die Art bekam ihren wissenschaftlichen Namen nach dem Parnaß-Gebirge in Griechenland und dem griechischen Gott Apoll. Nur eine Generation; die Raupen fressen überwiegend die Weiße Fetthenne (*Sedum album*). Die Raupe ist schwarz mit orangefarbenen Flecken und besitzt ebenfalls die typische Nackengabel. Die langsam fliegenden Falter suchen gern violette Blüten auf. In weiten Teilen des Verbreitungsgebietes, insbesondere außerhalb der Alpen, ist die Art heute bedroht.

## 4 Schwarzer Apollo
*Parnassius mnemosyne*

L –32 mm Sp –60 mm Mai–Juli

**Kennzeichen:** Kleiner als Apollo, ohne Rot, deshalb mehr an einen Weißling erinnernd, insgesamt aber deutlich dunkler gefärbt.

**Vorkommen:** Europäische Gebirge und südliches Skandinavien, sehr lokal auch in einigen Mittelgebirgen wie Harz und Schwäbische Alb.

**Wissenswertes:** Die Art steigt im Gebirge nicht so hoch hinauf wie der Apollo und der nahe verwandte Hochalpen-Apollo (*P. phoebus*). Die Raupe frißt bei schönem Wetter an Lerchensporn (*Corydalis*). Sie sieht der Raupe des Apollo sehr ähnlich. Die Puppe ist bemerkenswert, denn der Schwarze Apollo ist der einzige Tagfalter, der sich oberirdisch in einem dichten, festgesponnenen Kokon verpuppt.

1a

1b

1c

3b

2

3a

4

## 1 Großer Kohlweißling
*Pieris brassicae*

L –34 mm Sp –70 mm Apr.–Okt.

**Kennzeichen:** Oberseite weiß mit schwarzen Vorderflügelspitzen, Vorderflügel der Weibchen zusätzlich mit 2 schwarzen Flecken, Unterseite gelblichweiß.

**Vorkommen:** Überall anzutreffen.

**Wissenswertes:** Einer der bekanntesten Schmetterlinge. Besonders häufig in Gärten, da die Raupen (**1a**) an verschiedenen Kreuzblütlern fressen. Dazu gehören auch die kultivierten Kohlsorten, wo sie bei Massenauftreten große Schäden anrichten können. Die Raupen werden häufig von Schlupfwespen (*Apanteles glomeratus*) parasitiert. Diese fressen die Raupe von innen her auf und verpuppen sich in gelben Kokons außen an ihrem Körper. Diese Kokons werden oft als „Raupeneier" bezeichnet.

## 2 Aurorafalter
*Anthocharis cardamines*

L –25 mm Sp –45 mm Apr.–Juni

**Kennzeichen:** Männchen durch orangefarbene und weiße Vorderflügel unverwechselbar. Hinterflügel beider Geschlechter unterseits gelbgrün gezeichnet.

**Vorkommen:** Besonders häufig auf Wiesen mit viel Wiesenschaumkraut anzutreffen.

**Wissenswertes:** Der Name leitet sich von der Flügelfärbung der Männchen ab: Aurora ist die Göttin der Morgenröte. Die Raupen fressen an verschiedenen Kreuzblütlern.

## 3 Goldene Acht
*Colias hyale*

L –27 mm Sp 44–50 mm Mai–Okt.

**Kennzeichen:** Männchen hellgelb, Weibchen weißgelb; Flügel mit schwarzer Randbinde, Vorderflügel oberseits mit schwarzem Fleck, Hinterflügel unterseits mit 2 goldgelben, aneinanderstoßenden Ringen (Name!).

**Vorkommen:** Weit verbreitet in offenem Gelände mit Wiesen und Weiden; bei uns im Süden und Osten häufiger.

**Wissenswertes:** Die auch Heufalter genannte Art fliegt gern über Klee- und Luzernefeldern. Diese Pflanzen sind bevorzugte Nahrung der Raupen.

## 4 Postillon
*Colias crocea*

L -28 mm Sp 45–52 mm Apr.–Nov.

**Kennzeichen:** Ähnlich der vorigen Art, Flügeloberseite aber orangerot gefärbt.

**Vorkommen:** Überall in offenem Gelände bei uns nicht bodenständig.

**Wissenswertes:** Eine wärmeliebende Art die unregelmäßig weit nach Norden wandert daher auch der weitere Name Wandergelbling.

## 5 Zitronenfalter
*Gonepteryx rhamni*

L –30 mm Sp –60 mm Jan.–Dez.

**Kennzeichen:** Männchen (**5a**) zitronengelb Weibchen (**5b**) gelbgrün gefärbt. In der Flügelmitte bei beiden Geschlechtern orangefarbener Fleck.

**Vorkommen:** Weit verbreitet, vor allem an Waldrändern, Feldgehölzen u.ä.

**Wissenswertes:** Die Falter fliegen sehr früh im Jahr. Sie setzen sich schon im Juli zur Ruhe, fliegen dann aber teilweise noch einmal im Herbst. Sie überwintern frei an Sträuchern und erinnern in Ruhestellung an Blätter. Die Raupe lebt vor allem am Faulbaum (*Rhamnus*), worauf der wissenschaftliche Artname hinweist.

## 6 Baumweißling
*Aporia crataegi*

L -35 mm Sp –68 mm Mai–Juli

**Kennzeichen:** Flügel weiß mit deutlich hervortretenden, braun oder schwarz beschuppten Adern.

**Vorkommen:** In offenem Gelände, Auen und Gärten, wärmeliebende Art.

**Wissenswertes:** Früher kamen Baumweißlinge manchmal massenhaft in Obstplantagen vor und galten sogar als schädlich. Heute sind sie bei uns nur noch selten zu beobachten. Zu den Hauptfutterpflanzen der Raupen gehören Schlehen, Kirschen und Weißdorn, manchmal auch Birne, Apfel und Vogelbeere.

1a
1b
2
3
4
5a
5b
6

## 1 Dukatenfalter
*Heodes virgaureae*

L –20 mm  Sp –42 mm  Juni–Aug.

**Kennzeichen:** Männchen leuchtend rotgold mit schwarzen Flügelrändern, Weibchen orange mit schwarzen Flecken und weitgehend dunklen Hinterflügeln.

**Vorkommen:** Weit verbreitet, vor allem in trockeneren Wiesen und an Waldrändern der Mittelgebirge bis in den subalpinen Bereich.

**Wissenswertes:** Ein Bläuling aus der Gruppe der Feuerfalter, deren Männchen mehr oder weniger rot gefärbt sind. Die Eier werden an Ampfer abgelegt. Daran fressen auch die nachtaktiven, grünen Raupen. Ähnlich sieht der Große Feuerfalter (*Lycaena dispar*) aus.

## 2 Gemeiner Bläuling
*Polyommatus icarus*

L –18 mm  Sp –35 mm  Mai–Sept.

**Kennzeichen:** Männchen (**2a**) mit auf der Oberseite hellblauen Flügeln mit dünnem, schwarzen, von weißen Fransen gesäumtem Rand. Weibchen (**2b**) braun mit orangefarbenen Flecken auf den Hinterflügeln.

**Vorkommen:** Einer der häufigsten Tagfalter auf fast allen Wiesentypen.

**Wissenswertes:** Oft wird er auch als Hauhechelbläuling bezeichnet, wobei aber auch andere Schmetterlingsblütler wie Klee-, Hornklee-, Schneckenklee- und andere Arten als Raupenfutterpflanzen dienen. Die Familie der Bläulinge (*Lycaenidae*) ist vielgestaltig und umfaßt neben den eigentlichen Bläulingen auch die Zipfel- und Feuerfalter. Typisch ist ein Geschlechtsdimorphismus, bei dem die Männchen meist sehr bunt, die Weibchen aber unscheinbar gefärbt sind. In Europa kommen ca. 100 verschiedene Arten vor; ihre Unterscheidung ist manchmal sehr schwierig.

## 3 Zwergbläuling
*Cupido minimus*

L -7 mm  Sp 10–16 mm  Mai–Sept.

**Kennzeichen:** Dunkelbraune Oberseite, beim Männchen blau bestäubt, Unterseite mit schwarzen Flecken.

**Vorkommen:** Weit verbreitet, vor allem auf Magerrasen mit Wundklee.

**Wissenswertes:** Die früher recht häufige Art ist durch Lebensraumverluste, vor allem durch Überdüngung, heute gefährdet.

## 4 Faulbaumbläuling
*Celastrina argiolus*

L –12 mm  Sp –28 mm  Apr.–Sept.

**Kennzeichen:** Beide Geschlechter oberseits himmelblau, Weibchen mit dunklem Rand.

**Vorkommen:** An Waldrändern und Waldwegen in feuchteren Wäldern.

**Wissenswertes:** Die Raupen fressen vor allem an Faulbaum, auch an Efeu, Pfaffenhütchen und anderen Sträuchern. Die Jungraupen fressen Blüten und Blütenknospen, die älteren vor allem Blätter.

## 5 Enzian-Ameisenbläuling
*Maculinea alcon*

L –11 mm  Sp –20 mm  Juli–Aug.

**Kennzeichen:** Oberseite beim Männchen blau mit schwarzen Flügelrändern, beim Weibchen graubraun. Unterseite bräunlich mit schwarzen Flecken.

**Vorkommen:** In Trockenrasen, Pfeifengraswiesen und Feuchtheiden mit Enzian.

**Wissenswertes:** Die Jungraupen fressen zunächst an den Blüten verschiedener Enzian-Arten. Nach der ersten Häutung sondern sie ein Sekret ab, das Ameisen anlockt. Von diesen werden sie in die Nester getragen und gefüttert.

## 6 Brombeerzipfelfalter
*Callophrys rubi*

L –17 mm  Sp –28 mm  März–Aug.

**Kennzeichen:** Unverwechselbar durch die leuchtend grüne Unterseite.

**Vorkommen:** Weit verbreitet, vor allem an Waldrändern und -lichtungen.

**Wissenswertes:** Trotz der scheinbar auffälligen Färbung schwer zu entdecken, wenn die Falter mit zusammengelegten Flügeln im Blattwerk sitzen. Die Raupen fressen an Blaubeeren, Stechginster, Ginster, Geißklee und Kreuzdorn, aber nicht an Brombeeren.

1

2a

2b

2c

3

5

4

6

## 1 Köcherfliege
*Limnephilus* spec.

L 9–15 mm Sp 22–40 mm Mai–Nov.

**Kennzeichen:** Erscheinen nachtfalterähnlich, meist bräunlich oder grau, mit langen Fühlern. Körper und Flügel dicht behaart.

**Vorkommen:** Weit verbreitet in Europa und Asien; in der Nähe von Gewässern.

**Wissenswertes:** Die Köcherfliegen sind eine gut abgegrenzte Insektenordnung, von der etwa 300 Arten in Mitteleuropa vorkommen. 30 Arten gehören zur Gattung *Limnephilus*. Äußerlich ähneln sie den Kleinschmetterlingen, einige Arten können mit diesen verwechselt werden. Den Köcherfliegen fehlt jedoch der aufgerollte Saugrüssel. Die Flügel sind nicht beschuppt, sondern behaart. Die Haare lassen sich von den Flügeln nicht so leicht abwischen wie die Schuppen der Schmetterlinge. Die Vorderflügel sind vergleichsweise schmal, die Hinterflügel breiter und weniger behaart. Die Flügel werden in Ruhestellung meist dachartig über dem Körper zusammengelegt. Die Fühler sind oft so lang wie der Körper, manchmal sogar noch länger. Viel bekannter als die ausgewachsenen Tiere sind die Köcherfliegenlarven **(1b)**. Je nach Art bauen sie ihre Köcher aus Sand, kleinen Steinchen, Holzstücken, Pflanzenresten oder Muschel- und Schneckenschalen. Während manche Arten auf bestimmte Baumaterialien spezialisiert sind, nutzen viele *Limnephilus*-Arten die unterschiedlichsten Baustoffe. Die Larven erzeugen ein klebriges Gespinst, an dem die Baumaterialien befestigt werden. Wenn sie wachsen, wird der Köcher entsprechend vergrößert. Er ist an beiden Seiten offen, damit Wasser hindurchfließen kann und die Larve so mit Hilfe feiner Tracheenkiemen am Hinterleib Sauerstoff aufnehmen kann. Die Larven verpuppen sich im Köcher, der vorher am Boden oder an Steinen befestigt wird.

## 2 Köcherfliege
*Hydropsyche* spec.

L 12–14 mm Sp –35 mm Mai–Okt.

**Kennzeichen:** Unscheinbar hellbraun gefärbt, mit langen Fühlern; mehrere schwer unterscheidbare Arten.

**Vorkommen:** Weit verbreitet in Europa und Asien, in der Nähe von Fließgewässern.

**Wissenswertes:** Die ausgewachsenen Tiere schwärmen im Gegensatz zu den meisten anderen Köcherfliegen am Tag. Die bis zu 20 mm langen Larven (**2b**) leben am Grund von schnell fließenden Gewässern. Sie bauen keine Köcher, sondern Gespinste zwischen Steinen. Arten ohne Köcher verpuppen sich im Gewässergrund. Eine Besonderheit sind die selbstgesponnenen Fangnetze, die zum Nahrungserwerb dienen. Die Larven fressen die im Netz haftenden Nahrungspartikel.

## 3 Köcherfliege
*Chaetopteryx villosa*

L –5–10 mm Sp 13–26 mm Sept.–Jan.

**Kennzeichen**: Bräunlich, kurze, breite Flügel.

**Vorkommen**: In schnellfließenden Bächen, vor allem im Bergland.

**Wissenswertes**: Meist halten sich Köcherfliegen in Gewässernähe auf, da sie nacht- oder dämmerungsaktiv sind, bekommt man sie selten zu sehen. Nachts werden viele Arten vom Licht angelockt.

## 4 Köcherfliege
*Halesus tesselatus*

L –11–18 mm Sp 36–50 mm Sept.–Okt.

**Kennzeichen**: Flügel mit dunklen, hell gesäumten Streifen.

**Vorkommen**: Pflanzenreiche Gewässer.

**Wissenswertes**: Die ausgewachsenen Tiere schwärmen in oft großer Zahl über der Wasseroberfläche. Dort werden sie häufig von Fledermäusen und Vögeln erbeutet. Die Larven dienen vor allem Fischen als Nahrung.

## 5 Große Wassermotte
*Phryganea grandis*

L –25 mm Sp 40–60 mm Mai–Aug.

**Kennzeichen**: Flügel grau, braun gefleckt.

**Vorkommen**: In stehenden Gewässern.

**Wissenswertes**: Die Larven bauen den Köcher aus auf gleiche Länge gebissenen Pflanzenteilen. Mit einem Haken am Hinterende halten sie sich im Köcher fest. Räuberisch.

1a

2a

1b

2b

3

4

5

## 1 Kohlschnake
*Tipula oleracea*

L –25 mm Sp –50 mm Apr.–Okt.
**Kennzeichen:** Schlank, sehr lange Beine, Flügel farblos mit brauner Vorderkante.
**Vorkommen:** Überall in offenem Gelände mit Wiesen, Weiden usw., auch in Gärten.
**Wissenswertes:** Sehr häufige Schnakenart, einer der größten bei uns vorkommenden Zweiflügler. Die Tiere nehmen keine Nahrung zu sich, da die Mundwerkzeuge zurückgebildet sind. Deshalb können sie auch nicht stechen und Blut saugen, wie ihnen oft nachgesagt wird. Vom Licht angelockt, verfliegen sie sich in Häuser und werden dann oft aus unbegründeter Angst getötet.

## 2 Gemeine Stechmücke
*Culex pipiens*

L 6–8 mm Apr.–Okt.
**Kennzeichen:** Sehr langbeinig, Weibchen mit langem Stechrüssel.
**Vorkommen:** Weltweit verbreitet.
**Wissenswertes:** Es gibt weit über 1000 Arten von Stechmücken oder Moskitos. Nur die Weibchen saugen Blut (**2a**). Die Männchen, an den gefiederten Fühlern leicht zu erkennen, braucht man nicht zu fürchten. Sie saugen nur Pflanzensäfte und Wasser. Die Weibchen legen floßartige Eipakete (**2b**) in kleinste Gewässer, selbst in Eimern und Blechdosen, ab. Die Larven (**2c**) sind langgestreckt und strudeln mit den Haarbüscheln am Kopf Nahrung heran. Während die bei uns vorkommenden Stechmücken-Arten zwar lästig, aber doch ungefährlich sind, sind sie in nordischen Ländern eine wahre Plage und in den Tropen eine ernsthafte Bedrohung. Erwähnt werden soll hier die Anopheles-Mücke, die in den Tropen die Fieberkrankheit Malaria überträgt. Die Erreger sind Blutparasiten der Gattung *Plasmodium*. Der Malaria fallen alljährlich mehrere Millionen Menschen zum Opfer.

## 3 Gelbe Kammschnake
*Ctenophora ornata*

L –20 mm Sp –40 mm Mai–Juli
**Kennzeichen:** Männchen mit auffälligen Fühlern, Hinterleib mit wespenähnlicher schwarz-gelber Zeichnung.
**Vorkommen:** Weit verbreitet in Wäldern.
**Wissenswertes:** Die Weibchen bohren die Eier mit ihrem kräftigen Legebohrer in zerfallendes Holz, von dem die Larven fressen.

## 4 Gnitze
*Culicoides* spec.

L –4 mm Juli–Sept.
**Kennzeichen:** Sehr klein, buckliger Thorax.
**Vorkommen:** Überall, in Nordeuropa oft massenhaft.
**Wissenswertes:** Blutsauger, die bei massiertem Auftreten zur Plage werden. Die Larven entwicklen sich in feuchten Böden.

## 5 Kriebelmücke
*Simulium* spec.

L –4 mm Apr.–Okt.
**Kennzeichen:** Mit buckligem Thorax, auffällig breite Flügel, bei uns ca. 30 Arten.
**Vorkommen:** Überall, häufiger im Bergland.
**Wissenswertes:** Die Weibchen saugen Blut, ihr Stich ist ziemlich schmerzhaft. Die Larven entwickeln sich in Fließgewässern.

## 6 Zuckmücke
*Chironomus* spec.

L 11–13 mm Apr.–Okt.
**Kennzeichen:** Typische Mückengestalt, Männchen mit gefiederten Antennen, Hinterleib stark behaart.
**Vorkommen:** Weltweit verbreitet, meist in Gewässernähe.
**Wissenswertes:** Zuckmücken sind eine artenreiche Familie (*Chironomidae*), mit über 1000 schwer unterscheidbaren Arten in Mitteleuropa. Charakteristisch ist das buckelige Bruststück, das bei vielen Arten so groß ist, daß die Tiere in Aufsicht kopflos erscheinen. Sie können nicht stechen. Die bekannteren Larven (**6b**) leben im Schlamm stehender und fließender Gewässer und können Indikator für deren Verschmutzung sein. Sie stecken in Gespinströhren, in denen sie durch Körperbewegungen Atemwasser und Nahrungspartikel einströmen lassen.

1
2a
2b
2c
3
4
5
6a
6b

## 1 Chamäleonfliege
*Stratiomys chamaeleon*

L 14–16 mm Mai–Sept.

**Kennzeichen:** Hinterleib breit und flach, schwarz-gelb gefärbt, Fühler deutlich gekniet.

**Vorkommen:** Auf Wiesen, an Wald- und Wegrändern.

**Wissenswertes:** Eine an Schwebfliegen erinnernde Art aus der Familie der Waffenfliegen (*Stratiomyidae*). Wie diese ahmt sie mit ihrer Körperfärbung Wespen nach. Die Weibchen legen die Eier an Wasserpflanzen ab. Die spindelförmigen, etwa 4 cm langen, grauen Larven leben räuberisch im Wasser und ernähren sich vor allem von verschiedenen Einzellern. Ihr Hinterende ist zu einem Atemrohr umgewandelt, an dessen Ende zwei Stigmen liegen. Ein Kranz von feinen Härchen, die auf der Wasseroberfläche ausgebreitet werden, ermöglicht es den Larven, kopfunter unter dem Wasserspiegel zu hängen.

## 2 Waffenfliege
*Chloromyia formosa*

L –9 mm Mai–Aug.

**Kennzeichen:** Blaugrün oder violett glänzend, Augen stark behaart (Lupe!).

**Vorkommen:** Vor allem an Waldrändern, Hecken und Gebüschen.

**Wissenswertes:** In Ruhe legen die Fliegen die Flügel flach auf dem Rücken zusammen. Die Larven entwickeln sich in feuchter Erde und in verrottendem Pflanzenmaterial.

## 3 Schnepfenfliege
*Symphoromyia immaculata*

L -14 mm

**Kennzeichen:** Schlank und langbeinig.

**Vorkommen:** Vor allem an Waldrändern.

**Wissenswertes:** Schnepfenfliegen (Familie *Rhagionidae*) kommen bei uns mit ca. 30 Arten vor. Sie sitzen häufig mit aufgerichtetem Körper kopfabwärts an Baumstämmen. Während die ausgewachsenen Tiere an Raubfliegen erinnern, ähneln die Larven denen der Bremsen. Sie leben im Falllaub und fressen Regenwürmer und Insekten. Ein bemerkenswerter Verwandter aus dem Mittelmeerraum ist der Wurmlöwe (*Vermiles vermiles*), dessen Larve einen ähnlichen Fangtrichter wie der Ameisenlöwe (s. S. 318) baut.

## 4 Rinderbremse
*Tabanus bovinus*

L 19–24 mm Mai–Sept.

**Kennzeichen:** Kräftige Fliege mit bräunlichem Hinterleib und großen Facettenaugen (**4b**) mit schönen farbigen Streifenmustern.

**Vorkommen:** Eine weltweit verbreitete Art, die besonders häufig in der Nähe von Weidevieh auftritt.

**Wissenswertes:** Während die Männchen von Nektar leben, saugen die Weibchen das Blut von Säugetieren, besonders von Kühen und Pferden. Auch Menschen werden regelmäßig angefallen; und jeder hat wohl schon einmal den schmerzhaften Stich verspürt. Da die Tiere lautlos und schnell fliegen, nimmt man ihre Annäherung häufig nicht wahr. Wegen des gerinnungshemmenden Speichels kann die Wunde nachbluten. Ein Weibchen kann bis zu 3500 Eier legen. Die Larven leben im Schlamm oder im Vegetationsrand an Gewässerufern und leben räuberisch, vor allem von Mückenlarven und Schnecken. Die Tiere werden manchmal auch als Blindfliegen bezeichnet, da man früher irrtümlich annahm ihre Stiche machten blind.

## 5 Goldaugenbremse
*Chrysops caecutiens*

L 7–11 mm Mai–Sept.

**Kennzeichen:** Hinterleib schwarz-gelb gefärbt, Flügel mit dunkler Binde. Die Augen sind leuchtend grün und schillern (**5b**); vergleichsweise lange Fühler.

**Vorkommen:** Paläarktisch verbreitet.

**Wissenswertes:** Eine der schönsten heimischen Fliegenarten. Auch bei ihr ernähren sich die Weibchen von Säugerblut, ihr Stich kann ebenfalls sehr schmerzhaft sein. Vor allem beim Weidevieh versuchen häufig andere Fliegenarten, die Blutreste aufzusaugen, die nach dem Bremsenstich ausgetreten sind. Sehr lästig kann auch die Regenbremse *Chrysozona pluvialis* (= Blinde Fliege) werden.

1
2
3
4a
4b
5a
5b

## 1 Buchengallmücke
*Mikiola fagi*

L 4–5 mm März–Mai
**Kennzeichen:** Klein, unscheinbar.
**Vorkommen:** Weite Teile Europas im Wuchsgebiet der Rotbuche.
**Wissenswertes:** Bekannter als die ausgewachsenen Tiere sind die kegelförmigen, rot gefärbten Gallen, die oft in Gruppen auf der Oberseite von Buchenblättern sitzen. Darin leben die Larven (**1b**). Die Mücken schlüpfen Ende März. Verwandte Arten bilden ähnliche Gallen auf Blättern anderer Baumarten.

## 2 Großer Hummelschweber
*Bombylius major*

L 8–12 mm Apr.–Juli
**Kennzeichen:** Dicht pelzartig behaart, langer Saugrüssel.
**Vorkommen:** Sehr wärmeliebend; bei uns nur an klimatisch günstigen Plätzen.
**Wissenswertes:** Die Art trägt ihren Namen wegen der Behaarung sowie ihrer Flugweise. Sie schwirren mit einem hohen Summton vor Blüten. Mit ihrem langen Rüssel saugen sie Nektar. Der Saugrüssel sieht gefährlich aus, doch die Tiere sind harmlos. Die Larven leben parasitisch in den Nestern solitär lebender Bienen an deren Larven Die Weibchen lassen die Eier in der Nähe der Bienennester fallen. Nach dem Schlüpfen kriechen die Larven in das Nest, fressen erst den Futterbrei und befallen dann die Bienenlarven selbst.

## 3 Hornissen-Raubfliege
*Asilus crabroniformis*

L 18–26 mm Juli–Sept.
**Kennzeichen:** Hinterleib lang zugespitzt, auffällig gelb-schwarz gezeichnet.
**Vorkommen:** Heiden, sandige Plätze.
**Wissenswertes:** Größte bei uns vorkommende Art. Fliegt mit lautem Summton.

## 4 Raubfliege
*Machimus atricapillus*

16–23mm Juni–Sept.
**Kennzeichen:** Groß, dunkel gefärbt.
**Vorkommen:** Paläarktisch verbreitet; oft an Wald- und Wegrändern.
**Wissenswertes:** Eine größere Art der Raubfliegen (*Asilidae*). Diese räuberischen Tiere sitzen z.B. auf Holzstößen an Waldlichtungen und lauern auf Beute. Dazu gehören andere Fliegen, Heuschrecken sowie kleinere Bienen und Wespen. Die Tiere werden mit dem Rüssel angestochen und ausgesaugt.

## 5 Johannisbeer-Schwebfliege
*Scaeva pyrastri*

L 14–19 mm Apr.–Okt.
**Kennzeichen:** 6 weiße, halbmondförmige Flecken auf dem Hinterleib.
**Vorkommen:** Weit verbreitet; oft in Gärten.
**Wissenswertes:** Wie alle Schwebfliegen zeigen sie den typischen Schwirrflug. Sie können auf der Stelle und sogar rückwärts fliegen. Die Larven ernähren sich von Blattläusen. Die Weibchen legen die ca. 1 mm großen Eier in der Nähe von Blattlauskolonien ab.

## 6 Gemeine Winter-Schwebfliege
*Episyrphus balteatus*

L 11–12 mm März–Nov.
**Kennzeichen:** Hinterleib auffällig schwarz-gelb gezeichnet.
**Vorkommen:** Sehr häufige Art; regelmäßig in Gärten und an Blumenkästen.
**Wissenswertes:** Wenig spezialisiert; kommt auf fast allen Blüten vor. Die Larven ernähren sich von Blattläusen. Wie viele Schwebfliegen ahmen sie Wespen nach (Mimikry), sind aber harmlos. Die Weibchen überwintern und fliegen manchmal an warmen Wintertagen.

## 7 Gemeine Waldschwebfliege
*Volucella pellucens*

L 12–16 mm Mai–Aug.
**Kennzeichen:** Groß, besonders auffällig ist das gräulich-weiße 2. Hinterleibssegment.
**Vorkommen:** Bei uns sehr häufig an Waldrändern, Waldwegen und Lichtungen.
**Wissenswertes:** Die ausgewachsenen Tiere besuchen bevorzugt die Blüten von Sträuchern, aber auch einige Kräuter. Die Larven leben in Nestern der Gemeinen Wespe.

1a

2

1b

5

3

6

4

7

## 1 Mistbiene
*Eristalis tenax*

L 15–20 mm März–Nov.

**Kennzeichen:** Große, bienenähnliche Schwebfliege mit 2 auffälligen gelben Flecken am Hinterleib. Sonst überwiegend braun gefärbt.

**Vorkommen:** Weltweit verbreitete Art.

**Wissenswertes:** Diese Art, die zur Familie der Schwebfliegen (*Syrphidae*) gehört, kommt fast überall vor und stellt keine speziellen Ansprüche an ihren Lebensraum. Die ausgewachsenen Fliegen sind auf fast allen Blüten zu finden. Oft werden sie als Schlammfliegen bezeichnet. Die Namen beziehen sich auf die Tatsache, daß die Larven (sogenannte Rattenschwanzlarven, **1b**) in schlammigen, oft verschmutzten Gewässern, ja sogar in Jauchegruben und in Misthaufen leben. Sie sind grau gefärbt und von walzenförmiger Gestalt. Am Körperende besitzen sie ein bis zu 3 cm langes Atemrohr, das zum Luftholen bis an die Wasseroberfläche ausgestreckt wird.

## 2 Distel-Bohrfliege
*Urophora cardui*

L 5–7 mm Mai–Aug.

**Kennzeichen:** Kleine, schwarz gefärbte Fliege mit auffällig lang zugespitztem Hinterleib. Flügel schwarz gebändert.

**Vorkommen:** Häufig, fast überall im offenen Gelände anzutreffen.

**Wissenswertes:** Auffälliger als die Fliegen sind die harten, eiförmigen, oft rötlich überlaufenen Gallen (**2a**) an den Stengeln von Disteln, vor allem Ackerkratzdisteln. Wie alle Fliegen und Mücken besitzt die Art nur ein Flügelpaar. Das hintere Flügelpaar ist zu den sogenannten Schwingkölbchen oder Halteren umgewandelt. Diese dienen als Gleichgewichtsorgan.

## 3 Gemeine Essigfliege
*Drosophila melanogaster*

L 2–3 mm Mai–Okt.

**Kennzeichen:** Klein, Hinterleib dunkel gebändert, Weibchen mit zugespitztem Hinterleib.

**Vorkommen:** Kosmopolitisch verbreitet, sehr oft in Komposthaufen und auch in Häusern.

**Wissenswertes:** Die kleinen Fliegen werden auch Taufliegen und wegen ihrer Vorliebe für überreifes Obst und gärende Fruchtsäfte auch Fruchtfliegen genannt. Bei günstigen Bedingungen finden sich ganze Schwärme ein. Die Art hat besondere Berühmtheit als „Haustier" der Genetiker erlangt. Die Tiere sind einfach und kostengünstig in großer Zahl auf engem Raum zu halten und vermehren sich schnell. Ein Weibchen kann bis zu 400 Eier legen. Die Generationsdauer beträgt nur 2–3 Wochen. Häufig treten Mutationen, z.B. weiße Augen, Stummelflügel oder ein einfarbig schwarzer Körper auf, oft auch in Kombination. Schon 3mal wurden Nobelpreise für an *Drosophila* gewonnene Erkenntnisse vergeben.

## 4 Marcusfliege
*Bibio marci*

L –11 mm März–Mai

**Kennzeichen:** Schwarz, stark behaart, fliegt oft mit hängenden Beinen. Mehrere ähnliche Arten.

**Vorkommen:** Fast überall in der offenen Landschaft, lokal sehr häufig.

**Wissenswertes:** In Verballhornung des wissenschaftlichen Namens wird die Art oft auch Märzfliege genannt. Tatsächlich handelt es sich aber um eine fliegenähnliche Haarmücke. Ganz falsch ist der Name nicht, denn die Tiere erscheinen bei entsprechenden Witterungsbedingungen schon früh im Jahr.

## 5 Tangfliege
*Coelopa frigida*

L –6 mm Juni–Okt.

**Kennzeichen:** Klein, dunkel, Beine lang behaart, ca. 12 ähnliche Arten an den Küsten Europas.

**Vorkommen:** Bei uns an den Küsten von Nord- und Ostsee, oft massenhaft.

**Wissenswertes:** Sehr spezialisierte Fliegen mit flachem Körper; bei starkem Wind drücken sie sich auf den Untergrund oder graben sich sogar ein. Die Larven entwickeln sich in Ablagerungen von Algen und Tang am Spülsaum.

1a

2a

1b

2b

3

4

5

## 1 Graue Fleischfliege
*Sarcophaga carnaria*

L 13–15 mm Apr.–Okt.

**Kennzeichen:** Groß, rotäugig, mit abwechselnd dunkel- und hellgrau quergestreifter Brust und längsgestreiftem Hinterleib.

**Vorkommen:** Beinahe überall.

**Wissenswertes:** Lebendgebärend; legt ihre Larven direkt an Aas aber auch an Frischfleisch ab. Unter günstigen Bedingungen verpuppen diese sich bereits nach einer Woche. Wie viele Fliegen können sie Krankheitserreger verbreiten.

## 2 Blaue Schmeißfliege
*Calliphora vicina*

L 8–11 mm Apr.–Okt.

**Kennzeichen:** Stahlblau gefärbter Körper, rötlichbraune Facettenaugen.

**Vorkommen:** Nahezu weltweit verbreitet in fast allen Lebensräumen.

**Wissenswertes:** Die hellen Eier werden an Fleisch abgelegt, egal ob es sich um einen toten Vogel oder ein Schnitzel handelt. Daraus schlüpfen die länglichen Maden. Sie haben weder einen deutlich abgesetzten Kopf noch Augen oder Beine. Nahrung nehmen sie mit der Körperoberfläche auf. Nach wenigen Tagen verpuppen sie sich als Tönnchenpuppe. Nach ca. einer Woche sprengt die Fliege den Deckel des Tönnchens mit Hilfe einer aufpumpbaren Stirnblase ab. Der Name Schmeißfliege ist damit zu erklären, daß die Fliegen ihre Eier (Geschmeiß) regelrecht an die Nahrungsquelle „schmeißen".

## 3 Stubenfliege
*Musca domestica*

L 8–9 mm März–Okt.

**Kennzeichen:** Körper und Beine mit dunkelgrauer Behaarung, Augen groß, rotbraun gefärbt.

**Vorkommen:** Kosmopolitisch verbreitet, sehr oft in Häusern und Stallungen.

**Wissenswertes:** Die Weibchen legen bis zu 150 Eier auf Aas, Dung oder Kompost ab. Sie leben von Nahrungsresten, die mit dem hochkompliziert gebauten, stempelförmigen Saugrüssel aufgenommen werden. Der Rüssel enthält ein Saug- und ein Speichelrohr. Flüssige Nahrung wird direkt aufgenommen, feste Nahrung, z.B. Zucker, mit Speichel verflüssigt und dann eingesaugt. Fliegen können hervorragend auf jedem Untergrund laufen, wozu sie besonders gebaute Füße befähigen. Mit 2 krallenartigen Klauen können sie sich auf rauher Unterlage fortbewegen, mit den dazwischenliegenden Haftballen können sie z.B. auf Glasscheiben laufen. Im Herbst geht ein großer Teil der Stubenfliegen durch Pilzbefall zugrunde. Die Pilzfäden des Fliegenschimmels durchziehen den Körper der Fliege und zehren ihn regelrecht aus.

## 4 Raupenfliege
*Tachina fera*

L 11–14 mm Mai–Sept.

**Kennzeichen:** Borstig behaart, Beine und Fühler gelblich, Hinterleib in der Mitte schwarz und an den Seiten gelb gefärbt.

**Vorkommen:** Überall, wo es Raupen gibt.

**Wissenswertes:** Eine der häufigsten bei uns vorkommenden Arten der Familie der Raupenfliegen (*Tachinidae*). Wegen der borstigen Behaarung wird sie manchmal auch als Igelfliege bezeichnet. Die Larven leben als Innenparasiten in Raupen. Die Weibchen suchen geeignete Raupen, an die ein Ei abgelegt wird. Die ausschlüpfenden Larven bohren sich dann in die Raupe und fressen sie von innen auf. Erst zur Verpuppung verlassen sie den Wirt (**4b**). Es gibt mindestens 500 Arten von Raupenfliegen in Mitteleuropa, viele mit hochspezifischen Verhaltensweisen. Sie werden als Nützlinge angesehen.

## 5 Gelbe Dungfliege
*Scatophaga stercoraria*

L 5–10 mm Mai–Okt.

**Kennzeichen:** Gelb; Rücken goldglänzend, stark behaart.

**Vorkommen:** Kulturfolger, oft in großen Mengen auf Kuhfladen.

**Wissenswertes:** Die Larven entwickeln sich im Dung und überwintern im Boden. Die Dungfliegen selbst jagen kleine, weichhäutige Insekten.

1

2

3

4a

4b

5

## 1 Pferdelausfliege
*Hippobosca equina*

L 7–8 mm Mai–Okt.

**Kennzeichen:** Schwarzbraun gefärbt, mit gelber Fleckung am Bruststück.

**Vorkommen:** Weltweit verbreitet auf verschiedenen Säugetieren.

**Wissenswertes:** Trotz ihres Namens halten sich Pferdelausfliegen meist auf Rindern auf. Seltener findet man sie auch auf anderen Säugern wie Pferden und Hunden. Die Lausfliegen ernähren sich vom Blut ihrer Wirte. Sie setzen sich an solchen Stellen fest, wo sie das befallene Tier nicht entfernen kann. Im Gegensatz zu verwandten Arten sind die Pferdelausfliegen geflügelt.

## 2 Mauersegler-Lausfliege
*Crataerhina pallida*

L 8–10 mm Mai–Sept.

**Kennzeichen:** Braun; Körper stark abgeflacht.

**Vorkommen:** Lebt im Gefieder von Mauerseglern.

**Wissenswertes:** Ein blutsaugender Parasit, der ausschließlich auf Mauerseglern lebt. Er hat einen abgeplatteten Körper, der das Laufen zwischen den Federn ermöglicht. Die Weibchen legen keine Eier, sondern voll entwickelte Maden ab, die sich sofort verpuppen. Ähnliche Arten auf anderen Vögeln und Säugern.

## 3 Hirschlausfliege
*Lipoptena cervi*

L 3–5 mm Jan.–Dez

**Kennzeichen:** Länglich, mit kleinem Hinterleib und recht großen Flügeln.

**Vorkommen:** Vor allem auf Hirschen, Rehen und Wildschweinen.

**Wissenswertes:** Die Art greift bei Gelegenheit auch Menschen an.

## 4 Schafbremse
*Cestrus ovis*

L 10–12 mm Mai–Juni

**Kennzeichen:** Braun behaart, Hinterleib schwarzweiß gefleckt; die Beine sind gelblich.

**Vorkommen:** Weltweit verbreitet; überall dort, wo es Schafe gibt.

**Wissenswertes:** Die schon geschlüpften Larven werden vom Weibchen an die Nüstern von Schafen gelegt. Von dort aus dringen sie zunächst in die Nasen- und später dann in die Stirnhöhle ein. Dadurch werden die Schleimhäute gereizt und zu einer vermehrten Schleimproduktion angeregt. Vom Schleim ernähren sich die Larven. Die Schafe müssen häufig niesen, wirken kränklich und magern oft ab. Wenn die Larven ausgewachsen sind, kriechen sie wieder in die Nasenhöhle und lassen sich regelrecht „herausniesen“. Dann verpuppen sie sich im Boden.

## 5 Rinderdasselfliege
*Hypoderma bovis*

L -19 mm Juni–Juli

**Kennzeichen:** Brust vorn gelb, hinten schwarz, Hinterleib grau-schwarz-gelb gebändert.

**Vorkommen:** Vor allem auf Viehweiden.

**Wissenswertes:** Diese auch als Rinderbiesfliege bezeichnete Art wird wegen der von ihr verursachten wirtschaftlichen Schäden intensiv bekämpft. Die Weibchen legen ihre Eier an die Hinterbeine von Rindern. Die Larven bohren sich in die Haut, wandern im Körper umher und setzen sich schließlich unter die Rückenhaut, wo sie die bis taubeneigroßen „Dasselbeulen“ verursachen. Durch ein Loch verlassen sie schließlich den Wirt, um sich in der Erde zu verpuppen.

## 6 Rehrachenbremse
*Cephenomya stimulator*

L 13–15 mm Juni–Sept.

**Kennzeichen:** Brust schwarz, Hinterleib gelblich behaart.

**Vorkommen:** Befällt Rehe, Rothirsche und Elche.

**Wissenswertes:** Das Weibchen spritzt Eier und bereits geschlüpfte Larven in Maul und Nüstern der genannten Tiere. Die Larven entwickeln sich in Rachen und Nasenraum. Wenn sie in die Lungen gelangen, können sie den Tod des Wirtes verursachen.

1

2

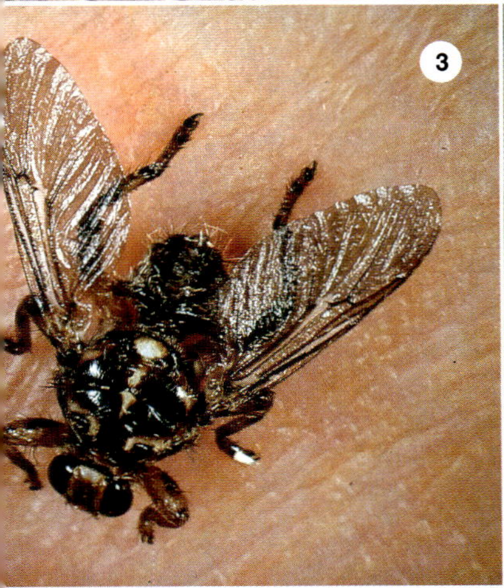
3

4

5

6

## 1 Riesenholzwespe
*Urocerus gigas*

L 10–40 mm Mai–Okt.

**Kennzeichen:** Weibchen schwarz mit gelbem Legebohrer; Männchen kleiner, mit rötlichem Hinterleib und ohne Legebohrer.

**Vorkommen:** Vor allem in Nadelwäldern verbreitet.

**Wissenswertes:** Die Weibchen gehören zu den größten europäischen Hautflüglern. Trotz ihres sehr bedrohlich wirkenden Legebohrers (bzw. der Legebohrerscheide) sind sie völlig harmlos. Obwohl weit verbreitet, sind sie selten zu sehen, da sie sehr heimlich sind. Die Männchen fliegen meist im Wipfelbereich der Bäume, die Weibchen kann man gelegentlich bei der Eiablage beobachten. Sie legen mit Hilfe ihres langen Legebohrers die Eier etwa 1 cm tief fast immer in Nadelholz ab, meist in Kiefernholz. Dazu bevorzugen sie Bruchholz oder frisch gefällte Stämme. Die Larven benötigen zu ihrer Entwicklung bis zu 3 Jahre. Das kann dazu führen, daß Riesenholzwespen plötzlich in Neubaugebieten erscheinen, wohin sie mit Bauholz verschleppt wurden. Dort sorgen sie dann für erhebliches Aufsehen. Oft findet man in Begleitung der Riesenholzwespe auch die Riesen-Holzschlupfwespe (*Rhyssa persuasoria*; s. S. 374), deren Larven in den Larven von Holzwespen als Hyperparasiten schmarotzen.

## 2 Gemeine Holzwespe
*Sirex juvencus*

L 14–30 mm Mai–Okt.

**Kennzeichen:** Weibchen glänzend blaugrün mit gelben Beinen und Fühlern und dunklem Legebohrer; Männchen ähnlich dem Männchen der Riesenholzwespe.

**Vorkommen:** In Nadelwäldern weit verbreitet.

**Wissenswertes:** Die Eier werden meist in Kiefern und Fichten abgelegt. Auch diese Art wird immer wieder mit Bauholz in Wohngebiete verschleppt. Legebohrer nicht ganz so lang wie bei anderen Arten der Holzwespen (*Siricidae*). Durch den Legebohrer und ihre recht schlanke Körperform erinnern Holzwespen oft an Schlupfwespen.

## 3 Rote Kiefernbuschhorn-Blattwespe
*Neodiprion sertifer*

L 5–10 mm

**Kennzeichen:** Fühler beim Weibchen (**3c**) gesägt, beim Männchen gefiedert (**3b**), ohne „Wespentaille".

**Vorkommen:** In Nadelwäldern.

**Wissenswertes:** Die Weibchen geben einen Lockstoff ab, der von den Männchen mit den Fühlern wahrgenommen wird. Die raupenähnlichen Larven (**3a**, vgl. u.) leben vor allem an Kiefern, deren Nadeln sie fressen.

## 4 Keulhornblattwespe
*Cimbex femorata*

L 22–26 mm Mai–Juni

**Kennzeichen:** Bienenähnlich, oft sehr he[ll] behaart, Fühler keulenartig verdickt.

**Vorkommen:** Verbreitet in Europa, vor allem an Hecken, Gebüschen und Waldrändern.

**Wissenswertes:** Keulhornblattwespen (Fam. *Cimbicidae*) gehören zu den Pflanzenwespen. Sie sind durch die an der Spitze keulig verdickten Fühler klar charakterisiert. Die Larven leben auf Birken und erinnern sehr an Schmetterlingsraupen, mit denen sie wie auch die Larven anderer Blattwespen häufig verwechselt werden. Letztere haben aber immer mindestens 6 Bauchfußpaare. Schmetterlingsraupen besitzen höchstens 5 Paare dieser Bauchfüße. Die Larven der Blattwespen fertigen einen festen Kokon an Zweigen, in dem sie sich verpuppen. Bei uns kommen mehrere schwer unterscheidbare Arten vor.

## 5 Marienkäfer-Schlupfwespe
*Perilitus coccineus*

L –7 mm

**Kennzeichen:** Klein, schwarz gefärbt. Wie die meisten Schlupfwespen nur von Spezialisten bestimmbar.

**Vorkommen:** Meist in der Nähe von Blattlauskolonien mit Marienkäfern.

**Wissenswertes:** Diese Art hat sich auf Siebenpunkt-Marienkäfer spezialisiert, die wie im Bild zu sehen angestochen werden. Die Larven entwickeln sich in den Käfern.

1

2

3a

3b

3c

4

5

## 1 Eichengallwespe
*Cynips quercusfolii*

L 2,5–4 mm Dez.–Febr./Mai–Juli
**Kennzeichen:** Sehr klein; schwarz mit hellen, über das Körperende hinausragenden Flügeln.
**Vorkommen:** Auf Eichenarten.
**Wissenswertes:** Eine typische Gallwespe (Familie *Cynipidae*) mit bemerkenswerter Fortpflanzung: Die Weibchen stechen im Mai oder Juni Eier in Eichenblätter. Aus ihnen schlüpfen Larven, die chemische Wachstumsstoffe absondern. Diese regen die Pflanze zur Gallbildung an. Die 2–3 cm durchmessenden grünen, oft rot überlaufenen Galläpfel (**1a**, **b**) sind im Herbst auf den Eichenblättern sehr auffällig. Im Dezember schlüpfen daraus ausschließlich Weibchen, die ihre Eier in Winterknospen der Eichen legen. Ihre Nachkommen entstehen durch Jungfernzeugung (Parthenogenese). Diese schwarzen Gallen sind recht unscheinbar. Im Mai und Juni schlüpfen Männchen und Weibchen aus den Gallen. Sie paaren sich, und die Weibchen legen die befruchteten Eier wiederum an Eichenblättern ab.

## 2 Rosengallwespe
*Diplolepis rosae*

L 3–6 mm Apr.–Juni
**Kennzeichen:** Schwarz mit rotbraunem Hinterleib und gelbroten Beinen.
**Vorkommen:** Weite Teile Europas; auf Rosen.
**Wissenswertes:** Bei dieser Art kommen Männchen nur sehr selten vor. Nachkommen werden fast nur parthenogenetisch erzeugt. Während die Tiere sehr unauffällig sind, gehören ihre großen, moosartig wirkenden Gallen (**2a**) zu den auffälligsten Gallen überhaupt. Sie werden auch als Schlafäpfel oder Rosenschwämme bezeichnet. Sie sind innen verholzt und enthalten mehrere Kammern; in jeder lebt eine Larve (**2b**). Häufig schlüpfen daraus nicht Rosengallwespen, sondern verschiedene parasitierende Hautflügler. Erbsenartige Gallen auf der Unterseite von Rosenblättern werden von *Diplolepis eleganteria* erzeugt. Ähnliche, bestachelte Gallen sind auf die eng verwandte Art *Diplolepis nervosus* zurückzuführen.

## 3 Riesen-Holzschlupfwespe
*Rhyssa persuasoria*

L 18–35 mm Juni–Sept.
**Kennzeichen:** Dunkel mit weißlichen Flekken und braunroten Beinen, Weibchen mit sehr langem Legebohrer.
**Vorkommen:** Verbreitet in Nadelwäldern.
**Wissenswertes:** Mit dem Legebohrer erreichen die Weibchen eine Gesamtlänge von 80 mm und gehören damit zu den längsten bei uns vorkommenden Insekten. Besonders interessant ist es, die Eiablage zu beobachten. Sie können tief in das Holz bohren und treffen mit einer faszinierenden Zielgenauigkeit dort lebende Larven von Holzwespen, z. B. der Riesenholzwespe (s. S. 372). An diesen entwikkeln sich dann die Holzschlupfwespenlarven. Der Bohrvorgang kann 30 Minuten dauern.

## 4 Sichelwespe
*Ophion luteus*

L 15–20 mm Juli–Okt.
**Kennzeichen:** Mückenartige Gestalt; mit Ausnahme von Kopf und Brust überwiegend gelborange gefärbt.
**Vorkommen:** In Wäldern verbreitet.
**Wissenswertes:** Im Gegensatz zu anderen Schlupfwespen können die Weibchen ihren Legebohrer auch als Wehrstachel verwenden. Die bei uns vorkommenden Arten der Gattung *Ophion* parasitieren Raupen. Im Gegensatz zur Holzschlupfwespe wird je ein Ei in die Raupe abgelegt. Um den Wirt nicht frühzeitig zu töten, werden die lebenswichtigen Organe von der Schlupfwespenlarve zunächst nicht angegriffen. Meist ist das Wachstum und die Beweglichkeit des Wirtes stark eingeschränkt. Wenn die Schlupfwespenlarve fast ausgewachsen ist, tötet sie den Wirt durch Auffressen wichtiger Organe. Sie verpuppt sich in einem kleinen Kokon im Innern oder an der leeren Körperhülle des Wirtes. Da sie die Massenvermehrungen bestimmter Schadinsekten stoppen können, gelten Schlupfwespen als nützlich und werden zur biologischen Schädlingsbekämpfung eingesetzt.

1a
1b
1c
2a
2b
2c
2d
3
4

## 1 Erzwespe
*Leucospis gigas*

L –12 mm Mai–Juli
**Kennzeichen:** Auffällig schwarz-gelb gefärbt; eine der größten Erzwespen.
**Vorkommen:** Vor allem in Südeuropa.
**Wissenswertes:** Erzwespen treten in einer unglaublichen Formenfülle auf. Die kleinsten werden nur 0,2 mm „groß" und gehören damit zu den kleinsten Insekten überhaupt. Sie leben alle parasitisch, manche als Hyperparasiten, d.h., sie parasitieren an Parasiten. Die hier gezeigte, ziemlich seltene Art legt ihre Eier in Nester von Mörtelbienen.

## 2 Feuergoldwespe
*Chrysis ignita*

L 4–12 mm Apr.–Sept.
**Kennzeichen:** Kopf und Brust grünlichblau, oft goldglänzend. Hinterleib kupferrot.
**Vorkommen:** Weite Teile der Paläarktis.
**Wissenswertes:** Eine der häufigsten der etwa 60 mitteleuropäischen Arten der Familie der Goldwespen (*Chrysididae*), die sich durch eine prächtige Färbung auszeichnen. Auch die Goldwespenlarven leben parasitisch an den verschiedensten Bienenlarven. Deshalb kann man Goldwespen am besten in der Nähe von Wildbienennestern entdecken. Die Weibchen dringen in die Nester ein und legen dort ihre Eier ab. Dabei werden sie häufig angegriffen, sind aber durch ihren besonders harten Panzer gegen Stiche gut geschützt. Zudem können sie sich auch einrollen. Die Goldwespenlarven fressen dann die Bienenlarven auf. Ausgewachsene Goldwespen ernähren sich von Pollen.

## 3 Sandgoldwespe
*Hedychrum nobile*

L 7–9 mm Juli–Aug.
**Kennzeichen:** Kopf grün, Brust vorn kupferrot, hinten grün, Hinterleib kupferrot glänzend.
**Vorkommen:** Vor allem in Sandgebieten.
**Wissenswertes:** Die Art parasitiert vor allem die nachfolgend beschriebene Knotenwespe. An deren Nestern kann man am ehesten Sandgoldwespen entdecken.

## 4 Knotenwespe
*Cerceris arenaria*

L 8–17 mm Mai–Sept.
**Kennzeichen:** Schwarz-gelb gefärbt, ähnlich den Faltenwespen. Hinterleibssegmente stark eingeschnürt, besonders das erste, knotig abgesetzte Segment (Name).
**Vorkommen:** Weite Teile Europas; in Sandgebieten.
**Wissenswertes:** Als Larvennahrung werden Rüsselkäfer eingetragen. Die Knotenwespenlarven werden wiederum oft von Larven der Sandgoldwespe (s.o.) parasitiert, man spricht auch hier von Hyperparasitismus.

## 5 Ameisenwespe
*Mutilla europaea*

L 11–16 mm Juli–Sept.
**Kennzeichen:** Vorderkörper rotbraun, Hinterleib blauschwarz mit weißen Binden.
**Vorkommen:** Weite Teile der Paläarktis.
**Wissenswertes:** Größte heimische Art der Familie der Spinnenameisen (*Mutillidae*); bei uns nur lokal verbreitet. Auffällig ist der Geschlechtsdimorphismus: Die Weibchen sind stets flügellos. Die Ähnlichkeit mit Ameisen ist aber nur oberflächlich; beide Gruppen sind nicht sehr nahe verwandt. Ameisenwespen leben parasitisch in Hummelnestern. Die Weibchen ernähren sich vom eingetragenen Honig und legen ihre Eier an Hummellarven ab. Diese werden von den Ameisenwespenlarven allmählich aufgefressen. Oft können sich die Hummellarven gerade noch verpuppen. Ihr Kokon umschließt dann den Kokon der Parasitenlarve.

## 6 Rollwespe
*Tiphia femorata*

L 5–15 mm Juli–Aug.
**Kennzeichen:** Schwarz; Schenkel und Schienen der beiden hinteren Beinpaare rotbraun.
**Vorkommen:** Auf Trockenrasen; oft sehr häufig.
**Wissenswertes:** Oft auf Doldenblüten zu beobachten. Die Larven entwickeln sich vor allem an den Larven des Junikäfers.

1

2

3

4

5

6

## 1 Rote Waldameise
*Formica rufa*

L 4–11 mm Apr.–Okt.

**Kennzeichen:** Kopf und Hinterleib schwarz, Rücken rotbraun gefärbt.

**Vorkommen:** Weit verbreitet in Europa, im Süden aber selten; in Wäldern.

**Wissenswertes:** Eine der bekanntesten der weltweit ca. 15000 Ameisenarten, die alle mehr oder weniger große Staaten bilden. In den bis zu 1,50 m hohen Haufen (**1e**) der Roten Waldameise können mehr als 100000 Individuen leben. Dabei ist der Haufen, der aus Zweigen, Nadeln usw. aufgeschichtet wird, nur ein Teil des Ameisennestes, das auch noch bis zu 2 Meter unter die Erdoberfläche reichen kann. Der Haufen dient als Wetterschutz, zur Durchlüftung des ganzen Nestes und speichert Wärme. Die Eier werden von der Königin (**1d**) zunächst im Innern des Nestes unter der Erde abgelegt. Dann setzt die sehr aufwendige Brutpflege ein. Die Eier werden beleckt, um Verpilzung zu verhindern. Die geschlüpften Maden werden aus den Kröpfen der Betreuerinnen gefüttert. Um Unterkühlung oder Überhitzung zu vermeiden, werden sie ständig im Ameisenbau hin und her getragen. Zur Verpuppung werden die Larven in Erdkammern (**1c**) getragen, und auch die Puppen werden wieder nach Bedarf transportiert. Fälschlicherweise werden sie oft als „Ameiseneier" bezeichnet. Eine Ameisenkönigin kann bis zu 20 Jahre alt werden. Mit bis zu 6 Jahren erreichen auch die Arbeiterinnen (**1a**, **1b**) ein für Insekten sehr hohes Alter. Rote Waldameisen ernähren sich überwiegend von Insekten und deren Larven. Sie überwältigen zu mehreren auch sehr große Beute wie Heuschrecken, größere Raupen usw. Gegen Feinde wehren sie sich durch Verspritzen von Ameisensäure. Sehr nützlich. Geschützt!

## 2 Gelbe Wiesenameise
*Lasius flavus*

L –4,5 mm Apr.–Okt.

**Kennzeichen:** Gelbbraun bis blaßgelb gefärbt; einige ähnliche Arten.

**Vorkommen:** Weit verbreitet auf Wiesen, Trockenrasen usw.

**Wissenswertes:** Die Tiere leben fast ausschließlich unterirdisch. Auffallend sind vor allem die Hügel, die bis zu einem halben Meter hoch werden können. Diese Hügel haben keine Ausgänge. Oft werden die Nester auch unter Steinen gebaut. Die Ameisen leben von den Ausscheidungen von Wurzelläusen, die von ihnen regelrecht gehegt werden. Die Ameisen tragen die Eier der Läuse im Winter in das Ameisennest. Dort schlüpfen die Wurzelläuse. Im Frühjahr werden sie von den Ameisen wieder an die Wurzeln der Nahrungspflanzen transportiert.

## 3 Schwarze Wegameise
*Lasius niger*

L 2–10 mm Apr.–Okt.

**Kennzeichen:** Einfarbig schwarzbraun.

**Vorkommen:** Weite Teile der Paläarktis; überall in der offenen Landschaft, auch in Gärten und selbst unter Platten auf viel begangenen Bürgersteigen.

**Wissenswertes:** Diese Ameisen leben in unterirdischen Nestern, oft z.B. unter Steinplatten von Gartenwegen. An schwülwarmen Sommertagen schlüpfen wie auf ein Kommando in einer ganzen Region Hunderttausende von geflügelten Ameisen und vollführen hoch in der Luft ihren Hochzeitsflug. Die Paarung erfolgt normalerweise in der Luft. Danach kehren die Ameisen auf den Erdboden zurück; die Männchen sterben nach kurzer Zeit. Die Weibchen (**3a**) werfen die Flügel ab und suchen einen geeigneten Ort zum Nestbau. Die allermeisten der schwärmenden Ameisen werden von Vögeln gefressen. Eine der Hauptnahrungsquellen der Schwarzen Wegameisen ist der von Blattläusen (**3b**) abgeschiedene Honigtau. Dieses süße Sekret wird durch den After abgegeben und enthält bis zu 25% Zukker aus den von den Blattläusen aufgenommenen Pflanzensäften. Als Gegenleistung für die gelieferte Nahrung werden die Blattläuse von den Ameisen vor Feinden bewacht. Einige Ameisenarten pflegen Blattläuse sogar in ihren Nestern, wo die Blattläuse zum Teil auch überwintern. Andere Ameisenarten setzen Blattläuse in den Nestern oder in Nestnähe an Wurzeln, so daß die Transportwege für den Honigtau wesentlich kürzer werden.

1a
1b
1c
2
1d
3a
3b
1e

## 1 Bienenwolf
*Philanthus triangulum*

L 12–18 mm Juni–Sept.
**Kennzeichen:** Schwarz-gelb gefärbt, kurze, dicke Fühler, ähnelt einer Faltenwespe.
**Vorkommen:** Weite Teile der Paläarktis. Wärmeliebende Art; bei uns nur an günstigen Orten mit offenen, sandigen Stellen.
**Wissenswertes:** Diese Grabwespe hat sich auf den Fang von Arbeiterinnen der Honigbiene spezialisiert. Diese werden auf Blüten blitzartig überfallen und durch einen Stich gelähmt (**1a**). Dann werden die Bienen im Flug in die bis zu 1 m langen Brutröhren transportiert und in die bis zu 7 seitlich abzweigenden Bruthöhlen abgelegt (**1b**). In jede dieser Höhlen werden bis zu 6 Bienen eingetragen. Auf die letzte wird ein Ei gelegt, aus dem schon nach 3 Tagen eine Larve schlüpft. Nach wenigen Tagen hat sie den Bienenvorrat verzehrt. Der deutsche Name wird auch für einen Käfer (s. S. 412) benutzt, der sich in Bienennestern entwickelt.

## 2 Sandwespe
*Ammophila sabulosa*

L 18–28 mm Juni–Okt.
**Kennzeichen:** Groß und dünn; Hinterleib rötlich mit schwarzbraunem Ende.
**Vorkommen:** Weite Teile der Paläarktis, vor allem in Sandgebieten weit verbreitet.
**Wissenswertes:** Eine Art der solitär lebenden Grabwespen (*Sphecidae*). Die Sandwespen zeigen ein kompliziertes Verhalten bei der Brutpflege. Die Weibchen graben bis zu 5 cm lange Gänge in die Erde, an dessen Ende eine Brutzelle angelegt wird Dann fliegt die Sandwespe zur Beutesuche in der Umgebung umher. Hat sie eine größere Schmetterlingsraupe entdeckt, setzt sie sich auf ihr nieder (**2b**), hebt den Kopf der Raupe an und sticht mit ihrem Giftstachel in das Bewegungszentrum des Bauchmarks der Raupe, die dadurch völlig gelähmt wird. Dann wird die Raupe in manchmal äußerst mühevoller Arbeit zum Nest gezerrt und in der Nähe des Eingangs abgelegt. Die Sandwespe inspiziert noch einmal die Bruthöhle und trägt dann die Raupe ein. Dann legt sie ein Ei an die Raupe ab, die somit als lebender Nahrungsvorrat für die Larve dient. Die Sandwespe verläßt die Brutröhre und verschließt den Nesteingang mit kleinen Steinchen (**2c**). Auch die Umgebung wird eingeebnet, so daß der Eingang hervorragend getarnt ist. Diese komplexe Handlungskette, die instinktiv abläuft, war auch Inhalt zahlreicher Studien in der Verhaltensforschung.

## 3 Gemeine Wegwespe
*Psammocharus fuscus*

L 10–14 mm Apr.–Aug.
**Kennzeichen:** Schlank, schwarz gefärbt, Hinterleib mit drei rotorangefarbenen Ringen. Flügel braun.
**Vorkommen:** Weite Teile der Paläarktis. Die wärmeliebende Art kommt vor allem in Sandgebieten vor.
**Wissenswertes:** Sie zeigt ein ähnliches Verhalten wie die Gemeine Sandwespe, trägt aber Spinnen als Larvennahrung ein. Im Gegensatz zu den Raupen sind Spinnen viel wehrhafter, und es kommt manchmal zu Kämpfen, aus denen aber so gut wie immer die Wegwespen als Sieger hervorgehen. Im Gegensatz zur vorher beschriebenen Art wird die Bruthöhle erst nach dem Fang und Transport der Beute gegraben.

## 4 Pillenwespe
*Eumenes coarctatus*

L 11–15 mm Mai–Sept.
**Kennzeichen**: Schwarz-gelb gefärbt, 1. Hinterleibssegmet stielförmig, 2. glockenförmig verbreitert; mehrere sehr ähnliche Arten.
**Vorkommen**: Weite Teile der Paläarktis, vor allem in Heidegebieten.
**Wissenswertes**: Eine Vertreterin der Familie der Lehmwespen (*Eumenidae*), die durch ihre urnenförmigen Nester auffallen (**4b**). In diesen leben die Larven, für die kleine, unbehaarte Raupen als Nahrung eingetragen werden. Die Nester werden aus Lehm und Speichel gebaut und an Pflanzenstengeln oder auf Steinen angebracht. Der Lehm wird in Form von kleinen Kügelchen mit den Kiefertastern transportiert. Auch die Pillenwespen werden von Goldwespen (s. S. 376) parasitiert.

1a
2a
1b
2b
2c
3
4a
4b

## 1 Hornisse
*Vespa crabro*

L 19–35 mm Apr.–Okt.

**Kennzeichen:** Kopf und Bruststück rotbraun, Hinterleib überwiegend gelb gefärbt.

**Vorkommen:** Holarktisch verbreitet; in Wäldern.

**Wissenswertes:** Die größte heimische Wespe hat bei uns seit alters einen schlechten Ruf. 3 Hornissenstiche sollen einen Menschen, 7 Stiche gar ein Pferd töten. Das ist natürlich blanker Unsinn. Zwar sind Hornissenstiche sehr schmerzhaft, die Giftwirkung ist aber nicht höher als bei Wespen einzuschätzen. Im Vergleich zu diesen sind Hornissen friedfertige Tiere, die im Normalfall nur bei äußerster Bedrohung stechen. Die Nester (**1a**) werden meist in Baumhöhlen angelegt, manchmal aber in Nistkästen und unter Dachbalken. Sie werden aus morschem Holz hergestellt, das zu einer papierähnlichen, grauen Masse zerkaut wird. Der Eingang zur Baumhöhle oder zum Nistkasten wird mit dem Holzbrei verengt. Der Nestbau wird im Frühjahr von der Königin allein begonnen und dann von den zunehmend schlüpfenden Arbeiterinnen fertiggestellt. Im Laufe des Jahres kann ein Volk auf über 4000 Individuen anwachsen. Die Tiere leben räuberisch von anderen Insekten und füttern damit auch die Larven. Im Spätherbst stirbt das ganze Volk bis auf die befruchteten Weibchen ab, die überwintern.

## 2 Gemeine Wespe
*Vespula vulgaris*

L 10–20 mm Apr.–Okt.

**Kennzeichen:** Typische schwarz-gelbe Färbung; 1. Hinterleibsring stark eingeschnürt (Wespentaille).

**Vorkommen:** Fast überall.

**Wissenswertes:** Eine Art der schwierig zu bestimmenden Gruppe der Faltenwespen, die ihren Namen wegen der Gewohnheit tragen, die Flügel in Ruhelage längs einzufalten. Die Tiere bauen Erdnester, deren Ursprung in Kleinsäugerbauten liegt. Zunächst werden im Frühjahr wenige Zellen gebaut. Die dann schlüpfenden Arbeiterinnen erweitern den vorhandenen Hohlraum, indem sie kleine Steinchen und Erdklumpen mit ihren Mandibeln aus der Höhle hinaustragen. Sie jagen für ihre Larven Insekten, die mit dem Stachel getötet und dann zerkaut verabreicht werden. Im Gegensatz zu den Bienen besitzen Wespenstachel keine Widerhaken und können deshalb nach dem Stich leicht zurückgezogen werden. Die erwachsenen Tiere ernähren sich von Nektar, süßen Säften und saftigen Früchten. Deshalb werden sie auch von der Obsttorte auf der Terrasse oder von Limonade angelockt. Man sollte dann nicht in Hektik verfallen, da die Tiere von sich aus normalerweise nicht stechen. Bester Schutz ist das Abdecken von für die Wespen interessanten Speisen. Die Stiche sind wie bei der Biene im allgemeinen zwar schmerzhaft, aber ungefährlich. Problematisch sind Stiche in Hals und Rachen, die im Extremfall zum Ersticken führen können. Bei sehr empfindlichen Personen kann ein anaphylaktischer Schock auftreten, der bis zur Herzlähmung führen kann.

## 3 Mittlere Wespe
*Dolichovespula media*

L 15–19 mm Mai–Sept.

**Kennzeichen:** Meist sehr dunkel mit schmaler, gelber Zeichnung.

**Vorkommen:** In lichten Wäldern, Gärten usw., nicht sehr häufig.

**Wissenswertes:** Die nach unten zugespitzten Nester werden meist in 1–2 m Höhe im Gebüsch gebaut. Die Tiere sind nur in Nestnähe aggressiv.

## 4 Sächsische Wespe
*Dolichovespula saxonica*

L 11–17 mm Apr.–Okt.

**Kennzeichen:** Sehr ähnlich der Gemeinen Wespe.

**Vorkommen:** Holarktisch verbreitet; Kulturfolger.

**Wissenswertes:** Diese Art baut die bekannten kugelförmigen Nester (**4a**), die aus einer papierartigen, grauen Masse bestehen. Oft werden sie auf Dachböden, in Schuppen und Gartenhäusern errichtet. Die Tiere sind nicht angriffslustig; die Nester sollten nicht vernichtet werden.

1a

1b

1c

2

3

4a

4b

## 1 Schmalbiene
*Halictus* spec.

L –10 mm Apr.–Okt.

**Kennzeichen:** Sehr viele (über 100) ähnliche Arten; etwas für Spezialisten.

**Vorkommen:** Weit verbreitet.

**Wissenswertes:** Die Tiere sind häufig auf Korbblütlern, z.B. Löwenzahn, zu finden, wo sie Pollen und Nektar sammeln. Die Nester werden im Boden angelegt. Die meisten Arten sind solitär, es gibt auch lockere Gemeinschaften und einjährige Staaten. Bemerkenswert ist die Vierbindige Schmalbiene, *Halictus quadricinctus*. Ihr mehrkammeriges Bodennest hat eine isolierende Luftbarriere, so daß es mit wenigen Stützpfeilern am umgebenden Boden hängt.

## 2 Weiden-Sandbiene
*Andrena vaga*

L –14 mm März–Mai

**Kennzeichen:** Kopf und Brust grauweiß, sonst schwarz behaart.

**Vorkommen:** Weit verbreitet, besonders in Sandgebieten und Kiesgruben.

**Wissenswertes:** Die Art erscheint sehr früh im Jahr. Die Nester werden unter guten Bedingungen sehr dicht gebaut, manchmal 50 Nester auf nur einem Quadratmeter. Die Neströhre führt bis zu einem halben Meter senkrecht nach unten. Am Ende werden seitlich mehrere Brutzellen angelegt. In diese wird ein Klumpen aus von an Weiden gesammeltem Pollen und Nektar eingebracht und darauf ein Ei abgelegt.

## 3 Rotpelzige Sandbiene
*Andrena fulva*

L 10–13 mm März–Mai

**Kennzeichen:** Auf dem Rücken rotbraun, an Beinen und Bauch schwarz gefärbt.

**Vorkommen:** Weit verbreitet in Wäldern, Gärten und Parks, vor allem in Sandgebieten.

**Wissenswertes:** In Europa kommen ca. 150 Arten dieser Gattung vor, eine genaue Artbestimmung ist oft sehr schwierig. Die Nester werden in Sandboden errichtet. Die ausgewachsenen Tiere kann man im Frühjahr an Johannisbeer- und Stachelbeerblüten beo achten.

## 4 Rote Mauerbiene
*Osmia rufa*

L 8–12 mm März–Mai

**Kennzeichen:** Kopf und Brust schwarzbla Hinterleib bronzefarben.

**Vorkommen:** Bei uns eine der häufigste Wildbienen, sehr oft in Gärten anzutreffen.

**Wissenswertes:** Die Rote Mauerbiene ba bevorzugt in hohlen Pflanzenstengeln ein Reihe von Brutzellen (**4c**) aneinander, die al durch Mörtel voneinander getrennt sind. Ger nimmt sie z.B. Bambusrohre als Nisthilfe a Auch die mittlerweile immer öfter in Gärten z findenden angebohrten Baumscheiben ode Holzklötze werden von Roten Mauerbiener aber auch von anderen Arten genutzt.

## 5 Hosenbiene
*Dasypoda hirtipes*

L 13–15 mm Juli–Sept.

**Kennzeichen:** Weibchen mit sehr langer orangeroten Sammelhaaren an den Hinte beinen. Hinterleib schwarz mit gelben Bin den.

**Vorkommen:** Paläarktisch verbreitet; i Sandgebieten.

**Wissenswertes:** Die auffällig zottelig be haarten Hinterbeine ermöglichen es dieser Bienen, große Mengen von Pollen zu trans portieren. Sie haben den ausgeprägtester Sammelapparat aller beinsammelnden Bie nen. Oft wirken sie sehr schwer beladen, wenr sie von einem Sammelflug zurückkehren. Aus dem Pollen und dem Nektar, der nur an Korb blütlern gesammelt wird, formen sie Nah rungskugeln für die Larven, die in den Brut kammern auf kleine Füßchen gestellt werden So kann die Luft zirkulieren, und der Nah rungsvorrat ist besser vor Pilzbefall geschützt Die Brutkammern befinden sich am Ende ei ner bis zu 60 cm langen Röhre, die schräg ir sandigen Boden gegraben wird. Oft lieger zahlreiche Nester nebeneinander, auch mi anderen Bienenarten vergesellschaftet. Bevorzugt bauen die Hosenbienen ihre Neste (**5b**) am Rand von Sandwegen.

1

2

3

4a

4b

4c

5a

5b

## 1 Mörtelbiene
*Chalicodoma parietina*

L 15–18 mm Apr.–Juni

**Kennzeichen:** Weibchen schwarz mit bräunlichen Flügeln, Männchen bräunlich gefärbt.

**Vorkommen:** Mittel- und Südeuropa.

**Wissenswertes:** Mörtelbienen nehmen mit den Mundwerkzeugen feinen Sand und/oder Lehm auf, der mit Speichel versetzt wird. Aus dieser Masse mauern sie 2–3 cm durchmessende Zellen (**1b**) an Steine, auch an Gebäude, die erhärten. Dann wird das Innere bis zur Hälfte mit Honig und Pollen gefüllt. Darauf wird das Ei abgelegt und ein Deckel aufgesetzt. Die Zellen werden dann so geschickt getarnt, daß das ganze Gebilde einem unscheinbaren Dreckklumpen gleicht. Die Larven kleiden das Innere der Zelle nach dem Verzehr des Vorrates mit einem weichen Kokon aus.

## 2 Wollbiene
*Anthidium manicatum*

L 11–18 mm Juni–Aug.

**Kennzeichen:** Schwarzbraun mit gelben Flecken. Männchen mit hakenartigen Fortsätzen am Hinterleib.

**Vorkommen:** Weite Teile der Paläarktis; bei uns am häufigsten in Gärten, offensichtlich Kulturfolger.

**Wissenswertes:** Nistet in allen möglichen Hohlräumen, auch in Mauerlöchern und verlassenen Bienennestern anderer Arten. Die Zellen werden mit Pflanzenhaaren ausgekleidet (Name!). Als bevorzugte Quellen für Nektar und Pollen dienen vor allem Lippen- und Rachenblütler. Die Männchen verteidigen Reviere im Bereich der Futterpflanzen, aus denen Artgenossen und andere Bienenarten vertrieben werden. Der eigenen Art zugehörige Weibchen werden geduldet.

## 3 Harzbiene
*Anthidiellum strigatum*

L 5–7 mm Juni–Sept.

**Kennzeichen:** Sehr klein; wespenartige schwarz-gelbe Zeichnung, Beine gelb gefärbt.

**Vorkommen:** Mittel- und Südeuropa, vor allem in Kiefernwäldern auf Sandböden und in Heidegebieten.

**Wissenswertes:** Diese wärmeliebende Art baut als Zellen für die Brut kleine Töpfchen aus Harz, vor allem Kiefernharz. Die Zellen werden an der der Sonne zugewandten Seite von Steinen, Baumstämmen oder auch Pflanzenstengeln meist direkt über dem Erdboden angeklebt. Die Larven ernähren sich von dem zuvor eingetragenen Pollen-Nektar-Gemisch, spinnen einen Kokon und überwintern als Ruhelarven. Erst im folgenden Frühjahr findet die Verpuppung statt. Die geschlüpfte Biene nagt ein Loch in die Wand der Brutzelle und verläßt diese dann.

## 4 Blattschneiderbiene
*Megachile centuncularis*

L 9–12 mm Mai–Aug.

**Kennzeichen:** Schwarz mit weißer Hinterleibsbinde, Sammelhaare am Bauch rotbraun.

**Vorkommen:** Mittel- und Südeuropa; an Waldrändern, Hecken und manchmal auch in Gärten.

**Wissenswertes:** Die Blattschneiderbienen gehören zur Familie der Bauchsammlerbienen (*Megachilidae*). Hierzu zählen solitär lebende Arten, die sich vor allem durch ein interessantes Nestbauverhalten auszeichnen. Im Gegensatz zu anderen Bienen sammeln sie Pollen nicht mit den Hinterbeinen, sondern mit ihrer dichten Bauchbehaarung. Die Blattschneiderbienen schneiden aus Blättern Stücke heraus (**4b**), mit denen sie ihre Brutzellen in hohlen Pflanzenhalmen oder Löchern in Holz herstellen. Oft nutzen sie Fraßgänge von Käfern. Runde Blattstückchen bilden den Boden der Brutzelle, ovale Blattstückchen die Seitenwände (**4c**). Weitere runde dienen als Deckel und zugleich als Boden für die nächste Brutzelle. Die Brutzellen werden mit Pollen und Nektar von vielen Pflanzenarten, vor allem Schmetterlingsblütlern, gefüllt und mit je einem Ei belegt. Auch diesen Bienen kann man die üblichen Nisthilfen anbieten; oft werden sie auch angenommen. Manchmal höhlen sie auch Brombeerstengel aus, um darin ihre Nester anzulegen.

1a

2

1b

4a

3

4b

4c

## 1 Kuckucksbiene
*Coelioxys conoidea*

L 10–14 mm Juni–Sept.

**Kennzeichen:** Überwiegend schwarz, Hinterleib mit weißen Binden. Hinterleib der Weibchen kegelförmig verlängert und zugespitzt (deshalb auch Kegelbiene genannt). Hinterleib der Männchen mit Dornen.

**Vorkommen:** Weite Teile der Paläarktis, vor allem in Sandgebieten. Bei uns 12 Arten der Gattung; die meisten von ihnen sind recht selten.

**Wissenswertes:** Unter dem Begriff Kuckucksbienen werden verschiedene, in den Nestern anderer Hautflügler schmarotzende Arten zusammengefaßt. Man findet sie in verschiedenen Bienenfamilien, wo sich dieses Verhalten unabhängig voneinander entwickelt hat. Die Arten der Gattung *Coelioxys* sind meist in der Nähe der Nester von Blattschneiderbienen zu finden, die bevorzugt parasitiert werden. Die Eier werden in die Waben geschmuggelt, während der Verschlußdeckel hergestellt wird. Da die Kuckucksbienen keine Brut betreuen müssen, fehlt ihnen eine Pollensammeleinrichtung.

## 2 Holzbiene
*Xylocopa violacea*

L 21–28 mm Apr.–Okt.

**Kennzeichen:** Hummelartige Gestalt; Körper schwarz, auf dem Rücken des Bruststücks grau behaart, Flügel braun mit violettem Schimmer.

**Vorkommen:** Weit verbreitet im Mittelmeerraum; bei uns sehr lokal.

**Wissenswertes:** Eine unverkennbare Art, die nördlich der Alpen an einigen wenigen, besonders warmen Orten vorkommt. Die fliegenden Tiere fallen durch ihr lautes Gebrumme auf. Die Nester werden in abgestorbenem Holz errichtet, auch an Gebäuden. An einem waagerechten Gang werden bis zu 15 Kammern aus dem Holz genagt. Die Wände zwischen den Kammern werden aus feinen, mit Speichel vermischten Holzspänen errichtet. In jeder dieser Kammern entwickelt sich eine Larve. An geeigneten Orten findet man oft mehrere Nester nahe beieinander.

## 3 Honigbiene
*Apis mellifica*

L 11–14 mm März–Okt.

**Kennzeichen:** Braun, Hinterleib dunkel geringelt, Brust braungelb behaart.

**Vorkommen:** Durch die Imkerei weltweit verbreitet.

**Wissenswertes:** Die Honigbiene ist eines der bekanntesten Insekten überhaupt und das einzige echte Haustier aus dieser Tiergruppe. Wegen der relativ leichten Haltungsmöglichkeiten und der faszinierenden Lebensweise in einem „Staat“ ist das Verhalten der Honigbienen umfassend untersucht worden. Zentrum des Staates, der bis zu 80000 Individuen zählen kann, ist die Königin (**3b**). Sie ist die größte Biene im Staat und hat die Aufgabe, Eier zu legen. Einzige Aufgabe der männlichen Bienen, der Drohnen, ist es, die Königin auf ihrem Hochzeitsflug zu begatten. Den größten Teil eines Bienenvolkes machen die Arbeiterinnen aus. Sie pflegen und ernähren die übrigen Angehörigen des Staates, insbesondere auch die Brut. Dazu sammeln sie Pollen und Nektar, die von den Imkern als Bienenhonig „geerntet“ werden. Die Nahrungsvorräte werden in sechseckigen Zellen aus Wachs gelagert, das aus besonderen Drüsen in Plättchenform ausgeschieden wird. Imker bieten den Bienen vorgefertigte Rahmen, die dann ausgebaut werden; sie sind darauf aber nicht angewiesen, wie wilder Wabenbau zeigt (**3e**). Dies passiert, wenn ein Schwarm mit der alten Königin aus dem Bienenstock auszieht und vom Imker nicht eingefangen wird. Der Schwarm sammelt sich dann an einem Ast (**3d**) und Kundschafterinnen suchen nach einem geeigneten Ort zur Einrichtung eines neuen Nestes, z.B. in einem hohlen Baum. Bienen können sehr gut sehen, teilweise im ultravioletten Bereich. Viele Pflanzen tragen Male, die für uns Menschen unsichtbar sind, aber die Bienen anlocken. Besonders bemerkenswert ist die Tanzsprache der Bienen. Damit kann eine Biene, die eine Futterquelle gefunden hat, den anderen Bienen im Stock Informationen über Entfernung, Lage und Ergiebigkeit der Futterquelle übermitteln. Durch Abgabe von Nektarproben wird auch über die Futterart informiert.

1

2

3a

3b

3c

3d

3e

## 1 Dunkle Erdhummel
*Bombus terrestris*

L 12–25 mm Sp 22–43 mm Apr.–Okt.

**Kennzeichen:** Groß, schwarz behaart, je ein orangegelber Ring an Vorderbrust und Hinterleib, Hinterende weiß.

**Vorkommen:** Fast überall anzutreffen, sehr häufig auch in Gärten.

**Wissenswertes:** Erdhummeln legen ihr Nest meist in den Bauen von Kleinsäugern an. Sieht man eine pollentragende Hummel in einem Mauseloch verschwinden, befindet sich hier mit Sicherheit ein Nest unter der Erde. Ein Hummelvolk besteht aus ca. 100–600 Tieren. Die Nester werden oft von Parasiten befallen, wie etwa von den Wachsmotten, die das gesamte Wachs eines Nestes zerfressen können. In speziellen Nistkästen kann man Hummeln gezielt ansiedeln. Wegen ihrer guten Bestäubungsleistungen werden Erdhummeln heute in Gewächshäusern gehalten; einige Firmen haben sich sogar auf den Versand von Hummelvölkern spezialisiert. Während man früher nur eine Erdhummelart kannte, hat man heute festgestellt, daß bei uns vier sehr ähnliche Arten vorkommen.

## 2 Steinhummel
*Bombus lapidarius*

L 12–22 mm Sp 24–40 mm Apr.–Okt.

**Kennzeichen:** Dicht schwarz behaart, Hinterleibsende auffällig orangerot.

**Vorkommen:** Weit verbreitet, auch in Gärten.

**Wissenswertes:** Weit verbreitet, doch nicht so häufig wie die Dunkle Erdhummel. Neben Kleinsäugerbauen werden auch Vogelnester und -nistkästen, Felsspalten, Schuppen, Dachböden usw. genutzt. Man hat Steinhummeln auf 248 verschiedenen Pflanzenarten festgestellt.

## 3 Wiesenhummel
*Bombus pratorum*

L 11–21 mm Sp 18–32 mm März–Aug.

**Kennzeichen:** Schwarz; Brust und Hinterleib oft mit gelber Binde, die bei bestimmten Farbvarianten fehlen kann, Hinterende rotorange.

**Vorkommen:** Vom Flachland bis ins Hochgebirge auf Wiesen, Weiden, an Waldrändern, in Gärten, Parks usw.

**Wissenswertes:** Wiesenhummeln bauen häufig oberirdische Nester, nutzen aber auch Erdbauten und Nistkästen. Wie alle Hummeln können sie stechen, sind aber wenig aggressiv. Hummelstiche sind sehr selten.

## 4 Gartenhummel
*Bombus hortorum*

L 11–22 mm Sp 28–40 mm Apr.–Okt.

**Kennzeichen:** Kopf schwarz, Brust schwarz, vorn und hinten mit goldgelber Binde, Hinterleib vorn gelb, hinten weiß.

**Vorkommen:** Weit verbreitet vom Flachland bis ca. 2000 m; Kulturfolger.

**Wissenswertes:** Die Nester können unterirdisch, z.B. in verlassenen Mäusenestern, wie oberirdisch, z.B. in Nistkästen, Scheunen, Dachböden, Vogelnestern usw., errichtet werden. Viele Hummelarten lassen sich gut in Nistkästen ansiedeln. Dazu kann man im Fachhandel fertige Nistkästen kaufen oder sie aus Holz oder Pappkarton selber bauen. Bauanleitungen finden sich in der einschlägigen Naturschutzliteratur. In den Kasten oder Karton wird Kleintierstreu eingefüllt, eine Nistkuhle geformt und fein gezupfte, unbehandelte Wolle hineingelegt. So wird ein Mäusenest vorgetäuscht, das die Hummeln in der Natur gern annehmen.

## 5 Ackerhummel
*Bombus pascuorum*

L 9–15 mm Sp 20–32 mm Apr.–Okt.

**Kennzeichen:** Rücken gelbrot, Hinterleib dunkelgrau, die beiden letzten Segmente gelbrot.

**Vorkommen:** Überall in blütenreichen Landschaften.

**Wissenswertes:** Die Rüssellänge bestimmt, welche Pflanzenarten zum Nektarsaugen genutzt werden können. Einige Hummeln betätigen sich aber in Blüten, für die ihr Saugrüssel zu kurz ist, als „Einbrecher“. Sie stechen von außen ein Loch in den Blütenboden und saugen von dort den Nektar. Dabei wird die Blüte natürlich nicht bestäubt.

1

2

3

4

5a

5b

## 1 Feld-Sandlaufkäfer
*Cicindela campestris*

L –15 mm Mai–Juli

**Kennzeichen:** Flügeldecken leuchtend grün mit variablen weißen Flecken; Beine rötlich mit metallischem Glanz.

**Vorkommen:** Paläarktisch verbreitet, vor allem auf lockeren, sandigen Böden.

**Wissenswertes:** Sandlaufkäfer (Familie *Cicindelidae*) sind bunt gefärbt und leben räuberisch am Boden. Sie ernähren sich von auf dem Erdboden laufenden Insekten und deren Larven sowie anderen Wirbellosen. Sie gehören zu den schnellsten Läufern unter den Insekten. Bei Störungen fliegen sie meist nur über kurze Strecken. Die Larven (**1b**) graben bis zu 50 cm lange Röhren. Darin lauern sie auf Beute. Meist ragen nur die kräftigen Kiefer heraus. Die Beutetiere werden am Grund der Röhre ausgesaugt, die Reste hinausgeworfen.

## 2 Puppenräuber
*Calosoma sycophanta*

L 18–28 mm Mai–Aug.

**Kennzeichen:** Flügeldecken goldgrün mit rotem Glanz, selten überwiegend rot. Je nach Lichteinfall auch schwarz wirkend.

**Vorkommen:** In Wäldern, Hecken usw. der Paläarktis; in Nordamerika zur Schädlingsbekämpfung eingeführt.

**Wissenswertes:** Weitere Namen wie Goldgrüner Raupentöter oder Raupenkäfer weisen auf die Hauptnahrung, Raupen und Puppen von Schmetterlingen, hin. Ein Käfer verzehrt pro Jahr etwa 400 Raupen. Auch die Larven klettern auf Bäumen umher und fressen Raupen (im Bild **2b** mit einer Schwammspinner-Raupe) und Puppen. Deshalb werden sie als nützlich eingestuft. Die Käfer können bis zu 4 Jahre alt werden.

## 3 Goldleiste
*Carabus violaceus*

L 22–35 mm Juni–Aug.

**Kennzeichen:** Schwarz; Flügeldecken und Halsschild mit violett glänzendem Rand.

**Vorkommen:** In Wäldern, Hecken und Parks, aber auch in Gärten.

**Wissenswertes:** Typischer Laufkäfer mit langen Beinen und langen, fadenförmigen Fühlern. Im Gegensatz zum Puppenräuber nachtaktiv; jagt Schnecken, Insekten usw., frißt manchmal auch Aas und Pilze.

## 4 Lederlaufkäfer
*Carabus coriaceus*

L –40 mm Juli–Sept.

**Kennzeichen:** Mattschwarz; Flügeldecken grob gerunzelt.

**Vorkommen:** Vor allem in Laub- und Mischwäldern verbreitet.

**Wissenswertes:** Der größte heimische Laufkäfer ist wie die meisten großen Carabiden flugunfähig. Deshalb werden z.B. neu angelegte Hecken nur langsam besiedelt. Wie alle Laufkäfer verdauen sie ihre Nahrung außerhalb des Körpers. Dazu wird Verdauungssaft ausgeschieden, der die Beute zersetzt. Der Nahrungsbrei wird aufgesaugt. Die übelriechenden Magensäfte können auch zur Verteidigung ausgespuckt werden.

## 5 Goldschmied
*Carabus auratus*

L 17–30 mm Apr.–Aug.

**Kennzeichen:** Schlank, leuchtend goldgrün mit rotbraunen Beinen und schwarzen Füßen. Fühler an der Basis rotbraun, an der Spitze schwarz gefärbt.

**Vorkommen:** Weit verbreitete Art.

**Wissenswertes:** Tagaktiver Laufkäfer, der wie die anderen Arten als nützlich gilt, da jedes Tier jährlich Hunderte von Raupen, Schnecken, Käferlarven usw. verzehrt.

## 6 Hainlaufkäfer
*Carabus nemoralis*

L 18–28 mm Apr.–Okt.

**Kennzeichen:** Glänzend braun oder schwarzgrün gefärbt; Ränder von Flügeldecken und Halsschild blauviolett.

**Vorkommen:** Weit verbreitet; vielerorts der häufigste große Laufkäfer.

**Wissenswertes:** Tag- und nachtaktiv, jagt vor allem Raupen. Die Käfer halten einen Sommerschlaf.

1a
2a
2b
1b
4
3
5
6

## 1 Bombardierkäfer
*Brachinus crepitans*

L 7–10 mm Mai–Jul

**Kennzeichen:** Flügeldecken blaugrün, streifige Struktur, Kopf und Halsschild rot.

**Vorkommen:** In steinigem Gelände in Mittel- und Südeuropa.

**Wissenswertes:** Dieser kleine Laufkäfer hat im Laufe der Evolution eine einzigartige Form der Abwehr von Freßfeinden entwickelt: Mit einem hörbaren Knall verschießt er ein jodartig riechendes Sekret aus seinem Hinterleib. In einer Explosionskammer reagieren Wasserstoffperoxid und Hydrochinone miteinander. Dabei steigt die Temperatur auf 100°C, und die bei der Reaktion entstehenden Chinone werden durch den Gasdruck nach außen geschleudert. Die Käfer können in schneller Folge „schießen". Kleinere Feinde wie Ameisen oder andere Laufkäfer werden so sehr wirksam vertrieben. Selbst Kröten sollen diese Käfer wieder ausspucken.

## 2 Mondfleck
*Callistus lunatus*

L 4,2–7 mm

**Kennzeichen:** Ein sehr kleiner, aber auffällig gefärbter Laufkäfer, mit blauem Kopf, orangenem Halsschild und gelben Flügeldecken mit 3 Paar dunklen, oft mondförmigen Flecken.

**Vorkommen:** In Europa ohne den Norden; vor allem auf Sand oder Kalkgesteinen.

**Wissenswertes:** Die Käfer sind tagaktiv und lieben Wärme und Trockenheit. Wegen ihrer geringen Größe werden sie oft übersehen. Manchmal kommen sie zusammen mit Bombardierkäfern vor.

## 3 Schmaler Schaufelläufer
*Cychrus attenuatus*

L 13–17 mm Jan.–Dez.

**Kennzeichen:** Dunkel, bronzeglänzend, Schenkel schwarz, Schienen gelblich. Kopf schmal und langgestreckt, Fühler lang.

**Vorkommen:** Vor allem in Laubwäldern.

**Wissenswertes:** Nachtaktiv, ruht tagsüber unter Holz, in Moospolstern usw. Der Name bezieht sich auf den schaufelförmigen Bau der Endglieder der Kiefertaster. Spezialisiert auf die Jagd von Schnecken; mit dem langen Kopf und den langen Mundwerkzeugen kann er tief in Schneckenhäuser eindringen. Eine weitere Anpassung an die Schneckenjagd sind die seitlich herabgezogenen Deckflügel, die eine Verschmutzung der Stigmen mit Schneckenschleim verhindern. Auch die asselähnlichen Larven sind Schneckenjäger.

## 4 Grundkäfer
*Omophron limbatum*

L 4–6,5 mm Jan.–Dez.

**Kennzeichen:** Klein, gelb mit typischer metallisch grüner und brauner Zeichnung.

**Vorkommen:** An sandigen Gewässerufern nur lokal häufig.

**Wissenswertes:** Tagsüber verbergen sich die Käfer in Sandröhren, nachts jagen sie kleine Insekten.

## 5 Kleiner Uferläufer
*Elaphrus riparius*

L 5–7 mm Jan.–Dez.

**Kennzeichen:** Oberseite grau mit metallisch grünem Glanz, Flügelgruben violett.

**Vorkommen:** Meist in der Nähe von Ufern, auch auf Feuchtwiesen und in Auwäldern.

**Wissenswertes:** Die Käfer können durch Aneinanderreiben der Flügeldecken Töne erzeugen. Die Käfer überwintern.

## 6 Borstenhornläufer
*Loricera pilicornis*

L 6–8 mm

**Kennzeichen:** Schwarz mit grünlichem oder rötlichem Glanz; die ersten 6 Fühlerglieder mit langen Borsten (Lupe!). Durch die Beborstung unterscheiden sie sich von allen übrigen heimischen Laufkäfern.

**Vorkommen:** Auf feuchten Böden, z.B. in Auwäldern, an Ufern, in Mooren usw.

**Wissenswertes:** Die Tiere jagen Springschwänze, wobei die beborsteten Fühler zusammengeschlagen eine Fangreuse bilden, in der die Beute festgehalten wird. Zusätzlich ist die Spitze der Mundwerkzeuge klebrig, die Beutetiere kleben daran regelrecht fest.

1

2

3

4

5

6

## 1 Gelbrandkäfer
*Dytiscus marginalis*

L –35 mm März–Okt.

**Kennzeichen:** Grundfärbung braunschwarz, Ränder der Deckflügel und des Halsschildes gelb (Name!), Beine gelbbraun.

**Vorkommen**: In Europa weit verbreitet und häufig, in fast allen Stillgewässern.

**Wissenswertes:** Wie alle Schwimmkäfer aus der Familie *Dytiscidae* zeigen Gelbrandkäfer besondere Anpassungen an das Wasserleben. Der Körper ist stromlinienförmig, die Hinterbeine sind lang behaart und zu Paddeln ausgebildet. Zum Luftholen kommen sie an die Oberfläche; sie speichern dort Luft unter den Deckflügeln. Die Luft bewirkt einen starken Auftrieb, dem die Käfer nur durch Festklammern an Wasserpflanzen entgegenwirken können. Deshalb bevorzugen sie stark bewachsene Gewässer. Pflanzen sind auch für die Eientwicklung von Bedeutung. Die Eier werden vom Weibchen (**1a**), das sich durch stark gefurchte Deckflügel deutlich vom Männchen (**1b**) unterscheidet, in selbstererstellte Löcher in Wasserpflanzenblätter abgelegt. So sind sie gut geschützt. Im Blattgewebe werden sie zudem gut mit Sauerstoff versorgt. Die Larven (**1c**) werden bis zu 8 cm lang und leben wie die ausgewachsenen Tiere räuberisch. Mit ihren kräftigen Kiefern sind sie in der Lage, selbst Kaulquappen und kleine Fische zu überwältigen. Nach 1–3 Monaten verpuppen sich die Larven an Land. Die ausgewachsenen Käfer können gut fliegen und besiedeln oft auch neu angelegte Gartenteiche, wenn schon genügend Wasserpflanzen vorhanden sind.

## 2 Furchenschwimmer
*Acilius sulcatus*

L 15–18 mm Apr.–Juli

**Kennzeichen:** Körper oval, abgeflacht, Halsschild gelb mit 2 schwarzen Querbinden, Flügeldecken gelb mit dichter schwarzer Sprenkelung.

**Vorkommen:** In Stillgewässern aller Art.

**Wissenswertes:** Furchenschwimmer zeigen sehr deutliche Geschlechtsunterschiede. Die Weibchen haben je 4 Längsfurchen auf den Flügeldecken, die bei den Männchen glatt sind. Die Männchen haben Saugnäpfe an den Vorderbeinen, mit denen sie sich bei der Paarung am Weibchen festhalten können. Beide Geschlechter haben Borstensäume an den Hinterbeinen, die so als Ruder dienen. Die Käfer schwimmen sehr gut. Sie besiedeln auch Gartenteiche, die sie dank ihres guten Flugvermögens und einer ausgeprägten Hydrotaxis, das sie die Fähigkeit, Wasser aufzuspüren, schnell finden. Die Weibchen legen die Eier über der Wasseroberfläche in morsches Holz. Die Larven jagen im Wasser nach Kleinkrebsen, verpuppen sich aber wiederum an Land.

## 3 Taumelkäfer
*Gyrinus substriatus*

L –7 mm Apr.–Sept.

**Kennzeichen:** Glänzend schwarz, Flügeldecken abgestutzt, Beine gelblich.

**Vorkommen:** Vor allem in kleinen Stillgewässern und Gräben.

**Wissenswertes:** Taumelkäfer fallen durch ihre markante Schwimmweise auf, die ihnen auch den Namen Kreiselkäfer einbrachte. Bemerkenswert sind die zweigeteilten Augen: An der Wasseroberfläche schwimmend, können sie sowohl den Unterwasserbereich wie auch den Luftraum und die Wasseroberfläche gleichzeitig optisch erfassen. Sie jagen vor allem auf die Wasseroberfläche gefallene Insekten. Bei uns ca. 10 zum Teil sehr ähnliche Arten.

## 4 Großer Kolbenwasserkäfer
*Hydrous piceus*

L 40–50 mm Mai–Sept.

**Kennzeichen:** Oval, glänzend schwarz mit braunroten Beinen mit auffälligen Schwimmborsten. Größter heimischer Wasserkäfer.

**Vorkommen:** In pflanzenreichen Stillgewässern.

**Wissenswertes:** Größter heimischer Wasserkäfer; gehört zur Familie der *Hydrophilidae* (Wasserfreunde). Die Larven (**4b**) sind bis 7 cm lange Räuber, die Käfer Pflanzenfresser. Bei uns heute leider sehr selten, im Süden noch häufiger anzutreffen.

1a
1b
1c
3
4a
2
4b

## 1 Goldstreifiger Moderkäfer
*Staphylinus caesareus*

L 17–22 mm Mai–Sept.

**Kennzeichen:** Körper schwarz, Flügeldecken rot, Hinterleib mit goldenen Haarflecken (Name!), Beine rot.

**Vorkommen:** In Mittelgebirgswäldern.

**Wissenswertes:** Einer der bunten Vertreter der Kurzflügler; wird auch Bunter Kurzflügler genannt. Die verkürzten Deckflügel bedecken nur 2 Hinterleibssegmente. Das 2. häutige Flügelpaar wird 2- oder 3mal gefaltet. Die Art lebt wie die meisten ihrer Verwandten am Boden. Dort jagen sie wie auch die Larven nach Schnecken und Insektenlarven, die mit den mächtigen Mandibeln (= Kieferzangen) gepackt werden.

## 2 Schwarzer Raubkäfer
*Ocypus olens*

L –32 mm Mai–Sept.

**Kennzeichen:** Schwarz; mit großem, fast viereckigem Kopf, große Kieferzangen.

**Vorkommen:** In Laubwäldern verbreitet.

**Wissenswertes:** Größter heimischer Kurzflügler. Nachtaktiv, tagsüber unter moderndem Holz. Jagt Nacktschnecken, Regenwürmer und andere Wirbellose. Mit den kräftigen Kiefern können sie auch Menschen schmerzhaft beißen. Auch die Larven leben räuberisch.

## 3 Roter Pilzraubkäfer
*Oxyporus rufus*

L –12 mm Mai–Sept.

**Kennzeichen:** Kopf schwarz, Halsschild rot, Flügeldecken schwarz mit gelbem Fleck, Beine gelb, Schenkelbasis schwarz.

**Vorkommen:** In Wäldern.

**Wissenswertes:** Die Käfer nagen Gänge in Hutpilze, wo sie Insektenlarven jagen. Die Larven fressen Pilzfasern. Viele Kurzflügler sind Habitatspezialisten. Einige leben in Vogelnestern, andere in Gängen und Nestern grabender Säuger. Auch in den Nestern von Bienen, Wespen und Ameisen kommen sie vor; manche leben auf Kadavern, andere auf Kot. Einige rindenbewohnende Arten gehören zu den Hauptfeinden der Borkenkäfer.

## 4 Zweipunktiger Schmalräuber
*Stenus bipunctatus*

L 5–6 mm Apr.–Okt.

**Kennzeichen:** Schwarz mit orangeroter Fleck auf den Flügeldecken; mehrere ähnliche Arten.

**Vorkommen:** In der Nähe sandiger Ufer.

**Wissenswertes:** Die Tiere jagen vor allem Springschwänze. Viele der oft sehr kleinen unscheinbar schwarz oder braun gefärbte Kurzflügler sind nur schwer zu bestimmen.

## 5 Kurzflügler
*Philonthus splendens*

L 10–14 mm Jan.–Dez.

**Kennzeichen:** Glänzend schwarz, Flügeldecken mit Bronzeglanz; sehr große Kiefer.

**Vorkommen:** Im Mittelgebirge verbreitet.

**Wissenswertes:** Ein räuberischer Vertreter der mit über 2500 Arten artenreichsten Käferfamilie Europas. Weltweit ca. 25000 Arten.

## 6 Kahnkäfer
*Scaphidium quadrimaculatum*

L 4,5–7 mm Apr.–Okt.

**Kennzeichen:** Klein, Körper bootsförmig schwarz, Flügeldecken mit je 2 roten Flecken.

**Vorkommen:** In Laubwäldern der Mittelgebirge verbreitet.

**Wissenswertes:** Die Käfer leben auf moderndem Holz und Baumpilzen.

## 7 Salzkäfer
*Bledius spectabilis*

L 8–9 mm Apr.–Okt.

**Kennzeichen:** Schwarz mit kurzen, roten Flügeldecken.

**Vorkommen:** Am Rande von Salzwiesen.

**Wissenswertes:** Der Salzkäfer gehört zu den wenigen Insekten, die das Watt dauerhaft als Lebensraum nützen. Zwar ist die Überflutung zwischen Queller- und Schlickgraszone nur kurz, aber Salzkäfer können unter Wasser nicht atmen. Den notwendigen Sauerstoff bekommt er aus dem Luftvorrat in einem selbstgegrabenen, bis zu 12 mm langen Gang, der bei Flut mit Sand verschlossen wird.

1
2
3
4
5
6
7

## 1 Schwarzer Totengräber
*Necrophorus humator*

L –28 mm Mai–Okt.
**Kennzeichen:** Ganz schwarz bis auf die orangeroten letzten 3 Fühlerglieder.
**Vorkommen:** Weit verbreitete Art, aber seltener als der Gemeine Totengräber.
**Wissenswertes:** Totengräber untergraben kleine Tierkadaver, so daß diese im Erdboden versinken. Dadurch spielen sie eine wichtige Rolle als Gesundheitspolizei in der Natur. Die von den Käfern zu einer Kugel geformten Kadaver dienen den Larven als Nahrung. Dabei zeigen die Weibchen eine unter Käfern einmalige Brutfürsorge. Sie bereiten mit ihrem Verdauungssaft einen Nahrungsbrei und füttern damit die frisch geschlüpften, raupenähnlichen Larven. Die Entwicklung der Larven dauert nur etwa 7 Tage.

## 2 Gemeiner Totengräber
*Necrophorus vespillo*

L 12–22 mm Apr.–Okt.
**Kennzeichen:** Flügeldecken schwarz mit 2 gelbroten Querbinden Fühler schwarz mit rotem 1. Fühlerglied (**2a**).
**Vorkommen:** In der Paläarktis weit verbreitet, vor allem an kleinen Kadavern.
**Wissenswertes**: Eine von mehreren ähnlichen Arten, die sich in der Fühlerfärbung und der Zeichnung der Deckflügel unterscheiden. So hat *Necrophorus vespilloides* eine völlig schwarze Fühlerkeule (**2b**). Einige von ihnen fressen neben Aas auch Pilze, Dung oder auch andere aasfressende Insekten. Haben sie einen Kadaver entdeckt, geben die Männchen einen Duftstoff ab, der die Weibchen herbeilocken soll. Die ausgewachsenen Käfer können durch Stridulation Töne erzeugen. Häufig findet man Totengräber, die von Milben befallen sind. Diese sitzen vor allem an den Beinen, weil sie dort an den dünnen Gelenkhäuten saugen können.

## 3 Rothalsige Silphe
*Oeceoptoma thoracica*

L 12–16 mm Apr.–Sept.
**Kennzeichen:** Körper flach mit schwarzen Deckflügeln und rotem Halsschild, unverwechselbare Art.
**Vorkommen:** In Laubwäldern weit verbreitet, an geeigneten Orten häufig.
**Wissenswertes:** Die Tiere werden von Verwesungsgeruch angelockt und leben von Aas, Säugerkot und verfaulendem Pflanzenmaterial. Sie fressen auch an Stinkmorcheln und sorgen gleichzeitig für die Verbreitung der Sporen dieses Pilzes. Die Larven ähneln Asseln und leben in der Streuschicht.

## 4 Schwarzer Schneckenjäger
*Phosphuga atrata*

L 10–15 mm
**Kennzeichen:** Körper flach, einfarbig schwarz, seltener braun gefärbt; Kopf schnauzenförmig vorgestreckt. Die Ausbildung eines schmalen Kopfes wird auch als Cychrisierung bezeichnet (vgl. *Cychrus attenuatus*, S. 394).
**Vorkommen:** Lebt an Waldrändern und in Hecken unter morscher Rinde, im Moos und in der feuchten Laubstreu immer dort, wo es reichlich Beutetiere gibt.
**Wissenswertes:** Sowohl die ausgewachsenen Tiere wie auch die Larven ernähren sich von Schnecken. Mit ihrem Verdauungssekret können sie Schneckenhäuser auflösen. Die Schnecke wird vorher meist durch einen Giftbiß getötet.

## 5 Vierpunkt-Aaskäfer
*Xylodrepa quadripunctata*

L 12–14 mm Apr.–Juni
**Kennzeichen:** Unverwechselbar; selten mit 6 Flecken.
**Vorkommen:** Kommt vor allem in Laubwäldern des Flachlandes vor, besonders häufig in Eichenbeständen.
**Wissenswertes:** Ernährt sich nicht von Aas, sondern von Raupen, z. B. von Schwammspinneren, Prozessionsspinnern, Nonnen, Frostspannern und anderen Schmetterlingsarten, daneben u. a. auch von Blattläusen. In Wäldern gehört er bei Massenauftreten von Raupen mit zu den wichtigsten Räubern. Die Käfer fangen ihre Beute auf Bäumen und Sträuchern, die Larven auf dem Boden. Wird auch als Vierpunktiger Raupenjäger bezeichnet.

1
2a
2b
3
4
5

## 1 Hirschkäfer
*Lucanus cervus*

L ♂ –75 mm, ♀ –45 mm Juni–Juli
**Kennzeichen:** Männchen unverwechselbar; Weibchen (**1a**) viel kleiner, ohne verlängerte Oberkiefer.
**Vorkommen:** In Eichenwäldern.
**Wissenswertes:** Obwohl heute sehr selten geworden, gehört der Hirschkäfer zu den bekanntesten Käferarten. Grund dafür sind die geweihartig verlängerten Kiefer, mit denen die Männchen heftige Paarungskämpfe ausführen. Zur Jagd sind sie ungeeignet; beide Geschlechter lecken austretende Baumsäfte auf. Hirschkäfer leben ausschließlich in alten Eichenwäldern. Nur durch deren konsequenten Schutz werden sie nicht aussterben. Die Larven entwickeln sich in morschen Eichenstubben und werden bis zu 11 cm lang. Die Entwicklung dauert 5 und mehr Jahre. Die Verpuppung findet in einer faustgroßen Kammer in der Erde statt. Bei den Römern galten die Larven als Delikatessen.

## 2 Stierkäfer
*Typhoeus typhoeus*

L –24 mm Mai–Aug.
**Kennzeichen:** Glänzend schwarz, Flügeldecken mit Längsstreifen; Mistkäfergestalt.
**Vorkommen:** Lokal auf sandigen Böden.
**Wissenswertes:** Die Männchen sind durch 3 Fortsätze am Brustschild unverwechselbar. Die Tiere kommen ausschließlich auf Sandböden in Heiden und lichten Kiefernwäldern vor. Dort graben sie bis zu 1,5 m (!) tiefe Gänge, von denen in unterschiedlicher Tiefe Seitengänge abzweigen. Nach Mistkäferart werden Kotpillen, bevorzugt aus Kaninchenkot, eingebracht. Die Weibchen legen die Eier in der Nähe des Kotes ab, die frischgeschlüpften Larven ernähren sich von dem Kot. Die Puppen entwickeln sich frei liegend in der Erde.

## 3 Mondhornkäfer
*Copris lunaris*

L –24 mm Apr.–Sept.
**Kennzeichen:** Glänzend schwarz, Männchen mit langem, Weibchen mit kurzem Kopfhorn.
**Vorkommen:** Mittel- und Südeuropa, au Kuhweiden.
**Wissenswertes:** Die wärmeliebenden Käfe erinnern bei flüchtigem Hinsehen an Nashornkäfer. Bei uns sind sie heute ziemlich selten Unter Kuhfladen legen sie Kammern an, di mit Kot gefüllt werden. Die Weibchen bewachen zunächst die Eier, später auch Larven und Puppen und verlassen die Kammer ers wieder mit der nächsten Generation.

## 4 Nashornkäfer
*Oryctes nasicornis*

L 20–40 mm Juni–Aug.
**Kennzeichen:** Glänzend rot- oder schwarzbraun; durch Kopfhorn unverwechselba Weibchen **4a**.
**Vorkommen:** Weit verbreitet.
**Wissenswertes:** Ursprünglich eine Art de alten Eichenwälder, wo sich die bis zu 12 cm lange Larve (**4c**) in alten Stubben entwickelt Durch den Mangel an geeigneten Lebensräumen galt die Art als stark gefährdet. Heute müssen Nashornkäfer aber als Kulturfolge (synanthrop) angesehen werden. Nachdem zunächst Gerbereiabfälle und Sägespänhaufen zur Eiablage genutzt wurden, kann man die Käfer heute auch in Rindenmulchhaufen finden. Da Rindenmulch in Gärten immer häufiger verwendet wird, breiten sich die Nashornkäfer erfreulicherweise aus und können durch Anlage von Rindenmulchhügeln soga angesiedelt werden.

## 5 Walker
*Polyphylla fullo*

L 25–36 mm Juni–Aug.
**Kennzeichen:** Flügeldecken schwarzbraun mit weißen Flecken; unverkennbar.
**Vorkommen:** Auf Sandböden, vor allem au mit Kiefern bestandenen Dünen.
**Wissenswertes:** Die Käfer fressen Kiefernnadeln, die bis zu 80 mm langen Larven Wurzeln von Kiefern, Süßgräsern und Seggen Ihre Entwicklung dauert bis zu 4 Jahre. Walke können laut zirpen. Sie fliegen in der Abenddämmerung.

1a
1b
2
3
4a
4b
4c
5

## 1 Dungkäfer
*Aphodius fimetarius*

L 5–8 mm März–Okt.

**Kennzeichen:** Variable Färbung: Halsschild meist schwarz mit roten Flecken, Flügeldekken rotbraun, aber auch mit schwarzer Zeichnung oder ganz dunkel. Ähnlich Mistkäfer mit stachelbewehrten Beinen und Fühlern.

**Vorkommen:** Weit verbreitet, bei uns ca. 70 Arten der Gattung.

**Wissenswertes:** Die Käfer leben an Tierdung aller Art, bevorzugt aber an Pferde- und Rinderdung, manchmal auch an Aas. An ein noch feuchtes Stück Dung werden im Frühjahr ca. 30 Eier abgelegt. Brutpflege wird nicht betrieben. Die ausgewachsenen Larven verpuppen sich in der Erde. Die Art überwintert in allen Stadien vom Ei bis zum Vollinsekt.

## 2 Feld–Maikäfer
*Melolontha melolontha*

L –30 mm Mai–Juni

**Kennzeichen:** Schokoladenbraun, Brust und Kopf schwarz, an den Seiten des Hinterleibs charakteristische weiße Zeichnung.

**Vorkommen:** Weit verbreitete Art.

**Wissenswertes:** Einst als Plage bekämpft, ist diese bekannte Käferart heute recht selten geworden. Während sie früher zu Millionen mit Pestiziden vernichtet wurden, sind heute schon Einzelfunde in manchen Regionen Zeitungsmeldungen wert. Die Tiere werden in der Abenddämmerung aktiv; bei Massenauftreten können in einer Nacht ganze Bäume kahlgefressen werden. Eichenlaub wird bevorzugt, aber auch an Buche, Ahorn und verschiedenen Obstbäumen wird gefressen. Die Entwicklung läuft in der Erde ab. Das Weibchen legt ca. 60–80 Eier in ca. 20 cm Tiefe ab. Nach 4 Wochen schlüpfen aus den Eiern die Maikäferlarven, die Engerlinge (**2c**). Diese ernähren sich von Wurzeln und wachsen in 4 Jahren auf eine Größe von bis zu 6 cm heran. Im August verpuppen sie sich (**2d**); nach 4–8 Wochen schlüpfen die Maikäfer, die den Winter in der unterirdischen „Puppenwiege" verbringen. Erst im Frühjahr des 5. Jahres schlüpfen die Käfer, um nach der Paarung noch im gleichen Sommer zu sterben.

## 3 Junikäfer
*Amphimallon solstitiale*

L –10 mm Mai–Juni

**Kennzeichen:** Ähnlich Maikäfer; kleiner, stärker behaart, brauner Halsschild.

**Vorkommen:** In offenen Landschaften.

**Wissenswertes:** Vielfach als „Kleiner Maikäfer" bezeichnet. Er fliegt in den Monaten Juni und Juli meist in der Dämmerung an verschiedenen Laubgehölzen. Fortpflanzung ähnlich Maikäfer, Entwicklungsdauer aber nur 2–3 Jahre.

## 4 Gartenlaubkäfer
*Phylloperta horticola*

L –10 mm Mai–Juli

**Kennzeichen:** Grün metallische Grundfarbe, braune Flügeldecken.

**Vorkommen:** In der Kulturlandschaft.

**Wissenswertes:** Die Käfer schwärmen am Tag und ernähren sich von Laub (z.B. von Birken) und Blüten (z.B. von Kirschen, Rosen). Die Art galt früher als schädlich. Die Larven leben im Boden bevorzugt an Graswurzeln. Ihre Entwicklung dauert 2–3 Jahre. Die Käfer kann man im Mai und Juni beobachten; deshalb werden auch sie oft Junikäfer genannt.

## 5 Gemeiner Rosenkäfer
*Cetonia aurata*

L –20 mm Mai–Juli

**Kennzeichen:** Oberseite grüngolden, auf dem letzten Drittel der Flügeldecken weiße Querbinden und Flecken. Oft mit violettem oder bläulichem Schimmer.

**Vorkommen:** An Waldrändern und in gebüschreichen Landschaften.

**Wissenswertes:** Bevorzugt Blütenstände von Heckenrosen, Weißdorn, Holunder und weißblühenden Doldenblütlern zum Fressen. Gelegentlich nehmen sie auch aus verletzten Baumstämmen Saft auf. Larven in morschem Holz, vor allem im Mulm von Pappel- und Weidenstümpfen. Bemerkenswert: Im Gegensatz zu den meisten anderen Käferarten bleiben die Deckflügel im Flug geschlossen, die häutigen Hinterflügel werden darunter seitlich hervorgeschoben.

1
2a
2c
2b
2d
3
5
4

## 1 Schwarzer Stachelkäfer
*Hispella atra*

L 3–4 mm Mai–Sept.

**Kennzeichen:** Unverwechselbar.

**Vorkommen:** Auf Gräsern an trockenen Standorten, im Norden seltener.

**Wissenswertes:** Es lohnt sich, diesen kleinen, wirklich stacheligen Käfer einmal mit der Lupe zu betrachten. Manchmal wird er auch Igelkäfer genannt. Möglicherweise ist das Aussehen als Nachahmung von stacheligen Früchten zu erklären. Die Larven minieren die Blätter von verschiedenen Gräsern.

## 2 Buchdrucker
*Ips typographus*

L 4,2–5,5 mm Apr.–Okt.

**Kennzeichen:** Flügeldecken rotbraun, Halsschild schwarzbraun, Beine braun, Füße und Fühler gelblich.

**Vorkommen:** Mittel- und Nordeuropa, Asien; in Fichtenwäldern.

**Wissenswertes:** Eine von 6 einander ähnlichen Arten der Gattung *Ips*, die bei uns vorkommen. Sie sind typische Vertreter der in Mitteleuropa mit rund 100 Arten verbreiteten Familie der Borkenkäfer. Die zum Teil sehr unterschiedlichen Fraßbilder (**2d**) können bei der Artbestimmung gute Hilfe leisten. Einige von diesen gehören zu den gefürchtesten Forstschädlingen überhaupt. Der Buchdrukker ist fast nur auf Fichten zu finden. Käfer (**2a**) und Larven (**2c**) fressen den Bast, in dem die Nährstoffe transportiert werden. Bei sehr starkem Befall stirbt der Baum ab. Besonders bereits z.B. durch den „Sauren Regen" geschwächte Monokulturen sind für den Käferbefall anfällig. Zur Bekämpfung werden heute Borkenkäferfallen (**2b**) mit Lockstoffen (Pheromonen) verwendet. So können die Borkenkäfer selektiv bekämpft werden. Man macht sich hierbei das Verhalten der Tiere zunutze, die, nachdem sie die Geschlechtsreife erlangt haben, ausschwärmen, um einen Partner zu finden. Buchdrucker sind polygam, d.h., ein Männchen lebt mit mehreren Weibchen zusammen. Die Weibchen bohren einen Gang in die Rinde und legen etwa 30–60 Eier in Einischen am Rand dieses Ganges. Von dort aus fressen die geschlüpften Larven und erzeugen dabei das typische Fraßbild. Daß die Gänge zum Ende hin breiter werden, ist mit dem Wachstum der Larven zu erklären. Sie verpuppen sich am Ende des Ganges. Nach dem Schlüpfen bohren die Käfer ein Loch in die Rinde und gelangen so ins Freie.

## 3 Erbsensamenkäfer
*Bruchus pisorum*

L 4–4,5 mm

**Kennzeichen:** Flügeldecken braun mit variabler schwarzer und weißer Zeichnung; Fühler an der Basis rotbraun, an der Spitze schwarz.

**Vorkommen:** Überall dort, wo Erbsen angebaut werden.

**Wissenswertes:** Die Käfer fressen Pollen der Erbsenblüte. Die Weibchen legen die Eier außen an die Schote. Die daraus schlüpfende rosafarbene Larve hat Beine und bohrt sich durch die Schote in eine Erbse. Nach der Häutung verliert die Larve die Beine; sie ist jetzt weiß und ähnelt eher einer Fliegenmade. Sie ernährt sich von der Erbse und verpuppt sich nach einiger Zeit. In jedem Samen entwickelt sich nur ein Käfer. Nicht selten kann man die Larven oder Puppen bei der Ernte finden. Erst der Käfer verläßt die Schote.

## 4 Pinselkäfer
*Trichius fasciatus*

L –12 mm Juni–Sept.

**Kennzeichen:** Auffällige gelb-schwarze Färbung und zottige helle Behaarung. Das Zeichnungsmuster auf den Flügeldecken ist sehr variabel; es kommen auch fast schwarze Exemplare mit kleinen gelben Flecken vor, meist aber drei schwarze Flecken unterschiedlicher Form an den Außenseiten der Deckflügel.

**Vorkommen:** Weit verbreitet in Mitteleuropa, häufiger in den Mittelgebirgen.

**Wissenswertes:** Vor allem auf Blüten auf Waldwiesen und an Waldrändern anzutreffen. Die Käfer sind fast nur bei Sonnenschein aktiv und ernähren sich von Pollen. Die Larven leben bis zur Verpuppung 2 Jahre im Mulm verschiedener Laubbaumarten. Möglicherweise schützt die gelb-schwarze Färbung (Mimikry) die Käfer vor Feinden.

1

2a

2b

2c

3

2d

4

## 1 Mistkäfer
*Geotrupes stercorarius*

L 16–25 mm Apr.–Okt.

**Kennzeichen:** Glänzend schwarzblau gefärbt.

**Vorkommen:** Weit verbreitet auf Tierdung.

**Wissenswertes:** Mistkäfer betreiben eine ausgeprägte Brutpflege. Unter frischen Tierkot legen sie einen etwa 50 cm langen Gang an, von dem Seitengänge abzweigen. In diese werden Nahrungsballen aus Mist eingetragen und je ein Ei abgelegt. Die Seitengänge werden mit Erde verschlossen. Die Larve ernährt sich von den Nahrungsvorräten. Nach der Überwinterung verpuppt sie sich im folgenden Sommer.

## 2 Kiefernprachtkäfer
*Chalcophora mariana*

L 24–30 mm Mai–Okt

**Kennzeichen:** Verhältnismäßig große Art; mit buntschillernder Flügelzeichnung.

**Vorkommen:** Europa, meidet den atlantischen Klimabereich.

**Wissenswertes:** Diese Art, auch Marienprachtkäfer genannt, lebt vor allem in Kiefernwäldern. Die meisten der etwa 80 in Mitteleuropa lebenden Vertreter der Prachtkäfer sind selten, manche sogar akut bedroht. Eine Hauptursache für ihre Seltenheit liegt in der „modernen" Forstwirtschaft begründet: Die Larven der Prachtkäfer bohren ihre Fraßgänge in morsche, noch stehende Stämme. Für solche Bäume ist aber im Wirtschaftswald kein Platz. Wie bei manchen Bockkäferarten findet man hier die zunächst scheinbar widersinnige Situation, daß man einige dieser „Urwaldarten" heute am ehesten in Parks mit sehr altem Baumbestand antreffen kann.

## 3 Blutroter Schnellkäfer
*Ampedus sanguineus*

L 13–18 mm Mai–Aug.

**Kennzeichen:** Auffällig rote Flügeldecken und schwarzes Halsschild.

**Vorkommen:** Weit verbreitet in Europa, vor allem im Hügelland.

**Wissenswertes:** Die weltweit etwa 7000 Arten umfassende Familie der Schnellkäfer ist nach der Fähigkeit der Tiere benannt, sich mit Hilfe eines besonderen Mechanismus aus der Rückenlage auf den Bauch zu schnellen. Die abgebildete Art ist vor allem auf Blüten in Wäldern anzutreffen. Die Larven leben bevorzugt in verrottendem Nadelholz. Viele andere Schnellkäfer legen ihre Eier in den Erdboden ab. Die langgestreckten Larven leben im Erdreich. Sie ernähren sich dort vor allem von den Wurzeln der verschiedensten Pflanzenarten und können an Kulturpflanzen erheblichen Schaden anrichten. Deshalb sind diese sogenannten „Drahtwürmer" (s. o.) bei Gartenbesitzern nicht gern gesehen und werden häufig mit Insektiziden bekämpft.

## 4 Saatschnellkäfer
*Agriotes lineatus*

L 8–10 mm Mai–Juli

**Kennzeichen:** Schwarzbraun, Deckflügel wirken durch unterschiedliche Behaarung hell und dunkel gestreift.

**Vorkommen:** Sehr weit verbreitete Art.

**Wissenswertes:** Die Larven sind die Drahtwürmer (**4b**), die auf den ersten Blick Mehlkäferlarven ähnlich sehen, aber sehr hart gepanzert sind. Die Drahtwürmer ernähren sich von Pflanzenwurzeln und können bei Massenauftreten in Gärten an Gemüsekulturen erhebliche Verluste hervorrufen. Bei uns 10 Arten der Gattung.

## 5 Metallischglänzender Prachtkäfer
*Anthaxia nitidula*

L –8 mm Apr.–Juli

**Kennzeichen:** Männchen ganz grün, Kopf und Halsschild der Weibchen purpurn.

**Vorkommen:** Weit verbreitet im Berg- und Hügelland, aber meist recht selten.

**Wissenswertes:** Einer von 25 wirklich prächtigen europäischen Vertretern dieser Gattung, die meist einen auffälligen Geschlechtsdimorphismus zeigen. Die ausgewachsenen Käfer kann man mit etwas Glück auf verschiedenen Blüten entdecken; die Larven mit der typischen löffelartigen Gestalt aller Prachtkäferlarven leben im Holz von Schlehen, Rosen und anderen Gehölzen.

1

2

3

4a

4b

5

## 1 Soldatenkäfer
*Cantharis rustica*

L 11–15 mm Mai–Juli

**Kennzeichen:** Halsschild rot, Flügeldecken schwarz.

**Vorkommen:** Weit verbreitet und häufig an Hecken, Waldrändern, in Hochstaudenfluren usw.; oft auch im Siedlungsbereich.

**Wissenswertes:** Ein typischer Vertreter der Familie der Weichkäfer (*Cantharidae*), die in Mitteleuropa mit ca. 80 Arten vorkommt. Die Larven leben räuberisch und sind manchmal auch im Winter aktiv. Deshalb werden sie auch als „Schneewürmer“ bezeichnet. Die Käfer findet man häufig auf Blättern. Der Name Soldatenkäfer, der auch für andere Arten gebräuchlich ist, leitet sich von der Färbung ab, die an die Kragenspiegel alter Uniformen erinnert.

## 2 Roter Weichkäfer
*Rhagonycha fulva*

L 7–11 mm Juni–Aug.

**Kennzeichen:** Überwiegend rot gefärbt, Spitze der Flügeldecken und Fühler schwarz.

**Vorkommen:** Weit verbreitet in Europa. Im Spätsommer kann man die Käfer in großer Anzahl vor allem auf Doldenblüten finden.

**Wissenswertes:** Eine der häufigsten Weichkäferarten. Die Familie trägt den Namen wegen der im Vergleich zu anderen Käfern weichen Flügeldecken. Oft sieht man die Tiere bei der Paarung, wobei das Männchen das Weibchen besteigt. Die samtig behaarten Larven leben am Boden und fressen bevorzugt Schnecken. Die Larven überwintern unter Steinen, in Moospolstern oder im Laub. Sie verpuppen sich im Frühling in oberen Bodenschichten.

## 3 Ölkäfer
*Meloe proscarabaeus*

L 11–35 mm Apr.–Juni

**Kennzeichen:** Glänzend blauschwarz, Deckflügel aufklaffend; Größe sehr variabel. Männchen **3a**, Weibchen mit stark verkürzten Flügeldecken („Maiwurm“) **3b**.

**Vorkommen:** In Europa ohne den Norden, wärmeliebende Art. Auf Wiesen, Feldrainen, Trockenrasen usw.

**Wissenswertes:** Die Ölkäfer haben ihren Namen von dem Verhalten, bei Bedrohung Hämolymphe („Blut“) abzusondern. Diese ähnelt Öltröpfchen. Die Hämolymphe enthält einen Giftstoff mit dem Namen Cantharidin, der beim Menschen schon in einer Dosis von 30 Milligramm tödlich wirken kann. Viele Vögel aber auch andere Tiere wie z.B. Igel, sind gegen das Gift immun, so daß die Schutzwirkung für den Käfer eingeschränkt ist. Bemerkenswert ist auch die komplizierte Entwicklung der Ölkäfer: Aus dem Ei schlüpft ein 1. Larvenstadium, die Triungulinus- (= Dreiklauer-) Larve. Diese klettert auf eine Blüte und klammert sich dort an eine nahrungssuchende Biene. Von dieser läßt sie sich in das Nest tragen, wobei sie sich offenbar nur in den Nestern von Solitärbienen entwickelt. In einer Zelle frißt sie das Bienenei und den Pollennektarbrei. Es entwickelt sich ein 2. Larvenstadium, das sich nach 3 Häutungen zu einer sogenannten Scheinpuppe (Pseudonymphe) umwandelt. Aus dieser geht im nächsten Frühjahr ein weiteres Larvenstadium hervor. Diese Larve verpuppt sich dann. Schließlich schlüpft der fertige Käfer und verläßt den Bienenstock. Eine verwandte Art, die sogenannte Spanische Fliege *Lytta vesicatoria*, wurde früher in getrocknetem Zustand zur Herstellung cantharidinhaltiger Pflaster genutzt; daher auch der Name Pflasterkäfer. Sie kommen in Südeuropa vor allem an Eschen und Ölbäumen vor, deren Blätter ihnen als Nahrung dienen.

## 4 Scharlachroter Feuerkäfer
*Pyrochroa coccinea*

L 14–18 mm Mai–Juli

**Kennzeichen:** Leuchtend rot mit schwarzem Kopf, schwarzen Fühlern und Beinen.

**Vorkommen:** In Laubwäldern, vor allem Eichenwäldern verbreitet.

**Wissenswertes:** Man kann die Käfer im Wald und am Waldrand auf Blüten, Laub und an Baumstämmen beobachten. Vor allem auf Blüten jagen sie andere Insekten oder fressen Pollen. Die Larven leben räuberisch 2–3 Jahre unter Baumrinde und jagen dort andere Insekten.

1

2a

3a

2b

3b

4

## 1 Glühwürmchen
*Lampyris noctiluca*

L –10 mm Juni–Juli
**Kennzeichen:** Männchen braun, typische Käfer; Weibchen ungeflügelt, larvenähnlich.
**Vorkommen:** Weit verbreitet in Europa ohne den Norden, vor allem an Waldrändern, auf Wiesen.
**Wissenswertes:** Der Name täuscht: Glühwürmchen sind Käfer, wie Bild **1a** zeigt. Der Name leitet sich von der abweichenden Gestalt der Weibchen ab. Die ca. 2000 Arten umfassende Familie der Leuchtkäfer ist in Europa nur mit wenigen Arten vertreten. Die Tiere sind in der Lage, Licht zu erzeugen (**1b**). Dieser Vorgang wird Biolumineszenz genannt. In speziellen Leuchtzellen, die sehr viele Mitochondrien, die „Kraftwerke" der Zellen, enthalten, wird die nötige Energie produziert. Eine reflektierende Schicht verhindert die Abstrahlung nach innen. Das Leuchten selbst kommt durch chemische Reaktionen bestimmter Leuchtstoffe zustande. Ein Beispiel für einen solchen Stoff ist das Luciferin. Die Lichtsignale dienen dem Auffinden der Partner. Jede Art hat typische Leuchtsignale. Unsere Glühwürmchen leuchten permanent; viele andere Arten geben Blinksignale in bestimmten Rhythmen ab. Interessant ist, daß die Weibchen einiger räuberischer Arten „falsche" Signale geben und die so angelockten artfremden Männchen dann verspeisen. Die Larven (**1c**) sind Bodenbewohner und ernähren sich bevorzugt von Schnecken.

## 2 Ameisen-Buntkäfer
*Thanasimus formicarius*

L 7–10 mm Apr.–Okt.
**Kennzeichen:** Schwarz-rot mit 2 hellen Linien auf den Flügeldecken; Muster variabel.
**Vorkommen:** Weit verbreitet in Europa, Asien und Nordafrika; in Nadelwäldern stellenweise häufig.
**Wissenswertes:** Ameisen-Buntkäfer werden von Forstleuten als ausgesprochen nützlich angesehen. Sie jagen nämlich an Baumstämmen nach Borkenkäfern. Auch die rosafarbenen Larven ernähren sich von den Larven und Puppen der Borkenkäfer.

## 3 Bienenwolf
*Trichodes apiarius*

L 9–16 mm Mai–Juli
**Kennzeichen:** Kopf und Halsschild metallisch blau, Flügeldecken rot-blauschwarz gebändert.
**Vorkommen:** Mittel- und Südeuropa, Nordafrika; selten, in der Nähe von Bienenstöcken.
**Wissenswertes:** Der Bienenwolf oder Immenkäfer ist einer unserer schönsten Käferarten. Der Name leitet sich von den Larven ab, die in den Nestern von Hautflüglern, vor allem Bienen, leben. Dort erbeuten sie sowohl Larven und Puppen als auch Bienen. Auch der wissenschaftliche Name weist auf die Beziehung zu den Bienen hin (*Apis* = Honigbiene). Die wärmeliebenden Käfer kann man auf Blüten finden, wo sie Pollen und kleine Insekten fressen. Auch eine Hautflüglerart trägt diesen deutschen Namen (s. S. 380). Die Gemeinsamkeit beider Arten besteht in der Bienenjagd.

## 4 Holzwurm
*Anobium punctatum*

L 3–4 mm Apr.–Aug.
**Kennzeichen:** Hell- bis dunkelbraun gefärbt, Flügeldecken mit Punktreihen (wiss. Name), fein behaart.
**Vorkommen:** Kulturfolger; im Freien nur selten an trockenem Holz anzutreffen.
**Wissenswertes:** Der Name bezieht sich auf die Larven, die sich vor allem in altem Holz von Möbeln, Fußböden, Bauholz usw. entwikkeln (**4b**). Sie fressen das völlig trockene Holz und können dort nur existieren, weil sie in der Lage sind, Wasser durch Zersetzung ihres Körperfettes zu gewinnen. Die Larvalentwicklung dauert 2–3 Jahre. Beim Schlüpfen schiebt der Käfer Holzmehl aus dem Gang; zurück bleiben die typischen Schlupflöcher, an denen man den Befall erkennt. Auch in Wohnungen werden die Tiere von der Schlupfwespe *Spathius exarator* befallen. Ihr Erscheinen zeigt den Holzwurmbefall an. Gehört wie die nachfolgend beschriebene Art zur Familie der Poch- und Klopfkäfer (*Anobiidae*), die durch Aufschlagen des Kopfes Laute erzeugen.

1a

1b

1c

2

3

4a

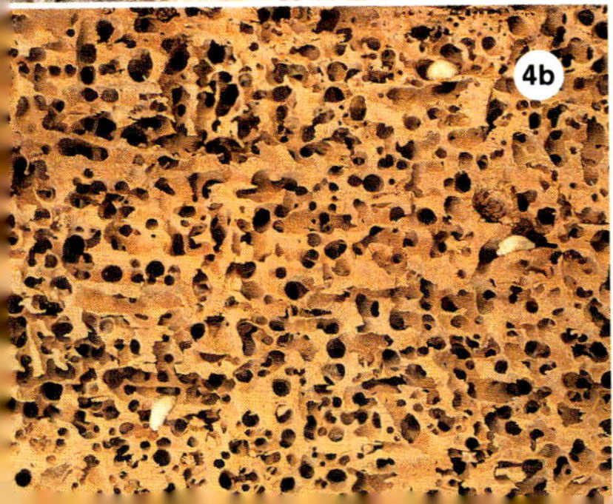
4b

## 1 Totenuhr
*Xestobium rufovillosum*

L 5–9 mm Apr.–Juni

**Kennzeichen:** Schwarzbraun, von gedrungener Gestalt. Von oben gesehen ist der Kopf wie beim Holzwurm unter dem Halsschild verborgen.

**Vorkommen:** Europa ohne den Norden, Nordafrika.

**Wissenswertes:** Die Larven entwickeln sich in morschem Holz (**1b**), vor allem in Eichenholz, in Wäldern des Tieflandes und der Mittelgebirge. Mit Bauholz werden sie auch in Gebäude verschleppt und können dann schädlich werden. Zum Auffinden eines Geschlechtspartners in den stockfinsteren Gangsystemen im Holz haben die Käfer akustische Signale entwickelt. Sie schlagen mit Kopf und Halsschild auf das Holz. Je nach Resonanz sind die Töne deutlich auch für das menschliche Ohr wahrnehmbar. Die Signale ähneln dem Ticken einer Uhr. Daraus leitet sich die abergläubische Vorstellung von einer Totenuhr ab.

## 2 Speckkäfer
*Dermestes lardarius*

L 7–9,5 mm Jan.–Dez.

**Kennzeichen:** Flügeldecken schwarz mit Band aus gelben Haaren auf der vorderen Hälfte, darin je 3 schwarze Punkte.

**Vorkommen:** Kosmopolit. Ein Kulturfolger, der ursprünglich z.B. in Mulm, Vogelnestern oder Aas vorkam.

**Wissenswertes:** Die borstig behaarten Larven (**2b**) ernähren sich in Häusern von Textilien, Teppichen, Wolle, aber auch von Speck, Wurst und Fleisch. Die ausgewachsenen Käfer findet man auf Blütenpflanzen, deren Pollen sie fressen.

## 3 Totenkäfer
*Blaps mortisaga*

L 20–30 mm Apr–Okt.

**Kennzeichen:** Glänzend schwarz, gedrungen; erinnert an Laufkäfer.

**Vorkommen:** Weit verbreitet in Europa, Kulturfolger.

**Wissenswertes:** Dieser Vertreter der Famili der Schwarzkäfer (*Tenebrionidae*) ist wie e nige sehr ähnliche Arten ein Kulturfolger. To tenkäfer sind nachtaktiv und leben in Schup pen, Ställen, Kellern usw., aber auch unte Holz und Steinhaufen. Manchmal erscheine sie auch in Wohnungen – von abergläub schen Menschen wurde ihnen eine Rolle a Bote des Todes angedichtet. Der wisser schaftliche Name bedeutet Todesverkünde Tatsächlich sind die Tiere völlig harmlos. Be Gefahr stellen sie sich tot und sondern ei übelriechendes Sekret ab.

## 4 Brotkäfer
*Stegobium paniceum*

L 2–3 mm Jan.–Dez.

**Kennzeichen:** Einfarbig rotbraun, sehr klein

**Vorkommen:** Kosmopolit, Kulturfolger.

**Wissenswertes:** Dieser Verwandte der To tenuhr kann in Lebensmitteln, vor allem Bro und Gebäck, schädlich werden.

## 5 Kornkäfer
*Sitophilus granarius*

L 3–4 mm Jan.–Dez.

**Kennzeichen:** Langgestreckt, schwarzbrau gefärbt, Flügeldecken gestreift.

**Vorkommen:** Kosmopolit.

**Wissenswertes:** Dieser kleine Rüsselkäfe ist einer der bedeutendsten Getreideschädlinge. Er kann in allen Entwicklungsstadie überwintern.

## 6 Mehlkäfer
*Tenebrio molitor*

L 12–18 mm Jan.–Dez.

**Kennzeichen:** Glänzend schwarzbraun gefärbt, Flügeldecken mit feinen Punktreihen.

**Vorkommen:** Kosmopolit.

**Wissenswertes:** Ein weiterer Vorratsschädling; die Larven (= Mehlwürmer) leben in Mehl, Kleie, Haferflocken usw. Man kann sie leicht züchten; deshalb sind sie wohl das wichtigste Lebendfutter für Volierenvögel und Terrarientiere. Im Sommer leben Mehlkäfer auch im Freien in Vogelnestern und Mulm. Sie verfliegen sich nachts auch in Wohnungen.

1a

2a

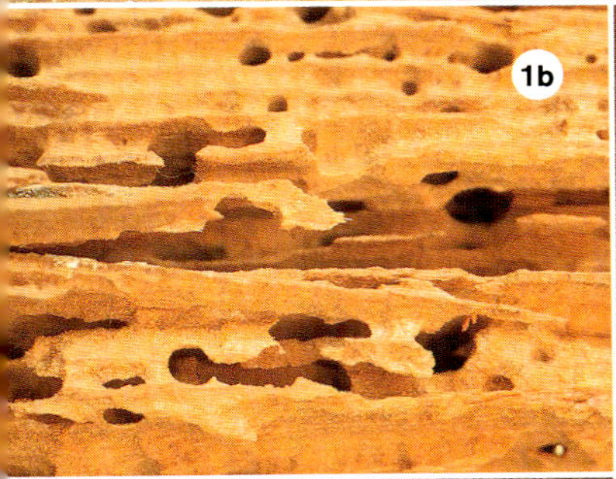
1b

2b

3

4

5

6

## 1 Himbeerkäfer
*Byturus tomentosus*

L 3–4 mm Apr.–Okt.

**Kennzeichen:** Längliche Gestalt; ganzer Körper zunächst fein hellbraun, später dunkelbraun behaart.

**Vorkommen:** Weit verbreitet; sehr oft in Gärten.

**Wissenswertes:** Die Weibchen legen ihre Eier an Blüten und jungen Früchten von Brombeeren und Himbeeren ab. Die weißen, bis zu 6 mm langen Larven (**1b**), als Himbeermaden viel bekannter als die Käfer, entwickeln sich in den Früchten. Sie verpuppen sich in ein Gespinst in der Rinde oder an der Erde. Bei Gartenbesitzern erzeugt ihre Anwesenheit keine Begeisterung.

## 2 Zweipunkt-Marienkäfer
*Adalia bipunctata*

L 4–6 mm Apr.–Okt.

**Kennzeichen:** Flügeldecken glänzend rot mit je 1 schwarzen Punkt oder schwarz mit roten Punkten.

**Vorkommen:** Europa, in Nordamerika eingeführt, überall häufig.

**Wissenswertes:** Eine äußerst variable Art, man spricht hier von Polymorphie (Vielgestaltigkeit). Es treten 2 Grundtypen auf: Rote Tiere mit je 1 schwarzen Fleck auf den Flügeldekken und schwarz-weiß geflecktem Halsschild und schwarze Tiere (**2b**) mit meist 2–3 roten Punkten auf den Flügeldecken, Halsschild schwarz mit hellem Saum. Der schwarze Grundtyp ist äußerst variabel und tritt in sehr vielen Formen auf. Sowohl die Käfer wie auch die ebenfalls in der Färbung variierenden Larven sind Blattlausfresser. Die Käfer überwintern häufig in Gebäuden. Manchmal kommt es im Bereich markanter Geländepunkte wie kahler Berggipfel zu Massenüberwinterungen von Zehntausenden Tieren.

## 3 Siebenpunkt-Marienkäfer
*Coccinella 7-punctata*

L 5,5–8 mm Apr.–Okt.

**Kennzeichen:** Flügeldecken rot mit insgesamt 7 schwarzen Flecken. Geringe Farbvariabilität. Form der Flecken dagegen variab

**Vorkommen:** Paläarktis, Indien; überall, v allem in der Nähe von Blattlauskolonien.

**Wissenswertes:** Wie die oben beschrieben Art genießt auch der Siebenpunkt-Marienkäf ein hohes Ansehen als Glücksbringer. Marien käfer dürften die bekanntesten aller Käf überhaupt sein. Auch im Garten sind sie a ausgesprochene Blattlausjäger gern gesehe Bis zu 400 Blattläuse frißt eine einzige Larv (**3b**) bis zur Verpuppung (**3c**). Da ein Weib chen mehrere hundert Eier legen kann, kör nen Marienkäfer erheblich zur Reduzierun von Blattläusen bei Massenvermehrung be tragen. Deshalb werden sie auch als „bio logisches Schädlingsbekämpfungsmittel" ge züchtet und gezielt ausgesetzt. Bei Bedrohun (auch wenn man sie in die Hand nimmt) ste len sich die Tiere tot. Über die Gelenkhäut der Schienen geben sie eine gelbe Flüssigke ab, die zumindest Ameisen vertreibt.

## 4 Augen-Marienkäfer
*Anatis ocellata*

L 8–9 mm Juni–Sept.

**Kennzeichen:** Auf den roten Flügeldecken j 10 weiß gesäumte Flecken.

**Vorkommen:** Eurasien, in Nordamerika ein geführt, häufiger in Nadelwäldern.

**Wissenswertes:** Größter heimischer Mari enkäfer; lebt vor allem von Blattläusen au Nadelbäumen, vor allem Fichten. Wichtige Feind der Fichtengallaus. Die Eier werden au Nadeln und Rinde abgelegt. Auch die Larver stellen Blattläusen nach. Weltweit gibt es ca 4000 Marienkäferarten.

## 5 22-Punkt-Marienkäfer
*Thea 22-punctata*

L 3–4,5 mm Apr.–Aug.

**Kennzeichen:** Körperumriß rund, zitronengelb mit schwarzen Punkten.

**Vorkommen:** Fast überall auf mit Mehltau befallenen Pflanzen, häufig auch in Gärten zu finden.

**Wissenswertes:** Nahrung von Käfern und Larven sind Mehltaupilze, die von den Blättern regelrecht abgeweidet werden. Die Käfer überwintern in der Laubstreu.

1a
2a
1b
2b
3c
3a
4
3b
5

## 1 Mulmbock
*Ergates faber*

L –60 mm Juli–Sept.
**Kennzeichen:** Glänzend dunkelbraun gefärbt; Kopf, Halsschild und Flügeldecken fein granuliert, sehr groß.
**Vorkommen:** Mittel- und Osteuropa. Heute findet man Mulmböcke fast nur noch in Kiefernaltholzbeständen östlich der Elbe.
**Wissenswertes:** Ein sehr kräftiger, gedrungener Käfer, der heute in Mitteleuropa sehr selten geworden ist. Die Käfer sind dämmerungsaktiv und fliegen an Blütenpflanzen und zur Eiablage an alte, morsche Kiefern. Darin entwickeln sich die großen, 8 cm langen Larven (**1b**), die sich wie für Bockkäfer typisch, ausschließlich von Holz ernähren. Die Entwicklung dauert etwa 3–4 Jahre. Die Verpuppung findet im Holz statt. Auffällig sind die großen, ausgefransten Schlupflöcher der Käfer. Diese nehmen keine Nahrung zu sich, sondern zehren von in der Larvenzeit gespeicherten Nährstoffen. Mit einer Länge von 6 cm ist der Mulmbock unser größter heimischer Bockkäfer. Zu dieser Familie gehört auch der größte bekannte Käfer überhaupt, der tropische *Titanus giganteus*, der bis zu 20 cm lang werden kann.

## 2 Sägebock
*Prionus coriarius*

L –45 mm Juli–Sept.
**Kennzeichen:** Dunkelbraun bis schwarz gefärbt; Halsschild an den Seiten mit je 3 Dornen.
**Vorkommen:** In Altholzbeständen in der gesamten Paläarktis.
**Wissenswertes:** Ebenfalls sehr kräftige Käfer, die wie die vorhergehende Art keine Nahrung zu sich nehmen. Durch das flächendekkende Verschwinden von alten Baumbeständen sind auch Sägeböcke heute sehr selten geworden. Der Schutz unserer großen Bockkäferarten ist nur durch eine Sicherung von Altholzbeständen und die Verlängerung der Umtriebszeiten der meisten Baumarten möglich. Die bis zu 6 cm langen Larven entwickeln sich zunächst unter der Rinde von alten Laub- oder Nadelbäumen. Sie wandern dann in den Wurzelbereich und auch unterirdisch von Wurzel zu Wurzel. Die Verpuppung findet ebenfalls in einer Wurzel oder in der Erde statt. Die Entwicklungsdauer beträgt 3 Jahre.

## 3 Waldbock
*Spondylis buprestoides*

L –24 mm Juni–Sept.
**Kennzeichen:** Schwarz; Fühler für einen Bockkäfer kurz, Halsschild breiter als lang.
**Vorkommen:** Eurasien ohne den Norden.
**Wissenswertes:** Die Larven entwickeln sich in Wurzeln und Stubben von Kiefern, gelegentlich auch in anderen Nadelhölzern. Die Larvalentwicklung dauert 2 Jahre, die Käfer nehmen keine Nahrung auf.

## 4 Großer Eichenbock
*Cerambyx cerdo*

L –53 mm Mai–Aug.
**Kennzeichen:** Sehr groß; schwarzbraun gefärbt, Fühler und Beine schwarz.
**Vorkommen:** In alten Eichenwäldern, bei uns selten. Fraßspuren **4c**.
**Wissenswertes:** Einer der größten heimischen Käfer; die Larven (**4b**) werden bis zu 10 cm lang und entwickeln sich in alten, bevorzugt alleinstehenden Eichen. Die Käfer fliegen in der Dämmerung und in der Nacht und saugen Baumsäfte. Durch Beseitigung alter Bäume vom Aussterben bedrohte Art.

## 5 Moschusbock
*Aromia moschata*

L –34 mm Juni–Aug.
**Kennzeichen:** Schlank, mit goldgrün-metallischem Glanz; bei uns unverwechselbar.
**Vorkommen:** Weit verbreitet, oft in der Nähe von Fließgewässern, aber auch in Gärten.
**Wissenswertes:** Die Käfer kann man auf verschiedenen Blüten finden. Auch saugen sie an blutenden Bäumen, bevorzugt an Birken und Ahorn. Mit ihren Hinterbrustdrüsen können sie ein nach Moschus riechendes Sekret absondern. Die Larven entwickeln sich in alten Weiden, seltener auch in Pappeln und Erlen. Wie die anderen großen Arten im Bestand zurückgehend.

1a
1b
2
3
4a
4b
4c
5

## 1 Widderbock
*Clytus arietis*

L –14 mm Mai–Juli
**Kennzeichen:** Typische gelbe Zeichnung auf den schwarzen Flügeldecken, Beine rotbraun.
**Vorkommen:** In Laubwäldern der Ebene und der Mittelgebirge weit verbreitet.
**Wissenswertes:** Widderböcke werden wegen ihrer schwarz-gelben Zeichnung auch als Wespenböcke bezeichnet. Die Tiere sind tagaktiv und recht scheu, bei Annäherung fliegen sie schnell ab. Man kann sie auf Doldenblüten, trockenen Ästen und Baumstämmen und auch auf Holzstößen finden. Die Larven entwickeln sich in 2 Jahren im trockenen Holz verschiedener Laubbäume, bevorzugt in Buchen.

## 2 Alpenbock
*Rosalia alpina*

L –40 mm Juni–Sept.
**Kennzeichen:** Unverwechselbar gefärbt; Fühler der Weibchen etwa so lang wie der Körper, die der Männchen fast doppelt so lang.
**Vorkommen:** In Buchenwälder der Mittelgebirgslagen auf Kalk bis etwa 1500 m, in Deutschland nur noch sehr lokale Vorkommen im Süden.
**Wissenswertes:** Trotz der auffälligen Färbung auf der silbergrauen Rinde von Buchen recht gut getarnt. Die Larven entwickeln sich in kranken oder bereits abgestorbenen Buchen. Die Käfer sind tagaktiv und besuchen Blüten.

## 3 Hausbock
*Hylotrupes bajulus*

L ♂ –15 mm, ♀ –22 mm Mai–Sept.
**Kennzeichen:** Schwarzbraun mit grauweißen Flügeldecken; Weibchen mit lang vorgestreckter Legeröhre.
**Vorkommen:** Weltweit verbreitet, vor allem in Dachbalken, bei uns heute aber relativ selten.
**Wissenswertes:** Einer der gefürchtesten Schädlinge unter den Insekten in Häusern. Ausgesprochener Kulturfolger; bei uns selten im Freiland. Die Weibchen legen über 100 Eier in Dachbalken aus Nadelholz. Die Larven fressen breite Gänge ins Holz, lassen die Oberfläche aber intakt. Obwohl die stehengebliebene Holzschicht nur millimeterdünn ist, sehen die Balken unversehrt aus. Ihre Tragfähigkeit ist dann bis zum Zusammenbruch herabgesetzt. Die Entwicklung dauert unter günstigen Bedingungen 3–4 Jahre, kann aber in sehr trockenem, nährstoffarmen Holz 1[illegible] Jahre und länger dauern. Mit einer solch langen Entwicklungszeit gehören sie zu den Insekten mit der längsten Lebensdauer überhaupt. Spätestens nach dem Schlupf bemerkt man den Befall an den elliptischen Schlupflöchern.

## 4 Großer Pappelbock
*Saperda carcharias*

L –30 mm Juni–Sept.
**Kennzeichen:** Kräftig; gelbbraun behaarte Flügeldecken mit schwarzer Körnung.
**Vorkommen:** Vor allem in Pappelbeständen.
**Wissenswertes:** Bei uns nicht selten, aber dämmerungs- und nachtaktiv; deshalb schwer zu beobachten. Die Käfer fressen gezackte Löcher in Pappelblätter. Dabei entstehen immer breiter werdende Fraßgänge. Die Larven entwickeln sich in Pappeln, auch in Weiden. Die Eier werden im Juli abgelegt und überwintern. In Pappelkulturen können sie schädlich werden. Ihre Entwicklungszeit beträgt 2 Jahre. Die Verpuppung findet am Ende eines Fraßganges statt.

## 5 Gefleckter Schmalbock
*Strangalia maculata*

L –20 mm Mai–Sept.
**Kennzeichen:** Flügeldecken sehr variabel schwarz-gelb gezeichnet, Fühler schwarz-gelb geringelt. Dadurch ist er von einigen ähnlichen Arten dieser Gattung leicht zu unterscheiden.
**Vorkommen:** Weit verbreitet in Europa.
**Wissenswertes:** Einer unserer häufigsten Bockkäfer; im Sommer oft in großer Zahl auf Doldenblüten, wo sie vor allem Pollen fressen. Die Larven entwickeln sich in morschem Laubholz in Bodennähe, nur selten auch im Nadelholz.

1

2a

2b

3

4a

4b

5

## 1 Fichtenrüsselkäfer
*Hylobius abietis*

L –13 mm Apr.–Aug.

**Kennzeichen:** Schwarzbraun, Flügeldecken und Halsschild oft mit gelben Flecken.

**Vorkommen:** Europa und Asien, in Nadelwäldern.

**Wissenswertes:** Groß, oft auch „Großer Brauner Rüsselkäfer" genannt. Hier sind es einmal nicht die Larven, sondern die ausgewachsenen Käfer, die in jungen Fichten- und Kiefern-Monokulturen erhebliche Fraßschäden verursachen können. Die Käfer werden mit 2–3 Jahren ungewöhnlich alt.

## 2 Großer Rüsselkäfer
*Liparus glabrirostris*

L –15 mm Apr.–Juli

**Kennzeichen:** Ähnlich der vorigen Art, Flügeldecken vorn abgerundet.

**Vorkommen:** Vor allem in Mittelgebirgen.

**Wissenswertes:** Die Tiere leben auf Pestwurz und anderen Hochstauden in Bachnähe.

## 3 Grünrüssler
*Phyllobius betulae*

L – 5,5 mm Mai–Okt.

**Kennzeichen:** Grün gefärbter Rüsselkäfer, einige ähnliche Arten.

**Vorkommen:** Weit verbreitete Art.

**Wissenswertes:** Die Tiere leben auf verschiedenen Laubgehölzen, wo sie an den Blättern fressen; die Eier werden am Boden abgelegt.

## 4 Haselblattroller
*Apoderus coryli*

L 6–8 mm Mai–Sept.

**Kennzeichen:** Kopf schwarz, Halsschild und Flügeldecken rot, Beine schwarz bis auf die teilweise ebenfalls roter Schenkel.

**Vorkommen:** Weit verbreitet; vor allem auf Hasel, seltener auch auf Birken und Erlen.

**Wissenswertes:** Das Weibchen durchtrennt im Gegensatz zum Birkenblattroller den Mittelnerv des Blattes. Dann wird es von der Spitze aus schräg nach oben aufgerollt. Haselblattroller legen nur 1 oder 2 Eier in ein gerollte Blatt ab. Die Larven fressen die innenlieger den Blattabschnitte. Im Gegensatz zum Bi kenblattroller verpuppen sie sich auch im ge rollten Blatt. Die Käfer überwintern.

## 5 Haselnußbohrer
*Curculio nucum*

L –8,5 mm Apr.–Sept.

**Kennzeichen:** Einfarbig braun, deutlich ge kniete Fühler, sehr langer „Rüssel".

**Vorkommen:** Weit verbreitet in Europa, vc allem in Hecken und an Waldrändern.

**Wissenswertes:** Ein typischer Vertreter de mit ca. 1200 Arten in Mitteleuropa nach de Kurzflüglern und Laufkäfern artenreichste Familie der Rüsselkäfer. Durch den in eine mehr oder weniger langen Rüssel ausgezoge nen Kopf sind sie leicht zu erkennen. De Haselnußbohrer gehört zu den langrüsselige Arten, beim Weibchen ist der Rüssel länger a beim Männchen. Bei uns kommt er häufig vc allem auf Hasel und Eichen vor. Die Larve entwickeln sich in Haselnüssen, die sie vo innen ausfressen. Dann bohren sie sich durc die harte Schale (**5b**) und verpuppen sich ir Boden.

## 6 Birkenblattroller
*Deporaus betulae*

L 3–5 mm Apr.–Okt.

**Kennzeichen:** Oberseite glänzend schwar gefärbt, mit Punktreihen auf den Flügeldek ken. Männchen mit stark verdickten Hinte schenkeln.

**Vorkommen:** Weit verbreitet und häufig; vo allem auf Birken, aber auch auf Erlen unc Hasel anzutreffen.

**Wissenswertes:** Die Männchen führen ur die Weibchen regelrechte Kämpfe aus, be denen sie sich mit den kräftigen Hinterbeine umklammern. Die Weibchen wickeln Birken blätter zu einem charakteristischen, tütenarti gen Gebilde (**6b**), in das bis zu 6 Eier abgeleg werden. Die Larven fressen zunächst an die sem Blatt. Nach einiger Zeit fallen die zusam mengerollten Blätter auf den Boden. Die La ven kriechen in die Erde und verpuppen sic dann dort.

1
3
4
2
5a
6a
6b
5b

## 1 Buntes Spargelhähnchen
*Crioceris asparagi*

L 5–6,5 mm Apr.–Okt.
**Kennzeichen:** Sehr bunt mit schwarzem Kopf, rotem Halsschild und dunkelblau glänzenden Flügeln mit gelben Flecken.
**Vorkommen:** Auf Spargel in Mittel- und Südeuropa.
**Wissenswertes:** Käfer und Larven fressen an Spargelpflanzen und können manchmal schädlich werden. Die Larven verpuppen sich in der Erde; die Käfer überwintern in Spargelstengeln, unter Steinen oder Baumrinde. Sie können wie die Lilienhähnchen Töne erzeugen. Von dieser Fähigkeit leitet sich der Name „Hähnchen" ab. Kommt oft mit der nachfolgend beschriebenen Art gemeinsam vor.

## 2 Zwölfpunktiger Spargelkäfer
*Crioceris duodecimpunctata*

L 5–6,5 mm Apr.–Okt.
**Kennzeichen:** Rot mit 12 schwarzen Punkten auf den Flügeldecken, Fühler, Füße und Enden der Schenkel ebenfalls schwarz.
**Vorkommen:** Ähnlich wie beim Bunten Spargelhähnchen; beide Arten wurden im letzten Jahrhundert auch nach Nordamerika eingeschleppt.
**Wissenswertes:** Die Zahl und Größe der Punkte ist variabel, so daß die Käfer nicht immer 12 Punkte tragen.

## 3 Lilienhähnchen
*Lilioceris lilii*

L 6–8 mm Apr.–Aug.
**Kennzeichen:** Halsschild und Deckflügel rot, Beine, Kopf und Fühler schwarz gefärbt.
**Vorkommen:** Eurasien ohne den Norden, Nordafrika.
**Wissenswertes:** Käfer und Larven (**3b**) fressen an verschiedenen Liliengewächsen, häufig auch in Gärten. Die Käfer tarnen ihre Eier, indem sie sie mit Kot beschmieren. Auch die Larven bedecken sich mit Kot. So sind sie schwer zu entdecken und für Vögel ungenießbar. Lilienhähnchen können zirpende Töne erzeugen. Dazu reiben sie mit einer Leiste an der Spitze der Flügeldecken über ein Stridulationsorgan, das sich am Hinterleib befindet.

## 4 Gestreifter Kohlerdfloh
*Phyllotreta undulata*

L 1,8–2,5 mm Apr.–Aug.
**Kennzeichen:** Schwarz, Flügeldecken mit gelben Längsstreifen, deutlich verdickte Hinterschenkel.
**Vorkommen:** Weit verbreitet; häufig an Kohlpflanzen in Gärten.
**Wissenswertes:** Alle Kohlerdflöhe (in Mitteleuropa mehrere Arten) können an Kohlgewächsen und Rüben Schäden anrichten. Ihre verdickten Hinterschenkel weisen auf ihr Sprungvermögen hin, das ihnen auch den Namen Erdfloh eingebracht hat, obwohl es sich um Käfer handelt. Sie können jedoch nicht nur springen, sondern auch fliegen. Die Käfer fressen im Frühjahr an den Blättern, die Larven an den Wurzeln.

## 5 Gefleckter Weidenblattkäfer
*Melasoma vigintipunctatum*

L – 8,5 mm Apr.–Aug.
**Kennzeichen:** Gelb mit je 10 schwarzen Flecken auf den Flügeldecken.
**Vorkommen:** Ausschließlich auf Weiden.
**Wissenswertes:** Die Käfer überwintern im Boden.

## 6 Rapsglanzkäfer
*Meligethes aeneus*

L 1,5–2,8 mm März–Aug.
**Kennzeichen:** Metallisch grün, blau oder violett glänzend, Beine braun.
**Vorkommen:** Überall, auf Kreuzblütlern.
**Wissenswertes:** Die Käfer erscheinen sehr früh im Jahr und fressen die Pollen der zu dieser Zeit blühenden Pflanzen, z.B. Huflattich, Löwenzahn und Sumpfdotterblume. Mit dem Knospenansatz der Kreuzblütler wechseln die Käfer auf diese und fressen die Knospen, später Pollen und Nektar. Die Schädlichkeit ist nur bei kaltem Wetter relevant; dann werden sehr viele Knospen zerstört. Bei warmer Witterung und früher Blüte stehen ausreichend Pollen und Nektar zur Verfügung, und es werden vergleichsweise wenig Knospen gefressen.

1

2

3a

3b

4

5

6

## 1 Grüner Schildkäfer
*Cassida viridis*

L 8,5–10 mm Mai–Okt.

**Kennzeichen:** Körper flach, schildförmig verbreitert, mattgrün gefärbt; bei uns ca. 25 Arten der Gattung.

**Vorkommen:** Verbreitet auf Wiesen, Böschungen, an Waldrändern usw., oft auf Lippenblütlern wie verschiedenen Arten von Minze, Hohlzahn und Ziest.

**Wissenswertes:** Die Käfer können bei Gefahr Fühler, Kopf und Beine vollständig unter den schildförmig verbreiterten Körper zurückziehen. Sie ernähren sich wie die Larven von Blättern. Die Larven sind ringsum bedornt, sie tarnen sich mit Kot und alten Larvenhäuten (**1b**). Letztere werden auf die Dornen gespießt. Sie verpuppen sich meist an der Unterseite von Blättern.

## 2 Pappelblattkäfer
*Melasoma populi*

L –10 mm Mai–Aug.

**Kennzeichen:** Kopf und Halsschild schwarz mit metallischem Glanz, Flügeldecken ziegelrot; einige ähnliche Arten.

**Vorkommen:** Häufig auf Pappeln, auch auf Weiden zu finden.

**Wissenswertes:** Die Weibchen legen rote Eier auf die Unterseite von Blättern ab. Die Larven (**2b**) sind blaugrün gefärbt mit zahlreichen schwarzen Flecken. Sowohl Larven wie Käfer fressen an den Blättern der Bäume. Bei Gefahr scheiden die Tiere ein nach Karbol oder Blausäure riechendes Sekret ab, das sie aus der in den Pappel- und Weidenblättern enthaltenen Salicylsäure herstellen. Die Larven hängen sich zur Verpuppung mit dem Kopf nach unten an die Unterseite von Pappelblättern. Die Käfer überwintern in der Laubstreu.

## 3 Erlenblattkäfer
*Agelastica alni*

L 6–7 mm Apr.–Okt.

**Kennzeichen:** Glänzend blauschwarz oder violett gefärbt, Oberseite dicht und fein punktiert.

**Vorkommen:** Auf Erlen sehr häufig anzutreffen; nach Nordamerika verschleppt.

**Wissenswertes:** Typischer Vertreter der sehr artenreichen Blattkäfer-Familie (weltweit ca. 50000 Arten). Die Tiere sind bei uns überall auf Erlen verbreitet und treten oft massenhaft auf. Larven und Käfer fressen an Erlenblättern, die bei starkem Befall oft regelrecht skelettiert werden. Die Männchen sterben kurz nach der Paarung im Frühjahr, die Weibchen legen die Eier an die Unterseite von Erlenblättern. Die schwarzen Larven schlüpfen nach etwa 2 Wochen und verpuppen sich nach weiteren 4 Wochen in der Erde. Im August erscheint dann die 2. Käfergeneration, die überwintert.

## 4 Kartoffelkäfer
*Leptinotarsa decemlineata*

L –10 mm Apr.–Okt.

**Kennzeichen:** Unverwechselbar durch die schwarz-gelb gestreiften Deckflügel. Darauf weist der wissenschaftliche Name hin (*decemlineata* = zehnstreifiger).

**Vorkommen:** Ursprünglich Nordamerika, heute überall in Kartoffelanbaugebieten in Europa und Asien.

**Wissenswertes:** Wohl der bekannteste Blattkäfer. Die Tiere wurden 1877 erstmals nach Europa verschleppt. Ursprünglich lebten sie in Colorado auf wilden Nachtschattengewächsen. Während die Kartoffelkäfer zunächst lokal noch mit Erfolg bekämpft werden konnten, breiteten sie sich nach dem Ersten Weltkrieg ständig weiter aus. Heute kommen sie überall in Europa vor, wo Kartoffeln angebaut werden. Da sie sich sehr schnell vermehren – pro Jahr sind 3 und mehr Generationen möglich und ein Weibchen kann pro Jahr 1200 Eier legen –, können sie massenhaft auftreten und erhebliche Schäden verursachen. Sowohl Käfer als auch Larven (**4b**) fressen die Blätter von Kartoffelpflanzen, die bei starkem Befall fast völlig vernichtet werden. Feinde der Larven sind verschiedene Laufkäfer der Gattung *Carabus*. Vögel meiden Käfer und Larven meist. Die Warntracht – gelb- bzw. rot-schwarz – deutet auf Giftigkeit hin, möglicherweise durch das in Kartoffeln enthaltene Alkaloid Solanin.

1a

1b

2a

3

2b

4a

4b

4c

# Literaturhinweise

Wer sich genauer für einzelne Tiergruppen interessiert, kann in den nachfolgend genannten Büchern weitergehende Informationen finden:


**Amphibien**

NÖLLERT, A. & C. NÖLLERT (1992): Die Amphibien Europas. Kosmos-Verlag, Stuttgart.

**Fische**

GERSTMEIER, R. & T. ROMIG (2003): Die Süßwasserfische Europas. Kosmos-Verlag, Stuttgart.

**Hautflügler**

BELLMANN, H. (1995): Bienen, Wespen, Ameisen. Kosmos-Verlag, Stuttgart.

MÜLLER, A., A. KREBS & F. AMIET (1997): Bienen. Naturbuch-Verlag, Augsburg.

WITT, R. (1998): Wespen. Naturbuch-Verlag, Augsburg.

**Heuschrecken**

BELLMANN, H. (2006): Der Kosmos-Heuschreckenführer. Kosmos-Verlag, Stuttgart.

**Insekten**

BELLMANN, H. (1999): Der neue Kosmos-Insektenführer. Kosmos-Verlag, Stuttgart.

**Käfer**

HARDE K. & F. SEVERA (2006): Der Kosmos-Käferführer. Kosmos-Verlag, Stuttgart.

**Libellen**

BELLMANN, H. (2007): Der Kosmos-Libellenführer. Kosmos-Verlag, Stuttgart.

**Reptilien**

GRUBER, U. (1989): Die Schlangen Europas. Kosmos-Verlag, Stuttgart.

KWET, A. (2005): Reptilien und Amphibien Europas. Kosmos-Verlag, Stuttgart.

**Säugetiere**

SCHOBER & GRIMMBERGER (1998): Die Fledermäuse Europas. Kosmos-Verlag, Stuttgart.

WANDREY, R. (2006): Wale und Delfine. Kosmos-Verlag, Stuttgart.

**Schmetterlinge**

BELLMANN, H. (2003): Der neue Kosmos-Schmetterlingsführer. Kosmos-Verlag, Stuttgart.

**Spinnentiere**

BAEHR & BAEHR (2002): Welche Spinne ist das? Kosmos-Verlag, Stuttgart.

BELLMANN, H. (2006): Kosmos Atlas Spinnentiere Europas. Kosmos-Verlag, Stuttgart.

**Vögel**

MEBS, T. (2002): Greifvögel Europas. Kosmos-Verlag, Stuttgart.

MEBS, T. & W. SCHERZINGER (2008): Die Eulen Europas. Kosmos-Verlag, Stuttgart.

SINGER, D. (2002): Welcher Vogel ist das? Kosmos-Verlag, Stuttgart.

SVENSSON, L., P. GRANT, K. MULLARNEY & D. ZETTERSTRÖM (1999): Der neue Kosmos Vogelführer. Kosmos-Verlag, Stuttgart.

**Wanzen**

WACHMANN, E. (1989): Wanzen. Naturbuch-Verlag, Augsburg.

**Weichtiere**

BOGON, K. (1990): Landschnecken. Naturbuch-Verlag, Augsburg.

**Zikaden**

REMANE, R. & E. WACHMANN (1993): Zikaden. Naturbuch-Verlag, Augsburg.

**Zweiflügler**

HAUPT, J. & H. HAUPT (1998): Fliegen und Mücken. Naturbuch-Verlag, Augsburg.

KORMANN, K. (1988): Schwebfliegen Mitteleuropas. Ecomed Verlag, Landsberg.

**Abdomen:** Hinterleib
**Antenne:** Fühler
**Biotop:** Lebensraum
**Cheliceren:** „Kieferklauen", erste Mundgliedmaßen der Spinnen
**Detritus:** Fein zersetzte Reste von abgestorbenen Organismen
**Geschlechtsdimorphismus:** Deutlich erkennbarer Geschlechtsunterschied, z. B. in Größe, Farbe usw.
**Halteren:** Schwingkölbchen
**Holarktis:** Tier- und pflanzengeographisches Gebiet; umfaßt die gesamte nördliche kalte und gemäßigte Zone
**Imago:** Vollständig entwickeltes, geschlechtsreifes Insekt
**Kokon:** Puppenhülle, meist aus Seidengespinst
**Mandibeln:** Oberkiefer der Gliederfüßer, paarig
**Metamorphose:** Gestaltumwandlung; gemeint ist die Entwicklung vom Ei über Larvenstadien bis zum geschlechtsreifen Tier
**Mimikry:** Nachahmung wehrhafter oder giftiger Tiere durch harmlose Arten
**Monophag:** Auf eine Nahrungspflanze bzw. ein Beutetier spezialisiert
**Paläarktis:** Tier- und pflanzengeographisches Gebiet, umfaßt die kalte und gemäßigte Zone Europas und Asiens
**Parasit:** Schmarotzer
**Parthenogenese:** Jungfernzeugung; Entwicklung von Eiern ohne Befruchtung
**Polymorphismus:** Vielgestaltigkeit
**Pterostigma:** Flügelmal nahe der Flügelspitze
**Saisondimorphismus:** Jahreszeitlich bedingte unterschiedliche Färbung bei Tieren
**Segment:** Körperring bei Insekten, Tausendfüßern u. a.
**Sipho:** Vom Mantel der Weichtiere geformte Röhre, die zum Wassertransport dient
**Thorax:** Bruststück der Gliederfüßer
**Tympanalorgan:** Gehörorgan bei verschiedenen Insekten

## Größen wichtiger Vogelarten

# Bildnachweis

**Adam** 170/1c, 170/4, 172/1b, 172/2a, 176/2b, 296/3a, 356/1
**Aitken/Silvestris** 32/4b
**Angermayer** 1b, 3a, 34/4b, 270/1b
**Behrens** 376/2
**Bellmann** 178/2b, 178/5, 186/3b, 188/1, 190/1b, 192/1d, 220/7, 220/8, 228/3, 232/3, 234/2, 234/3a, 248/3c, 248/4, 252/1a, 254/4, 254/6, 262/1, 262/3b, 270/3, 272/1b, 272/4a, 274/1a, 274/1b, 274/2, 274/3a, 276/1a, 276/2a, 278/1, 278/2a, 278/2b, 278/3, 278/4, 278/5, 280/2, 280/3 280/5, 282/2, 282/4, 282/5, 282/6, 282/7, 284/2a, 284/2b, 286/4a, 294/5, 298/2a, 298/5 300/1a, 300/5, 302/1, 302/2, 302/6b, 304/3 304/5, 312/2c, 316/2, 316/3b, 316/4, 316/5, 322/6a, 322/6b, 332/1a, 332/4, 358/1a, 358/1b, 358/3, 358/4, 358/5, 360/1a, 364/7, 366/1b, 370/4, 372/3a, 372/3b, 372/3c, 372/4, 376/3, 376/5, 376/6, 380/2b, 380/2b, 380/3a, 380/4a, 382/3, 384/1, 384/4a, 384/4b, 384/4c, 384/5a, 384/5b, 386/1a, 386/1b, 386/2, 386/3, 386/4a, 386/4b, 386/4c, 388/1, 388/2, 390/5a, 390/5b, 394/1, 394/2, 394/3, 396/3, 396/4a, 396/4b, 408/2, 412/1a, 412/1b, 414/3, 420/3
**Brandl** 42/2c, 56/4, 90/5, 106/1a, 110/3c, 112/3b, 120/2a, 124/5a, 144/4c, 162/3b, 172/2b
**Braunstein** 96/4, 272/3a
**Bühl** 314/3b, 414/5
**Csordas** 222/6, 222/8
**Czimmeck** 28/5, 170/1b
**Dalton/Silvestris** 32/4a
**Danegger** 382/1b, 30/4a, 30/4b, 36/5a, 38/1a, 38/1b, 38/2a, 40/1a, 68/1, 78/1a, 78/1b, 92/1b, 130/4b, 146/2, 164/1b, 164/2, 172/1a, 174/1a, 174/1b
**Diedrich** 46/2a, 50/4, 82/3, 92/1a, 92/2, 104/1a, 104/5, 106/3b, 108/2, 118/4a, 126/2, 130/1a, 144/2a, 148/4a, 154/3b, 164/4
**Ewald** 218/1, 218/2, 346/4a, 356/2a, 406/2b
**Fey** 358/2a, 358/2b
**Finn** 30/1a, 36/4b, 44/1b, 70/4b, 102/2a, 106/4a, 106/4b, 114/2b, 116/1b, 134/3b, 174/2b, 222/4
**Fürst** 34/4a, 66/1b, 80/1, 82/1b, 84/3b, 112/2b, 150/4, 154/3a, 222/2, 286/4b, 320/4, 328/1b, 328/4a, 334/2, 334/3, 338/2c, 342/2, 342/4a, 342/5b, 344/3b, 348/3a, 348/3b, 350/2a, 350/3, 354/5a, 368/4a, 422/5a
**Fürst/Stahl** 60/2, 94/1, 98/2, 146/5a
**Gomille** 42/2a, 182/4, 218/6
**Göthel** 32/5
**Graner** 32/1a, 32/2, 32/3, 208/1a, 208/1b, 208/2, 208/3, 208/4, 210/3, 210/4, 210/5, 210/6, 212/1, 212/2, 212/4a, 212/4b, 214/2a, 214/3, 214/4, 212/3
**Groß** 52/1, 58/2b, 70/3, 74/1b, 82/4, 92/5, 98/3a, 100/2b, 102/1b, 110/4a, 124/4, 136/1b, 136/2, 138/2, 168/1, 170/2, 172/4, 218/5, 224/2, 226/8, 270/2, 310/3, 326/1b, 380/1a, 410/2a, 416/3c
**Haupt** 312/4a, 312/4b, 314/3c, 322/2, 414/1a
**Hecker** 38/2b, 68/3a, 90/4a, 96/1b, 102/3a, 104/3a, 122/5b, 148/1b, 156/1d, 158/1b, 166/3a, 182/2b, 188/3d, 190/1c, 206/4, 220/5, 228/5, 236/1b, 244/1b, 250/2, 258/4a, 260/1, 284/4, 284/6, 286/3, 288/3b, 290/2, 290/5, 294/2b, 300/3b, 300/3c, 304/1c, 334/4b, 370/1, 396/1b, 396/1c
**Hinz** 126/1d, 146/5b, 152/1b, 298/1c, 310/6b, 322/4a, 346/5a, 352/3a, 354/6, 422/6a
**Hopf** 82/1a, 86/2a, 86/2b, 94/2b, 96/3b, 116/1c, 122/2, 134/3a, 140/1a
**Hortig** 70/1, 72/2b, 74/1a, 84/3a, 90/3, 100/1, 108/1b, 110/3a, 128/1c, 138/4b, 176/1b, 370/2
**Hüttenmoser** 86/3a
**Jacobi** 110/2, 116/1a, 144/3b, 146/1b, 182/1b, 272/3b, 276/1b, 276/3b, 300/1b, 314/3a, 324/3b, 346/1, 352/1a, 380/4b
**Janke** 114/4, 212/4c, 212/5, 214/1a, 228/2a, 230/1b, 230/5, 232/1b, 232/2, 232/4a, 232/4b, 236/2, 236/3, 236/4, 238/1a, 238/1b, 238/2a, 238/2b, 238/3, 238/4, 240/1a, 240/2, 240/3, 240/5, 242/1, 242/2, 242/3, 242/5a, 242/5b, 242/6, 244/1a, 244/2b, 244/3, 244/4, 244/5, 246/2a, 246/2b, 246/3a, 246/3b, 246/4a, 256/1a, 256/1b, 256/2, 256/3a, 256/3b, 256/4, 256/5a, 256/5b, 258/1a, 258/1b, 258/2b, 258/3a, 258/4b, 260/2, 260/3a, 260/3b, 260/4, 264/4b, 266/1, 266/2a, 266/2b, 266/3, 266/4a, 266/5a, 268/2, 268/3a, 268/4a, 268/4b
**Kage** 280/6
**Kerber** 40/2b, 42/4, 112/1a, 126/1b
**Klees** 28/1c, 46/3b, 54/1a, 60/1a, 64/3b, 66/2a, 66/2b, 66/3a, 94/2a, 98/3b, 102/1a, 102/2c, 114/1b, 114/1c, 118/5, 124/1, 156/1c,

64/1a, 166/1b, 170/1a, 186/2, 226/2, 18/4c

**önig** 34/3b, 114/3, 122/5a, 180/1a, 180/3b, 84/1c, 192/4, 210/1, 210/2a, 214/1b, 14/2b, 214/5, 228/2b, 230/1a, 230/3, 30/4a, 232/1a, 234/3b, 236/1a, 238/1c, 42/4, 244/2a, 246/1, 246/4c, 258/2a, 58/3b, 260/5, 262/3a, 262/4, 266/4b, 268/1, 68/3b, 276/4a, 282/3, 316/3a, 318/2d, 66/5, 372/5, 374/1a, 376/4, 398/2, 398/7, 08/1, 408/4a, 412/4b, 414/1b, 422/3, 22/6b, 424/1a, 424/3b, 426/1b, 426/4c

**öster/Angermayer** 230/4b

**retschmer** 274/3b, 276/2b, 284/1, 304/2a, 08/4, 310/4, 312/3, 320/2, 328/2a, 330/5, 54/5b, 360/3, 360/5, 362/1, 362/2, 364/3, 66/2b, 366/4, 380/1b, 390/1, 398/3, 400/5, 02/2, 402/5, 404/5, 406/2d, 408/3, 410/3b, 12/4a, 416/2b, 418/3, 420/1, 426/3

**retzschmar** 240/1b, 240/4

**abhardt** 34/1a, 50/5a, 92/4a, 112/3a, 20/1a, 124/2, 142/1a, 178/2a, 178/4, 92/1b, 254/2a, 286/1, 290/1c, 292/2, 292/3, 94/1, 294/2a, 296/3b, 306/4, 308/2b, 12/5a, 352/1b, 368/5, 382/1c, 384/2

**ang** 248/1b, 290/1b, 324/4, 392/1b

**ayer** 44/4, 46/1a, 50/1b, 84/2, 94/3a, 16/3a, 134/4a, 148/4b, 148/5b, 180/2, 98/5, 222/3, 248/1c, 320/1b, 418/4b

**enz** 34/3a, 48/5, 48/6b, 54/1f, 56/2, 58/1b

**imbrunner** 2+3, 30/1b, 30/5, 38/3a, 38/3b, 40/3b, 44/2a, 44/3, 48/1a, 52/2a, 52/2b, 52/3, 52/4, 52/5a, 52/5b, 56/3a, 56/3b, 58/2a, 58/4, 60/3, 66/1a, 72/1b, 72/3, 76/1, 88/1a, 88/1b, 88/2, 88/4, 90/2b, 94/1b, 96/1a, 100/4, 104/2b, 108/3, 108/4, 110/4b, 112/2a, 112/2c, 116/2, 116/3b, 116/4, 118/2, 120/1b, 120/2b, 120/4, 124/5b, 128/1a, 128/1b, 128/2a, 130/1b, 132/3, 132/4a, 132/4b, 134/2, 134/4b, 136/1a, 136/1c, 138/3, 138/4a, 140/2b, 140/4b, 142/2a, 142/2b, 144/2b, 152/1c, 158/1a, 160/1a, 168/3a, 168/4a, 168/4b, 178/3, 186/3a, 188/3b, 190/2a, 216/1, 216/2, 216/5, 216/6, 216/7, 218/4, 218/8, 222/5, 224/1, 224/5, 224/6, 226/3, 226/4, 226/5, 234/1a, 234/1b, 234/4, 250/3, 250/4, 250/5b, 252/3, 252/4, 288/1b, 290/4, 320/3b, 324/1b, 340/2, 348/2b, 372/1, 374/3, 378/1a, 378/1e, 382/1a, 390/2, 390/3, 400/2b, 402/1b, 402/4a, 418/4a, 420/2a

**Marktanner** 190/1a, 272/2a, 298/1a, 322/3, 324/2a, 326/3, 326/4, 330/1, 330/4a, 330/4b, 332/2, 334/1, 336/3, 336/4a, 336/5a, 336/6, 338/2a, 338/2b, 338/6, 342/3a, 346/5d, 350/4, 350/6, 354/2, 356/2b, 356/3, 356/5, 406/5

**Mittermaier** 328/3c

**Moosrainer** 36/1, 68/3b, 80/2, 80/4, 86/4, 100/2a, 120/3, 122/4, 144/1a, 150/1c, 152/4, 166/2, 166/4a, 166/4b, 168/2a, 174/3a, 176/4, 222/1

**Nill** 34/1b, 36/5b, 38/4, 58/3b, 68/2a, 68/4a, 70/5b, 82/5, 84/4b, 88/5, 92/3, 100/3a, 100/3b, 100/3c, 104/1b, 104/4, 106/2a, 108/1c, 128/3a, 128/3b, 130/1c, 130/4a, 132/2b, 136/3a, 136/3b, 142/4, 162/5, 166/3b, 168/2b, 174/2a, 174/4a, 176/1a, 190/3b, 254/2b, 306/7, 340/1c, 340/3a, 420/2b

**Pfletschinger/Angermayer** 184/1b, 220/1, 220/3, 404/2b, 388/3c , 404/2d, 378/1c, 360/2b, 284/5, 354/1a, 406/2c, 388/3b, 330/3b, 228/4, 300/3a, 378/3b, 374/2b, 424/4, 374/2c, 318/1c, 364/1b, 270/4b, 374/1b, 364/1a, 400/4, 368/3, 276/4b, 382/4b, 374/1c, 306/1, 272/4b, 378/1b, 426/2b, 410/4, 304/2b, 310/2, 318/3, 248/3b, 320/3a, 394/3, 318/2a, 356/2c, 272/2b, 270/4a, 306/5, 398/2, 322/4b, 402/4c, 318/2c, 410/1, 372/2, 366/1a, 364/4, 410/2b, 404/1, 418/5, 360/2a, 404/2c, 378/1d

**Pforr** 36/4a, 42/3b, 44/2b, 46/2b, 48/6a, 50/2, 50/5b, 54/2b, 56/1a, 56/1b, 60/1b, 68/2b, 74/3, 78/5, 86/1, 90/1b, 110/1, 118/3b, 132/2a, 142/1b, 152/3b, 154/2, 160/1b, 182/1a, 182/3, 186/1b, 190/2b, 202/3, 206/3b, 216/3, 222/7, 224/4, 226/9, 248/3a, 250/1, 250/5a, 252/2, 254/3, 254/5, 262/5, 280/1b, 288/4b, 298/4, 300/4, 302/3, 302/4, 306/2, 306/3, 306/6, 308/2a, 312/1, 314/1b, 316/6b, 318/1b, 320/1a, 324/1a, 324/2b, 326/1c, 326/2a, 326/2b, 330/2, 330/3a, 332/3, 332/5, 334/4a, 336/2, 336/5b, 340/1a, 340/1b, 340/4a, 340/4b, 342/4b, 346/2, 346/3, 348/4a, 350/1b, 362/3, 362/5a, 362/5b, 364/2, 368/2, 374/4, 378/2, 378/3a, 392/1a, 404/4, 406/2a, 408/5, 412/1c, 412/2, 414/6, 416/1a, 416/1b, 416/3a, 416/3b, 420/4a, 422/2

**Pott** 124/3a, 124/3b, 126/1a, 126/3

**Reinhard** 28/1b, 30/2b, 36/2, 36/3, 46/3a, 120/1c, 134/1a, 134/1b, 184/3b, 194/1,

194/2, 194/3a, 194/3b, 196/2, 198/3, 200/5, 202/2, 204/1, 206/1b, 218/7, 350/1a
**Reinhard/Angermayer** 28/1a, 30/3a, 264/1
**Reinichs** 170/3
Rodenkirchen 186/3c, 192/1a, 220/4, 274/4b, 286/5, 290/3, 292/1b, 296/2b, 308/1, 332/6a, 336/1, 336/4b, 338/1, 342/1, 344/1, 348/2a, 348/4b, 352/1c, 354/1b, 354/3, 368/4b, 402/1a, 404/2a, 412/3, 426/2a, 288/2b
**Rohner** 312/5b, 314/2, 314/4, 314/5
**Sauer** 280/4, 310/6a, 316/1, 332/1a, 360/4, 370/3, 370/5, 370/6, 374/2d, 398/4, 398/5, 398/6, 406/4, 414/4, 424/5, 424/6
**Schmidt** 48/1b, 60/4a, 60/4b, 62/3, 70/4a, 72/2a, 76/3, 80/3, 84/1b, 84/4a, 86/3b, 86/5, 90/4b, 98/1a, 102/4, 110/3b, 114/1a, 182/2a, 196/4b, 294/4
**Schmidt/Angermayer** 76/5b, 76/2
**Schneider** 228/1, 228/6
**Schrempp** 46/4, 218/9, 328/4b, 354/4, 368/1, 388/3d, 388/3e
**Schwammberger** 48/3, 48/4, 56/5
**Synatzschke** 42/3a, 48/2, 58/3a, 94/4, 106/3c, 112/1b, 130/1d, 130/2, 132/1a, 162/3a, 192/3, 224/3, 226/6, 226/7, 246/4b, 252/1c, 252/1e, 264/3, 264/4a, 266/5b, 316/6a, 318/2b, 366/2a, 382/4a, 392/4, 392/5, 408/4b, 414/2b, 416/2a, 420/4b, 422/5b, 426/4a
**Vogt** 50/3, 54/3, 70/2, 186/1a, 188/3c, 192/2, 220/2, 220/6, 310/1, 310/5, 318/1a, 346/5c, 374/2a, 382/2, 388/3a, 422/1
**Wachmann** 392/2b, 392/6, 394/5, 394/6
**Wagner** 252/1b, 270/1a, 418/2
**Weber** 28/2, 28/4b, 42/1a, 90/1a, 106/3a, 114/2a, 118/4b, 150/1b, 218/3
**Wendl/Angermayer** 64/4, 74/2b, 138/1b, 140/1b
**Werle, B.** 108/1a
**Werle, L.** 186/4, 188/2a, 188/2b, 190/3a, 304/1a, 342/3b
**Wernicke** 104/2a, 104/3b, 118/1b, 122/1a, 122/1b, 126/1c, 126/4a, 126/4b, 128/2b, 144/3a, 148/1a, 148/5a, 150/1a, 150/1d, 150/2, 152/1a, 154/4, 156/1a, 156/3a, 156/ 158/3a, 158/3b, 158/4b, 160/2a, 160/2 160/3, 160/4, 162/1a, 162/4, 230/2
**Willner, O.** 286/2, 308/3, 338/5, 344/3 416/4
**Willner, W.** 42/1b, 54/2a, 118/1a, 118/3 140/3, 176/2a, 188/3a, 192/1c, 226/ 248/1a, 248/2, 252/1d, 254/1, 262/2, 274/4 280/1a, 298/2b, 298/3, 302/5a, 302/6 304/4, 312/2b, 314/1a, 322/1, 322/5, 326/1 332/6b, 334/5, 344/4b, 344/5, 348/1, 360/2 360/6a, 360/6b, 362/4b, 364/5, 364/6, 384/ 390/4, 392/2a, 392/3, 396/1a, 396/2, 398/ 400/1, 400/2a, 400/3, 402/3, 402/4b, 410/3 414/2a, 416/5, 422/4, 424/2, 424/3a, 426/4b
**Wothe** 168/3b, 264/2, 366/3
**Zeininger** 28/3, 32/1b, 34/2, 40/1b, 40/2 40/3a, 44/1a, 50/1a, 54/4, 62/1, 62/2, 62/4 62/4b, 64/1, 64/2, 64/3a, 66/4a, 70/5a, 72/1 72/4, 74/2a, 74/4, 76/4, 78/2, 78/3, 78/ 80/5a, 80/5b, 82/2, 84/1a, 88/3, 94/5, 96/2 96/2b, 96/3a, 98/1b, 98/4, 102/3b, 122/ 130/3, 136/4, 138/1a, 140/2a, 140/4 142/3a, 144/4a, 146/1a, 146/3, 146/4, 148/ 148/3, 150/3, 152/2, 152/3a, 154/1, 156/ 156/3b, 158/2, 158/4a, 162/2a, 164/3, 164/ 166/1a, 172/3, 174/3b, 176/3, 178/1, 180/1b 180/4a, 182/1c, 184/1a, 184/2, 184/4, 194/4 196/1a, 196/3, 196/4a, 196/5, 198/1, 198/ 198/4, 200/1, 200/2, 200/3, 200/4, 202/1a 202/1b, 202/4, 204/2, 204/3, 204/4, 204/5 206/1a, 206/2, 206/3a, 216/4, 262/6, 272/1a 282/1, 284/3, 288/1a, 288/2a, 288/3a 288/4a, 290/1a, 292/1a, 292/4, 292/5 294/3a, 294/3b, 296/1, 296/2a, 296/4, 296/5 298/1b, 300/2, 302/5b, 304/1b, 308/5 312/2a, 324/3a, 328/3b, 362/4a, 404/3 426/1a
**Zepf** 180/3a, 180/4b, 276/3a, 328/1a 328/3a, 338/3, 338/4, 340/3b, 342/5a, 344/2 344/4a, 346/4b, 346/5b, 348/4c, 350/2b 350/5, 352/2, 352/3b, 352/4, 356/4, 356/6 376/1, 380/2a, 406/1, 418/1a, 418/1b, 420/5
**Ziesler/Angermayer** 58/1a

-al 204/1
-almutter 210/4
-askäfer, Vierpunkt 400/5
-bendpfauenauge 342/1
-bendsegler 52/4
-bgestutzte Sandklaffmuschel 242/4
*-bramis brama* 200/1
*-braxas grossulariata* 338/3
*-canthis flammea* 98/2
*-ccipiter gentilis* 132/1
*- nisus* 132/2
*-cherontia atropos* 340/3
*-cheta domestica* 300/4
-cht, Goldene 354/3
*-cilius sulcatus* 396/2
-ckerhummel 390/5
-ckerschnecke, Einfarbige → 252/4
-ckerschnecke, Genetzte 252/4
-ckerschnecke, Verkannte → 252/4
*Acrocephalus arundinaceus* 78/3
*– paludicola* 78/5
*– palustris* 78/2
*– schoenobaenus* 78/4
*– scirpaceus* 78/1
*Actinia equina* 232/1
*Actitis hypoleucos* 154/
*Adalia bipunctata* 416/2
Admiral 348/2
Adonilibelle, Späte 286/5
Adonislibelle, Frühe 286/4
*Aegithalos caudatus* 84/1
*Aegolius funereus* 176/4
*Aelia acuminata* 308/4
Äsche 194/4
*Aeshna cyanea* 292/3
*– grandis* 292/4
*– mixta* 292/5
Äskulapnatter 182/4
*Agelastica alni* 426/3
*Agelena labyrinthica* 276/4
*Aglais urticae* 348/1
*Agonus cataphractus* 212/5
*Agriotes lineatus* 408/4
*Agrius convolvuli* 340/1
*Agrotis segetum* 332/3
*Aix galericulata* 122/4
Aland 200/4
*Alauda arvensis* 60/1
*Alca torda* 162/3
*Alcedo atthis* 168/2
*Alces alces* 30/5
*Alectoris graeca* 138/3
*Alopochen aegyptiacus* 118/5
Alpenbock 420/2
Alpenbraunelle 66/4
Alpendohle 92/4
Alpenkrähe 92/5
Alpensalamander 186/2
Alpensegler 168/4
Alpenspitzmaus 56/5
Alpensteinbock 28/4
Alpenstrandläufer 148/1
Alpine Gebirgsschrecke 302/4
*Alytes obstetricans* 188/1
*Amaurobius fenestralis* 274/3
Ameisenbläuling, Enzian- 356/5
Ameisen-Buntkäfer 412/2
Ameisenjungfer 318/2
Ameisenlöwe → 318/2
Ameisenspringspinne → 274/4
Ameisenwespe 376/5
Amerikanische Bohrmuschel 242/6
Amerikanische Schwertmuschel 236/4
Amerikanischer Flußkrebs 264/3
*Ammophila sabulosa* 380/2
*Ampedus sanguineus* 408/5
*Amphimallon solstitiale* 404/3
Amsel 74/1
*Anas acuta* 122/2
*– clypeata* 122/1
*– crecca* 120/2
*– penelope* 120/4
*– platyrhynchos* 120/1
*– querquedula* 120/3
*– strepera* 122/3
*Anatis ocellata* 416/4
*Anax imperator* 292/1
*Andrena fulva* 384/3
*– vaga* 384/2
*Anemonia viridis* 232/2
*Anguilla anguilla* 204/1
*Anguis fragilis* 178/5
*Anobium punctatum* 412/4
*Anodonta antatina* → 234/4
*– cygnea* 234/4
*Anser albifrons* 116/3
*– anser* 116/1
*– fabalis* 116/2
*– indicus* 116/4
*Anthaxia nitidula* 408/3
*Anthidiellum strigatum* 386/3
*Anthidium manicatum* 386/2
*Anthocharis cardamines* 354/2
*Anthus campestris* 62/3
*– pratensis* 62/2
*– spinoletta* 62/4
*– trivialis* 62/1
*Apatura ilia* → 350/1
*– iris* 350/1
Apfelwickler 326/2
*Aphis fabae* 314/1
*Aphodius fimetarius* 404/1
*Aphrophora alni* 312/3
*Apius mellifica* 388/3
*Apodemus agrarius* 50/4
*– flavicollis* 50/3
*– sylvaticus* 50/2
*Apoderus coryli* 422/4
Apollo, Schwarzer 352/4
Apollofalter 352/3
*Aporia crataegi* 354/6
*Aporrhais pes-pelecani* 246/1
*Apus apus* 168/3
*– melba* 168/4
*Aquilla chrysaetos* 134/1
*Araneus diadematus* 270/1
*Araschnia levana* 348/4
*Archanara geminipunctata* 332/6
*Arctia caja* 336/5
*Arctica islandica* 236/2
*Ardea cinerea* 108/1
*– purpurea* 108/2
*Arenaria interpes* 150/4
*Arenicola marina* 256/1
*Argiope bruennichi* 276/3
*Argulus foliaceus* 316/5
*Argynnis paphia* 350/4
*Argyroneta aquatica* 270/4
*Arion rufus* 252/1
*Armadillidium vulgare* 262/5
*Aromia moschata* 418/5
Artemismuschel 242/2
*Arvicola terrestris* 48/5
*Ascaris lumbricoides* → 228/5
*Asellus aquaticus* 262/2
Asiatische Großschabe 304/5
*Asilus crabroniformis* 364/3
*Asio flammeus* 174/3
*– otus* 174/2
Aspisviper 180/4
*Asplanchna* 228/6
*Astacus astacus* 264/1
*– leptodactylus* 264/3
*Asteria rubens* 260/1
*Athene noctua* 176/3
Auerhuhn 140/1
Augenfalter → 344/3
Augen-Marienkäfer 416/4

*Aurelia aurita* 230/1
Aurorafalter 354/2
Auster 238/1
Austernfischer 144/2
*Autobytus prolifer* 256/2
*Autographa gamma* 332/4
*Aythya ferina* 124/2
– *fuligula* 124/1
– *marila* 124/3
– *nyroca* 124/4
Azurjungfern 290

Bachflohkrebs 262/6
Bachforelle 194/3a
Bachhaft 318/3
Bachneunauge 194/1
Bachschmerle → 202/1
Bachstelze 64/1
Bänderschnecke, Garten- 248/3
Bänderschnecke, Hain- 243/2
Bär 36/1
Bär, Brauner 336/5
Bär, Russischer → 336/6
Bärenspinner 336
Bäumchen-Röhrenwurm 258/2
Baldachinspinne 272/4
Bandfüßer 282/6
Bartgrundel → 202/1
Bartmeise 84/2
Baßtölpel 106/4
Bauchsammlerbienen 386
Baumfalke 136/2
Baummarder 38/2
Baumpieper 62/1
Baumwanze, Rotbeinige 310/1
Baumweißling 354/6
Becherazurjungfer 290/3
Beißschrecke, Roesels 298/3
Bekassine 150/2
Bergente 124/3
Bergfink 96/2
Bergmolch 184/2
Bergpieper → 62/4
Bergstelze → 64/3
Bernsteinschnecke 248/4
Beutelmeise 84/3
Beutelmeise, Nest 224/4
Biber 42/1
Biber, gefällter Baum 218/6
Biberburg 216/3
*Bibio marci* 366/4
Bienenfresser 166/3
Bienenwolf 412/3
Bienenwolf 380/1
Binsenjungfer, Gemeine 288/2
Birkenblattroller 422/6
Birkensichler → 330/5
Birkenspanner 338/6
Birkenspinner 330/1
Birkenzeisig 98/2
Birkhuhn 140/2
Bisamburg 216/4
Bisamratte 42/3
*Bison bonasus* 28/5
*Biston betularia* 338/6
Bitterling 198/5
*Blaberus cranifer* → 304/5
Bläßgans 116/3
Bläßhuhn 142/1
Bläuling, Gemeiner 356/2
*Blaps mortisaga* 414/3
Blasenfüße 316
*Blatella germanica* 304/4
*Blatta orientalis* 304/3
Blattkäfer 426
Blattläuse 314
Blattlauslöwe → 318/1
Blattschneiderbiene 386/4
Blattwespe, Rote Kiefernbusch-
horn- 372/3
Blaue Nesselqualle → 230/3
Blaue Schmeißfliege 368/2
Blaues Ordensband 334/3
Blauflügel-Ödlandschrecke 302/5
Blauflügel-Prachtlibelle 286/1
Blaugrüne Mosaikjungfer 292/3
Blaukehlchen 68/4
Blaumeise 82/2
Blaupfeil, Großer 294/3
Blauracke 166/4
Blauschwarzer Eisvogel → 350/3
*Bledius spectabilis* 398/7
Blei 200/1
Blinde Fliege → 362/5
Blindfliege → 362/4
Blindschleiche 178/5
Blindwanzen 310
Blumenkohlqualle 230/4
Blutegel 254/4
Bluthänfling 98/3
Blutlaus 314/2
Blutrote Heidelibelle 296/3
Blutroter Schnellkäfer 408/5
Blutströpfchen 324/3
Blutzikade 312/1
*Boettgerilla pallens* 252/3
Bohnenlaus, Schwarze 314/1
Bohrfliege, Distel- 366/2
Bohrmuschel, Amerikanische
242/6
Bohrmuschel, Rauhe 242/5
Bohrschwamm 228/2
Bombardierkäfer 394/1
*Bombina bombina* 186/4
– *variegata* 186/3
*Bombus hortorum* 390/4
– *lapidarius* 390/2
– *pascuorum* 390/5
– *pratorum* 390/3
– *terrestris* 390/1
*Bombycilla garrulus* 64/4
*Bombylius major* 364/2
*Bonasa bonasia* 140/3
*Boreus hyemalis* → 320/2
– *westwoodi* 320/2
Borkenkäfer 406
Borstenhornläufer 394/6
*Botaurus stellaris* 110/1
*Brachinus crepitans* 394/1
Brachpieper 62/3
Brachsen → 200/1
Brachvogel 152/3
Brandgans 118/4
Brandmaus 50/4
Brandseeschwalbe 160/3
*Branta bernicla* 118/2
*Branta canadensis* 118/3
*Branta leucopsis* 118/1
Braune Mosaikjungfer 292/4
Brauner Bär 336/5
Brauner Steinläufer 282/1
Braunes Langohr 52/2
Braunfrösche 192
Braunkehlchen 68/2
Brennesselzünsler 322/4
Brettkanker 278/4
Brombeerzipfelfalter 356/6
Brotkäfer 414/4
*Bruchus pisorum* 406/3
Bruchwasserläufer → 154/3b
*Bubo bubo* 174/1
*Buccinum undatum* 246/2
*Bucephala clangula* 124/5
Buchdrucker 406/2
Buchengallmücke 364/1
Bücherskorpion 278/5
Buchfink 96/1
Büffelzirpe 312/4
*Bufo bufo* 190/1
– *calamita* 190/2
– *viridis* 190/3
Bunte Trogmuschel 240/5
Bunter Grashüpfer 302/3
Bunter Kurzflügler → 398/1
Bunter Saftkugler 282/4

-untes Spargelhähnchen 424/1
-untkäfer, Ameisen- 412/2
-untspecht 170/1
-untspecht, Höhle 226/1
*-uteo buteo* 130/1
*- lagopus* 130/1
-utterfisch 212/3
-utterkrebs → 266/4
*-yturus tomentosus* 416/1

*-alidris alba* 148/4
*- alpina* 148/1
*- canutus* 148/5
*- ferruginea* 148/3
*- minuta* 148/2
*-allimorpha dominula* 336/6
*-alliphora vicina* 368/2
*-allistus lunatus* 394/2
*-allophrys rubi* 356/6
*-alopteryx splendens* 286/2
*- virgo* 286/1
*-alosoma sycophanta* 392/2
*-alospilos sylvata* 338/4
*-ancer pagurus* 266/5
*-anea lamarcki* → 230/3
*-anis lupus* 34/2
*-antharis rustica* 410/1
*-apra ibex* 28/4
*-apreolus capreolus* 30/4
*-aprimulgus europaeus* 168/1
*-arabus auratus* 392/5
*- coriaceus* 392/4
*- nemoralis* 392/6
*- violaceus* 392/3
*-arassius auratus auratus* 196/4b
*- auratus gibelio* 196/4a
*- carassius* 196/3
*-arcinus maenas* 266/4
*-arduelis cannabina* 98/3
*- carduelis* 96/4
*-assida viridis* 426/1
*-astor fiber* 42/1
*-atocala fraxini* 334/3
*- nupta* 334/4
*-elastrina argiolus* 356/4
*-epaea hortensis* 248/3
*- nemoralis* 248/2
*-ephenomya stimulator* 370/6
*-erambyx cerdo* 418/4
*-erastoderma edule* 240/1
*-eratophyllus* 316/3b
*-erceris aranaria* 376/4
*-ercopis vulnerata* 312/1
*-eriagrion tenellum* 286/5
*Certhia brachydactyla* 86/4
*– familiaris* 86/5
*Cerura vinula* 328/1
*Cervus dama* 30/2
*– elaphus* 30/1
*– nippon* 30/3
*Cetonia aurata* 404/5
C-Falter 346/4
*Chaetopteryx villosa* 358/3
*Chalcolestes viridis* 288/1
*Chalcophora mariana* 408/2
*Chalicodoma parietina* 386/1
Chamäleonfliege 362/1
*Charadrius alexandrinus* 146/3
*– dubius* 146/1
*– hiaticula* 146/2
*Chelifer cancroides* 278/5
*Chironomus* 360/6
*Chlidonias niger* 162/2
*Chloris chloris* 96/3
*Chloromyia formosa* 362/2
*Chorthippus biguttulus* 302/1
*– parallelus* 302/2
*Chrysaora hysoscella* 230/2
*Chrysis ignita* 376/2
*Chrysopa perla* 318/1
*Chrysops caecutiens* 362/5
*Chrysozona pluvialis* → 362/5
*Cicindela campestris* 392/1
*Ciconia ciconia* 110/3
*– nigra* 110/4
*Cimbex femorata* 372/4
*Cinclus cinclus* 66/1
*Circus aeruginosus* 132/3
*– cyaneus* 132/4
*– pygargus* 132/4
*Citellus citellus* 46/2
*Clangula hyemalis* 126/4
*Clethrionomys glareolus* 48/6
*Clias crocea* 354/4
*Cliona celata* 228/2
*Clupea harengus* 210/1
*Clytus arietis* 420/1
*Cobitis taenia* 202/3
*Coccinella 7-punctata* 416/3
*Coccothraustes coccothraustes* 100/1
*Codulia aenea* → 296/2
*Coelioxys conoidea* 388/1
*Coelopa frigida* 366/5
*Coenagrion puella* 290/1
*– pulchellum* 290/2
*Coenonympha pamphilus* 344/5
*Colias hyale* 354/3
*Columba livia* 164/1
*– oenas* 164/3
*– palumbus* 164/2
*Columbicola columbae* 316/6b
*Copris lunaris* 402/3
*Coracias garrulus* 166/4
*Corcus corone corone* 90/2
*Cordulegaster boltoni* 294/4
*Coreus marginatus* 310/2
*Corixa punctata* 306/1
*Coronella austriaca* 182/3
*Corophium volutator* 266/2
*Corvus corax* 90/1
*– corone cornix* 90/3
*– frugilegus* 90/4
*– monedula* 90/5
*Cossus cossus* 324/1
*Cottus gobio* 206/1
*Coturnix coturnix* 138/2
*Crataerhina pallida* 370/2
*Crangon crangon* 268/2
*Crex crex* 142/4
*Cricetus cricetus* 46/1
*Crioceris asparagi* 424/1
*– duodecimpunctata* 424/2
*Crocidura leucodon* 56/3
*– russula* 54/3
*– suaveolens* 56/4
*Ctenocephalides canis* 316/3
*Ctenopharyngodon idella* 196/5
*Ctenophora ornata* 360/3
*Cuculus canorus* 166/1
*Culex pipiens* 360/2
*Culicoides* 360/4
*Cupido minimus* 356/3
*Curculio nucum* 422/5
*Cyanea capillata* 230/3
*Cychrus attenuatus* 394/3
*Cyclops* 264/2
*Cyclopterus lumpus* 212/4
*Cydia pomonella* 326/2
*– atratus* 114/4
*– bewickii* 114/3
*– cygnus* 114/2
*– olor* 114/1
*Cynips quercusfolii* 374/1
*Cyprinus carpio* 196/1

Dachs 36/3
Damenbrett → 346/2
Damhirsch 30/2
*Daphnia pulex* 262/1
*Dasypoda hirtipes* 384/5
*Decticus verrucivorus* 300/1
*Deilephila elpenor* 342/4
*Delichon urbica* 58/2

Delphin 32/5
*Delphinus delphinus* 32/5
*Dendrocoelum lacteum* 228/4
*Dendrocopus major* 170/1
– *medius* 170/2
– *minor* 170/4
*Deporaus betulae* 422/6
*Dermatophagoides* 280/6
*Dermestes lardarius* 414/2
*Deroceras agreste* → 252/4
– *lothari* → 252/4
– *reticulatum* 252/4
Deutsche Schabe 304/4
*Diachrysia chrysitis* 334/5
Dickkopf → 200/5
Dickkopffalter, Orangegelber 344/1
Dickkopffalter, Rostfarbiger → 344/2
*Diplolepis eleganteriae* → 374/2
– *nervosus* → 374/2
– *rosae* 374/2
Distel-Bohrfliege 366/2
Distelfalter 348/3
Distelfink → 96/4
Döbel 200/5
Dohle 90/5
*Dolichovespula media* 382/3
– *saxonica* 382/4
*Dolomedes fimbriatus* 272/3
Dompfaff → 100/2
*Donax vittatus* 238/3
Dorndreher → 88/2
Dorngrasmücke 76/4
Dornhai 208/2
Dornschrecke, Gemeine 300/5
Dorsch 210/2
*Dosinia exolata* 242/2
Drahtwürmer → 408/4
Dreikantwurm 258/3
*Dreissena polymorpha* 234/1
Dreistachliger Stichling 206/3
Dreizehenmöwe 158/3
Dreizehenspecht 170/3
*Drepana falcataria* 330/5
*Drosophila melanogaster* 366/3
Drosselrohrsänger 78/3
*Dryocopus martius* 172/1
Dukatenfalter 356/1
Dungfliege, Gelbe 368/5
Dungkäfer 404/1
Dunkle Erdhummel 390/1
Dunkler Wasserläufer 154/1
Dwarslöper → 266/4
*Dytiscus marginalis* 396/1

*Earias chlorana* 332/5
*Echinocardium cordatum* 260/5
*Echinocyamus pusillus* 260/4
Echte Mäuse 50
Edelfalter 346
Edelkrebs → 264/1
Egelschnecke, Große → 252/2
*Egretta alba* 108/3
– *garzetta* 108/4
Eichelhäher 92/2
Eichenbock, Großer 418/4
Eichengallwespe 374/1
Eichenprozessionsspinner 328/4
Eichenschrecke, Gemeine 298/4
Eichenspinner 330/4
Eichenwickler, Grüner 326/3
Eichhörnchen 44/1
Eichhörnchen, Nest 216/6
Eiderente 126/1
Einfarbige Ackerschnecke → 252/4
Einsiedlerkrebs 266/1
Eintagsfliege, Gemeine 284/3
Eintagsfliege, Larve 284/44
*Eisenia foetida* 254/3
Eisente 126/4
Eisvogel 168/2
Eisvogel, Blauschwarzer → 350/3
Eisvogel, Höhle 226/9
Eisvogel, Kleiner 350/3
*Elaphe longissima* 182/4
*Elaphrus riparius* 394/5
Elch 30/5
*Eliomys quercinus* 44/4
Elritze 198/4
Elster 92/1
Elster, Nest 224/1
*Emberiza citrinella* 102/1
– *hortulana* 102/3
– *schoeniclus* 102/2
*Emys orbicularis* 180/2
*Enallagma cyathigerum* 290/3
*Endromis versicolora* 330/1
*Ensis directus* 236/4
– *ensis* → 236/3
– *siliqua* 236/3
*Entelurus aequoreus* 210/5
Entenmuschel 268/4
Enzian-Ameisenbläuling 356/5
*Ephemera danica* 284/3
*Episyrphus balteatus* 364/6
*Epitonium clathrus* 244/5
*Erannis defoliaria* 338/2
Erbsenmuschel 234/2
Erbsensamenkäfer 406/3

Erdhummel, Dunkle 390/1
Erdkröte 190/1
Erdkröte, Laich 220/1
Erdkröte, Larve 220/5
Erdläufer, Gemeiner 282/2
Erdmaus 48/2
Erdspecht → 172/2
*Erebia medusa* 346/1
*Eremophila alpestris* 60/4
*Eresus niger* 276/2
*Ergates faber* 418/1
*Erinaceus europaeus* 54/1
*Eriocheir sinensis* 264/4
*Eriophyes* 280/5
*Eriosoma lanigerum* 314/2
*Eristalis tenax* 366/1
*Erithacus rubecula* 68/1
Erlenblattkäfer 426/3
Erlenschaumzikade 312/3
Erlenzeisig 98/1
*Erythromma najas* 288/4
– *virens* 288/3
Erzwespe 376/1
*Esox lucius* 204/2
Eßbare Herzmuschel 240/1
Eule, Gamma- 332/4
Eulenfalter 332
*Eumenes coarctus* 380/4
*Euphydryas canthia* 350/5
*Euplagia quadripunctria* → 336/
*Euproctis chrysorrhoea* 332/1
Europäische Sumpfschildkröte 180/2
*Eurrhypara hortulata* 322/4
*Eurydema oleraceum* 310/6
*Eutrombidium* 280/2

Fadenmolch 184/4
Fadenwurm 228/5
*Falco columbarius* 136/4
– *peregrinus* 136/3
– *subbuteo* 136/2
– *tinnunculus* 136/1
Fasan 140/4
Faulbaumbläuling 356/4
Federgeistchen 322/1
Federling, Tauben- 316/6b
Federling, Turmfalken- 316/6a
Federmotte → 322/1
Fegestelle, Reh 218/1
Feldgrille 300/2
Feldhamster 46/1
Feldhase 40/1
Feldlerche 60/1
Feldmaus 48/1

eld-Sandlaufkäfer 392/1
eldschwirl 80/5a
eldsperling 94/3
eldspitzmaus 56/3
*elis silvestris* 34/4
*elix lynx* 34/3
elsenschwalbe 58/4
elsentaube → 164/1b
ensterspinne 274/3
euerfalter, Großer → 356/1
euergoldwespe 376/2
euerkäfer, Scharlachroter 410/4
euerqualle 230/3
euersalamander 186/1
euersalamander, Larve 220/8
euerwanze, Gemeine 308/2
*icedula hypoleuca* 70/2
ichtengallaus 314/3
ichtenkreuzschnabel 100/3
ichtenrüsselkäfer 422/1
ischadler 134/3
ischegel 254/5
ischotter 36/4
ischreiher → 108/1
itis 80/2
itis, Nest 224/3
lamingo 112/3
ledermausazurjungfer 290/2
ledermäuse 50
Fleischfliege, Graue 368/1
Fliege, Blinde → 362/5
Fliege, Spanische → 410/4
Fliegenschnäpper, Grauer 70/3
Florfliege, Gemeine 318/1
Flunder 214/4
Flußbarsch 204/3
Flußkrebs 264/1
Flußkrebs, Amerikanischer 264/3
Fluß-Perlmuschel 234/3
Flußregenpfeifer 146/1
Flußregenpfeifer; Nest 222/1
Flußseeschwalbe 160/1
Flußuferläufer 154/
*Forficula auricularia* 304/2
Forleule → 334/1
*Formica rufa* 378/1
Fransenfledermaus 52/3
Fransenflügler 316/2
*Fratercula arctica* 162/5
Frettchen → 36/5
*Fringilla coelebs* 96/1
– *montifringilla* 96/2
Froststpanner, Großer 338/2
Fruchtfliege → 366/3
Frühe Adonislibelle 286/4
Fuchs 34/1
Fuchs, Großer → 348/1
Fuchs, Kleiner 348/1
Fuchsbau 216/2
*Fulica atra* 142/1
Furchenschwimmer 396/2

Gabelschwanz, Großer 328/1
*Gadus morhua* 210/2
Gänsegeier 134/4
Gänsesäger 128/1
*Galerida cristata* 60/2
*Gallinago gallinago* 150/2
*Gallinula chloropus* 142/2
Gallmilbe 280/5
Gallwespen 374
Gamma-Eule 332/4
*Gammarus pulex* 262/6
Garnele, Nordsee- 268/2
*Garrulus glandarius* 92/2
Gartenammer → 102/3
Garten-Bänderschnecke 248/3
Gartenbaumläufer 86/4
Gartenbaumläufer, Nistplatz 226/5
Gartengrasmücke 76/2
Gartenhummel 390/4
Gartenkreuzspinne 270/1
Gartenlaubkäfer 404/4
Gartenrotschwanz 70/5
Gartenschläfer 44/4
Gartenspitzmaus 56/4
*Gasterosteus aculeatus* 206/3
*Gastropacha quercifolia* 330/2
*Gavia arctica* 106/1
– *stellata* 106/2
Gebänderte Heidelibelle 296/4
Gebänderte Prachtlibelle 286/2
Gebirgschrecke, Alpine 302/4
Gebirgsstelze 64/3
Geburtshelferkröte 188/1
gefällter Baum, Biber 218/6
Gefleckter Schmalbock 420/5
Gefleckter Weidenblattkäfer 424/5
Geistermotte → 324/2
Gelbbauchunke 186/3
Gelbe Dungfliege 368/5
Gelbe Kammschnake 360/3
Gelbe Tigermotte 336/2
Gelbe Wiesenameise 378/2
Gelbhalsmaus 50/3
Gelbrandkäfer 396/1
Gelbspötter 80/1
*Gelochelidon nilotica* 160/4
Gemeine Binsenjungfer 288/2
Gemeine Dornschrecke 300/5
Gemeine Eichenschrecke 298/4
Gemeine Eintagsfliege 284/3
Gemeine Essigfliege 366/3
Gemeine Feuerwanze 308/2
Gemeine Florfliege 318/1
Gemeine Holzwespe 372/2
Gemeine Keiljungfer 296/1
Gemeine Smaragdlibelle → 296/2
Gemeine Stechmücke 360/2
Gemeine Teichmuschel → 234/4
Gemeine Waldschwebfliege 364/7
Gemeine Wegwespe 380/3
Gemeine Wespe 382/2
Gemeine Wiesenwanze 310/4
Gemeine Winterlibelle 290/4
Gemeine Winter-Schwebfliege 364/6
Gemeiner Bläuling 356/2
Gemeiner Erdläufer 282/2
Gemeiner Grashüpfer 302/2
Gemeiner Regenwurm 254/2
Gemeiner Rosenkäfer 404/5
Gemeiner Scheckenfalter 350/6
Gemeiner Seestern 260/1
Gemeiner Totengräber 400/2
Gemeiner Wasserfloh 262/1
Gemse 28/3
Gemusterter Schlangenstern 260/2
Genetzte Ackerschnecke 252/4
*Geophilus longicornus* 282/2
*Geotrupes stercorarius* 408/1
Gerandete Jagdspinne 272/3
Gerandeter Saftkugler 282/3
*Gerris lacustris* 306/7
Gespinstmotte, Traubenkirschen- 326/1
Gestreifter Kohlerdfloh 424/4
Getreideblasenfuß → 316/2
Getreiderohrsänger → 78/2
Getreidespitzwanze → 308/4
Gewitterfliege → 316/2
Gewitterwürmchen → 316/2
Gewöhnliche Strauchschrecke 298/2
Giebel 196/4a
Gimpel 100/2
Girlitz 98/4
Glänzende Nabelschnecke 246/3
Glänzende Smaragdlibelle 296/2
Glasaal → 204/1
Glattnatter → 182/3

Glattrochen 208/3
Gletscherfloh → 320/2
*Glis glis* 44/2
Glockenfrosch → 188/1
*Glomeris conspersa* 282/4
– *marginata* 282/3
Glucken 330
Glühwürmchen 412/1
Gnitze 360/4
*Gobio gobio* 200/2
Goldafter 332/1
Goldammer 102/1
Goldauge → 318/1
Goldaugenbremse 362/5
Goldene Acht 354/3
Goldfisch 196/4b
Goldgrüner Raupentöter – 392/2
Goldleiste 392/3
Goldregenpfeifer 146/4
Goldschmied 392/5
Goldschwanz → 254/3
Goldstreifiger Moderkäfer 398/1
Goldwespe 376/3
*Gomphus pulchellus* → 296/1
*Gomphus vulgatissimus* 296/1
*Gonepteryx rhamni* 354/5
Gottesanbeterin 304/1
Grabwespen 380
Granat → 268/2
Granatauge, Großes 288/4
Granatauge, Kleines 288/3
*Graphocephala fennahi* 312/5
*Graphosoma lineatum* 308/5
Grasfrosch 192/2
Grasfrosch, Laich 220/2
Grasfrosch, Larve 220/6
Grashüpfer, Bunter 302/3
Grashüpfer, Gemeiner 302/2
Grashüpfer, Nachtigall- 302/1
Graskarpfen 196/5
Grauammer 102/4
Graue Fleischfliege 368/1
Grauer Fliegenschnäpper 70/3
Graugans 116/1
Graureiher 108/1
Graureiher, Horst 222/7
Grauer Fliegenschnäpper, Nest 226/6
Grauspecht 172/3
Groppe 206/1
Große Egelschnecke → 252/2
Große Königslibelle 292/1
Große Pechlibelle 286/3
Große Rohrdommel 110/1
Große Scheidenmuschel → 236/3
Große Schlangennadel 210/5
Große Teichmuschel 234/4
Große Wassermotte 358/5
Großer Blaupfeil 294/3
Großer Brauner Rüsselkäfer → 422/1
Großer Eichenbock 418/4
Großer Eisvogel 350/2
Großer Feuerfalter → 356/1
Großer Frostspanner 338/2
Großer Fuchs → 348/1
Großer Gabelschwanz 328/1
Großer Hummelschweber 364/2
Großer Kohlweißling 354/1
Großer Kolbenwasserkäfer 396/4
Großer Pappelbock 420/4
Großer Rotschenkel → 154/1
Großer Rüsselkäfer 422/2
Großer Schillerfalter 350/1
Großer Schnegel 252/2
Großes Granatauge 288/4
Großes Ochsenauge 344/3
Großes Wiesel → 38/3
Großlibellenlarve 292/2
Großschabe, Asiatische 304/5
Großtrappe 144/1
Gründling 200/2
Grüne Kröte → 190/3
Grüne Stinkwanze 310/5
Grüner Eichenwickler 326/3
Grüner Rüsselkäfer 422/3
Grüner Schildkäfer 426/1
Grüner Süßwasserpolyp 232/3
Grünes Heupferd 298/1
Grünfrösche 192
Grünling 96/3
Grünschenkel 154/2
Grünspecht 172/2
Grünwidderchen 324/4
Grundkäfer 394/4
*Grus grus* 112/1
*Gryllotalpa gryllotalpa* 300/3
*Gryllus campestris* 300/2
*Gymnocephalus cernua* 204/4
*Gyps fulvus* 134/4
*Gyrinus substriatus* 396/3

Haarlinge 316
Habicht 132/1
Habicht, Horst 222/8
*Haematopus ostralegus* 144/2
*Haemopis sanguisuga* 254/6
Haie 208
Hain-Bänderschnecke 248/2
Hainlaufkäfer 392/6
*Halesus tesselatus* 358/4
*Haliaeetus albicilla* 134/2
*Halichoerus grypus* 32/2
*Halictus quadricinctus* → 384/1
Harlekin 338/4
Harzbiene 386/3
Hase, Nagespuren 218/3
Hasel 200/3
Haselblattroller 422/4
Haselhuhn 140/3
Haselmaus 44/3
Haselmaus, Nest 216/7
Haselnußbohrer 422/5
Haubenlerche 60/2
Haubenmeise 82/5
Haubentaucher 104/1
Haubentaucher, Nest 222/4
Hausbock 420/3
Hausgrille → 300/4
Hausmaus 50/1
Hausmutter 334/2
Hausratte 46/4
Hausrotschwanz 70/4
Hausrotschwanz, Nest 226/7
Haussperling 94/2
Hausspinne → 270/3
Hausspitzmaus 54/3
Hausstaubmilbe 280/6
Hecht 204/2
Heckenbraunelle 66/3
*Hedychrum nobile* 376/3
Heidelerche 60/3
Heidelibelle, Blutrote 296/3
Heidelibelle, Gebänderte 296/4
Heidelibelle, Schwarze 296/5
Heimchen 300/4
*Helix pomatia* 248/1
*Heodes virgaurea* 356/1
*Hepialus humuli* 324/2
Herbst-Mosaikjungfer 292/5
Hering 210/1
Heringsmöwe 156/4
Hermelin 38/3
Herzmuschel, Eßbare 240/1
Herzseeigel 260/5
*Hesperia comma* 344/2
*Heteromastus filiformis* 256/5
Heufalter → 354/3
Heufalter, Kleiner 344/5
Heuler → 32/1a
Heupferd, Grünes 298/1
*Himantopus himantopus* 144/4
Himbeerkäfer 416/1
Himmelsziege → 150/2
*Hinia reticulata* 244/4
*Hippobosca equina* 370/1

*Hippocampus ramulosus* 210/6
*Hippolais icterina* 80/1
Hirschkäfer 402/1
Hirschlausfliege 370/3
*Hirudo medicinalis* 254/4
*Hirundo rustica* 58/1
*Hispella atra* 406/1
Höckerschwan 114/1
Hohltaube 164/3
Holunderbär → 336/2
Holunderspanner 338/5
Holunderzünsler 322/5
Holzbiene 388/2
Holzbock 280/1
Holzschlupfwespe, Riesen- 374/3
Holzwespe, Gemeine 372/2
Holzwurm 412/4
*Homarus gammarus* 268/1
Honigbiene 388/3
Hopfenmotte → 324/4
Hopfenspinner → 324/4
Hopfenwurzelbohrer 324/2
Hornisse 382/1
Hornissenglasflügler → 326/4
Hornissen-Raubfliege 364/3
Hornissenschwärmer 326/4
Hosenbiene 384/5
Hüpferling 264/2
Hufeisenazurjungfer 290/1
Hufeisennase, Kleine 52/5
Hummelschweber, Großer 364/2
Hummer 268/1
Hundefloh 316/3
*Hydra viridis* 232/3
*Hydrachna* 280/4
*Hydrobia ulvae* 244/2
*Hydroma* → 282/4
*Hydrometra stagnorum* 306/6
*Hydropsyche* 358/2
*Hydrous piceus* 396/4
*Hyla arborea* 188/3
*Hyles euphorbiae* 342/3
– *gallii* → 342/3
*Hylobius abietis* 422/1
*Hyloicus pinastri* 340/2
*Hylotrupes bajulus* 420/3
*Hypoderma bovis* 370/5

Igel 54/1
Iltis 36/5
*Ilyocoris cimicoides* 306/5
Immenkäfer → 412/3
*Inachis io* 346/5
*Iphiclides podalirius* 352/2
*Ips typographus* 406/2
*Ischnura elegans* 286/3
*Ischryopsalis hellwigi* 278/3
Islandmuschel 236/2
*Isotoma* 284/2
*Ixobrychus minutus* 110/2
*Ixodes ricinus* 280/1

Jakobs-Pilgermuschel → 238
Jagdspinne, Gerandete 272/3
Johannisbeerglasflügler → 326/4
Johannisbeer-Schwebfliege 364/5
Junikäfer 404/3
*Jynx torquilla* 172/4

Kabeljau → 210/2
Kahneule, Weiden- 332/5
Kahnkäfer 398/6
Kaisermantel 350/4
Kamelhalsfliege 320/4
Kammolch 184/3
Kammolch, Larve 220/4
Kammschnake, Gelbe 360/3
Kammuschel 238/2
Kampfläufer 150/1
Kanadagans 118/3
Kaninchenbau 216/1
Karausche 196/3
Karpfen 196/1
Karpfenlaus 316/5
Kartoffelkäfer 426/4
Katzenhai, Kleingefleckter 208/1
Kaulbarsch 204/4
Kaulquappen 220
Kegelbiene → 388/1
Kegelrobbe 32/2
Keiljungfer, Gemeine 296/1
Keiljungfer, Westliche → 296/1
Kellerassel 262/3
Kernbeißer 100/1
*Kerona polyporum* 228/1
Keulhornblattwespe 372/4
Kiebitz 146/5
Kiebitz, Nest 222/2
Kiefernbuschhorn-Blattwespe, Rote 372/3
Kieferneule Forleule 334/1
Kiefernprachtkäfer 408/2
Kiefernprozessionspinner → 328/4
Kiefernschwärmer 340/2
Kleiber 84/4
Kleiber, Höhle 226/2
Kleidermotte 322/2
Kleine Hufeisennase 52/5
Kleine Moosjungfer 294/5
Kleiner Eisvogel 350/3
Kleiner Fuchs 348/1
Kleiner Heufalter 344/5
Kleiner Schillerfalter → 350/1
Kleiner Uferläufer 394/5
Kleiner Wasserfrosch 192/1b
Kleines Granatauge 288/3
Kleines Nachtpfauenauge 328/3
Kleingefleckter Katzenhai 208/1
Kleinlibellenlarve 290/5
Kleinspecht 170/4
Kliesche 214/3
Knäkente 120/3
Knoblauchkröte 188/2
Knochenfische 210
Knorpelfische 208
Knotenwespe 376/4
Knutt 148/5
Köcherfliege 358
Köderwurm → 256/1
Kohlerdfloh, Gestreifter 424/4
Kohlmeise 82/1
Kohlmeise, Nistkasten 226/4
Kohlschnake 360/1
Kohlwanze 310/6
Kohlweißling, Großer 354/1
Kolbenente 122/5
Kolbenwasserkäfer, Großer 396/4
Kolkrabe 90/1
Kommafalter 344/2
Kommaschildlaus 314/5
Kompaßqualle 230/2
Kompostwurm 254/3
Königslibelle, Große 292/1
Kopflaus 316/4
Koppe → 206/1
Kormoran 106/3
Kornkäfer 414/5
Kornweihe → 132/4
Kotpillenwurm 256/5
Krabbe → 268/2
Krabbenspinne, Veränderliche 276/1
Kranich 112/1
Kreuzkröte 190/2
Kreuzotter 180/3
Krickente 120/2
Kriebelmücke 360/5
Kröte, Grüne → 190/3
Kuckuck 166/1
Kuckucksbiene 388/1
Küchenschabe → 304/4
Küchenschabe, Orientalische 304/3

Küstenseeschwalbe 160/2
Kugelassel 262/5
Kugelwassermilbe 280/4
Kuhstelze → 64/2
Kupferglucke 330/2
Kurrhahn, Roter 212/1
Kurzflügler 398/4
Kurzflügler, Bunter → 398/1
Kurzohrmaus 48/4

Labkrautschwärmer → 342/3
Labyrinthspinne 276/4
*Lacerta agilis* 178/2
– *muralis* 178/3
– *viridis* 178/4
– *vivipara* 178/1
Lachmöwe 156/1
Lachs 194/2
Lachseeschwalbe 160/4
*Laemobothrion tinnunculi* 316/6a
*Lagopus mutus* 138/4
Laichkraut-Zünsler 322/6
*Lampetra planeri* 194/1
*Lampyris noctiluca* 412/1
Landkärtchen 348/4
Langohr, Braunes 52/2
Langschnauziges Seepferdchen 210/6
*Lanice conchilega* 258/2
*Lanius collurio* 88/2
– *excubitor* 88/3
– *minor* 88/5
– *senator* 88/4
*Laothoe populi* 342/2
Lappentaucher 104
*Larus argentatus* 156/3
– *canus* 158/1
– *fuscus* 156/4
– *marinus* 158/2
– *melanocephalus* 156/2
– *ridibundus* 156/1
*Lasiocampa quercus* 330/4
*Lasiommata megera* 344/4
*Lasius flavus* 378/2
– *niger* 378/3
Laubfrosch 188/3
Laubfrosch, Larve 220/7
Lausfliege, Mauersegler 370/2
Lederlaufkäfer 392/4
Lederwanze 310/2
Lehmwespen 380
*Leiobunum limbatum* 278/2
*Lepas anatifera* 268/4
*Lepidosaphes ulmi* 314/5
*Lepisma saccharina* 284/1
*Leptinotarsa decemlineata* 426/4
*Leptophyes punctatissima* 298/5
*Lepus europaeus* 40/1
– *timidus* 40/3
*Lestes sponsa* 288/2
*Leucaspius delineatus* 198/3
Leuchtkäfer → 412/1
*Leuciscus cephalus* 200/5
– *idus* 200/4
– *leuciscus* 200/3
*Leucorrhinia dubia* 294/5
*Leucospis gigas* 376/1
Libellen-Schmetterlingshaft 320/1b
*Libelloides coccajus* 320/1b
– *longicornis* 320/1
*Libellula depressa* 294/2
– *quadrimaculata* 294/1
Ligusterschwärmer 340/4
Lilienhähnchen 424/3
*Lilioceris lilii* 424/3
*Limanda limanda* 214/3
*Limax maximus* 252/2
*Limenitis camilla* 350/3
– *populi* 350/2
– *reducta* → 350/3
Limikolen 146
*Limnephilus* 358/1
*Limosa lapponica* 152/2
– *limosa* 152/1
*Limothrips cerealium* → 316/2
*Linyphia* 272/4
*Liocarcinus holsatus* 266/3
*Liparus glabrirostris* 422/2
*Lipoptena cervi* 370/3
*Lithobius forficatus* 282/1
*Littorina littorea* 244/1
*Locustella naevia* 80/5a
Löffelente 122/1
Löffler 112/2
*Loricera pilicornis* 394/6
*Lota lota* 206/2
*Loxia curvirostra* 100/3
*Lucanus cervus* 402/1
Luchs 34/3
*Lullula arborea* 60/3
*Lumbricus terrestris* 254/2
*Lunatia alderi* 246/3
*Luscinia megarhynchos* 70/1
– *svecica* 68/4
*Lutra lutra* 36/4
*Lycaena dispar* 356/1
*Lygaeus equestris* 308/3
*Lygus pratensis* 310/4
*Lymantria monacha* 332/2
*Lymnaea stagnalis* 250/1
*Lythria purpurata* 338/1
*Lytta vesicatoria* 410/3

*Machimus atricapillus* 364/4
*Macoma baltica* 240/4
*Macroglossum stellatarum* 342/5
*Mactra corallina* 240/5
*Maculinea alcon* 356/5
Märzfliege → 366/4
Mäuse, Echte 50
Mäusebussard 130/1
Maikäfer 404/2
*Malacosoma nneustria* 330/3
Malbaum, Schwarzwild 218/5
Malermuscheln 234
Mandarinente 122/4
*Maniola jurtina* 344/3
Mantelmöwe 158/2
*Mantis religiosa* 304/1
Marcusfliege 366/4
*Margaritifera margaritifera* 234/3
Marienkäfer, 22-Punkt- 416/5
Marienkäfer, Augen- 416/4
Marienkäfer, Siebenpunkt- 416/3
Marienkäfer, Zweipunkt- 416/2
Marienkäfer-Schlupfwespe 372/5
Marienprachtkäfer → 408/2
*Marmota marmota* 42/4
*Martes foina* 38/1
– *martes* 38/2
Mauerassel 262/4
Mauerbiene, Rote 384/4
Mauereidechse 178/3
Mauerfuchs 344/4
Mauerläufer 86/3
Mauersegler 168/3
Mauersegler-Lausfliege 370/2
Maulwurf 54/2
Maulwurfsgrille 300/3
Mauswiesel 38/4
*Meconema thalassinum* 298/4
Meerstachelbeere 230/5
*Megachile centuncularis* 386/4
Mehlkäfer 414/6
Mehlschwalbe 58/2
Mehlschwalbe, Nest 224/6
Mehlwürmer → 414/6
*Melanargia galathea* 346/2
*Melanitta fusca* 126/2
– *nigra* 126/3

*elanogrammus aeglefinus* 210/3
*elasoma populi* 426/2
*vigintipunctatum* 424/5
*eles meles* 36/3
*eligethes aeneus* 424/6
*ellicta athalia* 350/6
*eloe proscarabaeus* 410/3
*elolontha melolontha* 404/2
*embranipora mebranacea* 232/4
*ergus albellus* 128/3
*merganser* 128/1
*serrator* 128/2
erlin 136/4
*erops apiaster* 166/3
essingeule 334/5
etallischglänzender Prachtkäfer 408/3
*etrioptera roeselii* 298/3
*icromys minutus* 50/5
*icrotus agrestis* 48/2
*arvalis* 48/1
*nivalis* 48/3
iesmuschel 236/1
*ikiola fagi* 364/1
ilchweiße Planarie 228/4
*iliaria calandra* 102/4
*ilvus migrans* 130/4
- *milvus* 130/3
inzenbär « 336/3
*iramella alpina* 302/4
*isgurnus fossilis* 202/2
istbiene 366/1
isteldrossel 74/3
istkäfer 408/1
*isumena vatia* 276/1
ittelsäger 128/2
ittelspecht 170/2
Mittlere Wespe 382/3
Mittlerer Weinschwärmer 342/4
Moderkäfer, Goldstreifiger 398/1
Moderkäfer, Schwarzer → 398/2
Moderlieschen 198/3
Mönchsgrasmücke 76/1
Mohrenfalter 346/1
Molch, Embryo 220/3
Mondfleck → 328/2
Mondfleck 394/2
Mondhornkäfer 402/3
Mondvogel 328/2
*Monticola saxatilis* 72/2
*Montifringilla nivalis* 94/5
Moorente 124/4
Moorfrosch 192/3
Moorochse → 110/1
Moosjungfer, Kleine 294/5
Moostierchen → 232/4
Mordwanze, Rote 308/1
Mörtelbiene 386/1
Mosaikjungfer, Blaugrüne 292/3
Mosaikjungfer, Braune 292/4
Mosaikjungfer, Herbst- 292/5
Moschusbock 418/5
*Motacilla alba* 64/1
– *cinerea* 64/3
– *flava* 64/2
Mufflon 28/2
Mulmbock 418/1
Murmeltier 42/4
*Mus musculus* 50/1
*Musca domestica* 368/3
*Muscardinus avellanarius* 44/3
*Muscicapa striata* 70/3
*Mustela erminea* 38/3
– *nivalis* 38/4
– *putorius* 36/5
*Mutilla europaea* 376/5
*Mya arenaria* 242/3
– *truncata* 242/4
*Myocastor coypus* 42/2
*Myotis nattereri* 52/3
*Myoxocephalus scorpius* 212/2
*Myrmarachne formicaria* → 274/4
*Myrmeleon formicarius* 318/2
*Mytilus edulis* 236/1

Nabelschnecke, Glänzende 246/3
Nachtigall 70/1
Nachtigall-Grashüpfer 302/1
Nachtlibelle → 318/2
Nachtpfauenauge, Kleines 328/3
Nachtschwalbe → 168/1
Nachtschwalbenschwanz → 338/5
Nacktschnecken 252
Nagespuren, Hase 218/3
Nashornkäfer 402/4
*Natrix natrix* 182/1
– *tessellata* 182/2
Nebelkrähe Aaskrähe 90/3
*Necrophilus vespillo* 400/2
*Necrophorus humator* 400/1
– *vespilloides* 400/2
*Neodiprion sertifer* 372/3
*Neomys fodiens* 54/4
*Nepa rubra* 306/3
*Nephthys hombergi* 256/4
*Nereis virens* 256/3
Nesseltiere 230
Nesselzünsler 322/3
*Netta rufina* 122/5
Netzreusenschnecke 244/4
Neuntöter 88/2
Nilgans 118/5
*Noctua pronuba* 334/2
*Noemacheilus barbartulus* 202/1
Nonne 332/2
Nonnengans → 118/1
Nordsee-Garnele 268/2
*Notonecta glauca* 306/2
*Nucifraga caryocatactes* 92/3
*Nucula nucleus* 240/3
*Numenius arquata* 152/3
– *phaeopus* 152/3
Nußmuschel 240/3
Nutria 42/2
*Nyctalus noctula* 52/4
*Nymphalis antiopa* 346/3
– *polychloros* → 348/1
*Nymphula nymphaeata* 322/6

*Ochlodes venatus* 344/2
Ochsenauge, Großes 344/3
Ockergelber Dickkopffalter 344/1
*Ocypus olens* 398/2
*Oeceoptoma thoracic* 400/3
*Oedipoda caerulescens* 302/5
Ölkäfer 410/3
*Oenanthe oenanthe* 72/1
*Oestrus ovis* 370/4
Ohrenlerche 60/4
Ohrenqualle 230/1
Ohrentaucher 104/5
Ohr-Schlammschnecke 250/3
Ohrwurm 304/2
*Omocestus viridulus* 302/3
*Omophron limbatum* 394/4
*Ondatra zibethicus* 42/3
*Oniscus asellus* 262/4
Opalwurm 256/4
*Ophion luteus* 374/4
*Ophiotrix fragilis* → 260/2
*Ophiura textura* 260/2
Ordensband, Blaues 334/3
Ordensband, Rotes 334/4
Orfe 200/4
Orientalische Küchenschabe 304/3
*Oriolus oriolus* 88/1
*Oronectes limosus* 264/3
*Orthetrum cancellatum* 294/3
Ortolan 102/3

*Oryctes nasicornis* 402/4
*Oryctolagus cuniculus* 40/2
*Osmia rufa* 384/4
*Osmylus chrysops* 318/3
*Ostrea edulis* 238/1
Ostschermaus 48/5
*Otis tarda* 144/1
*Otus scops* 174/4
*Ourapteryx sambucaria* 338/5
*Ovis ammon musimon* 28/2
*Oxyporus rufus* 398/3

*Pagurus bernhardus* 266/1
*Palomena prasina* 310/5
*Pandion haliaetus* 134/3
*Panolis flammea* 334/1
*Panorpa communis* 320/3
*Panurus biarmicus* 84/2
Papageitaucher 162/5
*Papilio machaon* 352/1
Pappelblattkäfer 426/2
Pappelbock, Großer 420/4
Pappelschwärmer 342/2
*Pardosa lugubris* 272/1
*Parnassius apollo* 352/3
– *mnemosyne* 352/4
*Parthenothrips dracenae* 316/2
*Parua ater* 82/4
*Parus caeruleus* 82/2
– *cristatus* 82/5
– *major* 82/1
– *palustris* 82/3
*Passer domesticus* 94/2
– *montanus* 94/3
Pechlibelle, Große 286/3
*Pecten jacobaeus* → 238
– *maximus* 238/2
*Pediculus humanus* 316/4
Pelikanfuß 246/1
*Pelobates fuscus* 188/2
*Pentatoma rufipes* 310/1
*Perca fluviatilis* 204/3
*Perdix perdix* 138/1
*Perilitus coccineus* 372/5
*Periplaneta austral-asiae* 304/5
Perlmuschel, Fluß- 234/3
Perlmuttfalter 350/4
*Perlodes* 284/5
*Pernis apivorus* 130/2
*Petricola pholadiformis* 242/6
*Petronia petronia* 94/4
Pfeffermuschel 238/4
Pfeifente 120/4
Pferdeaktinie 232/1
Pferdeegel 254/6
Pferdelausfliege 370/1
Pferderachenbremse 370/6
Pfingstvogel → 881
Pfuhlschnepfe 152/2
*Phalacrocorax carbo* 106/3
*Phalangium opilio* 278/1
*Phalera bucephala* 328/2
*Phasianus colchicus* 140/4
*Philaenus spumarius* 312/2
*Philanthus triangulum* 380/1
*Philomachus pugnax* 150/1
*Philonthus splendens* 398/5
*Phlyctaenia coronata* 322/5
*Phoca vitulina* 32/1
*Phocoena phocoena* 32/3
*Phoenicopterus ruber* 112/3
*Phoenicurus ochruros* 70/4
– *phoenicurus* 70/5
*Pholcus opilionides* → 274/2
– *phalangioides* 274/2
*Pholidoptera griseoaptera* 298/2
*Pholis gunnellus* 212/3
*Phosphuga atrata* 400/4
*Phoxinus phoxinus* 198/4
*Phragmatobia fuliginosa* 336/1
*Phryganea grandis* 358/5
*Phyllobius betulae* 422/3
*Phylloperta horticola* 404/4
*Phylloscopus collybita* 80/3
– *sibilatrix* 80/4
– *trochilus* 80/2
*Phyllotreta undulata* 424/4
*Pica pica* 92/1
*Picoides tridactylus* 170/3
*Picus canus* 172/3
– *viridis* 172/2
*Pieris brassicae* 354/1
Pilgermuschel, Jacobs- → 238
Pillenwespe 380/4
Pilzraubkäfer, Roter 398/3
Pinselkäfer 406/4
*Piona* 280/3
*Pipistrellus pipistrellus* 52/1
Pirol 88/1
*Pisaura mirabilis* 272/2
*Piscicola geometra* 254/5
*Pisidium* 234/2
*Pitymys subterraneus* 48/4
Planarie, Milchweiße 228/4
*Planorbarius corneus* 250/2
*Planorbis planorbis* 250/4
*Platalea leucorodia* 112/2
*Platichthys flesus* 214/4
Plattbauch 294/2
Plattfische 214
Plätzstelle, Reh 218/8
*Plecotus auritus* 52/2
*Plectrophenax nivalis* 100/4
*Pleurobrachia pileus* 230/5
*Pleuronectes platessa* 214/2
*Pleuroptya ruralis* 322/3
Plötze 198/1
*Pluvialis apricaria* 146/4
*Podiceps auritus* 104/5
– *cristatus* 104/1
– *grisegena* 104/3
– *nigricollis* 104/4
*Podura aquatica* 284/2b
*Polydesmus angustus* 282/6
*Polygonia c-album* 346/4
*Polyommatus icarus* 356/2
Polypenlaus 228/1
*Polyphylla fullo* 402/5
*Pomatoceros triqueter* 258/3
*Porcellio scaber* 262/3
Porre → 268/2
Posthörnchenwurm 258/4
Posthornschecke 250/2
Postillon 354/4
Prachtkäfer, Metallischglänzender 408/3
Prachtlibelle, Blauflügel- 286/1
Prachtlibelle, Gebänderte 286/2
Prachttaucher 106/1
*Prionus coriarius* 418/2
*Procris statices* 324/4
*Procyon lotor* 36/2
*Prunella collaris* 66/4
*Prunella modularis* 66/3
*Psammechinus miliaris* 260/3
*Psammocharus fuscus* 380/3
*Psetta maxima* 214/1
*Pseudemys scripta* 180/1
*Psophus stridulus* 302/6
*Pterophorus pentadactyla* 322/1
*Ptyonoprogne rupestris* 58/4
*Pungitius pungitius* 206/4
Punktierte Ruderwanze 306/1
Punktierte Zartschrecke 298/5
Puppenräuber 392/2
Purpurbär 336/4
Purpurreiher 108/2
Purpurspanner 338/1
*Pygospio elegans* 258/1
Pygospiowurm 258/1
*Pyrochroa coccinea* 410/4
*Pyrrhocorax graculus* 92/4
– *pyrrhocorax* 92/5
*Pyrrhocoris apterus* 308/2
*Pyrrhosoma nymphula* 286/4

,rrhula pyrrhula 100/2

uappe 206/2
uelljungfer, Zweigestreifte 294/4

abenkrähe 90/2
ädertier 228/6
adix auricularia 250/3
adnetzspinnen 270
aja batis 208/3
radiata 208/4
allus aquaticus 142/3
ana arvalis 192/3
dalmatina 192/4
esculenta 192/1a
lessonae 192/1b
ridibunda 192/1c
temporaria 192/2
'anatra linearis 306/4
andwanze → 310/2
'aphidia notata 320/4
apsglanzkäfer 424/6
'attus norvegicus 46/3
rattus 46/4
aubfliege 364/4
aubfliege, Hornissen- 364/3
aubkäfer, Schwarzer 398/2
aubmilben → 282/2
aubspinne 272/2
aubwanzen 308
aubwürger 88/3
auchschwalbe 58/1
auhe Bohrmuschel 242/5
auhfußbussard → 130/1
auhfußkauz 176/4
aupenfliege 368/4
aupenjäger, Vierpunktiger 400/5
aupenkäfer → 392/2
aupentöter, Goldgrüner → 392/2
ebhuhn 138/1
eblaus 314/4
ecurvirostra avosetta 144/3
egenbogenforelle 194/3b
egenbrachvogel → 152/3
egenbremse → 362/5
egenpfeifer 146
egenwurm, Gemeiner 254/2
egulus ignicapillus 86/2
- regulus 86/1
eh 30/4
eh, Fegestelle 218/1
eh, Plätzstelle 218/8
eh, Wildwechsel 218/9
eiherente 124/1
emiz pendulinus 84/3

*Rhagonycha fulva* 410/2
*Rhinocoris iracundus* 308/1
*Rhinolophus hipposideros* 52/5
*Rhizostoma octopus* 230/4
*Rhodeus sericeus* 198/5
Rhododendronzikade 312/5
*Rhyparia purpurata* 336/4
*Rhyssa persuasoria* 374/3
Riesen-Holzschlupfwespe 374/3
Riesenholzwespe 372/1
Riesenschabe /
Rinderbiesfliege → 370/5
Rinderbremse 362/4
Rinderdasselfliege 370/5
Ringdrossel 72/3
Ringelgans 118/2
Ringelnatter 182/1
Ringelspinner 330/3
Ringeltaube 164/2
*Riparia riparia* 58/3
Rippenqualle → 230/5
*Rissa tridactyla* 158/3
Ritterwanze 308/3
Rochen 208
Röhrenspinne 276/2
Röhrenwurm, Bäumchen- 258/2
Roesels Beißschrecke 298/3
Rötelmaus 48/6
Rohrammer 102/2
Rohrdommel, Große → 110/1
Rohrschwirl 80/5b
Rohrweihe 132/3
Rollassel → 262/5
Rollwespe 376/6
*Rosalia alpina* 420/2
Rosengallwespe 374/2
Rosenkäfer, Gemeiner 404/5
Rostbär → 336/1
Rostfarbiger Dickkopffalter → 344/2
Rotauge → 198/1
Rotbauchunke 186/4
Rotbeinige Baumwanze 310/1
Rotdrossel 74/4
Rote Bohne 240/4
Rote Kiefernbuschhorn-Blattwespe 372/3
Rote Mauerbiene 384/4
Rote Mordwanze Raubwanzen 308/1
Rote Waldameise 378/1
Rote Wegschnecke 252/1
Roter Knurrhahn 212/1
Roter Pilzraubkäfer 398/3
Roter Weichkäfer 410/2

Rotes Ordensband 334/4
Rotfeder 198/2
Rothalsige Silphe 400/3
Rothalstaucher 104/3
Rothirsch 30/1
Rotkehlchen 68/1
Rotkopfwürger 88/4
Rotmilan 130/3
Rotpelzige Sandbiene 384/3
Rotrückenwürger → 88/2
Rotschenkel 152/4
Rotschenkel, Großer → 154/1
Rotwangenschildkröte 180/1
Rotwild, Schälung 218/2
Rotwild, Verbiß 218/4
Ruderwanze, Punktierte 306/1
Rückenschwimmer 306/2
Rüsselkäfer, Großer Brauner → 422/1
Rüsselkäfer, Großer 422/2
Rüsselkäfer, Grüner 422/3
*Rupicapra rupicapra* 28/3
Russischer Bär → 336/6
*Rutilus rutilus* 198/1
Rutte → 206/2

Saat-Eule Eulenfalter 332/3
Saatgans 116/2
Saatkrähe 90/4
Saatschnellkäfer 408/4
*Sacchiphantes viridis* 314/3
Säbelschnäbler 144/3
Sächsische Wespe 382/4
Sägebock 418/2
Sägezähnchen 238/3
Saftkugler, Bunter 282/4
Saftkugler, Gerandeter 282/3
*Salamandra atra* 186/2
– *salamandra* 186/1
*Salmo gairdneri* 194/3b
– *salar* 194/2
– *trutta* 194/3a
*Salticus scenius* 274/4
Salzkäfer 398/7
Samtente 126/2
Samtmilbe 280/2
Sandbiene, Rotpelzige 384/3
Sandbiene, Weiden 384/2
Sanderling 148/4
Sandklaffmuschel 242/3
Sandklaffmuschel, Abgestutzte 242/4
Sandlaufkäfer, Feld- 392/1
Sandregenpfeifer 146/2
Sandwespe 380/2

*Saperda carcharias* 420/4
*Sarcophaga carnaria* 368/1
*Saturnia pavonia* 328/3
Saumwanze → 310/2
*Saxicola rubetra* 68/2
– *torquata* 68/3
*Scaeva pyrastri* 364/5
*Scaphidium quadrimaculatum* 398/6
*Scardinius erythrophthalmus* 198/2
*Scatophaga stercoraria* 368/5
Schabe, Deutsche 304/4
Schabrackenspitzmaus → 56/1
Schachbrett 346/2
Schadspinner 330
Schafbremse 370/4
Schafstelze 64/2
Schälung, Rotwild 218/2
Scharlachroter Feuerkäfer 410/4
Schaufelläufer, Schmaler 394/3
Scheckefalter, Veilchen 350/5
Scheckenfalter, Gemeiner 350/6
Scheckenfalter, Wachtelweizen- → 350/6
Scheidenmuschel 236/3
Scheidenmuschel, Große → 236/3
Schellente 124/5
Schellfisch 210/3
Schildkäfer, Grüner 426/1
Schildläuse 314
Schilfeule, Zweipunkt- 332/6
Schilfrohrsänger 78/4
Schillerfalter, Großer 350/1
Schillerfalter, Kleiner → 350/1
*Schizophyllum rutilans* 282/5
Schlammfliege → 366/1
Schlammpeitzger 202/2
Schlammröhrenwurm 254/1
Schlammschnecke, Ohr- 250/3
Schlangenadel, Große 210/5
Schlangenstern, Gemusterter 260/2
Schlangenstern, Zerbrechlicher → 260/2
Schleie 196/2
Schleiereule 176/1
Schlickkrebs 266/2
Schlingnatter 182/3
Schlupfwespe, Marienkäfer- 372/5
Schmalbiene, Vierbindige 384/1
Schmalbock, Gefleckter 420/5
Schmaler Schaufelläufer 394/3
Schmarotzerraubmöwe 158/4
Schmeißfliege, Blaue 368/2
Schmerle 202/1
Schmetterlingshaft 320/1
Schmetterlingshaft, Libellen- 320/1b
Schnabelfliegen 320
Schnabelhafte 320
Schnarrheuschrecke 302/6
Schnatterente 122/3
Schneckenjäger, Schwarzer 400/4
Schneckenkanker 278/3
Schneeammer 100/4
Schneefink 94/5
Schneefloh → 320/2
Schneegans → 112/1
Schneehaft 320/2
Schneehase 40/3
Schneehuhn 138/4
Schneemaus 48/3
Schneewürmer → 410/1
Schnegel, Großer 252/2
Schnellkäfer, Blutroter 408/5
Schnepfenfliege 362/3
Schnurfüßer 282/5
Scholle 214/2
Schönbär 336/6
Schwalbenschwanz 352/1
Schwan, Schwarzer 114/4
Schwanzlurche 184
Schwanzmeise 84/1
Schwanzmeise, Nest 224/2
Schwarze Bohnenlaus 314/1
Schwarze Heidelibelle 296/5
Schwarze Wegameise 378/3
Schwarzer Apollo 352/4
Schwarzer Moderkäfer → 398/2
Schwarzer Raubkäfer 398/2
Schwarzer Schneckenjäger 400/4
Schwarzer Schwan 114/4
Schwarzer Stachelkäfer 406/1
Schwarzer Totengräber 400/1
Schwarzer Wasserspringschwanz 284/2b
Schwarzhalstaucher 104/4
Schwarzkäfer → 414/3
Schwarzkehlchen 68/3
Schwarzkopfmöwe 156/2
Schwarzmilan 130/4
Schwarzspecht 172/1
Schwarzstirnwürger 88/5
Schwarzstorch 110/4
Schwarzwild, Malbaum 218/5
Schwebfliege, Johannisbeer- 364/5
Schweinswal 32/3
Schwertmuschel, Amerikanische 236/4
Schwimmkäfer 396
Schwimmkrabbe 266/3
Schwimmwanze 306/5
*Sciurus vulgaris* 44/1
*Scolopax rusticola* 150/3
*Scolopendra cingulata* → 280/1
*Scrobicularia plana* 238/4
*Scutigerella immaculata* 282/7
*Scyliorhinus canicula* 208/1
Seeadler 134/2
Seefrosch 192/1c
Seehase 212/4
Seehund 32/1
Seepferdchen, Langschnauziges 210/6
Seepocke 268/3
Seeregenpfeifer 146/3
Seerinde 232/4
Seeringelwurm 256/3
Seeschlange → 182/2
Seeskorpion 212/2
Seestern, Gemeiner 260/1
Seezunge 214/5
Segelfalter 352/2
Segellibellen 294
Seggenrohrsänger 78/5
Seidenreiher 108/4
Seidenschwanz 64/4
Sektorenspinne 274/1
*Semibalanus balanoides* 268/3
*Sepia officinalis* 246/4
Sepia 246/4
*Serinus serinus* 98/4
*Sesia apiformis* 326/4
Sichelflügel, Weißer → 330/5
Sichelspinner 330/5
Sichelstrandläufer 148/3
Sichelwespe 374/4
Siebenpunkt-Marienkäfer 416/3
Siebenschläfer 44/2
Sikahirsch 30/3
Silberfischchen 284/1
Silbermöwe 156/3
Silberreiher 108/3
Silphe, Rothalsige 400/3
*Silurus glanis* 202/4
*Simulium* 360/5
Singdrossel 74/2
Singdrossel, Nest 222/6
Singschwan 114/2
*Sirex juvencus* 372/2
*Sitophilus granarius* 414/5

*itta europaea* 84/4
kolopender → 280/1
korpionsfliege 320/3
maragdeidechse 178/4
maragdlibelle, Gemeine → 296/2
maragdlibelle, Glänzende 296/2
*merinthus ocellata* 342/1
oldatenkäfer 410/1
*olea solea* 214/5
*omateria mollissima* 126/1
*omatochlora metallica* 296/2
ommergoldhähnchen 86/2
*orex alpinus* 56/5
- *araneus* 56/1
- *minutus* 56/2
panische Fliege → 410/3
pargelhähnchen, Buntes 424/1
pargelkäfer, Zwölfpunktiger 424/2
päte Adonislibelle 286/5
patz → 94/2
peckkäfer 414/2
Sperber 132/2
Sperbergrasmücke 76/5
*Sphinx ligustri* 340/4
Spießente 122/2
Spinnenameisen 376/5
*Spilarctia lutea* 336/2
*Spilosoma menthastri* 336/3
*Spinus spinus* 98/1
*Spirorbis spirorbis* 258/4
Spitzling 308/4
Spitzmäuse 56
Spitzschlammschnecke 250/1
*Spongilla lacustris* 228/3
Springfrosch 192/4
Springschwanz 284/2
Springspinnen 274
Spulwurm → 228/5
*Squalus acanthias* 208/2
Stabwanze 306/4
Stachekäfer, Schwarzer 406/1
Stachelbeerspanner 338/3
*Staphylinus caesareus* 398/1
Star 94/1
Staublaus 316/1
Stechmücke, Gemeine 360/2
*Stegobium paniceum* 414/4
Steinadler 134/1
Steinbeißer 202/3
Steinbutt 214/1
Steinfliege 284/5
Steinfliege, Larve 284/6
Steinhuhn 138/3
Steinhummel 390/2
Steinkauz 176/3
Steinkauz, Höhle 226/3
Steinklinke → 188/1
Steinläufer, Brauner 282/1
Steinmarder 38/1
Steinpicker 212/5
Steinrötel 72/2
Steinschmätzer 72/1
Steinsperling 94/4
Steinwälzer 150/4
Stelzenläufer 144/4
*Stenodema laevigatum* 310/3
*Stenus bipunctatus* 398/4
*Stercorarius parasiticus* 158/4
*Sterna albifrons* 162/1
– *hirundo* 160/1
– *paradisaea* 160/2
– *sandvicensis* 160/3
Sternrochen 208/4
Sterntaucher 106/2
Stichling, Dreistachliger 206/3
*Stictocephalus bisonia* 312/4
Stieglitz 96/4
Stierkäfer 402/2
Stinkwanze, Grüne 310/5
*Stizostedion lucioperca* 204/5
Stockente 120/1
Stockente, Nest 222/3
Strandkrabbe 266/4
Strandpieper → 62/4
Strandschnecke 244/1
Strandseeigel 260/3
*Strangalia maculata* 420/5
Straßentaube 164/1
*Stratiomys chamaeleon* 362/1
Strauchschnecke, Gewöhnliche 298/2
Streckerspinne 270/2
Streckfuß → 328/1
Streifengans 116/4
Streifenwanze 308/5
*Streptopelia decaocto* 164/5
– *turtur* 164/4
*Stryx aluco* 176/2
Stubenfliege 368/3
Sturmmöwe 158/1
*Sturnus vulgaris* 94/1
*Succinea putris* 248/4
*Sula bassana* 106/4
Sumpfdeckelschnecke 250/5
Sumpfkrebs → 264/3
Sumpfmeise 82/3
Sumpfohreule 174/3
Sumpfrohrsänger 78/2
Sumpfschildkröte, Europäische 180/2
*Süpondylis buprestoides* 418/3
*Sus scrofa* 28/1
Süßwasserpolyp, Grüner 232/3
Süßwasserschwamm 228/3
*Sylvia atricapilla* 76/1
– *borin* 76/2
– *communis* 76/4
– *curruca* 76/3
– *nisoria* 76/5
*Sympecma fusca* 290/4
*Sympetrum danae* 296/5
– *pedemontanum* 296/4
– *sanguineum* 296/3
*Symphoromyia immaculata* 362/3

*Tabanus bovinus* 362/4
*Tachina fera* 368/4
*Tachybaptus ruficollis* 104/2
*Tadorna tadorna* 118/4
Tafelente 124/2
Tagpfauenauge 346/5
*Talpa europaea* 54/2
Tangfliege 366/5
Tannenhäher 92/3
Tannenmeise 82/4
Tannenpfeil → 340/2
Taschenkrebs 266/5
Tauben-Federling 316/6b
Taubenschwänzchen 342/5
Taufliege → 366/3
Taumelkäfer 396/3
Tausendfüßer → 280/5
*Tegenaria atrica* 270/3
Teichfrosch 192/1a
Teichhuhn 142/2
Teichhuhn, Nest 222/5
Teichjungfern 288
Teichläufer 306/6
Teichmolch 184/1
Teichmuschel, Gemeine → 234/4
Teichmuschel, Große 234/4
Teichrohrsänger 78/1
Teichrohrsänger, Nest 224/5
Tellerschnecke 250/4
*Tenebrio molitor* 414/6
Teppichmuschel 240/2
*Tetragnatha extensa* 270/2
*Tetrao tetrix* 140/2
– *urogallus* 140/1
*Tetrix undulata* 300/5
*Tettigonia natans* 298/1

– *viridissima* 298/1
*Thanasimus formicarius* 412/2
*Thaumetopoea pinivora* →328/4
– *processionea* 328/4
*Thea 22-punctata* 416/5
*Thymallus thymallus* 194/4
*Thymelicus sylvestris* 344/1
*Tichodroma muraria* 86/3
Tigermotte, Gelbe 336/2
Tigermotte, Weiße 336/3
Tigerschnecke →252/2
*Tinca tinca* 196/2
*Tineola bisselliella* 322/2
*Tiphia femorata* 376/6
*Tipula oleracea* 360/1
Tordalk 162/3
*Tortrix viridana* 326/3
Totengräber, Gemeiner 400/2
Totengräber, Schwarzer 400/1
Totenkäfer 414/3
Totenkopf 340/3
Totenuhr 414/1
Traubenkirschen-Gespinstmotte 326/1
Trauerbachstelze →64/1
Trauerente 126/3
Trauermantel 346/3
Trauerschnäpper 70/2
Trauerseeschwalbe 162/2
Trichine →228/5
*Trichinella spiralis* →228/5
*Trichius fasciatus* 406/4
*Trichodes apiarius* 412/3
*Trigla lucerna* 212/1
*Tringa erythropus* 154/1
– *glareola* →154/3b
– *nebularia* 154/2
– *ochropus* 154/3
– *totanus* 152/4
*Triturus alpestris* 184/2
– *cristatus* 184/3
– *helveticus* 184/4
– *vulgaris* 184/1
*Troglodytes troglodytes* 66/2
Trogmuschel, Bunte 240/5
*Trogulus tricarinatus* 278/4
Trottellumme 162/4
Trüsche →206/2
*Tubifex tubifex* 254/1
Tümmler 32/4
Tümpelfrosch 192/1b
*Turdus iliacus* 74/4
– *merula* 74/1
– *philomelos* 74/2
– *pilaris* 72/4
– *torquatus* 72/3
– *viscivorus* 74/3
Türkentaube 164/5
Turmfalke 136/1
Turmfalken-Federling 316/6a
Turmschnecke 244/3
*Turritella communis* 244/3
*Tursiops truncatus* 32/4
Turteltaube 164/4
*Tylenchus tritici* →228/5
*Typhoeus typhoeus* 402/2
*Tyto alba* 176/1

Uferfliege →284/5
Uferschnepfe 152/1
Uferschwalbe 58/3
Uferschwalbe, Höhle 226/8
Uhu 174/1
Umbrochenes Grünland, Wildschwein 218/7
*Upupa epops* 166/2
*Uria aalge* 162/4
*Urocerus gigas* 372/1
*Urophora cardui* 366/2
*Ursus arctos* 36/1

*Vanellus vanellus* 146/5
*Vanessa atalanta* 348/2
– *cardui* 348/3
Veilchen-Scheckenfalter 350/5
*Venerupis rhomboides* 240/2
*Venus striatula* 242/1
Venusmuschel 242/1
Veränderliche Krabbenspinne 276/1
Verbiß, Rotwild 218/4
Verlannte Ackerschnecke →252/4
*Vermiles vermiles* →362/3
*Vespa crabro* 382/1
*Vespula vulgaris* 382/2
Viehstelze 64/2
Vierbindige Schmalbiene →384/1
Vierfleck 294/1
Vierpunkt-Aaskäfer 400/5
Vierpunktiger Raupenjäger →400/5
*Vipera aspis* 180/4
– *berus* 180/3
*Viteus vitifolii* 314/4
*Viviparus viviparus* 250/5
Vogeldreck →338/4
Vogelfloh 316/3b
*Volucella pellucens* 364/7
*Vulpes vulpes* 34/1

Wacholderdrossel 72/4
Wachsrose 232/2
Wachtel 138/2
Wachtelkönig 142/4
Wachtelweizen-Scheckenfalter →350/6
Waffenfliege 362/2
Waldameise, Rote 378/1
Waldbaumläufer 86/5
Waldbock 418/3
Waldeidechse 178/1
Waldkauz 176/2
Waldlaubsänger 80/4
Waldmaus 50/2
Waldohreule 174/2
Waldschnepfe 150/3
Waldspitzmaus 56/1
Waldwasserläufer 154/3
Waldwolfspinne 272/1
Walker 402/5
Wanderfalke 136/3
Wandergelbling →354/4
Wandermuschel 234/1
Wanderratte 46/3
Warzenbeißer 300/1
Waschbär 36/2
Wasseramsel 66/1
Wasserassel 262/2
Wasserbiene 306/2
Wasserfloh, Gemeiner 262/1
Wasserfrosch 192/1a
Wasserfrosch, Kleiner 192/1b
Wasserhühnchen →142/2
Wasserläufer 306/7
Wasserläufer, Dunkler 154/1
Wassermilbe 280/3
Wassermotte, Große 358/5
Wassernadel →306/4
Wasserpieper 62/4
Wasserralle 142/3
Wasserskorpion 306/3
Wasserspinne 270/4
Wasserspitzmaus 54/4
Wasserspringschwanz, Schwarzer 284/2b
Wasserzikade →306/1
Wattringelwurm 256/2
Wattschnecke 244/2
Wattwurm 256/1
Weberknecht 278/1
Weberknecht 278/2
Wechselkröte 190/3
Wegameise, Schwarze 378/3

egschnecke, Rote 252/1
'egwespe, Gemeine 380/3
eichkäfer, Roter 410/2
'eichwanze 310/3
/eidenblattkäfer, Gefleckter 424/5
/eidenbohrer 324/1
'eidenjungfer 288/1
/eiden-Kahneule 332/5
'eiden-Sandbiene 384/2
/einbergschnecke 248/1
'einschwärmer, Mittlerer 342/4
/eiße Tigermotte 336/3
'eißer Sichelflügel →330/5
/eißstorch 110/3
'eißwangengans 118/1
/eizenälchen →228/5
'ellhornschnecke →246/2
/els 202/4
'endehals 172/4
/endeltreppe 244/5
/espe, Gemeine 382/2
/espe, Mittlere 382/3
Vespe, Sächsische 382/4
/espenbock →420/1
Vespenbussard 130/2
/espenspinne 276/3
Vestliche Keiljungfer →296/1
/etterfisch →202/2
Vidderbock 420/1
/idderchen 324
Viedehopf 166/2
/iesel, Großes →38/3
Viesenameise, Gelbe 378/2
/iesenhummel 390/3
Viesenpieper 62/2
Viesenschaumzikade 312/2
Viesenvögelchen →344/5
Viesenwanze, Gemeine 310/4
Wiesenweihe 132/4
Wildkaninchen 40/2
Wildkatze 34/4
Wildschwein 28/1
Wildschwein, umbrochenes Grünland 218/7
Wildwechsel, Reh 218/9
Windenschwärmer 340/1
Winkelspinne 270/3
Wintergoldhähnchen 86/1
Winterhaft →320/2
Winterlibelle, Gemeine 290/4
Winter-Schwebfliege, Gemeine 364/6
Wippstert →64/1
Wisent 28/5
Wolf 34/2
Wolfsmilchschwärmer 342/3
Wolfsspinne →272/1
Wollbiene 386/2
Wollhandkrabbe 264/4
Wühlmäuse 48
Würfelnatter 182/2
Wurmlöwe →362/3
Wurmnacktschnecke 252/3

*Xestobium rufovillosum* 414/1
*Xylocopa violacea* 388/2
*Xylodrepa quadripunctata* 400/5

*Yponomeuta evonymella* 326/1

Zander 204/5
Zartschrecke, Punktierte 298/5
Zauneidechse 178/2
Zaungrasmücke 76/3
Zaunkönig 66/2
Zebraspinne →276/3
Zebraspringspinne 274/4
Zecke (Holzbock) →280/1
Zerbrechlicher Schlangenstern →260/2
Ziegenmelker 168/1
Ziesel 46/2
Zilpzalp 80/3
Zimtbär 336/1
*Zirfaea crispata* 242/5
Zitronenfalter 354/5
Zitterspinne 274/2
*Zoarces viviparus* 210/4
Zuckmücke 360/6
Zünsler 322
Zünsler, Laichkraut- 322/6
Zweigestreifte Quelljungfer 294/4
Zweipunkt-Marienkäfer 416/2
Zweipunkt-Schilfeule 332/6
22-Punkt-Marienkäfer 416/5
Zwergbläuling 356/3
Zwergdommel 110/2
Zwergfledermaus 52/1
Zwergfüßer 282/7
Zwergmaus 50/5
Zwergmaus, Nest 216/5
Zwergohreule 174/4
Zwergsäger 128/3
Zwergschwan 114/3
Zwergseeigel 260/4
Zwergseeschwalbe 162/1
Zwergspitzmaus 56/2
Zwergstichling 206/4
Zwergstrandläufer 148/2
Zwergtaucher 104/2
Zwitscherheupferd →298/1
Zwölfpunktiger Spargelkäfer 424/2
*Zygaena filipendulae* 324/3
*Zygiella x-notata* 274/1

# Teil 2: Pflanzenführer
# Übersicht über die Familien der vorgestellten Arten

**6 Hahnenfußgewächse** – Besonders wichtige, in Mitteleuropa und in diesem Pflanzenführer mit zahlreichen Arten vertretene Familie, auf den Seiten 464–471 näher beschrieben.

8 Mohngewächse – Wichtige, in diesem Pflanzenführer und in ganz Mitteleuropa mit etlichen Arten vertretene Familie

7 Berberitzengewächse – In diesem Pflanzenführer und gegebenenfalls in Mitteleuropa nur mit wenigen Arten vertretene Familie

**Nacktsamige Pflanzen – Gymnospermae**

1 Kieferngewächse, *Pinaceae*
2 Zypressengewächse, *Cupressaceae*
3 Eibengewächse, *Taxaceae*

**Bedecktsamige Pflanzen – Angiospermae**
ZWEIKEIMBLÄTTRIGE PFLANZEN – *Dicotyledoneae*

4 Seerosengewächse, *Nymphaeaceae*
5 Hornblattgewächse, *Cratophyllaceae*
**6 Hahnenfußgewächse**, *Ranunculaceae*
7 Berberitzengewächse, *Berberidaceae*
8 Mohngewächse, *Papaveraceae*
9 Erdrauchgewächse, *Fumariaceae*
10 Osterluzeigewächse, *Aristolochiaceae*
11 Buchengewächse, *Fagaceae*
12 Birkengewächse, *Betulaceae*
13 Haselgewächse, *Corylaceae*
14 Ulmengewächse, *Ulmaceae*
15 Hanfgewächse, *Cannabaceae*
16 Brennesselgewächse, *Urticaceae*
17 Gagelstrauchgewächse, *Myricaceae*
18 Walnußgewächse, *Juglandaceae*
19 Stachelbeergewächse, *Grossulariaceae*
20 Dickblattgewächse, *Crassullaceae*
21 Steinbrechgewächse, *Saxifragaceae*
22 Herblattgewächse, *Parnassiaceae*
23 Sonnentaugewächse, *Droseraceae*
**24 Rosengewächse**, *Rosaceae*
**25 Schmetterlingsblütler**, (Papilionaceen), *Fabaceae*
26 Blutweiderichgewächse, *Lythraceae*
27 Wassernußgewächse, *Trapaceae*
28 Nachtkerzengewächse, *Onagraceae*
29 Ölweidengewächse, *Elaeagnaceae*
30 Tausendblattgewächse, *Haloragaceae*
31 Rautengewächse, *Rutaceae*
32 Bittereschengewächse, *Simaroubaceae*
33 Ahorngewächse, *Aceraceae*
34 Roßkastaniengewächse, *Hippocastanaceae*
35 Sauerkleegewächse, *Oxalidaceae*
36 Leingewächse, *Linaceae*
37 Storchschnabelgewächse, *Geraniaceae*
38 Balsaminengewächse, *Balsaminaceae*
39 Kreuzblumengewächse, *Polygalaceae*
40 Hartriegelgewächse, *Cornaceae*
**41 Doldengewächse** (Umbelliferen), *Apiaceae*
42 Efeugewächse, *Araliaceae*
43 Stechpalmengewächse, *Aquifoliaceae*
44 Spindelbaumgewächse, *Celastraceae*
45 Kreuzdorngewächse, *Rhamnaceae*
46 Weinrebengewächse, *Vitaceae*
47 Mistelgewächse, *Loranthaceae*
48 Buchsbaumgewächse, *Buxaceae*
49 Wolfsmilchgewächse, *Euphorbiaceae*
50 Seidelbastgewächse, *Thymelaeaceae*
51 Johanniskrautgewächse, *Hypericaceae*
52 Veilchengewächse, *Violaceae*
53 Cistrosengewächse, *Cistaceae*
**54 Kreuzblütler** (Cruciferen), *Brassicaceae*
55 Resedagewächse, *Resedaceae*
56 Weidengewächse, *Salicaceae*
57 Kürbisgewächse, *Cucurbitaceae*
58 Malvengewächse, *Malvaceae*
59 Lindengewächse, *Tilaceae*
60 Wintergrüngewächse, *Pyrolaceae*
61 Fichtenspargelgewächse, *Monotropaceae*
62 Heidekrautgewächse, *Ericaceae*
63 Krähenbeerengewächse, *Empetraceae*
64 Primelgewächse, *Primulaceae*
**65 Nelkengewächse**, *Caryophyllaceae*
66 Portulakgewächse, *Portulacaceae*
67 Gänsefußgewächse, *Chenopodiaceae*
68 Fuchsschwanzgewächse, *Amaranthaceae*
69 Knöterichgewächse, *Polygonaceae*
70 Grasnelkengewächse, *Plumbaginaceae*
71 Fieberkleegewächse, *Menyanthaceae*
72 Enziangewächse, *Gentianaceae*
73 Immergrüngewächse, *Apocynaceae*
74 Schwalbenwurzgewächse, *Asclepiadaceae*

5 Rötegewächse, *Rubiaceae*
6 Geißblattgewächse, *Caprifoliaceae*
7 Moschuskrautgewächse, *Adoxaceae*
8 Baldriangewächse, *Valerianaceae*
9 Kardengewächse, *Dipsacaceae*
0 Ölbaumgewächse, *Oleaceae*
1 Windengewächse, *Convolvulaceae*
2 Rauhblattgewächse, *Boraginaceae*
3 Nachtschattengewächse, *Solanaceae*
4 Sommerfliedergewächse, *Buddlejaceae*
**5 Rachenblütler**, *Scrophulariaceae*
6 Sommerwurzgewächse, *Orobanchaceae*
7 Wasserschlauchgewächse, *Lentibulariaceae*
8 Wegerichgewächse, *Plantaginaceae*
9 Tannenwedelgewächse, *Hippuridaceae*
0 Eisenkrautgewächse, *Verbenaceae*
**1 Lippenblütler** (Labiaten), *Lamiaceae*
2 Glockenblumengewächse, *Campanulaceae*
3 Lobeliengewächse, *Lobeliaceae*
**4 Korbblütler** (Compositen), *Asteraceae*

EINKEIMBLÄTTRIGE PFLANZEN - *Monocotyledoneae*

95 Froschlöffelgewächse, *Alismataceae*
96 Schwanenblumengewächse, *Butomaceae*
97 Froschbißgewächse, *Hydrocharitaceae*
98 Dreizackgewächse, *Juncaginaceae*
99 Laichkrautgewächse, *Potamogetonaceae*
**100 Liliengewächse**, *Liliaceae* (mit allen Unterfamilien)
101 Narzissengewächse, *Amaryllidaceae*
102 Schwertliliengewächse, *Iridaceae*
**103 Knabenkrautgewächse** (Orchideen), *Orchidaceae*
104 Binsengewächse, *Juncaceae*
105 Sauergräser (Riedgräser), *Cyperaceae*
106 Rohrkolbengewächse, *Typhaceae*
107 Igelkolbengewächse, *Sparganiaceae*
**108 Süßgräser** (Gramineen),*Poaceae*
109 Aronstabgewächse, *Araceae*
110 Wasserlinsengewächse, *Lemnaceae*

## Wuchsformen

Wilfried Stichmann
Ursula Stichmann-Marny

# Teil 2:
# Pflanzenführer

Kosmos

Mit 1349 Farbfotos von Aichele (220), Bärtels (23), Baumann (2), Beck (1), Bellmann (18), Eisenbeiß (63), Ewald (42), Flück (8), Garnweidner (51), Groß (23), Hecker (24), Himmelhuber (2), Hopf (2), Hortig (1), Jacobi (19), Klees (8), König (25), Kremer (1), Laux (217), Layer (18), Lenz (1), Limbrunner (28), Pforr (138), Pott (62), Reinhard-Tierfoto (49), Schmidt (21), Schneider (3), Schönfelder (64), Schrempp (32), Schulz (1), Schumacher (2), Synatzschke (27), Vogt (20), Wagner (62), Willner, O. (10), Willner, W. (53), Wirth (1), Zepf, E. (3), Zepf, W. (4)

87 Farbzeichnungen von Wolfgang Lang und 1 farbige Karte von Michaela Jäkle

„Der Kosmos-Pflanzenführer“ erscheint unter der ISBN 978-3-440-10223-7.


Lektorat: Rainer Gerstle
Produktion: Heiderose Stetter

Unser gesamtes lieferbares Programm und viele weitere Informationen zu unseren Büchern, Spielen, Experimentierkästen, DVDs, Autoren und Aktivitäten finden Sie unter **www.kosmos.de**

# Inhalt



**Zu diesem Buch** ... 454
**Zur Auswahl und Anordnung der Arten** ... 455
**Zum Vorkommen der Pflanzenarten** ... 456
**Grundbauplan der Blütenpflanzen** ... 458
**Zwölf mitgliederstarke Familien** ... 464
**Erklärung von Fachausdrücken** ... 472
**Verwendete Abkürzungen und Symbole** ... 475

**Bestimmungsteil** ... 476
**Bäume und Sträucher** ... 476
**Krautige Blütenpflanzen** ... 548
Blütenfarbe Weiß ... 548
Blütenfarbe Gelb ... 608
Blütenfarbe Rot ... 666
Blütenfarbe Blau ... 718
Blütenfarbe Violett ... 738
Blütenfarbe Grünlich unscheinbar ... 758
**Gräser** ... 792
**Farnpflanzen** ... 818
**Moose** ... 834
**Pilze** ... 844
**Flechten** ... 868
**Blaualgen und Algen** ... 872

**Literaturhinweise** ... 876
**Bildnachweis** ... 877
**Register** ... 880

# Zu diesem Buch

Bei Exkursionen mit den unterschiedlichsten Personengruppen haben wir den Wunsch und das Bemühen etlicher Teilnehmer erfahren, die Pflanzenarten ihres engeren Lebens- und Erlebnisraumes näher kennenzulernen und wenigstens mit dem richtigen Namen benennen zu können. Doch für eine der üblichen Bestimmungsmethoden – für das Blütenzerlegen und das Staubfadenzählen – sind viele von der Schule her meistens nicht besonders vorbelastete Pflanzenfreunde unserer Tage in der Regel nicht zu gewinnen. Sie ziehen es vor, die Pflanzenarten ganzheitlich zu erfassen, sich an der Gestalt, an Farben und an Formen zu erfreuen und von den vielfältigen Bezügen zu erfahren, die Pflanzen und Menschen früher wie heute miteinander verbinden. Diesem Wunsche will dieser Pflanzenführer Rechnung tragen. Mit 1348 Fotografien von Pflanzen am Standort – zum Teil zusätzlich mit Blüten und Früchten im Detail – umfaßt er eine Fülle echter Naturdokumente, die die Beschäftigung mit diesem Naturführer auch zu einem ästhetischen Genuß machen sollen.

Bei den Blüten- und Farnpflanzen, die bei Wanderern und Spaziergängern stets die meiste Beachtung finden, haben wir Wert darauf gelegt, möglichst alle in größeren Teilen Mitteleuropas vertretenen Arten aufzunehmen, mindestens soweit sie im Erscheinungsbild leicht erkennbare Merkmale aufweisen. Bei Moosen und Pilzen wurden jeweils etliche häufige, auffällige und möglichst gut erkennbare Arten ausgewählt, bei Flechten und Algen nur einige markante Vertreter morphologischer bzw. systematischer Gruppen.

Unter dem Stichwort **„Kennzeichen“** findet der Benutzer des Buches keine langatmige Beschreibung der einzelnen Arten, sondern nur einige differenzierende Merkmale, anhand derer die mit Hilfe der Fotos erfolgte Bestimmung noch einmal stichpunktartig überprüft werden kann. Die erste Zeile unter der Namensleiste gibt Auskunft über die Höhe über Grund, bis zu der die Art häufig heranwächst (also nicht über die Länge des ausgestreckten Sprosses). Weiterhin werden die Eckdaten der Blütezeit genannt, die je nach Klima und nach Höhenlage im Einzelfall stärker zum früheren oder zum späteren Zeitpunkt tendieren kann. Häufig führen Eingriffe von außen – z.B. Mahd und Vieh- oder Wildverbiß – zur Nachblüt außerhalb der regulären Blütezeit. Außerder geben die bekannten Zeichen Hinweise da auf, ob es sich um kurzlebige (⊙) oder ur mehrjährige Krautige Pflanzen (♃) handel Zwischen einjährigen und zweijährigen Arte wird nicht unterschieden; beide sind mit ⊙ gekennzeichnet. Schließlich verweist ein Zahl in einem Kästchen auf die Familie, de die betreffende Art angehört. Den Schlüsse dazu liefern die Seiten 448 und 449. In diesem Pflanzenführer sind Blütenpflanzenarte aus 110 verschiedenen Familien vertreten. Einige Familien sind nahezu bedeutungslos, andere dagegen sehr mitgliederstark. Die zwö wichtigsten Familien sind durch Fettdruck de Ziffern in den Kästchen besonders hervorgehoben. Zu ihnen gehören 56% der in diesen Band behandelten 762 Blütenpflanzen. Diese Familien werden auf den Seiten 464–471 kur vorgestellt.

Das wichtigste Anliegen dieses neuen Kosmos-Pflanzenführers ist es, dem Leser **„Wissenswertes“** über die einzelnen Arten nahezubringen. Damit sind vor allem Informationen gemeint, die das Verhältnis des Menschen zu den Pflanzen früher und heute erhellen. Heil und Gewürz-, Gemüse- und Giftpflanzen, Arten mit Bezug zum Glauben wie zum Aberglauben, mit besonders bemerkenswerter Gestalt oder Lebensweise und Eigentümlichkeiten der Bestäubung, des Wachstums oder des Standorts interessieren den Pflanzenfreund meistens ganz besonders. Solche Sachverhalte bringen Pflanze und Mensch oft in eine engere Beziehung zueinander. Sie brauchen nicht unbedingt wichtig zu sein, daß man sie wissen und behalten müßte. Dennoch haben diese Sachverhalte erfahrungsgemäß eine besondere Funktion, die vor allem auch Lehrer gern nutzen. Sie erleichtern die Festigung und das Bewahren der Formenkenntnis. Diese kleinen, in der Wissenschaft oft übersehenen Inhalte, die man mit einzelnen Arten verbinden kann, stützen die Artenkenntnis, weshalb man auch vom „Stützwissen“ spricht. Den deutschen, manchmal auch den wissenschaftlichen Namen der Pflanzen verdanken wir ganz besonders viele bemerkenswerte Ansatzpunkte für derartiges Wissen, das oft lebenslang im Gedächtnis verankert bleibt.

# Zur Auswahl und Anordnung der Arten

Ein illustrierter Pflanzenführer für Mitteleuropa – selbst wenn er sehr umfangreich ist – wird kaum sämtliche Blütenpflanzen und Farngewächse dieses Raumes abbilden und behandeln können, ganz zu schweigen von den Moosen und Pilzen. Und würde er es versuchen, bestünde die Gefahr, daß er die weitaus größte Zahl seiner Benutzer eher irritierte und abschreckte statt anregte und motivierte.

Viele Pflanzenarten Mitteleuropas sind einander zu ähnlich, als daß man sie in fotografischen Aufnahmen und/oder knappen Beschreibungen differenzieren könnte. Andere sind so selten oder an nur so wenigen Orten heimisch, daß sie, würden sie mit aufgenommen, nur Ballast wären und von den wichtigen Arten ablenkten.

Also wird man sich dann doch – nicht nur notgedrungen, sondern durchaus auch im Interesse des Pflanzenfreundes, der nach diesem Kosmos-Pflanzenführer greifen soll – für eine Auswahl entscheiden. Und das auch, wenn – wie in unserem Falle – insgesamt immerhin 762 Arten Blütenpflanzen, 35 Arten Farngewächse und – mehr zur Abrundung – noch 30 Moos- und 72 Pilzarten in einem Bande vorgestellt werden.

Die Kriterien, die bei der Auswahl der Arten zugrundegelegt wurden, sind leicht aufgezählt. Häufigkeit und weite Verbreitung, Auffälligkeit und möglichst gute Unterscheidbarkeit sowie Bedeutsamkeit der Art für den Menschen und die Ökosysteme nehmen die ersten Ränge ein. Fast in allen oder doch in mehr als der Hälfte aller Meßtischblatt-Quadranten Mitteleuropas nachgewiesene Arten der Blütenpflanzen und der Farngewächse dürfen nicht fehlen, zumal wenn sie jeweils vielerorts und vielleicht sogar in größeren Beständen auftreten. Meistens haben solche Arten noch nahe, in der Regel sehr ähnliche, jedoch nur sehr begrenzt verbreitete Verwandte. Auf sie wurde dann meistens verzichtet, zumal wenn die „Zusammentreff-Wahrscheinlichkeit" bei den Arten sich im Verhältnis von 1000 (und mehr) zu 1 bewegt.

Der vielfach fast schon zum Ritual erhobenen Verengung des Interesses auf „sehr seltene, vom Aussterben bedrohte Arten" soll in diesem Pflanzenführer mit Nachdruck entgegengewirkt werden. Wie aussichtslos ist die Jagd nach manchen unauffälligen Seltenheiten, solange deren weit verbreitete Verwandte unbekannt und daher unbeachtet bleiben! Gerade sie sollten zuerst einmal Objekt unserer Aufmerksamkeit und intensiven Betrachtung, unserer Freude und Zuwendung sein – und nicht obwohl, sondern gerade weil sie uns oft noch in unserem Lebens- und Erlebnisraum auf Schritt und Tritt begegnen.

Das schließt natürlich das Interesse an besonders schönen, auffälligen oder aus anderen Gründen bemerkenswerten Arten nicht aus, auch wenn sie nur regional verbreitet oder ausgesprochene ökologische Spezialisten – etwa des Hochgebirges oder der Meeresküsten – sind.

Bei der Anordnung der Arten folgen wir hier der bewährten Tradition der Zuordnung der Blütenpflanzen nach Blütenfarben und innerhalb der Farbgruppen soweit wie möglich nach ihrer natürlichen Verwandtschaft, das heißt, nach dem System der Blütenpflanzen. Daß die farbliche Zuordnung nicht immer leicht ist, hängt nicht nur mit der individuellen und der geographischen Variabilität vieler Arten, sondern auch mit den fließenden Übergängen zwischen den verschiedenen Farben zusammen. Entscheidungen erscheinen hier gelegentlich sehr subjektiv und sind es wohl auch. Das gilt am wenigsten für die 132 „Weiß" und die 127 „Gelb" zugeordneten Arten, eher schon für die als „unscheinbar" (d.h. grünlich- oder bräunlichblütig) bezeichneten 75 Arten. Die größten Schwierigkeiten bereitet das Farbspektrum zwischen Rot und Blau und damit die Abgrenzung zwischen Rot und Rotviolett einerseits sowie zwischen Blau und Blauviolett andererseits. Unter Rot erscheinen 116, unter Blau 45 und unter Violett 50 Arten. Weil alle Arten nur einmal behandelt werden, wird gelegentlich ein Blick in zwei Farblisten unerläßlich sein.

Eindeutig ist dagegen in aller Regel die Zuordnung einer gefundenen Art zu den Gräsern und den grasähnlichen Arten (Süß- und Sauergräser, Binsengewächse). Das gilt auch für die Holzgewächse (Bäume, Sträucher); aber auch hier gibt es Problemfälle, nämlich einige Halbsträucher, die so stark an krautige Pflanzen erinnern, daß sie dort besser plaziert erschienen.

# Zum Vorkommen der Pflanzenarten

Dieser Kosmos-Naturführer behandelt die Pflanzenarten Mitteleuropas, jenes Übergangsgebiets zwischen dem atlantischen West- und dem kontinentalen Osteuropa, an dem Deutschland einen großen Anteil hat. Mitteleuropa ist nicht eindeutig abzugrenzen, am ehesten noch in der Süd-Nord-Erstreckung bzw. -Begrenzung: Hier handelt es sich um den Raum von den Alpen bis zur Nord- und Ostsee. Im Westen gehören die Niederlande, Luxemburg und der Ostteil Belgiens und Frankreichs dazu. Im Osten reicht Mitteleuropa bis in den Weichselbogen und in die Karpaten hinein, so daß neben der Tschechischen Republik auch die größten Teile Polens und der Slowakischen Republik als zu Mitteleuropa gehörig betrachtet werden können.

Die Vegetation und der Pflanzenartenbestand dieses Raumes weisen vielerlei Gemeinsamkeiten auf. Etliche Arten besiedeln nahezu dieses gesamte Gebiet, andere zumindest große Teilbereiche. Aus diesem Grunde wurde hier Mitteleuropa als das **„Gebiet"** ausgewählt, auf das sich die Angaben zu den Vorkommen der Pflanzenarten beziehen. Die Beschreibungen „im Norden des Gebietes, im Süden, Westen oder Osten des Gebietes" müssen vor diesem Hintergrund verstanden werden. Sie ersetzen umständliche Angaben zu einzelnen mitteleuropäischen Landschaften und geben in der gebotenen Kürze doch Hinweise auf die Verbreitungsschwerpunkte der einzelnen Pflanzenarten.

Außer zur Lage des Verbreitungsgebietes im mitteleuropäischen Raum findet der Leser unter **„Vorkommen"** meistens auch noch einige Stichworte zum Lebensraum und zur Häufigkeit der jeweiligen Art, manchmal auch dazu, ob sie in der Regel einzeln, in Gruppen oder in größeren Beständen wächst.

Fast überall in Mitteleuropa leben die verschiedenen Pflanzenarten in vom Menschen geprägten und zum Teil grundlegend veränderten Lebensräumen. Ursprüngliche, d.h. vom Menschen weder in der Vergangenheit noch in der Gegenwart genutzte, belastete oder gestaltete Biotope gibt es bestenfalls noch in den Gipfellagen der Alpen. Ansonsten haben sich innerhalb der letzten 5000 Jahre überall in Mitteleuropa die Urlandschaften in Kulturlandschaften gewandelt, zu denen auch unsere Wälder und Heiden gehören, die ohne den Menschen gänzlich anders aussähen oder überhaupt nicht existierten.

Noch weiter als die agrar geprägte haben sich weite Teile der urban-industriell geprägten Kulturlandschaft vom Urzustand entfernt. Man denke nur an die Städte und Ballungsräume mit ihren versiegelten, aufgeschütteten und entwässerten Böden, an Straßen und Eisenbahndämme, an Schuttplätze und Halden, Stau- und Baggerseen, Industriebrache, Bauerwartungsland und vieles andere mehr. Als sog. Sekundär-, im Grunde nach der vorausgegangenen Agrarnutzung sogar Tertiärbiotope haben sie zumeist völlig andere Standorteigenschaften als ihre Vorgänger. Der Wandel hat vielen zuvor hier heimischen Pflanzenarten die Lebensgrundlagen entzogen; sie sind verschwunden. Doch auch für die grundlegend veränderten Standorte hält die Natur eine Vielzahl für die neue Situation geeigneter Siedler bereit. Die Natur reagiert konstruktiv kaum einen Flecken Erde außerhalb von Schnee und Eis sowie der Meeresbrandung läßt sie in unseren Breiten auf Dauer unbegrünt.

Unter den Siedlern in den sogenannten Sekundärbiotopen findet man immer zahlreiche Arten, die erst durch den Menschen aus anderen Teilen Europas und der ganzen Welt nach Mitteleuropa gelangten. Einige Arten hat er bewußt mitgebracht, die meisten jedoch als Samen zusammen mit anderen Gütern unbewußt importiert. Viele Pflanzenarten sind im Laufe der Jahrhunderte durch die neuen offenen Landschaften und auf zuvor nicht vorhandenen Trassen eingewandert. Die Arten die zwischen Steinzeit und Entdeckung Amerikas eintrafen, pflegt man als Alteinwanderer (Archaeophyten), die späteren als Neueinwanderer (Neophyten) zu bezeichnen. Zusammen mit den erhalten gebliebenen Urbesiedlern sorgen sie für die heutige Artenvielfalt der wildwachsenden Flora Mitteleuropas, die trotz des technik- und zivilisationsbedingten Artenrückgangs der letzten 200, vor allem der letzten 50 Jahre größer ist, als sie in der Urlandschaft einmal war.

Diese Artenvielfalt – heute spricht man von Biodiversität – stellt einen unschätzbaren Wert dar, den zu erhalten eine Aufgabe ist, die von

**Karte von Mitteleuropa**

Generation zu Generation weitergegeben werden muß. Um sie als Auftrag bewußt wahrzunehmen, ist es unerläßlich, mit der Vegetation und den einzelnen Pflanzenarten grundsätzlich behutsam umzugehen und dieses Verhalten Kindern und Jugendlichen schon früh zu vermitteln. Pflanzen kennenzulernen ist ein hilfreicher Ansatz für deren Schutz! Jeder Pflanzenfreund muß die Bemühungen des Naturschutzes sowohl auf dem Gebiet des Biotop- als auch des unmittelbaren Artenschutzes wirkungsvoll unterstützen und alle nicht gerade in großen Beständen wachsenden Arten oder nicht ohnehin zur Mahd vorgesehenen Bestände auch beim Bestimmen und Fotografieren unangetastet lassen.

# Grundbauplan der Blütenpflanzen

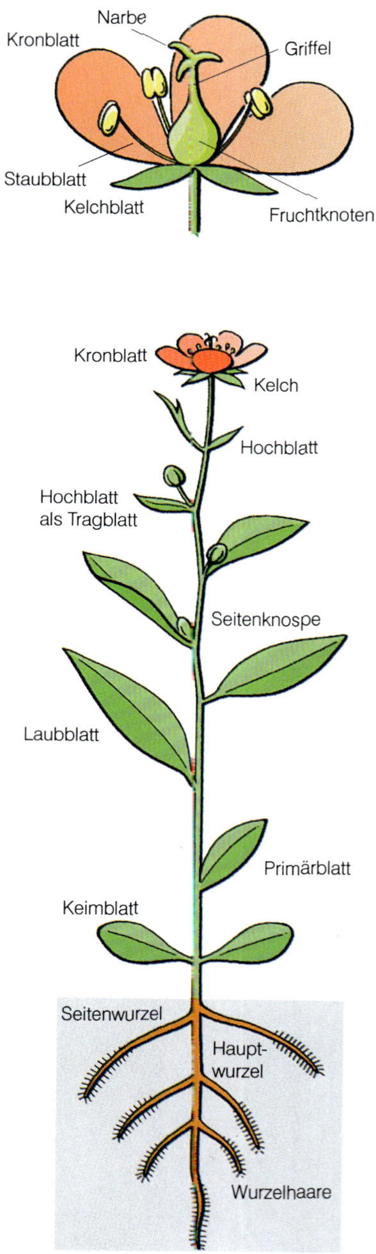


So unterschiedlich auch die Wiesen-Glockenblume, der Bocksbart und der Spitz-Ahorn sind, gewisse Merkmale haben alle drei gemeinsam. Sie lassen sich – trotz vielerlei Abwandlungen – letztlich auf den Grundbauplan der Blütenpflanzen zurückführen.

Dazu gehört die Gliederung in Wurzel und Sproß, wobei letzterer Blätter und Blüten trägt. Das Wurzelsystem ist mit Haupt- und Seitenwurzeln stark verzweigt, verankert die Pflanze im Boden und versorgt sie mit Wasser und Mineralsalzen.

Die oberirdische Sproßachse als zentraler Bestandteil der Blütenpflanzen kann krautig und damit kurzlebig (Kräuter, Gräser) oder verholzt und langlebig (Bäume, Sträucher) sein. In ihr, d.h. in den röhrenförmigen Zellen der Leitbündel, werden Wasser und darin gelöste Mineralsalze von den Wurzeln zu den Blättern und Assimilate in umgekehrter Richtung transportiert.

Die Blätter sind in der Regel grün und dienen der Photosynthese. Außerdem erfolgt vorrangig über sie die Wasserabgabe, die den Transportstrom in der Pflanze gewährleistet und sie zugleich vor Überhitzung schützt. Die Blätter stehen an der Sproßachse oder an Seitentrieben, die in den Achseln der Laubblätter entspringen. Als erste Blätter beim Auskeimen der Samen erscheinen in der Regel ein oder mehrere Keimblätter.

Die auffallendsten Teile der Blütenpflanzen sind die im Dienste der geschlechtlichen Vermehrung stehenden Blüten: bei den Insektenblütlern meistens groß und bunt, bei den Windblütlern zahlreich, klein und dicht gedrängt. Trotz vielfältigster Abwandlungen und Reduktion läßt sich letztlich auch hier ein Grundbauplan erkennen.

Der Längsschnitt zeigt die Bestandteile: meist grüne Kelch- und in der Regel andersfarbige Kron- oder Blütenblätter (Blütenkrone), aus Staubfäden und Staubbeuteln bestehende Staubblätter als männliche und aus einem oder mehreren Fruchtblättern hervorgegangene und in Narbe, Griffel und Fruchtknoten gegliederte weibliche Geschlechtsorgane (Stempel).

**Grundbauplan einer Blütenpflanze (Blüte gesondert vergrößert)**

## Bedecktsamige Pflanzen

## Nacktsamige Pflanzen

### Zweikeimblättrige

### Einkeimblättrige

Blätter mit Netznervatur, meistens mit Blattstielen, oft aus mehreren Blättchen zusammengesetzt.

Blätter mit Parallelnerven, lineal bis eiförmig, ungestielt, in der Regel nicht zusammengesetzt.

Blätter nadel- oder schuppenförmig, klein und sehr zahlreich, zumeist mehrjährig, derb und deutlich xeromorph.

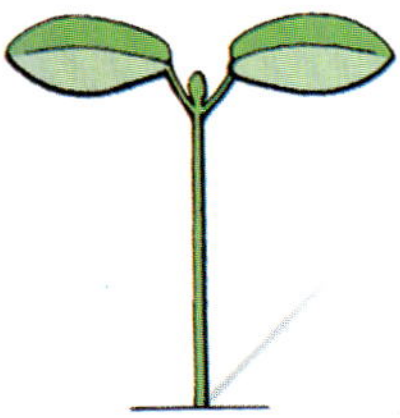

Keimblätter zu zweit, gegenständig, meistens kurzlebig, manchmal von der Samenschale umschlossen.

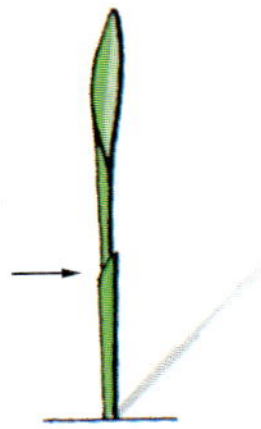

Ein einziges Keimblatt, oft zum Saugorgan für die Aufnahme von Nährstoffen aus dem Samen umgebildet.

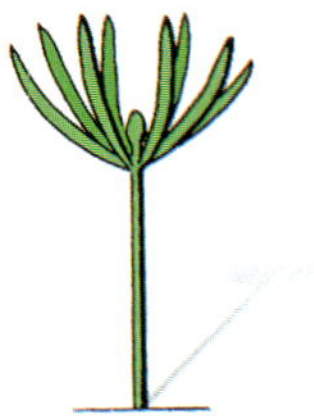

Die Zahl der Keimblätter ist größer; bei den Nadelhölzern (Coniferen) sind es fünf oder mehr.

Blüten meistens mit Kelch und Krone, überwiegend aus 5- oder 4zähligen Wirteln; Samenanlagen immer in Fruchtknoten, d.h. bedeckt.

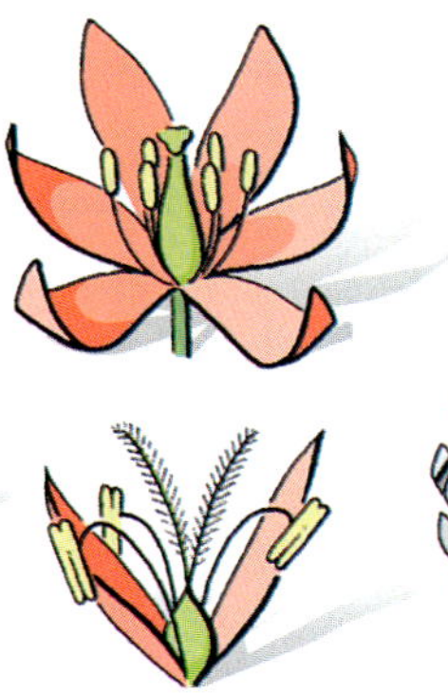

Blüten überwiegend mit zwei Perigonblattkreisen in 3zähligen Wirteln; Samenanlagen immer in Fruchtknoten, also bedeckt.

Blüten ohne Blütenkrone, eingeschlechtig, mit zahlreichen Frucht- oder Staubblättern; Samenanlagen für Pollen frei zugänglich, nackt.

### Symmetrie der Blüten

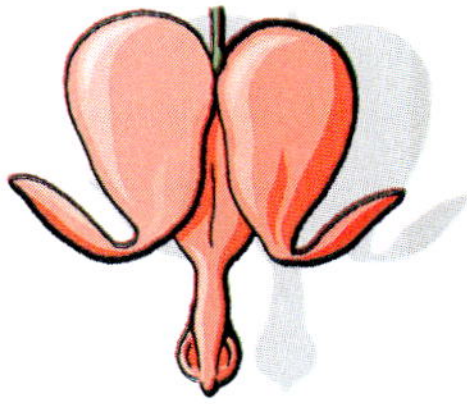

Radiär oder strahlig symmetrische Blüten können durch mehr als 2 Schnittebenen in jeweils spiegelbildliche Hälften zerlegt werden.

Nur 2 derartige senkrecht aufeinander stehende Schnittebenen zeichnen die wenigen bilateralen oder disymmetrischen Blüten aus.

Gibt es nur eine einzige derartige Schnittebene mit 2 spiegelbildlichen Hälften, so sind es zygomorphe oder dorsiventrale Blüten.

### Stellung des Fruchtknotens

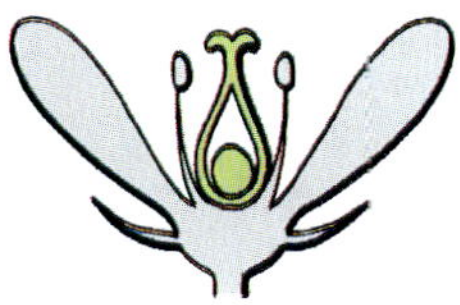

Oberständig ist ein Fruchtknoten, wenn er oberhalb der Staub- und Kronblätter auf einer aufgewölbten Blütenachse steht.

Der unterständige Fruchtknoten ist in die becherförmig eingetiefte Blütenachse eingesenkt und mit ihr verwachsen.

Mittelständig nennt man einen Fruchtknoten, der zwar ir die Blütenachse eingesenkt, aber nicht mir ihr verwachser ist.

### Freie und verwachsene Kronblätter

Bei den Freikronblättrigen Pflanzen sind die einzelnen Kronblätter frei, d.h. nicht miteinander verwachsen. Man kann sie einzeln auszupfen, ohne die benachbarten Kronblätter zu beschädigen. Tief eingeschnittene Kronzipfel täuschen manchmal Freikronblättrigkeit vor.

Bei den Verwachsenkronblättrigen Pflanzen löst sich die Blütenkrone immer als Ganzes oder sie wird beschädigt. Die Anzahl der freien Zipfel weist bei glocken-, trichter- und röhrenförmigen Blüten auf die Zahl der miteinander verwachsenen Kronblätter hin.

### Wichtige Merkmale im Blütenbereich, geeignet für eine erste Zuordnung von Arten zu verschiedenen verwandtschaftlichen Gruppen

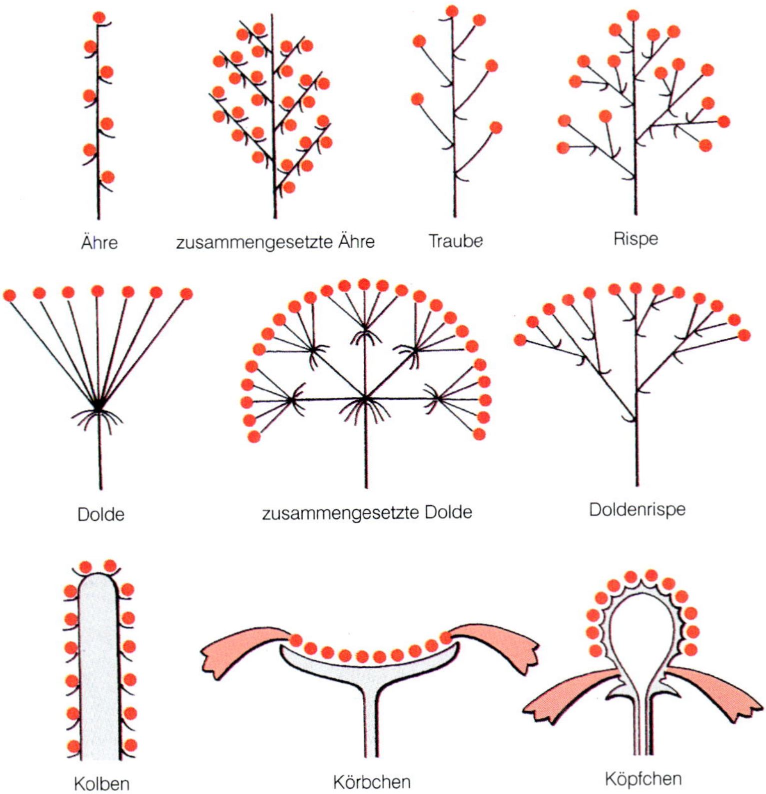


**Die zehn häufigsten und besonders leicht unterscheidbaren Blütenstände im Überblick – nach Ähnlichkeit in der Art der Verzweigung geordnet**

Durch das dichte Beisammenstehen mehrerer bis zahlreicher Blüten in einem Blütenstand wird bei Insektenblütlern der Schaueffekt der Einzelblüten erheblich erhöht. Häufig treten im Bereich des Blütenstandes an die Stelle der Laubblätter kleinere, unscheinbare, die Blüten nicht verdeckende Hochblätter. Die Einzelblüten sind meistens stark verkleinert, so daß sie in großer Zahl dicht beisammen stehen können. Am Rande des Blütenstandes sind einzelne Blüten oder Blütenteile – z.B. bei Körbchen und zusammengesetzten Dolden – im Vergleich zu den Blüten im inneren Bereich oft deutlich vergrößert, manchmal sogar zu sterilen Lockattrappen geworden.

In einzelnen Entwicklungslinien entstanden so Blütenstände, die auf den ersten Blick wie Einzelblüten erscheinen und auch funktionell wie solche agieren. Extreme Beispiele hierfür liefert die Familie der Korbblütler, deren Blütenkörbchen von kelchartigen Hüllblättern umgeben werden und die sich oft im Tagesrhythmus bzw. bei Regen und Sonnenschein öffnen und schließen. Zum Teil wird die Schaufunktion ausschließlich von den Randblüten wahrgenommen. Im Volksmund werden derartige einzelblütenähnliche Blütenstände (Pseudanthien) als „Blumen" bezeichnet; man denke nur an Sonnen- und Wucherblume, Korn- und Flockenblume.

## Einfache Blätter

lineal — lanzettlich — eiförmig-elliptisch — rundlich

schildförmig — herzförmig — nierenförmig

## Zusammengesetzte Blätter

unpaarig gefiedert — paarig gefiedert — doppelt gefiedert — ungleichmäßig gefiedert

dreizählig gefingert — fünfzählig gefingert/gefiedert — fiederspaltig

## Blattstellung

wechselständig — gekreuzt gegenständig — quirlständig

## lattspitze

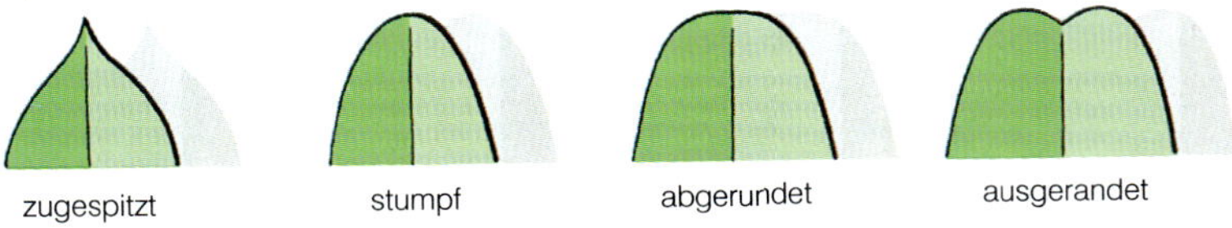


## lattrand

## Blattansatz

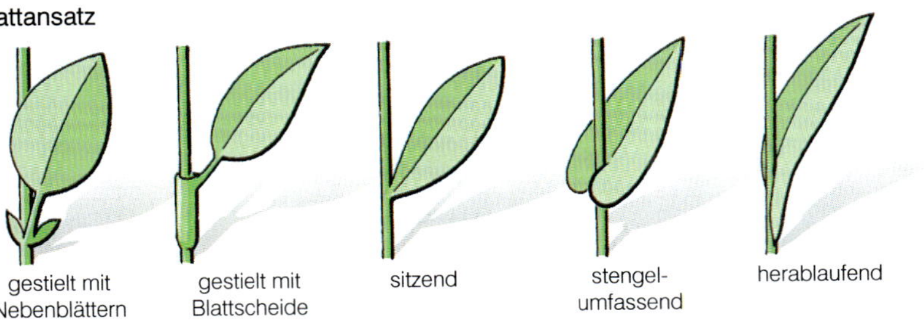


## Blatt-Schema

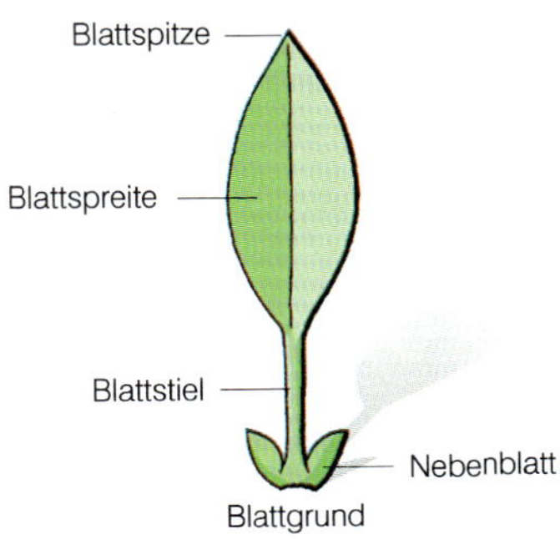

**Hahnenfußgewächse (Ranunculaceae)**
Vor allem gegen die Rosengewächse ist diese Familie nicht immer leicht abgrenzbar. Weil es – im Gegensatz zu den Doldengewächsen, den Lippen- und Korbblütlern – keine durchgängigen Kennzeichen gibt, kann erst die Kombination verschiedener Merkmale die Familienzugehörigkeit eindeutig belegen.

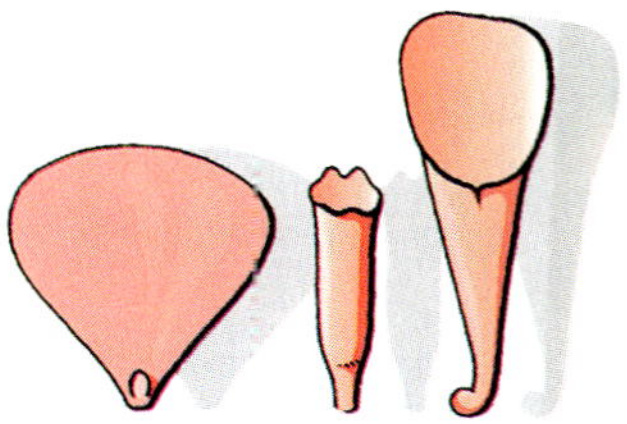

**Je ein Honigblatt vom Hahnenfuß, von einer Nieswurz und einer Akelei**

Zumeist – aber nicht immer – handelt es sich um mehrjährige, krautige Pflanzen. Die Blätter sind wechselständig, oft tief geteilt, aber stets ohne Nebenblätter. Die meisten Arten – beispielsweise die der wichtigsten Gattung Hahnenfuß (*Ranunculus*) – haben radiäre Blüten, doch sind auch einzelne Arten mit zygomorphen Blüten vertreten, unter denen die von Akelei (*Aquilegia*) und Rittersporn (*Delphinium, Consolida*) sogar gespornt sind. Das heißt, sie bilden einen sich verjüngenden Fortsatz nach hinten aus, der als Nektarbehälter dient. Nektarblätter spielen insgesamt in dieser Familie eine wichtige Rolle; manche wirken wie Kronblätter, haben aber an der Basis eine kleine Nektargrube, so etwa bei unseren häufigen Hahnenfuß-Arten.

**Sammelfrüchte von Trollblume, Scharfem Hahnenfuß und Rittersporn**

Besonders bemerkenswert sind die zahlre chen Staubblätter (meistens mehr als 10 Auch die Fruchtblätter liegen in der Regel i größerer Zahl vor; nur ausnahmsweise sind e 1 oder wenige (vgl. Abbildung). Jedes Frucht blatt verwächst mit sich selbst und bildet ei nen eigenen Fruchtknoten (apokrapes Gynoe ceum). Deshalb findet man in der Regel viel früchtige (polykarpe) Sammelfrüchte, die au mehrsamigen Bälgen oder einsamigen Nüß chen bestehen (vgl. Abbildung). Während sic die Bälge an der Verwachsungslinie (Bauch naht) öffnen und die Samen entlassen, sin die Nüßchen Schließfrüchte.

S. 546/2, 546/3, 556/2–558/5, 608/3–613/5, 674/4, 718/1–718/4, 738/1, 738/2, 770/1–770/3

**Rosengewächse (Rosaceae)**
Bei den heimischen Vertretern dieser Familie überwiegen die Holzgewächse, vor allem durch den Artenreichtum der Gattungen *Rosa* und *Rubus* sowie durch die zahlreichen Obstgehölze. Aber auch ein- und mehrjährige krautige Pflanzen sind vertreten; man denke nur an die Gattungen der Fingerkräuter (*Potentilla*) und an die Nelkenwurz-Arten (*Geum*).
Das regelmäßige Auftreten von Nebenblättern, die allerdings zum Teil sehr kurzlebig sind, d.h. früh abfallen, unterscheidet die Rosengewächse trotz etlicher anderer Ähnlichkeiten von den Hahnenfußgewächsen. Die Blüten der Rosengewächse sind immer radiär, fast immer 5zählig und meistens mit zahlreichen Staubblättern ausgestattet. Allerdings gibt es auch rückgebildete, zum Teil kronenlose und sogar windblütige Formen, etwa unter den Wiesenknopf- (*Sanguisorba*) und den Frauenmantel-Arten (*Alchemilla*).
Am vielfältigsten sind allerdings die weiblichen Blütenbestandteile ausgebildet. In der wichtigsten Unterfamilie der Rosenartigen bestehen die Früchte – wie bei vielen Hahnenfußgewächsen – aus etlichen 1samigen Nüßchen, die jeweils aus 1 Fruchtblatt hervorgegangen sind. Diese können sich – wie bei den Erdbeeren (*Fragaria*) – auf einem vorgewölbten oder – wie bei den „Hagebutten“ – in

nem krugförmig vertieften Blütenboden beden. Bei den Angehörigen der Unterfamilie er Apfelartigen ist die „Apfelfrucht" das alle rbindende Merkmal. Die Arten der Untermilie der Steinobstartigen haben allesamt einfrüchte, die jeweils auf ein einziges uchtblatt zurückgehen. Auch wenn man den onderfall des Geißbarts (*Aruncus*) und seier Balgfrüchte mit einbezieht, bleibt trotz der elfalt in der Fruchtbildung der Rosengeächse als Gemeinsamkeit bestehen, daß die uchtblätter nicht miteinander, sondern mit ch selbst verwachsen, es sich also um apoarpe Gynoeceen handelt (s. Hahnenfußgeächse).

S. 506/1–518/3, 570/2–572/2, 626/2–628/5, 678/3–680/1, 772/1–772/2

**chmetterlingsblütler (Papilionaceae = abaceae)**

ährend diese weltweit verbreitete Familie in en Tropen vor allem durch Holzgewächse ertreten ist, überwiegen in Mitteleuropa die autigen Arten. Die wechselständigen Blätter nd ursprünglich unpaarig gefiedert. Sowohl e gefingerten Blätter als auch die zu Ranken ngebildeten Spitzenblättchen mancher Wiken (*Vicia*) und Platterbsen (*Lathyrus*) gelten s abgeleitet. Die stets vorhandenen Nebenlätter sind manchmal auffallend groß und aßgeblich an der Photosynthese beteiligt.

er Aufbau der Blüten, die meistens zu traugen Blütenständen vereint stehen, ist sehr nheitlich und ermöglicht jedermann das ichte Wiedererkennen und die Abgrenzung er Familie. Sowohl Kelch als auch Blütenrone sind auf der 5-Zahl aufgebaut. Die 5 iteinander verwachsenen Kelchblätter sind ft zumindest andeutungsweise 2lippig und nterstreichen ihrerseits zusätzlich den zygoorphen Blütenaufbau. Die 5blättrige Krone etzt sich aus der sich oben ausbreitenden ahne, den beiden seitlichen Flügeln und dem nten vorspringenden Schiffchen zusammen, as von zwei miteinander verwachsenen ronblättern gebildet wird (Abbildung). Das chiffchen verbirgt die 10 Staubblätter, die ntweder allesamt eine geschlossene oder zu eine oben offene Röhre bilden, auf der das 10., freie Staubblatt liegt. Das einzige Fruchtblatt steht oberständig und entwickelt sich zu einer Hülse, die sich bei der Reife an der Bauch- und an der Rückennaht öffnet und die mit großen Keimblättern als Speichergewebe gefüllten Samen entläßt. Interessant ist der Mechanismus zum Vorschnellen oder Vorquellen des Pollens bei der Landung von Bienen oder Hummeln auf dem Schiffchen. Die Schmetterlingsblütler sind ökologisch und ökonomisch nicht zuletzt dadurch besonders bedeutsam, daß sie in einer Wurzelsymbiose mit Knöllchenbakterien leben, die Luftstickstoff zu binden in der Lage sind.

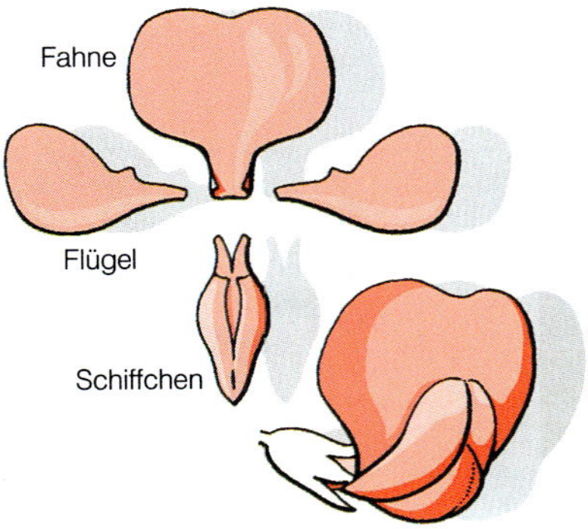


**Schmetterlingsblüte zerlegt und von außen betrachtet**

S. 520/1–522/5, 572/3–574/1, 630/1–632/4, 680/2–684/2, 742/1–744/1

**Doldengewächse (Umbelliferae = Apiaceae)**

Die Doppeldolde als Blütenstand ist für die allermeisten Doldengewächse ein so sicheres und leicht erkennbares Familienmerkmal, daß man es nicht durch einige wenige Ausnahmen in Frage stellen sollte. Die Doppeldolde kommt dadurch zustande, daß am Ende eines jeden Blütenstiels eine Dolde steht, aber statt Blüten Doldenstrahlen erscheinen, die ihrerseits wieder Dolden 2. Ordnung tragen, die als Döldchen bezeichnet werden. Die Tragblätter der Doldenstrahlen 1. Ordnung – in der Zahl

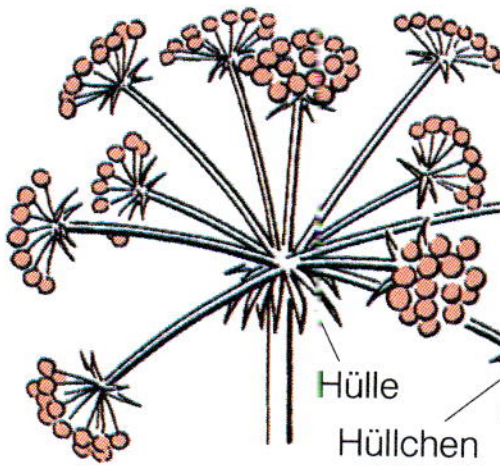


**Zusammengesetzte Dolde mit Hülle und Hüllchen**

durchweg reduziert, vereinzelt auf Null – heißen „Hüllblätter“, die der Doldenstrahlen 2. Ordnung „Hüllchenblätter“ (vgl. Abbildung).
Die Einzelblüten sind klein; erst in der großen Zahl der Einzelblüten einer Doppeldolde sind sie auffällige Schauorgane. Weißblütige Doldengewächse herrschen sehr stark vor; einige Arten sind allerdings gelbblütig. Die Blüten sind eigentlich radiär, die randständigen aber gelegentlich nach außen vergrößert und dadurch zygomorph. Sie sind auf der 5-Zahl aufgebaut, d.h. sie weisen 5 Kelchblätter, die allerdings meistens stark reduziert sind, 5 Kronblätter und 5 Staubblätter auf. Zwei Griffel deuten auf 2 miteinander verwachsene Fruchtblätter hin, die sich bei der Reife wieder lösen und in zwei 1samige Spaltfrüchte zerfallen. Durch die an den Spaltfrüchten erhalten bleibenden Griffel entsteht oft ein mehr oder weniger langer „Schnabel“, der nicht selten ein wichtiges Arterkennungsmerkmal ist.
Die Doldengewächse, die außerhalb der Tropen auf der Nordhalbkugel weit verbreitet sind, begegnen uns in Mitteleuropa durchweg als krautige Pflanzen mit einfach oder mehrfach gefiederten Blättern, die keine Nebenblätter, oft aber einen scheidenartig vergrößerten Blattgrund aufweisen.
Von dem bislang beschriebenen Erscheinungsbild weichen bei uns nur wenige Gattungen ab, so u.a. die Gattungen Mannstreu (*Eryngium*), Sterndolde (*Astrantia*) und Wassernabel (*Hydrocotyle*), die man nicht sogleich als Doldengewächse erkennen dürfte.

S. 576/1–584/3, 638/3, 720/3, 776/1, 776/5

## Kreuzblütler (Cruciferae = Brassicaceae)

Die über Kreuz angeordneten 4 Kelch- und Kronblätter waren der Anlaß, dieser Fami den Namen „Kreuzblütler“ zu geben. Die zah reichen zugehörigen Arten sind in der Reg leicht als Familienmitglieder zu erkennen, w sie – bis auf wenige Ausnahmen – allen g meinsame Kennzeichen aufweisen. Dazu g hören neben den 4 Kelch- und den 4 Kro blättern auch die beiden Staubblattkreise m 2 kürzeren Staubblättern außen und 4 lä geren Staubblättern innen. Der oberständig Fruchtknoten wird von 2 Fruchtblättern g bildet und durch eine Scheidewand in 2 F cher geteilt. Die Scheidewand wird als „falsc bezeichnet, weil sie von randlichen Geweb

**3 Schötchen und 1 Schote; das zweit Schötchen deutlich geflügelt**

wucherungen der Fruchtblätter gebildet wir Als für die Familie typische Frucht gilt d Schote, die sich bei der Reife mit 2 Fruch klappen öffnet. Dabei bleibt der Rahmen m der falschen Scheidewand stehen; an ih hängen zunächst die Samen, bis sie abfallen Ohne systematischen Wert, aber von aus schlaggebender Bedeutung bei der Bestim mung ist die Unterscheidung von Schoten un Schötchen. Von letzteren ist die Rede, wen die Frucht nicht wenigstens dreimal so lan wie breit ist (vgl. Abbildung). Die Größe de Früchte spielt bei dieser Unterscheidun keine Rolle. Nur wenige Gattungen weiche von der familientypischen Fruchtbildung ab so z.B. der Hederich (*Raphanus raphani strum*) mit perlschnurartig eingeschnürte Bruchschoten, das Brillenschötchen (*Biscu tella laevigata*) mit spaltfruchtartigen Schöt

**;chote mit 2 Fruchtklappen, falscher ;cheidewand und Samen**

hen und der Färberwaid (*Isatis tinctoria*) mit samigen Schötchen, die wie geflügelte Nüß-hen erscheinen. Als Blütenfarben herrschen ›ei den Kreuzblütlern Weiß und Gelb vor, ge-›lgt von Violett. Meistens bilden zahlreiche 3lüten deck- und vorblattlose Trauben, die 'on unten nach oben aufblühen und denen ›ine Endblüte fehlt. Die Traube ist oft mehr ›der weniger stark gestaucht, manchmal bis :ur Doldentraube oder Trugdolde. In der Re-jel sind Blüten und Früchte an ein und dersel-›en Pflanze gleichzeitig zu finden, was für die 3estimmung der Arten sehr wichtig ist.

)ie einheimischen Kreuzblütler sind allesamt ‹rautig; der Anteil der einjährigen Arten ist 'echt groß.

S. 560/2–566/3, 616/3–622/4, 738/5–740/5, 770/4

## Nelkengewächse (Caryophyllaceae)

Diese Familie gehört nicht gerade zu den mitgliederstärksten, ist aber doch sehr artenreich über die ganze Erde verbreitet mit Schwerpunkt auf der Nordhalbkugel und hier wiederum vor allem im mediterranen Bereich. Es handelt sich bei den zahlreichen heimischen Vertretern dieser Familie durchweg um krautige Pflanzen und zwar sowohl um Einjährige als auch um Stauden. Die Blätter der Nelkengewächse sind immer ungeteilt und ganzrandig, meistens gegenständig und ohne Nebenblätter, oft ungestielt und manchmal an der Basis mit ihrem Gegenüber verwachsen.

In der ursprünglichen Ausprägung sind die radiären Blüten auf der 5-Zahl aufgebaut: Sie haben 5 Kelch-, 5 Kron-, zweimal 5 Staub- und einmal 5 Fruchtblätter; letztere aber sind oft bis auf 2 reduziert. Wieviele Fruchtblätter im Einzelfalle vorliegen, verrät die Zahl der Griffel und der Zähne an der Spitze der Kapsel, zu der der oberständige Fruchtknoten heranreift. Allerdings können die Kapselzähne längs gespalten sein und die doppelte Zahl von Fruchtblättern vortäuschen. Als Blütenfarben herrschen Weiß und deutlich seltener Rot vor.

Bei den Angehörigen der Unterfamilie der Nelkenverwandten sind die Kelchblätter miteinander verwachsen und die Kronblätter genagelt, d.h. deutlich gestielt. Bei den Mierenverwandten sind die Kelchblätter nicht mitein-

**Dichasiale Verzweigung – schematisch dargestellt**

ander verwachsen und die Kronblätter nicht deutlich genagelt, dafür aber oft tief 2geteilt, so daß die Krone 10blättrig erscheinen kann. In beiden Unterfamilien ist die dichasiale Verzweigung stark verbreitet (vgl. Abbildung).

Von den heimischen Nelkengewächsen weichen nur wenige – vor allem Spark (*Spergula*) und Schuppenmiere (*Spergularia*) von den hier beschriebenen Familien- und Unterfamilien-Merkmalen ab, indem sie wechselständige Blätter und häutige Nebenblätter und keine Kronblätter haben und statt Kapseln als Früchte Nüsse hervorbringen.

S. 548/3–554/4, 668/4–674/3, 768/1–768/3

## Rachenblütler (Scrophulariaceae)

Bei den heimischen Vertretern dieser Familie handelt es sich ebenfalls durchweg um krau-

tige Pflanzen. Die Blätter weisen allerdings keinerlei familientypische Merkmale auf, d.h. sie sind außerordentlich vielgestaltig.
Viele Rachenblütler sind in ihrem Erscheinungsbild den Lippenblütlern ähnlich; die Unterschiede werden dort (also im nächsten Kapitel) beschrieben. Der Blütenaufbau aber ist in der Familie der Rachenblütler vielgestaltiger und reicht vom nur schwach angedeuteten bis zum stark ausgeprägten zygomorphen Bau der Blüten. Im Regelfall findet man 5 Kelch- und 5 verwachsene Kronblätter. Bei den Ehrenpreis-Arten (Gattung *Veronica*) ist die Blütenkrone 4teilig, weil die beiden oberen Kronblätter miteinander verwachsen sind. Bei

**Maskierte Rachenblüten: Löwenmäulchen und Frauenflachs (mit Sporn)**

verschiedenen Gattungen findet man 5, 4 oder 2 Staubblätter. Zwei miteinander verwachsene Fruchtblätter bilden den oberständigen Fruchtknoten. Die Früchte sind fast immer Kapseln.
Viele Blüten weisen eine Ober- und eine Unterlippe auf und können dann Lippenblütlern besonders ähnlich sein. Eine gaumenartige Ausstülpung der Unterlippe, die die Kronröhre verschließt, weist dann sogleich wieder auf die Rachenblütler hin. Man spricht von „maskierten" Blüten (vgl. Abbildung). Bei manchen Arten ist die Blütenkronröhre sackartig oder sogar durch einen als Nektardepot dienenden Sporn erweitert (vgl. Abbildung).
Auffallend stark sind in dieser Familie die Wurzelschmarotzer vertreten, beispielsweise in den Gattungen Wachtelweizen (*Melampyrum*) und Klappertopf (*Rhinanthus*). Die zahlreichen Arten der Gattung Schuppenwurz (*Lathraea*) sind sogar chlorophyllfreie Vollschmarotzer.

S. 592/1, 644/3–644/5, 646/2–646/4, 700/4–702/2, 704/1, 730/1–730/5, 750/5–752/2

## Lippenblütler (Labiatae = Lamiaceae)

Markante Familienmerkmale wie die zygomorphen Lippenblüten und der 4teilige Fruchtknoten gestatten jedem Naturfreund die unzweifelhafte Zuordnung der Arten. Dabei handelt es sich weit überwiegend um krautige Pflanzen, die durch einige Halbsträucher ergänzt werden. Die meist ungeteilten, oft aber gekerbten oder gezähnten Blätter verbreiten häufig beim Reiben einen starken, zumeist angenehmen, gelegentlich aber auch abstoßenden Geruch. Er geht auf die in Öldrüsen gelagerten ätherischen Öle zurück. Die kreuzweise gegenständige Stellung der Blätter an einem deutlich 4kantigen Stengel gibt bei Pflanzen im blütenlosen Zustand Anlaß für den Anfangsverdacht, daß es sich um Lippenblütler handeln könnte.
Die Blüten stehen in Blattachseln, wo sie zu Scheinquirlen mehr oder weniger stark zusammengedrängt sind. Besonders auffällig sind die basal miteinander verwachsenen Kronblätter, von denen 2 die nicht immer deutlich entwickelte Ober- und 3 die Unterlippe ausbilden. Beim Günsel (*Ajuga*) etwa ist die Oberlippe reduziert, bei der Minze (*Mentha*) ist sie den übrigen Kronblättern so ähnlich, daß die Krone fast radiär erscheint. Auch der glockig-röhrige, meist 5zählige Kelch wirkt nicht selten 2lippig, dann allerdings mit 3 Kelchzähnen oben und 2 Kelchzähnen unten. Statt der zu erwartenden 5 Staubblätter haben die Lippenblütler nur 4, und zwar 2 längere

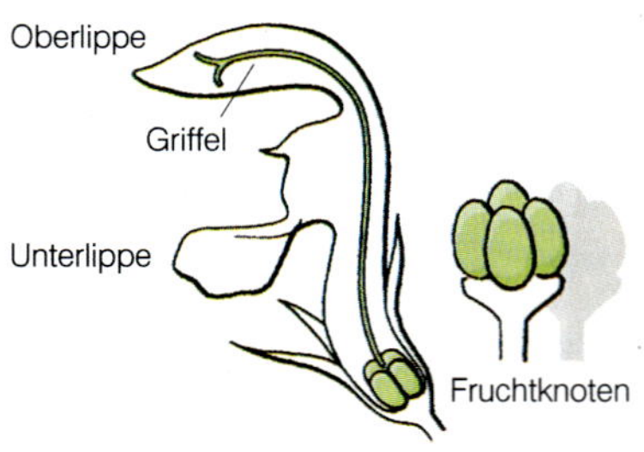


**Lippenblüte im Längsschnitt; daneben 4teiliger Fruchtknoten**

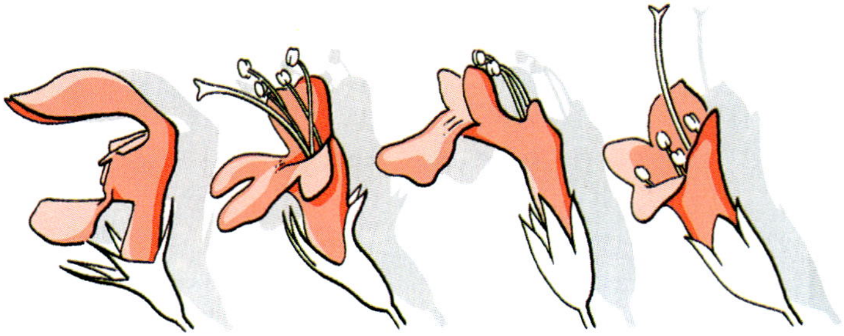

**Lippenblüten: die erste komplett, die anderen mit reduzierten Lippen**

und 2 kürzere. Nur 2 Staubblätter enthalten nach Reduktion eines Staubblattpaares z.B. die Blüten von Salbei (*Salvia*) und Wolfstrapp (*Lycopus*). Der für die Familie der Lippenblütler besonders charakteristische 4teilige Fruchtknoten entsteht dadurch, daß die beiden miteinander verwachsenen Fruchtblätter durch eine zusätzliche Scheidewand noch einmal zweigeteilt werden. Die dabei entstehenden 4 Fächer – „Klausen" genannt – sind schon am jungen Fruchtknoten erkennbar und enthalten bei der Reife jeweils 1 Samen.

S. 590/3–590/4, 644/1–644/2, 696/1–700/3, 728/1–728/3, 748/4–750/4, 778/2

**Korbblütler (Compositae = Asteraceae)**

Die artenreichste Familie der Welt beherrscht auch die mitteleuropäische Vegetation mit einer enormen Artenfülle. Während hier ausschließlich krautige Arten leben, ist im tropischen Gebirge unsere Riesengattung der Greiskräuter (*Senecio*) auch mit Bäumen und Sträuchern vertreten.

Die Angehörigen dieser Familie werden an ihrem Blütenstand, der funktionell und vom Bilde her als Einheit (als eine „Blume") erscheint, meistens leicht als Korbblütler erkannt. Dabei gehören die Einzelblüten drei grundverschiedenen Blütentypen an: Entweder sind es radiäre Röhrenblüten mit 5 miteinander verwachsenen Kronblättern oder zygomorphe Zungen- oder Strahlenblüten. Deren Krone kann nach Reduktion von 2 Kronblättern aus einem 3zähnigen, zungenförmigen Gebilde bestehen oder aber beim 3. Blütentyp nach Verschmelzung aller 5 Kronblätter eine 5zähnige Zungen- oder Strahlenblüte sein. Neben rein weiblichen 3zähnigen Zungen- oder Strahlenblüten mit unterständigem Fruchtknoten, einem Griffel und 2 Narben stehen die 5zähnigen, die zwittrig sind. Sie haben 5 zu einer Röhre verwachsene Staubblätter, in deren Mitte sich der Griffel emporschiebt. Diese 3 Blütentypen kennzeichnen nun die beiden hier heimischen Unterfamilien der

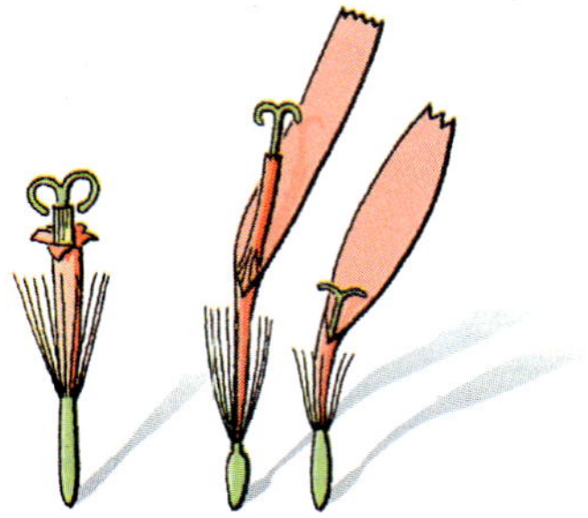

**Links Röhrenblüte, rechts Zungenblüten aus 5 bzw. 3 Kronblättern**

Korbblütler. In jener mit den Gattungen Löwenzahn (*Taraxacum*), Bocksbart (*Tragopogon*), Wegwarte (*Cichorium*) u.a. bestehen die Einzelblüten ausschließlich aus 5zähnigen Zungen- oder Strahlenblüten; die zugehörigen Arten enthalten – zumindest in der Jugend – Milchsaft. In jener anderen, zu der beispielsweise die Echte Kamille und die Gewöhnliche Wucherblume gehören, können die Körbchen entweder nur aus Röhrenblüten (z.B. bei der Kornblume) aufgebaut sein oder aus 2 Blütentypen bestehen: Die Röhrenblü-

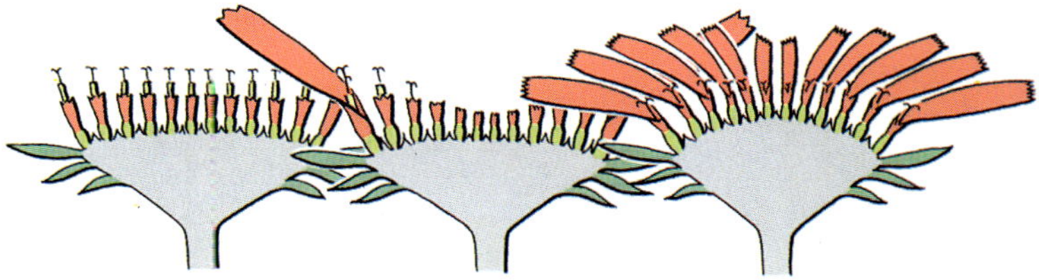

**3 Körbchentypen im Längsschnitt: nur mit Röhrenblüten, mit Zungen- und Röhrenblüten, nur mit Zungenblüten**

ten (Scheibenblüten) bilden dann wie etwa beim Gänseblümchen in ihrer Gesamtheit den inneren „Knopf", 3zählige Zungen- oder Strahlenblüten den äußeren Kranz (Randblüten). Die Schauwirkung solcher Körbchen ist ganz besonders groß.
Hüllblätter umgeben das Körbchen, also den gesamten Blütenstand, und unterstreichen noch zusätzlich den Eindruck, daß es sich dabei um eine Einheit handelt.

S. 596/1–600/1, 648/1–660/5, 704/2–708/4, 734/3–736/2, 754/4–756/5, 782/2–784/3

## Liliengewächse (Liliaceae)

Lebensräume mit jahreszeitlichem Wechsel zwischen Trockenheit und Feuchtigkeit, Kälte und Wärme beheimaten besonders viele Vertreter dieser Familie, die in Mitteleuropa typische Frühblüher, im Mittelmeergebiet und in den Subtropen die Verursacher der Blütenpracht zu Beginn der Niederschlagsperioden stellt. Dazu befähigt werden sie durch unterirdische Speicher- und Überwinterungsorgane wie Knollen, Zwiebeln und Wurzelstöcke (Geophyten). Die heimischen Liliengewächse sind ausnahmslos Stauden; in den Subtropen gibt es allerdings auch einige baum- und strauchförmige Arten.
Der Blütenaufbau der Liliengewächse gilt als Musterbeispiel für Einkeimblättrige Pflanzen. Die Hülle der meist auffällig gefärbten, radiären Blüten ist doppelt, aber nicht in Kelch und Krone differenziert; man spricht von einem Perigon mit zwei Kreisen aus je 3 freien oder mehr oder weniger miteinander verwachsenen Blütenhüllblättern. Zwei Staubblattkreise bestehen ebenfalls aus je 3 Staubblättern. Besonders familientypisch ist der aus 3 verwachsenen Fruchtblättern bestehende oberständige Fruchtknoten; bei den nahe verwandten Narzissengewächsen ist er unterständig. Aus ihm geht als Frucht entweder eine Kapsel oder – beispielsweise bei Weißwurz (*Polygonatum*) und bei Maiglöckchen (*Convallaria*) – eine Beere hervor. Völlig aus der Reihe fällt die Einbeere (*Paris*), deren Blüte auf der 4-Zahl aufgebaut ist und deren Blätter sogar Netznervatur aufweisen.

S. 602/2–604/4, 662/1–662/3, 710/1–710/2, 736/3–736/4, 788/1

## Knabenkrautgewächse = Orchideen (Orchidaceae)

Wer von den Orchideen exotische Pracht erwartet, wird von den heimischen Arten enttäuscht. Viele sind ausgesprochen unscheinbar und offenbaren erst bei genauer Betrachtung ihren Beitrag zur nahezu grenzenlosen Vielgestaltigkeit dieser berühmten Pflanzenfamilie. Dabei liegt zumindest allen einheimischen Orchideen ein sehr einheitlicher Grundbauplan zugrunde.
Die beiden 3zähligen Perigonblattkreise können sich zwar deutlich voneinander unterscheiden, aber erst das mittlere Perigonblatt des inneren Kreises sorgt für die Vielfalt der Orchideenblüten. Es gelangt durch Drehung des unterständigen Fruchtknotens in abwärtsgerichtete Position, wird meistens recht deutlich zur Lippe (Labellum) vergrößert und bildet obendrein noch bei vielen Arten einen nach hinten gerichteten Sporn aus.
Ein wichtiges Familienmerkmal ist, daß von den ursprünglich 6 Staubblättern nur 1 (beim Frauenschuh 2) übriggeblieben und mit dem

riffel zu einer Säule verwachsen ist. Der Blüenstaub jeder Pollensackhälfte wird zusammen als jeweils 1 Pollinium verbreitet. Viele Pollenkörner sind erforderlich, um die zahlreichen Samenanlagen eines einzigen Fruchtknotens zu bestäuben. Als Frucht entwickelt ich daraus eine Kapsel mit mehreren tauend winzigen, sporenfeinen Samen.

**Ausschnitt aus der Vielfalt heimischer Orchideenblüten**

S. 606/3–606/4, 664/3, 712/1–716/4, 790/3–790/4

**Süßgräser (Gramineae = Poaceae)**

Vertreter dieser großen, weltweit verbreiteten Familie bestimmen das Bild vieler natürlicher und vom Menschen geschaffener Offenlandschaften von den Steppen bis zu den Mähweiden. Von verholzten Bambus-Arten einmal abgesehen, handelt es sich durchweg um krautige Pflanzen, unter denen die Einjährigen deutlich in der Minderheit sind. Trotz starker Reduktion ihrer vom Winde bestäubten Blüten lassen die Süßgräser in ihrem 3zähligen Aufbau ein entscheidendes Merkmal Einkeimblättriger Pflanzen erkennen (vgl. S. 11).

Die Sproßachse der Süßgräser, der meist runde, selten ovale Halm, ist in Knoten (Nodien) und Internodien gegliedert und zweizeilig beblättert. Einer schmalen, eben „grasartigen" Blattspreite steht als Blattgrund seine große, den Halm umhüllende Blattscheide gegenüber. Im Grenzbereich beider Teile des Blattes befindet sich das Blatthäutchen, die Ligula.

Die zwittrigen Blüten sind ohne Blütenhülle und durchweg sehr unscheinbar. Zu den Ährchen, die für die Süßgräser charakteristisch sind, gehören im Grundbauplan 4 Spelzen als 2zeilig angeordnete Blattorgane: 2 Hüllspelzen, 1 meist begrannte Deckspelze (in deren Achsel die Blüte steht) und 1 unmittelbar zur Blüte gehörige Vorspelze. Es folgen 2 kleine Schuppen, die Schwellkörper oder Lodiculae, die zur Öffnung der Blüte die Vor- und die Deckspelze auseinanderdrücken, so daß die 3 Staubblätter und die 2 Narben austreten können. – Die hier beschriebenen Ährchen bilden ihrerseits wieder ähren-, trauben- oder rispenförmige Gesamtblütenstände.

S. 792/1–806/5

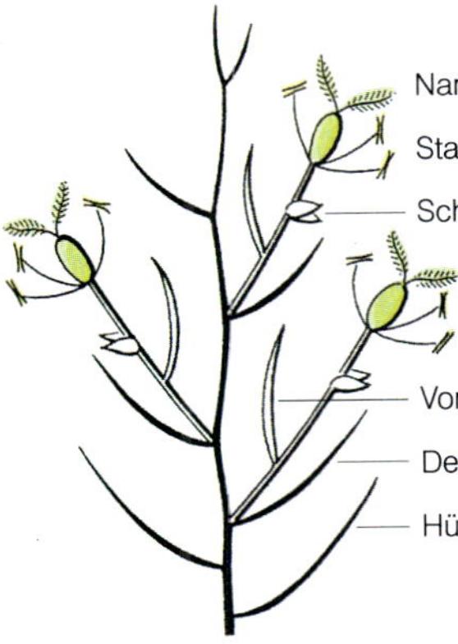


**Schema eines Gräser-Ährchens mit 3 Blüten (Achse zur Verdeutlichung gestreckt)**

**Adventivknospe/Adventivsproß:** Sekundär gebildete Knospe bzw. Sproß, der nicht aus einer Blattachsel entspringt.

**Antheridium:** Aus sterilen Wandzellen gebildetes Organ, das bei Farnpflanzen und Moosen die männlichen Keimzellen, der Spermatozoiden, enthält.

**Apogamie:** Eine Form der Apomixis, bei der sich der Sporophyt bzw. die Blütenpflanze nicht aus einer Eizelle, sondern ungeschlechtlich – bei Farnen aus einer Prothalliumzelle und bei einigen Blütenpflanzen (z.B. Löwenzahn) aus Synergiden oder Antipoden – entwickelt.

**Apomixis:** Überbegriff für die verschiedenen Formen der Entstehung von Embryonen in den Samenanlagen ohne vorhergehende Befruchtung, z.B. durch Parthenogenese und Apogamie.

**Archäophyten:** Im jeweiligen Gebiet nicht ursprünglich einheimische, sondern durch den Menschen schon früh – von der prähistorischen Zeit bis zur Entdeckung der Neuen Welt – bewußt oder unbewußt eingebürgerte Pflanzenarten.

**Archegonien:** Aus sterilen Wandzellen gebildete Organe, in denen sich bei Farnpflanzen und Moosen die weiblichen Keimzellen, und zwar jeweils einzelne Eizellen, befinden.

**arktisch-alpine Verbreitung:** Das Vorkommen von Pflanzen- und Tierarten in voneinander getrennten Arealen jenseits der Baumgrenze sowohl in der Arktis als auch in europäischen Hochgebirgen.

**Assimilation:** Bei Pflanzen und Tieren die Umwandlung aufgenommener körperfremder Stoffe in körpereigene; bei grünen Pflanzen die Bildung von Kohlenhydraten in Zusammenhang mit der Aufnahme von Kohlendioxid und Wasser und der Abgabe von Sauerstoff.

**boreal-alpine Verbreitung:** Das Vorkommen von Pflanzen- und Tierarten in voneinander getrennten Arealen in nordischen Nadelwäldern und in viel weiter südlich – z.B. in Mitteleuropa – gelegener Gebirgswäldern.

**Brutkörper:** Ungeschlechtlich entstandene Vermehrungskörper in den Brutbechern der Lebermoose.

**Bulbillen:** Auf ungeschlechtlichem Wege entstandene Vermehrungskörper (Brutknospen oder -zwiebeln) in den Blattachseln von Blütenpflanzen (z.B. Scharbockskraut).

**Dendrochronologie:** Eine Methode zur Altersbestimmung von lebendem und genutztem Holz auf der Basis von Jahrringkurven, denen die Abfolge unterschiedlicher Jahrringbreiten – vor allem von Eiche und Zirbelkiefer – erfaßt ist.

**Einhäusigkeit:** Im Gegensatz zur Zweihäusigkeit Anwesenheit männlicher und weiblicher Blüten auf ein und derselben Pflanze.

**Elaiosomen** (Ameisenanhängsel)**:** Anhängsel aus fett- und eiweißreichem Gewebe an Samen, die derentwegen von Ameisen verschleppt werden.

**Epiphyten** (Aufsitzerpflanzen)**:** Andere Pflanzen als Unterlage nutzende, nicht parasitäre Arten, vor allem unter den Flechten und Moosen, aber auch vereinzelt unter den Blütenpflanzen (besonders zahlreich im tropischen Regenwald).

**Eutrophierung:** Erhöhung der Nährstoffkonzentration im Boden oder in Gewässern durch zu starke Düngung, durch Exkremente aus hohem Viehbestand, durch organische Abfälle oder organisch belastetes Abwasser.

**Extensivnutzung:** Die Möglichkeiten der Ertragssteigerung auf land- und forstwirtschaftlichen Nutzflächen nicht oder nur partiell einsetzende, meistens naturnähere Nutzungsform, z.B. die Extensivweide, die zu einer Erhöhung der Artenvielfalt beiträgt.

**fertil:** fruchtbar; als Gegensatz zu steril.

**Flachwurzel:** Wurzelsystem, bei dem die Wurzeln flach streichen und – wie etwa bei der Fichte und bei den meisten Gräsern – eine Wurzelscheibe ausbilden.

**Gametophyt:** Pflanze der geschlechtlichen, der gametenbildenden Generation im Gegensatz zum Sporophyten im Generationswechsel verschiedener blütenloser Pflanzen, vor allem bei Farnpflanzen (z.B. beim Acker-Schachtelhalm).

**generative Fortpflanzung:** geschlechtliche Fortpflanzung.

**Glazialrelikt:** Pflanzen- oder Tierart, die heute noch außerhalb ihres arktischen oder borealen Hauptverbreitungsgebietes punktuell vorkommt (z.B. in Mitteleuropa), nachdem sie hier während der Eiszeit deutlich weiter verbreitet war.

**Halbstrauch:** Niedrige Pflanzenart, bei der

nur der untere Teil des Sprosses verholzt ist und ausdauert, während der übrige krautige Teil alljährlich abstirbt und im Frühjahr erneuert wird.

**Heidesoden/Heideplaggen:** Früher bei der Streunutzung der Heide ausgestochene, spatengroße Teile des Zwergstrauchbewuchses samt Wurzeln und Humus; als Einstreu in die Viehställe gebracht und anschließend zur Düngung des Ackerlandes benutzt.

**Herbizid:** Chemisches Mittel zur Vernichtung oder Unterdrückung mit den Kulturpflanzen konkurrierenden oder aus anderen Gründen unerwünschten Pflanzenwuchses.

**Herzwurzel:** Wurzelsystem, bei dem statt einer in die Tiefe wachsenden Hauptwurzel mehrere senkrecht wachsende Wurzeln ausgebildet werden (z.B. Linde, Hainbuche).

**Heterostylie:** Ausbildung lang- und kurzgriffeliger Individuen in ein und derselben Population zur Einschränkung der Selbstbestäubung; langgriffelige Blüten mit tief sitzenden und kurzgriffelige mit höher sitzenden Staubblättern (z.B. in der Gattung *Primula*).

**Hochwald:** Durch Anpflanzung oder Naturverjüngung, jedenfalls durch aus Samen oder Stecklingen hervorgegangenen Jungpflanzen (Kernwuchs) und nicht durch Stockausschläge entstandener Wald.

**holarktische Verbreitung:** Vorkommen von Arten in den gemäßigten und kalten Gebieten der gesamten Nordhalbkugel, also sowohl in der alten (Paläarktis) als auch in der Neuen Welt (Nearktis).

**Immission:** Eintrag von Fremdstoffen, Geräuschen und Strahlung in Ökosysteme mit Auswirkung auf Pflanzen, Tiere, Menschen und Sachgüter; in ihrem Gefolge z.B. die immissionsbedingten Waldschäden.

**Internodium:** Stengelglied zwischen zwei Knoten (Nodien).

**Kernwuchs:** Aus Samen oder Stecklingen hervorgegangene Jungpflanze von Holzgewächsen.

**Korkwarzen/Korkporen:** vgl. Lentizellen!

**Kosmopolit** (Weltbürger)**:** Pflanzen- und Tierart mit (nahezu) weltweiter Verbreitung.

**Kriechstrauch:** Zwergstrauch mit dem Boden dicht anliegenden Ästen und Zweigen; vor allem in Polargebieten und in Hochgebirgen (z.B. Weidenarten, Silberwurz).

**Kurztrieb:** Bei Holzgewächsen Seitentrieb mit stark gestauchten Internodien, meistens unverzweigt und relativ kurzlebig; bei Obstbäumen Träger der Blüten und Früchte.

**Langtrieb:** Ungestauchter Trieb von Holzgewächsen, der Höhenwachstum oder Auffächerung der Krone bewirkt.

**Leitbündel:** Bestandteil eines von der Wurzel bis in die Blätter (Blattnervatur) hineinreichenden Leitsystems aus gebündelten Xylem- und Phloemsträngen.

**Lentizellen:** Auf der Rinde etlicher Holzgewächse (besonders deutlich beim Schwarzen Holunder) sichtbare Korkwarzen, die lockere Füllzellen enthalten und dem Gasaustausch dienen.

**Melioration:** Maßnahme zur Bodenverbesserung für die land- oder forstwirtschaftliche Nutzung, beispielsweise die Dränung nasser Standorte oder der Tiefumbruch ehemaliger Heideflächen mit Ortsteinschicht.

**Metamorphose:** Bei Pflanzen die im Laufe der Evolution erfolgte Umbildung von Organen oder Organteilen im Wurzel-, Sproß- oder Blattbereich als Anpassung an Bedingungen des Lebensraumes; als Metamorphose wird auch das Ergebnis eines solchen Anpassungsprozesses bezeichnet.

**Nektarien** (Honigdrüsen)**:** Nektar ausscheidende Zellen oder Drüsenhaare im Blütenbereich (florale Nektarien), aber auch vereinzelt außerhalb der Blüte (extraflorale Nektarien, beispielsweise an den Blattstielen der Vogel-Kirsche).

**Neophyt:** Neubürger in der heimischen Pflanzenwelt, der erst in jüngerer Zeit – nach der Entdeckung Amerikas – vom Menschen bewußt oder ungewollt in die heimische Flora eingebracht wurde und sich hier offenbar dauerhaft ansiedeln konnte.

**Niederwald:** Buschartiger Wald, dessen Bäume bereits nach 15–30 Jahren wieder auf den Stock gesetzt werden; er wird durch Stockausschläge und nicht durch Kernwüchse verjüngt; vom Mittelalter bis in die jüngste Vergangenheit hinein eine wichtige Form der Waldbewirtschaftung.

**NN:** Abkürzung für Normal Null bei Höhenangaben, bezogen auf den mittleren Wasserstand der Nordsee und festgelegt im Amsterdamer Pegel.

**Nodium** (Knoten)**:** Meistens etwas verdickte Ansatzstelle eines oder mehrerer Blätter an Haupt- oder Nebentrieben.

**Parthenogenese** (Jungfernzeugung)**:** Eingeschlechtige Fortpflanzung, bei der die Nachkommen aus unbefruchteten Keimzellen hervorgehen.

**Perigon:** Beide Blütenhüllblattkreise gleichartig gestaltet; entweder grün oder lebhaft gefärbte Perigonblätter.

**Pfahlwurzel:** Deutlich verdickte Hauptwurzel, die mehr oder weniger senkrecht in die Tiefe wächst (beispielsweise bei Kiefer und Tanne).

**Phloem** (Siebteil)**:** Gewebe höherer Pflanzen, das der Leitung und Speicherung von Assimilaten und der Festigung dient; bei Holzgewächsen sekundäres Phloem, das die Bastschicht bildet.

**Population:** Gemeinschaft von Organismen einer Art, die von anderen Artgenossen mehr oder weniger getrennt leben und – zumindest potentiell – ihr Erbgut ungehindert untereinander austauschen können.

**Prothallium** (Vorkeim)**:** Bei Farnpflanzen der aus einer Spore hervorgehende Gametophyt, d.h. der Organismus der geschlechtlichen Generation.

**radiär** (sternförmig)**:** Eine Symmetrieform mit mehr als zwei durch die Längsachse verlaufenden Symmetrieebenen; bei sehr vielen Blüten, aber auch in einigen Tierstämmen (Hohltiere, Stachelhäuter).

**Relikt:** Art, deren Verbreitungsgebiet früher einmal größer war und die sich infolge Klimaänderung, Konkurrenzunterlegenheit gegenüber anderen Arten oder infolge Wandel des Lebensraumes oder Verfolgung durch den Menschen bis auf Restvorkommen zurückgezogen hat.

**Rhizom** (Wurzelstock)**:** Unterirdische, horizontal wachsende Sproßachse, die die sproßbürtigen Wurzeln trägt, der Speicherung von Stoffen und der Überwinterung dient und zur Ausbreitung und vegetativen Vermehrung beiträgt.

**Ruderalpflanze:** Pflanzenart, die auf vom Menschen beeinflußten, meistens besonders stickstoffreichen Standorten (Ruderalstandorten) wächst und oft auch auf durch Überdüngung belastete Flächen vordringt (Ruderalisation); vor allem auf Müllhalden, durch Abfall verschmutzten Flächen und Trümmerplätzen.

**Salep:** Bei Durchfällen angewandte getrocknete Knollen verschiedener Orchideenarten, besonders stärke- und schleimhaltig.

**Saprophyten** (Fäulnisbewohner)**:** Bakterien, Pilze und einige Blütenpflanzen, die organische Nahrungsstoffe aus den Körpern abgestorbener Organismen beziehen.

**Selbststerilität:** Unfruchtbarkeit bei Bestäubung einer Narbe mit dem Pollen derselben oder einer genotypisch gleichartigen Pflanze.

**Spalierstrauch:** Unter natürlichen Verhältnissen ein dem Boden oder Felsen eng anliegender Zwergstrauch kalter und schneereicher Standorte; vor allem im Hochgebirge und in Polargebieten; künstlicher Spalierwuchs (z.B. an Hauswänden) durch Beschneiden von Bäumen und Sträuchern.

**Spirren:** Rispige Blütenstände, deren untere Seitenzweige die oberen überragen; vor allem in der Familie der Binsengewächse.

**Sporangien:** Sporenbehälter aus Zellen, die die Sporen umgeben.

**Sporen:** Ungeschlechtliche Fortpflanzungszellen, die für Blütenlose Pflanzen (Sporenpflanzen) charakteristisch sind und sich unmittelbar zu neuen Pflanzen entwickeln können.

**Sporophyll:** Blatt, an dem sich Sporangien entwickeln; vor allem bei Schachtelhalmen und Bärlapparten zu Sporophyllständen vereint.

**Sporophyt:** Pflanze der sich ungeschlechtlich (durch Sporen) vermehrenden Generation der Moose und der Farnpflanzen; im Gegensatz zum Gametophyten.

**Spreizklimmer:** Kletterpflanzen mit spreizenden Seitensprossen, die oft mit starren Klimmhaaren oder Dornen besetzt sind.

**steril:** unfruchtbar, im Gegensatz zu fertil.

**Stinzenpflanze:** Aus früheren Gärten und Parks erhalten gebliebene Wild-, Zier- oder Nutzpflanzenart, die sich in wildwachsende Pflanzenformationen integriert hat; oft Weiser für ehemalige Siedlungsstandorte.

**Stockausschlag:** Triebe aus vorhandenen oder neu gebildeten Knospen im Bereich der Schnittfläche an Stubben abgesägter, d.h. „auf den Stock gesetzter“ Bäume und Sträucher;

esonders bei Weiden, Erlen, Pappeln, Birken, lainbuchen und Eichen, aber auch bei Rotuchen.

**ubmerse Pflanzen:** Arten, die völlig unter Vasser leben.

**ukkulente Pflanzen:** Arten zeitweilig sehr rockener oder salzreicher Standorte, mit Waserspeichergewebe und xeromorphem Bau; ls Blattsukkulente mit fleischig verdickten 3lättern, als Stammsukkulente mit Wasserpeichergewebe im Sproß.

**Sukzession:** Zeitliche Aufeinanderfolge unerschiedlicher Pflanzen- und Tiergesellschafen infolge anthropogener, klimatischer oder - z.B. bei der Verlandung und durch Beschatung – von den Organismen selbst bewirkter Veränderungen der Umweltbedingungen.

**thallös:** Erscheinungsform einer Pflanze, die nicht in Wurzel, Sproß und Blätter gegliedert st.

**Thallus** (Lager)**:** Vegetationskörper einer Lagerpflanze (Thallophyt), der wenig gegliedert st, vor allem weder Wurzel und Sproß noch Blätter aufweist.

**Thyllen:** Ausstülpungen von Zellen des Holzparenchyms in die Tracheen hinein; dadurch Unterbrechung der Wasserleitung, zugleich aber auch Schutz vor eindringenden Parasiten; die Thyllen tragen zur Verkernung des Holzes bei.

**Tracheen:** Gefäße im Wasserleitungssystem des Xylems der Zweikeimblättrigen Pflanzen; durch Zellfusion entstandene, weitlumige durchgehende Röhren.

**Trophophyll:** Blatt (Wedel) der Farnpflanzen, das im Gegensatz zum Sporophyll nur der Ernährung, d.h. der Photosynthese dient.

**Ubiquist:** Pflanzen- oder Tierart, die auf sehr unterschiedlichen Standorten und in verschiedenen Lebensräumen vorkommt; keine Bindung an bestimmte Standorte erkennbar.

**vegetative Vermehrung:** ungeschlechtliche Vermehrung, beispielsweise durch Sporen, Ausläufer, Knollen, Bulbillen, Stecklinge oder Ableger.

**Wurzelbrut:** Zum Teil nach Verwundung, zum Teil spontan aus Adventivknospen an flach streichenden Wurzeln gebildete Sprosse bei verschiedenen Laubbaum- und Straucharten.

**Wurzelstock:** vgl. Rhizom!

**wintergrüne Pflanzen:** Arten, die nicht unbedingt immer-, aber in jedem Falle im Winter grün sind; unter den Einjährigen (annuelle Arten) gehören hierzu die Winterannuellen, die im Herbst keimen und im nächsten Frühjahr absterben.

**Xerophyten:** Trockenheit mit besonderer Angepaßtheit des Vegetationskörpers ertragende Pflanzen; meistens mit besonders ausgeprägtem xeromorphem Bau.

**Xylem:** Jener Teil des Leitgewebes, der der Wasserleitung und der Festigung sowie vielfach auch der Speicherung von Assimilaten dient; besonders stark ausgebildet bei Bäumen und Sträuchern.

**Zweihäusigkeit:** Aufteilung der männlichen und der manchmal ganz anders aussehenden weiblichen Blüten auf verschiedene Pflanzen.

**Zwergstrauch:** Ein Strauch, der in der Regel nicht höher als 80 cm wird.

**Zwischenwirt:** Pflanzen- oder Tierart, die bestimmten Entwicklungsstadien eines Parasiten als Wirt dient, bevor der Parasit in einem anderen Endwirt das Endstadium seiner Entwicklung erreicht.

**zygomorph** (dorsiventral)**:** Eigenschaft im Bau zahlreicher Blüten, die klappsymmetrisch sind, also nur eine einzige Symmetrieebene haben (z.B. Lippen- und Schmetterlingsblütler).

**Verwendete Abkürzungen und Symbole**

⊙ ein- oder zweijährige Art

♃ ausdauernde Art

Monatsangabe = Blütezeit

Maßangabe = Höhe

[1] siehe S. 448–449

 für Sträuße geeignet

## 1 Eibe
*Taxus baccata*

4–15 m März–Apr. Baum/Strauch 3

**Kennzeichen:** Meistens als mehrstämmiger Baum oder als Strauch mit buschigem Wuchs. 2–2,5 mm breite Nadeln, auffallend dunkel wirkend; aufrecht wachsende Zweige rundum benadelt, waagerecht abstehende Zweige mit zweizeilig in einer Ebene angeordneten Nadeln. Borke grau- bis rötlichbraun, mit dünnen, sich platanenartig ablösenden Schuppen (**1a**).

**Vorkommen:** Heute nur noch wenige natürliche Reliktstandorte, vor allem im westlichen Eichsfeld, bei Weilheim/Obb., Kehlheim a. d. Donau, Dembach/Rhön; meistens auf flachgründigen, kalkreichen Böden an steilen Hängen in Buchenwäldern.

**Wissenswertes:** Die extrem langsamwüchsige Eibe hat ein starkes Ausschlagvermögen, das sich in stammbürtigen Trieben (**1a**) und in ihrer buschigen Wuchsform zeigt. Aus ihrem harten, dauerhaften Holz hat man im Altertum Särge und später Bögen und Armbrustbügel hergestellt. Der enorme Bedarf an Eibenholz war eine wesentliche Ursache für den Rückgang der früher weit verbreiteten Art. Mit der Auflichtung der Wälder durch Übernutzung und später durch Kahlschlagwirtschaft verloren die Eiben jene intensive Beschattung, die sie zumindest in ihrer Jugend dringend benötigen. Verbiß durch Reh- und Rotwild trug zusätzlich zur Verdrängung der Eibe bei. Während diese beiden Arten offensichtlich unbeschadet Eibennadeln verzehren, sind diese für Pferde, Esel und Schafe sowie für den Menschen – wie alle anderen Teile der Eibe – hochgiftig, nur der rote Samenmantel (**1c**) ausgenommen. Er geht aus einem Ringwulst an der Blütenachse hervor, der nur am Grunde mit der Samenanlage verwachsen ist, im Laufe der Reife jedoch den Samen becherförmig umwächst. Als zweihäusige Art trägt die Eibe entweder ausschließlich unscheinbare weibliche oder die etwas auffälligeren männlichen Blüten, die sich an winzigen Trieben in den Achseln von Nadeln befinden (**1b**). Die Samen werden von Drosseln, Kleibern und etlichen anderen Vogelarten verbreitet, die vom roten Samenmantel (Arillus) angelockt werden und ihn verdauen, währen der Samen mit dem Kot ausgeschieden wird

## 2 Europäische Lärche
*Larix decidua*

25–40 m Apr.–Mai Baum 1

**Kennzeichen:** Nadelbaum, der sich in Herbst leuchtend gelb verfärbt (**2f**) und sein Nadeln abwirft. Von der ähnlichen Japanischen Lärche durch gelbliche Langtriebe, a den Spitzen herabhängende Zweige (**2b**) un eiförmige Zapfen (**2e**) zu unterscheiden.

**Vorkommen:** Ursprünglich nur in den Alpe und in höheren Mittelgebirgen im östliche Mitteleuropa; heute als Forstbaum überall anzutreffen.

**Wissenswertes:** Die wirtschaftlich bedeutsame Baumart hat einen hohen Lichtbedarf Das Holz ist hart und dauerhaft, für den Fenster- und Treppenbau, aber auch für Wand- und Deckenverkleidung beliebt. Die lichtliebenden Lärchen werden zur Belebung monotoner Fichtenreinbestände gern an deren Rändern gepflanzt. An ihren natürlichen Standorten steigen sie in den Westalpen bis zur Waldgrenze empor, während sie in den Ostalpen auch tiefere Lagen besiedeln. – Die Lärchen sind wie die meisten Nadelbäume einhäusig (**2c**).

## 3 Japanische Lärche
*Larix kaempferi*

25–35 m Apr.–Mai Baum 1

**Kennzeichen:** Der Europäischen Lärche ähnlich, jedoch rundlichere Zapfen (**3**).

**Vorkommen:** Aus höheren, niederschlagsreichen Lagen der japanischen Insel Hondo als Forstbaum nach Europa geholt; vor allem im Flachland auf gut wasserversorgten Standorten angebaut.

**Wissenswertes:** Bastarde zwischen Europäischer und Japanischer Lärche kommen vor und werden sogar gezielt wirtschaftlich genutzt. Die Japanische Lärche kann mehr seitliche Beschattung vertragen als ihre europäische Verwandte, mit der sie die Vielseitigkeit der Verwendung des Holzes (auch für Masten, Schwellen und Außenverkleidung) gemeinsam hat.

1a
1b
2a
1c
2b
2c
2d
2e
2f
3

## 1 Wald-Kiefer
*Pinus sylvestris*

20–40 m Mai–Juni Baum 1

**Kennzeichen:** Stamm- und Kronenform regional sehr unterschiedlich; Nadeln 4–6 cm lang, jeweils zu zweit in einem Kurztrieb.

**Vorkommen:** Eine der in Europa und Asien am weitesten verbreiteten Baumarten – von jenseits des Polarkreises bis zur Türkei und von den Pyrenäen bis nach China. Fehlt von Natur aus im Nordwesten Mitteleuropas; forstlich aber auch hier stark genutzt.

**Wissenswertes:** Bei der Wiederaufforstung der Heiden und herabgewirtschafteter Wälder spielte die Wald-Kiefer eine besonders wichtige Rolle. Je nach Standort kann sie auf tiefgründigen Böden eine bis zu 5 m lange Pfahlwurzel, auf nährstoffreichen Lehm- und Tonböden eine Herzwurzel und auf felsigem Untergrund ein extrem flach streichendes Wurzelsystem ausbilden. Dank ihrer Anspruchslosigkeit und Anpassungsfähigkeit kann die Wald-Kiefer auch ohne menschliche Hilfe noch dort wachsen, wo die sonst konkurrenzstarke Rotbuche nicht existieren kann: im Hochmoor, auf Dünensanden und auf Flugsandfeldern, aber auch auf Kalkfelsen und Flußschotter. Von hier aus trat sie vor 200 Jahren ihren Siegeszug in die mitteleuropäischen Wirtschaftswälder an. Ihr Holz wird als Bau- und Möbelholz, in Skandinavien auch für Blockhäuser genutzt. Ihre wertvollen Eigenschaften werden nicht zuletzt von den bis zu 800 Jahre alten norwegischen Stabkirchen bezeugt. Das Harz der Kiefer, die auch Föhre genannt wird, fand vielseitige Verwendung. In der ehemaligen DDR spielte es bis zur Wende eine wesentliche Rolle. Kienöl in den Lampen und Kienspäne zur Beleuchtung der Stuben gehören dagegen schon lange der Vergangenheit an. Schmuck aus Bernstein, einem fossilen Kiefernharz, erfreut sich nach wie vor großer Beliebtheit.

## 2 Schwarz-Kiefer
*Pinus nigra*

20–40 m Mai–Juni Baum 1

**Kennzeichen:** Deutlich längere Nadeln (10–15 cm), die ebenfalls zu zweit in den Kurztrieben stehen.

**Vorkommen:** Ursprüngliches Verbreitungsgebiet im Mittelmeerraum, auf dem Balkan und nordwärts bis Österreich; als Forstbaum in Mitteleuropa, vor allem auf flachgründigen Kalkböden.

**Wissenswertes:** Zur allgemeinen Anspruchslosigkeit kommt bei der Schwarz-Kiefer noch die Unempfindlichkeit gegen Salzwassergischt und Wind. Hieraus resultiert ihre Eignung für die Aufforstung von Dünen und anderen küstennahen Landstrichen. Auch hinsichtlich der Resistenz gegen Luftverschmutzung scheint sie der Wald-Kiefer überlegen zu sein. Floristen verarbeiten gern die reifen Zapfen (**2b**, junger Zapfen).

## 3 Berg-Kiefer
*Pinus mugo*

1–10(20) m Mai–Juni Baum/Strauch 1

**Kennzeichen:** Von den 3 Unterarten ist die Latsche ein nur 2–3 m hoher Strauch mit zunächst flachen, dann aufsteigenden Zweigen, die Hakenkiefer oder Spirke ein bis über 20 m hoher, forstlich genutzter Baum und die Moorkiefer mit Höhen bis zu 10 m eine kleinwüchsige Art ohne forstliche Bedeutung.

**Vorkommen:** Die Latsche oder Legföhre bildet oberhalb der alpinen Baumgrenze den markanten Krummholzgürtel, einen wichtigen Schutz am Entstehungsort der Lawinen. Mit ihren flachen, weitstreichenden Wurzeln legt sie Geröll fest und dient dadurch dem Erosionsschutz. Im Küstengebiet bedient man sich ihrer bei der Sicherung von Dünen und Flugsand. – Die Hakenkiefer ist als einstämmiger Baum in den Pyrenäen und Alpen beheimatet, außerdem mit gedrungenen Wuchsformen im Voralpenland im Randbereich der Hochmoore. Die niedrigere Moorkiefer ist stärker östlich bis nach Tschechien und in das Erzgebirge verbreitet und nicht immer deutlich abgrenzbar. – Vor allem bei der niederliegenden Latsche sind die gelben männlichen Blütenstände an der Basis und die roten weiblichen an der Spitze des Jahrestriebes gut zu studieren (**3b**). Die Zapfen (**3c**) bleiben bis zu 12 Jahre lang an den Zweigen.

1c

1b

1a

2a

2b

3b

3a

3c

## 1 Zirbel-Kiefer
*Picea cembra*

10–25 m Juni–Juli Baum 1

**Kennzeichen:** Aufrechter Stamm, bis zum Boden beastet (**1a**); Nadeln 6–8 cm lang, 3kantig, jeweils zu 5 in einem Kurztrieb (**1b**); Zapfen 6–8 cm lang, aufrecht, gedrungen eiförmig.

**Vorkommen:** Hochgebirgsbaum der Alpen, vor allem der Zentralalpen; vorzugsweise an der Waldgrenze, meist einzeln; bis 2750 m.

**Wissenswertes:** Die Zirbel-Kiefer oder Arve wächst sehr langsam. Mit der Fichte kann sie nicht konkurrieren. Auf extremen Gebirgsstandorten, wo sie das Reich für sich hat, bildet sie malerische, knorrig-bizarre Gestalten aus. Die Zapfen fallen mitsamt den ungeflügelten Samen ab, die Zirbelnüsse genannt werden, recht schmackhaft sind und auch vom Menschen verzehrt werden. Der eigentliche Nutznießer aber ist der Tannenhäher, der die nicht flugfähigen Samen frißt und verschleppt und durch Eingraben verbreitet. Das dekorativ gemaserte Holz war schon immer sehr begehrt. Das hat zur Übernutzung der Zirbel-Kiefer-Vorkommen geführt und damit zum Rückgang und zur Seltenheit der Art beigetragen. Wand- und Deckenverkleidung der jeweils besten Stube und die wertvollsten Tiroler Möbel sind aus Arven-Holz. Auch zur Schnitzerei bestens geeignet, hat es die Geschichte und Entwicklung der alpenländischen Schnitzkunst über die Jahrhunderte begleitet. Als langlebige, bis zu 1000 Jahre alt werdende Bäume und wegen ihrer vielseitigen Verwertung spielen die Zirbel-Kiefern in der Altersbestimmung für Holzobjekte der Alpen eine vergleichbare Rolle wie anderenorts die Eichen (Dendrochronologie).

## 2 Weymouths-Kiefer
*Pinus strobus*

30–50 m Mai Baum 1

**Kennzeichen:** Gerader Stamm mit streng quirlig angeordneten, waagerecht abstehenden Ästen; 8–12 cm lange, biegsame Nadeln, jeweils 5 in einem Kurztrieb; schlanke, bananenförmig gebogene Zapfen von 10–12 cm Länge (**2b**).

**Vorkommen:** Natürliches Verbreitungsgebiet im kühl-feuchten Klima des östlichen Nordamerika, vor allem rund um die Großen Seen; in Mitteleuropa wegen ihrer Wuchsleistungen und ihrer vermeintlichen Immissionsresistenz gebietsweise als Forstbaum eingebürgert.

**Wissenswertes:** Diese Kiefer ist nach Lord Weymouth benannt, der sie Anfang des 18. Jahrhunderts auf seinem Landgut anbauen ließ. Ihr Holz ist weit weniger wertvoll als das der Wald-Kiefer. Es ist leicht und weich und wird deshalb vor allem als Blindholz im Möbelbau und für die Herstellung von Kisten verwandt. – Einen Rückschlag größten Stils für den Weymouths-Kiefern-Anbau in Amerika und Europa brachte der Weymouths-Kiefern-Blasenrost. Der rindenbewohnende Rostpilz war ursprünglich in Europa beheimatet; um die Jahrhundertwende wurde er nach Amerika verschleppt, wo er gewaltige Schäden verursachte. Wo immer Johannis- und Stachelbeerarten oder deren Verwandte im Umkreis von 400 m von Weymouths-Kiefern wachsen, wechseln die Pilze von diesen Zwischenwirten auf die Kiefern über und verursachen ein Anschwellen der Zweige mit starkem Harzfluß, Nadelfall und Nadelvergilbung, was zum Tode der befallenen Bäume führt.

## 3 Hemlocktanne
*Tsuga canadensis*

25–30 m Mai–Juni Baum 1

**Kennzeichen:** Stamm gerade, oft gegabelt, mit bogig überhängenden Spitzentrieben (**3a**); Nadeln flach, knapp 1,5 cm lang; Zapfen schlank, bis zu 2 cm lang (**3c**).

**Vorkommen:** Im östlichen Nordamerika beheimatet; in Mitteleuropa erfolgreiche Versuchsanbauten auf unterschiedlichen Böden.

**Wissenswertes:** Ihre Schattentoleranz in der Jugend, die so weit geht, daß sie nur unter Schirm angebaut werden kann, macht die Hemlocktanne als Mischbaumart interessant. Ihr weiches Holz ist harzfrei, aber so weich, daß es als „nicht nagelfest" gilt. Weil der Geruch zerdrückter Nadeln an bestimmte Doldenblütler (engl. Hemlock) erinnert, erhielt sie diesen Namen. Nach Europa ist sie erstmals 1730 gelangt.

1a
1b
2a
2b
3a
3b
3c

## 1 Weiß-Tanne
*Abies alba*

30–50 m Mai Baum 1

**Kennzeichen:** Nadeln flach, an der Spitze leicht eingekerbt (**1b**), mit unterseits 2 weißen Längsstreifen (Name!); Nadelkissen glatt, nicht vorspringend.

**Vorkommen:** Vor allem in Bergwäldern zwischen 400 und 1000 m von den Vogesen bis in die Karpaten; nordwärts bis zum Thüringer Wald und Erzgebirge.

**Wissenswertes:** Gemeinsam mit Rotbuche und Fichte baut die Weiß-Tanne die Bergmischwälder sowohl auf Kalk- als auch auf Silikat-Verwitterungsböden auf, sofern sie nur tiefgründig und gut wasserversorgt sind. Die bekannte „Storchennest-Spitze“ der Weiß-Tanne, die Abflachung der Krone (**1a**), kommt dadurch zustande, daß die Seitentriebe stärker wachsen als der Spitzentrieb. Der Tannen-Anteil in den Bergwäldern der Alpen geht stark zurück. Dieses wird sowohl auf ein zyklisch auftretendes „Tannensterben“ als auch auf Luftverschmutzung und vor allem darauf zurückgeführt, daß gar zu hohe Wildbestände vorzugsweise die heranwachsenden Tannen durch Verbiß zugrunde richten. Auch die Forstwirtschaft der vergangenen Jahrzehnte trägt durch den Aufbau von Fichten-Reinbeständen Mitschuld am Schwinden der Tanne. – Bei allen Tannen-Arten stehen die Zapfen aufrecht (**1c**). Sie fallen nicht – wie etwa die Fichtenzapfen – als Ganzes zu Boden, sondern lösen sich bei der Reife der Samen auf. Die Schuppen fallen herab, während die Zapfenspindel auf dem Zweig stehen bleibt.

## 2 Gewöhnliche Fichte
*Picea abies*

30–55 m Mai–Juni Baum 1

**Kennzeichen:** Im Gegensatz zur Weiß-Tanne spitze, 4kantige Nadeln auf vorspringenden Nadelkissen; keine weißen Längsstreifen auf der Unterseite; Zapfen herabhängend (**2c**).

**Vorkommen:** Ursprünglich nur im Süden, stellenweise nordwärts bis in den Thüringer Wald; Inselvorkommen am Brocken im Harz. Als Forstbaum heute in Mitteleuropa sehr häufig und zum Teil zu weit verbreitet.

**Wissenswertes:** Der Aufstieg der Fichte z wichtigsten Baumart der Wirtschaftswäld Mitteleuropas hat mehrere Gründe. Beim Wi deraufbau der Wälder nach der Waldzerst rung durch Übernutzung im 18. Jahrhunde und durch Reparationsleistungen nach de Zweiten Weltkrieg bot sie sich wegen ihr Anspruchslosigkeit und auch deshalb an, we sie ohne besonderen Schutz und Aufwan auch auf großen Freiflächen gepflanzt werde konnte. Vergleichsweise leichte Bewirtscha tung in altersgleichen Reinbeständen (**2b**) und gute Preise für das vielseitig verwendba Holz machten die Fichte zum „Brotbaum“ vie ler Forstbetriebe. Inzwischen aber zeigt sic die Anfälligkeit der naturfernen Fichtenbe stände gegen Sturm, Schneebruch, Borker käfer und vor allem Luftschadstoffe. Der mo derne, naturgemäße Waldbau strebt heute a tersungleiche, naturnähere Mischwälder an. Während an gesunden Fichten die Nadel 4–7 Jahre alt werden, ist deren Lebensdaue in immissionsgeschädigten Beständen oft au 1–3 Jahre verkürzt. Aufgelichtete Kronen un lamettaartig herabhängende Nebenzweig sind leicht erkennbare Schadsymptome i kranken Fichtenwäldern. In unseren Wir schaftswäldern läßt man die Fichten in de Regel nur 80–120 Jahre alt werden, obwoh sie von Natur aus ein Alter von über 50 Jahren erreichen können.

## 3 Blau-Fichte
*Picea pungens*

25–35 m Mai–Juni Baum 1

**Kennzeichen:** Spitze, stechende Nadeln mehr oder weniger blaugrün.

**Vorkommen:** Als „Colorado-Fichte“ ist di Blau- oder Stech-Fichte aus den Rocky Moun tains im US-Staat Colorado nach Mitteleuropa gekommen; hier wird sie vor allem in Weih nachtsbaum-Plantagen angebaut (**3a**).

**Wissenswertes:** Neben Exemplaren mi mattgrüner kommen auch solche mit blau grüner und mit silbergrauer Benadelung vor Sie und die radiär abstehenden Nadeln haben die Blau-Fichte zum „Weihnachtsbaum fü den gehobenen Geschmack“ werden lassen Ihr Anbau ist in der Regel mit erhebliche Biozid-Belastung des Bodens verbunden.

1a
2b
2a
1b
2c
1c
2d
3a
3b

## 1 Sitka-Fichte
*Picea sitchensis*

30–40 m Apr.–Juni Baum 1

**Kennzeichen:** Flachere Nadeln, auf der Oberseite grün, auf der Unterseite weißlichblau; Nadeln sehr spitz und stechend.

**Vorkommen:** Ursprünglich auf der Insel Sitka (Alaska; Name!) und auf einem schmalen Küstenstreifen an der amerikanischen Pazifikküste beheimatet; heute in Mitteleuropa – vor allem in Küstennähe – als Forstbaum angebaut.

**Wissenswertes:** In ihrer Heimat ist sie die höchste aller Fichtenarten und bildet zusammen mit der Douglasie besonders produktive Wälder. In Mitteleuropa ist ihr Anbau weniger erfolgreich und deshalb rückläufig. Sie leidet unter trockenen Winden und Windwurf, Pilzbefall und der Sitka-Laus, einem nadelsaugenden Insekt. In stadtnahen Wäldern sorgen die extrem spitzen Nadeln für einen wirksamen Schutz gegen den Schmuckreisig-Diebstahl zur Weihnachtszeit.

## 2 Douglasie
*Pseudotsuga menziesii*

40–55 m Mai Baum 1

**Kennzeichen:** Nadeln denen der Weiß-Tanne ähnlich, aber mit weniger ausgeprägten weißen Streifen auf der Unterseite; junge Bäume mit glatter Rinde, die Harzbeulen mit einem flüssigen, angenehm nach Orange duftenden Harz aufweisen.

**Vorkommen:** In ihrer Heimat im westlichen Nordamerika mindestens zwei unterschiedliche Klimarassen: eine Küstenform („grüne Douglasie") und eine Inlandform („graue Douglasie"). In Europa ist die Douglasie die wichtigste fremdländische Baumart der Wirtschaftswälder; Anbau mit zunehmender Tendenz.

**Wissenswertes:** Ihren Namen trägt die Art zu Ehren des schottischen Botanikers D. Douglas, der sie 1827 nach Europa brachte. Ihr Holz ist im internationalen Handel unter der Bezeichnung „Oregon Pine" bekannt. Die Zapfen hängen herab (**2b**) und fallen im ganzen ab. Die Zweige sind als Schmuckreisig zur Adventszeit sehr beliebt.

## 3 Wacholder
*Juniperus communis*

2–3(12) m Mai–Juni Strauch/Baum

**Kennzeichen:** Oft markanter Säulenwuc (**3a**); gelegentlich breit vom Boden aufst gend; zu dritt angeordnete, spitze Nade oberseits mehr oder weniger blaugrün (**3c**).

**Vorkommen:** Auf der Nordhalbkugel w verbreitet; in Mitteleuropa früher häufig, w durch Extensivbeweidung gefördert; heu fast nur noch in geschützten Heiden und M gerrasen.

**Wissenswertes:** Als zweihäusige Pflan trägt der Wacholder entweder nur männlic (**3b**) oder nur weibliche Blüten. Letztere bri gen im Laufe von 3 Jahren die dunkelblaue weiß bereiften Beerenzapfen (**3c**) hervor, d zum Würzen und zur Schnapsbereitung g nutzt werden (Gin, Genever, Steinhäger usw Zum Räuchern von Wurst und Schinken fi den die Zweige Verwendung. Das sehr daue hafte, elastische Holz ist für Schnitz- ur Drechslerarbeiten geeignet. – Die heute ma gelhafte Verjüngung des Wacholders trotz re cher Entwicklung der Beerenzapfen bereit den Naturschützern Sorge. Möglicherweis brauchen die Samen zum Keimen den feuc ten Rohboden, der ihnen früher durch stärk ren Viehvertritt und durch den Plaggenhie die Entnahme von Heidesoden als Einstreu f das Vieh, zur Verfügung stand.

## 4 Scheinzypresse
*Chamaecyparis lawsoniana*

20–40 m Apr.–Mai Baum

**Kennzeichen:** Nadelbaum mit schuppenfö migen Blättern; Gipfeltrieb überhängend; Za fen rundlich, ca. 1 cm Durchmesser (**4b**).

**Vorkommen:** Aus einem eng begrenzte Verbreitungsgebiet an der Pazifikküste in Or gon (daher auch „Oregonzeder" genannt) i vorigen Jahrhundert nach Europa gebracht.

**Wissenswertes:** Das wertvolle Holz hat i zwischen auch forstliches Interesse geweck nachdem die Scheinzypresse zuvor nur a Parkbaum geschätzt war. Die im Holz angere cherten ätherischen Öle sorgen für einen G ruch, der Motten vertreibt und Kisten u Schränke dadurch mottenfrei hält.

1

2a

2b

3a

3b

3c

4a

4b

## 1 Zitter-Pappel
*Populus tremula*

8–10(30) m März–Apr. Strauch/Baum [56]
**Kennzeichen:** Eiförmige bis fast kreisrunde Blätter, am Rande gekerbt; Blattstiele flach, über 5 cm lang (**1b**); männliche Kätzchen bis 10 cm lang.
**Vorkommen:** Weit verbreitet, im Gebirge bis 2000 m; auf Kahlschlägen, Waldlichtungen und Brachland.
**Wissenswertes:** Zitter-Pappeln werden selten gepflanzt. Die reiche Samenproduktion und die Flugfähigkeit der mit wollartigen, langen Haaren ausgestatteten Samen sorgen dafür, daß die Zitter-Pappeln jede Freifläche und alle lichten Stellen im Walde erreichen, sofern Gräser und Kräuter den Boden nicht allzu dicht überziehen. Nach Waldbränden kommt es meistens zu einem besonders starken Aufwuchs von Zitter-Pappeln. Auch nach der Eiszeit gehörten sie zu den ersten Neusiedlern in den ehemaligen Tundren. – „Zittern wie Espenlaub", wie es in einer Redewendung heißt, können die Blätter, weil sie an ihren langen Stielen schon vom leichtesten Windhauch bewegt werden.

## 2 Schwarz-Pappel
*Populus nigra*

20–30 m März–Apr. Baum [56]
**Kennzeichen:** Bäume mit weitausladender Krone (**2a**) und starken Stämmen mit tieffurchiger Borke; Blätter 3eckig.
**Verbreitung:** Reine Schwarz-Pappeln nur noch selten in den Talauen großer Flüsse; umso zahlreicher und auf unterschiedlichen Standorten verbreitet: Hybridformen aus Schwarz-Pappeln und amerikanischen Pappel-Arten.
**Wissenswertes:** Der verstärkte Pappel-Anbau in den 50er und 60er Jahren war eine Modewelle, die heute längst überwunden ist. Die Ablösung anderer heimischer Laubhölzer durch Hybrid-Pappeln und deren Anbau an Ufern, Wiesenrändern und Wirtschaftswegen erwiesen sich als Fehler. Das schnellwüchsige, aber nur zu Niedrigpreisen absetzbare Massenholz bleibt heute teilweise unverwertet. Benachbarte Kulturen leiden oft unter der Konkurrenz der flach ausstreichende Pappel-Wurzeln, die dem Boden viel Feuc tigkeit entziehen. Die „Pappelwolle" aus d reichen Samenproduktion wird oft als störer empfunden, weshalb bevorzugt vegetativ ve mehrte männliche Pappeln angepflanzt we den.

## 3 Silber-Pappel
*Populus alba*

15–35 m März–Apr. Baum [5
**Kennzeichen:** Keine besonders rissig Borke; eiförmige Blätter, oft 5lappig, untersei weiß- oder graufilzig (**3b**).
**Vorkommen:** Ursprünglich in den Flußaue im südlichen Mitteleuropa, u.a. im Stromge biet der Donau; auch als Forstbaum ange baut.
**Wissenswertes:** Ihr Holz ist wertvoller al das anderer Pappel-Arten und -Sorten. M einem Höchstalter von 400 Jahren übertrif sie ebenfalls die anderen Pappeln.

## 4 Bruch-Weide
*Salix fragilis*

5–15 m März–Mai Baum/Strauch [56
**Kennzeichen:** Oft stattliche Bäume; Blätte breit lanzettlich, bis 20 cm lang zugespitzt.
**Vorkommen:** Vor allem an Bächen und klei nen Flüssen weit verbreitet; gern an nasse und überschwemmten Standorten; auch an gepflanzt und zur „Kopfweide" geschnitten.
**Wissenswertes:** Leicht abbrechende Zweige (Name!) können am Boden gelegent lich Wurzeln schlagen. Diese Art bastardie nicht selten mit der nachfolgend genannten.

## 5 Silber-Weide
*Salix alba*

5–20 m April-Mai Baum/Strauch [56
**Kennzeichen:** Ebenfalls breit lanzettliche Blätter, aber unterseits ebenso wie die junger Zweige grauweiß behaart.
**Vorkommen:** An Fließgewässern und in Auenwäldern oft in größeren Beständen.
**Wissenswertes:** Die Zweige sind nicht brüchig und deshalb gut zum Flechten von Körben und zum Anbinden von Reben geeignet.

1a
2a
3a
1b
4
2b
5
3b

## 1 Mandel-Weide
*Salix triandra*

bis 4 m Apr.–Mai Strauch/Baum 56

**Kennzeichen:** Strauch oder kleiner Baum mit 5–10 cm langen und ca. 2 cm breiten Blättern; männliche Blüten in sehr schlanken, langen, zylindrischen Kätzchen.

**Vorkommen:** In Mitteleuropa vom Norden bis zum Süden regional vorkommend; vor allem in Talauen und an Altwassern.

**Wissenswertes:** Die Mandel-Weide entwikkelt ein sehr üppiges Wurzelwerk, das in erheblichem Maße zur Festigung von Ufern beitragen kann. Sie bevorzugt sehr deutlich gut basenversorgte Standorte.

## 2 Netz-Weide
*Salix reticulata*

bis 0,4 m Juni–Aug. Zwergstrauch 56

**Kennzeichen:** Niederliegender Zwergstrauch mit rundlichen, runzeligen Blättern; Blattnerven so eingesenkt, daß die Blattoberfläche netzartig gegliedert erscheint (Name!).

**Vorkommen:** In den Alpen mehrere isolierte Teilareale; jeweils oberhalb der Waldgrenze in Schneetälchen, aber auch auf Schutt- und Steinböden.

**Wissenswertes:** Die Art ist arktisch-alpin verbreitet mit einem Verbreitungsschwerpunkt in Nordeuropa. Das Verbreitungsmuster ist Ergebnis des nacheiszeitlichen Rückzugs der Gletscher und der in der Nähe des Eisrandes wachsenden Vegetation sowohl nach Norden als auch süd- und gipfelwärts. Die Stengel und Zweige kriechen oberirdisch und können Wurzeln schlagen. Bemerkenswert ist die Fähigkeit der Netz-Weide, bis zu 9 Monate Photosynthese zu betreiben. Die Zweige sind so biegsam, daß sie auch durch extreme Schneelast nicht verletzt werden.

## 3 Kahle Weide
*Salix glabra*

bis 1,5 m Juni–Juli Strauch/Zwergstrauch 56

**Kennzeichen:** Alle Teile des Strauches kahl; die Blätter oberseits glänzend; Äste am Boden, von dort bogig aufsteigend.

**Vorkommen:** In den Kalkalpen zwische 300 und 2200 m; vor allem an Bächen, Quellen und auf Geröll in der subalpinen Stufe.

**Wissenswertes:** Die Art wird Kahle Weide oder Glanz-Weide nach ihren eingangs erwähnten Merkmalen genannt. Auch der wissenschaftliche Name „*glabra*" bedeutet „kahl". Erstaunlich ist, daß die Kahle Weide sich im Alpenvorland offensichtlich nicht dauerhaft ansiedeln kann, obwohl an reißende Bächen immer wieder einmal Sträucher aus oder Teile von ihnen abgerissen und talwärt geschwemmt werden.

## 4 Kriech-Weide
*Salix repens*

bis 1 m April-Mai Strauch/Zwergstrauch 56

**Kennzeichen:** Niederliegende Äste, unterirdisch kriechend mit bogig aufsteigender Zweigen; Blätter eiförmig-lanzettlich, bis 4 cm lang, unterseits seidig behaart; Blattrand nach unten gerollt.

**Vorkommen:** Verbreitungsschwerpunkte im nördlichen, östlichen und südlichen Mitteleuropa; auf feuchten, nährstoffarmen Böden.

**Wissenswertes:** Die Kriech-Weide ist in Süd- und in Norddeutschland in zum Teil sehr unterschiedlichen Lebensräumen anzutreffen und zwar einerseits in Streuwiesen und Mooren auf torfigen und andererseits in Heiden und Dünen auf sandigen Böden.

## 5 Grau-Weide
*Salix cinerea*

bis 3 (6) m März–Apr. Strauch 56

**Kennzeichen:** Junge Zweige graufilzig (Name!), auch Knospen behaart; männliche Blütenstände vor dem Aufblühen oft ziegelrot.

**Vorkommen:** In Europa weit verbreitet, wo das Grundwasser hoch ansteht und wenigstens mäßig nährstoffreich und basenversorgt ist; Bestandteil von Weidengebüschen und Erlenbruchwäldern, auch an Gräben und an Bachufern.

**Wissenswertes:** Durch gleich starkes Wachstum der verschiedenen Haupttriebe eines Strauches kommt die markante Wuchsform der Grau-Weiden mit einem deutlich abgeflachten Umriß zustande.

1

2

3

4a

4b

5

## 1 Ohr-Weide
*Salix aurita*

1–2 m März–Apr. Strauch 56

**Kennzeichen:** Niedriger Strauch, stark und starr verzweigt; Blätter klein, elliptisch, grob gezähnt; Blattspitze etwas gedreht.

**Vorkommen:** Auf nassen, meist sauren Standorten in allen Teilen Mitteleuropas.

**Wissenswertes:** Der Name bezieht sich auf die immer gut entwickelten, nierenförmigen Nebenblätter. Trotz weiter Verbreitung ist die Art nicht so häufig wie die Sal-Weide, mit der sie nicht selten bastardiert.

## 2 Sal-Weide
*Salix caprea*

2–5 (10) m März–Apr. Strauch/Baum 56

**Kennzeichen:** Blätter elliptisch, runzelig, mit hervortretenden Nerven, Blattspitze meist etwas verdreht (**2d**).

**Vorkommen:** Im gesamten Gebiet auf feuchten, nährstoffreichen Standorten; sowohl auf Kahlschlägen und an Waldrändern als auch in Sekundärbiotopen wie Abgrabungen und Kippen.

**Wissenswertes:** Trotz der vielen verschiedenen Weiden-Arten ist die Sal-Weide allgemein „die Weide schlechthin". Das bezeugt schon die Tautologie in ihrem Namen: „Sal" kommt von Salix = Weide. Wie bei allen Weiden sind bei ihr die Knospen nur von einer einzigen kappenförmigen Schuppe bedeckt. Diese löst sich oft schon im Winter, so daß die weißen „Palmkätzchen" früh hervorlugen (**2a**). Wie alle Weiden-Arten ist auch die Sal-Weide zweihäusig: Die Sträucher mit männlichen Kätzchen wirken zur Blütezeit gelblich (**2b**), jene mit weiblichen Kätzchen dagegen grün (**2c**). Als früh blühende Art bietet sie den Bienen erste Nahrung. Am Palmsonntag werden aus ihren Zweigen Palmstöcke gebunden. Diesem Brauch verdanken die „Palm-Kätzchen" ihren Namen.

## 3 Korb-Weide
*Salix viminalis*

2–4 (10) m März–Apr. Strauch/Baum 56

**Kennzeichen:** Blätter schmal (bis 2 cm) und bis zu 20 cm lang; welliger Blattrand nac unten gedreht; lange, rutenförmige Zweige.

**Vorkommen:** Vor allem auf nassen, kalkre chen Böden in Ufergebüschen und auf Kies bänken; vom Menschen über die natürliche Standorte hinaus kultiviert.

**Wissenswertes:** Die Art wird wegen der Fle xibilität ihrer Zweige für die Herstellung vo Körben und anderem Flechtwerk bevorzug Man findet sie in Weidenkulturen und häufi auch als Kopfbaum, der durch regelmäßige Rückschnitt in 2–2,5 m Höhe zustandekomm „Kopfweiden" (**3b**) unterschiedlichster Art ver leihen ganzen Tallandschaften ihr unverwech selbares Gepräge und sind bevorzugte Brut plätze des Steinkauzes.

## 4 Lavendel-Weide
*Salix eleagnos*

4–8 (15) m Apr.–Mai Strauch/Baum 56

**Kennzeichen:** Blätter schmal-lanzettlich randlich nach unten eingerollt, oberseits dunkel, unterseits durch Behaarung heller grün der Korb-Weide ähnlich.

**Vorkommen:** Nur im Süden, nordwärts bis zur Donau und am Oberrhein; an zeitweise feuchten kiesigen und sandigen Ufern.

**Wissenswertes:** Die Lavendel-Weide dringt als Pioniergehölz in frische Schotterbänke ein, die sie mit ihrem starken Wurzelwerk zu befestigen vermag.

## 5 Purpur-Weide
*Salix purpurea*

2–6 m März–Mai Strauch 56

**Kennzeichen:** Junge Zweige und Kätzchen oft purpurrot (Name!); Zweige dünn, aber nicht durchhängend; schmale Blätter im oberen Drittel am breitesten, zum Stiel hin gleichmäßig verjüngt (**5b**).

**Vorkommen:** Auf kalkhaltigen, nassen Böden an Fluß- und Bachufern; nur zerstreut vorkommend, im Norddeutschen Tiefland weithin fehlend.

**Wissenswertes:** Die biegsamen Zweige eignen sich hervorragend für Flechtarbeiten unterschiedlichster Art. Deshalb wird die Art auch in Plantagen angebaut, die aus der Ferne durch ihre rötliche Färbung auffallen.

1
2a
2b
2c
2d
3a
4
3b
5a
5b

## 1 Hänge-Birke
*Betula pendula*

5–25 m Apr.–Mai Baum 12

**Kennzeichen:** Zweigspitzen mit warzigen Harzdrüsen grindig-rauh; Blätter beiderseits kahl.

**Vorkommen:** Außer in bodensauren Eichenwäldern, Heiden und Magerrasen auch auf Schutt und Brachland.

**Wissenswertes:** Die Art wird auch als Sand-Birke bezeichnet und gibt vor allem ganzen Sand-Landschaften – etwa in der Geest – mit ihren silbrig-weißen Stämmen (**1d**) deren unverwechselbares Gepräge. Ihre flugfähigen Samen trägt der Wind überall hin. Aus Pflasterritzen, Dachrinnen und Kaminen wachsend, erregen Birken oft Aufmerksamkeit; sie gelten mit Fug und Recht als anspruchslose Pioniere. Das zeigt sich vor allem auch dort, wo sie – oft zusammen mit der Sal-Weide – sowohl Industriebrachen als auch Kahlschläge innerhalb weniger Jahre mit einem dichten Gebüsch überziehen. Besondere Anforderungen stellen sie jedoch an die Belichtung; im Schatten anderer Bäume kümmern die Birken und gehen vorzeitig zugrunde. Das Holz starker Stämme wird außer zu Sperrholz auch in der Möbelindustrie verwandt. Die frischen Austriebe liefern das Schmuckgrün für Maifeste, Prozessionen und Schützenumzüge, ihre Blätter getrocknet einen bekannten, harntreibenden Tee. Ihre Zweige Reisig für Busch und das zuckerhaltige Birkenwasser die Grundlage für Haarwässer und Birkenwein. – **1b**: Zweig mit aufrecht stehenden weiblichen und hängenden männlichen Blütenständen; **1c**: fruchtender Birkenzweig.

## 2 Moor-Birke
*Betula pubescens*

5–25 m Apr.–Mai Baum 12

**Vorkommen:** Von der Ebene bis ins Gebirge; vor allem auf Feuchtstandorten, in Moor- und Bruchwäldern.

**Kennzeichen:** Junge Blätter und Zweige flaumig behaart; Äste im Gegensatz zur Sand-Birke nicht hängend, sondern starr spitzwinkelig und waagerecht abstehend (**2a**).

**Wissenswertes:** Die Moor-Birke ist noch anspruchsloser als die Sand-Birke und wo wegen ihrer Frosthärte im hohen Norden E ropas vielfach die vorherrschende Art. In M teleuropa besiedelt sie vor allem ausgespr chene Extremstandorte. – An beiden Birke arten sieht man oft „Hexenbesen“; zahlreich regellose Austriebe dicht beisammen an sta gestauchten Sproßabschnitten. Sie werde von Pilzen der Gattung *Taphrina* hervorg rufen und treten in ähnlicher Form – von Ve tretern anderer Pilzgattungen verursacht auch an etlichen weiteren Laub- und Nade baumarten auf.

## 3 Zwerg-Birke
*Betula nana*

bis 1 m Apr.–Mai Strauch/Zwergstrauch 1

**Kennzeichen:** Strauch stark verzweigt, o kriechend, junge Zweige aufrecht weisen ebenso die männlichen und die weibliche Kätzchen; Blätter rundlich, oft breiter als lan (**3a**), im Herbst leuchtend orange (**3b**).

**Vorkommen:** Vereinzelte Bestände vor alle in den Alpen, seltener im Erzgebirge; nu punktuelle Inselvorkommen im Harz; meisten in Hochmooren.

**Wissenswertes:** Während der letzten Verei sung Mitteleuropas war die Zwerg-Birke da Holzgewächs, das sich jeweils am stärkste dem Eisrand zu nähern vermochte. Heute is sie in Mitteleuropa nur noch seltenes Über bleibsel, ein sogenanntes Eiszeit- oder Gla zialrelikt, auf wenige weit verstreute, meisten besonders kühle Standorte beschränkt.

## 4 Strauch-Birke
*Betula humilis*

bis 2 m Apr.–Mai Strauch 12

**Kennzeichen:** Niedriger, stark sparrig verzweigter Strauch; fast eiförmige Blätter, imme länger als breit.

**Vorkommen:** Vereinzelt in den Alpen und im Alpenvorland; im Tiefland nur östlich der Elbe; in Hoch- und Zwischenmooren.

**Wissenswertes:** Die in Lappland und Sibirien weit verbreitete Art ist in Mitteleuropa als seltenes Glazialrelikt zu betrachten, dessen wenige Standorte besonders schützenswert sind.

1b

1a

2a

1c

2b

4

1d

3a

3b

## 1 Schwarz-Erle
*Alnus glutinosa*

10–25 m Febr.–März Baum 12

**Kennzeichen:** Im Sommer wie im Winter durch Stamm, dunkelgrünes Laub und vor allem alte Samenzapfen (**1b**) düster wirkender (Name!), meist mehrstämmiger Baum; Blätter eiförmig bis rund, meistens an der Spitze etwas eingekerbt (**1d**). Holz in frischem Zustand rötlich (deshalb auch „Rot-Erle" genannt).

**Vorkommen:** Häufig an Gräben, Flüssen und Bächen sowie in Bruchwäldern; angepflanzt auch zur Gliederung der Landschaft in ausgeräumten Feldfluren und auf trockenen Böden, z.B. auf Halden und rekultivierten Flächen ehemaliger Industriebetriebe.

**Wissenswertes:** Aus einem Punkt heraus wachsende mehrstämmige Exemplare weisen meistens darauf hin, daß es sich um Stämme handelt, die nach der Nutzung aus einer gemeinsamen Wurzel wieder ausgeschlagen sind. Das starke Stockausschlag-Vermögen ist unter natürlichen Verhältnissen für oft durch reißendes Wasser, Treibholz, Geröll und Eisgang beschädigte Bäume besonders wichtig. Eine andere Fähigkeit, durch Symbiose mit Strahlenpilzen Luftstickstoff zu binden, versetzt die Schwarz-Erle in die Lage, sich selbst nährstoffarme Rohböden als besiedelbare Standorte herzurichten; diese Fähigkeit wird vom Menschen systematisch im Landschaftsbau genutzt. Wegen ihres dichten, tiefgreifenden Wurzelwerks ist sie bei den Gestaltern naturnaher Kulturlandschaft beliebt. Sie pflanzen sie an Gräben und Bächen, wo sie mit ihren Wurzeln die Böschungen bis unter die Wasserlinie befestigt. Ihr dichtes Laub unterdrückt gleichzeitig den allzu starken Krautwuchs in den Gewässern. – Die flachen, rotbraunen Nüßchen, die in den dunklen Samenzäpfchen heranreifen, werden sowohl mit ihrem schmalen Flugsaum durch den Wind als auch dadurch verbreitet, daß sie im Winter oft aus den Zapfen herab auf Schnee fallen. Bei Tauwetter werden sie in den Schmelzwasserrinnen vom Wasser weitergetragen. Etliche Vogelarten – allen voran den Erlenzeisig – sieht man oft in Scharen an den Erlenzweigen turnen und die Nüßchen aus den Samen klauben, um sie zu verzehren.

## 2 Grau-Erle
*Alnus incana*

5–20 m März–Apr. Baum/Strauch 12

**Kennzeichen:** Elliptische Blätter mit Spitze, unterseits grau (Name!); anfangs dicht behaart, später nur noch auf den Blattnerven.

**Vorkommen:** Im südlichen Mitteleuropa in Ufergebüschen und Auwäldern auf nassen, nährstoffreichen und kalkhaltigen Böden; durch Anpflanzung weit über das natürliche Vorkommen hinaus bis zur Meeresküste verbreitet.

**Wissenswertes:** Im Gegensatz zur Grün-Erle, die Kalk weitgehend meidet, ist die Grau-Erle kalkliebend. Dank ihrer starken Vermehrung durch Wurzeltriebe überzieht und festigt sie Böschungen an Ufern und an Aufschüttungen. Auch die Grau-Erle vermag – wie die beiden anderen Erlenarten – mit Hilfe ihrer Symbionten Luftstickstoff zu binden und für sich und andere Pflanzenarten verfügbar zu machen. Nicht zuletzt trägt auch ihre stickstoffreiche Streu zur Bodenverbesserung bei. Ihr Holz färbt sich nicht, wie das der Schwarz-Erle, nach dem Fällen orangerot.

## 3 Grün-Erle
*Alnus viridis*

0,5–3 m Apr.–Mai Strauch 12

**Kennzeichen:** Blätter oberseits dunkel-, unterseits hellgrün (Name!), anfangs klebrig; Form ähnlich, aber etwas kleiner als Grau-Erle.

**Vorkommen:** In den Alpen und Karpaten sowie im Alpenvorland an Bachufern, in Lawinenbahnen und auf Schutthalden; dabei kalkärmere Böden bevorzugend.

**Wissenswertes:** Der Grün-Erlen-Buschwald bildet in den Alpen oft großflächige Laub-Knieholzbestände (im Gegensatz zu den Nadel-Knieholzbeständen der Latschen). Als Pioniere auf Hangrutschungen wirken die Grün-Erlen der Erosion entgegen. In lawinengefährdeten Lagen werden sie oft angebaut, weil sie nicht nur Schutt, sondern mit ihren Zweigen auch Schnee zurückhalten. – **3b**: Zweig mit aufrechten weiblichen und hängenden männlichen Blütenständen. **3c**: Zweig mit Samenzapfen.

1a

1c

2

1b

3a

1d

3b

3c

## 1 Hainbuche
*Carpinus betulus*

10–25 m März–Mai Baum/Strauch 13

**Kennzeichen:** Blätter ähneln Rotbuchen-Blättern, jedoch mit gesägtem Rand; „Wellblechblätter" wegen der gewellten Oberfläche (**1b**).

**Vorkommen:** Von der Ebene bis ins mittlere Bergland in ganz Mitteleuropa in Eichenmischwäldern, Harthozauen, Hecken und Gebüschen häufig anzutreffen.

**Wissenswertes:** Als mittelhohe Baumart bildet die Hainbuche vor allem unter Eichen eine zweite Baumschicht. Sie kann den Schatten der Eichen sehr gut ertragen, während umgekehrt die lichtliebenden Eichen unter dem dichten Schattendach der Hainbuche nicht existieren könnten. Im Unterwuchs von Eichen, Eschen und anderen Wertholzarten sind Hainbuchen sehr willkommen, weil sie die hohen Stämme „ummanteln" und durch Beschattung astrein halten. Wenn sie wirklich einmal in den Wipfelbereich der Lichtholzarten hineinwachsen und zu einer ernsthaften Konkurrenz werden, kann man Hainbuchen kurzerhand auf den Stock setzen. Sie schlagen sehr kraftvoll wieder aus. Weil die Hainbuche hinsichtlich dieser Fähigkeit alle anderen Waldbäume übertrifft, wurde sie durch Nieder- und Mittelwaldwirtschaft in früheren Jahrhunderten unbewußt gefördert. Ihr schweres, zähes und hartes Holz ist gleichmäßig hell (daher auch der Name „Weißbuche") und hat einen hohen Brennwert, ist aber auch für den Werkzeug-, Geräte- und Maschinenbau begehrt. Früher machte man Mühlräder daraus. Die Stämme sind mit hellen Streifen und Wulsten dekorativ gemustert (**1d**), die Stammquerschnitte sind exzentrisch und nur selten kreisrund. Während die männlichen Kätzchen (**1a**) abfallen, entwickeln sich die weiblichen zu Fruchtständen (**1c**). Auf jedem der 3lappigen Deckblätter sitzt ein flaches, geripptes Nüßchen, das bei der Reife mit seinem Deckblatt zu Boden rotiert, bei Sturm jedoch weit verweht wird. Mäuse sammeln, speichern und verbreiten dadurch die Nüßchen noch zusätzlich. Hainbuche und Rotbuche sind nicht miteinander verwandt; sie gehören verschiedenen Familien an.

## 2 Hasel
*Corylus avellana*

2–5 m Febr.–März Strauch 1

**Kennzeichen:** Blätter mit einer aufgesetzt e scheinenden Spitze, zum Stengel h schwach herzförmig gerundet; Zweige, ab auch Blätter drüsig behaart.

**Vorkommen:** Auf besser nährstoffversorgte Böden weit verbreitet, vor allem in Eiche mischwäldern, Hecken und Gebüschen.

**Wissenswertes:** In vielen Eichenwäldern bi det die Hasel ein dichtes Unterholz, das Reh und anderes Wild schon auf 10–20 m Entfe nung dem Blick des Beobachters entzieht. M dem Stäuben der männlichen Kätzchen (**2a** **2b**) beginnt im phänologischen Kalender de Vorfrühling. Die weiblichen Blüten ähnel Knospen, aus denen jeweils Büschel rote Narben hervorragen (**2b**, **2c**). Als Früchte en wickeln sich aus ihnen die bekannten har schaligen Nüsse, die anfangs grünlich gel und später braun sind, während gleichzeiti schon die nächstjährigen männlichen Blüten kätzchen gut vorbereitet den Winter erwarte (**2d**). Die Nüsse werden von Eichelhäherr Eichhörnchen und Haselmäusen (Name!) al Nahrungsreserve für den Winter versteckt und teilweise nicht wiedergefunden.

## 3 Gagelstrauch
*Myrica gale*

0,5–1,2 m März–Apr. Strauch/Zwergstrauch 17

**Kennzeichen:** Junge Triebe rotbraun, weichhaarig; Blätter klein, länglich-eiförmig, zum Stiel hin keilförmig verjüngt, mit gelben Harzdrüsen besetzt.

**Vorkommen:** Vor allem in Mooren und feuchten Heiden des atlantischen Klimabereichs.

**Wissenswertes:** Der zweihäusige Strauch blüht bereits vor dem Laubaustrieb. Die männlichen Kätzchen (**3b**) sind 1–1,5 cm lang und mit ihren rotbraunen Schuppen auffälliger als die weiblichen. Die Blätter enthalten ein ätherisches Öl. Sie wurden früher vielfach statt Hopfen zum Würzen des Bieres verwandt. Mit den stark duftenden Zweigen versucht man lästige Insekten zu vertreiben.

1a

1b

1c

1d

2a

3a

2b

2c

3b

2d

## 1 Rotbuche
*Fagus sylvatica*

30–40 m Apr.–Mai Baum 11

**Kennzeichen:** Glatte Borke; elliptische Blätter, ganzrandig, am Rande etwas gewellt; männliche Blütenstände vielblütige, langgestielte, kugelige Kätzchen (**1b**); weibliche Blüten zu zweit, kurzgestielt, von einer Hülle umgeben (später Fruchtbecher).

**Vorkommen:** In fast ganz Mitteleuropa die von Natur aus vorherrschende Baumart, allerdings auf vielen Standorten durch Nadelbäume und Eichen ersetzt.

**Wissenswertes:** Die Rotbuche breitete sich als letzte heimische Baumart im Zuge der nacheiszeitlichen Wiederbewaldung seit 2000 v. Chr. wieder in Mitteleuropa aus. Dank besonders gebauter Licht- und Schattenblätter und deren mosaikartiger Anordnung nutzt sie das Sonnenlicht so wirkungsvoll aus, daß in ihrem Schatten nur noch wenige Pflanzenarten zu gedeihen vermögen. Das macht sie so konkurrenzstark, zumindest auf allen Standorten, die ihr zusagen. Was sie braucht, sagt eine bekannte Beschreibung: „Die Buche will feuchtes Haupt und trockene Füße", d.h. ein niederschlagsreiches Klima und einen gut drainierten, von stauender Nässe freien Boden. Damit ist auch schon ihr Fehlen im kontinentalen Ost- und kalten Nordeuropa, aber auch in den weitesten Teilen der Mittelmeerländer erklärt. Der Verbreitungsschwerpunkt geschlossener reiner Buchenwälder befindet sich in Deutschland. Das Holz ist im frischen Zustand rötlich (Name!). Es findet vielfältige Verwendung in der Bau- und Möbelindustrie, wird außer zu Sperrholz und Spanplatten auch zu Furnieren verarbeitet und hat auch in der Zellstoffindustrie einen wichtigen Abnehmer. Die als „Bucheckern" bekannten Nüßchen sind von einem Fruchtbecher umhüllt (**1c**) und werden von Eichhörnchen und Eichelhähern, Berg- und Buchfinken, Ringeltauben und vom Wild verzehrt. Selbst den Menschen halfen sie in vorgeschichtlichen Jahrhunderten und sogar noch während des letzten Krieges über Notzeiten hinweg. Aus ihnen läßt sich ein wertvolles Speiseöl gewinnen. Allerdings gibt es Bucheckern in Mengen („Buckeckernmast") nur alle paar Jahre, meistens wenn im Jahr zuvor ein besonders trocke[n-]
warmer Sommer herrschte.

## 2 Stiel-Eiche
*Quercus robur*

20–35 m Apr.–Mai Baum

**Kennzeichen:** Gelappte Blätter nur kurz, c[a.]
½ cm gestielt; Eicheln einzeln, zu zweit od[er zu]
dritt an einem 3–8 cm langen Stiel (**2b**), me[hr]
oder weniger stark längs gestreift.

**Vorkommen:** Weit verbreitet von der Ebe[ne]
bis ins mittlere Bergland.

**Wissenswertes:** Die Begehrtheit des vielfä[l-]
tig nutzbaren Eichenholzes ist der Grun[d,]
weshalb auch schon früher die sehr langsa[m-]
wüchsigen Eichen nur ausnahmsweise einm[al]
ihr natürliches Höchstalter von 600–800 Ja[h-]
ren erreichten oder sogar 1000–1200 Jahr[e a[lt]
wurden. Eichenholz begegnet uns sowohl [in]
Furnieren und Massivmöbeln als auch i[m]
Fachwerk der Bauernhäuser und als Fund[a-]
ment mancher Wasserburgen. Die jung[e]
Rinde brauchte man früher in der Lohge[r-]
berei, die Eicheln als Mastfutter für d[ie]
Schweine und – geröstet – als Kaffee-Ersat[z.]
Eichelhäher und Eichhörnchen sammel[n,]
transportieren und verstecken jährlich Hu[n-]
derttausende von Eicheln und finden im Wi[n-]
ter nur einen Teil davon wieder. So sorgen s[ie]
als „ehrenamtliche Helfer" intensiv für d[ie]
Neuanpflanzung von Eichen.

## 3 Trauben-Eiche
*Quercus petraea*

20–30 cm Apr.–Mai Baum 1

**Kennzeichen:** Gelappte Blätter mit 1–2 c[m]
langem Stiel (**3b**); meistens 3–7 Eicheln dic[ht]
gedrängt in einer kurzgestielten Traube (**3c**[);]
gedrungenere Gestalt und keine Längsstre[i-]
fung der Eicheln.

**Vorkommen:** Stärker montan verbreitet a[ls]
die Stiel-Eiche; allerdings durch Anbau un[d]
Bastardierung verwischt.

**Wissenswertes:** Die Namen der beiden he[i-]
mischen Eichen-Arten nehmen interessante[r-]
weise nicht auf die Stiele der Blätter, sonder[n]
auf die der Eicheln Bezug. Alle Eichen sin[d]
Windblütler, deren hängende männliche Kätz[-]
chen zur Blütezeit besonders auffallen (**3b**).

1a

1c

2a

1b

2b

3b

3a

3c

## 1 Rot-Eiche
*Quercus rubra*

20–30 m Mai Baum 11

**Kennzeichen:** Blätter groß (bis 25 cm lang), mit 7–11 spitzen Lappen; Eicheln bis 2,5 cm groß, gedrungen eiförmig, einzeln oder zu zweit, kurzgestielt (**1a**).

**Vorkommen:** Heimisch im östlichen Nordamerika; in Mitteleuropa weit verbreitet angepflanzt, unter anderem auf flachgründigen und auf Kies- und Sandböden.

**Wissenswertes:** Wegen ihres oft leuchtend roten Herbstlaubes (Name! **1b**) ist die Rot-Eiche auch in forstästhetischer Sicht ein gern genutzter „Fremdländer“, der oft Waldränder und markante Punkte im Erholungswald ziert. Als sehr anspruchslose und relativ immissionsresistente Art wird sie gern zur Rekultivierung von Halden und Aufschüttungen – namentlich in der Nachbarschaft von Industriebetrieben – angepflanzt. So ist die Rot-Eiche heute die am weitesten verbreitete und am häufigsten angebaute fremdländische Laubbaumart. Der Name „Amerikanische Eiche“ erinnert an ihre Herkunft. Der Wert ihres Holzes steht weit hinter dem der beiden in Mitteleuropa heimischen Eichenarten zurück. Dafür aber ist die Rot-Eiche – vor allem in ihrer Jugend und bis zu einem Alter von 80–100 Jahren – deutlich schnellwüchsiger.

## 2 Eßkastanie
*Castanea sativa*

25–35 m Mai–Juni Baum 11

**Kennzeichen:** Blätter derb, 15–20 cm lang, länglich-lanzettlich mit sägeblattähnlichen Zähnen (**2b**).

**Vorkommen:** Heimat im Mittelmeerraum, aber seit der Römerzeit auch in wärmeren Gebieten West- und Mitteleuropas eingebürgert.

**Wissenswertes:** Mit einem Alter von weit über 1000 Jahren und einem Stammdurchmesser von 4–6 m übertreffen einige Eßkastanien die Veteranen aller anderen heimischen Baumarten. Zur Blütezeit wirkt der Baum durch seine 10–20 cm langen männlichen Blütenstände (**2b**) aus der Ferne auffallend hell grün (**2a**). Aus den Samenanlagen der 2–3 unscheinbaren weiblichen Blüten entwickeln sich die von einem Fruchtbecher (**2c**) umgebenen Maronen, die in Größe und Farbe an die Früchte der Roßkastanie erinnern. Sie werden gekocht, geröstet oder auch roh verzehrt und erfreuen sich auf Jahrmärkten und in ausländischen Restaurants auch in Deutschland zunehmender Beliebtheit. Im Mittelmeergebiet sind sie ein wichtiges Nahrungsmittel, und das schon seit Jahrtausenden. Die Römer aber brachten die Eßkastanie zusammen mit dem Wein auch deshalb über die Alpen, um – wie in Italien gewohnt – die langen, geraden Schößlinge als Stützen für den Wein vorhalten zu können. Wegen ihrer ausgeprägten Fähigkeit, aus dem Stock auszuschlagen, findet man sie häufig in niederwaldartig bewirtschafteten Waldungen an.

## 3 Walnuß
*Juglans regia*

20–30 m Mai Baum 18

**Kennzeichen:** Blätter unpaarig gefiedert, groß, mit 5–9 elliptischen Blättchen; Früchte fast 4–5 cm groß, kugelig (**3b**).

**Vorkommen:** Aus dem östlichen Mittelmeerraum stammend; möglicherweise schon in der Jungsteinzeit nach Mitteleuropa gelangt, heute vor allem als Einzelbaum oder in Zweiergruppen in Gärten, Parks und in der bäuerlichen Kulturlandschaft.

**Wissenswertes:** Die Blüten – besonders auffällig die männlichen Kätzchen (**3a**) – erscheinen gleichzeitig mit den Blättern. Der Name „Walnuß“ ist gleichbedeutend mit „Welsche Nuß“ im Gegensatz zu der heimischen Haselnuß. Weil sie außen grünes, nicht eßbares Fruchtfleisch hat, ist die Frucht im botanischen Sinne keine Nuß, sondern eine Steinfrucht, in der die eigentliche Walnuß dem Kirschkern entspricht. Das Fruchtfleisch kann zum Färben und zur Produktion von Holzbeizen und Sonnenöl verwandt werden. Nußbaumholz ist vor allem in der Möbelindustrie zur Herstellung von Furnieren hochgeschätzt. Da Walnußbäume forstlich nicht angebaut werden, fällt das unter allen Edellaubhölzern bestbezahlte Holz nur ausnahmsweise an, wenn Nußbäume in Gärten und Parks gefällt werden.

1a
1b
2a
2b
2c
3a
3b

## 1 Berg-Ulme
*Ulmus glabra*

30–40 m März–Apr. Baum 14

**Kennzeichen:** Basis der Blattspreite bei allen Ulmenarten deutlich asymmetrisch; Blätter der Berg-Ulme oberseits rauh, unterseits weich behaart; Blätter häufig mit einer Haupt- und zwei untergeordneten Spitzen; Blüten in aufrechten Büscheln, fast sitzend (**1a**).

**Vorkommen:** Relativ selten; im Hügel- und mittleren Bergland auf nährstoff- und basenreichen Böden in Schluchten und an Schattenhängen.

**Wissenswertes:** Die Ulmen liefern ein wertvolles Holz, das unter dem Namen „Rüster" bekannt ist und vor allem im Möbelbau, in der Bauschreinerei und bei der Innenausstattung Verwendung findet. Die zweizeilige Anordnung der Seitenzweige und ihrer Blätter sorgt für eine optimale Lichtausnutzung.

## 2 Flatter-Ulme
*Ulmus laevis*

20–25 m März–Apr. Baum 14

**Kennzeichen:** Blätter elliptisch, nur unterseits kurzhaarig; Blüten lang gestielt, herabhängend (**2b**, daher oft flatternd; Name!). Früchte **2c**.

**Vorkommen:** Nur sehr zerstreut in Laubmischwäldern des Tieflandes, vor allem in der Aue auf periodisch überfluteten Standorten.

**Wissenswertes:** Möglicherweise überleben am ehesten noch Flatter-Ulmen das zur Zeit wieder grassierende Ulmensterben in Mitteleuropa, weil der Ulmensplintkäfer diese Art seltener anfliegt als die anderen. Verschont aber bleibt auch sie nicht. Die Krankheit wird durch einen Schlauchpilz (*Ceratocystis ulmi*) verursacht, der im 1. Weltkrieg aus Ostasien eingeschleppt wurde und in den 20er Jahren bereits ein großes Ulmensterben auslöste. In Nordamerika, wohin der Pilz anschließend gelangte, kam es nicht nur zum Niedergang der Bestände der dort beheimateten Ulmenarten, sondern auch zur Ausbildung einer noch virulenteren Form des Krankheitserregers. Diese wurde um 1970 nach Europa zurückverschleppt und führt nun zum Tode zunächst noch widerstandsfähig wirkender Ulmen. Der Pilz lebt in den Tracheen der jüngsten Jahrringe und gibt dort Stoffe ab, die zur Bildung von Thyllen und durch diese zur Unterbrechung des Wasserstromes führen. Welke Blätter zuerst an einzelnen Zweigen, aber oft noch im selben Jahr in der gesamten Krone sind Kennzeichen eines Krankheitsprozesses, der gegenwärtig an den Ulmen in weiten Teilen Europas zu beobachten ist.

## 3 Mistel
*Viscum album*

bis 1 m März–Mai Halbschmarotzer 47

**Kennzeichen:** Kugeliger, immergrüner Strauch; Halbschmarotzer auf Pappeln, Apfelbäumen, Linden und einigen weiteren Weichholzarten.

**Vorkommen:** Vor allem in wintermilden Lagen regional sehr häufig, anderswo völlig fehlend.

**Wissenswertes:** Als Halbschmarotzer bezieht die Mistel von ihrem Wirt Wasser und die darin gelösten Mineralsalze, betreibt die Photosynthese jedoch selbst. Das gelingt ihr auch im Schatten des Wipfels ihres Wirtsbaumes, weil sie immergrüne Blätter hat und somit zumindest nach dem Laubfall in den vollen Genuß des Sonnenlichtes kommt. Ihren Platz auf einem Wipfelzweig eines ihr angenehmen Baumes verdankt sie fruchtfressenden Vögeln, z.B. Drosseln, von denen eine Art sogar den Namen „Misteldrossel" trägt. Sie fressen die Mistelbeeren (**3c**) und scheiden die Samen entweder mit dem Kot aus oder versuchen, diese erst gar nicht zu verschlucken. Weil das Fruchtfleisch klebrig ist, haften die Samen häufig am Vogelschnabel. Durch Wetzen des Schnabels an dem Ast, auf dem der Vogel sitzt, befreit er sich davon. Gar nicht so selten befindet sich der Samen danach genau in der Position, in der er keimen und seine Senker in das Holz des Wirtes treiben kann. – Früher hat man aus den Mistelbeeren Leim für die zum Vogelfang benutzten Leimruten gemacht. Heute erfreuen sich die dekorativen Mistelzweige besonderer Beliebtheit, vor allem seit das bekannte Weihnachtssymbol der Engländer auch in Mitteleuropa als adventliches Schmuckstück in den Wohnstuben Einzug gehalten hat.

1b

1a

2a

2c

2b

3a

3b

3c

## 1 Gewöhnliche Berberitze
*Berberis vulgaris*

2–3 m Mai Strauch 7

**Kennzeichen:** Blätter länglich-elliptisch, netzrunzelig und derb, aber nur sommergrün; Stengel mit 3teiligen Blattdornen; Beeren länglich, rot (**1b**).

**Vorkommen:** Vor allem südlich der Main-Linie und im Osten in sonnigen Gebüschen auf kalkreichen Böden.

**Wissenswertes:** Der Name „Berberitze" ist ein Lehnwort und aus dem arabischen „Berberis" hervorgegangen. Die ebenfalls verbreitete Bezeichnung „Sauerdorn" nimmt auf den Geschmack der Beeren Bezug. Bekannter geworden ist die Berberitze als Zwischenwirt des Getreiderostes, der sich im Mai/Juni auf den Berberitzenblättern in Form von orangegelben Flecken zeigt. In ihnen entwickeln sich die Sporen des Rostpilzes *Puccinia graminis*, die nur auf den Blättern von Gräsern (und so auch von Getreide) keimen und dort die rostfarbenen Lager eines anderen Sporentyps hervorbringen können. Diese werden vom Wind auf andere Grasblätter übertragen, so daß sich der Rost rasch massenhaft ausbreiten kann. Wenn am Ende des Sommers die Blatt- und Getreidehalme absterben, bildet sich an ihnen zur Überwinterung ein dritter Sporentyp, der im Frühjahr keimt und einen vierten hervorbringt. Er ist es, der nur auf den Blättern der Berberitze keimen kann. In der Tat kompliziert, aber letztlich so effektiv, daß der Getreiderost erhebliche Schäden verursachen kann. Deshalb wird die Berberitze in Ackerbaugebieten oft intensiv bekämpft.

## 2 Rote Johannisbeere
*Ribes rubrum*

1–1,5 m Apr.–Mai Strauch 19

**Kennzeichen:** Blätter 3–5lappig; Blütentraube mit 15 und mehr Blüten und später entsprechend zahlreichen roten Beeren (**2b**).

**Vorkommen:** In ganz Mitteleuropa zerstreut vertreten, vor allem in Auenwäldern und Erlenbrüchen.

**Wissenswertes:** Der Name weist auf die Zeit der Reife um den Johannistag (24. Juni) hin. Die Beeren haben einen hohen Vitamin-C-Gehalt und waren schon im 15. Jahrhunde[rt] Anreiz zur Kultivierung der Art, von der e[s] inzwischen viele Zuchtsorten gibt.

## 3 Schwarze Johannisbeere
*Ribes nigrum*

bis 1,5 m Apr.–Mai Strauch 1

**Kennzeichen:** Blätter ähnlich denen der vo[r]rigen Art, aber unterseits mit kleinen, gelbe[n] Drüsenhaaren; Blüten und schwarze Beere[n] in wenigerblütigen Trauben (**3b**); beim Ze[r]reiben der Blätter ein unangenehmer Geruch

**Vorkommen:** Wildwachsend und verwilde[rt] in feuchten bis nassen Wäldern; im Norde[n] verbreiteter als im Süden.

**Wissenswertes:** Auch diese Art ist scho[n] seit dem 16. Jahrhundert in Kultur. Der Ge[-]schmack der Beeren ist nicht jedermanns Sa[-]che. Der Saft jedoch erfreut sich großer Be[-]liebtheit.

## 4 Stachelbeere
*Ribes uva-crispa*

bis 1,5 m Apr.–Mai Strauch 1[9]

**Kennzeichen:** Blätter klein, tief eingeschnit[-]ten, beiderseits behaart; Zweige mit unver[-]zweigten oder 2–3teiligen Dornen.

**Vorkommen:** Nur zerstreut, immer auf nähr[-]stoffreichen Böden; fehlt im Nordwesten.

**Wissenswertes:** Bei Stachel- und Johannis[-]beeren ist durchweg nur schwer zwischen na[-]türlichen und durch Verwilderung entstande[-]nen Vorkommen zu unterscheiden. Stachel[-]beeren werden immerhin schon seit dem aus[-]gehenden Mittelalter angebaut.

## 5 Berg-Johannisbeere
*Ribes alpinum*

bis 1,5 m Apr.–Mai Strauch 19

**Kennzeichen:** Blüten eingeschlechtlich, Sträucher jeweils rein männlich oder rein weiblich; weibliche Blütenstände nur mit 2–5 Blüten, männliche mit 20 und mehr (**5a**).

**Vorkommen:** Nur regional in den Mittelgebirgen und den Alpen auf nährstoff- und basenreichen, meistens steinigen Böden.

**Wissenswertes:** Die Beeren (**5b**) schmekken fade und sind auf der Zunge schleimig.

1a
1b
2a
4a
3a
2b
3b
4b
5b
5a

## 1 Steinbeere
*Rubus saxatilis*

10–25 cm Mai–Juni ♃ 24

**Kennzeichen:** Stengel krautig, im Gegensatz zu den folgenden *Rubus*-Arten nicht verholzt; nur blühende Stengel aufrecht, sonst niederliegend; Sammelfrucht aus 2–6 roten, fast erbsengroßen Steinfrüchten (**1b**).

**Vorkommen:** Im Halbschatten lichter Wälder und Gebüsche auf kalkreichen Böden; nördlich der Elbe zerstreut, sonst in weiten Teilen des Norddeutschen Tieflandes fehlend.

**Wissenswertes:** Die Früchte sind es nicht wert gesammelt zu werden. Sie haben zwar einen leichten Johannisbeergeschmack, sind aber wässerig und fade.

## 2 Himbeere
*Rubus idaeus*

bis 2 m Mai–Juni Strauch 24

**Kennzeichen:** Stengel dieser und der folgenden Rubus-Arten verholzen. Blätter 3–5zählig, unterseits weiß-filzig (**2b**).

**Vorkommen:** Weit verbreitet auf Lichtungen, Schlagflächen, an Waldrändern und in Hekken.

**Wissenswertes:** Die Blüten der Himbeere sind im Vergleich zu denen der Brombeere recht unscheinbar; die Kronblätter sind schmal-keilförmig, neigen oft zusammen und fallen früh ab. Wenn sie geblüht und Früchte gebildet haben, sterben die vorjährigen Triebe ab. Nur die einjährigen Triebe überwintern, allerdings – im Gegensatz zur Brombeere – unbelaubt. Auf Kahlschlägen kann die Himbeere binnen weniger Jahre große Bestände bilden, die die Wiederaufforstung erheblich behindern können. Vor allem unterirdische Ausläufer befähigen die Himbeere zu derart starker Ausbreitung. Die saftig-süßen Früchte haben den Menschen wohl schon immer besonders gut geschmeckt; zur Kulturpflanze aber wurde die Himbeere wohl erst in jüngerer Zeit. Aus ihren Früchten bereitet man Himbeersaft und -gelee. Botanisch betrachtet sind alle *Rubus*-Früchte Sammelfrüchte: Jede Blüte besitzt neben zahlreichen Staubblättern auch mehrere Fruchtknoten mit je einem Griffel; jeder Fruchtknoten entwickelt sich zu einer kleinen Steinfrucht und alle zusammen bilden eine Sammelfrucht, genau gesagt eine Sammelsteinfrucht – unsere bekannte Himbeere.

## 3 Brombeere
*Rubus fruticosus*

bis 5 m Mai–Aug. Strauch 24

**Kennzeichen:** Blätter ober- und unterseits gleichmäßig grün; die Hauptader auf der Unterseite mit Stacheln; Blüten weiß.

**Vorkommen:** Häufig in Wäldern und Gebüschen, in Hecken und an Waldrändern, auf Lichtungen und Schlagflächen; gern auch auf Industriebrache und aufgelassenem Gartenland.

**Wissenswertes:** Die Brombeeren variieren in Mitteleuropa in Größe, Blattform, Ausbildung der Stacheln, Aussehen und Geschmack der Früchte so sehr, daß sich Spezialisten daran gemacht haben, die „Sammelart“ Brombeere in rund 200 Unterarten zu untergliedern. Ursache der enormen Formenvielfalt sind neben der Bastardierung die eingeschlechtliche und die vegetative Vermehrung (Senkerbildung), die gerade bei dieser Art eine sehr große Rolle spielen. Auch über Winter behalten die Brombeeren oft grüne Blätter und sind damit für das Wild eine wichtige Winternahrung. Die Früchte (**3b**), die als Wildfrüchte wohl schon immer gesammelt wurden, werden neuerdings offensichtlich immer beliebter. Ihr süß-säuerlicher Geschmack gibt Säften und Gelees, Wein und Schnaps eine besondere Note. Heute pflanzt man Brombeersträucher auch schon in naturnahe Gärten.

## 4 Kratzbeere
*Rubus caesius*

30–80 cm Mai–Juni Strauch 24

**Kennzeichen:** Blätter immer 3zählig; Früchte und Stengel bereift; borstliche Stacheln (Name!).

**Vorkommen:** Weit verbreitet auf nährstoffreichen Böden.

**Wissenswertes:** Sammelfrüchte zerfallen leicht in die einzelnen Steinfrüchtchen. Sie schmecken fade und sauer und wurden wohl nie gesammelt.

1a
1b
2a
2b
3a
3b
4

Die Gattung *Rosa* (Rosen) ist mit rund 250 Arten über die gemäßigte Zone der Nordhalbkugel verbreitet; in den Tropen kommt sie nur in höheren Gebirgslagen vor, auf der Südhalbkugel fehlt sie ganz. Alle Arten sind sommergrün und fast alle tragen Stacheln. Die unterschiedlichen Wuchsformen reichen von hohen aufrechten über kletternde bis nahezu kriechenden Arten. Die Blüten können einzeln stehen oder in Trauben oder Rispen vergesellschaftet sein. Die Blätter sind meistens 3–9zählig gefiedert. – Unter allen Pflanzen erfreuen sich die Rosen möglicherweise der größten Beliebtheit. Besonders viele Völker lassen ihnen Wertschätzung und sogar kultische Verehrung zuteil werden. Bereits vor 4000 Jahren züchtete man im alten Persien Rosen. Heute ist die Zahl der Rosensorten kaum noch überschaubar. Sie liegt bei über 12000 Kultursorten, von denen regional und gemäß zeitlich begrenzter Moden aber immer nur ein Bruchteil wirklich in Gärten und Parks anzutreffen ist. Die Herkunft der Sorten aus verschiedenen Wildrosen und der Weg über Selektion, Bastardierung und Einkreuzung von Arten und Sorten sind in vielen Fällen unbekannt und nicht mehr rekonstruierbar.

## 1 Hunds-Rose
*Rosa canina*

1–3 m Juni Strauch **24**

**Kennzeichen:** Blätter mit 5–7 Fiederblättern, ebenso wie die Blattstiele unbehaart und drüsenlos.

**Vorkommen:** In Hecken und an Wald- und Wegrändern, auf schwach beweidetem Grünland; in den Kalkgebieten weit verbreitet und recht häufig, sonst deutlich seltener.

**Wissenswertes:** Für alle Rosen gilt, daß das Sprichwort „Keine Rosen ohne Dornen" den Botaniker herausfordern muß: Die Bildungen der Epidermis, die man leicht ablösen kann, werden nicht als „Dornen", sondern als „Stacheln" bezeichnet. Die Art ist oft nicht leicht von ähnlichen Verwandten zu unterscheiden. Die erste Silbe ihres Namens gibt der weit verbreiteten Hunds-Rose hinsichtlich Duft und Schönheit einen untergeordneten Rang gegenüber einigen anderen Arten und vor allem vielen älteren Kulturrosen.

## 2 Kartoffel-Rose
*Rosa rugosa*

1–2 m Juni–Aug. Strauch **2**

**Kennzeichen:** Blätter groß und derb, au 7–9 netzartig runzeligen (lat. „rugosus") Fi derblättchen bestehend; Blüten 7–8 cm i Durchmesser.

**Vorkommen:** Aus Ostasien im vorigen Jah hundert nach Mitteleuropa geholt; hier se häufig angepflanzt, als Straßenbegleitgrü und in Parks.

**Wissenswertes:** Die bis zu 2 cm großen Ha gebutten (**2b**) sind eßbar und werden auc von Vögeln gern verzehrt. Grünlinge öffne die Hagebutten, um an die Kerne zu gelanger vor allem Drosseln fressen das Fruchtfleisch.

## 3 Wein-Rose
*Rosa rubiginosa*

1–2 m Juni–Juli Strauch **24**

**Kennzeichen:** Wuchs steif, aufrecht; Blätte unterseits dicht drüsig, leicht nach Wein duf tend; Stacheln kräftig, sichelförmig.

**Vorkommen:** Nur auf kalkreichen Böden fehlt im Tiefland und auf Silikatgestein; in Osten etwas häufiger.

**Wissenswertes:** Diese Art ist sehr veränderlich. Die Hagebutten sind 1 cm lang und oft mi Drüsenhaaren und Borsten besetzt (**3b**).

## 4 Essig-Rose
*Rosa gallica*

bis 80 cm Juni–Juli Strauch/Zwergstrauch **24**

**Kennzeichen:** Blüten 5–7 cm groß, mit schwachem Essigduft; Blätter nur am Rande drüsig; ungleich große Stacheln gemischt.

**Vorkommen:** Lichtungen im Wald und am Waldrand; fehlt weitgehend nördlich von Main und Unstrut und westlich des Oberrheins.

**Wissenswertes:** Die Essig-Rose gilt als eine der Stammformen der frühesten europäischen Gartenrosen, die aus dem Orient nach Europa kamen. Ihr sind noch einmal im 19. Jahrhundert zahlreiche Gartenrosen zu verdanken. Essig-Rosen-Abkömmlinge mit gefüllten Blüten sind auch heute noch in manchen Gärten anzutreffen.

1a
1b
2a
2b
3a
3b
4a
4b

## 1 Filz-Rose
*Rosa tomentosa*

1–2 m Juni–Juli Strauch **24**

**Kennzeichen:** Blüten purpurrot, meist einzeln in Blattachseln, Durchmesser etwa 4 cm, mit schwachem Duft; Blütenstiele mit gestielten Drüsen.

**Vorkommen:** Warm-trockene Standorte auf kalkreichen, tiefgründigen Böden; vor allem in den Kalk-Mittelgebirgen; im Nordwesten selten, nach Osten häufiger.

**Wissenswertes:** Die Hagebutten der Filz-Rose (**1b**) tragen Drüsenborsten.

## 2 Bibernell-Rose
*Rosa pimpinellifolia*

1–2 m Mai–Juni Strauch **24**

**Kennzeichen:** Strauch stark verzweigt mit dunkelbraunen Trieben, dicht mit Stacheln und Borsten besetzt; Blätter klein; Blüten weiß, Durchmesser ca. 4 cm.

**Vorkommen:** In zwei sehr unterschiedlichen Lebensräumen; einmal auf flachgründigen Kalkstein-Verwitterungsböden in Südwestdeutschland und an einigen anderen Orten; zum anderen in kalkreichen Dünen der West- und Nordfriesischen Inseln (deshalb auch als Dünen-Rose bezeichnet).

**Wissenswertes:** Die Bibernell-Rose, die eine der schönsten Wildrosen ist, trägt ihren Namen wegen der Form ihrer Blätter, die den Grundblättern der Bibernelle ähneln. Ihre fast kugelrunden Hagebutten sind schwarzbraun und haben einen Durchmesser von ca. 1 cm (**2b**). Auf lockeren Sandböden bildet sie lange unterirdische Ausläufer, weshalb sie als Bodenfestiger vor allem auf Dünensand eine wichtige Funktion erfüllen kann.

## 3 Kriechende Rose
*Rosa arvensis*

1–2 m Juni–Juli Strauch **24**

**Kennzeichen:** Triebe niedergestreckt (Name!) oder kletternd; Blüten weiß, 3–5 cm, duftlos; Hagebutten (**3b**) klein.

**Vorkommen:** Außer im Norden im gesamten Gebiet verbreitet, aber auch nach Osten abnehmend; keine so strenge Kalkbindung; auch im Halbschatten lichter Wälder anz treffen.

**Wissenswertes:** Die Art gilt als typisch Lehmanzeiger; sie wird auch „Feld-Rose“ g nannt. Die dünnen, im Gebüsch kletternde Äste unterstreichen eine zweite Funktion d Stacheln außer dem Schutz vor Wild- u Viehverbiß: Stacheln ermöglichen manch Rosenart überhaupt erst die aufrechte Haltu der Triebe, die sich mit Hilfe der Stache miteinander und mit Zweigen anderer G hölze verhaken und sich so aufrecht halten.

## 4 Gebirgs-Rose
*Rosa pendulina*

1–2,5 m Mai–Juni Strauch **2**

**Kennzeichen:** Blüten leuchtend weinro Durchmesser 4–5 cm; blühende Zweige ohn oder fast ohne Stacheln.

**Vorkommen:** In den Hochgebirgen und ho hen Mittelgebirgen wie Alpen und Bayerische Wald; dort nahe der Waldgrenze; auch a kalkarmen Böden.

**Wissenswertes:** Die Art ist auch unter de Bezeichnung Alpen-Rose und dem wissen schaftlichen Namen *Rosa alpina* bekannt. Zu mindest der deutsche Name Alpen-Rose füh leicht zur Verwechslung mit den Alpenroser Dennoch hat der Name seine Berechtigung bezeichnet er doch jene Rosenart, die in de Alpen am weitesten gipfelwärts vordringt, ver einzelt bis ca. 2500 m.

### Hagebutten

Der Name weist auf „hagen“ (= Hecke, Umfrie dung), wo man sie findet, und „butte“ (= Bütte Faß) hin, womit die Form der Rosenfrucht be schrieben wird. Sie geht aus dem krugförmi gen Blütenboden hervor und birgt zahlreiche Nüßchen („Kerne“), die sich aus den einzelnen, nicht miteinander verwachsenen Fruchtblättern entwickelten. Der Gehalt der Hagebutten an Vitamin C ist hoch und sichert ihnen den Ruf wirksamer Helfer bei Erkältungskrankheiten. Sie werden als Tee, als Gelee aber auch als Wein genossen. Der Inhalt des „Fäßchens“ in Form von kleinen Nüssen und von Härchen muß stets entfernt werden. Schüler kennen ihn als Juckpulver.

1a

1b

2b

2a

3a

3b

4b

4a

## 1 **Wilder Birnbaum**
*Pyrus pyraster*

20 m Apr.–Mai Baum/Strauch **24**

**Kennzeichen:** Der Gartenbirne ähnlich, jedoch mit Dornen aus umgewandelten Kurztrieben; Früchte kleiner und rundlicher.

**Vorkommen:** Vor allem in Mittel- und Süddeutschland im Flach- und niederen Bergland; in Eichen-Mischwäldern und in Felsgebüsch auf Kalk.

**Wissenswertes:** Die genaue Verbreitung ist nicht bekannt, weil die Unterscheidung von verwilderten Gartenbirnen schwierig ist und die Bastardierung für vielerlei fließende Übergänge gesorgt hat. Die Früchte des auch „Holzbirne" genannten Wilden Birnbaums (**1b**) sind kleiner und gerundeter und schmekken herber und saurer als die Gartenbirnen. Auch sind sie härter und – wenn endlich in Hochreife weicher – meistens binnen kürzester Zeit verfault. Unsere Kultursorten des Birnbaums zählen aber nicht nur die hier heimische Holzbirne, sondern auch asiatische Birnenarten zu ihren Vorfahren.

## 2 **Wilder Apfelbaum**
*Malus sylvestris*

10 m Mai–Juni Baum **24**

**Kennzeichen:** Zweige mit Dornen; im Vergleich zum Gartenapfel weniger stark behaarte Blätter; Früchte (**2b**) gelbgrün, oft mit roten „Backen", nur 2–3 cm groß und herbsauer.

**Vorkommen:** Vom Tiefland bis zur montanen Stufe in Auwäldern, an Waldrändern und in Gebüschen; regional unterschiedlich stark verbreitet, im Nordwesten am seltensten.

**Wissenswertes:** Hier stellen sich bei der Frage nach der Verbreitung ähnliche Probleme wie beim Wilden Birnbaum. Apfelbäume sind immerhin seit der mittleren Steinzeit in Kultur. Wild- oder Holzäpfel haben sich immer wieder mit Kultursorten vermischt. Der Gartenapfel ist Spitzenreiter in der Weltobstproduktion. Ältere Apfelsorten sind oft noch in Streuobstwiesen anzutreffen, an deren Erhaltung der Naturschutz wegen etlicher dort lebender seltener Tierarten ein besonderes Interesse hat.

## 3 **Speierling**
*Sorbus domestica*

20 m Mai–Juni Baum **24**

**Kennzeichen:** Der Eberesche ähnlich; Zähnung der Fiederblätter am Grunde zurückgehend; Früchte (**3b**) größer, reif gelb bis braun, hell gepunktet.

**Vorkommen:** Aus dem Mittelmeerraum stammend; in Mitteleuropa in Weinbaugebieten, vor allem am Mittelrhein, Main und Neckar, Unstrut und Saale.

**Wissenswertes:** Der Speierling, den man in Mitteleuropa findet, stammt aus früheren Kulturen; er ist hier frostgefährdet. Die Früchte sind erst nach dem ersten Frost roh eßbar. Sie wurden früher dem Apfelmost beigemischt, um ihn klarer, haltbarer und geschmacklich noch besser zu machen.

## 4 **Eberesche**
*Sorbus aucuparia*

10–20 m Mai–Juni Baum **24**

**Kennzeichen:** Unpaarig gefiederte Blätter mit 9–15 gezähnten Fiederblättern.

**Vorkommen:** Weit verbreitet in Wäldern, Hecken und Gebüschen, vor allem auf basen- und nährstoffarmen Böden.

**Wissenswertes:** In den höheren Lagen der Mittelgebirge nimmt die Eberesche in Forstkulturen und jungen Waldbeständen vielfach die Rolle ein, die in tieferen Lagen die Birken spielen. Früher wurde sie meistens als „forstliches Unkraut" betrachtet, heute weiß man ihre ökologische Rolle im Gefüge des heranwachsenden Waldes sehr wohl zu schätzen. Früher oder später wird sie dann allerdings von den höherwüchsigen Eichen, Rotbuchen und Fichten überrundet, beschattet und zumeist verdrängt. Wenn sie doch einmal zu etwas stattlicherer Stärke heranwächst, liefert sie ein Holz, das sich heute zunehmender Wertschätzung erfreut. Der Name wird sowohl als Eber- = Aber-(falsche)esche als auch als Hinweis auf die Schweinemast gedeutet. Aus den unreif giftigen Früchten kann man eine vitaminreiche Marmelade bereiten. Bei Vögeln, vor allem Schwarz-, Sing- und Wacholderdrosseln, sind die Beeren („Vogelbeeren", **4b**) besonders beliebt.

1a
2a
3a
1b
3b
2b
4b
4a

## 1 Mehlbeere
*Sorbus aria*

12–20 m Mai–Juni Baum/Strauch **24**

**Kennzeichen:** Blätter breit elliptisch mit weißfilziger Unterseite Früchte (**1b**) orangerot mit mehligem Fruchtfleisch.

**Vorkommen:** Nur in der Südhälfte regional in lichten Wäldern, vorzugsweise auf Kalk.

**Wissenswertes:** Eine skandinavische Unterart der Mehlbeere wird in Mitteleuropa nicht selten als Straßenbaum gepflanzt und ist dann meistens als „Schwedische Mehlbeere" bekannt. Die Früchte schmecken fade, wurden aber trotzdem früher in Skandinavien gesammelt und getrocknet. Als „Bornholmer Rosinen" kamen sie sogar in den Handel.

## 2 Mispel
*Mespilus germanica*

4–6 m Mai–Juni Strauch/Baum **24**

**Kennzeichen:** Blüten groß (4 cm), weiß; Frucht apfelartig, mit großen Kelchblättern; Blätter 8–10 cm lang, unterseits grünfilzig.

**Vorkommen:** Nur sehr zerstreut in warmen Landstrichen, u.a. am Mittelrhein, an Main und Mosel auf trockenen, meist basenarmen Böden; in lichten Wäldern und an Waldrändern.

**Wissenswertes:** Die Mispel wurde im Mittelalter in den wärmeren Landschaften Mitteleuropas als Obstgehölz angebaut. Auf aus der Kultur verwilderte Exemplare gehen wahrscheinlich alle heute in Mitteleuropa wildwachsenden Mispeln zurück. Sie haben teilweise – wie die Kulturformen – keine Dornen. Das Fruchtfleisch ist von Steinzellen durchsetzt und wird erst in Hochreife weich und genießbar. Früher wurden Mus und Marmelade aus den Früchten (**2b**) bereitet; der hohe Pektingehalt läßt den Saft gut gelieren. Heute ist die Mispel fast überall durch andere Obstarten verdrängt. Ihr Holz aber ist nach wie vor für Drechslerarbeiten begehrt.

## 3 Kanadische Felsenbirne
*Amelanchier lamarckii*

2–5 m Mai Strauch **24**

**Kennzeichen:** Blätter doppelt so lang wie breit, zur Blütezeit kupferrot (daher auch Kupfer-Felsenbirne genannt); Blütentraube über hängend, mit 6–10 Blüten, seidig behaart.

**Vorkommen:** Wohl über die Niederland durch Vögel nach Nordwestdeutschland ge langt, dort im atlantischen Klimaraum in Hecken, lichten Wäldern und Gebüschen weit verbreitet; recht anspruchslos, daher auch au armen, sandigen Böden.

**Wissenswertes:** Wegen ihrer Blütenpracht ihres rötlichen Laubes beim Austrieb und der herrlich leuchtend roten Laubverfärbung im Herbst ist die Kanadische Felsenbirne ein beliebtes Garten- und Parkgehölz. Ihre Heimat is das östliche Nordamerika. Ihre runden Früchte (**3b**) sind im reifen Zustand blau schwarz, zum Teil auch dunkelrot. Sie haben einen Durchmesser von 6 bis knapp 10 mm und sind saftig und süß. Man kann aus ihnen Saft und Marmelade bereiten. Früher hat man die Früchte auch getrocknet, um sie wie Rosinen zu verwenden. Besonders beliebt sind sie bei vielen Vogelarten; die Drosseln ziehen die reifen Früchte der Felsenbirne offenba allen anderen vor, so daß man mit einem Felsenbirnenstrauch die gefiederten Mitnutze des Gartens nicht selten sehr effektiv von der frühen Kirschen ablenken kann.

## 4 Gemeine Zwergmispel
*Cotoneaster integerrimus*

0,5–2 m Apr.–Mai Strauch **24**

**Kennzeichen:** Kleine Blüten weiß oder hellrosa, zu 2 oder 4; Früchte (**4b**) kugelrund, rot gut ½ cm groß; Blätter oval, ganzrandig 1–3 cm lang, nicht glänzend.

**Vorkommen:** Nur sehr vereinzelt an sonnigwarmen Südhängen zwischen Kalkfelsen und Gebüsch; fehlt in der Nordhälfte des Gebiets vollständig.

**Wissenswertes:** Die Schwerpunkte der Verbreitung der Zwergmispel sind der Mittelmeerraum und Kleinasien. Die aus Gärten und Parks bekannten *Cotoneaster*-Arten stammen aus China und verwildern offensichtlich nur sehr selten. Einzeln oder in kleinen Gruppen hier und dort angepflanzt, können sie Gärten und Parks beleben; großflächige Anpflanzungen als Bodendecker sind schuld am schlechten Beigeschmack, den Naturschützer mit dem Wort „*Cotoneaster*" verbinden.

1a

1b

2a

2b

3a

4a

4b

3b

## 1 Zweigriffeliger Weißdorn
*Crataegus laevigata*

2–10 m Mai–Juni Strauch/Baum **24**

**Kennzeichen:** Blätter weniger tief eingeschnitten als bei der folgenden Art, abgerundeter und eiförmiger; jede Blüte mit 2–3 Griffeln, jede Frucht mit 2–3 Kernen.

**Vorkommen:** Im gesamten Gebiet häufig, vorzugsweise auf lehmigen und etwas feuchteren Böden; in Hecken, Gebüschen, an Waldrändern.

**Wissenswertes:** Diese und die folgende Art blühen – im Gegensatz zum Schwarzdorn – erst nach dem Laubausbruch. Die Blüten verbreiten einen strengen Geruch, der an Heringslake erinnert. Die Früchte (**1b**) beider Arten sind rot, ei- bis kugelförmig und tragen in einer Vertiefung zurückgebogene Kelchblätter. Sie werden häufig „Mehlfäßchen" oder „Mehlbeeren" genannt, weil sie mehliges Fruchtfleisch haben und weil man sie früher getrocknet dem Mehl zusetzte. Weil sie zum Teil bis tief in den Winter hinein an den Zweigen bleiben („Wintersteher"), helfen sie vielen Vögeln gerade über die schlimmste Notzeit. Die Weißdornarten werden gern als Heckenpflanzen zur Begrenzung von Weideland genutzt und liefern – vor allem bei entsprechendem Schnitt – einen vorzüglichen Zaunersatz. In der Pharmazie dienen Blätter, Blüten und Früchte als Mittel gegen mangelhafte Durchblutung der Herzkranzgefäße, gegen Bluthochdruck und Schlafstörungen.

## 2 Eingriffeliger Weißdorn
*Crataegus monogyna*

2–8 m Mai–Juni Strauch/Baum **24**

**Kennzeichen:** Blätter 3–5lappig, tiefer eingeschnitten; jede Blüte nur mit 1 Griffel, jede Frucht (**2b**) mit 1 Kern.

**Vorkommen:** Ebenfalls im gesamten Gebiet verbreitet, mit leichter Neigung zu etwas trokkeneren und kalkreicheren Böden; in Waldlichtungen und an Waldrändern, in Gebüschen und Hecken.

**Wissenswertes:** Zwischen beiden Weißdorn-Arten kommt es gelegentlich zur Bastardierung. Bekannt ist eine Mutante mit roten, gefüllten Blüten, die als „Rotdorn" bezeichnet wird und als kleiner Baum städtische Anlage[n] ziert. Weil der Rotdorn nicht erbfest ist, wird [er] durch Pfropfung vermehrt.

## 3 Schlehdorn
*Prunus spinosa*

2–3 m Apr. Strauch **2[4]**

**Kennzeichen:** Verzweigung auffällig rech[t]winklig; Blüten meist einzeln, vor dem Laubausbruch; Früchte (**3b**) fast kirschgroß, kugelig, schwarzblau, hell bereift.

**Vorkommen:** In Mitteleuropa weit verbreite[t] an Waldrändern, in Hecken und Gebüsche[n] sowie auf Extensivweiden; vor allem auf tie[f]gründigen, nährstoffreichen Böden.

**Wissenswertes:** Bis zur Blütezeit wirkt de[r] Strauch düster, schwarz (Schwarzdorn!), dan[n] aber verwandelt er sich in einen leuchten[d] weißen Fleck in der Landschaft, das Schlehdorngebüsch in eine unübersehbare weiß[e] Wand zwischen Wiesen und Feldern. Wo e[r] erst Fuß gefaßt hat, breitet sich der Strauch m[it] seiner Wurzelbrut in das angrenzende Weideland aus und dominiert im Schlehen-Weißdorngebüsch. Er ist ein idealer Brutplatz fü[r] viele Vogelarten und bietet dem Neuntöter di[e] Dornen zum Aufspießen seiner Beute. Di[e] Beeren werden nach dem ersten Frost gesammelt und zu Marmelade, Kompott, Saf[t] und Beerenschnaps verarbeitet.

## 4 Silberwurz
*Dryas octopetala*

5–15 cm Mai–Aug. Zwergstrauch **24**

**Kennzeichen:** Zweige eng dem Boden anliegend, wurzelnd und den Boden bedeckend (Spalierstrauch); Blütenkrone meist 8blättrig; Blätter wintergrün, unterseits weißfilzig, Blattrand nach unten umgebogen.

**Vorkommen:** Als Pionier auf Hangschutt und an felsigen Hängen der Alpen.

**Wissenswertes:** Wie alle Spaliersträucher auf winterkalten Standorten wird die Silberwurz bereits durch den ersten Schnee vor Kälte geschützt. Das gestattete ihr auch die starke Verbreitung während des Spätglazials, als sie ein so markanter Bestandteil der Tundrenflora war, daß man diese Epoche in der Wissenschaft als Dryas-Zeit bezeichnet.

1a

1b

2a

2b

3b

4

3a

## 1 Vogel-Kirsche
*Prunus avium*

20 m Apr.–Mai Baum **24**

**Kennzeichen:** Blätter verkehrt-eiförmig, oben an den Stielen zwei rote Nektardrüsen; Blüten weiß, in Büscheln, langgestielt (**1b**).

**Vorkommen:** Weit verbreitet, vor allem in artenreichen Laubmischwäldern; gelegentlich auch ihres wertvollen Holzes wegen angebaut.

**Wissenswertes:** Ein weiteres gutes Erkennungsmerkmal ist die glatte, rotbraune Rinde mit ihren Korkporen (Lentizellen), die die Querbänderung des Stammes hervorrufen (**1a**). Das hat die Vogel- mit der Süßkirsche gemeinsam, die schon sehr früh gezüchtet und bereits von den Römern mit nach Mitteleuropa gebracht wurde. Bereits bei der wilden Vogel-Kirsche sind die langgestielten Steinfrüchte (**1c**), die sich von Grün über Rot bis zur Reife fast schwarz verfärben, süß und saftig und mit einem glatten, runden „Kirschkern" ausgestattet. Er ist bei der Vogel-Kirsche aber nur dünn von süßem und aromatisch schmekkendem Fruchtfleisch umkleidet. Erst die kultivierten Süß-Kirschen, die mit ihrer gesamten Sorten-Vielfalt auf die Vogel-Kirsche zurückgehen, sind dick und knackig. Dennoch werden die wilden Kirschen auch heute noch hin und wieder wegen ihres besonderen Geschmacks gesammelt und zu Saft und Marmelade verarbeitet. Die Vögel – vor allem die Stare – fallen oft in ganzen Scharen über die reifen Früchte her und fressen das Fruchtfleisch. Die Kerne werden danach noch vom Kernbeißer geknackt, der deren Inhalt verzehrt. Die Fruchtfresser unter den Vögeln und den Kleinnagern tragen häufig Kirschen ein Stück fort und sorgen dadurch für die Verbreitung der Art. Daß selbst dem Fuchs herabgefallene Kirschen schmecken, beweist zur Zeit der Reife der Kirschen seine mit Kernen durchsetzte Losung.

## 2 Echte Trauben-Kirsche
*Prunus padus*

15 m Apr.–Mai Strauch/Baum **24**

**Kennzeichen:** Strauch oder kleiner Baum mit tief ansetzender, überhängender Krone; Blätter oberseits runzelig, verkehrt eiförmi Blüten zu 10–20 in hängenden Trauben.

**Vorkommen:** In Mitteleuropa in Auen- ur Bruchwäldern an lichten Stellen und an Wal rändern – von Ausnahmen abgesehen – a gemein recht häufig.

**Wissenswertes:** In der Regel weist das Vo kommen der Trauben-Kirsche darauf hin, da das Grundwasser oberflächennah, zuminde für die Wurzeln erreichbar ist. Allerding wurde die Art als Bienenweide und als wi kommene Vogelnahrung auch auf trocken ren Standorten erfolgreich angepflanzt. D bei der Reife schwarzen Steinfrüchte (**2b**) en halten gefurchte Kerne, die ebenso wie ar dere Teile der Pflanze ein Blausäureglykosi enthalten. Giftfrei ist allein das Fruchtfleisc das man aber auch wegen seines bittersüße Geschmacks kaum genießen wird. Das Ho ist hellgelb bis rötlich; es gilt als besonder elastisch. In Ballungsräumen und Industrie gebieten schätzt man die Trauben-Kirsche a eine besonders rauchharte Art, im Land schaftsbau als wertvolle Helferin gegen Bo denabtrag an Böschungen und Ufern.

## 3 Spätblühende Trauben-Kirsche
*Prunus serotina*

15 m Mai–Juni Strauch/Baum **2**

**Kennzeichen:** Große Ähnlichkeit mit der vo hergehenden Art, jedoch Blätter von ledrige Beschaffenheit und Aussehen.

**Vorkommen:** Ursprünglich im östliche Nordamerika beheimatet; in Europa als Park und Garten- sowie als Vogelschutzgehölz an gebaut und vor allem in der nördlichen Hälft Mitteleuropas vielfach verwildert; nimmt auc mit armen Böden vorlieb.

**Wissenswertes:** Diese Art blüht und fruchte deutlich später als die heimische Trauben Kirsche und behält auch länger – oft bis zun ersten Schneefall – ihre grünen Blätter. Seh kurzsichtig war es, die Spätblühende Trauben Kirsche in Vogelschutzgehölzen der Frücht wegen anzupflanzen, weil die Art durch Vöge rasch und weit verbreitet werden kann. Sie bildet dann oft große dichte Gebüsche unc wird zum Hindernis bei der Aufforstung und zu einem Konkurrenten für etliche heimische Pflanzenarten.

1a

1b

1c

2a

2b

3a

3b

## 1 Besenginster
*Cytisus scoparius*

1–3 m Mai–Juni Strauch 25

**Kennzeichen:** Sträucher mit grünen, rutenförmigen Trieben und nur schwacher Belaubung; Blätter an den Langtrieben ungeteilt, sitzend, sonst 3teilig, gestielt, oft frühzeitig abfallend; Blüten (**1a**) groß, gelb, einzeln oder zu zweit in den Blattachseln.

**Vorkommen:** Im gesamten Gebiet, soweit die Böden kalkfrei sind, in lichten Wäldern, auf Kahlschlägen, Wildland und Heiden.

**Wissenswertes:** Die Anpassung des Besenginsters an sandige und steinige Trockenstandorte wird durch die stark reduzierten Blätter und durch die grünen Triebe unterstrichen, die im wesentlichen die Photosynthese übernehmen. Mit der Fülle seiner leuchtend gelben Schmetterlingsblüten verzaubert der Besenginster einige Wochen lang nicht nur Heidesandgebiete des Tieflandes, sondern auch jene Mittelgebirge, in denen Silikatgesteine vorherrschen. „Eifelgold“ nennt ihn liebevoll der Bewohner des von Klima und Böden nicht gerade verwöhnten Berglandes. Im niederdeutschen Sprachraum ist es der Brambusch, der auch in vielen Ortsnamen und Flurbezeichnungen wiederkehrt.

## 2 Färber-Ginster
*Genista tinctoria*

30–80 cm Juni–Juli Halbstrauch 25

**Kennzeichen:** Kleiner Strauch, dornlos, mit aufrechten Trieben; Blüten in dichten, endständigen Trauben.

**Vorkommen:** Im Nordwesten selten, sonst weit verbreitet auf Magerwiesen und in lichten Wäldern.

**Wissenswertes:** Früher diente der Strauch zum Gelbfärben von Leinen und Wolle (Name!) sowie als harntreibendes Heilmittel. Auf extensiv genutzten, nicht gedüngten Weiden kann der Färber-Ginster massenhaft auftreten und die Qualität des Weidelandes mindern, da ihn das Vieh wegen eines giftigen Alkaloids weitgehend meidet. Der Strauch hat eine ausgeprägte Pfahlwurzel, mit der er auch auf trockenen Standorten die Feuchte im Untergrund erreicht.

## 3 Behaarter Ginster
*Genista pilosa*

10–30 cm Apr.–Juli Halbstrauch 2

**Kennzeichen:** Stengel dornlos, niederliegend; Blätter unterseits behaart, Kronblätte und Hülsen seidenhaarig.

**Vorkommen:** Insgesamt lückenhaft verbretet, im Südosten fehlend; meist in lichten Nadelwäldern sowie auf Heiden und Magerrasen; nur selten auf kalkreichen Böden.

**Wissenswertes:** Der deutsche und der wissenschaftliche Artname verweisen auf die genannte Behaarung.

## 4 Englischer Ginster
*Genista anglica*

30–60 cm Mai–Juni Zwergstrauch 25

**Kennzeichen:** Triebe und Blätter völlig unbehaart; Strauch nur im älteren Teil mit Dornen.

**Vorkommen:** Typisch atlantische Art; weite verbreitet nur im Norden auf kalkarmen Böden; in Heiden und auf extensiv genutzten Grünland sowie in lichten Kiefernwäldern.

**Wissenswertes:** Diese Charakterart der Ginster-Heidekraut-Gesellschaften ist ausgesprochen frostempfindlich und wird durch strenge Winter an weniger günstigen Standorten ausgelöscht. Wie bei anderen Ginsterarten fallen die Blätter früh ab. Bauern und Hirten betrachten den Englischen Ginster bei größerem Massenvorkommen als Weidehindernis, wei sich das Vieh an den Dornen verletzten kann.

## 5 Deutscher Ginster
*Genista germanica*

30–60 cm Mai–Juni Zwergstrauch 25

**Kennzeichen:** Kelchblätter und Hülsen sowie zumindest die jungen Zweige behaart; Strauch in seinen älteren Teilen mit Dornen besetzt.

**Vorkommen:** Kontinentales Gegenstück zur vorgenannten Art; vor allem im Süden heimisch, im Norden sehr lückig verbreitet und stark rückläufig; auf Magerrasen, in Heiden und lichten Wäldern auf kalk- und nährstoffarmen Böden.

**Wissenswertes:** Die Samen gelten wegen ihres Alkaloid-Gehaltes als giftig.

1a

1b

2

3

4

5

## 1 Flügelginster
*Chamaespartium sagittale*

10–25 cm Mai–Juli Halbstrauch 25

**Kennzeichen:** Rasenbildender Halbstrauch; Triebe dornenlos, mit Flügeln; goldgelbe Blüten in aufrechten, endständigen Ähren.

**Vorkommen:** Nur in der Südhälfte vereinzelt in Heiden, Eichen- und Kiefernwäldern auf basenarmen, trockenen Böden.

**Wissenswertes:** Die unterirdischen Triebe sind verholzt, die oberirdischen Teile dieses Halbstrauches sind krautig und wintergrün, allerdings frostgefährdet. Die Stengel haben Flügel, die durch Einkerbungen in 3–6 Abschnitte gegliedert sind. Sie nehmen für die Pflanze, die nur über wenige kleine Blätter verfügt, die Photosynthese wahr. Die geflügelten Triebe, „Flachsprosse" oder „Platykladien" genannt, werden alljährlich zur Blütezeit erneuert. Der Flügelginster ist in der mitteleuropäischen Flora eines der wenigen Beispiele für diese besondere Sproßmetamorphose.

## 2 Kopf-Zwergginster
*Chamaecytisus supinus*

20–60 cm Apr.–Aug. Zwergstrauch 25

**Kennzeichen:** Niederliegender Strauch mit aufsteigenden Trieben; Blüten entweder zu 1–4 in Kurztrieben oder zu 3–6 in kopfigen, endständigen Trauben; auf der Fahne der gelben Schmetterlingsblüte meistens ein rotbrauner Fleck.

**Vorkommen:** Nur im Süden des Gebietes in lichten Wäldern, Heiden und Trockenrasen auf flachgründigen, basenreichen Böden.

**Wissenswertes:** Die Art mit ihren kopfigen Blütenständen (Name!) ist auch unter dem Namen „Kopf-Geißklee" bekannt. Besonders bemerkenswert sind die unterschiedlichen Blütezeiten der Blüten: an den Kurztrieben im Frühling, an den Langtrieben (an der Triebspitze) im Sommer.

## 3 Stechginster
*Ulex europaeus*

1–2 m Apr.–Juli Strauch 25

**Kennzeichen:** Von Dornen geprägter, immergrüner Strauch, stark verzweigt; wenige, meist schuppenförmige Blätter; Schmette lingsblüten einzeln, groß, gelb.

**Vorkommen:** Ursprünglich in West- ur Südeuropa; in Mitteleuropa in wintermilde Lagen nur zum Teil dauerhaft eingebürgert.

**Wissenswertes:** Die wenigen kleinen Blätt vermögen allein die Photosynthese des Stec ginsters nicht zu leisten; ganz maßgeblich wi ken dabei auch die grünen Dornen un Sprosse mit. Nicht nur Kurztriebe, sonder auch Blätter und Nebenblätter sind zu Dorne umgebildet, die die Art zu einer besonder wehrhaften Pflanze machen. In Westeuropa is sie Charakterpflanze der atlantischen Heide und ein kalkmeidender Pionier auf Sand- un Lehmböden.

## 4 Goldregen
*Laburnum anagyroides*

2–8 m Mai–Juni Strauch/Baum 25

**Kennzeichen:** Blütentrauben erst aufrech dann lang herabhängend, 15–30 cm lang goldgelb.

**Vorkommen:** Nur in den West- und Süd alpen ursprünglich; sonst als Zierstrauch ver wildert auf warmen, sonnigen Standorten mi kalk- und nährstoffreichen Böden.

**Wissenswertes:** Auch der Zierstrauch ist ir allen Teilen stark giftig. Nach Verzehr von Samen (**4b**) kam es bei Kindern zu tödlicher Vergiftungen.

## 5 Robinie
*Robinia pseudacacia*

15–25 m Mai–Juni Baum 25

**Kennzeichen:** Weiße Schmetterlingsblüten in hängenden Trauben; Blätter unpaarig gefiedert, Nebenblätter zu 2 Dornen umgewandelt.

**Vorkommen:** Nordamerika; in Mitteleuropa in Parks und auf Rohböden, an Bahndämmen, auf Halden und Industriebrache angepflanzt.

**Wissenswertes:** Die Robinie reichert mit Hilfe der bei vielen Schmetterlingsblütlern vorkommenden Knöllchenbakterien im Boden Stickstoff an. Sie blüht als letzter Laubbaum und ist den Imkern als Bienenweide sehr willkommen. Im Winter fällt sie durch ihre besonders grobe, längsrissige Borke auf (**5a**).

1
2
3
4b
5a
4a
5b

## 1 Berg-Ahorn
*Acer pseudoplatanus*

20–30 m Mai–Juni Baum 33

**Kennzeichen:** Blätter bis 15 cm breit, mit 5 Lappen, durch spitze Buchten getrennt; Winterknospen mit grünlichen Schuppen; Blüten grünlich, in hängenden Trauben; Blütezeit nach dem Laubaustrieb.

**Vorkommen:** In allen Teilen Mitteleuropas, aber nicht überall ursprünglich; größte Verbreitung von allen drei Ahornarten; ursprünglich vor allem in buchenreichen Misch- und schattigen Schluchtwäldern des Berg- und Hügellandes; als wertvolles „Edellaubholz" vom Menschen auch in andere Waldbestände eingebracht.

**Wissenswertes:** Der wissenschaftliche Gattungsnahme (lat. acer = spitz, scharf) bezieht sich auf die Blattform. Alle Ahornarten sind Insektenblütler und mit ihren unterschiedlichen Blütezeiten als Bienenweide willkommen. Der Berg-Ahorn hat im Alter eine platanenähnliche Borke, die sich in Schuppen ablöst (wiss. Artname!). Er kann 400–500 Jahre alt werden und liefert ein oft nahezu weißes Holz, das für Möbel und Innenausbauten, aber auch für Küchengeräte und Spielzeug bis hin zu Musikinstrumenten begehrt ist. Die Flügel der beiden runden Nüßchen stehen bei dieser Art in einem spitzen Winkel (**1b**).

## 2 Spitz-Ahorn
*Acer platanoides*

20–30 m Apr.–Mai Baum 33

**Kennzeichen:** Blätter bis 18 cm breit, in 11–13 spitze Zähne auslaufend; Winterknospen mit rötlichen Schuppen; Blüten gelb, in aufrechten Sträußchen; Blütezeit vor dem Laubaustrieb.

**Vorkommen:** Weniger weit verbreitet als der Berg-Ahorn, aber mit ähnlicher forstlich bedingter Ausbreitung über die ursprünglich besiedelten Standorte hinaus; beide Arten obendrein häufig als Park- und Alleebäume.

**Wissenswertes:** Platanenähnlich („*platanoides*") sind bei dieser Art eher die Blätter (**2b**) als die Borke, die längsrissig ist und keine Schuppen bildet. Abweichend vom Berg-Ahorn enthalten die Blattstiele Milchsaft. Der Spitz-Ahorn wird mit 150 Jahren nu knapp halb so alt und mit einem Stammdurch messer von bis zu 1 m nur halb so stark w der Berg-Ahorn. Sein Holz dient ähnliche Verwendungszwecken, gilt aber als nicht gar so wertvoll. Bei seinen bekannten Spaltfrüch ten bildet die Rückenlinie der beiden Flüge einen stumpfen Winkel (**2c**). Besonders schö ist die gelbe bis rötliche Herbstfärbung.

## 3 Feld-Ahorn
*Acer campestre*

10–20 m Mai Baum/Strauch 3

**Kennzeichen:** Blätter nur bis 10 cm breit, m 3–5 Lappen, Winterknospen mit bräunliche Schuppen; Blüten grünlich, in aufrechten bi leicht überhängenden Doldenrispen; Blüte zeitgleich mit dem Laubaustrieb.

**Vorkommen:** Vor allem in Eichen-Hainbu chenwäldern und Hartholzauen der Ebene und des Hügellandes; fehlt im Nordwesten bevorzugt kalk- und nährstoffreichere Böden.

**Wissenswertes:** Der Feld-Ahorn wird auch nach seinem althochdeutschen Namen „Maß holder" genannt. Forstlich spielt er keine nen nenswerte Rolle, wohl aber als schnittfeste Heckenpflanze. Die Rückenlinie der beider Flügel ihrer Spaltfrucht bildet eine Gerade Das feste Holz wird für Werkzeugstiele, fü Drechsler- und Tischlerarbeiten benutzt.

## 4 Roßkastanie
*Aesculus hippocastanum*

15–25 m Mai–Juni Baum 34

**Kennzeichen:** Blätter 5–7fingerig, Blattstiele bis zu 20 cm lang; Blüten in bis zu 30 cm langen, kegelförmigen Rispen; Winterknospen groß, klebrig, glänzend rotbraun.

**Vorkommen:** Heimat in Teilen Südosteuropas; bei uns als Parkbaum; in Wäldern vereinzelt der beim Rotwild besonders beliebten Früchte wegen angebaut.

**Wissenswertes:** Kinder lieben die Kastanienfrüchte (**4b**) als Spiel- und Bastelobjekte, die Pferde jedoch keineswegs. Der Name weist offenbar ebenso wie Tiernamen in anderen Pflanzennamen nur auf die Zweitrangigkeit gegenüber der Eßkastanie hin. Das Holz ist brüchig und oft kaum nutzbar.

1a

1b

2c

4a

2a

2b

3

4b

## 1 Stechpalme
*Ilex aquifolius*

1–6 m Mai–Juni Strauch/Baum 43

**Kennzeichen:** Immergrüne, ledrige Blätter; im unteren Teil des Strauches oder Baumes dornig gezähnte Schatten-, im oberen Teil ganzrandige ovale Lichtblätter.

**Vorkommen:** Eine atlantisch-mediterrane Art; auf den Norden und Westen beschränkt, am Alpenrand nur punktuell.

**Wissenswertes:** Als traditioneller Weihnachtsschmuck ist die Art vor allem in England beliebt. Wo sie vorkommt, kann sie selbst in Buchenwäldern eine dichte Strauch- und niedrige Baumschicht bilden. Den Schatten der Rotbuche vermag die Stechpalme zu ertragen, weil sie die Jahresbilanz ihrer Photosynthese dadurch positiv gestalten kann, daß sie mit ihren immergrünen Blättern nach dem Laubfall der Buchen das volle Tageslicht nutzt. Mit ihren dornig gezähnten Schattenblättern hat sie einen wirksamen Schutz gegen Wild- und Viehverbiß. Die erbsengroßen, roten Steinfrüchte (**1b**) zählen zu den Wintestehern, bleiben also bis tief in den Winter hinein am Strauch. Sie sind für Menschen giftig, werden aber von Vögeln gern verzehrt.

## 2 Pfaffenhütchen
*Euonymus europaea*

2–6 m Mai–Juni Strauch 44

**Kennzeichen:** Ganzjährig grüne, glatte Triebe; Blüten in kleinen Dolden in den Blattachseln, unscheinbar, grünlich.

**Vorkommen:** Im gesamten Gebiet weit verbreitet, nur in Sandgebieten selten; vor allem an Waldrändern, in Gebüschen und Hecken auf kalk- und nährstoffreichen Böden.

**Wissenswertes:** Zur Reifezeit öffnen sich die rosa- bis scharlachroten Kapseln und die 2–4 Samen werden sichtbar, die an Fäden hängen (**2b**). Sie sind von einem orangeroten Samenmantel umgeben, der sich als Wucherung der Achse entwickelt und als Arillus bezeichnet wird. Vögeln – allen voran dem Rotkehlchen – schmeckt der Arillus; auf Menschen wirkt er giftig. Das Pfaffenhütchen trägt seinen Namen nach der Form und der Farbe der Kapsel. Weil sich die Art auch durch Wurzelbrut vermehren kann, bildet sie gelegentlich ganze Gebüsche.

## 3 Buchsbaum
*Buxus sempervirens*

0,2–2 (15) m März–Apr. Strauch/Baum 4

**Kennzeichen:** Immergrüne Blätter oval, 2 cm lang, glattrandig, ledrig; Blüten in blattachseständigen Knäueln, gelblich weiß (**3a**).

**Vorkommen:** Von Westeuropa und aus dem westlichen Mittelmeerraum bis zum Oberrhein und zur Mosel natürlich verbreitet; sonst sehr häufig angepflanzt.

**Wissenswertes:** Der Buchsbaum ist als niedrige Heckenpflanze zur Einfriedigung von Beeten ein wichtiger Bestandteil vieler Bauern- und Ziergärten und in dieser Funktion schon seit dem Mittelalter bekannt. Er ist hervorragend für den Schnitt geeignet und wird vereinzelt sogar zu großen kunstvollen Figuren geformt. In den Palmsonntagssträußen und -gebinden ersetzt er die Ölbaumzweige. Der Name soll damit zu tun haben, daß aus seinem Holz früher Schäfte für Waffen (Büchsen) gedrechselt wurden.

## 4 Faulbaum
*Frangula alnus*

1–4 m Mai–Juni (Aug.) Strauch/Baum 45

**Kennzeichen:** Blätter bis 7 cm lang, eiförmig; Strauch nur mit Langtrieben und deshalb spärlich beblättert und meist recht unauffällig. Blüten unscheinbar, grünlich weiß, 5zählig.

**Vorkommen:** Auf basenarmen, schweren Böden im gesamten Gebiet, meistens an Rändern von Wäldern und Gebüschen; vor allem auf staunassen Standorten.

**Wissenswertes:** Der Name geht auf den „faulen“ Geruch der Rinde zurück, die an den hellen Korkwarzen (Lentizellen) zu erkennen ist. Sie ist heute wie eh und je Bestandteil von Abführmitteln. Imker schätzen den Faulbaum wegen seiner langen Blütezeit bis in den Sommer hinein. Die knapp erbsengroßen Steinfrüchte (**4b**) sind zuerst grün, dann rötlich und erst zur Reifezeit schwarz. Entsprechend der ausgedehnten Blütezeit stehen sie den ganzen Sommer über den Vögeln als Nahrung zur Verfügung.

1a
1b
2a
3a
2b
3b
4b
4a

## 1 Echter Kreuzdorn
*Rhamnus catharticus*

2–6 m Mai–Juni Strauch/Baum 45

**Kennzeichen:** Viele Zweige gabelig, dornig; Blätter eiförmig-lanzettlich, 4–6 cm lang; Blüten unscheinbar, gelbgrün, 4zählig.

**Vorkommen:** Auf kalkreichen, flachgründigen Böden; im Norden zerstreut, im Süden und Osten häufiger an Waldrändern und in Trockengebüschen.

**Wissenswertes:** Durch gegenständige Blätter und Zweige kommt ein gabeliger, kreuzförmiger Wuchs zustande (Name!). Die Dornen werden zusätzlich mit der Dornenkrone Christi in Zusammenhang gebracht. Das harte Holz wird von Tischlern und von Drechslern verarbeitet. Die schwarzen Früchte (**1b**) sind giftig und verursachen starken Durchfall. Sie wurden in der Volksheilkunde als Abführmittel empfohlen, doch muß heute dringend davon abgeraten werden. Der volkstümliche Name „Purgier-Kreuzdorn" weist ebenso wie „*catharticus*" auf die abführende, reinigende Wirkung hin: lat. purgare = reinigen, gr. cathartikos = reinigend. Die Art ist überwiegend zweihäusig.

## 2 Zwerg-Kreuzdorn
*Rhamnus pumilus*

20–100 cm Apr.–Mai Strauch/Zwergstrauch 45

**Kennzeichen:** Strauch niederliegend, oft aber auch aufsteigend; Blätter im Gegensatz zur vorangehenden Art nur bis 3 cm lang.

**Vorkommen:** Nur in den Alpen; vor allem auf steinigen Böden der Nordalpen in lichten Wäldern und auf felsigen Hängen.

**Wissenswertes:** Die kugeligen Früchte, die glänzend schwarz sind, haben wahrscheinlich ähnliche Giftwirkung wie die Früchte des Echten Kreuzdorns.

## 3 Sommer-Linde
*Tilia platyphyllos*

20–35 m Juni Baum 59

**Kennzeichen:** Blätter herzförmig mit hellen Härchen in den Winkeln der Blattadern, mit 2–5 Blüten im hängenden Blütenstand und mit harten, mit den Fingern kaum zerdrückbaren Nüßchen, die 5 deutlich vorspringende Leisten aufweisen.

**Vorkommen:** Auf nährstoffreichen Böden; in Schlucht- und Hangwäldern, aber auch in Buchen-Mischwäldern; von Natur aus nur verstreut, aber fast überall gepflanzt.

**Wissenswertes:** Der Baum der Deutschen ist – streng genommen – nicht die Eiche, sondern die Linde (**3a**). Ihr gab man den Vorzug überall dort, wo es um die Markierung und Gestaltung hervorgehobener Punkte in den Dörfern und in der freien Landschaft ging. Unter Linden sprachen die Germanen an ihren Thingstätten Recht. In Dörfern waren Linden Treffpunkt für Begegnung am Brunnen ebenso wie für gesellige Anlässe. Besonders ausgestattete „Tanz-Linden" erinnern noch heute an Feste unserer Vorfahren. Allein in den westlichen Bundesländern stehen 85 Ortsnamen im Zusammenhang mit der Linde, die übrigens ein stolzes Alter (bis zu 1000 Jahre) erreichen kann. Bei Grippe und Erkältungskrankheiten leistet der schweißtreibende und fiebersenkende Lindenblütentee weiterhin gute Dienste. Für Schnitz- und Drechslerarbeiten ist das kernlose Holz besonders empfehlenswert, weil es weich und leicht ist. Der Fruchtstand der Linden besteht meistens aus mehreren Nüßchen. Sein Stiel ist etwa zur Hälfte mit dem schmalen, zungenförmigen Vorblatt verwachsen, das die Verbreitung durch den Wind deutlich fördert.

## 4 Winter-Linde
*Tilia cordata*

15–25 m Juni–Juli Baum 59

**Kennzeichen:** Der Sommer-Linde ähnlich, jedoch mit bräunlichen Härchen; Blütenstand mit 5–11 hängenden Blüten. Die Nüßchen der Winter-Linde, die man mit den Fingern leicht zerdrücken kann, tragen keine Leisten.

**Vorkommen:** Verbreitung ähnlich wie Sommer-Linde; fehlt von Natur aus im Nordwesten; als Allee- und Parkbaum überall gepflanzt.

**Wissenswertes:** Außer Bastarden zwischen beiden Linden-Arten gibt es Unterarten mit jeweils markanten Merkmalen. Durch Anpflanzungen sind die Besonderheiten der natürlichen Verbreitung weitgehend verwischt.

1a
1b
2a
2b
4a
3a
4b
3b

## 1 Weinstock
*Vitis vinifera*

1–15 m Juni–Juli Kletterstrauch 46

**Kennzeichen:** Strauch mit Ranken ohne Haftscheiben; Blätter rundlich, 3- bis 5lappig.

**Vorkommen:** In Deutschland angebaut nordwärts bis zur Ahr und zum Siebengebirge sowie bis zur mittleren Oder, im Süden bis in Höhenlagen um 600 m; vor allem an südexponierten Hängen; Heimat der Wildform in den Mittelmeerländern.

**Wissenswertes:** Wie mehrere andere Kulturgewächse verdanken wir die ersten Weinstöcke von Kulturreben den Römern. Heute allerdings werden meistens reblausfeste amerikanische Weinstöcke als Unterlage benutzt. Beim Fruchtstand, den man gemeinhin „Weintraube" nennt, handelt es sich wegen der Verzweigung der Stielchen in Wirklichkeit um eine „Weinrispe".

## 2 Wilder Wein
*Parthenocissus quinquefolia* und *P. tricuspidata*

5–12 bzw. 20 m Juli–Aug. Kletterstrauch 46

**Kennzeichen:** Stengel mit verzweigten Ranken und Haftscheiben an deren Enden; Blätter 3- bis 7zählig (meist 5zählig) gefingert (*P. quinquefolia*) bzw. ungeteilt oder 3lappig (*P. tricuspidata*).

**Vorkommen:** Heimat der erstgenannten Art Nordamerika, der zweiten Ostasien; beide Arten recht anspruchslos.

**Wissenswertes:** Die Gattung *Parthenocissus*, deutsch Jungfernrebe, im Volksmund „Wilder Wein" genannt, hat mit dem eigentlichen Weinstock verwandtschaftlich nichts zu tun. Sie dient der Fassaden- und Mauerbegrünung und erfreut uns mit herrlich roter Herbstfärbung; die Früchte sind nicht eßbar.

## 3 Seidelbast
*Daphne mezereum*

50–120 cm Febr.–Apr. Strauch 50

**Kennzeichen:** Blätter an den Zweigenden gehäuft, lanzettlich, ganzrandig; Blüten vor dem Laubaustrieb, 4zipfelig.

**Vorkommen:** In Laubwäldern auf Kalk zerstreut, im Süden häufiger, im Norden fehlend

**Wissenswertes:** Der Duft des Seidelbaste ist so stark, daß man die kleinen Sträucher c „mit der Nase findet", nicht selten aus 10 od 20 m Entfernung. Alle Teile des Strauches sin giftig, vor allem die roten Scheinfrüchte (**3b** an deren Bildung neben den Fruchtblätter auch die Blütenachse beteiligt ist. Sie stehe unmittelbar am Stengel. Bereits 10–12 vo ihnen sollen tödlich wirken.

## 4 Rosmarin-Seidelbast
*Daphne cneorum*

10–40 cm Apr.–Mai Zwergstrauch 5

**Kennzeichen:** Blätter immergrün, ledrig über den Stengel verteilt; Blüten dunkelrosa in endständigen Köpfchen, stark nach Nelke duftend.

**Vorkommen:** In den Alpen und entlang de Flüsse im Alpenvorland; zerstreute Vorkommen, meistens auf Kalk.

**Wissenswertes:** Diese Art hat mit dem Gewöhnlichen Seidelbast den Duft und die Giftigkeit gemeinsam. Alle Seidelbastarten stehen unter strengem Naturschutz.

## 5 Steinröschen
*Daphne striata*

10–30 cm Juni–Juli Zwergstrauch 50

**Kennzeichen:** Blätter immergrün, ledrig, a den Zweigenden gehäuft; Blüten hellrosa, in endständigen Köpfchen, stark nach Fliede duftend.

**Vorkommen:** In den Kalkalpen verbreitet, jedoch immer selten; meistens unmittelba oberhalb des Waldgürtels.

## 6 Deutsche Tamariske
*Myricaria germanica*

0,5–2 m Juni–Aug. Halbstrauch 53a

**Kennzeichen:** Sparriger Wuchs; kleine graugrüne, heideähnliche Blätter an rutenförmigen Zweigen: kleine blaßrote Blüten in ährenartigen Blütenständen an den Triebspitzen.

**Vorkommen:** Nur im Schotterbett einiger Alpenflüsse im nördlichen Alpenvorland.

**Wissenswertes:** Halbstrauch, dessen Kurztriebe im Herbst absterben.

1a

1b

3a

2

3b

4

5

6

## 1 Sanddorn
*Hippophae rhamnoides*

1–6 m März–Apr. Strauch 29

**Kennzeichen:** Blätter linealisch, oberseits graugrün und kahl, unterseits silbrig-weiß befilzt; Zweige in spitze Dornen auslaufend; Steinfrüchte blaßgelb bis orangerot, meistens sehr zahlreich, die Zweige umhüllend.

**Vorkommen:** Von Natur aus nur an der Nord- und Ostseeküste und am Oberrhein sowie an Flüssen des Alpenvorlandes; sehr häufig als Straßenbegleitgrün und zur Rekultivierung gestörter Böden angepflanzt.

**Wissenswertes:** Der Sanddorn ist zweihäusig und blüht vor dem Laubaustrieb; seine Pollen verbreitet der Wind. Der meistens besonders reiche Fruchtansatz steht den Vögeln oft den ganzen Winter über zur Verfügung. Aber auch viele Menschen schätzen die Wildfrucht, die andere heimische Früchte mit ihrem hohen Vitamin-C-Gehalt von 0,2–1,2% deutlich übertrifft. Sanddorn-Säfte und -Marmeladen sollen die Widerstandskraft gegenüber Erkältungskrankheiten erhöhen.

## 2 Blutroter Hartriegel
*Cornus sanguinea*

2–4 m Mai–Juni Strauch 40

**Kennzeichen:** Zweige sonnenseits gerötet; Blätter länglich oval; Blüten weiß, 4zipfelig; Steinfrüchte (**2b**) blauschwarz, kugelig.

**Vorkommen:** Nur im äußersten Nordwesten Mitteleuropas fehlend, sonst an lichten Standorten an und in Wäldern, Hecken und Gebüschen verbreitet; vor allem auf kalk- und nährstoffreichen Böden.

**Wissenswertes:** An schattigen Stellen kann sich der Hartriegel auch ohne Blüten und Früchte vermehren, indem sich lange, zum Boden durchhängende Triebe bewurzeln. Die Früchte werden von Vögeln verzehrt. Eichhörnchen und Mäuse, die Vorräte speichern, sorgen ebenfalls für die Verbreitung der Art. Dem Menschen schmecken die bitteren Früchte nicht, deren hoher Fettgehalt aber gelegentlich zur Seifenherstellung und für technische Zwecke genutzt wird. Das harte, zähe Holz diente früher für Flechtwerk und Drechslerarbeiten.

## 3 Sibirischer Hartriegel
*Cornus alba*

1–3 m Mai–Juni Strauch 4

**Kennzeichen:** Der vorigen Art ähnlich; Bl ten gelblich weiß; Früchte kugelig bis eiförmi schmutzig-weiß.

**Vorkommen:** Heimisch in Ostsibirien und der Mandschurei; bei uns als besonders ar spruchsloser Zierstrauch, an Straßen oder a Deponien angepflanzt.

**Wissenswertes:** Für extensiv gepflegte Ar pflanzungen erscheint die Art ideal. Von do pflegt sie auch zu verwildern. Dennoch sollt aus Gründen des Artenschutzes zu Gunste einheimischer Arten auf diesen Fremdling ve zichtet werden.

## 4 Kornelkirsche
*Cornus mas*

2–6 m Febr.–März Strauch/Baum 4(

**Kennzeichen:** Blütezeit sehr früh (noch vo der Forsythie); Blüten gelbgrün, in einfache Dolden; Früchte eiförmig, bis 2 cm groß.

**Vorkommen:** Von Natur aus in Mitteleuropa nur an wenigen Orten – z.B. in Thüringen - heimisch; allerdings weit verbreitet durch An pflanzung auch in der freien Landschaft.

**Wissenswertes:** Die Früchte schmecken in vollreifen Zustand süßsauer und werden zun Bereiten von Marmelade benutzt.

## 5 Efeu
*Hedera helix*

1–15 m Sept.-Nov. Kletterstrauch 42

**Kennzeichen:** Blätter immergrün, ledrig, die in Bodennähe im Schatten wachsenden 3- bis 5lappig (**5c**), die Lichtblätter älterer Pflanzen eiförmig (**5a**); Triebe mit Haftwurzeln; Beeren schwarzblau (**5b**).

**Vorkommen**: Im gesamten Gebiet häufig an Buchen, Eichen, Felsen und Fassaden kletternd.

**Wissenswertes:** Der Efeu ist kein Schmarotzer; er benutzt die Bäume nur als Kletterstütze, um ans Licht zu gelangen. Zu ungewöhnlich später Jahreszeit versorgen die Blütenstände noch einmal große Insektenheere reichlich mit Nektar und Pollen.

1

2a

2b

3

4

5a

5b

5c

## 1 Glocken-Heide
*Erica tetralix*

10–40 cm Juni–Sept. Zwergstrauch [62]

**Kennzeichen:** Blätter nadelförmig, immergrün, zu viert in Quirlen; Blüten glockenförmig, an der Stengelspitze doldig gehäuft.

**Vorkommen:** Vor allem im atlantischen Klimabereich; aber auch in der Lausitz zerstreut in den Resten der Feuchtheiden und Moore; immer auf basenarmen, sauren Böden.

**Wissenswertes:** Entwässerung und Eutrophierung, aber auch Beschattung durch höher wachsende Gräser, Stauden und Gehölze drohen die Glocken-Heide immer weiter zurückzudrängen. Sie ist heute Bestandteil einer stark bedrohten, besonders schutzwürdigen Lebensgemeinschaft. Im Verbund mit der Besenheide besiedelt sie immer die feuchteren Standorte. Weltweit betrachtet hat die artenreiche Gattung *Erica* ihren Verbreitungsschwerpunkt in Südafrika.

## 2 Schnee-Heide
*Erica herbacea*

10–40 cm Jan.–Apr. Zwergstrauch [62]

**Kennzeichen:** Blätter wie vorige, aber kahl; Blüten rot, glockenförmig; Staubblätter ragen aus der Glocke hervor.

**Vorkommen:** In den Kalkalpen in Kiefernwäldern und im Krummholzgürtel; mit den Alpenflüssen abwärts bis in Wälder des Alpenvorlandes.

**Wissenswertes:** Die Art blüht oft bereits im Schnee (Name!). Als Gartenpflanze erfreut sie sich großer Beliebtheit.

## 3 Besenheide
*Calluna vulgaris*

10–80 cm Aug.–Sept. Zwergstrauch [62]

**Kennzeichen:** Blätter immergrün, kahl, schuppenförmig, dachziegelartig angeordnet; Blüten glockenförmig, klein, rosa-rot, in einseitswendigen Trauben

**Vorkommen:** In Heide- und Moorgebieten sowie in Magerrasen auf kalk- und nährstoffarmen Standorten; nahezu im gesamten Gebiet oft bestandsbildend und landschaftsprägend.

**Wissenswertes:** Die lichtliebende und an-spruchslose Besenheide dürfte in den u sprünglichen bodensauren Wäldern im wah sten Sinne ein Schattendasein geführt habe Mit der mittelalterlichen Waldverwüstung abe begann ihre hohe Zeit. Durch Rohhumusbi dung trägt sie selbst zur Bodenverschlechte rung bei. Dennoch spielte sie in der Heidewir schaft früherer Jahrhunderte eine zentra Rolle: als Nahrung für die Heidschnucken, a Lieferant von Heidesoden oder -plaggen, a Nektarspender für die Honigbienen, als Mate rial zur Hausabdeckung und für Bese (Name!) u.a.m.

## 4 Rostblättrige Alpenrose
*Rhododendron ferrugineum*

50–150 cm Juni–Aug. Strauch [62]

**Kennzeichen:** Blätter immergrün, unterseit rostbraun und nicht bewimpert, 3–6 cm lang Blüten dunkelrot, zu 6–12 in Doldentrauben.

**Vorkommen:** In den Alpen auf kalkfreien Bö den im Bereich der Waldgrenze und de Krummholzgürtels; zerstreut auch im Alpen vorland auf feuchten Böden.

**Wissenswertes:** Die kleinen Sträucher, di oft gesellig auftreten, können an die 100 Jahr alt werden. Frost ertragen sie allerdings nich immer; sie brauchen deshalb schneesicher Lagen, wo sie rechtzeitig unter schützenden Schnee versinken. So sehr die naturgeschütz ten Sträucher den Bergwanderer erfreuen, so wenig gefallen sie den Sennern, die sie als Weideunkraut betrachten.

## 5 Behaarte Alpenrose
*Rhododendron hirsutum*

50–100 cm Juni–Aug. Strauch [62]

**Kennzeichen:** Blätter immergrün, am Rande mit borstigen Wimpern, 1–4 cm lang; Blüten rosarot, zu 3–10 in Doldentrauben.

**Vorkommen:** Wie die vorige Art, aber meist auf kalkreichen Böden.

**Wissenswertes:** Die Alpenrosen enthalten in verschiedenen Pflanzenteilen ein Gift, das vor allem das Vieh gefährdet. Durch aus *Rhododendron*-Nektar stammenden Honig soll es bereits zu Vergiftungen beim Menschen gekommen sein.

1

2

3a

3b

4

5

## 1 Sumpf-Porst
*Ledum palustre*

50–120 cm Mai–Juli Strauch 62

**Kennzeichen:** Blätter ledrig, am Rande umgerollt, unterseits mit dichten rostbraunen Filzhaaren; Blüten meistens weiß, in endständigen Doldentrauben.

**Vorkommen:** Sehr zerstreut in Kiefernbrüchen und Hochmooren; im Norden und vor allem im Nordosten und Osten auf kalkarmen, nassen Standorten.

**Wissenswertes:** Die Zweige entlassen beim Reiben einen starken, kampferartigen Geruch, der an den des Gagelstrauchs erinnert. Beide Arten soll man früher zum Würzen des Bieres benutzt haben, die Zweige obendrein als Mottenmittel.

## 2 Rosmarinheide
*Andromeda polifolia*

10–30 cm Mai–Juli (Okt.) Zwergstrauch 62

**Kennzeichen:** Kriechender Halbstrauch; Blätter immergrün, schmal-lanzettlich, oberseits dunkelgrün, unterseits weißlich; Blüten glockig, zu 1–4 nickend auf langen Stielen.

**Vorkommen:** Im Norden und im Süden sowie an wenigen Reliktstandorten in den Mittelgebirgen und im Osten; auf nassen, basenfreien Torfböden der Hochmoore.

**Wissenswertes:** Die Art hat das typische zweigeteilte Areal einer eiszeitlich in Mitteleuropa weit verbreiteten Art, die sich nach der Eiszeit in kühlere Klimate zurückgezogen hat. Ausgeprägt ist eine zweite Blütezeit im Herbst. Die Art ist auch unter dem Namen „Poleigränke" bekannt.

## 3 Zwergalpenrose
*Rhodothamnus chamaecistus*

10–40 cm Juni–Juli Zwergstrauch 62

**Kennzeichen:** Blätter immergrün, ledrig, an den Zweigenden gehäuft, lanzettlich bis oval, nur 0,5–1,5 cm lang; Blüten mit einem Durchmesser von über 2 cm, langgestielt, zu 1–3 am Triebende.

**Vorkommen:** In den Ostalpen zerstreut auf kalkreichen Böden, vor allem im Krummholzgürtel.

## 4 Alpenheide
*Loiseleuria procumbens*

1–5 cm Juni–Juli Zwergstrauch 6

**Kennzeichen:** Niederliegender Spalie strauch mit alten, knorrigen Ästen; Blätter im mergrün, ledrig, schmal-eiförmig, nur ½ cr lang, nach unten eingerollt; Blüten klein, z 1–4 an den Zweigspitzen.

**Vorkommen:** In den Polargebieten der Alte und Neuen Welt weit verbreitet; in den Alpe in Höhenlagen über 1500 m auf basenarme Felsen mit geringer Bodenauflage.

**Wissenswertes:** Die Alpenheide, auch „A penazalee" und „Gemsheide" genannt, bilde mit ihren vielen Zweigen einen Teppich, de den flachgründigen Boden überdeckt, fes und zugleich feucht hält. Schon eine dünn Schneedecke garantiert, daß die Blätter grü über den Winter kommen. Der etwas unge wöhnliche wissenschaftliche Name erinne an einen französischen Botaniker.

## 5 Alpen-Bärentraube
*Arctostaphylos alpinus*

10–30 cm Mai–Juni Zwergstrauch 62

**Kennzeichen:** Sparrig verzweigter Spalier strauch; Blätter beiderseits netzadrig; Blüten glockig; Früchte blauschwarz.

**Vorkommen:** Nur in den Alpen; im Krumm holzgürtel und in Zwergstrauchheiden.

**Wissenswertes:** Die Art sticht besonders durch ihre leuchtende Herbstfärbung hervor.

## 6 Immergrüne Bärentraube
*Arctostaphylos uva-ursi*

20–60 cm März–Juli Zwergstrauch 62

**Kennzeichen:** Niederliegender Spalierstrauch, Blätter 1,5–2cm lang, verkehrt eiförmig, Unterseite netzadrig; Blüten glockig, eiförmig; Steinfrüchte (**6b**) rot, mehlig.

**Vorkommen:** Nur punktuell in Kiefernwäldern der Ebene und in lichten Bergwäldern.

**Wissenswertes:** Außer Vögeln sollen auch Bären (Name!) die Früchte verzehren und die Samen verbreiten. Als alte, aber auch heute noch aktuelle Heilpflanze dient die Bärentraube zur Gewinnung von Extrakten, die bei Blasenleiden verabreicht werden.

1

2

3

4

5

6a

6b

## 1 Moosbeere
*Vaccinium oxycoccos*

bis 15 cm Mai–Juli Zwergstrauch 62

**Kennzeichen:** Zweige sehr dünn, fadenartig, am Boden oder auf Torfmoospolstern kriechend, nur Blütentriebe aufrecht; Blüten turbanartig, an langen Stielen; Beeren (**1b**) rot, kugelig, eßbar.

**Vorkommen:** Vor allem im Norden und im Süden; immer nur verstreut in Hoch- und Zwischenmooren auf nassen, sauren Torfböden.

**Wissenswertes:** An den fadenartigen Stielchen wirken die roten Beeren unverhältnismäßig groß (Durchmesser 1 cm). Mit der Zerstörung letzter Hochmoorreste – vor allem durch Eutrophierung – schwindet auch dieser winzige, bei näherer Betrachtung aber überaus reizvolle Zwergstrauch dahin.

## 2 Preiselbeere
*Vaccinium vitis-idaea*

10–20 cm Mai–Aug. Zwergstrauch 62

**Kennzeichen:** Blätter lederartig, immergrün, am Rand leicht eingerollt, Blüten weiß-rötlich, glockig, in hängenden Trauben; Beeren (**2b**) scharlachrot.

**Vorkommen:** Vor allem im Norden, Süden und Südosten in Eichen-Birkenwäldern, aufgelichteten Nadelwäldern und Hochmooren.

**Wissenswertes:** Die Art kriecht mit unterirdischen verholzten Trieben. Da sie oft zweimal im Jahr blüht, reifen Beeren bis in den Oktober hinein. Sie haben einen herbsüßen Geschmack und werden gekocht genossen.

## 3 Heidelbeere
*Vaccinium myrtillus*

10–50 cm Apr.–Juni Zwergstrauch 62

**Kennzeichen:** Sommergrün; Sproß kriechend, Zweige aufrecht; Blätter eiförmig-zugespitzt; Blüten einzeln, krugförmig, hängend.

**Vorkommen:** Auf sauren Böden im gesamten Gebiet heimisch und zum Teil häufig; vor allem in lichten Wäldern und Heiden.

**Wissenswertes:** Als frostempfindlichste aller *Vaccinium*-Arten überdauert die Heidelbeere strenge Winter nur im Schutz von Schnee. Eine einzelne Pflanze kann sich unter der Erde auf vegetativem Wege so stark ve mehren und ausbreiten, daß sie letztlich ein mehrere 1000 qm große Fläche bedeckt. Di grünen Triebe sind im Winter eine wichtig Nahrung für das Wild. Die Beeren (**3b**) ge hören roh wie verarbeitet zu den schmack haftesten Wildfrüchten. Die besondere Wert schätzung der Heidelbeeren kommt auch i den vielen regional unterschiedlichen Name zum Ausdruck, unter denen neben Heidel beere „Waldbeere", „Blaubeere" und „Bick beere" besonders weit verbreitet sind.

## 4 Rauschbeere
*Vaccinium uliginosum*

30–80 cm Mai–Juli Strauch 62

**Kennzeichen:** Aufrecht wachsend, sparrig verzweigt; Blätter sommergrün, verkehrt eiförmig, unterseits netzartige Aderung; Blüten einzeln oder bis zu viert an den Spitzen von Kurztrieben; Beeren (**4b**) blau bereift.

**Vorkommen:** Im Norden auf nassen Torfböden, selten; im Süden – vor allem in den Alpen – im Krummholz und im Zwergstrauchgebüsch weiter verbreitet.

**Wissenswertes:** Die eßbaren, aber etwas fade schmeckenden Beeren sollen bei Genuß einer größeren Menge rauschartige Zustände verursachen (deshalb die Namen „Rausch-" und „Trunkelbeere").

## 5 Krähenbeere
*Empetrum nigrum*

30–50 cm Apr.–Mai Zwergstrauch 63

**Kennzeichen:** Zweige niederliegend, teppichartige Polster bildend; Blätter immergrün, nadelförmig; Blüten unscheinbar, zweihäusig verteilt; Beeren glänzend schwarz.

**Vorkommen:** Vor allem im Norden in Dünentälchen, Mooren und Heiden, aber auch auf vereinzelten Reliktstandorten in den Mittelgebirgen und Alpen; stets auf sauren Böden.

**Wissenswertes:** Die Beeren sind vor allem für Vogelarten, die Baumfrüchte nicht besonders geschickt abernten können, eine gut erreichbare Winterkost. Das gilt vor allem auch für Krähenvögel (Name!). Die ganze Pflanze ist giftig mit Ausnahme der Beeren, die zumindest nach Frosteinwirkung genießbar sind.

1a
1b
2a
2b
4b
3a
4a
3b
5

## 1 **Esche**
*Fraxinus excelsior*

25–35 m Apr.–Mai Baum 80

**Kennzeichen:** Blätter unpaarig gefiedert, mit 9–13 Fiederblättchen; Blüten in hängenden Rispen, unscheinbar, vor den Blättern erscheinend (**1a**); Winterknospen schwarz, samtig; Früchte als geflügelte Nüßchen (**1b**).

**Vorkommen:** In Laubmischwäldern weit verbreitet, häufig angebaut; sowohl auf feuchten, nährstoffreichen Standorten in Auen- und Schluchtwäldern als auch auf klüftigem Kalkgestein.

**Wissenswertes:** Die Esche liefert ein besonders wertvolles Holz, das sich durch Härte und Elastizität auszeichnet und vielfältige Verwendung bis hin zu Möbeln und Schmuckobjekten findet. Früher wurde neben einigen anderen Arten vor allem Eschenlaub besonders gern als Winterfutter für das Vieh getrocknet. Weil die Esche sich erst spät belaubt, manchmal aber doch die Eichen überrundet, meint der Volksmund daraus eine Wetterregel ableiten zu können. Der bekannte, aber durch nichts belegte Vers lautet: Grünt die Esche vor der Eiche, bringt der Sommer große Bleiche; grünt die Eiche vor der Esche, bringt der Sommer große Wäsche.

## 2 **Liguster**
*Ligustrum vulgare*

1–5 m Juni–Juli Strauch 80

**Kennzeichen:** Blätter länglich-lanzettlich, kreuzgegenständig, ganzrandig, teilweise auch im Winter noch grün; Blüten 4zählig, in dichten Rispen; Früchte (**1b**) rund, schwarz, ungenießbar.

**Vorkommen:** Weit verbreitet; in lichten Wäldern und Gebüschen, Waldmänteln und Hekken; vor allem auf kalkreichen Böden.

**Wissenswertes:** Der Liguster wird wegen seiner weidenähnlichen Blattform auch „Rainweide" genannt. Am natürlichen Standort entstehen durch die Bildung von Ausläufern und die Bewurzelung zum Boden abgesenkter Zweige oft ausgedehnte Gebüsche. In Kultur ist er – vor allem in einer stärker wintergrünen Form – eine der beliebtesten Heckenpflanzen und Beeteinfassungen. Das liegt an seiner besonderen Schnittfestigkeit, verbunden mit leb haftem und verzweigtem Austrieb an de Schnittstellen. Ligusterhecken werden durc Beschneiden immer dichter. Die Beeren ge hören zu den Winterstehern und wirken i Schmucksträußen besonders schön. Vor ih rem Genuß wird gewarnt. Früher wurden si zum Färben des Weins benutzt.

## 3 **Bittersüßer Nachtschatten**
*Solanum dulcamara*

bis 3 m Juni–Aug. Halbstrauch 83

**Kennzeichen:** Im Gesträuch kletternd; Blü ten blauviolett, mit 5 zurückgeschlagene Kronblättern und großen, kegelförmig zusam mengelegten Staubblättern.

**Vorkommen:** An Waldrändern, in Ufergebü schen und in Auenwäldern; vor allem au feuchten, stickstoffreichen Standorten.

**Wissenswertes:** Nur der untere Teil de Stengels ist verholzt und überwintert (Kenn zeichen für einen Halbstrauch). Die zucker reichen Beeren schmecken anfangs bitter später süß („*dulcamara*" von lat. dulcis = süß amarus = bitter). Es wird dringend geraten, die roten, länglich ovalen Beeren (**3b**) nicht zu essen, obwohl die mit dem Genuß gemachten Erfahrungen in verschiedenen Gegenden Europas unterschiedlich sind. Früher galt die Ar in der Homöopathie als Heildroge.

## 4 **Gewöhnlicher Bocksdorn**
*Lycium barbarum*

bis 3 m Mai–Aug. Strauch 83

**Kennzeichen:** Herabhängende, dünne, hellgraue Zweige, meistens mit Dornen; Blätter lanzettlich, graugrün; Blüten violett, langgestielt; Früchte länglich, scharlachrot, giftig.

**Vorkommen:** Aus dem Mittelmeerraum als Zierpflanze nach Mitteleuropa gelangt und hier verwildert; vor allem in tieferen Lagen; Fundorte sehr zerstreut.

**Wissenswertes:** Früher war der Bocksdorn als Zierstrauch bekannter und beliebter als heute. Aber er scheint sich auch ohne menschliche Zuwendung zu halten, zumal er sich zusätzlich durch Wurzeltriebe vermehrt, sehr anspruchslos ist und sogar in salzhaltiger Luft in Meeresnähe zu leben vermag.

1b

1a

2b

2a

3a

4

3b

## 1 Sommerflieder
*Buddleja davidii*

bis 3 m Juli–Aug. Strauch 84

**Kennzeichen:** Stark duftende Blüten in 20–30 cm langen, dichten, blauvioletten (teilweise auch weißen und rosafarbenen) Blütenrispen; Blätter unterseits weißfilzig.

**Vorkommen:** Heimat China, bei uns ein beliebter Zierstrauch; in wintermilden Landstrichen – vor allem im Rheinland – und in Stadt- und Industriebiotopen verwildert; oft massenhaftes Auftreten.

**Wissenswertes:** Als „Schmetterlingsstrauch" ist die Art vielleicht noch bekannter. Kaum eine andere heimische oder eingebürgerte Art lockt so viele Kleine Füchse, Tag-Pfauenaugen und Admirale an wie der Sommerflieder. Als Angehöriger einer sonst ausschließlich in den Tropen und Subtropen verbreiteten Familie ist er strengen Wintern hierzulande nicht gewachsen, schlägt aber von der Basis her meistens wieder aus. Der englische Geistliche und Botaniker Adam Budde (1660–1715) und der französische Missionar Armand David (1626–1690) haben als Namensgeber Pate gestanden.

## 2 Schneebeere
*Symphoricarpus albus*

1–2 m Juni–Sept. Strauch 76

**Kennzeichen:** Blätter rundlich-oval, bläulich grün; Blüten klein, hellrot, glockig; weiße Beeren mit schaumigem Fruchtfleisch.

**Vorkommen:** Heimat Nordamerika; bei uns nicht selten als Relikt ehemaliger Gärten und Parks in Gebüschen anzutreffen.

**Wissenswertes:** Kinder mögen die Schneebeeren ihrer gleichnamigen Früchte wegen, die sie „Knallerbsen" nennen. Anderen an den Kopf oder auf den Boden geworfen, platzen sie mit einem leisen, dumpfen „Knall". Die Früchte sind giftig und sollen bei intensiver Hautberührung Entzündungen verursachen. Die Schneebeere ist in Mitteleuropa eine Stinzenpflanze, d.h. eine Indikatorpflanze, die oft auf ehemalige Gärten und Parks hinweist, auch wenn ansonsten an diesen Orten von menschlichen Aktivitäten heute nichts mehr zu merken ist.

## 3 Schwarzer Holunder
*Sambucus nigra*

bis 7 m Juni Strauch/Baum 7

**Kennzeichen:** Blätter unpaarig gefiede Blüten in flachen Doldenrispen (Trugdolde **3b**); Früchte schwarz, Trugdolden hängen oft mit roten Stielchen (**3c**).

**Vorkommen:** In Hecken, Gebüschen, a Waldrändern und auf Ödland; überall häufig.

**Wissenswertes:** Obwohl nachweislich se der Jungsteinzeit vom Menschen genutzt, i der Schwarze Holunder nie im echten Sinn eine Kulturpflanze geworden. Menschen ha ben ihn zwar immer in der Nachbarschaft ihre Häuser und Höfe gehabt, doch weitergezüch tet wurde er kaum. Heute gehört er zu de typischen Zivilisationsgewinnlern. Stickstof anreicherung im Boden – durch Schadstof eintrag aus dem Straßenverkehr, durch Ab lagerung von Unrat oder durch Überdüngun landwirtschaftlicher Nutzflächen – gereich ihm zum Vorteil. So breitet sich der Holunde zur Zeit überall aus. Seine vielen Freunde be grüßen das: Seinen stark duftenden Blüte verdanken sie den „Fliedertee" und beson dere Köstlichkeiten wie Fliederkrapfen un Bergmannssekt; aus seinen roh giftigen, vit aminreichen Früchten kochen sie Säfte, Mar meladen und Gelees, wobei stets darauf zu achten ist, daß die Kerne zuvor entfernt und möglichst nicht zerquetscht werden.

## 4 Trauben-Holunder
*Sambucus racemosa*

bis 2 m März–Mai Strauch 76

**Kennzeichen:** Orangefarbenes Mark (im Gegensatz zum weißen Mark des Schwarzen Holunders); Fiederblätter schlanker; Blüten in grünlichweißen eiförmigen Rispen; daran später rote Steinfrüchte.

**Vorkommen:** Mehr im Bergland als in der Ebene; in lichten Wäldern, an Waldrändern und auf Kahlschlägen; im äußersten Nordwesten fehlend.

**Wissenswertes:** Die Früchte dieser Art sind hinsichtlich ihrer Verwendung mit dem Schwarzen Holunder nicht vergleichbar. Viele Menschen können sie nicht vertragen, auch wenn vorher die Kerne entfernt wurden.

1a
1b
2
3a
3b
3c
4a
4b

## 1 Wasser-Schneeball
*Viburnum opulus*

2–4 m Mai–Juni Strauch 76

**Kennzeichen:** Blätter ahornartig; Blattstiele kurz unterhalb der Blattspreite mit 2–4 grünen Nektardrüsen; Blüten in endständigen Trugdolden; Früchte (**1b**) glasig rot, erbsengroß; Fruchtstände als hängende Trugdolden.

**Vorkommen:** Auf kalkreichen, gut wasserversorgten Standorten an Waldrändern, in Hecken und an den Ufern von Flüssen und Bächen.

**Wissenswertes:** Die Trugdolde – genauer gesagt die Doldenrispe – besteht aus zweierlei Blüten: Die auffälligeren äußeren Blüten haben keine Staub- und Fruchtblätter und lokken nur – Attrappen vergleichbar – die Blütenbesucher an; innen stehen dann reguläre Blüten, die auch Nektar zu bieten haben (**1a**). Erst die Menschen haben Sorten gezüchtet, die wirklich ballförmige Blütenstände haben und nur noch Attrappen-Blüten besitzen. Sie sind so groß, daß sie in der Fläche nicht mehr genug Platz haben und die Blütenstände sich deshalb ballförmig runden müssen. Dafür haben sie weder Insekten noch Vögeln etwas zu bieten. Demgegenüber hält der wilde Wasser-Schneeball noch mitten im Winter für gefiederte nordische Wintergäste seine saftigen, für den Menschen allerdings nicht genießbaren Früchte bereit. Die nur selten als Invasionsvögel in Mitteleuropa auftretenden Seidenschwänze werden noch am häufigsten in den Sträuchern des Wasser-Schneeballs entdeckt. Neuerdings haben auch die Floristen Gefallen an den Fruchtständen gefunden, die sie allerdings bereits verarbeiten, wenn sie noch nicht ganz reif sind.

## 2 Wolliger Schneeball
*Viburnum lantana*

2–4 m Mai Strauch 76

**Kennzeichen:** Blätter länglich-eiförmig, 6–12 cm lang; Blüten der Doldenrispe alle gleich; Früchte anfangs rot, später schwarz (**2b**).

**Vorkommen:** Nur im südlichen Mitteleuropa ursprünglich; vor allem auf kalkreichen, sommerwarmen Standorten.

**Wissenswertes:** Die Art wird auch außerhalb ihres natürlichen Verbreitungsgebietes sehr häufig als Straßenbegleitgrün angepflanzt. Leider werden dadurch gebietsspezifische Eigenarten nivelliert und manche Landschaftsbilder austauschbar. Weil die einzelnen Früchte in einer Doldenrispe nicht immer gleichzeitig reifen, kommt es nicht selten zu dem merkwürdigen Phänomen, daß in einem Fruchtstand rote und schwarze Früchte unmittelbar benachbart stehen. In Herbststräußen sind sie besonders dekorativ.

## 3 Rote Heckenkirsche
*Lonicera xylosteum*

1–3 m Mai–Juni Strauch 76

**Kennzeichen:** Blüten jeweils zu zweit in den Blattachseln, gelblich-weiß; Beeren (**3b**) glasartig glänzend, die beiden benachbarten oft miteinander verwachsend.

**Vorkommen:** Außer im Nordwesten und Osten weit verbreitet; in artenreichen Laubmischwäldern und Gebüschen auf kalk- und nährstoffreichen Böden.

**Wissenswertes:** Im Gegensatz zum Wald-Geißblatt, das zur selben Familie gehört, windet die Heckenkirsche nicht. Jede Beere enthält 4 Samen; über die Gefährlichkeit der Früchte gehen die Meinungen auseinander; vom Geschmack her reizen sie jedenfalls nicht zum Verzehr.

## 4 Schwarze Heckenkirsche
*Lonicera nigra*

1–2 m Apr.–Mai Strauch 76

**Kennzeichen:** Im Erscheinungsbild den anderen Heckenkirschen ähnlich; wie bei der Roten Heckenkirsche Früchte nicht paarweise miteinander verwachsen; schwarz (**4b**); Blüten rötlich bis rosa-weiß.

**Vorkommen:** Bergmischwälder im Süden und Südosten; auf feuchten, eher basenärmeren Lehm- und Tonböden.

**Wissenswertes:** Wo Rote und Schwarze Heckenkirsche nebeneinander vorkommen, kann man gelegentlich mit Bastarden rechnen. Bei allen Heckenkirschen sind die Früchte entweder giftig oder zumindest giftverdächtig.

1b
1a
2b
2a
3b
3a
4a
4b

## 1 Wald-Geißblatt
*Lonicera periclymenum*

bis 10 m Juni–Aug. Kletterstrauch 76

**Kennzeichen:** Im Uhrzeigersinn windend; Blätter verkehrt-eiförmig, gegenständig; Blüten röhrenförmig, in Köpfchen an den Zweigspitzen, nachts stark duftend; Früchte über dem obersten verwachsenen Blattpaar, dunkelrot (**1c**).

**Vorkommen:** Weit verbreitet in Hecken und Gebüschen, in lichten Wäldern und an Waldrändern; bevorzugt kalk- und nährstoffarme Böden; fehlt im Südosten.

**Wissenswertes:** Bei dieser *Lonicera* handelt es sich um eine Liane, einen windenden Strauch. Er kann bis zu 50 Jahre alt werden und einen schwächeren Baum geradezu erwürgen. Auf ihre enge „Umarmung" gehen die gedrehten Haselgerten zurück, die gern als Spazierstöcke verwendet werden. Mit ihrer Farbe und ihrem Glanz verleiten die roten Beeren immer wieder einmal Kinder zum Probieren; sie sind jedoch giftig und verursachen Durchfall und Erbrechen. Die Blüten mit ihrer 3–4 cm langen Kronröhre und ihrer ölig glatten Lippe sind vor allem auf langrüsselige Nachtschmetterlinge wie Schwärmer ausgerichtet. Der wissenschaftliche Gattungsname erinnert an den Frankfurter Arzt und Botaniker Adam A. Lonitzer (1528–1586). Ziegen bevorzugen möglicherweise das Geißblatt (Name!) im Vorfrühling, weil es vor allen anderen Gehölzen erste Blättchen austreibt.

## 2 Gewöhnliche Waldrebe
*Clematis vitalba*

bis 8 m Juni–Aug. Kletterstrauch 6

**Kennzeichen:** Blätter gefiedert, mit 3–5 Fiederblättchen, mit rankenden Stielen; Blüten gelblichweiß, mit 4–5 Kelch- und keinen Kronblättern; Borke löst sich in langen Streifen ab.

**Vorkommen:** In Wäldern und Gebüschen auf Kalkböden, manchmal auch an Gemäuer und Felsen; im Mittelgebirge auf Grauwacke und Sandstein weitgehend fehlend.

**Wissenswertes:** Die Waldrebe gehört ebenfalls zu den Lianen. Zum Klettern setzt sie auch ihre Blätter ein, deren Stiele und Mittelrippen zum Teil zu Ranken umgebildet sind. Auf diese Weise und mit Hilfe ihres link windenden Sprosses kann sie bis in die Wip junger und mittelhoher Bäume gelange Ohne zu parasitieren schädigt sie ihre Stüt bäume dennoch, vor allem durch ihr oft e hebliches Gewicht und durch Konkurrenz u das Licht. Dazu trägt der verholzte Stamm b der nicht selten armdick ist. Die Blüten locke vor allem Zweiflügler und Käfer an. Nach d Blütezeit entwickeln sich die auch als „Te felszwirn" bekannten Sammelfrüchte (**2b** Aus jedem der zahlreichen Fruchtblätter ein Blüte geht ein Nüßchen hervor, während sic die Griffel schwanzartig verlängern und m langen Haaren zu auffälligen Flugorgane werden. Sie bleiben oft den Winter über a weithin sichtbarer Schmuck der Waldrebe e halten, bis starke Stürme sie schließlich ei zeln oder in Flocken davontragen.

## 3 Alpen-Waldrebe
*Clematis alpina*

bis 2 m Mai–Aug. Kletterstrauch 6

**Kennzeichen:** Blüten blauviolett, einzel nickend, bis 5 cm groß; Blätter einfach b doppelt 3teilig; Früchte mit langem behaarte Griffel als Flugorgan.

**Vorkommen:** Zerstreut in den Alpen im Na delholz- und Krummholzgürtel.

**Wissenswertes:** Wenn sie über Felsblöck kriecht und dicht über dem Gestein ihre ur verhältnismäßig großen Blüten öffnet, biet die Alpen-Waldrebe einen ganz besonder eindrucksvollen Anblick.

## 4 Götterbaum
*Ailanthus altissima*

20–25 m Juni–Juli Baum 3

**Kennzeichen:** Blätter gefiedert, bis 80 cr lang, aus bis zu 25 Fiederblättchen; Blüte klein, unscheinbar, in aufrechten Rispen.

**Vorkommen:** Heimat China; bei uns al Parkbaum angepflanzt; neuerdings in klima tisch günstigen Stadt- und Industriebiotope zunehmend auch verwildert.

**Wissenswertes:** Die Blätter riechen bein Zerreiben unangenehm. *Ailanthus* ist ein an spruchsloser, aber nicht ganz winterharte schnellwüchsiger Pionierbaum.

1b
1a
1c
2a
2b
3
4

## 1 Japanischer Staudenknöterich
*Reynoutria japonica*

1–3 m Juli–Sept. ♃ 69

**Kennzeichen:** Stattliche Staude mit 10–12 cm langen Blättern und hohlen Stengeln; zur Blütezeit über und über weiß mit Tausenden kleiner Blüten in lockeren, ährenartigen Blütenständen (**1b**).

**Vorkommen:** Örtlich an Ufern und Waldrändern, auch auf Ruderalflächen; vor allem auf feuchteren und nährstoffreichen Standorten; angepflanzt und verwildert.

**Wissenswertes:** Als man die Art in den 20er Jahren des vorigen Jahrhunderts aus Ostasien in europäische Gärten und Parks holte, ahnte niemand die Folgen. Heute macht dieser Staudenknöterich vielerorts heimischen Pflanzen den Lebensraum streitig. Dabei ist er vor allem auf vegetative Vermehrung durch abgerissene und verschleppte Rhizomteile angewiesen. Noch nicht ganz so weit verbreitet und wohl auch noch frostempfindlicher ist der oft dreimal so hohe Sachalin-Staudenknöterich (*Reynoutria sachalinensis*), dessen Blätter bis 30 cm lang werden. Er gelangte um 1870 als Zierpflanze nach Europa.

## 2 Knöllchen-Knöterich
*Polygonum viviparum*

5–15 cm Juni–Aug. ♃ 69

**Kennzeichen:** Kleiner, aufrechter und unverzweigter Knöterich; weiße bis hellrosafarbene Blüten in lockeren Ähren; in deren unterem Teil markante Brutknospen.

**Vorkommen:** Auf alpinen Magerrasen und Weiden; auch im Alpenvorland und vereinzelt auf der Schwäbischen Alb.

**Wissenswertes:** Lebendgebärend (vivipar, Name!) ist die Art nur scheinbar. In Wirklichkeit vermehrt sie sich vegetativ durch Brutknospen, die sich oft schon auf der Mutterpflanze zu Jungpflänzchen weiterentwickeln.

## 3 Quendelblättriges Sandkraut
*Arenaria serpyllifolia*

5–20 cm Mai–Sept. ⊙ **65**

**Kennzeichen:** Zartes, stark verästeltes Kraut; eiförmige Blätter sitzend; sternartige Blütchen mit 5 Kronblättern, die von den Kelchblätte überragt werden.

**Vorkommen:** An Wegrändern, auf Brachä kern, auf sandigen oder steinigen Böden; gesamten Gebiet sehr häufig.

**Wissenswertes:** Als Pionier besiedelt die A häufig vom Menschen gestörte Standorte r zunächst lückiger Vegetation und kommt au auf Mauerkronen vor. Es handelt sich um ei Sammelart mit mehreren, schwer unterschei baren, aber ökologisch und geographisch u terschiedlichen Unterarten.

## 4 Dreinervige Nabelmiere
*Moehringia trinervia*

10–30 cm Mai–Juli ⊙ 6

**Kennzeichen:** Der Vogelmiere ähnlich, doc an den ringsum flaumig behaarten Stenge leicht erkennbar; Blätter 3nervig (Name), se tener 5nervig.

**Vorkommen:** In Wäldern, Hecken und G büschen im gesamten Gebiet häufig; meist a etwas feuchteren Standorten.

**Wissenswertes:** Die Art erhielt ihren wisse schaftlichen Namen zu Ehren des Arztes ur Naturwissenschaftlers Paul Heinrich Gerha Moehring, der von 1710–1792 lebte. Statt d üblichen 5 Kronblätter findet man bei alle Mieren gelegentlich auch 4 (**4b**).

## 5 Frühlingsmiere
*Minuartia verna*

5–15 cm Mai–Aug. ♃ 6

**Kennzeichen:** Kleines Nelkengewächs m lanzettlichen, 3nervigen Blättchen; Blüter und Kelchblätter gleich lang.

**Vorkommen:** Auf warmen, trockenen Stanc orten; vor allem in den Alpen, der Fränkische Alb und im Harz; in lückigen Kalkmagerraser vergleichsweise selten.

**Wissenswertes:** Die Frühlingsmiere wächs in dichten Rasen oder Polstern und ist ein sehr formenreiche Art, zu der auch eine Unte art gehört, die als sogenannte „Galme pflanze" auf bergbaubedingten Schwermetal böden wächst. Auch dieser wissenschaftlich Gattungsname erinnert an einen Arzt und Bo taniker: den Spanier Juan Minuart (1693-1768).

1a
1b
2
3
4b
4a
5

## 1 Salzmiere
*Honckenya peploides*

10–30 cm Juni–Juli ♃ 65

**Kennzeichen:** Fleischige, gelbgrüne Strandpflanze mit aufsteigenden Stengeln, gabelig verzweigt; Blätter auffallend regelmäßig kreuzweise gegenständig (**1b**).

**Vorkommen:** Auf sprühnassen, salzhaltigen Sandböden zwischen Spülsaum und Vordünen; nur an den Nord- und Ostseeküsten, dort aber häufig.

**Wissenswertes:** Die Salzmiere zeigt mit ihren fleischigen Stengeln und Blättern beispielhaft Gestalt und Anatomie einer Salzpflanze (Halophyt), die sowohl über sie hin laufende Wellen als auch Sandbewegungen erträgt. Wenn sie übersandet wird, wächst der Sproß dennoch horizontal weiter. Da die Art an ihrem extremen Standort nur selten mit Insektenbesuch rechnen kann, begnügt sie sich in der Regel mit Selbstbestäubung. Nicht selten haftet Pollen auch an Flugsandkörnern und gelangt gelegentlich mit diesem ungewöhnlichen Vehikel auf eine fremde Narbe.

## 2 Vogelmiere
*Stellaria media*

3–20 cm ganzjährig ⊙ 65

**Kennzeichen:** Das bekannte Acker- und Gartenwildkraut wurzelt sehr flach; Kron- und Kelchblätter 2 mm lang; Stengel niederliegend, nur einseitig behaart.

**Vorkommen:** Überall in Mitteleuropa in Gärten, auf Hackfruchtfeldern und Schutt anzutreffen; Indikatorpflanze für stark stickstoffversorgte Böden.

**Wissenswertes:** Vogelmiere auf Gartenbeeten signalisiert dem Kenner Bodenfruchtbarkeit. Über Winter sollte man die als „Unkraut“ verschrieene Art wohlwollend dulden, weil sie dann ein wertvoller Bodendecker ist, der die Bodenkrume feucht und locker hält und vor allem vor Erosion schützt. Im Frühling schließlich gejätet, ergibt die Vogelmiere einen vorzüglichen Kompost. Der Name erinnert daran, daß auch etliche Vogelarten diese nur scheinbar wertlose Pflanze schätzen. Als Art, die das ganze Jahr über blühen kann, also keinen strengen Blührhythmus aufweist, gewährleistet sie mit ihren zahlreichen Samen ganzjä[hr]ig ein willkommenes Nahrungsangebot. D[ie] zarten Pflänzchen können im Frühling den e[r]sten Wildkrautsalat bereichern.

## 3 Große Sternmiere
*Stellaria holostea*

10–40 cm Apr.–Juni ♃ 6

**Kennzeichen:** Blüten langgestielt, mit 5 b[is] zur Mitte gespaltenen Kronblättern; Blät[ter] lanzettlich, starr, wintergrün; Stengel aufste[i]gend, 4kantig.

**Vorkommen:** Auf Lehmböden; in Wälde[rn,] Hecken und Gebüsch sehr weit verbreitet u[nd] meistens häufig; südlich der Donau jedo[ch] weitgehend fehlend.

**Wissenswertes:** Diese Art eignet sich b[e]sonders gut, um daran den dichasialen Au[f]bau der Nelkengewächse zu studieren. Da[s] nicht gerade alltägliche, für diese Familie ab[er] spezifische Bauprinzip besteht darin, daß n[ach] jeder Blüte ein Haupt- oder ein übergeor[d]neter Seitentrieb endet; aus den Achseln de[s] höchsten Blattpaares entspringen zwei Se[i]tentriebe, an deren Spitze ebenfalls wieder eine Blüte steht. So können Sproß und Nebe[n]sprosse sehr gleichmäßig bis zu 3mal nac[h]einander gegabelt sein. Die starren Blätt[er] sind angesichts der schwachen Spross[e] wichtige Klimmhilfen zur Wahrung einer au[f]rechten Haltung beim Drang zum Licht.

## 4 Wald-Sternmiere
*Stellaria nemorum*

20–50 cm Mai–Juli ♃ 6

**Kennzeichen:** Blütenblätter fast bis zu[m] Grund 2geteilt; Blätter im Unterschied zur vor[i]gen Art breiter, herz-eiförmig; Stengel rund.

**Vorkommen:** Auf feuchten, nährstoff- un[d] humusreichen, jedoch kalkarmen Waldstand[orten]; vor allem in Berg- und Schluchtwä[l]dern, in den Alpen bis in die Latschenge[]büsche; in der Ebene seltener und im Nord[]westen nicht vertreten.

**Wissenswertes:** Bei den Sternmieren wi[r]ken die weißen Blüten in ihrem 5strahlige[n] Aufbau wie kleine Sterne (Name!). Darauf deu[]tet auch der wissenschaftliche Gattungsnam[e] hin (lat. stella = Stern).

1a

1b

2a

2b

3

4

## 1 Gras-Sternmiere
*Stellaria graminea*

10–30 cm Apr.–Juni ♃ 65

**Kennzeichen:** Eine wenig standfeste, meist schlaff ausgebreitete Pflanze mit aufsteigenden, kantigen Stengeln; Blätter grasgrün, linealisch; Blütenblätter so lang wie der Kelch, fast bis zum Grunde eingeschnitten.

**Vorkommen:** Im gesamten Gebiet häufig auf mäßig sauren Lehmböden; an Wegrändern, auf mageren Wiesen und Weiden, an Rändern von Hecken und Gebüschen.

**Wissenswertes:** Noch stärker als andere Sternmieren-Arten bedarf die Gras-Sternmiere der Stütze anderer Pflanzen, um sich aufrichten zu können. Zwar versuchen die zu Boden gesunkenen Stengel aus eigener Kraft aufzusteigen. So recht gelingt ihnen das aber nur, wenn sich die Blätter abstützen können. „Spreizklimmer" nennt der Botaniker Arten, die sich auf solche Weise zum Licht vorkämpfen.

## 2 Acker-Hornkraut
*Cerastium arvense*

15–30 cm Apr.–Juli ♃ 65

**Kennzeichen:** Blütenblätter 5, nur zu einem Drittel gespalten und doppelt so lang wie der Kelch; Blätter und Stengel kurz behaart, etwas gräulich-grün.

**Vorkommen:** An Wegen, Böschungen, auf aufgeschütteten oder angeschnittenen Böden, besonders auf Sand ziemlich häufig.

**Wissenswertes:** Im Vergleich zur Großen Sternmiere ist diese Art licht- und wärmeliebender und deshalb auf offene, vollbesonnte Standorte angewiesen. Deshalb trifft man sie nicht selten als Pionierpflanze auf neu zu besiedelnden, nicht selten grusig-steinigen Böden an, wo die meisten anderen Arten nur schwerlich Fuß fassen können. Dabei sind ihr ihre unterirdischen Ausläufer behilflich.

## 3 Gewöhnliches Hornkraut
*Cerastium fontanum*

10–40 cm Apr.–Okt. ♃ 65

**Kennzeichen:** Pflanzen mit blühenden und nicht blühenden Trieben; Blätter länglich, dunkelgrün, bis 2 cm lang; unscheinbare Blüte Kronblätter die Kelchblätter nur wenig übe ragend.

**Vorkommen:** Auf Wiesen und Weiden, auc auf nicht übermäßig gepflegtem Rasen, a Wegrändern und auf gelegentlich umbroche nem Brachland; auf Lehmböden überall i Mitteleuropa anzutreffen.

**Wissenswertes:** Diese häufige, auch ir Siedlungsbereich fast allgegenwärtige Art be gegnet uns mit unterschiedlichen wissen schaftlichen Artnamen (u.a. *Cerastium vulgatum*, *C. caespitosum*, *C. holosteoides*). Hie haben wir den für die Sammelart gebräuchli chen Namen gewählt. Die an der trockene Fruchtkapsel hornartig abgespreizten Zähn chen sollen bei der Bildung des deutsche und des wissenschaftlichen Gattungsnamen Pate gestanden haben (griech. keras = Horn)

## 4 Knäuel-Hornkraut
*Cerastium glomeratum*

5–30 cm Apr.–Sept. ⊙ 65

**Kennzeichen:** Im Gegensatz zur vorigen Ar Pflanze gelbgrün; Blüten mit sehr kurzen Stielen knäuelartig dicht gedrängt (Name!).

**Vorkommen:** Auf ähnlichen Standorten wie die vorige Art, aber nicht ganz so häufig und so allgemein verbreitet.

## 5 Wasserdarm
*Myosoton aquaticum*

20–40 cm Juni–Sept. ⊙–♃ 65

**Kennzeichen:** Ähnlichkeit mit Sternmieren, aber 5 statt 3 Griffel; Blütenblätter so lang wie der drüsig behaarte Kelch.

**Vorkommen:** Auf feuchten Standorten an Ufern, in Gräben, aber auch auf zeitweilig überfluteten Äckern und Ödland in Talauen; weit verbreitet, nur im Nordwesten fehlend.

**Wissenswertes:** Die Art ist auch unter der Bezeichnung Wassermiere (*Malachium aquaticum*) bekannt. Ihr Vorkommen an feuchten bis nassen Stellen und der oft liegende, schlaffe Stengel spiegeln sich im deutschen Namen dieser Art wieder. Regelmäßig bildet der Wasserdarm dort, wo der liegende Stengel Kontakt mit dem Boden hat, an den Knoten Wurzeln aus.

1
2
3
4
5

## 1 Acker-Spark
*Spergula arvensis*

10–50 cm Mai–Sept. ☉ 65

**Kennzeichen:** Zierliches Ackerwildkraut mit aufsteigenden Stengeln; nadelförmige, in Quirlen gedrängt beisammenstehende Blätter; kleine weiße Blüten; deren Stiele nach dem Verblühen zurückgeschlagen.

**Vorkommen:** Im gesamten mitteleuropäischen Raum auf Äckern und zeitweilig umbrochenem Brachland anzutreffen; aber nur auf sauren Böden, d. h. am häufigsten auf Sandäckern.

**Wissenswertes:** Obwohl die schwarzen Samen von Vögeln gern gefressen werden, bleiben immer noch genügend übrig, um den Fortbestand dieser einjährigen Art trotz intensiver Landwirtschaft zu sichern. Dazu trägt gewiß die erhöhte Herbizidresistenz der Pflanze mit ihren sehr schmalen, nadelförmigen Blättern bei. In Norddeutschland wird die Art „Spörgel" genannt. Die Bezeichnung hängt ebenso wie „Spark" mit dem latinisierten „spergula" zusammen. Die Bedeutung des Acker-Sparks für den Menschen wird dadurch unterstrichen, daß man im hohen Norden Europas seine Samen dem Brotgetreide beimischte und als Futterpflanzen angebaute Kultursorten entwickelte.

## 2 Nickendes Leimkraut
*Silene nutans*

30–60 cm Juni–Sept. ♃ 65

**Kennzeichen:** Blüten in anfangs einseitswendiger Rispe, herabhängend (Name!), leicht verwelkt wirkend; Blütenblätter tief 2geteilt, deren Zipfel oft aufgerollt (**2b**); Stengel verzweigt, weich behaart, im oberen Teil drüsig-klebrig („Leimkraut").

**Vorkommen:** Auf mageren, trockenen Böden; in Magerrasen ebenso wie im Halbschatten lichter Gebüsche; außer im Nordwesten verstreut im gesamten Gebiet.

**Wissenswertes:** Abends straffen sich die zuvor welk erscheinenden Blütenblätter. Den tagsüber duftlosen Blüten entströmt während der Nacht ein geradezu betäubender Hyazinthengeruch, der Nachtschmetterlinge, vor allem kleine Eulenarten, von weither anlockt. Sie naschen in den Blüten des Nickenden Leimkrauts nicht nur vom Nektar, sondern legen dort oft auch ihre Eier ab. Zwei oder drei Nächte lang währen Duft und Nektarrausch, dann welken die Blüten unwiederbringlich.

## 3 Aufgeblasenes Leimkraut
*Silene vulgaris*

15–50 cm Mai–Sept. ♃ 65

**Kennzeichen:** Kelch eiförmig, kropfartig aufgeblasen, weshalb die Art auch „Taubenkropf-Leimkraut" genannt wird; Pflanze kahl, meistens bläulich-grün.

**Vorkommen:** Auf flachgründigen, trockenen Böden; in Magerrasen, an Wegrändern und in Gebüschsäumen; im gesamten Gebiet weit verbreitet, nur im Nordwesten seltener.

**Wissenswertes:** Als wissenschaftliche Namen dieser Art findet man auch *Silene cucubalus* („Taubenkopf") und *Silene inflata* („aufgeblasen"). Der Kelch als ein erweiterter Vorraum der eigentlichen Blüte dient als „Windfang". Außer Nachtfaltern gehören auch Honigbienen zu den Bestäubern. Gelegentlich schließt die Art mit ihren über 1 m tief greifenden Wurzeln als Rohbodenbesiedlerin Neuland auch für andere Blütenpflanzen auf, die wie sie als Pioniere wirken.

## 4 Weiße Lichtnelke
*Silene alba*

40–80 cm Juni–Sept. ☉ 65

**Kennzeichen:** Blüten 2–3 cm groß, Kronblätter tief 2geteilt, zweihäusig, weibliche Blüten mit bauchigem (**4b**), männliche mit walzenförmigem Kelch (**4a**).

**Vorkommen:** An nährstoffreichen Wegrändern, Rainen und Schuttplätzen allgemein recht häufig.

**Wissenswertes:** Diese auch als Nacht-Lichtnelke (Nachtnelke) und als *Melandrium album* bekannte Art mit starker UV-Licht-Reflektion der weißen Blüten kommt erst nachts so richtig zur Geltung. Dann entsendet sie ihren starken, angenehmen Duft und lockt langrüsselige Nachtfalter an. Winzlinge unter den Insekten werden zurückgewiesen; dafür sorgen schon die 2 mm hohen Schuppen, die als Nebenkrone den Schlundeingang umgeben.

1

2a

2b

3

4a

4b

## 1 Weiße Seerose
*Nymphaea alba*

5–10 cm Juni–Sept. ♃ 4

**Kennzeichen:** Schwimmblattgewächs mit großen weißen Blüten; mit einem Durchmesser von über 15 cm die größten Blüten der heimischen Flora; Stengelquerschnitt rund; Schwimmblätter im Umriß rundlich (bei der Teichrose abgeflacht bzw. stärker oval).

**Vorkommen:** In nährstoffreichen stehenden und langsam fließenden Gewässern; Wassertiefe zwischen 0,5 und 3 m; vor allem im Norden, Osten und im Süden, nur vereinzelt in der Mitte.

**Wissenswertes:** Eine Abfolge unterschiedlicher Zwischenformen bewirkt einen fließenden Übergang von den Staub- zu den Blütenblättern. Dieses für die Evolution der Blüten sehr bemerkenswerte Phänomen kann bei der Weißen Seerose beispielhaft demonstriert werden. – Eine besondere Anpassung an intensive Sonneneinstrahlung, Wellengang, Hagel und wechselnde Wasserstände zeigen die auf dem Wasser schwimmenden Blätter: Sie besitzen eine derbe, elastische Struktur und ihre Oberfläche ist mit einer wasserabstoßenden Wachsschicht überzogen. Bemerkenswert ist auch, daß sich – abweichend von der Regel – die Spaltöffnungen auf der Blattoberseite befinden. Durchhängende, bis zu 3 m lange Blattstiele stellen die Verbindung zum armdicken, wenig verzweigten Rhizom her, das als Sproßersatz im Schlamm liegt und dort durch Wurzeln verankert ist.

## 2 Christrose
*Helleborus niger*

10–30 cm Jan.–Apr. ♃ 6

**Kennzeichen:** Winterblüher; Blüte weiß bis schwach rosa, auf dickem, rötlichgrünem Stengel; Laubblätter wintergrün, ledrig, 7–9teilig.

**Vorkommen:** Nur in den östlichen Kalkalpen, meistens in lichten Buchen- oder Kiefernwäldern auf kalk-, nährstoff- und humusreichen Lehmböden.

**Wissenswertes:** Gezüchtete Formen der Christrose haben meistens noch etwas größere Blüten; sie verwildern nur selten und kaum dauerhaft. Gut erkennbar sind die 15–20 gelblichen „Honigblätter" (Nektarien) zwischen den zahlreichen Staub- und den blumenblattähnlichen Kelchblättern als kleine tütenförmige Gefäße. Die Samen, die in den einzelnen Balgfrüchten heranreifen, werden wegen ihrer ölhaltigen Anhängsel (Elaiosomen) von Ameisen verschleppt. Wegen ihrer winterlichen, bei Zuchtformen oft weihnachtlichen Blütezeit ist die Christrose sehr bekannt und beliebt. Gemeinsam mit der Schneeheide verbreitet sie im weithin winterlich starren Garten ebenso wie im Gebirge Frühlingshoffen, selbst wenn es noch friert und die Blüten zeitweilig im Schnee versinken. Ein schwarzbraunes Pulver, aus dem Wurzelstock gewonnen, verursacht heftigen Niesreiz, worauf der Name „Schwarze Nieswurz" hinweist.

## 3 Christophskraut
*Actaea spicata*

30–60 cm Mai–Juli ♃ 6

**Kennzeichen:** Blüten in endständiger Traube, meist mit 4 Blütenblättern und zahlreichen die Blüten beherrschenden Staubblättern; Blätter nur 1–3 je Stengel, 3teilig, mit unpaarig gefiederten Blattabschnitten.

**Vorkommen:** Zerstreut in Wäldern und Gebüschen, vor allem in Bergwäldern mit kalkreichem Untergrund und im Nordosten.

**Wissenswertes:** Unter den Hahnenfußgewächsen stellt das Christophskraut insofern einen Sonderfall dar, als es als Früchte schwarze Beeren hat (**3b**). Es ist nach Christophorus benannt, dem Schutzpatron gegen die Pest.

## 4 Weiße Alpenanemone
*Pulsatilla alpina*

10–30 cm Mai–Juli ♃ 6

**Kennzeichen:** Blüten einzeln, bis 6 cm groß, auf langem Stiel; Blätter 3fach geteilt; Stengel zottig behaart.

**Vorkommen:** Auf Alpenmatten, im Latschen- und Alpenrosengebüsch, auf Geröll; meistens gesellig; nur in den Alpen.

**Wissenswertes:** Wegen der Haarschweife, die den Nüßchen als Flugorgan dienen, wird die Art auch „Teufelsbart" genannt.

1a

1b

2b

2a

3b

3a

4

## 1 Busch-Windröschen
*Anemone nemorosa*

5–20 cm März–Apr. ♃ 6

**Kennzeichen:** Bekannter Frühblüher; Blüten 1,5–4 cm groß, weiß, oft etwas rötlich, unbehaart; Blätter 3teilig.

**Vorkommen:** In Laubwäldern und Gebüschen im gesamten Gebiet außer auf gar zu sauren und nährstoffarmen Böden; im Bergland auch auf Wiesen; insgesamt sehr häufig.

**Wissenswertes:** Bei den charakteristischen drei Blättern handelt es sich um Hochblätter, die erst den Blütenknospen Schutz gewähren und später – oft als einzige grüne Blätter – die Aufgabe der Photosynthese wahrnehmen. Die frühe Blütezeit ist dem Busch-Windröschen möglich, weil die zum Aufbau der Pflanze erforderlichen Assimilate schon im Vorjahr gebildet und im als Überdauerungsorgan dienenden Rhizom gespeichert wurden. Die Blüten öffnen und schließen sich im Tag-Nacht-Wechsel, was vor allem für den Pollen einen gewissen Schutz vor Feuchtigkeit und für die Narben Kälteschutz bedeutet.

## 2 Großes Windröschen
*Anemone sylvestris*

15–40 cm Apr.–Juni ♃ 6

**Kennzeichen:** Blüten weiß, rötlich angehaucht, 4–7 cm groß; Blätter 5teilig.

**Vorkommen:** Nur in den kalkreichen Mittelgebirgen nördlich der Donau regional verbreitet; nordwärts bis in den Harz; an trockenwarmen Waldrändern, Böschungen und in lichtem Gebüsch.

**Wissenswertes:** Wenn die Nüßchen reifen, tragen sie einen Haarschopf, der die Verbreitung durch den Wind erleichtert. Die Art ist vielerorts in ihrem Bestand gefährdet und bedarf deshalb eines besonderen Schutzes.

## 3 Gletscher-Hahnenfuß
*Ranunculus glacialis*

5–15 cm Juli–Aug. ♃ 6

**Kennzeichen:** Stengel dicht am Boden, nur blütentragende Stiele aufsteigend; Blätter 3zählig mit 3–4spaltigen Blättchen, deutlich verdickt, dunkelgrün; Blütenblätter weiß, oft aber auch rötlich; Kelch außen rotbraun und behaart.

**Vorkommen:** Im Hochgebirge als Pionier an Hängen, in Gesteinsschutt, auf feuchten Moränenböden; vor allem auf Silikatschutt.

**Wissenswertes:** Der Gletscher-Hahnenfuß trägt seinen Namen zu Recht, weil er unter allen Blütenpflanzen am weitesten bis in Gletschernähe vordringt. Mit Vorkommen in der alpinen Stufe oberhalb von 4000 m ist er die am höchsten beheimatete Blütenpflanze Europas.

## 4 Wasser-Hahnenfuß
*Ranunculus aquatilis*

bis 5 cm Apr.–Aug. ♃ 6

**Kennzeichen:** Blütenreiche Wasserpflanze; Stengel untergetaucht, bis zu 150 cm lang; Blütenstiele deutlich länger als die Stiele der gelappten Schwimmblätter.

**Vorkommen:** In nährstoffreichen, aber kalkarmen Weihern und Teichen mit einer Wassertiefe von bis zu 2 m.

**Wissenswertes:** In Schul- und Lehrbüchern dient die Art als Beispiel für Verschiedenblättrigkeit (Heterophyllie). Unter Wasser sind die Blätter fädig zerteilt und dadurch bei vergrößerter Oberfläche besser zum Gasaustausch und zur Nährsalzaufnahme befähigt. Die schwimmenden und erst recht die an der Luft wachsenden Blätter sind dagegen stärker flächig ausgebildet, und zwar meistens nierenförmig und 3–5spaltig (**4b**).

## 5 Flutender Hahnenfuß
*Ranunculus fluitans*

bis 5 cm Juni–Aug. ♃ 6

**Kennzeichen:** Ebenfalls blütenreiche Wasserpflanze; Stengel 1–6 m lang, flutend, verzweigt; Blätter alle gleich gestaltet, borstenförmig zerschlitzt.

**Vorkommen:** In schnell fließenden, sauerstoffreichen Bächen und kleinen Flüssen; seltener als die vorige Art.

**Wissenswertes:** Die Bestände dieser Art sind effektive Sauerstoffproduzenten, allerdings bei Massenauftreten auch gelegentlich ein Hindernis für die Schiffahrt, vor allem für Sportboote.

1a

1b

2

3

4a

4b

5

## 1 Rankender Lerchensporn
*Corydalis claviculata*

Bis 1 m Juni–Sept. ⊙ 9

**Kennzeichen:** Klettergewächs mit dünnem, wenig standfestem, 4kantigem Stengel; Blüten zu 5–12 in dichten Trauben, knapp 1 cm lang, mit kurzem Sporn; Blätter gefiedert mit Wickelranken statt der End- und der obersten Seitenfiedern.

**Vorkommen:** Nur im Nordwesten, vor allem in Eichen-Birkenwäldern und aufgelichteten Kiefernforsten; stets auf sauren Lehm- oder Sandböden.

**Wissenswertes:** Dank seiner Wickelranken kann sich der Rankende Lerchensporn in Kräutern und niedrigem Gesträuch zum Licht emporstrecken. Die Art gilt als typisches Element der euatlantischen Klimaregion und kommt demgemäß weiter verbreitet und zum Teil recht häufig auf den ihr zusagenden Waldstandorten von Belgien über die Niederlande bis zur Elbe vor. Zur Zeit breitet sie sich offensichtlich weiter in das Binnenland aus.

## 2 Knoblauchsrauke
*Alliaria petiolata*

30–100 cm Apr.–Juli ⊙–♃ **54**

**Kennzeichen:** Blätter herzförmig, buchtig gezähnt, mit starkem Knoblauchgeruch beim Zerreiben; Kreuzblütler mit knapp 1 cm großen Blüten in doldig abgeflachten Trauben.

**Vorkommen:** Fast im gesamten Gebiet; an beschatteten Wegrändern, auf Schuttplätzen, in Wäldern und Gebüschen, sofern die Böden nährstoffreich, locker und nicht zu trocken sind.

**Wissenswertes:** Weil zunehmend altes Gartenland brach fällt, viele Gebüsch- und Wegränder durch Abfälle verschmutzt und durch Düngereintrag eutrophiert werden, können sich allenthalben die nitrophilen, d.h. die stickstoffliebenden Pflanzenarten, zu denen auch die Knoblauchsrauke gehört, auffallend ausbreiten. Sie beherrscht oft schon ganze Wald- und Gebüschsäume gemeinsam mit anderen Nitrophilen wie Brennessel, Kletten-Labkraut und Gemeinem Giersch. Früher war sie als Salatpflanze in den Bauerngärten vertreten. Mit den zerkleinerten Blättern werden auch heute noch gern Salate und Gemüs[e] gewürzt.

## 3 Meerrettich
*Armoracia rusticana*

40–150 cm Mai–Juni ♃ **54**

**Kennzeichen:** Grundblätter sehr markan[t], bis zu 60 cm lang; Stengelblätter fiederspaltig; Blüten klein, in Doldentrauben.

**Vorkommen:** Als Kulturrelikt in verwilderte[n] Gärten, auf Schuttplätzen und nährstoffreichem Wildland; ziemlich weit verbreitet.

**Wissenswertes:** Die bekannte Gewürzpflanze ist im ausgehenden Mittelalter au[s] Südosteuropa eingewandert. Für den Menschen wertvoll ist ihre fleischige Pfahlwurze[l], die bei angebauten und später dauerhaft verwilderten Formen mehrere Zentimeter dic[k] sein kann. Sie hat einen beißend scharfe[n] Geschmack und eine heftige Reizwirkung au[f] Augen und Nase. Zum Würzen von Fleisch und Soßen sind geriebene Wurzeln nach wie vor willkommen. Da der Meerrettich häufig keine Samen ausbildet, ist er auf die vegetative Vermehrung durch Wurzelstücke angewiesen, die durch Garten- und Erdarbeiten, aber wohl auch durch Kleinnager verbreite[t] werden.

## 4 Echte Brunnenkresse
*Nasturtium officinale*

30–80 cm April-Aug. ♃ **54**

**Kennzeichen:** Ähnlich dem Bitteren Schaumkraut (S. 114); Stengel liegend bis aufsteigend, kahl, hohl, Blätter gestielt, unpaarig gefiedert; Blütentraube mit kopfig gedrängten Blüten.

**Vorkommen:** Vor allem im klaren, kühlen Wasser von Quellteichen und fließenden Gewässern (**4b**), sofern der Untergrund sandig oder kiesig und möglichst nährstoff- und kalkreich ist; fehlt in reinen Sandgebieten und kalkarmen Mittelgebirgen.

**Wissenswertes:** Im zeitigen Frühling ist die Echte Brunnenkresse eine beliebte Salat- und Gemüsepflanze mit hohem Vitamin-C-Gehalt und harntreibender Wirkung. Sie wird gerade neuerdings auch gern in Wasserbecken kultiviert.

1

2a

2b

3

4a

4b

## 1 Bitteres Schaumkraut
*Cardamine armara*

10–50 cm Apr.–Juni ♃ **54**

**Kennzeichen:** Im Gegensatz zur Echten Brunnenkresse Stengel nicht hohl, sondern markig und Staubbeutel nicht anfangs gelb, sondern immer rotviolett.

**Vorkommen:** Fast im gesamten Gebiet in Quellfluren und Erlenbruchwäldern, auf sikkernassen, nährstoffreichen Böden und am Rande fließender Gewässer.

**Wissenswertes:** Auch diese Art ist wie die Echte Brunnenkresse für Wildsalate geeignet, obwohl sie noch etwas bitterer schmeckt. Mischung mit anderen Wildkräutern ist empfehlenswert. Der Vitamin C-Gehalt und die Möglichkeit, grüne Pflanzenteile schon im Vorfrühling sammeln zu können, machten auch das Bittere Schaumkraut in Zeiten mit durchweg vitaminarmer Winternahrung für den Menschen recht wertvoll.

## 2 Spring-Schaumkraut
*Cardamine impatiens*

10–60 cm Mai–Juli ⊙ **54**

**Kennzeichen:** Winzige, dicht gedrängte Blüten, aber als Früchte über 2 cm lange Schoten; Grundblätter rosettig angeordnet, gefiedert, früh absterbend; Stengelblätter ebenfalls gefiedert, größer, mit grob gezähnten Teilblättchen.

**Vorkommen:** In artenreichen Laub- und Mischwäldern, auf Waldwegen und Blockgestein, am häufigsten in Schluchtwäldern; gebietsweise – vor allem im Norden – fehlend.

**Wissenswertes:** Beim Öffnen der Schoten, das auch durch Berührung ausgelöst werden kann, rollen sich die beiden Fruchtblätter urplötzlich auf, während die starren Rahmen der Scheidewand stehen bleiben. Dabei springen (Name!) die Samen bis zu 5 m weit.

## 3 Garten-Schaumkraut
*Cardamine hirsuta*

5–20 cm März–Juni ⊙ **54**

**Kennzeichen:** Eine kleine, in Gärten oft sehr gesellig auftretende Pflanze; stets sowohl mit Grund- als auch mit Stengelblättchen (letztere nur 2–4), gefiedert; an Blattstielen und Rändern der Teilblättchen spärlich behaart.

**Vorkommen:** Auf nährstoffreichen, nur lükkig begrünten Gartenböden, auch gelegentlich auf Äckern und in Weinbergen; zur Zeit in starker Ausbreitung begriffen.

**Wissenswertes:** Selten hat sich in den Gärten eine bislang unbekannte Art so weit und rasch ausgebreitet wie in den 70er und 80er Jahren das Garten-Schaumkraut. Maßgeblich dazu beigetragen haben Groß- und Versandgärtnereien und -baumschulen, die mit dem torfigen Wurzelsubstrat von Kräutern und den Wurzelballen von Sträuchern und Bäumen die Samen in Tausende von Gärten und Parkanlagen schickten.

## 4 Rauhe Gänsekresse
*Arabis hirsuta*

15–60 cm Mai–Juli ⊙–♃ **54**

**Kennzeichen:** Stengel aufrecht, meistens unverzweigt, im unteren Teil rauh behaart (Name!); Stengelblätter eiförmig bis lanzettlich, lang behaart, mit pfeilförmigem Grunde stengelumfassend.

**Vorkommen:** Auf nährstoffarmen Wiesen, Wegrändern und Böschungen; nur auf kalkreichem Untergrund, vor allem im Süden.

**Wissenswertes:** Dieser rauhhaarige Kreuzblütler hat seinen Verbreitungsschwerpunkt in Kalk-Magerrasen zwischen Main und Alpen.

## 5 Graukresse
*Berteroa incana*

30–50 cm Juni–Okt. ⊙ **54**

**Kennzeichen:** Weißgrauer Kreuzblütler (Name!); Stengel und Blätter dicht filzig mit Sternhärchen überzogen und dadurch graugrün; Stengelblätter länglich-lanzettlich, sitzend; Blütenblätter tief 2spaltig.

**Vorkommen:** An Böschungen und Wegrändern, auf Ödland und Industriebrache; meistens auf Sandböden; stets kalkarme, aber nährstoffreiche Standorte; im gesamten Gebiet, aber mit großen Verbreitungslücken.

**Wissenswertes:** Der wissenschaftliche Gattungsname erinnert an den italienischen Arzt Carlo Giuseppe Bertero (1789–1831), der vor allem in Chile botanisierte.

1
2
3
5a
4
5b

## 1 Dänisches Löffelkraut
*Cochlearia danica*

10–20 cm Mai–Juni ⊙ 54

**Kennzeichen:** Kleine Sandpflanze mit kahlen Stengeln und Blättern; weiße Kreuzblüten zu mehreren in endständiger Traube; Schötchen kugelig bis eiförmig, mit gewölbten Klappen; Stengelblätter handförmig gelappt, efeuähnlich; Grundblätter ganzrandig, bis 1 cm lang, zur Blütezeit allerdings schon abgestorben.

**Vorkommen:** An der Nord- und westlichen Ostseeküste auf nur lückig bewachsenem, zeitweilig überflutetem Schlick; auf salzwasserübersprühten Felsbändern und Salzwiesen.

**Wissenswertes:** Hier handelt es sich um eine Art, die zwingend eines gewissen Kochsalzgehaltes im Boden bedarf. Ihren Gattungsnamen trägt sie wegen der löffelartig geformten und gestielten Grundblätter.

## 2 Echtes Löffelkraut
*Cochlearia officinalis*

20–40 cm Mai–Juni ⊙ 54

**Kennzeichen:** Im Unterschied zum Dänischen Löffelkraut obere Stengelblätter stengelumfassend, geöhrt; Schötchen mit bleibendem Griffel besetzt.

**Vorkommen:** Außer an der Meeresküste auch auf einigen salzhaltigen Standorten im Binnenland; vor allem in der östlichen Nordsee, von der Wesermündung an ostwärts; an der schleswig-holstein schen Nord- und Ostseeküste; am häufigsten im Außendeichbereich auf Salzwiesen.

**Wissenswertes:** Die Art enthält Bitterstoffe, Senfölglykoside und vor allem auch Vitamin C und wird deshalb auch als Salatpflanze angebaut. An der Küste galt sie als wertvoller Vitaminspender und geschätzter Bestandteil von Wildkrautsalaten.

## 3 Hirtentäschelkraut
*Capsella bursa-pastoris*

20–40 cm ganzjährig ⊙ 54

**Kennzeichen:** Winzige Blüten, aber auffällige und bekannte 3eckige, taschenähnliche Schötchen (Name!) in lockeren Trauben, deu lich vom Stengel abstehend; grundständig Blätter in einer Rosette, fiederteilig.

**Vorkommen:** Auf nährstoffreichen Böden Gärten, auf Äckern, an Wegrändern und a Brachland; überall anzutreffen.

**Wissenswertes:** Das Hirtentäschelkraut h keinen festen Blührhythmus; es kann bei m dem Wetter auch im Winter blühen. Die Schö chen sind so markant geformt, daß sie jede mann kennt. Sie sollen an Hirtentaschen erir nern, was sowohl der deutsche als auch d wissenschaftlichen Namen belegen (la capsella = Tasche, lat. bursa pastoris = Hirter tasche). Ein beliebtes Kinderspiel ist es, d Schötchen etwas herabzuziehen und damit z klimpern; aus dem Hirtentäschelkraut wir dann ein „Schellenbaum".

## 4 Acker-Hellerkraut
*Thlapsi arvense*

10–30 cm Mai–Sept. ⊙ 5

**Kennzeichen:** Im Unterschied zur vorige Art auffallende, flache und fast kreisrund Schötchen, die an eine Geldmünze erinner (Name!); Stengel kantig, kahl; zerriebene Blä ter mit Lauchgeruch.

**Vorkommen:** Als Unkraut in Gärten un Hackfruchtfeldern, an Wegrändern und au Schuttplätzen.

**Wissenswertes:** Das Acker-Hellerkraut is schon in der Jungsteinzeit nach Mitteleurop gelangt und trotzt bis auf den heutigen Ta allen Bemühungen, es zu verdrängen; selbs gegen Herbizide setzt es sich immer wiede durch.

## 5 Stengelumfassendes Hellerkraut
*Thlapsi perfoliatum*

5–20 cm März–Mai ⊙ 54

**Kennzeichen:** Stengel rund; Pflanze ohne Lauchgeruch; Blätter ganzrandig, sitzend, mi herz- oder pfeilförmigem Grund stengelum fassend.

**Vorkommen:** Nur auf kalkreichen, nährstoff armen Böden; an Wegrändern, in lückiger Ve getation flachgründiger Standorte, in Weinber gen und Trockenrasen; fehlt im Norden und ir Teilen des Alpenvorlandes.

1
2
3
4a
4b
5

## 1 Hungerblümchen
*Erophila verna*

2–15 cm Febr.–Mai ⊙ [54]

**Kennzeichen:** Ein schmächtiges Pflänzchen mit blattlosem Stengel und einer Grundrosette aus lanzettlich-eiförmigen Blättern.

**Vorkommen:** Im gesamten Gebiet auf sandigen Äckern, lückigen Magerrasen, an Böschungen, auf Mauern und Felsen.

**Wissenswertes:** Dieser zierliche Kreuzblütler ist der Konkurrenz anderer Arten nicht gewachsen. Er kann daher nur mal hier oder dort auftauchen, wo die Vegetation auf besonders armen Standorten Lücken aufweist. Der Name mag sowohl von der geringen Produktionskraft der Äcker, auf denen das Hungerblümchen wächst, als auch von dessen schmächtigem Wuchs herrühren.

## 2 Feld-Kresse
*Lepidium campestre*

20–50 cm Apr.–Juni ⊙ [54]

**Kennzeichen:** Blüten weiß, unauffällig, an der Spitze in reichblütigen Trauben; um so deutlicher die eiförmigen, 0,5 cm langen Schötchen; Stengel abstehend behaart.

**Vorkommen:** Mit größeren Verbreitungslükken im gesamten Gebiet auf kalk- und nährstoffreichen Böden; vor allem auf Hackfruchtäckern, Wegrändern und Schuttplätzen.

**Wissenswertes:** Die Schötchen sind vorn geflügelt und ausgerandet. Weil sie bei der Reife mehr oder weniger waagerecht stehen, werden sie leicht von Regentropfen getroffen. Dadurch, daß die Schötchen beim Aufprall zurückweichen und danach wieder vorschnellen, werden die Samen herausgeschleudert. „Regenballisten" nennt der Botaniker jene Pflanzenarten, die sich zur Verbreitung ihrer Samen einer solchen Methode bedienen.

## 3 Pfeilkresse
*Cardaria draba*

20–60 cm Mai–Juli ♃ [54]

**Kennzeichen:** Blütenstände an der Spitze von Haupt- und Nebensprossen, traubig; obere Stengelblätter bis 10 cm lang, sitzend, pfeilförmig stengelumfassend.

**Vorkommen:** Auf warmen, trockenen, kal und nährstoffreichen Böden; an Wegränder und auf Industrieödland, auf Rainen und Weinbergen; nur regional häufiger.

**Wissenswertes:** Die Art ist erst seit den 20 Jahren des vorigen Jahrhunderts aus Südos nach Mitteleuropa vorgedrungen. Sie gehö vielfach zu den „Bahnbegleitern", die si deshalb so auffällig entlang von Bahnlinie ausbreiten können, weil die Samen vom Fahr wind der Züge mitgerissen werden.

## 4 Rundblättriger Sonnentau
*Drosera rotundifolia*

5–20 cm Juli–Aug. ♃ [2

**Kennzeichen:** Blätter rötlich, langgestielt, i einer grundständigen Rosette, mit langstie ligen Drüsenzotten besetzt; Blütenstiele unbe blättert (**4b**).

**Vorkommen:** Vor allem im Norddeutsche Tiefland, im Fichtel- und Erzgebirge und in Alpenvorland; in Moorgebieten, auf Torfmoos polstern, auf Torf oder in Heiden auf humosen Sand.

**Wissenswertes:** Die Sonnentau-Arten die nen als Paradebeispiel für fleischfressend Pflanzen in Mitteleuropa. Die wie Tau glitzern den Tropfen (Name!) auf den Spitzen der lang stieligen Drüsenzotten enthalten eiweißspal tende Verdauungsfermente. Kurzstieliger Verdauungsdrüsen befinden sich in der Blatt mitte. Von den glitzernden und duftender „Tautropfen" werden kleine Insekten ange lockt, von der schleimartigen Flüssigkeit fest gehalten und schließlich durch Krümmung ar die Verdauungsdrüsen weitergereicht. Die Nutzung der tierischen Stickstoffverbindun gen ist für die Sonnentau-Arten angesichts ihrer nährstoffarmen Standorte bedeutsam.

## 5 Mittlerer Sonnentau
*Drosera intermedia*

5–10 cm Juli–Aug. ♃ [23]

**Kennzeichen:** Blätter länglich-keilförmig, fast so lang wie der Blütenstand.

**Vorkommen:** Wie die vorige Art stark gefährdet; noch mehr auf Vorkommen in Norddeutschland, im Voralpenraum und in der Lausitz beschränkt.

1

2

3

4a

4b

5

## 1 Weißer Mauerpfeffer
*Sedum album*

5–20 cm Juni–Aug. ♃ 20

**Kennzeichen:** Rasen aus dicht beblätterten blütenlosen und locker beblätterten blütenreichen Stengeln; Blätter fleischig, länglich-keulenförmig, kahl, fast waagerecht abstehend; Blüten weiß oder hellrötlich, mit 5 sehr schmalen Blütenblättern.

**Vorkommen:** In der Mitte und im Süden regional auf Felsen und Mauern, Kiesdächern und grusig-steinigem Untergrund.

**Wissenswertes:** Der Weiße Mauerpfeffer gehört wie alle *Sedum*-Arten zu den Pflanzen mit als Wasserspeicher verdickten Blättern. Eine derart sukkulente Art trug bereits bei den Römern den Namen „Sedum".

## 2 Knöllchen-Steinbrech
*Saxifraga granulata*

15–40 cm Apr.–Juni ♃ 21

**Kennzeichen:** Rosette aus nierenförmigen, gekerbten Blättern ohne Kalkausscheidungen; Brutknöllchen in den Achseln abgestorbener Blätter am Stengelgrund; Stengel aufrecht, mit kleineren Blättern und wenigen Blüten in einer unregelmäßigen lockeren Rispe.

**Vorkommen:** Ein Steinbrech der kalkarmen Mittelgebirgslagen, der sowohl im Nordwesten als auch in den Alpen fehlt; meistens auf Wiesen und an Waldrändern.

**Wissenswertes:** Mit den „Knöllchen" (Name!) sind die Brutknöllchen oder Bulbillen gemeint. Sie gelangen durch Zugwurzeln zusammen mit abgestorbenen Rosettenblättern, in deren Blattachseln sie gebildet wurden, unter welke Pflanzenteile und Bodenkrumen. Sie dienen der vegetativen Vermehrung der Pflanze, die auch im Winter grün ist.

## 3 Finger-Steinbrech
*Saxifraga tridactylites*

2–15 cm März–Mai ⊙ 21

**Kennzeichen:** Einzige einjährige Steinbrech-Art Mitteleuropas; sowohl Grund- als auch Stengelblätter oft 3lappig und mit keilförmigem Grund zum Stengel verschmälert; drüsenhaarig; Frühblüher.

**Vorkommen:** Auf kalkarmen Böden; auf Sandäckern, in Magerrasen, auf mit Kies abgedeckten Flachdächern und auf Mauerkronen; allerdings nur regional.

**Wissenswertes:** Keine andere Steinbrech-Art dringt so deutlich auch in Industriebiotope vor. Man trifft ihn auf Bergbau- und Industriebrachen ebenso an wie an Bahndämmen, wo er vielfach zu den Pionieren gehört und sich neuerdings deutlich ausbreitet.

## 4 Rundblättriger Steinbrech
*Saxifraga rotundifolia*

15–50 cm Juni–Sept. ♃ 21

**Kennzeichen:** Rosettenblätter langgestielt, im Umriß rundlich (Name!), gezähnt, im Vergleich zu anderen Steinbrech-Arten dünnfleischig; Blütenrispe locker, reichblütig.

**Vorkommen:** In den Alpen in Schluchtwäldern, an Bachufern, in Hochstaudenfluren; auf kalk- und nährstoffreichen Böden.

**Wissenswertes:** Unter seinen Verwandten gehört der Rundblättrige Steinbrech zu den wenigen, die halbschattige Standorte mit hoher Luftfeuchtigkeit den voll sonnenexponierten vorziehen (vgl. Blattstruktur!).

## 5 Rispen-Steinbrech
*Saxifraga paniculata (S. aizoon)*

5–40 cm Mai–Juli ♃ 21

**Kennzeichen:** Bekannte Steinbrech-Rosetten (**5b**); felsbewohnende Pflanze mit zungenförmigen, lederartigen, scharf gesägten Blättern, mit weißen Kalkschüppchen; Blüten 5 cm groß, in Rispen (Name!).

**Vorkommen:** Außer in den Alpen im Südschwarzwald, den Vogesen und auf der Schwäbischen Alb; in Gesteinsfluren und in Trockenrasen; auf kalkhaltigem Untergrund.

**Wissenswertes:** Diese und mehrere weitere Steinbrech-Arten scheinen geradezu aus dem Stein hervorzubrechen („*Saxifraga*" aus lat. saxum = Stein und frangere = zerbrechen). Der Name wird aber auch mit der Heilwirkung bei Blasensteinen in Verbindung gebracht. Das aus Wasserspalten (Hydathoden) zwischen den Blattzähnchen ausgeschiedene Wasser verdunstet und läßt Kalkschüppchen zurück.

1
2
3
5a
4
5b

## 1 Sumpf-Herzblatt
*Parnassia palustris*

15–30 cm Juni–Aug. ♃ 22

**Kennzeichen:** Markante ganzrandige, herzförmige Grundblätter (Name!); ein einziges stengelumfassendes Laubblatt am Stengel, der an der Spitze eine einzige, 2–3 cm große Blüte trägt.

**Vorkommen:** In Flach- und Quellmooren, aber auch auf Magerrasen, soweit der Boden kalkreich und feucht ist; vor allem im Süden, im Norden stark zurückgehend.

**Wissenswertes:** Die Staubblätter stehen in zwei Kreisen zu je 5 (**1b**). Die des äußeren Kreises reifen in festgelegter Reihenfolge und bieten den Pollen feil; die des inneren Kreises sind zu Nektarschuppen umgewandelt, die an ihrer Basis zwar Nektar, an ihrer Spitze jedoch ganz normale Wassertröpfchen absondern. Auf diese glitzernden Tröpfchen fallen aber nur ganz bestimmte, im Grunde unerwünschte Insekten wie Fliegen herein. Sie werden abgelenkt, während der Nektar „klügeren“, d.h. vor allem blütensteten Insektenarten vorbehalten bleibt.

## 2 Wald-Geißbart
*Aruncus dioicus*

80–120 cm Juni–Juli ♃ 24

**Kennzeichen:** Stengel steif aufrecht, rispenartig verzweigter Blütenstand mit Hunderten winziger sitzender Blütchen; Blätter 2–3fach gefiedert und bis zu 1 m lang.

**Vorkommen:** An schattigen, luftfeuchten Orten in Schluchtwäldern, an steilen Hängen und Bergbächen, zerstreut, nur im Süden, aber auch dort gebietsweise fehlend.

**Wissenswertes:** Die Art ist das einzige zweihäusige Rosengewächs in Mitteleuropa. Weibliche Pflanzen haben unscheinbare Blüten und dünne Blütenstände; männliche Pflanzen erscheinen mit über 20 Staubblättern je Blüte buschiger und fülliger.

## 3 Großes Mädesüß
*Filipendula ulmaria*

60–150 cm Juni–Aug. ♃ 24

**Kennzeichen:** Stattliche Staude mit üppigen und dichten Blütenständen (**3b**); Blätter un paarig gefiedert mit den für Rosengewächs typischen Nebenblättern und einer besonde dekorativen Abfolge von Fiederblättern unte schiedlicher Größe.

**Vorkommen:** Auf nassen Wiesen, in Gräbe und an Bachufern; im gesamten Gebiet, zum Teil sehr häufig.

**Wissenswertes:** Nur wenige andere Pflan zenarten offener Standorte verbreiten eine vergleichbar starken, mandelartigen Duft wi das Mädesüß, das ganzen Tallandschafte eine eigene Duftnote verleihen kann. Ob e auch bei der Namensgebung für die Art inso fern eine Rolle gespielt hat, als sie der Mahd (dem Heu) seinen süßlich schweren Duft gib ist nicht ganz sicher. Vielleicht stand auch de Met (Bier) bei dem Namen Pate, zumal ge sichert ist, daß die fleischigen Wurzeln bei de Bierbrauerei verwandt wurden. Für Duft sträuße und Kräuterkissen sowie zum Aroma tisieren von Desserts und Getränken wird Mä desüß gerade heute wieder empfohlen. Wur zeln und junge Triebe kommen als Wildge müse in Betracht. – Die Art hat sich mit de Aufgabe der Nutzung vieler feuchter bis nas ser Wiesen stark ausgebreitet und die Vorherr schaft in den aufkommenden Hochstauden fluren übernommen.

## 4 Kleines Mädesüß
*Filipendula vulgaris (F. hexapetala)*

30–80 cm Mai–Juli ♃ 24

**Kennzeichen:** Einzelblüten der vorigen Ar ähnlich, aber fast doppelt so groß; bei beider Arten überragen in der Blütenrispe die Seitenzweige die Hauptachse; Blüten bei der vorigen Art auf der 5-Zahl, bei dieser auf de 6-Zahl aufgebaut (griech. hexapetala = 6 Blütenblätter); Blätter unpaarig gefiedert, mi 10–25 Fiederpaaren.

**Vorkommen:** Nur im Süden und Osten; au Kalkmagerrasen, in Gebüschsäumen unc lichten Trockenwäldern.

**Wissenswertes:** Die wärmeliebende Art, die vor allem in den kontinentalen Landschaften Osteuropas beheimatet ist, erreicht in Mitteleuropa die Nordwestgrenze ihrer Verbreitung. Als Gartenpflanze ist sie häufiger anzutreffen als ihre zuvor behandelte Verwandte.

1a

1b

2

3a

3b

4

## 1 Wald-Erdbeere
*Fragaria vesca*

5–15 cm Apr.–Juni ♃ 24

**Kennzeichen:** 3zählige Blätter, die unterseits heller sind als oberseits; Blütenblätter 5, vorne abgerundet, einander überdeckend; Blütenboden kahl.

**Vorkommen:** An hellen bis halbschattigen Stellen in aufgelichteten Wäldern, an Waldwegen und Waldrändern; allgemein verbreitet.

**Wissenswertes:** Die süßeste unter den heimischen Wildobstarten ist so bekannt, daß es kaum einer näheren Beschreibung bedarf. Neben der Verbreitung der Nüßchen, die auf der fleischig vergrößerten Blütenachse stehen und an der vor allem Vögel und Schnecken beteiligt sind, spielt auch die vegetative Vermehrung eine wichtige Rolle. Die Ausläufer, die bis über 2 m lang werden können, bewurzeln sich an den Knoten und bilden dort die Rosetten neuer Tochterpflänzchen. Die als Gartenpflanze bekannte Monats-Erdbeere ist aus der Wald-Erdbeere hervorgegangen.

## 2 Erdbeer-Fingerkraut
*Potentilla sterilis*

5–15 cm März–Mai ♃ 24

**Kennzeichen:** Der Wald-Erdbeere ähnlich, aber Blütenblätter einander nicht berührend; Blütenboden behaart.

**Vorkommen:** In nährstoff- und krautreichen Eichen-Mischwäldern verbreitet; nur im Norden, Osten und Südosten mit größeren Verbreitungslücken.

**Wissenswertes:** Die Art ist ebenfalls zu generativer und vegetativer Vermehrung fähig, bringt aber keine schmackhaften „Beeren“ – in Wirklichkeit Sammelnußfrüchtchen – hervor und erhielt deshalb von Linné den Artnamen „sterilis“. Die Ausläufer der Erdbeer-Doppelgängerin sind viel kürzer, meistens höchstens 10–20 cm lang.

## 3 Weißer Steinklee
*Melilotus alba*

30–120 cm Juni–Sept. ⊙–♃ 25

**Kennzeichen:** Blüten in lockeren, langen und reichblütigen Trauben, hängend; Blätte kleeartig, 3teilig; Teilblättchen eiförmig-lanzettlich.

**Vorkommen:** Im gesamten Gebiet auf Ödland, Schuttplätzen, Industriebrache und an Wegrändern, vor allem auf Rohböden.

**Wissenswertes:** Die Art ist ebenso wie ihre gelbblühende Verwandte durch einen intensiven Duft ausgezeichnet, der an frisches Heu oder an Waldmeister erinnert und auf den Cumaringehalt zurückgeht. Im Wäscheschrank sind beide Steinklee-Arten wirksame Helfer gegen Motten. Weil er ebenso wie andere Schmetterlingsblütler an den Wurzeln in besonderen Knöllchen Bakterien Domizil bietet, die Luftstickstoff zu binden vermögen, wird der Weiße Steinklee in der Landwirtschaft auch als Gründünger angebaut.

## 4 Weiß-Klee
*Trifolium repens*

5–15 cm Mai–Okt. ♃ 25

**Kennzeichen:** Kugelige Blütenköpfe auf einem langen Stiel; untere Blüten früh braun und nach unten zurückgeschlagen (**4a**).

**Vorkommen:** Im gesamten Gebiet von der Küsten bis ins Hochgebirge; auf Fettweiden, Parkrasen, Wiesen und an Wegrändern.

**Wissenswertes:** Sobald der Rasen etwas weniger häufig geschnitten wird, breitet sich der Weiß-Klee aus, der sich auch dann stark vermehren kann, wenn die Blüten nicht zur Samenreife kommen. Dafür sorgen die zahlreichen unterirdischen Ausläufer. Bienen und viele andere Insekten, aber auch Kleintier-, vor allem Kaninchenhalter, wissen den bis tief in den Winter hinein grünen Klee zu schätzen.

## 5 Berg-Klee
*Trifolium montanum*

10–40 cm Mai–Juli ♃ 25

**Kennzeichen:** Im Unterschied zum Weiß-Klee aufrecht oder zumindest aufsteigend; Einzelblüten sehr kurz gestielt, nach der Blüte nicht zurückgeschlagen.

**Vorkommen:** Im Norden fehlend, in der Mitte punktuell, im Süden zum Teil häufig; auf Kalkmagerrasen, auf anderen Magerwiesen und an Wald- und Gebüschsäumen auf Kalk.

1

2

3

4a

4b

5

## 1 Kleiner Vogelfuß
*Ornithopus perpusillus*

5–25 cm Mai–Juni ☉ 25

**Kennzeichen:** Blüten winzig, weiß, oft etwas rötlich, zu 3–7 in Köpfchen; Stengel niederliegend; Hülsen zwischen den Samen eingeschnürt und dadurch gegliedert, zu mehreren von einem Punkt ausgehend (**1b**).

**Vorkommen:** Auf armen Sandböden; an Wegrändern, auf Sandäckern und schütter bewachsenem Brachland; auch im Dünenbereich; nur im Norden und Osten verbreitet, sonst regional eng begrenzt.

**Wissenswertes:** Die vogelfußähnlichen Hülsen sind sehr markant und trotz ihrer geringen Größe recht auffällig (Name!).

## 2 Wald-Sauerklee
*Oxalis acetosella*

5–15 cm Apr.–Mai ♃ 35

**Kennzeichen:** Blätter kleeähnlich, dreifingerig (Name!); Blütenblätter 5, mit dekorativen rötlichen Adern auf weißem Grund.

**Vorkommen:** Im gesamten Gebiet häufig; in Laubwäldern mit mittlerer Basen- und Nährstoffversorgung.

**Wissenswertes:** Der säuerliche Geschmack der Blätter war der Anlaß für den deutschen wie für den wissenschaftlichen Gattungsnamen (griech. oxys = sauer). Wegen der Giftwirkung der Kleesalz- und der Oxalsäure wird Zurückhaltung beim Genuß der Blätter empfohlen. – Der Frühblüher vermag noch schattigste Stellen im Walde zu besiedeln, wo ihn nur noch 1% des Sonnenlichts erreicht; in dieser Hinsicht hält er unter den grünen Blütenpflanzen Mitteleuropas den Rekord.

## 3 Purgier-Lein
*Linum catharticum*

5–25 cm Mai–Sept. ☉ 36

**Kennzeichen:** Kräutchen mit sparrigem Wuchs, aufrecht oder aufsteigend; Blüten in einem sehr lockeren Blütenstand, weiß, mit gelbem Fleck am Grunde; Blätter entfernt, gegenständig, sitzend, eiförmig bis lanzettlich, ganzrandig.

**Vorkommen:** Im Nordwesten seltener, sonst weit verbreitet, aber immer nur zerstreut; vor allem in feuchteren Kalkmagerrasen.

**Wissenswertes:** Tees aus blühenden Kräutern – frisch zubereitet – wirken abführend oder „purgierend“ (= reinigend), worauf auch der wissenschaftliche Artname hinweist (lat. catharticus = abführend). Vor Überdosierung muß allerdings gewarnt werden.

## 4 Wassernuß
*Trapa natans*

bis 3 cm Juni–Juli ☉ 27

**Kennzeichen:** Wasserpflanze mit Schwimmblättern; diese rhombisch, langgestielt, mit im mittleren Teil verdickten Stielen; Blütenblätter 4, nicht verwachsen.

**Vorkommen:** Nur noch wenige Vorkommen an Altwassern des Oberrheins, der mittleren Elbe und im Spreewald.

**Wissenswertes:** Die besonders wärmeliebende Art war früher weiter verbreitet. Die Verdickungen an den Blattstielen gehen auf die luftgefüllten Kammern im Innern zurück, die den Schwimmblättern Auftrieb geben. Jeweils eine 1samige Nuß ist von dem verholzenden, 4blättrigen Kelch umgeben, der 4 dornartige, mit Widerhaken ausgestattete Fortsätze bildet (**4b**), mit denen sich die Frucht im Bodenschlamm des Gewässers verankert. Die im Herbst reifenden Samen werden seit der Jungsteinzeit hier und dort roh gegessen oder zu Mehl vermahlen.

## 5 Gewöhnliches Hexenkraut
*Circaea lutetiana*

20–60 cm Juni–Aug. ♃ 28

**Kennzeichen:** Blüten in langen, blattlosen Trauben, mit nur 2 Kronblättern; Blätter matt, gegenständig, nur auf den Nerven behaart.

**Vorkommen:** Im gesamten Gebiet vertreten; am häufigsten in feuchten Laubwäldern; gern auf Waldwegen und verdichteten Böden.

**Wissenswertes:** Hier handelt es sich um eines der vielen Zauberkräuter aus dem Umfeld des Aberglaubens unserer Vorfahren. Auch der wissenschaftliche Gattungsname erinnert daran, denn Circe (oder griech. Kirke) war im Altertum eine bekannte Hexe oder Zauberin.

1a

2

1b

3

4a

4b

5

## 1 Sanikel
*Sanicula europaea*

25–40 cm Mai–Juni ♃ 41

**Kennzeichen:** Blüten in kleinen kopfigen Dolden, klein, weiß bis rosa; Grundblätter handförmig geteilt, dunkelgrün, ledrig.

**Vorkommen:** Auf kalk- und nährstoffreichen Böden in krautreichen Laub- und Mischwäldern; im gesamten Gebiet, am seltensten im Nordwesten.

**Wissenswertes:** Im Aufbau ihrer Blütenstände nehmen der Sanikel und die nachfolgende Art unter den Doldengewächsen eine Sonderstellung ein. Auch das Verbreitungsmuster der Gattung ist bemerkenswert: Unsere Art ist die einzige Vertreterin der Gattung in Europa (Name!), während es in Nordamerika und Ostasien gleich mehrere Arten gibt. Diese Tatsache wird als Hinweis auf eine holarktische Verbreitung der Gattung vor der Eiszeit gedeutet; *Sanicula europaea* wäre danach ein Tertiärzeitrelikt. Die Namen bedeuten übrigens „Kleine Heilerin" (von lat. sanare = heilen) und verweisen auf die früher bedeutsame Rolle des Sanikels als Heilpflanze bei Asthma und Erkrankungen der Atemwege, zur Behandlung von Wunden und als Mundwasser zum Gurgeln bei Mund- und Halsentzündungen.

## 2 Große Sterndolde
*Astrantia major*

20–60 cm Juni–Aug. ♃ 41

**Kennzeichen:** Im Gegensatz zu anderen Doldengewächsen nur einfache Dolde (**2b**), die kopfig und von sternförmig strahlenden auffälligen Hochblättern (Name!) umgeben ist; Grundblätter langgestielt, handförmig.

**Vorkommen:** Nur im Süden größere geschlossene Verbreitungsgebiete; auf Bergwiesen und lichten Standorten in Wäldern und Gebüschen; auf kalkreichen Lehmböden.

**Wissenswertes:** Die sternförmigen Dolden sind offenbar sehr markant, so daß sie sowohl beim deutschen als auch beim wissenschaftlichen Namen Pate gestanden haben (griech. aster oder astron = Stern). Als Gartenpflanze begegnet uns die Große Sterndolde in wenig veränderten Kulturformen.

## 3 Wiesen-Kerbel
*Anthriscus sylvestris*

60–150 cm Apr.–Juni ♃ 4

**Kennzeichen:** Zur Maienzeit der auffälligs Massenblüher der Straßen- und Wegrände Blätter 2–3fach gefiedert; Dolde aus 8–15 ge stielten Döldchen (**3b**); Stengel gefurcht.

**Vorkommen:** In der offenen Kulturlandscha im gesamten Gebiet sehr häufig; vor allem a Feldwegen und auf Fettwiesen.

**Wissenswertes:** Als stickstoffliebende Art i der Wiesen-Kerbel kennzeichnend für durc Düngung stark eutrophierte Agrarlandscha ten. Er wird durch Viehhaltung gefördert, we die Samen mit dem Futter aufgenommen, m dem Kot ausgeschieden und mit der Gül wieder ausgebracht werden. Wenn man ur die Mai–Juni–Wende die Bestandsdichte de Wiesen-Kerbels registriert, hat man einen gu ten Indikator für den Grad der Düngung un Überdüngung einzelner Standorte in der Felc mark. In der Regel ist deutlich erkennbar, wi die Stickstoffbelastung zu den hofnahen Be reichen hin noch weiter zunimmt. Bei alle Schönheit der zur Blütezeit des Wiesen-Ke bels weißen Ackerraine trägt die Massenaus breitung der Art letztlich doch zur Verarmun und zur Monotonisierung der Flora der mitte europäischen Kulturlandschaften bei.

## 4 Gewöhnlicher Klettenkerbel
*Torilis japonica*

30–100 cm Juli–Aug. ⊙ 41

**Kennzeichen:** Stengel rauh, mit rückwärt gerichteten starren Haaren; Blätter dunkel grün, glänzend; sonst der vorigen Art ähnlich

**Vorkommen:** Im gesamten Gebiet häufig nur in Höhenlagen über 1000 m selten; lieb ebenfalls nährstoffreiche Standorte, bevorzug jedoch lichten Schatten an Wald- und Ge büschrändern.

**Wissenswertes:** Obwohl nicht mit Widerha ken ausgestattet, werden die von Borstenhaa ren überzogenen Früchte wie andere Kletten früchte durch Tiere und Menschen verbreitet Darauf deutet zu recht der deutsche Artname hin, während die Bezeichnung „*japonica*" fü diese in Mitteleuropa heimische Art nicht zu treffend ist.

1

2a

2b

3a

3b

4

## 1 Hecken-Kälberkropf
*Chaerophyllum temulum*

30–100 cm Mai–Juli ⊙–♃ **41**

**Kennzeichen:** Stengel steifhaarig, teilweise rötlich überlaufen, mit kropfartigen Verdickungen der Knoten (Name!).

**Vorkommen:** An ähnlichen Standorten wie der Klettenkerbel; halbschattige, nährstoffreiche Weg-, Wald- und Gebüschränder; im gesamten Gebiet verbreitet.

**Wissenswertes:** Die schon lange als Giftpflanze bekannte Art enthält ein Alkaloid, das bei Kälbern, die von der Pflanze fraßen, zu Störungen des Zentralnervensystems führte. Die Tiere zeigten taumelnde Bewegungen, weshalb man auch vom Taumel-Kälberkropf spricht. Das bringt auch die wissenschaftliche Artbezeichnung zum Ausdruck: lat. temulus = taumelnd. Wenn man die Blätter zerreibt, verbreiten sie einen ausgesprochen unangenehmen Geruch.

## 2 Große Bibernelle
*Pimpinella major*

40–100 cm Juni–Sept. ♃ **41**

**Kennzeichen:** Stengel kantig gefurcht; Blätter einfach gefiedert (**2b**); Fiederblättchen und grundständige Blätter bis 4 cm lang, glänzend.

**Vorkommen:** Vor allem auf Fettwiesen des Berglandes; nur auf gut nährstoff- und basenversorgten Böden; fehlt in Teilen des Tieflandes, sonst weit verbreitet.

**Wissenswertes:** Wurzelstock und Wurzeln der beiden hier behandelten Arten der Gattung *Pimpinella* enthalten ätherische Öle und Saponine, weshalb sie seit langem als wertvolle Heilpflanzen gelten. Getrocknet als Tee sowie als Bestandteil von Husten-, Hals- und Gurgelmitteln haben sie vielfach gute Dienste geleistet. Heute werden sie vor allem auch als Wildkrautgemüse und für Salate empfohlen. Die Bezeichnung „Bibinella“ findet sich schon im Althochdeutschen. Ob der wissenschaftliche Gattungsname durch Latinisierung des alten deutschen Namens künstlich gebildet wurde oder ob er auf lat. bipinella (= doppelt gefiederte Blätter) zurückgeht, ist schwer zu entscheiden.

## 3 Kleine Bibernelle
*Pimpinella saxifraga*

10–50 cm Juni–Sept. ♃ **4**

**Kennzeichen:** Stengel rund und feingeril Blätter einfach gefiedert; Fiederblättchen nu bis 1,5 cm lang, matt (**3a**).

**Vorkommen:** In sonnigen, trockenen Mage rasen und Magerweiden, auf Rainen und i lichten Wäldern und Gebüschen; vor allem a Kalk; im gesamten Gebiet verbreitet.

**Wissenswertes:** Die Art ist eher auf flach gründigen, mageren Böden anzutreffen; vie fach gilt sie als Magerkeitsanzeiger. Auf man chen Standorten entwickelt sie ein besonder umfangreiches Wurzelwerk, mit dem sie de Boden bis in 1,30 m Tiefe aufschließt.

## 4 Giersch
*Aegopodium podagraria*

30–80 cm Mai–Aug. ♃ **4**

**Kennzeichen:** Stengel aufrecht, hohl, ge furcht, grundständige Blätter 3teilig, meisten etwas blaugrün; Stengelblätter einfach bi doppelt 3teilig; mehr oder weniger tief einge schnittene Blätter als Übergangsformen.

**Vorkommen:** An schattigen, stickstoffrei chen Standorten in Gärten, Wäldern, Hecke und Gebüschen; überall sehr häufig.

**Wissenswertes:** Die Floristen haben di Schönheit und gute Haltbarkeit dieses bei nä herer Betrachtung sehr hübschen Doldenge wächses offenbar erst in jüngster Zeit ent deckt. Umso länger und allgemeiner bekann ist der Giersch als ein Problemunkraut de Gärten, das deshalb schwer zu beseitigen ist weil aus jedem Teilstück des tief und wei kriechenden Rhizoms neue Pflanzen hervor gehen können. Nur durch intensives Ausdun keln, d.h. durch Abdecken des Bodens kann man Gartenbereiche gierschfrei bekommen Vor der Blüte gepflückte Blätter werden gern zusammen mit Brennesselblättern als Wildgemüse genutzt. Über die tatsächliche Heilwirkung des Gierschs ist wenig bekannt. Früher jedenfalls schrieb man sie ihm zu, weshalb er auch „Zipperleinskraut“ genannt wurde. Der wissenschaftliche Artname „*podagraria*“ bringt den Giersch in Beziehung zur Gicht (Podagra = Zehengicht).

1

2a

3a

2b

3b

4

Die **Doldengewächse**, früher *Umbelliferae*, heute *Apiaceae* genannt, sind weit überwiegend weiß blühende Kräuter mit gefiederten Blättern und mit einer großen Blattscheide. Von den ersten beiden Arten auf S. 128 abgesehen, sind alle hier erwähnten Doldengewächse an ihren zusammengesetzten Dolden leicht als zu dieser Familie gehörig zu erkennen. Der gesamte Blütenstand wird jeweils als Dolde bezeichnet, die aus mehreren Döldchen zusammengesetzt ist. Dementsprechend werden die Tragblätter der Dolde als „Hülle", die der Döldchen als „Hüllchen" bezeichnet. Die Zahl der Hüll- und der Hüllchenblätter ist oft ein wichtiges Unterscheidungsmerkmal sonst einander oft recht ähnlicher Arten.

## 1 Aufrechter Merk
*Berula erecta*

30–80 cm Juli–Aug. ♃ 41

**Kennzeichen:** Sumpf- und Wasserpflanze mit einfach gefiederten Blättern und grob, ungleich gesägten Fiederblättchen, mit aufrechtem rundem, hohlem Stengel; Dolde kurzgestielt mit 10–20 Döldchen und jeweils mehreren Hüll- und Hüllchenblättern.

**Vorkommen:** In Gräben und nicht zu schnell fließenden Bächen mit sandigem Schlammboden und nur mäßig nährstoffreichem Wasser; nur regional häufiger auftretend.

**Wissenswertes:** Die Namen „*Berula*" und „Merk" gehen auf alte, nicht weiter übersetzbare Pflanzennamen zurück. Die Art wurde früher unter dem wissenschaftlichen Namen „*Sium*" geführt. Sie kommt in unterschiedlichen Formen in seichten und in tieferen Gewässern vor, im Extremfall bei einer Wassertiefe von über 1 m. Mit Ausläufern kann sie sich im Schlammboden halten und vermehren.

## 2 Großer Wasserfenchel
*Oenanthe aquatica*

30–120 cm Juni–Sept. ⊙–♃ 41

**Kennzeichen:** Stengel dieser Sumpf- und Wasserpflanze rund, hohl, gerillt, abstehend verzweigt und – zumindest bei Wasserformen – bis zu 5 cm dick; Blütenstand ohne Hüll-, aber mit zahlreichen rundum verteilten Hüllchenblättern; Blätter 2–3fach gefiedert, d untergetauchten Wasserblätter im Gegensa zu den Luftblättern haarfein.

**Vorkommen:** In Verlandungsgesellschaft an Altwassern und Tümpeln; in Röhrichten b einer Wassertiefe bis zu 1 m; in kalk- ur nährstoffreichem Wasser; im Norden verbre tet, sonst selten.

**Wissenswertes:** Die Art erträgt stark Schwankungen des Wasserspiegels. Früh waren die Früchte Bestandteil harntreibend und hustenstillender Heilmittel. Daran erinne noch der Name „-fenchel".

## 3 Hundspetersilie
*Aethusa cynapium*

10–80 cm Juni–Okt. ⊙ 4

**Kennzeichen:** Von der vorigen Art u.a. durc den Standort, unangenehmen Geruch und auffallend vergrößerte, einseitig nach unte abstehende Hüllchenblätter unterschieden.

**Vorkommen:** Auf Hackfruchtäckern, a Schuttplätzen und in Gebüschen weit verbre tet.

**Wissenswertes:** Vor Verwechslungen m der Garten-Petersilie, die einen angenehme ren Geruch und keine glänzenden Blattunte seiten hat, muß gewarnt werden. Die Hunds petersilie, deren Tier-Suffix (auch griech. cy = kynos = Hund) bereits auf die „falsche Petersilie hinweist, hat bereits tödliche Vergi tungen verursacht.

## 4 Gefleckter Schierling
*Conium maculatum*

80–200 cm Juni–Aug. ⊙–♃ 4

**Kennzeichen:** Stengel bläulich bereift, unte mit länglichen, roten Flecken (**4a**); penetrante Geruch nach Mäuseharn.

**Vorkommen:** Vor allem in Unkraut- un Schuttfluren von Dörfern; nur regional anzu treffen.

**Wissenswertes:** Der Schierlingsbecher, de Sokrates leeren mußte, hat den Namen der A allen Kulturbeflissenen vertraut gemacht. Bi heute ist sie eine der gefährlichsten Giftpflan zen, deren Alkaloid Conin das Atemzentrun lähmt und zu einem fürchterlichen Tod be vollem Bewußtsein führen kann.

1a
1b
2
3
4a
4b

## 1 Herkulesstaude
*Heracleum mantegazzianum*

2–4 m Juni–Sept. ☉–♃ 41

**Kennzeichen:** Ungewöhnlich große krautige Pflanze mit Stengeln von bis zu 10 cm Ø und Dolden mit bis über 30 Döldchen und einem Gesamtdurchmesser von bis über 50 cm; Blätter bis 2 m lang, mehr oder weniger stark fiedrig geteilt.

**Vorkommen:** An Bach- und Flußufern vielfach stark in Ausbreitung begriffen, auch auf Wildland, an Wald-, Weg- und Straßenrändern; lokal bereits recht häufig.

**Wissenswertes:** Dieses durch seine Größe und Üppigkeit überaus eindrucksvolle Doldengewächs stammt aus dem Kaukasus und ist wohl zuerst als Blickfang in die Parks geholt worden. Vereinzelt wurde es auch bewußt aus landschaftsästhetischen Motiven und zur Begrünung von Bodenanschnitten und Aufschüttungen ausgesät. Das hat sich in mehrfacher Hinsicht als falsch erwiesen. Einerseits breitet sich die Herkulesstaude immer weiter aus und verdrängt dabei einheimische, zum Teil schützenswerte Arten. Andererseits stellt sie ein in der Öffentlichkeit noch immer nicht hinreichend bekanntes Gefahrenpotential dar. Vor allem bei empfindlichen Personen führt schon eine Berührung der Blätter und Stengel, erst recht ein Kontakt mit dem Saft, zu einer starken Erhöhung der Photosensibilität. Generell, erst recht an sonnigen Tagen, kann es danach zu Brandblasen und zur Ausbreitung ganzer Geschwüre kommen, die häufig ärztliche und vereinzelt sogar stationäre Behandlung erforderlich machen. Obwohl die riesigen Blütenstände herrlich aussehen und oft Scharen von Insekten anlocken, sollte der Art keine Ausbreitung mehr gestattet werden. Der ungewöhnliche Artname erinnert an den italienischen Reisenden Paolo Mantegazzi (1831–1910). Im Volksmund ist die Art auch unter dem Namen „Riesen-Bärenklau" bekannt.

## 2 Wiesen-Bärenklau
*Heracleum sphondylium*

50–150 cm Juni–Okt. ♃ 41

**Kennzeichen:** Stengel bis 2 cm dick, gefurcht und rauh behaart; Blätter bis 50 c lang, gelappt bis fiederteilig (Bärentatzen äh lich; Name!) mit stark aufgeblasenen Bla scheiden (**2b**).

**Vorkommen:** Im gesamten Gebiet häufi auf überdüngten Wiesen, in Hochstaudenflu ren und an Wegrändern oft massenhaft.

**Wissenswertes:** Die auffällig großen Blat scheiden dienen anfangs den Knospen de Blüten- und Seitentriebe als Schutz.

## 3 Wiesen-Kümmel
*Carum carvi*

30–70 cm Mai–Juli ☉ 4

**Kennzeichen:** Blätter doppelt gefiedert; da unterste Fiederpaar 2. Ordnung unmittelba am Stengel, Nebenblätter vortäuschend; Blü tenstand mit 8–15 Döldchen, meistens ohn Hüll- und ohne Hüllchenblätter.

**Vorkommen:** Auf Wiesen und Weiden sowi an Wegrändern, vor allem in mittleren un höheren Lagen des Berglandes; auf nährstoff reichen Böden; im Süden häufig, im Norde nur regional.

**Wissenswertes:** Die Früchte des Wiesen Kümmels haben den charakteristischen Küm melgeruch und enthalten ätherische Öle. Si regen die Verdauungsdrüsen an und förder den Appetit, weshalb man sie vor allem al Gewürz bei „schweren" Speisen verwendet Als Kräuterlikör wird manch ein „Kümmel" auch schon gern vorbeugend verabreicht.

## 4 Sumpf-Haarstrang
*Peucedanum palustre*

80–120 cm Juli–Aug. ♃ 41

**Kennzeichen:** Blätter 3- und mehrfach gefiedert, mit linealisch-lanzettlichen Blattzipfeln und weißlichen Spitzen; Stengel kahl, hohl und gefurcht; Hüllblätter zurückgeschlagen.

**Vorkommen:** Weit verbreitet im Tiefland, sonst nur vereinzelt auf nassen Wiesen, an Ufern und in Erlenbruchwäldern.

**Wissenswertes:** Den für die Gattung benutzten Namen „Peukedanon" kannte man bereits im griechischen Altertum und gab ihn einer Pflanzenart, die ebenso wie der Sumpf-Haarstrang in ihren Wurzeln scharf und bitter schmeckende Stoffe enthielt.

1

2a

2b

2c

3

4

## 1 Bärwurz
*Meum athamanticum*

20–50 cm Mai–Juli ♃ **41**

**Kennzeichen:** Pflanze beim Zerreiben mit starkem würzigen Geruch; Fiederblättchen 3. Ordnung mit haarfeinen Zipfeln, quirlig angeordnet; Stengel fein gerillt, kahl, nur wenig verästelt.

**Vorkommen:** Nur regional, dann aber oft bestandsbildend auf Bergwiesen mit kalk- und nährstoffarmem Untergrund; vor allem im Harz, in der Eifel, im Hunsrück, im Schwarzwald, Frankenwald, Fichtel- und Erzgebirge.

**Wissenswertes:** Die Art wurde früher als Arznei- und Gewürzpflanze genutzt. Ihr Futterwert für das Vieh ist gering, um so intensiver ihr Beitrag zur Würze und zum Duft von Gras und Heu. Der dicke Wurzelstock mit seinem Schopf aus Resten abgestorbener Blätter soll den Bären schmecken. Der wissenschaftliche Artname „*athamanticum*" verweist auf Ähnlichkeiten mit der Augenwurz (*Athamanta cretensis*), die in den Alpen, im Alpenvorland und punktuell auf der Schwäbischen Alb auf Kalkgestein vorkommt.

## 2 Wilde Engelwurz
*Angelica sylvestris*

80–200 cm Juli–Sept. ☉–♃ **41**

**Kennzeichen:** Dolde meistens leicht, manchmal sogar halbkugelig gewölbt; Stengel rund, kahl, gestreift, oft leicht violett getönt; Blätter 2fach gefiedert, Blattstiele mit einer rinnigen Vertiefung auf der Oberseite; Fiederblättchen eiförmig; Blattscheiden bauchig aufgeblasen.

**Vorkommen:** Vor allem auf Feuchtwiesen, an Gräben und Wegrändern, in Bruch- und Auenwäldern; im gesamten Gebiet auf nährstoffreichen Standorten.

**Wissenswertes:** Der weit verbreitete Name „Brustwurz" erinnert an die frühere Verwendung der Art, aus deren Wurzeln auswurffördernde, schleimlösende Heilmittel gewonnen wurden. Eine Legende erzählt, daß ein Engel die Heilkraft entdeckt und den Menschen kundgetan habe. Darauf sollen sowohl der deutsche als auch der wissenschaftliche Gattungsname (lat. Angelus = Engel) zurückgehen. Mit einem noch kompetenteren Helfer wird die Heilwirkung der früher zeitweilig sogar angebauten Arznei-Engelwurz (*Angelica archangelica*) in Verbindung gebracht (lat. archangelus = Erzengel). Diese noch etwas stattlichere, insgesamt aber recht ähnliche Verwandte besiedelt vor allem die Ufer größerer Flüsse wie Elbe, Weser, Ems, Rhein, Main und Donau. Ein ungewöhnliches, aber besonders markantes Vorkommen hat sie am Mittellandkanal, der erst in jüngerer Zeit besiedelt wurde. Beide Arten haben ähnliche Inhaltsstoffe und Heilkraft. Zusammen mit den vielen anderen Pflanzenarten, die das Wort „-wurz" in ihrem Namen tragen, belegen sie, wie eifrig unsere Vorfahren offenbar unterirdische Pflanzenteile („Wurz") gesammelt und als Heil- und Nahrungsmittel genutzt haben müssen. Leider sind ihre umfangreichen Kenntnisse zumindest teilweise verlorengegangen.

## 3 Wilde Möhre
*Daucus carota*

30–60 cm Juni–Sept. ☉ **41**

**Kennzeichen:** Markant fiederteilige Hüllblätter; im Zentrum der Dolde häufig eine sterile, etwas größere, schwarzrote Lockblüte (**3b**); Dolde zur Zeit der Samenreife vogelnestartig zusammengezogen (**3c**).

**Vorkommen:** Auf Grünland im gesamten Gebiet verbreitet.

**Wissenswertes:** Die Lockblüte wird wegen ihrer Färbung im Volksmund häufig als „Mohr" bezeichnet. Daß die Art danach ihren Namen erhielt, ist unwahrscheinlich. – Die Wurzelrübe, die aus der Hauptwurzel und einem unterhalb der Keimblätter befindlichen Stengelabschnitt hervorgeht, ist Ergebnis eines besonders intensiven sekundären Dickenwachstums, bei dem der Bast als äußerer, fleischiger Teil den vor allem farblich unterscheidbaren und als „Herz" bezeichneten Holzteil deutlich übertrifft („Bastrübe"). Das ist vor allem bei den Kulturformen der Fall, von denen erste Vorläufer schon den Germanen bekannt waren. Durch ihren Gehalt an Vitamin B und C sowie an den orangeroten Karotinen (Provitamin A) ist die Möhre für die Ernährung – vor allem auch von Säuglingen – sehr wertvoll.

1

2a

2b

3a

3b

3c

## 1 Kleines Wintergrün
*Pyrola minor*

10–20 cm Juni–Juli ♃ 60

**Kennzeichen:** Immergrüne Rosettenpflanze mit rundlich-ovalen Blättern und 8–15 nickenden, kugeligen Blüten in einer lockeren Traube.

**Vorkommen:** Sehr zerstreut und nur regional in lichten Kiefern- und Eichen-Birkenwäldern auf sauren Böden.

**Wissenswertes:** Alle 6 in Mitteleuropa heimischen Wintergrün-Arten kommen stets nur vereinzelt und weit verstreut vor. An ihren auch im Winter grünen, ledrigen und glänzenden Blättern (Name!) und an ihren gerundeten Blüten kann man sie verhältnismäßig leicht erkennen. Die Symbiose mit einem anspruchsvollen Wurzelpilz (Mykorrhiza) ist möglicherweise ein Grund für die empfindliche Reaktion des Kleinen Wintergrüns auf Standortveränderungen. Zunächst mit dem Nadelholzanbau weiter verbreitet, schrumpft sein Areal derzeit, so daß es besonderen Schutzes bedarf.

## 2 Siebenstern
*Trientalis europaea*

5–20 cm Mai–Aug. ♃ 64

**Kennzeichen:** Blüten einzeln auf bis zu 5 cm langen Stielen; Blütenorgane meistens in der 7-Zahl (Name!), was höchst ungewöhnlich ist; obere Laubblätter in einem Quirl.

**Vorkommen:** In mehreren, weit voneinander entfernten Kleinarealen auf feuchtem, sauren und moosigen Untergrund; in Fichten- und Kiefernwäldern, Birkenmooren und Eichen-Birkenbeständen.

**Wissenswertes:** Weil die Art früher in kälteren Klimaepochen weiter verbreitet war, werden deren heute meistens voneinander isolierte Verbreitungsinseln als Eiszeitrelikte betrachtet.

## 3 Fieberklee
*Menyanthes trifoliata*

20–30 cm Apr.–Juni ♃ 72

**Kennzeichen:** 3zählige Blätter, die an große Kleeblätter erinnern (deutscher Name und lat. trifoliatus = 3blättrig); Blüten mit bärtigen Zipfeln an den Kronblättern (**3b**).

**Vorkommen:** Im gesamten mitteleuropäischen Raum, aber jeweils nur in einzelnen Regionen; vor allem in Flach- und Zwischenmooren, auf nassen, zeitweilig überschwemmten Wiesen und auf Torfschlammböden; insgesamt jedoch selten und rückläufig.

**Wissenswertes:** Die bartartigen Fransen auf den Kronblättern halten kleinere, unerwünschte Insekten vom Nektar fern. Weil die Bitterstoffe des Fieberklees die Sekretion von Verdauungssäften anregen, wurde er früher als Heilpflanze eingesetzt; heute spielt er noch bei der Herstellung eines als „Magenbitter" bekannten Likörs eine Rolle.

## 4 Schwalbenwurz
*Vincetoxicum hirundinaria*

30–100 cm Mai–Aug. ♃ 74

**Kennzeichen:** Blätter länglich-herzförmig, gegenständig, an einem aufrechten, hohlen, wenig verzweigten Stengel; zahlreiche, etwa 0,5 cm große Blüten in Trauben in den Achseln der oberen Laubblätter.

**Vorkommen:** In Wald- und Gebüschsäumen und in Steinschutt-Fluren; auf warmen, kalkreichen Standorten; nur in der Mitte und im Süden, auch an der Oder und auf Rügen.

**Wissenswertes:** Die Art gilt als giftig. Die Wurzelstöcke wurden früher zur Herstellung von Medikamenten gesammelt.

## 5 Waldmeister
*Galium odoratum*

10–30 cm Mai ♃ 75

**Kennzeichen:** Stiele unverzweigt; Blätter in mehreren Wirteln übereinander, jeweils zu 6–8, lanzettlich-eiförmig.

**Vorkommen:** Außer im Nordwesten fast im gesamten Gebiet; vor allem in artenreichen Buchenwäldern, aber auch sonst in Wäldern auf kalk- und nährstoffreichen Böden.

**Wissenswertes:** Für die bekannte Waldmeister-Bowle müssen die Blätter vor der Blüte gepflückt werden. Der Cumarin-Gehalt sorgt vor allem bei welkenden Blättern für den angenehmen Geruch, ist aber auch zugleich Anlaß, vor einer höheren Dosis zu warnen.

1

2

3a

3b

4

5

## 1 Sumpf-Labkraut
*Galium palustre*

10–40 cm Mai–Aug. ♃ 75

**Kennzeichen:** Blätter meist zu 4, nach vorn zu verbreitert; Stengel zumindest etwas rauh; Staubbeutel rötlich bis dunkelrot.

**Vorkommen:** In nährstoffreicheren Sumpfwiesen und Röhrichten im gesamten Gebiet; fast überall nicht selten.

**Wissenswertes:** Die 5 Labkraut-Arten, die an dieser Stelle behandelt werden, haben durchweg kleine, radförmige Blüten mit 4 Zipfeln und nur scheinbar quirlständige Blätter. Wie bei allen Arten der Familie der Rötegewächse, zu der die Labkräuter gehören, gleichen nämlich auch bei ihnen die Nebenblätter den Laubblättern und täuschen Blattquirle nur vor.

## 2 Wald-Labkraut
*Galium sylvaticum*

40–100 cm Juli–Sept. ♃ 75

**Kennzeichen:** Das größte heimische Labkraut; mit ausgebreiteter Blütenrispe, runden Stengeln, bis zu 1 cm breiten Blättern und insgesamt leicht blaugrüner Färbung.

**Vorkommen:** Außer im Nordwesten, wo die Art völlig fehlt, in den krautreichen Laubwäldern auf nährstoffreichen Böden; nach Osten und Süden zu häufiger; in den Alpen bis zur Laubwaldgrenze.

**Wissenswertes:** Vor allem in Eichen-Hainbuchenwäldern ist das Wald-Labkraut ein durch seine Größe und die Vielzahl seiner kleinen Blüten recht auffälliger Sommerblüher. Er wurzelt bis zu 50 cm tief und fühlt sich auf mittel- bis tiefgründigen Böden offensichtlich besonders wohl.

## 3 Wiesen-Labkraut
*Galium mollugo*

30–100 cm Mai–Okt. ♃ 75

**Kennzeichen:** Stengel kahl, kantig, aufsteigend; Blüten 4zählig; alle Blätter quirlständig, zumeist 6–9 Blätter je Quirl.

**Vorkommen:** An Weg- und Grabenrändern im gesamten Gebiet auf unterschiedlichen Böden durchweg recht häufig.

**Wissenswertes:** Der deutsche Name, aber auch die wissenschaftliche Bezeichnung der Gattung (griech. gala = Milch) weisen darauf hin, daß die Labkräuter dazu benutzt wurden, Milch zum Gerinnen zu bringen. Der Gehalt an Labfermenten wurde bei der Käsebereitung genutzt. „*Mollugo*“ dürfte auf lat. mollis = glatt, weich zurückgehen; es unterstreicht, daß die Art kahle, glatte Stengel hat.

## 4 Harzer Labkraut
*Galium harcynicum*

5–20 cm Juni–Aug. ♃ 75

**Kennzeichen:** Niederliegende, rasige Bestände bildende Art; Blätter am Rande mit Wimpern, meistens zu 6 in einem Quirl.

**Vorkommen:** Auf kalk- und nährstoffarmen Böden; vor allem in den Silikatgebirgen auf Magerrasen und Magerweiden; im Norden und in der Mitte zum Teil recht häufig; südlich des Mains fast nur im Schwarzwald und im Bayerischen Wald.

**Wissenswertes:** Der Name „hercynicus“ oder „harcynicus“ bedeutet „im Harz heimisch“. Die Art war früher unter der Bezeichnung *Galium saxatile* = Stein-Labkraut bekannter.

## 5 Kletten-Labkraut
*Galium aparine*

30–150 cm Mai–Okt. ⊙ 75

**Kennzeichen:** Stengel, Blätter und Früchte mit klettenartigen Widerhaken (**5b**); Blätter zu 6–9 in jedem Quirl.

**Vorkommen:** Auf Äckern und auf Schutt, an Wegrändern und in Säumen überall sehr häufig, vor allem auf besonders nährstoffreichen Standorten.

**Wissenswertes:** Das Kletten-Labkraut gehört zu den nitrophilen Arten, die durch Düngung und Überdüngung gefördert wird. Es klimmt mit Hilfe der Widerhaken und seiner abgespreizten Zweige in den üppig dichten Pflanzenbeständen. Außer durch seine Klettfrüchte wird es durch die Verschleppung ganzer Pflanzenteile durch Tier und Mensch verbreitet. Bauern und Gärtner betrachten es als „Problem-Unkraut“, dessen man nur schwer Herr wird.

1

2

3

4a

4b

5a

5b

## 1 Zaun-Winde
*Calystegia sepium*

100–300 cm Juni–Sept. ♃ [81]

**Kennzeichen:** Windende Staude mit großen weißen, trichterförmigen Blüten, die einen Durchmesser von bis zu 5 cm haben.

**Vorkommen:** In feuchteren Hecken und Gebüsch, auf Schutt- und Brachflächen im gesamten Gebiet recht häufig anzutreffen.

**Wissenswertes:** Die drehenden Bewegungen, die die Stengelspitze ausführt, bis sie auf einen Halt bietenden Zweig oder Halm stößt, verlaufen gegen den Uhrzeigersinn, also nach links (Linkswinder). Nur an einer „Kletterstange" kann die Zaunwinde sich zum Licht emporwinden. Die becherförmigen Blüten werden im Volksmund „Muttergottesgläschen" genannt: Kinder wissen, daß man aus ihnen trinken kann. Der langrüsselige Winden-Schwärmer ist eng auf diese Blüten spezialisiert und mit gutem Grund nach den Winden benannt. Die Blüten gehören zu den größten, die die heimische Flora zu bieten hat.

## 2 Acker-Steinsame
*Lithospermum arvense*

20–50 cm Apr.–Juni ⊙ [82]

**Kennzeichen:** Ein stark rauh behaartes Ackerwildkraut mit länglich-lanzettlichen Blättern und wenigen kleinen Blüten zwischen den Blättern an der Sproßspitze; je Blüte entwickeln sich 4 runzelige, steinharte Nüßchen.

**Vorkommen:** Mit großen Verbreitungslücken im Norden, doch letztlich im gesamten Gebiet anzutreffen; in Getreideäckern und Gebüschsäumen auf Lehm- und Tonböden.

**Wissenswertes:** Als Folge intensiver Saatgutreinigung und chemischer Unkrautbekämpfung ist auch dieses früher weit verbreitete Ackerunkraut in weiten Landstrichen bereits selten geworden. Die steinharten Samen sind so markant, daß sie sowohl beim deutschen als auch beim wissenschaftlichen Namen Pate standen: griech lithos = Stein und sperma = Same. Der volkstümliche Name „Bauernschminke" erinnert noch heute daran, daß der rote Farbstoff aus der Wurzel früher mancherorts den Bauernmädchen als Schminke diente.

## 3 Weiße Taubnessel
*Lamium album*

20–50 cm März–Apr. ♃ [9…]

**Kennzeichen:** Mit brennesselähnlichen Blättern und weißen Lippenblüten allgemein bekannt.

**Vorkommen:** Überall verbreitet und häufig an Weg- und Grabenrändern, vor allem auch auf Schutt und besonders nährstoffreichen Standorten.

**Wissenswertes:** Wie Wiesen-Kerbel, Wiesen-Bärenklau, Giersch, Brennessel und Kletten-Labkraut profitiert auch die Weiße Taubnessel von der Eutrophierung der Landschaft durch Düngung und Verschmutzung mit organischen Materialien. Die Blätter sind denen der Brennessel ähnlich, aber „taub" (Name!) d.h. sie brennen nicht. Die Blüten der Vertreter dieser Gattung zeigen die Merkmale eines Lippenblütlers so beispielhaft, daß man inzwischen die ganze Familie nach ihr benennt *Lamiaceae*. Die schlundähnliche Kronröhre muß auch den Römern schon aufgefallen sein; sie verwandten bereits die Bezeichnung „lamium" (von griech. lamion = Schlund oder Rachen).

## 4 Wolfstrapp
*Lycopus europaeus*

30–100 cm Juli–Aug. ♃ [91]

**Kennzeichen:** Sumpfpflanze mit am Grunde tief fiederspaltigen, unverwechselbaren Blättern; kleine Lippenblüten in den Blattwinkeln, scheinbar quirlständig.

**Vorkommen:** An Bach- und Flußufern; in Röhrichten und in niedrigerer Vegetation sowohl ober- als auch unterhalb der mittleren Wasserlinie; häufig im Überschwemmungsbereich; im gesamten Gebiet anzutreffen.

**Wissenswertes:** Die Blätter sind je nach Ort am Stengel sehr unterschiedlich: Die oberen sind lanzettlich bis eiförmig; nach unten zu sind die Blätter buchtig gezähnt und unter Wasser tief fiederspaltig. Die Ähnlichkeit mit einem Wolfsfuß (Name!) ist nur schwer zu entdecken; dennoch klingt sie sowohl im deutschen wie auch im wissenschaftlichen Gattungsnamen an: griech. lykos = Wolf, pous, podos = Fuß.

1

2

3a

4

3b

## 1 Gewöhnliche Judenkirsche
*Physalis alkekengi*

30–50 cm Mai–Aug. ♃ 83

**Kennzeichen:** Blüten einzeln, grünlichweiß, rad- bis glockenförmig; auffällig durch die anfangs grünen, später orangeroten, ballonförmig aufgeblasenen, bis 4 cm großen Kelche, die jeweils eine rote Beere einschließen.

**Vorkommen:** Vor allem in den Kalkgebieten zwischen Main und Donau aus Gärten verwildert; vereinzelt auf nährstoffreichen Böden in Hecken und Gebüschen eingebürgert.

**Wissenswertes:** Nach der Blüte vergrößern sich die Kelchblätter fast um das Zehnfache und bilden einen auffälligen roten Lampion, der zur Überraschung von Kindern und Uneingeweihten eine einzelne rote Beere enthält. Der wissenschaftliche Gattungsname ist von griech. physa = Blasebalg, Aufblähung abgeleitet. Daß man sich früher von der Pflanze Heilwirkung ausgerechnet bei Blasenleiden versprach, geht auf das vermeintliche Zeichen „blasenförmiger Kelch“ zurück (Signaturenlehre). Mit Ausnahme der Beere sollen alle Pflanzenteile leicht giftig sein. Heimat der Judenkirsche ist der östliche Mittelmeerraum. Von dort gelangte sie in unsere Gärten. In Herbst- und Sintersträußen, Kränzen und Gestecken finden die dekorativen und ausdauernden „Lampions“ gerade heute wieder vielerorts Verwendung.

## 2 Schwarzer Nachtschatten
*Solanum nigrum*

10–60 cm Juni–Okt. ⊙ 83

**Kennzeichen:** Blüte mit zurückgeschlagenen Kronblättern und den gelben, gemeinsam wie eine Säule hervorragenden Staubblättern einer kleinen Kartoffelblüte sehr ähnlich; Blätter eiförmig bis 3eckig, meistens deutlich gebuchtet.

**Vorkommen:** Immer häufiger als Stickstoffzeiger in Gärten, auf Hackfruchtäckern und auf Schuttplätzen; fast im gesamten Gebiet.

**Wissenswertes:** Der Giftgehalt der anfangs grünen, später schwarzen Beeren (**2b**, Name!) ist offensichtlich je nach Reife und auch regional sehr unterschiedlich. Nur so läßt es sich erklären, daß einerseits von gefährlichen Vergiftungen und andererseits vom Verzehr un der Nutzung der Beeren berichtet wird, wege derer die Art im Mittelmeerraum sogar ange baut wurde.

## 3 Weißer Stechapfel
*Datura stramonium*

30–100 cm Juli–Okt. ⊙ 8

**Kennzeichen:** Röhrige Trichterblumen m zugespitzten Zipfeln (**3a**); große eiförmig Kapseln meist mit auffälligen Stacheln (**3b**).

**Vorkommen:** In warmen Landstrichen und i den Flußtälern des gesamten Gebiets, vo zugsweise auf nährstoffreichen Schuttplätze und in aufgelassenen Gärten.

**Wissenswertes:** Als Neueinwanderer (Neo phyt) gelangte der Stechapfel im 17. Jahr hundert aus Mexiko und Nordamerika in euro päische Arzneigärten und von dort aus auc in das Umland. Vor allem die Früchte un Samen enthalten stark giftige, lebensgefähr liche Alkaloide. Die krampflösende Wirkun war wohl maßgeblich dafür, daß man frühe aus den getrockneten Blättern die letztlic doch sehr gefährlichen „Asthma-Zigaretten drehte. Als Rauschmittel war das Kraut Be standteil von allerlei „Liebestränken“. Abe auch die moderne Pharmazie nutzt noch di Art ihrer der Tollkirsche vergleichbaren Wirkung wegen.

## 4 Wiesen-Augentrost
*Euphrasia rostkoviana*

5–30 cm Mai–Okt. ⊙ 85

**Kennzeichen:** Zierliche Pflanze mit weißen Rachenblütchen; daran gelbe Flecken, gelber Schlundeingang und violette Äderung der Oberlippe.

**Vorkommen:** Vor allem in der Mitte und im Süden auf nährstoffarmen Wiesen und Wegrändern.

**Wissenswertes:** Als Halbschmarotzer zapft der Augentrost mit seinen Saugwurzeln die Wasserleitungsbahnen in den Wurzeln benachbarter Gräser an. Nur in deren Nachbarschaft sind die Samen dieser Art keimfähig. Früher nutzte man die entzündungshemmende Wirkung von Inhaltsstoffen dieses Augentrostes bei Augenerkrankungen (Name!).

1a

2a

1b

2b

3b

4

3a

## 1 Alpen-Fettkraut
*Pinguicula alpina*

3–10 cm Apr.–Juni ♃ [87]

**Kennzeichen:** Kleine Rosettenpflanze mit mehreren blattlosen Stielen und jeweils einer einzigen Blüte an der Spitze; Blüten 2lippig mit 2lappiger Ober- und 3lappiger Unterlippe (**1b**); Blätter zu 5–8 in einer Rosette, ganzrandig, oberseits dicht mit Drüsen besetzt und dadurch fettig glänzend (Name!), Blattränder nach oben gekrümmt (**1a**).

**Vorkommen:** Vereinzelt in feuchten, steinigen Rasen; an von Wasser überrieselten Standorten und in Quellmooren im Alpenvorland und in den Kalkalpen.

**Wissenswertes:** Ebenso wie das blauviolett blühende Gewöhnliche Fettkraut *Pinguicula vulgaris* gehört auch diese Art zu den „fleischfressenden Pflanzen". Es hält kleine Insekten durch das klebrige Sekret von Drüsen auf der Blattoberseite fest, verdaut sie mit Hilfe eiweißspaltender Enzyme und nimmt die verwertbaren Stoffe auf. Der Hinweis auf den Fettglanz der Blätter findet sich ebenso wie im deutschen auch im wissenschaftlichen Namen: griech. pinguis = fettig.

## 2 Gewöhnlicher Feldsalat
*Valerianella locusta*

10–25 cm Apr.–Mai ⊙ [78]

**Kennzeichen:** Gabelig verzweigtes Pflänzchen mit gegenständigen, länglich-eiförmigen Blättern; Blüten in einem doldigkopfigen Blütenstand, sehr klein, weiß bis blaßblau.

**Vorkommen:** Außer in Sandgebieten und in kühleren Lagen der Mittelgebirge und des Alpenraums auf Äckern und Rainen im gesamten Gebiet verbreitet.

**Wissenswertes:** Dieser wildwachsende Feldsalat ist ebenso wie die angebauten Kulturformen (**2b**) sehr gut zu Salaten zu verwenden. Die Blätter der Wildart sind allerdings heller und gelblicher als die der Kulturformen. Als Ackerwildpflanze ist der Gemeine Feldsalat schon in der Jungsteinzeit nach Süddeutschland gelangt. Er gehört zu den vielen Alteinwanderern (Archaeophyten), die mit dem Getreide und später wohl auch als verwilderte Kulturpflanzen nach Mitteleuropa gelangten. Feldsalat keimt im Spätsomme bleibt über Winter grün und blüht im Frühlin Dann ist er zum Verzehr nicht mehr geeigne Am besten schmecken die ersten in dicht Rosette stehenden Blättchen. Die Art ist auc unter dem Namen „Rapünzchen" bekannt.

## 3 Behaarte Karde
*Dipsacus pilosus*

60–120 cm Juli–Aug. ⊙ [7

**Kennzeichen:** Kugeliger Blütenstand m über 2 cm Durchmesser, vor der Blüte ni kend; Stengel weniger stachelig als die Wild Karde, eher borstig behaart (Name!).

**Vorkommen:** Nur regional verbreitet; vor a lem in Auenwäldern und anderen feuchte Waldbeständen und im Ufergebüsch.

**Wissenswertes:** Im Gegensatz zur Wilde Karde, die zu den Alteinwanderern gehört un heute weit verbreitet ist, ist die wahrscheinlic ursprünglich in Mitteleuropa heimische Be haarte Karde enger an bestimmte Standor bedingungen gebunden und schon deshal seltener, weil diese nicht überall gegebe sind.

## 4 Ährige Teufelskralle
*Phyteuma spicatum*

30–60 cm Mai–Juli ♃ [9

**Kennzeichen:** Einzige weißlich und nur aus nahmsweise auch mal blaßblau blühend Teufelskralle; Blütenstand anfangs eiförmig später stark verlängert ährenförmig; länglich Blütenkronröhre anfangs gekrümmt („Teufels kralle").

**Vorkommen:** Außer im Nordwesten und teil weise im Westen sowie im Einzugsgebiet de Elbe in artenreichen Laubwäldern, aber auch auf Bergwiesen verbreitet.

**Wissenswertes:** Die grundständigen Laub blätter sind rundlich-eiförmig und am Grunde herzförmig; sie tragen oft sehr markante schwärzliche Flecken („Tröpfchenkraut"). Als Wildgemüse sind sie ebenso geschätzt wie der am „Wurzelhals" rübenförmig verdickte Wurzelstock. Ihm verdankt die Ährige Teufelskralle auch den verbreiteten volkstümlichen Namen „Rapunzel": lat. rapum = die Rübe rapulum = die kleine Rübe.

1b
1a
2a
3
2b
4

## 1 Gänseblümchen
*Bellis perennis*

3–15 cm ganzjährig ♃ **94**

**Kennzeichen:** Eine der bekanntesten heimischen Wildpflanzen; die Blume ist – wie bei allen auf dieser und der folgenden Seite abgebildeten Arten – ein Körbchen, das innen mit winzigen Röhrenblütchen gefüllt und außen von Zungenblüten umhüllt ist.

**Vorkommen:** Überall auf kurzgrasigen Rasen-, Wiesen- und Weideflächen anzutreffen, manchmal in dichten Reinbeständen.

**Wissenswertes:** Die Beliebtheit dieser Art kommt in den vielen verschiedenen volkstümlichen Namen zum Ausdruck, unter denen „Gänseblümchen", „Marienröschen" und „Maßliebchen" die bekanntesten sind.

## 2 Kanadisches Berufkraut
*Erigeron canadensis*

20–100 cm Juli–Aug. ⊙ **94**

**Kennzeichen:** Aufrechte, schlanke Pflanze, im oberen Teil verzweigt; Stengel dicht beblättert und wie die Blätter steif behaart; viele sehr kleine, schmutzigweiße Blütenkörbchen.

**Vorkommen:** Im gesamten Gebiet auf Schuttplätzen, aber auch in Magerrasen, sogar in Pflasterritzen der Bürgersteige.

**Wissenswertes:** „Berufkräuter" haben immer etwas mit Aberglauben und Hexerei zu tun; sie helfen beim oder schützen gegen das „Berufen". Das Kanadische Berufkraut gelangte erst in der Mitte des 17. Jahrhunderts aus Nordamerika nach Europa, ist also ein Neueinwanderer (Neophyt).

## 3 Gewöhnliches Katzenpfötchen
*Antennaria dioica*

5–20 cm Mai–Juni ♃ **94**

**Kennzeichen:** Rosetten und Polster bildende Kriechstaude mit lanzettlichen bis spateligen Blättern, die unterseits dicht weißfilzig behaart sind; Blütenkörbchen weiß oder rosa.

**Vorkommen:** Regional verbreitet auf kalk- und nährstoffarmen Böden; in lichten Wäldern, auf Heiden und Bergwiesen.

**Wissenswertes:** Die Art tendiert zur Zweihäusigkeit (wissenschaftlicher Name „*dioica*"). Die männlichen Körbchen erscheinen weiß, die weiblichen mehr rötlich. Der Haarfilz der Blätter dient als Transpirationsschutz: In ihm hält sich die Feuchtigkeit; zugleich schützt er Blätter und Spaltöffnungen vor trockenem Wind. Die weiche Behaarung erinnert an ein zartes „Katzenpfötchen" (Name!).

## 4 Behaartes Franzosenkraut
*Galinsoga ciliata*

10–50 cm Juni–Okt. ⊙ **94**

**Kennzeichen:** Knapp erbsengroße, knopfförmige Blütenkörbchen mit nur 5 weißen Zungenblüten. Vom sehr ähnlichen Kleinblütigen Franzosenkraut (*Galinsoga parviflora*) durch oberwärts abstehend behaarten Stengel unterschieden.

**Vorkommen:** Beide Arten im gesamten Gebiet sehr häufig in Gärten, auf Hackfruchtfeldern und Schuttplätzen.

**Wissenswertes:** Beide Arten sind in der ersten Hälfte des vorigen Jahrhunderts aus dem tropischen Südamerika zu uns gekommen. Während der Franzosenkriege, als man keine Zeit zum Unkrautjäten hatte, sollen sie sich besonders stark vermehrt und ausgebreitet haben (Name!). Nach der Form der Blütenkörbchen werden sie auch „Knopfkraut" genannt. Die Herkunft beider Arten erklärt leicht ihre Frostempfindlichkeit.

## 5 Gewöhnliche Wucherblume
*Leucanthemum vulgare*

20–80 cm Mai–Okt. ♃ **94**

**Kennzeichen:** Wiesenblume mit großen Körbchen (3–6 cm Ø) einzeln auf langen Stengeln.

**Vorkommen:** Auf Wiesen und Weiden, heute oft besonders häufig an Straßenböschungen.

**Wissenswertes:** Nach der Einsaat von frisch überformten Böschungen ist die Wucherblume an Straßen- und Wegrändern stellenweise in großen Beständen anzutreffen. Als „Margerite" ist die Art möglicherweise noch bekannter , obwohl der Name „Wucherblume" ihr Verhalten schon recht gut beschreibt. Besonderer Beliebtheit erfreut sie sich als langlebige Schnittblume für Wildblumensträuße und als Orakel für Verliebte.

1

2

4a

3a

3b

4b

5

## 1 Schaf-Garbe
*Achillea millefolium*

20–80 cm Juni–Nov. ♃ **94**

**Kennzeichen:** Blütenstand als flache Doldenrispe aus kleinen Körbchen, die jeweils nur aus wenigen Blüten bestehen; Blätter 2–3fach gefiedert.

**Vorkommen:** Auf trockenen Wiesen, Weiden und Wegrändern im gesamten Gebiet häufig.

**Wissenswertes:** Ein sehr merkwürdiges Bild bietet die Schaf-Garbe überall dort, wo Schafe weiden (Name!). Hier tragen die Stengel meist nur noch die Blütenstände, während die Blätter abgefressen sind. Die ersten Blättchen im Frühling für Salate zu sammeln, ist durchaus empfehlenswert. Als Heilmittel wird Schaf-Garbe zur Förderung der Sekretion der Verdauungsdrüsen und auch wegen seiner krampflösenden und entzündungshemmenden Wirkung eingesetzt. Weil die Blattfiederchen wie viele winzige Blättchen wirken, hat die Art den wissenschaftlichen Namen „*millefolium*“ (tausendblättrig) erhalten.

## 2 Sumpf-Garbe
*Achillea ptarmica*

20–60 cm Juli–Sept. ♃ **94**

**Kennzeichen:** Körbchen größer, aber weniger zahlreich im Vergleich zur Schaf-Garbe; Blätter linealisch-lanzettlich.

**Vorkommen:** Außer im Süden insgesamt überall anzutreffen, allerdings mehr auf stau- oder wechselnassen Standorten im Grünland und an Bach- und Grabenrändern.

**Wissenswertes:** Beide *Achillea*-Arten lösen bei empfindlichen Personen allergische Reaktionen aus: lat. ptarmicus = zum Niesen anregend.

## 3 Acker-Hundskamille
*Anthemis arvensis*

10–50 cm Juni–Sept. ⊙ **94**

**Kennzeichen:** Blütenkörbchen mit einem Durchmesser von 2–4 cm; Zungenblüten 8–13, flach ausgebreitet; auf dem durch Herauszupfen der Blütchen freigelegten halbkugeligen bis kegelförmigen Blütenboden zahlreiche lanzettliche Spreublätter.

**Vorkommen:** In den meisten Gegenden au Äckern und an Wegrändern; vorzugsweise au nährstoffreichen, aber kalkarmen Böden.

**Wissenswertes:** Dieser geruchlosen und arzneilich bedeutungslosen Kamille hat bereits der Volksmund mit dem Tier-Attribut ein entsprechendes Markenzeichen gegeben („Hundskamille“).

## 4 Geruchlose Kamille
*Tripleurospermum perforatum (T. inodorum)*

30–70 cm Juni–Okt. ⊙ **94**

**Kennzeichen:** Der Echten Kamille ähnlich aber mit kompaktem Blütenboden und imme ausgebreiteten Zungenblüten.

**Vorkommen:** Überall häufig in Unkrautgesellschaften der Felder, Wegränder und Schuttplätze.

**Wissenswertes:** Die Blütenkörbchen sind meistens etwas größer als bei der Echten Kamille und nahezu geruchlos (Name!). Der wissenschaftliche Gattungsname ist aus griech tripleuros = dreiseitig, dreirippig und sperma = Same zusammengesetzt.

## 5 Echte Kamille
*Matricaria chamomilla*

15–40 cm Mai–Juli ⊙ **94**

**Kennzeichen:** Unterscheidungsmerkmale gegenüber ähnlichen Arten sind: aromatischer Duft, hohle Köpfchen, meistens mehr oder weniger zurückgeschlagene Zungenblüten.

**Vorkommen:** Noch immer im gesamten Gebiet ein häufiges Ackerwildkraut und Besiedler frischer Böschungen und Bodenmieten.

**Wissenswertes:** Mit den getrockneten Blütenkörbchen der Echten Kamille werden die wohl bekanntesten Hausmittel in Form von Tee oder Aufgüssen hergestellt, deren entzündungshemmende und krampflösende Wirkung heute wie einst geschätzt wird. Der Name „*Matricaria*“ weist auf die Verwendung in der Frauenheilkunde hin (lat. matrix = Gebärmutter). „Chamomilla“ ist der lateinische Name der Kamille, deren deutsche Bezeichnung deutlich verwandtschaftliche Nähe aufweist.

1
2
3
4
5a
5b

## 1 Silberdistel
*Carlina acaulis*

10–30 cm Juli–Sept. ♃ 94

**Kennzeichen:** Rosettenpflanze mit nur einem einzigen un- bis kurzgestielten Blütenkorb (Ø 5–15 cm); Blätter silbergrau (Name!), fiederspaltig, dornig.

**Vorkommen:** Im Süden, lokal auch nördlich der Mainlinie, vor allem im Gebirge auf beweideten Magerrasen, an Wegen und Böschungen; allgemein zerstreut.

**Wissenswertes:** Als „Wetterdistel", die ihren Blütenkorb bei feuchtem Wetter schließt, ist sie den meisten Bergwanderern wohlbekannt. Früher nahm man die dekorative Pflanze gerne mit; inzwischen ist sie so selten geworden, daß sie strengen Schutz genießt. Die Schönheit des großen Blütenkorbes geht vor allem auf die ihn umgebenden inneren Hüllblätter zurück, die – zur Blütezeit bereits abgestorben – weißglänzend wirken. Mit den dornigen Blättern schützt sich die *Carlina*, die kleine Distel (lat. Verkleinerungsform „cardulina" von carduus = Distel), gegen Viehfraß, mit ihrem niedrigen Wuchs unter der Schneedecke vor der Winterkälte und mit ihren langen Wurzeln vor der Austrocknung im steinigen Boden. Die Art ist vielfach auch unter dem Namen „Eberwurz" bekannt.

## 2 Gemeines Pfeilkraut
*Sagittaria sagittifolia*

20–100 cm Juni–Aug. ♃ 95

**Kennzeichen:** Sumpfpflanze mit dreierlei unterschiedlichen Blättern: am höchsten und markantesten die langgestielten, pfeilförmigen Luft-, kreisförmig die Schwimm- und lang, bandartig die sitzenden Unterwasserblätter.

**Vorkommen:** In der Ebene und in Talauen verbreitet in langsam fließenden, etwas nährstoffreichen Gewässern; nach vorübergehender Absenkung des Wasserspiegels auch auf dem Land.

**Wissenswertes:** Die Pfeilform der Blätter ist so ungewöhnlich und auffallend, daß neben dem deutschen auch beide wissenschaftliche Namen sie aufgreifen (lat. sagitta = Pfeil, sagittifolia = pfeilblättrig). Bemerkenswert sind auch die der Überwinterung und der vegetativen Vermehrung dienenden Knollen, di sich im Herbst an dünnen Ausläufern bilder Sie sind stärkereich und erreichen Walnuß größe. In China werden sie wegen ihres nuß artigen Geschmacks geschätzt und von ei gens dafür angebauten Pflanzen geerntet.

## 3 Froschbiß
*Hydrocharis morsus-ranae*

bis 5 cm Mai–Aug. ♃ 97

**Kennzeichen:** Schwimmpflanze mit runde bis herzförmigen Blättern; Blüten einzeln a bis zu 5 cm aufsteigenden Stengeln.

**Vorkommen:** Vor allem im Norden; im Sü den in einigen Talauen; in stehenden Gewäs sern oder stillen Flußbuchten, vorzugsweise i nährstoffreichem Wasser.

**Wissenswertes:** Die Art zeigt beispielhaf Merkmale frei schwimmender, also nicht mi dem Boden verbundener Wasserpflanzen: fü den Auftrieb Ausstattung mit einem gut ent wickelten Durchlüftungsgewebe; unbenetz bare Schwimmblätter mit Spaltöffnungen au der Blattoberseite; ein feines im Wasser aus gebreitetes Wurzelgeflecht zur Aufnahme vo Wasser und Nährsalzen; Verbreitung de schleimig-klebrigen Samen durch Wasservögel; zusätzliche vegetative Vermehrung durch sich abtrennende Ausläufer und durch Winterknospen.

## 4 Froschlöffel
*Alisma plantago-aquatica*

20–100 cm Juni–Sept. ♃ 95

**Kennzeichen:** Luftblätter langgestielt, löffelförmig (Name!), zugespitzt; Unterwasserblätter bandförmig und langflutend; Blütenstand sparrig wirkend, quirlig verzweigt, dadurch arm- und entferntblütig.

**Vorkommen:** Im gesamten Gebiet verbreitet in den Verlandungsgesellschaften nährstoffreicher Gewässer; auch auf wechselfeuchten Standorten und Schlammböden.

**Wissenswertes:** An Land bildet der Froschlöffel besonders lange Blattstiele aus. Der wissenschaftliche Artname bedeutet gewissermaßen „Wasser-Wegerich" und zielt auf die Größe und die Form der Blätter (vgl. Breit-Wegerich, *Plantago major*).

1a
1b
2
3
4a
4b

## 1 Krebsschere
*Stratiotes aloides*

20–30 cm Mai–Aug. ♃ 97

**Kennzeichen:** Rosette mit schwertförmigen, stachelig-gesägten Blättern; Pflanze frei unter Wasser schwebend, nur zur Blütezeit teilweise über der Wasseroberfläche.

**Vorkommen:** Nur im Tiefland; vor allem in flachen, bis zu 2 m tiefen, nährstoffreichen Weihern; vereinzelt noch große Bestände bildend, allgemein aber deutlich auf dem Rückzug.

**Wissenswertes:** Der nicht alltäglichen Blattform verdankt die Art ihren deutschen und ihren wissenschaftlichen Namen. Die stachelig gesägten Blätter erinnern einerseits an die Scheren von Krebsen andererseits durch ihre Schwertform an Kriegswerkzeug (griech. stratiotes = Krieger). Der wissenschaftliche Artname „*aloides*" besagt „der Aloë ähnlich". „Wasser-Aloë" ist eine weitere volkstümliche Bezeichnung für die Krebsschere, die die längste Zeit des Jahres unter Wasser lebt und im Herbst sogar bis zum Gewässergrund absinkt. Die Pflanzen sind zweihäusig und bilden oft auf einzelnen Gewässern ganze Bestände rein männlicher oder rein weiblicher Pflanzen aus. Das wird darauf zurückgeführt, daß Wasservögel eine einzelne Jungpflanze oder einen Ausläufer verschleppen, von dem der gesamte Krebsscheren-Bestand des neu erreichten Gewässers ausschließlich durch vegetative Vermehrung abstammt.

## 2 Ästige Graslilie
*Anthericum ramosum*

30–60 cm Mai–Aug. ♃ 100

**Kennzeichen:** Weiße Lilienblütchen auf aufrechtem, verästeltem Stengel (Name!); Blätter in Büscheln, schmal, grasartig (Name!).

**Vorkommen:** In Rasen und Gebüschen auf trockenen, warmen und kalkreichen Standorten zerstreut; allerdings – von Ausnahmen abgesehen – nur in den Kalkgebieten im südlichen und östlichen Mitteleuropa.

**Wissenswertes:** Die Art ist in den Mittelmeerländern weit verbreitet und dementsprechend nördlich der Alpen nur in den besonders warmen Kalklandschaften bis über den Main hinaus vertreten. In heißen, niede schlagsarmen Jahren, in denen viele ander Pflanzenarten vorzeitig vertrocknen, entwik keln sich die Graslilien meistens besonde gut.

## 3 Doldiger Milchstern
*Ornithogalum umbellatum*

10–20 cm Apr.–Mai ♃ 100

**Kennzeichen:** Zwiebelgewächs mit grasarti gen Blättern; Blüten in einem traubigen Blü tenstand, scheinbar doldig angeordne (Name!), milchig weiß (Name!); weiße Blüten blätter außen mit grünen Streifen.

**Vorkommen:** Nur regional verbreitet; vor al lem in Weinbergen und auf trockenem Grün land; wahrscheinlich zum Teil aus Gärten und Parks verwildert.

**Wissenswertes:** Nur bei sonnigem Wette sind die hübschen Blüten sternförmig ausgebreitet (Name!), nachts und bei Regen dagegen eng geschlossen. Als Stinzenpflanze deutet sie heute vielfach inmitten wildwachsender Vegetation auf Standorte ehemaliger Bauern-, Burg- oder Klostergärten hin.

## 4 Bärlauch
*Allium ursinum*

20–40 cm Apr.–Juni ♃ 100

**Kennzeichen:** Blätter grundständig, gestielt, mit intensivem Lauchgeruch; Blüten auf einem langen, blattlosen Stiel in einem doldenähnlichen Blütenstand.

**Vorkommen:** Frühblüher in artenreichen, etwas feuchten Laubwäldern, vor allem auf kalk- und nährstoffreichen Böden; im Norden fehlend, aber auch sonst mit großen Verbreitungslücken.

**Wissenswertes:** Große Bärlauch-Bestände in den Wäldern entdeckt man in einiger Entfernung oft zuerst mit der Nase. Der Volksmund spricht – vor allem im Hinblick auf die Zwiebelchen des Bärlauchs – auch vom „Wilden Knoblauch". Und in der Tat können sie als Knoblauch-Ersatz verwendet werden. Die vor der Blüte gesammelten und kleingeschnittenen Blätter eignen sich, um Salaten, Gemüsen und Suppen einen angenehm milden Knoblauchgeschmack zu geben.

1
3
2a
2b
4a
4b

## 1 Maiglöckchen
*Convallaria majalis*

10–30 cm Mai–Juni ♃ 100

**Kennzeichen:** Zwei Blätter elliptisch, gegenständig; Blüten in einer einseitswendigen Traube.

**Vorkommen:** Im gesamten Gebiet verbreitet, oft in großen Beständen, vor allem in Eichen-Buchenwäldern mit mittlerem Nährstoff- und Artenreichtum.

**Wissenswertes:** Nicht einzelne Blütenstiele, sondern die dicken Blumensträuße, die häufig zum Muttertag gepflückt werden, lassen ehemals große Maiglöckchen-Bestände schrumpfen, zumal wenn auch die Blätter mit abgepflückt werden. Das hat das Maiglöckchen eigentlich nicht verdient! Sein Blütenöl dient als Zusatz zu Parfüms; seine Giftwirkung ist der des Roten Fingerhuts vergleichbar. Vergiftungen kommen vor allem durch den Verzehr der roten Beeren zustande, die lange Zeit an den Blütenstielen stehen (**1b**). Als Speicherorgan dient diesem Frühblüher der dritten oder vierten Blütenphase ein relativ dünner, aber stark verzweigter Wurzelstock.

## 2 Schattenblümchen
*Maianthemum bifolium*

5–20 cm Mai–Juni ♃ 100

**Kennzeichen:** Zwei Blätter eiförmig, mit herzförmigem Grund, wechselständig; Blüten in einer endständigen Traube.

**Vorkommen:** In Wäldern auf kalk- und nährstoffärmeren Böden – vor allem in Laub-, vielfach aber auch in Nadelwäldern – im gesamten Gebiet anzutreffen.

**Wissenswertes:** Entfernte Ähnlichkeit, gleiche Blütezeit und oft benachbarter Wuchsort sind wohl die Anlässe dafür, daß die Art auch als „Falsches Maiglöckchen" bezeichnet wird, dem der Duft fehlt. „Maiblume" lautet übersetzt auch der wissenschaftliche Gattungsname (lat. majus = Mai, griech. anthemon = Blume). Der Artname *„bifolium"* (= 2blättrig) beschreibt ein markantes Artmerkmal. „Schattenblümchen" weist auf den schattigen Standort hin, das Vorkommen dieser Art zusätzlich auf leichte Bodenversauerung. Die Früchte sind hellrote Beeren, die ebenso wie die des Maiglöckchens erst im Herbst reifen. Auch das Schattenblümchen ist giftig, allerdings durch andere Wirkstoffe als das Maiglöckchen.

## 3 Quirlblättrige Weißwurz
*Polygonatum verticillatum*

30–80 cm Mai–Juni ♃ 10

**Kennzeichen:** Kantiger Stengel mit oben immer und unten meistens in 3–8blättrigen Scheinquirlen angeordneten lanzettlichen Blättern; Blüten grünlichweiß, einzeln oder zu 2–6 je Blattachse (**3b**).

**Vorkommen:** Nur in Bergwäldern und in Wäldern der subalpinen Lagen, zumeist an besonders luftfeuchten Standorten; fehlt in der Ebene und damit im Norden ganz.

**Wissenswertes:** Die Früchte dieser Weißwurz-Art sind ebenso wie die der beiden anderen erst rot (**3c**), im Spätsommer letztendlich aber dunkelblau. Ungewöhnlich ist der Blattschopf an der Stengelspitze; er kommt zustande, weil sich die Endknospe nicht weiterentwickelt.

## 4 Vielblütige Weißwurz
*Polygonatum multiflorum*

30–60 cm Mai–Juni ♃ 10

**Kennzeichen:** Elliptische Blätter an einem runden, bogigen Stengel, wechselständig; Blüten länglich, zu jeweils 1–5 in den Blattachseln. Bei der Echten Weißwurz (*P. odoratum*) Stengel kantig und Blüten zu 1–2.

**Vorkommen:** In artenreichen Laubmischwäldern kalk- und nährstoffreicher Standorte des gesamten Gebietes heimisch.

**Wissenswertes:** Die Verdickungen des Wurzelstocks oder Rhizoms sind einzelne Jahresabschnitte, die an ihrer Spitze den Blütensproß entwickeln, während der Wurzelstock selbst sein Wachstum aus der Achsel eines Niederblattes fortsetzt. Die siegelartige Vertiefung und die Spuren der Leitbündel auf dem verdickten, weißen Rhizom waren für unsere Wurzeln sammelnden Vorfahren der Anlaß, sowohl von „Weißwurz" als auch vom „Salomonssiegel" zu sprechen. Geheimnisvolle Kräfte wurden dieser „Springwurz" nachgesagt, die durch eine besondere Zauberkraft verschlossene Türen zu öffnen vermag.

1a
2
1b
3b
3c
3a
4a
4b

## 1 **Märzenbecher**
*Leucojum vernum*

10–30 cm Febr.–Apr. ♃ 101

**Kennzeichen:** Blüten als 2–3 cm große, nikkende Glocken einzeln oder zu zweit; an den Spitzen der 6 Kronblätter gelbgrüne Flecken; Grundblätter 3–4, bis über 2 cm breit.

**Vorkommen:** Auf kalkreichen, warmen Standorten in lichten und feuchten Wäldern und Gebüschen; im Norden fehlend und auch sonst nur regional verbreitet, im Süden auch auf Sumpf- und Bergwiesen.

**Wissenswertes:** Der ebenfalls gebräuchliche Name „Frühlings-Knotenblume" geht auf die auffällige knotenartige Verdickung, den unterständigen Fruchtknoten, zurück (**1b**). Der wissenschaftliche Gattungsname, der aus griech. leucos = weiß und griech. ion = Veilchen zusammengesetzt ist, wird mit dem veilchenähnlichen Duft der Märzenbecher-Blüten in Zusammenhang gebracht.

## 2 **Alpen-Krokus**
*Crocus albiflorus*

10–15 cm Febr.–Apr. ♃ 102

**Kennzeichen:** Blüten einzeln, in der Regel weiß, manchmal leicht violett, oben glockig, unten in eine lange, enge Röhre übergehend; Blätter grasartig, grün mit weißem Mittelstreifen, an der Basis mit einer häutigen Scheide.

**Vorkommen:** Nur im Süden, vor allem in den Alpen; auf Bergwiesen mit tiefgründigen, fruchtbaren Böden; sonst gelegentlich aus der Kultur verwildert.

**Wissenswertes:** Die Krokus-Blüten erscheinen als Schmuck der Alpenmatten oft bereits zwischen Schneeresten und bei zeitweilig noch oberflächennah gefrorenem Boden. Ihn und den Schnee vermögen die an der Spitze und der Mittelrinne deutlich verstärkten Blätter zu durchstoßen. Die Blüten reagieren auf geringste Temperaturschwankungen und schließen sich bereits, wenn nur einzelne größere Wolken aufziehen. Obwohl der Fruchtknoten sich zunächst 5–6 cm unter der Erde entwikkelt, gelangt die reife Fruchtkapsel durch Streckung des Stiels bis zur Heuernte so weit über den Boden, daß sie sich noch zum Boden hin neigen und die Samen ausstreuen kann. Die Samen tragen kleine Anhängse derentwegen sie von Ameisen verschlepp werden. Aus Gärten und Parks verwilder Krokusse – sowohl unsere Art als auch d Frühlings-Krokus (*Crocus napolitanus*) – haben sich als Stinzenpflanzen außerhalb ihre natürlichen Verbreitungsgebietes hier un dort fest in bestehende Wiesengesellschafte eingefügt.

## 3 **Weißes Waldvögelein**
*Cephalanthera damasonium*

20–50 cm Mai–Juni ♃ 10

**Kennzeichen:** 3–8 gelblich-weiße spornlos Orchideenblüten, nur wenig geöffnet, bis 2 cr lang; Stengel im oberen Teil geschlängel durch herablaufende Blätter kantig.

**Vorkommen:** Außer im Norden, Nordweste und Osten auf kalkreichem Untergrund in Buchen- und in Eichenmischwäldern verbreite aber fast immer einzeln.

**Wissenswertes:** Wie viele Orchidee braucht das Weiße Waldvögelein wegen seiner Pilzsymbiose Standorte, die langfristig fre von Störungen und Veränderungen sinc Wenn sich die ersten Laubblätter zeigen, haben bereits bis zu 8 Jahre lang unterirdisc Pilze für die Ernährung der neuen Pflanz gesorgt, die unter Umständen erst nach 1–2 weiteren Jahren erstmalig zur Blüte gelangt.

## 4 **Weiße Waldhyazinthe**
*Platanthera bifolia*

20–50 cm Juni ♃ 103

**Kennzeichen:** Blüten in einer Ähre, grünlich-weiß, duftend, mit langem Sporn (**4b**); 2 grundständige Blätter (lat. bifolia = 2blättrig).

**Vorkommen:** Im Norden vereinzelt, in de Mitte und im Süden weiter verbreitet; auf basenreichen Böden vor allem in Kalk-Magerrasen und in Eichen- und Kiefernwäldern.

**Wissenswertes:** Die Art ist auch unter dem Namen „Kuckucksblume" bekannt. Vor allem nachts entströmt den Blüten ein starker Duf (Name!), der Nachtfalter anlockt. An ihren langen Rüsseln, mit denen sie den Nektar aus dem Sporn saugen, bleiben die Pollenpakete haften und werden so auf eine andere Waldhyazinthen-Blüte übertragen.

1a
1b
3a
2
3b
4a
4b

## 1 Gelbe Teichrose
*Nuphar lutea*

bis 10 cm Juni–Sept. ♃ 4

**Kennzeichen:** Schwimmblätter eiförmig, bis zu 40 cm lang; Stengel im Querschnitt abgeflacht; Blüten kugelig, etwa 4 cm groß.

**Vorkommen:** Vor allem im Norden und im Süden; in der Mitte auf die Talauen beschränkt; in langsam fließenden, aber auch in stehenden Gewässern bis zu einer Wassertiefe von 6 m.

**Wissenswertes:** Die Blüte der Teichrose, die auch „Mummel" genannt wird, besteht aus 5 kelchblattartigen Perigon- und aus zahlreichen kronblattartigen Nektarblättern (**1b**). Käfer und Schwebfliegen besuchen die stark duftenden Blüten und sorgen für die Bestäubung. Die Verbreitung erfolgt nicht nur durch die schwimmfähigen Samen, sondern auch durch den Wurzelstock, von dem immer wieder Teile durch das Wasser abgerissen und fortgeschwemmt werden. Die Teichrose kann auch Gewässer besiedeln, die der Weißen Seerose zu tief sind. Der wissenschaftliche Name *Nuphar* ist von „ninufar" abgeleitet, dem arabischen Namen der Teichrose.

## 2 Gemeine Osterluzei
*Aristolochia clematitis*

30–60 cm Mai–Juni ♃ 10

**Kennzeichen:** Blüten ca. 4 cm lang, tütenförmig mit enger Röhre, am Grunde bauchig verdickt; Blätter herzförmig, unterseits mit auffälliger Nervatur.

**Vorkommen:** Auf warmen, kalk- und nährstoffreichen Standorten in Weinbaugebieten, milden Flußtälern, aber auch vereinzelt südlich Berlins; Heimat in den Mittelmeerländern.

**Wissenswertes:** Die Blüte ist eine Falle, einem Kessel gleich (bauchige Verdickung), in den kleine Fliegen hineinrutschen. Haare verhindern ihr Entkommen. Erst wenn die Blüte welkt und die Fliegen wieder ins Freie gelangen können, öffnen sich die Pollensäcke und stäuben die Gäste ein, die den Pollen zu einer anderen Blüte tragen, wo sich der Vorgang wiederholt. Der deutsche Name ist aus „*Aristolochia*" verballhornt und ein Hinweis auf die einstige Rolle der Art in der Geburtshilfe: griech. aristos = das Beste für locheia = die Geburt.

## 3 Sumpf-Dotterblume
*Caltha palustris*

20–40 cm März–Juni ♃ 6

**Kennzeichen:** Blüten dottergelb (Name!); Blätter ungeteilt, rund bis herzförmig.

**Vorkommen:** Noch im gesamten Gebiet auf Feuchtwiesen, an Graben- und Bachrändern und in Bruchwäldern heimisch, jedoch in vielen Gegenden stark rückläufig.

**Wissenswertes:** Unter den gelbblühenden Hahnenfußgewächsen, die der Volksmund „Butterblumen" nennt, trägt diese Art die Bezeichnung mit besonderem Recht, nutzte man doch ihre Blüten, um der Butter damit eine noch attraktivere Farbe zu geben. Im Gegensatz zur Trollblume ist der Pollen in der Blüte völlig ungeschützt; er schwimmt nicht selten in der regenwassergefüllten Blüte und gelangt so zu den Narben.

## 4 Trollblume
*Trollius europaeus*

20–50 cm Mai–Juli ♃ 6

**Kennzeichen:** Blüten 4 cm groß; Blütenblätter nach innen vorgewölbt, die Blüte bis auf eine kleine Öffnung verschließend (**4a**).

**Vorkommen:** Im Süden verbreiteter, in der Mitte nur noch vereinzelt auf feuchten Bergwiesen und in Flachmooren, auch in Mecklenburg-Vorpommern; zunehmend gefährdet deshalb streng geschützt.

**Wissenswertes:** In der kugeligen Blüte sind Pollen und Nektar vor Regen und Tau bestens geschützt. Durch die enge Öffnung gelangen nur kleine Insekten in die Blüte, größere stemmen allerdings nicht selten die Blütenblätter auseinander. Ob auf „legalem" Weg durch die Öffnung oder gewaltsam eingedrungen, in jedem Falle finden sie in den tütenförmigen Nektarien zwischen Staub- und Blütenblättern, was sie suchen und obendrein immer auch reichlich Pollen für die Bestäubung. Ob beim Namen der altnordische Berggeist „Troll" unmittelbar Pate stand oder beide auf das althochdeutsche „trol" für Kugel zurückgehen, muß offen bleiben.

1a

1b

2

3

4a

4b

## 1 Gelber Eisenhut
*Aconitum vulparia*

30–80 cm Juni–Juli ♃ 6

**Kennzeichen:** Blüten grünlichgelb, 2seitig-symmetrisch, mit hohem Helm, fast 3mal so hoch wie breit; Grundblätter handförmig geteilt.

**Vorkommen:** Im Süden in Auwäldern und lichten, möglichst feuchten Laubwäldern und Gebüschen, aber auch in Hochstaudenfluren, auf Geröllhalden und an Waldrändern; in der Mitte nur sehr vereinzelt, im Norden fehlend.

**Wissenswertes:** Die nach unten geneigten Blüten werden vor allem von Hummeln angeflogen. Das aufwärtsgerichtete Blütenblatt, das den Helm bildet, wird nicht selten von Nektarräubern aus anderen Insektengruppen angebissen, die auf direktem Wege an den Nektar zu gelangen versuchen. Der Gelbe Eisenhut ist wie sein blauer Verwandter sehr giftig. Man nutzte ihn früher zur Gewinnung von Extrakten, mit denen man Wölfe und Füchse vergiftete. Namen wie „Wolfs-Eisenhut" und „Wolfswurz" erinnern noch heute daran. Im wissenschaftlichen Artnamen klingt zumindest noch der Fuchs an (lat. vulpes = Fuchs).

## 2 Gelbes Windröschen
*Anemone ranunculoides*

10–25 cm März–Mai ♃ 6

**Kennzeichen:** Blüten einzeln oder zu zweit, lang gestielt, die 3 kurzgestielten, wirtelig angeordneten Hochblätter überragend; Grundblätter tief eingeschnitten.

**Vorkommen:** Außer im Nordwesten vielerorts in Laubmischwäldern auf kalk- und nährstoffreichen Böden.

**Wissenswertes:** Es gibt Wälder, in denen das Gelbe Windröschen Bestände bildet (**2a**) wie sonst vielerorts das Busch-Windröschen. Auf die Ähnlichkeit der Art mit manchen Hahnenfuß-Arten weist der wissenschaftliche Artname „*ranunculoides*" hin.

## 3 Frühlings-Adonisröschen
*Adonis vernalis*

10–30 cm Apr.–Mai ♃ 6

**Kennzeichen:** Blüten groß (5–6 cm), endständig, mit 10–20 Kronblättern; Blätter fe fiederteilig mit nur 1 mm breiten Zipfeln.

**Vorkommen:** Außerhalb des Hauptverbre tungsgebietes im südlichen Osteuropa n wenige Reliktstandorte auf Wärmeinseln Mitteleuropa; durch punktuelle Beschränkur auf einige Trockenrasen ist die Art extrem ge fährdet.

**Wissenswertes:** Die isolierten Vorkomme in besonders warmen und trockenen Regio nen, wie Mainzer Sand, Thüringer Becken ur Harzvorland werden als Reste einer weitere Verbreitung in einer früheren Wärmezeit inte pretiert. Der aus der griechischen Mytholog bekannte Adonis, der Liebling der Aphrodit tritt im deutschen wie im wissenschaftliche Namen auf, weil der Sage nach die Blüte aber wohl das rot blühende Sommer-Adonis röschen – aus seinem Blut und das zart ge gliederte Blatt aus ihren Tränen erwuchse „Teufelsauge" ist ein anderer weit verbreitete Name für die Pflanzengattung, die über hoch wirksame herzstärkende Inhaltsstoffe verfügt

## 4 Gelbe Wiesenraute
*Thalictrum flavum*

50–120 cm Juni–Aug. ♃ 6

**Kennzeichen:** Stattliche Staude mit eine duftenden Blütenrispe aus einzeln unschein baren Blütchen mit zahlreichen Staubblätterr die Blätter am Stengel von oben nach unte zunehmend 2–3fach fiederteilig; Stengel kah und kantig.

**Vorkommen:** Auf Feuchtwiesen, an Graben- Bach- und Flußufern, in Gebüschen im Ufe bereich von Seen; stets auf wechselnasser nährstoff- und basenreichen Standorten.

**Wissenswertes:** Nicht die 4 lanzettlicher früh abfallenden Blütenhüllblättchen, sonder die zahlreichen abstehenden gelben Staub blätter sorgen für den Schaueffekt, der letztlich erst durch die Blütenfülle des gesamten Blü tenstandes entsteht. Außer der Insekten- spiel auch die Windbestäubung eine wichtige Rolle Auffallend an der Gesamtverbreitung der Ar in Mitteleuropa ist die Bindung an die grö ßeren Flüsse. Die Art eignet sich als Bestand teil feuchter Flächen in naturnahen Gärten verwandte Formen finden sich im Angebot de Staudengärtnereien.

1

2a

2b

4

3

## 1 Scharfer Hahnenfuß
*Ranunculus acris*

30–100 cm Apr.–Okt. ♃ 6

**Kennzeichen:** Blätter tief eingeschnitten, mit schmalen Zipfeln; Blütenstiele nicht gefurcht.
**Vorkommen:** Im gesamten Gebiet eine der häufigsten Pflanzenarten auf nicht zu trockenen Wiesen und Weiden; auch an Straßen- und Wegrändern, auf Dämmen und Deichen, wenn der Boden nährstoffreich genug ist.
**Wissenswertes:** Ebenso wie die Sumpf-Dotterblume werden auch die gelbblühenden Hahnenfuß-Arten im Volksmund kurzerhand als „Butterblumen" zusammengefaßt. Der Fettglanz der Blüten dieser und der folgenden Art mag zur Namensgebung beigetragen haben. Die handförmig geteilten, vogelfußähnlichen Blätter standen Pate beim Namen „Hahnenfuß". „Scharf" (lat. acer, acris) ist der Hahnenfuß insofern, als der Saft abgeschnittener Stengel heftige Hautreizungen verursachen kann und auch scharf schmeckt. Ebenso wie die meisten nachfolgenden Hahnenfuß-Arten ist auch der Scharfe Hahnenfuß – vor allem im frischen Zustand – giftig. Er wird vom Vieh vielfach gemieden, wodurch er sich oft noch stärker ausbreiten kann. Auf nährstoffreichen Wiesen kann er im Mai weithin das Bild beherrschen.

## 2 Kriechender Hahnenfuß
*Ranunculus repens*

10–40 cm Mai–Sept. ♃ 6

**Kennzeichen:** Blätter weniger stark eingeschnitten; Blütenstiele gefurcht; die niedrigere der beiden häufigsten Hahnenfuß-Arten, die mit Ausläufern am Boden kriecht.
**Vorkommen:** Ebenfalls im gesamten Gebiet sehr häufig, allerdings stärker zu etwas feuchteren Standorten tendierend.
**Wissenswertes:** Die Art tritt nicht selten gemeinsam mit dem Scharfen Hahnenfuß auf und bildet dann unter der höheren eine zweite niedrigere Blütenetage. Mit ihren langen oberirdischen Ausläufern dringt sie oft in frisch umgegrabene Gartenbeete vor. Der wissenschaftliche Gattungsname „*Ranunculus*" (lat. rana = Frosch, ranunculus = kleiner Frosch) stellt die Verbindung zum feuchten Lebensraum her, in dem verschiedene *Ranunculu*- Arten leben. Das Vorkommen des Kriechen den Hahnenfußes weist vielfach auf Näss durch Bodenverdichtung hin. Der Blütenau bau ist bei den beiden häufigsten Hahnenfu Arten sehr gleichartig: Von außen nach inne folgen auf die 5 kelchblattähnlichen Perigor blätter 5 kronblattähnliche Nektarblätter, a deren Grund der Nektar ausgeschieden wir Zur Samenreife entwickeln sich in jeder Blüt gleich zahlreiche Nüßchen, die durch Win und Weidevieh verbreitet oder ganz einfac ausgestreut werden.

## 3 Knolliger Hahnenfuß
*Ranunculus bulbosus*

10–30 cm Mai–Juli ♃ 6

**Kennzeichen:** Blütenstiele kantig; Kelchblät ter zurückgeschlagen; Grundblätter 3zählig.
**Vorkommen:** Verbreitet, aber nach Nordwe sten seltener; auf kalkhaltigen, nicht zu näh stoffreichen Böden; daher mehr auf Mage rasen und ungedüngtem Grünland.
**Wissenswertes:** Der Stengel dieser Art is unten knollig verdickt (Name!). Die Stickstof überdüngung weiter Bereiche in der offene Landschaft durch Landwirtschaft und Umwelt verschmutzung hat in den letzten Jahrzehnte zu einer deutlichen Abnahme dieser Art un zu einer weiteren Zunahme der beiden vor ausgehenden geführt.

## 4 Wolliger Hahnenfuß
*Ranunculus lanuginosus*

20–120 cm Mai–Juli ♃ 6

**Kennzeichen:** Blätter größer, weniger tie eingeschnitten, mit gelblichen Härchen dich abstehend überzogen (Name!).
**Vorkommen:** Nur regional verbreitet in ar tenreichen Laubmischwäldern auf kalk- un nährstoffreichen Böden.
**Wissenswertes:** Diese im Vergleich zu der vorangehenden Verwandten recht stattliche Hahnenfuß-Art ist eine ausgesprochene Waldpflanze. Die wollige Behaarung ist so auffallend, daß außer im deutschen auch im wissenschaftlichen Artnamen darauf verwiesen wird: lat. lanugo = Flaum, weiches Haar; *lanuginosus* = flaumig weich behaart.

1a

1b

2a

2b

3

4

## 1 Brennender Hahnenfuß
*Ranunculus flammula*

20–50 cm Juni–Okt. ♃ 6

**Kennzeichen:** Stengel der unbehaarten Pflanze aufsteigend; Blätter im Gegensatz zu den vorangehenden Arten ungeteilt, schmal lanzettlich bis länglich-elliptisch.

**Vorkommen:** Fast im gesamten Gebiet überall auf sumpfigen Wiesen und an den Ufern von Gräben und Fließgewässern anzutreffen.

**Wissenswertes:** Der Brennende Hahnenfuß besiedelt oft als erster den Schlick und bislang unbewachsene lehmig-tonige Böden. Die Stengel richten sich nur zum Teil auf. Wo sie den Boden berühren, können sich an den Knoten Wurzeln bilden. Der brennende Geschmack der Blätter spiegelt sich in den Namen. Der wissenschaftliche Artname vergleicht diese Feuchtlandart mit einer kleinen Flamme oder einem kleinen Feuer („*flammula*" als Verkleinerungsform von lat. flamma).

## 2 Gold-Hahnenfuß
*Ranunculus auricomus*

20–40 cm Apr.–Mai ♃ 6

**Kennzeichen:** Stengelblätter sitzend, geteilt, mit schmal-linealischen Zipfeln; Grundblätter langgestielt, im Umriß rundlich, tief geteilt; Blütenblätter oft verkümmert oder frühzeitig abfallend.

**Vorkommen:** In Laubmischwäldern auf kalkreichem Untergrund; deshalb große Verbreitungslücken im Nordwesten und in manchen Mittelgebirgen.

**Wissenswertes:** Die Formenvielfalt innerhalb dieser Art ist groß: Sie vermehrt sich durch Samen, die ohne Befruchtung (apomiktisch), d.h. ohne Mischung des mütterlichen und des väterlichen Erbgutes, entstehen.

## 3 Gift-Hahnenfuß
*Ranunculus sceleratus*

20–60 cm Mai–Nov. ☉ 6

**Kennzeichen:** Stengel kahl, hohl, aufrecht; die ganze Pflanze sparrig verzweigt; Blätter glänzend, etwas fleischig, handförmig gelappt; Blüten blaßgelb, mit einer walzlich vorgewölbten Blütenachse.

**Vorkommen:** Auf nassen oder wechse feuchten, am liebsten auf nährstoffreiche schlammigen Böden an Gräben und an Ufer langsam fließender, zum Teil auch stärker ve unreinigter Gewässer; im Norden weiter, ir Süden nur regional verbreitet.

**Wissenswertes:** Wenn Schlammböden – etwa in Absetzbecken von Kläranlagen – trokkenfallen, ist der Gift-Hahnenfuß oft einer de ersten Siedlungspioniere. Nicht selten wächs er auch im Wasser. Die zahlreichen Nüßcher die aus dem auffällig vergrößerten Blütenbo den fallen, haben ein besonderes Schwimm gewebe. Unter seinen Verwandten ist er wahr scheinlich der giftigste. Der Saft verursach starke Hautreizungen.

## 4 Berg-Hahnenfuß
*Ranunculus montanus*

10–20 cm Apr.–Aug. ♃ 6

**Kennzeichen:** Blüten einzeln, selten 2–3 goldgelb; Blätter 3–5spaltig; im Vergleich zum Scharfen Hahnenfuß niedriger Wuchs.

**Vorkommen:** Nur auf Fettwiesen und Matter der Alpen und des Alpenvorlandes in Höhenlagen ab 600 m.

## 5 Scharbockskraut
*Ranunculus ficaria*

5–15 cm März–Apr. ♃ 6

**Kennzeichen:** Blätter rundlich-herzförmig Blüten mit 6–12 Blütenblättern; als Frühblüher oft den Waldboden teppichartig überziehend.

**Vorkommen:** Überall in Wäldern, aber auch in Gärten, Gebüschen und in Wiesen.

**Wissenswertes:** Das Scharbockskraut ist Inbegriff des Frühblühers. Es bildet nur selten Samen aus, ist aber dafür um so erfolgreicher bei der vegetativen Vermehrung. Dazu dienen neben den feigenähnlichen (lat. ficarius) Wurzelknollen auch die getreidekorngroßen Brutknöllchen oder Bulbillen, die im Mai/Juni in den Winkeln der unteren Blattstiele voll entwickelt sind. Der heutige Name hat sich aus „Skorbutkraut" entwickelt. Die frischen Scharbockskraut-Blätter galten als wertvolle vitaminreiche Nahrung, die der durch Vitamin C-Mangel im Winter hervorgerufenen Krankheit entgegenwirkt.

1
2
3
4
5a
5b

## 1 Schöllkraut
*Chelidonium majus*

30–60 cm Apr.–Okt. ♃ [8]

**Kennzeichen:** Stengel mit gelb-orangefarbenem Milchsaft; Blätter einfach gefiedert mit gekerbten Fiedern, unterseits blaugrün; Blüten mit 2 früh abfallenden Kelch- und 4 großen Blütenblättern.

**Vorkommen:** Auf Schutt an Wegrändern und in Heckensäumen im gesamten Gebiet anzutreffen.

**Wissenswertes:** Ölkörperchen als Ameisenanhängsel (Elaiosomen) an den schwarz glänzenden Samen sorgen dafür, daß Ameisen sie verschleppen. So gelangt das Schöllkraut an Orte, wo man es zunächst nicht erwartet: auf Mauerkronen und in Steinspalten, auf Kopfweiden und in Astgabeln. Der wissenschaftliche Name *Chelidonium* geht auf griech. chelidon = Schwalbe zurück. Nach der Überlieferung legen Schwalben Stengelstückchen des Schöllkrauts auf die anfangs geschlossenen Augen ihrer Nestlinge, die durch den Milchsaft sehend werden. Der deutsche Name hat sich – kaum noch erkennbar – ebenfalls aus *Chelidonium* entwickelt. Er ist gewiß so alt wie der volkstümliche Rat, Warzen mit dem Milchsaft des Schöllkrauts wegzuätzen.

## 2 Gelber Lerchensporn
*Corydalis lutea*

10–30 cm Mai–Sept. ♃ [9]

**Kennzeichen:** Blätter 2–3fach gefiedert; Blüten mit Sporn 1,5 cm lang, in einseitswendigen Trauben.

**Vorkommen:** Außer im Norden örtlich in wintermilden Lagen; meistens an Mauern und in Felsspalten.

**Wissenswertes:** Wildwachsend kommt die Art in den südlichen Kalkalpen vor. Die Vorkommen nördlich der Alpen gehen offenbar durchweg auf aus Steingärten und von Parkmauern verwilderte Gartenpflanzen zurück, die inzwischen allerdings als fest eingebürgert gelten können. Auch hier haben wieder Ameisen ihren Teil dazu beigetragen, indem sie die Samen des Gelben Lerchensporns verschleppten.

## 3 Weg-Rauke
*Sisymbrium officinale*

30–60 cm Mai–Sept. ⊙ [54]

**Kennzeichen:** Sparrig verzweigte Pflanze mit hellgelben Kreuzblüten; Schoten stielrund, meistens dem Stengel eng anliegend (**3b**).

**Vorkommen:** Weit verbreitet im gesamten Gebiet in Schutt- und Unkrautfluren, aber auch an vielen Wegrändern.

**Wissenswertes:** Der Artname „*officinalis*" weist auf die frühere Nutzung der Weg-Rauke als Heilpflanze hin. Die Samen bleiben auch nach dem Absterben der Pflanze noch in den Schoten. Wenn durch Wind oder Tiere das welke Kraut insgesamt an einen anderen Ort gelangt, sind auch die Samen am Ziel.

## 4 Ungarische Rauke
*Sisymbrium altissimum*

30–100 cm Mai–Juli ⊙ [54]

**Kennzeichen:** Oft auffallend große Exemplare mit hellgelben, im Alter weißlich verblassenden Blüten und mit bis zu 10 cm langen, schräg aufwärtsstehenden Schoten.

**Vorkommen:** Noch mit großen Verbreitungslücken; vielerorts deutlich in Ausbreitung begriffen; vor allem auf Schuttplätzen und an Wegrändern.

**Wissenswertes:** Die Art ist ein Neubürger, der erst im vorigen Jahrhundert aus Osteuropa zu uns gelangte und sich entlang der Straßen und der Bahndämme auch heute noch immer weiter ausbreitet.

## 5 Besenrauke
*Descurainia sophia*

20–60 cm Mai–Juli ⊙ [54]

**Kennzeichen:** Im Gegensatz zur Weg-Rauke Schoten abstehend und Blätter 2–3fach gefiedert mit sehr schmalen Zipfeln.

**Vorkommen:** Nur in einigen Regionen Mitteleuropas weiter verbreitet; vor allem auf Schuttplätzen und an Wegrändern.

**Wissenswertes:** Die Samen enthalten ein fettes Öl, das die bei der Züchtung neuer Rapssorten ins Gespräch gelangte Erucasäure enthält, die auch bei etlichen anderen Kreuzblütlern nachgewiesen wurde.

1

2

3a

3b

5

4

## 1 Färber-Waid
*Isatis tinctoria*

50–120 cm Mai–Juni ⊙ 54

**Kennzeichen:** Blütenstand aus mehreren Trauben; Blüten an den Stengelspitzen gehäuft; Stengelblätter pfeilförmig, stengelumfassend, durch dünnen Wachsüberzug blaugrün; Schötchen für Kreuzblütler ungewöhnliche Schließfrüchte, 1samig, bis 2 cm lang und mit gedrehtem Flügelrand, zuletzt schwarz-violett.

**Vorkommen:** Auf warmen, oft steinigen, nährstoffreichen Böden; vor allem entlang von Rhein, Main, Neckar, Elbe und Saale an Wegrändern, Bahndämmen und auf Schuttplätzen; im Süden in Kalkgebirgen.

**Wissenswertes:** Auf die Bedeutung der Art als Färberpflanze verweisen der deutsche und der wissenschaftliche Artname (lat. tinctorius = zum Färben verwendet). Das im Althochdeutschen bereits bekannte „Waid" ist verwandt mit lat. vitrum (blaue Farbe, bläuliches Glas). Aus Kleinasien stammend, wurde der Färber-Waid schon im Altertum im Mittelmeerraum und seit dem 9. Jahrhundert auch in Mitteleuropa kultiviert. Aus seinen Blättern gewann man den Farbstoff Indigo zum Blaufärben des Leinens. Bis zum Beginn des 17. Jahrhunderts spielte sein Anbau am Niederrhein, in Brandenburg und Thüringen eine recht beachtliche Rolle. Dann wurde er durch ergiebigere tropische Pflanzenfarbstoffe teilweise und schließlich seit 1880 durch synthetisches Indigo völlig verdrängt. Als Kulturflüchtling aber lebt der Färber-Waid weiter.

## 2 Acker-Schöterich
*Erysimum cheiranthoides*

30–60 cm Mai–Juni ⊙ 54

**Kennzeichen:** Als Blütenstand eine Traube mit dottergelben Kreuzblüten; Blätter länglich-lanzettlich, etwas rauh behaart; Schoten 1–3 cm lang, 4kantig, aufrecht abstehend.

**Vorkommen:** Mit einigen größeren Verbreitungslücken im gesamten Gebiet vertreten, aber zum Teil nur noch vereinzelt auf feuchten Äckern, an Ufern, Wegrändern und auf Schuttplätzen.

**Wissenswertes:** Die Art war früher weiter verbreitet und wird offenbar durch die chemische Unkrautbekämpfung zurückgedrängt.

## 3 Kelch-Steinkraut
*Alyssum alyssoides*

5–20 cm Mai–Sept. ⊙ 54

**Kennzeichen:** Kleine, grau- oder weißfilzig behaarte Pflanze mit schwefelgelben, später weiß verbleichenden Kreuzblüten mit 4 Kelchblättern, die – in dieser Familie nicht alltäglich – nicht vorzeitig abfallen.

**Vorkommen:** Auf kalkreichen, warmen, oft steinig-grusigen Böden, vor allem in der Südhälfte; oft auf Bodenanschnitten, zwischen Gleisen, auf Äckern und an Wegrändern.

**Wissenswertes:** Der wissenschaftliche Gattungsname geht auf den griech. Pflanzennamen „Alysson" zurück. Dabei soll es sich um eine Art gehandelt haben, der man Wirksamkeit gegen die Tollwut nachsagte. Das Vorkommen des Kelch-Steinkrauts, dessen Hauptverbreitungsgebiet südlich der Alpen liegt, markiert bei uns Wärmeinseln.

## 4 Orientalisches Zackenschötchen
*Bunias orientalis*

30–120 cm Mai–Juli ⊙–♃ 54

**Kennzeichen:** Stengelblätter sitzend, nicht stengelumfassend; Frucht ein Schötchen, eiförmig, knapp 1 cm lang, warzig, nicht zackig geflügelt wie eine verwandte Art, die der Gattung den Namen gab.

**Vorkommen:** Nur gebietsweise, vor allem im Süden; auf Ödland, Schuttplätzen und hin und wieder an Wegrändern.

**Wissenswertes:** Möglicherweise sind einige Vorkommen dieser Art durch Verwilderung früher angebauter Futterpflanzen entstanden.

## 5 Brillenschötchen
*Biscutella laevigata*

10–30 cm Mai–Juni ♃ 54

**Kennzeichen:** Markante brillenartige Schötchen (Name!) mit zwei runden Hälften beiderseits des Griffels (**5b**).

**Vorkommen:** Vor allem in den Kalkalpen und im Alpenvorland, sonst nur zerstreut; oft in Felsspalten, aber auch in alpinen Rasen.

1
2
3
4
5a
5b

## 1 Echtes Barbarakraut
*Barbarea vulgaris*

30–80 cm Apr.–Juli ⊙ 54

**Kennzeichen:** Blätter fiederlappig, mit einem besonders großen Endlappen; Blüten goldgelb, Blütenblätter doppelt so lang wie der Kelch; Schoten 2 cm lang, vom Stengel schräg aufwärts weisend.

**Vorkommen:** Im gesamten Gebiet auf nährstoffreichen, nicht zu trockenen Böden, gern auf wenig bewachsenen Standorten an Ufern, auf Ödland, an Weg- und Straßenrändern und auf Anschüttungen.

**Wissenswertes:** „Echte Winterkresse" wird das Barbarakraut genannt, weil die jungen Blätter – zu Salaten verarbeitet – wie Kresse schmecken. Die Rosetten überwintern und können auch um den Barbaratag (4. Dezember) sowie im zeitigen Frühling gesammelt werden. Wie Spinat zubereitet, sind sie gerade in der vitaminarmen Zeit auch ein sehr willkommenes Wildgemüse. Im 16. Jahrhundert wurde das Barbarakraut sogar in den Bauerngärten als Salatpflanze ausgesät. Schon damals war die Art der Heiligen Barbara gewidmet.

## 2 Wasser-Sumpfkresse
*Rorippa amphibia*

40–100 cm Mai–Aug. ♃ 54

**Kennzeichen:** Stengel an den Spitzen aufsteigend, hohl; Schötchen 4 mm lang, auf doppelt so langem Stiel, schräg aufwärts abstehend; die oberen Blätter ungeteilt, scharf gezähnt.

**Vorkommen:** Im Nordwesten selten, sonst zerstreut in der Verlandungsvegetation von stehenden und von langsam fließenden Gewässern.

**Wissenswertes:** Neben der Landform findet man vereinzelt auch Pflanzen dieser Art, die submers, also unter Wasser leben. Sie unterscheiden sich von den landbewohnenden Artgenossen durch kaum geteilte Blätter und auf Belüftung eingerichtete Stengel mit größeren Hohlräumen. Der wissenschaftliche Gattungsname geht wahrscheinlich auf den Pflanzennamen „Rorippen" zurück, der im niederdeutschen Sprachraum gebräuchlich ist.

## 3 Wilde Sumpfkresse
*Rorippa sylvestris*

20–40 cm Juni–Sept. ♃ 54

**Kennzeichen:** Blütenblätter länger als die Kelchblätter, goldgelb; Schote bis knapp 2 cm lang auf ebenso langem Stiel; Blätter gefiedert, zumindest die unteren, mit gezähnten Fiederabschnitten.

**Vorkommen:** Auf zumindest zeitweilig feuchtem Grund; an Gräben und Ufern von stehenden und langsam fließenden Gewässern; auch auf zeitweilig überfluteten Äckern.

**Wissenswertes:** Die Wilde Sumpfkresse, die überall in Mitteleuropa vorkommen kann, weist einerseits auf Nährstoffreichtum des Bodens, andererseits auf Bodenverdichtung und Nässe hin. Als ausläuferbildende Art tritt sie als Pionier auf unbewachsenen Flächen auf. Ihre Wurzeln dringen bis zu 80 cm tief in den Boden ein. Der wissenschaftliche Artname „sylvestris" erscheint bei der Wilden Sumpfkresse ebenso deplaziert wie etwa beim Wiesen-Kerbel (*Anthriscus sylvestris*). Das gilt zumindest, wenn man lat. silvestris mit „zum Walde gehörig" oder „im Wald heimisch" (von lat. silva = Wald) übersetzt. „Silvestris" heißt aber auch „in der Wildnis (am unbebauten Ort) heimisch" oder kurzum „wild". Und eben das trifft auf unsere Art zu.

## 4 Gewöhnliche Sumpfkresse
*Rorippa islandica* (*R. palustris*)

20–60 cm Juni–Sept. ⊙–♃ 54

**Kennzeichen:** Blütenblätter kürzer als der Kelch, blaßgelb; Schötchen und ihre Stiele nur jeweils ½ cm lang; Blätter fiederspaltig und zumindest andeutungsweise geöhrt.

**Vorkommen:** Als häufigste der 3 Sumpfkressen im gesamten Gebiet verbreitet; auf nährstoffreichen, feuchten bis nassen, im Sommer austrocknenden Standorten an Ufern und Gräben; gern auf Schlammböden.

**Wissenswertes:** Hier handelt es sich um eine Sammelart, zu der von Experten noch weiter unterscheidbare, aber wahrscheinlich eng verwandte Sippen zusammengefaßt werden. Ihre Bestimmung, sogar bereits die verschiedener Sumpfkresse-Arten, wird dadurch erschwert, daß sie zum Bastardieren neigen.

1a

2

1b

3

4a

4b

## 1 Mauer-Doppelsame
*Diplotaxis muralis*

15–30 cm Mai–Aug. ⊙ **54**

**Kennzeichen:** Stengelblätter buchtig-fiederspaltig, gestielt, kahl; Kelchblätter etwas abstehend; Schote etwa 2–4 cm lang und mit kleinem, 2 mm langer Schnabel.

**Vorkommen:** Vor allem entlang von Rhein, Main, Neckar sowie Weser und Elbe und im Osten; auf Hackfruchtfeldern und in Weinbergen, an Wegen, auf Schutt und Mauern (Name!); sehr zerstreut.

**Wissenswertes:** Wie alle Arten dieser Gattung kommt der Mauer-Doppelsame aus dem Mittelmeerraum zu uns, ist hier aber schon seit über 200 Jahren heimisch.

## 2 Acker-Senf
*Sinapis arvensis*

30–60 cm Apr.–Okt. ⊙ **54**

**Kennzeichen:** Blüten schwefelgelb; Kelchblätter waagerecht abstehend, Blütenblätter länger als ihr Stiel; Schote 3–4 cm lang, nicht perlschnurartig gegliedert.

**Vorkommen:** Im gesamten Gebiet auf Äkkern, vor allem auf Hackfruchtfeldern, und auf Schuttplätzen und meist häufig, zumindest auf nährstoff- und basenreichen Böden.

**Wissenswertes:** Unter den auf den Seiten 168 bis 174 behandelten Kreuzblütlern gehören Acker-Senf und Hederich zu den am weitesten verbreiteten Ackerunkräutern. Um den Schülern den Unterschied zwischen Senf und Hederich einprägsam zu vermitteln, benutzten die Lehrer früher die heute vielfach nicht mehr bekannte Eselsbrücke „Hederich hebt, Senf senkt“ (die Kelchblätter!). Beide Arten gehören zu den Archäophyten, den Alteinwanderern. Sie gelangten – wohl durch mit dem Getreide verschleppte Samen – mit dem Ackerbau nach Mitteleuropa. Darauf deutet auch die Tatsache, daß die Namen „Senf“ und „Hederich“ ebenso wie „Kresse“ in ähnlicher Form bereits im Althochdeutschen erscheinen. Weil die Kelchblätter beim Acker-Senf abgesenkt sind, können die Insekten ungehindert an den Nektar gelangen. Käfer und Fliegen machen davon am häufigsten Gebrauch. Die Samen bleiben viele Jahre im Boden und keimen erst aus, wenn sie durch die Erdbewegung beim Pflügen in Oberflächennähe gelangen. Früher hat man die Samen zur Herstellung eines Hausmacher-Senfs benutzt. Junge Pflänzchen kann man als Gemüse zubereiten; die Blütenknospen sollen geschmacklich an Broccoli erinnern.

## 3 Schwarzer Senf
*Brassica nigra*

60–120 cm Juni–Sept. ⊙ **54**

**Kennzeichen:** Blüten lebhaft gelb; Kelchblätter aufrecht abstehend, schon früh schrumpfend; Schoten 4kantig, 1–2 cm lang, mit Verdickungen durch die Samen, aufwärts weisend, manchmal sogar der Achse des Fruchtstandes anliegend.

**Vorkommen:** Nur am Rhein mit Neckar, Main und Mosel sowie an Elbe, Saale und Weser weiter verbreitet; sonst nur zerstreut an Ufern auf Ödland, an Wegen und auf Äckern.

**Wissenswertes:** Zur selben Gattung (*Brassica*) gehören sowohl der Gemüse-Kohl, dem wir vom Grün- über den Weiß- und Rotkohl den Wirsing und den Rosenkohl bis hin zum Blumenkohl die breiteste Palette an Kulturformen verdanken, als auch Raps und Steckrübe sowie Rübsen und Wasserrübe. Der Schwarze Senf ist in Mitteleuropa Kulturpflanze seit der Römerzeit und seither immer wieder hier und dort verwildert. Seine Samen werden zur Senfherstellung verwendet.

## 4 Hederich
*Raphanus raphanistrum*

30–60 cm Apr.–Sept. ⊙ **54**

**Kennzeichen:** Blüten blaßgelb, in der Südhälfte Mitteleuropas überwiegend weiß (**4b**); Kelchblätter aufrecht (vgl. Acker-Senf!); Schote perlschnurartig gegliedert.

**Vorkommen:** Ähnlich verbreitet wie der Akker-Senf; stärker auf etwas kalkärmeren Böden.

**Wissenswertes:** In der Wildkräuterküche leistet der Hederich fast durchweg dieselben Dienste wie der Acker-Senf. Er scheint durch Herbizide leichter zurückzudrängen und wohl deshalb bereits deutlich seltener zu sein als dieser.

1
2a
2b
3
4a
4b

## 1 Färber-Wau
*Reseda luteola*

50–150 cm Juni–Sept. ⊙ [55]

**Kennzeichen:** Aufrechter Wuchs; kleine Blüten in langen, rutenförmigen Trauben; Blätter lanzettlich, ungeteilt.

**Vorkommen:** Oft nur vorübergehend an Straßen- und Wegrändern, auf Banketten und anderen vegetationsarmen Standorten; auch auf Ödland und Schuttplätzen, nährstoff- und kalkreiche Böden vorausgesetzt.

**Wissenswertes:** Als „Wau" werden seit alters Pflanzen bezeichnet, die zum Gelbfärben geeignet sind. Zu eben diesem Zweck wird die im Mittelmeergebiet heimische Art anscheinend schon seit der Jungsteinzeit verwendet und kultiviert. Funde in alpenländischen Pfahlbau-Siedlungen belegen dies. Der Anbau des Färber-Waus spielte bis in die jüngste Vergangenheit – vor allem in wärmeren Landstrichen – eine beachtliche Rolle, in Frankreich, Italien und auch vereinzelt in Deutschland noch bis ins vorige Jahrhundert hinein. Wo Färben mit Naturfarben wieder neu belebt wird, erinnert man sich gern des Färber-Waus, mit dem man Wolle gelb, sogar goldgelb (mit Chrom) oder sanft grün, moos- oder „resedagrün" (mit Eisen-II-sulfat) färben kann. Dazu werden zu Beginn der Blütezeit die kompletten Pflanzen (mit Wurzeln) gesammelt und getrocknet. Pro kg Wolle braucht man mindestens 1 kg Pflanzenmaterial.

## 2 Gelber Wau
*Reseda lutea*

30–60 cm Mai–Sept. ♃ [55]

**Kennzeichen:** An geringerer Größe, doppelt fiederspaltigen Blättern und verzweigtem Wuchs vom Färber-Wau zu unterscheiden.

**Vorkommen:** Ähnlich weit verbreitet und an ähnlichen Standorten heimisch wie der Färber-Wau; ein ausgesprochener Rohbodenpionier mit tiefgreifendem Wurzelwerk.

**Wissenswertes:** Die Blüten mögen um einen Hauch gelber und die des Färber-Waus blasser oder gelblicher sein. Jedenfalls deutet das die Abschwächungsform „luteolus" gegenüber lat. luteus (gelb) an. Ansonsten weisen die beiden Arten große Übereinstimmungen auf, allerdings nicht in der Verwendung als Färbepflanzen, die dem Färber-Wau vorbehalten ist.

## 3 Scharfer Mauerpfeffer
*Sedum acre*

5–15 cm Mai–Aug. ♃ [20]

**Kennzeichen:** Blätter nur 4 mm lang, eiförmig verdickt (**3b**), mit scharfem Geschmack (Name!).

**Vorkommen:** Vielerorts nur vorübergehend als Pionier auf steinigen oder sandigen Böden, Mauern (Name!) und Kiesdächern.

**Wissenswertes:** Die Art besiedelt gern als erste die von der Vegetation gereinigten Bankette am Straßenrand. Die sukkulenten Blätter mit ihrem Wasserspeichergewebe ermöglichen es ihr, auch an trockenen Standorten zu wachsen. Kränzchen und Sträuße aus Mauerpfeffer wachsen längere Zeit ohne Wasser und ohne Bodenkontakt weiter.

## 4 Felsen-Fetthenne
*Sedum rupestre (S. reflexum)*

10–30 cm Juli–Aug. ♃ [20]

**Kennzeichen:** Blätter 10–15 cm lang, linealisch-pfriemlich, mit einer kleinen Stachelspitze.

**Vorkommen:** Auf Felsen, Mauern, steinigen und sandigen Rasen; mit großen Verbreitungslücken im Nordwesten und südlich der Donau; immer auf kalkarmen Standorten.

**Wissenswertes:** Etliche Vorkommen dieser Art gehen wahrscheinlich auf verwilderte Gartenpflanzen zurück, die auch unter dem Namen Tripmadam (von franz. Tripemadame = dickes Fräulein) bekannt sind.

## 5 Fetthennen-Steinbrech
*Saxifraga aizoides*

5–20 cm Juni–Aug. ♃ [21]

**Kennzeichen:** Lockerer Rasen aus Kriechtrieben mit aufsteigenden, reich beblätterten Sprossen; Blätter fleischig, halbrund, fetthennenähnlich (Name!); keine Blattrosetten.

**Vorkommen:** In Quellfluren und auf feuchten Felsen und Steinschutt; vor allem in den Kalkalpen recht verbreitet.

1
2
3a
3b
4
5

## 1 Wechselblättriges Milzkraut
*Chrysosplenium alternifolium*

5–15 cm März–Mai ♃ 21

**Kennzeichen:** Wechselständige Blätter und 3kantiger Stengel; im Gegensatz dazu das Gegenblättrige Milzkraut (*Chrysosplenium oppositifolium*) mit gegenständigen Blättern und 4kantigem Stengel.

**Vorkommen:** In feuchten Laub- und Auenwäldern, in Quellmulden und an Bächen; zerstreut, aber oft in größeren Beständen.

**Wissenswertes:** Goldgelbe Hochblätter sorgen dafür, daß der Blütenbereich aus dem Grün der Laubblätter hervorsticht. Gemäß der Signaturenlehre erwartete man im Spätmittelalter von den milzförmigen Blättern eine Heilwirkung bei Milzerkrankungen. Der wissenschaftliche Gattungsname ist aus griech. chrysos = golden und griech. splen = Milz zusammengesetzt.

## 2 Echte Nelkenwurz
*Geum urbanum*

30–70 cm Mai–Sept. ♃ 24

**Kennzeichen:** Blätter unten am Stengel gefiedert, oben 3zählig, immer mit großen Nebenblättern.

**Vorkommen:** In artenreichen Laubmischwäldern ebenso wie im Saum von Hecken und Gebüschen, an leicht beschatteten Wegrändern; überall auf nährstoffreichen Standorten recht häufig.

**Wissenswertes:** In der Volksheilkunde geht es vor allem um den Wurzelstock dieser Art, dessen Inhaltsstoffe gegen Durchfall und Verdauungsstörungen helfen sollen. Wegen seines Nelkengeruchs wurde er auch als Ersatz für Gewürznelken (Name!) und wegen seiner keimtötenden Wirkung auch als Gurgelmittel bei Rachen- und Zahnfleischentzündungen eingesetzt.

## 3 Gewöhnlicher Odermennig
*Agrimonia eupatoria*

30–100 cm Juni–Aug. ♃ 24

**Kennzeichen:** Blätter dekorativ, aus großen und kleinen Fiedern zusammengesetzt; Blütenstand eine lange, schlanke Traube.

**Vorkommen:** Außer in den Sandgebieten im Nordwesten an lichten, trockenen Standorte weit verbreitet; vor allem in Kalk-Magerrase aber auch auf vielen Rainen und Böschunge auf basenreichem Untergrund.

**Wissenswertes:** Mit ihren abstehenden, ha kigen Stacheln haften die Früchte wie Klette im Pelz von Tieren und in der Kleidung vo Menschen und werden auf diese Art verbreitet. In der modernen Pharmazie findet da Kraut in Fertigpräparaten gegen Leber- un Gallenleiden sowie gegen Magen- und Darm katarrh Verwendung.

## 4 Blutwurz-Fingerkraut
*Potentilla erecta*

10–30 cm Mai–Aug. ♃ 24

**Kennzeichen:** Kronblätter 4 (im Gegensat zu den meisten Fingerkräutern, die 5 haben) Blätter 3zählig, sitzend, mit großen Nebenblättern (Blätter durch sie scheinbar mehrzählig).

**Vorkommen:** Auf kalkarmen Böden; auf Ma gerwiesen und -weiden, in Heiden und lichter Eichen-Birkenwäldern recht häufig.

**Wissenswertes:** Der nach dem Anschneiden rötlich anlaufende Wurzelstock (Name!) findet wegen seines hohen Gerbstoffgehaltes (über 15%) auch heute noch pharmazeutische Verwendung, vor allem für Mundwasse und zur Blutstillung. „*Potentilla*“ bedeutet „die kleine Kräftige oder Wirksame“ und stellt die Verkleinerungsform von lat. potens = kräftig mächtig dar.

## 5 Gänse-Fingerkraut
*Potentilla anserina*

5–20 cm Mai–Aug. ♃ 24

**Kennzeichen:** Pflanze mit über 1 m langen Ausläufern, die sich an den Knoten bewurzeln, Blätter unterbrochen unpaarig gefiedert, unterseits silbrig behaart.

**Vorkommen:** Besonders auf noch unbewachsenen, verdichteten Böden; Pionier auf Wegen und zeitweilig überfluteten Flächen, an Ufern und auf Schuttplätzen.

**Wissenswertes:** Die Art ist in Trittrasen sowie auf besonders nitratreichen Flächen wie in Hühnerhöfen und auf Gänseweiden (Name!) oft der erste Siedler.

1
2
4
3a
5
3b

## 1 Silber-Fingerkraut
*Potentilla argentea*

10–30 cm Juni–Aug. ♃ **24**

**Kennzeichen:** Blätter 5zählig gefingert, am Rande umgerollt; Stengel und Blattunterseiten weißfilzig behaart, silbrig (Name!).

**Vorkommen:** Außer im Nordwesten und im Alpenraum in Mitteleuropa zerstreut, aber weit verbreitet; fast immer auf kalkarmen, flachgründigen, felsig-grusigen Standorten; in Magerrasen, an Wegrändern und auf Felsen.

**Wissenswertes:** Die dichte filzige Behaarung läßt die Blattunterseiten weiß erscheinen. Sie stellt einen wirksamen Transpirationsschutz dar, dessen die Art bei ihrem standortbedingten, schnell austrocknenden Wurzelraum sehr wohl auch bedarf.

## 2 Norwegisches Fingerkraut
*Potentilla norvegica*

30–70 cm Juni–Sept. ⊙ **24**

**Kennzeichen:** Eines der größten nicht verholzten Fingerkräuter, Blüten nur gut 1 cm groß, Blütenblätter kürzer als der Kelch; Blätter 3zählig, behaart.

**Vorkommen:** Noch mit großen Verbreitungslücken; auf feuchten, teilweise unbewachsenen Böden; an Ufern und nassen Wegrändern, in Schlamm-Gesellschaften.

**Wissenswertes:** Die ursprünglich weiter nördlich, d.h. von England über Skandinavien bis Westsibirien verbreitete Art dringt seit 1880 weiter südwärts vor. An der Elbe und am Niederrhein bereits regelmäßig anzutreffen, vereinzelt aber auch schon bis in den Süden des Gebietes verschleppt.

## 3 Frühlings-Fingerkraut
*Potentilla verna*

5–15 cm März–Apr. ♃ **24**

**Kennzeichen:** Ein echter Frühblüher unter den Fingerkräutern (Name!); Stengel niederliegend, nur an den Spitzen aufsteigend; mit ausläuferartigen Trieben, die Tochterrosetten bilden; Blätter mit handförmiger Spreite, 3–7fingerig.

**Vorkommen:** Im Tiefland fehlend; sonst auf sonnigen, basenreichen Standorten weit verbreitet, vor allem in warmen Magerrasen un an südexponierten Hängen.

**Wissenswertes:** In den erst spät im Frühlin zu neuem Leben erwachenden Magerrasen is dieses Fingerkraut eine echte Ausnahmee scheinung. Es öffnet seine leuchtend gelbe Blüten bereits im März, wenn ringsum noc das Grau abgestorbener Grashalme das Bil beherrscht.

## 4 Kriechendes Fingerkraut
*Potentilla reptans*

10–20 cm Juni–Aug. ♃ **24**

**Kennzeichen:** Alle Blätter langgestiel 5–7zählig gefingert; Blüten über 2 cm in Durchmesser, ansehnlich goldgelb.

**Vorkommen:** Eines der am weitesten ver breiteten Fingerkräuter, nur im Tiefland selte ner; an Wegrändern, auf feuchten Wiesen und an Ufern fast überall recht häufig.

**Wissenswertes:** Diese Art macht ihrem Na men alle Ehre: Ihr Stengel scheint über der Boden zu kriechen; er bildet bis 1,50 m lange Ausläufer, die sich an den Knoten bewurzeln und dort jeweils neue Blattrosetten hervor bringen. „Fingerkraut" nimmt Bezug auf die handförmigen, gefingerten Blätter, die wir mi wenigen Ausnahmen (z.B. Gänse-Finger kraut) bei den meisten Arten dieser Gattung finden.

## 5 Hohes Fingerkraut
*Potentilla recta*

30–70 cm Juni–Juli ♃ **24**

**Kennzeichen:** Grundblätter handförmig, 5–7teilig; Teilblättchen schlank oval, nur zerstreut mit Haaren besetzt; Blüten meistens sehr blaß gelb, bis 2,5 cm im Durchmesser groß.

**Vorkommen:** Nur regional an Wegen und Ufern; meistens auf sandigen, kiesigen oder steinigen Böden, oft auf Aufschüttungen oder in Abgrabungen.

**Wissenswertes:** Das Hohe Fingerkraut ist hier und dort als Zierpflanze in den Gärten zu finden. Es ist nicht ausgeschlossen, daß alle Vorkommen – nur die südöstlichen ausgenommen – auf verwilderte Gartenpflanzen zurückgehen.

1
2
3a
3b
4
5

## 1 Bärenschote
*Astragalus glycyphyllos*

20–60 cm Mai–Juni ♃ 25

**Kennzeichen:** Stengel niederliegend und aufsteigend, bis über 1 m lang, kantig; Schmetterlingsblüten zu 8–25 in einer dichten Traube, grünlich-gelb; Blätter unpaarig gefiedert, mit 9–13 Fiederblättchen, bis 15 cm lang.

**Vorkommen:** Im lichten Schatten von Waldsäumen, Hecken und Gebüschen, an Waldwegen und Böschungen; auf basenreichen Lehmböden im Süden und Osten verbreitet, sonst zerstreut und im Nordwesten fehlend.

**Wissenswertes:** Wie alle Schmetterlingsblütler hat auch die Bärenschote eine Hülse. Sie wird 3–4 cm lang und ist etwas aufwärts gebogen. Dem süßen Geschmack der Blätter, die als Futter für das Weidevieh recht wertvoll sind, verdankt sie den volkstümlichen Namen „Süßer Tragant" und die wissenschaftliche Artbezeichnung, die aus griech. glykys = süß und griech. phyllon = Blatt zusammengesetzt ist. Hummeln und langrüsselige Schmetterlinge gehören zu den regulären Blütenbesuchern; Bienen gelangen illegal an den Nektar, indem sie die Blütenröhre aufbeißen.

## 2 Wiesen-Platterbse
*Lathyrus pratensis*

20–60 cm Mai–Aug. ♃ 25

**Kennzeichen:** Kletternde Pflanze mit 4kantigem Stengel; Blätter mit nur einem Fiederpaar und Wickelranke; Blütentraube mit 3–10 Blüten auffallend lang gestielt.

**Vorkommen:** Im gesamten Gebiet auf Wiesen und an Wegrändern recht häufig.

**Wissenswertes:** Eigenständig vermag sich der 1 m lange Stengel nicht aufrecht zu halten. Er bedarf dazu der Stütze durch andere Pflanzen, an denen sich die Wiesen-Platterbse mit Hilfe ihrer zu Ranken umgebildeten Endfieder festhält und aufrichtet. Die im Vergleich zur Erbse platten Hülsen werden als ein Merkmal der gesamten Gattung sowohl im deutschen als auch im wissenschaftlichen Namen angesprochen (griech. lathyros = abgeflacht). Bei der Reife und bei starker Austrocknung der rund 2 cm langen Hülsen springen diese in 2 Klappen auf und rollen sich schraubenartig ein. Dabei können die Samen mehrere Meter weit fortgeschleudert werden.

## 3 Echter Steinklee
*Melilotus officinalis*

30–90 cm Juni–Sept. ♃ ✾ 25

**Kennzeichen:** Als Blütenstand eine bis zu 10 cm lange Traube; Blätter 3zählig, Teilblättchen eiförmig.

**Vorkommen:** An Wegen, Bahndämmen, Ufern und Dämmen, auf Industriebrache und Schuttplätzen allgemein verbreitet.

**Wissenswertes:** Der angenehme Waldmeisterduft des Steinklees geht auf Cumaringlykoside zurück, die beim Trocknen Cumarin freisetzen und dadurch als Mottenmittel gute Dienste leisten. Wegen der besonders nektarreichen, nach Honig duftenden Blüten ist der Steinklee bei Imkern beliebt. Mancherorts wird er auch „Honigklee" genannt, was genau auch im wissenschaftlichen Gattungsnamen zum Ausdruck kommt. Er ist nämlich aus griech. meli = Honig und griech. lotos = Klee zusammengesetzt.

## 4 Wundklee
*Anthyllis vulneraria*

30–60 cm Apr.–Sept. ♃ ✾ 25

**Kennzeichen:** Blüten dottergelb, in Köpfchen, mit filzigem Kelch; Blätter unpaarig gefiedert; endständiges Fiederblättchen größer als die seitlichen Fiederblättchen.

**Vorkommen:** Außer im Nordwesten im gesamten Gebiet zerstreut an Wegrändern und auf Böschungen anzutreffen.

**Wissenswertes:** Die Art findet man vorzugsweise auf stickstoffarmen Standorten. Nach Düngung und Nährstoffanreicherung verschwindet sie, weil sie der Konkurrenz anderer Arten erliegt. So hält sie sich auch auf neu angelegten Böschungen und Banketten, wohin sie oft mit Wiesensaatgut mit höherem Kräuteranteil gelangt, meistens nur begrenzte Zeit. Früher wurde das frische Kraut zerquetscht und als Wundheilmittel benutzt. Daran erinnern noch der deutsche und der wissenschaftliche Artname, denn lat. vulnerarius bedeutet „Wunden heilend".

1

2

3a

3b

4a

4b

## 1 Hopfenklee
*Medicago lupulina*

20–50 cm Mai–Sept. ⊙–♃ **25**

**Kennzeichen:** Blüten nur 2 mm lang; als Blütenstand ein rundliches Köpfchen aus 10–15 Blüten (**1b**); Früchte stark gedreht, nierenförmig.

**Vorkommen:** Im gesamten Gebiet auf Wiesen und an Wegrändern recht häufig, vor allem auf Kalk- und Lehmböden.

**Wissenswertes:** Dieser extrem kleinblütige Schmetterlingsblütler bringt vor allem auf nährstoffreichen Böden durchaus ansehnliche Futtererträge. Deshalb wurde er früher auch gelegentlich angebaut. In Kalk-Magerrasen, in denen der Hopfenklee ebenfalls meistens stark vertreten ist, bleibt er deutlich kleiner. Schon im Altertum war eine Futterpflanze unter dem Namen „Medicago" bekannt; ob sich darin ein Hinweis auf die Herkunft dieser Pflanzenart und speziell des Hopfenklees aus Medien in Kleinasien verbirgt, bleibt besser dahingestellt. In Mitteleuropa gibt es den Hopfenklee auf jeden Fall bereits seit der Bronzezeit.

## 2 Sichelklee
*Medicago falcata*

20–60 cm Mai–Aug. ♃ **25**

**Kennzeichen:** Eine niederliegende, an den Spitzen aufsteigende Pflanze; Blüten etwa 1 cm lang, zu 5–20 in fast kugeligen Trauben; Blätter 3teilig, Teilblätter schmal-lanzettlich; als Frucht eine sichelförmig gebogene Hülse (Name!).

**Vorkommen:** In der Nordhälfte nur vereinzelte Vorkommen; in der Südhälfte weiter verbreitet, aber meistens nur zerstreut; in Kalk-Magerrasen, an Wegrändern und auf Böschungen, vor allem auf warmen und kalkreichen Standorten.

**Wissenswertes:** Wegen der Verwandtschaft und ähnlicher Gestaltsmerkmale wird der Sichelklee auch Gelbe oder Sichelluzerne genannt. Angebaut aber wurde er wegen seiner schwachen Erträge wohl kaum. Die sichelförmigen Hülsen gaben der Art ihren deutschen und den wissenschaftlichen Artnamen, denn lat. falcarius bedeutet ebenfalls „sichelförmig".

## 3 Gewöhnlicher Hornklee
*Lotus corniculatus*

10–30 cm Juni–Aug. ♃ **25**

**Kennzeichen:** Blüten zu 3–7 in kleinen Dolden; Fahnen und Schiffchen der goldgelben Schmetterlingsblüten anfangs oft rotbraun oder rötlich überlaufen (**3a**); Blätter 5zählig gefiedert, wobei es sich bei den beiden unteren, dem Stengel anliegenden Fiedern in Wirklichkeit um Nebenblätter handelt; Stengel markig.

**Vorkommen:** Auf Wiesen und Trockenrasen, an Wegrändern und auf Böschungen im gesamten Gebiet, vor allem auf kalkreichen Böden.

**Wissenswertes:** Der deutsche Gattungs- und der wissenschaftliche Artname (lat. corniculatus = gehörnt) werden mit dem hornförmig gebogenen Schiffchen erklärt. Größere Hautflügler, die auf dem Schiffchen landen und dabei dieses herunterdrücken, berühren zuerst die frei werdenden Pollensäcke, bei späteren Besuchen die sich dann herausschiebende Narbe. Dadurch, daß die Pollensäcke sich bereits öffnen, wenn die Narben noch nicht voll entwickelt sind (vormännliche Blüten), wird Selbstbestäubung unwahrscheinlicher. Die mit Pollen eingepuderten Schmetterlinge berühren möglicherweise erst auf einer Nachbarpflanze die Narbe einer schon früher entfalteten Blüte. Mit einem spitzen Bleistift kann man die Schiffchenspitze herunterdrücken und den Vorgang experimentell nachvollziehen.

## 4 Sumpf-Hornklee
*Lotus uliginosus*

20–60 cm Mai–Juli ♃ **25**

**Kennzeichen:** Von der vorigen Art durch blütenreichere Dolden (8–12 Blüten), hohlen Stengel und insgesamt höheren Wuchs zu unterscheiden.

**Vorkommen:** Mit Ausnahme des Alpenvorlandes und der Kalkalpen im gesamten Gebiet; recht häufig auf Feuchtwiesen, an Gräben und Ufern.

**Wissenswertes:** Als Futterpflanze wird dieser Hornklee gern gesehen und gelegentlich sogar ausgesät.

1a

1b

2

3a

3b

4

## 1 Aufrechter Sauerklee
*Oxalis fontana (O. stricta)*

10–30 cm Juni–Okt. ⊙–♃ [35]

**Kennzeichen:** Stengel aufrecht (Name!); Blüten knapp 1,5 cm im Durchmesser; Blätter kleeartig 3teilig.

**Vorkommen:** Auf gehackten Beeten in Gärten und auf Hackfruchtfeldern; auf nährstoffreichen, aber meist kalkarmen Böden.

**Wissenswertes:** Die vergleichsweise wärmeliebende Art, die die höheren Lagen sowie Kalkgestein meidet, ist ein Neophyt, ein Neueinwanderer, der erst seit Anfang des 19. Jahrhunderts in Mitteleuropa beobachtet wird. Heimat des Aufrechten Sauerklees ist Nordamerika. Als Gartenunkraut ist er nur schwer zu entfernen, weil nicht nur aus den Samen, sondern auch aus kleinsten Teilen der Wurzeln und des Wurzelstocks neue Pflanzen heranwachsen.

## 2 Rührmichnichtan
*Impatiens noli-tangere*

30–80 cm Juni–Sept. ⊙ [38]

**Kennzeichen:** Große zitronengelbe Blüten jeweils unter einem Hochblatt regengeschützt hängend (**2b**); Kelchblatt vergrößert und kronblattähnlich, den abwärts gebogenen Sporn bildend.

**Vorkommen:** In feuchten Laubwäldern des gesamten Gebietes, vor allem an Quellen und Bächen, aber auch auf den sickernassen Rändern von Waldwegen weit verbreitet; oft in großen Beständen.

**Wissenswertes:** Der Name „Kräutchen-rühr-mich-nicht-an" ist zumindest im übertragenen Sinne nicht nur Naturfreunden vertraut. Inhaltlich sagt der wissenschaftliche Name dasselbe: lat. impatiens = unduldsam, ungeduldig; noli tangere = rühr mich nicht an. In Wirklichkeit jedoch ist Berührung sehr wohl willkommen. Die länglichen Kapseln stehen unter erheblichem Zelldruck. Sie reißen auf, wenn sie durch den Wind mit anderen Pflanzenteilen in Berührung gebracht werden oder wenn Menschen oder Tiere daran vorüberstreifen. Blitzschnell rollen sie sich abschnittsweise auf und schleudern die Samen heraus – manchmal bis zu 3 m weit. Wegen ihrer aufspringenden Kapseln und des Weitsprungs der Samen ist die Gattung auch unter dem Namen „Springkraut" bekannt. Die zarte Schattenpflanze hat einen glasig durchscheinenden Stengel mit gut erkennbaren Leitbündeln. Wenn man den Stengel sogleich nach dem Abschneiden in rote Tinte stellt, kann der Wasseranstieg im Sproß und bis in die Blätter hinein verfolgt werden.

## 3 Kleinblütiges Springkraut
*Impatiens parviflora*

20–60 cm Juni–Sept. ⊙ [38]

**Kennzeichen:** Blüten mit kaum gekrümmtem Sporn und insgesamt blasser gelben Blüten an den Stengelspitzen.

**Vorkommen:** Noch regional eng begrenzt, aber offenbar vielerorts sich ausbreitend, vor allem in siedlungsnahen, oft durch Gartenabfälle verunkrauteten Laubwäldern auf nährstoffreichen, meist kalkarmen Böden.

**Wissenswertes:** Dieser Neophyt, der wie seine Gattungsverwandten Schleuder- oder Explosionsfrüchte (**3b**) hat, ist ein Asiat und erst nach 1837 erstmalig aus dem Botanischen Garten Berlin verwildert.

## 4 Gewöhnliche Nachtkerze
*Oenothera biennis*

60–120 cm Juni–Sept. ⊙ [28]

**Kennzeichen:** Auffällig große, tellerförmige Blüten (5–6 cm) mit zurückgeschlagenen Kelchblättern.

**Vorkommen:** Mit einigen größeren Verbreitungslücken in ganz Mitteleuropa heimisch geworden; vor allem auf Schotterflächen in Bahngelände und Industriegebieten, auf Halden und Schuttplätzen, aber auch auf sandigen Dämmen und Abgrabungen.

**Wissenswertes:** Die ersten Exemplare der Gattung *Oenothera*, die aus Nordamerika stammt, sollen 1619 aus dem Botanischen Garten von Padua verwildert sein. Die heutigen europäischen Sippen sind in den letzten Jahrhunderten durch Kreuzung verschiedener Arten neu entstanden und inzwischen beliebte Objekte der genetischen Forschung. Die Blüten öffnen sich erst in der Dämmerung (Name!) und halten sich zwei Nächte lang.

1
2a
3a
2b
3b
4

## 1 Echtes Johanniskraut
*Hypericum perforatum*

30–80 cm Juni–Sept ♃ ❀ 51

**Kennzeichen:** Stengel 2kantig; Blätter gegenständig, eiförmig, durchscheinend punktiert; Blüten goldgelb; Kelchblätter lanzettlich.

**Vorkommen:** An Wegrändern und Böschungen, in den Säumen von Hecken und Gebüschen; im gesamten Gebiet verbreitet.

**Wissenswertes:** Die alte Heilpflanze liefert auch heute noch als wichtigsten Inhaltsstoff das Hypericin. Es ist in modernen Arzneien enthalten, die bei depressiven und nervösen Erkrankungen hilfreich sein sollen. Johannisöl als Auszug aus den frischen Blüten wird als Wundmittel angewendet. Zerdrückte Blütenknospen hinterlassen auf den Fingerspitzen einen roten Fleck: als „Johannisblut" und „Christi-Wunden-Kraut" volkstümlich interpretiert. Die Art spielt vielerorts im religiösen Volksbrauchtum eine wichtige Rolle, u.a. als Bestandteil des am Fest Mariä Himmelfahrt geweihten Kräuterbundes. Die Blütezeit um den Johannistag (24. Juni) war Anlaß zur Namensgebung für die gesamte Gattung. Tüpfel- oder Durchlöchertes Johanniskraut wird diese Art auch genannt, weil die Blätter – gegen das Licht gehalten – durch zahlreiche Öldrüsen durchlöchert (wissenschaftlicher Artname lat. perforatus) erscheinen.

## 2 Schönes Johanniskraut
*Hypericum pulchrum*

20–50 cm Juni–Aug. ♃ 51

**Kennzeichen:** Stengel zierlich, wenig verzweigt, rund und kahl; Blätter herzförmig, fast 3eckig.

**Vorkommen:** In bodensauren, lichten Laubmischwäldern, im Besenginstergebüsch und in *Calluna*-Heiden, also auf nährstoff- und basenarmen Böden; nach Osten in den kontinentaleren Bereich hinein seltener werdend.

**Wissenswertes:** Die Art trägt ihren Namen – auch lat. pulcher heißt „schön" – wohl zu Recht. Mit ihrer schlanken Blütenrispe und ihren goldgelben, im Knospenstadium oft außen rötlich überlaufenen Blüten gehört sie zweifellos zu den schönsten Johanniskräutern.

## 3 Niederliegendes Johanniskraut
*Hypericum humifusum*

5–15 cm Juni–Sept. ⊙–♃ 51

**Kennzeichen:** Stengel niederliegend, nur an den Spitzen aufsteigend, fadenartig dünn; Blüten klein, 1 cm im Durchmesser.

**Vorkommen:** Auf durch Vernässung oder Bodenverdichtung nur lückig bewachsener Flecken an Waldwegen ebenso wie auf Äckern; allerdings nur auf kalkarmen Böden zerstreut.

## 4 Zweiblütiges Veilchen
*Viola biflora*

5–15cm Mai–Juli ♃ 52

**Kennzeichen:** Rein gelbes Veilchen; Blüten meistens zu zweit (Name!); Blätter herznierenförmig, d.h. breiter als lang.

**Vorkommen:** In den Alpen verbreitet; in der subalpinen Zone in Bergwäldern und Hochstaudenfluren auf steinigen, sickerfeuchten Standorten; in den Mittelgebirgen nur sehr vereinzelt.

**Wissenswertes:** Das Verbreitungsmuster der Art, die sowohl im Norden Skandinaviens als auch in den Alpen recht häufig anzutreffen ist, weist auf eine weitere Verbreitung der Art während der Eiszeit hin.

## 5 Acker-Stiefmütterchen
*Viola arvensis*

5–20 cm Apr.–Nov. ⊙ 52

**Kennzeichen:** Blüten mit 1 nach unten und 4 schräg nach oben gerichteten Kronblättern (bei Veilchen 3 nach unten und 2 nach oben); Blüten farblich sehr variabel, oft sogar blauviolett (**5b**).

**Vorkommen:** Häufig auf Äckern und in Gärten; auf nährstoffreichen Böden.

**Wissenswertes:** Der Volksmund beschreibt das größte, mit Sporn ausgestattete Blütenblatt als die Stiefmutter, die beiden benachbarten als deren hübsch gekleidete Töchter und die beiden nach oben gerichteten als die viel schlichteren Stieftöchter. In der Heilkunde dienen die Inhaltsstoffe des Acker-Stiefmütterchens zur Behandlung von Hauterkrankungen.

1a
2
1b
4
3
5a
5b

## 1 Gewöhnliches Sonnenröschen
*Helianthemum nummularium*

10–30 cm Juni–Sept. ♃-Halbstrauch [53]
**Kennzeichen:** Blütenstand armblütig, als endständige Traube; Blätter länglich-oval, ledrig, oft am Rande zurückgerollt, mit Nebenblättern.
**Vorkommen:** In der Mitte und im Süden in Kalk-Magerrasen, auf Böschungen und Rainen ziemlich weit verbreitet; immer auf sonnigen, trockenen, kalkreichen Standorten.
**Wissenswertes:** Wegen seiner zumindest im unteren Teil verholzten Sprosse kann man das Sonnenröschen auch zu den Halbsträuchern zählen. Auffällig sind die nickenden Knospen. Nur bei Sonnenschein und sommerlichen Temperaturen über 20 °C öffnen sich die Blüten, und zwar jeweils nur für 1 Tag. Darauf zielen auch der deutsche und der wissenschaftliche Gattungsname: griech. helios = Sonne, griech. anthemos = Blüte. Die überaus zahlreichen Staubblätter (über 100) kommen durch Vervielfachung einzelner Staubblätter zustande, die zu ganzen Staubblattbüscheln geworden sind.

## 2 Alpen-Sonnenröschen
*Helianthemum alpestre*

5–15 cm Juni–Aug. ♃-Halbstrauch [53]
**Kennzeichen:** Rasig polsterartiger Wuchs; Blätter ohne Nebenblätter.
**Vorkommen:** Nur im Hochgebirge; auf steinigen, kalkreichen Böden, vor allem in Höhenlagen zwischen 1500 und 2500 m.

## 3 Pastinak
*Pastinaca sativa*

30–100 cm Juni–Sept. ⊙ [41]
**Kennzeichen:** Doldengewächs mit gelblichen Blüten; Blätter einfach gefiedert.
**Vorkommen:** An Straßen- und Wegrändern, auf Schuttplätzen und gelegentlich auch auf Wiesen; im Norden seltener, sonst weiter verbreitet.
**Wissenswertes:** In manchen Regionen findet man die Art auf Straßenbanketten unmittelbar am Fahrbahnrand. Ursprünglich jedoch ist sie in Mitteleuropa nicht heimisch, sondern als Kulturflüchter in unsere Vegetation gelangt. Sie wurde der Wurzelrüben wegen angebaut. Diese können bei Kulturformen bis zu 1,5 kg schwer werden. Auch im übrigen ist der Pastinak vielseitig verwendbar: die Wurzelrüben als Gemüse und als Viehfutter, die jungen Blätter samt den Sprossen als Mischgemüse, die Früchte als Gewürz. Die Wurzeln sind wegen ihres Geschmacks Bestandteil mancher Kräuterschnäpse. „Pastinak" ist von einem lat. Pflanzennamen entlehnt, der auf pastus = Speise zurückgehen soll.

## 4 Nickendes Wintergrün
*Orthilia secunda*

5–20 cm Juni–Juli ♃ [60]
**Kennzeichen:** Blütenstand als einseitswendige Traube mit 8–30 nickenden gelbgrünen Blüten (Name!); immergrüne Blätter eiförmig zugespitzt (Name „Wintergrün").
**Vorkommen:** In den höheren Mittelgebirgen, den Alpen und im Osten weiter verbreitet; fehlt weitgehend im Tiefland; vor allem in rohhumusreichen Nadelwäldern.
**Wissenswertes:** Weit verbreitet ist das Nikkende Wintergrün in den Fichtenwäldern des borealen Waldgürtels. In Mitteleuropa wurde es durch den Fichtenanbau gefördert. Die staubfeinen Samen können durch Aufwinde und Luftbewegungen überall hin gelangen.

## 5 Pfennigkraut
*Lysimachia nummularia*

1–3 cm Juni–Aug. ♃ [64]
**Kennzeichen:** Stengel kriechend, bis zu 50 cm lang; Blätter gegenständig, rundlich (im Gegensatz zu den ovalen Blättern des Wald-Gilbweiderichs).
**Vorkommen:** In Wiesen und Weiden, an Ufern und Gräben im gesamten Gebiet; auf feuchtfrischen, nährstoffreichen Böden.
**Wissenswertes:** Wie andere Primel-Verwandte ist die Art selbststeril. Ihre Vermehrung erfolgt vornehmlich durch Ausläufer. In Gärten, vor allem auch in Steingärten, wird sie dadurch zu einem Bodendecker. Die Artnamen trägt das Pfennigkraut wegen seiner runden Blätter; lat. nummularius bedeutet soviel wie „münzenartig".

1
2
3a
3b
4
5

## 1 Hohe Schlüsselblume
*Primula elatior*

10–20 cm März–Mai ♃ 64

**Kennzeichen:** Ungeteilte Blätter in grundständiger Rosette; Blüten langröhrig mit 5teiligem Blütenteller (Stieltellerblüten), hellgelb, nicht duftend.

**Vorkommen:** Verbreitet im gesamten Gebiet, vornehmlich in Eichen-Hainbuchenwäldern; auf nährstoffreichen, gern auf etwas feuchteren Standorten.

**Wissenswertes:** Die Primel-Arten zeichnen sich durch die Heterostylie ihrer Blüten aus, durch die Fremdbestäubung gewährleistet wird: Bei einem Teil der Individuen stehen die Narben auf langen Griffeln am Blüteneingang und die Staubbeutel deutlich tiefer; bei einem anderen Teil sind die Verhältnisse umgekehrt. Hummeln und Falter, die zuvor eine Blüte mit oben stehenden Staubbeuteln besucht haben, bringen den Pollen am leichtesten auf langgriffelige Blüten, und nur dort vermag er zu keimen. Die langgriffeligen Individuen können sich miteinander nicht fortpflanzen; dasselbe gilt für die kurzgriffeligen.

## 2 Echte Schlüsselblume
*Primula veris*

10–20 cm Apr.–Mai ♃ 64

**Kennzeichen:** Blüten dottergelb mit 5 orangefarbenen Flecken am Blütengrund, duftend; sonst der vorigen Art ähnlich.

**Vorkommen:** Vor allem in der Mitte, im Nordosten und im Süden auf eher trockenen, kalkreichen Böden; lichtliebender als die vorige Art; daher mehr auf Wiesen, an Weg- und Waldrändern, häufig auf Kalk-Magerrasen.

**Wissenswertes:** Vor allem diese Art dient als Heilpflanze. Deshalb trägt sie auch den Artnamen „Echte Schlüsselblume“ (lat. veris = echt). In der Volksmedizin nutzte man die Wurzel als Mittel gegen Rheuma und als Niespulver. Die Blüten mit ihrem angenehmen Honigduft sind Bestandteil verschiedener Hustenmittel. Der volkstümliche Name „Primel“ für die Schlüsselblume ist aus dem Lateinischen entlehnt: lat. primula als Verkleinerungsform zu prima = die erste. Er hebt die frühe Blütezeit hervor.

## 3 Stengellose Schlüsselblume
*Primula vulgaris*

5–15 cm März–Apr. ♃ 64

**Kennzeichen:** Blüten nicht in Dolden, sondern einzeln grundständig, langgestielt.

**Vorkommen:** Nur eng begrenzte, weit über das gesamte Gebiet verstreute Vorkommen von Schleswig-Holstein und vom Niederrhein bis in die Alpen; sowohl auf Wiesen als auch in lichten Wäldern.

**Wissenswertes:** Die Stengellose Schlüsselblume gehört zu den Stammeltern unserer Garten-Primeln.

## 4 Gewöhnlicher Gilbweiderich
*Lysimachia vulgaris*

50–120 cm Juni–Aug. ♃ 64

**Kennzeichen:** Blätter länglich-eiförmig, sehr kurz gestielt, in markanten 3blättrigen Wirteln; Blüten goldgelb, in endständigen Trauben oder Rispen.

**Vorkommen:** Im gesamten Gebiet recht häufig an Ufern, Gräben, in Erlenbruchwäldern und Weidengebüschen.

**Wissenswertes:** Wegen der Ähnlichkeit ihrer Blätter mit schmalen Weidenblättern werden Arten aus mindestens 3 verschiedenen Gattungen „Weiderich“ oder „Weidenröschen“ genannt; der „gelbe Weiderich“ ist eine von ihnen.

## 5 Punktierter Gilbweiderich
*Lysimachia punctata*

50–120 cm Juni–Aug. ♃ 64

**Kennzeichen:** Blüten gelb, rot punktiert (Name!), jeweils zu 1–4 in den Achseln der oberen Stengelblätter; Blüten größer und Blütenstand länger als bei der vorigen Art.

**Vorkommen:** Nur im Norden und im Süden häufiger, sonst sehr vereinzelt an Wegen, Gräben und Bahndämmen anzutreffen.

**Wissenswertes:** Vor allem in traditionellen Bauerngärten ist die Art sehr häufig vertreten. Von dort aus ist dieser ursprünglich auf dem Balkan beheimatete Gilbweiderich an etlichen Orten unabhängig voneinander entwichen und Bestandteil der Wildvegetation geworden.

1
2
3
4
5a
5b

## 1 Gelber Enzian
*Gentiana lutea*

50–100 cm Juni–Aug. ♃ 72

**Kennzeichen:** Blätter blaugrün, gegenständig, bis 30 cm lang; Blüten am Stengelende und in den Achseln der oberen und mittleren Blätter in Büscheln zu jeweils 3–10.

**Vorkommen:** In Magerrasen und lichten Gebüschen der hochmontanen und subalpinen Stufe; in den Alpen, im Alpenvorland und auf der Schwäbischen Alb noch vielerorts, in den Mittelgebirgen sonst nur sehr vereinzelt.

**Wissenswertes:** An den großen gegenständigen, an den Blattscheiden zu Zisternen miteinander verwachsenen Blättern ist der Gelbe Enzian leicht zu erkennen. Die fleischig verdickten Speicherwurzeln enthalten Bitterstoffe, die zu den schärfsten bisher bekannten gehören. Sie wurden jahrhundertelang gesammelt und auf Grund altverbürgter Nutzungsrechte sogar noch bis in unsere Zeit hinein ausgegraben, mancherorts auch aus Feldkulturen gewonnen. Die letzten Vorkommen des Gelben Enzians sind heute streng geschützt. Die Bitterstoffe regen die Speichel- und Magensekretion an und helfen bei Verdauungsstörungen und Appetitlosigkeit. Enzian-Schnäpse und Magenbitter erfreuen sich nicht allein deshalb einer besonderen Beliebtheit.

## 2 Seekanne
*Nymphoides peltata*

bis 5 cm Juli–Sept. ♃ 71

**Kennzeichen:** Schwimmblattpflanze mit seerosenähnlichen (griech. nymphoides), aber nur 8 cm langen Blättern; Blüten zu 2–5 unter Wasser in Blattachseln entspringend und sich über Wasser entfaltend, goldgelb, bis 3 cm im Durchmesser.

**Vorkommen:** Vor allem an Rhein, Elbe und Oder sowie bei Berlin noch größere Vorkommen in nährstoffreichen, im Sommer gut durchwärmten stehenden und langsam fließenden Gewässern.

**Wissenswertes:** Über 1,50 m tiefe Gewässer werden von der Seekanne selten besiedelt. Die Samen sind schwimmfähig, werden aber auch im Gefieder von Wasservögeln verbreitet. Die bärtigen Wimpern am Rande der Kronblätter sollen die Schauwirkung der Blüten au Insekten erhöhen.

## 3 Echtes Labkraut
*Galium verum*

30–80 cm Juni–Okt. ♃ 75

**Kennzeichen:** Blätter zu 8–12 in Quirlen, nadelförmig, nur 1–2 mm breit; sehr zahlreiche Blüten in dichten endständigen Rispen, flach ausgebreitet, 2–3 mm breit.

**Vorkommen:** Im Norden nur zerstreut, sonst weit verbreitet; vor allem auf kalkreichen Magerstandorten; an Wegrändern, auf trockenen Rasen und in Saumgesellschaften.

**Wissenswertes:** Wegen seines Gehalts an Lab-Enzymen (etwa 1%) wurde das Echte Labkraut sogar zeitweilig angebaut. Eine Marienlegende machte aus dem Kraut, das sehr angenehm nach Waldmeister duftet, die Füllung für die Krippe des Jesuskindes und verbreitete den Namen „Unser-lieben-Frau-Bettstroh“. Mit den Wurzeln kann man rotfärben, auch Käse verlieh man damit ein besonders attraktives Aussehen. Getränke erhalten durch blühende Triebe dieser Art Aroma und Farbe. Nur die Erwartungen an die Heilkraft des als „echt“ (lat. verus) bezeichneten Krauts haben sich nicht erfüllt.

## 4 Gewöhnliches Kreuzlabkraut
*Cruciata laevipes*

20–50 cm Apr.–Juni ♃ 75

**Kennzeichen:** Blätter eiförmig, bis 2 cm lang, in Quirlen zu viert; Stengel rauhhaarig, aufsteigend; Blüten zu 3–8 in den Achseln der oberen Blätter; sie täuschen einen Quirl vor; Stengel und Blätter mit kurzen, abstehenden Haaren.

**Vorkommen:** Im Norden nur regional, in der Mitte und im Süden weiter verbreitet; an Ackerrändern und Heckensäumen, in Auwäldern und Ufergehölzen; aber nur selten in größeren Beständen.

**Wissenswertes:** Das Kreuzlabkraut, das heute in eine von den Labkräutern abgetrennte eigene Gattung gestellt ist, trägt diesen Namen (auch lat. cruciatus = gekreuzt), weil die vier Laubblätter jedes Quirls zwei sich kreuzende Linien bilden.

1a

2a

1b

2b

3

4

## 1 Bunter Hohlzahn
*Galeopsis speciosa*

30–80 cm Juli–Aug. ⊙ 91

**Kennzeichen:** Ungewöhnlich gefärbte Blüten: Oberlippe und Seitenlappen der Unterlippe schwefelgelb, Mittellappen violett mit weißen und gelben Flecken.

**Vorkommen:** In Wald- und Gebüschsäumen, an Weg- und Ackerrändern und auf Schuttplätzen; am ehesten im Norden, im Südosten und Osten des Gebietes anzutreffen; auf stickstoffreichen, nicht zu trockenen Standorten.

**Wissenswertes:** Die 2 „hohlen Zähne" auf dem Gaumen der Lippenblüte und der unter den gegenständigen Blättern verdickte und steif behaarte Stengel läßt die verwandtschaftliche Nähe zu anderen Hohlzahn-Arten erahnen. Die Größe und die Färbung der Blüten aber nehmen eine Sonderstellung ein; sie sind wirklich ansehnlich und schön, was genau auch das lateinische Adjektiv „speciosus" aussagt.

## 2 Goldnessel
*Lamiastrum galeobdolon*

20–50 cm Apr.–Juni ♃ 91

**Kennzeichen:** Eine gelbblühende Taubnessel; Blüte allerdings mit 3- statt mit 2teiliger Unterlippe.

**Vorkommen:** In krautreichen Wäldern des gesamten Gebietes verbreitet und oft in großen Beständen vertreten.

**Wissenswertes:** An den langen oberirdischen Ausläufern der Goldnessel fallen die mehr oder weniger deutlich hell gefleckten, grün überwinternden Blätter auf. Die Blätter der langen, kriechenden Ausläufer und der sich erst nach zwei bis drei Jahren bildenden aufrechten, blühenden Triebe sind in Form und Größe deutlich voneinander unterschieden.

## 3 Großblütige Königskerze
*Verbascum thapsiforme*
(*V. densiflorum*)

100–200 cm Juni–Sept ⊙ 85

**Kennzeichen:** Stengel wenig verzweigt, nur im oberen Teil manchmal ästig; Blüten 3–4 cm groß, dicht gedrängt in einem langen ährenartigen Blütenstand (**3b**).

**Vorkommen:** An Wegrändern, auf Schuttplätzen und Industriebrachen; ziemlich weit verbreitet, regional aber auch selten oder ganz fehlend.

**Wissenswertes:** Die stattliche Pflanze blüht nur ein einziges Mal: Im ersten Jahr bildet sie eine grundständige Rosette aus, im zweiten Jahr den Blütenstand. Nach der Blüte und der Samenreife stirbt sie ab. Wegen ihres dichten Haarfilzes wird sie auch „Wollblume" genannt. Die Behaarung dient ihr als Verdunstungsschutz. Im Weihbund, das in manchen katholischen Gegenden zum Fest Mariä Himmelfahrt (15. August) gesammelt wird, bildet die Königskerze oft den Mittelpunkt.

## 4 Kleinblütige Königskerze
*Verbascum thapsus*

80–180 cm Juni–Sept. ⊙ 85

**Kennzeichen:** Der vorigen Art sehr ähnlich, aber deutlich kleinere Blüten mit nur 1,5 bis 2,5 cm Durchmesser.

**Vorkommen:** Wie vorige Art.

**Wissenswertes:** Die dicht behaarten Blütenstände dieser und der vorigen Art sollen früher in Wachs getaucht worden sein und dann als Fackeln gedient haben (Name!). Die am Stengel herablaufenden Blätter führen dem Stengel und damit gezielt den Wurzeln das Regenwasser zu.

## 5 Schwarze Königskerze
*Verbascum nigrum*

50–120 cm Mai–Sept. ⊙ 85

**Kennzeichen:** Staubblätter dunkelviolett behaart (**5a**), ein dunkler Blütenmittelpunkt (Name!); Stengel nach oben zu kantig, oft rötlich-braun gefärbt, fast kahl.

**Vorkommen:** Noch häufiger als die beiden anderen Königskerzen; ebenfalls auf Ödland, an Wegrändern und auf Schuttplätzen, auch an Ufern und auf Waldlichtungen.

**Wissenswertes:** Alle drei Königskerzen eignen sich zur Aussaat im Hausgarten, wenn man bereit ist, sich im ersten Jahr mit den Blattrosetten zu begnügen und sich erst im folgenden an den Blüten zu erfreuen.

1

2

3a

3b

4

5a

5b

## 1 Schwarzes Bilsenkraut
*Hyoscyamus niger*

30–60 cm Juni–Okt. ⊙ 83

**Kennzeichen:** Pflanze zottig-klebrig, stinkend; Blüte 3–4 cm im Durchmesser, hellgelb, mit violetter Aderung und dunkelviolettem Schlund als Saftmalen.

**Vorkommen:** Sehr zerstreut, auf besonders warmen und stickstoffreichen Standorten; vor allem auf Müllplätzen.

**Wissenswertes:** Obwohl ursprünglich aus dem Mittelmeerraum stammend, begleitet das Schwarze Bilsenkraut den Menschen in Mitteleuropa seit alters. Die gesamte Pflanze ist stark giftig! Dennoch oder gerade deshalb benutzte man sie im Mittelalter zur Bereitung von Heilmitteln, aber auch von Hexentränken und Hexensalben, von denen eine berauschende und erotisierende Wirkung ausging. Sehr gefährlich war die zeitweilig geübte Praxis, dem Bier Bilsenkrautsamen zuzusetzen.

## 2 Gewöhnliches Leinkraut
*Linaria vulgaris*

20–40 cm Juni–Okt. ♃ 85

**Kennzeichen:** Blätter wechselständig, ungestielt, schmallanzettlich, dem Lein oder Flachs ähnlich (Name!); Blüten in dichter Traube, 2lippig, hellgelb, mit langem Sporn.

**Vorkommen:** Im gesamten Gebiet an Wegrändern, Bahndämmen und auf sandigem Wildland.

**Wissenswertes:** Die Art ist auch als „Frauenflachs" und „Wildes Löwenmäulchen" bekannt. Die farblich sich abhebende „Maske" auf der Unterlippe verschließt den Eingang zur Blüte. Nur größere Hautflügler wie Hummeln drücken durch ihr Gewicht die Unterlippe so weit herunter, daß sich das „Mäulchen" für sie öffnet.

## 3 Wiesen-Wachtelweizen
*Melampyrum pratense*

10–40 cm Juni–Sept. ⊙ 85

**Kennzeichen:** Blätter gegenständig, ganzrandig, ungestielt; spornlose Rachenblüten meist zu zweit, allesamt einseitswendig.

**Vorkommen:** In bodensauren Eichenwäldern, mageren Rasen und Heiden weit verbreitet, allerdings nicht in Wiesen (die Namen sind hier irreführend).

**Wissenswertes:** Diese und die nachfolgende Art sind Halbschmarotzer, die mit ihren Saugwarzen aus den Wurzeln benachbarter Blütenpflanzen, auch Bäume und Sträucher, Wasser und die darin gelösten Mineralsalze beziehen. Der Gattungsname bezieht sich auf die weizenähnlichen, mit einem Ameisenanhängsel ausgestatteten Samen. *Melampyrum* ist aus griech. melas = schwarz und pyros = Weizen zusammengesetzt.

## 4 Kleiner Klappertopf
*Rhinanthus minor*

10–40 cm Mai–Sept. ⊙ 85

**Kennzeichen:** Blätter gegenständig, gekerbt, lanzettlich; Blüten seitlich zusammengedrückt, mit Ober- und Unterlippe und gerader Blütenröhre, im Spitzenbereich gedrängt (**4b**).

**Vorkommen:** Verbreitet in nährstoffarmen Wiesen und Magerrasen auf kalkreichem Untergrund.

**Wissenswertes:** Dafür, daß die Samen im Wind weit ausgestreut werden, sorgt der zum Windfang vergrößerte, aufgeblasene Kelch. Weil die Samen im trockenen Kelch klappern (Name!), benutzen Kinder die Pflanze gern als Rassel.

## 5 Gewöhnlicher Wasserschlauch
*Utricularia vulgaris*

10–35 cm Juni–Aug. ♃ 87

**Kennzeichen:** Untergetaucht flutende Pflanze mit fein zerteilten Wasserblättern und zum Teil zu Blasen umgebildeten Blattzipfeln (**5b**); über Wasser 4–15 goldgelbe Blüten in lockerer Traube.

**Vorkommen:** Mit großen Verbreitungslücken über das gesamte Gebiet verstreut; im Schwimmpflanzengürtel kalkarmer, aber nährstoffreicher Gewässer.

**Wissenswertes:** Die 5 mm großen Blasen oder Schläuche (lat. utriculus = kleiner Schlauch) dienen dem Fang von Kleinkrebsen und Insektenlarven, die zur Verbesserung der Stickstoffversorgung verdaut werden.

1

2

3

4a

4b

5a

5b

## 1 Gewöhnliche Goldrute
*Solidago virgaurea*

20–80 cm Juli–Okt. ♃ **94**

**Kennzeichen:** Zahlreiche Blütenkörbchen dicht gedrängt in einem rispigen Blütenstand; Körbchen deutlich größer als bei den beiden folgenden Arten.

**Vorkommen:** In lichten Wäldern mit ausgeprägter Kraut- und Grasschicht, auf Heiden und Magerrasen weit verbreitet.

**Wissenswertes:** Der deutsche Gattungs- und der wissenschaftliche Artname sind inhaltsgleich und setzen sich zusammen aus lat. virga = Rute und lat. aureus = golden. Der wissenschaftliche Gattungsname wird von lat. solido = fest oder heilmachen abgeleitet. Er erinnert an die Heilwirkung des Goldrutenkrauts, aus dem Extrakte gewonnen und als harntreibendes Mittel bei Nierenleiden, aber auch bei Rheumatismus angewendet wurden. Äußerlich behandelte man damit schwer heilende Wunden. Mit dem Kraut kann man Wolle goldgelb färben, nach Zufügung von 2% Eisensulfat auch dunkelgrün.

## 2 Kanadische Goldrute
*Solidago canadensis*

50–200 cm Juli–Sept. ♃ ✿ **94**

**Kennzeichen:** Wie die folgende Art auffallend durch stattlichen Wuchs und durch den großen, rispenartig verzweigten Gesamtblütenstand; weibliche Zungenblüten so lang wie die zwittrigen Scheibenblüten; Stengel größtenteils deutlich behaart, grün.

**Vorkommen:** Auf Schuttflächen und Industriebrache oft in großen Reinbeständen, gelegentlich auch an Ufern; nur im Norden deutlich seltener, sonst allgemein verbreitet.

**Wissenswertes:** Die Art kam als Zierpflanze aus Nordamerika in europäische Gärten; von dort verwilderte sie. Damit ist sie ein typischer Neueinwanderer, ein Neophyt, wie die erst in den Jahrhunderten nach der Entdeckung Amerikas aus aller Welt zu uns gelangten Pflanzenarten genannt werden. Wie manche Neophyten besiedelt die Kanadische Goldrute als Pionier „Neuland“ unterschiedlichster Art sehr schnell, nicht zuletzt durch unterirdisch kriechende Ausläufer, und bildet dabei Massenbestände, in denen nur wenige andere Arten mithalten können. Wegen ihres vergleichsweise hohen Kautschukgehalts (in den Blättern bis zu 4%) wurden Goldruten-Arten bereits versuchsweise angebaut. Als Heilpflanzen werden auch diese und die folgende Art genutzt; der Gehalt an wirksamen Inhaltsstoffen soll bei beiden deutlich höher liegen als bei der seit alters gebräuchlichen Gewöhnlichen Goldrute.

## 3 Riesen-Goldrute
*Solidago gigantea*

50–150 cm Juli–Sept. ♃ ✿ **94**

**Kennzeichen:** Der vorigen Art sehr ähnlich; allerdings Zungenblüten länger als die Scheibenblüten und Stengel größtenteils kahl und rötlich.

**Vorkommen:** Ähnlich wie die vorige Art; örtlich unterschiedlich ist einmal die eine oder die andere Art häufiger; oft aber kommen auch beide nebeneinander vor.

**Wissenswertes:** Diese Art ist genauso wie die vorige in der 2. Hälfte des vorigen Jahrhunderts als Gartenpflanze verwildert. Weil sie meistens etwas kleiner als die Kanadische Goldrute ist, wirkt der Artname (auch lat. giganteus) etwas irreführend.

## 4 Dürrwurz
*Inula conyza*

50–80 cm Juli–Aug. ♃ **94**

**Kennzeichen:** Stengel aufrecht, am Grunde leicht verholzt; Blütenkörbchen in einem doldig-traubigen Blütenstand; Zungenblüten im Körbchen nicht sichtbar.

**Vorkommen:** In lichten Gebüschen und an Waldrändern; vor allem in den Mittelgebirgen, aber auch dort mit größeren Verbreitungslücken.

**Wissenswertes:** Die früher in eine eigene Gattung gestellte Art wird heute der Gattung *Inula* (Alant) eingegliedert, ohne daß sie allerdings so ansehnlich wie andere Alant-Arten ist. Das nach dieser Gattung benannte Inulin, das für Diabetikergebäck genutzt wird, ist in den Wurzeln verschiedener Korbblütler vertreten, in nutzbaren Mengen am ehesten in Topinambur- und Dahlienknollen.

1

2

3a

3b

4a

4b

## 1 Dreiteiliger Zweizahn
*Bidens tripartita*

20–120 cm Juli–Okt. ⊙ **94**

**Kennzeichen:** Blütenkörbchen ohne Zungenblüten, etwa 2 cm breit und hoch; Blätter meist 3teilig.

**Vorkommen:** Auf offenen, nassen Schlammflächen oft massenhaft und weit verbreitet; an verschmutzten Gräben, an Teichufern und auf vernäßtem Brachland.

**Wissenswertes:** In Siedlungsnähe weist die Art oft gleichzeitig auf Vernässung und Verschmutzung hin, etwa unterhalb von Abflußrohren. Auch auf wechselfeuchten Schlammböden wächst sie oft in großen Beständen und je nach Nährstoffversorgung in sehr unterschiedlicher Größe, manchmal mit bis über 1 m großen Exemplaren. Der Gattungsname nimmt auf die Samen Bezug, die meistens mit 2 widerhakigen Grannen ausgestattet sind und sich nur schwer lösbar in Strümpfen und Hosen, natürlich erst recht im Fell und Gefieder verhaken und so weiter verbreitet werden. Der wissenschaftliche Gattungsname ist – aus lat. bis = doppelt und lat. dens = Zahn zusammengesetzt – nur eine Übersetzung des deutschen Namens.

## 2 Färber-Hundskamille
*Anthemis tinctoria*

20–60 cm Juni–Sept. ♃ ✿ **94**

**Kennzeichen:** Körbchen 3 cm groß und lang gestielt; Blätter graugrün, wollig behaart und 2fach gefiedert.

**Vorkommen:** Nur regional verbreitet, vor allem in der Mitte und im Süden; zerstreut an Bahndämmen, auf Trockenrasen und Mauern.

**Wissenswertes:** Weil die Samen häufig in bunten Wiesenblumenmischungen enthalten sind, trifft man die Färber-Hundskamille heute häufiger in Gärten und Siedlungsnähe an. Der deutsche und der wissenschaftliche Artname weisen den bei Massenvorkommen auch für bunte Wildblumensträuße geeigneten Korbblütler als alte Färbepflanze aus: lat. tinctorius = zum Färben geeignet. Um 1 kg Wolle satt gelb zu färben, braucht man mindestens 1 kg Blüten, die entweder frisch oder zuvor getrocknet verwendet werden.

## 3 Rainfarn
*Tanacetum vulgare*

40–120 cm Juli–Okt. ♃ ✿ **94**

**Kennzeichen:** Körbchen knopfförmig (im Volksmund „Soldatenknöpfe"); Blätter gefiedert; die Fiederblättchen tief eingeschnitten und gesägt (**3b**).

**Vorkommen:** An Weg- und Gewässerrändern, auf Schuttflächen und Brachland.

**Wissenswertes:** Auf stickstoffreichem Wildland ist oft das Rainfarn-Beifuß-Gestrüpp ein sich über Jahre hinweg fast unverändert haltendes Entwicklungsstadium in der vom Menschen unbeeinflußten Sukzession. Den Namen trägt die Art nicht nur wegen der farnartig gefiederten Blätter, sondern auch wegen der gemeinsamen Verwendung von Rainfarn und Wurmfarn als Mittel gegen Würmer und Ungeziefer bei Hunden und Rindern. Dazu wird das stark riechende Kraut in Hundehütten und Viehboxen ausgestreut.

## 4 Huflattich
*Tussilago farfara*

10–30 cm Febr.–Apr. ♃ **94**

**Kennzeichen:** Goldgelbe Korbblüten schon im ersten Vorfrühling; Blätter erst später erscheinend, rundlich bis herzförmig („hufförmig", Name!) und unterseits graufilzig behaart (lat. farfarus = mehlbestäubt).

**Vorkommen:** Im gesamten Gebiet häufig in Pioniergesellschaften an Straßen- und Wegrändern, auf Schuttflächen, auf Anschüttungen und in Abgrabungen, sofern der Boden humusarm, aber basenreich ist.

**Wissenswertes:** Das Massenvorkommen des Huflattichs weist auf Lehm und auf Staunässe hin. Eine Sonderstellung unter den Korbblütlern nimmt der Huflattich insofern ein, als die ca. 300 Zungenblüten weiblich und die 30–40 Röhrenblüten männlich sind. Die Blätter (**4c**) sind wegen ihrer schleimlösenden und entzündungshemmenden Wirkung Bestandteil von Hustenmitteln und werden wegen dieser Eigenschaften in der Volksheilkunde schon seit Jahrhunderten genutzt, was auch im wiss. Gattungsnamen zum Ausdruck kommt: lat. tussis = Husten, lat. ago = treiben, vertreiben, in Bewegung setzen.

1

2

3a

4a

3b

4b

4c

## 1 Schmalblättriges Greiskraut
*Senecio inaequidens*

20–50 cm Aug.–Dez. ♃ ✿ **94**

**Kennzeichen:** Blätter wechselständig, linealisch schmal (Name!), fast ganzrandig.

**Vorkommen:** In einigen Regionen massenhaft auf Banketten von Straßen, in Bahn- und Hafengeländen.

**Wissenswertes:** Die erste Greiskraut-Art ist zugleich die jüngste in Mitteleuropa, ein Neophyt, der sich gerade zur Zeit in rasender Ausbreitung befindet. Seine Heimat ist Südafrika. Wahrscheinlich ist er mit Wolleballen eingeschleppt worden. Zu den Ausgangspunkten für die Besiedlung gehören offensichtlich der westliche Teil des Rheinisch-Westfälischen Industriereviers und die Unterweser. An den Autobahnen kann man Jahr für Jahr die Ausbreitung der Art verfolgen, die stellenweise Reinbestände bildet und dadurch auffällt, daß sie bis in den Winter hinein blüht.

## 2 Fuchs-Greiskraut
*Senecio fuchsii*

60–150 cm Juli–Sept. ♃ ✿ **94**

**Kennzeichen:** Blätter breit-lanzettlich, gezähnt; Blütenkörbchen meistens nur mit 5 Zungenblüten.

**Vorkommen:** Auf Kahlschlägen und Waldlichtungen des Hügel- und Berglandes.

**Wissenswertes:** Seinen Namen erhielt das Fuchs-Greiskraut zu Ehren des Tübinger Arztes und Kräuterbuch-Autors Leonhart Fuchs, der von 1501 bis 1566 lebte.

## 3 Jakobs-Greiskraut
*Senecio jacobaea*

30–100 cm Juni–Sept. ♃ ✿ **94**

**Kennzeichen:** Blätter tief eingeschnitten, fiederteilig; Blütenkörbchen mit 13 flach ausgebreiteten Zungenblüten (**3b**).

**Vorkommen:** An Wegen und Rainen allgemein verbreitet; stellenweise auch auf einschürigen Wiesen.

**Wissenswertes:** Ebenso wie die anderen Greiskraut-Arten enthält auch diese für Menschen und Tiere gleichermaßen giftige Alkaloide. Vom Weidevieh wird das Jakobs-Greiskraut meistens gemieden, so daß die Bauern es schon deshalb als Weideunkraut betrachten. Schlimmer aber noch ist es, wenn das Kraut tatsächlich vom Vieh gefressen wird. Dann kommt es zu gefährlichen Vergiftungen, die bei Kleintieren sogar tödlich sein können. Der Name weist auf die Blütezeit im Hochsommer um Jakobi (25. Juli) hin.

## 4 Klebriges Greiskraut
*Senecio viscosus*

10–50 cm Juni–Okt. ⊙ **94**

**Kennzeichen:** Pflanze drüsig-klebrig (**4b**); Zungenblüten meistens zurückgerollt; unangenehmer, bisamartiger Geruch.

**Vorkommen:** Überall auf Stein- und Schotterflächen, auf Schuttplätzen, Brandstellen und Kahlschlägen zu erwarten.

**Wissenswertes:** Das Klebrige Greiskraut ist ein echter Pionier, der oft als erste Blütenpflanze aufgeschüttetes steiniges Material besiedelt. Der klebrige Stengel (Name!) hindert Ameisen und andere als Bestäuber unzuverlässige Insekten daran, zu den Blütenkörbchen emporzuklettern.

## 5 Gewöhnliches Greiskraut
*Senecio vulgaris*

10–30 cm ganzjährig ⊙ **94**

**Kennzeichen:** Blütenkörbchen unscheinbar, fast immer ausschließlich aus Röhrenblüten bestehend.

**Vorkommen:** Sehr häufig als Unkraut in Gärten und auf Hackfruchtfeldern; vor allem auf stickstoffreichen Böden.

**Wissenswertes:** Die Greiskräuter werden in vielen Büchern immer noch „Kreuzkräuter" genannt, obwohl man rein gar nichts an ihnen findet, was diesen Namen rechtfertigte: also weder Kreuzblüten noch etwa kreuzgegenständig angeordnete Blätter. Der Name ist nur durch Verballhornung aus „Greiskraut" zu erklären. Und für diesen Namen gibt es eine gute Begründung: Der reife Haarkelch, der zur Windverbreitung der Früchte dient, lugt schon zur Blütezeit aus der Hülle mancher Körbchen und erinnert an das graue Haupthaar eines Greises. Auch „*Senecio*" geht auf lat. senex = Greis zurück.

1

3a

2

3b

4a

4b

5

## 1 Golddistel
*Carlina vulgaris*

10–40 cm Juli–Sept. ⊙ **94**

**Kennzeichen:** Stengel mit mehreren 2–3 cm großen, gelblichen Blütenkörbchen; Blätter lanzettlich, stachelig-gezähnt.

**Vorkommen:** Außer im Nordwesten im gesamten Gebiet verstreut auf Magerrasen und in Gebüschsäumen; nur auf warmen, kalkreichen Standorten.

**Wissenswertes:** Die nahe Verwandtschaft mit der Silberdistel (S. 152) ist auf den ersten Blick nicht zu erkennen. Und doch hat die insgesamt häufigere, aber durch landwirtschaftliche Intensivierung und Überdüngung stark rückläufige Golddistel vieles mit der Silberdistel gemeinsam, vor allem die Anpassung an trockene Standorte, die Öffnungs- und Schließbewegungen der hygroskopischen Hüllblätter und die Wehrhaftigkeit gegen Viehverbiß. Auf Kalkmagerrasen, die oft Naturschutzgebiete sind, trifft man die Golddistel noch ziemlich regelmäßig an.

## 2 Berg-Wohlverleih
*Arnica montana*

20–60 cm Juni–Aug. ♃ **94**

**Kennzeichen:** Nur 1–3 Blütenkörbchen je Pflanze, mit etwa 5 cm Durchmesser; Blätter in grundständiger Rosette; nur 1–2 Paar gegenständige Stengelblätter.

**Vorkommen:** Nur noch sehr zerstreut auf nährstoff- und kalkarmen Wiesen und Heiden sowie in lichten Wäldern, vor allem im Bergland; in den Alpen, im Erzgebirge und Bayerischen Wald allerdings noch weiter verbreitet; im Norden und in den Mittelgebirgen sind viele ehemalige Vorkommen erloschen.

**Wissenswertes:** Die Art ist unter ihrem schwer ableitbaren wissenschaftlichen Gattungsnamen, also als „Arnika", als seit alters genutzte Heilpflanze bekannt. Daß sie auch heute noch immer seltener wird, liegt kaum am längst verbotenen Sammeln der Blütenkörbchen und der unterirdischen Pflanzenteile, sondern an der Belastung ihrer Standorte durch Düngung und intensive Grünlandnutzung. Wer der Arnika-Tinktur vertraut, wenn es Prellungen und Blutergüsse zu behandeln gilt, sollte in jedem Falle auf Fertigpräparate zurückgreifen, deren Pflanzenanteil aus Kulturen und nicht aus der Natur stammt.

## 3 Kohl-Kratzdistel
*Cirsium oleraceum*

30–120 cm Juni–Okt. ♃ **94**

**Kennzeichen:** Pflanze eigentlich nicht distelartig; Blütenkörbchen gelblichweiß, endständig, dicht gedrängt, von gelbgrünen, kohlblattartig wirkenden Hochblättern umhüllt (Name!) Blätter mit weichen, nicht stechenden Dornen bewimpert, die oberen stengelumfassend.

**Vorkommen:** Verbreitet auf nährstoffreichen nassen, aber zumindest wechselfeuchten Standorten in Feuchtwiesen, Gräben, Sümpfen und an Ufern.

**Wissenswertes:** Die Kohl-Kratzdistel wird durch Düngung und durch Nährstoffanreicherung infolge von Umweltverschmutzung gefördert. Im Grünland ist sie weder als Viehfutter noch im Heu besonders geschätzt. Ihr wissenschaftlicher Artname nach lat. oleraceus = gemüseartig hat nichts mit ihrer Verwendung oder ihrem Futterwert zu tun, sondern bezieht sich wie der Namensteil „Kohl" nur auf das Erscheinungsbild des Gesamtblütenstandes.

## 4 Ferkelkraut
*Hypochoeris radicata*

20–50cm Juni–Okt. ♃ **94**

**Kennzeichen:** Pflanze mit weißem Milchsaft; alle Scheibenblüten zungenförmig; Blätter in grundständiger Rosette, entfernt löwenzahnartig buchtig gezähnt; am Blütenschaft nur Blattschuppen.

**Vorkommen:** Allgemein verbreitet, doch gebietsweise selten; vor allem an Wegrändern, auf mageren Wiesen und Weiden; oft auf sandigen Böden.

**Wissenswertes:** Zumindest dem Namen nach ist die Pflanze – wahrscheinlich mit ihren Wurzeln – für Ferkel eine besondere Delikatesse. Das bringt auch der wissenschaftliche Name zum Ausdruck, der sich aus griech. hypo = unterhalb und griech. choiros = Ferkel oder Schwein zusammensetzt und durch den Hinweis auf lat. radix = Wurzel (radicatus = zur Wurzel gehörig) ergänzt wird.

1a

2

1b

3a

4

3b

## 1 Wiesen-Löwenzahn
*Taraxacum officinale*

10–50 cm Apr.–Okt. ♃ **94**

**Kennzeichen:** Allgemein bekannte Pflanze mit grundständiger Rosette aus buchtig eingeschnittenen, grob gezähnten Blättern (Name!) und jeweils 1 Blütenkörbchen auf dem unbeblätterten Schaft; sich innerhalb weniger Tage zu den bei Kindern beliebten Pusteblumen entwickelnd (**1b**).

**Vorkommen:** Auf Grünland aller Art überall häufig, aber auch auf Wegschotter und Mauerkronen; besonders häufig und aspektbildend auf gedüngten Kuhweiden (daher der volkstümliche Name „Kuhblume").

**Wissenswertes:** Obwohl er zur Samenbildung keiner Bestäubung und damit auch keines Insektenbesuchs bedarf, spendiert der Löwenzahn Bienen und etlichen anderen Besuchern reichlich Pollen und Nektar. Hier handelt es sich um einen der wenigen Fälle von Apomixis, d.h. einer eingeschlechtigen Samenbildung ohne vorausgehende Befruchtung. Sie ist Ursache für die große Formenvielfalt oft sogar bei Blättern benachbarter Pflanzen. Diese Formenvielfalt entsteht durch Mutationen und bleibt hier leichter erhalten, während sie bei der im allgemeinen zweigeschlechtlichen Pflanzen infolge der Mischung des Erbgutes meistens wieder nivelliert wird. Ein Körbchen umfaßt bis zu 200 Blüten. Trotz des reichen Nektarangebots soll es des Besuchs von 125000 Blütenkörbchen bedürfen, bevor Bienen den Nektar für 1 kg Honig eingesammelt haben. Der Name „Butterblume" erinnert nicht nur an die Blütenfarbe, sondern auch daran, daß man mit den Blüten früher die Butter gefärbt hat. Ein Salat aus frischen Löwenzahn-Blättern ist zwar bitter, aber appetitanregend und gesund, vor allem harntreibend und blutreinigend.

## 2 Herbstlöwenzahn
*Leontodon autumnalis*

20–50 cm Juli–Okt. ♃ **94**

**Kennzeichen:** Stengel gabelig verzweigt; im Körbchen nur Zungenblüten und ein Blütenboden ohne Spreublätter; Blätter wie beim Wiesen-Löwenzahn (vgl. oben) kahl und eingebuchtet, aber nicht so tief und so scha gesägt.

**Vorkommen:** Überall vertreten, vor allem au fetten Weiden.

**Wissenswertes:** Die Blattform ist das gleic mehrere Körbchenblütler verbindende Element, das beim Herbstlöwenzahn nicht nur in deutschen, sondern auch im wissenschaftlichen Artnamen seinen Niederschlag gefunden hat. Er ist nämlich aus griech. leon = Löw und griech. odous = Zahn zusammengesetz Der Zusatz „Herbst" (lat. autumnalis = herbstlich) verweist auf die im Vergleich zum Wiesen-Löwenzahn späte Blütezeit.

## 3 Gewöhnliches Bitterkraut
*Picris hieracioides*

30–80 cm Juli–Okt. ⊙–♃ **94**

**Kennzeichen:** Blätter rauh, borstig, schma und ungeteilt, an den Rändern buchtig gezähnt; Pflanze mit Milchsaft; Körbchen mit gelben bis goldgelben Zungenblüten, zu mehreren in einem lockeren Gesamtblütenstand.

**Vorkommen:** An Wegen und in Gebüschsäumen, auch in Wiesen- und Rasengesellschaften; in den Mittelgebirgen zum Teil ausgesprochen häufig.

## 4 Wiesen-Bocksbart
*Tragopogon pratensis*

30–80 cm Mai–Aug. ⊙ **94**

**Kennzeichen:** Blätter linealisch; Hüllblätter 8, lang, die Kronblätter deutlich überragend.

**Vorkommen:** Im gesamten Gebiet auf nährstoffreichen Böden; auf Wiesen und an Wegrändern.

**Wissenswertes:** Die Art hat besonders kunstvoll und effektiv konstruierte Flugfrüchte mit Fallschirmchen. Diese verfügen über eine nahezu geschlossene Tragfläche, die dadurch entsteht, daß die Strahlen des radförmigen Haarkranzes durch Fiederhärchen miteinander verbunden sind. Es lohnt sich, dieses Muster einmal näher mit der Lupe zu betrachten. Die gefiederten Härchen auf jeder Frucht sollen an einen Ziegenbart erinnern und Anlaß für den deutschen wie den wissenschaftlichen Gattungsnamen sein (griech. tragos = Bock und griech. pogon = Bart).

1a
1b
3a
2
3b
4

## 1 Kohl-Gänsedistel
*Sonchus oleraceus*

30–80 cm Juni–Okt. ⊙ **94**

**Kennzeichen:** Stengel ästig verzweigt; Blätter hell blaugrün, weich, unbehaart; Stengelblätter mit zugespitzten Öhrchen stengelumfassend; Blüten hellgelb.

**Vorkommen:** In Unkrautgesellschaften an Wegrändern, in Gärten und Äckern, oft auch auf Schutt; weit verbreitet; immer auf nährstoffreichen Böden.

**Wissenswertes:** Dieser schon in prähistorischer Zeit nach Mitteleuropa gelangte Kulturbegleiter ist inzwischen durch den Menschen weltweit verbreitet worden. Dazu tragen zusätzlich allerdings auch die mit Fallschirmchen ausgestatteten Früchte bei, die der Wind oft über 10 km weit verweht. Daß sie im Boden bis über 1 m tief zu wurzeln vermag, ist für eine nicht ausdauernde Pflanze schon eine beachtliche Leistung. Die Artnamen im Zusammenhang mit „Kohl" und lat. oleraceus = gemüseartig oder als Gemüse verwendbar sind Hinweise darauf, daß die Kohl-Gänsedistel in früheren Jahrhunderten auch dem Menschen und nicht nur den Tieren – wie etwa den Gänsen – als Nahrung diente. Das ermöglichten vor allem die weichen und nicht starr-stachelig gezähnten Blätter.

## 2 Acker-Gänsedistel
*Sonchus arvensis*

50–120 cm Juli–Sept. ♃ **94**

**Kennzeichen:** Stengel einfach, erst an der Spitze verzweigt, dicht drüsig behaart; Blätter lanzettlich, fiederspaltig gebuchtet, dornig gezähnt, sitzend; Blütenköpfchen goldgelb.

**Vorkommen:** Ähnlich weit verbreitet und an denselben Orten anzutreffen wie die vorige Art; auch Salz ertragend.

**Wissenswertes:** Bei den gelben drüsigen Haaren am Stengel und am Hüllkelch ist noch ungeklärt, ob sie vornehmlich dem Verdunstungsschutz dienen oder zu den Blütenköpfen aufwärtskriechende „unerwünschte" Besucher fernhalten sollen. Wahrscheinlich hat sich dieses Merkmal als insgesamt für die Art vorteilhaft erwiesen, weil es sich sowohl in der einen als auch in der anderen Weise positiv auswirkt. Im Gegensatz zur vorigen Art ist die Acker-Gänsedistel ausdauernd.

## 3 Kompaß-Lattich
*Lactuca serriola*

50–120 cm Juni–Sept. ⊙ **94**

**Kennzeichen:** Blaugrüne Blätter: die unteren fiederlappig, die oberen ungeteilt, mit unterseits stacheliger Mittelrippe (deshalb auch Stachel-Lattich genannt; ebenfalls lat. serrulus = fein gesägt); kleine Blütenkörbchen mit nur wenigen gelben Zungenblüten.

**Vorkommen:** Weit verbreitet an Wegrändern und in Unkrautfluren, auf Schuttplätzen und oft an Mauern.

**Wissenswertes:** Ihren Namen hat diese Art erhalten, weil sie sehr deutlich auf intensive Sonneneinstrahlung reagiert, der sie auszuweichen versucht. Bei Sonnenschein sind die Blattflächen senkrecht gestellt; die Blattspitzen weisen nach Norden und Süden. Dieses Verhalten und die extrem tief greifenden Wurzeln (bis 2 m) weisen den Kompaß-Lattich als ehemalige Steppenpflanze aus, die aus dem Südosten zu uns kam. Auf den weißen Milchsaft nimmt der wissenschaftliche Gattungsname Bezug, der auf lat. lac = Milch zurückgeht und auch die Wurzel für den deutschen Namen „Lattich" lieferte.

## 4 Mauerlattich
*Mycelis muralis*

40–80 cm Juni–Sept. ♃ **94**

**Kennzeichen:** Staude kahl; Blätter fiederspaltig, grob gezähnt; Körbchen meistens mit nur 5 blaßgelben Blüten, in einer lockeren Rispe angeordnet.

**Vorkommen:** In krautreichen Wäldern und auf Waldlichtungen, gern an schattigen Mauern (Name!) und Felsen, auch auf Kopfbäumen und in Astgabeln (als Epiphyt); nur im Nordwesten seltener, sonst weit verbreitet.

**Wissenswertes:** Auch diese Art enthält weißen Milchsaft und trägt somit den Namen „Lattich" zu Recht, was nicht immer der Fall ist; man denke nur an den milchsaftfreien Huflattich. Im übrigen gilt der Mauerlattich bei verstärktem Vorkommen im Walde als Störungsanzeiger.

1

2

3a

4a

3b

4b

## 1 Wiesen-Pippau
*Crepis biennis*

50–100 cm Mai–Aug. ⊙ 94

**Kennzeichen:** Wiesenpflanze mit aufrechtem gefurchten Stengel; Blütenkörbchen goldgelb, 3 cm groß; Blätter wie Löwenzahnblätter buchtig gezähnt, fast fiederspaltig.

**Vorkommen:** Allgemein verbreitet; vor allem auf Fettwiesen und an Wegrändern.

**Wissenswertes:** Diese Art wird auf Wiesen gar nicht gern gesehen, weil sie hartes Heu liefert und vom Vieh meistens verschmäht wird. Die Vorläufer ihres heutigen deutschen Namens sind schon im Althochdeutschen belegt.

## 2 Rainkohl
*Lapsana communis*

30–120 cm Juni–Okt. ⊙ 94

**Kennzeichen:** Stengel aufrecht, ästig verzweigt, milchsaftführend; die Blätter von oben nach unten: lanzettlich-elliptisch-fiederspaltig; Blütenkörbchen mit 8–12 blaßgelben Zungenblüten in einer lockeren Rispe.

**Vorkommen:** In Gärten, auf Äckern, an Wegrändern und in Saumgesellschaften; auf nährstoffreichen, oft etwas beschatteten Standorten.

**Wissenswertes:** Die Blütenkörbchen sind nur vormittags ausgebreitet und bleiben bei bedecktem Himmel ganz geschlossen. Der Name weist daraufhin, daß der Rainkohl als Gemüse oder Salat gegessen werden kann.

## 3 Kleines Habichtskraut
*Hieracium pilosella*

5–30 cm Mai–Okt. ♃ 94

**Kennzeichen:** Blütenkörbchen einzeln auf unverzweigten, blattlosen Stengeln; Blätter in einer Rosette, graufilzig, eiförmig.

**Vorkommen:** An Wegrändern und auf Triften, auch in manchen Kiefernwäldern; immer auf trockenen, sauren und nährstoffarmen Standorten, gern auch auf Mauern.

**Wissenswertes:** Das Kleine Habichtskraut ist seinem Trockenstandort bestens angepaßt und sehr gut gegen Austrocknung geschützt, u. a. durch seine starke Behaarung. Außerdem kann es seine Blätter nach oben einrollen, wodurch die helle, das Licht reflektierende Unterseite nach außen gelangt. Die kleinen rasenbildenden Pflänzchen haben beblätterte Ausläufer, die zur Verdichtung und Vergrößerung der rasigen Bestände durch vegetative Vermehrung beitragen.

## 4 Wald-Habichtskraut
*Hieracium sylvaticum*

30–60 cm Juni–Aug. ♃ 94

**Kennzeichen:** Blütenstand sparrig verzweigt, aber nur bis zu 10 Blütenkörbchen; Köpfchenstiele drüsig; Blätter weich, dunkelgrün, ungefleckt, grob gezähnt.

**Vorkommen:** Im Norden nur vereinzelt, sonst in lichten Wäldern und Gebüschen, an Waldrändern und Waldwegen; auf humosen, kalkarmen Böden verbreitet.

**Wissenswertes:** Die Habichtskräuter sind die artenreichste Pflanzengattung Mitteleuropas. Die Aufspaltung in so viele Arten erfolgte außer durch Mutation auch durch Bastardierung verschiedener Formen und die nachfolgende Bewahrung der Erbkombinationen. Das ist dadurch möglich, daß es bei vielen Habichtskrautarten die beim Löwenzahn (vgl. S. 208) beschriebene eingeschlechtige Vermehrung oder Apomixis gibt. Allein vom Wald-Habichtskraut wurden über 300 verschiedene Sippen beschrieben.

## 5 Doldiges Habichtskraut
*Hieracium umbellatum*

30–100 cm Juli–Okt. ♃ 94

**Kennzeichen:** Stengel reich beblättert (meistens mehr als 20), Grundblätter früh verdorrt; Blätter linealisch-lanzettlich, am Rande oft umgerollt; Gesamtblütenstand der einzelnen Körbchen eine Doldenrispe bildend.

**Vorkommen:** In lichten Wäldern und Gebüschen, an Wald- und Wegrändern, manchmal auch auf Wiesen und Triften; immer auf kalkarmen Böden; trotz einiger Verbreitungslücken allgemein weit verbreitet.

**Wissenswertes:** Der wissenschaftliche Gattungsname soll auf griech. hierax = Habicht zurückgehen und der deutsche Name nur eine Übersetzung sein.

1

2

3

4a

4b

5

## 1 **Beinbrech**
*Narthecium ossifragum*

10–30 cm Juli–Aug. ♃ 100

**Kennzeichen:** Blüten in einer endständigen, lockeren Traube, langgestielt, sternförmig, mit ziegelroten Staubbeuteln (**1c**); Blätter grundständig, schwertförmig (**1b**).

**Vorkommen:** Nur im Nordwesten, vor allem im Tiefland, aber auch in niederschlagsreichen Lagen im Rhein schen Schiefergebirge; immer auf moorigen, torfigen und extrem stickstoffarmen Standorten; insgesamt nur punktuelle Verbreitung.

**Wissenswertes:** Der Beinbrech, der auch Moorlilie genannt wird, gilt als eines der Paradebeispiele für die Beschränkung des Verbreitungsgebietes auf niederschlagsreiche, wintermilde Regionen, also auf den atlantischen Klimabereich. Die wichtigsten Lebensräume dieser Art, die Hochmoore und Feuchtheiden im Tiefland und die Hangmoore einiger Mittelgebirge, sind vielerorts durch Eutrophierung und durch Austrocknung gefährdet. Unbedingt erklärungsbedürftig ist der deutsche Name „Beinbrech", der gleichbedeutend mit dem wissenschaftlichen Artnamen *„ossifragum"* ist, allerdings sowohl mit „knochenbrüchig" als auch mit „Knochenbrüche heilend" übersetzt werden kann. Entsprechend widersprüchlich sind auch die Erklärungsversuche. Weist der Name auf Heilwirkung bei Knochenbrüchen oder aber auf den Volksglauben hin, daß das Weidevieh brüchige Knochen bekommt, wenn es von diesen Pflanzen frißt? Zur ersten Version paßt recht gut der wissenschaftliche Gattungsname: lat. narthecium = Salbenbüchse.

## 2 **Weißer Germer**
*Veratrum album*

50–150 cm Juni–Aug. ♃ 100

**Kennzeichen:** Kräftige aufrechte Pflanze mit gelbgrünen, oft auch weißlichen Blüten in reichblütigen Rispen (**2b**); Blätter breit-oval, stark gerieft, im Gegensatz zum Gelben Enzian wechselständig.

**Vorkommen:** In den Alpen und Voralpen in Höhenlagen zwischen 500 und 2500 m ziemlich weit verbreitet und örtlich sogar häufig; vor allem in Hochstaudenfluren, auf Almen und anderen Bergweiden; auf kalkhaltigen, frischen bis nassen Böden.

**Wissenswertes:** Weil er zu den gefährlichsten Giftpflanzen Mitteleuropas gehört, ist der Germer glücklicherweise aus dem Pflanzenrepertoire der Volksmedizin inzwischen völlig getilgt. Der wichtigste Inhaltsstoff ist das Alkaloid Protoveratrin, das starke blutdruck- und herzfrequenzsenkende Wirkungen zeitigt. Erfahrenes Weidevieh läßt den Weißen Germer stehen und fördert durch starke Beweidung der ihn umgebenden Flächen natürlich indirekt seine Ausbreitung. Bei Schafen, Ziegen und Kälbern wurden tödliche Vergiftungen beobachtet. Kein Wunder, daß man den Weißen Germer als Weideunkraut betrachtet und ihn gelegentlich durch Ausgraben des Wurzelstocks zurückzudrängen versuchte. Da er auch auf Insekten und Milben tödlich wirkt, hat man ihn auch zur Bekämpfung der Außenparasiten von Haustieren benutzt. Die auffällige, zu den Liliengewächsen gehörende Giftpflanze wurde bereits von den Römern „Veratrum" genannt.

## 3 **Wald-Goldstern**
*Gagea lutea*

10–20 cm März–Apr. ♃ 100

**Kennzeichen:** Nur 1 grundständiges Blatt, das fast 1 cm breit ist und an der Spitze eine kleine Kapuze bildet; Blüten an der Stengelspitze in einer Scheindolde, lang gestielt.

**Vorkommen:** Nur gebietsweise in Laubmischwäldern auf nährstoffreichen Böden, vor allem in Auenwäldern mit zeitweilig hohem Grundwasserstand, seltener im Grünland.

**Wissenswertes:** Unter den 7 mitteleuropäischen Goldsternarten ist der Wald-Goldstern die am weitesten verbreitete Art. Er gehört zu den Frühblühern unserer artenreichen Laubwälder, ist aber den Massenblühern meistens nur einzeln beigemischt und zieht bereits im Frühsommer wieder ein. Bis dahin hat er die erforderlichen Reservestoffe in den zu Brutzwiebeln fleischig verdickten Blattscheiden deponiert. Die Gattung *Gagea* wurde nach Sir Thomas Gage (1781–1820), einem bedeutsamen Förderer der englischen Wissenschaften, benannt.

1a
1b
1c
2a
2b
3a
3b

## 1 Gelbe Narzisse
*Narcissus pseudo-narcissus*

10–40 cm März–Mai ♃ 101

**Kennzeichen:** Wildform der bekannten „Osterglocke"; Blüten meist einzeln am Stengel, waagerecht oder etwas nach oben abstehend; Nebenkrone etwa so lang wie die 6 meist abgespreizten Blütenhüllblätter; Laubblätter 4–6, schmallinealisch.

**Vorkommen:** Nur im Westen auf einigen Bergwiesen der Eifel, des Hunsrücks, der Vogesen und des westlichen Alpenvorlandes; dort stellenweise in großen Beständen.

**Wissenswertes:** Mit ihrer stattlichen Nebenkrone, die auch „Trompete" genannt wird, gehören die Narzissen zu den beliebtesten Zwiebelgewächsen in Gärten und Parks. Wegen ihrer Blütezeit um das Osterfest werden sie auch „Osterglocken" oder „Osterschellen" genannt. Obwohl deutlich kleiner, ist die Wildform der Narzisse ebenfalls sehr eindrucksvoll. Wenn sich auf der Bergwiese zwischen noch graufahlen Grasbulten im Frühling oft Tausende gelber Glocken entfalten, dann ist das schon ein überwältigendes Bild und für die Naturschützer in der Eifel der Anlaß, ihr alljährliches Narzissenfest zu feiern. Vor allem Hummeln kriechen in die „Trompete", um an den Nektar zu gelangen, der an ihrem Grunde abgesondert wird. Neben den durch Ameisen verbreiteten Samen tragen die eiförmigen, knapp 4 cm großen Zwiebeln zur Erhaltung, Ausbreitung und Verdichtung der inzwischen erfreulicherweise zumeist geschützten Bestände dieser Art bei.

## 2 Sumpf-Schwertlilie
*Iris pseudacorus*

50–100 cm Mai–Juni ♃ 102

**Kennzeichen:** Mit 8–10 cm großen gelben, dunkler geaderten äußeren Blütenhüllblättern (**2b**) und den 1–3 cm breiten schwertförmigen Blättern weder zu übersehende noch zu verwechselnde Art.

**Vorkommen:** Noch im gesamten Gebiet weit verbreitet an stehenden und fließenden Gewässern, in Verlandungsgesellschaften und in Waldsümpfen; vor allem in der Ebene und im Hügelland.

**Wissenswertes:** Um den Blütenaufbau der Iris zu verstehen, muß man wissen, daß die 3 Griffeläste blumenblattähnlich gestaltet sind. Sie bilden zusammen mit den äußeren Blütenhüllblättern 3 Röhren, aus denen nur langrüsselige Insekten, vor allem Hummeln, den Nektar holen können. Beim Eindringen in die Röhre berühren sie die lippenartige, empfängnisfähige Schuppe, die beim Zurückweichen geschlossen wird, so daß Selbstbestäubung mit dem von den Staubbeuteln abgestreiften Pollen unterbleibt. Die geldrollenartig in den langgestreckten Kapseln angeordneten Samen (**2c**) können bis zu 1 Jahr lang auf dem Wasser schwimmen und dann noch keimen. Unterirdisch hat die Sumpf-Schwertlilie ein kräftiges Speicherrhizom, dessen Jahreszuwachs man an der Verjüngung zum Ende der jeweiligen Vegetationsperiode erkennen kann. Während der deutsche Name der insgesamt giftigen Pflanze den Lebensraum und die Blattform anspricht, erinnert der wissenschaftliche Name an die Göttin des Regenbogens und an die Ähnlichkeit mit Kalmusblättern (*pseudacorus* = falscher Kalmus).

## 3 Frauenschuh
*Cypripedium calceolus*

20–50 cm Mai–Juni ♃ **103**

**Kennzeichen:** Blüte mit schuhartig aufgeblasener Lippe (Name!), größer als alle anderen mitteleuropäischen Orchideenblüten.

**Vorkommen:** Selten, am ehesten noch im Süden und Südosten; in Wäldern, Gebüschen und Trockenrasen auf Kalk.

**Wissenswertes:** Weil Grabbienen, die in den „Schuh" fallen, diesen wegen der glatten Wände nur auf einem bestimmten Weg verlassen können, auf dem sie mit der Narbe und dem Pollen in Berührung kommen, werden sie zur Bestäubung geradezu gezwungen. Die Seltenheit und die Notwendigkeit strengsten Schutzes für diese edelste heimische Orchidee wird sofort verständlich, wenn man bedenkt, daß sie erst nach 16 Jahren – davon die längste Zeit in enger Symbiose mit einem Pilz – erstmalig blüht. Ihr Name setzt sich aus sypria, einem Beinamen der Venus, und griech. pedilon = Schuh sowie lat. calceolus = kleiner Schuh zusammen.

1a
1b
2a
2c
3
2b

## 1 Floh-Knöterich
*Polygonum persicaria*

10–60 cm Juni–Okt. ⊙ 69

**Kennzeichen:** Stengel verzweigt, kahl; Blätter lanzettlich, meistens mit schwarzem Fleck, der im Volksmund „Deiwelschitt" heißt.

**Vorkommen:** Fast überall in Mitteleuropa auf Äckern, in Gärten und auf Schuttplätzen anzutreffen.

**Wissenswertes:** Bei allen Knöterich-Arten tragen die Stengel deutlich verdickte Knoten (Name!). Der wissenschaftliche Gattungsname greift die reiche Samenproduktion auf: griech. polys = viel, griech. genos = Same. Speziell diese Art soll man früher zum Vertreiben von Flöhen benutzt haben (Name!).

## 2 Wasser-Knöterich
*Polygonum amphibium*

bis 15 cm Juni–Sept. ♃ 69

**Kennzeichen:** Stengel entweder im Wasser flutend, langgestreckt und kahl oder aber auf dem Trockenen, dann klebrig behaart und mit deutlich schmaleren Blättern.

**Vorkommen:** Mit einigen Verbreitungslücken im gesamten Gebiet heimisch; vor allem in Teichrosengesellschaften stehender Gewässer und Uferröhrichten, manchmal auch auf feuchten Wiesen und vernäßten Äckern.

**Wissenswertes:** Die Art ist überaus anpassungsfähig und kann sowohl Wasser- als auch Landbiotope besiedeln und sich auch gestaltlich in den verschiedenen Lebensräumen unterscheiden. Die Wasserform wurzelt im Schlammboden und hat Schwimmblätter mit allen dafür typischen Merkmalen.

## 3 Schlangen-Knöterich
*Polygonum bistorta*

30–80 cm Mai–Aug. ♃ ✿ 69

**Kennzeichen:** Stengel unverzweigt; Blütenstände dicht, walzenförmig, bis 1 cm dick und 9 cm lang.

**Vorkommen:** Mehr im Berg- und Hügelland, deshalb im Norden in weiten Teilen nicht vertreten; auf feuchteren Wiesen und an Ufern.

**Wissenswertes:** Der deutsche und der wissenschaftliche Artname beschreiben ein markantes Merkmal, den verdickten und schlangenförmig gewundenen Wurzelstock, der früher im Sinne der Signaturenlehre als schützend und heilsam bei Schlangenbissen galt. Der wissenschaftliche Artname ist aus lat. bis = zweimal und lat. tortus = gedreht zusammengesetzt. Die einzelnen dichten Knöterichflecken innerhalb der Wiesen gehen auf die weit kriechenden Ausläufer und die vegetative Vermehrung zurück. Sie werden auf der Weide vom Vieh gemieden, als gemähtes Grünfutter und Heu jedoch verzehrt. Mit ihrem hohen Gerbstoffgehalt wirkt die „Schlangenwurzel" entzündungshemmend und blutgerinnungsfördernd. Die frischen Sprosse und Blätter ergeben ein vorzügliches Gemüse.

## 4 Ampfer-Knöterich
*Polygonum lapathifolium*

20–80 cm Juli–Sept. ⊙ 69

**Kennzeichen:** Dem Floh-Knöterich ähnlich, jedoch Rand der Blattscheiden kaum bewimpert (Floh-Knöterich: lang bewimpert).

**Vorkommen:** Fast so weit verbreitet wie der Floh-Knöterich; vor allem auf feuchten, nährstoffreichen Böden.

**Wissenswertes:** Der Ampfer-Knöterich wirkt wie ein besonders kräftiger Floh-Knöterich.

## 5 Vogel-Knöterich
*Polygonum aviculare*

1–30 cm Juni–Nov. ⊙ 69

**Kennzeichen:** Stengel verzweigt, oft auf dem Boden liegend (**5a**), sonst aufsteigend; Blüten unscheinbar, einzeln oder bis zu 5 in den Blattwinkeln (**5b**).

**Vorkommen:** Überall anzutreffen, einerseits in Trittgesellschaften auf Wegen und in Pflasterritzen, andererseits auch auf Äckern und Gartenbeeten.

**Wissenswertes:** Als Vogelfutter für Körnerfresser finden die Samen schon seit je her Verwendung. Darauf nehmen auch der deutsche und der wissenschaftliche Artname Bezug (lat. avis = Vogel, aviculare = von Vögeln gern genommen). Die Samen bleiben an Schuhen und Tierpfoten kleben und wurden auf diese Weise weltweit verbreitet. Die Art ist Paradebeispiel für einen Kosmopoliten.

1

2

3a

3b

4

5a

5b

## 1 Fluß-Ampfer
*Rumex hydrolapathum*

80–200 cm Juli–Aug. ♃ 69

**Kennzeichen:** Auffallend großer Ampfer; grundständige Blätter 50–100 cm lang, länglich-lanzettlich, spitz, in den Stiel verschmälert (**1a**).

**Vorkommen:** Weit verbreitet, aber meistens zerstreut im Röhricht stehender und langsam fließender Gewässer; auf Schlammböden und in Verlandungsgesellschaften.

**Wissenswertes:** Der Fluß-Ampfer, der Riese unter den Ampfer-Arten, ist frostempfindlicher als seine Verwandten und wohl deshalb in den Mittelgebirgen und erst recht in den Alpen relativ selten. Er kommt auch auf zeitweilig trockenfallenden Standorten vor, vorausgesetzt, sie sind ausgesprochen nährstoffreich.

## 2 Kleiner Sauerampfer
*Rumex acetosella*

5–20 cm Mai–Aug. ♃ 69

**Kennzeichen:** Blätter lanzettlich-linealisch, mit spießförmiger Basis (Spieße oft nach außen weisend); endständige Blütenrispe, Stengel und Blätter oft rötlich.

**Vorkommen:** Auf nährstoffarmen, sauren Böden weit verbreitet; auf Rohböden, Sandäckern, Heideland, Kahlschlägen und Rainen.

**Wissenswertes:** Die Art ist ein typischer Magerkeits- und Versauerungszeiger. Als Pionierpflanze ärmster Standorte kann sie mit ihrem weit ausgreifenden Wurzelwerk windgefährdete Sandböden befestigen. Hinsichtlich des Oxalsäuregehaltes steht der Kleine Sauerampfer der folgenden Art kaum nach, wenn auch der wissenschaftliche Artname „*acetosella*“ als Diminutivum zu „acetosa“ soviel wie säuerlich bedeutet.

## 3 Wiesen-Sauerampfer
*Rumex acetosa*

30–100 cm Mai–Juli ♃ ✿ 69

**Kennzeichen:** Blätter eiförmig, mit spießförmigem Blattgrund; die oberen stengelumfassend, die unteren langgestielt.

**Vorkommen:** Im gesamten Gebiet auf Grünland aller Art.

**Wissenswertes:** Den sauren Geschmack der Blätter haben wohl alle Pflanzenfreunde schon einmal genossen. Er kehrt gleich mehrfach in den Namen wieder: „Ampfer“ und das lat. amarus = bitter sind miteinander verwandt und die „Sauerampfer“-Arten somit streng genommen „weiße Schimmel“. Auch lat. acetosus bedeutet sauer. Botanisch bemerkenswert ist, daß die Art zweihäusig ist und im Mai und Juni solch große Mengen Pollen dem Wind überläßt, daß manche Allergiker unter ihm leiden. Junge Blätter sind angenehme Gewürze für Suppen und Gemüse. Wegen ihres Oxalsäuregehaltes wird davor gewarnt, gleich etliche frische Blättchen zu kauen oder die Blätter zu reichlich zu verwenden.

## 4 Salz-Schuppenmiere
*Spergularia salina (Sp. marina)*

5–20 cm Mai–Sept. ⊙–♃ **65**

**Kennzeichen:** Stengel am Boden ausgebreitet; Blätter gegenständig, linealisch, abgerundet, etwas fleischig; Blüten klein, rosarot, manchmal auch weiß.

**Vorkommen:** Im Nord- und Ostseeküstengebiet verbreitet; im Binnenland nur punktuell an Salzquellen und auf versalzten Böden; meistens in niedriger oder lückiger Vegetation.

**Wissenswertes:** Diese unscheinbare Pflanze der küstennahen, salzhaltigen Standorte fällt häufig dadurch auf, daß sie Vertritt erträgt und sich in den Andelwiesen auch auf Wegen ausbreitet.

## 5 Rote Schuppenmiere
*Spergularia rubra*

5–25 cm Mai–Sept. ⊙–♃ **65**

**Kennzeichen:** Stengel aufsteigend; Blätter gegenständig, linealisch, mit Stachelspitze, nicht fleischig.

**Vorkommen:** Mit größeren Verbreitungslücken (in Kalkgebieten fehlend) im gesamten Gebiet, am seltensten im Süden; auf Wegen, Rainen und schlammigen Ufern.

**Wissenswertes:** Auch bei dieser Schuppenmiere liegen die Stengel oft dicht dem Boden an. Eine Bindung an Salzböden gibt es hier nicht. Die Schuppenmieren sind auch unter dem Namen „Spärkling“ bekannt.

1a

2

1b

3a

3b

4

5

## 1 Kuckuckslichtnelke
*Lychnis flos-cuculi*

30–60 cm Mai–Aug. ♃ **65**

**Kennzeichen:** Kronblätter 4spaltig, bis über die Mitte eingeschnitten (**1b**); Stengelblätter gegenständig, schmal-lanzettlich.

**Vorkommen:** Auf nassen oder wechselfeuchten Wiesen und Rainen im gesamten Gebiet verbreitet.

**Wissenswertes:** Ein sehr bemerkenswertes und einprägsames Bauprinzip vieler Nelkengewächse ist die dichasiale Verzweigung. Dabei endet der Haupttrieb jeweils mit einer Blüte. Aus den Achseln der beiden darunterstehenden Stengelblätter entspringen zwei Seitenprosse, die in die Höhe wachsen, Haupttriebfunktion übernehmen und ebenfalls wieder mit je einer Blüte enden. Das kann sich noch zwei- oder dreimal wiederholen. Bei größeren Exemplaren der Kuckuckslichtnelke ist die Verzweigung besonders gut zu studieren. Ebenfalls recht bemerkenswert ist die Vierteilung jedes der 5 Kronblätter; sie soll die Lockwirkung der Blüten auf Insekten noch weiter erhöhen. Im oberen Teil der Pflanzen sind häufig Schaumtröpfchen zu finden, die von den Larven der Schaumzikade ausgeschieden werden und ihnen Schutz bieten. Der Volksmund nennt sie „Kuckucksspeichel", wahrscheinlich weil man das zunächst schwer erklärbare Phänomen mit dem Teufel in Zusammenhang brachte, den man jedoch nicht beim Namen nannte (vgl. „Zum Kuckuck!"). Ob unser Nelkengewächs dadurch zu seinem Namen kam oder durch seine Blütezeit im Mai, wenn der Kuckuck aus seinem Winterquartier heimkehrt und ruft, ist nur schwer zu entscheiden. Auch der wissenschaftliche Artname ist aus lat. flos = Blume und lat. cuculus = Kuckuck zusammengesetzt.

## 2 Pechnelke
*Lychnis viscaria*

15–50 cm Mai–Juni ♃ **65**

**Kennzeichen:** Kronblätter an der Spitze nur etwas eingekerbt; Blätter gegenständig, schmal-lanzettlich; Stengel kahl, unterhalb der Knoten klebrig.

**Vorkommen:** Nur gebietsweise häufig auf trockenen, sonnigen Wiesen, auf ungedüngten Rainen und mageren Rasen; sonst selten bis zerstreut; im Norden fast völlig fehlend; ebenso in den Alpen.

**Wissenswertes:** Der dunkle Leimring unter den oberen Blättern ist so auffällig, daß er der Pechnelke ihren deutschen und auch den wissenschaftlichen Namen verschaffte: lat. viscarius = klebrig. Wahrscheinlich soll er weniger willkommene Blütenbesucher wie Ameisen am Emporklettern hindern.

## 3 Kornrade
*Agrostemma githago*

50–100 cm Juni–Aug. ⊙ **65**

**Kennzeichen:** Pflanze graufilzig behaart, nicht oder nur wenig verzweigt; Blüten meistens einzeln, seltener 2–3, 3–4 cm groß, langgestielt; 5 purpurfarbene Kronblätter von 5 schmalen Kelchzipfeln überragt (**3a**).

**Vorkommen:** Früher ein weit verbreitetes Getreideunkraut; heute nur noch sehr selten.

**Wissenswertes:** Kornraden trugen neben Klatsch-Mohn und Kornblumen zur Farbenpracht der Getreidefelder bei. Sie verschwanden schon vor dem Aufkommen der chemischen Unkrautbekämpfungsmittel. Als einjährige Pflanzen waren die Kornraden darauf angewiesen, alljährlich mit dem Getreide neu ausgesät zu werden, weil die Samen meistens erst beim Dreschen aus den Kapseln fielen. Neuere Methoden der mechanischen Saatgutreinigung führten innerhalb weniger Jahrzehnte zum Rückgang und Erlöschen dieser uralten Begleiterin des Getreibebaus.

## 4 Stengelloses Leimkraut
*Silene acaulis*

1–5 cm Juni–Sept. ♃ **65**

**Kennzeichen:** Polsterpflanze mit vielen rosaroten, kurzgestielten Blüten; Blätter dachziegelartig dicht stehend.

**Vorkommen:** In alpinen Steinrasen und Schutthalden in Höhenlagen über 1500 m ; vor allem auf kalkreichen Standorten.

**Wissenswertes:** Mit starkem Duft lockt diese Alpenpflanze die in ihrem oft kühlen und windexponierten Lebensraum nicht gerade zahlreichen Insekten von weit her an.

1a

1b

2

3a

4

3b

## 1 Pracht-Nelke
*Dianthus superbus*

20–60 cm Juni–Okt. ♃ 65

**Kennzeichen:** Blüten rosa, 3–4 cm groß; Blütenblätter fast bis zum Grunde unregelmäßig fiedrig zerschlitzt.

**Vorkommen:** Im Süden und Osten in Moorwiesen, lichten Eichenwäldern und alpinen Bergwiesen und Magerrasen; nur zerstreut und mit großen Verbreitungslücken.

**Wissenswertes:** Die Pracht-Nelke spiegelt auch in ihren wissenschaftlichen Namen besondere Verehrung. „Göttliche Blume" wird sie dort genannt, zusammengesetzt aus griech. dios = göttlich und griech. anthos = Blüte. Und „stolz" oder „erhaben" (lat. superbus) ist sie noch obendrein. Die tief zerschlitzten, wie aus feinen Fransen zusammengesetzten Blütenblätter sollen nach den Ergebnissen experimenteller Untersuchungen auf Bienen ganz besonders attraktiv wirken. Der sehr angenehme Vanilleduft trägt ein Übriges dazu bei. Kein Wunder, daß auch Wanderer und Spaziergänger die Art schätzen und begehren, so daß man sie heute ganz nachdrücklich vor dem Menschen schützen muß.

## 2 Heide-Nelke
*Dianthus deltoides*

10–30 cm Juni–Sept. ♃ 65

**Kennzeichen:** Blüten einzeln stehend, purpurrot mit weißen Punkten, etwa 1,5 cm im Durchmesser; lockere Rasen bildend.

**Vorkommen:** Über ganz Mitteleuropa verbreitet, allerdings in manchen Landschaften völlig fehlend; in Sandrasen und anderen kalkarmen Magerrasen.

**Wissenswertes:** Unter den Arten der Gattung *Dianthus* ist die Heide-Nelke in Mitteleuropa am weitesten verbreitet. Die Anordnung der hellen Punkte, die in manchen Blüten an ein Dreieck oder das große griechische Delta erinnern, soll der Anlaß für den wissenschaftlichen Artnamen „*deltoides*" (= einem Delta oder einem Dreieck ähnlich) sein. Der deutsche Name „Nelke" ist aus Nägelein„ entstanden. „Nagel" nennt man den stielartigen Basisteil eines Kronblattes, der bei den Nelken ganz besonders ausgeprägt ist. Der zu einer engen Röhre verwachsene Kelch verhüllt allerdings diese Stielchen; sie werden erst sichtbar, wenn man eine Nelkenblüte längs schneidet oder zerlegt.

## 3 Büschel-Nelke
*Dianthus armeria*

30–50 cm Juni–Juli ⊙ 65

**Kennzeichen:** Blüten bis zu 10 in einem endständigen, büscheligen Blütenstand (Name!); Kelchschuppen grün; Stengel und Blätter rauh behaart.

**Vorkommen:** Im Norden nur sehr zerstreut in den Alpen über 1000 m fehlend; sonst aber auch nur regional auf meistens kalkarmen Böden; im Halbschatten von Hecken, Säumen, Besenginstergebüschen und in lichten Wäldern.

**Wissenswertes:** Wohl wegen des büscheligen Blütenstandes und der dicht gedrängten Einzelblüten greift der wissenschaftliche Artname die Bezeichnung der Gattung der Grasnelken (*Armeria*) erneut auf. Als nicht ausdauernde Art bedarf die Büschel-Nelke regelmäßiger Samenproduktion zum Überleben. Diese ist hier durch erfolgreiche Selbstbestäubung garantiert.

## 4 Kartäuser-Nelke
*Dianthus carthusianorum*

20–50 cm Mai–Sept. ♃ 65

**Kennzeichen:** Blüten zu 4–6 in endständigen Köpfchen; an deren Basis besonders auffallend die sie umgebenden braunen, schuppigen Hochblätter.

**Vorkommen:** Nur in der Südhälfte und im Osten weiter verbreitet, sonst nur punktuell auf kalkreichen, sommerwarmen Standorten; in Kalk-Magerrasen, an Böschungen und in sonnigen Waldsäumen.

**Wissenswertes:** Je nachdem ob Carl v. Linné die Art nach seinen naturforschenden Zeitgenossen, den Gebrüdern Karthäuser, oder den Kartäusermönchen benannte, wird man sie mit „th" oder „t" schreiben. Die Mönchs-Version ist allerdings trotz des „th" im wissenschaftlichen Artnamen recht naheliegend, weil die Kartäuser gerade diese Nelke in ihren Gärten gehegt und gezüchtet haben.

1

2a

2b

3

4a

4b

## 1 Rote Lichtnelke
*Silene dioica*

30–60 cm April-Okt. ♃ 65

**Kennzeichen:** Der Weißen Lichtnelke (vgl. S. 106) bis auf die rosa bis purpurrote Blütenfarbe sehr ähnlich.

**Vorkommen:** Im gesamten Gebiet ziemlich häufig, vor allem auf feuchten Wiesen und in lichten Wäldern und Gebüschen; vorzugsweise auf kalk- und nährstoffreichen Böden.

**Wissenswertes:** Besonders hellrosa und weißliche Blüten deuten auf Bastarde mit der Weißen Lichtnelke hin Mit dieser hat die Rote Lichtnelke die Zweihäusigkeit gemeinsam, die der wiss. Artname griech. dioikos = zweihäusig anspricht. Weil es neben männlichen und weiblichen Pflanzen auch solche mit zwittrigen Blüten gibt, müßte – streng genommen – sogar von einer Dreihäusigkeit die Rede sein. Besonders interessant ist, daß man bei der Roten wie bei der Weißen Lichtnelke männliche und weibliche Blüten schon äußerlich am Kelch unterscheiden kann. Während der Kelch männlicher Blüten schlank und 10nervig ist, erscheint der 20nervige Kelch der weiblichen Blüten aufgeblasen. Im Gegensatz zur duftenden Weißen Lichtnelke, die Nachtfalter anlockt, ist die auf Tagfalter und andere tagaktive größere Insekten spezialisierte Rote Lichtnelke duftlos. Besonders schön sind auch die reifen Fruchtkapseln mit den zurückgeschlagenen Kapselzähnchen (**1b**).

## 2 Mauer-Gipskraut
*Gypsophila muralis*

5–25 cm Juni–Sept ⊙ 65

**Kennzeichen:** Nelkengewächs mit kleinen Blüten, ohne Schlundschuppen; Stengel aufrecht, verästelt; Blätter linealisch, blaugrün.

**Vorkommen:** Im Norden ganz, im Süden fast fehlend; nur in der Mitte regional als Pionier auf vegetationsarmen, nassen Stellen an Ufern, auf verschlämmten Äckern und gelegentlich auch auf Wegen.

**Wissenswertes:** Das Auftreten dieser hübschen Pionierpflanze ist meistens nicht von langer Dauer. Der deutsche wie der wissenschaftliche Name sind wenig hilfreich, weil sie den tatsächlichen Standort nicht beschreiben. Zur selben Gattung gehört übrigens das aus Ziersträußen bekannte Schleierkraut.

## 3 Seifenkraut
*Saponaria officinalis*

30–60 cm Juni–Sept. ♃ 65

**Kennzeichen:** Blüten in Büscheln zu 3–5, mit bis zu 2 cm langer Kelchröhre; Blätter gegenständig, elliptisch-lanzettlich (**3a**).

**Vorkommen:** Fast im gesamten Gebiet anzutreffen; ursprünglich an kiesigen Flußufern, heute auch zerstreut auf Straßenbanketten und Bahnschotter.

**Wissenswertes:** Abend- und Nachtfalter besuchen die nachts betörend duftenden Blüten. Um aus den fingerdicken Rhizomen durch den Saponingehalt schäumende, seifenähnlich verwendete Extrakte herstellen zu können, hat man die Art jahrhundertelang gesammelt und wohl auch angebaut. Auch der wissenschaftliche Gattungsname (lat. sapo = Seife) weist auf diese Art der Verwendung hin. Im übrigen aber nutzte man auch die schleimlösende Wirkung der Inhaltsstoffe bei der Behandlung von Bronchialkatarrhen.

## 4 Sommer-Adonisröschen
*Adonis aestivalis*

20–50 cm Mai–Juli ⊙ 6

**Kennzeichen:** Ein Ackerwildkraut mit einzelnen 2–3 cm großen, tiefroten Blüten, die im Zentrum meistens einen schwarzen Fleck haben; Blätter 2–3fach fiederteilig mit fadenartigen Zipfeln.

**Vorkommen:** In Getreidefeldern auf flachgründigen, kalkhaltigen Böden; nur zwischen Main und Donau und im Thüringer Becken weiter verbreitet; sonst nur noch punktuell.

**Wissenswertes:** Diese durch Saatgutreinigung und Herbizideinsatz weitgehend ausgelöschte Ackerbaubegleiterin ist mancherorts wieder aufgetreten, wo der Naturschutz sich mit den Bauern vertraglich darauf einigte, 3–5 m breite Ackerrandstreifen herbizidfrei zu bewirtschaften. Offensichtlich sind Samen, die im Boden ruhen und durch die Bodenbearbeitung in eine für die Keimung günstige Position gelangen, noch nach 2 oder 3 Jahrzehnten keimfähig.

1a

2

1b

3b

3a

4

## 1 Klatsch-Mohn
*Papaver rhoeas*

30–80 cm Mai–Aug. ⊙ [8]

**Kennzeichen:** Blüten leuchtend rot, 6–8 cm groß, in der Mitte meistens mit einem schwarzen Fleck; Kapsel kugelig bis eiförmig, kahl, mit 5–18 Narbenstrahlen und flacher Narbenscheibe.

**Vorkommen:** Früher auf allen nährstoff- und basenreichen Böden in den Getreidefeldern anzutreffen; heute eher auf Bodenanschnitten und Bodenmieten, manchmal an Feldrändern auch als Zier ausgesät.

**Wissenswertes:** Über 4 Jahrtausende lang – seit der Steinzeit – hat der Klatsch-Mohn den ackerbauenden Menschen begleitet und das Bild seiner Felder maßgeblich mitgeprägt. Mohnfreie, gleichmäßig grüne Felder gibt es erst seit 2–3 Jahrzehnten. In den Pollensäcken seiner überaus zahlreichen Staubblätter (es sollen exakt 164 sein) produziert der Klatsch-Mohn soviel Pollen wie kaum eine andere Blüte. Die Insekten, die auf dem dicken Fruchtknoten mit den als strahlige Leisten ausgebildeten Narbenästen landen, können allerdings nur am frühen Morgen davon naschen. Früher wurden die Blüten der roten Farbe wegen Tees und Speisen beigemischt, aber auch ihrer Inhaltsstoffe wegen bei Bronchitis und Heiserkeit angewandt.

## 2 Saat-Mohn
*Papaver dubium*

30–60 cm Mai–Juni ⊙ [8]

**Kennzeichen:** Blüten weinrot, 3–6 cm groß, oft ohne schwarzen Fleck, Kapsel länglich-keulenförmig, kahl, mit weniger als 10 Narbenstrahlen und flacher Narbenscheibe.

**Vorkommen:** Ebenfalls weit verbreitet, aber bei weitem nicht so häufig wie der Klatsch-Mohn; im Norden zum Teil allerdings gerade dort anzutreffen, wo der Klatsch-Mohn fehlt.

**Wissenswertes:** Der Saat-Mohn, der kalkärmere Böden kalkreicheren vorzieht, unterscheidet sich auch dadurch vom Klatsch-Mohn, daß sich die 4 Blütenblätter nicht oder kaum überlappen; beim Klatsch-Mohn überdecken sich die Ränder der benachbarten Blütenblätter recht deutlich. Die Blüten des Saat-Mohns sind noch kurzlebiger als die des Klatsch-Mohns; die Blütenblätter fallen meistens schon wenige Stunden nach Öffnung der Blüte ab, in der Regel schon vor der Mittagszeit.

## 3 Sand-Mohn
*Papaver argemone*

10–40 cm Mai–Juli ⊙ [8]

**Kennzeichen:** Kleinste der 3 hier behandelten Mohnarten; Blüten scharlachrot, 3–6 cm groß, mit schwarzem Fleck; Blütenblätter sich zur Basis hin verjüngend, sich nicht berührend; Kapsel länglich-keulenförmig, borstig behaart, mit 4–6 Narbenstrahlen und gewölbter Narbenscheibe.

**Vorkommen:** Auf leichten, kalkfreien, aber durchaus nährstoffreichen Böden; meistens im Getreide auf Sandäckern; nur gebietsweise verbreitet.

**Wissenswertes:** Die Borstenhaare der Kapseln stehen zur Reifezeit ab. „Stachel-Mohn“ nennt ihn auch die wissenschaftliche Bezeichnung *„argemone“*. Der wissenschaftliche Gattungsname *Papaver* greift übrigens die schon im Lateinischen übliche Bezeichnung für den Mohn auf.

## 4 Gewöhnlicher Erdrauch
*Fumaria officinalis*

10–30 cm Apr.–Okt. ⊙ [9]

**Kennzeichen:** Zarte Pflänzchen graugrün bereift; Blüten zierlich, weniger als 1 cm lang, 2lippig; als Blütenstand eine Traube aus bis zu 50 Blütchen.

**Vorkommen:** Außer in Teilen des Norddeutschen Tieflandes und der Alpen fast überall anzutreffen; in Gärten, Hackfruchtäckern und Weinbergen oft stark vertreten.

**Wissenswertes:** Die Art kam mit dem Getreide und dem Ackerbau nach Mitteleuropa. Die Herkunft ihres schon im Althochdeutschen belegten Namens liegt im Dunklen. Der wissenschaftliche Gattungsname geht auf lat. fumus = Rauch zurück; im Mittelalter sprach man vom fumus terrae. Als Heilpflanze wird der Erdrauch seit der Antike verwendet; auch heute ist er noch Bestandteil mancher Gallen- und Lebertees.

1a
1b
1c
2
3
4

## 1 Große Fetthenne
*Sedum telephium (S. maximum)*

30–60 cm Juli–Sept. ♃ [20]

**Kennzeichen:** Dickblattgewächs mit am Stengel verteilten, sitzenden Blättern, die bis zu 8 cm lang, eiförmig, fleischig und kahl sind; Blüten rötlich oder gelblich.

**Vorkommen:** Fast im gesamten Gebiet zerstreut an Wegrändern, in Gebüschsäumen, auf Steinschutt und Steinwällen; mehr auf kalkarmem Substrat.

**Wissenswertes:** Im Aberglauben des Volkes war das „Donnerkraut" eine Pflanze, die im Kräuterbund Blitz und Donner abwehren konnte.

## 2 Dach-Hauswurz
*Sempervivum tectorum*

10–50 cm Juli–Sept ♃ [20]

**Kennzeichen:** Dickblattgewächs mit ausgebreiteter, im Durchmesser bis über 10 cm breiter Blattrosette; Blätter grün, an der Spitze oft rötlich, kahl, nur am Rande bewimpert.

**Vorkommen:** Nur selten wild auf Felsen und in steinigen Rasen; häufiger auf Mauern und Dächern angepflanzt (Name!); vor allem auf kalkarmem Substrat.

**Wissenswertes:** Noch wirksamer als die vorige Art sollte die Zauberkraft der Dach-Hauswurz dem Blitz begegnen. Ihr Wasserspeichergewebe und ihr Verdunstungsschutz gestatten ihr das Überleben auch auf feinerdearmen, schnell abtrocknenden Böden. Daran erinnert auch der wissenschaftliche Gattungsname, der aus lat. semper = immer und lat. vivus = lebendig zusammengesetzt ist. Die Lebensdauer der einen Blütentrieb tragenden Rosette ist allerdings sehr begrenzt. Unmittelbar nach der Blüte stirbt sie ab. Dafür haben sich zuvor bereits mehrere Tochterrosetten gebildet, die an langen Stielen bis zu 10 cm weit wachsen, sich aber auch ablösen können. Die rundliche junge Rosette kann durch Wind, Tiere oder ganz einfach hangabwärts rollend gelegentlich auch an einen ganz anderen Standort gelangen. Noch wichtiger als diese recht auffällige Form der vegetativen Vermehrung ist die durch Samen, die der Wind verweht.

## 3 Großer Wiesenknopf
*Sanguisorba officinalis*

30–100 cm Juni–Sept. ♃ [24]

**Kennzeichen:** Blüten dunkelrot, winzig klein in bis zu 3 cm langen, eiförmigen Köpfchen an der Stengelspitze (**3a**); Blätter unpaarig gefiedert.

**Vorkommen:** Vor allem in der Mitte und im Süden sowohl auf Tal- als auch auf Bergwiesen, wenn der Untergrund zumindest zeitweilig feucht oder naß ist.

**Wissenswertes:** Die zwittrigen Blüten dieser Art werden von vielen Insekten besucht. Die blutroten Blütenköpfchen wurden von unseren Vorfahren im Sinne der Signaturenlehre als Hinweis auf eine blutungshemmende Wirkung des Krautes verstanden. Diese Vorstellung klingt auch im wissenschaftlichen Gattungsnamen an, der lat. sanguis = Blut und lat. sorbere = aufsaugen enthält.

## 4 Kleiner Wiesenknopf
*Sanguisorba minor*

20–40 cm Mai–Sept. ♃ [24]

**Kennzeichen:** Blütenköpfchen rundlich, gut 1 cm groß, durch Narbenäste und Staubfäden leicht rot gefärbt, sonst grünlichgelb (**4b**).

**Vorkommen:** Außer im Norden insgesamt weit verbreitet auf Trockenrasen und Böschungen auf Kalk.

**Wissenswertes:** Die im Köpfchen oben stehenden weiblichen und unten stehenden männlichen Blüten dieser Art sind auf die Bestäubung durch den Wind angewiesen – ein Sonderfall unter den Rosengewächsen. Schon lange findet man die Art als Salat- und Gewürzpflanze in den Gärten.

## 5 Bach-Nelkenwurz
*Geum rivale*

20–60 cm Apr.–Juni ♃ [24]

**Kennzeichen:** Blüten glockenförmig, nikkend; Kelchblätter rotbraun, die Blütenblätter teilweise überdeckend.

**Vorkommen:** Vor allem im Norden und im Süden, sonst mit größeren Verbreitungslükken; in feuchten Wiesen und Laubmischwäldern, an Ufern und in Hochstaudenfluren.

1

2

3a

3b

4a

5

4b

## 1 Sumpf-Blutauge
*Potentilla palustris*

20–50 cm Mai–Juli ♃ 24

**Kennzeichen:** Blüten sternförmig, mit dunkelrot gefärbten Kron- und Kelchblättern; Blätter 5–7zählig, fast handförmig gefiedert.

**Vorkommen:** Nur noch zerstreut in basenarmen Moorgewässern, Sümpfen, ungedüngten Sumpfwiesen; im Norden weiter, im Süden nur regional verbreitet.

**Wissenswertes:** Die Kelchblätter überragen deutlich die Blütenblätter und vergrößern sich noch nach der Blütezeit. Da sie ebenfalls rot gefärbt sind, wirkt die ganze Blüte wie ein intensiver Blutfleck (Name!). Bemerkenswert ist auch die erdbeerähnliche, aber nicht fleischige Sammelfrucht.

## 2 Schmalblättrige Futter-Wicke
*Vicia angustifolia*

20–60 cm Mai–Juli ☉ 25

**Kennzeichen:** Schmetterlingsblüten rötlich bis rotviolett, einzeln oder zu zweit in den Achseln der Blätter im oberen Stengelbereich; Blätter mit 3–7 Fiederpaaren und mit verzweigter Ranke an der Spitze.

**Vorkommen:** Fast überall heimisch an Wegrändern, auf Böschungen, Ödland und auch auf Halbtrockenrasen allerdings immer nur zerstreut.

**Wissenswertes:** Diese Art gilt als Wildform der Echten Futter-Wicke (*Vicia sativa*), mit bläulicher Fahne und rotvioletten Flügeln.

## 3 Frühlings-Platterbse
*Lathyrus vernus*

10–30 cm März–Juni ♃ 25

**Kennzeichen:** Blüten anfangs rot bis rotviolett, später blauviolett bis blau; Blätter unpaarig gefiedert, mit nur 2–3 Fiederpaaren und ohne Ranken; Fiederblättchen eiförmig-lanzettlich, bis zu 3 cm breit, zugespitzt.

**Vorkommen:** In Laubmischwäldern auf Kalk ziemlich weit verbreitet, allerdings mit deutlicher Verbreitungsgrenze im westlichen und nördlichen Mitteleuropa.

**Wissenswertes:** Wegen des Farbwechsels ihrer Blüten gehört die Frühlings-Platterbse zu den vielen Arten, die nach der Blütenfarbe nur schwer eindeutig zuzuordnen sind. Etliche Insekten vermögen zwischen den jüngeren, mehr rötlichen und den älteren, mehr bläulichen Blüten zu unterscheiden und fliegen gezielt nur Blüten mit jenem Farbton an, der ihnen die beste Nektarausbeute signalisiert – und das sind meistens nicht die blauen.

## 4 Berg-Platterbse
*Lathyrus linifolius* (*L. montanus*)

10–30 cm Apr.–Juni ♃ 25

**Kennzeichen:** Blüten anfangs hell-, später trübrosa; Stengel aufsteigend, schmal geflügelt; Blätter unpaarig gefiedert, mit nur 2–3 Fiederpaaren und ohne Ranken; Fiederblättchen länglich-lanzettlich, nur 0,5–1,0 cm breit.

**Vorkommen:** Fehlt im Nordwesten und südlich der Donau; sonst zerstreut in kalk- und nährstoffarmen Laubwäldern, Magerrasen und Heiden.

**Wissenswertes:** Diese und die folgende Art haben knollig verdickte unterirdische Ausläufer. Die Frühlings- und die Berg-Platterbse sind typische Frühblüher unserer Wälder, wobei die erste Art kalkreiche, die zweite kalkarme Böden anzeigt.

## 5 Knollen-Platterbse
*Lathyrus tuberosus*

20–100 cm Juni–Aug. ♃ 25

**Kennzeichen:** Blätter mit nur 2 Fiederblättchen und verzweigten Ranken, elliptisch; Blüten zu 2–5 in langgestielten Trauben, rosarot, angenehm duftend.

**Vorkommen:** In tiefgründigen Ackerböden, an Wegrändern und in Heckensäumen; in den Mittelgebirgen und südlich der Donau nur punktuell.

**Wissenswertes:** Die Knollen- oder Erdnuß-Platterbse ist ein Kulturrelikt in unseren Getreidefeldern; sie wurde früher der Knöllchen wegen angebaut, denen sie auch ihren Namen verdankt (lat. tuberosus = knollig). Daß man sie auch in herbizidbehandelten, intensiv genutzten Getreidefeldern noch antrifft, hängt mit ihrem späten Austrieb und ihren oft bis unter Pflugschartiefe vordringenden Wurzeln zusammen.

1
2
3
4a
5
4b

## 1 Wilde Platterbse
*Lathyrus sylvestris*

100–200 cm Juli–Aug. ♃ 25

**Kennzeichen:** Stengel niederliegend oder kletternd, breit geflügelt; Blätter mit 1 Fiederpaar und verzweigter Ranke; Fiederblättchen bis über 10 cm lang. Blüten in einer langgestielten Traube, hellrot, außen grünlich.

**Vorkommen:** In Säumen von Wäldern, Hekken und Gebüschen; oft auf steinigen, immer auf kalkreichen Standorten; zerstreut im gesamten Gebiet.

**Wissenswertes:** Diese großblütige, aber zum Lagern neigende Platterbse hatte früher häufiger, aber auch heute noch vereinzelt ihren Platz unter den Zierpflanzen der Gärten.

## 2 Dornige Hauhechel
*Ononis spinosa*

20–50 cm Juni–Aug. ♃ 25

**Kennzeichen:** Eigentlich ein dorniger Zwergstrauch mit am Grunde holzigem Stengel und tiefgreifender Pfahlwurzel; Blüten einzeln oder zu zweit, selten zu dritt an Kurztrieben; Blätter einfach, eiförmig, gut 1 cm lang.

**Vorkommen:** Auf kalkhaltigen Magerstandorten; auf Extensivweiden, an Wegrändern und in Trockenrasen; fast über ganz Mitteleuropa verbreitet.

**Wissenswertes:** Sie bietet keinen Nektar an, wird aber von pollensammelnden Bienen und Hummeln regelmäßig besucht. Die nächstverwandte Art, die Kriechende Hauhechel (*Ononis repens*), ist stark zottig behaart, hat weniger Dornen und einzeln stehende Blüten und stellt fast dieselben Ansprüche an den Lebensraum. Hauhechel-Wurzeln werden als harntreibendes Mittel bei Nieren- und Blasenleiden empfohlen.

## 3 Hasen-Klee
*Trifolium arvense*

5–30 cm Juni–Sept. ⊙ 25

**Kennzeichen:** Blütenköpfchen walzlich, sehr kompakt, silbrig wirkend; Blüten sehr klein, rosa, von den silbriggrauen Haaren des Kelchs beherrscht.

**Vorkommen:** An Wegrändern, auf sandigen und steinigem Brach- und Wildland; immer auf sauren Böden; im Norden häufiger, im Süden – vor allem im Alpenvorland – zum Teil fehlend.

**Wissenswertes:** Mit Tiernamen zusammengesetzte Pflanzennamen weisen meistens auf weniger nützliche Verwandte hin: Hasen mögen diesen Klee vielleicht fressen, aber als Viehfutter hat er nur geringen Wert. In der Volksheilkunde wird das Kraut bei Durchfallerkrankungen angewandt. Sogar bei großen Durchfall-Epidemien soll es bereits wertvolle Dienste geleistet haben.

## 4 Rot-Klee
*Trifolium pratense*

10–40 cm Mai–Okt. ♃ 25

**Kennzeichen:** Blütenstand kugelig; Blättchen oft mit heller Zeichnung.

**Vorkommen:** Überall auf Wiesen und Weiden; sehr bedeutsam im Feldfutterbau.

**Wissenswertes:** Aus den 1 cm langen Kronröhren des Rot-Klees können nur langrüsselige Insekten den Nektar saugen. Hummeln sind die Hauptnutznießer. Sie sind aber auch die Hauptbetroffenen: Überall wo der Maisanbau sich zu Lasten des Rot-Klees ausweitet, ist es um das Nahrungsangebot für Hummeln immer schlechter bestellt. Der geradezu erschreckende Rückgang verschiedener Hummelarten weithin in der Agrarlandschaft ist u.a. eine Folge dieser Veränderung im modernen Feldbau.

## 5 Mittlerer Klee
*Trifolium medium*

10–30 cm Mai–Juli ♃ 25

**Kennzeichen:** Dem Rot-Klee recht ähnlich, jedoch Blütenköpfchen beim Mittleren Klee meistens einzeln, beim Rot-Klee zu zweit; Einzelblättchen schlanker, elliptisch; Stengel aufsteigend, verzweigt, mit wechselnder Wuchsrichtung („Zickzack-Klee“).

**Vorkommen:** In lichten Wäldern, Wald- und Gebüschsäumen und Magerrasen auf basischen Böden; insgesamt nur spärlichere Bestände, aber mit Ausnahme des Nordwestens über das gesamte Gebiet verstreut.

1

2

3

4a

5

4b

## 1 Bunte Kronwicke
*Coronilla varia*

30–80 cm Juni–Aug. ♃ [25]

**Kennzeichen:** Als Blütenstand eine Dolde aus 15–20 Schmetterlingsblüten von recht unterschiedlicher Färbung (wissenschaftlicher Artname von lat. varius = mannigfaltig); Blüten rosa, lila und gelblichweiße Farbtöne enthaltend; nur die Spitze des Schiffchens und der Gesamteindruck immer rötlich.

**Vorkommen:** Stets auf kalkreichen Böden; an Wegrändern, in Wald- und Heckensäumen zerstreut; vor allem in der Südhälfte und an Rhein und Elbe; sonst nur sehr punktuell.

**Wissenswertes:** Die später kugelige Dolde ist anfangs wie ein Krönchen ausgebreitet (lat. coronilla = kleine Krone). Die zahlreichen Fiederblättchen zeigen besonders markant die sogenannte Schlafhaltung, indem sie sich nach oben zusammenklappen. Ebenfalls recht bemerkenswert sind die 3–4 cm langen, geraden und aufrecht abstehenden Hülsen (**1b**), die – zwischen den Samen eingeschnürt – später auseinanderbrechen und deshalb „Bruchhülsen“ genannt werden.

## 2 Esparsette
*Onobrychis vicifolia*

30–60 cm Mai–Aug. ♃ [25]

**Kennzeichen:** Bis zu 50 Schmetterlingsblüten zählende Trauben langgestielt, rosa, mit dunkelpurpurner Aderung; sehr kurze Flügel.

**Vorkommen:** Auf kalkreichen, trockenen Standorten; im Norden fehlend, in der Mitte nur regional, im Süden teilweise häufig; an trockenen Wegrändern und Böschungen sowie im Saum von Hecken und Gebüschen.

**Wissenswertes:** Dieser hübsche Schmetterlingsblütler ist erst im 16. Jahrhundert aus Südosteuropa als Futterpflanze zu uns gekommen und verwildert. An ihren Wert als Futter für das Vieh erinnert noch der wissenschaftliche Gattungsname *Onobrychis*, der aus griech. onos = Esel und griech. brychein = verzehren besteht. Heute schätzt man die Art mehr als Bienenweide, aber auch als Bodenbefestiger und -verbesserer, nicht zuletzt aber auch ihrer Schönheit wegen. Dank ihrer bis zu 4 m tief greifenden Wurzeln vermag sie auch besonders trockene klüftige Kalkstandorte zu besiedeln.

## 3 Blutroter Storchschnabel
*Geranium sanguineum*

20–50 cm Mai–Aug. ♃ [37]

**Kennzeichen:** Blüten bis 3 cm groß, immer einzeln, lang gestielt; Blätter bis zur Blattbasis tief 7teilig, mit linealisch lanzettlichen Zipfeln.

**Vorkommen:** Zerstreut in einigen Teilen der Mittelgebirge; im Tiefland nur im Osten; nur auf kalkreichen, sommerwarmen Standorten an Böschungen, in lichten Gebüschen und Halbtrockenrasen.

**Wissenswertes:** Gleich dreimal stößt man bei dieser Art auf „blutrot“ (lat. sanguineus): bei der Blütenfarbe, bei der herbstlichen Färbung der Blätter und bei der blutstillenden Wirkung der Gerbstoffe, die in der Volksmedizin früher eine Rolle spielten. Häufiger als in der freien Landschaft trifft man den Blutroten Storchschnabel als Zierpflanze in den Gärten.

## 4 Sumpf-Storchschnabel
*Geranium palustre*

30–70 cm Juni–Sept. ♃ [37]

**Kennzeichen:** Ebenfalls großblütig, aber Blüten immer zu zweit, hellpurpurrot; Stengel und Blätter mit rückwärts gerichteter, drüsenloser Behaarung; Blütenstiele nach der Blütezeit abwärts gebogen.

**Vorkommen:** Zerstreut in Sumpfwiesen und am Rand von Röhrichten; von Norden bis Süden verbreitet, aber mehr im Osten; mit deutlicher Grenze im Westen.

## 5 Pyrenäen-Storchschnabel
*Geranium pyrenaicum*

20–50 cm Mai–Sept. ♃ [37]

**Kennzeichen:** Blüten nur 2 cm groß; Blätter im Umriß rundlich, kaum bis über die Mitte geteilt; Stengel weichhaarig.

**Vorkommen:** In Unkrautfluren an Wegen und auf Schuttplätzen; im Nordwesten fehlend, sonst nur gebietsweise, sehr zerstreut.

**Wissenswertes:** Die aus dem westlichen Mittelmeerraum stammende Art gilt erst seit etwa 1800 in Mitteleuropa als eingebürgert.

1a

1b

2

3

4

5a

5b

## 1 Weicher Storchschnabel
*Geranium molle*

10–30 cm Mai–Sept. ⊙ [37]

**Kennzeichen:** Diese und die beiden folgenden Arten gehören zu den kleinblütigen Storchschnäbeln; Stengel zottig weich behaart (Name!, auch lat. mollis = weich); Blätter im Umriß rundlich-nierenförmig, bis zur Mitte gespalten; Blüten zu zweit.

**Vorkommen:** In Unkrautgesellschaften, an Wegen und auf Brachland; auf nährstoffreichen, gern auf sandigen Böden; im Norden weit, in der Mitte und im Süden nur regional verbreitet.

**Wissenswertes:** Die Art bevorzugt sehr deutlich leichte Böden, so daß sie auch als „Sandzeigerpflanze“ eingestuft wird.

## 2 Schlitzblättriger Storchschnabel
*Geranium dissectum*

10–40 cm Mai–Okt. ⊙ [37]

**Kennzeichen:** Blätter bis zum Grunde eingeschnitten , mit linealischen Zipfeln (Name!, auch lat. dissectus = zerschnitten, zerschlitzt); Blüten zu zweit; gemeinsamer Stiel kurz, Tragblätter nicht überragend. **2b** Fruchtstand.

**Vorkommen:** In Gärten und auf Hackfruchtfeldern, an Wegen und auf Schuttplätzen; ziemlich häufig, vor allem auf basen- und stickstoffreichen Böden; fehlt nur im Norden in reinen Sandgebieten.

## 3 Stinkender Storchschnabel
*Geranium robertianum*

20–50 cm Apr.–Nov. ⊙ [37]

**Kennzeichen:** Bekannteste und verbreitetste Storchschnabelart; Blüten tiefrosa mit drei Längsstreifen auf jedem Blütenblatt; Kraut mit starkem, unangenehmem Geruch; oft Stengel und zum Teil auch Blätter rötlich überlaufen.

**Vorkommen:** In Wäldern und an Wegrändern, auf Schotter in Bahn- und Industriegeländen, auf Felsen und Mauern; überall recht häufig.

**Wissenswertes:** Bemerkenswert ist die enorme ökologische Breite dieser Art, die sowohl im Waldesdunkel als auch auf voll sonnenbeschienenen Standorten wachsen kann und humosen Waldboden ebenso besiedelt wie frische, steinige Straßenbankette. Bis zu 6 m weit können die 1samigen Fruchtklappen fliegen, wenn sie sich zur Reifezeit infolge der Austrocknung von der Mittelsäule (dem schnabelartigen Gebilde) lösen und sich herauskatapultieren (vgl. auch 2b). Die langgeschnäbelte Frucht ist so auffällig, daß sie außer beim deutschen auch beim wissenschaftlichen Gattungsnamen Pate stand. *Geranium* kommt von griech. geranos – Kranich, dessen Schnabellänge aber noch von der des Reihers übertroffen wird (vgl. 4).

## 4 Reiherschnabel
*Erodium cicutarium*

10–50 cm Apr.–Okt. ⊙ [37]

**Kennzeichen:** Blätter in einer Rosette, unpaarig gefiedert, mit fiederspaltigen Fiederblättchen; Früchte 4 cm lang, zu 3–6, rechtwinklig vom Stengel wegweisend.

**Vorkommen:** Nahezu im gesamten Gebiet verbreitet, aber meistens nur zerstreut; vor allem auf sandigen Äckern und Rasen.

**Wissenswertes:** Auch der wissenschaftliche Gattungsname greift die schnabelartige Frucht auf, indem er auf griech. erodios = Reiher zurückgeht.

## 5 Diptam
*Dictamnus albus*

60–100 cm Mai–Juni ♃ [31]

**Kennzeichen:** Blüten 4–5 cm groß, klappsymmetrisch, hellrosa, dunkler geadert (**5b**), manchmal auch weiß; Blätter unpaarig gefiedert, denen der Esche ähnlich.

**Vorkommen:** Nur in einigen klimatisch besonders günstigen Landstrichen in der Südhälfte Mitteleuropas in lichten trockenen Wäldern und Gebüschen.

**Wissenswertes:** Den starken zimtartigen Duft hat der einzige mitteleuropäische Vertreter der Rautengewächse mit vielen seiner Verwandten, den *Citrus*-Arten, gemeinsam. Die vor allem bei windstillem, sonnig-warmem Wetter als Duftwolke die Staude umhüllenden ätherischen Öle sind mit einer Flamme entzündbar, ohne daß die Pflanze dadurch geschädigt wird.

1
2a
3
2b
4
5a
5b

## 1 Indisches Springkraut
*Impatiens glandulifera*

50–200 cm Juni–Okt. ⊙ 38

**Kennzeichen:** Blattstiele und untere Blatthälfte mit 1–3 mm lang gestielten Drüsen (auch „Drüsiges Springkraut" genannt; Artname lat. glandulifera = Drüsen tragend); obere Blätter meist zu dritt in Quirlen; Stengel rötlich, gläsern, durchsichtig.

**Vorkommen:** Nur lokal verbreitet, dann aber oft in großen Beständen; vor allem an Ufern und auf anderen feuchten Standorten.

**Wissenswertes:** Als Zierpflanze („Bauernorchidee") gelangte die ursprünglich im Himalaja beheimatete Art in die Gärten. Erst in den letzten 50 Jahren breitete sie sich vielerorts massenhaft aus und verdrängt inzwischen – vor allem in der Ufervegetation – massiv die heimischen Arten. Darunter leidet die Sympathie für diese sehr schöne, starkwüchsige Pflanze, deren Stengel innerhalb weniger Monate bis zu 5 cm dick werden können. Mit Hilfe des Schleudermechanismus, der ähnlich wie beim Großen Springkraut funktioniert, fliegen die Samen bis zu 6 m weit.

## 2 Rosen-Malve
*Malva alcea*

50–100 cm Juni–Sept. ♃ 58

**Kennzeichen:** Obere Stengelblätter bis zum Grunde geteilt; Blüten einzeln in den Blattachseln, nur die oberen gehäuft; Blätter des Außenkelchs eiförmig.

**Vorkommen:** Vor allem auf kalkreichen Böden im Osten und in den Mittelgebirgen an Wegen und auf Böschungen.

**Wissenswertes:** Die Rosen-Malve, die in manchen Gegenden als „Siegmarswurz" bezeichnet wird, ist vielfach auch als Zierpflanze in Gärten anzutreffen.

## 3 Moschus-Malve
*Malva moschata*

20–50 cm Juni–Sept. ♃ ✿ 58

**Kennzeichen:** Ähnlich der Rosen-Malve, aber kleiner; Blätter des Außenkelchs lineal-lanzettlich.

**Vorkommen:** Mit Ausnahme des Nordwestens auf lichten Standorten mit lockeren nährstoffreichen Böden recht weit verbreitet.

**Wissenswertes:** Ihrem Moschusgeruch verdankt die Art sowohl ihren deutschen als auch den wissenschaftlichen Artnamen. Sie hat sich von Süden und Westen her in Mitteleuropa ausgebreitet und verdichtet ihre Bestände an Straßen- und Wegrändern auch gegenwärtig noch immer weiter. Einige Vorkommen der Moschus-Malve sind auch durch verwilderte Gartenpflanzen begründet worden.

## 4 Wilde Malve
*Malva sylvestris*

20–100 cm Mai–Sept. ⊙–♃ 58

**Kennzeichen:** Stengelblätter tief gelappt; Blüten zu zweit und mehr in den Blattachseln.

**Vorkommen:** An Wegen und auf Schuttplätzen, vor allem auf warmen, stickstoffreichen Standorten; im gesamten Gebiet, allerdings mit größeren Verbreitungslücken.

**Wissenswertes:** Seit der jüngeren Steinzeit findet man die Wilde Malve in der Nähe menschlicher Siedlungen, zuerst nur als Wild-, später auch als Gartenpflanze. Blüten und Blätter wirken bei Katarrhen der oberen Luftwege schleimlösend und reizmildernd. Die roten Blüten sind schmückende Farbgeber für manche Teemischungen, und deshalb wird die Art auch wieder angebaut.

## 5 Weg-Malve
*Malva neglecta*

10–40 cm Juni–Okt. ⊙ 58

**Kennzeichen:** Blätter rundlich bis nierenförmig, gerundet gelappt; Blüten hellrosa.

**Vorkommen:** Auf nährstoffreichen Standorten bis hin zu Jauche- und Mistplätzen, vor allem in Dorf- und Hofnähe; weit verbreitet.

**Wissenswertes:** Diese Stickstoff-Zeigerpflanze ist ebenfalls eine alte Kulturbegleiterin. Sie weist die für alle Malvengewächse typische Columella auf (vgl. auch **3b**), eine den Griffel umgebende hohle Säule, die durch die Verwachsung der Staubblätter entsteht, und die scheibenförmigen Spaltfrüchte, die an Käserollen erinnern und früher gern roh gegessen wurden („Käsepappel", „Käsepapp").

1
2
3a
3b
4
5

## 1 Wald-Weidenröschen
*Epilobium angustifolium*

60–150 cm Juni–Aug ⊙ ✿ 28

**Kennzeichen:** Blüten weinrot, in langen, sehr reichblütigen Trauben; Blätter wechselständig, an lanzettliche Weidenblätter erinnernd (Name!).

**Vorkommen:** Im gesamten Gebiet verbreitet, in größeren Beständen auf Kahlschlägen und Windwurfflächen, aber auch auf Schutt- und Trümmerflächen (deshalb im 2. Weltkrieg vielfach auch „Trümmerblume" genannt).

**Wissenswertes:** Die vermehrungsfreudige Art gelangt binnen kürzester Zeit überall hin. Dafür sorgen Hunderttausende von Samen, die jede Pflanze produziert und die mit ihrem Haarschopf vom Wind kilometerweit fortgetragen werden (**1c**). Weil die Samen obendrein jahrelang keimfähig bleiben, ist das Wald-Weidenröschen meistens sofort da, wenn sich ein Standort günstig verändert, d.h. beispielsweise wenn im Walde eine Lichtung entsteht. Daß die Art nicht noch stärker in den Wäldern vertreten ist, liegt an der Vorliebe der Rehe für diese Pflanze, die als Indikatorart für die Höhe des Rehwildbesatzes gilt. Findet man sie nur noch in wildfreien Kulturgattern, deutet das auf einen überhöhten Wildbestand hin. Die Schauwirkung der einzelnen Blüten bringen übrigens Kron- und Kelchblätter gemeinsam hervor. Was auf den ersten Blick als Blütenstiel erscheint, ist in Wirklichkeit zum Teil der schmale, verlängerte unterständige Fruchtknoten (**1b**).

## 2 Zottiges Weidenröschen
*Epilobium hirsutum*

50–120 cm Juni–Sept. ♃ 28

**Kennzeichen:** Blütenstände mit weniger Blüten; Blätter und Stengel stark behaart.

**Vorkommen:** Im gesamten Gebiet verbreitet, vor allem an Gewässern.

**Wissenswertes:** Außer durch Samen vermehrt sich die Art durch ihre dicken, weithin kriechenden Wurzelstöcke. So besiedelt sie bereits vor der Blüte gemähte Feuchtwiesen, wo sie allerdings ungern gesehen wird. Das Vieh verschmäht die Blätter und Stengel sowohl frisch als auch im Heu. Die Drüsenhaare und Nadelkristalle in den Blattzellen wirken als Fraßschutz.

## 3 Berg-Weidenröschen
*Epilobium montanum*

30–80 cm Juni–Sept. ♃ 28

**Kennzeichen:** Blüten kleiner, vereinzelt; Narben 4ästig; Blätter fast sitzend; Stengel aufrecht.

**Vorkommen:** Im gesamten Gebiet und keineswegs nur im Bergland auf sehr unterschiedlichen Standorten; sowohl in lichteren, krautreichen Wäldern als auch an Hecken, Gebüschen, in Gärten und Parks.

## 4 Kleinblütiges Weidenröschen
*Epilobium parviflorum*

20–80 cm Juni–Sept. ♃ 28

**Kennzeichen:** Blüten hell rotviolett; Narben 4ästig, Stengel rund, abstehend behaart; Blätter zum Stiel verschmälert, sitzend.

**Vorkommen:** Ziemlich häufig im gesamten Gebiet, allerdings nur auf feuchten, nährstoff- und kalkreichen Standorten; in Gewässernähe und auf zeitweilig überschwemmten Flächen, auch an Waldwegen mit feuchten, verdichteten Rändern.

**Wissenswertes:** Ein Tee aus dem Kraut dieser Weidenröschen-Art wird bei Prostata-Leiden empfohlen. Die Wirkung ist allerdings umstritten.

## 5 Sumpf-Weidenröschen
*Epilobium palustre*

10–50 cm Juli–Sept. ♃ 28

**Kennzeichen:** Narbe keulenartig, ungeteilt; Stengel rund; obere Blätter fast ganzrandig.

**Vorkommen:** Trotz einiger Verbreitungslücken ziemlich weit verbreitet; bevorzugt auf kalkarmen Naßwiesen, in Flachmooren, an Gräben und Lehmabgrabungen.

**Wissenswertes:** Die Art bildet nach der Blüte dünne Ausläufer. Der Name *Epilobium* beschreibt die bei allen Angehörigen dieser Gattung charakteristische Anordnung der Blüte auf dem stielartig verlängerten unterständigen Fruchtknoten: griech. epi = auf, griech. lobos = Schote).

1a

2

1b

1c

3

4

5

## 1 Blut-Weiderich
*Lythrum salicaria*

50–120 cm Juni–Sept. ♃ 26

**Kennzeichen:** Blüten mit 6 Kronblättern, ungestielt, quirlig angeordnet in langen, blütenreichen Ähren; Blätter lanzettlich, gegenständig oder zu dritt in Quirlen.

**Vorkommen:** Im gesamten Gebiet auf zumindest zeitweilig nassen Standorten in Wiesen, an Ufern und in Röhrichten.

**Wissenswertes:** Drei verschiedene Blütentypen mit unterschiedlich langen Griffeln und Staubblättern fördern die Fremdbestäubung. Der aufquellende Schleim, der die Samen umhüllt, läßt diese an den Schnäbeln von Wasservögeln haften. Früher wurden die Triebspitzen bei Durchfall und zu blutstillenden Mitteln verwendet. Die Namen beziehen sich wohl eher auf die Blütenfarbe (griech. lythron = Blut). Die lanzettlichen, weidenähnlichen Blätter sind der Anlaß für die Namen „Weiderich“ und lat. salicarius = weidenähnlich.

## 2 Mehlige Schlüsselblume
*Primula farinosa*

10–15 cm Mai–Juli ♃ 64

**Kennzeichen:** Blätter auf der Unterseite weiß bestäubt; Durchmesser der Blüten etwa 1 bis 1,5 cm.

**Vorkommen:** Nur in den Alpen, im Alpenvorland und in Vorpommern; zerstreut auf steinigem, kalkreichem Grund und in feuchten Matten sowie in Flachmooren.

**Wissenswertes:** Die Art dringt in den Alpen in Höhenlagen bis etwa 2400 m vor. Drüsen sondern den mehligen Staub auf den Blattunterseiten ab; auf ihn nimmt der Artname Bezug (lat. farinosus = mehlig).

## 3 Wasserfeder
*Hottonia palustris*

20–40 cm Mai–Juni ♃ 64

**Kennzeichen:** Wasserpflanze mit untergetauchten fiederteiligen Blättern; Blütenstand aufrecht über dem Wasserspiegel, mit quirlig angeordneten Blüten.

**Vorkommen:** Im Norden und Nordosten weiter verbreitet, im Süden vor allem in den Tallandschaften an Rhein und Donau in flachen, meistens kalkärmeren Teichen und Altwässern, Gräben und Moorseen.

**Wissenswertes:** Die starke, federartige Zerteilung der Blätter (Name!) sorgt für eine erhebliche Oberflächenvergrößerung. Diese erleichtert die Aufnahme von Nährsalzen und Kohlendioxid sowie die Abgabe von Sauerstoff. Der wissenschaftliche Gattungsname erinnert an den holländischen Arzt und Botaniker Pieter Hotton (1648–1709).

## 4 Wildes Alpenveilchen
*Cyclamen purpurascens*

5–15 cm Juni–Sept. ♃ 64

**Kennzeichen:** Blüten einzeln auf langen, blattlosen Stielen, nickend, mit den für Alpenveilchen typischen zurückgeschlagenen Blütenblättern; Blätter immergrün, unterseits rötlich, oberseits mit hellem Fleckenmuster.

**Vorkommen:** Vor allem in den Kalkalpen; meistens in lichten Bergwäldern.

**Wissenswertes:** Die stark duftenden Blüten werden von Hummeln bestäubt. Die Samenkapseln an den spiralig gedrehten, dem Boden aufliegenden Fruchtstielen öffnen sich erst im folgenden Jahr. Die mit „Wegzehrung“ für die Transporteure ausgestatteten Samen werden von Ameisen verbreitet.

## 5 Acker-Gauchheil
*Anagallis arvensis*

2–10 cm Mai–Okt. ⊙ 64

**Kennzeichen:** Pflanze niederliegend; Blüten einzeln auf langen, fadenförmigen Stielen, die in den Blattachseln entspringen.

**Vorkommen:** In Gärten, Weinbergen, auf Äckern und Schuttplätzen im gesamten Gebiet, aber nur auf nährstoffreichen Böden.

**Wissenswertes:** Die Art, die schon früh mit dem Ackerbau aus den Mittelmeerländern nach Mitteleuropa gelangte, ist eines der schönsten Gartenunkräuter. Das Kraut enthält zum Teil giftige Saponine sowie Gerbstoffe. Früher glaubte man an seine Heilwirkung bei Geisteskrankheiten. Daran erinnert der Name. Mit „Gauch“ bezeichnete man nämlich nicht nur den Kuckuck, sondern auch den Narren und den Geisteskranken.

1a

1b

2

3

4

5

## 1 Gewöhnliche Grasnelke
*Armeria maritima*

10–30 cm Apr.–Sept. ♃ 70

**Kennzeichen:** Blätter linealisch, bis zu 3 mm breit; Blüten in rundlichen Köpfen.

**Vorkommen:** In Salzwiesen an der Küste und im Brackwasserbereich weit verbreitet; der Sammelart gehören auch nahe verwandte, im Binnenland regional heimische Kleinarten an.

**Wissenswertes:** Außer an den Meeresküsten ist die Gewöhnliche Grasnelke zerstreut auch küstenfern in Binnendünen und auf Schwermetallhalden anzutreffen.

## 2 Echtes Tausendgüldenkraut
*Centaurium erythraea*

10–30 cm Juli–Sept. ⊙ 72

**Kennzeichen:** Blüten am Ende des Stengels zu mehreren in doldenähnlichem Blütenstand; untere Blätter in einer Rosette, eiförmig; Stengelblätter gegenständig.

**Vorkommen:** Mit größeren Verbreitungslücken im gesamten Gebiet vertreten; vor allem auf Waldlichtungen, an Waldrändern und auf Trockenrasen.

**Wissenswertes:** Bei den Menschen erfreute sich die Art wegen verschiedener Bitterstoffe besonderer Wertschätzung, wie auch der deutsche Name zum Ausdruck bringt. Das blühende Kraut wurde getrocknet und bei Appetitlosigkeit und Verdauungsstörungen verabreicht. Gelegentlich ist Tausendgüldenkraut auch in Bitterschnäpsen vertreten.

## 3 Nessel-Seide
*Cuscuta europaea*

20–100 cm Juni–Okt. ⊙ 81

**Kennzeichen:** Blatt- und wurzelloser Vollschmarotzer auf Brennesseln und Hopfen; Stengel linkswindend, ca. 1 mm dick, gelblichgrün bis weinrot; Blüten zu 10 bis 40 in dichten, kugeligen Köpfchen.

**Vorkommen:** In brennesselreichen Hochstaudenfluren und mit Hopfen durchsetzten Gehölzen; auf feuchten Standorten; allgemein weit verbreitet, jedoch keineswegs überall in geeigneter Vegetation anzutreffen.

**Wissenswertes:** Auf nährstoffreichen, feuchten Standorten kann dieser Schmarotzer so üppig gedeihen, daß das Wachstum der Brennesseln deutlich eingeschränkt wird. Die Samenproduktion der Nessel-Seide muß außerordentlich hoch sein, weil es sehr vom Zufall abhängt, ob der fadenförmige, keimblattlose Keimling durch kreisende Bewegungen passende Wirtspflanzen erreicht. Nachdem er sich um deren Stengel gelegt hat und mit seinen Saugfortsätzen unter Auflösung der Zellwände in sie eingedrungen ist, bezieht er von ihr Wasser und Assimilate.

## 4 Acker-Winde
*Convolvulus arvensis*

20–80 cm Juni–Sept. ♃ 81

**Kennzeichen:** Stengel am Boden kriechend oder an Halmen emporwindend; verwachsenblumblättrige Blüten mit einem Durchmesser von 2–3 cm.

**Vorkommen:** Im gesamten Gebiet Kulturbegleiter auf nährstoffreichen Acker- und Gartenböden; auch an Wegrändern.

**Wissenswertes:** Die Acker-Winde ist ein besonders hartnäckiges Unkraut, weil aus allen beim Graben oder Pflügen abgetrennten unterirdischen Teilen neue Pflanzen heranwachsen können. Wo sie sich auf Äckern stärker vermehrt, trägt sie oft Mitschuld am Lagern, d.h. am Niederliegen des Getreides nach Sturm oder starken Regengüssen.

## 5 Echte Hundszunge
*Cynoglossum officinale*

30–60 cm Mai–Juli ⊙ 82

**Kennzeichen:** Trichterförmige Blüten mit kurzer Röhre; Blätter elliptisch-lanzettlich, filzig behaart, mit leichtem Mäusegeruch.

**Vorkommen:** Nur regional auf trockenen, steinigen Standorten, zumeist in besonders warmen Lagen.

**Wissenswertes:** Die Pflanze enthält giftige Alkaloide vor allem in ihren Samen, von denen bereits einige wenige lähmend wirken können. Obwohl eigentlich etwas zu schmal, werden die Blätter mit der Zunge eines Hundes verglichen (Name!, außerdem griech. kyon = Hund und griech. glossa = Zunge).

1a

1b

2

3

4

5

## 1 Gewöhnlicher Hohlzahn
*Galeopsis tetrahit*

20–60 cm Juni–Sept. ⊙ **91**

**Kennzeichen:** Lippenblütler mit 2 hohlen Höckern („Zähne", Name!) auf der Unterlippe; Stengel an den Knoten verdickt, borstig behaart, sparrig verzweigt. Blüten meistens rosa, manchmal auch gelblich oder weiß.

**Vorkommen:** Im gesamten Gebiet sowohl in Gärten, auf Äckern und Schuttplätzen als auch auf Kahlschlägen und Brandstellen im Walde; immer auf stickstoffreichen Standorten.

**Wissenswertes:** Zwischen den beiden Zähnen werden nektarsuchende Insekten auf den Blütenschlund zu geleitet. Die Kelchzähne sind – vor allem am Ende der Blütezeit – stechend starr. Vorbeistreifende Tiere berühren sie und lassen sie zurückschnellen. Dadurch werden die Samen herausgeschleudert. Das Auftreten des Gewöhnlichen Hohlzahns in prähistorischen Pflanzenfunden wird stets als Indiz für menschliche Landnutzung gewertet.

## 2 Gefleckte Taubnessel
*Lamium maculatum*

20–60 cm Apr.–Nov. ♃ ✿ **91**

**Kennzeichen:** Stattliche Pflanze mit karminroten Lippenblüten; Unterlippe heller, rot gefleckt (Name!, auch lat. maculatus = gefleckt).

**Vorkommen:** Außer im Nordwesten im gesamten Gebiet in Wäldern, Säumen von Hekken und Gebüschen, auf Schuttplätzen.

**Wissenswertes:** An der Gefleckten Taubnessel kann man die für alle Lippenblütler typischen Merkmale besonders gut studieren: den 4kantigen Stengel, die kreuzweise gegenständigen Blätter, die Blüten mit Ober- und Unterlippe, mit 2 langen und 2 kürzeren Staubblättern und einem 4geteilten Fruchtknoten. Der Name weist auf die Ähnlichkeit der Blätter mit jenen der Brennessel und auf den entscheidenden Unterschied hin: Sie „brennen" nicht, sind gewissermaßen „taub". Mit griech. lamion = Rachen oder Schlund wird im wissenschaftlichen Gattungsnamen auf die Blütenform Bezug genommen. Der sehr zuckerreiche Nektar wird vor allem von Hummeln genutzt, die sich in den Schlund hineinzwängen. Zuvor berühren sie mit ihren Rückenhaaren zunächst die Narbe und erst danach die Pollensäcke, wodurch die Wahrscheinlichkeit der Fremdbestäubung erhöht wird. Ober- und unterirdische Ausläufer tragen zusätzlich zur Ausbreitung der durch Eutrophierung der Landschaft geförderten Art bei.

## 3 Rote Taubnessel
*Lamium purpureum*

10–30 cm ganzjährig ⊙ **91**

**Kennzeichen:** Im Vergleich zur vorigen die deutlich kleinere Art; Blätter kurzgestielt, an der Spitze eng gedrängt; Unterlippe nur unauffällig gezeichnet.

**Vorkommen:** Auf Schuttplätzen, in Äckern und Gärten überall anzutreffen.

**Wissenswertes:** Außer in der Hauptblütezeit im Sommer trifft man auch im Winter blühende Pflänzchen dieser Art an, die als Einjahrespflanze nicht selten zwei Generationen in einem Jahr hervorbringt. Selbst leichter Frost hindert sie nicht an der Winterblüte. Da die Narbe sogar bestäubt werden kann, ohne daß sich die Blüte öffnet (Kleistogamie), kann die Rote Taubnessel ohnehin auf die im Winter meist seltenen Insekten verzichten.

## 4 Stengelumfassende Taubnessel
*Lamium amplexicaule*

10–30 cm März–Sept. ⊙ **91**

**Kennzeichen:** Blätter rundlich bis nierenförmig, tief gekerbt, die oberen stengelumfassend, ungestielt (Name!).

**Vorkommen:** Wie die vorige Art, aber nicht so allgemein verbreitet und so häufig.

**Wissenswertes:** Wo der Boden nach Bearbeitung durch den Menschen nur mit lückiger Vegetation bewachsen ist, hat die Art offenbar die besten Entwicklungschancen. Das ist, außer in Gärten und auf Äckern, auch in Weinbergen der Fall. Bei ungünstiger Witterung bringt sie zeitweilig auffallend kleine Blüten hervor, die sich gar nicht öffnen, aber dennoch keimfähige Samen heranreifen lassen. Hier handelt es sich um einen weiteren Fall der schon bei der vorigen Art genannten und in der heimischen Flora gar nicht so seltenen Kleistogamie, d.h. der Selbstbestäubung und Befruchtung ohne Öffnung der Blüte.

1a

1b

2a

2b

3

4

## 1 Schwarznessel
*Ballota nigra*

50–100 cm Juni–Aug. ♃ 91

**Kennzeichen:** Unterlippe der Blüten mit breiten, stumpfen Seitenlappen; Blüten rötlich, in zwei Halbquirlen in den Achseln der gegenständigen Blätter.

**Vorkommen:** Früher häufiger auf nährstoffreichen Böden an Wegrändern und Schuttplätzen, vor allem auf Höfen und in den Dörfern; nur in Sandgebieten des Nordwestens mancherorts völlig fehlend.

**Wissenswertes:** In dem Maße, in dem die Höfe asphaltiert und bis zu den Zäunen gepflegt und „unkrautfrei" gemacht wurden, verschwand diese alte Siedlungsbegleiterin von immer mehr Hofstellen und aus ganzen Dörfern. Mit ihrem unangenehmen Geruch, ihren dunkelgrünen Blättern und düsterem Aussehen erschien sie gewiß vielen Landwirten kaum als eine Zier. Und doch ist ihr Verschwinden eines von vielen Symptomen des Artenrückgangs in unseren Dörfern, die zunehmend zu verstädtern drohen.

## 2 Heil-Ziest
*Betonica officinalis*

20–70 cm Juni–Aug. ♃ 91

**Kennzeichen:** Blüten an der Stengelspitze ährenartig, kopfig gedrängt (**2b**); Blätter vor allem am Grunde, stumpf gekerbt, rauhhaarig.

**Vorkommen:** Häufig in der Mitte und im Süden, nach Norden abnehmend und im Nordwesten weitgehend fehlend; vor allem auf mageren oder torfigen Standorten; auf Moor- und Bergwiesen, auch in lichten Wäldern und Heiden.

**Wissenswertes:** Die Art ist Zeigerpflanze für Magerkeit und Wechselfeuchte des Standorts. Zwischenzeitlich der Gattung *Stachys* zugeordnet, ist sie heute wieder davon getrennt worden. Unter der Bezeichnung „Betonie" spielte sie eine wichtige Rolle als Heilpflanze bei Durchfall, Bronchitis und Asthma, aber auch bei der äußeren Behandlung von Wunden. Als „Herba Betonicae" findet das Kraut heute nur noch selten, vor allem in der Homöopathie, Verwendung.

## 3 Wald-Ziest
*Stachys sylvatica*

30–100 cm Juni–Okt. ♃ ☠ 91

**Kennzeichen:** Blätter herz-eiförmig, nesselartig, lang gestielt; Pflanze rauh behaart und mit einem markanten, eher unangenehmen Geruch.

**Vorkommen:** In Mitteleuropa durchgehend verbreitet; häufig in feuchten Wäldern, an Waldquellen und Waldwegen, auch in der Ufervegetation; immer auf nährstoffreichen Standorten.

**Wissenswertes:** Der ährenartige Blütenstand hat für den wissenschaftlichen Gattungsnamen Pate gestanden: griech. stachys bedeutet übersetzt „Ähre". Der deutsche Name „Ziest" soll aus dem Slawischen entlehnt sein. Als Sommerblüher in heimischen Laubwäldern ist die Art in der Lage, zumindest im Schatten eichenreicher Wälder zu leben; den tiefen Schatten der Buchenwälder erträgt sie nicht. Weil sie reichlich Nektar spendet, wird sie von Bienenverwandten, Tagfaltern und Schwebfliegen gern aufgesucht.

## 4 Sumpf-Ziest
*Stachys palustris*

30–100 cm Juni–Okt. ♃ 91

**Kennzeichen:** Blätter schlanker und deutlich kürzer gestielt als bei der vorigen Art, mit der dennoch eine gewisse Ähnlichkeit besteht. Lehrer nutzten früher gern den Merkspruch: Sumpf-Ziest kurz, Wald-Ziest lang (gestielt).

**Vorkommen:** Im gesamten Gebiet verbreitet an Gräben und Ufern, auf Feuchtwiesen und auf durch Bodenverdichtung nassen Standorten.

**Wissenswertes:** Außer durch Samen vermehrt sich der Sumpf-Ziest auch vegetativ durch unterirdische Ausläufer. Diese verdikken sich an den Spitzen – den Kartoffelknollen vergleichbar – zu walzlichen Speicher- und Überwinterungsorganen. Sie sind kohlenhydratreich und sollen schmecken, wenn man sie wie Kartoffeln oder wie Spargel zubereitet. Als Schweinefutter sind die Knollen sehr gut geeignet, und Wildschweine sollen beim Durchwühlen des Bodens sehr gezielt nach ihnen suchen.

1

2a

3b

2b

4a

3a

4b

## 1 Wirbeldost
*Clinopodium vulgare*

20–60 cm Juli–Okt. ♃ 91

**Kennzeichen:** Pflanze zottig behaart; Blüten in den Achseln der oberen 2–4 Blattpaare in dichten Scheinwirteln („Wirbel", Name!) wie in deutlich voneinander getrennten Etagen.

**Vorkommen:** An Waldrändern, in Hecken, Trockenrasen und lichten Wäldern; auf nicht zu basenarmen Böden; verbreitet.

**Wissenswertes:** Die nur schwach duftende und im Gegensatz zu mehreren Verwandten als Nutzpflanze bedeutungslose Art spendet Hummeln und Faltern Nektar.

## 2 Dost
*Origanum vulgare*

20–60 cm Juli–Okt. ♃ ✿ 91

**Kennzeichen:** Pflanze weichhaarig; Blüten an den Sprossenspitzen in Scheinquirlen; Blätter eiförmig, aromatisch duftend.

**Vorkommen:** Vor allem auf Kalk weit verbreitet; in den Sandgebieten des Norddeutschen Tieflandes weithin fehlend; vorzugsweise auf sonnigen Wegböschungen, in Gebüschsäumen und Trockenrasen.

**Wissenswertes:** Als Gewürzpflanze ist der Dost – auch als Wilder Majoran und als Oregano bekannt – heute besonders beliebt. Dazu trägt gewiß seine Verwendung in der italienischen Pizzabäckerei bei. Als Heilpflanze wird der Dost schon seit langer Zeit genutzt; auch als Badezusatz erfreut er sich besonderer Beliebtheit. Ganz anders wird das Kraut von den Freunden floristischen Dekors verwendet: Sie trocknen den Dost und fertigen daraus Dauersträuße und -gestecke an.

## 3 Feld-Thymian
*Thymus pulegioides*

5–30 cm Mai–Okt. Halbstrauch 91

**Kennzeichen:** Kriechende Pflanze mit verholzten, scharf 4kantigen Stengeln; Blätter oval bis rundlich, mit aromatischem Duft; Blüten in kugeligen Blütenständen, unter denen sich – jeweils etwas abgesetzt – noch ein weiterer Quirl befinden kann.

**Vorkommen:** Verbreitet auf trockenen Böschungen, in Magerrasen, auch auf Felsen; im Norden mit größeren Verbreitungslücken.

**Wissenswertes:** Dem Vorkommen auf trokkenen Standorten ist der Feld-Thymian oder Quendel mit seinen immergrünen Lederblättchen und seinen Öldrüsen, die ein transpirationshemmendes ätherisches Öl absondern, hervorragend angepaßt. Er bildet oft niedrige Rasen und überzieht nicht selten kleine, flache Ameisenhaufen. Dazu tragen allerdings vor allem die Wiesen-Ameisen selbst bei, die die Samen verbreiten.

## 4 Roter Fingerhut
*Digitalis purpurea*

40–120 cm Juni–Aug. ⊙ 85

**Kennzeichen:** Blüten groß, nickend, röhrig (**4b**), in einer langen, blütenreichen, einseitswendigen Ähre; Blätter in einer grundständigen Rosette (im 1. Winter) oder sonst wechselständig am Stengel verteilt.

**Vorkommen:** Nur auf kalkarmen Böden – vor allem in den Mittelgebirgen – verbreitet; deshalb im Norden und im Süden in weiten Landstrichen fehlend; vor allem auf Kahlschlägen und Waldlichtungen.

**Wissenswertes:** Die Form der Blüte erinnert an einen Fingerhut (Name!, lat. digitus = Finger). Die gesamte Pflanze ist stark giftig. *Digitalis*-Glykoside werden auch in der modernen Pharmazie für Kreislauf-Medikamente genutzt.

## 5 Acker-Wachtelweizen
*Melampyrum arvense*

10–30 cm Mai–Juli ⊙ 85

**Kennzeichen:** Auffällige purpurrote Hochblätter an der Spitze des Stengels; die eigentlichen Blüten des ährigen Blütenstandes ebenfalls rot, mit weißlichen und gelben Flekken.

**Vorkommen:** Auf Äckern und in Halbtrokkenrasen, vor allem in den Mittelgebirgen auf Kalkgestein; im Norden weithin fehlend.

**Wissenswertes:** Die Art parasitiert – ebenso wie andere Vertreter der Gattung – als Halbschmarotzer auf den Wurzeln anderer Pflanzen, in diesem Falle auf Getreide und anderen Gräsern.

1

2a

2b

3

4a

5

4b

## 1 Roter Zahntrost
*Odontites rubra*

10–30 cm Juli–Okt. ⊙ 85

**Kennzeichen:** Blüten in einseitswendigen Trauben (**1b**), sehr kurz gestielt; Oberlippe weder ausgerandet noch umgeschlagen; Pflanze sparrig verzweigt, im oberen Teil dicht behaart.

**Vorkommen:** Außer in den Sandgebieten des Norddeutschen Tieflandes weit verbreitet, allerdings nur mit verstreuten Vorkommen; auf extensiv genutzten Weiden, Böschungen und Waldwegen.

**Wissenswertes:** Die Art bevorzugt offenbar Standorte mit hoher Luftfeuchtigkeit und Lehmböden. Sie gehört zu den unter den Rachenblütlern stärker vertretenen Halbschmarotzern, die zwar mit ihren 1 cm breiten, lanzettlichen Blättern Photosynthese betreiben, Wasser und die darin gelösten Nährsalze aber aus den Wurzeln benachbarter Pflanzen beziehen. Früher hat man das Kraut bei Zahnschmerzen empfohlen, worauf neben dem deutschen auch der wissenschaftliche Name hinweist: griech. odous, odontos = Zahn.

## 2 Sumpf-Läusekraut
*Pedicularis palustris*

20–60 cm Mai–Juli ⊙ 85

**Kennzeichen:** Blüten 2lippig, mit helmförmiger Oberlippe, in kurzgestielten traubigen Blütenständen; Stengel im unteren Teil verzweigt; Blätter tief fiederteilig, mit brennendem Geschmack (giftig!).

**Vorkommen:** Vor allem in den Alpen, im Harz, Erzgebirge und im Norden, sonst sehr punktuell; in Flach- und Zwischenmooren und auf ähnlichen staunassen Standorten.

**Wissenswertes:** Die nach Melioration vieler Feuchtgebiete selten gewordene Art lebt wie alle ihre Gattungsverwandten als Halbschmarotzer; sie zapft vor allem die Wurzeln benachbart wachsender Sauergräser an. Das für Insekten, aber auch für manche Säugetiere giftige Aucubin, das in allen Teilen des Sumpf-Läusekrauts – vor allem aber in den Samen – nachzuweisen ist, macht die Art zu einem früher vielfach genutzten Insektenmittel zur Bekämpfung der Läuse bei Tieren und Menschen. Daran erinnern sowohl der deutsche als auch der wissenschaftliche Gattungsname: *Pedicularis* ist von lat. pediculus = Laus abgeleitet.

## 3 Arznei-Baldrian
*Valeriana officinalis*

60–150 cm Juni–Aug. ♃ 78

**Kennzeichen:** Blätter allesamt unpaarig gefiedert, die unteren mit 11–23 Fiederblättchen; Pflanze mit stattlichem Wuchs, größer als andere Baldrian-Arten.

**Vorkommen:** Überall in Mitteleuropa an Ufern von Flüssen und Bächen, aber auch an Gräben und stehenden Gewässern, an nassen Stellen in Wiesen und lichten Wäldern.

**Wissenswertes:** Die bekannte Baldriantinktur wird aus den kurzen, dicken Rhizomen gewonnen. Ihre krampflösende und beruhigende Wirkung wird heute wie einst geschätzt. Den typischen Baldriangeruch bekommt man beim Reiben und beim Trocknen der unterirdischen Pflanzenteile. Er ähnelt dem Lockgeruch läufiger Katzen und ist geeignet, nächtliche „Katzenmusik“ auszulösen. Das deutsche „Baldrian“ ist ein Lehnwort aus dem lat. valeriana, das auf valere = gesund sein zurückgeht. Der Arznei-Baldrian ist eine Sammelart, die von Experten in etliche unterschiedliche Sippen unterteilt wird.

## 4 Sumpf-Baldrian
*Valeriana dioica*

10–30 cm Mai–Juni ♃ 78

**Kennzeichen:** Schon durch geringere Größe und frühere Blütezeit vom Arznei-Baldrian unterschieden; Grundblätter eiförmig bis rundlich, Stengelblätter fiederteilig bis gefiedert.

**Vorkommen:** Fast so weit verbreitet wie die vorige Art; häufiger in Feuchtwiesen und feuchten Wäldern.

**Wissenswertes:** Wie der wissenschaftliche Artname „*dioica*“ betont, ist diese Art zweihäusig. Die rötlichen männlichen Blüten sind rund 3 mm groß und auffälliger als die weißlichen, nur 1,5 mm großen weiblichen Blüten. Die Inhaltsstoffe des Sumpf-Baldrians entsprechen denen des Arznei-Baldrians, liegen aber nur in geringer Konzentration vor.

1a
1b
2
4
3a
3b

## 1 Schuppenwurz
*Lathraea squamaria*

5–20 cm März–April ♃ **84**

**Kennzeichen:** Ohne grüne Blätter, mit bleichen, rötlichen Schuppen; Blüten rötlich, in einer einseitswendiger Traube, nickend.

**Vorkommen:** Im gesamten mitteleuropäischen Raum sehr zerstreute Vorkommen in feuchten Wäldern mit kalk- und nährstoffreichen Böden; vor allem in Schlucht- und Auenwäldern.

**Wissenswertes:** Dieser Vollschmarotzer gehört zu den merkwürdigsten Pflanzenarten Europas. Er parasitiert auf den Wurzeln der Erlen und Weiden, häufig auch der Hasel, der Pappeln und Ulmen und zapft mit seinen Saugwurzeln (Haustorien) nur die Wasserleitungsbahnen, also das Xylem, an. Dort werden während seiner frühen Blüte- und Hauptentwicklungszeit im sog. „Blutungssaft" neben Wasser und Nährsalzen auch organische Stoffe – vor allem Zucker – transportiert. Der Name „Schuppenwurz" (auch lat. squamarius = beschuppt) bezieht sich auf die fleischigen Rhizom-Schuppen, bei denen es sich um zu Speicherorganen umgewandelte Niederblätter handelt. Die schwach rötlichen, schuppenartigen Stengelblätter dienen der aktiven Wasserabgabe. Ein Teil der Staude – oft sogar ein Teil der Blüten – bleibt im Boden den Blicken entzogen. Daran erinnert der wissenschaftliche Gattungsname, der auf griech. lathraios = heimlich, verborgen zurückgeht.

## 2 Rote Pestwurz
*Petasites hybridus*

20–100 cm März–Mai ♃ **94**

**Kennzeichen:** Blüten vor den Blättern, in zahlreichen rötlichen Blütenkörbchen, die gemeinsam eine dicke eiförmige Traube bilden; Blätter später bis zu 1 m lang und über 60 cm breit.

**Vorkommen:** Vor allem im Hügel- und Bergland an Bachufern, in Ufergebüschen und an anderen quellig-nassen Stellen; im Flachland dagegen mit großer Verbreitungslücken.

**Wissenswertes:** Die riesigen Blätter (**2b**) – im Volksmund „Wilder Rhabarber" genannt – gehören zu den größten, zumindest zu den breitesten heimischer Wildpflanzen. Kinder nutzen sie gern als Sonnenhüte. Daß diese Verwendung nicht neu ist, zeigt die Herkunft des wissenschaftlichen Gattungsnamens aus griech. petasos = hutförmig (gemeint ist ein Hut mit breiter Krempe). Der deutsche Name hat wohl weniger mit der Pest, als mit dem Namen *Petasites* zu tun. Eindrucksvoll ist das Wachstum der Blütenstände und ihrer Stiele. Anfangs während der Blüte gedrungen und nur um die 30 cm hoch, strecken sie sich später bis zu 1 m Höhe empor, so daß sie die großen Blätter überragen und frei dem Wind ausgesetzt sind, der die mit einem Haarkranz ausgestatteten kleinen Früchte davonträgt.

## 3 Große Klette
*Arctium lappa*

80–150 cm Juli–Sept. ⊙ **94**

**Kennzeichen:** Stattliche, sparrig verzweigte Pflanze mit großen, rundlich-herzförmigen Grundblättern; Blüten in runden Köpfchen; Hüllblätter mit hakig gebogener, grüner Spitze; Blattstiele nicht deutlich hohl.

**Vorkommen:** An Wegrändern, auf Schuttplätzen und an Ufern weit verbreitet, weniger in Sandgebieten der Ebene.

**Wissenswertes:** Die hakigen Spitzen der Hüllblätter bleiben nach der Samenreife im Fell von Tieren und an der Kleidung von Menschen haften und werden so verbreitet. Die Methode ist hier so charakteristisch und effektiv, daß man auch in anderen ähnlichen Fällen von „Klettenfrüchten" spricht.

## 4 Filzige Klette
*Arctium tomentosum*

60–120 cm Juli–Aug. ⊙ **94**

**Kennzeichen:** Ähnlich der Großen Klette, aber etwas kleiner und Blütenkörbchen spinnwebig-wollig (**4a**).

**Vorkommen:** Zerstreut an ähnlichen Standorten wie die vorige Art.

**Wissenswertes:** Die wollige Umhüllung der Blütenkörbchen dient als Strahlungsschutz und läßt sie zusätzlich im Fell und in der Kleidung sich klebend verankern. Der Name „Klette" geht übrigens auf denselben Wortstamm wie das Verb „kleben" zurück.

1

2a

2b

4a

3

4b

## Distel und Kratzdistel
(*Carduus* und *Cirsium*)

Diese beiden Gattungen der Körbchenblütler (vgl. S. 21) sind nicht immer leicht zu unterscheiden, weil viele Arten die gefiederten oder fiederteiligen Blätter mit den dornigen Rändern gemeinsam haben. Die meistens eher halbkugeligen Blütenkörbchen der Distel-Arten (Gattung *Carduus*) und die mehr walzenförmigen der Kratzdistel-Arten (Gattung *Cirsium*) reichen als Unterscheidungshilfe oft nicht aus. Besser geeignet ist da schon die Betrachtung des zum Härchenkranz reduzierten Kelchs (Pappus), der der reifen Frucht zur Windverbreitung dient. Die Pappusstrahlen (die einzelnen Härchen) sind bei den Kratzdisteln federig gefiedert, bei den Disteln dagegen einfach und höchstens mit feinen Zähnchen besetzt.

### 1 Nickende Distel
*Carduus nutans*

30–100 cm Juni–Sept. ⊙ **94**

**Kennzeichen:** Nur 1 Blütenkörbchen (selten 2) auf langem Stiel, nickend, kugelig bis halbkugelig, 3–6 cm im Durchmesser; Blätter tief eingeschnitten, am Rande kraus und dornig.

**Vorkommen:** Nur zerstreut; in den Sandgebieten im Nordwesten und in den Alpen und im Alpenvorland sogar weithin fehlend; auf Weiden, an Wegrändern und auf Böschungen bei kalkreichem Untergrund.

**Wissenswertes:** Diese besonders schöne und auffällige Distelart breitet sich nicht selten auf Magerweiden aus, wenn der Viehbesatz für die Fläche zu hoch ist. Dann werden die übrigen Pflanzen tief abgegrast und nicht selten der Boden verwundet: Ideale Voraussetzungen für die Zunahme von Disteln, die das Vieh verschmäht. Die hübschen, süßlich duftenden Blütenkörbchen bestehen oft aus über 100 Einzelblüten.

### 2 Krause Distel
*Carduus crispus*

50–140 cm Juli–Sept. ♃ **94**

**Kennzeichen:** Stengel durchgehend kraus und stachelig geflügelt; Blütenkörbchen zu 3–5 auf kurzen Stielen an der Stengelspitze.

**Vorkommen:** Mit einigen größeren Verbreitungslücken im gesamten Gebiet vertreten; vor allem in staudenreicher Vegetation auf nährstoffreichen Böden an Wegrändern, auf Wildland und im Uferbereich der Flüsse.

**Wissenswertes:** Gerade bei dieser Distel-Art treten neben den üblicherweise purpurfarbenen auch cremeweiße Blüten auf. Mit dem Namen „carduus" haben bereits die Römer die Distel bezeichnet.

### 3 Stengellose Kratzdistel
*Cirsium acaule*

5–25 cm Juli–Sept. ♃ **94**

**Kennzeichen:** Blütenkörbchen einzeln (nur selten zu 2 oder 3), stengellos oder sehr kurz gestielt, in der Mitte einer Rosette aus tief buchtig fiederteiligen Blättern.

**Vorkommen:** Zerstreut auf sonnigen Magerweiden bei kalkreichem Untergrund; in der Ebene, auf Silikatgestein und in den Alpen weitgehend fehlend.

**Wissenswertes:** Die Rosetten der Stengellosen Kratzdistel erinnern an jene der ebenfalls stengellosen Silberdistel (*Carlina acaulis*). Dieses markante Merkmal greift auch der wissenschaftliche Artname auf: lat. caulis = Stengel, acaulis, acaule = stengellos.

### 4 Sumpf-Kratzdistel
*Cirsium palustre*

50–120 cm Juni–Sept. ⊙ ✿ **94**

**Kennzeichen:** Im Gegensatz zur blauviolettblütigen Acker-Kratzdistel mit purpurnen Blütenkörbchen, die zu 2–8 dicht gedrängt an der Stengelspitze stehen; Stengel fast durchgehend mit dornenbewehrten herablaufenden Blatträndern besetzt (**4a**).

**Vorkommen:** Im gesamten Gebiet häufig; auf feuchtem Grünland, auf Äckern und Schuttplätzen.

**Wissenswertes:** Für körnerfressende Vogelarten sind die reifen Blütenkörbchen ganz besonders attraktiv. Vor allem die bunten Distelfinken, die auch Stieglitze genannt werden, lassen sich gern darauf nieder, um die Samen zu verzehren.

1

2a

2b

3

4a

4b

## 1 Wasserdost
*Eupatorium cannabinum*

60–150 cm Juli–Sept. ♃ 94

**Kennzeichen:** Stengel rötlich; Blätter 3–5teilig; Blüten in nur wenige Röhrenblüten umfassenden Körbchen, die gemeinsam einen doldig-rispigen Gesamtblütenstand bilden.

**Vorkommen:** Im gesamten Gebiet verbreitet; vor allem an Ufern, an Gräben und nassen Stellen in lichten Wäldern.

**Wissenswertes:** Die ungewöhnlich blütenarmen Blütenkörbchen, die meistens nur aus 4–6 Röhrenblüten bestehen, werden als Merkmal einer ursprünglichen Pflanzengattung gedeutet. Ähnliche Arten entstanden wahrscheinlich schon zu Beginn der Evolution der Körbchenblütler, sind aber auch heute noch – zumindest in wärmeren Klimaten – sehr zahlreich und in den Tropen sogar als Bäume anzutreffen. Die Blüten werden gern von Tagfaltern besucht. Die Blätter ähneln entfernt Hanfblättern (lat. cannabinus = hanfartig, aus cannabis = Hanf). Wegen seiner abführenden und harntreibenden Wirkung wurde der Wasserdost früher als Heilpflanze verwendet. Auch heute werden Extrakte der Pflanze Medikamenten zugefügt, die die körpereigenen Abwehrkräfte – etwa bei Infektionskrankheiten wie Grippe – stärken sollen. Auf die Bedeutung des Wasserdosts als Heilpflanze weist auch der weit verbreitete volkstümliche Name „Kunigundenkraut" hin. Die Heilige Kunigunde, die 1033 gestorbene und im Bamberger Dom beigesetzte Gemahlin Heinrichs II., galt als Schutzpatronin der kranken Kinder.

## 2 Skabiosen-Flockenblume
*Centaurea scabiosa*

30–120 cm Juni–Sept. ♃ 94

**Kennzeichen:** Körbchen ausschließlich mit Röhrenblüten, über 2 cm hoch und mit den vergrößerten Randblüten 3–5 cm breit; Hüllblätter der Körbchen mit einem braunen, häutigen, gleichmäßig dicht gefransten Rand.

**Vorkommen:** Ziemlich weit verbreitet; fehlt allerdings im Norddeutschen Tiefland westlich der Elbe; vor allem auf kalkreichen Böden an Wegen und auf Böschungen sowie in Wald- und Heckensäumen anzutreffen.

**Wissenswertes:** Den skabiosenähnlichen, tief eingeschnittenen Blättern mit länglich-lanzettlichen Fiedern verdankt diese Art ihren Namen und ein weiteres gutes Unterscheidungsmerkmal gegenüber der viel häufigeren Wiesen-Flockenblume. Nicht selten sind an den Stengeln gerade dieser Flockenblume Verdikkungen festzustellen, die auf Einstiche von Gallwespen und die dort parasitierenden Larven zurückgehen.

## 3 Wiesen-Flockenblume
*Centaurea jacea*

20–70 cm Juni–Sept. ♃ ✿ 94

**Kennzeichen:** Körbchen kleiner als bei der vorigen Art; Hüllblätter der Körbchen mit deutlich abgesetzter Spitze (wirkt wie ein Anhängsel); Blätter lanzettlich bis eiförmig.

**Vorkommen:** Im gesamten Gebiet auf mageren Wiesen, Weiden und Wegrändern; im Nordwesten nur zerstreut.

**Wissenswertes:** Die randlichen Röhrenblüten, die deutlich vergrößert sind, dienen als meist unfruchtbare Attrappen zum Anlocken der Insekten. Weil eine Flockenblume die Wunden eines Kentauren (griech. kentauros), eines Pferdemenschen der griechischen Mythologie, geheilt haben soll, entstand schon im Altertum ein Name, aus dem der Gattungsname hervorging.

## 4 Orangerotes Habichtskraut
*Hieracium aurantiacum*

20–40 cm Juni–Aug. ♃ 94

**Kennzeichen:** Milchsaftführende Pflanze mit bis zu 10 Blütenkörbchen an der Stengelspitze, mit Ausläufern und mit auffälligen dunklen Drüsen im oberen Teil des Stengels.

**Vorkommen:** Ursprünglich wohl nur auf sauren Bergwiesen der Alpen; nördlich des Mains und vor allem im Tiefland in mageren Parkrasen anzutreffen; meistens sehr zerstreut, dann aber oft in großen Beständen.

**Wissenswertes:** Unter den vielen gelb blühenden Habichtskräutern nimmt diese Art mit ihren orangeroten bis orangegelben oder braunroten Blüten eine Sonderstellung ein. Im Norden des Gebietes ist sie aus Gärten und Parks verwildert.

1

2a

2b

3a

3b

4

## 1 Türkenbund-Lilie
*Lilium martagon*

30–100 cm Juni–Aug ♃ 100

**Kennzeichen:** Lilienart mit fleischroten, nickenden Blüten, deren Hüllblätter zurückgerollt sind (**1b**).

**Vorkommen:** Nur zerstreut in artenreichen, wärmeliebenden Waldgesellschaften und in alpinen Hochstaudenfluren auf Kalkgestein; deshalb im Norden weitgehend fehlend.

**Wissenswertes:** Die turbanähnlichen Blüten (Name!) locken mit ihrem Duft Nachtfalter an, die in kolibriartigem Flug vor der Blüte schwirren. Insekten, die auf den Perigonblättern zu landen versuchen, können sich auf deren ölig-glatter Oberfläche meistens nicht halten. Zur Gefährdung dieser besonders schutzwürdigen und schönen Art tragen leider auch die Rehe bei, die offensichtlich Blüten und Blätter des Türkenbunds besonders gern äsen.

## 2 Herbstzeitlose
*Colchicum autumnale*

10–20 cm (Aug.) Sept.–Okt. ♃ 100

**Kennzeichen:** Blüten krokusähnlich, blaß rotviolett; Blüte im Herbst (Name!); Blätter groß, breit-lanzettlich, im Frühsommer voll entwickelt).

**Vorkommen:** Nur in der Mitte und im Süden des Gebiets auf nicht zu intensiv bewirtschafteten wechselfeuchten Wiesen; schon stark zurückgedrängt.

**Wissenswertes:** Mit ihrer Blüte im Herbst und der Bildung der Samenkapseln und Blätter (**2b**) erst im nächsten Jahr weicht die Herbstzeitlose stark vom üblichen Jahresgang unserer heimischen Pflanzen ab. In der oft über 20 cm tief im Boden liegenden Knolle werden die in den Blättern gebildeten Kohlenhydrate gespeichert. Von der Narbe bis zum Fruchtknoten, der sich nahe der Knolle und damit in frostfreier Tiefe befindet, muß der Pollenschlauch nach der Bestäubung oft über 30 cm zum Ort der Befruchtung wandern. Im folgenden Frühjahr beginnt der Stiel der Samenkapsel zu wachsen und diese oft über 20 cm hoch über Grund zu heben. Die Samen sind giftig; bereits 1–5 Samen wirken beim Menschen tödlich. Der bekannteste Inhaltsstoff ist das Colchicin, das in der Züchtungsforschung wegen seiner mutationsauslösenden Wirkung eingesetzt wird. Es hemmt den Zellteilungsmechanismus und fördert zugleich die Entstehung von Zellen mit vermehrten Chromosomensätzen (Polyploidie).

## 3 Schwanenblume
*Butomus umbellatus*

60–150 cm Juni–Aug. ♃ 96

**Kennzeichen:** Röhrichtpflanze mit einer blütenreichen Dolde an der Spitze eines unbeblätterten Stengels; Blüten mit 2mal 3 roten Blütenhüllblättern.

**Vorkommen:** Zerstreut an stehenden und fließenden nährstoffreichen Gewässern; im Norddeutschen Tiefland weiter, sonst vor allem in den Tälern der großen Flüsse verbreitet; Höhengrenze bei 700 m und schon deshalb im Alpenvorland nicht vertreten.

**Wissenswertes:** Die Schwanenblume ist eine der wenigen insektenblütigen Arten in den Röhrichten. Sie hat es oft schwer, sich gegenüber ihren hochwüchsigen Konkurrenten zu behaupten und Fliegen, Bienen und Hummeln auf sich aufmerksam zu machen. Vielerorts leidet sie auch unter der Wasserverschmutzung und der Zerstörung des Röhrichts durch Wasserbaumaßnahmen und Erholungssuchende (Wassersportler, Angler).

## 4 Weinberg-Lauch
*Allium vineale*

30–70 cm Juni–Aug. ♃ 100

**Kennzeichen:** Stielrunde, hohle Lauchblätter, bläulichgrün; blattlose Stengel mit doldig vereinten Blüten und Brutzwiebeln an der Spitze.

**Vorkommen:** Ziemlich weit verbreitet auf lockeren sandigen bis lehmigen Böden; nicht in den Alpen und im Alpenvorland; in der Norddeutschen Tiefebene fast nur in den Stromtälern.

**Wissenswertes:** Die Art gilt als typische Weinbau-Begleiterin (Name!). Sie vermehrt sich sowohl durch Samen und unterirdische Zwiebeln als auch durch Brutzwiebeln, die sich im Blütenbereich durch Umwandlung von Blütenanlagen bilden.

1a

1b

2b

3a

2a

3b

4

**Orchideen = Knabenkräuter** gelten als die Perlen der heimischen Flora, werden aber an Schönheit und Größe von den vielen tropischen Arten noch deutlich übertroffen. Bereits in Mitteleuropa nimmt die Artenvielfalt von Norden nach Süden zu. Gefährdet aber sind die Orchideen fast überall – und nicht allein durch Sammler, sondern vor allem durch die Zerstörung ihrer Standorte, zumeist durch Intensivierung der landwirtschaftlichen Nutzung. Viele Arten brauchen über ein Jahrzehnt Ungestörtheit an ihrem Wuchsort, wenn sie sich vom staubfeinen, reservestoffarmen Samen zur neuen blühenden Pflanze entwickeln sollen. Obendrein sind sie noch auf die Gegenwart bestimmter Pilzarten als Wurzelsymbionten angewiesen. Auf 3 Tafeln werden hier 12 Orchideenarten mit roten oder rötlichen Blüten vorgestellt.

## 1 Breitblättrige Stendelwurz
*Epipactis helleborine*

30–80 cm Juli–Sept. ♃ **103**

**Kennzeichen:** Blüten sporn- und duftlos, purpurrot, oft auch blaß oder grün, in einseitswendigen Trauben (**1b**); Blätter breit eiförmig, stengelumfassend, rauh.

**Vorkommen:** Ziemlich weit verbreitet in kraut- und nährstoffreichen Wäldern.

**Wissenswertes:** Die kilometerweit vom Wind verfrachteten winzigen Samen können überall hin gelangen und an den Rändern von Waldwegen ebenso wie in gehölzreichen Gärten für Überraschungen sorgen. Im Gegensatz zu fast allen anderen Familienangehörigen findet die Art auch in der modernen Kulturlandschaft geeignete Lebensräume und ist vielfach sogar in Ausbreitung begriffen.

## 2 Rotbraune Stendelwurz
*Epipactis atrorubens*

20–50 cm Juni–Aug. ♃ **103**

**Kennzeichen:** Blüten oft sehr zahlreich, allseitswendig; Blätter eiförmig-lanzettlich, oft – ebenso wie der Stengel – rötlich überlaufen (**2a**).

**Vorkommen:** In den Mittelgebirgen mit Kalkgestein und in den Alpen verbreitet, aber durchweg selten; in Gebüschen und Trockenwäldern auf mageren, aber kalkreichen Böden; auch auf Kalkfelsen an der Ostsee.

**Wissenswertes:** Frühere Vorkommen an Dünen-Standorten scheinen erloschen zu sein. Auch in den Mittelgebirgen ist die Art vielerorts im Bestand bedroht. Die Blüten duften angenehm nach Vanille.

## 3 Rotes Waldvögelein
*Cephalanthera rubra*

20–50 cm Juni–Juli ♃ **103**

**Kennzeichen:** Blüten ungespornt, durch ihre ziemlich großen Blütenblätter recht auffällig (**3b**); Stengel aufrecht, hin- und hergebogen.

**Vorkommen:** Zerstreut in den Mittelgebirgen auf Kalkgestein; vor allem in Kalk-Buchenwäldern.

**Wissenswertes:** Wenn das Rote Waldvögelein im Gegensatz zu seinem weißen Verwandten den Insekten keinen Nektar anbietet und dennoch besucht wird, verdankt es den Erfolg wahrscheinlich der Verwechselung mit anderen spendierfreudigeren Arten. Mit ihren beiden abstehenden Kronblättern erinnert die Blüte an ein Vögelchen mit ausgebreiteten Schwingen (Name!).

## 4 Mücken-Händelwurz
*Gymnadenia conopsea*

30–60 cm Juni–Juli ♃ **103**

**Kennzeichen:** Blüten sehr zahlreich in bis zu 25 cm langen Ähren, mit 3lappiger Lippe und bis zu 2 cm langem dünnen Sporn (**4b**); Blätter lanzettlich und ungefleckt (**4a**).

**Vorkommen:** In Kalkmagerrasen, lichten Wäldern und Flachmooren; nur auf feuchten, wenigstens wechselfeuchten Standorten.

**Wissenswertes:** Mit ihrem langen, spitzen Sporn erinnert die Art an eine Stechmücke und erhielt deshalb von Linné den wissenschaftlichen Artnamen „*conopsea*“ (mückenartig), auf den wiederum die deutsche Artbezeichnung zurückgeht. „Händelwurz“ dagegen verweist auf die handförmigen Knollen, die sich deutlich von den 2teiligen Knollen der *Orchis*-Arten unterscheiden. Es ist einer der vielen Namen, die belegen, wie intensiv sich früher die Menschen für die unterirdischen Pflanzenteile interessiert haben.

1a

1b

2a

3a

2b

3b

4a

4b

## 1 Schwarzes Kohlröschen
*Nigritella nigra*

10–30 cm Juni–Aug. ♃ **103**

**Kennzeichen:** Blüten schwarzpurpurn, zu 20–50 in einer dichten kegel- bis kugelförmigen Ähre, stark nach Vanille duftend; Blätter grasartig schmal; Stengel unverzweigt.

**Vorkommen:** Nur in den Alpen; in Höhenlagen zwischen 1600 und 2300 m auf extensiv genutzten Almen; nur auf kalkreichen, aber stickstoffarmen Standorten.

**Wissenswertes:** „Schwarz“ (lat. niger, nigra) wird diese kleine Orchidee in starker Übertreibung genannt, weil sie gegenüber dem Roten Kohlröschen (*Nigritella miniata*) sehr dunkelrote Blüten hat. Beide Arten sind strikt auf Magerweiden beschränkt und verschwinden, sobald gedüngt wird. Auch das Schwarze Kohlröschen hat gelegentlich hellrote, ja sogar gelbliche Blütentrauben und ist dann nur schwer vom Roten Kohlröschen zu unterscheiden.

## 2 Breitblättriges Knabenkraut
*Dactylorhiza majalis*

20–40 cm Mai–Juni ♃ **103**

**Kennzeichen:** Blütenstand eher walzlich; Blüten mit Sporn; Blütenlippe 3teilig, Seitenlappen zurückgeschlagen (**2b**), Stengel mit 4–6 Blättern, hohl; Blätter in der Mitte am breitesten, wie bei der nächsten Art deutlich gefleckt.

**Vorkommen:** Auf nassen Wiesen, in Quellmulden und an Gräben, auch in lichten Auenwäldern; immer auf feuchtem, nährstoffarmem, saurem Boden.

**Wissenswertes:** Die Gattung *Dactylorhiza* wurde erst spät von der Gattung *Orchis* abgespalten. Sie hat als Speicherorgan nicht 2teilige, sondern 3fingrig-handförmige Knollen, auf die auch der wissenschaftliche Gattungsname verweist (griech. dactylos = Finger, griech. rhiza = Wurzel). Der Sporn enthält keinen Nektar, aber dafür ein freßbares, zuckerreiches Gewebe, das für Insekten nicht minder attraktiv ist. Der Pollen wird nicht ausgestreut, sondern ist in 2 Pollinien verklebt, die Blütenbesuchern wie etwa Bienen am Kopf haften bleiben.

## 3 Geflecktes Knabenkraut
*Dactylorhiza maculata*

20–50 cm Juni–Juli ♃ **103**

**Kennzeichen:** Blätter wie bei der vorigen Art dunkel gefleckt; dieser insgesamt sehr ähnlich; allerdings Stengel mit 5–10 Blättern und markig; Blütenstand meistens etwas pyramidenförmig (**3b**).

**Vorkommen:** Die vorige und diese Art sind in Mitteleuropa die beiden häufigsten Orchideen mit breiten, dunkel gefleckten Blättern; trotz Verbreitungslücken im gesamten Gebiet vertreten; auf wechselfeuchten, nährstoffreichen, aber kalkarmen Standorten in Magerrasen, Heiden und lichten Wäldern.

**Wissenswertes:** Durch Drainung wurden viele Standorte dieser beiden sonst nicht besonders anspruchsvollen Knabenkräuter zerstört. Dennoch trifft man hin und wieder auf regelrechte „Orchideenwiesen“, in denen das Gefleckte oder das Breitblättrige Knabenkraut große, allerdings stets lockere Bestände bilden. Das ändert nichts an der Tatsache, daß alle Orchideenarten streng geschützt sind und nicht gepflückt werden dürfen.

## 4 Kleines Knabenkraut
*Orchis morio*

10–30 cm Apr.–Juni ♃ **103**

**Kennzeichen:** Eine kleinwüchsige Orchidee mit ungefleckten, länglich-lanzettlichen Blättern; Lippe 3lappig, breiter als lang; Sporn waagerecht abstehend.

**Vorkommen:** Nur in der Mitte und im Süden des Gebiets auf kalkarmen Magerrasen; sehr zerstreut und weithin auch fehlend.

**Wissenswertes:** Bei dieser und den auf der nächsten Seite folgenden *Orchis*-Arten sind die Tragblätter meistens häutig, oft gefärbt. Die nicht handförmig geteilten Knollen der *Orchis*-Arten werden unter dem Namen „Tubera Salep“ in Schleimdrogen verwendet, die vor allem zum Schutz der Schleimhäute Kindern bei Durchfällen verabreicht werden. Natürlich dürfen die geschützten Pflanzen bei uns nicht ausgegraben werden. Da auch die Einfuhr immer strengeren Schutzbestimmungen unterliegt, bleibt nur die Kultur als Möglichkeit zur Beschaffung der begehrten Inhaltsstoffe.

1
2a
3a
3b
2b
3c
4a
4b

## 1 Großes Knabenkraut
*Orchis mascula*

20–40 cm Apr.–Juni ♃ **103**

**Kennzeichen:** Bei dieser und der folgenden Art Blüten in allseitswendigen Ähren, Lippe 3lappig und Sporn nicht faden-, sondern sackförmig; beim Großen Knabenkraut stehen die beiden seitlichen Perigonblätter ab, während die anderen sich zusammenneigen.

**Vorkommen:** Außer im Tiefland, im Osten und im Alpenvorland ziemlich weit verbreitet; sowohl auf Magerwiesen und Halbtrockenrasen als auch in Eichen-Hainbuchenwäldern.

**Wissenswertes:** Weniger die Schönheit und Formvielfalt der Blüten der verschiedenen Orchideen-Arten als vielmehr das Aussehen der Knollen hat die Aufmerksamkeit unserer Vorfahren gefesselt. Zwei dicht benachbarte Knollen sind offenbar so hodenähnlich, daß sie bei der Namengebung voll durchschlugen. Darauf zielt der deutsche Name „Knabenkraut" ebenso wie der wissenschaftliche Gattungs- und der darauf basierende Familienname (*Orchis, Orchidaceae*, Orchideen), die auf griech. orchis = Hoden zurückgehen. Und die hier vorgestellte Art setzt noch eins drauf: *Orchis mascula*, auch Manns-Knabenkraut genannt. Während eine der beiden Knollen sich mit der Bereitstellung der Nährstoffe für die blühende Pflanze verbraucht, befindet sich die andere gerade im Aufbau als Reservedepot für das nächste Jahr.

## 2 Helm-Knabenkraut
*Orchis militaris*

20–40 cm Mai–Juni ♃ **103**

**Kennzeichen:** Im Gegensatz zur vorigen Art alle Perigonblätter zusammenneigend, nur die Lippe frei nach unten gerichtet (**2a**).

**Vorkommen:** Von wenigen Ausnahmen abgesehen nur südlich der Main-Linie und auch dort nur regional; nur auf kalkreichem Untergrund; vor allem in Magerrasen, an Böschungen und in lichten Gebüschen.

**Wissenswertes:** Den helmartig zusammengefügten Blütenhüllblättern verdankt diese Orchidee ihre Artnamen. Wie andere *Orchis*-Arten hat auch das Helm-Knabenkraut außer unter der Biotopveränderung auch unter der Salepgewinnung gelitten (vgl. S. 266). Die mittelalterliche Signaturenlehre legte es nahe, die hodenähnlichen Knollen als Aphrodisiakum zu verwenden.

## 3 Fliegen-Ragwurz
*Ophrys insectifera*

10–40 cm Mai–Juni ♃ **103**

**Kennzeichen:** Blüte ohne Sporn, oberseits lebhaft gezeichnet; diese Art mit dunkler, länglich-schmaler Lippe und mit zwei kurzen, fadenähnlichen inneren Blütenhüllblättern (Insektenfühlern ähnlich; **3b**).

**Vorkommen:** Sehr zerstreut, nur in Kalkgebieten; vor allem in wärmeren Landstrichen; in Kalk-Magerrasen sowie in trockenen und lichten Gebüschen und Wäldern.

**Wissenswertes:** Die Gattung *Ophrys* nimmt nicht nur unter den Orchideen, sondern allgemein in der Pflanzenwelt insofern eine Sonderstellung ein, als die Blüten als Sexualattrappen gestaltet sind, die Insektenmännchen mit ihrer Form, ihrer Behaarung und wohl auch ihrem Duft anlocken. Beim Versuch der Begattung übertragen sie den zu Pollinien verklebten Pollen von Blüte zu Blüte. Bei der Fliegen-Ragwurz sind es verschiedene Hautflügler-Arten, die sich täuschen lassen. Allerdings spielt die Selbstbestäubung zumindest hierzulande offensichtlich die größere Rolle.

## 4 Bienen-Ragwurz
*Ophrys apifera*

10–35 cm Juni–Juli ♃ **103**

**Kennzeichen:** Große, helle äußere Blütenhüllblätter; Lippe länger als breit, braun mit gelblichem Muster (**4b**).

**Vorkommen:** An ähnlichen Standorten wie die vorige Art, aber noch seltener als diese; vor allem in der Schwäbischen Alb und in den mitteldeutschen Kalk-Mittelgebirgen.

**Wissenswertes:** Die im Vergleich zur Fliegen-Ragwurz deutlich größeren Blüten sollen zwar gelegentlich von Hornbienen angeflogen werden, haben aber außerhalb ihres Hauptverbreitungsgebietes offenbar nicht genügend Liebhaber, die auf die Sexualattrappe ansprechen. Deshalb ist in Mitteleuropa Selbstbestäubung die Regel.

1a
1b
2a
3a
2b
3b
4a
4b

## 1 Blauer Eisenhut
*Aconitum napellus*

50–150 cm Juni–Sept ♃ 6

**Kennzeichen:** 2seitig symmetrische Blüten mit einem helmartigen Kelchblatt; Helm breiter als hoch; Blätter handförmig 5–7teilig.

**Vorkommen:** Nur zerstreut in den höheren Lagen der Mittelgebirge (z.B. im Harz) und weiter verbreitet im Süden, vor allem im Alpenvorland und in den Alpen; in feuchten Wäldern und Hochstaudenfluren in Bachnähe.

**Wissenswertes:** Beim Blauen Eisenhut handelt es sich um eine der giftigsten Pflanzenarten Mitteleuropas. Das sowohl in den rübenartig verdickten Wurzeln als auch in den oberirdischen Pflanzenteilen enthaltene Aconitin kann sogar durch die unverletzte Haut in den Körper eindringen. Deshalb wird zarthäutigen Personen bereits von der Berührung der Stengel und Blätter abgeraten. Schon wenige Gramm dieser Pflanze können beim Menschen eine lähmende und temperatursenkende Wirkung haben und zum Tode führen. Aconitin ist noch in einigen nur noch auf ärztliche Verordnung verabreichbaren Fertigpräparaten enthalten. – Besonders interessant ist der Blütenaufbau: Die beiden zu Nektarien umgewandelten Kronblätter sind wie Pferdeköpfe verdickt. Die Pferde ziehen nach alter Überlieferung den „Venuswagen", den man erkennt, sobald man das helmartige Kelchblatt herausgezupft hat. Die übrigen Kelchblätter stehen für den Kastenwagen mit den Staubblättern als den Reisenden darin.

## 2 Acker-Rittersporn
*Consolida regalis*

20–40 cm Juni–Sept. ⊙ 6

**Kennzeichen:** Pflanze mit sparrig-ästigem Wuchs; Blüten mit einem gebogenen Sporn; Blätter fein zerteilt.

**Vorkommen:** In Kalkgebieten des Hügel- und Berglandes, nicht in den Alpen; regional in Äckern, auf Rainen und Brachland.

**Wissenswertes:** Auch diese Art zählt zu den Giftpflanzen mit ähnlichen Alkaloiden wie der Blaue Eisenhut, ist jedoch deutlich weniger gefährlich. Die Blüten sind alkaloidfrei und werden ihrer harntreibenden Wirkung wegen in Nieren- und Blasentees verwendet, vor allem aber zur Schönung des Tees genutzt. – Als Bestäuber kommen nur Insektenarten mit einem mindestens 1,5 cm langen Rüssel in Betracht, weil nur sie an den Nektar gelangen. Diese Voraussetzung erfüllen vor allem Hummeln, auf deren Kopfgröße auch der Eingang zum Nektartrichter eingestellt ist.

## 3 Leberblümchen
*Hepatica nobilis*

10–20 cm März–Apr. ♃ 6

**Kennzeichen:** Blätter wintergrün, ganzrandig und von leberähnlicher Form (Name!).

**Vorkommen:** Vor allem im Osten und im Süden weiter verbreitet; vorzugsweise in Kalk-Buchenwäldern.

**Wissenswertes:** Die tagsüber dem Licht zugewandten, weit geöffneten Blüten schließen sich abends und gehen in eine nickende Schlafstellung über. Sie belohnen ihre Besucher statt mit Nektar mit reichlich Pollen. – Die Namen (auch griech. hepatos = Leber) weisen auf die Blattform und darauf hin, daß man früher im Sinne der Signaturenlehre daran glaubte, die Art habe heilende Wirkung bei Leber- und Gallenleiden, was jedoch durch wissenschaftliche Überprüfung bislang nicht bestätigt werden konnte.

## 4 Gemeine Akelei
*Aquilegia vulgaris*

30–70 cm Mai–Juli ♃ 6

**Kennzeichen:** Blüten groß, nickend, mit Honigblättern, die einen langen, hakig gebogenen Sporn bilden.

**Vorkommen:** In der Mitte und im Süden in den meisten Kalkgebieten verstreut vertreten; vor allem in Laubwäldern und Gebüschen.

**Wissenswertes:** Wie beim Acker-Rittersporn bieten die wie ein Füllhorn geformten Nektarien Nektar nur langrüsseligen Hummeln dar. Der Schönheit und ihrer Heilkraft wegen holte der Mensch die Akelei schon früh in seine Burg- und Klostergärten. Die Schönheit blieb und war Anlaß zur Zucht vieler unterschiedlicher Sorten; die Heilkraft bei Leberleiden und Hautgeschwüren wurde nicht bewiesen. Die Art gilt zumindest als giftverdächtig.

1a
1b
2
3
4

## 1 Wiesen-Storchschnabel
*Geranium pratense*

30–60 cm Mai–Sept. ♃ 37

**Kennzeichen:** Blätter bis zum Grunde 7teilig; Blüten blauviolett und groß (2–3 cm im Durchmesser), nach dem Verblühen zunächst nach unten gerichtet.

**Vorkommen:** Auf Fettwiesen, kalk- und nährstoffreichen Weg- und Grabenrändern; im Nordwesten fehlend, im Nordosten zerstreut; südlich des Mains und im Südosten verbreitet, allerdings nur in den tieferen Lagen.

**Wissenswertes:** Die Spaltfrüchte zerfallen in 5 Fruchtfächer, von denen jeder einen durch den Griffel schnabelartig verlängerten Fortsatz hat. Die Fruchtfächer lösen sich ruckartig von der Mittelsäule und schleudern die Samen heraus. Dieser Schleudermechanismus verbreitet die Samen bis zu 2 m weit. Auf den für alle Arten der Gattung typischen Schnabelfortsatz verweist der Gattungsname „Storchschnabel". Der Wiesen-Storchschnabel gilt als Zeigerpflanze für gutes, nährstoffreiches Wiesenland. Er kann ganze Wiesen mit einem bläulichen Farbschimmer überziehen. Die Art ist auch für Wiesen in naturnahen Gärten geeignet, breitet sich allerdings – wenn erst einmal vorhanden – oft stark aus.

## 2 Gewöhnliche Kreuzblume
*Polygala vulgaris*

5–20 cm Mai–Aug. ♃ 39

**Kennzeichen:** Blüte mit zwei blauen oder violetten „Flügeln", be denen es sich um blütenblattartige Kelchblätter handelt; Blütenblätter mit der Staubblattröhre verwachsen, das untere vorn gefranst.

**Vorkommen:** Auf Magerwiesen und Heiden, an Wegrändern und Böschungen; immer auf armen, sauren Böden; allgemein verbreitet, nur im Nordwesten weitgehend fehlend.

**Wissenswertes:** Der stark abgewandelte Blütenaufbau verrät seinen Bauplan erst auf den zweiten Blick. Die bei uns nur durch wenige Arten vertretene Gattung zählt weltweit über 600 Arten. Im Gegensatz zu dieser Art schmecken die Blätter des zweithäufigsten Vertreters dieser Gattung, der Bitteren Kreuzblume (*P. amara*), beim Kauen nicht bitter.

## 3 Stranddistel
*Eryngium maritimum*

20–50 cm Juni–Sept. ♃ **41**

**Kennzeichen:** Blätter starr, distelartig, samt Stengel weißlich- bis seegrün; Blüten in halbkugeligen Köpfchen (**3b**), stark abweichend von den übrigen Doldengewächsen.

**Vorkommen:** An der Nord- und Ostseeküste, vor allem in den weißen Dünen.

**Wissenswertes:** Da die starren, dem Trokkenstandort angepaßten Blätter sich nach dem Pflücken kaum verändern, hat man die Pflanze früher gern als Urlaubssouvenir mit heimgebracht. Dadurch ist sie so selten geworden, daß sie inzwischen dringend vollständigen Schutz benötigt. Die Art ist extremen Lebensbedingungen angepaßt. Mit ihrem über 2 m tief greifenden Wurzelwerk erschließt sie sich die in den Weißdünen knappen Wasserreserven. Mit dem Wasser geht die Stranddistel dank xeromorpher Blätter sehr sparsam um. Dem durch den Wind bewegten Sand begegnet sie, indem sie ihn mit ihrem weit verzweigten Wurzelwerk festlegt und Übersandung in größerem Maße erträgt als andere Pflanzenarten. Gegen Verbiß schützt sie sich mit distelartigen Blättern, denen sie auch ihren Namen verdankt.

## 4 Gewöhnliches Alpenglöckchen
*Soldanella alpina*

5–15 cm Apr.–Juli ♃ 64

**Kennzeichen:** Blüten am Stengel zu zweit oder dritt, glockenförmig, mit tief fransig eingeschnittenen Blütenblättern.

**Vorkommen:** In den Alpen in Höhenlagen zwischen 1000 und 3000 m auf Almen, in Quellmulden und Schneetälchen; immer auf Kalkböden und damit im Gegensatz zum Zwerg-Alpenglöckchen (*Soldanella pusilla*), das die Gattung auf kalkarmen Böden vertritt.

**Wissenswertes:** Die Art ist unter vielen verschiedenen volkstümlichen Namen bekannt. Weiter verbreitet ist offenbar der Name „Troddelblume". Die wissenschaftliche Bezeichnung vergleicht die rundlichen Blätter mit kleinen Münzen, die unter dem ital. Namen „soldo" bekannt waren. „*Soldanella*" ist die zugehörige Verkleinerungsform.

1a

1b

2

3a

3b

4

Die **Enziane** (Gattungen *Gentiana* und *Gentianella*) erfreuen sich bei Wanderern und Naturfreunden besonderer Beliebtheit wegen der kräftig blauen Farbe ihrer Blüten. Die Tatsache, daß gepreßte Enziane im Gegensatz zu anderen Arten mit blauen Blüten wie etwa die Glockenblumen in der Regel ihre Farbe behalten, ist ihnen vielfach zum Verhängnis geworden. Intensive Aufklärung der Bergwanderer und weitere Schutzmaßnahmen sollen sicherstellen, daß Enziane nicht weiterhin Andenkenjägern zum Opfer fallen.

Etwa 500 Enzian-Arten gibt es in den Gemäßigten Zonen der Erde, davon nur 22 in Mitteleuropa, und diese leben größtenteils, aber nicht ausnahmslos in den Hochgebirgen. Eine wenige sind auch in den Mittelgebirgen und sogar im Tiefland anzutreffen. Sie alle bevorzugen sonnige, waldfreie Standorte und sind infolgedessen sowohl von der Intensivierung der landwirtschaftlichen Nutzung als auch von der Aufforstung und der natürlichen Sukzession auf ehemaligen Hudeflächen bedroht. Da auch Drainung und Düngung Enzian-Standorte zerstören, sind die Enziane fast durchweg zu wahren Kostbarkeiten geworden, die nur durch die Kombination von Arten- und Biotopschutz-Maßnahmen gerettet werden können.

Der Name „Enzian" ist ein Lehnwort aus lat. gentiana, das laut Plinius auf Gentilus zurückgehen soll, der um 100 v. Chr. König von Illyrien war und einen Enzian als Mittel gegen die Pest empfohlen haben soll.

Neuerdings wird eine nach der Verkleinerungsform „*Gentianella*" benannte Gattung abgegrenzt, zu der Enziane mit innen bärtigen Blüten oder randlich bewimperten Blütenblättern gehören.

## 1 Lungen-Enzian
*Gentiana pneumonanthe*

20–50 cm Juli–Okt. ♃ 72

**Kennzeichen:** Wenige Blüten an der Stengelspitze, ungestielt, 3–5 cm lang, glockig, meistens mit 5 Kronzipfeln und innen mit 5 grünen Streifen; Blätter gegenständig, schmal-lanzettlich, ganzrandig.

**Vorkommen:** Nur zerstreut in Mooren und Heiden; auf kalkarmen, torfig-feuchten Böden; sowohl im Norddeutschen Tiefland als auch in Süddeutschland.

**Wissenswertes:** Die früher in die Art gesetzten und in den Artnamen noch erkennbaren Erwartungen haben sich nicht erfüllt. Sie wird heute nicht mehr als Heilpflanze geführt.

## 2 Kreuz-Enzian
*Gentiana cruciata*

10–50 cm Juli–Okt. ♃ 72

**Kennzeichen:** Blüten mit nur 4 Kronzipfeln; Blätter streng kreuzweise gegenständig.

**Vorkommen:** Zerstreut in Kalkmagerrasen und lichten Gebüschen auf Kalk; gebietsweise südlich des Mains und nur sehr vereinzelt bis zum Nordrand der Mittelgebirge, allerdings auch in der Uckermark.

**Wissenswertes:** Der Kreuz-Enzian gehört zusammen mit dem Lungen-Enzian zu den wenigen auch außerhalb des Hochgebirges vertretenen Arten.

## 3 Frühlings-Enzian
*Gentiana verna*

5–15 cm März–Aug. ♃ 72

**Kennzeichen:** Blüten einzeln am Stengelende mit 5zipfeliger, engröhriger Blütenkrone; zwischen den Zipfeln jeweils ein 2zipfeliges Anhängsel (**3b**).

**Vorkommen:** Zerstreut auf Bergwiesen, Alpenmatten und Steinschutt; außer in den Alpen auch in den Kalk-Mittelgebirgen, allerdings nur südlich des Mains.

**Wissenswertes:** Die Art hat zwei Blühhöhepunkte, den ersten oft gleich bei der Schneeschmelze, einen zweiten dann im Juli/August.

## 4 Stengelloser Enzian
*Gentiana clusii* und *G. acaulis*

5–10 cm Mai–Aug. ♃ 72

**Kennzeichen:** Grundständige Rosette mit einer sehr kurz gestielten, großen Blüte, die bei *G. acaulis* innen Tüpfelsaftmale aufweist, bei *G. clusii* nicht.

**Vorkommen:** Die beiden populären Arten sind auf die Alpen beschränkt und kalkmeidend (*G. acaulis*) bzw. auch im Alpenvorland vertreten und kalkliebend (*G. clusii*).

1

2a

3a

2b

3b

4

## 1 Schnee-Enzian
*Gentiana nivalis*

5–20 cm Juni–Aug. ○ [72]

**Kennzeichen:** Sehr zierliche Enzian-Art mit jeweils 1 Blüte an jedem Zweigende; Blüte mit 5 spitz zulaufenden Zipfeln und einem Durchmesser von weniger als 1 cm (**1b**).

**Vorkommen:** Zerstreut in Höhenlagen zwischen 1500 und 2500 m in mageren steinigen Rasen meist auf kalkhaltigem Untergrund.

**Wissenswertes:** Nicht nur unter den Enzian-Arten, sondern allgemein unter den Pflanzenarten der alpinen Stufe nimmt der Schnee-Enzian als einjährige Art eine Sonderstellung ein. Nur wenige Pflanzenarten schaffen es nämlich, innerhalb einer einzigen – meistens nur 4 Monate währenden – Vegetationsperiode und unter den extremen Bedingungen des Hochgebirges die komplette Entwicklung von der Keimung bis zur Samenreife zu durchlaufen.

## 2 Fransen-Enzian
*Gentianella ciliata*

5–20 cm Aug.–Okt. ♃ [72]

**Kennzeichen:** Blüte mit 4 Kronzipfeln, die an den Rändern bewimpert („gefranst“) sind.

**Vorkommen:** Auf kalkreichen Böden von den Alpen über die Mittelgebirge nordwärts bis in das Hügelland am Rande der Norddeutschen Tiefebene; vor allem auf Kalk-Magerrasen und steinigen Bergwiesen.

**Wissenswertes:** Diese Art zeigt sehr deutlich die Merkmale der erst in neuerer Zeit abgetrennten Gattung *Gentianella*, zu der auch der Deutsche Enzian (*G. germanica*) gehört. Fransen- und Deutscher Enzian sind die in Mitteleuropa am weitesten verbreiteten Enzian-Arten, die für viele Pflanzenfreunde der Anlaß sind, ihre Vorstellung von der Beschränkung der Enziane auf das Hochgebirge zu revidieren.

## 3 Kleines Immergrün
*Vinca minor*

10–20 cm März–Mai ♃ [73]

**Kennzeichen:** Kriechende Pflanze mit ledrigen, immergrünen Blättern; Blüten hellbau, gestielt, einzeln in den Blattachseln; eigentlich ein Halbstrauch.

**Vorkommen:** Außer im Nordwesten zerstreut, aber weit verbreitet; vor allem in artenreichen Laubmischwäldern und Gebüschen; hier oft in größeren Reinbeständen weithin bodendeckend.

**Wissenswertes:** Der einzige heimische Vertreter der im übrigen vorwiegend in den Tropen verbreiteten Familie der Hundsgiftgewächse wuchs bereits in den mittelalterlichen Burg-, Kloster-, Bürger- und Arzneigärten. Aus ihnen ist das Kleine Immergrün bereits verwildert und deshalb bis heute noch vielfach eng begrenzt in seiner örtlichen Verbreitung und nicht selten in der Nachbarschaft alter Burgen und Schlösser anzutreffen. Dort ist es allerdings zu einem festen, von menschlicher Pflege unabhängigen Bestandteil der Vegetation geworden. Solche Pflanzen werden Stinzenpflanzen genannt. Das Kraut der früher höher geschätzten Heilpflanze ist giftig und hat eine blutdrucksenkende Wirkung. Als Bodendecker und zur Unterpflanzung von Gehölzen in Gärten und Parks ist das Immergrün sehr beliebt, zumal es im Spätsommer oft noch ein zweites Mal blüht.

## 4 Natternkopf
*Echium vulgare*

30–80 cm Juni–Sept. ⊙ [82]

**Kennzeichen:** Stengel und Blätter steifborstig; Blütenstände anfangs eingerollt (Wickel); Blüten anfangs rötlich, später blau.

**Vorkommen:** Als ehemals aus dem Süden eingewanderte Art vor allem auf warmen Trokkenstandorten, vorzugsweise in Sekundärbiotopen wie Straßenbankette, Bahn- und Industriegelände.

**Wissenswertes:** Die rauhe Behaarung dient als Fraßschutz. Die geöffnete Einzelblüte mit vorgestrecktem, gespaltenem Griffel wirkt wie der Kopf einer züngelnden Schlange (Name!). Der wissenschaftliche Gattungsname geht auf griech. echion = Otter, Natter zurück. Früher glaubte man an die Heilwirkung des Krauts bei Schlangenbissen. Bienen sollen die Erfahrung nutzen, daß die rötlichen jungen Blüten sicherer noch Nektar bereithalten, und vorzugsweise diese anfliegen.

1a

2

1b

4a

3

4b

## 1 Blauroter Steinsame
*Lithospermum purpureocaerulea*

10–40 cm Apr.–Juni ♃ [82]

**Kennzeichen:** Rauhblattgewächs mit 1–1,5 cm großen Blüten, die anfangs rot sind, später blau (**1b**), blühende Sprosse aufrecht, blütenlose ausläuferartig liegend; Blätter lanzettlich.

**Vorkommen:** Zwischen Donau und Harz nur regional und durchweg selten auf nährstoff- und basenreichen Böden; in sonnigen Säumen von Hecken und Gebüschen und in lichten Laubwäldern.

**Wissenswertes:** Der Blaurote Steinsame trägt seinen deutschen und den inhaltsgleichen wissenschaftlichen Namen voll zu Recht (griech. lithos = Stein, sperma = Same; lat. purpureus = purpurn, caeruleus = blau). Steinhart sind in der Tat die Früchte, und die Blüten vollziehen regelmäßig den Farbwechsel von Rot zu Blau, der – wie bei etlichen anderen Rauhblattgewächsen – auf einen Wechsel des Säuregrades im Zellsaft der Blütenblätter zurückzuführen und als Alterungserscheinung der Blüte zu interpretieren ist. Der weiter verbreitete Acker-Steinsame (*Lithospermum arvense*) hat unscheinbare weißliche Blüten und enthält in seinen Wurzeln den roten Farbstoff Lithospermin, mit dem sich früher mancherorts die Bauernmädchen schminkten.

## 2 Acker-Krummhals
*Anchusa arvensis*

15–40 cm Mai–Juli ⊙ [82]

**Kennzeichen:** Blüten zu mehreren an der Stengelspitze und in den Achseln der Blätter, mit einer knieförmig gekrümmten Kronröhre; Blätter borstig behaart, unregelmäßig gezähnt und an den Rändern wellig.

**Vorkommen:** Auf Ödland, in Weinbergen und auf Hackfruchtfeldern, soweit der Boden nährstoffreich, aber kalkarm ist; zerstreut, vor allem größere Verbreitungslücken im Süden und in der Mitte.

**Wissenswertes:** Der Name „Krummhals" zielt auf die gekrümmte Blütenkronröhre. Ebenfalls gebräuchlich sind die Bezeichnung „Wolfsauge" und der wissenschaftliche Gattungsname *Lycopsis* (von griech. lykos = Wolf und griech. opsis = Auge), zu denen die wäßrig hellblaue Blütenfarbe Pate gestanden hat.

## 3 Acker-Vergißmeinnicht
*Myosotis arvensis*

10–30 cm Apr.–Okt. ⊙ [82]

**Kennzeichen:** Pflanze durch starr abstehende Borstenhaare graugrün; Blütenstand dicht, blattlos.

**Vorkommen:** Im gesamten Gebiet häufig auf Äckern, Schuttplätzen, auf Brachland und an Wegrändern; auf nährstoff- und basenreichen, oft allerdings kalkarmen Böden.

**Wissenswertes:** Unter den 12 heimischen *Myosotis*-Arten sind diese und die folgende die mit Abstand häufigsten und am weitesten verbreiteten. Der weithin bekanntere Name „Acker-Mäuseohr" deckt sich mit dem wissenschaftlichen Gattungsnamen, der aus griech. mys = Maus und otis = Ohr zusammengesetzt ist. Er zielt auf Form und Behaarung der Blätter. Das Acker-Vergißmeinnicht ist in der Agrarlandschaft praktisch allgegenwärtig.

## 4 Sumpf-Vergißmeinnicht
*Myosotis palustris*

20–50 cm Mai–Okt. ♃ [82]

**Kennzeichen:** Sumpfpflanze mit anfangs rötlicher, später hellblauer Blütenkrone; Blätter eiförmig, 1–2 cm breit, anliegend behaart, oft auch kahl.

**Vorkommen:** Im gesamten Gebiet häufig in Gräben, Sümpfen, an Ufern, aber auch in lichten, wechselfeuchten Wäldern.

**Wissenswertes:** Der Blüteneingang ist durch Schlundschuppen, die am Eingang zur Kronröhre einen gelben Ring bilden, so verengt (**4a**), daß für die Bestäubung nicht in Betracht kommende kleinere Insekten ferngehalten werden und nur Bienen, Falter und einige Fliegen ihre langen Rüssel einführen können. Die Früchte sind schwimmfähig. Außerdem spielt die vegetative Vermehrung durch den kriechenden Wurzelstock eine wichtige Rolle. – Verwandte Arten werden schon seit Jahrhunderten in den Gärten als zweijährige Zierpflanzen kultiviert. Ihnen verdanken die blauen Blüten und der Gattungsname Symbolgehalt und guten Ruf.

1a
1b
2
3
4a
4b

## 1 Kriechender Günsel
*Ajuga reptans*

10–30 cm Apr.–Juli ♃ 91

**Kennzeichen:** Blüten sehr kurz gestielt, zu 2–6 in den Achseln der Blätter und Hochblätter, mit großer 3lippiger Unter- und nur schwach angedeuteter Oberlippe.

**Vorkommen:** Im gesamten Gebiet recht häufig und allgemein verbreitet; sowohl in Wäldern und Gebüschen als auch auf Wiesen und an Wegrändern.

**Wissenswertes:** An den blühenden Trieben entspringen aus der grundständigen Rosette die bis zu 20 cm langen, kriechenden Ausläufer (Name!). Wegen des Gerbstoffgehalts und seiner zusammenziehenden Wirkung hat man den Kriechenden Günsel früher arzneilich verwendet, u.a. zum Wundverschluß und bei Hals- und Rachenentzündungen.

## 2 Sumpf-Helmkraut
*Scutellaria galericulata*

10–50 cm Juni–Sept. ♃ 91

**Kennzeichen:** Blüten meist zu zweit in den Blattwinkeln, nach einer Seite gewandt, mit einem kleinen Höcker oder Schildchen auf dem Kelch; Unterlippe mit weißem Fleck und violetten Saftmalen.

**Vorkommen:** An Ufern stehender und fließender Gewässer, in Gräben, nassen Wiesen und Gebüschen im gesamten Gebiet vertreten.

**Wissenswertes:** Der Höcker auf dem Kelch ist ein markantes Merkmal. Er wird als Helm bezeichnet und stand Pate bei der Namengebung für die Art. Auch im wissenschaftlichen Namen kehrt er wieder. Lat. scutellum bedeutet Tellerchen oder Schildchen; *galericulata* geht auf lat. galea zurück und beschreibt mit der Verkleinerungsform den Kelch als „mit kleinem Helm ausgestattet“.

## 3 Wiesen-Salbei
*Salvia pratensis*

30–60 cm Apr.–Aug. ♃ 91

**Kennzeichen:** Blätter grob gekerbt, runzelig, in einer grundständigen Rosette; Blüten in 6–10 blattlosen Quirlen (**3a**).

**Vorkommen:** Auf sonnig-warmen Standorten, zumeist auf kalkhaltigen Böden; in Kalkmagerrasen, auf manchen Fettwiesen, an Wegrändern und Böschungen; im Süden weit verbreitet, in der Mitte nur am Niederrhein und weiter kontinental in den Mittelgebirgen und Hügelländern auf Kalkgestein.

**Wissenswertes:** Der als Heil- und Gartenpflanze bekannte Echte Salbei (*S. officinalis*) ist der Namensgeber der Gattung. *Salvia* kommt von lat. salvare = heilen, und das deutsche „Salbei“ ist nichts anderes als ein von „*Salvia*“ abgeleitetes Lehnwort. Die Lehrer demonstrieren gern am Salbei ein kleines, aber recht eindrucksvolles Experiment: Man drückt mit einem spitzen Bleistift auf die Platte, die den Schlund versperrt. Diese wirkt als Hebel und drückt die an einem langen Stiel stehenden Staubbeutel aus der Umhüllung der Oberlippe. Dabei betupfen im Normalfall – bei Auslösung des Mechanismus durch eine Hummel – die Staubbeutel deren Rücken.

## 4 Teufelsabbiß
*Succisa pratensis*

20–40 cm Juli–Okt. ♃ 79

**Kennzeichen:** Blüten in 2–3 cm breiten Köpfchen; Blätter lanzettlich.

**Vorkommen:** Auf nährstoffarmen Wiesen in der Ebene wie im Bergland.

**Wissenswertes:** Der Teufelsabbiß ist eine der vielen Pflanzenarten, deren Wurzeln man früher Heilkräfte zuschrieb und nach denen man deshalb suchte. Dabei fiel deren stumpfer, wie abgebissen erscheinender unterer Teil auf, für den man den Teufel verantwortlich machte (Name!).

## 5 Schwarze Teufelskralle
*Phyteuma nigrum*

20–50 cm Mai–Juli ♃ 92

**Kennzeichen:** Blüten krallenförmig, zur Mitte des eiförmigen Blütenköpfchens gebogen (Name!); Blätter doppelt so lang wie breit.

**Vorkommen:** Vor allem in den Silikat-Mittelgebirgen im mittleren Bereich, weniger im Norden und im Süden; zerstreut auf kalkarmen Böden sowohl in Wäldern als auch auf Wiesen.

1
3a
2
3b
4
5

Die **Ehrenpreis-Arten** (Gattung *Veronica*) gehören zu den Rachenblütlern oder Braunwurzgewächsen. Weltweit gibt es etwa 300 Arten. Linné hat die Gattung wohl nach der in der zweiten Hälfte des 15. Jahrhunderts lebenden Heiligen Veronica benannt. Aus derselben Zeit stammt auch der deutsche Name „Ehrenpreis". Die volkstümliche Bezeichnung „Männertreu" geht wohl auf die blaue Blütenfarbe zurück und nicht – wie manchmal wohl scherzhaft gedeutet – auf die nach dem Abpflücken rasch abfallenden Blüten.

## 1 Gamander-Ehrenpreis
*Veronica chamaedrys*

10–30 cm Apr.–Juli ♃ **85**

**Kennzeichen:** Zwei am Stengel herablaufende Haarreihen, die sichtbar werden, wenn man den Stengel gegen das Licht hält und ihn zwischen den Fingern dreht.

**Vorkommen:** Überall auf nährstoffreichen Wiesen, Wegrändern und in lichten Wäldern und Gebüschen anzutreffen; sehr häufig.

**Wissenswertes:** Die schlichten Blüten erhalten durch die zum Zentrum weisenden strichartigen, dunkelblauen Saftmale und einen weißen Ring am Eingang der Blütenröhre ihren besonderen Reiz (**1b**).

## 2 Bachbungen-Ehrenpreis
*Veronica beccabunga*

20–60 cm Mai–Sept. ♃ **85**

**Kennzeichen:** Fleischig-kahle Sumpfpflanze mit 10–25 Blüten umfassenden lockeren Trauben.

**Vorkommen:** Fast im gesamten Gebiet; zerstreut in Gräben, an Ufern und Quellen sowie auf Sumpfwiesen.

**Wissenswertes:** Der wissenschaftliche Artname *„beccabunga"* entstammt dem Versuch der Latinisierung des althochdeutschen Namens „Bachbunge". Die Latinisierung deutscher Namen kommt nur selten vor; viel häufiger ist der entgegengesetzte Vorgang: die Eindeutschung lateinischer Namen. Daß die Art schon so früh einen deutschen Namen erhielt, hängt mit ihrer Verwendung als Salat- und Arzneipflanze zusammen, als die sie auch in die Gärten geholt wurde.

## 3 Efeu-Ehrenpreis
*Veronica hederifolia*

5–30 cm März–Mai ⊙ **85**

**Kennzeichen:** Stengel liegend, nur vereinzelt aufsteigend; Blüten einzeln in den Blattachseln; Blätter rundlich, 3–7lappig, efeuähnlich (Name!).

**Vorkommen:** Weit verbreitet und häufig auf fruchtbaren Acker- und Gartenböden, in Weinbergen, auch in Hecken und Gebüschen.

## 4 Faden-Ehrenpreis
*Veronica filiformis*

5–20 cm Apr.–Mai ♃ **85**

**Kennzeichen:** Stengel fadenartig kriechend (Name!); Blüten einzeln in den Blattachseln, über 1 cm im Durchmesser und damit größer als die rundlichen Blätter.

**Vorkommen:** Vor allem in Parkrasen, auch an Wegrändern, oft in größeren flächendeckenden Reinbeständen; nur regional und im Südosten weiter verbreitet.

**Wissenswertes:** Die Art ist als Zierpflanze nach Mitteleuropa geholt und vor allem als Grabschmuck verwendet worden. Seit etwa 1930 ist sie verwildert und in stürmischer Ausbreitung begriffen, obwohl sie sich nur vegetativ vermehrt. Jedes kleine Stengelstück – am Rasenmäher haftend und so verschleppt – kann sich bewurzeln und zum Ausgangspunkt für einen neuen strahlend blauen Blütenflekken im grünen, kurzgeschorenen Rasen werden.

## 5 Persischer Ehrenpreis
*Veronica persica*

10–40 cm März–Okt. ⊙ **85**

**Kennzeichen:** Stengel liegend, nicht wurzelnd, kräftig; Blätter mit 8 und mehr Kerben; Blüten einzeln in den Blattachseln.

**Vorkommen:** Auf guten Acker- und Gartenböden häufig und weit verbreitet.

**Wissenswertes:** Obwohl diese Art ursprünglich in Vorderasien heimisch ist und erst seit Anfang des 19. Jahrhunderts in Europa eingebürgert wurde, gehört sie heute an vielen Orten zu den häufigsten Vertretern der Gattung *Veronica*.

1a
1b
2
3
4
5

Die **Glockenblumen** (Gattung *Campanula*) sind fast ausnahmslos recht ansehnliche Pflanzen mit zumeist kräftig blauen Blüten, deren 5 Kronblätter miteinander verwachsen, an den 5 Zipfeln aber noch gut zu erkennen sind. Mit ihren glocken- oder trichterförmigen Blüten haben die Arten dieser Gattung ein gutes gemeinsames Erkennungsmerkmal. Die Blätter sind ungeteilt und wechselständig. Die markante Blütenform ist Inhalt sowohl des deutschen als auch des wissenschaftlichen Gattungsnamens. Letzterer ist die Verkleinerungsform von lat. campana = Glocke.

## 1 Pfirsichblättrige Glockenblume
*Campanula persicifolia*

30–80 cm Juni–Aug. ♃ 92

**Kennzeichen:** Blüten zu 3–8 an der Stengelspitze auf Stielchen, die in den Achseln linealer Tragblätter entspringen; sowohl Grund- als auch Stengelblätter länglich-lanzettlich.

**Vorkommen:** In lichten Eichenmisch- und Kiefernwäldern sowie in Hecken und Gebüschen; meistens auf kalkreichen Böden; im Nordwesten fehlend.

**Wissenswertes:** Diese schmalblättrige Glockenblume mit bis zu 4 cm großen Blüten ist auch als Zierpflanze in Gärten anzutreffen.

## 2 Knäuel-Glockenblume
*Campanula glomerata*

30–60 cm Juni–Sept. ♃ 92

**Kennzeichen:** Auffällig durch an der Stengelspitze kopfartig gehäufte Blüten, die 2–3 cm groß sind.

**Vorkommen:** Nur auf kalkreichen, relativ nährstoffarmen Böden in wärmeren Lagen; in Kalk-Magerrasen und in den Säumen von Gebüschen; in den Kalk-Mittelgebirgen weiter verbreitet, sonst nur zerstreut und im Norden fast völlig fehlend.

**Wissenswertes:** Die Blütenbüschel an den Stengelspitzen, die bis über 30 Blüten umfassen können, machen die Knäuel-Glockenblume zu einer der schönsten Arten dieser Gattung, weshalb man sie auch immer wieder in die Gärten holt. Dieses markante Merkmal stand auch bei den Artnamen Pate; lat. glomeratur bedeutet ebenfalls „geknäuelt“.

## 3 Nesselblättrige Glockenblume
*Campanula trachelium*

40–80 cm Juni–Sept. ♃ 92

**Kennzeichen:** Stengel und Blätter rauh steifhaarig; Blätter etwas schmaleren Brennesselblättern ähnlich (Name!); Blüten 3–4 cm groß.

**Vorkommen:** Im gesamten Gebiet verbreitet, nur im Norddeutschen Tiefland deutlich seltener; in Laubwäldern und Hecken auf nährstoffreichen Böden.

**Wissenswertes:** Für Insekten ist die Blüte ein willkommener Schutz bei nassem Wetter. Bienen benutzen den Griffel gern als Kletterstange, um an den Nektar zu gelangen.

## 4 Rundblättrige Glockenblume
*Campanula rotundifolia*

10–30 cm Juni–Okt. ♃ 92

**Kennzeichen:** Zierliches Pflänzchen mit aufwärts gerichteten Knospen; Blüten nach und nach gesenkt; eiförmige Fruchtkapseln schließlich nickend; Stengelblätter schmal-lanzettlich; Grundblätter rund (Name!), aber zur Blütezeit meistens schon vergilbt.

**Vorkommen:** In Magerrasen, an Böschungen, in Hecken- und Gebüschsäumen; auffallend gern auf Mauern und in Mauerfugen.

**Wissenswertes:** An den reifen Kapseln befinden sich die Löcher zum Ausstreuen der Samen merkwürdigerweise an der Basis. Dadurch, daß die Kapseln nicken, gelangen die Öffnungen doch wieder nach oben.

## 5 Wiesen-Glockenblume
*Campanula patula*

20–50 cm Mai–Juli ⊙ 92

**Kennzeichen:** Blüten blauviolett, in armblütiger Rispe, langgestielt, schräg aufrecht abstehend; Blütenzipfel durch Einschnitte bis über die Mitte sehr ausgeprägt.

**Vorkommen:** Auf kurzgrasigen Wiesen und an Wegrändern; meistens in tieferen Lagen auf nährstoffreichen Standorten; im Osten und Süden häufiger; im Norddeutschen Tiefland westlich der Elbe weitgehend fehlend.

**Wissenswertes:** Abends und bei Regen senken sich die Blüten, so daß Regen und Tautropfen den Pollen nicht erreichen.

1a

1b

2

3

4

5

## 1 Berg-Sandglöckchen
*Jasione montana*

10–40 cm Juni–Aug. ⊙ 92

**Kennzeichen:** Blüten zahlreich, in einem kugeligen Köpfchen von 1–2 cm Durchmesser, an der Spitze aufrechter Stengel; Blätter lanzettlich, rauhhaarig, klein.

**Vorkommen:** Auf kalkarmen und mageren Sand- und Grusböden im Norddeutschen Tiefland verbreitet, sonst nur regional auf Silikatgestein vom Hunsrück bis ins Erzgebirge und in den Bayerischen Wald.

**Wissenswertes:** Als typische Bewohnerin rasch austrocknender Sandstandorte in Dünen, Magerrasen und Heiden, auf Dämmen und an Wegrändern schickt die Art ihre Wurzeln zur Wassersuche bis in 1 m Tiefe aus. Auch die Kleinheit der Blätter und die rauhe Behaarung sind Anpassungen an zeitweilige Trockenheit.

## 2 Wasser-Lobelie
*Lobelia dortmanna*

30–60 cm Juli–Aug. ♃ 93

**Kennzeichen:** Wasserpflanze mit untergetauchter Blattrosette; aus dem Wasser emporragende Stengel mit bis zu 10 weiß-bläulichen Blüten in einer lockeren Traube.

**Vorkommen:** Nur im Westen des Norddeutschen Tieflands; sehr zerstreut und stark rückläufig, in sauren, nährstoffarmen stehenden Gewässern mit flachen Sandufern.

**Wissenswertes:** Die ungewollte Düngung auch der entlegensten Heide- und Moorgewässer durch Nährstoffeintrag aus der Luft hat zu einem rasanten Rückgang dieser Art geführt, die in nur ausgesprochen nährstoffarmen Flachgewässern bis zu einer Wassertiefe von 30 cm vorkommt. Bei genauer Betrachtung der Einzelblüten sind Ähnlichkeiten mit der als Einjahresblume unserer sommerlichen Gärten bekannten Blauen Lobelie (*Lobelia erinus*) unübersehbar.

## 3 Kugeldistel
*Echinops sphaerocephalus*

50–150 cm Juni–Aug. ♃ **94**

**Kennzeichen:** Pflanze distelartig; Stengel kantig gefurcht; Gesamtblütenbestand kugelig rund, stahlblau.

**Vorkommen:** Auf Ödland, Schuttplätzen, an Bahndämmen und in Steinbrüchen; vor allem im mittleren Bereich auf nährstoffreichen Böden lokal verbreitet.

**Wissenswertes:** Die Heimat dieser stattlichen Bienenpflanze ist in Südosteuropa. Als Gartenpflanze gelangte sie zu uns und mit Gartenabfällen in die freie Landschaft. Die Namen beschreiben die auffällige Gestalt des Gesamtblütenstandes mit griech. echinos = Igel und lat. sphaera = Kugel in Kombination mit griech. kephale = Kopf.

## 4 Berg-Flockenblume
*Centaurea montana*

30–70 cm Mai–Aug. ♃ **94**

**Kennzeichen:** Einer großen Kornblume ähnlich; Einzelblüten mit besonders langen und schmalen Kronzipfeln (**4a**).

**Vorkommen:** Vor allem in mittleren und höheren Lagen zerstreut auf Bergwiesen und in Bergwäldern; nur in der Mitte und im Süden.

**Wissenswertes:** Die stattliche Staude vermehrt sich auch in den Gärten sehr rasch und gelangt von dort aus gelegentlich in die freie Landschaft.

## 5 Kornblume
*Centaurea cyanus*

30–60 cm Juni–Okt. ⊙ **94**

**Kennzeichen:** Obwohl gebietsweise selten geworden, kann die Kornblume noch als allgemein bekannt gelten.

**Vorkommen:** Früher in allen Wintergetreidefeldern vertreten; heute nur noch gebietsweise; allerdings häufiger durch Ansaat in Wildblumenbeeten.

**Wissenswertes:** Früher schmückten die „kornblumenblauen“ Blumen manchen Feldblumenstrauß. Die verbesserte Saatgutreinigung hat zur Verdrängung dieser Zier der Feldflur beigetragen. Übrigens: Die auffälligen Randblüten dieses Korbblütlers sind reine Attrappen, die zwar die Insekten anlocken, aber im Grunde nur für die viel unscheinbareren inneren Röhrenblüten werben, die sowohl Staubblätter als auch Griffel aufweisen.

1

2

3

4a

4b

5a

5b

## 1 Wegwarte
*Cichorium intybus*

50–120 cm Juni–Sept. ♃ 94

**Kennzeichen:** Blütenkörbchen mit einem Durchmesser von 3–4 cm und einem auffälligen Hellblau (**1b**); Stengel blattarm, steif verzweigt; Blätter klein, lanzettlich.

**Vorkommen:** Auf Weiden und an Wegrändern, auf Brachland und in Steinbrüchen regional verbreitet; im Süden und Osten häufiger als im Norden und Westen.

**Wissenswertes:** Die Körbchen der Wegwarte bestehen ausschließlich aus Zungenblüten; sie sind meistens nur bis Mittag voll entfaltet. Eine alte Sage, die zugleich auf den Namen Bezug nimmt, beschreibt die Blütenkörbchen als die blauen Augen eines verwandelten Burgfräuleins, das am Wege stand und vergeblich auf die Rückkehr ihres Geliebten vom Kreuzzug aus dem Heiligen Land wartete. – Aus der alten Heil- und Nutzpflanze ging sowohl die Kaffee-Zichorie hervor, deren Wurzeln noch im 2. Weltkrieg zur Herstellung von Kaffee-Ersatz genutzt wurden, als auch die Salat-Zichorie, die unter dem Namen Chicorée bekannt ist. Die rund 20% Inulin enthaltenden Wurzeln werden Diabetikern als Gemüse empfohlen.

## 2 Alpen-Milchlattich
*Cicerbita alpina*

50–150 cm Juli–Sept. ♃ 94

**Kennzeichen:** Blauviolette Blüten in Körbchen, diese in einer Traube als Gesamtblütenstand an der Stengelspitze; alle Blüten zwittrig, zungenförmig; Pflanzen mit Milchsaft (Name!).

**Vorkommen:** In den Alpen und in den Hochlagen der Mittelgebirge vom Harz und Rothaargebirge bis zum Schwarzwald, zum Bayerischen Wald und zum Fichtelgebirge; in Bergwäldern und Hochstaudenfluren.

**Wissenswertes:** Außer in den Alpen ist die auffällige Hochstaude nur sehr punktuell in den höchsten und zugleich kühlsten Lagen der Mittelgebirge anzutreffen. Ihre heutigen Vorkommen werden als Relikte einer während der Eiszeit viel weiteren Verbreitung gedeutet (Glazialrelikt).

## 3 Zweiblättriger Blaustern
*Scilla bifolia*

10–20 cm März–Apr. ♃ 100

**Kennzeichen:** Zwiebelgewächs mit 2–7 hellblauen Blüten, rundem Stengel und meistens nur 2 Blättern.

**Vorkommen:** Ziemlich selten; fast nur in den Wäldern der Talauen vor allem von Rhein, Main, Neckar und Donau; immer auf nährstoffreichen, sickerfeuchten, humosen Böden; dort allerdings oft in großen Beständen.

**Wissenswertes:** Die Zwiebeln dieser besonders geschützten Art haben einen Durchmesser von 2–3 cm und sind damit vergleichsweise sehr groß. Aus jeder wachsen nur zwei Blätter und ein blütentragender Stengel heran.

## 4 Kleine Traubenhyazinthe
*Muscari botryoides*

10–25 cm März–Mai ♃ 100

**Kennzeichen:** Zwiebelgewächs mit rundlichen, geruchlosen Blüten in einer dichten, bis zu 6 cm langen Traube (**4b**); Blätter 2–3, steif aufrecht.

**Vorkommen:** Fast nur in der Südhälfte des Gebiets, vor allem auf der Schwäbischen Alb; auf nährstoffreichen Böden in Laubwäldern und Gebüschen, aber auch auf Bergwiesen.

## 5 Sibirische Schwertlilie
*Iris sibirica*

30–60 cm Juni ♃ 102

**Kennzeichen:** Typische *Iris*-Blüten mit blütenblattartigen Narben, 3 aufgerichteten inneren und 3 etwa 5 cm langen, nach unten weisenden äußeren Blütenblättern; letztere blauviolett geadert auf hellerem Grund.

**Vorkommen:** Nur sehr zerstreut im Süden und im Osten in Sumpf- und Moorwiesen sowie im Überschwemmungsbereich von Bächen und Flüssen; an den wenigen Standorten allerdings teilweise große, besonders schutzwürdige Bestände.

**Wissenswertes:** Voraussetzung für die Erhaltung dieser schönen Pflanzenart sind die herkömmliche extensive Nutzung der Wiesen durch eine einzige Mahd im Spätsommer mit Abtransport des Mähguts.

1a
1b
2
4a
3
4b
5

## 1 Gewöhnliche Küchenschelle
*Pulsatilla vulgaris*

10–40 cm März–Mai ♃ 6

**Kennzeichen:** Blüten anfangs glockig, später aufrecht und ausgebreitet, 6–7 cm im Durchmesser; grundständige Blätter erst nach der Blüte voll entwickelt, behaart, 2–4fach sehr fein gefiedert.

**Vorkommen:** In den Mittelgebirgen mit Kalkgestein, zumindest in der Südhälfte; im Norden sehr selten; vor allem in Kalk-Magerrasen und in lichten Kiefernwäldern.

**Wissenswertes:** Als einer der ersten Frühblüher in den Magerrasen, aber auch durch ihren Fruchtstand (**1b**) mit den verlängerten, stark behaarten Griffeln – Teufelsbart und Hexenbesen genannt – ist die Gewöhnliche Küchenschelle bekannter, als man angesichts ihres sporadischen Vorkommens vermuten möchte. – Der deutsche Name der streng geschützten Gattung ist wohl aus „Kühchenschelle" hervorgegangen, der wissenschaftliche Name aus lat. pulsare = schlagen, läuten.

## 2 Akeleiblättrige Wiesenraute
*Thalictrum aquilegifolium*

50–150 cm Mai–Juli ♃ 6

**Kennzeichen:** Blüten auffällig durch runde Büschel hellvioletter Staubfäden, nicht durch Kronblätter, die schon früh abfallen; Blätter 2–3fach gefiedert, blaugrün, den Blättern der Akelei ähnlich (Name!).

**Vorkommen:** Auf kalk- und nährstoffreichen Böden; in Hochstaudenfluren, Auen- und bachbegleitenden Wäldern; zerstreut am Oberrhein und von der Schwäbischen Alb und vom Fichtelgebirge bis in die Kalkalpen.

**Wissenswertes:** Wenn die Blüten sich entfalten, beherrschen die Staubfäden das Bild; sie bieten den Insekten Pollen als Nahrung an und verbergen zunächst noch die Narben. Erst später geben sie den Zutritt zu ihnen frei.

## 3 Hohler Lerchensporn
*Corydalis cava*

20–30 cm März–Mai ♃ 9

**Kennzeichen:** Blüten 2lippig, gespornt, zu 10–20 in einer endständigen Traube; Tragblätter der Blüten eiförmig, ganzrandig (**3b**).

**Vorkommen:** Regional häufig; nur auf kalkreichem Untergrund, daher große Verbreitungslücken; vor allem in Auenwäldern und artenreichen Buchen- und Laubmischwäldern.

**Wissenswertes:** Die Art besteht aus rotviolett- und weißblütigen Pflanzen, die nicht selten im selben Bestand vorkommen, wobei die rotviolette Blütenfarbe allerdings vorherrscht. Die langen Blütensporne werden häufig von Insekten, die auf „legalem Wege" den Nektar nicht oder nur schwer erreichen, angebissen und so ohne Bestäubung ausgebeutet. Die tief im Boden liegende Sproßknolle wird innen hohl (Name; auch lat. cavus = hohl); sie ist der giftigste Teil der insgesamt giftigen Pflanze.

## 4 Gefingerter Lerchensporn
*Corydalis solida*

10–20 cm März–Apr. ♃ 9

**Kennzeichen:** Im Gegensatz zur vorigen Art Tragblätter der Blüten fingerartig eingeschnitten; Knollen kompakt (lat. solidus = fest).

**Vorkommen:** Zerstreut; vor allem in der Mitte des Gebietes in den Talauen auf leichten, kalkarmen Böden; in Laubmischwäldern und Gebüschen, manchmal in großen Beständen.

**Wissenswertes:** Die Samen werden durch Ameisen verbreitet. Wenn sie einmal im Garten Fuß gefaßt haben, wachsen die hübschen Pflänzchen bald aus allen Pflasterfugen.

## 5 Nachtviole
*Hesperis matronalis*

40–80 cm Mai–Juli ⊙–♃ 54

**Kennzeichen:** Kreuzblütler mit violetten oder seltener auch weißen Blüten in endständigen Trauben; angenehm duftend.

**Vorkommen:** Außer im Norden regional im gesamten Gebiet; in Auenwäldern ursprünglich, sonst aus Gärten verwildert an Wegrändern und auf Schuttplätzen.

**Wissenswertes:** Vor allem nachts entströmt den Blüten ein starker Duft, der Nachtfalter von weit her anlockt. Darauf zielen sowohl „Nachtviole" als auch „*Hesperis*" (griech. hespera = Nacht).

1a

2

1b

3a

4

5

3b

## 1 Wildes Silberblatt
*Lunaria rediviva*

40–120 cm Mai–Juli ♃ **54**

**Kennzeichen:** Blüten violett, 1–2 cm groß; Blätter herzförmig, gezähnt; Schötchen länglich-elliptisch, beiderseits spitz auslaufend (im Gegensatz zum Garten-Silberblatt, dessen Schötchen stärker gerundet sind).

**Vorkommen:** An schattigen, kühlen Orten mit hoher Luftfeuchtigkeit; vor allem in Schlucht- und Bergwäldern des höheren Berglandes (Harz, Rheinisches Schiefergebirge, Fichtelgebirge, Schwäbische Alb, Alpen).

**Wissenswertes:** Die für Kreuzblütler typische falsche Scheidewand, die beim Öffnen der Schötchen oft stehen bleibt, glänzt silbrigweiß (**1b**). Zumal beim Garten-Silberblatt (*Lunaria annua*) wirkt die dünne Scheidewand wie der „Silbermond". Grund genug für allerlei volkstümliche Namen wie Silberpfennig und Silbertaler, aber auch für den wissenschaftlichen Namen, der auf lat. luna = Mond zurückgeht.

## 2 Zwiebeltragende Zahnwurz
*Dentaria bulbifera*

30–50 cm Apr.–Mai ♃ **54**

**Kennzeichen:** Blüten etwa 2 cm groß, violett bis weißlich; obere Stengelblätter ungeteilt, mit schwärzlichen Brutknospen in den Blattachseln.

**Vorkommen:** Nur regional in artenreichen Buchen- und Laubmischwäldern des Berglandes von der Eifel bis zum Harz, auch in einigen Teilen Süddeutschlands sowie punktuell auf dem Nördlichen Landrücken zwischen Schleswig und Oder.

**Wissenswertes:** Die Samenbildung ist offensichtlich gehemmt. Um so erfolgreicher ist die vegetative Vermehrung durch die auch Brutzwiebeln oder Bulbillen genannten Brutknospen, die statt Seitensprosse in den Blattachseln gebildet werden und dort oft schon auszutreiben beginnen. Sie fallen zu Boden, wo sie zum Teil von Ameisen weiterbewegt werden. „Zahnwurz" und „*Dentaria*" verweisen auf zahnartige Blattschuppen am Wurzelstock.

## 3 Wiesen-Schaumkraut
*Cardamine pratensis*

20–40 cm Apr.–Juni ♃ **54**

**Kennzeichen:** Hell-lilafarbene Kreuzblüten in einer doldigen Traube an der Stengelspitze; Grundblätter in einer Rosette; Stengelblätter gefiedert, mit linealischen Abschnitten.

**Vorkommen:** Im gesamten Gebiet häufig; einerseits auf Wiesen und feuchten Rasen, an Wegrändern und Ufern, andererseits in lichten Wäldern.

**Wissenswertes:** Der namengebende Schaum sind die speichelartigen Flöckchen, die man an dieser Pflanze häufiger findet als an anderen. In ihnen leben die Larven der Schaumzikade vor Feinden gut geschützt.

## 4 Sand-Schaumkresse
*Cardaminopsis arenosa*

20–50 cm Apr.–Mai ⊙ **54**

**Kennzeichen:** Blüten lila oder weiß, knapp 1 cm im Durchmesser; Grundblätter fiederspaltig mit bis zu 10 Fiederpaaren und einem größeren Endabschnitt.

**Vorkommen:** Weit über das gesamte Gebiet verteilte regionale Vorkommen auf Sand, Steinschutt oder in Felsspalten; vorzugsweise auf Kalk.

## 5 Meersenf
*Cakile maritima*

10–30 cm Juli–Sept. ⊙ **54**

**Kennzeichen:** Einziger hellviolett blühender Kreuzblütler am Hang und am Fuß der Dünen bis hin zum Strand; Pflanze ästig-ausgebreitet, liegend-aufsteigend, fleischig.

**Vorkommen:** An der Nord- und Ostseeküste teilweise häufig; vor allem auf kochsalzhaltigen Sandböden.

**Wissenswertes:** Der Meersenf gehört zu den Sandpflanzen, die Salzgehalt des Bodens, rasche Austrocknung ihres sandigen Standorts und Bewegung des Substrats ertragen und die Entstehung und Förderung von Dünen in unmittelbarer Küstennähe fördern. Für eine 1jährige Art wie den Meersenf ist das eine ganz besonders große Herausforderung, zumal er bis zum Spülsaum vordringt.

1a

1b

2

3a

3b

4

5

**Die Wicken** (Gattung *Vicia*) haben durchweg gefiederte Blätter mit 6 und mehr Fiederblättchen und einer meist verzweigten Ranke an der Blattspitze. Diese sog. Wickelranke führt kreisende Bewegungen aus und reagiert, sobald sie einen Halm oder Stengel berührt. Die Wicken sind durchweg Kräuter und unterscheiden sich von den Platterbsen u.a. dadurch, daß ihre Stengel nicht geflügelt sind. Ihre Blüten stehen in gestielten Trauben oder Köpfchen, die in den Blattachseln entspringen. Mit „vicia" bezeichneten schon die Römer die Wicken.

## 1 Vogel-Wicke
*Vicia cracca*

30–100 cm Juni–Aug. ♃ 25

**Kennzeichen:** Bis zu 50 intensiv violette Blüten in einer langen, zu einer Seite gewandten und langgestielten Traube, Blätter mit 6–10 Fiederpaaren.

**Vorkommen:** In Wiesen, Getreidefeldern, Wäldern, Hecken und Gebüschen anzutreffen; im gesamten Gebiet häufig.

**Wissenswertes:** Ob die Art „Vogel-Wicke" genannt wird, weil Vögel besonders gern die Samen picken, bleibe dahingestellt. Kinder jedenfalls erkennen mit etwas Fantasie im Umriß jeder Einzelblüte ein Vögelchen. Als Viehfutter ist die Pflanze gut geeignet. Obendrein trägt sie wie viele andere Schmetterlingsblütler über ihre Symbiose mit Knöllchenbakterien zur Stickstoffanreicherung im Boden bei.

## 2 Wald-Wicke
*Vicia sylvatica*

50–150 cm Juni–Aug. ♃ 25

**Kennzeichen:** Meistens weniger einseitswendige, weißlich-violette Blüten als bei der Vogel-Wicke in einer langgestielten Traube; Blätter mit 6–9 Fiederpaaren.

**Vorkommen:** Vor allem im Osten und im Süden verbreitet, in Bergwäldern auf nährstoffreichen Böden.

**Wissenswertes:** Im Gegensatz zu den meisten anderen Wicken-Arten bevorzugt die Wald-Wicke den Halbschatten lichter Wälder, vor allem an den steilen Hängen von Schluchten, aber auch an Waldwegen und Böschungen. Sie eignet sich auch für entsprechende Standorte in Gärten und Parks.

## 3 Behaarte Wicke
*Vicia hirsuta*

20–50 cm Mai–Aug. ⊙ 25

**Kennzeichen:** Blütentrauben mit 3–5 Blüten, gestielt; Blüten weißlich bis hellviolett, mit 3–4 mm Länge extrem klein; Hülse behaart und mit nur 2 Samen.

**Vorkommen:** Außer in den Alpen im gesamten Gebiet in Getreidefeldern, an Wegrändern und auf Brache; häufig, nährstoffreicher Boden vorausgesetzt.

**Wissenswertes:** Die Art wird auch „Zitterlinse" genannt. Bei trockenem Wetter vernimmt man im reifenden Getreide das Knistern der sich öffnenden Hülsen.

## 4 Viersamige Wicke
*Vicia tetrasperma*

20–60 cm Juni–Juli ⊙ 25

**Kennzeichen:** Blütentraube klein, 1–3blütig, blaßviolett; Hülsen kahl und mit 4 Samen.

**Vorkommen:** Außer im Nordwesten und in den Alpen im gesamten Gebiet häufig in Getreidefeldern und auf Brachen.

**Wissenswertes:** Wie die Behaarte ist auch die Viersamige Wicke seit der Jungsteinzeit Kulturbegleiter in Mitteleuropa. Das namengebende Merkmal ist gut sichtbar, wenn man die Hülsen gegen das Licht hält.

## 5 Zaun-Wicke
*Vicia sepium*

20–60 cm Mai–August ♃ 25

**Kennzeichen:** Blüten schmutzig blauviolett, zu 2–5 in sehr kurz gestielten Büscheln.

**Vorkommen:** Vor allem auf Wiesen, aber auch auf Waldlichtungen, an Waldwegen und Waldsäumen; im gesamten Gebiet häufig.

**Wissenswertes:** Wie bei einigen anderen Wicken findet man auch bei der Zaun-Wicke auf der Unterseite der Nebenblätter als dunkle Flecken kleine Nektarien, die von Ameisen gern besucht werden. Als Futterpflanze für das Vieh ist die Art wegen ihres Eiweißreichtums gern gesehen.

1a

2

1b

3

5

4

## 1 Luzerne
*Medicago sativa*

30–80 cm Juni–Okt. ♃ ✿ 25

**Kennzeichen:** Blüten in kurzen Trauben; Hülsen spiralig 2–3mal gewunden (**1b**); Blätter 3zählig.

**Vorkommen:** Auf Äckern angebaut, aber häufig auch an Wegrändern, Böschungen und im Grünland wildwachsend; im Norden zerstreut, sonst häufig.

**Wissenswertes:** Diese wertvolle Futterpflanze kann bis zu 4mal im Jahr geschnitten werden. Sie kommt aus Asien und wird heute in vielen Teilen der Welt angebaut. Ihr wissenschaftlicher Name besagt, daß sie aus Medien stamme. Schon in der Antike wurde sie als Futterpflanze angebaut.

## 2 Wald-Storchschnabel
*Geranium sylvaticum*

30–60 cm Mai–Aug. ♃ ✿ 37

**Kennzeichen:** Blüten im Vergleich zu denen des Wiesen-Storchschnabels weniger blau als vielmehr blau-violett und kleiner; Blätter weniger tief eingeschnitten.

**Vorkommen:** In einigen Mittelgebirgen und in den Alpen in Säumen und Hochstaudenfluren, aber auch auf Fettwiesen; fehlt im Norddeutschen Tiefland.

**Wissenswertes:** Der Schleudermechanismus der Früchte scheint bei dieser Art noch effektiver zu sein als beim Wiesen-Storchschnabel. Die Samen werden fast 3 m weit fortgeschleudert.

## 3 Strandflieder
*Limonium vulgare*

20–40 cm Juli–Sept. ♃ 70

**Kennzeichen:** Stengel von der Mitte an sparrig verzweigt, blattarm; Blüten klein, dicht stehend, in einseitswendigen Ähren; Blätter schmal-elliptisch in den Stiel verjüngt.

**Vorkommen:** In Salzwiesen der Nordseeküste verbreitet; an der Ostseeküste nur vereinzelt.

**Wissenswertes:** Diese typische Salzpflanze mit ausgeschiedenen Salzkristallen an den grundständigen Blättern verdient strengen Schutz. Durch Eindeichung und intensive Nutzung des Deichvorlandes hat die Art große Teile ihres Lebensraums verloren; zu oft diente sie früher auch als Souvenir in Trockensträußen. Der deutsche Name beschreibt die fliederfarbenen Blüten, der wissenschaftliche das Vorkommen der Art auf Salzwiesen (griech. leimon = Wiese).

## 4 Deutscher Enzian
*Gentianella germanica*

10–40 cm Juni–Okt. ⊙ 72

**Kennzeichen:** Blütenfarbe rotviolett; Blüten innen bärtig, 5teilig, 2,5–3 cm groß; Grundblätter zur Blütezeit bereits vergilbt, Stengelblätter breit-lanzettlich.

**Vorkommen:** Auch außerhalb der Alpen; im Bergland mit Kalkgestein im Untergrund; zumindest regional verbreitet, nicht jedoch im Norddeutschen Tiefland; vornehmlich auf Kalk-Halbtrockenrasen und im Saum von Gebüschen.

**Wissenswertes:** Die Kronröhre ist durch einen Kranz des für die Gattung *Gentianella* typischen Bartes für die meisten kleineren Insekten nicht erreichbar. Nur langrüsselige Insekten können an den Nektar am Blütenboden gelangen.

## 5 Ackerröte
*Sherardia arvense*

5–20 cm Mai–Sept. ⊙ 75

**Kennzeichen:** Stengel niederliegend und aufsteigend; Blüten nur 0,5 cm groß, zu 5–15 an den Spitzen der Stengel und der Zweige; Blätter zu 4–6 in Quirlen, bis 1,5 cm lang, behaart.

**Vorkommen:** Auf Getreideäckern, allerdings nur auf kalkhaltigen Böden; allgemein recht zerstreut; in den Sandgebieten und den Silikat-Mittelgebirgen weitgehend fehlend.

**Wissenswertes:** In weiten Teilen Mitteleuropas haben die auf den Äckern ausgebrachten Herbizide diesem nur bei Massenauftreten auffälligen Pflänzchen bereits den Garaus gemacht. Der wissenschaftliche Name erinnert an den englischen Diplomaten William Sherard, der von 1658–1728 lebte und sich auf seinen Reisen auch mit den Pflanzen befaßte.

1a
1b
2
3
4
5

**Die Veilchen** (Gattung *Viola*) schließen auch die Stiefmütterchen mit ein. Es sind durchweg krautige Pflanzen, deren Blüten 2seitig symmetrisch sind und aus 5 Kronblättern bestehen, deren unterstes gespornt ist. Während bei den Veilchen im engeren Sinne 2 Kronblätter nach oben und 3 nach unten gerichtet sind, haben die Stiefmütterchen 4 nach oben gerichtete Kronblätter und ein nach unten gerichtetes. Die gezähnten Blätter sind meistens eiförmig oder lanzettlich und von großen Nebenblättern flankiert. Der deutsche Name „Veilchen" geht auf das klassisch-lateinische „viola" zurück.

## 1 Sumpf-Veilchen
*Viola palustris*

5–15 cm Mai–Juni ♃ 52

**Kennzeichen:** Blüten blaßlila; Blätter mehr nierenförmig.

**Vorkommen:** In Flach- und Hochmooren, an kalkarmen Quellen und an verlandenden Gewässern; auf staunassen, sauren, oft auf torfigen Böden; im Norden weit, im Süden nur regional verbreitet.

## 2 März-Veilchen
*Viola odorata*

5–10 cm März–Mai/Aug.–Sept. ♃ 52

**Kennzeichen:** Rosettenpflanze mit oberirdischen Ausläufern; Blüten einzeln, lang gestielt, grundständig, 2 cm lang, dunkelviolett, stark duftend.

**Vorkommen:** An Waldrändern, in Hecken und Gebüschen; mit vielen kleineren Verbreitungslücken über das gesamte Gebiet verstreut; auffallend oft in Dorfnähe.

**Wissenswertes:** Das März-Veilchen, das in Anlehnung an den wissenschaftlichen Artnamen auch Duftendes Veilchen genannt wird (lat. odor = Geruch, odoratus = wohlduftend), ist wohl ursprünglich nur in Südeuropa beheimatet. Schon sehr früh gelangte es als Zierpflanze in die Gärten und von dort in die freie Landschaft. Aus seinem Wurzelstock bereitete man ein schleimlösendes Mittel. – Obwohl die Art Insekten mit ihrem Duft anlockt und mit Nektar belohnt, führt der Insektenbesuch nur selten zur Samenbildung. Samen entwickeln sich meistens erst durch Selbstbestäubung in den Sommerblüten, die den Besuchern verschlossen bleiben.

## 3 Wald-Veilchen
*Viola reichenbachiana (V. sylvestris)*

5–20 cm Apr.–Mai ♃ 52

**Kennzeichen:** Sporn und übrige Kronblätter farbgleich violett; Sporn abwärts gebogen, über 4 mm lang.

**Vorkommen:** In krautreichen Laub- und Mischwäldern; auf nährstoff- und meist kalkreichen Böden fast überall anzutreffen.

**Wissenswertes:** Bei dieser Art entfällt das schwer erklärbare unterschiedliche Verhalten von Frühjahrs- und Sommerblüten: Auch die von Insekten besuchten, geöffneten Frühjahrsblüten bringen Samen hervor.

## 4 Hain-Veilchen
*Viola riviniana*

5–20 cm Apr.–Mai ♃ 52

**Kennzeichen:** Der vorigen Art ähnlich, jedoch Sporn dicker und weißlich.

**Vorkommen:** Mehr in bodensauren Eichen-Mischwäldern; ebenfalls weit verbreitet, aber mit Verbreitungslücken.

**Wissenswertes:** Diese und die vorige Art haben ihre wissenschaftlichen Namen nach deutschen Botanikern erhalten: nach August Quirinus Rivinus (1652–1722) bzw. nach Heinrich Gottlieb Reichenbach (1793–1879).

## 5 Hunds-Veilchen
*Viola canina*

5–30 cm Mai–Juni ♃ 52

**Kennzeichen:** Pflanze ohne grundständige Blattrosette; Blüten mit über 5 mm langem Sporn und am Grunde weißlichem unterem Kronblatt, das von dunkelvioletten Adern durchzogen ist (**5b**).

**Vorkommen:** In Magerrasen, Heiden, Säumen von Hecken und Gebüschen auf sandig-saurem Boden; verbreitet mit größeren Lücken.

**Wissenswertes:** Der Tiername kennzeichnet die duftlose Art als zweitrangig und weniger wertvoll.

1

2

3

4

5a

5b

## 1 Echtes Lungenkraut
*Pulmonaria officinalis*

10–30 cm März–Mai ♃ 82

**Kennzeichen:** Blüten anfangs rot, später blauviolett; Blätter schmal eiförmig, rauh behaart, hellgefleckt (ungefleckt deutet auf *Pulmonaria obscura*).

**Vorkommen:** Im Nordwesten nur punktuell, sonst weiter verbreitet; in artenreichen Buchen- und in Eichenmischwäldern; auf kalk- und nährstoffreichen Böden.

**Wissenswertes:** Beim Altern der Blüten verändert sich die Basensättigung im Zellsaft und führt zu einem besonders auffälligen Farbwechsel, der zu benachbarten roten und blauvioletten Blüten führt und der Grund dafür ist, daß der Volksmund von „Brüderchen und Schwesterchen" spricht. Der lungenähnlichen Blattform verdankt die Art ihre Namen (lat. pulmo = Lunge). Ein Blattaufgruß verschafft Linderung bei Husten und Bronchitis.

## 2 Echter Beinwell
*Symphytum officinale*

30–100 cm Mai–Juli ♃ 82

**Kennzeichen:** Blüten entweder schmutzig-rotviolett oder gelblich-weiß, glockig, nickend; Blätter rauh behaart, breit-lanzettlich, am Stengel herablaufend.

**Vorkommen:** Auf Schuttplätzen und an Wegrändern, auf Feuchtwiesen, an Ufern und in Gräben; im gesamten Gebiet vertreten.

**Wissenswertes:** Diese alte Arzneipflanze wurde früher zur Wundbehandlung und zur Heilung von Knochenbrüchen genutzt. Daran erinnert der deutsche Name, der das Verb „wallen", „überwallen", „zusammenheilen" enthalten soll, ebenso wie die wissenschaftliche Bezeichnung, die auf griech. symphein (= zusammenwachsen) zurückgeht.

## 3 Eisenkraut
*Verbena officinalis*

30–80 cm Juli–Okt. ⊙ 90

**Kennzeichen:** Pflanze in den oberen Teilen blattlos und stark verzweigt; Blüten blaßlila, klein, dicht gedrängt in endständigen Ähren (**3b**); Blätter fiederartig eingeschnitten.

**Vorkommen:** Außer im Nordwesten an Wegrändern und auf Schuttplätzen weit verbreitet; auf nährstoffreichen Böden.

**Wissenswertes:** In der Volksheilkunde hatte die Art früher ein breites Verwendungsspektrum. Überliefert aber ist die alte Vorstellung verschiedener Völker, nach der das Eisenkraut gegen das Eisen der Waffen schützen und die damit geschlagenen Wunden heilen soll (Name!).

## 4 Gundermann
*Glechoma hederacea*

10–30 cm März–Juni ♃ **91**

**Kennzeichen:** Blüten in den Blattachseln der gegenständigen Blätter und dadurch scheinbar in Quirlen; Blätter nierenförmig, gekerbt, die oberen oft etwas rotbraun überlaufen.

**Vorkommen:** Im gesamten Gebiet häufig auf Grünland, in krautreichen Wäldern und Säumen, an Wegränderung und Ufern; Weiser für nährstoffreiche Böden.

**Wissenswertes:** Der Gundermann ist auch unter der Bezeichnung „Gundelrebe" bekannt. Seine Verwendung bei Magen-Darm-Beschwerden ist heute auf die Volksmedizin und die Homöopathie beschränkt. Die jungen Blättchen und Sprosse eignen sich vorzüglich für Wildgemüse und -suppen.

## 5 Kleine Brunelle
*Prunella vulgaris*

5–20 cm Juni–Okt. ♃ **91**

**Kennzeichen:** Lippenblüten 1 cm lang, in sehr dichten, eiförmigen Ähren an der Stengelspitze; Stengel liegend und aufsteigend.

**Vorkommen:** Überall anzutreffen, vor allem auf kurzem Parkrasen, Weiden, an Wegrändern, aber auch an lichten Stellen im Wald.

**Wissenswertes:** Auf Parkrasen kann sich die Kleine Brunelle deshalb ausbreiten, weil sie durch ihren kriechenden Wuchs dem Rasenmäher entgeht und sich obendrein vegetativ vermehren kann. Ihren Namen hat sie nach den oft rostbraun gefärbten Kelchblättern. Die wissenschaftliche Bezeichnung ist wahrscheinlich ein künstliches Wortgebilde, das durch Latinisierung des deutschen Namens entstand.

1
2
3a
3b
4b
4a
5

## 1 Feld-Steinquendel
*Acinos arvensis*

10–30 cm Mai–Sept. ⊙ **91**

**Kennzeichen:** Pflanze niederliegend-aufsteigend; Blüten violett, mit weißem Muster auf der Unterlippe, meist zu 3 in den Achseln der oberen Blätter.

**Vorkommen:** In Kalk-Trockenrasen, mageren Wiesen mit kalkreichem Untergrund und lückigem Bewuchs, auf Mauern und Felsen; außer im Nordwesten im gesamten Gebiet regional verbreitet, zumindest in den Kalk-Mittelgebirgen.

## 2 Acker-Minze
*Mentha arvensis*

10–30 cm Juli–Sept. ♃ **91**

**Kennzeichen:** Blüten im oberen Drittel des Stengels und der Zweige zahlreich und dicht in den Blattwinkeln, Quirle vortäuschend.

**Vorkommen:** Auf nassen Böden; in Gräben, Grünland, Ödland, gelegentlich auch auf Äkkern; im gesamten Gebiet verbreitet.

**Wissenswertes:** Diese Art wurde zumindest früher in gleicher Weise verwendet wie Wasser- und Pfefferminze.

## 3 Roß-Minze
*Mentha longifolia*

20–100 cm Juli–Sept. ♃ **91**

**Kennzeichen:** Blüten in langen, spitz zulaufenden Scheinähren an den Triebspitzen; Blätter oberseits kahl, unterseits kurz, aber dicht behaart.

**Vorkommen:** An nassen Stellen an Wegrändern und Gräben, an Ufern und in Feuchtwiesen, im Süden häufig, im Norden nur sehr verstreut.

**Wissenswertes:** Die Minzen neigen stark zur Bastardierung, so daß etliche schwer definierbare Formen auftreten.

## 4 Wasser-Minze
*Mentha aquatica*

20–80 cm Juli–Okt. ♃ **91**

**Kennzeichen:** Blüten in dichten, rundlichen Blütenständen an den Spitzen der Triebe, nicht so zahlreich in den Achseln der oberen Blätter; Stengel oft rötlich.

**Vorkommen:** Auf nassen Standorten; an Ufern, in Gräben und auf Feuchtwiesen im gesamten Gebiet recht häufig.

**Wissenswertes:** Die Wasser-Minze verströmt den typischen Minzgeruch besonders intensiv, und zwar auch ohne daß die Blätter gerieben werden. Ihre Wirkung bei Magenbeschwerden und zur Förderung der Gallensekretion steht der der Pfefferminze kaum nach. Aus ihr und der Grünen Minze (*M. spicata*) entstand 1696 in einem Arzneigarten in England durch Bastardierung die Pfefferminze, die steril ist. Sie wird rein vegetativ vermehrt und ist eine der vielseitigsten und beliebtesten Heilpflanzen. Ihre krampflösenden, appetitanregenden und verdauungsfördernden Eigenschaften veranlassen neben dem angenehmen Geschmack viele Menschen zum Genuß des bekannten Pfefferminztees, vor dessen Genuß über längere Zeit und in zu starker Konzentration jedoch gewarnt wird. Menthol ist wegen seiner erfrischenden und desinfizierenden Wirkung auch zur Mundhygiene bestens geeignet. Die Verwendung des frischen oder getrockneten Krauts als Gewürz wird gerade zur Zeit vielfach neu entdeckt.

## 5 Zymbelkraut
*Cymbalaria muralis*

3–5 cm Juni–Aug. ♃ **85**

**Kennzeichen:** Rachenblüten hellviolett, mit weißem Gaumen und zwei gelblichen Flecken (**5b**); sehr charakteristischer Standort.

**Vorkommen:** An Mauern und Felsen, auch auf flachgründigem Kalkgrus; regional verbreitet; im Süden häufiger als im Norden.

**Wissenswertes:** Die ursprünglich in Südeuropa heimische Art ist zunächst als Gartenpflanze nach Mitteleuropa gelangt und erst seit dem 17. Jahrhundert von dort auf geeignete Standorte außerhalb menschlicher Pflege. Bei der Fruchtreife krümmen sich die Blütenstiele vom Licht weg und drücken dabei die Samenkapseln in Mauerritzen und Felsfugen. Dort ist das Zymbelkraut heute einer der häufigsten Spezialisten für die Besiedlung derartiger Extremstandorte.

1

2

3

4

5a

5b

## 1 Wald-Ehrenpreis
*Veronica officinalis*

10–20 cm Mai–Juli ♃ [85]

**Kennzeichen:** Pflanze behaart, niederliegend wurzelnd, an den Spitzen aufsteigend; Blüten hell-lila, dunkler geädert, in reichblütigen Trauben an den Triebspitzen.

**Vorkommen:** In Wäldern, Heiden und Magerweiden auf nährstoffarmen, sauren Böden; im gesamten Gebiet verbreitet.

**Wissenswertes:** Der Wald-Ehrenpreis gehört zu den Magerkeitszeigern, die es in unseren überdüngten Kulturlandschaften schwer haben und allenthalben auf dem Rückzug sind. Früher war die Verwendung der getrockneten oberirdischen Teile zu Heilzwecken vielfältiger als heute. In der Homöopathie und in einigen Fertigpräparaten der herkömmlichen Pharmazie – vor allem gegen Husten – finden noch Bestandteile dieser als „offizinell" bezeichneten Ehrenpreis-Art Verwendung (officinalis = arzneilich, als Arznei gebräuchlich).

## 2 Alpenhelm
*Bartsia alpina*

5–15 cm Juli–Aug. ♃ [85]

**Kennzeichen:** An der Spitze des unverzweigten Stengels trübviolette Hochblätter und in deren Achseln braunviolette Blüten mit violetten Kelchen; Blätter auffällig runzelig.

**Vorkommen:** Quellmoore und Steinrasen im subalpinen und alpinen Bereich.

**Wissenswertes:** Obwohl meistens nur um die 10 cm hoch, fällt der Alpenhelm durch seine violetten Triebspitzen mit den bis zu 2 cm großen Rachenblüten auf. Nicht sogleich erkennbar ist, daß er sich als Halbschmarotzer mit seinen Wurzeln an die Wurzeln benachbart wachsender Gräser und Kräuter heranmacht. Seinen wissenschaftlichen Namen erhielt er nach dem in holländischen Diensten arbeitenden deutschen Arzt und Botaniker Johann Bartsch (1710–1738).

## 3 Gewöhnliches Fettkraut
*Pinguicula vulgaris*

5–20 cm Mai–Juni ♃ [87]

**Kennzeichen:** Blätter in einer ausgebreiteten Rosette, elliptisch, ganzrandig, sich an den Rändern nach oben einrollend; Blüten blauviolett, 2lippig mit Sporn, einzeln am blattlosen Stengel.

**Vorkommen:** Im Norden nur sehr zerstreut, im Süden verbreiteter an feuchten, überrieselten oder sickernassen Standorten in Quellmulden, Heiden und Mooren.

**Wissenswertes:** Das Fettkraut mit seinen fett glänzenden Blättern gehört zu den wenigen insektenfressenden Arten der heimischen Flora. Der Fettglanz (Name!, auch lat. pinguiculus = recht fett) der Blattoberseiten geht auf Drüsensekrete zurück und lockt kleine Insekten an. Jene, die auf den Blättern landen, kleben an den köpfchenartigen, gestielten Drüsen fest, während ungestielte Drüsen eiweißspaltende Labenzyme abspalten. Indem sich die Blätter vom Rand her einrollen, bringen sie die Drüsen besonders intensiv mit der Beute in Berührung. Zusammen mit den Wasserschlauch- und Sonnentau-Arten gehört das Gewöhnliche Fettkraut somit zu den fleischfressenden (carnivoren) Arten, die durch den Insektenfang vor allem ihre Stickstoffversorgung aufbessern.

## 4 Wilde Karde
*Dipsacus fullonum (D. silvester)*

80–150 cm Juli–Aug. ⊙–♃ [79]

**Kennzeichen:** Blüten in großen, kegelförmigen Köpfen mit starren, stechenden und alles überragenden Hüllblättern (**4a**); Stengel und Blätter stachelig.

**Vorkommen:** Auf Schuttplätzen und an Wegrändern; stets auf sonnigen, meistens etwas feuchteren Standorten; im Norden zerstreut, sonst weiter verbreitet.

**Wissenswertes:** Stengel und Blütenstände der Wilden Karde bleiben über Winter bis in das Frühjahr hinein abgestorben und trocken erhalten. Der Naturfreund bewundert die Regenwasser-Zisternen, die durch Verwachsung der paarweise einander gegenüberstehenden Blätter entstehen und fast immer mit Wasser gefüllt sind. Der deutsche Name „Karde" ist ein Lehnwort, das aus dem lat. carduus = Distel entstand, obwohl die Wilde Karde mit der Gattung *Carduus*, d.h. mit Kratzdisteln, verwandtschaftlich nichts zu tun hat.

1

3

2

4b

4a

## 1 Wiesen-Witwenblume
*Knautia arvensis*

30–70 cm Juli–Aug. ♃ 79

**Kennzeichen:** Der folgenden Art ähnlich, jedoch Blumenkrone 4zipfelig und Stengel unter den Blütenköpfchen behaart.

**Vorkommen:** Bis auf einige Bereiche im Westen und Nordwesten im gesamten Gebiet vertreten; auf nicht zu nährstoffreichen Wiesen und Wegrändern, auch auf Kalk-Magerrasen.

**Wissenswertes:** In Ableitung vom wissenschaftlichen Gattungsnamen ist auch die deutsche Bezeichnung „Knautie" gebräuchlich. Die Namen erinnern an den deutschen Arzt und Botaniker Ch. Knaut (1654–1716). Die 3–4 cm breiten Blütenstände haben Ähnlichkeit mit Körbchenblüten, zumal die Köpfchen aus ca. 50 Einzelblüten bestehen, von denen die randständigen deutlich vergrößert sind. Im Gegensatz zu den Korbblütlern aber ragen hier die Staubblätter weit aus der Blüte heraus und sind nicht zu einer Röhre verwachsen, die den Griffel umschließt.

## 2 Tauben-Skabiose
*Scabiosa columbaria*

30–60 cm Juni–Okt. ♃ 79

**Kennzeichen:** Der vorigen Art ähnlich, jedoch Blütenkrone 5zipfelig und Stengel unter den Blütenköpfchen anliegend behaart; Stengel stärker verzweigt.

**Vorkommen:** Weniger weit verbreitet als die vorige Art, im Norden fast nur in den Flußtälern; sonst auf kalkreichen Magerstandorten, auf Halbtrockenrasen und Extensivweiden.

**Wissenswertes:** Die Art ist mit ihren bis zu 1,50 m tiefen Wurzeln den Bedingungen magerer Trockenstandorte optimal angepaßt, nicht jedoch der Konkurrenz der starkwüchsigen Stickstoff-Profiteure in unseren überdüngten Agrarlandschaften. Deshalb geht sie in den letzten Jahrzehnten überall deutlich zurück.

## 3 Echter Frauenspiegel
*Legousia speculum-veneris*

10–30 cm Juni–Aug ⊙ 92

**Kennzeichen:** Glockenblumengewächs mit radförmig ausgebreiteten, blauvioletten Blüten (**3b**), die einen Durchmesser von knapp 2 cm haben.

**Vorkommen:** Nur noch zerstreut in Getreidefeldern; ausschließlich in Kalkgebieten, vor allem in mittleren Gebirgslagen.

**Wissenswertes:** Dieser früher weiter verbreitete Getreidebegleiter ist aus ganzen Landstrichen völlig verschwunden. Mancherorts – wie z.B. in der Eifel – aber kam er wieder zur Blüte, nachdem Ackerrandstreifen von 3–5 m Breite nicht mehr mit Herbiziden behandelt wurden. Im Boden ruhende und durch das Pflügen zutage geförderte Samen waren offenbar noch keimfähig.

## 4 Alpen-Aster
*Aster alpinus*

5–20 cm Juni–Aug. ♃ **94**

**Kennzeichen:** Blüten einzeln an der Stengelspitze, mit 3–4 cm im Durchmesser; Blätter ganzrandig, behaart.

**Vorkommen:** Fast nur in den Alpen; vor allem auf kalkreichen, flachgründigen Lehmböden; auf trockenen Weiden und Matten.

**Wissenswertes:** Diese besonders großblumige, schöne Aster tritt in Höhenlagen zwischen 1500 und 3000 m stellenweise noch in größeren Beständen auf.

## 5 Strand-Aster
*Aster tripolium*

20–60 cm Juni–Okt. ⊙ **94**

**Kennzeichen:** Stengel ästig-verzweigt, kahl; Blätter fleischig.

**Vorkommen:** In Salzwiesen und Röhrichten; an den Küsten und im Brackwasserbereich der Flüsse häufig; an anderen Salzstellen des Binnenlandes nur zerstreut.

**Wissenswertes:** Die Strand-Aster kann nur auf salzhaltigen Böden wachsen und ist schon deshalb in ihrer Verbreitung eng begrenzt. Als Gartenpflanze kommt sie nicht in Betracht. Salzhaltige Sümpfungswässer – etwa des Steinkohlenbergbaus im Ruhrgebiet – haben zur Versalzung von Böden und Vorflutern beigetragen, die sich jetzt plötzlich im Hochsommer mit blühenden Strand-Aster-Beständen schmücken.

1

3a

2

3b

5

4

## 1 Scharfes Berufkraut
*Erigeron acris*

10–50 cm Juni–Sept. ♃ **94**
**Kennzeichen:** Körbchenblütler mit mehrreihigem Hüllkelch und diesen nur um wenige Millimeter überragenden Zungenblüten.
**Vorkommen:** Auf Sand, Schotter und grusigem Kalkmergel; vor allem auf kalkreichen Trockenstandorten; mit größeren Verbreitungslücken im gesamten Gebiet vertreten.
**Wissenswertes:** Weil die Zungenblüten die Röhrenblüten nur wenig überragen, unterscheiden sich die Berufkräuter trotz gewisser Ähnlichkeit doch deutlich von den Astern.

## 2 Einjähriges Berufkraut
*Erigeron annuus*

40–120 cm Juni–Okt. ⊙–♃ **94**
**Kennzeichen:** Stengel stark verzweigt; Hüllblätter fast alle gleich lang und dadurch einen einzigen gleichmäßigen Hüllkelch bildend; Blätter breit-lanzettlich, grob gezähnt.
**Vorkommen:** Im Norden zerstreut, im Süden weiter verbreitet; in Waldland, auf Schuttplätzen und an Ufern.
**Wissenswertes:** Unter dem Namen „Einjähriger Feinstrahl" (*Stenactis annua*) war die Art früher bekannt, als sie noch häufiger als heute in den Gärten als Zierpflanze gehegt wurde. Aber schon im 18. Jahrhundert gelang es ihr vielerorts gleichzeitig, in die Freiheit zu gelangen und sich in Wildstauden-Gesellschaften zu behaupten. Der Name „Feinstrahl" für mehrere heute zu den Berufkräutern gehörende Arten verweist auf deren sehr dünne, strahlig wirkende Zungenblüten.

## 3 Gewöhnliche Kratzdistel
*Cirsium vulgare*

60–150 cm Juni–Sept. ⊙–♃ **94**
**Kennzeichen:** Blütenkörbchen 3–4 cm breit mit stark vergrößertem, eiförmigem Hüllkelch und in dunkle Dornen mit hellen Spitzen auslaufenden Hüllblättern.
**Vorkommen:** Auf Schuttplätzen und Brachen sowie an Wegrändern im gesamten Gebiet verbreitet und recht häufig.
**Wissenswertes:** Noch deutlicher als die anderen Katzdisteln weist diese Art auf stickstoffreiche oder -überdüngte Böden hin.

## 4 Acker-Kratzdistel
*Cirsium arvense*

60–120 cm Juni–Sept. ♃ **94**
**Kennzeichen:** Stengel verzweigt mit dronigen Blättern, aber nur selten mit kleinen, am Stengel herablaufenden Blättchen (wie die Sumpf-Kratzdistel sie hat).
**Vorkommen:** Auf Äckern, Brachen und Schuttplätzen im gesamten Gebiet verbreitet und durchweg häufig.
**Wissenswertes:** Auf Äckern und Weiden ist die Acker-Kratzdistel ein echtes Problemunkraut, weil sie durch Düngung gefördert wird und nur schwer zu beseitigen ist. Mit bis zu 6000 Früchten je Pflanze – alle mit einem Haarkranz zu kilometerweitem Flug befähigt – ist die Art geradezu allgegenwärtig. An Ort und Stelle behauptet sie den einmal von ihr besiedelten Platz mit Hilfe der bis zu 2 ½ m tiefen Wurzeln und der Fähigkeit, auch aus kleinen Wurzelstücken wieder zu kompletten Pflanzen heranzuwachsen. Im Gegensatz zu Landwirten und Gärtnern mögen Falter und Hummeln die Blüten- und viele gefiederte Körnerfresser – vor allem der Distelfink – die reifen Fruchtstände recht gern.

## 5 Hasenlattich
*Prenanthes purpurea*

50–150 cm Juli–Aug. ♃ **94**
**Kennzeichen:** Blütenkörbchen violettrot, mit nur 5 Blüten und 6–8 Hüllblättern, hängend (**5a**); alle Pflanzenteile mit weißem Milchsaft.
**Vorkommen:** Von Vorposten – z.B. im Taunus, der Rhön, im Thüringer Wald und im Erzgebirge – abgesehen erst südlich des Mains mit größeren geschlossenen Verbreitungsgebieten; vor allem in schattigen Mischwäldern auf kalkarmen Böden.
**Wissenswertes:** Der wissenschaftliche Gattungsname ist aus griech. prenes = vorwärts geneigt und griech. anthos = Blüte zusammengesetzt und nimmt ebenso wie die weitere volkstümliche Bezeichnung „Nickwurz" auf die hängenden oder nickenden Blütenkörbchen Bezug.

1

2

3

4

5a

5b

## 1 Hopfen
*Humulus lupulus*

bis 6 m Juli–Aug. ♃ 15

**Kennzeichen:** Kletterpflanze mit weinähnlichen Blättern und durch Widerhaken rauhen Sprossen.

**Vorkommen:** Im gesamten Gebiet vertreten; vor allem auf feuchten, nährstoffreichen Böden in Auenwäldern, Hecken und Gebüschen.

**Wissenswertes:** Wie bei den Stauden üblich, werden die oberirdischen Teile des Hopfens alljährlich neu gebildet. Die Triebe winden im Uhrzeigersinne. Die reifen weiblichen Blütenstände (**1b**) enthalten mit ätherischen Ölen, Harz und Hopfenbittersäuren die Stoffe, die dem Bier Geschmacksqualität und Beständigkeit sichern. Sie werden als gelbes „Hopfenmehl" von Drüsen an der Basis der die Fruchtzapfen bildenden Zapfenschuppen produziert. In einigen sommerwarmen Landstrichen wird der Hopfen in größerem Stil angebaut, so u.a. in der Hallertau zwischen Donau und Isar. Die männlichen Hopfenpflanzen (**1a**) sind in den Anbaugebieten unerwünscht.

## 2 Große Brennessel
*Urtica dioica*

30–150 cm Juni–Okt. ♃ 16

**Kennzeichen:** Spätestens bei der Berührung der länglich-eiförmigen Blätter wird die Art von jedermann erkannt.

**Vorkommen:** Überall sehr häufig; an Weg- und Grabenrändern, auf Wildland und Rainen; durch Eutrophierung der Agrarlandschaft stark gefördert.

**Wissenswertes:** Die Brennhaare, die beim Menschen Jucken, Hautrötung und Bläschenbildung hervorrufen, schützen die Brennessel zwar gegen den Fraß vieler, aber keineswegs aller Tiere. Die Raupen einiger unserer schönsten Tagfalter leben mit Vorliebe – wenn nicht gar ausschließlich – an Brennesseln. Spinatartig zubereitet oder als Suppe kann man die jungen Triebe sogar in Feinschmeckerlokalen genießen. Die Begriffe „Nesselgarn" und „Nesseltuch" erinnern an die frühere Verwendung der Bastfasern der Brennessel für Textilien. Männliche (**2b**) und weibliche Pflanzen (**2a**) sind leicht zu unterscheiden.

## 3 Kleine Brennessel
*Urtica urens*

10–50 cm Juni–Sept. ⊙ 16

**Kennzeichen:** Kleiner als die vorige Art; Blätter stumpfer eiförmig.

**Vorkommen:** Ebenfalls weit verbreitet, aber durchweg weniger häufig und in Höhenlagen über 800–1000 m ganz fehlend; vor allem in Unkrautfluren und auf Mistplätzen.

**Wissenswertes:** Die Kleine Brennessel brennt noch intensiver, was der wissenschaftliche Name gleich zweimal unterstreicht (lat. urere = brennen). Im Gegensatz zu der „dioica" (zweihäusig) genannten Großen ist die Kleine Brennessel einhäusig.

## 4 Haselwurz
*Asarum europaeum*

5–10 cm März–Mai ♃ 10

**Kennzeichen:** Blätter rundlich-nierenförmig, glänzend dunkelgrün, zumeist überwinternd.

**Vorkommen:** Nur im Süden und Südosten weit verbreitet als Bestandteil der Bodenflora krautreicher Laub- und Mischwälder auf gut kalk- und nährstoffversorgten Böden.

**Wissenswertes:** Die unscheinbar braunroten Blüten (**4b**) liegen – oft unter dem Laub verborgen – dem Boden auf. Möglicherweise wirken Ameisen und Schnecken bei der Bestäubung mit; Selbstbestäubung herrscht vor. Ihre wintergrünen Blätter nutzen auch noch den Lichteinfall durch die kahlen Wipfel.

## 5 Acker-Windenknöterich
*Fallopia convolvulus*

10–80 cm Juli–Okt. ♃ 69

**Kennzeichen:** Kletterpflanze mit dünnem kantigem Stengel und pfeilförmigen Blättern; Blüten in lockeren, wenigblütigen Trauben.

**Vorkommen:** Im gesamten Gebiet in Getreidefeldern, Gärten und auf Schuttplätzen.

**Wissenswertes:** Dieser uralte Begleiter des Ackerbaus ist den älteren Pflanzenfreunden noch unter dem Namen Winden-Knöterich (*Polygonum convolvulus*) bekannt.

1a
2a
2b
1b
3
4a
4b
5

## 1 Pfeffer-Knöterich
*Polygonum hydropiper*

20–60 cm Juli–Sept. ⊙ [69]

**Kennzeichen:** Blüten meistens unscheinbar grünlich; am leichtesten zu erkennen beim Zerkauen am pfefferartigen Geschmack der Blätter.

**Vorkommen:** Fast überall auf feuchten Waldwegen, an Gräben und Ufern anzutreffen.

**Wissenswertes:** Die auch unter der Bezeichnung „Wasserpfeffer“ bekannte Art zeigt feuchte, nährstoffreiche, aber meistens etwas saure Böden an. Bei der Kostprobe des Pfeffergeschmacks der Blätter ist Vorsicht geboten, weil die Inhaltsstoffe zumindest schwach giftig sind.

## 2 Stumpfblättriger Ampfer
*Rumex obtusifolius*

50–120 cm Juni–Sept. ♃ [69]

**Kennzeichen:** Blütenquirle ohne Blättchen; große grundständige Blätter mit abgestumpfter Spitze (Name!, lat. obtusifolius = -stumpfblättrig) und herzförmigem Grund.

**Vorkommen:** Überall recht häufig in Unkrautgesellschaften, auf Äckern, Wiesen, Kahlschlägen, an Wegen und Gräben.

**Wissenswertes:** Das starke Vorkommen dieser Art weist auf stickstoffreiche, vielfach ausgesprochen überdüngte Standorte hin. Sie durchwurzelt den Boden besonders stark und bis zu 2 m tief. Deshalb ist ihr durch Ausstechen auch kaum beizukommen. Die Wurzeln dieser und der folgenden Art wurden früher als Abführmittel verwendet, die Früchte hingegen wegen ihres Gerbstoffreichtums als Mittel gegen Durchfall.

## 3 Krauser Ampfer
*Rumex crispus*

50–100 cm Juni–Sept. ♃ ✿ [69]

**Kennzeichen:** Der vorigen Art ähnlich, doch Blätter schmaler und am Rande gewellt.

**Vorkommen:** Im gesamten Gebiet häufig; vor allem auf Äckern, Grünland, Schuttplätzen und an Wegrändern.

**Wissenswertes:** Der Name „Krauser Ampfer“ verweist ebenso wie lat. crispus = kraus auf das besonders markante Merkmal, den gewellten Blattrand. „Ampfer“ geht auf eine althochdeutsche Bezeichnung zurück, die dem lat. amarus (= bitter) entspricht. Auf Wiesen ist die Art in aller Regel ein eindeutiger Störungsanzeiger. Infolge ihrer großen Variationsbreite – noch gefördert durch die Neigung zur Bastardierung – ist sie nicht immer leicht zu erkennen bzw. abzugrenzen.

## 4 Knäuelblütiger Ampfer
*Rumex conglomeratus*

30–80 cm Juli–Sept. ♃ [69]

**Kennzeichen:** Blütenstände mit Tragblättern durchsetzt; Grundblätter länglich eiförmig, am Grunde stumpf bis schwach herzförmig, Gesamteindruck der Pflanze durch abstehende Nebentriebe bestimmt.

**Vorkommen:** Längst nicht so weit verbreitet und so häufig wie die beiden vorangehenden Ampfer-Arten; nicht in höheren Berg- und anderen klimatisch ungünstigen Lagen; ansonsten ebenfalls auf stickstoffreichen Standorten in der Agrarlandschaft.

**Wissenswertes:** Diese Art kann freigelegte oder aufgeschüttete Böden oft innerhalb kurzer Zeit mit großen Beständen überziehen. Allerdings kann sie im Gegensatz zum Stumpfblättrigen und zum Krausen Ampfer in ganzen Landstrichen fehlen.

## 5 Hain-Ampfer
*Rumex sanguineus*

30–60 cm Juli–Aug. ♃ [69]

**Kennzeichen:** Der vorigen Art ähnlich, doch Blütenstände höchstens im unteren Teil mit Tragblättern; Stengel oft, aber keineswegs immer rötlich und deshalb Färbung als Merkmal wenig geeignet (vgl. wissenschaftlicher Artname: *sanguineus* = blutrot).

**Vorkommen:** Im gesamten Gebiet, aber keineswegs überall vertreten; vor allem auf feuchteren bis nassen Standorten und leicht sauren Böden; stärker halbschattenliebend.

**Wissenswertes:** Im Gegensatz zu den drei vorangehenden Arten ist dieser Ampfer häufiger an feuchten Stellen, vor allem in nährstoffreichen Bruch- und Auenwäldern sowie in Ufergebüschen anzutreffen.

1

2

4

3

5

## 1 Guter Heinrich
*Chenopodium bonus-henricus*

10–50 cm Juni–Aug. ♃ 67

**Kennzeichen:** Blätter 3eckig bis spießförmig, bis über 10 cm lang, nur in der Jugend etwas mehlig bestäubt; Blüten unscheinbar grünlich, in Knäueln, die in ihrer Gesamtheit dichte Ähren an Sproßenden oder in Blattwinkeln bilden (**1b**).

**Vorkommen:** An stickstoffüberdüngten Orten in Dörfern, auf Höfen, auf Schutt- und Mistplätzen; vor allem im Süden und Osten.

**Wissenswertes:** Die Unauffälligkeit der Blüten dieser windblütigen Art ist wohl der Grund dafür, daß ihr Verschwinden von vielen Höfen und aus manchen Dörfern – vor allem der Ebene – kaum bemerkt wurde. Dabei ist sie ein uralter Kulturbegleiter, dem erst die moderne Hygiene im ländlichen Bereich – vor allem die Asphaltierung der Höfe und die Aufstallung des Viehs – zum Verhängnis wurden. Früher war dieses Gänsefußgewächs sehr geschätzt, worauf schon der deutsche und der latinisierte Artname verweisen. „Guter Heinrich" erinnert an die Vorstellungen von Natur- und Hausgeistern in Form von Elfen und Kobolden mit Gänsefüßen, die mit den spießförmigen Blättern in Beziehung gebracht wurden. „Gut" war dieser Heinrich schon, weil er ein über Jahrhunderte genutztes Blattgemüse lieferte.

## 2 Weißer Gänsefuß
*Chenopodium album*

20–100 cm Juni–Okt. ⊙ 67

**Kennzeichen:** Stengel aufrecht, oft rötlich, mit mehligen Seitenzweigen (**2a**); Blätter mit langen Stielen, rautenförmig, zum Teil gezähnt; Blüten unscheinbar klein, in dichten ährigen Blütenständen, wie auch andere Teile der Pflanze mehlig weiß „bepudert" (Name!).

**Vorkommen:** Im gesamten Gebiet sehr häufig als Unkraut auf Äckern, in Gärten und an besonders nährstoffreichen Wegrändern.

**Wissenswertes:** Die Blätter des Weißen Gänsefußes sind nicht so deutlich gänsefußartig geformt wie die des Guten Heinrichs, der zur selben Gattung gehört. Der wissenschaftliche Gattungsname ist ebenfalls aus Gans (= griech. chenos) und Fuß (= griech. pous, podos) zusammengesetzt. Der Weiße Gänsefuß gilt als der beste Spinatersatz unter den Wildkräutern und wird im Volksmund auch als „Wilde Melde" bezeichnet. Seine Samen wurden früher – wie heute noch örtlich in Indien – zu Mehl vermahlen und sind im übrigen bei körnerfressenden Vögeln sehr beliebt. Der mehlige Belag kommt durch leicht abbrechende Härchen zustande.

## 3 Roter Gänsefuß
*Chenopodium rubrum*

20–100 cm Juli–Okt. ⊙ 67

**Kennzeichen:** Pflanze niederliegend oder bogig aufsteigend; Stengel und Blätter oft rötlich überlaufen; unscheinbare Blüten in Knäueln; diese wiederum zu end- oder blattachselständigen Ähren vereint, die von Tragblättern durchsetzt sind (**3a**).

**Vorkommen:** Seltener in Dungstätten und auf Schuttplätzen; auf besonders ammoniakhaltigen Böden; häufiger im Küstenbereich.

**Wissenswertes:** Da der Rote Gänsefuß Kochsalz sehr gut zu ertragen vermag, ist er in Küstennähe häufiger und oft in großen Beständen anzutreffen.

## 4 Bastard-Gänsefuß
*Chenopodium hybridum*

30–70 cm Mai–Aug. ⊙ 67

**Kennzeichen:** Pflanze aufrecht; Blätter dunkelgrün, deutlich zugespitzt, mit jederseits 3–4 großen, nach vorn gebogenen Zähnen; widerlicher Geruch.

**Vorkommen:** Ebenfalls auf Schutt- und Dungplätzen, aber auch auf Hackfruchtfeldern und in Gärten; deutlich wärmeliebend und deshalb im Norden und im höheren Bergland seltener als in Tallagen im mittleren Bereich.

**Wissenswertes:** Der Name legt zunächst den Verdacht nahe, es könne sich um einen Bastard zwischen verschiedenen Gänsefuß-Arten handeln. In Wirklichkeit ist der Name wissenschaftsgeschichtlich hochinteressant, weil er auf Carl v. Linné zurückgeht, der die Art für einen Bastard aus Stechapfel und Weißem Gänsefuß hielt, vor allem wegen ihres stechapfelähnlichen Geruchs.

1a
2a
1b
2b
3a
4
3b

## 1 Spreizende Melde
*Atriplex patula*

30–80 cm Juli–Sept. ☉ 67

**Kennzeichen:** Pflanze mit abstehenden Seitentrieben (Name „spreizend"); Blätter bis 10 cm lang und 4 cm breit, lanzettlich bis oval, die unteren mit 2 Zähnen, die oberen ganzrandig; Blüten in kleinen Knäueln.

**Vorkommen:** Auf Hackfruchtfeldern, Schuttplätzen und ähnlichen zeitweilig offenen, nährstoffreichen Standorten im gesamten Gebiet verbreitet und meistens recht häufig.

**Wissenswertes:** Die Bestäubung der unscheinbaren Blüten erfolgt durch pollenfressende Insekten und durch den Wind.

## 2 Spießblättrige Melde
*Atriplex hastata*

30–80 cm Juli–Sept. ☉ 67

**Kennzeichen:** Blätter in der unteren Hälfte der Pflanze 3eckig bis spießförmig (Name, lat. hastatus = spießförmig), im oberen Teil lanzettlich (**2b**), hellgrün, anfangs oft etwas mehlig bepudert, später kahl.

**Vorkommen:** Vor allem in tieferen Lagen und in der Ebene in Unkrautgesellschaften auf Feldern, Müllplätzen und Schlammflächen.

**Wissenswertes:** Die deutsche Bezeichnung „Melde" geht auf das mittelhochdeutsche molte (= Staub, Mehl) und damit auf die in der Jugend weißliche Färbung der Blätter zurück (**2a**). Mit „atriplex" war schon im Altertum die Melde gemeint, allerdings nicht diese Art, sondern die Garten-Melde (*Atriplex hortensis*), die an der Basis 3eckig-herzförmige Blätter hat und bis über 1 m Höhe heranwächst. Ihre rhombischen Stengelblätter sind mehlig bereift. Weit über 2000 Jahre lang wurde die Garten-Melde als „Spanischer Salat" genutzt und dazu auch gezielt ausgesät. Seit einigen Jahrzehnten ist sie fast völlig vom Spinat verdrängt. Hier und dort ist sie in Unkrautgesellschaften als Kulturrelikt anzutreffen.

## 3 Strand-Melde
*Atriplex littoralis*

30–80 cm Juli–Aug. ☉ 67

**Kennzeichen:** Blätter linealisch-lanzettlich, bis 8 cm lang und 1,5 cm breit, am Grunde in den kurzen Stiel verschmälert.

**Vorkommen:** Im stickstoff- und kochsalzreichen Spülsaum an der Nord- und Ostseeküste; dort auch auf sandig-schlickigen Watträndern und am Übergang in sandige Strandwiesen.

**Wissenswertes:** Wie viele andere Strandpflanzen ist auch die Strand-Melde etwas fleischig und hellgrün bis graublau angehaucht. Die Blüten stehen in dichten Knäueln, die zu ährenartigen Blütenständen zusammengefaßt sind (**3b**). Nur die männlichen Blüten haben 5 kleine krautige Perigonblätter, die weiblichen sind nackt, aber mit 2 an der Basis miteinander verwachsenen Vorblättern umhüllt. Diese vergrößern sich nach der Blüte und dienen schließlich den Nüßchen, die sie umgeben, als Flugorgan, ohne im botanischen Sinne „Früchte" zu sein („Scheinfrüchte"). Die in Größe und Form von Art zu Art sehr unterschiedlichen Vorblätter kennzeichnen die Gattung Melde (*Atriplex*) und gestatten gleichzeitig die Unterscheidung von den zum Teil ihnen sehr ähnlichen Vertretern der Gattung Gänsefuß (*Chenopodium*).

## 4 Strand-Salzmelde
*Halimione portulacoides*

20–80 cm Juli–Okt. ♃ (Halbstrauch) 67

**Kennzeichen:** Stengel am Grunde verholzt (deshalb Halbstrauch), stark verzweigt, aufsteigend; Pflanze insgesamt hellgrün bis weißlich wirkend; Blätter länglich bis verkehrt eiförmig, ledrig und meistens ganzrandig.

**Vorkommen:** Auf schlickigen Salzböden im zeitweilig überfluteten Deichvorland der Nordseeküste weit verbreitet; auch an der Atlantik- und Mittelmeerküste, nicht jedoch an der Ostsee.

**Wissenswertes:** An den Prielen in den Außengroden sind die Ränder häufig von der Strand-Salzmelde gesäumt. Ihre Standorte werden vom Salzwasser nur noch bei besonders hohen Fluten erreicht. Ihre schwimmfähigen Samen breiten sich mit dem ein- und ausströmenden Wasser aus. Obendrein findet regelmäßig vegetative Vermehrung statt, indem sich niederliegende Seitenzweige bewurzeln.

1

2a

3a

2b

3b

4

## 1 Queller
*Salicornia europaea*

5–30 cm Aug.–Sept. ⊙ 67

**Kennzeichen:** Stengel fleischig, knotig gegliedert, blattlos und stark verzweigt; unscheinbare Blüten versteckt hinter kleinen Blattschuppen.

**Vorkommen:** An der Nordseeküste sehr häufig, an der Ostsee seltener; Erstbesiedler auf Schlick- und Sandböden; bestandsbildende Salzpflanze am Rande des Watts (**1b**).

**Wissenswertes:** Für die auffällige Gliederung des Quellers sind die gegenständigen, jedoch zurückgebildeten Blätter verantwortlich, deren wulstartige Schuppen die oberhalb anschließenden Stengelabschnitte etwas überwallen. Im Erscheinungsbild zeigt der Queller die xerophytischen Merkmale der Salzpflanzen ganz besonders ausgeprägt: Dickfleischigkeit durch wasserspeichernde Gewebe mit hohem Kochsalzgehalt im Protoplasma (75% in der Asche) und starke Blattreduktion. Während seine Wurzeln den Boden festhalten, sorgt der grüne Rasen für eine Beruhigung der Wasserbewegung und damit für verstärkte Sedimentation. Seine verlandungsfördernde Wirkung wird durch die Anlage von „Quellerbeeten" gelegentlich gezielt genutzt. Der Name „Queller" beschreibt die saftreichen Sprosse; der wissenschaftliche Gattungsname ist aus lat. sal = Salz und lat. cornus = Horn, hornartige Spitze zusammengesetzt.

## 2 Sode
*Suaeda maritima*

10–40 cm Juli–Sept. ⊙ 67

**Kennzeichen:** Fleischige Pflanze, blaugrün, oft rötlich überlaufen; niederliegend, an den Spitzen aufsteigend; Blätter linealisch, bis 4 cm lang, unten gewölbt, oben flach; Blüten unscheinbar klein, zu dritt in Blattachseln.

**Vorkommen:** Auf nährstoffreichen, salzhaltigen Schlick- und Sandböden; vor allem an der Nordsee-, seltener an der Ostseeküste; vereinzelt an Salzquellen im Binnenland.

**Wissenswertes:** Wie der Queller gehört auch die Sode zu den Pionierpflanzen an den Meeresküsten. Sie zeigt ebenfalls die typischen Merkmale der Salzpflanzen. Als besonders nährstoffliebende Art bevorzugt sie Stellen mit angespülten und verrottenden Pflanzenteilen oder Tierresten.

## 3 Claytonie
*Claytonia perfoliata*

10–20 cm Mai–Juli ⊙ 66

**Kennzeichen:** Ungewöhnliches Erscheinungsbild durch zwei große Hochblätter, die unterhalb des Blütenstandes stehen und zu einem tellerartigen Gebilde miteinander verwachsen sind; Blätter der grundständigen Rosette eiförmig, lang gestielt.

**Vorkommen:** In Gärten, Parks und auf Friedhöfen; örtlich auf sandigen Böden; vor allem im atlantisch geprägten Nordwesten.

**Wissenswertes:** Die von der Pazifikküste Nordamerikas stammende Art wurde und wird neuerlich wieder als Gemüse- und Salatpflanze angebaut und unter verschiedenen Namen angeboten („Winterportulak", „Kubaspinat"). In wintermilden Landstrichen verwildert die Claytonie gelegentlich und hält sich unter Umständen auch als dauerhaft eingebürgerter Neophyt. Ihr Name erinnert an den amerikanischen Arzt und Naturforscher John Clayton (1694–1773).

## 4 Zurückgekrümmter Fuchsschwanz
*Amaranthus retroflexus*

20–150 cm Juli–Sept. ⊙ 68

**Kennzeichen:** Fuchsschwanzähnlicher Gesamtblütenstand (Name!) aus ährenartigen Teilblütenständen mit sehr vielen unscheinbaren Einzelblüten aufgebaut.

**Vorkommen:** Nur gebietsweise in wärmeren Landstrichen, vor allem im Süden und in den Flußtälern; in Hackfruchtfeldern, auf Müllplätzen und an Wegrändern.

**Wissenswertes:** Die unscheinbaren Verwandten der bekannten Garten-Fuchsschwänze mit schlanken roten, überhängenden Blütenständen sind ebenfalls fremdländischer Herkunft. Sie stammen aus Nordamerika und sind möglicherweise als Samen mit anderen Gütern nach Mitteleuropa verschleppt worden; etliche Vorkommen auf Güterbahnhöfen deuten darauf hin.

1a

1b

2a

2b

3

4

## 1 Einjähriger Knäuel
*Scleranthus annuus*

2–10 cm Mai–Okt. ⊙ 65

**Kennzeichen:** Blüten grünlich, nur mit Kelchblättern, mit kurzen, gabelig verzweigten Stielchen; knäuelige Blütenstände (Name!) an den Zweigenden bildend; Kelchblätter abgerundet, so lang wie die Staubblätter.

**Vorkommen:** Im gesamten Gebiet als Ackerunkraut, aber auch auf Schuttplätzen und an Wegrändern; vor allem auf etwas sauren Sand- und sandigen Lehmböden.

**Wissenswertes:** Der Einjährige Knäuel ist am häufigsten in Getreidefeldern des Berglandes zu finden, allerdings nicht in den Kalksteingebirgen.

## 2 Kahles Bruchkraut
*Herniaria glabra*

5–15 cm Juli–Sept. ⊙–♃ 65

**Kennzeichen:** Stengel hellgrün, kahl, dem Boden anliegend, verzweigt (**2b**); Blätter nur bis 1 cm lang, gegenständig; grünliche Blütchen meist zu 10 als Knäuel in den Blattachseln, nur rund 0,5 mm lang.

**Vorkommen:** Im gesamten Gebiet – allerdings mit größeren Verbreitungslücken – auf sandigen Brach- und Hackfruchtäckern; auch in Dünen und an Wegrändern, wenn der Boden verletzt und die Vegetation lückig ist.

**Wissenswertes:** Zumal der wissenschaftliche Gattungsname auf lat. hernia = Leistenbruch zurückgeht, ist der Verdacht begründet, daß auch der deutsche Name mit Bruchleiden in Verbindung zu bringen ist. Doch die Wirkung der Saponine und ätherischen Öle aus dem getrockneten blühenden Kraut wird vor allem bei Blasenkatarrhen und Nierenkoliken registriert.

## 3 Niederliegendes Mastkraut
*Sagina procumbens*

1–5 cm Mai–Okt. ♃ 65

**Kennzeichen:** Dichter Rasen aus vielen dünnen, liegenden und aufsteigenden Stielchen und Seitenzweigen; Blätter gegenständig, lanzettlich, 1 cm lang und nur 1 mm breit; Blüten sehr unscheinbar, 4zählig.

**Vorkommen:** Verbreitet und gemein; auf Wegen, Felsen, sandigen Plätzen, auf Rasen und anderen betretenen, vielfach gestörten Flächen; auch mitten in unseren Städten.

**Wissenswertes:** Gar mancher wird das Niederliegende Mastkraut schon zusammen mit Silbermoos aus Pflasterfugen entfernt haben, ohne es namentlich zu kennen. Dadurch, daß sich die niederliegenden Stengel bewurzeln, kann sich der Rasen, den das Niederliegende Mastkraut bildet, stark verdichten und einem Moospolster ähnlich werden. Daß viele Triebe keine Blüten tragen, fällt bei deren Unscheinbarkeit kaum auf. Die winzigen Samen haften an den Sohlen von Mensch und Tieren und werden im übrigen auch durch weiterhüpfende Regentropfen verbreitet.

## 4 Rauhes Hornblatt
*Ceratophyllum demersum*

– Juli–Sept. ♃ 5

**Kennzeichen:** Submerse, d.h. unter Wasser lebende Wasserpflanze; Stengel oft über 1–2 m lang, verzweigt, im Wasser schwimmend, außerhalb des Wassers leicht zerbrechlich; Blätter gabelig geteilt, hornartig, steif und rauh (Namen!), bis zu 2 cm lang, in Wirteln angeordnet.

**Vorkommen:** Fast im gesamten Gebiet in geeigneten, d.h. in sommerwarmen, nährstoffreichen Gewässern mit Schlammböden.

**Wissenswertes:** Das Rauhe Hornblatt gehört zu den wenigen Wasserpflanzen, die unter Wasser blühen und ihren Pollen durch Wasserbewegung zu den Narben der weiblichen Blüten tragen lassen. Die mit Klettorganen ausgerüsteten Früchte werden ebenfalls vom Wasser, aber auch durch Wasservögel und durch schwimmende Säugetiere wie den Bisam verbreitet. Auf denselben Wegen findet eine Verbreitung von sich vegetativ vermehrenden Teilen der brüchigen und durch Rauhheit haftenden Stengel statt. Weitere typische Wasserpflanzen-Merkmale sind das Fehlen von Wurzeln, die Reduktion der Tracheen und des Stützgewebes bei Erhaltung eines zugfesten zentralen Leitbündelstrangs. Die Zugfestigkeit ist für die oft einer starken Wasserbewegung ausgesetzten submersen Arten ganz besonders wichtig.

1a
1b
2a
2b
3
4

## 1 Stinkende Nieswurz
*Helleborus foetidus*

30–60 cm Jan.–Apr. ♃ **6**

**Kennzeichen:** Wintergrüne Pflanze; Blätter mit 3–9 lanzettlichen Abschnitten (**1a**).

**Vorkommen:** Nur im Südwesten von der Südeifel über den Odenwald bis zur Schwäbischen Alb; zerstreut in Laubwäldern auf Kalk.

**Wissenswertes:** Mit der zur selben Gattung gehörenden Christrose (= Schwarze Nieswurz) hat die Stinkende Nieswurz die frühe Blütezeit gemein. Im Frühjahr sind die dunkler grünen, ledrigen Vorjahrsblätter deutlich von den neu ausgetriebenen Blättern zu unterscheiden. Die Art ist ein bekanntes Lehrbuchbeispiel für fließende Übergänge in der Gestalt von Laub- über Hoch- zu Kronblättern (Perigon). Der klebrige Pollen kann aus den glockenartig hängenden Blüten (**1b**) nicht herausfallen, bleibt aber dafür mit großer Wahrscheinlichkeit an den Bestäubern haften. Der Blütenstand riecht unangenehm (Name!).

## 2 Grüne Nieswurz
*Helleborus viridis*

20–40 cm März–Apr. ♃ **6**

**Kennzeichen:** Blüten nur zu 2–3, ausgebreitet und grün im Gegensatz zu den glockig hängenden zahlreichen Blüten der vorigen Art (vgl. 1b/2b).

**Vorkommen:** Nur örtlich in kalk- und nährstoffreichen Wäldern und Gebüschen; fehlt weitgehend im Main- und im Donauraum sowie in Nord- und Ostdeutschland.

**Wissenswertes:** Die zum Teil weit voneinander entfernten Vorkommen gehen wahrscheinlich auf die Verwilderung jeweils einzelner Exemplare aus alten Bauerngärten zurück. Dort wurde die Art früher als Heilpflanze angebaut. Als „Nieswurz-Wurzelstock“ (Rhizoma Hellebori) verwendet die Pharmazie den unterirdischen Sproß der Grünen Nieswurz in gleicher Weise wie den der Christrose als Herzmittel, allerdings stark eingeschränkt wegen der Reizwirkung des Saponinglykosids Helleborin auf die Schleimhäute. Eben darauf zielt allerdings der Name „Nieswurz“. Im übrigen soll die Grüne Nieswurz eine wichtige Rolle in der volkstümlichen Tiermedizin, speziell als Heilmittel bei Erkrankungen der Hausschweine, gespielt haben.

## 3 Mäuseschwanz
*Myosurus minimus*

5–15 cm Apr.–Juni ⊙ **6**

**Kennzeichen:** Blätter kahl, schmal-linealisch, in einer grundständigen Rosette; kleine gelbgrüne Blüten an der Stengelspitze; mit deutlich verlängerter, d.h. bis 6 cm langer Blütenachse etwas an Wegerich erinnernd.

**Vorkommen:** In verschiedenen Teilen Mitteleuropas heimisch, in größeren jedoch fehlend; auf feuchten Wegen, verschlämmten Äckern und Ufern; nur auf kalkfreien Böden.

**Wissenswertes:** Vor allem gegen Ende der Blühperiode entwickeln sich die Blüten dieses kleinen, unscheinbaren Pflänzchens so merkwürdig wie bei kaum einer anderen Art. Die Blütenachse mit ihren bis zu 50 hahnenfußtypischen Balgfrüchten streckt sich so sehr, daß sie zum namengebenden Merkmal wird, und zwar sowohl im deutschen wie im wissenschaftlichen Namen. *Myosurus* ist nämlich aus griech. mys = Maus und griech. oura = Schwanz zusammengesetzt: auf Deutsch „Mauseschwänzchen“.

## 4 Schutt-Kresse
*Lepidium ruderale*

10–30 cm Mai–Aug. ⊙ **54**

**Kennzeichen:** Fiederteilige Grund- und lineale Stengelblätter; Blüten grünlich, meist ohne Kronblätter, in einer reichblütigen Traube; Pflanze beim Zerreiben unangenehm riechend.

**Vorkommen:** Im gesamten Gebiet unregelmäßig verbreitet; vor allem in lückiger Vegetation auf Bahn- und Industriegeländen, auf Ödflächen und gelegentlich auch auf Äckern; auf nährstoffreichen, trockenen, oft infolge Verdichtung vegetationsarmen Böden.

**Wissenswertes:** Die Schutt-Kresse breitet sich in den alten Industriegebieten und auf den sich ausweitenden, von Menschen gestörten Standorten aus. Mit ihrem scharfen Kressegeruch und ihren unansehnlichen Blüten gehört sie nicht gerade zu den Edelsteinen der Ruderalvegetation.

1a

1b

2a

2b

3

4

## 1 Gewöhnlicher Frauenmantel
*Alchemilla vulgaris*

10–40 cm Mai–Sept. ♃ ✿ [24]

**Kennzeichen:** Blätter grundständig, handförmig, mit 7–13 Lappen; Blüten ohne Kronblätter, zu mehreren in lockeren Knäueln.

**Vorkommen:** Fast im gesamten Gebiet – besonders häufig im Bergland – auf Wiesen, an Wegrändern und in den Säumen von Hecken und Gebüschen; vor allem auf feuchten, nährstoffreichen Standorten.

**Wissenswertes:** Die Formenvielfalt ist beim Frauenmantel außerordentlich groß. Alleine diese Sammelart umfaßt über 60 Unterarten, was mit der apomiktischen (eingeschlechtlichen) Fortpflanzung (Jungfernzeugung) zusammenhängt. Den Fotografen bieten die Blätter beliebte Motive, weil sich bei höherer Luftfeuchtigkeit in den Winkeln der Blattzähne glitzernde Wassertröpfchen halten (**1b**), die dort aus Wasserspalten (Hydathoden) aktiv ausgeschieden werden; der Vorgang wird als Guttation bezeichnet. Diese Tropfen hielten die Alchimisten für wundertätig, weshalb man sie sammelte und zu Mitteln mit vermeintlich übernatürlichen Kräften verwendete. Die scheinbar gefalteten Blätter sollten dem ausgebreiteten Mantel Mariens ähneln (Name!) und im Sinne der Signaturenlehre Frauenleiden lindern.

## 2 Alpen-Frauenmantel
*Alchemilla alpina*

5–20 cm Juni–Aug. ♃ [24]

**Kennzeichen:** Im Gegensatz zur vorigen Art, deren Blätter nur leicht eingeschnitten sind, sind die Blätter des Alpen-Frauenmantels meistens bis zum Grunde 5–7teilig; obendrein stärker behaart.

**Vorkommen:** Auf kalkarmen Böden der Alpen in Borstgrasrasen und Zwergstrauchheiden.

**Wissenswertes:** Auch diese Art zeichnet sich durch apomiktische Fortpflanzung und in deren Folge durch einen großen Formenreichtum aus; Spezialisten unterscheiden mindestens 10 Unterarten. Wegen der dicht anliegenden silbrigen Behaarung der Blattunterseiten spricht man in den Alpen vom „Silbermäntelikraut" und vom „Silbermanteltee".

## 3 Einjähriges Bingelkraut
*Mercurialis annua*

20–40 cm Mai–Okt. ☉ [49]

**Kennzeichen:** Pflanzen zweihäusig; Blüten der männlichen Pflanzen knäuelig gedrängt in langgestielten Scheinähren, die der weiblichen Pflanzen zu 1–3 fast sitzend in den Blattachseln.

**Vorkommen:** In manchen Teilen Mitteleuropas, vor allem im Rhein-Main-Gebiet, auf Äckern, in Gärten und Weinbergen, an Wegrändern und auf Schuttplätzen recht häufig; in vielen anderen Gebieten fehlend.

**Wissenswertes:** Erst zu Beginn der Neuzeit ist dieses Ackerunkraut aus dem Mittelmeerraum zu uns gelangt. Besonders bemerkenswert an dieser zweihäusigen Pflanze ist, daß die männlichen Exemplare auch an vegetativen Merkmalen von den weiblichen zu unterscheiden sind: Sie haben deutlich breitere Blätter. Für den deutschen Namen gibt es zwei unterschiedliche Erklärungen im Zusammenhang mit dem niederdeutschen „pingelig" (klein; bezogen auf die Blüten) und mit „bingeln" (pinkeln; als Hinweis auf die harntreibende Wirkung).

## 4 Wald-Bingelkraut
*Mercurialis perennis*

10–40 cm März–Mai ♃ [49]

**Kennzeichen:** Von der vorigen Art zu unterscheiden durch den verzweigten, 4kantigen Stengel, durch Lebensraum und frühe Blütezeit.

**Vorkommen:** Fast im ganzen Gebiet in krautreichen Laub- und Mischwäldern.

**Wissenswertes:** Im Mullboden des Waldes vermehren sich die zum Teil grün überwinternden Pflanzen auch vegetativ. So kommt es angesichts der Zweihäusigkeit (**4a** männl., **4b** weibl.) oft zu getrennten rein männlichen und rein weiblichen Herden. Der wissenschaftliche Gattungsname wird mit Merkur in Verbindung gebracht, der die Heilkraft der Art (abführende und harntreibende Wirkung) den Menschen mitgeteilt haben soll.

1a
1b
2
3
4a
4b

## 1 Sonnenwend-Wolfsmilch
*Euphorbia helioscopia*

5–30 cm April-Okt. ⊙ 49

**Kennzeichen:** Unverzweigte Pflanze mit verkehrt eiförmigen, im vorderen Teil fein gesägten Blättern; Blüten in einem in der Regel 5strahligen Blütenstand, der aus einem Quirl eiförmiger Hüllblätter aufsteigt.

**Vorkommen:** Im gesamten Gebiet häufig auf Äckern, in Gärten und Weinbergen.

**Wissenswertes:** Der namengebende Milchsaft steht bei den verschiedenen Wolfsmilch-Arten in den ungegliederten Milchsaftschläuchen so sehr unter Druck, daß er bei Verletzung der Pflanze sofort austritt und ihr als Wundverschluß und als Schutz gegen Tierfraß dient. Von der früher weit verbreiteten Praxis, mit dem Milchsaft Warzen zu behandeln, muß wegen der Giftigkeit der neben Fetten, Eiweiß und Stärke sowie Harz und Kautschuk vertretenen Inhaltsstoffe – vor allem Diterpenester – dringend gewarnt werden. Auf keinen Fall darf der Milchsaft an die Augen gelangen. Die Artnamen gehen auf eine schon im Altertum bekannte Beobachtung zurück: Der Blütenstand wendet sich jeweils der Sonne zu (griech. helios = Sonne, scopein = sehen, hinsehen).

## 2 Kleine Wolfsmilch
*Euphorbia exigua*

5–20 cm Mai–Okt. ⊙ 49

**Kennzeichen:** Stark verzweigte Art mit linealen, früh welkenden Blättern; kahl, leicht blau-grün.

**Vorkommen:** Außer im Norden und in den Alpen im gesamten Gebiet in Getreide- und Hackfruchtfeldern, auf Wildland und auf Brachen; vor allem in sommerwarmen Lagen.

**Wissenswertes:** Unter den rund 20 Wolfsmilch-Arten, die in Mitteleuropa wild wachsen, ist diese Art die kleinste von den niederliegenden Arten einmal abgesehen. Der Name *Euphorbia* wird vielfach mit Euphorbus, dem Leibarzt des um Christi Geburt lebenden Königs Juba II von Mauretanien in Zusammenhang gebracht. Die Artbezeichnung geht auf lat. exiguus = unansehnlich, klein, unbedeutend, gering zurück.

## 3 Zypressen-Wolfsmilch
*Euphorbia cyparissias*

10–30 cm April-Juli ♃ 49

**Kennzeichen:** Blätter schmal-lineal, nur bis zu 3 mm breit, kahl; Gesamtblütenstand endständig, meist 15strahlig, darunter nichtblühende Seitentriebe.

**Vorkommen:** Außer im Nordwesten im gesamten Gebiet häufig an Wegrändern und auf Böschungen.

**Wissenswertes:** Die frühere Verabreichung der frischen Pflanze als Brech- und Abführmittel hat zu inneren Vergiftungen geführt. Heute sollte sie weder dafür noch zur Warzenbehandlung benutzt werden.

## 4 Garten-Wolfsmilch
*Euphorbia peplus*

5–30 cm Juni–Okt. ⊙ 49

**Kennzeichen:** Blätter verkehrt-eiförmig, oft fast rundlich, sehr kurz gestielt, vorn stumpf; Hochblätter kahnförmig gewölbt.

**Vorkommen:** Fast im gesamten Gebiet häufig als Unkraut in Gärten und auf Äckern.

**Wissenswertes:** Das unscheinbare Erscheinungsbild verrät, daß es sich um keine Garten-Zierpflanze handelt, wie der Name leicht vermuten läßt. Oft auch im Winter grün, fällt die Garten-Wolfsmilch zu dieser Zeit am ehesten auf. Wie die meisten Garten- und Ackerunkräuter gelangte sie schon in vor- oder frühgeschichtlicher Zeit nach Mitteleuropa.

## 5 Scharfe Wolfsmilch
*Euphorbia esula*

30–80 cm Mai–Aug. ♃ 49

**Kennzeichen:** Blätter lanzettlich, bis 6 mm breit, an der Spitze mit feinen Zähnchen; Gesamtblütenstand aus einer 8–16strahligen endständigen Scheindolde und bis zu 20 weiteren achselständigen Strahlen.

**Vorkommen:** Vor allem in der Nachbarschaft der großen Stromtäler im Ufergebüsch und an Wegrändern, auf Böschungen und Wildland.

**Wissenswertes:** Die Scharfe oder Esels-Wolfsmilch gehört zu den größeren und ausdauernden Vertretern dieser Gattung; sie gilt als besonders giftig.

1
2
3a
3b
4
5

## 1 Feld-Mannstreu
*Eryngium campestre*

20–50 cm Juli–Aug. ♃ 41

**Kennzeichen:** Als Blütenstände kugelige Köpfchen mit 1,5 cm Durchmesser, von 5–8 langen, dornig gezähnten und in einen Dorn auslaufenden Hüllblättern umgeben; Blüten klein, weißlich grün.

**Vorkommen:** Auf Trockenrasen, Dämmen und Rainen; vor allem im Bereich von Mittel- und Niederrhein, Donau und Elbe sowie in Thüringen; sonst sehr zerstreut.

**Wissenswertes:** Die ursprünglich mediterrane Herkunft dieser Art wird noch in der Bevorzugung trocken-warmer, offener Standorte, im trockenheits-angepaßten Bau und in der Art der Samenverbreitung sichtbar. Zur Zeit der Samenreife wird nämlich die gesamte Pflanze vom Wind ausgerissen und verweht. Während sie über den Boden rollt, fallen die Früchte heraus.

## 2 Rote Zaunrübe
*Bryonia dioica*

200–400 cm Mai–Aug. ♃ 57

**Kennzeichen:** Kletternde Staude mit unverzweigten Wickelranken; Blätter 5lappig; als Früchte rote Beeren (**2b**).

**Vorkommen:** Verbreitet in Hecken- und Gebüschsäumen; vor allem im Westen und Südwesten, sonst nur zerstreut.

**Wissenswertes:** Ihren deutschen Namen erhielt sie nach ihren rübenförmig verdickten, bis 20 cm großen, stärkespeichernden Wurzeln, die man früher als stark wirksame Abführmittel benutzte und im übrigen auch mit der Alraunwurzel in Verbindung brachte. Die von Vögeln verzehrten Beeren wirken auf den Menschen giftig; schon der Genuß eines Dutzend Beeren soll todbringend sein. Der wissenschaftliche Name ist von griech. bryein = spossen abgeleitet und verweist im übrigen auf die Zweihäusigkeit der Art (diözisch).

## 3 Ähriges Tausendblatt
*Myriophyllum spicatum*

– Juni–Sept. ♃ 30

**Kennzeichen:** Submerse Wasserpflanze mit über 1 m langen Trieben, jeweils 4 kammförmig gefiederten Blättern in jedem Wirtel und endständigen, aus dem Wasser senkrecht auftauchenden Blütenähren.

**Vorkommen:** Nur in nährstoffreichen Gewässern der Flußtäler und der tieferen Lagen des gesamten Gebiets.

**Wissenswertes:** Der großen Zahl der Blättchen, in Wirklichkeit der borstenartigen Fiedern, verdankt die Gattung ihren deutschen und ihren wissenschaftlichen Namen: griech. myrios = unzählig, tausendfältig und griech. phyllon = Blatt. Die Art flutet frei oder wurzelt im Schlammboden der oft mehrere Meter tiefen Gewässer.

## 4 Tannenwedel
*Hippuris vulgaris*

20–50 cm Juni–Aug. ♃ 89

**Kennzeichen:** Aufrechte Sumpf (**4a**)- oder submerse (**4b**) flutende Wasserpflanze; Blätter bis zu 16 in einem Wirtel, lineal-nadelförmig (Name!); Blüten ohne Kronblätter, winzig klein und unscheinbar, in oberen Blattachseln.

**Vorkommen:** In flachen stehenden oder langsam fließenden, kühlen, kalk- und nährstoffreichen Gewässern; nur verstreut im Norden, an Altwassern der großen Flüsse und im Alpenvorland.

**Wissenswertes:** Der Tannenwedel blüht an den aus dem Wasser herausragenden Sproßteilen und vermehrt sich obendrein durch Ausläufer und Winterknospen.

## 5 Wassernabel
*Hydrocotyle vulgaris*

5–15 cm Juni–Aug. ♃ 41

**Kennzeichen:** Kriechende Pflanze mit runden, schildförmigen Blättern.

**Vorkommen:** Vor allem im Norden und Nordosten in Sümpfen und Moorwiesen; auf nassen kalkarmen Böden.

**Wissenswertes:** Die ungewöhnliche Blattform mit dem Stiel in der Blattmitte legte den Vergleich zum Nabel nahe, der auch im wissenschaftlichen Gattungsnamen wiederkehrt. Er ist aus griech. hydor = Wasser und griech. kotyle = Nabel zusammengesetzt.

1

2a

3

2b

4a

4b

5

## 1 Fichtenspargel
*Monotropa hypopitys*

10–20 cm Juni–Juli ♃ [61]

**Kennzeichen:** Pflanze ohne grüne Blätter; Stengel mit gelblich-bräunlichen Schuppen; Blüten zu 10–20, nickend in einer dichten endständigen Traube.

**Vorkommen:** Im gesamten Gebiet, jedoch mit großen Verbreitungslücken; oft in dunklen, vegetationsarmen Nadel-, selten in artenarmen Laubwäldern.

**Wissenswertes:** Die häufig mit dem Fichtenanbau verschleppte Art lebt als Schmarotzer auf einem Pilz, der seinerseits seine Nahrung aus den Wurzeln von Waldbäumen und faulendem Holzsubstrat bezieht. Die enge Beziehung zu Nadelbäumen spiegelt sich im deutschen und im wissenschaftlichen Artnamen: griech. hypo = unter, pitys = Fichte, Pinie. Der chlorophyllfreie Sproß erinnert an Spargel.

## 2 Salbei-Gamander
*Teucrium scorodonia*

30–60 cm Juni–Sept. ♃ [91]

**Kennzeichen:** Grünlich gelbe Lippenblüten in lockeren Ähren; Blätter gegenständig, eiförmig, gekerbt, auffallend netzartig runzelig.

**Vorkommen:** Im Küstenbereich und Tiefland zerstreut, im Südosten selten; sonst weit verbreitet in artenarmen Eichen- und Kiefernwäldern auf kalk- und nährstoffarmen Böden.

**Wissenswertes:** In lichten Eichenmischwäldern und im Halbschatten von Gebüschen ist der Salbei- oder Wald-Gamander eine von den Imkern wegen seiner langen Blütezeit besonders geschätzte Trachtpflanze.

## 3 Tollkirsche
*Atropa belladonna*

50–150 cm Juni–Aug. ♃ [83]

**Kennzeichen:** Hohe lockere Staude mit glockigen, schmutzig grün-violetten Blüten, glänzend schwarzen Beeren (**3b**) und ungeteilt-ganzrandigen Blättern.

**Vorkommen:** Im Norden und im Osten fehlend, sonst weit verbreitet auf Kahlschlägen, Waldlichtungen, an Waldrändern und -wegen.

**Wissenswertes:** Weil die Früchte der Tollkirsche nicht nur verlockend aussehen, sondern auch nicht unbedingt schlecht schmecken, gehört die Tollkirsche zu den besonders gefährlichen Giftpflanzen. Kinder sollten die Art schon früh kennenlernen. Beim Verzehr auch nur einzelner Beeren ist unverzüglich ärztliche Hilfe erforderlich, weil auf anfangs rauschartige Zustände Erbrechen und Kreislaufkollaps zu erwarten sind. Im Mittelalter nahmen Frauen gelegentlich eine geringe Dosis als Schönheitsmittel: glänzende Augen und geweitete Pupillen (lat. bella donna = schöne Frau). Die Wahnzustände bei höherer Dosis (Name!) brachten oft die erwünschte Bestätigung des Hexenverdachts.

## 4 Knotige Braunwurz
*Scrophularia nodosa*

50–100 cm Juni–Sept. ♃ [85]

**Kennzeichen:** Schmutzig-braune, 2lippige Blüten und länglich eiförmige, doppeltgesägte Blätter; Stengel nicht geflügelt.

**Vorkommen:** Im gesamten Gebiet auf nährstoffreichen, feuchten Böden in Laub- und Mischwäldern, aber auch auf Schuttplätzen recht häufig.

**Wissenswertes:** Der knollig verdickte knotige Wurzelstock und dessen Ähnlichkeit mit Geschwülsten bei Skrofulose, einer Haut- und Lymphdrüsenerkrankung, waren Anlaß zu dessen früherer Verwendung und zur Namengebung: lat. scrophula = Halsgeschwulst. Heute gilt die knotige Braunwurz als giftig. Ihre unscheinbaren Blüten werden übrigens gern von Wespen angeflogen.

## 5 Geflügelte Braunwurz
*Scrophularia umbrosa*

50–100 cm Juni–Aug. ♃ [85]

**Kennzeichen:** Der vorigen Art ähnlich, aber Stengel deutlich geflügelt.

**Vorkommen:** Im Nord- und Südwesten nur zerstreut, sonst weit verbreitet, vor allem an Gräben und Ufern nährstoffreicher Fließgewässer und in nassen Wiesen.

**Wissenswertes:** Die am Stengel herablaufenden Blätter sorgen für dessen flügelartige Verbreiterung, die ein Drittel des Stengeldurchmessers ausmachen kann.

1

2

3a

3b

5

4

## 1 Sommerwurz-Arten
*Gattung Orobanche*

10–60 cm Mai–Sept. ⊙–♃ 86

**Kennzeichen:** Pflanze ohne grüne Blätter, mit bleichen, eiförmig lanzettlichen, zugespitzten Schuppen; Blüten 2lippig, in aufrechten, allseitswendigen Trauben, entsprechend den oberen Teilen der Pflanze schwach getönt.

**Vorkommen:** Über 20 fast ausnahmslos selten und nur sehr zerstreut auftretende Arten; in Anlehnung an die jeweils sehr spezifischen Wirtspflanzen in Sand- und Halbtrockenrasen, auf Wiesen, Hackfrucht- oder Kleefeldern, in Trockengebüschen, Waldsäumen oder Parks, in Gesteinsschutt oder Schluchtwäldern.

**Wissenswertes:** Alle Arten sind Vollschmarotzer auf den Wurzeln jeweils ganz bestimmter Wirte, die am ehesten Auskunft über die genaue Artzugehörigkeit der jeweiligen Sommerwurz geben. Der weite Bogen der Sommerwurz-Wirte reicht von der Berberitze und der Brombeere, von Efeu und Ginster über Schafgarbe, Pestwurz, Labkraut, verschiedene Korbblütler und Doldengewächse bis zum Hanf und zur Kartoffel.

## 2 Breit-Wegerich
*Plantago major*

10–40 cm Juni–Okt. ♃ 88

**Kennzeichen:** Blätter breit elliptisch mit parallelen, aber miteinander vernetzten Adern (Leitbündeln); Blüten sehr klein und unscheinbar in schlanken Ähren.

**Vorkommen:** Im gesamten Gebiet und darüber hinaus fast weltweit in Trittgesellschaften auf Wegen, an Wegrändern und auf Weiden; meistens sehr häufig.

**Wissenswertes:** Weil die Außenschicht der Samen bei Feuchtigkeit zu einer klebrigen Masse aufquillt, bleibt sie leicht an den Fuß- und Schuhsohlen von Tieren und Menschen haften. Den Indianern signalisierte das Auftreten der ursprünglich in Nordamerika nicht heimischen Art, daß bereits Europäer dort waren. Sie nannten sie sehr bildhaft „Fußtritt des weißen Mannes". – Allergiker kennen den Wegerich als Produzenten von Pollen, den der Wind verbreitet und der recht unangenehm in Erscheinung treten kann. Schüler lernen an ihm, daß Pflanzen nicht immer vorzugsweise dort wachsen, wo es ihnen vom Boden und Klima her am besten gefällt, sondern dort, wo es ihre stärkeren Konkurrenten zulassen. Der Breit-Wegerich liebt den Vertritt und den Reifendruck und die daraus sich ergebende Bodenverdichtung ebensowenig wie viele andere Pflanzenarten; aber im Gegensatz zu jenen kann er sie ertragen und ihnen im Hinblick auf die Samenverbreitung sogar positive Seiten abgewinnen.

## 3 Mittlerer Wegerich
*Plantago media*

10–40 cm Mai–Juli ♃ 88

**Kennzeichen:** Im Gegensatz zum Breitwegerich mit ungestielten, etwas weniger breiten Blättern und viel kürzerer Blütenähre.

**Vorkommen:** Außer im Norden im gesamten Gebiet verbreitet; vor allem auf kalk- und nährstoffreichen Böden; in Magerwiesen und -weiden sowie in Kalkhalbtrockenrasen.

**Wissenswertes:** Unter den Wegerich-Arten nimmt der Mittlere Wegerich in der Blattbreite eine Mittel- (Name!), in der Blütenbiologie eine Sonderstellung ein. Die Blüten sind zwar sehr unscheinbar, aber sie duften und haben lila Staubfäden. Die die Blütenstände besuchenden Insekten sammeln dort Pollen.

## 4 Spitz-Wegerich
*Plantago lanceolata*

10–40 cm Mai–Sept. ♃ 88

**Kennzeichen:** Blätter lanzettlich, 5–7nervig und meistens aufrecht; Blütenähren eiförmig.

**Vorkommen:** Im gesamten Gebiet in nährstoffreichen Wirtschaftswiesen und –weiden, in Parkrasen und an Wegrändern.

**Wissenswertes:** Das getrocknete Kraut des Spitz-Wegerichs wird wegen seiner schleimlösenden und reizmildernden Wirkung früher wie heute gern bei Katarrhen der Atemwege verwendet. Seine frischen Blätter und ein Preßsaft daraus werden wegen ihrer antiseptischen Wirkung auch bei Schleimhautentzündungen im Mund- und Rachen-, Magen- und Darmbereich empfohlen. Die Wirkstoffe des Spitz-Wegerichs begegnen uns auch in vielen modernen pharmazeutischen Präparaten.

1a

1b

2

3a

3b

4

## 1 Moschuskraut
*Adoxa moschatellina*

5–20 cm März–Mai ♃ 77

**Kennzeichen:** In der Regel bilden 5 gelblichgrüne Blüten einen kleinen, würfelförmigen Blütenstand (**1b**); zwei Grundblätter langgestielt, doppelt 3zählig, gelappt.

**Vorkommen:** Mit einigen Verbreitungslükken im gesamten Gebiet in feuchten Laubwäldern, vor allem in Auenwäldern, auf kalk- und nährstoffreichen Böden.

**Wissenswertes:** Auch unter dem Namen Bisamkraut bekannt. Die deutschen Namen trägt sie wegen des Duftes, den die welkenden Blätter verbreiten. Der wissenschaftliche Artname mit der lat. Minderungsform betont den schwachen Moschusduft. Der wissenschaftliche Gattungsname geht auf griech. adoxos = unscheinbar, unberühmt zurück und bezieht sich auf die Blüten. Interessant ist, daß sich die obere der 5 Blüten von den anderen unterscheidet. Sie hat eine 4spaltige Krone und einen 2spaltigen Kelch, alle übrigen eine 5spaltige Krone und einen 3spaltigen Kelch. Zur Reifezeit entwickeln sich ½ cm große gelbgrüne Steinfrüchte, die von den verlängerten Kelchblättern umgeben sind und mit dem eingerollten Stiel auf dem Boden liegen.

## 2 Wald-Ruhrkraut
*Gnaphalium sylvaticum*

10–50 cm Juli–Sept. ♃ **94**

**Kennzeichen:** Unverzweigte graufilzige Staude mit jeweils 1–5 Blütenkörbchen in den Achseln der oberen Stengelblätter (**2b**); Blätter 1nervig, lineal-lanzettlich, unterseits meist dichter filzig behaart als oberseits.

**Vorkommen:** Auf Waldwegen und -lichtungen, in Magerrasen und Heiden; im gesamten Gebiet auf kalkarmen, sandig-steinigen Böden ziemlich weit verbreitet.

**Wissenswertes:** Verschiedene Arten aus dieser Gattung haben einen höheren Gerbstoffgehalt, auf dem die Wirksamkeit ihres Krautes bei Durchfallerkrankungen wie der Ruhr (Name!) beruht. Die filzige Behaarung der Angehörigen dieser Gattung spiegelt sich im wissenschaftlichen Namen, der auf griech. gnaphalon = Filz, Wolle zurückgeht.

## 3 Sumpf-Ruhrkraut
*Gnaphalium uliginosum*

5–25 cm Juli–Sept. ⊙ **94**

**Kennzeichen:** Ebenfalls graufilzig und mit unscheinbaren Blütenkörbchen; jedoch verzweigt und Blütenkörbchen in endständigen Knäueln, die von den Hochblättern weit überragt werden.

**Vorkommen:** Im gesamten Gebiet – außer in den Alpen – auf offenen, zeitweilig nassen oder überschwemmten Standorten; an Weg-, Graben- und Teichrändern, auf verschlämmten Äckern; weit verbreitet.

**Wissenswertes:** Diese einjährige Art tritt an den einzelnen Orten meistens nur vorübergehend auf, oft nur in niederschlagsreichen Jahren. Meistens deutet sie auf Vernässung und Oberflächenverdichtung des Bodens hin. Die ausgebreiteten, weiß- bis graufilzig behaarten Hochblätter rund um die Knäuel der Blütenkörbchen erinnern entfernt an das ähnliche Erscheinungsbild des Edelweiß – allerdings in starker Verkleinerung. Auf Äckern gehört das Sumpf-Ruhrkraut zu den Arten, die durch Meliorations- und Bewirtschaftungsmethoden leicht verdrängt werden.

## 4 Strahlenlose Kamille
*Matricaria discoidea*

5–25 cm Mai–Aug. ⊙ **94**

**Kennzeichen:** Eine Kamille mit entsprechendem Geruch und kegelförmigen Blütenköpfchen, aber ohne Zungen- oder Strahlenblüten (Name!).

**Vorkommen:** Überall in Siedlungsnähe; in Trittrasen und an Wegrändern, sogar in Pflasterritzen; obwohl erst seit 150 Jahren eingebürgert, allgemein recht häufig.

**Wissenswertes:** Die heute weltweit verbreitete Art stammt ursprünglich aus Ostasien und dem Westen Nordamerikas. Die Verbreitung mit Hilfe klebriger Samen erinnert an die des Breit-Wegerichs, mit dem die Strahlenlose Kamille in den Trittrasen meistens vergesellschaftet auftritt. Nur verlief ihre Ausbreitung in der entgegengesetzten Richtung. In ihrer Heilwirkung kommt sie an die der Echten Kamille nicht heran; ihr fehlen vor allem die entzündungshemmenden Stoffe.

1a

1b

2a

2b

3a

3b

4

## 1 Gewöhnlicher Beifuß
*Artemisia vulgaris*

50–150 cm Juli–Sept. ♃ ✿ **94**

**Kennzeichen:** Stengel kantig, oft rot überlaufen; Blätter tief geteilt, oberseits dunkelgrün und kahl, unterseits weißfilzig; Blüten in kleinen eiförmigen Köpfchen.

**Vorkommen:** Auf Schuttplätzen und Industriebrachen sowie an Wegrändern; im gesamten Gebiet recht häufig.

**Wissenswertes:** Das Kraut fördert die Absorption von Verdauungssäften und wird als Geschmackskomponente gern als Gewürz bei schwer verdaulichen Fleischgerichten verwendet. Die Wirkung und der Gehalt an ätherischen Ölen aber stehen deutlich hinter denen der folgenden Art zurück. Die Rainfarn-Beifuß-Gesellschaften sind vor allem im städtisch-industriellen Raum weit verbreitet.

## 2 Wermut
*Artemisia absinthium*

30–100 cm Juli–Sept. ♃-Halbstrauch **94**

**Kennzeichen:** Der vorigen Art ähnlich, aber insgesamt silbrig behaart und Körbchen hellgelb, nickend; Stengel oft im unteren Teil verholzt (Halbstrauch).

**Vorkommen:** An Wegrändern und Rainen, auf Wildland, besonders in Siedlungsnähe; im gesamten Gebiet verstreut, vorzugsweise in sommerwarmen Lagen.

**Wissenswertes:** Der Wermut ist schon vor langer Zeit als Heil- und Gewürzpflanze aus dem östlichen Mittelmeer über die Gärten vielerorts in die freie Landschaft gelangt: Sein Name ist schon im Althochdeutschen belegt. Heute wird vor dem Genuß alkoholischer Auszüge wegen des giftigen Thujons gewarnt. Absinthschnäpse sind deshalb in fast allen Ländern verboten, während die von ätherischen Ölen weitgehend freien Wermutweine als unbedenklich gelten.

## 3 Strand-Beifuß
*Artemisia maritima*

30–60 cm Aug.–Okt. ♃-Halbstrauch **94**

**Kennzeichen:** Ebenfalls mit beiderseits weißfilzigen, später jedoch oft verkahlenden Blättern; Stengel im unteren Drittel verholzt (Halbstrauch), abstehend verzweigt und aufsteigend; Blütenkörbchen sehr klein (2–3 mm).

**Vorkommen:** Außer in Salzwiesen an der Nord- und Ostsee, vereinzelt auch an Salzquellen im Binnenland.

**Wissenswertes:** Die Art zeigt ihre Vorliebe für kochsalzreiche Standorte.

## 4 Kanadische Wasserpest
*Elodea canadensis*

– Mai–Aug. ♃ **97**

**Kennzeichen:** Stengel unter Wasser flutend, teilweise über 1 m lang, oft grün überwinternd; Blätter lanzettlich bis schmal oval, zu dritt in Quirlen; Blüten über den Wasserspiegel hinausragend, in Europa selten.

**Vorkommen:** In stehenden und langsam fließenden eutrophen Gewässern zwischen Seerosen und Laichkräutern.

**Wissenswertes:** Als sich die Art vom Botanischen Garten Berlin aus in der 2. Hälfte des vorigen Jahrhunderts zunächst massenhaft verbreitete, wurde sie für die Binnenschiffahrt und die Fischerei zunächst zu einer wahren „Pest". Heute hat sie sich in die Lebensgemeinschaften eingefügt und ist örtlich bereits als recht selten zu bezeichnen. Sie vermehrt sich hier ausschließlich vegetativ.

## 5 Seegras
*Zostera marina*

– Juni–Sept. ♃ **99**

**Kennzeichen:** Submerse Meerespflanze mit langen grasartigen Blättern (Name!); Wurzelstock im Schlick kriechend; Unterwasserblüher.

**Vorkommen:** Im Küstenbereich der Nordsee, seltener in der westlichen Ostsee, früher in bis zu 3 und sogar 5 m Tiefe große submarine Wiesen bildend; bei Sturm häufig ausgerissen und an den Strand gespült.

**Wissenswertes:** Früher war die Art zur Füllung von „Seegrasmatratzen", als Verpakkungmaterial, Dünger und als Hauptnahrung der Ringelgänse sehr bedeutsam. Inzwischen ist sie – möglicherweise bedingt durch die Meeresverschmutzung – deutlich seltener geworden.

1
3
2
4
5a
5b

## 1 Strand-Dreizack
*Triglochin maritimum*

10–60 cm Mai–Sept. ♃ [98]

**Kennzeichen:** Binsenartige Pflanze mit fleischigen, bis ½ cm breiten, halbstielrunden, linealen Blättern und winzigen (bis 4 mm großen) grünlichen Blüten in einer dichten, an Wegerich erinnernden Traube; Chlorgeruch.

**Vorkommen:** Auf Salzwiesen an der Nord- und Ostseeküste; bei nassen, salzhaltigen Böden auch in küstennahen Marschen auf Wiesen und Weiden; punktuell an Salzstellen im Binnenland.

**Wissenswertes:** Die Bestände dieser Art auf Salz- und manchen Marschwiesen werden vom Vieh gern abgeweidet, in Notzeiten aber auch vom Menschen als Gemüse gesammelt, das jedoch erst nach längerem Kochen seinen unangenehmen Beigeschmack verliert.

## 2 Sumpf-Dreizack
*Triglochin palustre*

10–40 cm Juni–Sept. ♃ [98]

**Kennzeichen:** Der vorigen Art ähnlich, jedoch Blätter noch schmaler und Blütentrauben kürzer und lockerer.

**Vorkommen:** In Schleswig-Holstein und an der Unterelbe am weitesten verbreitet, sonst im Süden und Osten häufiger als im Westen; in den Mittelgebirgen zum Teil fehlend; vor allem auf den nassesten Stellen in Flach- und Quellmooren.

**Wissenswertes:** Hier wirken die 3 Narben tatsächlich, wie man es von einem „Dreizack" erwartet. Oft ragen nur die blütentragenden Stengel aus dem flachen Wasser hervor, während die grundständigen Blätter schwimmen.

## 3 Schwimmendes Laichkraut
*Potamogeton natans*

– Mai–Sept. ♃ [99]

**Kennzeichen:** Schwimmblätter derb, elliptisch, bis 12 cm lang und noch länger gestielt, am Grunde rundlich bis herzförmig.

**Vorkommen:** In Seen, Weihern und Teichen die in Mitteleuropa am weitesten verbreitete Laichkraut-Art; von der Marsch bis oberhalb der alpinen Waldgrenze.

**Wissenswertes:** Wie bei vielen anderen Schwimmblättern liegen die Spaltöffnungen auf der Blattoberseite, die durch Öltröpfchen wasserabstoßend wirkt und so deren Unbenetzbarkeit garantiert. Die untergetauchten, bis 50 cm langen, schmal-linealen Blätter sterben früh ab, meistens schon vor der Blütezeit. Die kleinen, grünlichen Blüten stehen dicht gedrängt in einer Ähre, die auf langem Stiel aus dem Wasser hinausragt (**3a**).

## 4 Krauses Laichkraut
*Potamogeton crispus*

– Mai–Sept. ♃ [99]

**Kennzeichen:** Blätter ausnahmslos untergetauchte Wasserblätter mit wellig-krausen Blatträndern (Name!), lineal-lanzettlich; Blüten in kürzeren Ähren.

**Vorkommen:** In ähnlichen Gewässern wie die vorige Art und fast so häufig und weit verbreitet wie diese.

**Wissenswertes:** Die dichten Bestände aller Laichkräuter sind wichtige Fisch-Laichplätze (Name!). Schwimmer kennen und fürchten sie als manchmal ausgesprochen gefährliche „Schlingpflanzen". Der wissenschaftliche Gattungsname ist aus griech. potamos = Fluß und griech. geiton = Nachbar zusammengesetzt.

## 5 Kleine Wasserlinse
*Lemna minor*

– Apr.–Juni ♃ [110]

**Kennzeichen:** Linsenförmige Gebilde (Name!), 3–4 mm groß, auf der Wasserfläche frei schwimmend; jedes blattartige Gebilde mit nur 1 Wurzel.

**Vorkommen:** Die am weitesten verbreitete Wasserlinse; in Mitteleuropa im gesamten Gebiet in stehenden, nährstoffreichen Gewässern aller Art und jeder Größe.

**Wissenswertes:** Der Volksmund bezeichnet die Wasserlinsen als „Entenflott" oder „Entengrütze". Die Pflanzen sind nicht in Sproß und Blatt gegliedert. Sie entwickeln nur selten ihre stark reduzierten, winzigen Überwasserblüten und vermehren sich fast ausschließlich vegetativ, indem sie lange Ketten grüner Glieder bilden. Wasserlinsen dienen Enten und Fischen als Nahrung.

1a
1b
2
3a
3b
4
5a
5b

## 1 Einbeere
*Paris quadrifolia*

20–40 cm Mai–Juni ♃ 100

**Kennzeichen:** Blätter elliptisch, zu 4 in einem Quirl (wiss. Name lat. quadrifolius = vierblättrig); eine einzige Blüte – später eine einzige blauschwarze Beere (Name, **1b**).

**Vorkommen:** Außer im Nordwesten in krautreichen Laub- und Mischwäldern auf kalkreichen Böden allgemein verbreitet.

**Wissenswertes:** Abweichend vom üblichen Aufbau einkeimblättriger Pflanzen (Parallelnervatur der Blätter, Dreizahl der Blütenteile) hat die Einbeere Blätter mit Netznervatur und 4zählige Blüten. Für die blütenbesuchenden Insekten auffälliger als die unscheinbar grünen Blütenblätter sind schon die Staubblätter und der dicke Fruchtknoten (**1a**). Die später wildkirschengroße Beere soll auf Menschen und Säugetiere schwach giftig wirken, nicht jedoch auf Vögel, die die Beeren fressen und die zahlreichen Samen verbreiten.

## 2 Kalmus
*Acorus calamus*

60–140 cm Juni–Juli ♃ 109

**Kennzeichen:** Lineale Blätter denen der Iris ähnlich, aber mit deutlicher Querfältelung (**2b**); Blüten grünlich, in seitlich schräg abstehenden Kolben.

**Vorkommen:** Mit größeren Verbreitungslükken im gesamten Gebiet, zumindest in tieferen Lagen; in Röhrichten nährstoffreicher stehender Gewässer.

**Wissenswertes:** Die schon von Alexander dem Großen von Indien nach Kleinasien und erst im 16. Jahrhundert nach Mitteleuropa gebrachte Heil- und Likörpflanze ist bei uns steril und vermehrt sich nur vegetativ, und zwar durch Teilung des knolligen Rhizoms, das angenehm aromatisch riecht und ätherische Öle und Bitterstoffe enthält. Daraus gewonnene Extrakte sind in appetitfördernden und bei Magen-Darm-Störungen wirksamen Medikamenten, aber auch in Magenbittern und Kräuterlikören, Mund- und Gurgelwässern enthalten. Alle heutigen Kalmus-Vorkommen in Europa gehen auf verwilderte Vorfahren aus wasserreichen Gärten zurück.

## 3 Gefleckter Aronstab
*Arum maculatum*

20–40 cm Apr.–Mai ♃ 109

**Kennzeichen:** Tütenförmiges, hellgrünes Hochblatt mit braun-violettem Kolben; Blätter spießförmig, abweichend von anderen Einkeimblättrigen netznervig, meistens dunkel gefleckt (lat. maculatus = gefleckt).

**Vorkommen:** Außer in den weitesten Teilen des Norddeutschen Tieflandes und Landschaften im Südosten in krautreichen Laub- und Mischwäldern allgemein verbreitet.

**Wissenswertes:** Der wohl ungewöhnlichste Vertreter der mitteleuropäischen Flora setzt in seinem Kessel die durch aasartigen Geruch angelockten Fliegen zeitweilig gefangen, nachdem sie vom glatten Hochblatt durch die Reusenhaare in sein „Gefängnis" gerutscht sind. Dort genießen sie die atmungsbedingte Wärme, den Pollen und die von der Kesselwand abgesonderte zuckerhaltige Flüssigkeit. Dabei sorgen sie für die Bestäubung der an der Basis des Kolbens stehenden weiblichen Blüten. Wenn schließlich die Reusenhaare welken, brechen die ringsum mit Pollen eingepuderten Fliegen auf zum nächsten Aronstab. Die auffallend roten Früchte (**3b**) sind giftig.

## 4 Schlangenwurz
*Calla palustris*

10–40 cm Mai–Juli ♃ 109

**Kennzeichen:** Sumpfpflanze mit Blüten in einem etwa 2 cm großen Kolben und unterseits weißem, den Kolben weit überragendem Hochblatt (**4a**); klebrige rote Beeren (**4b**).

**Vorkommen:** Vor allem im Norddeutschen Tiefland weiter verbreitet, sonst nur punktuell auf torfig-schlammigen Böden; an sumpfigen Stellen in Erlen- und Auenwäldern, in Röhrichten und Zwischenmooren.

**Wissenswertes:** Die oberirdisch unter Wasser im Sumpf kriechenden Rhizome erinnern an Schlangen und wurden deshalb im Sinne der Signaturenlehre früher gegen Schlangenbisse eingesetzt (Name!). Das Hochblatt ist im Gegensatz zu dem des verwandten Aronstabs offen, bildet also keinen Kessel, so daß der Kolben aus zwittrigen Einzelblüten offen für Aasfliegen und Käfer zugänglich ist.

1a
1b
2a
3a
2b
3b
4a
4b

## 1 Aufrechter Igelkolben
*Sparganium erectum*

30–120 cm Juni–Sept. ♃ 107

**Kennzeichen:** Sumpf- und Wasserpflanze mit im Spitzenbereich verzweigtem Stengel, runden Blütenständen (männliche über den weiblichen, **1a**) und aufrechten, schmal-lanzettlichen, im Querschnitt 3eckigen Blättern.

**Vorkommen:** Im gesamten Gebiet am weitesten verbreitete Igelkolben-Art; im Röhricht stehender, aber auch langsam fließender, nährstoffreicher Gewässer.

**Wissenswertes:** Diese Art, die Gewässer mit Schlammböden und Wassertiefen bis 50 cm bevorzugt, wird im dichten, hohen Röhricht meistens zu stark beschattet und „erdrückt". Sie ist vor allem dort anzutreffen, wo das Röhricht lückig ist oder zurückweicht. Weil sie besser als manche Konkurrenten mit der Wasserverschmutzung fertig wird, konnte sie sich vielfach stärker ausbreiten. Die schwimmfähigen Samen bleiben über 1 Jahr lang an der Wasseroberfläche und werden durch Wasser, Vögel und Säugetiere verbreitet.

## 2 Breitblättriger Rohrkolben
*Typha latifolia*

100–200 cm Juni–Aug. ♃ 106

**Kennzeichen:** Blätter linealisch, 1–2 cm breit und blaugrün; als Blütenstand ein bräunlicher Kolben mit weiblichen Blüten und darüber unmittelbar angrenzend mit dem später abfallenden männlichen Teil (**2b**).

**Vorkommen:** An langsam fließenden Flüssen, an Seen, Weihern und Teichen, in Klärschlammbecken und nährstoffreichen Sümpfen des Gesamtgebietes recht häufig.

**Wissenswertes:** Sowohl als Erstbesiedler von Schlammböden als auch als torfbildender Verlandungsförderer ist der Rohrkolben eine oft landschaftsbeherrschende Pflanze, die in der Regel Eutrophierung anzeigt. Die den Kindern als „Schilfzigarren" bekannten weiblichen Kolbenteile werden gern als Winterschmuck genutzt, was allerdings wegen der in trockenen Räumen oft explosionsartigen Freisetzung tausender Flugfrüchte nicht immer ratsam ist. Mit den zermahlenen stärkereichen Wurzelstöcken wurde in Notzeiten manchmal der knappe Mehlvorrat gestreckt. Bei dem nur im Norden weiter verbreiteten Schmalblättrigen Rohrkolben (*Typha angustifolia*) sind der männliche und der weibliche Teil des Blütenstandes 1–2 cm voreinander getrennt.

## 3 Vogelnestwurz
*Neottia nidus-avis*

20–40 cm Mai–Juni ♃ **103**

**Kennzeichen:** Chlorophyllfreie Pflanze mit braunem Stengel; daran 20–40 hellbraune Blüten in einer allseitswendigen Ähre (**3b**) mit 4–6 farblosen Schuppenblättern.

**Vorkommen:** Im Norddeutschen Tiefland und im Rheinischen Schiefergebirge nur sehr vereinzelt, sonst weiter verbreitet; oft in sehr schattigen Laub- und Mischwäldern auf Kalk.

**Wissenswertes:** Die Vogelnestwurz parasitiert auf einem Pilz, der sich in ihren Wurzelzellen ausbreitet und zugleich als Fäulnisbewohner (Saprophyt) totes organisches Material im Waldboden nutzt. Der Saprophyt ist also nicht – wie früher gemeint – die Vogelnestwurz, sondern der Wurzelpilz *Rhizoctonia neottiae*. Ihr deutscher Name und seine Übersetzung ins Griechische (neottia = Nest) und Lateinische (nidus avis = Vogelnest) beziehen sich auf die nestartig verflochtenen Wurzeln am Wurzelstock der Vogelnestwurz.

## 4 Großes Zweiblatt
*Listera ovata*

20–40 cm Mai–Juli ♃ **103**

**Kennzeichen:** Die einzigen Laubblätter breit eiförmig und nahezu gegenständig; Blüten grünlichgelb, in einer langen Traube (**4b**).

**Vorkommen:** Weitaus häufigste heimische Orchidee; im gesamten Gebiet in krautreichen Wäldern auf kalkhaltigen Böden.

**Wissenswertes:** Die Blüten dieser Orchidee sind spornlos und haben eine bis zur Mitte gespaltene Unterlippe (**4b**), auf der Nektar für die blütenbesuchenden Inseken abgesondert wird. Der wissenschaftliche Gattungsname erinnert an den englischen Arzt Martin Lister (1638–1712), der zugleich ein bedeutender Naturforscher und Botaniker war; der wissenschaftliche Artname verweist auf die Blattform (lat. ovatus = oval, eirund).

1a
2a
1b
2b
3a
4a
4b
3b

**Süßgräser, Sauergräser** und **Binsengewächse** werden in diesem Teil des Kosmos-Pflanzenführers zusammengefaßt, weil sie allesamt keine auffälligen, bunten, sondern stark reduzierte Blüten haben, die meistens in Blütenständen beisammenstehen. Die Arten treten fast immer in Herden oder sogar in Reinbeständen auf und können ganzen Landschaften ihr Gepräge geben.
Alle Arten, die zur Familie der **Süßgräser** (*Gramineae* oder *Poaceae*) gehören, zeichnen sich durch runde, hohle Stengel („Halme") und durch 2zeilig angeordnete Blätter mit langer, stengelumfassender Scheide aus. Ihre unscheinbaren, meist zwittrigen Blüten haben keine Blütenhülle, aber dafür trokkenhäutige Hochblätter. Sie stehen immer in Ährchen beisammen, die ihrerseits wieder ähren-, trauben- oder rispenförmige Gesamtblütenstände bilden können.

## 1 Riesen-Schwingel
*Festuca gigantea*

60–150 cm Juli–Aug. ♃ **108**

**Kennzeichen:** Kräftiges Waldgras mit bis zu 40 cm langer, abstehender Rispe, deren Äste weit voneinander entfernt und in der unteren Hälfte unverzweigt sind; die beiden untersten Äste ungleich lang.

**Vorkommen:** Im gesamten Gebiet in feuchten Wäldern, auf Waldlichtungen und Kahlschlägen; allgemein recht häufig.

**Wissenswertes:** Der Name „Schwingel" beschreibt die im Winde leicht schwingenden oder schwankenden Halme. Die Art zeigt einen günstigen Bodenzustand an, kann allerdings Naturverjüngung und Kulturen unter dem Schirm alter Bäume bedrängen.

## 2 Wiesen-Schwingel
*Festuca pratensis*

30–100 cm Juni–Juli ♃ **108**

**Kennzeichen:** Weniger derbes Wiesengras mit weichen, schlaffen Blättern; auf der untersten Stufe des Blütenstandes kürzerer Ast mit 1, längerer mit 3–4 Ährchen.

**Vorkommen:** Überall häufiges, oft auch ausgesätes Wiesen- und Weidegras schwerer Böden; durch Düngung und Kalkung gefördert.

**Wissenswertes:** Hier handelt es sich um eines der besten Futtergräser, das auch in höheren, frostgefährdeten Lagen recht ergiebig ist.

## 3 Rot-Schwingel
*Festuca rubra*

30–80 cm Juni–Juli ♃ **108**

**Kennzeichen:** Ausläufer und Horste bildendes Gras; Halm und Rispe meist aufrecht; längster Ast der untersten Blütenstandsstufe halb so lang wie der ganze Blütenstand; nach der Blüte Gras sich rot verfärbend (Name!).

**Vorkommen:** Allgemein verbreitet, in verschiedenen Rassen auf Wiesen und Weiden, aber auch in lichten Wäldern.

**Wissenswertes:** Für unterschiedliche Standorte gibt es jeweils besondere Kultursorten, was die Wertschätzung der Art als Kulturgras unterstreicht.

## 4 Schaf-Schwingel
*Festuca ovina*

30–50 cm Mai–Juli ♃ **108**

**Kennzeichen:** Dichte Horste ohne Ausläufer; Blätter graugrün, borstig-gerollt, rauh; unterster Ast erreicht nur ein Drittel der Gesamtlänge des Blütenstandes.

**Vorkommen:** Überall häufig; auf Wiesen, Weiden, in Magerrasen und Heiden, aber auch in lichten Wäldern; meist auf mageren, trockenen Standorten.

**Wissenswertes:** Auch diese Art ist sehr formenreich. Einige Unterarten sind nur noch als Futterpflanzen für anspruchslose Schafe geeignet (Name!).

## 5 Ausdauerndes Weidelgras
*Lolium perenne*

30–60 cm Mai–Okt. ♃ **108**

**Kennzeichen:** Ährchen 2zeilig, die Schmalseite der Achse des Blütenstandes zugewandt; Ährchen unbegrannt, ca. 1 cm lang.

**Vorkommen:** Überall häufig, wichtigstes Weidegras, selbst in Trittgesellschaften.

**Wissenswertes:** Die Art ist auch als Lolch (Lehnwort aus lat. lolium) und als Englisches Raygras (engl. Rye = Roggen) bekannt.

1

2

3

4

5a

5b

## 1 Einjähriges Rispengras
*Poa annua*

5–25 cm ganzjährig ⊙ 108

**Kennzeichen:** Niedriges büscheliges Gras; Halme etwas zusammengedrückt; Rispe lokker, meistens einseitswendig.

**Vorkommen:** Eines unserer häufigsten Gräser; als Garten- und Ackerunkraut, auf Weiden und Wegen fast allgegenwärtig.

**Wissenswertes:** Die Art gehört zu den typischen Bestandteilen der Trittgesellschaften, die selbst auf stark belaufenen Böden zu wachsen vermögen. Durch Menschen, Tiere und Fahrzeuge wurde sie weltweit verbreitet.

## 2 Wiesen-Rispengras
*Poa pratensis*

10–60 cm Mai–Juni ♃ 108

**Kennzeichen:** Lockerrasiges Gras mit langen Ausläufern; Halme aufrecht; Rispe locker, bläulichgrün.

**Vorkommen:** Im gesamten Gebiet sehr häufiges Wiesen- und Weidegras, auch in lichten Wäldern und auf Wildland.

**Wissenswertes:** Aus der Vielzahl von verschiedenen ökologischen Rassen und Zuchtformen findet der Fachmann für jeden Zweck und Standort die jeweils geeignetsten, darunter auch vorzügliche Weidegräser.

## 3 Alpen-Rispengras
*Poa alpina*

5–30 cm Juli–August ♃ 108

**Kennzeichen:** Stengelbasis durch Blattscheiden verdickt; Rispenäste waagerecht abstehend; an Ährchen Jungpflanzen bildend (**3b**).

**Vorkommen:** In den Alpen auf Viehweiden der subalpinen Stufe weit verbreitet.

**Wissenswertes:** Bei der Unterart *Poa alpina* var. *vivipara* bilden sich die im Blütenbereich erscheinenden Jungpflänzchen nicht etwa aus den Samen, sondern aus den Knospenanlagen. Insofern ist der lat. Name „*vivipara*" (= lebendgebärend) unzutreffend. Die Fähigkeit zu dieser Form vegetativer Vermehrung durch Bulbillen trägt der kurzen Vegetationsperiode im Hochgebirge Rechnung.

## 4 Hain-Rispengras
*Poa nemoralis*

30–80 cm Juni–Juli ♃ 108

**Kennzeichen:** Spreite der Stengelblätter in auffälliger Weise schräg hoch abstehend; Rispe ausgebreitet; Ährchen grünlich.

**Vorkommen:** Im gesamten Gebiet anzutreffen, vor allem in lichten Laubmischwäldern.

**Wissenswertes:** Diese Art durchwurzelt den Boden und seine Rohhumusauflagen besonders tief. Sie markiert im Wald die stärker belichteten und die dem Wind ausgesetzten Stellen.

## 5 Gewöhnlicher Salzschwaden
*Puccinellia distans*

20–50 cm Juli–Okt. ♃ 108

**Kennzeichen:** In der untersten Stufe des Blütenstandes 4–5 Rispenäste; Pflanze ohne Ausläufer.

**Vorkommen:** An den Küsten verbreitet; im Binnenland regional sich ausbreitend.

**Wissenswertes:** Früher kannte man die Art im Binnenland fast nur aus der Umgebung von Salinen. Zur Zeit jedoch breitet sich die salzliebende Art auch auf mit dem Spritzwasser der Auftausalze besprühten Rändern von Autobahnen und anderen Hauptverkehrsstraßen aus, allerdings auch auf durch die Ausbringung von Gülle stark verdichteten Flächen. Auf diesem Wege hat der Gewöhnliche Salzschwaden bereits die Alpen erreicht.

## 6 Andelgras
*Puccinellia maritima*

20–60 cm Juli–Sept. ♃ 108

**Kennzeichen:** In der untersten Stufe des Blütenstandes 2 Rispenäste; Pflanze mit Ausläufern.

**Vorkommen:** Verbreitet auf den Salzwiesen der Nord- und Ostseeküsten.

**Wissenswertes:** Das Andelgras beherrscht die Andelwiesen, jene natürlichen Rasen, die landeinwärts auf die Quellerflächen folgen, wo sich der angelandete Schlick über das mittlere Hochwasserniveau hinaus abgelagert hat. Die Andelwiesen sind geschätzte Weideflächen für Vieh, für Wildgänse und -enten.

1

2

3a

3b

4

5

6

## 1 Knäuelgras
*Dactylis glomerata*

30–120 cm Mai–Juni ♃ **108**

**Kennzeichen:** Horstbildendes Gras; Rispe mit knäuelig verdichteten Ähren (Name!), an den Spitzen gehäuft („geknäuelt“ = lat. glomeratus).

**Vokommen:** Im gesamten Gebiet häufig auf Wiesen und Weiden und an Wegrändern.

**Wissenswertes:** Bei starker Düngung des Grünlandes kann sich dieses wertvolle Futtergras stark ausbreiten und als Obergras andere Arten – vor allem die Wiesenkräuter – so stark verdrängen, daß schließlich eine artenarme, einheitlich grüne Wiese oder Weide entsteht.

## 2 Wiesen-Kammgras
*Cynosurus cristatus*

30–60 cm Juni–Juli ♃ **108**

**Kennzeichen:** Blütenstand mit 2reihig angeordneten Ährchen, dicht und schmal, mit einem Kamm (Name!) oder einem Hundeschwanz (griech. cynosurus) vergleichbar.

**Vorkommen:** Verbreitet auf Wiesen und Weiden, vor allem bei extensiver Beweidung.

**Wissenswertes:** Als Untergras ist das Wiesen-Kammgras nicht sehr ertragreich, zumal das Vieh wohl die Blätter, nicht aber die zähen Halme frißt.

## 3 Zittergras
*Briza media*

20–50 cm Mai–Juli ♃ ✿ **108**

**Kennzeichen:** Ährchen ei- bis herzförmig, an dünnen Stielen hängend und bei jeder Luftbewegung zitternd (Name!).

**Vorkommen:** Außer im Nordwesten weit verbreitet, aber längst nicht mehr so häufig wie früher; auf Magerwiesen, Trockenrasen und ungedüngten Wegrändern.

**Wissenswertes:** Dieses sehr dekorative und für Frisch- und Trockensträuße gesammelte Gras ist ein typischer Magerkeitszeiger, der durch Düngung, aber auch durch Stickstoffeintrag aus der Luft, seine Position im Konkurrenzgefüge der Pflanzen verliert und verdrängt wird.

## 4 Acker-Windhalm
*Apera spica-venti*

30–120 cm Juni–Juli ⊙ ✿ **108**

**Kennzeichen:** Rispe bis zu 30 cm lang, lokker, mit bis zu 10 cm langen Seitenästen; Grannen über ½ cm lang.

**Vorkommen:** Weit verbreitet in Getreidefeldern, vor allem auf leichteren Böden.

**Wissenswertes:** Für die Umwelt unproblematischer als durch Herbizide kann man den säureliebenden Acker-Windhalm durch Kalkung zurückdrängen. Mit landwirtschaftlichem Gerät wird er leicht auf zuvor unbefallene Getreidefelder übertragen. „Windhalm“ und „Windähre“ (lat. spica venti) wird das Gras wegen seiner im Winde wogenden luftigleichten Blütenrispe genannt.

## 5 Einblütiges Perlgras
*Melica uniflora*

30–50 cm Mai–Juni ♃ **108**

**Kennzeichen:** Blütenährchen jeweils nur mit 1 einzigen fertilen Blüte (Name!), perlenartig wirkend.

**Vorkommen:** Überall in Wäldern auf kalk- und nährstoffreichen Böden; im Elbe-Urstromtal sehr vereinzelt.

**Wissenswertes:** In artenreichen Buchenwäldern beherrscht das Einblütige Perlgras, das oft bestandsbildend auftritt, die Bodenvegetation.

## 6 Nickendes Perlgras
*Melica nutans*

30–50 cm Mai–Juni ♃ **108**

**Kennzeichen:** Blütenstand einseitswendig; Ährchen nickend (Name!), jedes mit 2 zwittrigen Blüten.

**Vorkommen:** Noch etwas anspruchsvoller als die vorige Art; im Nordwesten fehlend.

**Wissenswertes:** Nach dieser Art werden artenreiche Buchenwälder auch als Perlgras-Buchenwälder bezeichnet. Infolge optimaler Streuzersetzung gehören sie zu den Wäldern mit dem besten Bodenzustand. Die als Ganzes abfallenden reifen Ährchen werden wegen ihrer süßen Beigaben (Ölkörperchen, Elaiosomen) von Ameisen verbreitet.

1
2
3a
3b
4
5
6

## 1 Wasser-Schwaden
*Glyceria maxima*

80–250 cm Juli–Aug. ♃ **108**

**Kennzeichen:** Stengel aufrecht, rohrartig, mit ährchenreichen Rispen (bis 50 cm lang) und 5–8 Blüten je Ährchen; Blatthäutchen bis 3 mm groß.

**Vorkommen:** Im Norden allgemein, im Süden regional verbreitet; häufig bestandsbildend im Röhricht stehender und langsam fließender Gewässer.

**Wissenswertes:** Massenvorkommen des Wasser-Schwadens weisen auf Verschmutzung und Überdüngung des Wassers hin. Seine Früchte wurden im Osten früher als Grütze gegessen; sie schmecken süß (griech. glykeros = süß). Die Stengel dienen zur Dachabdeckung („Reet").

## 2 Weiche Trespe
*Bromus hordeaceus*

20–80 cm Mai–Aug. ⊙ **108**

**Kennzeichen:** Rispe steif aufrecht, wenig verzweigt; Blattscheiden und Ährchen weich behaart (Name!).

**Vorkommen:** Häufig im gesamten Gebiet auf Wiesen, an Wegrändern, Rainen und auf Schutt; gern auf offenen, nährstoffreichen Böden, deshalb auch als Garten- und Ackerunkraut verbreitet.

**Wissenswertes:** Von der Weichen Trespe sind mehrere unterschiedliche Formen als Kleinarten beschrieben. Sie ist obendrein je nach Standort sehr variabel. Weil sie schon früh vergilbt, hat sie als Futtergras keine große Bedeutung.

## 3 Aufrechte Trespe
*Bromus erectus*

30–80 cm Mai–Aug. ♃ **108**

**Kennzeichen:** Dichte Horste bildendes Gras; Halm starr aufrecht; Rispe wenig verzweigt.

**Vorkommen:** Von Süden nach Norden abnehmend; vor allem auf Trockenrasen und Magerwiesen auf Kalk.

**Wissenswertes:** Auf extensiv bewirtschafteten, d.h. auf ungedüngten, einschürigen Wiesen ist die ertragsschwache Art durchaus noch als Futterpflanze geschätzt. Sie ist charakteristisch für die nach ihr benannten Trespen-Trockenrasen.

## 4 Taube Trespe
*Bromus sterilis*

30–80 cm Mai–Juni ⊙ ✿ **108**

**Kennzeichen:** Äste der großen Rispe allseits ausgebreitet; Grannen 15–40 mm lang.

**Vorkommen:** Weit verbreitet, allerdings unter Meidung kühl-feuchter Landstriche; an Wegen und Mauern, auf Ödland und Schutt.

**Wissenswertes:** Im Vergleich zum Hafer (griech. bromos) wirken die Ährchen der Tauben Trespe flach, taub oder steril (Namen!), was sie in Wirklichkeit natürlich nicht sind.

## 5 Wald-Zwenke
*Brachypodium sylvaticum*

60–100 cm Juli–Aug. ♃ **108**

**Kennzeichen:** Blätter schlaff, behaart; Blütenstand eine einfache, lockere Traube, überhängend; Ährchen mehr als 2 cm lang, fast parallel zur Achse des Blütenstandes; lange Grannen.

**Vorkommen:** Außer im Nordwesten recht verbreitet in Laubmisch- und Auenwäldern; auf kalk- und nährstoffreichen Böden.

**Wissenswertes:** Im Gegensatz zur nachfolgenden Art weist die Wald-Zwenke auf gute Waldböden mit ausgezeichneter Humuszersetzung hin und bildet keine Ausläufer.

## 6 Fieder-Zwenke
*Brachypodium pinnatum*

40–80 cm Juni–Juli ♃ **108**

**Kennzeichen:** Blätter steif, sich nach oben und unten verjüngend; als Blütenstand eine aufrechte Ähre oder Traube; kürzere Grannen.

**Vorkommen:** Außer im Norden vielerorts an sonnigen Hängen, auf Magerrasen und in lichten Wäldern; stets auf Kalk.

**Wissenswertes:** Die Fieder-Zwenke ist eine der charakteristischen Arten der durch extensive Beweidung offengehaltenen Kalkmagerrasen. Im Halbschatten lichter Wälder bildet sie oft sterile Rasen.

1
2
3a
3b
4
5
6

## 1 Strandroggen
*Elymus arenarius*

60–100 cm Juni–Aug. ♃ **108**

**Kennzeichen:** Dünengras mit langen Ausläufern; Halm dick, aufrecht; Spreite blaubereift, 1–2 cm breit, kahl, mit stechender Spitze.

**Vorkommen:** An der Nord- und Ostseeküste häufig; auf Sandböden, vor allem Dünen; hier und auf Flugsandfeldern zum Teil großflächig angepflanzt.

**Wissenswertes:** Die Art wird durch Ausläuferteilung oder Saat vermehrt und zur Dünenbefestigung – vor allem im Windschatten – angepflanzt (vgl. Strandhafer S. 356). Sie wächst mit der Sandablagerung, durchzieht den Sand mit ihren Wurzeln und legt ihn fest. Im Norden ist sie auch als „Blauer Helm" bekannt.

## 2 Gemeine Quecke
*Agropyron repens*

30–120 cm Juni–Juli ♃ **108**

**Kennzeichen:** Dichtrasiges Gras mit langen Ausläufern; Ähren aus 2zeilig angeordneten Ährchen, die der Spindel mit der Breitseite zugewandt stehen.

**Vorkommen:** Im gesamten Gebiet allgemein verbreitet an Wegen, auf Acker- und Gartenland, auf Schuttplätzen und an Ufern.

**Wissenswertes:** Weil sie üppige Wurzelstöcke entwickelt, die bis zu 80 cm tief liegen können, ist die Quecke als Unkraut schwer zurückzudrängen, am ehesten durch Überschattung. Die zuckerreichen Ausläufer wurden in Notzeiten zu Mehl vermahlen und zur Herstellung von Alkohol und Sirup benutzt.

## 3 Glatthafer
*Arrhenatherum elatius*

60–120 cm Juni–Juli ♃ ✿ **108**

**Kennzeichen:** Ein üppiges Wiesengras mit 1 cm langen Ährchen; Blattscheiden kahl (= glatt, Name!).

**Vorkommen:** Sehr häufiges Gras auf Wiesen und an Wegrändern im gesamten Gebiet.

**Wissenswertes:** Auf nährstoffreichen, d.h. intensiv gedüngten Fettwiesen ist es ein ertragreiches Mähgras.

## 4 Wiesen-Goldhafer
*Trisetum flavescens*

30–80 cm Mai–Sept. ♃ ✿ **108**

**Kennzeichen:** Rispen locker ausgebreitet, bis 20 cm lang (**4b**); Ährchen eiförmig, blaß- bis goldgelb.

**Vorkommen:** Im Norden zum Teil fehlend; dafür auf Bergwiesen häufig und bestandsbildend.

**Wissenswertes:** Hier handelt es sich um das wichtigste Mähgras des Berglandes, das durch mäßige Düngung gefördert wird. Es wird häufig angebaut. Auf Kalkböden tritt es vielfach auch natürlich auf.

## 5 Mäusegerste
*Hordeum murinum*

20–50 cm Juni–Sept. ☉ **108**

**Kennzeichen:** Ähre 6–10 cm lang und 1 cm dick, dicht, aufrecht; Grannen mehrfach länger als die Deckspelzen.

**Vorkommen:** In wärmeren Lagen – vor allem im Westen – recht häufig an Wegrändern, auf Schuttplätzen, Ödland und Mauern.

**Wissenswertes:** Wenn nach der Reife die Ährchen zerbrechen, sorgen die mit Widerhaken ausgestatteten Grannen dafür, daß sie im Fell von Tieren oder an der Kleidung von Passanten haften bleiben und verbreitet werden. Als Einwanderin aus dem Mittelmeerraum zieht die Mäusegerste trockenwarme Standorte in der Stadt dem Umland vor.

## 6 Flug-Hafer
*Avena fatua*

60–120 cm Juni–Aug. ☉ ✿ **108**

**Kennzeichen:** Haferähnliches Gras; Rispe mit zahlreichen, später hängenden Ästen; Ährchen 3blütig, mit bis 4 cm langen Grannen.

**Vorkommen:** Mancherorts – vor allem im Süden – recht verbreitet, vor allem im Wintergetreide auf basenreichen Böden.

**Wissenswertes:** Der Flug-Hafer soll eine Stammform des Saat-Hafers sein und mit ihm bastardieren. Früher als Unkraut gefürchtet, wird er heute durch Saatgutreinigung und Fruchtwechsel in Schach gehalten.

1
2
3a
3b
4a
4b
5
6

## 1 Draht-Schmiele
*Avenella flexuosa*

30–50 cm Juni–Aug. ♃ ✿ **108**

**Kennzeichen:** Blätter fadenförmig, meist schlaff herabhängend, drahtähnlich (Name!); Rispenäste geschlängelt (auch „Geschlängelte Schmiele“ genannt; lat. flexuosus = hin- und hergebogen).

**Vorkommen:** Häufig in bodensauren, vor allem in lichten Wäldern auf Magerrasen und in Heiden.

**Wissenswertes:** Die dünnen, nicht ausbreitbaren Blätter geben der Art den Namen „Schmiele“ (die Schmale). Sie ist ein Magerkeitsanzeiger und auch als „Hungergras“ bekannt. An besonders schattigen Orten – etwa in Fichtenbeständen – bildet sie oft dichte Rasen, kommt aber nicht zur Blüte.

## 2 Rasen-Schmiele
*Deschampsia cespitosa*

40–120 cm Juni–Aug. ♃ ✿ **108**

**Kennzeichen:** Rispen reich verzweigt, bis 30 cm lang, deren Äste rauh, abstehend, quirlig angeordnet; Blattspreiten rückwärts rauh, mit 6 in der Durchsicht weißen Rillen.

**Vorkommen:** Mit bultartigen Horsten in Wäldern und auf nassen Wiesen des gesamten Gebietes vertreten.

**Wissenswertes:** Auf Kahlschlägen kann die Art die Wiederaufforstung behindern. Der scharfen Blattränder wegen wird sie vom Vieh weitgehend gemieden.

## 3 Gemeines Ruchgras
*Anthoxanthum odoratum*

20–50 cm Apr.–Juni ♃ **108**

**Kennzeichen:** Frühe Blütezeit; eiförmige „Ähren“, die sich erst bei näherer Betrachtung als Rispen erweisen.

**Vorkommen:** Auf Wiesen, Weiden und in lichten Laubwäldern; auf sauren Böden weit verbreitet.

**Wissenswertes:** Dieses frühblühende Gras ist zur Zeit der Heuernte schon verblüht. Beim Eintrocknen verbreitet es einen waldmeisterartigen Duft, dem es seinen Namen verdankt (auch lat. odoratum = duftend).

## 4 Wolliges Honiggras
*Holcus lanatus*

30–100 cm Juni–Juli ♃ **108**

**Kennzeichen:** Pflanze dichte Horste bildend, samtähnlich weichhaarig (lat. lanatus = wollig); Rispe weich, rötlich überlaufen.

**Vorkommen:** Sehr häufig auf Wiesen, an Wegrändern und in lichten Laubwäldern.

**Wissenswertes:** Im Gegensatz zum ähnlichen, allerdings nur an den Knoten stark behaarten Weichen Honiggras (*Holcus mollis*) bildet das Wollige Honiggras keine Ausläufer. Sein Name nimmt Bezug auf seinen süßlichen Geschmack.

## 5 Rotes Straußgras
*Agrostis tenuis*

20–50 cm Juni–Juli ♃ ✿ **108**

**Kennzeichen:** Rasenbildendes Gras mit zarten, rotviolett überhauchten Blütenrispen; Rispenäste oft geschlängelt, im stumpfen Winkel ausgebreitet (auch noch nach der Blüte).

**Vorkommen:** Überall häufig, auf Wiesen ebenso wie in lichten Wäldern, an Wegrändern und auf Lichtungen; meistens auf basenärmeren Böden, auch auf Rohhumus.

**Wissenswertes:** Als Pionier dringt das Rote Straußgras auch auf Rohböden vor. Bei Tau und Regen bieten die zarten Blütenrispen der Straußgrasrasen mit den perlenartigen Tropfen einen besonders schönen Anblick.

## 6 Silbergras
*Corynephorus canescens*

20–30 cm Juni–Juli ♃ **108**

**Kennzeichen:** Horstgras mit anfangs einzelnen igelartigen Büscheln, später zum Rasen verdichtet; Blattspreite graugrün, steif; Rispe silbrig grau (Name!, auch lat. canescens = ergrauend, **6b**).

**Vorkommen:** Vor allem im Norden und Nordosten und im Rhein-Main-Gebiet auf Dünen und in lichten, trockenen Kiefernwäldern.

**Wissenswertes:** Das Silbergras trägt mit seinem dichten Wurzelwerk zur Festlegung offener, erosionsgefährdeter Sandflächen bei (**6a**). Es ist Charakterart der nach ihm benannten Silbergras-Fluren-Gesellschaft.

1

2

3

4

5

6a

6b

## 1 Strandhafer
*Ammophila arenaria*

60–100 cm Juni–Juli ♃ **108**

**Kennzeichen:** Dünengras mit ährenartig gedrungener Rispe; Blatt mit ca. 5 mm breiter Spreite und mit ungewöhnlich langem Blatthäutchen (1–3 cm), das an der Spitze gespalten ist.

**Vorkommen:** Nur im Norden; häufig an der Nord- und Ostseeküste und an der Unterelbe, sonst noch punktuell im Binnenland; auf Dünen und an Sandstränden; im Binnenland nur angepflanzt.

**Wissenswertes:** Der Strandhafer ist die wichtigste Pflanze für den Dünenschutz. Er wird zur Befestigung seezugewandter und windexponierter Dünen verwendet. Er kann dichte Bestände bilden und mit seinen bis zu 5 m langen Wurzeln und Ausläufern den Sand wirkungsvoll festhalten. Übersandung und Freilegung werden gleichermaßen ertragen. Seine Rollblätter, die die Verdunstung vermindern, schützen ihn vor dem Vertrocknen.

## 2 Land-Reitgras
*Calamagrostis epigeios*

100–150 cm Juli–Aug. ♃ ✿ **108**

**Kennzeichen:** Große Rasen bildendes Gras mit bis zu 2 m tief vordringenden Wurzeln und mit Ausläufern; Rispe vielästig und aufrecht; Blätter hart, kieselig.

**Vorkommen:** Im gesamten Gebiet häufig, sowohl in Wäldern als auch auf Lichtungen; überwiegend auf ärmeren und trockenen Standorten.

**Wissenswertes:** Die Art braucht Licht; im dichten Waldesschatten kann sie sich zwar vegetativ vermehren, kommt aber nicht zur Blüte. Mit ihrem dichten Wuchs ist sie gegenüber jungen Forstpflanzen so konkurrenzüberlegen, daß sie Kulturen und Naturverjüngung völlig unterdrücken kann.

## 3 Rohrglanzgras
*Phalaris arundinacea*

50–200 cm Juni–Aug. ♃ ✿ **108**

**Kennzeichen:** Hohes, schilfartiges Gras; Blütenrispe aus knäuelig zusammengezogenen, einblütigen Ährchen; Blätter schilfartig, aber nur bis 15 mm breit, mit 5 mm langem Blatthäutchen.

**Vorkommen:** Häufig im gesamten mitteleuropäischen Raum; bestandsbildend als Röhrichtsaum sowohl fließender als auch stehender Gewässer; auch in Uferwäldern.

**Wissenswertes:** Ebenso wie Schilf und Wasser-Schwaden wird auch Rohrglanzgras zur Dachbedeckung benutzt. Vor der Blüte geschnitten, ist es ein gutes Futtergras. Weil es mit seinem tief- und weitreichenden Wurzelwerk ein ausgezeichneter Uferbefestiger ist, spielt es bei der biologischen Uferverbauung eine wichtige Rolle.

## 4 Schilf
*Phragmites australis*

100–400 cm Juli–Sept. ♃ ✿ **108**

**Kennzeichen:** Ufergras mit bis zu 2 cm dikken und über 16 mm breiten Blättern, mit Haarkranz statt Blatthäutchen; Rispen bis 50 cm hoch, mit 3–7 Blüten je Ährchen, die durch weiße Haare wollig wirken.

**Vorkommen:** An den Ufern stehender oder langsam fließender eutropher Gewässer; manchmal Reinbestände bildend (**4b**).

**Wissenswertes:** Mit seinen bis zu 10 m langen Ausläufern trägt das Schilf zur Uferbefestigung bei. Seine Halme finden vielseitige Verwendung beim Decken von Häusern, für Rohrmatten, Gipsdecken, zur Zellulosegewinnung und viele andere Zwecke.

## 5 Pfeifengras
*Molinia coerulea*

30–150 cm Juli–Aug. ♃ ✿ **108**

**Kennzeichen:** Horstgras mit steif aufrechten, scheinbar knotenlosen Halmen; Ährchen grannenlos, blau oder violett (**5b**).

**Vorkommen:** Auf nassen Wiesen und in Mooren weit verbreitet, aber auch in lichten Wäldern; auf nährstoffarmen, sauren Böden.

**Wissenswertes:** Die Halme eignen sich zum Reinigen der Pfeife (Name!) und wegen ihrer Flexibilität auch als Bindematerial, worauf der Name „Benthalm“ zurückzuführen ist. In Hochmooren ist die großflächige Ausbreitung dieser Art ein Hinweis auf Austrocknung.

1
2
3
4a
4b
5a
5b

## 1 Wiesen-Lieschgras
*Phleum pratense*

30–100 cm Juni–Sept. ♃ ❀ **108**

**Kennzeichen:** Wiesengras mit dichten, walzenförmigen, weißlich-blaugrünen, bis 30 cm langen Scheinähren; Ährchen fast waagerecht abstehend, mit nur winzigen Grannen.

**Vorkommen:** Weit verbreitet und durchweg häufig auf gedüngten Wiesen, Weiden, Rasen und Wegrändern.

**Wissenswertes:** Die Heimat dieses wertvollen Futtergrases ist Amerika. Von dort wurde es durch Timothy Harsen im 18. Jahrhundert nach England gebracht, weshalb es noch heute vielfach als „Timothe" bezeichnet wird. Warum es in Deutschland, wo es inzwischen überall anzutreffen ist, auch „Kaminkehrer" oder „Katzenschweif" genannt wird, ist leicht nachzuvollziehen. Die Herkunft der schon im Althochdeutschen gebräuchlichen Bezeichnung „Liesch" ist hingegen nicht bekannt.

## 2 Wiesen-Fuchsschwanz
*Alopecurus pratensis*

30–100 cm Mai–Juli ♃ ❀ **108**

**Kennzeichen:** Ein Wiesengras mit ebenfalls dichten, walzenförmigen, allerdings nur 6–10 cm langen Scheinähren; Ährchen schräg nach oben weisend, weich begrannt.

**Vorkommen:** Allgemein häufiges, oft angebautes Obergras der Wiesen; aber auch an Wegen und an Ufern.

**Wissenswertes:** Diese Art ist für einen frühen Grasschnitt besonders gut geeignet; sie hat eine deutlich frühere Hauptblütezeit als das Wiesen-Lieschgras. Auf die Form des Blütenstandes geht sowohl der deutsche als auch der wissenschaftliche Gattungsname zurück: griech. alopex = Fuchs, oura = Schwanz.

## 3 Wald-Flattergras
*Milium effusum*

50–120 cm Mai–Juli ♃ **108**

**Kennzeichen:** Rispen groß, locker, mit Ährchen an sehr dünner, bogig überhängenden Ästen; Blätter bis 1,5 cm breit, sich so drehend, daß die Blattunterseite nach oben gelangt.

**Vorkommen:** Im gesamten Gebiet verbreitet; charakteristisch für Buchenwälder mit mittlerer Basen- und Nährstoffversorgung; vor allem auf Löß.

**Wissenswertes:** In schattigen Buchenwäldern weist das Wald-Flattergras, das gern in Mull wurzelt, auf einen guten Bodenzustand hin. Wo sich allerdings die Blätter im Frühsommer gelbgrün verfärben, ist das ein sicherer Hinweis auf Stickstoffmangel durch gehemmten Humusumsatz.

## 4 Gewöhnliches Federgras
*Stipa pennata*

30–70 cm Mai–Juni ♃ **108**

**Kennzeichen:** Halm rauh, von den Blattscheiden bedeckt; Blätter starr, eingerollt; Rispe wenig verzweigt; Ährchen einblütig, bis 2,5 cm lang; Grannen der Hüllspelzen 3–5 cm, der Deckspelzen bis über 30 cm lang, federig behaart (Name!).

**Vorkommen:** Nur im Rhein-Main-Gebiet, an Saale und Donau; zerstreut an sonnig-warmen Felshängen, auf Trocken- und auf Magerrasen.

**Wissenswertes:** Dieser bei uns seltene und besonders geschützte Abgesandte aus den Steppen Südosteuropas wird mit Hilfe seiner langen Federschweife verbreitet (**4b**). Mit ihnen können die Früchte fliegen oder am Boden durch hygroskopische Bewegungen kriechen bzw. sich in den Boden einbohren und dadurch an den Standort binden.

## 5 Borstgras
*Nardus stricta*

10–30 cm Mai–Juni ♃ **108**

**Kennzeichen:** Graugrünes Horstgras; Halme von gelben Blattresten des Vorjahres umhüllt.

**Vorkommen:** Auf mageren, saueren Standorten fast im gesamten Gebiet vertreten; auf anmoorigen Wiesen, auf Weiden und in lichten Wäldern.

**Wissenswertes:** Das Vorkommen dieses „Hungergrases" weist auf Rohhumus hin, zu dessen Zersetzung es beiträgt. Vielerorts ist das Borstgras infolge von Stickstoffeintrag aus der Landwirtschaft und aus Verbrennungsprozessen auf dem Rückzug.

1
2
3
4a
4b
5

Zur Familie der **Sauergräser** (*Cyperaceae*) gehören überwiegend Arten, die feuchte Standorte bevorzugen. Sie haben kleine, unscheinbare Blüten, die in Ährchen in den Achseln trockenhäutiger Tragblätter stehen. Mehrere solcher Ährchen bilden oft gemeinsam wiederum Ähren, Köpfchen oder Spirren. Stengel und Blätter der Sauergräser werden vom Vieh und vom Wild meistens nur in Notzeiten gefressen oder völlig verschmäht.

## 1 Wald-Simse
*Scirpus sylvaticus*

30–100 cm Mai–Aug. ♃ 105

**Kennzeichen:** Stengel seggenähnlich 3kantig; Blütenstand eine locker ausgebreitete Spirre aus zahlreichen Köpfchen, die ihrerseits wieder aus 3–5 Ähren bestehen.

**Vorkommen:** Auf nassen, nährstoffreichen Standorten allgemein vertreten in Wiesen, Flachmooren, Bruch- und Auenwäldern.

**Wissenswertes:** Im allgemeinen Sprachgebrauch wird nicht zwischen Simsen und Binsen unterschieden. Mit Blick auf ihren Blütenstand wird die Wald-Simse auch „Waldspirre" genannt. Die Stengel eignen sich als Flechtmaterial für Matten und Körbchen.

## 2 Strandsimse
*Bolboschoenus maritimus*

30–100 cm Juni–Aug. ♃ 105

**Kennzeichen:** Stengel scharf 3kantig; Ährchen länglich-eiförmig, 1–2 cm lang, zu 5–10 in einem kopfigen Büschel (**2b**).

**Vorkommen:** In Küstennähe allgemein häufig, sonst zerstreut, vor allem auf salzbelasteten Standorten; verbreitet auch an Rhein, Elbe, Werra-Weser und im Ruhrgebiet.

**Wissenswertes:** Salzhaltige Sümpfungswässer des Steinkohle- und Kalibergbaus sowie Abwässer und Dünger haben der Art die Ausbreitung im Binnenland ermöglicht.

## 3 Gewöhnliche Teichsimse
*Schoenoplectus lacustris*

100–300 cm Juni–Juli ♃ 105

**Kennzeichen:** Sehr große Sumpf- oder Wasserpflanze mit rundem, blattlosem Stengel.

**Vorkommen:** Im äußersten Verlandungsgürtel stehender oder am Ufer langsam fließender Gewässer; ziemlich weit verbreitet.

**Wissenswertes:** Die Teichsimse kann bis zu 4 m tiefe Gewässer besiedeln. Sie wird zur Uferbefestigung, vor allem aber zur biologischen Gewässer- und Abwasserreinigung eingesetzt. Die Art liefert ein gutes Flechtmaterial u.a. für Stuhlsitze und kann künftig möglicherweise auch verstärkt zur Zellulosegewinnung genutzt werden.

## 4 Schmalblättriges Wollgras
*Eriophorum angustifolium*

20–50 cm April–Mai ♃ 105

**Kennzeichen:** Blütenstände als köpfchenförmige Ähren, zu 3–6, unterschiedlich lang gestielt, anfangs aufrecht, später überhängend; ab Juni die auffälligen „Wollgrasflöckchen", die später der Wind verweht (**4b**).

**Vorkommen:** In Flach- und Zwischenmooren sowie an Ufern auf nährstoffarmen Böden; lückenhaft, aber weiter verbreitet als die folgende Art.

**Wissenswertes:** Die „Wollgrasflöckchen" bestehen aus bei der Samenreife auswachsenden weißen Härchen, die die Blüten umgeben. Aus den Scheiden der linealen Blätter entsteht der „Fasertorf", der bereits zur Papier- und Gespinstherstellung genutzt wurde. Der wissenschaftliche Gattungsname heißt übersetzt „Wollträger" (aus griech. erion = Wolle und phorein = tragen).

## 5 Scheiden-Wollgras
*Eriophorum vaginatum*

20–50 cm Apr.–Mai ♃ 105

**Kennzeichen:** Nur ein einziges köpfchenförmiges Ährchen an der Spitze des Stengels; „Wollgrasflöckchen" im Frühsommer.

**Vorkommen:** Nur im Norden und im Süden; in Hochmooren und Waldsümpfen.

**Wissenswertes:** Dieses Wollgras trägt seinen Namen wegen der aufgeblasenen Blattscheiden. Es wächst auf Hochmoorbulten auch dann noch, wenn diese für die Torfmoose bereits zu trocken sind. Nach den Torfmoosen sind die Wollgräser am stärksten an der Torfbildung beteiligt.

1
2a
2b
3a
3b
4a
4b
5

## 1 Gewöhnliche Sumpfbinse
*Eleocharis palustris*

10–60 cm Juni–Aug. ♃ 105

**Kennzeichen:** Aufrechte, rasenbildende Pflanze; mit einzelnen endständigen, bis zu 2 cm langen, spitzen Blütenähren, ohne größere Hochblätter; mit rundem Stengel und unterirdischen Ausläufern

**Vorkommen:** Auf Schlammböden an stehenden Gewässern und auf nassen Wiesen im gesamten Gebiet verbreitet und zum Teil recht häufig; vor allem auf nährstoffreichen Böden.

**Wissenswertes:** Mit ihren im Schlamm kriechenden Wurzeln ist die Gewöhnliche Sumpfbinse eine Pionierpflanze auf zeitweilig trokkenfallenden Standorten. Oft ist sie an der Verlandung stehender Gewässer beteiligt.

## 2 Weiße Schnabelbinse
*Rhynchospora alba*

20–40 cm Juli–Aug. ♃ 105

**Kennzeichen:** Lockere Rasen bildende Art; mehrere Ähren in endständigen weißen Köpfchen (**2b**); Stengel beblättert.

**Vorkommen:** Nur im Norddeutschen Tiefland, in der Lausitz und im Alpen- und Voralpenraum verbreiteter; in Hochmooren und an kalkarmen Gewässern.

**Wissenswertes:** Die Art kommt oft mit einer Verwandten, der Braunen Schnabelbinse (*Rh. fusca*), am selben Standort vor. Beide Arten gehen durch Verlust ihrer Lebensräume vielerorts stark zurück.

---

Die auf dieser und der folgenden Bildseite vorgestellten 9 Arten aus der Gattung der **Seggen** (*Carex*) gestatten nur einen eng begrenzten Einblick in die weltweit mit über 1500 und in Deutschland mit über 100 Arten besonders artenreiche Gattung, deren genauere Kenntnis Spezialisten vorbehalten ist. Grob unterscheidet man zwischen

a) Einährigen Seggen, mit jeweils nur einem einzigen endständigen Ährchen,
b) Gleichährigen Seggen, mit mehreren gleichen Ähren, die männliche und weibliche Blüten – allerdings in der Regel deutlich voneinander getrennt – und
c) Verschiedenährigen Seggen, die jeweils nur männliche oder nur weibliche Blüten enthalten, wobei die männlichen Ähren stets endständig sind.

Ein dreikantiger Stengel ist allen Seggenarten gemeinsam und ein ganzjährig nutzbares Unterscheidungsmerkmal gegenüber den Süßgräsern, Binsen und Simsen. Die Blüten der Seggen sind immer eingeschlechtlich, nie zwittrig.

Der Name „Segge" geht auf die indogermanische Wurzel „seq" (= schneiden) zurück, die auch im lat. „secare" auftritt. Auch „*Carex*" hat etwas mit „schneiden", allerdings auch mit „abweiden" zu tun, wenn ihm das griech. „keiro" zugrundeliegt. Da die *Carex*-Arten wohl kaum als besonders gern abgeweidete Sauergräser charakterisiert wurden, dürfte sich das „Schneiden" wohl eher auf die scharfen Blattränder beziehen.

## 3 Hasen-Segge
*Carex leporina*

20–50 cm Mai–Juli ♃ 105

Diese zu den gleichährigen Seggen gehörende Art ist auf saueren Magerrasen, auf Weiden, aber auch in ärmeren Eichen-Hainbuchenwäldern recht häufig anzutreffen. Ihre aus 5–6 Ährchen, die gleichgestaltet sind und dicht beisammenstehen, zusammengesetzten Ähren sollen an Hasenpfoten erinnern (Name!). Auch der wissenschaftliche Artname greift dieses Merkmal auf (lat. lepus = Hase).

## 4 Blaugrüne Segge
*Carex flacca*

10–40 cm Mai–Juni ♃ 105

Die Art gehört zu den häufigsten Seggen des gesamten Gebietes, nur die Norddeutsche Tiefebene teilweise ausgenommen. Sie ist in feuchten Wiesen und lichten Wäldern verbreitet, sofern der Boden kalk- und nährstoffreich ist. Sie ist eine Vertreterin der Untergattung der Verschiedenährigen Seggen. Ihre 2–3 cm langen weiblichen Ähren stehen an dünnen, sich neigenden Stielen, auf die auch der Artname verweist (lat. flaccus = schlaff). Die Blätter sind blaugrün und fein zugespitzt.

Texte zu **5** und **6** auf Seite 364

1

2a

2b

3

4

5a

5b

6

## 5 Rispen-Segge (Bild auf S. 362)
*Carex paniculata*

40–120 cm Mai–Juni ♃ 105

Mit ihren dicken, groben Horsten und kräftigen Stengeln ist diese große Segge nicht zu übersehen. Ihr lockerer Blütenstand (**5b**) ist bis zu 10 cm groß und verzweigt; sie gehört zu den Gleichährigen Seggen. Die Rispen-Segge vermag durchaus Schatten zu ertragen, weshalb sie sowohl auf sumpfigen Wiesen als auch in Erlenbruchwäldern vorkommt.

## 6 Behaarte Segge (Bild auf S. 362)
*Carex hirta*

20–60 cm Mai–Juni ♃ 105

Diese Vertreterin der Verschiedenährigen Seggen bildet lockere Rasen. Die Blätter sind bogig vom Stengel weg geneigt, Blattscheiden und -spreiten dicht behaart (Name!). Die weit verbreitete Art wächst sowohl auf feuchten wie auf trockenen Standorten und ist nicht selten an Wegrändern und auf Böschungen anzutreffen.

## 1 Sand-Segge
*Carex arenaria*

20–30 cm Mai–Juni ♃ 105

Durch ihre markante Wuchsform ist die Sand-Segge wahrscheinlich die bekannteste Seggen-Art: Ihre Sprosse stehen in Reihen, weil sie aus bis zu 10 m langen unterirdischen Rhizomen austreiben, die sich im lockeren Sand ausgebreitet haben (**1b**). Tief greifende Haftwurzeln verankern die Pflänzchen in ihrem lockeren, leicht vom Wind verwehten Substrat, während oberflächennahe Feinwurzeln die Wasserversorgung gewährleisten. Nur so können die Sand-Seggen an ihren Extremstandorten überleben, die oft stark austrocknen und infolge der Meeresnähe versalzt und meistens recht nährstoffarm sind. In Norddeutschland und östlich der Elbe ist die Art auf offenem Sand von Dünen und Flugsandfeldern am weitesten verbreitet; sie wird gelegentlich zur Dünenbefestigung eingesetzt. Früher nutzte man ihre langen Wurzelstöcke als Matratzenfüllung und deren Kieselsäure- und Saponingehalt in Blutreinigungsmitteln.

## 2 Winkel-Segge
*Carex remota*

30–60 cm Mai–Juli ♃ 105

Als ausgesprochene Schattenpflanzen findet man einzelne lockere Horste dieser Art in vielen Laubwäldern, vor allem auf feuchten Waldwegen und an Waldbächen. Die Stengel tragen Blätter bis zu den entfernt stehenden Ähren, die sich in den Blattwinkeln befinden (Name!). Die schlaffen Halme neigen sich nach der Blüte meistens zum Boden, so daß die Pflanzen dann schon dadurch auffallen, daß sie nahezu niederliegen. Mit ihrer Vorliebe für schwere, nasse, nicht selten verdichtete Böden gilt die Art als recht zuverlässiger Weiser für Gleiböden.

## 3 Zweizeilige Segge
*Carex disticha*

30–80 cm Mai–Juni ♃ 105

Wegen der 2zeiligen Anordnung der dicht beisammenstehenden Ährchen (Name!) wird die Art auch Kamm-Segge genannt. Sie wächst auf nährstoffreichen, nassen Böden an Gräben und auf Sumpfwiesen und hat weithin kriechende Rhizome.

## 4 Wald-Segge
*Carex sylvatica*

30–60 cm Mai–Juni ♃ 105

Hier handelt es sich um eine lockere Horste bildende Laubwaldbewohnerin, die auf besten Waldböden wächst und eine gute Streuzersetzung anzeigt. Sie kommt vor allem im Süden, in der Mitte und im Nordosten des Gebietes vor. Die Blattspreite wirkt schlaff und ist bis zu 1 cm breit.

## 5 Stachel-Segge
*Carex muricata*

30–80 cm Mai–Juli ♃ 105

Die Stachel-Segge oder Sparrige Segge, so genannt wegen ihrer stark abgespreizten und lang geschnäbelten Fruchtschläuche, gehört zu den wenigen *Carex*-Arten mit Blatthäutchen. Sie ist sowohl in Wäldern als auch auf Wiesen verbreitet.

1a
1b
2
3
4
5

Die **Binsen** (Gattung *Juncus*) haben durchweg runde, blatt- und knotenlose, markhaltige Stengel und kahle, stielrunde oder rinnenförmige Blätter. Die lockeren, rispenähnlichen Blütenstände scheinen seitlich dem Halm zu entspringen, stehen in Wirklichkeit aber an der Halmspitze; bei dem sie überragenden „Halmteil" handelt es sich in Wirklichkeit um ein Tragblatt. – Zu Flechtwerk unterschiedlichster Art sind sowohl die Halme als auch die Blätter der Binsen geeignet. Biegsam wie sie sind, kann man mit ihnen Zweige zusammen und Wein aufbinden. Das lat. juncus soll sich von jungere (= binden) ableiten. Mit Binsenmark wird häufig gebastelt. In manchen ostdeutschen Landschaften und in Polen werden damit Ostereier verziert. Auch als Lampendocht soll es benutzt worden sein.

## 1 **Blaugrüne Binse** *Juncus inflexus*

30–60 cm Juni–Aug. ♃ 104

Die auf nassen, vor allem staunassen Standorten sehr weit verbreitete Art ist an den blaugrünen Stengeln (Name!), die matt, stark gestreift und besonders hart sind, leicht zu erkennen. Das Mark ist treppenartig unterbrochen. Nasse, kalkhaltige Ton- und Lehmböden werden nährstoffarmen Standorten vorgezogen. Mit der folgenden Art hat sie hinsichtlich Verbreitung und Häufigkeit viele Gemeinsamkeiten.

## 2 **Flatter-Binse** *Juncus effusus*

30–80 cm Juli–Aug. ♃ 104

Der Name dieser Binse nimmt auf die lockeren Blütenstände Bezug, in denen die unterschiedlich langen Äste einzeln gut sichtbar sind (**2b**). Die grün bis dunkelgrünen Halme sind glänzend. Das Mark ist in der Regel ununterbrochen. Die Standorte ähneln denen der vorigen Art; allerdings besonders kalkbedürftig scheint die Flatter-Binse nicht zu sein. Außer in Gräben und auf nassen Wiesen findet man die Art auch häufig massenhaft auf Kahlschlägen. Dort trägt sie zur Drainung des Oberbodens bei. Sobald dieser für andere Arten besiedelbar ist, verdrängen diese die Binsen wieder, die also kein Hindernis für Aufforstung und Naturverjüngung darstellen. Punktuell ist die Flatter-Binse eine zuverlässige Weiserpflanze für Staunässe, vor allem durch anthropogene Bodenverdichtung.

## 3 **Zarte Binse** *Juncus tenuis*

15–30 cm Juni–Aug. ♃ 104

Die Zarte Binse tritt regelmäßig auf nicht befestigten und nicht gar zu stark genutzten Wegen, vor allem auf Sandwegen, auf. Sie stammt aus Nordamerika und wurde nach 1838, als sie erstmalig in Belgien registriert wurde, in ganz Mitteleuropa heimisch. Ihre in eine schleimige Hülle eingelegten Samen bleiben an Schuhen und Tierfüßen haften und werden so entlang der Wege verbreitet. Der endständige Blütenstand wird von 2–3 Hüllblättern überragt. Außer in Tritt-Gesellschaften ist die Art auch in anderen Zwergbinsen-Gesellschaften anzutreffen.

## 4 **Kröten-Binse** *Juncus bufonius*

5–25 cm Juni–Okt. ☉ 104

An ähnlichen Orten wie die Zarte Binse tritt auch die Kröten-Binse auf, die an offenen feuchten Stellen oft dichte Rasen bildet. Ihre Halme sind zart, die Blätter fadenförmig. Blütenstand und Tragblätter sind etwa gleichlang. Im Gegensatz zur Zarten Binse ist die Kröten-Binse in Mitteleuropa von Natur aus heimisch und durch den Menschen in andere Erdteile verschleppt worden, vor allem auf der Südhalbkugel.

## 5 **Glieder-Binse** *Juncus articulatus*

20–60 cm Juli–Sept. ♃ 104

Der Blütenstand dieser Binse ist deutlich endständig; jedes Blütenbüschel umfaßt 3–10 Blüten. Die Blätter erscheinen gegliedert. Auf nassen Wiesen, in Sümpfen und an Grabenrändern ist die Glieder-Binse eine weit verbreitete und häufige Art. Auch auf Schlamm-, Torf- und sogar auf Salzböden kann sie größere Bestände bilden.

1
2a
2b
3a
3b
4
5

Die zweite wichtige Gattung der Binsengewächse bilden die **Hainsimsen** (Gattung *Luzula*), die sich von den Binsen (Gattung *Juncus*) durch grasartig-flache Blätter unterscheiden, die an den Rändern meist lange Wimperhaare tragen. Wie die echten Gräser, die Sauergräser und die übrigen Binsengewächse sind die Hainsimsen Windblütler mit unscheinbaren Blüten, die aus 6 stark reduzierten, spelzenähnlichen Blütenblättern aufgebaut sind. Die Hainsimsen sind größtenteils Schatten- oder Halbschattenpflanzen, also Waldbewohner. Anhängsel an den Samen der meisten Arten belegen, daß Ameisen und nicht etwa der im Wald ohnehin stark gebremste Wind für die Samenverbreitung sorgen.

## 1 Feld-Hainsimse
*Luzula campestris*

5–20 cm März–Apr. ♃ [104]
Sie gehört als eine der wenigen Hainsimsen zu den Halbschatten und sogar Licht liebenden Arten. Entsprechend findet man sie auf Magerrasen oder Heiden, jedenfalls auf kalkarmen, sauren Böden. Die weltweit verbreitete Feld-Hainsimse hat als Blütenstand eine Dolde mit 2–6 kugelig-eiförmigen Ährchen, die bis auf das mittlere (sitzende) alle mehr oder weniger gleich lang gestielt sind. Die Ährchen geben auch den Anlaß für den volkstümlichen Namen „Hasenbrot“; sie sollen nämlich süß schmecken.

## 2 Wald-Hainsimse
*Luzula sylvatica*

30–80 cm Mai–Juli ♃ [104]
Diese Hainsimse fällt schon von weitem durch ihren dichten Wuchs, ihre Größe, die breiten Blätter und vor allem auch durch ihr saftiges Grün auf. Die Blätter sind nämlich bis zu 1 cm breit und bis zu 30 cm lang. Im Gegensatz zur folgenden Art wird der Blütenstand nicht von Hüllblättern überragt. Von den Mittelgebirgswäldern bis in die Krummholzzone der Alpen ist die Wald-Hainsimse in vielen Wäldern und Gebüschen recht häufig anzutreffen. Vor allem an feuchten West- und Nordhängen, in besonders großen Beständen an Bergbächen und Steilhängen. So gut wie immer handelt es sich dann um bodensaure Standorte. Trotz ihrer frischen Erscheinung werden die Wald-Hainsimsen vom Wild und vom Vieh meist gemieden. Im Naturgarten sind sie dekorative Bodendecker für schattige Standorte unter Bäumen und auf der Nordseite der Gebäude.

## 3 Weißliche Hainsimse
*Luzula luzuloides*

30–60 cm Mai–Juli ♃ [104]
Im Gegensatz zur vorigen Art sind bei der Weißlichen Hainsimse die Blätter nur bis zu 5 mm breit und die Hüllblätter länger als der Blütenstand, der aufrecht und in Vollblüte locker ausgebreitet ist (**3b**). Die Blütenblätter sind meistens weiß (Name!) und nur selten braun. In ihrer Häufigkeit nimmt die Weißliche Hainsimse in Mitteleuropa von Süden nach Norden ab. In trockenen Bergwaldregionen ist sie auf sauren Böden die Charakterpflanze der Artenarmen Buchenwälder, die deshalb als Hainsimsen-Buchenwälder bezeichnet werden. Ihr Auftreten ist Hinweis darauf, daß die Streuschicht in Zersetzung übergeht. Diese wird dadurch gefördert, daß die Weißliche Hainsimse mit ihren unteren trockenen Blättern das Welklaub auch an windexponierten Stellen festhält. Dadurch übernimmt die Art in den Buchenwäldern eine wichtige ökologische Funktion.

## 4 Behaarte Hainsimse
*Luzula pilosa*

15–30 cm März–Mai ♃ [104]
Die Blätter dieser Art sind bis 10 cm lang und bis 1 cm breit; auffällig sind ihre weißlichen Haare (Name!). Ihr Blütenstand ist eine Rispe mit 1–2 Blüten je Ästchen, die auffällig lang sind und sich am Ende der Blütezeit teilweise nach unten neigen (**4a**). Die Art ist in Mitteleuropa in Wäldern und Gebüschen allgemein verbreitet und tritt auch auf Waldwiesen auf, ist also eine Schatten- und Halbschattenpflanze. Sie gilt allgemein als lehmhold. Weil sie bereits vor dem Laubausbruch blüht, ist sie den Frühblühern zuzurechnen. Auffällig ist sie wie einige andere Hainsimsen dadurch, daß sie grün überwintert.

1
2
3a
3b
4a
4b

**Farnpflanzen** (*Pteridophyta*) haben keine Blüten, sind aber wie die Blütenpflanzen in Wurzel, Sproß und Blätter gegliedert. Zu ihnen zählen außer den Farnen auch die Bärlappe (einschließlich der Moosfarne) und die Schachtelhalme.

**Farne** entsenden von ihrem unterirdischen Sproß, dem mehrjährig überdauernden Erdstamm oder Rhizom, die oft nur sommergrünen Wedel an die Erdoberfläche. Jeder Wedel, auch der über einen Meter lange Wedel des Adlerfarns, ist somit ein einziges Blatt, das aus Blattstiel und Blattspreite besteht. Die Blattspreite gliedert sich oft in zahlreiche Teilblättchen, bei denen man Fiederblätter 1., 2., 3. und 4. Ordnung unterscheidet. Farne gibt es auf der Erde bereits seit der Karbonzeit. Die Monatsangaben bei den Gefäßsporenpflanzen markieren die Zeit der Sporenreife.

## 1 Natternzunge
*Ophioglossum vulgatum*

bis 30 cm Juni–Aug.

**Kennzeichen:** Sommergrün, aufrecht, mit einem von der Basis aus getrennten unfruchtbaren und fruchtbaren Blatt-Teil; der unfruchtbare Teil eiförmig bis lanzettlich, der fruchtbare, längere Teil stielähnlich mit Sporangien in einem endständigen, ährenartigen Gebilde.

**Vorkommen:** Sehr zerstreut auf feuchten, kurzgrasigen Wiesen und Extensivweiden.

**Wissenswertes:** Der Name nimmt auf die Form des fertilen Blatt-Teils Bezug. Früher diente die Art als Wundheilmittel. Heute ist sie infolge von Entwässerung und Düngung sehr zurückgegangen.

## 2 Schriftfarn
*Ceterach officinarum*

bis 8 cm Mai–Aug.

**Kennzeichen:** Wedel bis 20 cm lang, wintergrün, ledrig, in einem rosettenartigen Büschel; unterseits mit silbrig weißen Schuppen, die am Blattrand etwas vorstehen und um die Fiederblättchen einen weißen Saum bilden.

**Vorkommen:** Heimat im Mittelmeerraum, nur an wintermilden Standorten weiter nach Norden vorstoßend, vor allem im Rheintal; dort zerstreut auf Felsen und Mauern.

**Wissenswertes:** Bei Trockenheit rollen sich die Wedel zusammen, so daß die schuppige Unterseite nach außen gelangt. Sie bildet einen so wirksamen Verdunstungsschutz, daß die Art auch an trocken-warmen Standorten existieren kann.

## 3 Echte Mondraute
*Botrychium lunaria*

bis 20 cm Mai–Juli

**Kennzeichen:** Wedel mit einfach gefiedertem grünem Teil mit halbmondförmigen Fiedern (Name!) und einem fertilen Teil, der höher und langgestielt ist und auf Fiederästen die Sporangien trägt.

**Vorkommen:** Zerstreut und unbeständig, auf Magerrasen und Bergwiesen.

**Wissenswertes:** Die seltsam aussehende Pflanze erregte die Phantasie des mittelalterlichen Menschen. Als „Walpurgiskraut" der Heiligen Walburga als Beschützerin gegen Zauberei geweiht, sollte die Mondraute Böses abwehren. Alchimisten wollten mit ihrer Hilfe unedles Metall in Gold verwandeln. Die Echte Mondraute ist wie manch anderer Farn weltweit verbreitet, also ein echter Kosmopolit; das verdankt sie ihren staubfeinen Sporen, die mit globalen Luftströmungen überall hin gelangen können.

## 4 Hirschzunge
*Phyllitis scolopendrium*

bis 40 cm Juli–Sept.

**Kennzeichen:** Wedel bis 60 cm lang, zungenförmig (Name!), kurz gestielt, mit herzförmigem Grund und gewelltem Rand; Sporangien auf der Unterseite in strichartigen Sporenhäufchen (**4b**).

**Vorkommen:** Sehr zerstreut in Schluchtwäldern, an Felsen und Gemäuer, in Brunnen und an ähnlich luftfeuchten Standorten; immer auf kalkreichem Untergrund.

**Wissenswertes:** Wegen ihrer Seltenheit steht die Hirschzunge unter Naturschutz. Wer die bei Gartenfreunden beliebte Art dennoch an seiner Schichtmauer nicht missen möchte, erhält gärtnerisch kultivierte Exemplare im Staudenhandel. Sie entwickeln sich bei entsprechender Pflege meistens recht gut.

1
2a
2b
3
4a
4b

## 1 Königsfarn
*Osmunda regalis*

bis 180 cm Juni–Juli

**Kennzeichen:** Große Wedel, doppelt gefiedert, z.T. im oberen Drittel mit sporangientragendem Abschnitt; Fiedern 1. Ordnung gestielt, Fiedern 2. Ordnung fast sitzend, lanzettlich.

**Vorkommen:** Vor allem im Norddeutschen Tiefland in feuchten Wäldern, Birkenbrüchen und Feuchtheiden; stets auf nassen, sauren Böden; meistens nur sehr vereinzelt.

**Wissenswertes:** Der Königsfarn gehört zu den Arten, die früher vielfach ausgegraben und in die Gärten geholt wurden; andere Vorkommen sind durch Melioration des Standortes und seines Umlandes zerstört worden. Die Folge ist, daß die Art heute streng geschützt werden muß. Der Wurzelstock galt früher als Heilmittel.

## 2 Adlerfarn
*Pteridium aquilinum*

bis > 200 cm Juli–Okt.

**Kennzeichen:** Größter heimischer Farn; Wedel oft erst durch Spreizklimmen aufgerichtet, einzeln stehend, 3–4fach gefiedert; Sporangien vom eingerollten Rand der Fiederblättchen verdeckt.

**Vorkommen:** Im gesamten Gebiet einer der häufigsten Farne, vor allem auf basenarmen Sandböden der Eichen-Birken- und Kiefernwälder, auf Kahlschlägen und Magerwiesen; oft Massen- und Reinbestände bildend, so daß andere Arten verdrängt und Forstkulturen beeinträchtigt werden

**Wissenswertes:** Bei einem schräg geführten Schnitt durch den Wedelstiel etwa in Bodenhöhe bieten die Leitbündel zumeist andeutungsweise das Bild eines Doppeladlers. Aber kaum dieser Tatsache als vielmehr den an Adlerschwingen erinnernden ausladenden Wedeln (**2b**) dürfte die Art ihren Namen verdanken. Zur Bekämpfung des Adlerfarns in Forstkulturen werden die Wedel „geknüppelt", d.h. zerschlagen. Allerdings machen die tiefliegenden Rhizome mit ihrem Reservespeicher und ihrer Fähigkeit zur vegetativen Vermehrung durch lange Kriechsprosse eine mehrfache Wiederholung erforderlich. – Der Adlerfarn ist weltweit verbreitet, entsprechend weit die Verwendung seiner stärkereichen Wurzelstöcke durch die Maori in Neuseeland, die Menschen in Südjapan und auf den Kanaren und – zumindest in Notzeiten – vereinzelt auch in Europa. Auch wird über die Verwendung der Rhizome zum Schnapsbrennen und der frischen Triebe als Gemüse berichtet. Die Wedel werden als Einstreu in Ställen benutzt, auch als dekorative Unterlage für Nahrungsmittel, beispielsweise für frische Fische in französischen Markthallen.

## 3 Bergfarn
*Thelypteris limbosperma*

bis 90 cm Juli–Aug.

**Kennzeichen:** Sporangienhäufchen auf der Unterseite normaler grüner Wedel, dem Rand der Fiederchen angenähert (**3a**); Wedel in Rosetten, doppelt gefiedert, zugespitzt und zum Grund hin verjüngt; dem Wurmfarn ähnlich, aber Stiel mit weißlichen Schuppen.

**Vorkommen:** Lückenhaft verbreitet, im Gebirge deutlich häufiger (Name!); überwiegend auf basenarmen, feuchteren Standorten.

**Wissenswertes:** Die ständigen Veränderungen bei den wissenschaftlichen Gattungs- und Artnamen vieler Farne erschweren den Umgang mit Bestimmungsbüchern so sehr, daß man hier gern auf die deutschen Namen zurückgreift. Allerdings sind auch diese nicht immer eindeutig. So ist unsere Art auch unter den Namen Berg-Lappenfarn und Berg-Wurmfarn bekannt.

## 4 Sumpffarn
*Thelypteris palustris*

bis 80 cm Juli–Sept.

**Kennzeichen:** Wedel langgestielt, 1- bis 2fach gefiedert; Fiedern 1. Ordnung wechselständig und mit deutlichem Abstand voneinander; unterstes Fiederpaar 2. Ordnung deutlich größer als die anderen.

**Vorkommen:** Vor allem im Norden, Nordosten und Süden sowie am Rhein in Bruchwäldern, an versumpften Stellen in Wäldern und Flachmooren; sehr zerstreut, jedoch Vorkommen meistens in größeren Beständen.

1

2a

2b

3a

3b

4

## 1 Buchenfarn
*Thelypteris phegopteris*

bis 40 cm Juni–Aug.

**Kennzeichen:** Wedel einzeln, nicht in Rosetten, jedoch zu mehreren beisammen, 2fach gefiedert; Blattstiel mindestens so lang wie die Blattspreite; das untere Fiederpaar 1. Ordnung von den übrigen deutlich abgesetzt und V-förmig nach vorn und abwärts gebogen, ebenso wie alle anderen ungestielt; die oberen Fiedern 1. Ordnung sind sogar paarweise miteinander verwachsen.

**Vorkommen:** Mit nur wenigen größeren Verbreitungslücken über ganz Mitteleuropa verbreitet, vorzugsweise auf kalkarmen, niederschlagsreichen Standorten des Berglandes, d.h. in Buchen- und Mischwäldern der Schiefer- und Buntsandsteingebirge und in der montanen und subalpinen Stufe der Alpen.

**Wissenswertes:** Die fruchtbaren und unfruchtbaren Wedel sehen gleich aus. Die rundlichen Sporenhäufchen sind unterschiedlich groß und bilden andeutungsweise zwei Linien neben dem Mittelnerv der Fiedern.

## 2 Eichenfarn
*Gymnocarpium dryopteris*

bis 30 cm Juli–Aug.

**Kennzeichen:** Wedel im Umriß gleichseitig 3eckig (**2b**); unteres Fiederpaar 1. Ordnung gestielt und doppelt gefiedert, größer als die gesamte übrige Blattspreite, deren Fiedern sitzend und einfach gefiedert sind; Wedel insgesamt wie aus 3 Fiedern zusammengesetzt; Blattstiel mindestens doppelt so lang wie die Spreite.

**Vorkommen:** Vor allem im Bergland, aber auch in der Ebene weit verbreitet an schattigen, frischen Stellen in Laub- und Mischwäldern; auf kalkarmen, aber nährstoffreichen Böden; gesellig, nicht in Rosetten.

**Wissenswertes:** Fruchtbare Wedel gleichen den unfruchtbaren. Die Spreiten der Wedel stehen rechtwinkelig von den Stielen ab und breiten sich dadurch waagerecht aus, so daß sie den spärlichen Lichteinfall optimal nutzen. Der Eichenfarn wirkt insgesamt frischer grün als die anderen Farnarten.

## 3 Dornfarn
*Dryopteris carthusiana*

bis 100 cm Juli–Sept.

**Kennzeichen:** Blattstiel mindestens so lang wie die Spreite, mit derben braunen Schuppen besetzt; Spreite etwas ledrig, doppelt gefiedert; Fieder meistens nicht gegenständig; Fiedern 2. Ordnung mit fiederspaltigen Abschnitten mit mehr oder weniger deutlich dornartigen Spitzen (Name! **3b**), die am besten zu sehen sind, wenn man den Wedel gegen das Licht hält.

**Vorkommen:** Sehr weit verbreitet und meistens häufig, zumindest auf saueren, nährstoffarmen Wald- und Heideböden.

**Wissenswertes:** Beim Dornfarn handelt es sich um eine Artengruppe mit mindestens 2 deutlich unterscheidbaren Unterarten, die allerdings durch fließende Übergänge miteinander verbunden sind. Dadurch kommt die dem Naturfreund oft auffallende Vielgestaltigkeit der Dornfarne zustande, die einzeln, aber auch in großen Beständen auftreten können. Von allen Farnarten dringt er am häufigsten und am tiefsten auch in die Fichtenreinbestände vor. Die Rohhumussäure der Nadeln erträgt er, wenn nur etwas lichtere Flecken vorhanden sind. Durch die immissionsbedingte Auflichtung der Fichtenkronen profitiert der Dornfarn, der häufig auch im Winter grün bleibt.

## 4 Kammfarn
*Dryopteris cristata*

bis 60 cm Juli–Sept.

**Kennzeichen:** Wedel in Rosetten, aber spärlich, locker stehend; Blattstiel nur halb so lang wie die Spreite, die länglich gestreckt, doppelt gefiedert, kahl und ziemlich derb ist.

**Vorkommen:** Nur im Norddeutschen Tiefland etwas verbreiteter, sonst sehr zerstreut; in Bruchwäldern und Sümpfen, auch in Hochmooren, gern an den Stümpfen gefällter oder abgestorbener Bäume.

**Wissenswertes:** Während sich die sterilen Wedel in der Rosette nach außen neigen, stehen die Wedel, die Sporenhäufchen tragen, senkrecht aufrecht. Ihre Fiedern richten sich zumeist waagerecht aus (**4b**).

1
2a
2b
3a
3b
4a
4b

## 1 Wurmfarn
*Dryopteris filix-mas*

bis > 100 cm Juli–Sept

**Kennzeichen:** Wedel oft einen Trichter bildend; der kurze Blattstiel dicht mit braunen Schuppen bedeckt; Sporenhäufchen groß und rund beiderseits des Hauptnervs der Fiederchen 2. Ordnung (**1c**).

**Vorkommen:** In den Wäldern Mitteleuropas häufig und allgemein verbreitet, und zwar von der Ebene bis in die hochmontane Stufe; mittlere Basen- und Nährstoffversorgung und Feuchtigkeit bevorzugend.

**Wissenswertes:** Die nur doppelt gefiederten Wedel unterscheiden sich deutlich von den 3fach gefiederten und dadurch viel grazileren Wedeln des sonst ähnlichen, ebenfalls häufigen und benachbart wachsenden Frauenfarns. Beide brachte man früher als „Farnmännlein" und „Farnweiblein" miteinander in Verbindung, was heute noch in den wissenschaftlichen Artnamen zum Ausdruck kommt: „*filix mas*" = masculus (männlich) und „*filix femina*" (Frau). – Wo er auf Weiden oder in Nadelwäldern vorkommt, weist der Wurmfarn meistens auf ehemaligen Laub- oder Mischwald hin. Wenn er im Frühjahr seine Wedel aufrollt, bildet gerade er besonders schöne „Bischofsstäbe" (**1b**), weshalb er auch gern als Zierde in den Garten geholt wird. Dort pflegt er sich leicht und dauerhaft zu vermehren. Der Wurzelstock gilt seit alter Zeit als wirksames Mittel gegen Bandwürmer (Name!), ist jedoch wegen seiner Inhaltsstoffe nicht ungefährlich. Ebenso wie etliche andere Farnarten vertreiben auch die Wedel des Wurmfarns Fliegen und andere Insekten aus Zimmern und Ställen. Als Einstreu in Hundehütten entfalten sie eben jene ungezieferabweisende Wirkung, wegen der man sie früher sogar dem Bettstroh beimischte. Die Wedel bleiben in milden Wintern oft bis zum Frühjahr grün.

## 2 Wald-Frauenfarn
*Athyrium filix-femina*

bis > 100 cm Juli–Sept.

**Kennzeichen:** Wedel nur sommergrün, in Rosetten angeordnet, kurzgestielt, sich sowohl zur Spitze als auch zur Basis verjüngend; Spreite doppelt bis 3fach gefiedert und dadurch zierlicher wirkend als der Wurmfarn (vgl. diesen!); sterile und fertile Wedel gleich aussehend; strich- oder kommaförmige Sporenhäufchen auf der Unterseite als gute Unterscheidungshilfe (**2b**).

**Vorkommen:** Ähnlich häufig und allgemein verbreitet wie der Wurmfarn, allerdings an etwas feuchteren Standorten regelmäßiger anzutreffen; deshalb besonders zahlreich in Auenwäldern, an Waldbächen und -quellen.

**Wissenswertes:** Auf die früher vermutete enge Verbindung zum Wurmfarn wurde dort bereits hingewiesen. Die Wedel des Frauenfarns sind viel zarter als die des Wurmfarns und gehen schon beim ersten Frost zugrunde. In ihrer Gesamtgestalt, vor allem in der Ausgestaltung der Fiederchen, ist die Art überaus variabel.

## 3 Straußfarn
*Matteucia struthiopteris*

bis >120 cm Juli–Sept.

**Kennzeichen:** Zahlreiche Wedel einen schön geformten Trichter bildend (von Gärtnern deshalb auch „Trichterfarn" genannt); sterile und fertile Wedel deutlich verschieden und nacheinander erscheinend; sterile Wedel besonders groß, doppelt gefiedert, zur Spitze und zur Basis hin verjüngt; fertile Wedel kürzer, einfach gefiedert; die Fiedern zusammengerollt, anfangs grünlich, bei der Reife dunkelbraun (**3b**).

**Vorkommen:** Nur wenige, zum Teil allerdings individuenreiche Fundstellen, vor allem im Rheinischen Schiefergebirge, im Harz, im Elbsandsteingebirge und im Bayerischen Wald; auf feuchten, sauren Waldböden an Bächen und in Schluchten; sehr selten und streng geschützt.

**Wissenswertes:** Während die sterilen Wedel meistens schon dem ersten Frost zum Opfer fallen, bleiben die im Innern der Rosette stehenden sporangientragenden Wedel – oft bis zu 6 je Trichter – bis zum Frühling aufrecht erhalten (**3b**). Gartenfreunde können diesen dekorativen, geschützten Farn getrost im Handel erwerben, weil er relativ leicht zu kultivieren ist und wohl kaum der Natur entnommen wird.

1a

1c

1b

2a

3a

3b

2b

## 1 Mauerraute
*Asplenium ruta-muraria*

bis 20 cm ganzjährig

**Kennzeichen:** Ein kleiner Fels- und Mauerfarn; Wedel bis zu 20 cm lang, graugrün, im Umriß 3eckig bis rautenförmig (Name!), unregelmäßig doppelt bis 3fach gefiedert; Blattstiel länger als die Spreite, ebenfalls graugrün; Sporenhäufchen längs der Blattnerven in kleinen Streifen.

**Vorkommen:** Außer im äußersten Norden in ganz Mitteleuropa an trockenen Felsen und Mauern; mit Vorliebe auf Kalk und auf der sonnenexponierten Seite.

**Wissenswertes:** Als charakteristisches Mitglied sommerwarmer Mauer- und Felsspaltengesellschaften ist die Art sowohl im besiedelten Raum – vor allem an älteren Mauern und historischen Gebäuden – als auch an Felsen in der freien Landschaft anzutreffen. Wer sich die farnreiche Pflanzengesellschaft ansiedeln lassen möchte, sollte sich für eine Schichtmauer, zumindest für die Ausfugung der Mauer mit einem kalkigen Bindemittel entscheiden. Die wintergrüne Rosettenpflanze kann in Trockenperioden stark austrocknen, sich danach aber wieder völlig erholen.

## 2 Brauner Streifenfarn
*Asplenium trichomanes*

bis 20 cm Juli–Aug.

**Kennzeichen:** Ein kleiner Fels- und Mauerfarn mit nur einfach gefiederten Wedeln mit ovalen Fiederblättchen; diese stark kontrastierend zum Dunkelbraun von Stiel und Spindel.

**Vorkommen:** Außer im Flachland sehr weit verbreitet und in etwas feuchteren Mauer- und Felsspalten zum Teil recht häufig; ausgeprägte Vorliebe für schattige Standorte, daher in Schlucht- und Blockwäldern besonders häufig; sowohl auf Kalk als auch auf kalkarmem Substrat.

**Wissenswertes:** Gemeinsam mit anderen kleinen Farnen ist der Braune Streifenfarn als „Widerton" bekannt, d.h. als eine Pflanze, die gegen das „Antun", der Hexenzauber, schützt. Allen Streifenfarnen (Gattung *Asplenium*) ist die streifenartige Anordnung der Sporangien gemeinsam (**2b**).

## 3 Grüner Streifenfarn
*Asplenium viride*

bis 20 cm Juli–Sept.

**Kennzeichen:** Dem Braunen Streifenfarn ähnlich, doch heller grün, aber nicht grün überwinternd; Blattstiel und Spindel ebenfalls grün, leicht zerbrechlich.

**Vorkommen:** Schwerpunkte in der alpinen Stufe der Kalkalpen und des Jura; sonst punktuell an besonders kühlen und feuchten Standorten in den höheren Mittelgebirgen, vor allem in Schluchtwäldern auf Kalkgestein.

**Wissenswertes:** Im Hinblick auf seine arktisch-alpine Hauptverbreitung sind die dazwischen liegenden punktuellen Vorkommen in den Mittelgebirgen als Relikte des eiszeitlichen Auftretens auch in tieferen Lagen zu betrachten.

## 4 Zerbrechlicher Blasenfarn
*Cystopteris fragilis*

bis 35 cm Juli–Sept.

**Kennzeichen:** Wedel dicht gedrängt, aber nicht rosettig stehend, hellgrün, doppelt bis 3fach gefiedert; Fiedern 1. Ordnung soweit voneinander entfernt, daß die kleinen Fiedern 2. Ordnung den Wedel nur schwach begrünt erscheinen lassen (**4b**, Unterseite).

**Vorkommen:** Vor allem in den Alpen, aber auch in den Mittelgebirgen verbreitet, im Norden nur punktuell; auf Kalkgestein und auf Mauern, meistens an schattig-feuchten Standorten.

## 5 Gelappter Schildfarn
*Polystichum aculeatum*

80 cm Juli–Okt.

**Kennzeichen:** Wedel in Rosetten, bis 80 cm lang, derb, wintergrün, doppelt gefiedert; Fiederchen scharf gesägt mit Stachelspitze.

**Vorkommen:** Im Norden fehlend, in der Mitte und im Süden mit großen Verbreitungslücken; in schattigen Wäldern auf kalk- und nährstoffreichen Böden.

**Wissenswertes:** Die Namensvielfalt ist bei dieser Art besonders verwirrend: Lappen-Schildfarn, Dorniger Schildfarn, Stacheliger Schildfarn meinen allesamt dieselbe Art.

2b
1
2a
3
4b
4a
5

## 1 Rippenfarn
*Blechnum spicant*

bis 50 cm Juli–Sept.

**Kennzeichen:** Sterile Blätter im Umriß länglich-lanzettlich, einfach fiederteilig, meistens rosettig am Boden ausgebreitet; fertile Blätter nur im Frühjahr grün, später dunkelbraun, in der Mitte der Rosette aufrecht stehend, mit schmalen, rippenartigen Fiedern (Name!).

**Vorkommen:** Außer in reinen Kalkgebieten fast über alle Landschaften Mitteleuropas verbreitet; vorzugsweise in feuchten Nadelwäldern und an Waldbächen des Berglandes.

**Wissenswertes:** Mit seinen deutlich unterscheidbaren, klar gegliederten Assimilations- und Sporenblättern (Tropho- und Sporophylle) ist der Rippenfarn so dekorativ, daß er auch bei den Gartenfreunden viel Sympathie findet. Die sterilen Blätter bleiben auch den Winter über glänzend grün.

## 2 Engelsüß
*Polypodium vulgare*

bis 35 cm Juli–Sept.

**Kennzeichen:** Blattstiel so lang wie die Spreite, die einfach, fast bis zur Spindel fiederspaltig und im Umriß schmal 3eckig ist; große, runde Sporenhäufchen auf der Blattunterseite (**2b**), oft auf der Oberseite durchscheinend.

**Vorkommen:** Im ganzen Gebiet verbreitet, aber nur ausnahmsweise häufig; in Laubwäldern, aber auch auf Felsen und Mauern; auf schattig-feuchten, kalkarmen Standorten.

**Wissenswertes:** Die Fähigkeit, auch extreme Austrocknung zu überleben, gestattet der Art unter anderem auch die Besiedlung trockener Mauer-, Fels- und Dünenstandorte. In feuchten Laubwäldern kommt sie gelegentlich als Epiphyt in den Astgabeln stärker bemooster Laubbäume vor. Ihren Namen hat sie wegen des süßlichen Geschmacks ihres Wurzelstocks erhalten, aus dem früher ein Hustentee bereitet wurde.

## 3 Pillenfarn
*Pilularia globulifera*

bis 10 cm Juli–Sept.

**Kennzeichen:** Auf den ersten Blick gar nicht als Farn zu erkennen; bis zu 50 cm am Boden kriechende Achse, von der Wurzeln und binsenartige Blätter ausgehen; erbsengroße, pillenförmige (Name!) „Sporangienfrüchte" (Sporokarpe) an der Blattbasis.

**Vorkommen:** Sehr selten und nur punktuell anzutreffen; an schlammigen Ufern und in zeitweilig austrocknenden Heidetümpeln; auf nährstoffarmen Böden.

**Wissenswertes:** Der Pillenfarn und die beiden folgenden Arten gehören zwei Farnfamilien an, die sich sehr grundlegend von allen bisher behandelten Farnen unterscheiden. Sie bilden Sporokarpe aus, in denen sich mehrere Sporenbehälter mit zwei unterschiedlichen Sporentypen (Mikro- und Makrosporangien) befinden. Aus ihnen gehen Vorkeime hervor, an denen sich auch die Befruchtung vollzieht.

## 4 Schwimmfarn
*Salvinia natans*

5 cm Juli–Aug.

**Kennzeichen:** Schwimmblätter ca. 1 cm groß, eiförmig; untergetauchte Wasserblätter stark verzweigt, wurzelähnlich; Sporokarpe zu mehreren dicht beisammen unter den Schwimmblättern.

**Vorkommen:** Nur in wenigen Gewässern an Oberrhein, Mittelelbe und Havel.

**Wissenswertes:** Die Art hat keine Wurzeln. Die Schwimmblätter werden durch Luftkammern an der Wasseroberfläche gehalten.

## 5 Großer Algenfarn
*Azolla filiculoides*

1 cm –

**Kennzeichen:** Blättchen zweizeilig, schuppenartig, nur ½ cm groß, wechselständig an einer 1–1 ½ cm langen Achse.

**Vorkommen:** An warmen Gewässern vorübergehend eingebürgert, aber beständig wohl nur am nördlichen Oberrhein.

**Wissenswertes:** Die Art wird als Aquarienpflanze geschätzt und gelangt als solche in heimische Gewässer. Sie stammt aus wärmeren Gebieten Nordamerikas und kann strenge Winter bei uns normalerweise nicht überleben. Sie pflanzt sich hier ausschließlich vegetativ durch Teilung fort.

1
2a
2b
3
4
5

**Bärlapp-Arten** haben es in unserer Kulturlandschaft mit ihren vielfältigen menschlichen Eingriffen besonders schwer. Sie brauchen nämlich zu ihrer Entwicklung eine ungewöhnlich lange, störungsfreie Zeit, nicht selten 1–2 Jahrzehnte. Frühestens 6 Jahre nach ihrer Reife entwickeln sich die stets gleichartigen Sporen weiter zu Vorkeimen, die schon bald der Symbiose mit bestimmten Pilzarten bedürfen, um sich vom Humus des Waldbodens ernähren zu können. Währenddessen haben Menschen mit ihren Wirtschaftsinteressen oder Konkurrenten aus dem Pflanzenreich oft schon längst vollendete Tatsachen geschaffen und den für die Bärlapp-Art erforderlichen Standort für sich genutzt oder zumindest verändert. Wegen dieser Konkurrenznachteile bedürfen alle Bärlapp-Arten eines intensiven Schutzes, wenn sie uns als sehr urtümliche Bestandteile der Waldökosysteme erhalten bleiben sollen. Mit ihren gabelig verzweigten Sprossen und ihren zahlreichen Kleinblättern (Mikrophylle) sind sie fast verschwindend kleine Nachfahren baumgroßer Ahnen, die vor mehr als 300 Millionen Jahren in der Karbonzeit lebten.

## 1 Sumpf-Bärlapp
*Lycopodiella inundata*

Die Art ist sehr zerstreut über ganz Mitteleuropa – allerdings mit Schwerpunkten in Norddeutschland und im Alpengebiet – verbreitet. Sie wächst sowohl auf nassem Torf als auch auf sandigen Torfböden und ist – wenn überhaupt noch – am ehesten in Zwischenmooren und am Rande von Torfmooren und feuchten Nadelwäldern anzutreffen. Der Sumpf-Bärlapp ist an seinem kriechenden, 5–8 cm langen, kaum verzweigten Stengel zu erkennen, dessen Blätter dem Licht zugewandt sind. Die wenigen aufrechten, bis 7 cm langen Sporophyllstände sind dagegen ringsum beblättert.

## 2 Sprossender Bärlapp
*Lycopodium annotinum*

Fichtenwälder und Waldmoore der Mittelgebirge und der Alpen sowie Birkenbruchwälder im Flachland sind der Lebensraum dieser Bärlappart, die 1–3 m weit am Boden kriecht und mit ihren Ästen bis zu 20 cm aufsteigen kann. Die Sporophyllstände sind endständig, ungestielt, einzeln und ca. 4 cm lang.

## 3 Keulen-Bärlapp
*Lycopodium clavatum*

Dieses ist die in Mitteleuropa von der Ebene bis zur Baumgrenze am weitesten verbreitete, aber nur ausnahmsweise häufige Bärlappart. Man erkennt sie an ihren kriechenden, über 1 m langen Stengeln und ihren verzweigten aufsteigenden Ästen. Im Juli erscheinen auf 10–20 cm langem Stiel die keulenförmigen Sporophyllstände, die meistens zu zweit oder zu dritt stehen. Die schwefelgelben Sporen dieser und der vorigen Art, die übrigens beide auch als „Schlangenmoos" bezeichnet werden, spielten im Aberglauben unserer Vorfahren eine wichtige Rolle. Als „Hexenmehl" sollten sie nässende Wunden heilen. Die Pflanzen selbst – am Körper getragen – galten als Schutz vor Hexen und vor Alpträumen. Das leicht entzündbare Sporenpulver ergab bei Feuerwerken besondere Blitzeffekte.

## 4 Gemeiner Flachbärlapp
*Diphasium complanatum*

Hier handelt es sich um eine ganze Gruppe von Kleinarten, die zum Teil als selbständige Arten betrachtet werden. Gemeinsam haben sie den unterirdisch kriechenden Stengel, der gabelig verzweigte, flach zusammengedrückte Äste an die Oberfläche schickt. Vertreter dieser Artengruppe leben sehr zerstreut auf sauren, torfig-sandigen Böden.

## 5 Gezähnter Moosfarn
*Selaginella selaginoides*

Diese den Bärlappen ähnliche, aber nur entfernt verwandte Art gibt wichtige Hinweise auf die Evolution der Pflanzen. Zu erkennen ist die an grasigen und felsigen Abhängen der Alpen beheimatete Art an ihrem moosähnlichen Wuchs, ihren nur bis zu 5 cm langen Stengeln und den zungenartigen Häutchen am Grunde ihrer 2–3 mm langen, 4zeilig angeordneten Blätter.

1
2
3
4
5

**Schachtelhalmgewächse** haben einen so markanten Aufbau, daß jedes Kind sie leicht wiedererkennt. Es handelt sich um ausdauernde Pflanzen mit unterirdischen, oft recht tief liegenden Rhizomen, die ihre Sprosse nach oben ans Tageslicht schicken. Sie nun sind es, die – in lange Stengelstücke und Knoten gegliedert – leicht zerlegt und wieder ineinander „geschachtelt" werden können (Name!). Bei den zähnchenartigen Gebilden, die an den Knoten sitzen und – an der Basis zu einer Scheide verbunden – das untere Ende des darüberstehenden Stengelstücks umschließen, handelt es sich um die schuppenartig reduzierten Blätter. Die Sprosse selbst sind hohl und meistens außen gefurcht. Die Seitenzweige brechen durch die von den Blättern gebildete Scheide nach außen. Wie die Bärlappe so waren auch die Schachtelhalme bereits an der Bildung der Steinkohlen des Karbons beteiligt. Im Aufbau ihrer Sporophyllstände aber weisen sie einige bei den Bärlappgewächsen noch fehlende Differenzierungen auf.

## 1 Winter-Schachelhalm
*Equisetum hyemale*

Weil sie weitgehend unverzweigt ist, wird diese auffällige – weil auch im Winter grüne – Art oft erst auf den zweiten Blick als Schachtelhalm erkannt. Die aufrechten Sprosse sind rauh und bis über 1 m hoch. Der Sporophyllstand an der Spitze des aus der Ferne binsenähnlich wirkenden Sprosses verhindert zumindest im Sommer jede Verwechslung (**1 b**). Die in Mitteleuropa als Eiszeitrelikt betrachtete Art wächst zerstreut, aber stellenweise in größeren Beständen in feuchten Wäldern, vor allem in Nord- und in Süddeutschland.

## 2 Sumpf-Schachtelhalm
*Equisetum palustre*

Sumpf- und Teich-Schachtelhalm (*E. palustre* und *E. fluviatile*) kommen beide weit verbreitet und oft in großen Beständen vor. Die Sprosse des Sumpf-Schachtelhalms sind nur 1–3 mm dick und die Blattscheiden 6–10zähnig, die des Teich-Schachtelhalms 4–8 mm dick und die Blattscheiden 15–20zähnig. Beide besiedeln Ufer, Gräben und Teiche, der Sumpf-Schachtelhalm auch Viehweiden. Obwohl nur schwach giftig, kann er beim Weidevieh Darmerkrankungen verursachen.

## 3 Wald-Schachtelhalm
*Equisetum sylvaticum*

Die grazilste unter den heimischen Schachtelhalm-Arten gefällt durch stark verzweigte, bogig durchhängende Äste. Der Wald-Schachtelhalm, der 15–30 cm hoch werden kann, kommt in den weitesten Teilen Mitteleuropas vor. Er bevorzugt feuchte, schattige Wälder, wächst aber auch auf manchen nassen Bergwiesen, meidet allerdings kalkreiche Böden. Die ersten 3 hier abgebildeten Schachtelhalm-Arten tragen Sporophyllstände an den Spitzen ihrer grünen Sprosse.

## 4 Acker-Schachtelhalm
*Equisetum arvense*

Die bekannteste und zugleich die einzige Art dieser Gattung, die überall auf Kulturland – vor allem auch Acker- und Gartenböden – vorkommt, unterscheidet sich von den zuvor beschriebenen Arten vor allem dadurch, daß die grünen sterilen Sprosse erst im Sommer erscheinen, wenn die hellbraunen fertilen Frühlingssprosse bereits wieder verschwunden sind. Die bis über 1 m tief im Boden liegenden Rhizome vermag der Pflug nicht zu erreichen. Zinnkraut nannte man die Pflanze, weil man das kieselsäurereiche Kraut zum Reinigen des Zinngeschirrs benutzte. Sein hoher Saponingehalt verursacht die harntreibende Wirkung des Schachtelhalm-Tees.

## 5 Riesen-Schachtelhalm
*Equisetum telmateia*

Im Zeitpunkt des Erscheinens und im Aussehen unterschiedlich sind fertile und sterile Sprosse außer beim Acker- auch beim Riesen-Schachtelhalm, der bis 1,50 m hoch werden kann. Die Art kommt regional – vor allem im westlichen Mitteleuropa – vor, vor allem an Waldbächen und in feuchten Gebüschen; sie zeigt frische, kalkhaltige und humusreiche Böden an.

1a
1b
2a
2b
3a
3b
5a
4a
5b
4b

# Moose

Wie die Blütenpflanzen zeichnen sich auch die **Moose** (*Bryophyta*) durch eine große Artenvielfalt aus. Weltweit rechnet man mit über 25000, in Mitteleuropa allein mit über 1200 Arten. Auf 5 Bild- und 5 Textseiten kann hier mit 30 sehr häufigen bzw. besonders markanten Arten nur ein kleiner Ausschnitt vorgestellt werden. Im übrigen wird auf den Kosmos-Naturführer „Unsere Moos- und Farnpflanzen" verwiesen.

Besonders bemerkenswert sind die Moose, weil sie gewissermaßen eine Übergangsstellung zwischen den Höheren Pflanzen (Sproß- oder Gefäßpflanzen = Kormophyten), zu denen der Blütenpflanzen und die Farngewächse gehören, und den Lagerpflanzen (Thallophyten) mit Algen, Flechten und Pilzen einnehmen.

Die **Laubmoose** haben zwar Stämmchen und Blättchen, sind aber nicht mit echten Wurzeln, sondern mit weit weniger differenziert gebauten Rhizoiden im Boden befestigt.

## 1 Spitzblättriges Torfmoos
*Sphagnum nemoreum*

**Kennzeichen:** Bei allen Torfmoos-Arten endet der mit büscheligen Seitenästen besetzte Stengel in einem Köpfchen, das entfernt an ein Edelweiß erinnert. Diese Art hat dichte, oft etwas rötliche Polster, spitze Seitenäste und eine schopfförmige, halbkugelige Stengelspitze.

**Vorkommen:** Im gesamten Gebiet auf nassen, sauren Waldböden, im schattigen Moorrandbereich und in feuchten Heiden.

**Wissenswertes:** Das Spießblättrige Torfmoos ist wie viele Torfmoos-Arten nur mikroskopisch völlig sicher zu bestimmen.

## 2 Mittleres Torfmoos
*Sphagnum magellanicum*

**Kennzeichen:** Mit großen, dicht geschlossenen Polstern oft mehrere Quadratmeter überdeckend; meistens rötlich bis schmutzig purpurrot gefärbt.

**Vorkommen:** Im gesamten Gebiet, vor allem im Westen und Norden, wichtigste Moosart der Hochmoore.

**Wissenswertes:** Mit ihrer Fähigkeit, in ihren Wasserspeicherzellen und zwischen den Stengeln und den kleinen Blättchen enorme Mengen Regenwasser festzuhalten, sichern die Torfmoose den Hochmooren ihren eigenen Wasserhaushalt. Indem die Torfmoose an der Spitze weiterwachsen, während sie an der Basis absterben, tragen sie maßgeblich zur Verlandung von Moortümpeln und zur Torfbildung bei.

## 3 Blasenmoos
*Diphyscium foliosum*

**Kennzeichen:** Sehr niedrige Rasen, nur bis 1 cm hoch; im Sommer auffallend durch die zahlreichen kegelig-eiförmigen oder blasigen Sporenkapseln (Name!).

**Vorkommen:** Ein Erdmoos auf sauren Böden in Wäldern und auf halbschattigen Standorten in Heiden und auf Alpenmatten.

## 4 Welliges Katharinenmoos
*Atrichium undulatum*

**Kennzeichen:** Rasen kräftig, dunkelgrün; obere Stengelblätter schmal zungenförmig, mit krausem bzw. welligem, scharf gesägtem Blattrand (Name!); Kapseln mit 2–5 cm langen roten Stielen, lang, walzenförmig (**4a**).

**Vorkommen:** Allgemein verbreitet in Wäldern; auch in Wiesen.

## 5 Schönes Widertonmoos
*Polytrichum formosum*

**Kennzeichen:** Oft ausgedehnte, lockere Rasen bildend; Blätter schmal lanzettlich, abstehend, jedoch bei Trockenheit dem Stengel anliegend; Kapsel auf 4–8 cm hohem Stiel.

**Vorkommen:** Im gesamten Gebiet in Wäldern mit schwach sauren Böden sehr häufig.

## 6 Glashaar-Widertonmoos
*Polytrichum piliferum*

**Kennzeichen:** 2–5 cm hoch in lockeren Rasen; Blätter lanzettlich mit an der Spitze umgeschlagenem Rand und weißer Haarspitze.

**Vorkommen:** Auf zum Teil recht extremen, sonnig-trockenen Standorten; in lichten Nadelwäldern, auf exponierten Felsen, in Heiden.

1
2
4a
3
4b
5
6

## 1 Eiben-Spaltzahnmoos
*Fissidens taxifolius*

**Kennzeichen:** Stengel niederliegend bis aufsteigend, niedrige Rasen bildend; Blätter am Stengel zweizeilig gescheitelt, halbstengelumfassend, eiförmig flach und ungewellt.
**Vorkommen:** Vor allem auf feuchten, schattigen Waldböden, seltener auf Gestein.
**Wissenswertes:** Die Arten der Gattung *Fissidens* nehmen mit ihrer flachen („Flachmoos"), zweizeiligen Beblätterung unter den Laubmoosen eine Sonderstellung ein.

## 2 Besen-Gabelzahnmoos
*Dicranum scoparium*

**Kennzeichen:** Rasen locker; Stengel braunfilzig, einfach oder gegabelt; Blätter sichelförmig, mit verlängerter Spitze, einseitswendig (**2a**); Sporenkapseln auf 2–4 cm langem, rotem Stiel, länglich, geneigt.
**Vorkommen:** Waldbodenmoos auf saurem Humus, auch auf Baumstümpfen und -stämmen sowie Steinen; in Fichtenwäldern des Berglandes weit verbreitet.
**Wissenswertes:** Die Formenvielfalt ermöglicht der Art weite Verbreitung. Wegen des durch die Einseitswendigkeit der schmalen Blätter geprägten Erscheinungsbildes ist auch der Name „Besenmoos" gebräuchlich.

## 3 Weißmoos
*Leucobryum glaucum*

**Kennzeichen:** Dichte, halbkugelig gewölbte, weiß- und bläulichgrüne Polster.
**Vorkommen:** Vor allem in stark sauren und nährstoffarmen Fichtenwäldern, aber auch in artenarmen Buchen- und Eichen-Birken-Wäldern, in Heiden und in alpinen Rasen.
**Wissenswertes:** Wie bei den Torfmoosen enthalten die Blätter neben kleinen lebenden (chlorophyllführenden) auch größere, durchlöcherte tote Zellen. Letztere dienen als Wasserspeicher. Bei feuchtem Wetter wirken die Moospolster grünlich. Ausgetrocknet sind die Speicherzellen luftgefüllt und führen zum namengebenden Erscheinungsbild. Das Weißmoos wird gern für Weihnachtskrippen und Osterhasennester verwendet; Floristen schätzen es für Kränze und als Steckunterlage für Blumenarrangements.

## 4 Welliges Sternmoos
*Mnium undulatum*

**Kennzeichen:** Aus kriechenden Ausläufern 5–15 cm lange Stengel emporwachsend, fertile aufrecht, sterile etwas geneigt; Blätter lang, zungenförmig, gewellt (Name!) und an der Spitze abgerundet.
**Vorkommen:** Sehr häufige Moosart; schatten- und feuchtigkeitsliebend, ohne spezielle Bodenansprüche; daher in verschiedenen Waldgesellschaften, sofern die Böden feucht genug sind.

## 5 Silber-Birnmoos
*Bryum argenteum*

**Kennzeichen:** Dichte Polster bei Trockenheit silberweiß, bei Feuchtigkeit bläulichgrün; Stengel meist gabelig verzweigt, bis 2 cm hoch; Blätter dachziegelartig dem Stengel anliegend.
**Vorkommen:** Als Kosmopolit auf Felsen und Mauern, an Weg- und Straßenrändern, in Pflasterritzen und auf Dächern, Schutt und trockenen, sandigen Böden überall anzutreffen.
**Wissenswertes:** Hier handelt es sich um das häufigste Stadtmoos. Es kann noch auf allen möglichen vom Menschen stark belasteten Flächen existieren, beispielsweise auf herbizidbehandelten, sonst vegetationsfreien Böden von Maisäckern und in Baumschulen.

## 6 Polster-Kissenmoos
*Grimmia pulvinata*

**Kennzeichen:** Kleine Polster blaugrün bis schwärzlich; Blätter länglich lanzettlich mit langem Glashaar und mit bis über die Blattmitte umgerolltem Blattrand; Sporenkapseln eiförmig, braun, nur kurz gestielt, waagerecht abstehend oder leicht überhängend.
**Vorkommen:** Auf sonnig-trockenen, basenreichen Mauern und Felsen, auch auf Dächern und Gesteinsschutt.
**Wissenswertes:** An den Glashaaren kondensiert der Tau, der für die im übrigen trokkenheitsertragende Art oft lebenswichtig ist.

1

2a

3

2b

4

5

6

## 1 Gewöhnliches Brunnenmoos
*Fontinalis antipyretica*

**Kennzeichen:** Glänzend dunkelgrünes, im Wasser flutendes Moos, dessen reich verzweigte Stengel 10–40 cm lang werden; Blätter in 3 Reihen, gekielt; Stengel 3kantig.
**Vorkommen:** Vor allem in fließenden, aber auch in stehenden Gewässern mit möglichst klarem, unverschmutztem Wasser.
**Wissenswertes:** Der wissenschaftliche Artname erinnert daran, daß dieses Moos im Aberglauben früherer Zeiten – in Haus und Hof aufgehängt – als Schutz vor Feuersbrünsten galt.

## 2 Tamarisken-Thujamoos
*Thuidium tamariscinum*

**Kennzeichen:** Niederliegendes Erdmoos mit 5–15 cm langen, an der Spitze oft erneut wurzelnden Stengeln; 3fach gefiedert; im Erscheinungsbild nadelbaumähnlich und ganz besonders ansprechend.
**Vorkommen:** In Laub- und Nadelwäldern auf feuchten und zumeist etwas besseren Böden weit verbreitet; regional jedoch rückläufig, vor allem in der Ebene.
**Wissenswertes:** Die Namen weisen auf den nadelbaumähnlichen Aufbau hin, der so dekorativ ist, daß man dieses Moos gern zum Basteln und zum Gestalten von Landschaftsminiaturen benutzt.

## 3 Rotstengelmoos
*Pleurozium schreberi*

**Kennzeichen:** Fast senkrecht aufsteigendes, ziemlich gleichmäßig gefiedertes Erdmoos mit spitz zulaufenden Ästen; oft größere federnde Matten bildend; Rinde des Stengels rötlich (Name!).
**Vorkommen:** Auf oberflächlich versauerten Waldböden in Fichten- und Kiefern-, aber auch in artenarmen Laubwäldern sowie in Heiden; außerhalb der Kalkgebiete weit verbreitet und häufig.
**Wissenswertes:** Das Rotstengelmoos fruchtet im Winter. Als wasserspeicherndes Waldmoos ist die Art geschätzt, nicht jedoch als Rohhumusbildner.

## 4 Zypressen-Schlafmoos
*Hypnum cupressiforme*

**Kennzeichen:** Ein niederliegendes, glänzendes Moos, 3–10 cm lang, unregelmäßig gefiedert; Blätter dicht stehend, dachziegelartig angeordnet.
**Vorkommen:** Allerweltpflanze und häufigstes Astmoos; vor allem in Wäldern aller Art vom Waldboden bis in die Zweige, aber auch auf liegendem Holz, auf Baumstümpfen, Mauern und Gestein.
**Wissenswertes:** Wie mehrere andere Moose wurde das Zypressen-Schlafmoos früher zur Matratzenfüllung verwendet.

## 5 Großes Kranzmoos
*Rhytidiadelphus triquetrus*

**Kennzeichen:** Bleich- bis gelbgrünes Moos, bis 30 cm groß; lockere Rasen bildend; aufrecht, fiederförmig verzweigt; Blätter sparrig abstehend.
**Vorkommen:** In lichten Wäldern, an Waldrändern und auf Bergwiesen; auf nährstoffreicheren Böden, vor allem in Kalkgebieten.
**Wissenswertes:** Das Große Kranzmoos leidet offensichtlich unter der Bodenversauerung, die vielerorts infolge des Sauren Regens zu beobachten ist. Außer auf besonders kalkreichem Untergrund ist in weiten Landstrichen Norddeutschlands ein deutlicher Bestandsrückgang festzustellen.

## 6 Etagenmoos
*Hylocomium splendens*

**Kennzeichen:** Ausgedehnte Rasen gelbgrün, bei Trockenheit seidig glänzend; Stengel 2- bis 3fach gefiedert, durch auf dem Rücken des Vorjahrstriebes entspringenden neuen Jahrestrieb stockwerkartig gegliedert (Name!).
**Vorkommen:** Weit verbreitet in Wäldern auf neutralen und schwach versauerten Böden, in Heiden und alpinen Rasen; vorzugsweise in Nadel- und Buchenwäldern.
**Wissenswertes:** Mit der jährlichen Etagenbildung kann dieses Moos die rhythmisch erfolgende Laub- oder Nadelauflage durchwachsen und seinen Standort behaupten.

1

2

4

3

5

6

Bei den **Lebermoosen** sind die thallösen, tangartig dem Substrat aufliegenden, **blattlosen** Arten, die besonders ursprünglich wirken (S. 394), von den beblätterten zu unterscheiden. Die **beblätterten Lebermoose** haben ursprünglich drei Blattreihen, die allerdings oft auf zwei reduziert sind. Die Blätter der Blattreihe, die sich an der Unterseite der Zweige befindet, sind kleiner und werden als Bauchblätter (Amphigastrien) bezeichnet. Im Unterschied zu den Laubmoosen sind die Blätter 1schichtig und ohne Mittelrippe.

## 1 Verschiedenblättriges Kammkelchmoos
*Lophocolea heterophylla*

**Kennzeichen:** Lebermoos mit kriechendem, der Unterlage fest anliegendem, 2–10 cm langem, oft gabelig oder fiedrig verzweigtem Stengel; Blätter in 2 Reihen beiderseits der Längsachse; Blattunterrand des höheren den Blattoberrand des tieferen Blattes überdekkend; Blätter tief 2spaltig (**1b**); Sporenkapsel rundlich, dunkelbraun, auf einem bis über 1 cm langen Stiel.

**Vorkommen:** Vor allem auf moderndem Holz, seltener auf sauren Waldböden oder Gestein; überall heimisch und meistens zahlreich vertreten.

## 2 Muschelmoos
*Plagiochila asplenoides*

**Kennzeichen:** Polsterbildendes Lebermoos mit 5–10 cm langen Stengeln; Blätter 2zeilig angeordnet, wie bei der vorigen Art einander überlappend, löffel- oder muschelförmig.

**Vorkommen:** Als bodenbewohnende Moosart in sehr unterschiedlichen Waldgesellschaften häufig und weit verbreitet.

**Wissenswertes:** Als eine der größten heimischen Lebermoosarten ist das Muschelmoos ein beliebtes Schulbuchbeispiel für beblätterte Lebermoose.

## 3 Tiefland-Bartkelchmoos
*Calypogeia muelleriana*

**Kennzeichen:** Stengel flach dem Substrat anliegend; Blätter 2reihig, parallel zur Längsachse des Stengels stehend; Blattunterrand des höheren vom Blattoberrand des tiefer stehenden Blattes überdeckt; Blätter oval und nur schwach ausgebuchtet.

**Vorkommen:** In Wäldern auf kalkarmen Böden, an Bach- und Wegböschungen und auf feuchtem Holz; allgemein weit verbreitet und recht häufig.

## 4 Filzmoos
*Trichocolea tomentella*

**Kennzeichen:** Weißgrünes, wolliges Lebermoos mit 2–3fach gefiederten Stengeln; Blätter tief eingeschnitten.

**Vorkommen:** In Quellmooren, Schlucht- und Auenwäldern regional noch weit verbreitet.

## 5 Hain-Spatenmoos
*Scapania nemorea*

**Kennzeichen:** Rasen dunkelgrün bis braunrot; Blätter 2zeilig, nur ca. 2 mm lang; an den Sproßenden Blätter mit zahlreichen rotbraunen Brutkörpern.

**Vorkommen:** In Wäldern auf sauerem Humus, sonst auch auf beschattetem Gestein; in Mittelgebirgslagen und in den Alpen bis in den subalpinen Bereich weit verbreitet.

## 6 Breites Sackmoos
*Frullania dilatata*

**Kennzeichen:** Kriechendes, perlschnurartig wirkendes, dunkelgrünes bis schwärzliches Lebermoos; Blätter 2zeilig angeordnet, dichtstehend über dem Stengel.

**Vorkommen:** In den unterschiedlichsten Waldgesellschaften, vor allem auf der glatten Rinde von Rotbuche und Ahorn kalk- und nährstoffreicher Standorte, aber auch auf Kalksteinfelsen und -mauern; häufiger im Bergland als in der Tiefebene.

**Wissenswertes:** Ebenso wie die meisten Flechten reagiert auch das Breite Sackmoos offenbar sehr stark auf den Sauren Regen, der das Substrat dieses basenliebenden Mooses versauert, d.h. dessen Mineralien – vor allem den Kalk – auswäscht. Das früher weit verbreitete Moos ist heute regional sehr selten geworden oder bereits völlig verschwunden.

1a
1b
2
3
4
5
6

## 1 Hellsporiges Hornmoos
*Phaeoceros (Anthoceros) laevis*

**Kennzeichen:** Thallusrosetten mit 5–15 mm Durchmesser, tief eingeschnitten, grün, ohne schwarze Flecken; Sporenkapseln in auf der Thallus-Oberfläche aufrecht stehenden, röhrenartigen Hüllen, 1–3 cm lang.

**Vorkommen:** Auf abgeernteten oder brach liegenden, nackten Ackerböden, die kalkfrei, aber dennoch nicht sandig sind; Thallusrosetten oft in großer Zahl dicht beisammen und dadurch auffällig; weit verbreitet.

**Wissenswertes:** Die Art gehört möglicherweise zur Gruppe der ältesten Landpflanzen, die bis heute überlebt haben und sowohl an der Basis der Laub- und Lebermoose als auch der Nacktfarne (*Psilophyta*) stehen.

## 2 Blaugrünes Sternlebermoos
*Riccia glauca*

**Kennzeichen:** Thallus mit 1–2 cm Durchmesser, blaugrün, rundlich-rosettenförmig; Blätter als zur Spitze verbreiterte, 1–3mal gegabelte Lappen, die dem Boden eng aufliegen; Sporenkapseln im Thallus im Querschnitt sichtbar.

**Vorkommen:** Ebenfalls auf Äckern mit entkalkten Ton- und Lehmböden, solange sie noch weitgehend nackt sind, sowie auf den Böden abgelassener Teiche und frischer Böschungen.

**Wissenswertes:** Das Sternlebermoos gehört zusammen mit den anderen auf dieser Seite dargestellten Lebermoosen zu den nicht in Stengel und Blätter gegliederten Arten.

## 3 Brunnenlebermoos
*Marchantia polymorpha*

**Kennzeichen:** Thallus 1–2 cm breit und 10–20 cm lang, mehrfach geteilt, gabelig verzweigt, am Rande gewellt, oberseits mit 6eckiger Netzstruktur; meistens mit runden Brutbechern (**3b**); weibliche Archegonienträger mit 9–11strahligem Stern (**3c**), männliche Antheridienträger mit gelappter Scheibe an der Spitze des Ständers (**3a**).

**Vorkommen:** Ohne spezielle Standortansprüche sowohl auf Erde als auch auf Stein und deshalb weit verbreitet; besonders häufig an boden- oder luftfeuchten Orten, auffällig oft auf stickstoffreichen Böden in Pflasterritzen, auf Brand- und Dungstellen und auf Maisäckern.

**Wissenswertes:** Die Art ist zweihäusig, d.h. Archegonien- und Antheridienträger stehen auf getrennten Pflanzen. Die Brutkörperchen (Gemmen) in den Brutbechern dienen der vegetativen Vermehrung.

## 4 Kegelkopfmoos
*Conocephalum conicum*

**Kennzeichen:** Ein in der Größe der vorigen Art ähnliches Lebermoos; Thallus an den Rändern nur schwach gewellt, ohne Brutbecher; Archegonien- und Antheridienträger nur selten ausgebildet, letztere sitzend ohne Stiel.

**Vorkommen:** Mehr an Ufer, feuchte Felsen und Naßstellen gebunden als die vorige Art; in Kalkgebieten deutlich häufiger als diese.

## 5 Gemeines Beckenmoos
*Pellia epiphylla*

**Kennzeichen:** Rasen und Überzüge bildende Art; Thallus grün, oft etwas bräunlich, bandförmig, etwa 1 cm breit, ohne auffällige Netzstruktur auf der Oberfläche; einhäusige Art mit in die Oberfläche eingesenkten Antheridien, aber 10 cm lang gestielten Kapseln.

**Vorkommen:** Nur an dauerfeuchten, kalkarmen Standorten in Wäldern, an Bach- und Grabenrändern und auf zeitweilig überfluteten Steinen.

## 6 Gegabeltes Igelhaubenmoos
*Metzgeria furcata*

**Kennzeichen:** Kleine, schmal-bandförmige Pflänzchen, nur 2,5 cm lang und 1 mm breit, gabelig verzweigt; Thallus der Unterlage anliegend oder überhängend.

**Vorkommen:** Auf Baumrinde und Felsen an feuchten, schattigen Stellen, auch an Mauern in entsprechendem Umfeld.

**Wissenswertes:** Wie Flechten und andere rindenbewohnende Moose ist diese Art empfindlich gegen durch Luftverschmutzung versauertes Wasser im Stammablauf.

1
2
3a
3b
3c
4a
5
4b
6

## 1 Gelbe Lohblüte
*Fuligo septica*

Die Niederen Pilze mit ihren 2000 Arten können in diesem Naturführer nur mit 2 Arten beispielhaft erwähnt werden. Die erste gehört zu den Schleimpilzen, deren Lager aus einer schleimigen, vielkernigen Plasmamasse besteht, die zeitweilig sogar zu fließender Bewegung fähig ist. Als Fäulnisbewohner besiedeln die Schleimpilze organisches Material, vor allem morsches Holz und sich zersetzendes Laub. Zu den wenigen Arten, die durch die Größe und Färbung ihrer Fruchtkörper auffallen, gehört die Gelbe Lohblüte, deren Lager einen Durchmesser von 15 cm und eine Höhe von 2 cm erreichen kann (**1b**). Sie verfärbt sich mit zunehmendem Alter von Zitronen- über Goldgelb zu bräunlichen Tönen. Nach warmfeuchten Sommertagen tritt die Art in unseren an Holzabfall und Totholz heute wieder reicheren Wäldern deutlich häufiger auf als früher.

## 2 Kraut- und Knollenfäule
*Phytophthora infestans*

Der zweite Vertreter der Niederen Pilze gehört zu den Falschen Mehltaupilzen in der Klasse der Eipilze und ist mikroskopisch groß. Nicht die parasitischen Pilze selbst, sondern die artenspezifischen Auswirkungen auf ihre Wirte fallen dem Naturfreund ins Auge. In unserem Falle sind die vom Blattrand der Kartoffelstaude ausgehenden braunen Flecken erste Symptome des Befalls. An den Kartoffelknollen entstehen auf der Schale graue, etwas eingetiefte Flecken, unter denen sich das Speichergewebe braun verfärbt. Bei braunfaulen Knollen breitet sich schon nach 2 Tagen auf der Schnittfläche ein dichtes, weißes Pilzmyzel aus. Der Erreger der Kraut- und Knollenfäule der Kartoffel hat in der Vergangenheit mehrfach zum Ausfall ganzer Kartoffelernten mit weltgeschichtlichen Folgen geführt: beispielsweise zur Hungersnot in Irland und zur Massenauswanderung nach Amerika in den Jahren 1845 bis 1847 und zum „Steckrübenwinter" in Deutschland im Ersten Weltkrieg 1917. Auch heute noch ist diese Kartoffelkrankheit eine allgegenwärtige Gefahr.

## 3 Orangebecherling
*Aleuria aurantia*

Diese und die folgenden 2 sowie die 5 Arten der nächsten Seite gehören zur artenreichsten Abteilung und Klasse unter den Pilzen: zu den 45 000 Arten der Schlauchpilze (*Ascomycetes*), jener Pilzgruppe, die den Ständerpilzen gegenübersteht, also der großen Zahl stattlicher und auffälliger und vielfach nutzbarer Großpilze. Die Schlauchpilze, die ihre Sporen in schlauchförmigen Behältern entwickeln, sind zumeist kleiner und unscheinbarer. Die Arten, die hier vorgestellt werden, gehören bereits zu den größten und für den Naturbeobachter interessantesten heimischen Schlauchpilzen, so etwa der Orangebecherling mit bis zu 10 cm großen becherförmigen Fruchtkörpern, die man manchmal auf unbewachsenem Boden in Wäldern, Gärten und Parks sieht. Er ist kein Speisepilz, wohl aber ein beliebtes Fotomotiv.

## 4 Frühjahrslorchel
*Gyromitra esculenta*

Dieser Frühlingspilz mancher Kiefernwälder ist als tödlich giftiger Doppelgänger der Morcheln bekannt und berücksichtigt. Der bis 8 cm breite braune Hut mit seinen hirnartigen Windungen, der am Rande mit dem kurzen hellgrauen Stiel verwachsen ist, unterscheidet die Art von den Morcheln mit mehr wabenartiger Hutstruktur. Wie der wissenschaftliche Artname zeigt, hielt man die Art zeitweilig nach zweifachem Abkochen für eßbar. Ungekocht genossene Frühjahrslorcheln können tödlich wirken; aber auch sonst sind sie nicht ungefährlich.

## 5 Herbstlorchel
*Helvella crispa*

Das herbstliche Gegenstück, von dessen Genuß ebenfalls unbedingt abzuraten ist, wird bis zu 15 cm groß und ist an seiner weißlichen Färbung und sehr variablen, ungleichmäßig krauslappigen Gestalt zu erkennen. Der Stiel ist hohl und grubig. Ab August sind Herbstlorcheln sowohl in manchen Wäldern und Parks als auch auf Wiesen anzutreffen.

1a

1b

2

3

4

5a

5b

## 1 Spitzmorchel
*Morchella conica*

Zeitgleich mit der giftigen Frühlingslorchel erscheint dieser beliebte Speisepilz, dessen Hut durch Längs- und Querrippen ein fast geometrisch-gleichmäßiges Muster mit oft nahezu rechteckig geformten Gruben aufweist. Der kegelig-eiförmige Hut, der wegen seiner Auffälligkeit zu Recht in den Namen dieser Morchel auftritt, ist doppelt so lang wie der Stiel. Spitzmorchel und Frühlingslorchel muß man sicher unterscheiden können, wenn Spitzmorcheln für die Küche gesammelt werden sollen. Suchen wird man sie zweckmäßigerweise in Wäldern auf kalk- und nährstoffarmen Böden.

## 2 Rundmorchel
*Morchella esculenta*

Das Wabenmuster und ein etwas mehr rundlicher bis leicht kegelförmiger Hut zeichnet die Rundmorchel aus (**2b**), die auch als Speisemorchel bezeichnet wird. Hut und Stiel sind hohl; sie sind miteinander verwachsen. Gerade häufig sind die Rundmorcheln nicht anzutreffen, am ehesten in lichten Wäldern, Gebüschen, Gärten und Parks. Sie zeigen eine gewisse Vorliebe für Eschen und Pappeln. Wie ihre Verwandten gehören sie zu den Frühjahrspilzen. Die Morcheln sind in der Küche vielseitig verwendbar. Roh essen sollte man sie nie; am besten wird man sie vor der Zubereitung heiß abbrühen. Trocknen kann man sie, ohne sie zu zerschneiden. Durch Einweichen in Wasser oder Milch werden getrocknete Morcheln wieder frisch.

## 3 Braunfäule
*Monilinia (Sclerotinia) fructigena*

Dieser parasitische Pilz befällt Äpfel und Birnen. Seine vom Wind verbreiteten Sporen gelangen auf Blüten und Blätter der Wirtsbäume, bilden ein Myzel aus und dringen in die Wirte ein. Dürre Blüten, Blätter oder ganze Zweige sind erste Symptome des Befalls. Später bilden sich an Faulstellen von Äpfeln und Birnen weiße Pusteln, die oft in konzentrischen Kreisen – hexenringartig – angeordnet sind. Bei den Pusteln handelt es sich um Konidien, Organe einer besonderen Form der ungeschlechtlichen Vermehrung dieser Schlauchpilze. Der Wechsel von pustelbesetzten und pustelfreien Zonen ist darauf zurückzuführen, daß die Pusteln im Tag-Nacht-Rhythmus gebildet werden. Kranke Früchte fallen ab oder mumifizieren, während sie am Baum hängen bleiben. Zur Zeit noch bekannter und gefürchteter ist unter dem Namen *„Monilia"* eine verwandte Art, die Steinobst – vor allem Sauerkirschen – befällt und Zweigspitzen – bei starkem Befall ganze Bäume – absterben läßt.

## 4 Geweihförmige Holzkeule
*Xylaria hypoxylon*

Das ganze Jahr über entdeckt man hier und dort auf toten Zweigen und Stümpfen von Laubbäumen die nur 3–5 cm hohen und knapp ½ cm breiten, oft geweihförmigen, in jedem Falle aber gegabelten Stiele der Geweihförmigen Holzkeule (**4b**), die bei dichtem Wuchs entfernt an Flechten erinnern (**4a**).

## 5 Mutterkorn
*Claviceps purpurea*

Die harten, schwärzlichen Gebilde, die aus der Roggenähre herausragen, hat der Volksmund wegen ihrer Größe als „Mutter" der kleineren Getreidekörner betrachtet. Lange Zeit wurden sie nicht als Ursache früher epidemisch auftretender Krankheiten erkannt. Dabei hat die Kribbelkrankheit in früheren Jahrhunderten bei Tausenden von Menschen – vor allem in Hungerjahren, als mit Mutterkorn verunreinigtes Mehl zu Brot verarbeitet wurde – zu Schwindel und Erbrechen sowie zu krampfartigen Anfällen und Dauerschäden, ja sogar zum Tode geführt. Als „Heiliges Feuer" oder „Feuer des heiligen Antonius" verursachte das Mutterkorn den „trockenen Brand", das Schwarzwerden und Abfallen der Glieder. Bis in unser Jahrhundert hinein sind Menschen infolge Mutterkornvergiftung gestorben. Erst in jüngster Zeit hat man erkannt, daß sogar über das Einatmen von Mahlstaub chronische Leiden ausgelöst werden können. Das alles ändert natürlich nichts an der Tatsache, daß die Mutterkorn-Alkaloide nach wie vor pharmazeutisch von großer Bedeutung sind.

1
3
2a
4a
2b
4b
5

## 1 Judasohr
*Auricularia auricula*

Das Judasohr fällt durch seine ohrförmige Gestalt auf. Der bräunlich gefärbte, wellige Fruchtkörper wird gut 5 cm groß und ist auf der Oberfläche samtartig. Die sporentragende Innenseite wirkt glänzend glatt mit einigen Leisten und Runzeln. Der eßbare Pilz, dessen Fleisch zäh, elastisch, geruch- und geschmacksfrei ist, schrumpft bei Trockenheit zusammen und wird hornartig hart. In Wasser kehrt er jedoch rasch wieder zu seiner alten Form und Beschaffenheit zurück. Die meisten Pilze dieser Art findet man hierzulande am toten Holz alter Holunderstämme. Dort wachsen sie vom Hochsommer bis zum Frühling meistens gesellig und dicht beisammen. In Ostasien wird das Judasohr gezüchtet; in der chinesischen Küche findet es vielseitige Verwendung, zumal man es durch Trocknen konservieren und danach jederzeit wieder auffrischen kann.

## 2 Fleischroter Gallerttrichterling
*Tremiscus helvelloides*

Die spatel- oder trompetenförmigen, einseitig aufgespalteten Fruchtkörper dieses Pilzes werden schon wegen ihrer ungewöhnlichen Gestalt bemerkt. Sie werden 10–15 cm groß und wachsen in Kalkgebieten auf dem Waldboden, gern auf gestörten Standorten wie Graben- und Wegrändern sowie Böschungen. Der Pilz ist von Juli bis Oktober vor allem in Bergwäldern, viel seltener in der Ebene anzutreffen und wird sogar roh gegessen.

## 3 Herkuleskeule
*Clavariadelphus pistillaris*

Mit einer Höhe von bis zu 25 cm ist die Herkuleskeule die größte unter den einfachkeuligen Arten. Dabei erreicht sie einen Durchmesser von bis zu 5 cm. Ihr Lebensraum sind Perlgras- und andere Buchenwälder auf Kalkböden, wo man sie von August an bis in die letzten Spätherbsttage hinein meistens einzeln antrifft. Wegen ihres bitteren Geschmacks ist die Herkuleskeule als Speisepilz nicht geeignet.

## 4 Krause Glucke
*Sparassis crispa*

Wie die vorige Art gehört auch die Krause Glucke zu den Korallenpilzen, deren größte Vertreterin sie ist. Immerhin wurden Exemplare mit einem Fruchtkörper von 40 cm Größe und 6 kg Gewicht gefunden. Dieser ist stark verzweigt mit dicht gedrängten Ästen, die an den Enden blattartig flach sind. Hindernisse sowohl erdiger als auch krautiger Natur umwächst der Pilz, der schließlich wie ein Badeschwamm wirkt. Die Krause Glucke wächst als Parasit an lebenden Kiefern und Fichten oder als Fäulnisbewohner an totem Holz und an Baumstümpfen, und zwar meistens einzeln im Sommer und Herbst. Sie ist ein geschätzter Speisepilz und wird sogar gelegentlich auf Märkten angeboten.

## 5 Schöne Koralle
*Ramaria formosa*

Einen besonders typischen Korallen-Habitus weisen die Arten der Gattung *Ramaria* auf. Die Schöne Koralle wird auch als die Dreifarbige bezeichnet, weil sie an der Basis weiß, im Bereich der Äste rötlich und an den Spitzen gelb ist. Sie wirkt abführend und gilt als schwach giftig. Wie ihre Verwandten erscheint sie hier und dort auf dem Waldboden. Wegen der Verwechslungsmöglichkeiten, vor allem aber wegen der Seltenheit und Schönheit sollte man auch die eßbaren Korallen lieber an ihrem Standort unangetastet lassen.

## 6 Echter Pfifferling
*Cantharellus cibarius*

Kaum eine andere Pilzart ist in den letzten Jahrzehnten nicht zuletzt durch das Sammeln im Bestand so stark rückläufig wie der Echte Pfifferling. Einst Massenpilz, ist er heute vielfach schon eine seltene und teuer bezahlte Kostbarkeit. An seinen adrig verzweigten Leisten auf der Hutunterseite ist er leicht zu erkennen. Mit seinem angenehm fruchtartigen Geruch gehört er zu den vorzüglichsten Speise- und Gewürzpilzen, die in unseren sommerlichen und herbstlichen Wäldern zu finden sind.

1
2
3
4
5
6

## 1 Totentrompete
*Craterellus cornucopioides*

Man findet diesen Pilz oft herdenweise im Laub bodensaurer Wälder, vor allem in Hainsimsen-Buchenwäldern. Seine schwärzliche Farbe hat ihm wohl den Namen eingetragen, denn weder von ihm noch von seinen Verwandten geht Gefahr aus. Im Gegenteil: Der bis 10 cm hohe, trichter- bis trompetenförmige Pilz, der bis zum Grunde seines Stiels hohl ist, ist eßbar und nach dem Trocknen ein wertvoller Aromaspender.

## 2 Stoppelpilz
*Hydnum repandrum*

Zäpfchen oder leicht abbrechende kleine Stachel stehen auf der Hutunterseite dort, wo man sonst Röhren oder Lamellen erwartet. Der meistens 10 cm, manchmal aber auch bis zu 25 cm breite Hut ist buckelig, etwas unregelmäßig geformt und häufig mit denen der Nachbarn verwachsen. Der Stoppel- oder Semmelpilz eignet sich nach Ansicht von Pilzsammlern vor allem zum Braten. Im Sommer und im Herbst ist er in manchen Jahren in den Wäldern in großen Mengen zu finden.

## 3 Habichtspilz
*Sarcodon imbricatus*

Auch bei dieser Art gestattet die Hutunterseite eine unkomplizierte Bestimmung. Sie ist fast samtartig dicht mit 1 cm langen Stacheln besetzt, die anfangs weiß, später aschgrau und braun sind. Die bräunliche Hutoberseite trägt dunklere Schuppen. In Eichenwäldern des Berglandes bildet der Habichtspilz nicht selten Hexenringe, in der Regel von August an bis in den November.

## 4 Schmetterlingstramete
*Trametes versicolor*

Der erste der 4 hier vorgestellten Porlinge ist zugleich auch der häufigste. Die dicht über- oder nebeneinander sitzenden Einzelhüte sind das ganze Jahr über anzutreffen und können tote Äste und Baumstubben völlig einhüllen. Die Hutoberseiten schmückt ein mehrfarbiges Muster mit exzentrischer Zonierung. Die Schmetterlingstramete gehört zu den wichtigsten holzabbauenden Pilzarten.

## 5 Zunderporling
*Fomes fomentarius*

Die hutförmigen, scharfkantigen Fruchtkörper des bis zu 50 cm großen Zunderschwamms trifft man vor allem auf kranken und altersschwachen Rotbuchen an. Aus dem weichen, wergartigen Material aus dem Inneren dieses großen Porlings wurde Zunder hergestellt, der vor Entwicklung der Streichhölzer zum Feuermachen fast unersetzlich war.

## 6 Schwefelporling
*Laetiporus sulphureus*

Im Gegensatz zu den beiden vorangehenden Arten sind die Fruchtkörper hier nur einjährig. Als echter Parasit schädigt er die verschiedenen Laubbaumarten, auf denen er wächst. Oft stehen mehrere Konsolen übereinander. Die ersten Schwefelporlinge treten schon im Frühling auf; jung sind sie eßbar.

## 7 Mai–Porling
*Polyporus ciliatus*

Der Maiporling ist ebenfalls einjährig, meistens kreisrund und 5–8 cm groß. Die Hüte sind graubraun und fallen durch ihr frühes Erscheinen (oft schon im April) auf. Als Fäulnisbewohner besiedelt die Art liegendes Totholz, vor allem von Esche und Birke.

## 8 Austernseitling
*Pleurotus ostreatus*

Ein Pilz, der in den letzten Jahren Karriere gemacht hat, ist der Austernseitling, der in den Wintermonaten auf totem Holz muschelförmige Fruchtkörper zu mehreren übereinander bildet. Sie sind seitlich gestielt und oberseits farblich variabel zwischen grau und braun. Wegen seines schmackhaften Fleisches wurde der Austernseitling in Kultur genommen. Außer auf Pappelholz wird er auch auf Strohballen kultiviert, meistens an schattigen und sogar an unterirdischen Orten.

1

2

3

4

5

6

7

8

## 1 Maronenröhrling
*Xerocomus badius*

Braun wie die Maronen (Eßkastanien) ist der Hut des Maronenpilzes, der vor allem Nadelwälder auf saurem Substrat, hin und wieder aber auch Laubwälder besiedelt. In manchen Jahren ist er ein echter Massenpilz, der trotz seines weichen Fleisches wegen seines Geschmacks viele Liebhaber hat. Auffallend ist, daß sich die schwammige Porenschicht auf Druck rasch, das Fleisch nur langsam blau färbt. Die meisten Maronenröhrlinge erscheinen im Frühherbst, einzelne aber oft schon zur Mittsommerzeit.

## 2 Ziegenlippe
*Xerocomus subtomentosus*

Ein guter Speisepilz, den man von Juli bis Oktober sowohl in Nadel- als auch in Laubwäldern antrifft, ist die Ziegenlippe mit einem bis zu 12 cm großen olivgelben Hut, der nur anfangs halbkugelig, im ausgewachsenen Zustand dann schwach gewölbt ist. Charakteristisch ist der Stiel, der an der Basis verdickt, insgesamt etwas verbogen ist und zur Spitze von Gelbocker in leichte rotbräunliche Streifung übergeht. Weder die goldgelben Röhren noch das weißgelbe Fleisch zeigen beim Schnitt nennenswerte Verfärbungen.

## 3 Rotfußröhrling
*Xerocomus chrysenteron*

Zu den häufigsten Röhrlingen unserer Laub- und Nadelwälder gehört der Rotfußröhrling, der mit seiner rötlichen Stielfärbung seinen Namen voll zu Recht trägt. Ebenfalls typisch sind die braune, oft aufgerissene Huthaut und der rasche Befall mit Schimmelpilzen bei älteren und umgefallenen Exemplaren. Weil sein Fleisch sehr weich ist, werden meist nur die jungen Pilze zum Sammeln empfohlen.

## 4 Steinpilz
*Boletus edulis*

Der König unter den Waldpilzen ist für viele Pilzfreunde der Steinpilz, geradezu der Pilz schlechthin. Wegen seines festen, schmackhaften Fleisches und seiner sehr vielfältigen Verwendungsmöglichkeiten ist er bereits seit der Antike der vielleicht beliebteste Speisepilz. Mit seinem stämmigen Stiel, den oft bis über 20 cm breiten Hüten und dem manchmal massenhaften Vorkommen lockt er nicht selten auch gewerbliche Sammler an, was zumindest in der Nachbarschaft der Städte und Ballungsräume unterbunden werden sollte. Die verschiedenen Unterarten des Steinpilzes sind durch Mykorrhiza an verschiedene Baumarten gebunden.

## 5 Satanspilz
*Boletus satanas*

Ganz so schlimm, wie sein Name vermuten läßt, ist dieser Pilz nun wieder auch nicht. Er ist zwar eindeutig giftig und verursacht Magen-Darm-Beschwerden und Durchfall, aber eine Verwechslungsmöglichkeit mit den vielen eßbaren und wertvollen Röhrlingen besteht nicht, wenn man jene mit roten Poren und rotem Stiel grundsätzlich meidet. Der Satanspilz ist relativ selten und dann meistens nur einzeln oder in kleinen Gruppen anzutreffen, am häufigsten noch unter Rotbuchen und Eichen in artenreichen Buchen- und Eichen-Mischwäldern. Schwer erklärlich und nicht zur Überprüfung angeraten ist die Tatsache, daß die Art in einigen Teilen ihres großen Verbreitungsgebietes nach entsprechender Behandlung offensichtlich schadlos genossen wird – ein Phänomen, das bei verschiedenen Giftpflanzen zu beobachten ist.

## 6 Netzstieliger Hexenröhrling
*Boletus luridus*

Die Art ist durch einen gelb und rötlich gefärbten Stiel mit erhabenem Adernetz (Name!) sowie tiefrote Sporen gekennzeichnet. Sie kommt an ähnlichen Standorten vor wie der Satanspilz, von dem sie sich durch viel schneller einsetzende Blaufärbung nach Verletzungen unterscheidet. Weil heute niemand mehr auf Pilznahrung angewiesen ist und jedes Risiko vermieden werden sollte, wird auch vom Genuß dieses Röhrlings abgeraten – und zwar im gekochten und erst recht im ungekochten Zustand.

1
2
3
4
5
6

## 1 Goldröhrling
*Suillus grevillei*

Bei diesem Röhrling mit gelbem bis orangefarbenem Hut fällt die enge Symbiose mit Lärchen auf, deren Saugwurzeln vom Pilzmycel des Goldröhrlings umsponnen werden. Bei dieser engen Verbindung zum wechselseitigen Vorteil erhält der Pilz Kohlenhydrate, der Baum Wasser und die darin gelösten Mineralsalze. Die bei Trockenheit klebrige, bei Feuchtigkeit stark schmierige Huthaut wird der Pilzkenner vor Zubereitung der Pilze abziehen. Der Goldröhrling wächst meistens gesellig und ist von Juli bis Oktober zu erwarten.

## 2 Butterpilz
*Suillus luteus*

Der vorigen Art ähnlich und als Speisepilz noch begehrter, aber meistens deutlich seltener anzutreffen ist der bekannte Butterpilz, der einen 4–10 cm breiten, dunkelbraunen Hut und ebenfalls eine leicht zu entfernende Huthaut hat. Er ist ein ausgesprochener Kiefernbegleiter, wobei es ihm nicht auf bestimmte Kiefernarten ankommt: In den Heidesandgebieten lebt er mit der Wald-, in Kalkgebieten mit der Schwarz- und im Hochgebirge mit der Bergkiefer (Latsche) in enger Symbiose. Sehr zutreffend wird der Butterpilz mancherorts wegen seiner schmierigen Huthaut als Schmerling bezeichnet.

## 3 Birkenpilz
*Leccinum scabrum*

Eine wiederum sehr streng spezialisierte Mykorrhizapilz-Art ist der Birkenpilz, der praktisch ausschließlich zusammen mit Birken vorkommt. Dieser Röhrenpilz ist an seinem grau- bis dunkelbraunen Hut von 5–10 cm Breite und seinem bis 15 cm langen, weißlichen Stiel zu erkennen, der schwärzliche Flockenschuppen trägt und dadurch rauh wirkt. Die wohl überall verbreitete und meist recht häufige Art erscheint oft schon im Frühsommer und gilt bis in den Herbst hinein als guter Speisepilz, den man auch noch in Stadtnähe antrifft.

## 4 Espenrotkappe
*Leccinum rufum*

Mit etlichen weiteren Arten gehören die Rotkappen zur auf dieser Seite bislang ausschließlich behandelten Familie der Röhrlinge (*Boletaceae*). Die enge Bindung dieser Art an die Zitterpappel oder Espe ist nicht zu übersehen. Die Größe ihres orangebraunen Hutes kann die des Birkenpilzes übertreffen. Wie bei letzterem ist der Stiel mit braunen oder schwarzbraunen Faserschuppen besetzt. Das Fleisch der Rotkappen wird beim Kochen schwarz. Die Art gehört zu den besonders wohlschmeckenden Speisepilzen. Neben dieser espenbegleitenden gibt es ähnliche, leicht verwechselbare Arten als Mykorrhizapilze u.a. an Eichen, Birken und Kiefern. Da diese Rotkappen alle eßbar sind, faßt man sie in der Regel als „Rotkappen“ zusammen.

## 5 Samtfußkrempling
*Paxillus atrotomentosus*

Die mit den Röhrlingen eng verwandten Kremplinge fallen durch ihre im jungen Zustand oft eingerollten Hüte auf (Name!). Der dunkelbraune, filzige, bis 20 cm große Hut (Name!) wächst etwas einseitig verschoben (exzentrisch). Am häufigsten findet man die Art auf Kiefernstubben – und dort sollte man sie auch stehen lassen, schon ihres bitteren Geschmacks und ihrer schweren Verdaulichkeit wegen, aber auch um jede Verwechslung mit der folgenden Art auszuschließen.

## 6 Kahler Krempling
*Paxillus involutus*

Dieser früher zumindest nach dem Abkochen als Misch- und Würzpilz empfohlene Krempling ist inzwischen als Träger eines gefährlichen Giftes entlarvt, das die Leber schädigt und das Blut zersetzt. Allen Traditionen zum Trotz sollte man sich vom oft sehr zahlreichen Vorkommen des Kahlen Kremplings in Nadel-, manchen Laubwäldern und sogar in Gärten nicht in Versuchung führen lassen. Die Kremplinge gehören in den Wald, wo sie oft ausgesprochen malerisch wirken, aber nicht auf den Speisetisch!

1

2a

2b

3

4

5

6

## 1 Erdritterling
*Tricholoma terreum*

Mit dem Erdritterling treten wir in die Ordnung der Blätterpilze ein, zu der in Europa mit rund 2500 Arten die meisten Höheren Pilze gehören. Wir können ihr in diesem Naturführer allerdings außer dieser nur noch 4 weitere Tafeln widmen, so daß wir uns auf die Vorstellung von 30 besonders häufigen Arten beschränken müssen. Nach den strahlig angeordneten Lamellen werden die Angehörigen dieser Ordnung im Volksmund allgemein – im Gegensatz zu den „Röhrenpilzen" – „Lamellenpilze" genannt, unter denen die Ritterlinge mit 600 Arten in Mitteleuropa wiederum die artenreichste Familie sind. Der Erdritterling ist ein herbstlicher Massenpilz, der auf seinem silbergrauen Hut breite, graubraune Schuppen trägt. Sein Lebensraum sind Nadelwälder, seine Eigenschaften als Speisepilz nicht sonderlich hoch einzuschätzen. Obendrein wird wegen einiger ähnlicher, aber giftiger Verwandter eher vom Sammeln des Erdritterlings abgeraten.

## 2 Nebelgrauer Trichterling
*Clitocybe (Lepista) nebularis*

Die Art ist auch als „Nebelkappe" bekannt. Sie erscheint erst im Spätherbst und tritt in Wäldern unterschiedlicher Zusammensetzung bis in den November hinein oft in großen Massen auf. Der Hut ist hell aschgrau, oft aber auch dunkler graubraun. Als Speisepilz ist er nicht für jedermann bekömmlich.

## 3 Grüner Anis-Trichterling
*Clitocybe odora*

Durch ihren angenehmen Anisgeruch, den die Art auch beim Kochen beibehält, unterscheidet sie sich von allen anderen Trichterlingen. Sie wird 4–8 cm hoch und ebenso breit. Die Hutfarbe variiert zwischen Blaugrün und Grünlichgrau und verblaßt im Alter, so daß der Hut dann weißlich wirkt und meistens flach trichterförmig eingetieft erscheint. Obwohl der Grüne Anis-Trichterling in unterschiedlichen Wäldern vorkommt, scheint er doch die Nadelstreu des Fichtenwaldes zu bevorzugen.

## 4 Maipilz
*Calocybe gambosa*

Weil man ihn gelegentlich schon zeitig in lichten Wäldern und Parks mit unterschiedlicher Baumarten-Zusammensetzung antrifft, wird er Maipilz oder Mairitterling genannt. Zur fast mehlweißen Färbung kommt bei dieser Art ein starker Mehlgeruch und -geschmack. Der angeschnittene feste Stiel verfärbt sich nicht. Der Maipilz wird mancherorts als Speisepilz geschätzt.

## 5 Nelken-Schwindling
*Marasmius oreades*

Den ganzen Sommer und Herbst über kann man diesen nur 5 cm großen Pilz im Grünland und auf dem Rasen im Garten erwarten, wo er nicht selten Ringe bildet. Er gilt als Suppenpilz, von dem man nur die Hüte verwertet. Die weit entfernt stehenden Lamellen erleichtern die Unterscheidung der Art von giftigen Doppelgängern.

## 6 Hallimasch
*Armillaria mellea*

Sehr zuverlässig Jahr für Jahr wachsen im Herbst aus Baumstubben, liegendem Totholz, aber auch manchmal aus lebenden Fichten und Kiefern und unmittelbar aus dem Boden ganze Pilzbüschel hervor. Bei Förstern und Waldbesitzern gilt der Hallimasch als gefürchteter Baumschädling; bei Pilzfreunden ist das Urteil über den massenhaft verfügbaren, aber höchstens abgekocht genießbaren Pilz geteilt.

## 7 Samtfuß-Rübling
*Flammulina velutipes*

Dieser kleine Pilz erscheint im Herbst und bildet auch im Winter Sporen. Er wächst in Büscheln an Stubben von Laubholz, vor allem von Weiden und Erlen, und gehört zu den wenigen eßbaren Winterpilzen. Man kann ihn auch im gefrorenen Zustand ernten. Neuerlich wird er – offensichtlich sehr problemlos – kultiviert und fast das ganze Jahr über angeboten.

1
2
3
4
5
6
7

## 1 Gelber Knollenblätterpilz
*Amanita citrina*

Diese Seite ist den Wulstlingen oder Knollenblätterpilzen gewidmet, die in Europa mit 29 Arten vertreten sind und eine Manschette sowie zumeist eine knollig verdickte Stielbasis haben. Wenn wir hier mit dem Gelben Knollenblätterpilz beginnen, dann mit einem der harmlosesten aus einer Gruppe, von der schon oft Todesgefahr ausging. Er verursacht nur Verdauungsstörungen, so daß man ihn am besten als „unbekömmlich" etikettiert. Der Geruch erinnert an alte auskeimende Kartoffeln. Weißliche Lamellen, Knollenhülle und Fetzen der Hüllreste auf dem Hut sollten für den Champignon-Sammler eigentlich genügend warnende Alarmzeichen sein.

## 2 Weißer Knollenblätterpilz
*Amanita virosa*

Der Weiße oder Spitzhütige Knollenblätterpilz gehört zu den Arten mit tödlicher Giftwirkung, ist allerdings seltener als die folgende Art. Der Hut, der bis zu 9 cm breit werden kann, und die Lamellen sind reinweiß. Die kugeligen bis eiförmigen Jungpilze können mit jungen Champignons verwechselt werden, weshalb vor dem Sammeln noch nicht entwickelter Champignons gewarnt wird.

## 3 Grüner Knollenblätterpilz
*Amanita phalloides*

Häufigkeit und weite Verbreitung dieser Pilzart machen sie zum gefährlichsten Giftpilz in Mitteleuropa. Weil sich die Vergiftung erst nach einer Latenzzeit von 8 – 20 Stunden bemerkbar macht, kommt dann oft jede Hilfe zu spät. Dabei genügt oft schon ein kleines Teilstück eines Grünen Knollenblätterpilzes, um Erbrechen, Schweißausbrüche und Krämpfe und nach kurzer Beruhigungszeit den Tod infolge schwerer Organschäden auszulösen.

## 4 Perlpilz
*Amanita rubescens*

Der Perlpilz springt völlig aus der Reihe der gefürchteten *Amanita*-Arten. Er ist – zuvor gut erhitzt – ein nicht selten gesammelter Speisepilz, der von Juni bis Oktober in Laub- und Nadelwäldern zu erwarten ist. Sein Fleisch ist weiß und wird an Schnitt- oder Schneckenfraßstellen rötlich. Der fein geriefte Ring und das Fehlen der Scheide am knolligen Stielgrund sind wichtige Unterscheidungsmerkmale gegenüber der nachfolgenden sehr gefährlichen Art.

## 5 Pantherpilz
*Amanita pantherina*

Die – übrigens wie beim Fliegenpilz – auf das erregende und berauschende Muscarin und das gegenläufig wirkende, lähmende Muscaridin (Pilzatropin) zurückführbare Giftwirkung ist nach dem Verzehr von Pantherpilzen bereits innerhalb weniger Minuten, spätestens nach ½ Stunde zu bemerken. Wenn der Kreislauf einigermaßen stabil ist, kann der Arzt in der Regel das Schlimmste verhindern. Erbrechen und Schwindel, unkoordinierte Bewegungen und Sehstörungen bleiben dem unglücklichen Pilzfreund in aller Regel dennoch nicht erspart. Der dunkelbraune Hut mit seinem deutlich gerieften Rand, dessen weiße, flockenartige Hüllreste und die wulstige Stulpenscheide am Stielgrund sind offenbar als Merkmale schon öfter nicht richtig erkannt oder gewertet worden.

## 6 Fliegenpilz
*Amanita muscaria*

Der Fliegenpilz gehört zu den schönsten und bekanntesten Giftpilzen unserer Wälder. Die Kinder begegnen ihm schon in Bilderbüchern und Märchen, später noch als Glückssymbol und Begleiter der Gartenzwerge. All das darf nicht zur Verharmlosung dieses Giftpilzes führen, die gegenwärtig ohnehin durch viele im fernen europäischen oder asiatischen Ausland aufgewachsene Neubürger droht. Sie berichten von der guten Genießbarkeit besonders zubereiteter Fliegenpilze, bedenken aber nicht, daß der Alkaloidgehalt der Pilze in verschiedenen Teilen ihres Verbreitungsgebietes sehr unterschiedlich sein kann. Deshalb gilt nach wie vor die Regel: Hände weg vom Fliegenpilz!

1
2
4
3
5
6a
6b

## 1 Parasolpilz
*Macrolepiota procera (Lepiotia p.)*

Mit manchmal über 40 cm langem Stiel und über 30 cm breitem Hut ist er in der Tat ein „Riesen-Schirmling“. Am braun genatterten, röhrig hohlen, aber sehr festen Stiel bleibt ein dicker, doppelter Ring zurück, der verschiebbar ist. Der Hut ist dünn, gilt aber gebraten als Delikatesse; auf den Genuß des Stiels sollte man verzichten. Leider tritt der Parasolpilz, dessen Name durch den Vergleich mit dem Sonnenschirm auf seinen großen Hut verweist, nur selten in größerer Zahl auf. Am häufigsten ist er unter Buchen, oft aber auch unter Kiefern anzutreffen meistens erst ab Juli bis in den Oktober hinein.

## 2 Wiesenchampignon
*Agaricus campestris*

Einer der bekanntesten und beliebtesten Speisepilze ist der Wiesenchampignon oder Wiesenegerling, der in manchen Jahren vor allem auf Viehweiden recht zahlreich auftreten kann. Erste Champignons erscheinen oft schon im Mai/Juni. Es gibt mehrere einander ähnliche wertvolle Speisepilze in der Gattung *Agaricus*, die alle einen kurzen Stiel und einen im geschlossenen Zustand halbkugeligen Hut und immer zartrosa, rosa oder bräunliche, nie weiße Lamellen haben. Der Kulturchampignon ist eine mit dem Wiesenchampignon sehr nahe verwandte, aber durchaus eigenständige Art, die heute auf mit Pferde- oder Hühnermist vermischtem Stroh – u.a. in alten Bunkern und Kellern – kultiviert wird.

## 3 Rauchblättriger Schwefelkopf
*Hypholoma capnoides*

Nicht nur bei diesem, sondern auch bei den anderen Schwefelköpfen handelt es sich um Baumpilze, die in Büscheln aus Baumstümpfen emporschießen und dazu oft in solchen Mengen, daß Pilzfreunde immer wieder in Versuchung geraten. Dennoch sollte grundsätzlich auf den Verzehr von Schwefelköpfen verzichtet werden, wenn auch der Rauchblättrige Schwefelkopf als eßbar gilt. Die Verwechslungsgefahr ist einfach zu groß.

## 4 Stockschwämmchen
*Pholiota mutabilis*

Vom Frühling bis zum Dezember sind Stockschwämmchen recht verbreitet und meistens in individuenreichen Büscheln an den Stümpfen von Laub- und Nadelbäumen sowie an liegendem Totholz zu finden. Der gelbbraune Hut mit farblich abweichenden Zonen im Zentrum und am Rande und der nur 5 cm lange Stiel mit dunklen, abstehenden Schüppchen unterscheiden die würzig duftenden Stockschwämmchen von ihren Doppelgängern unter den Schwefelköpfen und vom tödlich giftigen Nadelholzhäubling.

## 5 Blaugestiefelter Schleimkopf
*Cortinarius praestans*

Erst im Herbst und Frühwinter tritt in Laub- und seltener in Nadelwäldern diese Pilzart auf, die wegen ihrer seidig-häutigen, weißvioletten Schleierreste am Stiel und Schleierflocken auf dem Hut auch als „Schleiereule“ bekannt ist. „Schleimkopf“ wird sie genannt, weil der bis 25 cm große, intensiv braune Hut glatt und schmierig ist. Der dickfleischige Hut und die – vor allem in der Jugend – kraftvoll wirkenden Stiele sowie der milde Geschmack verlocken vielfach den Pilzsammler, dem aber ohne genaue Pilzkenntnis und im Grunde auch aus Artenschutzgründen vom Sammeln aller Schleimköpfe abgeraten werden sollte.

## 6 Mai–Rißpilz
*Inocybe erubescens*

Von Mai bis Juli ist dieser Giftpilz unter Laubbäumen in Wäldern und Parks zu finden, vor allem auf kalkhaltigem Untergrund. Der bis zu 8 cm große Hut ist in der Jugend weißlich, später gelblich bis graubraun, auf Druck rötlich anlaufend. Markant sind der spitze Buckel des Hutes und die im Alter zunehmenden radialen Risse, die auch der Name anspricht. Der süßlich-fruchtige Geruch und der milde Geschmack passen nicht zu dieser sehr giftigen Pilzart, unterstreichen aber die Regel, daß weder Geschmack noch Geruch eines Pilzes die genaue Kenntnis der differenzierenden Merkmale ersetzen.

1

2

3

4a

5

6

4b

## 1 Schopftintling
*Coprinus comatus*

Die Tintlinge sind schon Sonderlinge, deren Fruchtkörper bei der Reife allmählich zerfließen und deren schwarze Sporen als tintenartige Flüssigkeit zu Boden tropfen. Nicht der Wind wie bei anderen Filzarten, sondern Insekten – vor allem wohl Aasbewohner – verbreiten die Sporen. Unter den Tintlingen ist der Schopftintling die größte Art, die bis zu 20 cm hoch werden kann. Sein weißer Hut, der anfangs schlank eiförmig, später zylindrisch ist, liegt mit seinem Rand eng am Stiel an. Die in der Jugend noch weißen Lamellen werden später rosa und schließlich schwarz. Obwohl häufig auf Mist- und Komposthaufen, auf stark gedüngtem Grünland und Rasen in großer Zahl erscheinend, ist seine Wiederkehr im nächsten Jahr ungewiß. Der Schopftintling gehört zu den unsteten Arten.

## 2 Glimmertintling
*Coprinus miaceus*

Seinen Namen erhielt dieser kleine Tintling, weil sein gelbbrauner Hut in der Jugend mit vielen weißlichen, glimmerigen Körnchen besetzt ist. Die Lamellen färben sich wie bei der vorigen Art allmählich schwarz. Der Glimmertintling wächst oft in großen Büscheln auf vermodertem, bereits von Laub überdecktem Holz. Als Speisepilz ist er ungeeignet.

## 3 Speisetäubling
*Russula vesca*

Die Täublinge und die auf der nächsten Seite folgenden Reizker gehören zu einer Pilzfamilie, deren Arten dicke, auffallend brüchige Lamellen, Hüte und Stiele haben. Dabei sind die Bruchstellen nicht faserig, sondern mürbe. Die Täublinge, die in Mitteleuropa mit 110 Arten vertreten sind, haben zumeist lebhaft gefärbte Hüte, die flach gewölbt bis schwach trichterförmig sind und deren Häute sich ganz oder teilweise abziehen lassen. Wenn erst einmal die Gattung Täubling (*Russula*) genau bestimmt ist, hilft ausnahmsweise wirklich einmal die Geschmacksprobe weiter. Alle mild schmeckenden Täublinge sind eßbar. Wie schon der Name verrät, gilt das auch für den bis 10 cm großen Speisetäubling, der in den verschiedenen Laub- und Nadelwäldern den ganzen Sommer über recht häufig anzutreffen ist. Die Rottöne der Huthaut, oft durchsetzt mit rotbraunen Flecken, und die am Hutrande etwas überstehenden Lamellen gelten als weitere gute Merkmale.

## 4 Brauner Ledertäubling
*Russula integra*

Die Färbung dieser Art, die im Sommer in Nadelwäldern meistens sehr häufig ist, variiert sehr stark, doch herrschen Brauntöne vor. Die anfangs weißlichen Lamellen werden bald gelblich und schließlich lederfarben hellbraun (Name!). Obwohl der Pilz beim Kochen keinen nennenswerten Eigengeschmack hervorbringt, wird er gern als Speisepilz genutzt.

## 5 Frauentäubling
*Russula cyanoxantha*

Als echten Buchenbegleiter kann man diesen Täubling bezeichnen, dessen farblich sehr variable Huthaut unter anderem immer auch grüne und lila Töne aufweist, weshalb man ihn auch Papageien-Täubling nennt. Die Lamellen sind nicht so brüchig wie bei den anderen Täublingen. Unter ihnen ist er einer der wertvollsten Speisepilze.

## 6 Kirschroter Speitäubling
*Russula emetica*

Mit ihrem leuchtend roten Hut fällt diese Art am Waldboden – oft in den Moospolstern feuchter Standorte selbst im finstersten Fichtenforst – sehr leicht auf. Bei der Geschmacksprobe, bei der man sich stets auf ein möglichst kleines Lamellenstückchen beschränken sollte, wird man wegen des brennend scharfen Geschmacks sogleich spucken und den Namen richtig erklären. Ob er wirklich so giftig ist, daß er eine echte Gefahr darstellt, oder ob er nur gelegentlich Brechreiz verursacht und deshalb Speitäubling genannt wird, ist bei Pilzkennern umstritten. Doch im Zweifelsfalle ist grundsätzlich Vorsicht geboten!

1a
1b
2
3
4
5
6

## 1 Echter Reizker
*Lactarius deliciosus*

Die mit den Täublingen verwandten Milchlinge und Reizker (Gattung *Lactarius*) unterscheiden sich von diesen dadurch, daß sie Milchsaft enthalten, nie so leuchtende Farben haben wie die Täublinge, die Huthaut nur schwer abzuziehen ist und die Hüte meistens etwas trichterförmig eingesenkt sind. Unter den Arten mit rotem Milchsaft sind die besten Speisepilze, so auch der Echte Reizker, dessen 5–10 cm breiter Hut orangerote Zonen aufweist und sich später grünlich verfärbt. Der 4–6 cm hohe Stiel ist ebenso wie die Lamellen gelblich bis orange (**1a**). Zumindest im nördlichen Teil des Gebietes – vor allem unter Kiefern – tritt der Echte Reizker im Sommer bei schwül-warmem Wetter nach stärkeren Gewitterschauern in großen Mengen auf. Pilz-Gourmets schwören auf panierte und gebratene Reizker-Hüte.

## 2 Pfeffermilchling
*Lactarius piperatus*

Der Name dieses Angehörigen derselben Gattung *Lactarius* verweist auf den brennend scharfen Geschmack des reichlich fließenden weißen Milchsaftes. Der bis zu 15 cm breite Hut und der lange, schlanke Stiel sind weiß, ebenso die sehr dicht gedrängt stehenden und die nur wenig am Stiel herablaufenden Lamellen. Man findet den Pfeffermilchling in den Sommermonaten in Laub- und in Nadelwäldern, vor allem unter Rotbuchen, meistens in großen Scharen, mal reihig, mal ringartig angeordnet. Er gilt hierzulande als zwar nicht giftig, aber dennoch als kaum genießbar. Dem wird allerdings in anderen Teilen Europas lebhaft widersprochen.

## 3 Birkenreizker
*Lactarius torminosus*

Als Birkenreizker oder Zottiger Milchling wird eine Art bezeichnet, die in der Tat außerordentlich eng an die Birke gebunden ist und in dieser engen Symbiose von den Birken mit Kohlenhydraten versorgt wird, während er selbst deren Wurzeln bei der Wasseraufnahme unterstützt. Die weiße Milch, eine fleischrosa Hutfarbe und die dicht filzige Huthaut sind einige der wesentlichen Kennzeichen des Birkenreizkers, der als Speisepilz nicht geeignet ist.

## 4 Falscher Pfifferling
*Hygrophoropsis aurantica*

Wohl jedem Pilzsammler ist es schon passiert, daß er nach dem falschen Doppelgänger unseres beliebtesten Waldpilzes griff und erst bei näherem Hinsehen den Irrtum bemerkte. Der Falsche Pfifferling ist schon ein echtes Ärgernis! Zwar bedeutet die Verwechslung keine ernste Gefahr, führt aber sehr wohl oft zu Brechdurchfällen. Die beste Unterscheidungshilfe bieten die Lamellen, die dem Echten Pfifferling, der systematisch nicht zu den Blätterpilzen, sondern zur Ordnung der Porlinge (*Poriales*) gehört, fehlen. Statt dessen hat der Echte Pfifferling gegabelte Leisten und obendrein brüchiges, nicht biegsames Fleisch. Sein Doppelgänger tritt ebenso wie er erst im Herbst zahlreicher in unseren Wäldern auf, wo er entweder auf dem Boden oder auf schon sehr morschem Nadelholz wächst.

## 5 Frost-Schneckling
*Hygrophorus hypothejus*

Die schleimig-klebrige Beschaffenheit des Hutes hat dieser Pilzgattung ihren deutschen Namen eingetragen. Ebenso ungewöhnlich ist der Zeitpunkt, zu dem diese Art erscheint, nämlich im Frühwinter, oft erst nach dem ersten Frost. Den ganzen Winter über – manchmal bis in den Februar hinein – kann man mit dem Frost-Schneckling rechnen, der in Kiefernwäldern und Wacholder-Heiden gebietsweise sehr häufig sein kann. Auf einem schlanken, 3 bis 10 cm hohen Stiel steht der bis 5 cm breite olivbraune Hut. Wenn im Alter der schleimige Hutbelag bis auf leicht zu entfernende Reste zurückgegangen ist, wirkt der Frost-Schneckling ganz appetitlich und ist es auch, zumindest als Suppen- und Gemüsepilz. Seine winterliche Wachstumszeit hilft den Pilzfreunden, eine zeitliche Lücke beim Pilzgenuß zu schließen, und trägt obendrein dazu bei, daß sein Fleisch meistens madenfrei ist.

1a

1b

2

3

4

5

## 1 Flaschenbovist
*Lycoperdon perlatum*

Diese Seite ist 6 verschiedenen Bauchpilzen (*Gasteromycetales*) gewidmet, bei denen die Sporen im Inneren des Fruchtkörpers reifen. Der Flaschenbovist, der auch Flaschenstäubling heißt, ist an seiner für die Art namengebenden Gestalt leicht zu erkennen. Sie kommt dadurch zustande, daß der 5–8 cm hohe Fruchtkörper sich in einen dünneren Stiel verjüngt und wie eine auf den Kopf gestellte Flasche wirkt (**1a**). In der Jugend weiß, später dann zunehmend bräunlich ist der Fruchtkörper mit kleinen körnigen Warzen bedeckt, die sich leicht abwischen lassen. Bei der Reife der Sporen bildet sich oben am Fruchtkörper eine kleine Öffnung, duch die das dann braune Sporenpulver ins Freie gelangt (**1b**). Im Sommer und Herbst sind Flaschenboviste oft in sehr großer Zahl sowohl in Nadel- als auch in Laubwäldern anzutreffen. Solange das Fleisch noch weiß ist, kann man die ästhetisch recht ansprechenden Pilze bedenkenlos zubereiten. Weil auch die reifen Sporen ungiftig sind, besteht keine Gefahr, wenn Kinder die sich öffnende Fruchtkörperhülle hin und wieder einmal im Spiel als Puderquaste benutzen.

## 2 Riesenbovist
*Langermannia gigantea*

Fast in jedem Jahr findet man in den Tageszeitungen besonders große Exemplare dieser Pilzart abgebildet, die 10 kg schwer werden und einen Durchmesser von 20–30 cm erreichen kann. Der Riesenbovist ist lange Zeit weiß, bevor er sich gelblichgrau verfärbt. Weil er außer auf Wiesen auch auf Parkrasen erscheint – oft jahrelang am selben Ort – ist ihm öffentliches Interesse gewiß. Der Riesenbovist ist in der Jugend eßbar, aber eigentlich wegen seiner imposanten Größe viel zu schade, um entnommen zu werden.

## 3 Kartoffelbovist
*Scleroderma citrinum*

Mit ihrer dicken, braun geschuppten Hülle erinnern die knolligen, nieren- bis kugelförmigen Fruchtkörper an Kartoffeln. Einen Stiel sucht man bei diesem Bovist vergebens, allein die Myzelstränge stellen die Verbindung mit dem Substrat her. Ebenso wie ihre dünnerschaligen Verwandten sind diese dickschaligen Kartoffelboviste zum Verzehr nicht geeignet. Schon der Geruch ist wenig attraktiv, die Sporenmasse schon früh braun-violett und der Fruchtkörper nie rein weiß. Im Sommer und Herbst gehören die Kartoffelboviste zu den häufigen Pilzarten der Laub- und Nadelwälder auf sandig-armen Böden.

## 4 Gewimperter Erdstern
*Geastrum fimbriatum*

Junge Erdstern-Fruchtkörper – zunächst noch geschlossen – ähneln Bovisten und liegen unter der Erdoberfläche. Erst bei der Reife reißt die Hülle mit 6–8 nach unten umgerollten Lappen sternförmig auf und drückt den Fruchtkörper aus dem Boden. Die an der Spitze der Innenhülle liegende Austrittsstelle der Sporen ist bei diesem Nadelwaldbewohner von Wimpern umstanden (Name!).

## 5 Stinkmorchel
*Phallus impudicus*

Jeder Waldspaziergänger kennt die Stinkmorchel, zumindest vom aasartigen Geruch her, der Insekten anlockt. Sie lassen sich auf dem dunkel- bis olivgrünen schleimigen Kopf nieder, fressen von der Masse und tragen an ihrem Körper Sporen mit davon. Bekannt sind die auch als „Hexenei" bezeichneten Jugendstadien, die schneeweiß sind und einen Durchmesser von 3–6 cm haben.

## 6 Tintenfischpilz
*Clathrus archeri*

Auch diese – in der Tat an einen Tintenfisch erinnernde – Art entwickelt sich aus einem „Hexenei". Sie breitet ihre 4–7 oberseits roten Arme aus, die spitz enden. Dieser ungewöhnliche Pilz, der einen Durchmesser von 20–30 cm erreicht, wurde – vermutlich mit Wollballen – aus Australien nach Mitteleuropa verschleppt und 1921 erstmalig in den Vogesen nachgewiesen. Heute ist die Art schon ziemlich weit verbreitet.

1a
2
1b
3a
3b
4
5
6

# Flechten

**Flechten** sind außergewöhnliche Doppelwesen, die durch eine symbiontische Verbindung von Pilzen (meistens Schlauchpilze) und Algen ( Grün- und Blaualgen) zustandekommen. Die Flechtenpilze dominieren, kommen aber allein für sich in der Natur kaum vor, während die Flechtenalgen-Arten auch außerhalb von Flechten, also freilebend, beobachtet werden. Normalerweise profitieren von der Symbiose beide Partner die Pilze von den von den Algen produzierten Kohlenhydraten, die Algen vom Schutz gegen Trockenheit und Hitze, den die sie umhüllenden Pilze bieten und ohne den die für Flechten typische Besiedlung extremer Lebensstätten kaum möglich wäre.

Bei der Zuordnung der Flechten unterscheidet der Anfänger am besten zwischen 3 verschiedenen Wuchsformen, die allerdings mit der wissenschaftlichen Systematik der Flechten, die verwandtschaftliche Verhältnisse berücksichtigt, nichts zu tun haben. Danach gehören die beiden ersten Arten zu den **Krustenflechten**, deren Lager (Thallus) fest mit der Unterlage verbunden ist; die vier folgenden Arten sind **Blattflechten**, die leichter von ihrer Unterlage abgehoben werden können.

## 1 Schriftflechte
*Graphis scripta*

Die Art wächst auf glattrindigen Bäumen wie Linden, Ebereschen und Haselsträuchern und ist in Mitteleuropa weit verbreitet. Ihr krustenförmiger Thallus ist grau und sehr dünn und in der Regel in die Rinde eingesenkt. Am auffälligsten sind die schriftförmig schmalen und verzweigten Fruchtkörper (Name!).

## 2 Landkartenflechte
*Rhizocarpon geographicum*

Vor allem auf Silikat-Felsblöcken in höheren Gebirgslagen sind die gelbgrünen, zu Recht mit Landkartenbildern verglichenen Krustenflechten mit ihrem rissigen, in Felder aufgeteilten Thallus keine Seltenheit. In ihrer Mustervielfalt werden sie immer wieder bestaunt. Sie kommt durch die schwarzen Fruchtkörper zustande, die in den Feldern des Thallus stehen.

## 3 Schüsselflechte
*Parmelia (Hypogymnia) physodes*

Als Bioindikator für Luftverschmutzung findet gerade diese Art zur Zeit vielerorts praktische Verwendung, indem sie in den Untersuchungsgebieten gezielt ausgebracht (exponiert) wird. Sie zeichnet sich durch hohe Immissionsresistenz aus und verschwindet meistens als eine der letzten Flechtenarten aus stark luftbelasteten Gebieten. Sie ist auf Rinde, Holz und Gestein allgemein verbreitet und sehr häufig. Ihre rundlichen, grüngrauen Lager mit ihren geteilten und hochgewölbten Randlappen bilden oft rasige Bestände.

## 4 Gelbe Baumflechte
*Xanthoria parietina*

Wo nitrat- und phosphathaltiger Staub hingelangt, d.h. in der Umgebung von Bauernhöfen und Feldern, aber auch in Küstennähe, ist diese weit verbreitete Flechte besonders häufig auf Rinde, Holz und Gestein anzutreffen. An ihrem großen, gelborange gefärbten Thallus in rundlichen, rosettigen Flecken ist die Art vergleichsweise leicht zu erkennen.

## 5 Schildflechte
*Peltigera canina*

Auf der Erde – oft zwischen Moosen –, aber auch an Mauern und Felsen wächst diese auch Hundsflechte genannte Art, die mehrere Quadratzentimeter groß werden kann. Der groblappige Thallus ist oberseits graublau und filzig behaart. Die Art galt früher als Mittel gegen die Hundetollwut (lat. canis = Hund).

## 6 Lungenflechte
*Lobaria pulmonaria*

Bis 20 cm lang und 10 cm breit ist das Lager dieser Blattflechte, die sowohl an Felsen als auch an Baumstämmen wächst. Die entfernt lungenähnliche Struktur war für die Anhänger der Signaturenlehre der Anlaß, von ihr Heilwirkung bei verschiedenen Lungenleiden zu erwarten (Name!). Die Lungenflechte tritt nur noch in Landstrichen mit ausgeprägt atlantisch bestimmtem Klima häufiger auf.

1

2

3

4a

4b

5

6

Auf dieser Seite sind ausschließlich **Strauchflechten** dargestellt, die meistens aufrecht wachsen und mit ihrem stielartig verzweigten Lager an Sträucher erinnern. Eine Sonderstellung nehmen die ebenfalls strauchig verzweigten, aber nicht aufrechten, sondern herabhängenden Bartflechten ein (**4**), tendentiell auch die Pflaumenflechten (**5** und **6**).

## 1 Isländisches Moos
*Cetraria islandica*

Mit ihrem breitlappigen, einen moosähnlichen Eindruck vermittelnden Lager unterscheidet sich die Art von anderen Strauchflechten („Moosflechte"). Sie lebt auf dem Boden in Heiden, Kiefern- und Birkenwäldern. In Notzeiten diente sie mit dem stärkeähnlichen Lichenin bereits dem Menschen als Nahrung. Der relativ hohe Nährwert des Lichenins ist allerdings nur schwer nutzbar, weil zunächst die Bitterstoffe entfernt werden müssen, was einer zeitaufwendigen Prozedur bedarf. Wegen ihrer Schleim- und Bitterstoffe hat sie pharmazeutische Bedeutung.

## 2 Echte Rentierflechte
*Cladonia rangiferina*
**Wald-Rentierflechte**
*Cladonia arbuscula*

Die Gattung *Cladonia* ist besonders arten- und formenreich. Der wissenschaftliche Gattungsname weist auf die Verzweigungen hin (griech. klades = Zweig). Auch bei diesen beiden einander sehr ähnlichen Arten wächst das Lager strauchig verzweigt empor. Die Zweigspitzen sind 3–4fach geteilt; an ihnen befinden sich auch die Sporenlager (**2b**). Während jedoch die erste Art grauweiß gefärbt ist, wirkt die zweite eher gelblich. Beide Arten bilden oft gemeinsam auf sandigen Waldböden und in Heiden große polsterartige Teppiche (**2a**). In Nordeuropa gehören sie zu den häufigsten Flechtenarten. Zusammen mit dem Isländischen Moos haben sie hier den größten Anteil an der Rentiernahrung. Aber auch im übrigen Europa sind sie weit verbreitet, vor allem im Gebirge. Modellbauer benutzen die Flechten gern zur Darstellung von Gebüsch oder Wald.

## 3 Becherflechte
*Cladonia pyxidata*

Bei dieser *Cladonia* wachsen aus dem graugrünen, schuppigen Lager am Boden aufrechte, dickwandige Becher empor. Sie siedelt häufig auf mageren und trockenen Böden, aber auch auf frischen Böschungen, Gemäuer und Felsen.

## 4 Bartflechte
*Usnea filipendula*

Mehrere einander sehr ähnliche Arten hängen bartartig bis zu 50 cm lang von Zweigen und Felsen herab. Sie waren früher eine besondere Zier vieler Bergwälder, denen sie ihr eigenes Gepräge gaben. Inzwischen aber sind sie infolge der Luftverschmutzung extrem stark zurückgegangen und sogar aus weiten Teilen ihres ehemaligen Verbreitungsgebietes völlig verschwunden. Die Art war im nördlichen Mitteleuropa allerdings schon immer viel seltener als im Süden.

## 5 Echte Pflaumenflechte
*Evernia prunastri*

Bei dieser Art hängen die länglichen, verzweigten Thallusäste in Büscheln etwa 5 cm lang herab. Die Oberseite des Thallus ist graugrün, die Unterseite weißgrau. Die Echte Pflaumenflechte wächst vorzugsweise auf Sträuchern und niedrigen Laubbäumen sowie auf altem Holz und Gestein. Ihre Vorliebe für Schlehen und Pflaumenbäume spiegeln der deutsche und der wissenschaftliche Artname. Die Parfümindustrie nutzt die Flechte als Bindemittel für Parfümöle.

## 6 Falsche Pflaumenflechte
*Pseudevernia furfuracea*

Die Falsche Pflaumenflechte hat im Gegensatz zur vorigen Art eine schwärzliche Thallusunterseite und längere Thallusäste. Sie ist vor allem in Nadelwäldern des Berglandes anzutreffen, gelegentlich aber auch auf Laubbäumen, Totholz und Gestein. Ihre Verwendung in der Parfümindustrie entspricht der der Echten Pflaumenflechte.

1
2a
4
2b
3
5
6

# Blaualgen und Algen

Diese beiden Abteilungen umfassen über 35 000 Arten Mikroorganismen, die in der Regel nur mikroskopisch genau bestimmt werden können. Mehrere Arten treten jedoch in derart großen Kolonien auf, daß der Wanderer und Naturfreund sie kaum übersehen kann.

Zu den **Blaualgen**, die noch keinen von einer Membran umgebenen Zellkern haben, gehören etwa 2000 Arten, von denen hier nur eine einzige erwähnt wird (**1**).

Die Klassen der artenreichen Abteilung der **Algen** umfassen ausschließlich Arten, deren Zellen einen echten Zellkern enthalten und deren verschiedene Gruppen wahrscheinlich auf eine einzige mit Geißeln ausgestattete Einzeller-Urform zurückgehen. Dabei kommen unter den heutigen Algen vom Einzeller über fädige und verzweigte bis hin zu großen, flächigen Formen mit zum Teil differenzierten Geweben die unterschiedlichsten Entwicklungsstufen in ziemlich allen Klassen vor.

Die Organisationshöhe der einzelnen Arten spielt gegenüber den farbgebenden Inhaltsstoffen, nach denen die Klassen benannt sind, eine untergeordnete Rolle. Auf dieser Seite werden beispielhaft einige Arten stehender und fließender Gewässer im Binnenland und feuchter Landstandorte genannt. Sie werden von jedermann wahrgenommen, bleiben aber meistens namenlos, weil sie makroskopisch kaum bestimmbar sind. Auf der folgenden Seite werden einige Meeresalgen (Tange) vorgestellt, die meistens größer und differenzierter und deshalb Strandwanderern oft bekannt sind. Wer mehr über die Formenvielfalt der Algen erfahren will, müßte auf speziellere Literatur zurückgreifen, beispielsweise auf die Kosmos-Naturführer von Janke/Kremer „Düne, Strand und Wattenmeer“ und Streble „Was find ich am Strande?“.

## 1 Blaualgenteppich
*Microcystis*

An der Wasseroberfläche wenig verschmutzter, aber nährstoffreicher stehender Gewässer bilden Blaualgen nicht selten eine auffällige Wasserblüte (**1a**). Gasvakuolen in den kugeligen Zellen, die nicht fädig, sondern als große Zellhaufen oft zu Tausenden von undeutlich begrenzten Gallerthüllen umgeben sind, lassen die Blaualgenteppiche im Wasser frei (planktisch) treiben. Schließlich werden viele von ihnen an Ufern angespült, wo sie oft einen unangenehmen Geruch verbreiten. Wenn dem Blaualgenteppich dieses Ende erspart bleibt, verfärben sich die anfangs blaugrünen Zellen nach Verbrauch der im Wasser gelösten mineralischen Nährstoffe gelblich. Zur Wasserblüte kommt es meistens bei stärkerer Aufheizung der Gewässer in der warmen Jahreszeit.

## 2 Grünalgenwatten
*Spirogyra*

In stehenden Gewässern unterschiedlichster Art sind nicht selten schleimige, freischwimmende Watten aus grünen, unverzweigten Algenfäden zu beobachten (**2a**). Oft handelt es sich um Algen der Gattung *Spirogyra* (Schraubenalgen), deren zylindrische Zellen bandförmige, mehr oder weniger spiralig gewundene Chloroplasten aufweisen (**2b**). Solche Grünalgenwatten findet man besonders oft in sich stärker erwärmenden, nährstoffreichen Kleingewässern.

## 3 Armleuchteralgen
*Chara*

Hier handelt es sich um stattliche Arten mit quirlförmig verzweigtem Lager, das an Schachtelhalme oder Armleuchter (Name!) erinnert. Sie bilden 20–30 cm hohe Unterwasserwiesen; durch farblose Wurzelhaare (Rhizoide) sind sie mit dem Bodensubstrat verbunden. Oft ist der Thallus durch Kalkeinlagerung brüchig.

## 4 Grünalgenbelag
*Chlorococcum*

Zu dieser Gattung gehören die häufigsten Luft- oder Bodenalgen, die an Bäumen – vor allem an glattrindigen Rotbuchen – mehlige, grüne Überzüge bilden, aber auch auf dem Boden und an Mauern wachsen. Die runden Zellen sind meistens 3–5 µm groß. Jacke und Hose sind nur schwer zu reinigen, wenn man beim Klettern auf Bäumen mit dem Grünalgenbelag in Berührung kam.

1a
1b
1c
2a
2b
3
4

## 1 Flacher Darmtang
*Enteromorpha compressa*

Strandwanderern ist diese Grünalge schon als Bewuchs von Holz und Steinen im Ufersaum der Meere, besonders an der Nord- und der westlichen Ostsee, begegnet. Sie ist eine der häufigsten Meeresalgen. Die grünen Lappen sind lang und schmal, meistens verzweigt und zum Grunde hin verschmälert. Außerhalb des Wassers rollen sie sich ein und nehmen mehr röhrenförmige Gestalt an.

## 2 Meersalat
*Ulva lactuca*

Das ganze Jahr hindurch ist diese große, salatblattähnliche Meeresalge mit derben Lappen und unregelmäßigen Rändern an Steinen und Stränden von Nord- und westlicher Ostsee anzutreffen. Das Lager ist mit einer schmalen Basis festgeheftet und kann über ½ m lang werden. Diese Meeresalge wird manchmal als Salat verzehrt und – am Strand in Mengen aufgespült – auch als Dünger genutzt.

## 3 Meersaite
*Chorda filum*

Bis zu 2–3 m lang und nur 2–5 mm dick werden die schnürenähnlichen, unverzweigten Lager dieser Braunalge, die innen hohl und zum Teil mit Luft gefüllt sind. Einige Meter unter dem Hochwasserspiegel wächst die Meersaite – an Steinen oder im Sand verankert – oft in großen Mengen. Im ruhigen Wasser stehen die Schnüre oder Saiten – von der eingeschlossenen Luft getragen – meistens bündelweise mehr oder weniger senkrecht empor.

## 4 Blasentang
*Fucus vesiculosus*

Dieser oliv- bis gelbbraune, fast lederartig wirkende Tang kann bis zu [illegible] m groß werden. Er ist vor allem daran zu erkennen, daß die glatten Bänder von einer Mittelrippe durchzogen und mit meist paarigen Luftblasen ausgestattet sind, die den Tang im Wasser aufgerichtet halten. Diese Braunalge bildet in der Ostsee noch größere und noch weiter verbreitete Bestände als in der Nordsee. Mit einer Scheibe als besonderem Haftorgan ist der Tang an Steinen oder Holz im Uferbereich befestigt. Bekannter ist der Blasentang jedoch jedem Strandbesucher dadurch, daß er regelmäßig an den Stränden angespült wird.

## 5 Fingertang
*Laminaria digitata*

Der Fingertang hat einen runden, bis daumendicken Stiel und handartig gegliederte, bis zu 3 m lange, bandartige Lager. Er kommt in der Nordsee – besonders bei Helgoland – und in der westlichen Ostsee recht häuftig vor. Die gesamte Gattung *Laminaria* ist durch ausdauernde Arten gekennzeichnet, wie sie für kältere Meere typisch sind. Von der Nordsee bis in den Nordatlantik nehmen die *Laminaria*-Bestände sowohl an Größe und Dichte als auch an Arten- und Formenvielfalt zu, so daß sie auch heute noch vielfach zum Düngen und als Viehfutter genutzt werden können. Demgegenüber ist die Kelpbrennerei, die auch auf Helgoland stattfand, erloschen. Vor allem *Laminaria*- und *Fucus*-Arten wurden dabei zur Jod- und Kaligewinnung verascht, bis diese Form der Rohstoffgewinnung durch die Konkurrenz der chilenischen Salpeter-Bergwerke unrentabel wurde.

## 6 Kammtang
*Plocanium coccineum*

In der Nordsee – besonders bei Helgoland – findet man diese Rotalge mit ästig-gefiedertem Lager. Mit seiner hübschen roten Färbung und filigranen Fiederung gehört dieser Tang zu den schönsten Meeresalgen.

## 7 Eichentang
*Phycodrys rubens*

Diese Rotalge hat am Rande eingebuchtete Sprosse, die an Eichenblätter erinnern (Name!) und geadert erscheinen. Man findet sie das ganze Jahr über, allerdings deutlich seltener als die anderen hier aufgeführten Meeresalgen. Sie bevorzugt tieferes Wasser und ist in der Ostsee möglicherweise weiter verbreitet als in der Nordsee.

1

2

3

4

5

6

7

Wer sich intensiver mit dem Pilz- und Pflanzenbestimmen, speziell mit einzelnen Pflanzengruppen oder mit der Verbreitung von Arten befassen möchte, dem seien u. a. die nachfolgend genannten Bücher empfohlen.

## Pflanzen

AICHELE, D. & H.-W. SCHWEGLER (2004): Die Blütenpflanzen Mitteleuropas. 5 Bände. Kosmos-Verlag, Stuttgart.

AICHELE, D. & H.-W. SCHWEGLER (1998): Unsere Gräser. Süßgräser, Sauergräser, Binsen. Kosmos-Verlag, Stuttgart.

AICHELE, D. & H.-W. SCHWEGLER (2006): Blumen der Alpen. Kosmos-Verlag, Stuttgart.

BACHHOFER & MAYER (2006): Der neue Kosmos-Baumführer. Kosmos-Verlag, Stuttgart.

BELLMANN, H. (2007): Der große Kosmos-Pflanzenführer. Kosmos-Verlag, Stuttgart.

GODET, J.-D. (2004): Wiesenpflanzen. Blumen der Fett- und Trockenwiesen, Äcker und Weinberge. Thalacker Medien, Braunschweig.

LÜDER, R. (2008): Grundkurs Pflanzenbestimmung. Quelle & Meyer Verlag, Wiebelsheim.

SCHMEIL, O. & J. FITSCHEN (2000): Flora von Deutschland und angrenzender Länder. Quelle & Meyer Verlag, Wiebelsheim.

SCHÖNFELDER, I. & P. (2008): Die neue Kosmos-Mittelmeerflora. Kosmos-Verlag, Stuttgart.

SPOHN, M. (2007): Welcher Baum ist das? Kosmos-Verlag, Stuttgart.

## Pilze

LAUX, H. (2006): Der neue Kosmos-Pilzatlas. Kosmos-Verlag, Stuttgart.

LAUX, H. (2001): Der große Kosmos-Pilzführer. Kosmos-Verlag, Stuttgart.

LÜDER, R. (2008): Grundkurs Pilzbestimmung. Quelle & Meyer Verlag, Wiebelsheim.

**Aichele** 500/3a, 506/1a,506/2b,506/3a, 512/4a, 516/1a, 516/2a, 520/2, 520/5, 522/1, 524/4a, 526/3a, 532/2a, 540/2a, 544/1a, 548/1a, 548/1b, 548/3, 548/4b, 550/2a, 550/2b, 552/4, 554/3, 556/3a, 558/1a, 558/2, 560/4a, 562/1, 562/3, 564/3, 564/4b, 566/2, 568/2, 570/3b, 572/3, 574/5, 584/2a, 584/2b, 584/3b, 588/2, 588/3, 588/5a, 590/3a, 592/4, 596/3a, 596/3b, 596/4a, 598/1, 602/2b, 604/3b, 606/3a, 606/3b, 608/4a, 610/2b, 612/1a, 612/2b, 612/3, 612/4, 614/1, 616/3a, 618/5a, 620/1a, 620/1b, 622/2a, 622/4b, 628/3b, 630/1, 630/3a, 630/4a, 636/2, 638/1, 638/5, 642/4, 644/3b, 644/4, 646/3, 646/4b, 648/3a, 648/3b, 648/4a, 648/4b, 652/2, 652/4a, 652/4b, 656/2, 656/3b, 658/1, 658/2, 658/3a, 658/4a, 658/4b, 660/2, 660/4a, 662/3b, 666/1, 666/5b, 670/4, 672/4a, 672/4b, 674/4, 676/1a, 678/1, 680/4a, 680/4b, 680/5, 682/1, 682/4b, 682/5, 684/1a, 684/4, 686/1, 686/2a, 686/5b, 688/2, 688/3a, 688/3b, 688/5, 690/1b, 690/2, 690/3, 692/1b, 694/2, 696/3, 696/4, 698/2b, 698/4a, 700/1, 702/3a, 702/ 4, 704/2a, 706/2b, 706/3, 706/4b, 708/2b, 708/3a, 708/3b, 714/2b, 714/3b, 716/1b, 716/2b, 716/4b, 718/2, 722/2b, 722/3b, 724/1a, 726/3, 728/2, 728/5, 730/1a, 730/3, 730/5, 732/1b, 732/4, 736/1a, 736/3, 736/4a, 736/4b, 738/1a, 738/1b, 738/4, 744/1a, 746/2, 746/3, 746/4, 746/5b, 750/1, 750/4, 754/2, 756/3, 756/5b, 758/2a, 758/2b, 760/3, 760/5, 762/1b, 762/2a, 764/1, 770/1a, 770/4, 772/1a, 772/4a, 774/1a, 774/3a, 778/3a, 780/3b, 780/4, 788/1a, 790/4b, 792/5b, 806/2, 810/4, 812/4, 822/1, 822/3b, 824/1b, 826/1, 826/3, 826/4a, 826/4b, 826/5, 830/4, 830/5, 832/2a, 832/2b, 832/3b, 832/4a, 832/4b, 832/5a, 834/1, 834/2, 834/3, 834/4b, 836/1, 836/5, 838/1, 840/6, 842/1, 842/2, 842/3a, 842/4a

**Bärtels** 476/2b, 476/3, 480/2a, 480/3a, 482/2d, 484/1, 488/1, 488/4a, 490/4, 492/4, 496/3a, 500/2b, 502/2a, 510/1a, 524/2c, 530/6, 544/1b, 544/3a, 544/4b, 546/4, 600/1a, 530/1a, 542/1a

**Baumann** 768/1a, 768/1b

**Beck** 828/5

**Bellmann** 792/3, 792/4, 794/4, 796/5, 798/5, 800/3a, 800/4a, 802/4, 802/5, 802/6b, 810/5a, 812/3, 814/2a, 814/3b, 814/4, 814/5, 816/3b, 816/4a

**Eisenbeiß** 478/1c, 484/3c, 490/5a, 494/3b, 496/1d, 498/2b, 504/1b, 508/3a, 508/4a, 512/1a, 512/2a, 512/4b, 518/2a, 522/3, 522/4a, 522/5b, 528/3a, 530/3a, 530/3b, 530/4, 536/4, 538/4b, 542/4b, 554/4a, 560/2a, 566/5, 568/4, 586/3a, 590/4, 594/1a, 598/4, 602/3, 604/2, 606/2, 624/5, 626/1, 634/2b, 634/4, 638/2, 642/1a, 644/1, 646/2, 654/2, 654/3a, 656/1a, 664/2b, 664/3, 684/2, 692/2, 696/2b, 704/3, 704/4a, 710/1b, 712/4a, 716/2a, 722/1, 722/4, 740/3a, 742/5, 748/1, 756/2, 756/4, 828/2a

**Ewald** 476/2c, 482/2b, 490/2c, 498/1a, 502/2c, 510/2b, 522/5a, 528/4a, 546/1a, 558/5, 564/2, 584/3c, 632/3b, 668/1a, 668/1b, 682/3, 734/1, 744/3, 764/2a, 764/4, 766/2a, 766/2b, 776/5, 788/3a, 788/3b, 790/2b, 796/1, 804/1, 812/1b, 822/2a, 824/3b, 840/4, 866/1a, 868/1, 870/4, 874/1, 874/2, 874/3, 874/4, 874/6, 874/7

**Flück** 476/2a, 844/1b, 844/5a, 846/1, 846/2a, 846/4a, 850/8, 866/4

**Garnweidner** 792/1, 792/2, 794/3a, 794/5, 798/4, 806/1, 806/3, 806/4b, 810/2b, 810/3, 810/6, 812/2, 814/1, 814/2b, 814/3a, 816/1, 816/4b, 834/4a, 834/6, 836/2a, 836/2b, 836/6, 838/3, 840/1a, 840/1b, 840/3, 840/5, 842/3b, 842/4b, 842/6, 844/3, 844/4, 844/5b, 848/5, 850/3, 852/1, 852/3, 854/2b, 854/4, 854/6, 856/3, 858/2, 858/5, 858/6b, 862/1a, 862/2, 862/5, 864/1b, 864/3, 864/4, 864/5

**Groß** 552/2, 564/5, 588/4a, 588/4b, 602/4b, 618/3, 654/3b, 670/1b, 680/3, 692/1a, 692/5, 696/1b, 726/1b, 740/1a, 742/1a, 752/4a, 792/5a, 798/3a, 800/3b, 800/4b, 804/5a, 812/5, 868/3

**Hecker** 484/3b, 502/3a, 514/2b, 526/3b, 534/2, 550/1b, 558/4a, 562/5b, 574/1a, 592/3a, 600/2, 604/3c, 614/3, 678/3a, 692/4 , 694/1a, 700/2b, 710/3b, 720/3a, 724/4a, 818/2b, 832/5b, 846/4b, 860/4b

**Himmelhuber** 480/3b, 532/3

**Hopf** 676/1b, 832/3a

**Hortig** 508/2b

**Jacobi** 500/2c, 500/3b, 502/3b, 532/2b, 558/3, 600/3, 608/1b, 628/3a, 632/3a, 654/1b, 660/4b, 670/3a, 684/3, 712/1b, 712/4b, 722/3a, 746/5a, 752/3, 866/3a

**Klees** 482/2a, 542/4a, 596/1, 630/3b, 636/5b, 766/1b, 782/1a, 808/5

**König** 490/3b, 514/3b, 532/5c, 536/6a,

564/1, 574/4b, 578/3b, 614/4, 628/1, 662/1b, 664/2c, 666/5a, 668/4, 732/3, 750/5a, 770/3, 778/4, 784/4, 784/5a, 784/5b, 794/6, 818/4b, 844/1a, 844/2, 846/3

**Kremer** 874/5

**Laux** 478/2b, 480/2b, 482/2c, 482/3b, 484/2b, 486/3b, 490/1, 492/3a, 494/1a, 494/3a, 504/1a, 504/2b, 504/3a, 504/3b, 504/5a, 504/5b, 506/1b, 506/2a, 506/3b, 508/4b, 510/1b, 510/2a, 510/3a, 512/2b, 514/3a, 514/4a, 514/4b, 516/1b, 516/2b, 518/2b, 518/3a, 520/1b, 520/3, 520/4, 522/4b, 524/3, 526/2a, 526/2b, 526/4a, 528/2a, 528/2b, 530/5, 532/4, 534/3b, 536/5, 536/6b, 538/3b, 538/5, 540/1b, 540/3a, 540/4, 542/3c, 544/2b, 548/2, 550/1a, 550/4, 552/3, 552/5, 554/2b, 560/1, 566/3, 566/4b, 570/4, 572/2, 572/5, 574/2, 576/1, 576/2b, 576/3b, 578/2b, 578/3a, 580/1a, 580/1b, 580/4a, 582/1, 582/2a, 582/4, 584/1, 584/3a, 586/4, 586/5, 588/1, 592/2b, 594/3, 594/4, 596/4b, 598/2, 598/5a, 604/4b, 612/2a, 614/2, 614/5b, 616/1, 618/1, 618/2, 626/2, 626/3a, 630/2, 632/4, 634/2a, 636/1a, 638/3b, 640/5a, 642/1b, 642/3, 644/2, 646/1, 648/1, 650/2, 656/3a, 662/1c, 666/3b, 672/2b, 676/4, 678/2, 678/4b, 678/5, 680/1, 690/4, 694/1b, 694/3, 696/2a, 698/2a, 698/3a, 698/4b, 702/1b, 704/4b, 710/2b, 712/3b, 726/2, 728/1, 728/3a, 728/3b, 728/4, 730/2, 738/2, 740/2, 740/4, 742/2, 742/3, 746/1, 748/3b, 748/4a, 750/2, 750/3, 752/2, 754/1, 754/5, 756/5a, 758/3, 762/2b, 764/2b, 764/3a, 766/4, 768/2b, 768/3, 774/2, 776/2b, 778/1, 778/5, 780/3a, 782/2a, 782/2b, 782/4, 784/3, 786/1b, 786/2, 788/1d, 788/4b, 790/1a, 794/3b, 796/3a, 808/1, 810/1, 812/1a, 820/4, 822/2b, 822/3a, 822/4a, 822/4b, 824/1a, 828/1, 834/5, 836/4, 838/2, 838/4, 838/5, 838/6, 840/2, 842/3c, 842/5, 848/1a, 848/2, 848/3, 850/1, 850/2, 850/4, 850/5, 850/7, 852/5, 852/6, 856/1, 856/4, 856/5, 858/1, 858/3, 860/3, 860/5, 860/6, 862/3, 864/1a, 864/2, 866/5, 866/6, 868/6, 870/5, 870/6

**Lenz** 858/6a

**Layer** 476/2e, 542/3a, 600/4b, 608/3, 640/5b, 662/2a, 694/4, 718/1a, 718/1b, 734/3, 736/1b, 740/5, 808/4b, 848/4, 852/2, 860/1, 860/4a, 870/1, 858/6a

**Limbrunner** 478/2a, 496/2a, 500/2a, 502/3c, 530/1, 538/1b, 560/2b, 574/4a, 600/4a, 606/1a, 646/5a, 648/2, 650/3a, 650/4b, 670/3b, 710/3a, 714/1, 714/2a, 724/4b, 734/5a, 736/5, 740/3b, 788/2a, 788/2b, 790/1b, 794/2, 802/1, 806/4a

**Pforr** 476/2d, 476/2f, 478/1a, 478/3b, 480/1b, 480/3c, 482/1a, 484/4b, 486/4, 488/3, 488/4b, 488/5, 490/2a, 490/2b, 490/2d, 490/5b, 494/1b, 498/3c, 500/1b, 502/1a, 502/2b, 504/4a, 504/4b, 506/4, 510/4a, 510/4b, 512/1b, 514/1b, 514/2a, 516/3b, 520/1a, 522/2, 524/1a, 524/2a, 526/1a, 528/4b, 534/1, 536/2, 538/1a, 540/1a, 544/4a, 546/3, 556/2b, 556/3b, 558/4b, 572/1, 582/3, 586/2, 588/5b, 592/1a, 592/3b, 594/1b, 594/2b, 608/1a, 610/4, 618/5b, 620/2, 624/3b, 626/5, 628/5, 634/3a, 636/3, 644/5b, 646/5b, 654/1a, 656/1b, 656/4, 658/3b, 664/2a, 666/2, 670/2, 674/1a, 674/1b, 674/3a, 678/4a, 686/4, 690/1a, 702/1a, 708/1, 710/1a, 718/4, 720/1a, 720/2, 732/1a, 734/5b, 738/3b, 738/5, 748/2, 748/5, 750/5b, 754/3a, 758/1a, 758/1b, 758/4a, 762/3a, 762/4, 768/2a, 768/4, 770/1b, 776/3, 782/3b, 786/3a, 786/4, 790/2a, 790/3b, 794/1, 796/2, 796/3b, 798/1, 798/2, 800/5, 802/3, 802/6a, 804/2, 804/3, 804/4a, 804/5b, 808/3b, 808/4a, 810/2a, 810/5b, 818/3, 820/3b, 824/2b, 824/3a, 826/2a, 826/2b, 828/2b, 830/1, 848/6, 854/1, 856/2, 856/6, 856/7, 858/4, 862/6, 868/4a, 868/4b

**Pott** 476/1b, 478/1b, 482/1b, 492/1c, 492/1d, 492/2b, 492/3b, 494/1d, 496/1b, 496/3b, 498/1c, 498/2a, 498/3a, 516/4, 518/1b, 524/2b, 532/5a, 532/5b, 534/4, 538/2a, 538/3a, 538/4a, 542/3b, 546/1b, 546/2a, 556/1a, 558/1b, 566/4a, 570/1b, 572/4a, 572/4b, 582/2c, 590/1, 596/5, 612/1b, 624/3a, 636/4, 640/1, 640/2, 642/2b, 650/4c, 652/5, 664/1a, 664/1b, 676/1c, 704/1, 704/2b, 710/2a, 716/3b, 718/3, 724/3, 770/2b, 780/2, 786/5a, 786/5b, 804/4c, 824/1c, 828/4, 832/1b, 872/1a, 872/2a, 872/3

**Reinhard** 482/1c, 484/2a, 484/4a, 492/2a, 512/3a, 512/3b, 528/1b, 542/2, 556/4, 560/4b, 570/1a, 570/3a, 576/2a, 576/3a, 576/4, 594/2a, 602/1, 604/3a, 608/4b, 622/4a, 640/4, 652/3a, 654/4, 660/1, 666/4, 672/3, 676/2, 702/2, 708/4, 732/2, 732/5, 752/1, 754/4, 766/1a, 772/1b, 782/1b,

782/3a, 784/1a, 802/2, 818/4a, 820/1, 820/2b, 824/2a, 836/3, 846/5, 852/4, 854/3, 860/2, 866/2

**Schmidt** 492/1a, 508/1b, 508/2a, 536/1, 568/1, 596/2, 610/2a, 628/4, 652/3b, 660/5, 682/4a, 686/5a, 688/1, 690/5, 700/4a, 720/1b, 734/4b, 738/3a, 770/2a, 778/2, 846/2b

**Schneider** 872/1b, 872/1c, 972/2b

**Schönfelder** 550/3, 560/3, 562/2, 564/4a, 574/3, 578/1, 580/2, 580/3, 586/1, 610/1, 610/3, 614/5a, 616/3b, 622/3, 626/4, 632/1a, 634/3b, 650/4, 652/1, 660/3, 666/3a, 668/2, 668/3a, 672/1, 684/1b, 684/5b, 698/1, 700/2a, 700/3, 700/4b, 708/2a, 720/3b, 726/1a, 730/4, 734/4a, 744/1b, 744/5, 748/3a, 756/1, 760/1, 762/1a, 764/3b, 766/3, 772/2, 772/3, 772/4b, 774/4, 776/2a, 788/4a, 790/3a, 796/4, 798/6, 800/1, 800/2, 808/2a, 808/2b, 808/3a, 818/2a, 820/3a, 830/2, 830/3, 870/2a, 870/2b, 872/4

**Schrempp** 486/1a, 486/2a, 496/2d, 542/1b, 548/4a, 548/5, 554/1, 562/4, 574/1b, 598/3, 620/3, 622/1, 628/2, 668/5, 676/3, 684/5a, 686/3, 692/3, 706/4a, 734/2, 740/1b, 742/4, 760/2, 762/3b, 774/5, 816/2, 820/2a, 828/3, 616/4, 616/5, 620/4a, 620/4b

**Schulz** 470/1a

**Schumacher** 806/5, 816/3a

**Synatzschke** 476/1a, 478/3a, 478/3c, 486/1b, 494/1c, 494/2, 494/3c, 498/3b, 500/1a, 502/1b, 518/3b, 528/3b, 534/5, 540/3b, 546/1c, 604/1b, 604/4a, 606/4a, 650/3b, 662/1a, 706/1, 712/2a, 712/2b, 714/4b, 786/1a, 854/2a, 854/5

**Vogt** 496/1a, 496/2b, 528/1a, 544/3b, 578/4, 602/4a, 646/4a, 682/2, 698/3b, 744/2, 744/4, 752/4b, 780/1a, 780/1b, 850/6, 862/1b, 862/4, 866/1b, 868/2, 868/5

**Wagner** 488/2, 496/1c, 518/1a, 518/1c, 530/1b, 534/3a, 538/2b, 552/1, 554/2a, 562/5a, 566/1, 568/3, 568/5a, 568/5b, 582/2b, 586/3b, 590/2, 592/2a, 598/5b, 604/1a, 606/1b, 606/4b, 608/2, 616/2, 622/2b, 624/1, 624/2, 624/4, 632/2, 638/4, 640/3, 644/5a, 650/1, 662/2b, 674/2, 678/3b, 680/2, 688/4, 690/1c, 694/5, 696/1a, 700/5, 706/2a, 710/4, 712/1a, 712/3a, 714/3a, 714/3c, 714/4a, 716/1a, 716/3a, 720/4, 724/2, 736/2, 748/4b, 758/5, 760/4, 776/4b, 786/3b, 790/4a, 818/1, 866/3b

**Willner, O.** 482/3a, 630/4b, 632/3a, 702/3b, 742/1b, 776/4a, 570/2, 544/2a, 554/4b

**Willner, W.** 476/1c, 480/1a, 484/3a, 486/2b, 486/3a, 486/5, 490/3a, 492/1b, 496/2c, 498/1b, 504/2a, 508/1a, 508/3b, 510/3b, 514/1a, 516/3a, 524/1b, 524/4b, 526/1b, 526/4b, 530/2, 540/2b, 546/2b, 556/1b, 578/2a, 580/4b, 590/3b, 592/1b, 600/1b, 602/2a, 618/4, 626/3b, 632/1b, 634/1, 636/1b, 636/5a, 642/2a, 662/3a, 668/3b, 674/3b, 686/2b, 722/2a, 726/4a, 726/4b, 730/1b, 754/3b, 758/4b, 774/3b, 776/1, 778/3b, 784/2, 796/6, 798/3b, 832/1a

**Wirth** 870/3

**Zepf, E.** 672/2a, 716/4a, 724/1b

**Zepf, W.** 536/3, 556/2a, 644/3a, 980/6

# Register

Wegen des Umfangs des Registers haben wir zweiteilige, nicht durch Bindestrich verbundene Namen nur einmal, und zwar mit vorgestelltem Gattungsnamen aufgeführt. So ist z.B. „Ästige Graslilie“ unter „Graslilie, Ästige“ zu suchen.


*Abies alba* 482/1
*Acer campestre* 524/3
– *platanoides* 524/2
– *pseudoplatanus* 524/1
*Achillea millefolium* 598/1
– *ptarmica* 598/2
*Acinos arvensis* 750/1
Acker-Gänsedistel 658/2
Acker-Gauchheil 692/5
Acker-Hellerkraut 564/4
Acker-Hornkraut 552/2
Acker-Hundskamille 598/3
Acker-Kratzdistel 756/4
Acker-Krummhals 726/2
Acker-Mäuseohr → 726/3
Acker-Minze 750/2
Acker-Rittersporn 718/2
Ackerröte 744/5
Acker-Schachtelhalm 832/4
Acker-Schöterich 618/2
Acker-Senf 622/2
Acker-Spark 554/1
Acker-Steinsame 590/2, → 726/1
Acker-Stiefmütterchen 636/5
Acker-Vergissmeinnicht 726/3
Acker-Wachtelweizen 700/5
Acker-Winde 694/4
Acker-Windenknöterich 758/5
Acker-Windhalm 796/4
*Aconitum napellus* 718/1
– *vulparia* 610/1
*Acorus calamus* 788/2
*Actaea spicata* 556/3
Adlerfarn 820/2
*Adonis aestivalis* 674/4
– *vernalis* 610/3
Adonisröschen, Frühlings- 610/3
– Sommer- 674/4
*Adoxa moschatellina* 782/1
*Aegopodium podagraria* 578/4
*Aesculus hippocastanum* 524/4
*Aethusa cynapium* 580/3
*Agaricus campestris* 860/2
*Agrimonia eupatoria* 626/3
*Agropyron repens* 800/2
*Agrostemma githago* 670/3
*Agrostis tenuis* 802/5
Ahorn, Berg- 524/1
–, Feld- 524/3
–, Spitz- 524/2
*Ailanthus altissima* 546/4
*Ajuga reptans* 728/1
Akelei, Gemeine 718/4
Alant → 648/4
*Alchemilla alpina* 772/2
– *vulgaris* 772/1
*Aleuria aurantia* 844/3
Algenfarn, Großer 828/5
*Alisma plantago-aquatica* 600/4
*Alliaria petiolata* 560/2
*Allium ursinum* 602/4
– *vineale* 710/4
*Alnus glutinosa* 494/1
– *incana* 494/2
– *viridis* 494/3
Aloë, Wasser- → 602/1
*Alopecurus pratensis* 806/2
Alpenanemone, Weiße 556/4
Alpen-Aster 754/4
Alpenazalee → 536/4
Alpen-Bärentraube 536/5
Alpen-Fettkraut 594/1
Alpen-Frauenmantel 772/2
Alpenglöckchen, Gewöhnliches 720/4
Alpenglöckchen, Zwerg- 720/4
Alpenheide 536/4
Alpenhelm 752/2
Alpen-Krokus 606/2
Alpen-Milchlattich 736/2
Alpen-Rispengras 794/3
Alpen-Rose → 510/4
Alpenrose, Behaarte 534/5
–, Rostblättrige 534/4
Alpen-Sonnenröschen 638/2
Alpenveilchen, Wildes 692/4
Alpen-Waldrebe 546/3
*Alyssum alyssoides* 618/3
*Amanita citrina* 858/1
– *muscaria* 858/6
– *pantherina* 858/5
– *phalloides* 858/3
– *rubescens* 858/4
– *virosa* 858/2
*Amaranthus retroflexus* 766/4
*Amelanchier lamarckii* 514/3
*Ammophila arenaria* 804/1
Ampfer, Fluß- 668/1
–, Hain- 760/5
–, Knäuelblütiger 760/4
–, Krauser 760/3
–, Stumpfblättriger 760/2
Ampfer-Knöterich 666/4
*Anagallis arvensis* 692/5
*Anchusa arvensis* 726/2
Andelgras 794/6
*Andromeda polyfolia* 536/2
*Anemone nemorosa* 558/1
– *ranunculoides* 610/2
– *sylvestris* 558/2
*Angelica archangelica* → 584/2
– *sylvestris* 584/2
Anis-Trichterling, Grüner 856/3
*Antennaria dioica* 596/3
*Anthemis arvensis* 598/3
– *tinctoria* 650/2
*Anthericum ramosum* 602/2
*Anthoceros laevis* 842/1
*Anthoxanthum odoratum* 802/3
*Anthriscus sylvestris* 576/3
*Anthyllis vulneraria* 630/4
*Apera spica-venti* 796/4
Apfelbaum, Wilder 512/2
*Aquilegia vulgaris* 718/4
*Arabis hirsuta* 562/4
*Arctium lappa* 704/3
– *tomentosum* 704/4
*Arctostaphylos alpinus* 536/5
– *uva-ursi* 536/6
*Arenaria serpyllifolia* 548/3
*Aristolochia clematitis* 608/2
*Armeria maritima* 694/1
*Armillaria mellea* 856/6
Armleuchteralgen 872/3
*Armoracia rusticana* 560/3
*Arnica montana* 654/2
Arnika → 654/2
Aronstab, Gefleckter 788/3
*Arrhenatherum elatius* 800/3
*Artemisia absinthium* 784/2
– *maritima* 784/3
– *vulgaris* 784/1
*Arum maculatum* 788/3
*Aruncus dioicus* 570/2
Arve → 480/1
Arznei-Baldrian 702/3
Arznei-Engelwurz → 584/2
*Asarum europaeum* 758/4
*Asplenium ruta-muraria* 826/1
– *trichomanes* 826/2
– *viride* 826/3
*Aster alpinus* 754/4
– *tripolium* 754/5

Aster, Alpen- 754/4
–, Strand- 754/5
*Astragalus glycyphyllus* 630/1
*Astrantia major* 576/2
*Athamanta cretensis* ɑ̆ 584/1
*Athyrium filix-femina* 824/2
*Atrichium undulatum* 834/4
*Atriplex hastata* 764/2
– *hortensis* → 764/2
– *littoralis* 764/3
– *patula* 764/1
*Atropa belladonna* 778/3
Augentrost, Wiesen- 592/4
Augenwurz → 584/1
*Auricularia auricula* 848/1
Austernseitling 850/8
*Avena fatua* 800/6
*Avenella flexuosa* 802/1
*Azolla filiculoides* 828/5

Bachbungen-Ehrenpreis 730/2
Bach-Nelkenwurz 678/5
Bärenschote 630/1
Bärentraube, Alpen- 536/5
–, Immergrüne 536/6
Bärlapp, Keulen- 830/3
–, Sprossender 830/2
–, Sumpf- 830/1
Bärwurz 584/1
Bärlauch 602/4
Baldrian, Arznei- 702/3
–, Sumpf- 702/4
*Ballota nigra* 698/1
*Barbaraea vulgaris* 620/1
Barbarakraut, Echtes 620/1
Bärenklau, Riesen- → 582/1
–, Wiesen- 582/2
Bartflechte 870/4
Bartkelchmoos, Tiefland- 840/3
*Bartsia alpina* 752/2
Bastard-Gänsefuß 762/4
Bastrübe → 584/3
Bauernorchidee → 688/1
Bauernschminke → 590/2
Baumflechte, Gelbe 868/4
Becherflechte 870/3
Beckenmoos,
Gewöhnliches 842/5
Beifuß, Gewöhnlicher 784/1
–, Strand- 784/3
Beinbrech 662/1
Beinwell, Echter 748/2
*Bellis perennis* 596/1
Benthalm → 804/5
*Berberis vulgaris* 504/1
Berberitze, Gewöhnliche 504/1
Berg-Ahorn 524/1
Bergfarn 820/3
Berg-Flockenblume 734/4
Berg-Hahnenfuß 614/4
Berg-Johannisbeere 504/5
Berg-Kiefer 478/3
Berg-Klee 572/5
Berg-Lappenfarn → 820/3
Berg-Platterbse 680
Berg-Sandglöckchen 734/1
Berg-Ulme 502/1
Berg-Weidenröschen 690/3
Berg-Wohlverleih 654/2
Berg-Wurmfarn → 820/3
*Berteroa incana* 562/5
Berufkraut, Einjähriges 756/2
–, Kanadisches 596/2
–, Scharfes 756/1
*Berula erecta* 580/1
Besen-Gabelzahnmoos 836/2
Besenginster 520/1
Besenheide 534/3
Besenmoos → 836/2
Besenrauke 616/5
*Betonica officinalis* 698/2
Betonie → 698/2
*Betula humilis* 492/4
– *nana* 492/3
– *pendula* 492/1
– *pubescens* 492/2
Bibernelle, Große 578/2
–, Kleine 578/3
Bibernell-Rose 510/2
Bickbeere → 538/3
*Bidens tripartita* 650/1
Bienen-Ragwurz 716/4
Bilsenkraut, Schwarzes 646/1
–, Einjähriges 772/3
–, Wald- 772/4
Binse, Blaugrüne 814/1
–, Flatter- 814/2
–, Glieder- 814/5
–, Kröten- 814/4
–, Zarte 814/3
Birke, Hänge- 492/1
–, Moor- 492/2
–, Sand- → 492/1
–, Strauch- 492/4
–, Zwerg- 492/3
Birkenpilz 854/3
Birkenreizker 864/3
Birnbaum, Wilder 512/1
Birnmoos, Silber- 836/5
Bisamkraut → 782/1
Bischofsstab → 824/1
*Biscutella laevigata* 618/5
Bitterkraut, Gewöhnliches 656/3
Bittersüßer Nachtschatten 540/3
Blasenfarn, Zerbrechlicher 826/4
Blasenmoos 834/3
Blasentang 874/4
Blaualgenteppich 872/1
Blaubeere → 538/3
Blau-Fichte 482/3
Blaustern, Zweiblättriger 736/3
*Blechnum spicant* 828/1
Blutauge, Sumpf- 680/1
Blut-Weiderich 692/1
Blutwurz-Fingerkraut 626/4
Bocksbart, Wiesen- 656/4
Bocksdorn, Gewöhnlicher 540/4
*Bolboschoenus maritimus* 808/2
*Boletus edulis* 852/4
– *luridus* 852/6
– *satanas* 852/5
Borstgras 806/5
*Botrychium lunaria* 818/3
*Brachypodium pinnatum* 798/6
– *sylvaticum* 798/5
Brambusch → 520/1
*Brassica nigra* 622/3
Braunfäule 846/3
Braunwurz, Geflügelte 778/5
–, Knotige 778/4
Breit-Wegerich 780/2
Brennessel, Große 758/2
–, Kleine 758/3
Brillenschötchen 618/5
*Briza media* 796/3
Brombeere 506/3
*Bromus erectus* 798/3
– *hordeaceus* 798/2
– *sterilis* 798/4
Bruchkraut, Kahles 768/2
Bruch-Weide 486/4
Brüderchen und
Schwesterchen → 748/1
Brunelle, Kleine 748/5
Brunnenkresse, Echte 560/4
Brunnenlebermoos 842/3
Brunnenmoos,
Gewöhnliches 838/1
Brustwurz → 584/2
*Bryonia dioica* 776/2
*Bryum argenteum* 836/5
Bucheckern → 498/1
Buchenfarn 822/1
Buchsbaum 526/3
*Buddleja davidii* 542/1

Büschel-Nelke 672/3
*Bunias orientalis* 618/4
Busch-Windröschen 558/1
*Butomus umbellatus* 710/3
Butterblume → 608/3, 612/1 656/1
Butterpilz 854/2
*Buxus sempervirens* 526/3

*Cakile maritima* 740/5
*Calamagrostis epigejos* 804/2
*Calla palustris* 788/4
*Calluna vulgaris* 534/3
*Calocybe gambrosa* 856/4
*Caltha palustris* 608/3
*Calypogeia muelleriana* 840/3
*Calystegia sepium* 590/1
*Campanula glomerata* 732/2
– *patula* 732/5
– *persicifolia* 732/1
– *rotundifolia* 732/4
– *trachelium* 732/3
*Cantharellus cibarius* 848/6
*Capsella bursa-pastoris* 564/3
*Cardamine armara* 562/1
– *hirsuta* 562/3
– *impatiens* 562/2
– *pratensis* 740/3
*Cardaminopsis arenosa* 740/4
*Cardaria draba* 566/3
*Carduus crispus* 706/2
– *nutans* 706/1
*Carex arenaria* 812/1
– *disticha* 812/3
– *flacca* 810/4
– *hirta* 810/6
– *leporina* 810/3
– *muricata* 812/5
– *paniculata* 810/5
– *remota* 812/2
– *sylvatica* 812/4
*Carlina acaulis* 600/1
– *vulgaris* 654/1
*Carpinus betulus* 496/1
*Carum carvi* 582/3
*Castanea sativa* 500/2
*Centaurea cyanus* 734/5
– *jacea* 708/3
– *montana* 734/4
– *scabiosa* 708/2
*Centaurium erythraea* 694/2
*Cephalanthera damasonium* 606/3
– *rubra* 712/3
*Cerastium arvense* 552/2
– *caespitiosum* → 552/3
– *fontanum* 552/3
– *glomeratum* 552/4
– *holosteoides* → 552/3
– *vulgatum* → 552/3
*Ceratophyllum demersum* 768/4
*Ceterach officinarum* 818/2
*Cetraria islandica* 870/1
*Chaerophyllum temulum* 578/1
*Chamaecyparis lawsoniana* 484/4
*Chamaecytisus supinus* 522/2
*Chamaespartium sagittale* 522/1
*Chara hispida* 872/3
*Chelidonium majus* 616/1
*Chenopodium album* 762/2
– *bonus-henricus* 762/1
– *hybridum* 762/4
– *rubrum* 762/3
*Chlorococcum* 872/4
*Chorda filum* 874/3
Christi-Wunden-Kraut → 636/1
Christophskraut 556/3
Christrose 556/2, → 770/1
*Chrysosplenium alternifolium* 626/1
– *oppositifolium* → 626/1
*Cicerbita alpina* 736/2
*Cichorium intybus* 736/1
*Circaea lutetiana* 574/5
*Cirsium acaule* 706/3
– *arvense* 756/4
– *oleraceum* 654/3
– *palustre* 706/4
– *vulgare* 756/3
*Cladonia arbuscula* 870/2
– *pyxidata* 870/3
– *rangifera* 870/2
*Clathrus archeri* 866/6
*Clavariadelphus pistillaris* 848/3
*Claviceps purpurea* 846/5
*Claytonia perfoliata* 766/3
Claytonie 766/3
*Clematis alpina* 546/3
– *vitalba* 546/2
*Clinopodium vulgare* 700/1
*Clitocybe nebularis* 856/2
– *odora* 856/3
*Cochlearia danica* 564/1
– *officinalis* 564/2
*Colchicum autumnale* 710/2
Colorado-Fichte → 482/3
*Conium maculatum* 580/4
*Conocephalum conicum* 842/4
*Consolida regalis* 718/2
*Convallaria majalis* 604/1
*Convolvulus arvensis* 694/4
*Coprinus comatus* 862/1
– *miaceus* 862/2
*Cornus alba* 532/3
– *mas* 532/4
– *sanguinea* 532/2
*Coronilla varia* 684/1
*Cortinarius praestans* 860/5
*Corydalis cava* 738/3
– *claviculata* 560/1
– *lutea* 616/2
– *solida* 738/4
*Corylus avellana* 496/2
*Corynephorus canescens* 802/6
*Cotoneaster integerrimus* 514/4
*Crataegus laevigata* 516/1
– *monogyna* 516/2
*Craterellus cornucopioides* 850/1
*Crepis biennis* 660/1
*Crocus albiflorus* 606/2
– *napolitanus* 606/2
*Cruciata laevipes* 642/4
*Cuscuta europaea* 694/3
*Cyclamen purpurascens* 692/4
*Cymbalaria muralis* 750/5
*Cynoglossum officinale* 694/5
*Cynosurus cristatus* 796/2
*Cypripedium calceolus* 664/3
*Cystopteris fragilis* 826/4
*Cytisus scoparius* 520/1

Dach-Hauswurz 678/2
*Dactylis glomerata* 796/1
*Dactylorhiza maculata* 714/3
– *majalis* 714/2
Dänisches Löffelkraut 564/1
*Daphne cneorum* 530/4
– *mezereum* 530/3
– *striata* 530/5
Darmtang, Flacher 874/1
*Datura stramonium* 592/3
*Daucus carota* 584/3
Deiwelschitt → 666/1
*Dentaria bulbifera* 740/2
*Deschampsia cespitosa* 802/2
*Descurainia sophia* 616/5
Deutscher Enzian → 724/2, 744/4
*Dianthus armeria* 672/3
– *carthusianorum* 672/4
– *deltoides* 672/2
– *superbus* 672/1
*Dicranum scoparium* 836/2
*Dictamnus albus* 686/5
*Digitalis purpurea* 700/4
*Diphasium complanatum* 830/4
*Diphyscium foliosum* 834/3

*Diplotaxis muralis* 622/1
*Dipsacus fullonum* 752/4
– *pilosus* 594/3
– *silvester* → 752/4
Diptam 686/5
Distel, Krause 706/2
Distel, Nickende 706/1
Donnerkraut → 678/1
Doppelsame, Mauer- 622/1
Dornfarn 822/3
Dost 700/2
Dotterblume, Sumpf- 608/3
Douglasie 484/2
Draht-Schmiele 802/1
Dreizack, Strand- 786/1
–, Sumpf- 786/2
*Drosera intermedia* 566/5
– *rotundifolia* 566/4
*Dryas octopetala* 516/4
*Dryopteris carthusiana* 822/3
– *cristata* 822/4
– *filix-mas* 824/1
Dünen-Rose → 510/2
Dürrwurz 648/4

Eberesche 512/4
Eberwurz → 600/1
*Echinops sphaerocephalus* 734/3
*Echium vulgare* 724/4
Efeu 532/5
Efeu-Ehrenpreis 730/3
Ehrenpreis, Bachbungen- 730/2
–, Efeu- 730/3
–, Faden- 730/4
–, Gamander- 730/1
–, Persischer 730/5
–, Wald- 752/1
Eibe 476/1
Eiben-Spaltzahnmoos 836/1
Eiche, Amerikanische → 500/1
–, Rot- 500/1
–, Stiel- 498/2
–, Trauben- 498/3
Eichenfarn 822/2
Eichentang 874
Eifelgold → 520/1
Einbeere 788/1
Eisenhut, Blauer 718/1
–, Gelber 610/1
Eisenkraut 748/3
*Eleocharis palustris* 810/1
*Elodea canadensis* 784/4
*Elymus arenarius* 800/1
*Empetrum nigrum* 538/5
Engelsüß 828/2
Engelwurz, Arznei- → 584/2
–, Wilde 584/2
Entenflott → 786/5
Entengrütze → 786/5
*Enteromorpha compressa* 874/1
Enzian, Deutscher → 724/2
–, Deutscher 744/4
–, Fransen- 724/2
–, Frühlings- 722/3
–, Gelber 642/1
–, Kreuz- 722/2
–, Lungen- 722/1
–, Schnee- 724
–, Stengelloser 722/4
*Epilobium angustifolium* 690/1
– *hirsutum* 690/2
– *montanum* 690/3
– *palustre* 690/5
– *parviflorum* 690/4
*Epipactis atrorubens* 712/2
– *helleborine* 712/1
*Equisetum arvense* 832/4
– *fluviatile* → 832/2
– *hyemale* 832/1
– *palustre* 832/2
– *sylvaticum* 832/3
– *telmateia* 832/5
Erdbeere, Wald- 572/1
Erdbeer-Fingerkraut 572/2
Erdnuß-Platterbse → 680/5
Erdrauch, Gewöhnlicher 676/4
Erdritterling 856/1
Erdstern, Gewimperter 866/4
*Erica herbacea* 534/2
– *tetralix* 534/1
*Erigeron acris* 756/1
– *annuus* 756/2
– *canadensis* 596/2
*Eriophorum angustifolium* 808/4
– *vaginatum* 808/5
Erle, Grau- 494/2
–, Grün- 494/3
–, Rot- → 494/1
–, Schwarz- 494/1
*Erodium cicutarium* 686/4
*Erophila verna* 566/1
*Eryngium campestre* 776/1
– *maritimum* 720/3
*Erysimum cheiranthoides* 618/2
Esche 540/1
Esels-Wolfsmilch → 774/5
Esparsette 684/2
Espenlaub → 486/1
Espenrotkappe 854/4
Essig-Rose 508/4
Eßkastanie 500/2
Etagenmoos 838/6
*Euonymus europaea* 526/2
*Eupatorium cannabinum* 708/1
*Euphorbia cyparissias* 774/3
– *esula* 774/5
– *exigua* 774/2
– *helioscopia* 774/1
– *peplus* 774/4
*Euphrasia rostkoviana* 592/4
*Evernia prunastri* 870/5

Faden-Ehrenpreis 730/4
Färber-Ginster 520/2
Färber-Hundskamille 650/2
Färber-Waid 618/1
Färber-Wau 624/1
*Fagus sylvatica* 498/1
*Fallopia convolvulus* 758/5
Farnmännlein → 824/1
Farnweiblein → 824/1
Fasertorf → 808/4
Faulbaum 526/4
Federgras, Gewöhnliches 806/4
Feinstrahl, Einjähriger → 756/2
Feld-Ahorn 524/3
Feld-Hainsimse 816/1
Feld-Kresse 566/2
Feld-Mannstreu 776/1
Feld-Rose → 510/3
Feldsalat, Gewöhnlicher 594/2
Feld-Steinquendel 750/1
Feld-Thymian 700/3
Felsenbirne, Kanadische 514/3
–, Kupfer- → 514/3
Felsen-Fetthenne 624/4
Ferkelkraut 654/4
*Festuca gigantea* 792/1
– *ovina* 792/4
– *pratensis* 792/2
– *rubra* 792/3
Fetthenne, Felsen- 624/4
–, Große 678/1
Fetthennen-Steinbrech 624/5
Fettkraut, Alpen- 594/1
–, Gewöhnliches 752/3
Fichte, Blau- 482/3
–, Colorado- → 482/3
–, Gewöhnliche 482/2
–, Sitka- 484/1
–, Stech- → 482/3
Fichtenspargel 778/1
Fieberklee 586/3
Fieder-Zwenke 798/6
*Filipendula hexapetala* 570/4

*Filipendula ulmaria* 570/3
*Filipendula vulgaris* 570/4
Filzige Klette 704/4
Filzmoos 840/4
Filz-Rose 510/1
Fingerhut, Roter 700/4
Fingerkraut, Blutwurz- 626/4
–, Erdbeer- 572/2
–, Frühlings- 628/3
–, Gänse- 626/5
–, Hohes 628/5
–, Kriechendes 628/4
–, Norwegisches 628/2
–, Silber- 628/1
Finger-Steinbrech 568/3
Fingertang 874/5
*Fissidens taxifolius* 836/1
Flachbärlapp, Gemeiner 830/4
Flachmoos → 836/1
*Flammulina velutipes* 856/7
Flaschenbovist 866/1
Flatter-Binse 814/2
Flattergras, Wald- 806/3
Flatter-Ulme 502/2
Fliedertee → 542/3
Fliegenpilz 858/6
Fliegen-Ragwurz 716/3
Flockenblume, Berg- 734/4
–, Skabiosen- 708/2
–, Wiesen- 708/3
Floh-Knöterich 666/1
Flügelginster 522/1
Flug-Hafer 800/6
Fluß-Ampfer 668/1
Föhre → 478/1
*Fomes fomentarius* 850/5
*Fontinalis antipyretica* 838/1
*Fragaria vesca* 572/1
*Frangula alnus* 526/4
Fransen-Enzian 724/2
Franzosenkraut, Behaartes 596/4
Frauenfarn, Wald- 824/2
Frauenflachs → 646/2
Frauenmantel, Alpen- 772/2
–, Gewöhnlicher 772/1
Frauenschuh 664/3
Frauenspiegel, Echter 754/3
Frauentäubling 862/5
*Fraxinus excelsior* 540/1
Froschbiß 600/3
Froschlöffel 600/4
Frost-Schneckling 864/5
Frühjahrslorchel 844/4
Frühlings-Adonisröschen 610/3
Frühlings-Enzian 722/3
Frühlings-Fingerkraut 628/3
Frühlings-Knotenblume → 606/1
Frühlings-Krokus → 606/2
Frühlingsmiere 548/5
Frühlings-Platterbse 680/3
*Frullania dilatata* 840/6
Fuchs-Greiskraut 652/2
Fuchsschwanz, Wiesen- 806/2
–, Zurückgekrümmter 766/4
*Fucus vesiculosus* 874/4
*Fuligo septica* 844/1
*Fumaria officinalis* 676/4
Futter-Wicke, Echte → 680/2
–, Schmalblättrige 680/2

Gabelzahnmoos, Besen- 836/2
Gänseblümchen 596/1
Gänsedistel, Acker- 658/2
–, Kohl- 658/1
Gänse-Fingerkraut 626/5
Gänsefuß, Bastard- 762/4
–, Roter 762/3
–, Weißer 762/2
Gänsekresse, Rauhe 562/4
*Gagea lutea* 662/3
Gagelstrauch 496/3
*Galeopsis speciosa* 644/1
– *tetrahit* 696/1
*Galinsoga ciliata* 596/4
– *parviflora* → 596/4
*Galium aparine* 588/5
– *harcynicum* 588/4
– *mollugo* 588/3
– *odoratum* 586/5
– *palustre* 588/1
– *saxatile* → 588/4
– *sylvaticum* 588/2
– *verum* 642/3
Gallertrichterling, Fleischroter 848/2
Gamander, Salbei- 778/2
–, Wald- → 778/2
Gamander-Ehrenpreis 730/1
Garbe, Schaf- 598/1
Garten-Melde → 764/2
Garten-Schaumkraut 562/3
Garten-Silberblatt → 740/1
Garten-Wolfsmilch 774/4
Gauchheil, Acker- 692/5
*Geastrum fimbriatum* 866/4
Gebirgs-Rose 510/4
Geißbart, Wald- 570/2
Geißblatt, Wald- 546/1
Geißklee, Kopf- → 522/2
Gemsheide → 536/4
*Genista anglica* 520/4
– *germanica* 520/5
– *pilosa* 520/3
– *tinctoria* 520/2
*Gentiana acaulis* 722/4
– *clusii* 722/4
– *cruciata* 722/2
– *lutea* 642/1
– *nivalis* 724/1
– *pneumonanthe* 722/1
– *verna* 722/3
*Gentianella ciliata* 724/2
– *germanica* 744/4
– *germanica* → 724/2
*Geranium dissectum* 686/2
– *molle* 686/1
– *palustre* 684/4
– *pratense* 720/1
– *pyrenaicum* 684/5
– *robertianum* 686/3
– *sanguineum* 684/3
– *sylvaticum* 744/2
Germer, Weißer 662/2
*Geum rivale* 678/5
– *urbanum* 626/2
Giersch 578/4
Gift-Hahnenfuß 614/3
Gilbweiderich, Gewöhnlicher 640/4
–, Punktierter 640/5
Ginster, Behaarter 520/3
–, Deutscher 520/5
–, Englischer 520/4
–, Färber- 520/2
Gipskraut, Mauer- 674/2
Glanz-Weide → 488/3
Glashaar-Widertonmoos 834/6
Glatthafer 800/3
*Glechoma hederacea* 748/4
Gletscher-Hahnenfuß 558/3
Glieder-Binse 814/5
Glimmertintling 862/2
Glockenblume, Knäuel- 732/2
–, Nesselblättrige 732/3
–, Pfirsichblättrige 732/1
–, Rundblättrige 732/4
–, Wiesen- 732/5
Glocken-Heide 534/1
Glucke, Krause 848/4
*Glyceria maxima* 798/1
*Gnaphalium sylvaticum* 782/2
– *uliginosum* 782/3
Götterbaum 546/4
Golddistel 654/1
Goldhafer, Wiesen- 800/4
Gold-Hahnenfuß 614/2

Goldnessel 644/2
Goldregen 522/4
Goldröhrling 854/1
Goldrute, Gewöhnliche 648/1
–, Kanadische 648/2
–, Riesen- 648/3
Goldstern, Wald- 662/3
*Graphis scripta* 868/1
Graslilie, Ästige 602/2
Grasnelke, Gewöhnliche 694/1
Gras-Sternmiere 552/1
Grau-Erle 494/2
Graukresse 562/5
Grau-Weide 488/5
Greiskraut, Fuchs- 652/2
–, Gewöhnliches 652/5
–, Hain- → 652/2
–, Jakobs- 652/3
–, Klebriges 652/4
–, Schmalblättriges 652/1
*Grimmia pulvinata* 836/6
Grünalgenbelag 872/4
Grünalgenwatten 872/2
Grün-Erle 494/3
Günsel, Kriechender 728/1
Gundelrebe → 748/4
Gundermann 748/4
Guter Heinrich 762/1
*Gymnadenia conopsea* 712/4
*Gymnocarpium dryopteris* 822/2
*Gypsophila muralis* 674/2
*Gyromitra esculenta* 844/4

Haarstrang, Sumpf- 582/4
Habichtskraut, Doldiges 660/5
–, Kleines 660/3
–, Orangerotes 708/4
–, Wald- 660/4
Habichtspilz 850/3
Händelwurz, Mücken- 712/4
Hänge-Birke 492/1
Hafer, Flug- 800/6
Hagebutten → 510
Hahnenfuß, Berg- 614/4
–, Brennender 614/1
–, Flutender 558/5
–, Gift- 614/3
–, Gletscher- 558/3
–, Gold- 614/2
–, Knolliger 612/3
–, Kriechender 612/2
–, Scharfer 612/1
–, Wasser- 558/4
–, Wolliger 612/4
Hain-Ampfer 760/5
Hainbuche 496/1
Hain-Greiskraut → 652/2
Hain-Rispengras 794/4
Hainsimse, Weißliche 816/3
–, Behaarte 816/4
–, Feld- 816/1
–, Wald- 816/2
Hain-Spatenmoos 840/5
Hain-Veilchen 746/4
Hakenkiefer → 478/3
*Halimione portulacoides* 764/4
Hallimasch 856/6
Hartriegel, Blutroter 532/2
–, Sibirischer 532/3
Hasel 496/2
Haselwurz 758/4
Hasenbrot → 816/1
Hasen-Klee 682/3
Hasenlattich 756/5
Hasen-Segge 810/3
Hauhechel, Dornige 682/2
–, Kriechende → 682/2
Hauswurz, Dach- 678/2
Hecken-Kälberkropf 578/1
Heckenkirsche, Rote 544/3
–, Schwarze 544/4
*Hedera helix* 532/5
Hederich 622/4
Heide, Glocken- 534/1
–, Schnee- 534/2
Heidelbeere 538/3
Heide-Nelke 672/2
Heil-Ziest 698/2
*Helianthemum alpestre* 638/2
– *nummularium* 638/1
*Helleborus foetidus* 770/1
– *niger* 556/2
– *viridis* 770/2
Hellerkraut, Acker- 564/4
–, Stengelumfassendes 564/5
Hellsporiges Hornmoos 842/1
Helm, Blauer → 800/1
Helm-Knabenkraut 716/2
Helmkraut, Sumpf- 728/2
*Helvella crispa* 844/5
Hemlocktanne 480/3
*Hepatica nobilis* 718/3
*Heracleum*
*mantegazzianum* 582/1
– *sphondylium* 582/2
Herbstlöwenzahn 656/2
Herbstlorchel 844/5
Herbstzeitlose 710/2
Herkuleskeule 848/3
Herkulesstaude 582/1
*Herniaria glabra* 768/2
Herzblatt, Sumpf- 570/1
*Hesperis matronalis* 738/5
Hexenbesen → 492/2, 290
Hexenei → 866/5
Hexenkraut, Gewöhnliches 574/5
Hexenröhrling, Netzstieliger 852/6
*Hieracium aurantiacum* 708/4
– *pilosella* 660/3
– *sylvaticum* 660/4
– *umbellatum* 660/5
Himbeere 506/2
*Hippophaë rhamnoides* 530/1
*Hippuris vulgaris* 776/4
Hirschzunge 818/4
Hirtentäschelkraut 564/3
Hohlzahn, Bunter 644/1
Hohlzahn, Gewöhnlicher 696/1
*Holcus lanatus* 802/4
– *mollis* → 802/4
Holunder, Schwarzer 542/3
–, Trauben- 542/4
Holzbirne → 512/1
Holzkeule, Geweihförmige 846/4
Honiggras, Weiches → 802/4
–, Wolliges 802/4
Honigklee → 630/3
*Honkenya peploides* 550/1
Hopfen 758/1
Hopfenklee 632/1
*Hordeum murinum* 800/5
Hornblatt, Rauhes 768/4
Hornklee, Gewöhnlicher 632/3
–, Sumpf- 632/4
Hornkraut, Acker- 552/2
–, Gewöhnliches 552/3
–, Knäuel- 552/4
Hornmoos, Hellsporiges 842/1
*Hottonia palustris* 692/3
Huflattich 650/4
*Humulus lupulus* 758/1
Hundsflechte → 868/5
Hundskamille, Acker- 598/3
–, Färber- 650/2
Hundspetersilie 580/3
Hunds-Rose 508/1
Hunds-Veilchen 746/5
Hundszunge, Echte 694/5
Hungerblümchen 566/1
Hungergras → 802/1
*Hydnum repandrum* 850/2
*Hydrocharis morsus-ranae* 600/3
*Hydrocotyle vulgaris* 776/5
*Hygrophoropsis aurantiaca* 864/4
*Hygrophorus hypothejus* 864/5

*Hylocomium splendens* 838/3
*Hyoscyamus niger* 646/1
*Hypericum humifusum* 636/3
– *perforatum* 636/1
– *pulchrum* 636/2
*Hypholoma capnoides* 860/3
*Hypnum cupressiforme* 838/4
*Hypochoeris radicata* 654/4
*Hypogymnia physodes* → 868/3

Igelhaubenmoos, Gegabeltes 842/6
Igelkolben, Aufrechter 790/1
*Ilex aquifolium* 526/1
Immergrün, Kleines 724/3
*Impatiens glandulifera* 688/1
– *noli-tangere* 634/2
– *parviflora* 634/3
*Inocybe rubescens* 860/6
*Inula conyza* 648/4
*Iris pseudacorus* 664/2
– *sibirica* 736/5
*Isatis tinctoria* 618/1

Jakobs-Greiskraut 652/3
*Jasione montana* 734/1
Johannisbeere, Berg- 504/5
–, Rote 504/2
–, Schwarze 504/3
Johanniskraut, Durchlöchertes → 636/1
–, Echtes 636/1
–, Niederliegendes 636/3
–, Schönes 636/2
–, Tüpfel- → 636/1
Judasohr 848/1
Judenkirsche, Gewöhnliche 592/1
*Juglans regia* 500/3
*Juncus articulatus* 814/5
– *bufonius* 814/4
– *effusus* 814/2
– *inflexus* 814/1
– *tenuis* 814/3
Jungfernrebe 530/
*Juniperus communis* 484/3

Kälberkropf, Hecken- 578/1
–, Taumel- → 578/1
Käsepapp → 688/5
Käsepappel → 688/5
Kalmus 788/2
Kamille, Echte 598/5
–, Geruchlose 598/4
–, Strahlenlose 782/4
Kaminkehrer → 806/1
Kammfarn 822/4
Kammgras, Wiesen- 796/2
Kammkelchmoos, Verschiedenblättriges 840/1
Kamm-Segge → 812/3
Kammtang 874/6

Karde, Behaarte 594/3
–, Wilde 752/4
Kartäuser-Nelke 672/4
Kartoffelbovist 866/3
Kartoffel-Rose 508/2
Katharinenmoos, Welliges 834/4
Katzenpfötchen, Gewöhnliches 596/3
Katzenschweif → 806/1
Kegelkopfmoos 842/4
Kelch-Steinkraut 618/3
Kerbel, Wiesen- 576/3
Kettenkerbel, Gewöhnlicher 576/4
Keulen-Bärlapp 830/3
Kiefer, Berg- 478/3
–, Schwarz- 478/2
–, Wald- 478/1
–, Weymouths 480/2
–, Zirbel- 480/1
Kirsche, Süß- → 518/1
–, Vogel- 518/1
Kirschroter Speitäubling 862/6
Kissenmoos, Polster- 836/6
Klappertopf, Kleiner 646/4
Klatsch-Mohn 676/1
Klee, Berg- 572/5
–, Hasen- 682/3
–, Mittlerer 682/5
–, Rot- 682/4
–, Weiß- 572/4
–, Zickzack- → 682/5
Klette, Filzige 704/4
–, Große 704/3
Kletten-Labkraut 588/5
Knabenkraut, Breitblättriges 714/2
–, Geflecktes 714/3
–, Großes 716/1
–, Helm- 716/2
–, Kleines 714/4
–, Manns- → 716/1
Knabenkräuter 712 ff.
Knäuel, Einjähriger 768/1
Knäuelgras 796/1
Knallerbsen → 542/2
*Knautia arvensis* 754/1
Knautie → 754/1
Knoblauch, Wilder → 602/4
Knoblauchsrauke 560/2
Knöllchen-Knöterich 548/2
Knöllchen-Steinbrech 568/2
Knöterich, Ampfer- 666/4
–, Floh- 666/1
–, Knöllchen- 548/2
–, Pfeffer- 760/1
–, Schlangen- 666/3
–, Vogel- 666/5
–, Wasser- 666/2
–, Winden- → 758/5
Knollenblätterpilz, Gelber 858/1
–, Grüner 858/3
–, Spitzhütiger → 858/2
–, Weißer 858/2
Knollen-Platterbse 680/5
Knopfkraut → 596/4
Knotenblume, Frühlings- → 606/1
Königsfarn 820/1
Königskerze, Kleinblütige 644/4
–, Großblütige 644/3
–, Schwarze 644
Kohl-Gänsedistel 658/1
Kohl-Kratzdistel 654/3
Kohlröschen, Rotes → 714/1
–, Schwarzes 714/1
Kompaß-Lattich 658/3
Kopf-Geißklee → 522/2
Kopfweide → 486/4, 490/3
Kopf-Zwergginster 522/2
Koralle, Dreifarbige → 848/5
–, Schöne 848/5
Korb-Weide 490/3
Kornblume 734/5
Kornelkirsche 532/4
Kornrade 670/3
Krähenbeere 538/5
Kräutchen-rühr-mich-nicht-an → 634/2
Kranzmoos, Großes 838/5
Kratzbeere 506/4
Kratzdistel, Acker- 756/4
–, Gewöhnliche 756/3
–, Kohl- 654/3
–, Stengellose 706/3
–, Sumpf- 706/4
Kraut- und Knollenfäule 844/2
Krebsschere 602/1
Krempling, Kahler 854/6
Kresse, Feld- 566/2
–, Schutt- 770/4
Kreuzblume, Bittere → 720/2
–, Gewöhnliche 720/2
Kreuzdorn, Echter 528/1
–, Purgier- → 528/1
–, Zwerg- 528/2

Kreuz-Enzian 722/2
Kreuzkraut → 652/5
Kreuzlabkraut, Gewöhnliches 642/4
Kriech-Weide 488/4
Kröten-Binse 814/4
Krokus, Alpen- 606/2
–, Frühlings- → 606
Kronwicke, Bunte 684/1
Krummhals, Acker- 726/2
Kubaspinat → 766/3
Kuckucksblume → 606/4
Kuckuckslichtnelke 670/1
Kuckucksspeichel → 670/1
Küchenschelle, Gewöhnliche 738/1
Kümmel, Wiesen- 582/3
Kugeldistel 734/3
Kuhblume → 656/1
Kulturchampignon → 860/2
Kunigundenkraut → 708/1
Kupfer-Felsenbirne → 514/3

Labkraut, Echtes 642/3
–, Harzer 588/4
–, Kletten- 588/5
–, Stein- → 588/4
–, Sumpf- 588/1
–, Wald- 588/2
–, Wiesen- 588/3
*Laburnum anagyroides* 522/4
*Lactarius deliciosus* 864/1
– *piperatus* 864/2
– *torminosus* 864/3
*Lactuca serriola* 658/3
Lärche, Europäische 476/2
–, Japanische 476/3
*Laetiporus sulphureus* 850/6
Läusekraut, Sumpf- 702/2
Laichkraut, Krauses 786/4
–, Schwimmendes 786/3
*Lamiastrum galeobdolon* 644/2
*Laminaria digitata* 874/5
*Lamium album* 590/3
– *amplexicaule* 696/4
– *maculatum* 696/2
– *purpureum* 696/3
Landkartenflechte 868/2
Land-Reitgras 804/2
*Langermannia gigantea* 866/2
Lappenfarn, Berg- → 820/3
Lappen-Schildfarn → 826/5
*Lapsana communis* 660/2
*Larix decidua* 476/2
– *kaempferi* 476/3
*Lathraea squamaria* 704/1
*Lathyrus linifolius* 680/4
– *montanus* → 680/4
– *pratensis* 630/2
– *sylvestris* 682/1
– *tuberosus* 680/5
– *vernus* 680/3
Latsche → 478/3
Lattich, Kompaß- 658/3
Lauch, Weinberg- 710/4
Lavendel-Weide 490/4
Leberblümchen 718/3
*Leccinum rufum* 854/4
– *scabrum* 854/3
Ledertäubling, Brauner 862/4
*Ledum palustre* 536/1
Legföhre → 478/3
*Legousia speculum-veneris* 754/3
Leimkraut, Aufgeblasenes 554/3
–, Nickendes 554/2
–, Stengelloses 670/4
–, Taubenkropf- → 554/3
Lein, Purgier- 574/3
Leinkraut, Gewöhnliches 646/2
*Lemna minor* 786/5
*Leontodon autumnalis* 656/2
*Lepidium campestre* 566/2
– *ruderale* 770/4
*Lepiota procera* → 860/1
*Lepista nebularis* → 856/2
Lerchensporn, Gefingerter 738/4
–, Gelber 616/2
–, Hohler 738/3
–, Rankender 560/1
*Leucanthemum vulgare* 596/5
*Leucobryum glaucum* 836/3
*Leucojum vernum* 606/1
Lichtnelke, Nacht- → 554/4
–, Rote 674/1
–, Weiße 554/4
Lieschgras, Wiesen- 806/1
Liguster 540/2
*Ligustrum vulgare* 540/2
Lilie, Türkenbund- 710/1
*Lilium martagon* 710/1
*Limonium vulgare* 744/3
*Linaria vulgaris* 646/2
Linde, Sommer- 528/3
–, Winter- 528/4
*Linum catharticum* 574/3
*Listera ovata* 790/4
*Lithospermum arvense* → 590/2, → 726/1
– *purpureocaerulea* 726/1
*Lobaria pulmonaria* 868/6
*Lobelia dortmanna* 734/2
– *erinus* → 734/2
Lobelie, Blaue → 734/2
–, Wasser- 734/2
Löffelkraut, Dänisches 564/1
–, Echtes 564/2
Löwenmäulchen, Wildes → 646/2
Löwenzahn, Wiesen- 656/1
Lohblüte, Gelbe 844/1
*Loiseleuria procumbens* 536/4
Lolch → 792/5
*Lolium perenne* 792/5
*Lonicera nigra* 544/4
– *periclymenum* 546/1
– *xylosteum* 544/3
*Lophocolea heterophylla* 840/1
*Lotus corniculatus* 632/3
– *uliginosus* 632/4
*Lunaria annua* → 740/1
– *rediviva* 740/1
Lungen-Enzian 722/1
Lungenflechte 868/6
Lungenkraut, Echtes 748/1
Luzerne 744/1
–, Gelbe → 632/2
*Luzula campestris* 816/1
– *luzuloides* 816/3
– *pilosa* 816/4
– *sylvatica* 816/2
*Lychnis flos-cuculi* 670/1
– *viscaria* 670/2
*Lycium barbarum* 540/4
*Lycoperdon perlatum* 866/1
*Lycopodiella inundata* 830/1
*Lycopodium annotinum* 830/2
– *clavatum* 830
*Lycopsis* → 726/2
*Lycopus europaeus* 590/4
*Lysimachia nummularia* 638/5
– *punctata* 640/5
– *vulgaris* 640/4
*Lythrum salicaria* 692/1

*Macrolepiota procera* 860/1
Mädesüß, Großes 570/3
–, Kleines 570/4
Männertreu → 730
März-Veilchen 746/2
Märzenbecher 606/1
Mäusegerste 800/5
Mäuseohr, Acker- → 726/3
*Maianthemum bifolium* 604/2
Maiblume → 604/2
Maiglöckchen 604/1
–, Falsches → 604/2
Maipilz 856/4

Maiporling 850/7
Mai-Rißpilz 860/6
Mairitterling → 856/4
Majoran, Wilder → 700/2
*Malachium aquaticum* → 552/5
*Malus sylvestris* 512/2
*Malva alcea* 688/2
– *moschata* 688/3
– *neglecta* 688/5
– *sylvestris* 688/4
Malve, Moschus- 688/3
–, Rosen- 688/2
–, Weg- 688/5
–, Wilde 688/4
Mandel-Weide 488/1
Maßholder → 524/3
Manns-Knabenkraut → 716/1
Mannstreu, Feld- 776/1
*Marasmius oreades* 856/5
*Marchantia polymorpha* 842/3
Margerite → 596/5
Marienröschen → 596/1
Maronenröhrling 852/1
Maßliebchen → 596/1
Mastkraut, Niederliegendes 768/3
*Matricaria chamomilla* 598/5
– *discoidea* 782/4
*Matteucia struthiopteris* 824/3
Mauer-Doppelsame 622/1
Mauer-Gipskraut 674/2
Mauerlattich 658/4
Mauerpfeffer, Scharfer 624/3
–, Weißer 568/1
Mauerraute 826/1
Mäuseschwanz 770/3
*Medicago falcata* 632/2
– *lupulina* 632/1
– *sativa* 744/1
Meerrettich 560/3
Meersaite 874/3
Meersalat 874/2
Meersenf 740/5
Mehlbeere 514/1
Mehlbeeren → 516/1
Mehlfäßchen → 516/1
*Melampyrum arvense* 700/5
– *pratense* 646/3
*Melandium album* → 554/4
Melde, Garten- → 764/2
–, Spießblättrige 764/2
–, Spreizende 764/1
–, Strand- 764/3
–, Wilde → 762/2
*Melica nutans* 796/6
– *uniflora* 796/5
*Melilotus alba* 572/3
– *officinalis* 630/3
*Mentha aquatica* 750/4
– *arvensis* 750/2
– *longifolia* 750/3
– *spicata* → 750/4
*Menyanthes trifoliata* 586/3
*Mercurialis annua* 772/3
– *perennis* 772/4
Merk, Aufrechter 580/1
*Mespilus germanica* 514/2
*Metzgeria furcata* 842/6
*Meum athamanticum* 584/1
*Microcystis* 872/1
Milchlattich, Alpen- 736/2
Milchling, Zottiger → 864/3
Milchstern, Doldiger 602/3
*Milium effusum* 806/3
Milzkraut,
Gegenblättriges → 626/1
–, Wechselblättriges 626/1
*Minuartia verna* 548/5
Minze, Acker- 750/2
–, Grüne → 750/4
–, Roß- 750/3
–, Wasser- 750/4
Mispel 514/2
Mistel 502/3
*Mnium undulatum* 836/4
Möhre, Wilde 584/3
*Moehringia trinervia* 548/4
Mohn, Klatsch- 676/1
–, Saat- 676/2
–, Sand- 676/3
–, Stachel- → 676/3
Mohr → 584/3
*Molinia caerulea* 804/5
Mondraute, Echte 818/3
*Monilia* → 846/3
*Monilinia fructigena* 846/3
*Monotropa hypopitys* 778/1
Moor-Birke 492/2
Moorkiefer → 478/3
Moorlilie 662/1
Moos, Isländisches 870/1
Moosbeere 538/1
Moosfarn, Gezähnter 830/5
Moosflechte → 870/1
*Morchella conica* 846/1
– *esculenta* 846/2
Moschuskraut 782/1
Moschus-Malve 688/3
Mücken-Händelwurz 712/4
Mummel → 608/1
*Muscari botryoides* 736/4
Muschelmoos 840/2
Muttergottesgläschen → 590/1
Mutterkornpilz 846/5
*Mycelis muralis* 658/4
*Myosotis arvensis* 726/3
– *palustris* 726/4
*Myosoton aquaticum* 552/5
*Myosurus minimus* 770/3
*Myrica gale* 496/3
*Myricaria germanica* 530/6
*Myriophyllum spicatum* 776/3

Nabelmiere, Dreinervige 548/4
Nachtkerze, Gewöhnliche 634/4
Nacht-Lichtnelke → 554/4
Nachtnelke → 554/4
Nachtschatten, Bittersüßer 540/3
–, Schwarzer 592/2
Nachtviole 738/5
*Narcissus pseudonarcissus* 664/1
*Nardus stricta* 806/5
*Narthecium ossifragum* 662/1
Narzisse, Gelbe 664/1
*Nasturtium officinale* 560/4
Natternkopf 724/4
Natternzunge 818/1
Nebelgrauer Trichterling 856/2
Nebelkappe → 856/2
Nelke, Büschel- 672/3
–, Heide- 672/2
–, Kartäuser- 672/4
–, Pracht- 672/1
Nelken-Schwindling 856/5
Nelkenwurz, Bach- 678/5
–, Echte 626/2
*Neottia nidus-avis* 790/3
Nesselblättrige
Glockenblume 732/3
Nessel-Seide 694/3
Netz-Weide 488/2
Nickwurz → 756/5
Nieswurz, Grüne 770/2
–, Schwarze → 556/2, 770/1
–, Stinkende 770/1
*Nigritella miniata* → 714/1
– *nigra* 714/1
*Nuphar lutea* 608/1
*Nymphaea alba* 556/1
*Nymphoides peltata* 642/2

Odermennig, Gewöhnlicher 626/3
*Odontites rubra* 702/1
*Oenanthe aquatica* 580/2
*Oenothera biennis* 634/4
Ohr-Weide 490/1

*Onobrychis viciifolia* 684/2
*Ononis repens* → 682/2
– *spinosa* 682/2
*Ophioglossum vulgatum* 818/1
*Ophrys apifera* 716/4
– *insectifera* 716/3
Orangebecherling 844/3
Orchideen 712ff.
*Orchis mascula* 716/1
– *militaris* 716/2
– *morio* 714/4
Oregano → 700/2
Oregon pine → 484/2
Oregonzeder → 484/4
*Origanum vulgare* 700/2
*Ornithogalum umbellatum* 602/3
*Ornithopus perpusillus* 574/1
*Orobanche* 780/1
*Orthilia secunda* 638/4
*Osmunda regalis* 820/1
Osterglocke → 664/1
Osterluzei, Gemeine 608/2
Osterschelle → 664/1
*Oxalis acetosella* 574/2
– *fontana* 634/1
– *stricta* → 634/1

Palmkätzchen 490/2
Pantherpilz 858/5
Papageien-Täubling → 862/5
*Papaver argemone* 676/3
– *dubium* 676/2
– *rhoeas* 676/1
Pappel, Schwarz- 486/2
–, Silber- 486/3
–, Zitter- 486/1
Parasolpilz 860/1
*Paris quadrifolia* 788/1
*Parmelia physodes* 868/3
*Parnassia palustris* 570/1
*Parthenocissus quinquefolia* 530/2
– *tricuspidata* 530/2
*Pastinaca sativa* 638/3
Pastinak 638/3
*Paxillus atrotomentosus* 854/5
– *involutus* 854/6
Pechnelke 670/2
*Pedicularis palustris* 702/2
*Pellia epiphylla* 842/5
*Peltigera canina* 868/5
Perlgras, Einblütiges 796/5
–, Nickendes 796/6
Perlpilz 858/4
Pestwurz, Rote 704/2
*Petasites hybridus* 704/2
*Peucedanum palustre* 582/4
Pfaffenhütchen 526/2
Pfeffer-Knöterich 760/1
Pfeffermilchling 864/2
Pfeifengras 804/5
Pfeilkraut, Gemeines 600/2
Pfeilkresse 566/3
Pfennigkraut 638/5
Pfifferling, Echter 848/6
–, Falscher 864/4
Pfirsichblättrige Glockenblume 732/1
Pflaumenflechte, Echte 870/5
–, Falsche 870/6
*Phaeoceros laevis* 842/1
*Phalaris arundinacea* 804/3
*Phallus impudicus* 866/5
*Phleum pratense* 806/1
*Pholiota mutabilis* 860/4
*Phragmites australis* 804/4
*Phycodrys rubens* 874/7
*Phyllitis scolopendrium* 818/4
*Physalis alkekengi* 592/1
*Phyteuma nigrum* 728/5
– *spicatum* 594/4
*Phytophthora infestans* 844/2
*Picea abies* 482/2
– *pungens* 482/3
– *sitchensis* 484/1
*Picris hieracioides* 656/3
Pillenfarn 828/3
*Pilularia globulifera* 828/3
*Pimpinella major* 578/2
– *saxifraga* 578/3
*Pinguicula alpina* 594/1
– *vulgaris* 752/3
*Pinus cembra* 480/1
– *mugo* 478/3
– *nigra* 478/2
– *strobus* 480/2
– *sylvestris* 478/1
Pippau, Wiesen- 660/1
*Plagiochila asplenoides* 840/2
*Plantago lanceolata* 780/4
– *major* 780/2
– *media* 780/3
*Platanthera bifolia* 606/4
Platterbse, Berg- 680/4
–, Erdnuss- → 680/5
–, Frühlings- 680/3
–, Knollen- 680/5
–, Wiesen- 630/2
–, Wilde 682/1
*Pleurotus ostreatus* 850/8
*Pleurozium schreberi* 838/3
*Plocanium coccineum* 874/6
*Poa alpina* 794/3
– *annua* 794/1
– *nemoralis* 794/4
– *pratensis* 794/2
Poleigränke → 536/2
Polster-Kissenmoos 836/6
*Polygala amara* → 720/2
– *vulgaris* 720/2
*Polygonatum multiflorum* 604/4
– *odoratum* 604/4
– *verticillatum* 604/3
*Polygonum amphibium* 666/2
– *aviculare* 666/5
– *bistorta* 666/3
– *convolvolus* ă758/5
– *hydropiper* 760/1
– *lapathifolium* 666/4
– *persicaria* 666/1
– *viviparum* 548/2
*Polypodium vulgare* 828/2
*Polyporus ciliatus* 850/7
*Polystichum aculeatum* 826/5
*Polytrichum formosum* 834/5
– *piliferum* 834/6
*Populus alba* 486/3
– *nigra* 486/2
– *tremula* 486/1
Porling, Schwefel- 850/6
Porst, Sumpf- 536/1
*Potamogeton crispus* 786/4
*Potamogeton natans* 786/3
*Potentilla anserina* 626/5
– *argentea* 628/1
– *erecta* 626/4
– *norvegica* 628/2
– *palustris* 680/1
– *recta* 628/5
– *reptans* 628/4
– *sterilis* 572/2
– *verna* 628/3
Pracht-Nelke 672/1
Preiselbeere 538/2
*Prenanthes purpurea* 756/5
Primel → 640/2
*Primula elatior* 640/1
– *farinosa* 692/2
– *veris* 640/2
– *vulgaris* 640/3
*Prunella vulgaris* 748/5
*Prunus avium* 518/1
– *padus* 518/2
– *serotina* 518/3
– *spinosa* 516/3

*Pseudevernia furfuracea* 870/6
*Pseudotsuga menziesii* 484/2
*Pteridium aquilinum* 820/2
*Puccinellia distans* 794/5
– *maritima* 794/6
*Pulmonaria obscura* → 748/1
– *officinalis* 748/1
*Pulsatilla alpina* 556/4
– *vulgaris* 738/1
Purgier-Kreuzdorn → 528/1
Purgier-Lein 574/3
Purpur-Weide 490/5
Pusteblume → 656/1
Pyrenäen-Storchschnabel 684/5
*Pyrola minor* 586/1
*Pyrus pyraster* 512/1

Quecke, Gemeine 800/2
Queller 766/1
Quendel → 700/3
*Quercus petraea* 498/3
– *robur* 498/2
– *rubra* 500/1

Ragwurz, Bienen- 716/4
–, Fliegen- 716/3
Rainfarn 650/3
Rainkohl 660/2
Rainweide → 540/2
*Ramaria formosa* 848/5
*Ranunculus acris* 612/1
– *aquatilis* 558/4
– *auricomus* 614/2
– *bulbosus* 612/3
– *ficaria* 614/5
– *flammula* 614/1
– *fluitans* 558/5
– *glacialis* 558/3
– *lanuginosus* 612/4
– *montanus* 614/4
– *repens* 612/2
– *sceleratus* 614/3
*Raphanus raphanistrum* 622/4
Rapünzchen → 594/2
Rapunzel → 594/4
Rasen-Schmiele 802/2
Rauke, Ungarische 616/4
–, Weg- 616/3
Rauschbeere 538/4
Reet → 798/1
Reiherschnabel 686/4
Reitgras, Land- 804/2
Reizker, Echter 864/1
Rentierflechte, Echte 870/2
–, Wald- 870/2
*Reseda lutea* 624/2
– *luteola* 624/1
*Reynoutria japonica* 548/1
– *sachalinensis* → 548/1
Rhabarber, Wilder → 704/2
*Rhamnus catharticus* 528/1
– *pumilus* 528/2
*Rhinanthus minor* 646/4
*Rhizocarpon geographicum* 868/2
*Rhododendron ferrugineum* 534/4
– *hirsutum* 534/5
*Rhodothamnus chamaecistus* 536/3
*Rhynchospora alba* 810/2
– *fusca* → 810/2
*Rhytidiadelphus triquetrus* 838/5
*Ribes alpinum* 504/5
– *nigrum* 504/3
– *rubrum* 504/2
– *uva-crispa* 504/4
*Riccia glauca* 842/2
Riesen-Bärenklau → 582/1
Riesenbovist 866/2
Riesen-Goldrute 648/3
Riesen-Schachtelhalm 832/5
Riesen-Schwingel 792/1
Rippenfarn 828/1
Rispengras, Einjähriges 794/1
–, Alpen- 794/3
–, Hain- 794/4
–, Wiesen- 794/2
Rispen-Segge 810/5
Rispen-Steinbrech 568/5
Rißpilz, Mai- 860/6
Rittersporn, Acker- 718/2
*Robinia pseudacacia* 522/5
Robinie 522/5
Rohrglanzgras 804/3
Rohrkolben, Breitblättriger 790/2
–, Schmalblättriger → 790/2
*Rorippa amphibia* 620/2
– *islandica* 620/4
– *palustris* → 620/4
– *sylvestris* 620/3
Rorippen → 620/2
*Rosa pimpinellifolia* 510/2
– *alpina* → 510/4
– *arvensis* 510/3
– *canina* 508/1
– *gallica* 508/4
– *pendulina* 510/4
– *rubiginosa* 508/3
– *rugosa* 508/2
– *tomentosa* 510/1
Rose, Alpen- → 510/4
–, Bibernell- 510/2
–, Dünen- → 510/2
–, Essig- 508/4
–, Feld- → 510/3
–, Filz- 510/1
–, Gebirgs- 510/4
–, Hunds- 508/1
–, Kartoffel- 508/2
–, Kriechende 510/3
–, Wein- 508/3
Rosen-Malve 688/2
Rosmarinheide 536/2
Rosmarin-Seidelbast 530/4
Roßkastanie 524/4
Roß-Minze 750/3
Rotbuche 498/1
Rotdorn → 516/2
Rot-Erle → 494/1
Rotfußröhrling 852/3
Rotkappen → 854/4
Rot-Klee 682/4
Rot-Schwingel 792/3
Rotstengelmoos 838/3
*Rubus caesius* 506/4
– *fruticosus* 506/3
– *idaeus* 506/2
– *saxatilis* 506/1
Ruchgras, Gemeines 802/3
Rübling, Samtfuß- 856/7
Rührmichnichtan 634/2
Rüster → 502/1
Ruhrkraut, Sumpf- 782/3
–, Wald- 782/2
*Rumex acetosa* 668/3
– *acetosella* 668/2
– *conglomeratus* 760/4
– *crispus* 760/3
– *hydrolapathum* 668/1
– *obtusifolius* 760/2
– *sanguineus* 760/5
Rundmorchel 846/2
*Russula cyanoxantha* 862/5
– *emetica* 862/6
– *integra* 862/4
– *vesca* 862/3

Saat-Mohn 676/2
Sackmoos, Breites 840/6
*Sagina procumbens* 768/3
*Sagittaria sagittifolia* 600/2
Salat, Spanischer → 764/2
Salbei, Echter → 728/3
–, Wiesen- 728/3

Salbei-Gamander 778/2
*Salicornia europaea* 766/1
*Salix alba* 486/5
– *aurita* 490/1
– *caprea* 490/2
– *cinerea* 488/5
– *eleagnos* 490/4
– *fragilis* 486/4
– *glabra* 488/3
– *purpurea* 490/5
– *repens* 488/4
– *reticulata* 488/2
– *triandra* 488/1
– *viminalis* 490/3
Salomonssiegel → 604/4
*Salvia officinalis* → 728/3
– *pratensis* 728/3
*Salvinia natans* 828/4
Sal-Weide 490/2
Salzmelde, Strand- 764/4
Salzmiere 550/1
Salz-Schuppenmiere 668/4
Salzschwaden,
Gewöhnlicher 794/5
*Sambucus nigra* 542/3
– *racemosa* 542/4
Samtfußkrempling 854/5
Samtfuß-Rübling 856/7
Sand-Birke → 492/1
Sanddorn 530/1
Sandglöckchen, Berg- 734/1
Sandkraut,
Quendelblättriges 548/3
Sand-Mohn 676/3
Sand-Schaumkresse 740/4
Sand-Segge 812/1
*Sanguisorba minor* 678/4
– *officinalis* 678/3
*Sanicula europaea* 576/1
Sanikel 576/1
*Saponaria officinalis* 674/3
*Sarcodon imbricatus* 850/3
Satanspilz 852/5
Saubohne → 740/
Sauerampfer, Kleiner 668/2
–, Wiesen- 668/3
Sauerdorn → 504/1
Sauerklee, Aufrechter 634/1
–, Wald- 574/2
*Saxifraga aizoides* 624/5
– *aizoon* 568/5
– *granulata* 568/2
– *paniculata* 568/5
– *rotundifolia* 568/4
– *tridactylites* 568/3
*Scabiosa columbaria* 754/2
*Scapania nemorea* 840/5
Schachtelhalm, Acker- 832/4
–, Riesen- 832/5
–, Sumpf- 832/2
–, Teich- → 832/2
–, Wald- 832/3
–, Winter- 832/1
Schaf-Garbe 598/1
Schaf-Schwingel 792/4
Scharbockskraut 614/5
Schattenblümchen 604/2
Schaumkraut, Bitteres 562/1
–, Garten- 562/3
–, Spring- 562/2
–, Wiesen- 740/3
Schaumkresse, Sand- 740/4
Scheiden-Wollgras 808/5
Scheinzypresse 484/4
Schierling, Gefleckter 580/4
Schildfarn, Dorniger → 826/5
–, Gelappter 826/5
–, Lappen- → 826/5
–, Stacheliger → 826/5
Schildflechte 868/5
Schilf 804/4
Schlafmoos, Zypressen- 838/4
Schlangen-Knöterich 666/3
Schlangenmoos → 830/3
Schlangenwurz 788/4
Schlehdorn 516/3
Schleiereule → 860/5
Schleimkopf,
Blaugestiefelter 860/5
Schlitzblättriger
Storchschnabel 686/2
Schlüsselblume, Echte 640/2
–, Hohe 640/1
–, Mehlige 692/2
–, Stengellose 640/3
Schmerling → 854/2
Schmetterlingsstrauch → 542/1
Schmetterlingstramete 850/4
Schmiele, Draht- 802/1
–, Geschlängelte → 802/1
–, Rasen- 802/2
Schnabelbinse, Braune → 810/2
–, Weiße 810/2
Schneckling, Frost- 864/5
Schneeball, Wasser- 544/1
–, Wolliger 544/2
Schneebeere 542/2
Schnee-Enzian 724/1
Schnee-Heide 534/2
Schöllkraut 616/1
*Schoenoplectus lacustris* 808/3
Schopftintling 862/1
Schöterich, Acker- 618/2
Schriftfarn 818/2
Schriftflechte 868/1
Schüsselflechte 868/3
Schuppenmiere, Rote 668/5
–, Salz- 668/4
Schuppenwurz 704/1
Schutt-Kresse 770/4
Schwaden, Wasser- 798/1
Schwalbenwurz 586/4
Schwanenblume 710/3
Schwarzdorn → 516/3
Schwarz-Erle 494/1
Schwarz-Kiefer 478/2
Schwarznessel 698/1
Schwarz-Pappel 486/2
Schwefelkopf,
Rauchblättriger 860/3
Schwefel-Porling 850/6
Schwertlilie, Sibirische 736/5
–, Sumpf- 664/2
Schwimmfarn 828/4
Schwindling, Nelken- 856/5
Schwingel, Riesen- 792/1
–, Rot- 792/3
–, Schaf- 792/4
–, Wiesen- 792/2
*Scilla bifolia* 736/3
*Scirpus sylvaticus* 808/1
*Scleranthus annuus* 768/1
*Scleroderma citrinum* 866/3
*Sclerotinia fructigena* → 846/3
*Scrophularia nodosa* 778/4
– *umbrosa* 778/5
*Scutellaria galericulata* 728/2
*Sedum acre* 624/3
– *album* 568/1
– *maximum* → 678/1
– *reflexum* → 624/4
– *rupestre* 624/4
– *telephium* 678/1
Seegras 784/5
Seekanne 642/2
Seerose, Weiße 556/1
Segge, Behaarte 810/6
–, Blaugrüne 810/4
–, Hasen- 810/3
–, Kamm- → 812/3
–, Rispen- 810/5
–, Sand- 812/1
–, Sparrige → 812/5
–, Stachel- 812/5
–, Wald- 812/4

–, Winkel- 812/2
–, Zweizeilige 812/3
Seide, Nessel- 694/3
Seidelbast 530/3
–, Rosmarin- 530/4
Seifenkraut 674/3
*Selaginella selaginoides* 830/5
Semmelpilz → 850/2
*Sempervivum tectorum* 678/2
*Senecio fuchsii* 652/2
– *inaequidens* 652/1
– *jacobaea* 652/3
– *viscosus* 652/4
– *vulgaris* 652/5
Senf, Acker- 622/2
–, Schwarzer 622/3
*Sherardia arvensis* 744/5
Sichelklee 632/2
Sichelluzerne → 632/2
Siebenstern 586/2
Siegmarswurz → 688/2
Silber-Birnmoos 836/5
Silberblatt, Garten- 740/1
–, Wildes 740/1
Silberdistel 600/1
Silber-Fingerkraut 628/1
Silbergras 802/6
Silbermäntelikraut 772/2
Silber-Pappel 486/3
Silberpfennig → 740/1
Silbertaler → 740/1
Silber-Weide 486/5
Silberwurz 516/4
*Silene acaulis* 670/4
– *alba* 554/4
– *cucubalus* → 554/3
– *dioica* 674/1
– *inflata* → 554/3
– *nutans* 554/2
– *vulgaris* 554/3
Simse, Wald- 808/1
*Sinapis arvensis* 622/2
*Sisymbrium altissimum* 616/4
– *officinale* 616/3
Sitka-Fichte 484/1
*Sium* → 580/1
Skabiose, Tauben- 754/2
Skabiosen-Flockenblume 708/2
Skorbutkraut → 614/5
Sode 766/2
*Solanum dulcamara* 540/3
– *nigrum* 592/2
*Soldanella alpina* 720/4
– *pusilla* → 720/4
Soldatenknöpfe → 650/3
*Solidago canadensis* 648/2
– *gigantea* 648/3
– *virgaurea* 648/1
Sommer-Adonisröschen 674/4
Sommerflieder 542/1
Sommer-Linde 528/3
Sommerwurz 780/1
*Sonchus arvensis* 658/2
– *oleraceus* 658/1
Sonnenröschen, Alpen- 638/2
–, Gewöhnliches 638/1
Sonnentau, Mittlerer 566/5
–, Rundblättriger 566/4
Sonnenwend-Wolfsmilch 774/1
*Sorbus aria* 514/1
– *aucuparia* 512/4
– *domestica* 512/3
Spaltzahnmoos, Eiben- 836/1
Spanischer Salat → 764/2
*Sparassis crispa* 848/4
*Sparganium erectum* 790/1
Spark, Acker- 554/1
Spärkling → 668/5
Spatenmoos, Hain- 840/5
Speierling 512/3
Speisetäubling 862/3
Speitäubling, Kirschroter 862/6
*Spergula arvensis* 554/1
*Spergularia marina* 668/4
– *rubra* 668/5
– *salina* → 668/4
*Sphagnum magellanicum* 834/2
– *nemoreum* 834/1
Spirke → 478/3
*Spirogyra* 872/2
Spitz-Ahorn 524/2
Spitzmorchel 846/1
Spitzwegerich 780/4
Spörgel → 554/1
Springkraut, Drüsiges → 688/1
–, Indisches 688/1
–, Kleinblütiges 634/3
Spring-Schaumkraut 562/2
Springwurz → 604/4
Sprossender Bärlapp 830/2
Stachelbeere 504/4
Stachel-Mohn 676/3
Stachel-Segge 812/5
*Stachys palustris* 698/4
– *sylvatica* 698/3
Staudenknöterich,
Japanischer 548/1
–, Sachalin- → 548/1
Stechapfel, Weißer 592/3
Stech-Fichte → 482/3
Stechginster 522/3
Stechpalme 526/1
Steinbeere 506/1
Steinbrech, Fetthennen- 624/5
–, Finger- 568/3
–, Knöllchen- 568/2
–, Rispen- 568/5
–, Rundblättriger 568/4
Steinklee, Echter 630/3
–, Weißer 572/3
Steinkraut, Kelch- 618/3
Stein-Labkraut → 588/4
Steinpilz 852/4
Steinquendel, Feld- 750/1
Steinröschen 530/5
Steinsame, Acker- → 726/1
–, Acker- 590/2
–, Blauroter 726/1
*Stellaria graminea* 552/1
– *holostea* 550/3
– *media* 550/2
– *nemorum* 550/4
*Stenactis annua* → 756/2
Stendelwurz, Breitblättrige 712/1
–, Rotbraune 712/2
Sterndolde, Große 576/2
Sternlebermoos, Blaugrünes 842/2
Sternmiere, Gras- 552/1
–, Große 550/3
–, Wald- 550/4
Sternmoos, Welliges 836/4
Stiefmütterchen, Acker- 636/5
Stiel-Eiche 498/2
Stinkmorchel 866/5
*Stipa pennata* 806/4
Stockschwämmchen 860/4
Stoppelpilz 850
Storchschnabel, Blutroter 684/3
–, Pyrenäen- 684/5
–, Schlitzblättriger 686/2
–, Stinkender 686/3
–, Sumpf- 684/4
–, Wald- 744/2
–, Weicher 686/1
–, Wiesen- 720/1
Strand-Aster 754/5
Strand-Beifuß 784/3
Stranddistel 720/3
Strand-Dreizack 786/1
Strandflieder 744/3
Strandhafer 804/1
Strand-Melde 764/3
Strandroggen 800/1
Strand-Salzmelde 764/4
Strandsimse 808/2

*Stratiotes aloides* 602/1
Strauch-Birke 492/4
Straußfarn 824/3
Straußgras, Rotes 802/5
Streifenfarn, Brauner 826/2
–, Grüner 826/3
Strobe → 480/2
*Suaeda maritima* 766/2
*Succisa pratensis* 728/4
Süßer Tragant → 630/1
Süß-Kirsche → 518/1
*Suillus grevillei* 854/1
– *luteus* 854/2
Sumpf-Baldrian 702/4
Sumpf-Bärlapp 830/1
Sumpfbinse, Gewöhnliche 810/1
Sumpf-Blutauge 680/1
Sumpf-Dotterblume 608
Sumpf-Dreizack 786/2
Sumpffarn 820/4
Sumpf-Garbe 598/2
Sumpf-Garbe 598/2
Sumpf-Haarstrang 582/4
Sumpf-Helmkraut 728/2
Sumpf-Herzblatt 570/1
Sumpf-Hornklee 632/4
Sumpf-Kratzdistel 706/4
Sumpfkresse, Gewöhnliche 620/4
–, Wasser- 620/2
–, Wilde 620/3
Sumpf-Labkraut 588/1
Sumpf-Läusekraut 702/2
Sumpf-Porst 536/1
Sumpf-Ruhrkraut 782/3
Sumpf-Schachtelhalm 832/2
Sumpf-Schwertlilie 664/2
Sumpf-Storchschnabel 684/4
Sumpf-Veilchen 746/1
Sumpf-Vergißmeinnicht 726/4
Sumpf-Weidenröschen 690/5
Sumpf-Ziest 698/4
*Symphoricarpus albus* 542/2
*Symphytum officinale* 748/2

Täubling, Papageien- → 862/5
Tamariske, Deutsche 530/6
Tamarisken-Thujamoos 838/2
*Tanacetum vulgare* 650/3
Tanne, Weiß- 482/1
Tannenwedel 776/4
*Taraxacum officinale* 656/1
Taubenkropf-Leimkraut → 554/3
Tauben-Skabiose 754/2
Taubnessel, Gefleckte 696/2
–, Rote 696/3
–, Stengelumfassende 696/4
–, Weiße 590/3
Taumel-Kälberkropf → 578/1
Tausendblatt, Ähriges 776/3
Tausendgüldenkraut, Echtes 694/2
*Taxus baccata* 476/1
Teichrose, Gelbe 608/1
Teich-Schachtelhalm → 832/2
Teichsimse, Gewöhnliche 808/3
*Teucrium scorodonia* 778/2
Teufelsabbiß 728/4
Teufelsauge → 610/3
Teufelsbart → 556/4, 738/1
Teufelskralle, Ährige 594/4
–, Schwarze 728/5
Teufelszwirn → 546/2
*Thalictrum aquilegifolium* 738/2
– *flavum* 610/4
*Thelypteris limbosperma* 820/3
– *palustris* 820/4
– *phegopteris* 822/1
*Thlapsi arvense* 564/4
– *perfoliatum* 564/5
*Thuidium tamariscinum* 838/2
Thujamoos, Tamarisken- 838/2
Thymian, Feld- 700/3
*Thymus pulegioides* 700/3
Tiefland-Bartkelchmoos 840/3
*Tilia cordata* 528/4
– *platyphyllos* 528/3
Timothe → 806/1
Tintenfischpilz 866/6
Tollkirsche 778/3
Torfmoos, Mittleres 834/2
–, Spitzblättriges 834/1
*Torilis japonica* 576/4
Totentrompete 850/1
Tragant, Süßer → 630/1
*Tragopogon pratensis* 656/4
*Trametes versicolor* 850/4
*Trapa natans* 574/4
Trauben, Echte -Kirsche 518/2
–, Spätblühende -Kirsche 518/3
Trauben-Eiche 498/3
Trauben-Holunder 542/4
Traubenhyazinthe, Kleine 736/4
*Tremiscus helvelloides* 848/2
Trespe, Aufrechte 798/3
–, Taube 798/4
–, Weiche 798/2
*Trichocolea tomentella* 840/4
*Tricholoma terreum* 856/1
Trichterfarn → 824/3
Trichterling, Grüner Anis- 856/3
–, Nebelgrauer 856/2
*Trientalis europaea* 586/2
*Trifolium arvense* 682/3
– *medium* 682/5
– *montanum* 572/5
– *pratense* 682/4
– *repens* 572/4
*Triglochin maritimum* 786/1
– *palustre* 786/2
*Tripleurospermum inodorum* 598/4
– *perforatum* 598/4
Tripmadam → 624/4
*Trisetum flavescens* 800/4
Troddelblume → 720/4
Tröpfchenkraut → 594/4
Trollblume 608/4
*Trollius europaeus* 608/4
Trümmerblume → 690/1
Trunkelbeere → 538/4
*Tsuga canadensis* 480/3
Tüpfel-Johanniskraut → 636/1
Türkenbund-Lilie 710/1
*Tussilago farfara* 650/4
*Typha angustifolia* → 790/2
– *latifolia* 790/2

*Ulex europaeus* 522/3
Ulme, Berg- 502/1
–, Flatter- 502/2
*Ulmus glabra* 502/1
– *laevis* 502/2
*Ulva lactuca* 874/2
Ungarische Rauke 616/4
Unser-lieben-Frau-Bettstroh → 642/3
*Urtica dioica* 758/2
– *urens* 758/3
*Usnea filipendula* 870/4
*Utricularia vulgaris* 646/5

*Vaccinium myrtillus* 538/3
– *oxycoccos* 538/1
– *uliginosum* 538/4
– *vitis-idaea* 538/2
*Valeriana dioica* 702/4
– *officinalis* 702/3
*Valerianella locusta* 594/2
Veilchen, Duftendes → 746/2
–, Hain- 746/4
–, Hunds- 746/5
–, März- 746/2
–, Sumpf- 746/1
–, Wald- 746/3
–, Zweiblütiges 636/4
*Veratrum album* 662/2

*Verbascum densiflorum* 644/3
– *nigrum* 644/5
– *thapsiforme*
– *thapsus* 644/4
*Verbena officinalis* 748/3
Vergißmeinnicht, Acker- 726/3
–, Sumpf- 726/4
*Veronica beccabunga* 730/2
– *chamaedrys* 730/1
– *filiformis* 730/4
– *hederifolia* 730/3
– *officinalis* 752/1
– *persica* 730/5
*Viburnum lantana* 544/2
– *opulus* 544/1
*Vicia angustifolia* 680/2
– *cracca* 742/1
– *faba* → 740/
– *hirsuta* 742/3
– *sativa* → 680/2
– *sepium* 742/5
– *sylvatica* 742/2
– *tetrasperma* 742/4
*Vinca minor* 724/3
*Vincetoxicum hirundinaria* 586/4
*Viola arvensis* 636/5
– *biflora* 636/4
– *canina* 746/5
– *odorata* 746/2
– *palustris* 746/1
– *reichenbachiana* 746/3
– *riviniana* 746/4
– *sylvestris* → 746/3
*Viscum album* 502/3
*Vitis vinifera* 530/1
Vogelbeeren → 512/4
Vogelfuß, Kleiner 574/1
Vogel-Kirsche 518/1
Vogel-Knöterich 666/5
Vogelmiere 550/2
Vogelnestwurz 790/3
Vogel-Wicke 742/1

Wacholder 484/3
Wachtelweizen, Acker- 700/5
–, Wiesen- 646/3
Waid, Färber- 618/1
Waldbeere → 538/3
Wald-Bingelkraut 772/4
Wald-Ehrenpreis 752/1
Wald-Erdbeere 572/1
Wald-Flattergras 806/3
Wald-Frauenfarn 824/2
Wald-Gamander → 778/2
Wald-Geißbart 570/2
Wald-Geißblatt 546/1
Wald-Goldstern 662/3
Wald-Habichtskraut 660/4
Wald-Hainsimse 816/2
Waldhyazinthe, Weiße 606/4
Wald-Kiefer 478/1
Wald-Labkraut 588/2
Waldmeister 586/5
Waldrebe, Alpen- 546/3
–, Gewöhnliche 546/2
Wald-Rentierflechte 870/2
Wald-Ruhrkraut 782/2
Wald-Sauerklee 574/2
Wald-Schachtelhalm 832/3
Wald-Segge 812/4
Wald-Simse 808/1
Waldspirre → 808/2
Wald-Sternmiere 550/4
Wald-Storchschnabel 744/2
Wald-Veilchen 746/3
Waldvögelein, Rotes 712/3
–, Weißes 606/3
Wald-Weidenröschen 690/1
Wald-Wicke 742/2
Wald-Ziest 698/3
Wald-Zwenke 798/5
Walnuß 500/3
Wasser-Aloë → 602/1
Wasserdarm 552/5
Wasserdost 708/1
Wasserfeder 692/3
Wasserfenchel, Großer 580/2
Wasser-Hahnenfuß 558/4
Wasser-Knöterich 666/2
Wasserlinse, Kleine 786/5
Wasser-Lobelie 734/2
Wassermiere → 552/5
Wasser-Minze 750/4
Wassernabel 776/5
Wassernuß 574/4
Wasserpest, Kanadische 784/4
Wasserpfeffer → 760/1
Wasserschlauch, Gewöhnlicher 646/5
Wasser-Schneeball 544/1
Wasser-Schwaden 798/1
Wasser-Sumpfkresse 620/2
Wau, Färber- 624/1
Wau, Gelber 624/2
Wegerich, Breit- 780/2
–, Mittlerer 780/3
Weg-Malve 688/5
Weg-Rauke 616/3
Wegwarte 736/1
Weide, Bruch- 486/4
–, Glanz- → 488/3
–, Grau- 488/5
–, Kahle 488/3
–, Korb- 490/3
–, Kriech- 488/4
–, Lavendel- 490/4
–, Mandel- 488/1
–, Netz- 488/2
–, Ohr- 490/1
–, Purpur- 490/5
–, Sal- 490/2
–, Silber- 486/5
Weidelgras, Ausdauerndes 792/5
Weidenröschen, Wald- 690/1
–, Berg- 690/3
–, Kleinblütiges 690/4
–, Sumpf- 690/5
–, Zottiges 690/2
Weiderich, Blut- 692/1
Wein, Wilder 530/2
Weinberg-Lauch 710/4
Weinrebe 530/1
Wein-Rose 508/3
Weißbuche → 496/1
Weißdorn, Eingriffeliger 516/2
–, Zweigriffeliger 516/1
Weiß-Klee 572/4
Weißmoos 836/3
Weiß-Tanne 482/1
Weißwurz, Echte → 604/4
–, Quirlblättrige 604/3
–, Vielblütige 604/4
Wermut 784/2
Wetterdistel → 600/1
Weymouths-Kiefer 480/2
Wicke, Behaarte 742/3
–, Zaun- 742/5
–, Echte Futter- → 680/2
–, Schmalblättrige Futter- 680/2
–, Viersamige 742/4
–, Vogel- 742/1
–, Wald- 742/2
Widerton → 826/2
Widertonmoos, Glashaar- 834/6
–, Schönes 834/5
Wiesen-Augentrost 592/4
Wiesen-Bärenklau 582/2
Wiesen-Bocksbart 656/4
Wiesenchampignon 860/2
Wiesenegerling → 860/2
Wiesen-Flockenblume 708/3
Wiesen-Fuchsschwanz 806/2
Wiesen-Glockenblume 732/5
Wiesen-Goldhafer 800/4
Wiesen-Kammgras 796/2

Wiesen-Kerbel 576/3
Wiesenknopf, Großer 678/3
–, Kleiner 678/4
Wiesen-Kümmel 582/3
Wiesen-Labkraut 588/3
Wiesen-Lieschgras 806/1
Wiesen-Löwenzahn 656/1
Wiesen-Pippau 660/1
Wiesen-Platterbse 630/2
Wiesenraute, Akeleiblättrige 738/2
Wiesenraute, Gelbe 610/4
Wiesen-Rispengras 794/2
Wiesen-Salbei 728/3
Wiesen-Sauerampfer 668/3
Wiesen-Schaumkraut 740/3
Wiesen-Schwingel 792/2
Wiesen-Storchschnabel 720/1
Wiesen-Wachtelweizen 646/3
Wiesen-Witwenblume 754/1
Windähre → 796/4
Winde, Acker- 694/4
–, Zaun- 590/1
Winden-Knöterich → 758/5
Windenknöterich, Acker- 758/5
Windhalm, Acker- 796/4
Windröschen, Busch- 558/1
–, Gelbes 610/2
–, Großes 558/2
Winkel-Segge 812/2
Wintergrün, Kleines 586/1
–, Nickendes 638/4
Winterkresse, Echte → 620/1
Winter-Linde 528/4
Winterportulak → 766/3
Winter-Schachtelhalm 832/1
Wirbeldost 700/1
Witwenblume, Wiesen- 754/1
Wohlverleih, Berg- 654/2
Wolfsauge → 726/2
Wolfs-Eisenhut → 610/1
Wolfsmilch, Esels- → 774/5
–, Garten- 774/4
–, Kleine 774/2
–, Scharfe 774/5
–, Sonnenwend- 774/1
–, Zypressen- 774/3
Wolfstrapp 590/4
Wolfswurz → 610/1
Wollgras, Scheiden- 808/5
–, Schmalblättriges 808/4
Wucherblume, Weiße 596/5
Wundklee 630/4
Wurmfarn 824/1
–, Berg- → 820/3

*Xanthoria parietina* 868/4
*Xerocomus badius* 852/1
– *chrysenteron* 852/3
– *subtomentosus* 852/2
*Xylaria hypoxylon* 846/4

Zackenschötchen, Orientalisches 618/4
Zahntrost, Roter 702/1
Zahnwurz, Zwiebeltragende 740/2
Zaunrübe, Rote 776/2
Zaun-Wicke 742/5
Zaun-Winde 590/1
Zickzack-Klee → 682/5
Ziegenlippe 852/2
Ziest, Heil- 698/2
–, Sumpf- 698/4
–, Wald- 698/3
Zinnkraut → 832/4
Zipperleinskraut → 578/4
Zirbel-Kiefer 480/1
Zittergras 796/3
Zitterlinse → 742/3
Zitter-Pappel 486/1
*Zostera marina* 784/5
Zunderporling 850/5
Zurückgekrümmter Fuchsschwanz 766/4
Zweiblatt, Großes 790/4
Zweizahn, Dreiteiliger 650/1
Zweizeilige Segge 812/3
Zwenke, Fieder- 798/6
–, Wald- 798/5
Zwerg-Alpenglöckchen → 720/4
Zwergalpenrose 536/3
Zwerg-Birke 492/3
Zwergginster, Kopf- 522/2
Zwerg-Kreuzdorn 528/2
Zwergmispel, Gemeine 514
Zymbelkraut 750/5
Zypressen-Schlafmoos 838/4
Zypressen-Wolfsmilch 774/3

# Teil 2: Pflanzenführer
# Bestimmen mit dem Kosmos-Farbcode


**Bäume und Sträucher** ........ 476

**Krautige Blütenpflanzen** ........ 548

Blütenfarbe Weiß ........ 548

Blütenfarbe Gelb ........ 608

Blütenfarbe Rot ........ 666

Blütenfarbe Blau ........ 718

Blütenfarbe Violett ........ 738

Blütenfarbe Grünlich unscheinbar ........ 758

**Gräser** ........ 792

**Farnpflanzen** ........ 818

**Moose** ........ 834

**Pilze** ........ 844

**Flechten** ........ 868

**Blaualgen und Algen** ........ 872


## Verwendete Abkürzungen und Symbole

⊙ ein- oder zweijährige Art

♃ ausdauernde Art

Monatsangabe = Blütezeit

Maßangabe = Höhe

[1] siehe S. 448–449

✿ für Sträuße geeignet

Umschlaggestaltung von eStudio Calamar unter Verwendung von 5 Fotos: 1 Foto von M. Danegger (Vorderseite: Rotfuchs, *Vulpes vulpes*), 2 Fotos von H. Bellmann (Vorderseite: Blüte Gamander-Ehrenpreis, *Veronica chamaedrys*; Rückseite: Blüte Huflattich, *Tussilago farfara*), 2 Fotos von F. Hecker (Rückseite: Aurorafalter, *Anthocharis cardamines*; Blaumeise, *Parus caeruleus*)



Gedruckt auf chlorfrei gebleichtem Papier


ISBN 978-3-440-11657-9
Projektleitung: Dr. Stefan Raps
Produktion: Markus Schärtlein
Printed in Slovakia / Imprimé en Slovaquie